ELECTRONIC PROCESSES IN ORGANIC SEMICONDUCTORS

유기반도체

Anna Köhler · Heinz Bässler 지음
김우영 · 전철규 옮김

교문사

역자 머리말

PREFACE

21세기는 고도로 발달된 친환경, 에너지, 정보화 사회에 필요한 전자 및 광소자 기술에 대한 시대적인 요구가 급증하고 있다. 이러한 기술적인 요구를 충족시키기 위하여 한층 더 다양하고 효율적인 기능을 가진 유기반도체 소자의 연구와 기술개발이 전 세계적으로 진행되고 있으며 최근 들어 그 발전의 속도는 점차 빨라지고 있다. 그 결과 휴대폰 및 컴퓨터 단말기, TV 등에 적용되고 있는 유기반도체를 적용한 OLED(Organic Light-Emitting Diode: 유기발광다이오드)의 상용화와 대량생산이 실현되었으며, 차세대 태양전지 기술로 각광받고 있는 OPV(Organic Photovoltaic: 유기태양전지)와 다양한 의료보건용 유기 센서 및 우주 산업에 필요한 광소자 등으로 유기반도체의 적용 영역은 급속히 확대되고 있다.

유기반도체 소자 기술상용화의 선두 주자인 OLED의 경우를 살펴보면 미국의 Eastman Kodak사에서 1980년대 후반 상용화 가능성을 처음 발견한 이후 일본의 Pioneer사에서 1990년대 후반 최초의 상용화 제품이 출시되었으나 본격적인 제품의 2000년대 후반부터 반도체와 디스플레이 강국인 한국의 삼성과 LG에서 본격적으로 생산되었다. 30년 이상이 소요된 LCD의 기술개발과 상용화 역사에 비하면 20여년 만에 상용화가 이루어진 유기반도체 소자기술을 적용한 OLED의 기술상용화 속도는 놀랍다고 하겠다. 유기반도체 분야의 기술개발과 상용화에서 세계시장의 선두주자로 명실 공히 인정받고 있는 한국은 이 분야 기술 및 제품개발을 통해 세계 최고 수준의 기술과 산업에서의 위상과 경쟁력을 지속적으로 유지하고 관련분야로 유기반도체 기술의 응용을 심화 확대하는 것이 매우 중요하다. 따라서 유기반도체 분야의 신기술 개발을 통해 중국 및 대만 등과 같은 관련 분야 경쟁국과의 기술격차를 유지하면서 차별화할 수 있는 기술 인프라를 구축하는 것이 필요하고, 이를 위하여 유기반도체 소자의 연구와 생산에 종사할 우수한 이공학적인 소양을 가진 기술 인력의 심도 있는 양성이 매우 중요하다. OLED뿐만 아니라 OPV 및 센서, 광소자 등과 같은 여타 유기반도체 소자의 기술 및 상용화의 국가 경쟁력을 유지하기 위한 기반인 전문 기술 인력의 양성을 위해 이 책에서는 유기반도체 소자와 재료의 물리, 화학적인 기초이론을 체계적으로 정리하여 필요한 기술지식을 충분히 습득하는 데 활용할 수 있도록 노력하였다.

유기반도체 소자는 다른 분야에 비해 아직까지는 상대적으로 학문적인 체계화가 미흡한 것이 사실이다. 또한 유기반도체 소자와 관련된 많은 책이 있지만 물리학, 화학, 전자공학 등의 다양한 배경지식을 가지고 있는 독자들을 대상으로 재료의 물성에서부터 소자의 구조와

동작원리, 제작과정, 분석방법까지 통합적으로 다루는 책은 많지 않다. 4개의 장으로 구성된 이 책의 1장에서는 분자 광물리 및 광화학의 기본 개념을 소개하고 서로 다른 형태의 유기반도체와 그들의 전자상태, 방사 전이와 비방사 전이 사이의 상호작용, 그리고 그런 상호작용을 분광학적으로 측정하는 방법에 대하여 설명한다. 2장에서는 특별히 기체 상태와 응축된 상태에 존재하는 유기분자들의 차이점에 대해 설명하고 추가로 이분자, 엑시머, 분자의 여기, 그리고 π-공액 고분자의 특이한 전자구조 등에 대해 논의한다. 3장에서는 유기광전자소자의 진행과정으로서 여기자 분해에서의 전하 운반체의 이동에 대해 논의하며, 4장에서는 유기반도체 소자의 제작과정에 대한 설명한다. 전체적으로 이 책에서 다루는 주요 내용을 요약하자면 유기반도체에서의 전자 및 정공의 주입과 이동 및 에너지 전이에 따른 기능별 특성과 이를 가능하게 하는 물리화학적인 재료의 물리, 화학 및 전기적 특성에 대해 설명하고 있으며, 유기반도체 소자를 제작하는 방식과 제작된 소자의 전기광학적인 특성을 분석하는 기법에 대해 정리하여 학생들이나 연구 및 산업 현장의 기술자들이 보다 체계적으로 유기반도체 관련 기초기술 이론에 접근이 가능하도록 구성되어 있다. 유기반도체 분야의 지속적인 발전을 위해서는 물리, 화학의 이론적 측면뿐만 아니라 실험, 전산, 시뮬레이션, 응용기술 등의 각각 다른 관점에서의 접근과 협력이 필수적이므로 관련 분야의 기술자들과 전공 희망자들에게도 이 책의 내용이 유기반도체에 대한 기술적 관심을 유도하는 계기가 되기를 바란다.

이 책이 유기반도체 소자 분야의 전문기술 서적이 많지 않은 현실에서 이 기술에 관심을 가지고 있는 학생들과 관련 산업체에 종사하는 연구자와 기술자들에게 이 분야에 대한 기술적 의문점을 풀어주고 이해하는 데 조그마한 도움이나마 되면 역자들에게는 큰 기쁨이 되겠다. 끝으로 이 책이 출판되기까지 물심양면으로 수고를 아끼지 않은 교문사에게도 진심으로 감사의 뜻을 전한다.

2021년 9월

옮긴이 김우영, 전철규

저자 머리말
PREFACE

지난 40여 년간 유기반도체 분야는 소규모의 전문가 집단으로부터 대규모의 연구분야로 확대 성장해왔으며 밝혀지지 않은 광물리와 소자물리의 원리에 대한 이해뿐만 아니라 소자기술의 진보 모두가 성숙한 단계로 접어 들고 있다. 이러한 과학과 기술적인 측면의 발전에도 불구하고 이 연구분야의 박사과정 학생들은 종종 학부 물리학, 공학, 화학 혹은 재료과학 과정의 교과목에서 요구되는 지식과 이런 주제를 다루는 박사과정에서 필요로 하는 지식 사이의 간격을 경험하고 있다. 이와 유사하게 서로 다른 배경을 가지고 유기반도체 분야의 연구를 시작하는 과학자들도 그들 자신의 깊이 있는 연구에 착수하기 전에 이러한 주제들과 익숙해지기 위한 기술적인 저술을 살펴보는 것이 필요하게 되었다.

이 책은 기본적인 사항들에 초점을 맞추어 이 분야에 대한 개요를 조심스럽게 설명함으로써 이런 간격을 연결하는 데 목적을 두고 있으며 물리와 화학에 기반을 두고 석박사 과정과 학부 4학년생들을 위해 AK가 Bayreuth대학에서 수년간 진행했던 강의 내용을 기반으로 서술되었다. 이 책을 공부한 후에 독자들은 재료, 메커니즘, 그리고 소자설계의 특별한 관점에 대해 심도 있게 논의하고 있는 전문적인 장들과 이론의 개요를 살펴보는 데 충분한 준비가 되어 있음을 깨닫게 될 것이다. 이 책이 우선적으로 유기반도체에 대한 기본적인 이해를 필요로 하는 석박사 과정 학생들을 위해 저술되기는 하였지만 과학적인 호기심을 자극하는 관점에서 이 분야에서 현재 진행 중인 연구경로에 대해서도 기술하였다.

이 책은 4개의 장으로 구성되어 있는데, 1장에서는 분자 광물리의 기본적인 개념을 소개하고 있으며 유기반도체의 여러 가지 형태와 분자 상태들 사이의 방사와 비방사 전이, 그리고 그것들을 감지해내기 위한 분광학적 방법에 대해 논의하고 있다. 2장에서는 발색단 사이의 상호작용이 어떻게 전하와 들뜬상태에 영향을 미치는지에 대해 다루고 있는데, 특히 기체상과 응축된 상에 있는 분자들 사이의 차이점과 전자적 특성에 대한 구조적 질서도의 효과에 대해 강조하고 있으며 이분자, 엑시머, 엑시톤, 엑시플렉스, 그리고 π-공액 고분자의 특별한 전자구조들을 소개하고 있다. 무기반도체에 대해 이미 이해하고 있는 사람들을 위하여 유기반도체와 무기반도체 사이의 물리학을 비교하고 있다. 3장은 광전자 소자와 관련된 과정에 대해 서술하고 있는데, 특히 전하운반체의 수송과 엑시톤 해리에 관한 항목은 최근의 진전된 연구성과를 포함하고 있다. 4장에서는 이러한 과정들이 유기반도체 소자의 제작에 어떻게 활용되고 있는지를 보여주고 있다.

이 책은 Box 구조를 활용하여 여러 가지 내용에 대한 설명을 보완하고 있는데, 이 Box에 서술된 내용들은 한 그룹의 독자들에게는 익숙하지만 다른 그룹의 독자들에게는 그렇지 못한 주제들에 대해 간략히 설명하거나 주제에 대해 좀 더 심도 있는 관점에서 서술하려는 시도를 하고 있다. 원래 스펙트럼을 그림을 통해 보여줄 경우 쉽게 비교할 수 있도록 이 책 전체에 걸쳐서 eV 단위로 에너지 크기를 균일하게 표현하였다. 화학구조의 목록은 참고를 위하여 부록에 포함시켰다. 이 교재가 자체적으로 충분한 내용을 담고 있기는 하지만 각 장의 마지막 부분에 추가로 읽어야 할 목록과 많은 원천 연구자료들을 참고문헌으로 소개해 두었다. 원천 연구 관련 참고문헌들을 정리해 둔 목적은 박사과정 학생들을 자극하여 (i) 이해하고 있는 지식들이 실험과 그 결과의 해석, 즉 이 2가지 모두 사람들이 실행한 결과에 기반하고, (ii) 표준의 관점에 이르기까지 가장 적합한 해석을 위한 논의가 있어야 하며, (iii) 어떤 견해를 형성하는 원래 문헌에 관하여 특히 여전히 발전 중인 분야에서 스스로의 판단을 사용하는 것이 유익한 생각이라는 개념을 갖도록 하는 것이다. 우리의 의도는 실험에 기반하여 최상의 포괄적인 개요보다는 이 분야에 새롭게 합류하려는 사람들을 위해 합리적으로 간략한 교재를 저술하는 것이었는데, 따라서 이 분야에서 중요한 연구성과라도 여기에 포함되지 않았으며 동료들에게 이 점에 대해 양해를 구한다.

마지막으로 우리는 중요하다고 생각하는 2가지 과학적 관점을 강조하려고 하는데, 하나는 1770~1831년까지 생존했던 독일의 철학자인 Georg Wilhelm Friedrich Hegel의 일화에서 잘 표현되었듯이 그는 교수자격을 얻기 위해 7개의 이상의 행성은 있을 수 없다는 사실을 주장한 〈Deorbis planetarium〉라는 논문을 제출하였는데 그의 논문심사 예정일인 1801년 8월 27일보다 앞선 1801년 1월 1일에 7번째 행성인 천왕성(Ceres)가 관찰되었다. 그의 모델이 사실과 배치되는 것으로 나타났을 때 그는 "사실에 대해 불행한 일이군"이라고 반응했다. 우리는 독자들이 인정받고 있는 과학적 개념에 대해 건강한 비판적 태도와 새롭게 발견된 결과에 대한 자신들의 관점에 의문을 던지는 개방성을 지속적으로 유지하기를 원한다.

두 번째 관점은 유기반도체와 같은 학제간 분야는 연구자들에게 접근방식과 실험, 이론적 계산, 기술 등에 대한 폭넓은 다양성을 요구하고 이들 주제들 사이에 중요도의 차이는 없다는 우리의 의견과 관련이 있다. 만족할 만한 이해의 수준에 도달하는 것은 새로운 현상이 아닌 이런 기존의 모든 주제에 대한 접근을 요구한다. 1956년 12월 11일 William Shokley가 노벨상 수상 기념강연에서 "트랜지스터 기술이 새로운 물리학의 시대를 열다"라는 주제로 연설할 때 그는 "나는 물리학에서의 연구형태를 분류하는 데 종종 사용되던 단어, 예를 들면 순수, 응용, 무제한, 근본적, 기본, 학문적, 산업적, 실용적 등에 관한 어떤 관점을 표현하기를 원합니다. 내게는 이런 단어들 중의 일부는 다소 유용하고 생산적인 실용성 있는 목표가 아닌 너무 빈번하게 비판적인 의미로 사용되었으며 다른 한편으로는 유용한 결과가 예상되지 않는 새로운 영역의 탐구에 대해 가능한 장기적 안목을 무시하는 것처럼 보입니다. 빈번하게 내가 계획한 실험이 순수 혹은 응용 연구인지를 질문 받게 되면 내게는 그 실험이 본질에 대해 새로운 그리고 아마도 오래도록 지속되는 지식을 가져올 수 있는지 여부를 아는 것이 중요하게 되고 그와 같은 지식을 얻게 된다면 내 생각에는 이런 실험은 훌륭한 기초연구가 될 것입니다"라고 말하였다. 우리는 특별히 젊은 연구자들이 그들의 연구 성과가 확실하게 보장되는 것처럼 보이는 어떤 종류의 과학적 접근에 대해 개방적인 생각을 갖도록 장려하기를 원한다.

이 책은 많은 분들의 도움이 없었다면 완성되기 어려웠을 것이다. 우리는 Bayreuth의 동료들에게 신세를 졌고 특히 행정적, 재정적 지원을 통해 AK가 이 책을 쓸 수 있도록 공간과 시간을 가질 수 있도록 도와준 Stephan Kummel, Jurgen Kohler와 Mukundan Thelakkat에게 고마움을 전하고 이 책의 내용을 검토하고 여러 가지 제안을 해준 Peter Strohreigf와 Markus Schwoerer에게도 감사하고 또한 Paul Blom, Frank Spano, Stravros Athanasopoulos와 Dieter Neher의 검토와 제안에 감사한다. AK 연구그룹의 모든 연구원들이 이런저런 방법으로 이 책의 완성에 기여했다. 이 책에서 다룬 모든 그림과 본문은 Katja Huber이 담당하였고 참고문헌과 편집은 Julian Kahle이 담당하였다. 각 장에 대한 검토는 Julian Kahle, Christian Schwarz, Sebastian Hoffmann, Tobias Hahn과 Markus Reichenberger가 주로 수고하였으며 Steffen Tscheuschner, Fabian Panzer, Christina Scharsich, Alexander Rudnick과 Philipp Knauer는 필요한 데이터, 계산값, 화학구조와 기술적인 지원을 제공하였다. 우리는 이 책이 마무리되는 데 기여한 모든 관련 그룹에 심심한 감사를 드린다. HB는 University of Bayreuth에 있는 Bayreuth Institute of Macromolecular Science이 사무실 공강과 기타 인프라를 지원하여 준 것에 대해 감사하고 30년 동안 연구하면서 여러 가지 의미 있는 성과와 영감을 얻게 해준 Marburg의 이전 연구 그룹에 사의를 표한다.

2015년 3월 Bayreuth에서,

Anna Kohler(AK) and Heinz Bassler(HB)

차례
CONTENTS

1
유기반도체의 전자구조

1.1 개요

유기반도체는 플라스틱과 같은 유기화합물로서 화학적·기계적 장점을 가진 반도체 물질의 전자적인 유용성을 포함한 일련의 재료를 말한다. 따라서 빛을 흡수하거나, 전기를 흐르게 하거나, 발광하는 능력은 예를 들면 원하는 발광파장을 갖게 하도록 전자적인 특성을 조정하거나, 용해가 가능하게 하거나, 뛰어난 기계적 특성을 갖게 하거나, 경량화하거나, 유연성이 우수한 박막형성을 가능하게 하는 화학 합성을 통해 쉽게 조정할 수 있는 물질의 구조와 연계되어 있다. 이러한 유기반도체 재료의 특성은 디스플레이, 조명 패널, 태양전지소자 등과 같은 반도체 응용분야에서 진공증착이나 용액공정 등의 다양한 방식에 의해 제작되고 있는 타당한 이유를 설명해준다(그림 1.1). 이러한 유기반도체 재료의 특성을 기술적으로 활용하는 것은 일반적인 기술발전의 지속적인 흐름이라고 할 수 있다. 지금 이 순간에도 산업적인 관심은 진공증착 방식을 대체하기 위하여 잉크젯 프린팅이나 유연소재 기판(예를 들면 플라스틱 포일)을 적용한 reel to reel 방식의 가능성에 쏠려 있는데, 특히 태양전지 혹은 조명용 패널에 유연소재 기판을 적용하는 것에 대한 기술적인 관심이 높아지고 있다. 유기반도체가 적용되어 이미 상용화되어 있는 분야는 디스플레이, 조명, 그리고 광복사기 등이 있으며, 일반적으로 사무실에서 사용되는 광복사기의 복사과정에 유기반도체 재료가 광범위하게 활용되고 있다(그림 1.1d). 예를 들어 유기발광다이오드(OLED, Organic Light-Emitting Diode) 기반의 디스플레이 소자는 삼성의 갤럭시 스마트폰 시리즈에 적용 시판되고 있으며(그림 1.1c), 유기반도체가 가져다주는 디자인의 활성화에 힘입어 오스람(Osram)에서는

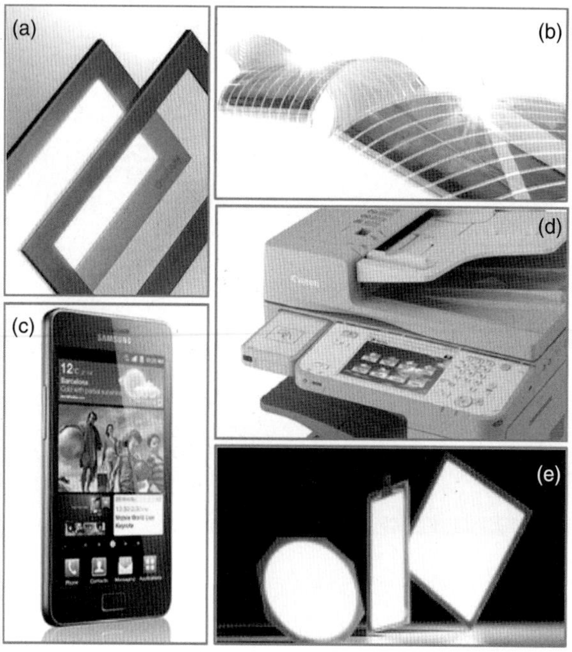

그림 1.1 현재 혹은 미래의 유기반도체 응용의 예. (a) 유기발광반도체를 이용하여 오스람에 의해 제작된 발광창문 시제품. 전원이 차단되면 일반 유리창문과 같이 외부의 풍경을 보여주나 전원이 연결되면 조명 광원으로서의 역할을 한다. (b) 유기반도체를 이용한 코나르카(Konarka)사의 파워 플라스틱(Power Plastic)에 의해 제작된 유연 태양전지. (c) OLED를 적용한 삼성의 갤럭시 스마트폰. (d) 캐논(Canon)에 의한 유기반도체 재료를 사용한 건식인쇄공정에 적용된 광복사기. (e) 오스람에 의해 제작된 조명 타일.

OLED 기반의 조명 패널을 선보이기도 한 바 있다(그림 1.1e). 더욱이 일련의 우아하고 혁신적인 아이디어의 흐름에 따라 개발된 제품들이 시장의 평가를 기다리고 있다(그림 1.1a, b). 전체적으로 볼 때 대규모 기업들이 현재 및 향후 유기반도체를 활용한 산업분야에 진출하게 될 것이 확실하다. 따라서 유기반도체의 전자적인 공정을 통제할 수 있는 개념을 가진 고도로 훈련된 기술인력들이 필요할 것으로 예상된다.

지난 수십년 간 유기반도체의 기술개발에 수많은 연구그룹들이 참여해 왔으며, 향후 이러한 추세는 점점 더 강력하게 증가할 것으로 전망된다. 전통적인 이공계 석박사 과정을 기반으로 한 여름학교, 대학원 훈련과정, 선도기술강의 등이 유기반도체 분야의 학생들을 다양한 기술적인 관점에서 교육하게 될 것이다. 본 교재는 학생들에게 유기반도체 분야의 기초적이고 광범위한 주제를 다양한 관점에서 소개함으로써 향후 이 분야에 대한 좀 더 깊은 지식을 얻을 것으로 기대한다.

1.1.1 유기반도체는 무엇인가?

유기반도체의 정의는 (1) 탄소와 수소를 주원소로 하여 황, 산소, 질소 등의 다양한 원소가 포함된 물질로서 (2) 반도체가 갖는 물질의 특성을 나타내는 화합물이다. (2) 항목에 언급된 유기반도체의 특성은 가시광선 영역에서의 광흡수와 발광, 그리고 LED(Light-Emitting Diode), 태양전지, FET(Filed-Effect-Transistor)와 같은 전통적인 의미의 반도체 소자가 작동하기에 충분한 수준의 전도도를 가지고 있음을 의미한다. 여기서 반도체적인 특성을 논의할 때 무기재료와 유기재료 사이에서 나타나는 '반도체적인' 특성의 차이에 대해 확실한 이해를 가지고 있어야 한다.

실리콘, 게르마늄, GaAs와 같은 전형적인 무기반도체들은 0.67(Ge), 1.1(Si), 1.4(GaAs) eV와 같은 낮은 에너지 밴드갭을 가지고 있는데, 이러한 물질들은 상온에서 가전자대(valance band)로부터 전도대(conduction band)로의 열적 여기(thermal excitation)에 의해 자유전하(free charge)를 생성한다. 이때 전하수송체의 농도는 $N=N_{\text{eff}}e^{-E_g/2kT}$로 정의되고, 여기서 N_{eff}는 가전자대와 전도대의 상태함수의 유효밀도, E_g는 밴드갭이다. 전형적인 고유전도도는 10^{-2}~10^{-8} $\Omega^{-1}\text{cm}^{-1}$이므로 유전상수 $\varepsilon_r=11$ 정도인 것을 고려하면 유전차단(dielectric screening) 때문에 전자와 정공 사이의 쿨롱 효과(Coulomb effect)는 그다지 중요하지 않고 광흡수에 의해 자유 전자와 정공을 생성할 수 있다.

이와는 반대로 유기'반도체'에서의 전도도는 상호 쿨롱인력에 의해 결합되어 있는 전자와 정공의 광흡수에 따른 분리, 의도적 혹은 비의도적인 도핑, 그리고 전극으로부터의 전하 주입에 따라 결정된다. 이러한 결과는 유기물질이 가지고 있는 2가지 고유한 특성으로부터 발생하는데, 첫째로 광흡수와 발광이 2~3 eV(대략 600~400 nm) 범위에서 일어나게 되고, 따라서 상온에서 열적 여기에 의하여 현저하게 전하농도의 변화가 생기기가 어렵다. 또 유전상수가 $\varepsilon_r=3.5$ 정도로 낮은데, 이러한 현상은 쿨롱 상호작용이 커서 0.5~1.0 eV의 쿨롱에너지에 의해 결합된 광학적인 여기(optical excitation)에 의해 전자-정공 쌍이 형성되는 사실로 설명할 수 있다.

이러한 개략적인 유기반도체와 무기반도체 사이의 특성 차이에 대한 설명은 그들의 광물리적 성질을 이해하기 위해 물질 내 전자구조의 세부적인 사항을 아는 것이 필요하다는 사실을 강조하기에 충분하다. 더욱이 반도체 소자를 새롭게 설계하거나 특성을 개선하기 위해서 아래에 설명하는 유기반도체의 특성을 활용하는 것이 유용할 것이다.

(1) **비정질 분자 박막**(amorphous molecular film): 증발이나 스핀코팅을 이용하여 비정질 박막을 형성한 유기분자를 의미한다. 분자의 비정질 박막은 LED나 분자도핑 고분자(MDP, Molecularly Doped Polymer) 박막과 같은 소자에 적용되어 대용량의 건식 인쇄에 사용된다.

(2) **분자결정**(molecular crystal): 기본격자구조를 가진 결정체로, 실리콘과 같은 원자들이 공유결합에 의해 형성한 결정 혹은 소듐, 염소 원자들이 이온결합에 의해 형성한 결정, 나프탈렌 혹은 안트라센과 같은 유기분자들이 반데르발스(van-der-Waals) 상호작용에 따라 형성한 기본결정이다. 이러한 기본결정구조가 가지고 있는 전하이동도는 비결정 유기물질에 비해 높고 트랜지스터 소자에 적용이 가능하게 한다.

(3) **고분자막**(polymer film): 고분자는 공유결합된 분자들의 연속되는 사슬 구조를 갖는다. 이러한 물질들은 일반적으로 용액공정, 예를 들면 단순한 스핀코팅, 잉크젯 프린팅, 산업체에서 사용 중인 reel to reel 프린팅과 같은 박막형성 공정에 적용이 가능한데, 여러 가지 고분자를 혼합하여 사용하기 용이하여 열역학적으로 더 안정하고 결정화되기가 쉽지 않은 장점이 있다.

1.1.2 역사적인 배경

다수의 관련 논문, 서적, 저널의 기사 혹은 연구자료들을 통해 유기반도체 연구의 기원을 살펴보는 것은 유용하다. 이 분야의 연구는 여러 종류의 사고와 전통, 세부 연구항목의 분류, 실험결과에 대한 다양한 해석에 의해 깊이 있는 연구개발의 배경을 갖게 되었다.

이 분야 연구의 중요한 뿌리 중의 하나는 **분자결정**(molecular crystal)에 관한 것이다. 유기고체물질의 전도성, 광전도성, 광전자 효과, 형광발광 등에 관한 연구는 이미 20세기 초에 보고되었으며[1–4], 전계발광에 대한 연구성과는 1953년에 Bernanose[5]에 의해 아크리딘 오렌지(acridine orange)로 도핑된 셀룰로오스 박막을 통해 발견되었다. 나프탈렌이나 안트라센과 같은 분자 결정체에 관한 주요 연구성과는 1950~1980년 사이에 주로 발표되었는데, 이 분야에서의 획기적인 성과는 1963년의 Pope, 1965년의 Helfrich와 Schneider[6–8]에 의해 안트라센 결정의 전계발광 현상이라고 하겠다. 안타깝게도 반데르발스 힘에 의해 결합되어 있는 분자결정들은 깨어지기 쉬워서 수 마이크로미터 정도의 두께를 갖는 것이 필요한데, 이는 전하 주입을 위한 전기장과 전도도는 수백 V의 전압의 분자결정막에 가해져야 한다는 것을 보여준다. 명백하게 이러한 고전압 조건은 일반 소비자용 전자제품에 적용되기에는 부적합하므로 진공증착에 의한 비정질 분자결정 박막[9] 혹은 고분자 물질의 스핀코팅[10]을 통한 100 nm 단위의 박막을 형성함으로써 낮은 구동전압을 구현하도록 해야 한다. 결과적으로 유기반도체 분야에 있어서 연구의 관심은 비정질 유기물질과 어떻게 분자 결정체를 비정질 박막화 하느냐에 집중되었다. 분자결정 분양에 중점을 둔 연구의 중심방향은 전하수송체가 구조적인 결함이 없는 결정체를 낮은 온도에서 좁은 밴드갭을 통해 이동할 수 있는지 혹은 높은 온도에서 전하가 분자 간 호핑(hopping)을 할 수 있는지를 밝혀내는 것이다. 더 중요한 개념은 분자 결정체에서의 광학적인 여기에 Frenkel exciton이라 불리는 쿨롱의 힘으로 결합된 전자–정공 쌍이 생성되어 결정구조 내를 자유롭게 이동할 수 있느냐 하는 것이다. 이러한 유기반도체에 관련된 개념들은 Pope와 Swenberg[11], Schwoerer와 Wolf[12]의 책에 잘 설명되어 있다.

유기반도체의 개념을 뒷받침하는 또 다른 근원은 분자도핑결정체(MDP) 분야이다. 제록스(Xerox)나 코닥(Kodak)과 같은 회사들이 1970년대에 광전자사진 기법를 위한 광수용체에 적합한 물질을 찾고 있었는데, 그때까지 사용되던 As_2Se_3와 같은 칼코겐화물(chalcogenides)이 수 마이크로미터 두께의 MDP로 효과적으로 대체될 수 있었다. 건식인쇄의 응용은 매우 낮은 암전도도와 적당한 수준의 광전도도를 가진 물질을 필요로 하는데, 이러한 조건은 예를 들면 Polycarbonate와 같은 비활성 고분자결합을 가지고 있으며 Triphenylamine과 같은 광학활성체가 30% 중량비로 도핑된 물질에 의해 충족되었다. MDP는 독성이 없고 공정이 용이한 기술적인 장점을 가지고 있는데 이러한 이유로 인해 아직도 일반적인 광복사기에 사용되고 있다. MDP의 광복사기 적용은 전하가 어떻게 서로 다른 분자 사이에서 이동하는지를 이해하는 것이 반드시 필요한데, 호핑에 의한 전하이동이 여기서 다루려는 핵심 개념이다[13]. 이 분야에 대한 기술적인 소개는 Borsenberger와 Weiss의 책에 잘 설명되어 있다[14].

유기반도체 분야는 또한 1970년대 후반에 일어난 단일결합과 이중결합이 규칙적으로 반복된 탄화수소의 구조를 가진 소위 π−공액고분자(π−conjugated polymer)에 의해 높은 전도도를 얻는 것이 가능하다는 사실의 발견에 많은 영향을 받았다. 이러한 **전도성 고분자**(conductive polymer)의 개발과 발견은 Heeger, MacDiarmid와 Shirakawa에게 2000년도 노벨화학상을 안겨주는 성과로 이어졌다[15−16]. 이러한 고분자들의 전자적인 구조는 초기에는 전통적인 무기반도체에서의 에너지밴드 개념[17−18]으로 해석되었으나 이러한 해석은 전자와 전자 간 상호작용에 큰 비중을 두는 폴라론 효과(polaron effect), 즉 고분자 사슬의 결합길이가 고분자 내 전하에 따라 변화한다는 사실을 무시하고 있었다. 그러나 1990년대 초반에 들어서면서 무기반도체를 모델로 한 해석과 반대로 전하들 사이의 쿨롱힘과 교환 상호작용이 π−공액고분자에서는 무시하지 못할 정도로 크다는 사실이 점점 더 분명해지면서 이러한 쿨롱힘과 교환 상호작용이 유기반도체의 전자구조를 적합하고 올바르게 설명하는 중심 개념으로 자리잡게 되었다. 이러한 과학적인 논쟁은 Sariciftci가 편집한 책[19]에서 여전히 진행 중이며 2장에서 더 상세하게 다루도록 하겠다.

유기반도체의 기술적인 개발은 대략 100 nm 두께의 **비정질 유기박막**에서의 전계발광(electroluminescence) 현상의 발견으로부터 촉발되었는데, 1987년에 Tang과 Van Slyke[9]이 Alq_3 분자로 만들어진 비정질 유기박막 LED가 당시로서는 매우 높은 1%의 외부양자효율(주입된 전자 대비 발광된 광자의 비율)을 나타냈다고 발표하였다. 이렇게 얇은 박막의 두께는 분자 결정체의 경우와 비교하여 확연히 낮은 10 V에서 발광에 필요한 전기장을 이미 얻었다는 사실을 설명해준다. 그들은 논문의 요약에서 "10 V 이하에서 높은 외부양자효율

(1%의 광자/전자 비), 발광효율(1.5 lm/W), 그리고 휘도(> 1,000 cd/m^2)의 구현이 가능하다."고 선언했다. 이러한 내용은 1990년 도핑되지 않은 π-공액고분자인 *para*-phenylene vinylene(PPV)으로 제작한 100 nm 두께의 유기박막 소자에서 발견된 전계발광 현상이 보고되면서 증명되었다[10]. 기술적인 측면에서 이러한 두 종류의 물질이 박막을 형성하는 방식은 저분자인 Alq_3의 경우는 진공증착, 고분자인 PPV는 용액을 이용한 스핀코팅으로 각각 다르지만, 관찰된 전계발광이나 트랜지스터에서의 전기장 효과 이동도(field effect mobility)와 같은 관련된 광전자적인 성질, 태양전지 구조에서의 광전도도 등과 같은 특성들은 앞서 언급된 3가지 분야에서의 기본적인 요소로 해석될 수 있다. 예를 들면 전하이동은 MDP나 분자결정에서 형성된 호핑의 개념으로 분명하게 설명할 수 있다. 더욱이 비정질 분자 박막에서의 들뜬상태(excites state)는 분자결정의 경우 종종 **엑시톤**(exciton)이라는 개념으로 해석된다. 이러한 설명은 엄격하게 살펴보면 다소 부정확하고 '엑시톤'의 개념은 다만 높은 질서도를 가진 시스템에서만 적용되어야 하지만 현재까지는 관례적으로 '엑시톤'과 '들뜬상태'는 동일한 의미로 사용된다. 일반적으로 통용되는 도핑되지 않은 π-공액고분자 전자구조의 이해에 대한 진전은 다소의 시간과 논의가 더 필요하다. '밴드 구조'에 대한 개념은 도핑된 전도성 고분자(conducting polymer)로부터 영감을 얻어 발전했지만 '분자구조'의 개념은 몇 개의 반복된 발색단(chromophore)을 가진 발색단 사슬로 구성된 π-공액고분자로부터 시작되었다. 후자인 분자구조의 개념은 근래 연구분야에서 일반적으로 통용되는 기본적인 개념으로 자리 잡고 있다[20].

1.2 다양한 유기반도체 물질들

1.2.1 분자 결정체

유기반도체 물질의 출발점에 있는 것은 분자 결정체인데, 이들은 다른 결정물질들과 마찬가지로 격자점에 위치한 구조단위가 완벽하게 질서도를 유지하고 있음을 보여준다. 실리콘이나 게르마늄과 같은 무기 결정체에서는 그 기본구조가 원자에 의해 구성되어 있지만 분자 결정체에서는 분자가 기본구조를 형성하고 있다. 전형적인 결정형성 분자에는 소위 Polyacene이라는 평면구조를 가지고 크고 방향성을 가진 일련의 물질들, 예를 들면 Naphthalene, Anthracene, Tetracene, Pentacene뿐만 아니라 Perylene, Pyrene 등과 같은 유사한 구조의 물질들이 있다(그림 1.2 참고). 이러한 분자들은 외각궤도가 채워져 있어 전기적으로 중성을 띠는 반면 실리콘 결정은 부분적으로 채워져 있는 원자의 궤도들 간에 형성되어 있는 공유결합에 의해 유지되고 염화나트륨(NaCl) 결정은 하전된 Na 양이온과 Cl 음이온 사이의 이온결합으로 구성되어 있다. 이러한 형태의 강력한 결합 형태는 분자 결정체에서는 발견하기 어려운 대신 중성과 비극성 분자들 사이의 인력이 상대적으로 약한 반데르발스 상호작

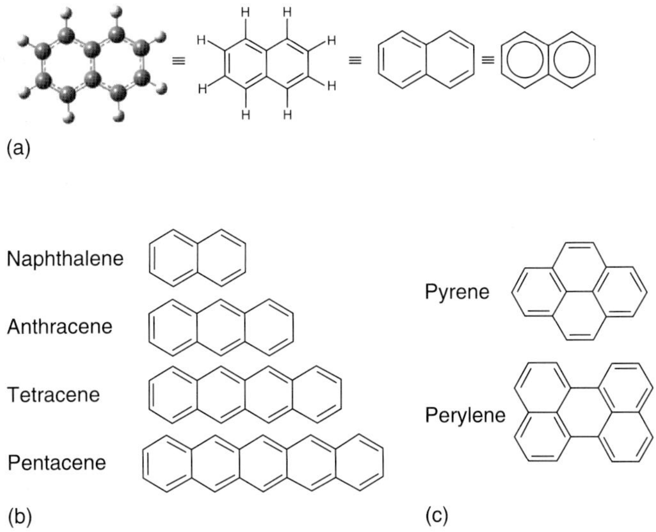

그림 1.2 분자 결정체를 형성하는 π-공액 분자의 화학적인 구조. (a) 수소 원자가 표시된 Naphthalene 구조, (b) Naphthalene부터 Pentacene까지의 Acene 분자들의 구조, (c) Pyrene과 Perylene의 분자구조.

용에 의해 제공된다.

두 분자 사이의 반데르발스 상호작용의 개념은 분자들에 정전기를 가진 쌍극자 모멘트가 없으나 완전히 고정된 전하의 분포는 존재하지 않는 상태를 기반으로 한다. 분자 내에서 전하 분포의 일시적인 불균형은 이러한 현상이 일시적인 쌍극자 모멘트의 변동을 수반하고 있음을 설명해주고 있다. 첫 번째 분자에서의 쌍극자 모멘트의 변화에 따른 전하 분포의 변화는 두 번째 분자의 쌍극자 모멘트에 영향을 주게 되고, 결국 두 분자의 쌍극자 간 정전기적인 상호작용은 인력, 즉 반데르발스 인력을 생성하게 된다. 이러한 인력은 분자 간의 거리 r과 전하 분포에서의 쌍극자 모멘트를 형성할 수 있는 능력, 바꿔 말하면 분극도(polarizability)에 의존한다. 정량적으로 퍼텐셜에너지는 $V_{\mathrm{VdW}} \propto \frac{\alpha^2}{r^6}$로 주어지는 반데르발스 상호작용을 수반하는데, 또한 이는 r^{-7}에 비례한다고 표현할 수 있다[12].

이런 개념은 2가지 결과를 초래하는데, 첫째로 분극도 의존성은 분자 결정체가 크고 비편재화되어 있는 채워진 외각궤도를 가진 분자들에 의해 우선적으로 생성되고 많은 전자들이 쉽게 일정한 거리를 분자들 사이에서 이동한다는 사실을 설명한다. Polyacene과 같이 π 궤도를 포함한 평면구조를 가진 분자의 경우에 대해 상세하게 언급하자면, 실제로 분극도의 증가는 Polyacene 분자 결정체들이 크기의 증가에 따라 용융점이 증가하는 이유를 설명해준다(예를 들면 Benzene 5.5도, Naphthalene 80도, Anthracene 216도, Tetracene 357도)[12]. 둘째로 상대적으로 반데르발스 상호작용의 강한 분자 간 거리 의존도는 분자의 밀집된 구조를 유도한다(그림 1.3). 이런 분자구조에서는 일반적으로 생선뼈 형태의 구조가 많이 보이는데

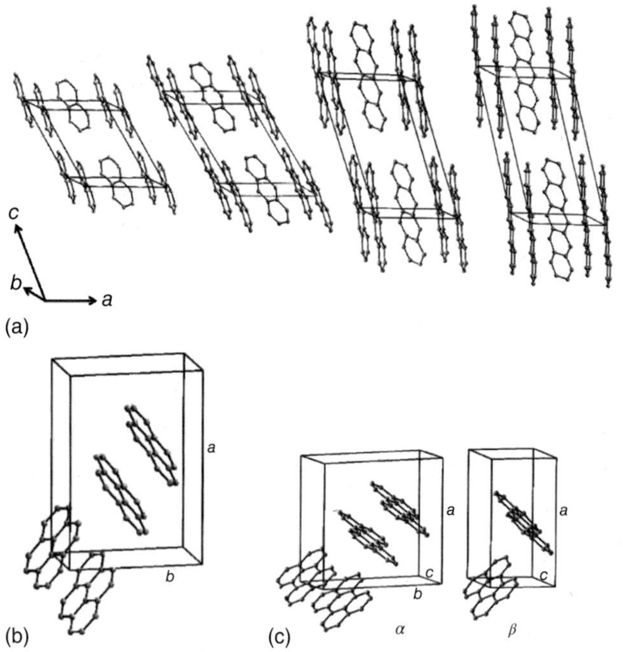

그림 1.3 유기분자 결정체의 전형적인 결정구조(Schwoerer와 Wolf의 논문[12]에서 발췌). (a) Naphthalene, Anthracene, Tetracene, Pentacene의 단위 셀, 두 번째 분자의 수소 원자가 첫 번째 분자의 π 결합구조를 향해 위치하고 있는 적층된 생선뼈 형태의 구조로 두 분자가 기반을 형성하고 있는 단순입방 격자의 결정, (b) Pyrene의 단위 셀, 생선뼈 구조에서 2개의 샌드위치 형태 분자쌍을 기반으로 한 4개의 분자로 구성된 단순입방 격자의 결정, (c) Perylene의 α, β 2가지 상을 가진 단위 셀, Pyrene과 같이 생선뼈 구조가 적층된 4개의 분자로 구성된 α상과 2개의 분자로 구성된 β상.

(그림 1.3 참고), Polyacene 분자에서 상대적으로 전자가 부족한 수소 원자와 전자가 풍부한 방향족 고리 구조 사이에서의 정전기적인 상호작용에 따른 결과로 보인다.

대개 결정구조는 Naphthalene이나 β상 Perylene의 경우와 같이 개별 분자들로 구성되어 있으나 Pyrene이나 α상 Perylene과 같이 2개의 동일한 분자쌍의 약한 상호작용으로부터 형성되기도 한다. 이 분자쌍들은 서로 약하게 결합되어 있으므로 단분자와 같이 에너지를 흡수하고 이분자와 같이 발광하는데, 이러한 현상을 엑시머 발광(excimer emission)이라 한다. 이러한 개념들에 대한 많은 관심있는 세부 사항들은 참고문헌 [12, 21–23]을 활용하기 바란다.

분자 결정체에 대한 오늘날의 기술적인 관심은 유기 전기장 효과 트랜지스터(OFET, Organic Field-Effect Transistor)로부터 생겨났는데, 이는 OFET가 양쪽 끝이 소자의 게이트 전극으로부터 절연층에 의해 분리되어 있는 소스와 드레인 전극으로 구성된 유기반도체 층으로 구성되어 있다는 점에 기인한다. 외부 에너지가 게이트 전극에 가해지면 적절한 전압이 걸려 있는 소스와 드레인 전극으로 전류가 흐르고(그림 1.4), 이 전류는 절연층에 인

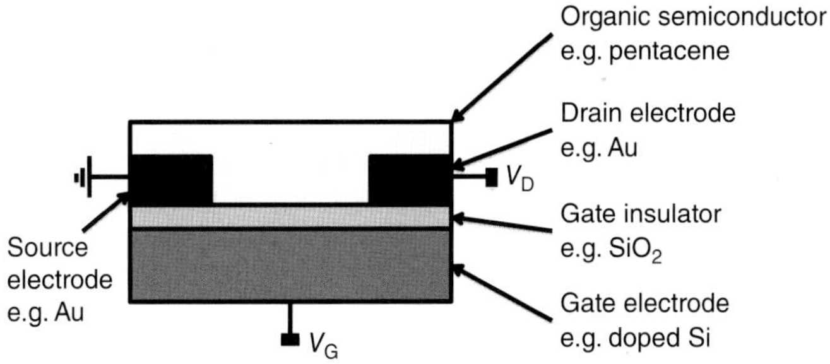

그림 1.4 OFET의 기본구조

접한 유기반도체 박막으로 이동한다. 이런 형태의 소자에 적용하기 위한 유기반도체의 전체 두께는 전하의 이동도가 OFET의 적절한 단락시간(switching time)을 보장하는 것이 중요한 경우에는 그다지 연관성이 없다. 따라서 분자 결정체가 가지고 있는 높은 질서도와 상대적으로 높은 전하이동도는 그들의 합성과 정제가 필요할지라도 OFET에 적용할 재료로서 많은 관심을 가지게 한다. OLED 혹은 태양전지에서와는 달리 결정의 기계적인 손상을 방지하기 위하여 반도체 층의 두께를 수 마이크로미터 정도로 두껍게 하더라도 OFET의 효과적인 작동에는 영향을 주지 않는다. 최근 5년 동안 결정체 물질을 적용하여 1~50 $cm^2V^{-1}s^{-1}$의 정공이동도를 가진 OFET가 보고되었다[24–29]. 결국 유기반도체의 OFET 적용에 연관성이 있는 요소로서 결정체 물질의 순도와 구조뿐만 아니라 분자 결정체가 높은 이방성을 가지고 있다는 가정하에 절연층 표면에 대한 분자의 지향성(또한 소스와 드레인 전극에 대한 상대적인 지향성)을 주목하였다[11–12].

1.2.2 비정질 분자 박막

비정질 박막을 형성하는 분자들의 집합체, 예를 들면 유기반도체에 적용하기 적합한 유리와 같은 물질이 이런 부류에 속한다. 유기반도체의 새로운 분야, 특히 화학 외적인 배경을 가진 분야에서 그들이 제공하는 다양하고 풍부한 화학적 구조는 이 분야 연구의 대부분을 차지한다. 유기반도체 물질들을 간략히 살펴보면 초심자들은 대부분의 유기반도체 분자들이 보통 페닐 고리, 탄소가 황, 질소 혹은 산소와 함께 5 혹은 6개 원소 고리 혹은 탄소–탄소 단일결합과 이중결합이 규칙적으로 반복되거나 단일결합이 곁가지로 되어 있는 구조를 가진 화학 단위로 구성되어 있다는 사실을 깨닫게 된다. 유기반도체 소자를 제작하거나 이를 위한 물질을 합성하는 과학자들은 대개 이러한 물질들을 이들의 공정성이나 소자의 기능에 따라 구분하려는 경향을 보인다. 이러한 경향은 이미 잘 알려진 소자에 적용이 가능한 대량의 물질을 주문할 경우에는 유용한 방식이다.

물질의 공정성을 고려할 때 진공증착과 Toluene, Chloroform, Chlorobenzene과 같은

일반적인 유기 용매를 이용한 스핀코팅 방식을 적용하는 유기반도체 물질의 차이점이 존재한다. 진공증착 방식에 적용할 분자들은 열적으로 안정해야 하는데, 이런 특성은 분자가 고유하게 안정한 방향족 고리를 가지고 있으며 깨어지지 쉬운 곁사슬을 가지고 있지 않은 화학적 구조를 포함하고 있음에 기인한다. 이와는 반대로 스핀코팅에 적용할 물질은 용해도가 높은 특성을 가지고 있어야 하는데, 이는 분자 구조 내에 물질의 용해를 촉진하는 곁사슬을 포함하고 있어야 한다. 그러므로 위의 2가지 박막형성 방식에 모두 적용이 가능한 물질을 합성하기 위해서는 그림 1.5의 예와 같이 분자의 중심에 안정한 방향족 고리를 가지게 하고 곁사슬을 이용하여 용해도를 조정하는 화학적 구조를 가진 물질을 고려해야 한다.

소자의 제작에 적용된 분자의 기능은 금속 전극의 일함수 혹은 소자에 적용된 다른 분자 물질과의 상대적인 에너지 준위와 광흡수 및 발광 에너지에 영향을 받는다. 일반적으로 원하는 파장 범위에서 양전하와 음전하를 이동시키고 광흡수 혹은 광방출 등을 동시에 진행하는 것, 즉 분자 내에서 에너지 준위를 화학적으로 최적화하는 것은 거의 불가능하지만 이들 가운데 특정한 한 가지 작용이 가능한 분자를 합성하는 것은 가능하다. 그러므로 높은 발광 양자효율을 갖는 분자는 효율 높은 발광을 하는 OLED에 사용될 수 있고, 특정한 파

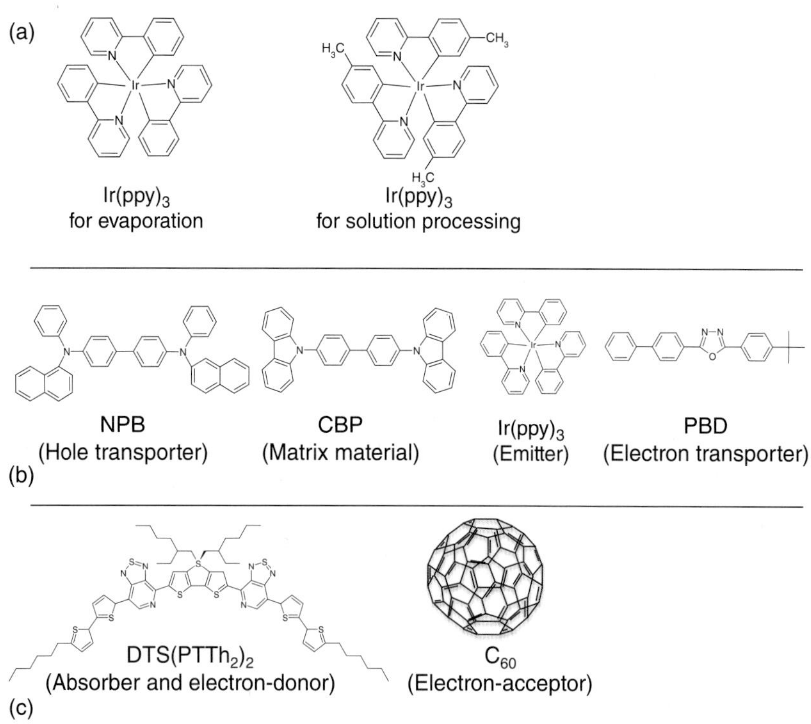

그림 1.5 π-공액 분자들의 예와 분류. (a) 공정 방식에 따른 분류, (b) OLED에서의 전자 기능에 따른 분류, (c) 유기태양전지에서의 전자 기능에 따른 분류.

장대에서 광흡수가 높은 분자는 태양전지의 소자구조에서 흡수층(다른 표현으로 '광수확 분자')에 사용될 수 있다. 전자를 쉽게 포기하는 분자들은 정공을 이동시키는 **정공수송**(hole transporting) **분자**로 사용될 수 있고, 마찬가지로 정공을 쉽게 포기하는 분자들은 전자를 이동시키는 **전자수송**(electron transporting) 혹은 **전자받개**(electron accepting) **분자**로 사용될 수 있다. 이러한 분자들의 일반적인 예는 그림 1.5에 소개되어 있다.

1.2.3 고분자 박막

고분자(polymer)라는 단어의 유래는 그리스어의 "Many"와 "Part"라는 뜻에서 파생되었는데, 이는 단일분자 단위가 무수히 반복되어 형성한 거대분자(macromolecule)를 의미한다. 유기반도체를 이해하는 범위에서 "Many"라는 뜻의 정의는 100회 정도의 단일분자 단위의 반복을 말한다. PPV 유도체나 Polyfluorene과 같은 상용화되어 있는 반도체 고분자들은 50,000~100,000 Da의 분자량을 가지고 있는데, 대략 200~400의 반복된 분자단위를 포함하고 있고(Box 1.1 참고), 20개의 분자단위 반복 사슬을 포함한 분자의 경우를 **올리고머**(oligomer)라고 한다. 분자단위 반복이 20~100인 경우는 연구자의 관점에 따라 Long Oligomer 혹은 Short Polymer라고 불린다. 반복되는 분자단위의 종류에 따라 고분자 분자들은 Homopolymer, Copolymer, Main-chain polymer, Side-chain polymer 등으로 불린다(Box 1.2 참고). 이 책에서는 흔히 볼 수 있는 직선 구조를 가진 Main-chain homopolymer를 주로 다룬다.

Box 1.1 고분자의 평균 분자량

고분자가 합성될 때 모든 분자들이 동일한 숫자의 분자단위가 반복된 구조를 가지지는 못한다. 대신에 분자들은 일부분 짧은 사슬, 많은 중간 길이의 사슬, 적은 수의 긴 사슬 등 각각 다른 고분자들이 혼합되어 분포된 상태가 된다. 고분자 재료는 평균 중량에 의해 분석된다. 이러한 평균 중량을 구할 수 있는 여러 가지 방법들이 존재하는데, 가장 중요한 개념은 **수 평균 분자량**(number-average molecular weight) $\overline{M_n}$과 **중량 평균 분자량**(weight-average molecular weight) $\overline{M_w}$이다. 일반적으로 값들을 갖는 분포의 총량에 대한 평균값 $\bar{x}$는 x_i값과 이에 대한 각각의 확률 p_i의 곱 $\bar{x} = \sum_i p_i x_i$으로 나타낸다.

이러한 분포에서 발생하는 분자질량 M_i의 확률이 그러한 질량을 가진 분자들의 수 분율(number fraction)에 비례한다고 생각하면 N_i를 질량 M_i를 가진 분자들의 수라고 할 때 $p_i = N_i / \sum_j N_j$라는 관계식을 얻게 되고, 이 식은 다음과 같은 수 평균을 구할 수 있는 식을 제공한다.

$$M_n = \sum_i p_i M_i = \sum_i \left(\frac{N_i}{\sum_j N_j} \right) M_i = \frac{\sum_i N_i M_i}{\sum_j N_j} \tag{B1.1.1}$$

이 식은 단지 산술적인 평균값만을 알려 줄 수 있는데, 만약 분자의 중량 분율에 비례하는 분자질량 M_i를 가질 확률을 고려하면 확률 $p_i = N_i M_i / \sum_j N_j M_j$가 되고, 이에 따라 중량 평균은

$$M_w = \sum_i p_i M_i = \sum_i \left(\frac{N_i M_i}{\sum_j N_j M_j} \right) M = \frac{\sum_i N_i M_i^2}{\sum_j N_j M_j} \tag{B1.1.2}$$

으로 표현할 수 있다. 대부분의 경우 중량 평균 분자량은 분포되어 있는 중량을 분석하는 데 적합하다. 이러한 사실은 다음의 예에서 잘 설명되는데, 분자량 10,000 Da인 고분자 9 mole과 분자량 50,000 Da인 고분자 5 mole이 있다고 가정할 때(Da는 Dalton의 약자로서 ^{12}C 원자량의 1/12, 즉 1.66×10^{-27} kg으로 원자질량을 표기할 때 사용하는 단위 u와 같이 분자량을 표기할 때 사용하는 단위이다) M_n과 M_w를 다음과 같이 산출할 수 있다.

$$\overline{M_n} = \frac{(9 \cdot 10000\,\mathrm{Da}) + (5 \cdot 50000\,\mathrm{Da})}{9+5} = 24286\,\mathrm{Da} \cong 24\,\mathrm{kDa}$$

$$\overline{M_w} = \frac{9 \cdot (10000\,\mathrm{Da})^2 + 5 \cdot (50000\,\mathrm{Da})^2}{(9 \cdot 10000\,\mathrm{Da}) + (5 \cdot 50000\,\mathrm{Da})} = 39\ \ 412\,\mathrm{Da} \cong 39\,\mathrm{kDa}$$

시료는 50,000 Da의 중량을 가진 고분자 250,000 Da과 10,000 Da의 분자량을 가진 고분자 90,000 Da을 포함하고 있기 때문에 대략 39 kDa의 중량 평균 분자량이 24 kDa의 수 평균 분자량보다는 고분자 시료 전체의 분자량을 나타내기에 더 적합해 보인다. 예를 들어 겔 투과 크로마토그래피(gel permeation chromatography)에 의해 측정된 MEH-PPV의 분자질량의 분포는 그림 B1.1.1에서 수 평균 분자량 $\overline{M_n}$과 중량 평균 분자량 $\overline{M_w}$의 값을 따라 나타내었다.

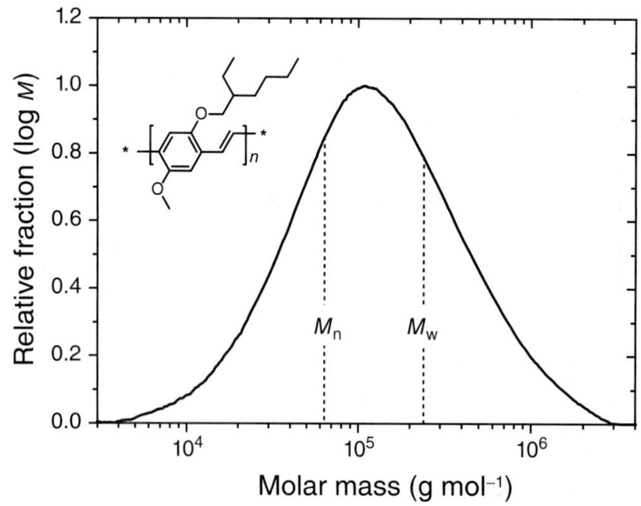

그림 B.1.1.1 MEH-PPV 시료의 분자질량 분포곡선. 중량 평균 분자량 $\overline{M_w}$는 234,000이고 수 평균 분자량 $\overline{M_n}$은 64,500을 가리키고 있다.

분포의 확산은 **고분산 지수**(PDI, Polydispersity Index)로 표현할 수 있는데, 수 평균과 중량 평균 사이의 비율로 정의된다.

$$\mathrm{PDI} = \frac{\overline{M_\mathrm{w}}}{\overline{M_\mathrm{n}}} \tag{B1.1.3}$$

위에서 언급한 MEH–PPV의 경우에 적용하면 고분산 지수 PDI = 39/24=1.62가 된다. 일반적인 고분자 사슬에서의 분자단위 반복의 수, 소위 **고분자화 정도**(DP, Degree of Polymerization)에 대해 관심을 갖게 되는데, 이 값은 중량 평균 분자량을 계산된 반복되는 분자단위의 중량으로 나누어 구할 수 있다.

Box 1.2 고분자의 구조와 명칭

앞서 언급한 정의에 따르면 고분자는 반복되는 분자단위의 연속으로 구성되어 있다. 연속되는 방식에는 다양한 형태가 존재하는데, 반복되는 분자단위가 모두 동일한 경우를 **Homopolymer**라 하고 서로 다른 분자단위가 조합하여 반복되는 경우를 **Copolymer**라고 한다. 과학자들은 반복되는 분자단위가 규칙적이거나 불규칙적이거나 블록 상태인 경우를 각각 **Alternating Copolymer, Statistical Copolymer, Block Copolymer**로 분류하여 부르기도 한다. 예를 들면 ABABABABABABABAB 구조는 Alternating Copolymer, ABBAABABBBAABAABBA 구조는 Statistical Copolymer, AAAAAAAABBBBBBBBB 구조는 Diblock Copolymer이다.

현재 사용되고 있는 대부분의 반도체 고분자 구조는 전자적인 특성을 가지고 있는 반복되는 분자단위가 고분자 주사슬의 일부분을 구성하고 있는데, 이들은 **주사슬 고분자**(main chain polymer)라고 불린다. 한편 **곁사슬 고분자**(side chain polymer)라고 불리는 물질들이 있는데, 주사슬은 전자적으로 아무런 특성을 나타내지 않지만 곁사슬은 전자적인 특성을 보여준다. 이러한 고분자들의 구조는 그림 B1.2.1에 나타나 있다.

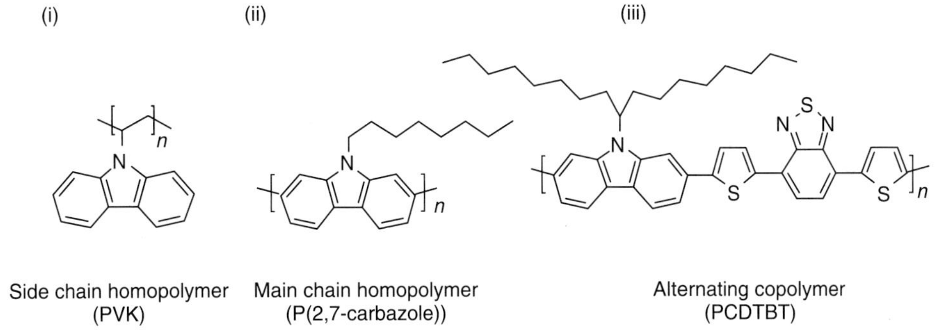

그림 B1.2.1 광학적·전자적 활성을 띠는 분자단위인 Carbazole을 포함하고 있는 고분자 물질들의 구조 (i) Side Chain Polymer인 PVK(Poly(Vinylcarbazole)), (ii) Main Chain Copolymer, (iii) Thiopene에서 Benzothiadiazole로 이루어진 전자주개(도너)와 연결된 Carbazole 전자받개(억셉터)를 포함하고 있는 PCDTBT라고 불리는 Alternating Copolymer.

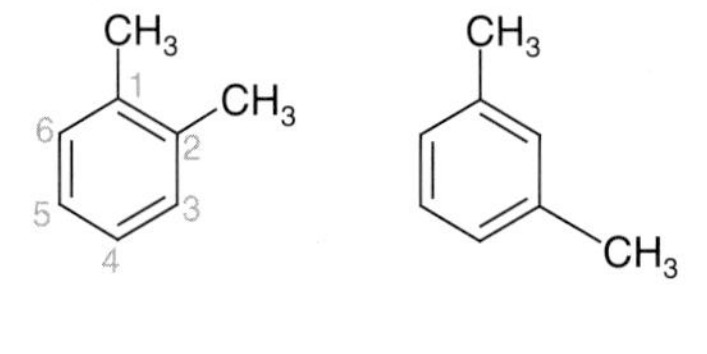

o-Xylene *m*-Xylene *p*-Xylene

그림 B1.2.2 Phenyl 고리 구조에서 수소가 2개의 Methyl기(–CH_3)로 치환되면 Xylene(혹은 Dimethylbenzene)으로 변환된다. 이때 결합한 2개의 Methyl기의 고리 내 ortho, meta, para의 위치에 따라 화합물은 *o*–Xylene(=1,2–dimethylbenzene), *m*–Xylene(=1,3–dimethylbenzene), *p*–Xylene(=1,4–Dimethylbenzene)으로 불린다.

반도체 고분자는 대개 Phenyl이라고 불리는 고리 구조를 포함하는데, 그들은 고분자를 구성하는 사슬의 여러 다른 위치에 연결되어 있다. 화학자들은 *para, meta, ortho*라는 접두어를 사용하여 고리 구조의 각기 다른 두 위치에 결합되는 경우를 구분하고 이탤릭체 *p, m, o*의 약자로 화학명칭을 표기한다. 예를 들어 Phenyl 고리 구조에 있는 탄소에 1～6까지 6개의 번호를 부여하면 Poly(para–phenylene)[혹은 Poly(*p*–phenylene)]는 고리 구조의 정반대 방향에 위치한 1번과 4번의 탄소에 결합되어 있는 것을 의미한다. Poly(meta–phenylene)[혹은 Poly(*m*–phenylene)]의 경우에는 1개의 탄소를 건너뛰어 1번과 3번의 탄소에 결합되어 있는 것을 의미하고 Poly(ortho–phenylene)[혹은 Poly(*o*–phenylene)]의 경우는 인접한 2개의 탄소, 즉 1번과 2번 탄소에 결합되어 있는 것을 의미한다. Para, meta, ortho 위치에 대해서는 그림 B1.2.2에 표시되어 있다.

어떤 고분자 사슬에서는 연속되는 구조에서 곁사슬의 상대적인 위치가 서로 연관성을 갖는다. 예를 들면 아래에 나타낸 방향족 탄소의 번호를 가진 Thiophene 고리 구조에서 Alkyl 곁사슬은 3번과 4번 탄소에 결합되어 있다. 만일 곁사슬이 항상 고리 구조 내 같은 위치의 탄소(예를 들어 3번 탄소)에 결합되어 있고 반복되는 분자단위가 한쪽 고리 구조의 2번 탄소와 다른 고리 구조의 5번 탄소에 결합되어

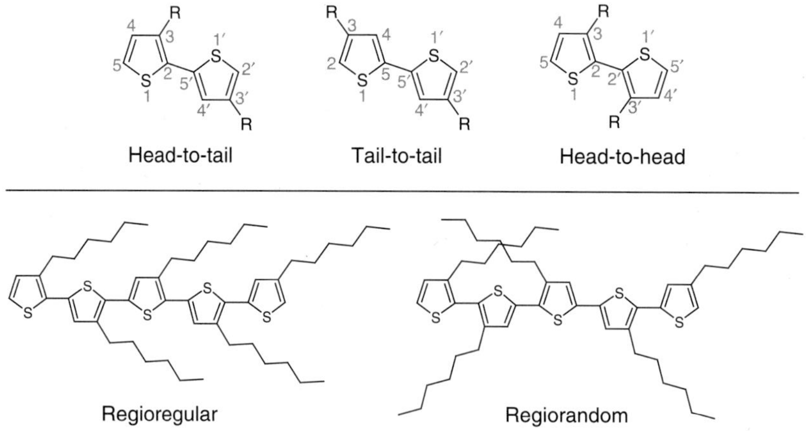

그림 B1.2.3 Thiophene 고리의 연결 형태. (a) Head to tail, Tail to tail, Head to head의 3가지 연결 조합. (b) 모든 연결이 Head to tail이면 위치규칙적 구조이고 그렇지 않으면 위치불규칙적 구조이다.

있는 구조(소위 2,5′– 혹은 Head to tail)이면 이 분자에서의 모든 곁사슬의 방향은 동일하고, 이를 **위치규칙적**(regioregular) 구조라 표현한다. 다른 결합조합의 경우, 예를 들면 불규칙한 곁사슬의 방향을 가진 2,2′(Head to head) 혹은 5,5′(Tail to tail) 결합조합을 포함한 구조는 **위치불규칙적**(regiorandom) 구조라고 할 수 있다. 위치규칙적인 구조는 좀 더 질서 있는 막의 조성을 가지게 되고, 이는 우수한 전하운반의 이동도를 갖는 요인이 된다. 3번 탄소에 Hexyl기를 가진 Polythiophene(P3HT)는 위치규칙적인 구조를 가진 반도체 고분자 물질의 전형적인 경우라고 할 수 있다(그림 B1.2.3 참고).

반도체 고분자의 주사슬은 규칙적으로 반복되는 단일 혹은 이중결합을 구성하는 탄소 원자의 사슬로 형성된다. 방향족 혹은 혼합방향족 고리들은 이런 형태의 한 부분을 구성한다. 오늘날 반도체 고분자의 주류는 일반적인 유기 용매에 용해되는 곁사슬을 포함하는데, 이러한 곁사슬의 특성은 소자에 적용될 경우 만족할만한 수준에는 이르지 못하고 있다. 왜냐하면 곁사슬들은 반도체 고분자들의 유기 용매에 대한 용해도를 높이기는 하지만 동시에 박막을 형성할 때 분자들 간에 일정한 거리를 유지하게 하고 때로는 고분자 사슬 상호간 상대적인 방향성을 조절한다. 이러한 이유로 곁사슬은 고분자 사슬들 사이에서 발생할 수 있는 전자적인 상호작용에 영향을 미친다. 그러나 사슬 간 상호작용은 OLED에서의 중요한 기술적 요소인 발광효율[31–32]과 태양전지 소자에서의 전하수송체 생성[33–34] 및 OFET에서의 전하수송 이동도[35]를 결정한다.

따라서 고분자 반응을 시작하기 전에 적합한 곁사슬을 선정하는 것이 화학합성의 중요한 첫 단계이다. 곁사슬은 대개 연속되는 탄소 단일결합으로 구성되는데 분자의 사슬 구조를 분명하게 표기하기 위하여 탄소에 결합된 수소 원자는 생략한다. 고분자 구조에서 탄소 원자가 주사슬에 직접 결합하고 있는 Alkyl기는 탄소 원자의 수가 1, 2, 3, 4개일 경우 각각 Methyl, Ethyl, Propyl, Butyl 등으로 혹은 주사슬에 직접 결합하고 있는 원소가 산소일 경우에는 탄소 원자의 수가 1, 2개일 경우 Methoxy, Ethoxy 등으로 호칭되는데, 이런 곁사슬들은 대개 직선 혹은 가지 형태의 모습을 띤다(그림 1.6). 가지형 곁사슬들은 사슬 간의 상호작용을 유발하기가 더욱 용이한데[33, 36], 전계발광이 관찰된 첫 번째 고분자 물질인 PPV[10]는 어떤 곁사슬도 가지고 있지 않아서 유기 용매에 용해되지 않으므로 특별한 전구체(precursor)의 형태에 따라 220~300도의 온도에서 4~12시간의 제거반응 단계를 포함하는 전구체 반응경로에 따라 합성되었다[37]. 많은 반응시간이 소모되고 추가적인 반응경로가 필요하며, 최종적으로 형성되는 막 구조에서의 화학적인 결합의 문제가 발생하여 고분자의 광전기적인 특성에 영향을 미친다. 이러한 이유로 인해 전구체의 선구자 역할을 했던 PPV는 용해가 가능한 유도체인 MEH–PPV로 교체되었고, 이 물질은 용해공정이 용이하여 인쇄기술을 포함한 다양한 공정의 적용이 가능한 용액공정에 사용될 수 있는 장점이 유효한

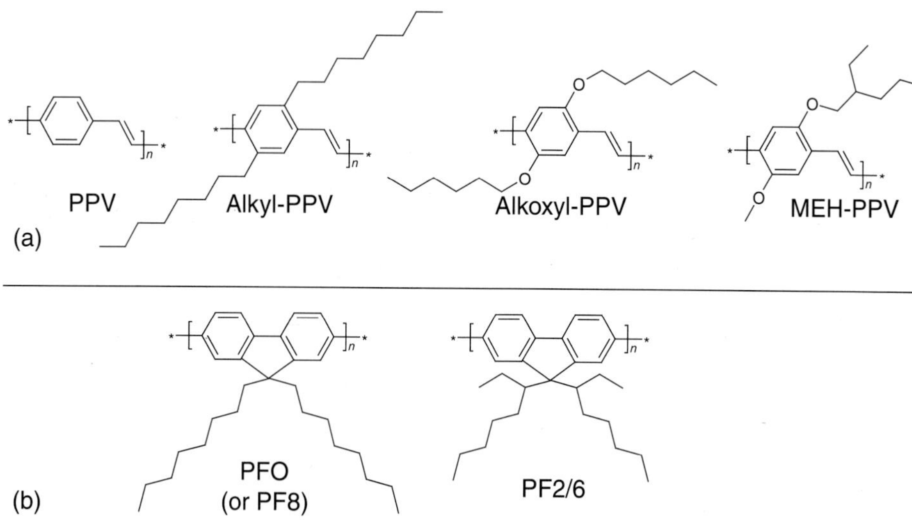

그림 1.6 (a) 곁사슬이 없는, 선형 Alkyl 곁사슬을 가진, 선형 Alkoxy 곁사슬을 가진, 가지형 곁사슬을 가진, 비대칭 선형 Alkoxy 곁사슬을 가진 Poly(*p*–phenylene vinylene)(PPV), (b) 선형 Octyl 곁사슬을 가진, 가지형 곁사슬을 가진, Ethyl–Heptyl 곁사슬을 가진 Polyfluorene(PF)의 예.

용해성 고분자 반도체로 인식되었다. 용해성 고분자는 또한 C_{60} 유도체와 같은 물질들과 쉽게 연계된 혼합물을 형성하여 태양전지 제작에 흔히 사용되지만, 소자에서의 복수층의 막 구성은 첫 번째로 형성된 막을 용해시키지 않으면서 두 번째 막을 적층하는 것이 쉽지 않기 때문에 용해성 고분자로는 구현하기 어렵다. 용해성 고분자로 복수층의 막을 구성하기 위해서는 서로 다른 용매, 예를 들면 극성 용매인 Alcohol과 비극성 용매인 Toluene에서만 용해되는 고분자 물질 혹은 용액공정에 의해 형성된 막이 이후 그물화 반응(cross–linking)이 일어나 용해되지 않는 고분자로 변환되는 물질이 필요하다[38–41]. 지금까지 언급된 물질들은 본래 절연체의 특성을 가지고 있어 전하운반체의 고유한 농도에 대한 영향은 무시해도 무방하다. 전극이나 도핑에 의한 전하 주입을 통해 외부에서 공급되는 전하는 소자를 구성하는 물질을 가로질러 운반되고, 결국은 전계발광과 같은 현상을 일으킨다. **유기반도체**나 **반도체 고분자**와 같은 물질들은 이러한 물리화학적인 배경에서 이해할 수 있다.

이 책에서 더 이상 다루지 않을 관련 재료로 전도성 고분자가 있는데, 고분자에서 '전도성'(실제로는 절연성)이라는 용어의 의미는 높은 농도의 도핑을 했을 때 진정한 전도성 고분자로서의 특성을 갖게 된다는 것이다. 이러한 사실은 Heeger, MacDiarmid, Shirakawa와 그들의 공동연구자들에 의한 Poly(acetylene)의 연구를 통해 확인되었다[15, 16]. 기술적인 적용의 측면에서 정전기방지, 부식방지용, 전도성 페인트에 적용되기 위해서는 지속적이고 높은 수준의 균일한 도핑 농도가 필수적으로 요구된다. 전도성 고분자인 Poly(aniline), Poly(pyrrole), Poly(3,4–ethylene dioxythiophene)과 Polystyrene sulfonic acid의 혼합

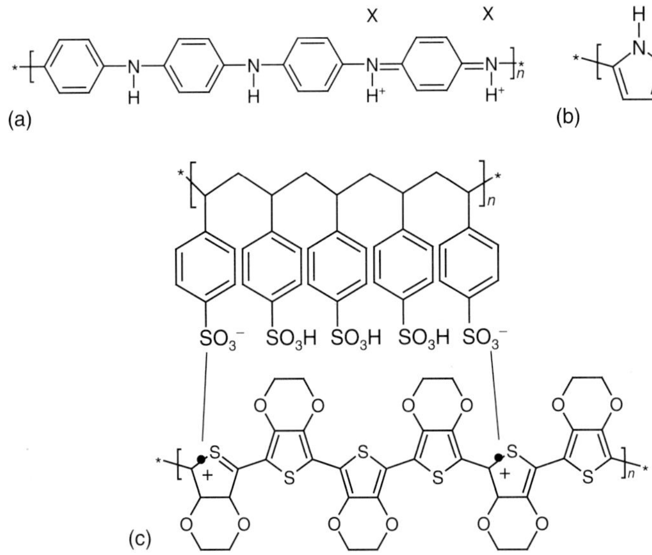

그림 1.7 몇 가지 전도성 고분자들. (a) 여러 가지 산화상태와 도핑된 형태로 존재하는 Polyaniline(PA). 여기서는 Emeraldine 염의 형태로 보여준다. (b) Polypyrrole. (c) PEDOT(아래)와 PSS(위)의 혼합물, PEDOT:PSS.

물인 PEDOT:PSS의 경우에는 전도도가 수백 Siemens/cm 수준에까지 도달할 수 있다 [42–48](그림 1.7). PEDOT:PSS에 초점을 맞춘 전도성 고분자에 대한 기초적인 내용은 참고문헌 [49]에서 찾을 수 있다.

1.2.4 추가적인 관련 화합

유기반도체와 관련된 일련의 화합물들에는 Fullerene과 탄소 나노튜브가 있는데(그림 1.8), 모두 6 혹은 5개 탄소로 구성된 고리 구조를 가진 평면형 거대분자이다. 이러한 평면 구조가 구형을 이루면 Fullerene이라고 일컬어진다. 최초의 Fullerene은 Kroto에 의해 발견되었는데

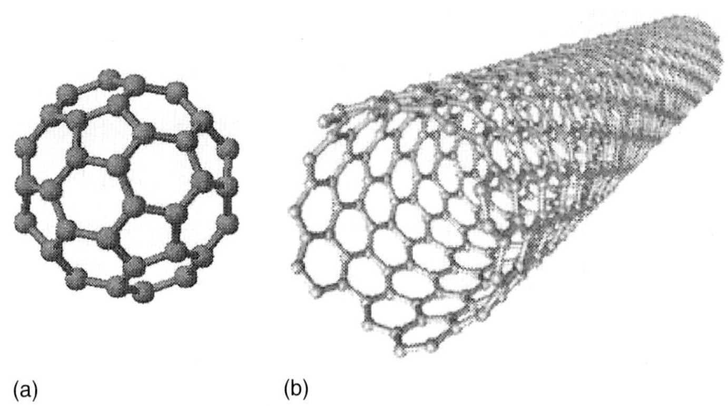

그림 1.8 (a) Fullerene, C_{60}과 (b) 단일면 탄소 나노튜브

[52], 60개의 탄소 원자로 구성되어 있고 이러한 형태가 가장 일반적이기는 하지만 C_{70} 혹은 C_{76}도 존재하기도 한다. 탄소 나노튜브는 평면형 구조가 말려서 튜브형 구조를 이루는 것을 말하는데, 어떤 형식으로 말리느냐에 따라 반도체 혹은 금속의 특성을 띤다. 탄소 나노튜브는 한 장의 평면형 구조가 말림으로 생기거나(단일면 탄소 나노튜브) 여러 장의 평면형 구조가 말려서(복수면 탄소 나노튜브) 형성되기도 한다. Fullerene이나 탄소 나노튜브는 때로 유기태양전지에서 전자받개 재료로 사용되기도 한다. Fullerene과 탄소 나노튜브에 대한 참고문헌은 [53–55]를 살펴보기 바란다.

어떤 유기반도체 분자물질들은 액정(LC, Liquid Crystal)을 형성할 수 있는데, 바꿔 말하면 결정체로서의 방향성을 가지나 동시에 액체와 같이 거동하는 분자라는 측면에서 고체와 액체의 중간체적인 성질을 갖는 상태로 존재하기도 한다. 액체와 같은 거동은 길고 유연한 곁사슬을 통하여 나타나는 반면 거시적인 방향성은 고정되어 있고 평탄하게 확장된 분자 중심들 사이의 반데르발스 상호작용으로부터 기인한다. 그들의 방향성에 따라 여러 가지 액정이 존재하는데, 유기반도체의 관점에서 보면 가장 자주 대비되는 종류로는 원반상 액정과 네마틱 액정이 있다. 전자는 평면의 원반처럼 생긴 분자가 적층되어 원기둥과 같은 형태를 띠며 후자는 분자 축들이 대략 일정한 방향으로 배열되어 있다(그림 1.9). 액정에 의해 제공되는 긴 거리를 따라 존재하는 방향성은 액정 분자가 갖는 이방성과 잘 짝지어진 전하수송 능력으로 인해 태양전지와 OFET에서 활용된다. 액정의 물리학적 측면은 참고문헌 [56–57]과 같은 고분자 혹은 응용물리 교재에 잘 설명되어 있다.

1.2.5 합성경로에 대한 언급

반도체 응용분야에 사용되는 화합물들은 특정한 합성경로에 따라 합성 연구실에서 만들어지는데 대개 정제의 단계를 거친다. 합성과 정제를 위해 선택된 방법은 시료의 결함 정도에 영향을 미치고, 따라서 그것의 광전기적인 특성에도 영향을 미친다. 여기서 구체적인 합성경로에 대해 논의하기는 어렵지만 간략한 언급은 할 수 있을 것 같다.

저분자(고분자와 대비되는 개념으로 분자량이 작은 물질)의 합성은 상대적으로 조절이 용이하여 고분자와는 달리 높은 순도까지 정제가 가능한데 이러한 정제는 승화나 결정화 과정 중에 행해지며, 따라서 진공증착 막이나 분자 결정체들은 동일한 분자들을 사용하여 스핀코팅에 의해 형성된 비정질 박막에 비해 종종 더 순도가 높다.

고분자의 합성은 명목상으로는 동일한 물질을 생성하지만 합성된 재료마다 약간 다른 광전기적인 특성을 나타내므로 불필요한 화학적 작용을 피하는 합성반응의 경로를 주의 깊게 선정해야 한다. 우선 고분자화 반응은 대개 Pd, Ni과 같은 금속 촉매를 필요로 하는 경우가 보통인데, 첫째 반응 후에도 미량의 금속 촉매가 화합물에 남아서 발광을 억제하거나 혹은 전하가 존재할 공간을 차단하고, 둘째 대부분의 고분자 반응은 용액 내에서 단분자의 짝지

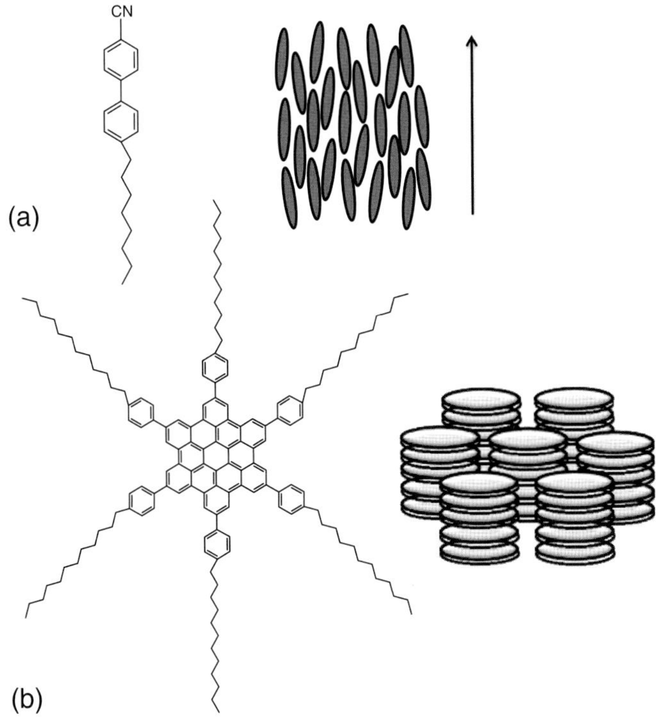

그림 1.9 (a) 네마틱 액정과 (b) 원반상 액정의 화학구조와 방향성

음을 통해 이루어지는데 이러한 반응의 과정에서 예상하지 못한 작은 곁사슬들이 결합하여 고분자 사슬의 다양한 형태를 구성한다. 고분자 물질의 정제는 반드시 필요한 기술인데, 고분자 재료를 합성하는 반응경로마다 서로 조금씩 다른 고분자 물질이 생산될 가능성이 크기 때문에 높은 수준의 고분자 재료의 순도를 유지하는 것이 상업적인 화학물질을 대량으로 생산하는 회사에서는 반드시 필요하다.

더욱이 고분자 재료의 합성에 사용되는 단분자 단위는 고분자화 반응을 활성화하는 브로민 혹은 다른 할로겐 원소를 가진 기능성 말단기를 포함하고 있어서 고분자화 반응이 종료되었을 때 고분자 물질의 양쪽 말단에 브로민기가 남는다. 이런 브로민 말단기들은 고분자 물질의 전하를 가두고 발광을 방해하는데, 이를 방지하기 위해서 Phenyl 고리를 이용하여 브로민을 대체할 수 있다.

화학합성 분야에서는 양질의 합성 결과물을 얻기 위하여 다양한 형태의 반응경로를 조정하고 개선하는 것이 중요한 관심사이다. 예를 들어 Thiophene 고분자 P3HT를 합성하고자 할 때 고분자 사슬의 위치규칙성은 선택된 합성경로에 의해 조절이 가능한데, 이는 McCullough와 Lowe에 의해서 이전에 행해진 반응경로보다 위치규칙성이 높아진 반응경로가 발견됨으로써 증명되었다[58−59]. 대개의 반도체 고분자 합성에는 Yamamoto 짝지음

[60]과 Suzuki 짝지음[61] 반응이 적용되는데, Yamamoto 짝지음 반응에서는 Br−Ar−Br 형태의 단분자 단위가 Ni을 촉매로 하여 Br이 제거되면서 고분자 사슬 구조의 모습으로 서로 연결되게 된다. 이때 Ar은 전자적으로 활성인 방향족 그룹을 의미한다. 이러한 형식의 고분자 반응은 오직 Homopolymer 혹은 비균일 Copolymer만을 생성한다. Suzuki 짝지음이 가능하기 위해서는 $(HO)_2Br-Ar-Br(OH)_2$, Br−Ar′−Br과 같은 서로 다른 2개의 기능성을 갖는 단일분자가 필요한데, 이들은 Pd 촉매를 통하여 짝지음을 한다. Ar과 Ar′의 분자구조가 다를 경우에는 짝지음의 결과 Alternating Copolymer를 형성한다. Suzuki 짝지음이 고분자 반응에서 특별히 많이 사용되는 이유는 반응 조건이 까다롭지 않고 상대적으로 다양한 기능성 그룹에 적용할 수 있으며, 적은 양의 촉매만 필요하기 때문이다. 추가적인 합성경로에 대한 설명은 참고문헌 [62−63]을 살펴보기 바란다.

1.3 분자의 전자 상태

1.3.1 탄소의 원자궤도

유기반도체 물질들은 탄소를 기반으로 하여 구성되어 있으므로 탄소의 전자구조에 대한 이해가 필요하다. 탄소 원자는 바닥상태에서 6개의 전자를 가지고 있는데 2개는 1s 궤도에, 2개는 2s 궤도에, 그리고 나머지 2개는 $2p_x$, $2p_y$, $2p_z$ 궤도 가운데 2 궤도에 존재한다(Box 1.3). 전자들이 궤도에 분포하고 있는 형태를 나타내기 위해 소위 **궤도분포**(configuration)라는 방식을 사용하는데, 탄소 원자의 경우는 $(1s)^2(2s)^2(2p_x)^1(2p_y)^1$ $(2p_z)^0$ 혹은 간략하게 $1s^22s^22p_x{}^12p_y{}^1$으로 표현한다. 이러한 궤도분포에서 탄소는 단지 2개의 공유결합(covalent bonding)만이 가능하다. 만약 2s 궤도의 전자가 비어 있는 $2p_z$ 궤도로 이동한다면 탄소 원자는 4개의 공유결합을 할 수 있게 된다. 4개의 공유결합을 형성하는 데 필요한 결합에너지는 전자를 2s 궤도에서 $2p_z$ 궤도로 이동시키는 데 필요한 에너지보다 큰 것이 분명하므로, 이러한 현상은 탄소의 기본적인 원자 형태에서는 일어나지 않는다.

수소나 다른 탄소와 같은 원자들이 결합의 상대로 접근하게 되면, 이때 수반되는 외부의 힘은 2s와 2p 궤도 간 에너지 차이를 보상하게 되고 결과적으로 이 궤도들을 축적하게 된다. 이렇게 하여 동일한 축 선상의 2s 궤도와 2p 궤도가 조합된 새로운 **혼성궤도**를 형성하는데(그림 1.10), 화학자들은 흔히 이를 '궤도들의 혼합'이라고 부르기도 한다. 궤도의 혼합에는 4개의 모든 궤도, 단지 3개의 궤도, 단지 2개의 궤도를 포함하는 형태가 존재하지만 특별히 1개의 2s 궤도와 3개의 2p 궤도를 포함한 혼성궤도의 경우를 $2sp^3$ 궤도라고 부른다(p의 위 첨자 3은 3개의 p 궤도가 혼합에 참여하였음을 나타낸다). 이 혼성궤도에서 4개의 궤도는 모두 동등하고 상호간 109.5도의 각을 가지고 정사면체 각각의 꼭짓점을 향하는 구조를 갖고 있는데, 이는 2개의 탄소로 구성된 Ethane 분자의 구조에서 명확히 보인다(그림 1.11). 2s

Box 1.3 σ와 π 궤도

전자들의 각운동량 궤도양자수에 따라 탄소의 원자궤도들은 **s와 p 궤도**로 규정되고 원자를 중심으로 구형의 전하 분포를 가진 s 궤도와 *x*, *y*, *z*축을 중심으로 2개의 '아령 형태'를 갖는 p 궤도로 표현된다. 마찬가지로 분자궤도는 전자가 두 원자의 결합축을 중심으로 원통형의 공간확률밀도를 갖는 **σ 궤도**와 대부분의 전자가 두 원자의 결합축 아래와 위에 존재하는 π 궤도로 나타낸다(그림 B1.3.1).

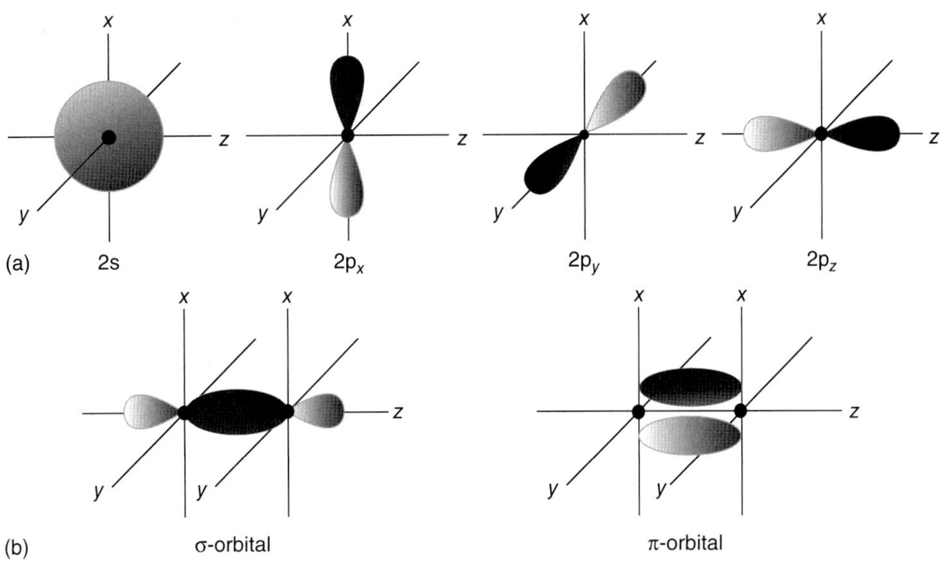

그림 B1.3.1 (a) s와 p 원자궤도. (b) 2개의 p_z 궤도와 2개의 p_x 궤도에 의해 형성된 σ와 π 분자궤도.

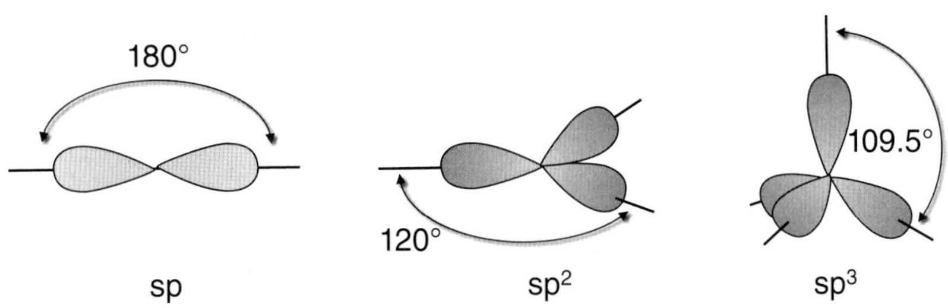

그림 1.10 sp, sp^2, sp^3 혼성궤도

궤도가 2개의 2p 궤도 $2p_x$, $2p_y$와 혼합하면 3개의 sp^2 혼성궤도를 형성하고, 이 3개의 혼성궤도는 *xy* 평면상에서 서로 120도의 각도를 갖고 남아 있는 $2p_z$ 궤도는 *xy* 평면에 수직 방향에 위치하게 된다. 이러한 혼성궤도의 형태는 Ethene 혹은 Ethylene이라 불리는 유기화합물 분자에서 발견할 수 있다. 마지막으로 2s 궤도와 1개의 2p 궤도가 혼합된 sp 혼성궤도가

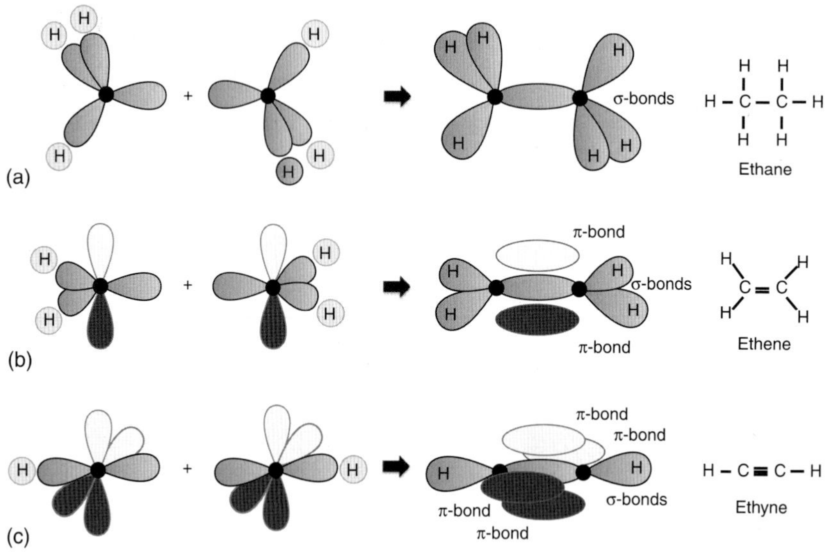

그림 1.11 (a) Ethane 분자를 형성하는 6개의 수소 원자와 2개의 sp^3 혼성 탄소 원자, (b) Ethene(혹은 Ethylene) 분자를 형성하는 4개의 수소 원자와 2개의 sp^2 혼성 탄소 원자, (c) Ethyne(혹은 Acetylene) 분자를 형성하는 2개의 수소 원자와 2개의 sp 혼성 탄소 원자. σ 결합은 밝은 회색으로, 2개의 다른 π 결합들은 각각 진한 회색과 흰색으로 표현하였다.

있는데 이들은 궤도 간 180도의 각을 이루며, 두 혼성궤도 사이의 결합은 Ethyne이라고 불리는 유기화합물 분자에서 발견된다. 혼성화에 대한 상세한 내용은 여러 물리화학 혹은 분자물리학 책[64–65]에 잘 설명되어 있다.

1.3.2 원자궤도에서 분자궤도로

탄소 원자 내 혼성궤도와 남아 있는 p 궤도의 숫자는 분자 내에서 몇 개의 결합이 가능한지를 결정한다. 분자 내 화학결합의 숫자를 예상하는 가장 유용한 방법은 두 원자 간 공유할 수 있는 몇 개의 전자쌍이 존재하는지를 살펴보는 것이다. 이런 전자들은 더 이상 하나의 원자에만 속해 있지 않고 2개의 원자에 동등하게 소속되어 있다. 이제 전자들이 1번 원자의 궤도와 2번 원자의 궤도에서 발견될 확률이 동등하기 때문에 더 이상 특정 원소의 궤도에 속해있지 않고 분자궤도 상에 존재하게 된다.

그림 1.11에서 보여주는 Ethane 분자를 생각해보면 2개의 탄소 원자 각각은 4개의 최외각 전자를 가지고 있고 각 전자는 $2sp^3$ 혼성궤도에 존재한다. 이 혼성궤도의 전자들은 수소 원자의 1s 궤도에 있는 전자들과 혹은 다른 탄소 원자의 $2sp^3$ 궤도에 있는 전자들과 짝짓게 된다. 이 결과 생기는 분자궤도를 ***σ* 궤도**라 하고 이러한 궤도를 만드는 결합을 ***σ* 결합**이라 한다. Ethane은 모든 결합이 *σ* 결합으로 이루어져 있는데 이를 Ethene 분자 C_2H_4와 비교해 보면, Ethene의 각 탄소 원자는 동일 평면상에 속한 3개의 $2sp^2$ 혼성궤도와 이 평면과 수직

방향으로 존재하는 $2p_z$ 궤도를 가지고 있다. 3개의 sp^2 궤도는 3개의 σ 결합을 형성하는데 이 가운데 2개는 수소 원자와의 결합을, 그리고 나머지 1개는 다른 탄소와의 결합을 형성한다. 한 탄소 원자의 $2p_z$ 궤도에 있는 전자는 다른 탄소의 $2p_z$ 궤도에 있는 전자와 짝지음을 하게 되는데, 이때 전자들은 분자결합축의 아래와 위쪽에 공간확률밀도를 가지게 되고 이런 형태의 분자궤도를 **π 궤도**라고 부르며, 이렇게 짝지어진 전자들을 π 결합이라 한다. 그러므로 Ethene의 두 탄소 원자는 2개의 결합을 가지게 되는데, 하나는 p_z 원자궤도의 중첩에 의해 형성된 π 결합, 다른 하나는 sp^2 원자 혼성궤도의 중첩에 의해 형성된 σ 결합이다. 결과적으로 Ethyne의 경우는 탄소–탄소 간 결합이 1개의 σ 결합과 2개의 π 결합으로 구성되어 있다.

만약 유기분자의 전기·광학적인 과정에 관심이 있다면 이들 분자에 존재하는 궤도뿐만 아니라 각 궤도가 갖는 에너지에 관해서도 이해를 해야 한다. 분자궤도는 대개 원자궤도의 선형결합(LCAO, Linear Combination of Atomic Orbital)이라고 추정되는데, 예를 들어 2개의 수소 원자에 존재하는 2개의 1s 궤도 ϕ_a와 ϕ_b를 생각해보자. 이들의 결합에 의해 형성되는 분자궤도에 대해 수식으로 표현하면 $\psi_+=c_1\phi_a+c_2\phi_b$이고, 이때 c_1과 c_2는 양의 수이다. 이러한 함수의 표현은 전자의 파동함수의 보강간섭이라고 할 수 있으며, 이는 전자궤도를 포함하는 원자 핵 사이의 전하밀도를 증가시켜 원자 간 결합을 강화하게 된다. 또한 $\psi_-=c_1\phi_a-c_2\phi_b$와 같은 분자궤도 함수의 표현도 가능한데, 핵 사이에 수반되는 전하밀도의 감소를 일으킴으로써 소멸간섭으로 해석할 수 있다. 이는 원자 핵 사이의 반발이 전자밀도에 의해 방해받음을 의미하는 것은 아니기 때문에 이런 궤도들은 반궤도(anti–orbital)로 불리며 $1s^*$와 같이 표기된다. 2가지 서로 다른 중첩의 방식에 따라 각각의 에너지 준위는 ϕ_a와 ϕ_b로 나타내고 분자궤도 함수는 낮은 에너지를 가지면 ψ_+, 높은 에너지를 가지면 ψ_-로 표기한다. 퍼텐셜에너지와 운동에너지의 합인 Hamilton 작용인자를 포함한 Schrödinger 방정식을 이용하여 이러한 에너지들을 계산할 수 있다. 이때 보강되는 에너지 부분은 $E_+=(\alpha+\beta)/(1+S)$로, 상쇄되는 에너지 부분은 $E_-=(\alpha-\beta)/(1-S)$로 표현한다. S는 중첩적분, α는 쿨롱 적분, β는 공명적분(혹은 **교환적분**)이라고 부른다. 수소 이온에 대하여 중첩적분 $S=\int\phi_a\phi_b d\tau$, $\alpha=\int\phi_a H\phi_a d\tau$, $\beta=\int\phi_a H\phi_b d\tau$로 주어지고, 이때 $\int d\tau$는 적분의 중첩된 공간의 값이다. 중첩적분은 서로 다른 원자 중심의 중첩된 부분에 위치한 두 궤도의 범위를 측정한 값이고 쿨롱 적분은 서로 다른 원자 핵에 존재하는 전자 간에 일어나는 쿨롱 상호작용을 측정한 값이며, 공명적분은 서로 다른 원자 중심에 위치한 두 원자궤도의 중첩과 원자 핵 사이의 상호작용을 표현한 것이다(Box 1.4 참고). 두 원자궤도 사이의 공명 상호작용은 공명적분 값에 의해 필수적으로 조정되는데, 이것은 대략적으로 두 원자궤도의 선형조합 사이 에너지 분리에 의해 결정된다. 작은 중첩적분 S 하에서는 $\Delta E=E_--E_+$ 값이

Box 1.4 수소 이온의 에너지 준위

수소 이온 H_2^+에 대하여 살펴보면 두 수소 원자 a와 b에서 Hamilton 에너지는 R의 거리로 떨어져 있는 두 수소 원자 핵으로부터 r_a, r_b의 거리에 존재하는 전자와 핵이 가지고 있는 운동에너지와 퍼텐셜 에너지의 총합으로 구성되어 있다. 이를 수식으로 표현하면 다음과 같다.

$$H = -\frac{\hbar^2}{2m_e}\nabla^2 + \frac{e^2}{4\pi\varepsilon_0}\left(\frac{1}{R} - \frac{1}{r_a} - \frac{1}{r_b}\right) \tag{B1.4.1}$$

원자궤도 ϕ_a와 ϕ_b를 사용하면 쿨롱 적분 $\alpha = \int \phi_a H \phi_a d\tau$는

$$\alpha = E_{1s} + \frac{e^2}{4\pi\varepsilon_0 R} - j', \quad \text{여기서} \quad j' = \frac{e^2}{4\pi\varepsilon_0}\int \phi_a^2 \left(\frac{1}{r_b}\right) d\tau \tag{B1.4.2}$$

으로 구할 수 있다. 쿨롱 적분에서의 j' 항은 ϕ_a^2의 확률밀도를 가진 전하 분포와 다른 핵 b 사이의 상호작용에 의한 전체 정전기 에너지의 양과 일치한다. 이와 유사하게 공명적분 $\beta = \int \phi_a H \phi_b d\tau$를 통하여 다음의 값을 얻을 수 있다.

$$\beta = \left(E_{1s} + \frac{e^2}{4\pi\varepsilon_0}\right) S - k', \quad \text{여기서} \quad k' = \frac{e^2}{4\pi\varepsilon_0}\int \phi_a \left(\frac{1}{r_a}\right) \phi_b d\tau \tag{B1.4.3}$$

공명적분에서의 k' 항은 핵 a가 가진 중첩 전하밀도 $-e\phi_a\phi_b$의 상호작용을 나타낸다. 결과적으로 두 원자궤도의 선형조합에서 생기는 두 에너지 E_+와 E_-는

$$E_+ = E_{1s} + \frac{e^2}{4\pi\varepsilon_0 R} - \frac{j' + k'}{1 + S} \tag{B1.4.4a}$$

$$E_- = E_{1s} + \frac{e^2}{4\pi\varepsilon_0 R} - \frac{j' - k'}{1 + S} \tag{B1.4.4b}$$

로 나타낼 수 있다. 바꿔 말하면 j'과 k'이 항상 양의 값을 가지기 때문에 E_+는 항상 E_-보다 낮은 값을 갖는다.

2β에 근접하고, 2개의 상호작용 궤도인 ϕ_a와 ϕ_b는 동일한 에너지를 갖는다. 만약 이들이 다른 에너지를 가지면 상호작용의 감소에 의해 에너지 분리가 일어나게 되고 작은 S 값에 대하여 $E_+ \approx \alpha_a - \beta^2/(\alpha_b - \alpha_a)$, $E_- \approx \alpha_b + \beta^2/(\alpha_b - \alpha_a)$가 된다. 이에 따라 $\Delta E = E_- - E_+ \approx (\alpha_b - \alpha_a) + 2\beta(\beta/(\alpha_b - \alpha_a))$가 되고, 결국 궤도들 사이의 에너지 차이가 증가하면 그들의 중첩 상호작용은 사라지게 된다. 이러한 현상은 그림 1.12에 잘 표현되어 있다.

이러한 사실은 분자궤도의 에너지에 대한 우리의 생각을 어떤 방향으로 유도하는가? LCAO 이론에 근거하여 분자궤도를 생각할 때 우리는 모든 원자궤도를 고려해야 한다. 그러나 원자에 의해 형성된 분자궤도의 에너지에 대한 정성적인 개념을 먼저 생각한다면 다른

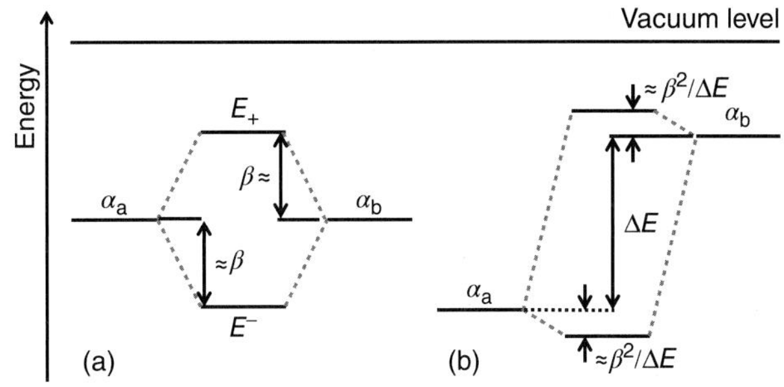

그림 1.12 두 궤도가 (a) 동일한 에너지, (b) 다른 에너지를 가지고 있을 때 공명 상호작용에 기인하여 발생하는 α_a와 α_b의 에너지 준위를 가진 두 분자궤도의 에너지 분리[64].

에너지를 가진 궤도로부터의 기여도는 작기 때문에 동일하거나 유사한 에너지를 가진 궤도의 쌍방간 상호작용을 고려하는 것만으로도 충분하다. 예를 들어 Ethene의 분자궤도 에너지를 생각하면 2개의 탄소 원자로부터 2개의 1s 궤도와 2개의 세 겹으로 축퇴된 $2sp^2$ 혼성궤도, 그리고 2개의 $2p_z$ 궤도 간 상호작용이 존재함을 알 수 있다. 1s 궤도는 핵과 가까이 있으므로 공명 상호작용은 무시할만한 수준이고 에너지 분리가 작은 σ와 σ^* 궤도만을 형성한다. 각 탄소의 3개의 $2sp^2$ 혼성궤도들 중 하나는 탄소 핵의 내부 축방향으로 향하게 되어 서로 멀리 떨어져 있도록 밀어내는 σ와 σ^* 궤도의 높은 중첩도를 초래한다. 비슷한 방법으로 다른 2개의 탄소 $2sp^2$ 혼성궤도와 수소의 1s 궤도 사이의 작용은 핵으로부터 동일한 거리에서 일어나고, 이에 따라 결합 π와 반결합 π^* 궤도 사이의 분리는 약해진다. 그림 1.13은 탄소와 수소 간 상호작용을 생략한 탄소 원자 간 상호작용을 잘 표현하고 있다.

이제 어떤 Ethene의 결합궤도가 비어 있는지 채워져 있는지 살펴보도록 하자. 탄소의 1s 궤도들은 각각 2개의 전자를 제공하고, 결과적으로 Ethene 분자에 포함된 2개의 탄소들은 σ와 σ^* 결합궤도에 실질적인 상호작용이 없는 총 4개의 전자를 참여시키게 된다. 각 탄소 원

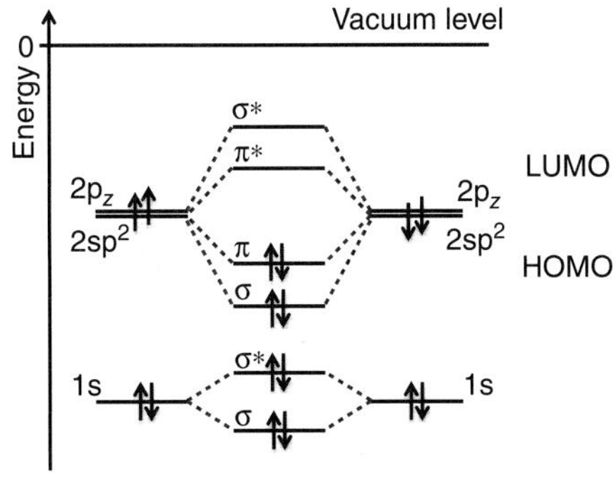

그림 1.13 원자궤도로부터 σ와 π 결합궤도의 형성을 표현한 Ethene의 에너지 다이어그램. 탄소–탄소 원자 간 상호작용만 표기하였으며 2개의 $2sp^2$ 혼성궤도에 의해서 형성된 탄소–수소 원자 간 σ 결합은 생략하였다[64].

자에 존재하는 3개의 $2sp^2$ 혼성궤도는 3개의 단일전자를 가지고 있으며, 이들은 인접한 다른 탄소 원자의 $2sp^2$ 혼성궤도 혹은 수소 원자의 1s 궤도에 포함되어 있는 전자와 결합하여 낮은 에너지 준위의 σ 결합궤도를 채우고 높은 에너지 준위의 σ^* 반결합궤도는 빈 상태로 남아 있게 됨으로써 결과적으로 탄소-탄소 혹은 탄소-수소 두 원자의 핵 간 인력적 상호작용이 발생하여 σ 결합들이 분자구조를 유지하게 된다. 2개의 탄소에 존재하는 $2p_z$ 궤도는 각각 1개의 전자를 보유하고, 이들은 π 결합궤도를 채우고 π^* 반결합궤도는 비워진 상태로 남겨둔다. σ 결합궤도와는 달리 π 결합궤도에서는 탄소-탄소 핵 간 인력적 상호작용이 거의 존재하지 않는데, 이것은 두 핵의 축방향으로 전자밀도의 겹침이 존재하지 않아 상대적으로 $\pi-\pi^*$ 에너지 격차가 $\sigma-\sigma^*$보다 작은 결과를 가져온다. 또한 결합을 이루기 전 원자 상태에서의 p_z 궤도보다 π 결합궤도의 에너지 준위가 낮아서 원자 상태에서의 전자는 결합을 형성한 후 더 안정화된다. 요약하면 Ethene에서 HOMO(Highest Occupied Molecular Orbital)는 π 결합궤도이고, 그 다음으로 높은 에너지 준위를 갖는 것은 전자가 없이 비어 있는 LUMO(Lowest Unoccupied Molecular Orbital)인 π^* 반결합궤도이다. HOMO와 LUMO의 에너지 준위를 실험적으로 측정하는 방법은 2장에서 논의하도록 하겠다. 분자궤도의 에너지 준위를 계산하는 또 다른 방법은 Box 1.5에 요약되어 있다.

Box 1.5 분자궤도의 계산

다른 방식의 접근방법

분자궤도를 계산하기 위한 다양한 방법이 존재한다. 이 가운데 가장 자주 사용되는 방법은 분자결합(VB, Valence Bond) 방식, 원자궤도의 선형결합(LCAO, Linear Combination of Atomic Orbital) 방식, Hückel 이론, INDO(Intermediate Neglect of Differential Overlap), 그리고 밀도의 기능적 이론(DFT, Density Functional Theory) 등이 있다. **VB 방식**은 19세기 초반에 소개된 이론으로 두 원자 간 전자쌍의 공유를 통해 화학적 결합이 형성된다는 개념이다. 가장 최근에 원자 간 결합을 설명하는 방법으로 대형 분자에 LCAO를 적용하여 설명하는 **분자궤도이론**(MOT, Molecular Orbital Theory)이 있다. 1931년에 Erich Hückel이 π와 σ 결합궤도를 분리하여 단순하면서도 일정 수준의 정확도를 갖는 방법을 찾아내었는데 소위 **Hückel 접근법**은 π 결합궤도에 최외각 전자를 갖는 많은 탄화수소 화합물에 유용한 계산방법이 되었다. Benzene 혹은 Butadiene과 같은 분자의 경우 학생 교과과목에서도 연습이 가능한 단순하고 편리한 방법이었다[66-67]. 이러한 계산 방식에 대한 이론적 발전의 대부분은 초기 파동함수를 설정하고 총에너지를 Hartree-Fock 방정식을 이용하여 지속적으로 파동함수를 개선하여 점차 오차를 줄여가는 **Hartree-Fock 접근**을 적용한 결과였다. 이러한 방식은 소위 Self-Consistent Field Method라고 불리는데, 분광학적 데이터나 이온화 에너지와 같은 물리적 특성값으로부터 많은 적분값이 계산되는 경우 이를 **Semi-Empirical**이라고 칭했다. 반대로 **ab initio 방식**에서는 모든 적분값이 실증값 없이 계산되는데, 오늘날에는 이 2가지 계산 방식을 모두 포함한 즉시 사용이 가능한 소프트웨어가 상업적으로 이용 가능하다. 적절한 시간 내에 계산을 해내기 위하여 중첩이 미미한 결합궤도 사이의 적분은 무시하는 것과 같은 방식으로 근삿값을 적용하는 계산 방식을 채택한다. 이런 방식은 근삿값의 정도에 따라 **미분 중첩의 완전한 무시**(CNDO, Complete Neglect of Differential Overlap)라고 부른다. 분자구조의 계산을 위한 색다르고 점차 보편화되어 가는 방식은 DFT인데, 이 방식은 전자 파동함수 ψ 대신 전자밀도 ρ에 초점을 맞춘다. 분자의 에너지는 그 자체가 위치 함수인 전자밀도의 함수로 표현되고 수학자들은 함수의 함수를 **함수적**이라고 간주한다. 전자밀도는 'Kohn–Sham–궤도'의 중첩으로부터 형성되었고, 이 궤도들은 반복적인 Kohn–Sham 방정식의 풀이를 통해 계산되었으며 일반적인 공간의 전자궤도와 혼돈되지 않았다. DFT 이론은 아직도 더 발전의 여지가 있는 효과적인 방식이라고 할 수 있다.

Butadiene의 계산 예

가장 단순한 이중결합 짝지음 분자 가운데 하나인 Butadiene, CH_2=CH–CH=CH_2는 4개의 sp^2 혼성 탄소 원자를 가지고 있으며 분자의 에너지 준위를 계산할 수 있다. 원자의 sp^2 궤도는 Butadiene의 주 사슬을 형성하는 분자 σ 궤도와 결합되어 있는데, 4개의 각 탄소 원자는 하나의 p_z 궤도 ϕ_i가 4개의 π 궤도를 형성하는 데 참여하고, LCAO로 계산될 수 있다.

$$\psi_\pi = \sum_{i=1}^{4} c_i \phi_i \tag{B1.5.1}$$

각 p_z 궤도 ϕ_i의 기여도 c_i는 **변분원리**(variational principle)를 적용함으로써 얻어지는데

$$E = \int \psi^* H \psi \, \mathrm{d}\tau \Big/ \int \psi^* \psi \, \mathrm{d}\tau$$

를 얻는다. 그러므로 이렇게 얻은 근삿값을 아래와 같은 선형조합으로 표현하면

$$\psi = \sum_{i=1}^{m} c_i \phi_i, \quad i = 1, 2, \ldots, m \tag{B1.5.2}$$

그리고 최선의 관계상수들 c_i는 일반 관계상수들에 관한 에너지의 기댓값을 최소화함으로써 얻어지는데, 바꿔 말하자면 다음 식의 해를 통해서 구할 수 있다.

$$\frac{\partial}{\partial c_i}\left(\int \psi^* H \psi \, \mathrm{d}\tau \right) = 0, \quad i = 1, 2, \ldots, m \tag{B1.5.3}$$

식 (B1.5.2)를 식 (B1.5.3)에 대입하면 다음의 선형방정식이 성립되는데,

$$\begin{aligned}
&c_1(H_{11} - ES_{11}) + c_2(H_{12} - ES_{12}) + \cdots + c_m(H_{1m} - ES_{1m}) = 0 \\
&c_1(H_{21} - ES_{21}) + c_2(H_{22} - ES_{22}) + \cdots + c_m(H_{2m} - ES_{2m}) = 0 \\
&\vdots \\
&c_1(H_{m1} - ES_{m1}) + c_2(H_{m2} - ES_{m2}) + \cdots + c_m(H_{mm} - ES_{mm}) = 0
\end{aligned} \tag{B1.5.4}$$

이때 Hamiltonian H_{ij}는

$$H_{ij} = \int \phi_i^* H \phi_j \mathrm{d}\tau, \quad S_{ij} = \int \phi_i^* \phi_j \mathrm{d}\tau$$

이고, 이러한 형태의 선형방정식은

$$|H_{ij} - ES_{ij}| = 0 \tag{B1.5.5}$$

일 때 방정식의 해에서 적어도 하나의 미지수가 0이 아닌 결과를 얻는다. 따라서 식 (B1.5.5)를 풀면 m 에너지 $E_i(i = 1, 2, \ldots, m)$를 구할 수 있고, 이 값을 식 (B1.5.4)에 대입하면 c_i값의 계산이 가능하게 된다. 물론 이 과정에는 ϕ_i값이 주어져 있으므로 모든 H_{ij}와 S_{ij} 값의 계산이 포함되는 것이 산술적으로 가능하다.

변분원리가 Butadiene 분자의 π 궤도함수의 계산에 적용될 경우 짝지은 π 구조에 합리적으로 적용이 가능한 Hückel이 제안했던 다음과 같은 일종의 근삿값을 사용하면 편리하다. 즉

(i) 모든 겹치는 적분에 대하여 $S_{ij} = 0$과 $S_{ij} = 1$을 적용한다.
(ii) Hamiltonian 함수의 모든 대각선 값은 $H_{ij} = \alpha$로 동일하다.

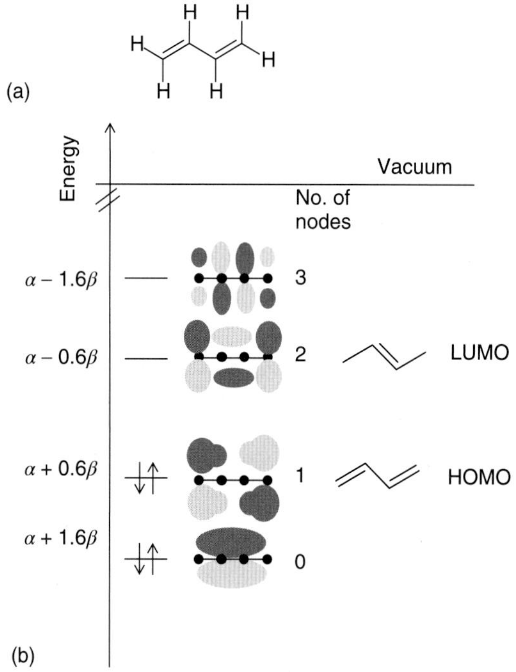

그림 B1.5.1 (a) 수소 원자를 포함한 Butadiene의 화학구조, (b) Butadiene 분자의 4가지 π 궤도함수 에너지(α, $\beta < 0$). 각 궤도함수에서의 π 전자가 점유하고 있는 궤도의 파동함수를 그들의 부호에 따라 어둡고 밝은 회색으로 표현하였고 파동함수의 노드 수와 HOMO, LUMO로의 결합의 변화를 동시에 나타내었다.

(iii) Hamiltonian 함수의 대각선 이외의 모든 값은 대각선에서 가장 가까운 $H_{ij}=\beta$를 제외하고 모두 0으로 정한다.

Butadiene의 경우에 Hückel의 근삿값을 식 (B1.5.5)에 적용하면 다음의 식을 얻는다.

$$\begin{vmatrix} \alpha - E & \beta & & \\ \beta & \alpha - E & \beta & \\ & \beta & \alpha - E & \beta \\ & & \beta & \alpha - E \end{vmatrix} = 0 \qquad \text{(B1.5.6)}$$

이 식을 풀면 $\beta < 0$의 조건에서 $E_{1,4} = \alpha \pm 1.62$, $E_{2,3} = \alpha \pm 0.62$의 4가지 에너지 상태를 얻을 수 있다. 이러한 Butadiene 분자의 4가지 π 궤도함수는 아래와 같이 정리할 수 있다.

$$\begin{aligned} \psi_{\pi4} &= 0.37\phi_1 - 0.60\phi_2 + 0.60\phi_3 - 0.37\phi_4 \\ \psi_{\pi3} &= 0.60\phi_1 - 0.37\phi_2 - 0.37\phi_3 + 0.60\phi_4 \\ \psi_{\pi2} &= 0.60\phi_1 + 0.37\phi_2 - 0.37\phi_3 - 0.60\phi_4 \\ \psi_{\pi1} &= 0.37\phi_1 + 0.60\phi_2 + 0.60\phi_3 + 0.37\phi_4 \end{aligned} \qquad \text{(B1.5.7)}$$

이 궤도함수들과 그들의 에너지는 그림 B1.5.1과 같이 제시할 수 있다.

전자가 모두 채워진 궤도함수는 HOMO에서 끝나고 전자가 채워지지 않은 궤도함수는 **Frontier 궤도**라고 불리는 LUMO에서부터 시작되는데, 이들은 분자의 전기·광학적 과정에서 중요한 역할을 한다. 전자가 어떤 분자에 위치하게 되면 가장 에너지가 낮은 LUMO의 빈 궤도함수로 들어가게 되고 이와 유사하게 정공의 주입이 에너지가 가장 높고 전자가 채워져 있는 HOMO에서 발생하여 전자를 전극으로 이동시키게 된다. 그러므로 전자나 정공의 주입이 일어날 수 있는지 여부는 금속 전극의 일함수 개념과 비교하여 고체막의 상태에서 분자의 HOMO와 LUMO 사이 상대적인 에너지 차이에 의존한다(그림 1.14). 커다란 공명작용 때문에 σ와 σ^* 궤도들은 각각 상당히 낮고 높은 에너지 상태에 존재하게 되어 전극으로부터 분자고체로 전하를 주입하는 것이 어렵다. 이와는 반대로 Frontier 궤도가 π 궤도에 의해 형성되면 일반적으로 전극 일함수와 Frontier 궤도 사이의 에너지 차이가 감소하는데, 유사한 관점에서 빛의 흡수를 통해 HOMO에서 LUMO로 전자가 이동하는 현상을 설명할 수 있다. 발광현상을 HOMO와 LUMO 사이의 전자 전이의 관점에서 설명하자면, Frontier 궤도가 σ 궤도이면 HOMO와 LUMO 사이의 에너지 차이가 커져서 $\sigma \rightarrow \sigma^*$ 전이가 자외선 스펙트럼 영역에서 일어나는 반면 Frontier 궤도가 π 궤도이면 HOMO와 LUMO 사이의 에너지 차이가 상대적으로 작은 $\pi \rightarrow \pi^*$ 전이가 가시광선 스펙트럼 영역에서 일어나는데, 이때 특별히 커다란 π 궤도인 경우에는 그 영향이 인접한 탄소 원자에까지 미치게 된다.

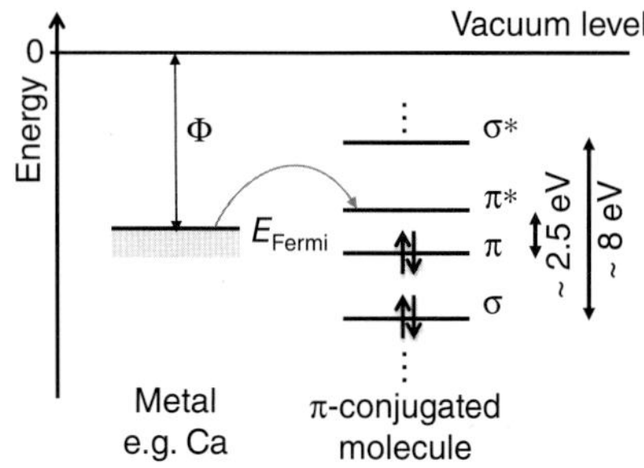

그림 1.14 금속의 일함수와 비교한 유기화합물에 존재하는 π와 σ 궤도가 최외각 궤도인 경우의 개략적인 에너지 준위. HOMO와 LUMO의 역할을 하는 π와 π^* 궤도의 에너지 간격은 2.5 ± 0.5 eV이고 이러한 에너지 차이는 가시광선 영역에서 흡수 혹은 발광이 일어나기에 적합하다. 대략 π^*–LUMO의 에너지 준위가 −2 eV이고 π–HOMO의 에너지 준위가 −5 eV이면 적절한 전극물질로부터의 전하 주입(예를 들면 일함수가 2.8 eV인 칼슘으로부터의 전자 주입과 일함수가 4.8 eV인 ITO로부터의 정공 주입)이 가능하다. 이와는 반대로 σ 궤도와 σ^* 궤도가 각각 HOMO와 LUMO인 경우에는 광학적 전이가 진공상태의 자외선 영역 내에서 존재하고 σ^*–LUMO는 진공의 에너지 준위에 근접하고 σ–HOMO의 에너지 준위는 대개 −8 eV에 가까워 전극으로부터의 전하 주입은 불가능하게 된다.

이러한 분자궤도의 개념으로부터 얻을 수 있는 중요한 사실은 **가시광선의 흡수와 방출, 금속 전극으로부터의 전하 주입과 같은 분자 내 전자 전이 과정은 Frontier 궤도의 에너지 준위에 의존한다**는 것이다. σ와 σ^* 궤도보다 에너지 차이가 작은 π와 π^* 궤도에서의 전자 전이가 좀 더 쉽게 일어나고 이를 통해 유기분자들을 유기반도체 개념으로 적용할 수 있게 된다. 그러나 탄소 원자를 실리콘이나 게르마늄 원자로 대체한 고분자인 Polysilylene이나 Polygermylene의 경우에는 σ와 σ^* 궤도 사이의 에너지 차이가 작아서 고분자막은 p형 반도체가 된다[68–69].

1.3.3 궤도에서 상태로

분자 내에서 어떻게 분자궤도가 바닥상태 혹은 들뜬상태로 이동할 수 있을까? 분자궤도 $\psi = \sum_i c_i\phi_i$를 원자궤도의 선형조합(LCAO, Linear Combination of Atomic Orbital)이라고 하면 관계상수 c_i는 변분원리를 적용하여 Schrödinger 방정식 $\hat{H}\psi = E\psi$을 통해 구하는 것이 필요하다. 핵을 정함수로 고려하면 Hamiltonian 함수는 (i) 핵 사이의 반발, (ii) 전자와 핵 사이의 상호작용, (iii) 서로 다른 전자 사이의 상호작용 등에 기인하는 각 전자의 운동에너지와 퍼텐셜에너지를 포함하게 된다. 지속적으로 움직이는 여러 개의 전자를 분석하는 것은 불가능하므로 하나의 분자는 **하나의** 전자만을 갖는다는 가설이 필요하다. 분자 내 하나의 전자 외 다른 전자들은 일종의 평균적인 에너지 장에서 퍼텐셜에너지만을 가진다고 가정하면 분자궤도는 **단일전자** 궤도가 된다. 이런 가정을 기반으로 앞에서 개략적으로 언급한 바와 같은 방식으로 단일전자 궤도의 에너지를 계산하는 것이 가능하고 분자의 특정 영역에서 궤도에 채워지는 전자의 수를 확인할 수 있다. 따라서 분자의 바닥상태에 존재하는 서로 연계된 다전자 파동함수는 분자의 단일전자 궤도의 결과로 $\Psi = \prod_i \psi_i$를 얻게 된다. (이 경우 전자 사이의 상호작용은 무시한다는 포괄적인 가정을 적용한다.)

전자 사이의 상호관계의 효과를 포함하는 들뜬상태의 에너지를 구하는 한 가지 방법은 소위 **배열의 상호작용**이라 칭하는 들뜬상태를 궤도 배열의 여러 가지 선형조합으로 구성하는 것인데, 여기서 **배열**(configuration)이라는 단어의 의미는 전자들이 어떻게 분자궤도들에 나뉘어 배치되어 있는가 하는 것이다. 예를 들어 어떤 특정한 배열은 모든 전자가 짝을 이루어 에너지가 가장 낮은 궤도를 구성하고, 이 경우에 분자는 가장 낮은 에너지 상태를 가지게 되며 이를 바닥상태의 배열이라고 한다. 이와 다른 배열은 하나의 전자가 HOMO에, 다른 전자는 LUMO 혹은 LUMO보다 에너지가 높은 궤도(LUMO+1), 혹은 LUMO+2에 위치하는 경우이다. 그렇지 않으면 HOMO에 두 전자가 모두 위치하지만 그 아래 에너지 상태의 궤도에 전자가 하나 배치되고 나머지 전자는 LUMO에 위치하는 배열일 것이다. 다양한 종류의 배열들이 쉽게 관찰되는데, 만약 전자−전자 간 상호작용이 존재하지 않는다면 하나의 전자는 HOMO에, 다른 하나의 전자는 LUMO에 위치하는 배열이 에너지와 파동함수의 측면에서 들뜬상태의 궤도를 적절히 표현할 수 있다. 그러나 전자들 사이의 상호작용을 고려하면 분자 내 들뜬상태의 본질은 단일전자 궤도에서 전자를 한 가지 형태로 표현하기는 쉽지 않다. 좀 더 유력한 가설은 그림 1.15에서 설명하는 바와 같이 다른 종류의 배열이 중첩된다는 것이다. 많은 유기분자에 있어서 첫 번째 들뜬상태는 80~95% 수준에서 하나의 전자는 HOMO에, 또 다른 전자는 LUMO에 위치하는 배열을 포함하는 중첩의 형태로 표현될 수 있다. 이를 제외한 나머지 배열은 '단일활성화'라고 불리는 형태, 즉 하나의 전자는 HOMO, 다른 하나의 전자는 LUMO가 아니라 LUMO+1(그림 1.15에서 S_1으로 표기된)에 존재하거나 혹은 하나의 전자는 HOMO−1, 2개의 전자는 HOMO, 하나의 전자는 LUMO에 존재하는 형태를 띠게 되며 '이중활성화'라고 불리는 HOMO와 LUMO에 전자가 존재하지 않고 다만 LUMO+1(그림 1.15에서 S_2로 표기된)에 2개의 전자가 존재하는 형태를 나타내기도 한

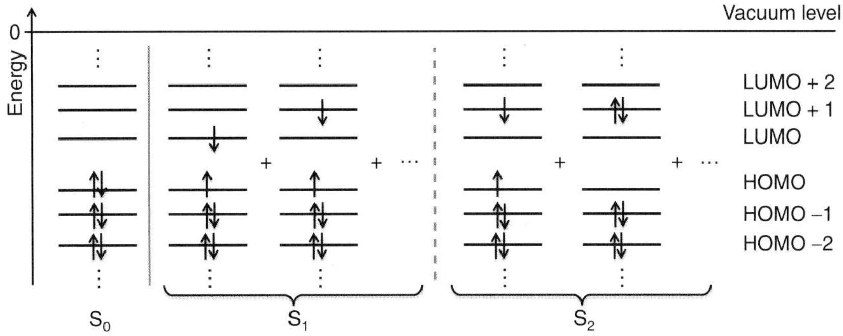

그림 1.15 배열의 상호작용 도식도. 바닥상태의 배열 S_0와 서로 다른 구성을 가진 첫 번째 들뜬상태의 배열 S_1, 그리고 두 번째 들뜬상태의 배열 S_2. 각 에너지 상태별로 가능한 여러 가지 배열들을 표시했는데, 대개 그 가운데 가장 높은 비율을 가진 배열이 존재한다.

다. 다음 단계의 높은 들뜬상태에 적용할 수 있는 유용한 가설을 충족시키기 위해서는 서로 다른 가중치를 고려한 다양한 형태의 배열이 필요하다.

분자에 대해 논의할 때 궤도(orbital)와 배열(configuration)과 상태(state)를 구별하는 것이 중요한데, 이것은 원자물리나 양자역학의 개론에서 논의되는 한 원자가 하나의 전자를 보유하는 경우와는 다르다. 단일전자 원자의 경우 원자의 상태는 하나의 전자가 점유하고 있는 궤도에 의해 정의된다. 궤도와 배열과 상태 사이의 중요한 차이점은 하나의 전자는 HOMO, 그리고 나머지 하나의 전자는 LUMO에 존재하는 배열을 생각하면 쉽게 이해할 수 있다. 2개의 단일전자들은 평행 혹은 반평행 스핀을 가지게 되지만 분자의 배열, 즉 하나의 전자를 가진 분자궤도에 존재하는 전자의 수는 동일하다. 그러나 분자의 각기 다른 들뜬상태에 따른 평행 스핀과 반평행 스핀의 경우 전체적으로 다른 에너지 상태와 파동함수를 가지게 된다. 나중에 다시 상세하게 설명하겠지만 반평행 스핀은 단일항 스핀을 갖는 들뜬상태로 존재하는 반면, 평행 스핀은 더 낮은 에너지를 갖는 삼중항 스핀의 들뜬상태로 존재하게 된다.

에너지 다이어그램을 그릴 때 단일전자 궤도인지 혹은 다전자 상태인지 등에 대해 분명하게 표현해야 하는데, 궤도에 존재하는 전자들은 핵에 결합되어 있으므로 궤도의 에너지는 0 eV의 진공에너지보다 낮은 상태이고 HOMO는 −5 eV, LUMO는 −2.5 eV의 에너지 준위를 갖는다. 단지 HOMO와 LUMO만 그릴지라도 이들의 에너지 준위는 아래와 위로 나뉘어 위치되어야 한다. 상태를 그림으로 표현하는 경우와 달리 궤도의 그림을 통해 전자의 스핀 혹은 쿨롱의 인력과 같은 전자–전자 간 상호작용에 따른 효과를 표현하는 것은 불가능하다. 분자의 가장 낮은 에너지 상태인 바닥상태를 0으로 하는 기준에 따라 들뜬상태의 에너지는 0 이상의 양의 값을 갖는다. 바닥상태는 오직 하나이나 많은 들뜬상태가 존재하고 서로 다른 에너지를 갖는 단일항 스핀과 삼중항 스핀은 당연히 일어나는 현상이다. 그림 1.16은 단

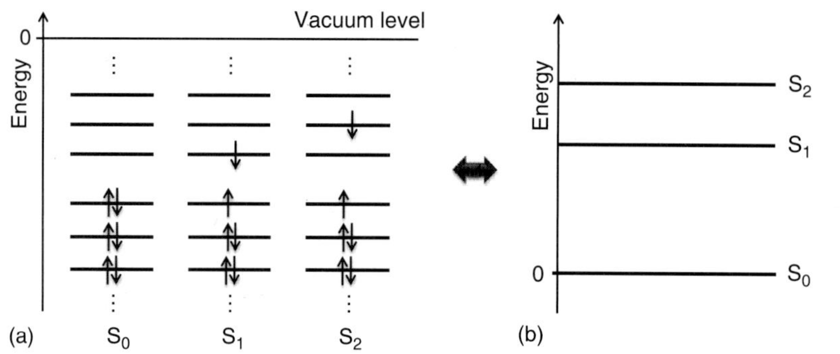

그림 1.16 S_0, S_1, S_2 단일항 상태의 (a) 단일전자 궤도 가운데 가장 높은 비율을 가진 배열의 궤도 다이어그램, (b) 분자의 전자 상태에 따른 상대적인 에너지 차이를 나타내는 상태 다이어그램.

일항 상태의 궤도와 상태를 그림으로 표현한 것이다.

결론적으로 일부 논란의 여지가 있지만 궤도와 상태의 차이점에 대해 종종 일어나는 잘못된 개념의 이해를 피하기 위해 이에 대한 몇 가지 언급을 하자면,

(1) 궤도와 상태를 동시에 의미 있게 표현하는 다이어그램은 불가능한데, 특히 OLED 소자의 구동을 설명하기 위해 궤도의 에너지를 금속의 일함수 개념과 비교하여 단일항과 삼중항 상태의 상대적인 위치를 설명하려는 의도를 억제해야 한다. 이와 유사하게 HOMO에서 사라진 전자, 바꿔 말하면 정공과 LUMO에 존재하는 전자 사이에 발생하는 쿨롱에너지를 합리적인 정량적 방법으로 설명하는 것은 어렵다.

(2) HOMO로부터 LUMO로 전자가 이동할 때 분자는 바닥상태에서 형성된 배열로부터 들뜬상태로 점유된 배열로 변화한다. 따라서 전자의 HOMO → LUMO 전이는 분자의 상태가 바닥상태에서 들뜬상태로 변하는 것을 의미하지만 HOMO 그 자체는 바닥상태가 아니고 LUMO 그 자체는 들뜬상태가 아니며 단지 단일전자 상태의 궤도일 뿐이다.

(3) 사실 HOMO와 LUMO 사이의 에너지 차이는 바닥상태와 들뜬상태 사이의 대략적인 에너지 차이일 뿐이며 LUMO에 존재하는 추가적인 전자와 HOMO에서 사라진 전자, 즉 정공 사이의 쿨롱 인력에 의한 전자-전자 간 상호작용 혹은 두 전자의 상대 스핀과 같은 현상을 고려하지 않은 값이다.

(4) 분자궤도 그림은 단일전자 궤도를 기반으로 완성된 것이며 전자와 관련된 효과는 무시되었다. 이러한 단일전자 상태에서 계산된 HOMO와 LUMO의 에너지는 앞에서 언급한 많은 전자를 가진 중성 분자로부터 전자 하나를 떼어내거나 혹은 중성 분자에 전자 하나를 추가하는 데 필요한 실험적인 에너지 값으로부터 얻어진다. 한편 중성 분자로부터 전자 하나를 떼어내는 데 필요한, 즉 양이온 분자를 형성하는 데 필요한 에너지를 **이온화에너지**(IP, Ionization Potential)라 부르고 반대로 중성 분자에 전자 하나를 추가하여 음이온 분자를 형성하는 데 필요한 에너지를 **전자친화력**(EA, Electron Affinity)이라고 부른다. 이온화에너지와 전자친화력은 CV(Cyclo-Voltammetry) 혹은 PES(Photo-Emission Spectroscopy)에 의해 실험적으로 측정된다.

(5) 위에 언급한 (2)와 (4) 항목의 내용을 근거로 계산된 HOMO와 LUMO의 단일전자 에너지는 이온화에너지와 전자친화력을 실험적으로 이용하여 얻은 값과 다르다는 사실을 발견하게 된다(참고문헌 [70] 참조). 실제로 HOMO와 LUMO가 갖는 에너지의 개념이 이온화에너지, 전자친화력과 대략적으로 동일하다고 생각되는 오류가 존재한다. 더욱이 흡수와 발광 스펙트럼으로부터 얻어지는 바닥상태와 들뜬상태의 에너지 차이가 HOMO와 LUMO의 에너지 차이와 일치하지 않는다(2.4.4.3절 참조). 따라서

HOMO와 LUMO 에너지를 결부시키고 광학 스펙트럼으로부터 관찰된 들뜬상태의 에너지를 더하여 CV로부터 이온화에너지를 측정하는 일반적인 방법은 실제 분자에 전자 하나를 추가하는 데 필요한 에너지 준위를 대략적으로 나타낼 뿐이다. 이러한 결과는 쿨롱 결합에너지나 전자의 상대 스핀에 따른 에너지 차이에서 기인하는 것이 아니고 분자에 존재하는 전자들의 에너지 준위가 다른 전자들이 추가로 유입되거나 방출됨에 의해서 일어나는 것도 아님을 말해준다. 전자의 상호 효과를 포함한 분자의 전자 상태를 정확히 표현하려는 시도는 현재 양자화학에 있어서 중요한 도전 중의 하나가 될 것이다.

1.3.4 단일항과 삼중항 상태

지금까지 분자의 전자 상태에 대하여 표현한 내용은 전자의 파동함수에 초점을 맞춘 것이었다. 이러한 **전자 파동함수**는 전자의 공간좌표와 핵의 위치에 따른 함수이다. 전자 파동함수의 제곱은 핵의 위치를 고정하였을 때 공간의 특정한 위치에서 전자가 발견될 확률을 알려주지만 이것이 분자의 상태를 완전하게 표시하는 데 충분하지는 않다. 예를 들면 전자가 가지고 있는 스핀 상태를 고려한 **스핀 파동함수**를 통해 모든 전자의 전체 스핀 상태가 분자궤도에서 전자들이 평행 혹은 반평행 상태로 짝지어진 조건에 따라 0 혹은 양의 값을 갖게 되는 현상도 충분히 고려해야 한다. 들뜬상태의 배열로서 π 궤도에 전자가 하나, π^* 궤도에 전자가 하나 존재하는 경우를 생각하고, 이 2개의 전자가 서로 반평행 스핀의 상태로 존재하면 전제 스핀 값은 0(단일항)이 되고 서로 평행 스핀의 상태로 존재하면 전체 스핀 값은 1(삼중항)이 된다. 단일항과 삼중항을 S_1, S_2, T_1, T_2 등의 기호로 표시하는데, 에너지 준위를 기준으로는 각각 가장 낮은 단일항, 두 번째로 낮은 단일항, 가장 낮은 삼중항, 두 번째로 낮은 삼중항 상태로 정의한다. 단일항과 삼중항에 대해 좀 더 정확하게 표현하는 내용에 대해서는 Box 1.6을 참고하기 바란다. 스핀 각운동량은 양자역학의 법칙에 따른 벡터량인데 들뜬상태의 배열로 구성된 π와 π^* 궤도의 짝짓지 않은 전자들은 두 입자 시스템을 형성하게 된다. 양자역학의 개념으로부터 스핀 각운동량을 가진 두 입자는 S와 M_s라는 고윳값을 갖는 $\hat{S}^2$와 $\hat{S}_z$라는 동시 고유상태를 갖는데, 이때 $\hat{S}$는 스핀 각운동량의 연산자이고 $\hat{S}_z$는 그 연산자의 z 성분을 의미한다. 두 입자 시스템은 4개의 고유상태를 갖는데, 전자의 파동함수는 오직 전자의 공간좌표에만 의존하는 전자 파동함수와 전자의 스핀 함수인 스핀 파동함수 Ψ_{spin}의 곱으로 표현할 수 있다. α와 β를 고윳값 s=1/2, m_s=1/2과 s=−1/2, m_s=−1/2을 갖는 스핀 파동함수라고 하면 두 입자 시스템에 따른 4개의 고유상태에 대한 스핀 파동함수는 다음과 같이 나타낼 수 있다.

$$
\begin{aligned}
\Psi_{\text{spin,T+}} &= \alpha_1\alpha_2, & S=1,\ M_s=1 \\
\Psi_{\text{spin,T0}} &= \frac{1}{\sqrt{2}}(\alpha_1\beta_2+\beta_1\alpha_2), & S=1,\ M_s=0 \\
\Psi_{\text{spin,T-}} &= \beta_1\beta_2 & S=1,\ M_s=-1 \\
\Psi_{\text{spin,S}} &= \frac{1}{\sqrt{2}}(\alpha_1\beta_2-\beta_1\alpha_2) & S=0,\ M_s=0
\end{aligned}
\tag{1.1a}
$$

α와 β에 있는 지수 1과 2는 1번 전자와 2번 전자를 의미하고 S=1에 해당하는 처음 3개의 스핀 파동함수는 M_S=1, 0, −1의 고유한 값을 갖는 스핀의 z 성분 값만이 다르게 되는데, 이런 조건을 가진 전자를 **삼중항**이라고 부른다. S=0 값을 갖는 4번째 파동함수는 단지 하나의 가능한 z 성분 값을 갖게 되는데, 바꿔 말하면 M_S=0이라는 결과가 되고 이를 **단일항**이라고 부른다. 이들 4개의 스핀 파동함수에 대한 벡터의 대푯값들은 분자의 궤도와 상태에 따라 그림 1.17에 정리되어 있다. 삼중항 파동함수를 살펴보면 스핀들은 모두 동일한 상의 방향으로 위치하고 있는 반면 단일항 파동함수에서는 180도 서로 반대 상의 방향을 향하고 있음을 알 수 있다. 첫 번째 단일항과 나머지 삼중항 상태의 에너지는 교환적분 값의 2배의 차이를

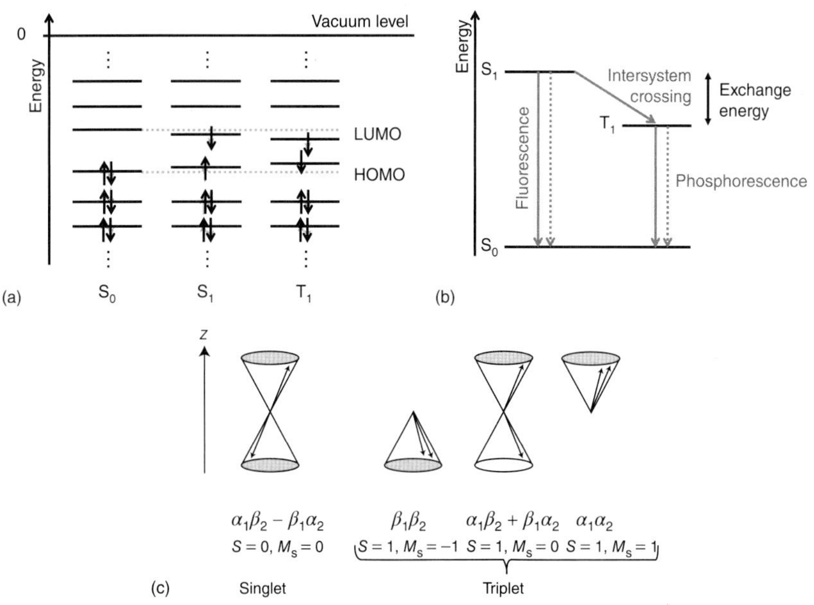

그림 1.17 단일항과 삼중항 상태. (a) 궤도배열 그림에 있어서의 단일항과 삼중항 상태. 화살표는 전자의 스핀을 표시한다. 이 그림에서 쿨롱에너지와 교환에너지는 Frontier 궤도의 위치에서 확실히 존재한다. 삼중항에서는 오직 하나의 스핀 배열만이 존재한다. (b) 상태 다이어그램에서 단일항과 삼중항 상태. 실선과 점선은 각각 발광과 비발광 에너지 소멸의 경로를 나타낸다. (c) 단일항과 삼중항 상태에 대한 두 전자의 상대적인 방향성을 표시한 벡터 다이어그램. 화살표로 표시된 전자의 두 스핀은 z 방향의 부분적인 자기장에 놓여 있다. 단일항과 삼중항의 상 배열은 반평행과 180도 상 외부에 위치한다. 단일항과 삼중항의 일치하는 스핀 파동함수에 대한 고윳값 S와 M_s도 표기되었다.

가지게 된다. 1차 근삿값에 대하여 전자 교환의 상호작용 정도가 각 전자 파동함수의 겹침에 따라 기하급수적으로 변화한다. 만약 HOMO와 LUMO에 있는 전자의 파동함수가 현저히 겹치는 현상이 일어나면 0.7~1.0 eV 수준의 높은 교환에너지를 발생하게 될 것이고 HOMO와 LUMO가 분자구조 내의 다른 영역에 위치하면 0.2~0.5 eV 수준의 낮은 교환에너지가 일어나게 될 것이다.

Box 1.6 명명법(nomenclature)

분자 분광학에서 들뜬상태는 때때로 들뜬상태의 파동함수가 어떻게 분자 Hamiltonian의 대칭 그룹에 대해 변형되는지 기호에 특별한 표시를 하여 나타낸다. 이러한 표시는 군론(group theory)에서 파생되는데, 짝수의 π 전자를 가진 분자궤도에서 바닥상태(예를 들면 ^1A_g)는 어떤 대칭조작에서도 항상 완전한 대칭을 이룬다. A 혹은 B와 같은 대문자 표시는 군론에서 나타나는 변형에 따라 대칭의 상태를 표현한다[66–67]. 소문자 g는 상태의 특정한 상태로 정의되는데 g는 u와 반대되는 공간에서의 뒤집어진 도치의 상태로 정의된다. 광학적인 흡수에서 g에서 u로의 상태 변화는 전이가 일어나기 위해 반드시 필요충분조건은 아니다. 이것은 광자가 흡수나 발광을 통해 첨가되거나 제거되는 각운동량 $\hbar$를 갖는 결과를 얻게 된다는 것을 의미한다. 이러한 사실에 근거하여 g → g 전이는 2개의 광자 흡수와 같은 오직 실제 혹은 가상의 u의 중간상태에만 일어날 수 있다. 이와 유사하게 발광은 상태가 ungerade(u)에서 gerade(g) 상태로 변화될 경우에만 가능하게 된다. 예를 들어 MEH–PPV와 같은 발광 고분자에서 바닥상태인 S_0와 첫 번째, 두 번째 들뜬상태인 S_1과 S_2는 각각 1^1A_g, 1^1B_u, 2^1A_g로 표기한다. 반면에 비발광 고분자인 Polyacetylene의 경우 S_0, S_1, S_2는 각각 1^1A_g, 2^1A_g, 1^1B_u로 표기한다. 동일한 단일항 상태를 나타내는 S_0와 S_1은 발광이 일어나지 않는다. 대문자 표기에서의 위 첨자 1은 스핀이 0인 단일항 상태를 의미하며 위 첨자 3은 스핀이 1인 삼중항 상태를 나타낸다. 예를 들어 1^3B_u는 삼중항의 첫 번째 들뜬상태이다.

식 (1.1a)에 있는 일반적인 고유상태 함수들은 z 방향의 자기장이 존재할 때만 유효하게 적용할 수 있다. 자기장이 존재하지 않으면 $\hat{S}_z$값은 존재하지 않으며, M_S값도 유효하지 않은 양자수가 된다. 자기장의 부재 하에서는 2개의 입자에 의해 생성되는 4개의 선형독립의 수직한 스핀 고유상태 함수는 아래와 같이 주어진다[12].

$$\Psi_{\text{spin,T}x} = \frac{1}{\sqrt{2}}(\beta_1\beta_2 + \alpha_1\alpha_2)$$

$$\Psi_{\text{spin,T}z} = \frac{1}{\sqrt{2}}(\alpha_1\beta_2 + \beta_1\alpha_2)$$

$$\Psi_{\text{spin,T}y} = \frac{i}{\sqrt{2}}(\beta_1\beta_2 + \alpha_1\alpha_2)$$

$$\Psi_{\text{spin,S}} = \frac{1}{\sqrt{2}}(\alpha_1\beta_2 - \beta_1\alpha_2) \qquad (1.1b)$$

위의 네 함수들은 $S=0$ 혹은 $S=1$의 고윳값을 갖는 고유상태 함수 $\hat{\mathbf{S}}^2$와 고윳값 0을 갖는 스핀 각운동량의 구성요소 $\hat{S}_u(x,\ y$ 혹은 $z)$, 즉 $\hat{S}_u\Psi_{\text{spin,T}u}=0$을 만족시킨다. 따라서 총 스핀이 $u=0$인 평면으로 향하게 된다.

자기장이 존재하지 않더라도 3개의 삼중항 아래 준위가 축퇴되지 않는다. 오히려 작은 에너지 차이지만 서로 분리된 상태로 존재하게 되는데, 이를 **Zero–Field 분리**(splitting)라고 하며 탄화수소 형태의 유기분자에서 0.1 cm^{-1}(=10 μeV) 단위로 분리되어 있다(Box 1.7).

Box 1.7 Zero–Field 분리

삼중항 사이에서의 Zero–Field 분리는 두 스핀 사이의 상호작용에 의해 발생하게 되는데 두 전자 자기 모멘트의 쌍극자–쌍극자 짝지음 현상과 같은 경우가 이에 해당된다[71]. Ir(ppy)_3와 같은 유기금속착체에서 Zero–Field 분리는 중금속의 파동함수가 어느 정도 HOMO와 LUMO에 영향을 미치는가에 따라 순수한 유기화합물의 경우에 비해 10~100배 정도 증가한다[72]. 유기금속착체에서의 Zero–Field 분리는 원자량이 큰 전이금속에 의해 유도되는 스핀–궤도 짝지음 현상으로부터 발생하는데(1.4.3.3절 참조), 이는 전자의 궤도 각운동량이 이러한 분리에 기여하는 것을 가능하게 한다.

Zero–Field 분리의 크기는 삼중항 상태로부터 바닥상태의 단일항으로의 복사 전이를 고려하면 상대적이라고 할 수 있다. 서로 다른 삼중항의 하부 에너지 준위들은 스핀–궤도 짝지음이 서로 다르기 때문에 그들의 복사파괴속도도 다르다. 상온에서 3개의 하부 에너지 준위는 보통 동일하게 분포되어 있고, 따라서 인광은 가장 높은 진동자 강도를 가지고 있는 준위에서 일어난다. 이것은 더 이상 저온에서 주어지는 것이 아니라 1 meV의 에너지 분리가 10K 이하의 온도에서 발생한다.

분자가 외부 자기장에 노출되면 삼중항 준위는 Zeeman 효과에 의해 더 넓게 분리된다(그림 B1.7.1).

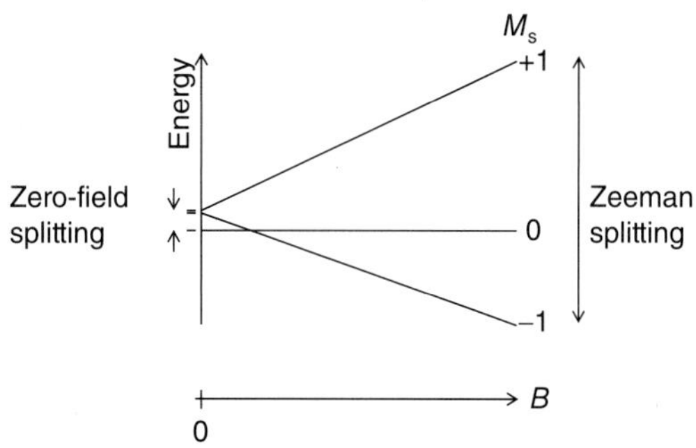

그림 B1.7.1 삼중항 상태의 Zero–Field 분리와 Zeeman 분리

Pauli의 배타원리를 충족시키기 위하여 삼중항 상태의 대칭적인 스핀 파동함수들은 단일항 상태의 경우와 반대로 항상 반대칭적인 전자 파동함수와 함께 존재한다. 분자에 있어서 단일항과 삼중항의 좀 더 양자역학적인 세부설명은 Atkins[64] 혹은 Haken과 Wolf[71]가

쓴 일반 분자양자역학 관련도서를 참고하기 바란다. 삼중항 유기분자의 실험결과에 대해서는 Schwoerer와 Wolf[12]의 책을 참고하는 것이 필요하다. 유기반도체의 삼중항 상태의 성질에 대해서 더 상세하게 알고 싶으면, 즉 그들이 어떻게 생성되고 그들이 존재하는 동안 어떤 과정을 거치며 어떻게 소멸되는지 등이 궁금하면 이러한 내용을 모두 포함하는 종합논문 [73]을 읽어보기를 권한다.

1.4 분자 상태들 사이의 전이

1.4.1 퍼텐셜에너지 곡선

지금까지 분자 내에 존재하는 원자의 핵은 움직이지 않으며 특별히 고정된 위치 R_i에 핵이 존재하는 바닥상태와 들뜬상태의 에너지를 생각했다. 분자 에너지가 핵의 무수한 다른 위치에 따라 계산되면 소위 에너지 표면을 얻게 된다. 분자의 각 상태별로 서로 다른 퍼텐셜에너지 표면이 존재하는데, 분자에서 실제로 핵은 고정되어 있지 않다는 점을 고려해야 한다. 더욱이 핵들은 특정한 진동 주파수 ω와 이에 따른 진동에너지 $(n+(1/2))\hbar\omega$(n은 들뜬상태의 수)를 가진 그들의 평형 위치 부근에서 규칙적으로 진동한다. 낮은 진동에너지에서 핵이 느끼는 퍼텐셜은 대략 조화진동 퍼텐셜과 유사하다. 핵의 진동 운동은 분리된 핵 진동 파동함수 Ψ_{vib}로 표현할 수 있고, 분자 상태의 총 파동함수 Ψ_{total}는 대략 많은 전자 파동함수 Ψ_{el}와 스핀 파동함수 Ψ_{spin}, 그리고 진동 파동함수 Ψ_{vib}의 곱과 같다.

$$\Psi_{total} = \Psi_{el}\Psi_{spin}\Psi_{vib} \tag{1.2}$$

전자 파동함수 $\Psi_{el}(\mathbf{r_i}, \mathbf{R_i})$는 전자의 위치 $\mathbf{r_i}$와 핵의 위치 $\mathbf{R_i}$에 따라 변하고, 전체 스핀 파동함수 $\Psi_{spin}(\alpha_i, \beta_i)$는 각 전자의 스핀 파동함수 α_i와 β_i, 그리고 진동 파동함수 $\Psi_{vib}(\mathbf{R_i})$는 핵의 위치 $\mathbf{R_i}$로 표현된다. 파동함수의 제곱 $|\Psi|^2$은 공간 내 특정한 위치에서 전자와 그들의 스핀, 그리고 핵이 발견될 확률값으로 주어진다. 단지 공간좌표만을 가지는 총 파동함수의 일부, 즉 전자 파동함수와 진동 파동함수의 곱 $\Psi_{el}\Psi_{vib}$은 소위 **공간 파동함수**라고 부르는데, 핵의 정해진 위치에서는 전자 파동함수와 동일하다.

복수의 전자 파동함수 Ψ_{el}는 대략적으로 원자의 전자 파동함수 선형조합인 하나의 전자 파동함수 ψ들의 곱으로 아래와 같이 나타낼 수 있음을 기억하자.

$$\Psi_{el} = \prod_i \psi_i \tag{1.3}$$

$$\psi_i = \sum_j c_j \phi_j$$

전자들 사이에 현저한 상호작용이 존재하지 않으면 개략적으로 총 파동함수를 파동함수들의 곱이라고 할 수 있다. 전자와 핵의 파동함수를 고려하면 많은 경우, 예를 들면 빛의 발광과 흡수 과정에서 엄청난 핵과 전자의 질량 차이로 인해 전자의 빠른 속도를 감안하면 이러한 가정은 실제와 근사하다. 이론물리학자들은 **Born–Oppenheimer 근사**라고 불리는 파동함수의 근삿값을 **Franck–Condon 규칙**을 이용하여 제안한다. 이러한 근삿값은 전자와 진동 사이의 뚜렷한 상호작용(vibronic coupling)이 존재할 경우 부정확하게 된다. 퍼텐셜에너지 표면은 Born–Oppenheimer 근사의 결과에 적용되기 어렵다.

분자를 구성하고 있는 서로 다른 원자들이 진동을 하면 짝짓는 진동체계를 형성하게 되는데, 이는 기계적 관점에서 용수철에 의해 만들어진 진자 짝지음의 체계와 동일하고 핵의 좌표 R_i로부터 정의된 정상 모드 좌표 Q_i를 규정하는 진동구조라고 표현할 수 있다. 유기반도체 분자에는 많은 정상 모드가 존재하는데, 이러한 정상 모드의 좌표 Q_i를 따라 퍼텐셜에너지 표면의 일부분을 떼내어 살펴보면 0, 1, 2 등으로 표시된 수평선에 의해 분리된 진동 양자들의 에너지 준위가 존재함을 알 수 있다(그림 1.18). 이 에너지 준위는 일반적으로 파수 $\tilde{\nu}$이며 cm^{-1} 단위로 주어지는데(Box 1.8 참고), 서로 다른 진동 모드의 에너지는 Raman 분광 혹은 FTIR(Fourier Transform Infrared Spectroscopy)에 의해 직접 관찰할 수 있고(Box 1.9 참고) 흡수 혹은 형광 스펙트럼에 반영된다. 이 책에서 다루는 유기분자에서 일어나는 전형적인 정상 모드를 갖는 진동들은 C=C Stretching 모드, C–C Stretching 모드, C–H 평면 Bending 모드, 그리고 페닐 고리에서의 비틀림 등이다.

그림 1.18은 바닥상태와 들뜬상태에 있는 분자의 퍼텐셜에너지가 얼마나 정상 모드의 좌표 Q_i의 영향을 받는지, 그리고 **배열 좌표**에 의존하는지를 보여준다. 핵이 접근함에 따라 원

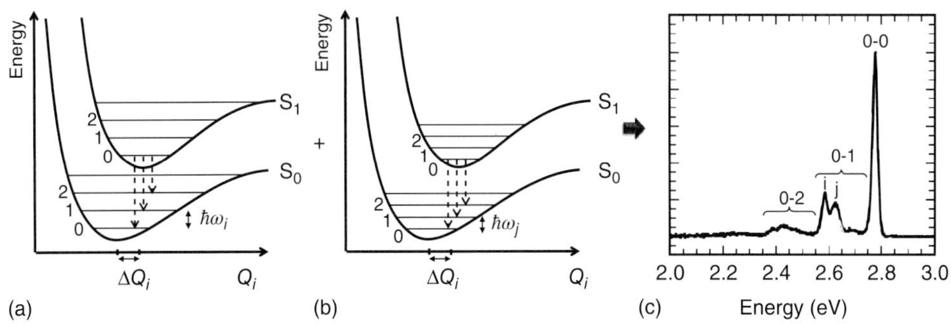

그림 1.18 (a) 정상 모드 좌표 Q_i와 (b) 정상 모드 좌표 Q_j에서의 변위 함수로서의 분자 퍼텐셜에너지 곡선. 각각의 경우 진동 들뜸의 에너지들은 $\hbar\omega_i$와 $\hbar\omega_j$의 진동 양자를 포함하고 진동에너지 준위는 0, 1, 2 등으로 표시되어 있다. (c)는 온도 10K, 박막 조건에서 얻은 Polyfluorene의 발광 스펙트럼으로 모드 i와 j에서 진동에너지 준위 0–0, 0–1, 0–2 전자 전이의 결과이다. Polyfluorene에서 1605 cm^{-1}(198 meV)에서 나타나는 높은 에너지 모드 i는 페닐 고리의 Stretching 모드에서 기인하고 1282 cm^{-1}(158 meV)에서 나타나는 낮은 에너지 모드는 C–C Stretching 모드와 C–H Bending 모드로부터 발생한다.

자궤도들 사이에 공명 상호작용이 일어나고, 앞서 설명한 바와 같이 이는 분자 상태의 총에너지를 감소시킨다. Pauli의 배타원리에 따른 반발 상호작용은 매우 작은 핵 간 거리 때문에 에너지를 증가시키게 되고 이를 최소화하려는 경향을 띠게 된다. 이와 관련된 퍼텐셜의 함수 형태는 상호작용 거리 R과 평형 거리 R_0를 가진 이원자 분자에서의 Morse 퍼텐셜과 동일하고 이를 수식으로 표현하면 $V(R) = D[1 - e^{-\alpha(R-R_0)}]^2$이 된다. D는 분자의 해리 에너지, 즉 두 원자 간 상호작용이 없을 때(R=무한대)의 퍼텐셜에너지이고 α는 두 원자의 핵 간 상호작용의 힘을 측정한 값이다. $R > R_0$의 조건에서 핵들이 서로 접근하면 총에너지는 감소하여 평형 거리 R_0에서 최소 에너지 $V(R_0)=0$를 갖는다. 예를 들어 R값이 작아져서 $\alpha|R-R_0| \ll 1$이 되면 지수 함수의 형태를 $V(R) \approx D[1-(1-\alpha(R-R_0))]^2$, 다시 말하면 $V(R) \approx D\alpha^2(R-R_0)^2$로 변환이 가능하게 된다. 그러므로 평형 위치 부근에서 퍼텐셜은 조화진동 퍼텐셜에 근사하게 되고 핵 간의 거리가 가까울 때에는 Morse 퍼텐셜 식에서의 지수 함수 부분은 $R<R_0$의 조건에서 $V(R) \approx De^{-2\alpha(R-R_0)}$가 되고 Pauli의 배타원리에 따라 퍼텐셜 값은 급격히 증가하게 된다. 물론 이와 같은 퍼텐셜에너지 곡선은 분자의 바닥상태 혹은 들뜬상태 모두에서 계산될 수 있다.

광학 전이는 바닥상태와 들뜬상태 사이의 에너지 곡선 사이에서 일어나는데, 이에 관해서는 다음 절에서 상세하게 다루도록 하겠다. 전자 에너지의 가장 높은 곳에서 진동에너지 준위가 추가되는데 에너지 곡선에서는 0, 1, 2 등으로 번호가 붙여진 수평 직선으로 표기한다. 회전 에너지 준위는 대개 생략되는데 그 이유는 유기분자에서는 스펙트럼이 큰 봉우리 형태로 나타나 기체상 분광(gas phase spectroscopy)에서조차 에너지 준위를 분리하는 것이 어렵기 때문이다. 흡광이나 발광과 같은 광학 전이가 발생하면 서로 다른 정상 모드에서 서로 다른 진동 모드의 형태가 나타나게 되는데, 그림 1.18에서 보여주는 바와 같이 2개의 서로 다른 정상좌표 Q_i와 Q_j로 구별되며 실제 분자에서는 훨씬 더 많은 종류의 모드가 존재한다. 이렇게 서로 다른 전이들이 겹치게 되면 발광 스펙트럼이 나타나고 이 스펙트럼들을 충분히 해석하면 다른 종류의 정상 모드와 그들이 함축되어 있는 형태의 스펙트럼을 그림 1.18과 Box 1.9에서와 같이 분리해낼 수 있다. 스펙트럼이 폭이 넓은 형태를 가지면 대개 평균 에너지를 가진 단 하나의 **효과적인 모드**만 관찰된다. 이와 같이 겹치는 형태의 모드에 대한 수학적인 형태는 1.4.2절의 Franck-Condon **진행**에서 살펴보도록 하겠다.

Box 1.8 파장, 파수와 에너지 변환 단위

광흡수와 형광을 측정할 때 흡수 혹은 발광되는 빛의 색깔에 관심을 갖는 것은 자연적인 현상이다. 이러한 빛의 색깔에 대한 정보는 빛의 파장 λ의 함수로 주어지는 흡수와 발광 스펙트럼 속에 포함되어 있다. 전자의 과정을 고려하여 유용한 에너지 계산식을 만들면

$$E = h\nu = \frac{hc}{\lambda} = hc\tilde{\nu} \tag{B1.8.1}$$

으로 빛을 구성하는 광자가 흡수되거나 방출되는 과정을 설명할 수 있게 된다. 여기서 h는 Planck 상수($h = 6.626 \times 10^{-34}$ Js), c는 진공에서의 빛의 속도($c = 2.997 \times 10^8$ ms^{-1})이고

$$\tilde{\nu} = \frac{1}{\lambda} = \frac{E}{hc} \tag{B1.8.2}$$

는 파수인데 대개 cm^{-1}의 단위를 사용한다. 따라서 파수는 광자 에너지에 비례하고 1 eV = 8066 cm^{-1}가 된다. 빛의 색깔에 관심이 있다면 스펙트럼을 파장과 비교하여 분석하면 원하는 대부분의 정보를 얻을 수 있고, 빛의 광자 에너지를 알고 싶다면 스펙트럼을 파수와 비교하여 분석하면 대부분의 유용한 정보를 얻을 수 있다. 결합에너지와 같은 분자의 성질을 비교하고 싶으면 1 eV = 23 kcal/mol 단위를 기준으로, 파장으로부터 에너지로 변환하고 싶다면 E(eV)=1239/λ(nm) 단위를 이용하면 된다. 예를 들면 620 nm의 파장은 1239/620 eV = 2.0 eV의 에너지로, 1 kJ/mol은 10.4 meV/mol로 변환된다. 표 B1.8.1은 이러한 값들의 유용한 변환 근삿값을 보여준다.

표 B1.8.1 파장과 에너지의 변환 근삿값

Color/vibrational mode	λ	Energy	$\tilde{\nu}$(cm^{-1})	kcal mol^{-1}
Blue	400 nm	3.1 eV	25 000	71
Green	500 nm	2.5 eV	20 000	57
Red	600 nm	2.1 eV	16 666	47
Phenyl ring torsions [74, 75]	138 μm	9 meV	70	0.2
C–C stretching mode	8.3 μm	150 meV	1 200	3.5
C=C stretching mode	6.2 μm	200 meV	1 600	4.6
C≡C stretching mode	4.8 μm	260 meV	2 100	6.0
C–H stretching mode	3.3 μm	380 meV	3 000	8.7

흡수 스펙트럼에서 얻은 파장 값을 에너지 값으로 변환할 경우 파장을 나노미터 단위로 결정한 다음 1239를 나눔으로써 파장에서 에너지 값으로 변환이 된다. 이러한 변환은 흡광계수(absorption coefficient)가 입사광과 흡수광의 비(I/I_0)로서 상대적인 값이기 때문에 가능하다. 반대로 발광 스펙트럼을 찍게 되면 감지기는 일정한 시간 간격당 그리고 더욱 중요한 것은 파장의 간격 dλ에서 시료로부터 방출된 광자의 수를 측정하게 되는 것이다. 스펙트럼 $u(\lambda)\mathrm{d}\lambda$를 스펙트럼 $u(E)\mathrm{d}E$로 변환시키기 위하여 $E = hc/\lambda$가 $E = -(hc/\lambda^2)\mathrm{d}\lambda$로 되는 결과를 바탕으로 $u(E)\mathrm{d}E = -hc(u(\lambda)/E^2)\mathrm{d}\lambda$의 관계식이 유도된다. 즉 각각의 파장에서 광자 에너지의 제곱으로 파장 값을 나눈 다음 이것을 에너지에 대해 구성하면 이에 따른 파장과 에너지의 관계 곡선을 얻는다. 이러한 과정이 항상 적용되는 것은 아니지만 스펙트럼의 크기가 변하지 않는다는 조건에서 종종 파장이 에너지로 변환되는 과정은 필요하다.

Box 1.9 Raman과 FTIR 분광

빛이 분자에 작용했을 때 일어날 수 있는 과정 중의 하나는 입사하는 광자가 분자에 부딪혀 산란되는 것이다. 산란된 입사광의 일부는 광자 에너지의 변화 없이 일어나지만(**Rayleigh 산란**) 일부는 광자 에너지의 변화를 수반한다(**Raman 산란**). 광자는 에너지를 분자의 진동 모드로 전달하거나 혹은 그것으로부터 진동에너지의 양자를 소멸시킨다. 산란된 광자 에너지를 측정하고 이를 입사 광자 에너지와 비교함으로써 진동 모드의 에너지를 구할 수 있다. 입사 에너지와 산란 에너지의 차이를 **Raman 이동**이라고 하는데, 오늘날 Raman 스펙트럼의 측정은 일반적으로 상용화되어 책상 위에 설치할 수 있는 분광기를 통해 이루어지고 때로는 분광기가 현미경과 연결되어 있는 경우도 있다. 형광의 배경을 피하기 위해 광학 갭보다 훨씬 작은 파장을 가진 레이저광을 직접 시료에 조사한 다음, 발생하는 산란광을 수집하고 단파장기구를 이용해 분산시킨다. 이러한 방식은 빠르고 효과적이지만 분광기는 종종 최소 500 cm^{-1} 정도의 Raman 이동이 가능하도록 제한된 기능을 가지고 있다. 더 작은 Raman 이동을 이용하려면, 예를 들어 비틀림 모드를 감지하려면 큰 단일 분광기(monochromator)를 오로지 이 목적을 위해 전적으로 사용하는 것이 필요하다.

산란 과정을 옛날 방식으로 표현하면 입사하는 전자기광의 파장은 분자의 전자구름을 입사하는 광자를 흡수함으로써 진동하게 만들고 난 후에 '새로운' 광자를 방출하면서 진동을 중단시킨다. 단단한 분자에서는 전기 쌍극자 μ가 $E = E_0 \cos(\omega_0 t)$의 에너지를 가지고 입사하는 전자기파에 의해 유도되는데, 이때 얻어지는

$$\mu = \alpha E = \alpha E_0 \cos(\omega_0 t) \tag{B1.9.1}$$

는 입사하는 광자의 주파수를 가지고 진동하는 전자에 적용할 수 있다. 이 식에서 α는 분자의 분극률이다. 분자 내에 존재하는 전자구름이 쉽게 분극되기 때문에 μ값의 측정은 어렵지 않다. 그러나 주파수 ω_R를 가지고 진동하는 분자에서는 정상 모드 좌표 $Q = Q_0 \cos(\omega_R t)$에서의 변화로 인하여 분극률이 주기적으로 변한다. $Q = 0$ 부근에서의 Taylor 확장을 이용하면

$$\alpha = \alpha_0 + \left(\frac{\partial \alpha}{\partial Q}\right)_{Q=0} \cdot Q + \cdots \tag{B1.9.2}$$

이고, 이것을 식 (B1.9.1)에 삽입하면

$$\mu = \left[\alpha_0 + \left(\frac{\partial \alpha}{\partial Q}\right)_{Q=0} \cdot Q_0 \cos(\omega_R t)\right] E_0 \cos(\omega_0 t) \tag{B1.9.3}$$

이 얻어진다. 이 식을 다시 정리하면

$$\begin{aligned}\mu = {} & \alpha_0 E_0 \cos(\omega_0 t) + \frac{1}{2}\left(\frac{\partial \alpha}{\partial Q}\right)_{Q=0} \cdot Q_0 E_0 \cos((\omega_0 - \omega_R)t) \\ & + \frac{1}{2}\left(\frac{\partial \alpha}{\partial Q}\right)_{Q=0} \cdot Q_0 E_0 \cos((\omega_0 + \omega_R)t)\end{aligned} \tag{B1.9.4}$$

가 되고, 이 식의 첫 번째 항은 공명 산란과정, 즉 Rayleigh 산란을 표현하고 있다. 쌍극자 모멘트에서 유도된 두 번째와 세 번째 항은 Raman 산란에 관련된 것이고 입사된 광자보다 낮거나(Stoke's line) 혹은 높은(Anti–Stoke's line) 주파수를 갖는다. 산란된 빛의 세기는 정상 모드 이동에 따라 발생하는 분극률 변화의 4제곱에 비례한다는 사실을 확인할 수 있다.

$$I \propto I_0(\omega_0 - \omega_R)^4 \left(\frac{\partial \alpha}{\partial Q} \right)^2 \tag{B1.9.5}$$

이러한 관계는 어디에 유용한가? 식 (B1.9.4)와 (B1.9.5)가 보여주는 바와 같이 Raman 산란의 발생은 진동에 의해 분자 분극률의 변화를 수반하게 된다. 유기반도체에서 분자 분극률에 영향을 미치는 전자들은 짝지어져 있는 π와 π^* Frontier 궤도에 존재하는 약하게 결합되어 있고 비편재화된 전자들이다. 그러므로 Raman 분광은 이런 전자들이 π 짝지음 구조를 가진 분자구조에서 특히 더 잘 짝지은 진동의 주파수를 발생시키킨다. 실험적으로 Raman 스펙트럼에서 강하게 나타나는 모드는 또한 발광 스펙트럼에 존재하는 진동 과정에도 기여하게 된다.

진동 모드의 에너지는 진동에너지 사이의 전이를 나타내는 적외선 흡수 분광을 통해서도 측정할 수 있는데 가장 많이 사용되는 방식은 광간섭계를 이용하여 데이터를 수집하고 이를 Fourier 변환을 활용하여 스펙트럼을 얻어내는 **FTIR 흡수 분광**이다[77]. Raman 분광이 진동에 따른 분극률의 변화를 필요로 하는 반면 FTIR 분광은 쌍극자 모멘트의 변화를 요구한다. 후자는 분자의 짝지은 π 구조에 직접 연관되어 있지 않으므로 FTIR 스펙트럼은 전자구조에 관련된 정보는 제공하지 않는다. Raman과 FTIR 스펙트럼의 선택규칙은 기체 상태에서 대칭중심을 가지고 있는 분자들에 대해 상호보완적인 반면에 유기분자 혹은 고분자의 비정질 박막에 대해서는 대칭의 필요조건이 대개 완벽하게 충족되지는 않는다.

그림 B.1.9.1a는 2개의 Pt을 포함한 고분자의 Raman과 FTIR 스펙트럼을 보여주는데, 페닐 고리에 결합된 수소 원자는 H로, 이중수소로 대체된 수소 원자는 D로 표기하였다. 진동의 주파수 ω_R는 진동하는 원자의 환산질량 μ과 $\omega_R = \sqrt{k/\mu}$의 관계를 갖는데, 이때 k는 진동하는 결합의 힘 상수이다. 이 원자 분자에서 C–H Stretching 모드에 대하여 m_C를 탄소 원자의 질량, m_H를 수소 원자의 질량이라고 하면 $\mu = m_C m_H/(m_C+m_H)$가 된다. 수소를 이중수소로 치환하면 **동위원소 효과**에 의해 진동에너지는 0.74배 감소한다. 그림 B1.9.1로부터 C=C Stretching 결합 진동을 제외하고 Raman과 FTIR의 신호 세기는 상호보완적이고, FTIR 신호에서 'a'로 표기한 페닐 고리의 C–H Stretching 진동은 이중수소화에 의해 사라지고 'c'로 표기된 C–D 모드가 낮은 에너지에서 나타나는 것을 알 수 있다. 이와 유사하게 Raman 신호에서도 C–H 평면 Bending 진동 '4'는 낮은 에너지의 C–D 평면 Bending 진동 '2'로 대체되며, Raman 스펙트럼에서 발견되는 모드들은 인광 스펙트럼의 진동 피크(peak) 에너지와 부합됨을 알 수 있다.

Raman 스펙트럼에서 뚜렷하게 나타나는 모드들은 그림 B1.9.1c에 있는 도표에 정리되어 있으며, 식 (1.17a)를 사용하여 그림 B1.9.1b의 인광 스펙트럼을 해석할 수 있는데 그림에서는 0–0, 0–1, 0–2의 진동 전이를 표기하였다. 0–1 전이에서 모드의 에너지 위치는 여러 가지 숫자로 표시하였다.

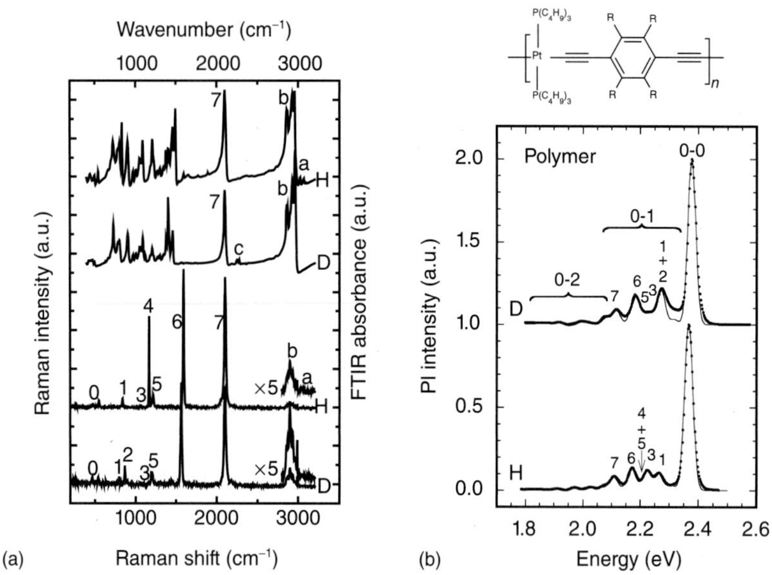

	Vibrational modes *i* and assignment	Wavenumber (cm^{-1})	Energy (meV)
0	Pt–C stretch	470	61
1	C–C–C quadrant in plane stretch	840	104
2	C–D in plane bend on Benzene ring	860	107
3	Not assigned	1055	131
4	C–H in plane bend on Benzene ring	1170	145
5	C–C/C=C stretch in Benzene ring	1200	148
6	Benzene breathing mode	1600	198
7	C≡C stretch	2100	260
a	C–H Stretch on Benzene ring	3050	378
b	C–H stretch on the alkyl side chains	2900	360
c	C–D Stretch on Benzene ring	2255	280

(c)

그림 B1.9.1 (a) (b)에서 보여주는 R = H와 R = D를 가진 Pt–고분자의 FTIR과 Raman 스펙트럼[80]. (b) (c)에 표기된 진동 모드를 사용하여 만든 Franck–Condon 정리에 따른 Pt–고분자의 인광 스펙트럼(점선). 0–1의 진동 모드 겹침에 대한 모드의 서로 다른 위치가 표시되어 있다. (c) 서로 다른 진동 모드의 에너지.

1.4.2 복사 전이: 흡수와 발광

광흡수 혹은 발광의 세기 I는 단위시간(초당), 분자당 흡수 혹은 발광되는 광자의 수 n에 비례하는데(수학적으로 $I \propto \mathrm{d}n/\mathrm{d}t$), 이것은 전이속도 k로 표현된다. 초당 일어나는 전이의 수 $k = \mathrm{d}n/\mathrm{d}t$는 흡수 과정에서는 초당 흡수되는 광자의 수(k_{abs})이고, 마찬가지로 발광 과정에서는 초당 방출되는 광자의 수(k_{r})를 의미한다.

광흡수는 분자의 총에너지를 증가시키는 반면 광방출은 감소시킨다. 양자역학의 관점에서

Hamiltonian 값을 고려할 필요가 있다. 광흡수 혹은 발광(광방출)의 경우 적합한 연산자는 전기 쌍극자 연산자 $e\hat{\boldsymbol{r}}$이고 이에 따른 새로운 파동함수를 필요로 하는데 이 새로운 함수는 연산자에 대한 고유함수이어야 하고 이 고유함수는 들뜬상태에서의 분자 에너지와 일치해야 한다. 새로운 항 $\hat{H}'$이 Hamiltonian 값인 $\hat{H}_0$에 더해지면 $\hat{H} = \hat{H}_0 + \hat{H}'$이 되고, 원래의 Hamiltonian 값인 $\hat{H}_0$는 미세하게나마 변하게 되고 결국 파동함수와 고윳값을 작은 양이나마 변하는 결과를 가져온다. 섭동이론(perturbation theory)의 양자역학적인 접근에 기반하여 새로운 파동함수와 고윳값은 계산이 가능한데, 이론물리학자들은 초기 상태 Ψ_i와 나중 상태 Ψ_f 사이의 전이속도 k_{if}가 전이에 의해 섭동하는 Hamiltonian 값 $\hat{H}'$에 비례함을 도출했다. 이러한 관계는 소위 **Fermi의 황금률**(golden rule)로 알려져 있는 유용한 관계식

$$k_{\text{if}} = \frac{2\pi}{\hbar}|\langle\Psi_{\text{f}}|\hat{H}'|\Psi_{\text{i}}\rangle|^2\rho \tag{1.4}$$

에 대입하고 쌍극자 연산자 $e\hat{\boldsymbol{r}}$를 적용하면 섭동 Hamiltonian에 대하여

$$k_{\text{if}} = \frac{2\pi}{\hbar}|\langle\Psi_{\text{el,f}}\Psi_{\text{vib,f}}\Psi_{\text{spin,f}}|e\hat{\boldsymbol{r}}|\Psi_{\text{el,i}}\Psi_{\text{vib,i}}\Psi_{\text{spin,i}}\rangle|^2\rho \tag{1.5}$$

의 관계식을 얻을 수 있다. 이 쌍극자 연산자는 전자 파동함수 $\boldsymbol{\Psi}_{\text{el}}(\mathbf{r_i}, \mathbf{R_i})$에 대해서만 적용이 가능하다. 물리적으로 시간에 의존하는 전기 쌍극자를 가지고 입사하는 전자기파는 전자를 오직 공명에만 관여하도록 한다. 핵은 너무 무거워서 진동의 시간 범위 내에서 반응하기는 어렵고 스핀은 전기장에 의해 영향을 받지 않으며 전자기파의 자기장이 변화할 경우에만 영향을 받는다. 그러나 거의 무시할 정도의 수준이므로 스핀 파동함수 $\boldsymbol{\Psi}_{\text{spin}}(\alpha_i, \beta_i)$와 진동 파동함수 $\boldsymbol{\Psi}_{\text{vib}}(\mathbf{R_i})$는 쌍극자 연산자에는 아무런 영향을 받지 않는다. 따라서 두 파동함수는 상수값과 같이 취급하고 전이속도는

$$k_{\text{if}} = \frac{2\pi}{\hbar}\rho|\langle\boldsymbol{\Psi}_{\text{el,f}}|e\hat{\boldsymbol{r}}|\boldsymbol{\Psi}_{\text{el,i}}\rangle|^2|\langle\boldsymbol{\Psi}_{\text{vib,f}}|\boldsymbol{\Psi}_{\text{vib,i}}\rangle|^2|\langle\boldsymbol{\Psi}_{\text{spin,f}}|\boldsymbol{\Psi}_{\text{spin,i}}\rangle|^2 \tag{1.6}$$

과 같은 관계식으로 표현된다.

광학 전이의 속도 그리고 결과적으로 흡수 혹은 발광의 미세한 세기는 이제부터 차례대로 설명할 3가지 요소에 의해 좌우된다는 것을 알게 될 것이다. 이들 3가지 요소가 0이 되면 전이는 불가능하게 된다.

1.4.2.1 전자적 요소

우선 첫 번째로 적분함수 $\langle\boldsymbol{\Psi}_{\text{el,f}}|e\hat{\mathbf{r}}|\boldsymbol{\Psi}_{\text{el,i}}\rangle$를 살펴보도록 하자. 이 함수의 값이 0이 아니면 쌍극자에서 허용되는 전이가 될 것이고 함수의 값이 0이면 쌍극자에서 전이가 허용되지 않을 것이다. 쌍극자 연산자가 공간에서 반전 아래 홀수의 대칭을 가지고 있다는 점을 고려하면

거의 대부분 분자들의 바닥상태의 파동함수는 A_g의 항등표시(identity representation)를 갖는데, 다르게 말하자면 짝수의 동등성(even parity)을 가짐을 의미한다. 들뜬상태의 파동함수도 역시 짝수의 동등성을 갖는다면 실제 적분값은 0이 될 것이다. 만약 들뜬상태의 파동함수가 홀수의 동등성을 갖는다면, 다시 말해서 전이가 gerade 상태로부터 ungerade 상태로 일어날 경우에만 제한된 값의 변화가 일어나게 된다(Box 1.6 참고). 더욱이 시작과 종료 상태의 파동함수 겹침 정도에 따라 적분값이 변한다는 사실을 기억해야 한다. 분자의 동일한 부분에 중심을 두고 있는 궤도의 전이속도(예를 들면 $\pi-\pi^*$ 전이)는 서로 다른 공간을 점유하고 있는 궤도들 사이의 전이[전하이동 전이, $n-\pi^*$ 전이 혹은 금속-리간드 전하이동(MLCT, Metal-to-Ligand Charge Transfer); Box 1.10 참고]보다 크다. 유사하게 적분값은 전이 쌍극자 모멘트 **er**의 크기에 따라 결정되는데 달리 말하면 전이에 간여하고 있는 궤

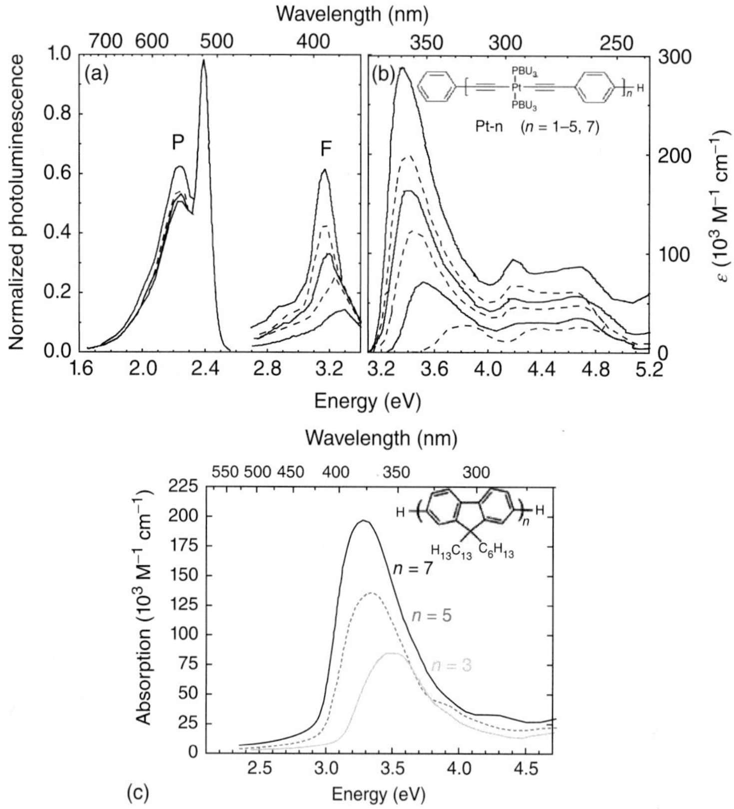

그림 1.19 올리고머 길이의 함수로서 광학 전이의 세기. (a) Pt을 포함한 Phenylene Ethylene의 탈산소화된 THF 용액에서의 PL(Photoluminescence) 스펙트럼. F는 형광, P는 인광을 나타낸다. 형광의 세기는 인광과 비교하여 100배 크기로 확대하였다. Pt–2, Pt–3, Pt–4, Pt–5, Pt–7은 형광의 크기가 증가하는 순서이고 인광에서의 0–1 밴드는 인광의 크기가 감소하는 순서이다[78]. (b) THF 용액에서의 흡수 스펙트럼. Pt–1, Pt–2, Pt–3, Pt–4, Pt–5, Pt–7은 흡수 스펙트럼의 크기가 증가하는 순서이다[78]. (c) 불소 삼중합체, 오중합체, 칠중합체의 흡수 스펙트럼[79].

도들이 많이 겹쳐져 있고 잘 확장되어 있으면(즉 전이 쌍극자 모멘트가 분자 축을 따라 존재하면) 적분값은 커지게 된다. 예를 들어 짝지은 구조를 가진 올리고머의 광흡수와 형광의 세기는 그것의 길이에 따라 증가한다는 사실은 잘 알려져 있다. 그림 1.19는 이러한 사실을 Pt을 포함한 올리고머에서 비편재화된 S_1 상태의 흡수와 발광 스펙트럼과 불화 올리고머의 흡수 스펙트럼을 통해 보여준다.

Box 1.10 흡수와 진동자 강도

0차 근사에 접근하는 전자 전이의 속도와 광흡수 및 발광 신호의 세기는 시작상태와 종료상태 파동함수 사이의 공간적 겹침에 의존한다. 전자를 π HOMO에서 π^* LUMO로 이동시키는 π–π^* 전이의 경우 두 궤도가 모두 분자 골격의 비슷한 영역에 비편재화되어 있다면 전이속도는 합리적으로 추정할 때 커진다고 볼 수 있다. 이러한 겹침은 HOMO와 LUMO가 분자의 서로 다른 영역에 위치하면 전하이동(CT, Charge Transfer) 전이의 경우와 마찬가지로 감소한다. 전하이동 전이는 전자 주개–받개 형태의 공중합체(copolymer) 혹은 많은 유기금속착체에서는 일반적인 현상이다. 후자의 경우에는 대개 금속의 d 궤도인 금속 원자에 중심을 두고 있는 HOMO 궤도에서 리간드에 중심을 두고 있는 π^* 궤도인 LUMO 궤도로 잘 알려진 MLCT 전이가 발생한다. 낮은 공간 겹침은 HOMO–LUMO n–π^* 전이에서도 일어나는데 여기서 HOMO는 주로 산소나 질소에서 비결합 전자쌍의 형태로 존재하면서 s 결합의 특성을 가지고 분자의 평면에 존재하는 비결합(non–bonding) 궤도(n)로서 역할을 하는 반면 π^* LUMO는 분자 평면의 아래와 위쪽에 존재한다. 그림 B1.10.2에서 서로 다른 형태의 전이의 상대적인 세기를 도식적으로 표현하였다.

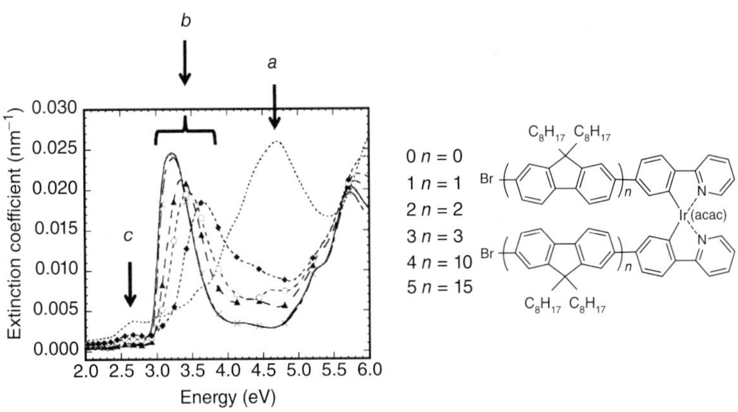

그림 B1.10.1 각각의 분자구조에 따른 흡수 스펙트럼(0: 점선, 1: 마름모, 2: 원, 3: 삼각형, 4: x표, 5: 굵은 선). 화살표 *a*로 표시한 강한 흡수는 금속착체의 Phenyl–pyridine 리간드에서 일어나는 π–π^* 전이에 의해 일어나는 것이고, 이와 유사하게 화살표 *b*로 표시된 강한 흡수는 리간드의 불화 올리고머 구조의 π–π^* 전이에 의해 일어난다. 특별히 올리고머 길이가 증가함에 따라 전이의 세기가 어떻게 증가하는지 유의하라. 약한 흡수를 보이는 화살표 *c*는 Iridium 원자와 Phenyl–pyridine 리간드 사이의 전하이동 전이로부터 발생한다[84].

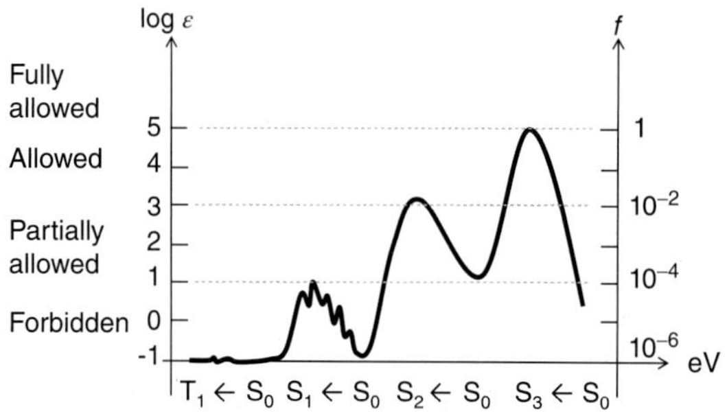

그림 B.1.10.2 개략적으로 나타낸 log 단위에서의 전이를 가진 유기분자의 흡수에 대한 진동자 강도 f와 흡광계수 ε의 관계: 여기서 나타낸 전이는 스핀 금지된 $T_1 \leftarrow S_0$ 전이, 대칭에 따른 전이 중 중첩이 미약한 $S_1 \leftarrow S_0$ 전이와 중첩이 충분한 $S_2 \leftarrow S_0$, $S_3 \leftarrow S_0$ 전이를 포함한다.

그러므로 흡수 신호의 세기는 전이의 특성을 규명하기 위하여 사용할 수 있다. 전이의 크기를 실험적으로 측정하기 위해서는 **진동자 강도**를 알아야 한다. 특정한 파수 $\tilde{\nu}$에서의 **분자 십진 흡광계수**를 $\varepsilon(\tilde{\nu})$, 그리고 n_0를 주변 매질의 굴절지수(refractive index)라고 하면 진동자 강도는

$$f = \frac{4.39 \times 10^{-9}}{n_0} \int \varepsilon(\tilde{\nu})\mathrm{d}\tilde{\nu} \tag{1.7}$$

과 같이 주어지는데 이 식은 흡수 밴드의 아래쪽에 있는 모든 영역과 관련이 있다[식 (1.58a)와 그 아래에 설명된 관련 내용 참고]. f는 실험적으로 관찰한 분광학적 흡수계수와 3차원 조화 퍼텐셜 우물에 존재하는 단일전자에 대해 계산한 흡수계수 사이의 비율로서 최댓값은 1이다. 대략적인 0차 지향을 고려하면 $\pi-\pi^*$ 특성의 단일항 전이는 10^{-2}~1 사이의 진동자 강도를 나타내고 전하이동 특성을 가진 단일항 전이($n-\pi^*$ 전이 혹은 MLCT 전이를 포함하는)는 10^{-5}~10^{-3} 범위 안에 있고 삼중항 전이의 진동자 강도는 스핀-궤도 짝지음의 정도에 따라(아래 내용 참고) 유기분자의 경우 10^{-9}으로부터 유기금속착체의 경우 10^{-4} 범위의 값을 갖는다. 이러한 값들은 단지 전이의 방향성에 대한 대략의 기준을 알려줄 뿐이고 진동자 강도에 대해 좀 더 상세한 논의는 1.4.3절에서 다룬다.

실험적으로 결정체 기판 위에 형성된 박막 혹은 결정체 용기에 담긴 용액 시료에 일정한 간격을 두고 파장 λ를 가진 단색광 주사선을 쪼여서 광흡수를 측정하게 되는데, 이때 단색광의 일부분은 시료를 투과하게 된다. 시료는 빛을 산란시키거나 반사하지 말아야 하는데 다시 말하면 시료로 사용된 박막이나 용액은 투명하고 균일해야만 한다. 총 두께 d를 갖는 박막은 빛이 박막을 통과하는 거리 $\mathrm{d}x$마다 입사하는 빛의 세기 I를 $\mathrm{d}I$만큼 감소시키고, 따라서 $\mathrm{d}I(\lambda) = -\alpha(\lambda)I(\lambda)\mathrm{d}x$의 관계식을 갖는데, 이때 비례상수 $\alpha(\lambda)$는 파장 λ에서 박막의 **흡광계수**(absorption coefficient)라고 부르고 단위는 cm^{-1}이다. 0에서 특정한 지점 d까지 x에 대해 적분하면

$$I(\lambda) = I_0 e^{-\alpha(\lambda)d} \tag{1.8}$$

흡광계수는 흡수의 단면 $\sigma'(\lambda)$와 $\alpha(\lambda) = \sigma'(\lambda)n'$의 관계를 갖는데, 이때 n'은 cm^3당 흡수되는 발색단(chromophores)의 수이다(여기에 사용된 ′은 불규칙적인 지표와 굴절지수에서 기호 σ, n과 σ', n'을 구분하기 위한 것이다). 때때로 **광흡수**와 **광학밀도**에 대해 무차원의 십진지표 $A(\lambda)$를 사용하는 것이 편리할 수 있는데 이 경우에는

$$I(\lambda) = I_0 10^{-A(\lambda)} \tag{1.9}$$

가 되고 흡광계수와 광학밀도는 $\alpha d = A \cdot \ln(10) = A \cdot 2.3$의 관계를 갖는다. 용액을 사용했을 때는 용액의 농도 c를 moles/liter의 단위로 고려해야 하는데 이럴 경우의 관계식은

$$I(\lambda) = I_0 10^{-\varepsilon(\lambda)cd} \tag{1.10}$$

로 표현하고 이 식에서 $\varepsilon(\lambda)$는 $\text{mole}^{-1} \cdot \text{liter} \cdot \text{cm}^{-1} = 10^3\,\text{cm}^2 \cdot \text{mole}^{-1}$ 단위를 갖는 십진 흡광계수가 된다.

흡광계수에 관하여 실험 데이터를 논문에 발표할 때 다소 유의해야 하는 점은 어떤 논문 저자들은 십진 흡광계수를 사용하고 또 어떤 논문 저자들은 자연로그를 기반으로 하는 단순한 흡광계수를 사용함으로써 두 흡광계수의 값이 2.3배의 차이가 나게 되는 것이다. 식 (1.8)과 (1.10)을 비교해보면 흡광계수는 자연로그와 십진로그에 따른 흡수방정식의 차이에 기인함을 알 수 있다.

$$\sigma' = \frac{\varepsilon}{n'} c \cdot \ln(10) = \frac{2303}{6.022 \times 10^{23}} \varepsilon = 3.82 \cdot 10^{-21} \varepsilon \tag{1.11}$$

진동자 강도의 개념은 동일한 방법으로 발광에도 적용되는데, 높은 진동자 강도는 강한 흡수 신호뿐만 아니라 강한 발광 신호에서도 나타난다.

1.4.2.2 진동 요소

지금까지 파동함수에서 전자에 관한 부분을 고려했는데 전자가 전이의 전반적인 세기를 조절하는 역할을 하는 반면 진동 파동함수의 곱 $\langle \Psi_{vib,f} | \Psi_{vib,i} \rangle$은 흡수와 발광 스펙트럼의 형태를 좌우한다고 할 수 있다. 흡수는 바닥상태의 0번째 진동 준위에 있는 분자로부터 발생하는데 일반적으로 에너지의 양은 100~300 meV이고 상온에서 단지 가장 낮은 에너지 준위를 차지한다. 들뜬상태에서 퍼텐셜에너지 곡선은 종종 바닥상태 퍼텐셜에너지 곡선의 배열좌표에 따른 ΔQ값에 의해 대체된다. 이러한 결과에 대한 이유는 명백한데 분자가 들뜬상태에 존재하면 그러한 상태의 전자들 중 하나가 결합궤도에 있지 않고 반결합궤도에 있게 되기 때

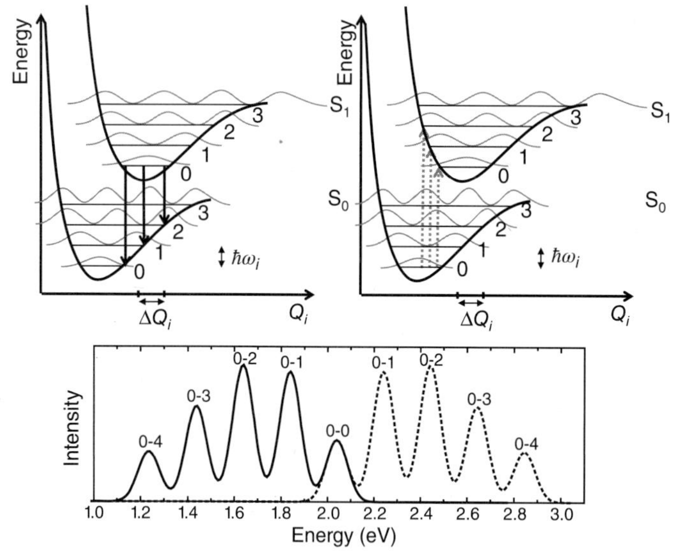

그림 1.20 Franck–Condon 원리. 하나의 정규모드에 대하여 진동 파동함수를 포함한 단순화된 퍼텐셜에너지 곡선은 식 (1.14a)와 (1.14b)에 따라 진동 파동함수의 중첩이 어떻게 흡수(오른쪽 다이어그램에 점선으로 표시)와 발광(왼쪽 다이어그램에 굵은 선으로 표시)의 형태를 결정하는지 보여준다.

문이다. 이러한 현상이 일어나면 결합하고 있는 원자의 중심부분 사이에 존재하는 전자의 밀도는 감소하고 더 큰 평형거리를 초래하며 결국 이는 더 큰 배열좌표 Q를 갖게 만든다. 광자가 흡수되면 분자는 바닥상태에서 들뜬상태로 바뀌고 전자기 광파와의 상호작용을 통해 전자의 분포에 영향을 미치는 반면 핵은 너무 무거워서 광파의 전자기 부분을 빠르게 진동시키기는 어려워진다. 따라서 퍼텐셜에너지 다이어그램(그림 1.20)에서 전이는 수직 방향 화살표로 표기된다. 식 **Franck–Condon의 중첩적분**과도 관련이 있다. 진동 파동함수의 제곱 $|\langle\Psi_{\text{vib,f}}|\Psi_{\text{vib,i}}\rangle|^2$을 **Franck–Condon 요소** F라고 하는데 이것은 바닥상태의 0번째 진동 준위에서 들뜬상태의 m번째 진동 준위로 전이될 확률을 의미하고 I_{0-m}으로 표시한다. 이러한 사실을 Poisson 분포로 설명하면 진동에너지 $\hbar\omega_m$는 열에너지보다 상대적으로 크고 $(kT \ll \hbar\omega_m)$, 이런 조건이 만족되지 않으면 결국 Laguerre 분포에 따라야 한다[11]. 정규모드의 진동이 환산질량 M을 가진 단일 조화진동자라고 가정하면 힘 상수 $k=M\omega^2$, 각진동수 ω_m과 Franck–Condon 요소는 아래의 식에 의해 평형좌표 ΔQ의 변화에 관계를 갖는다.

$$I_{0-m} = |\langle\Psi_{\text{vib,f}}|\Psi_{\text{vib,i}}\rangle|^2 = \frac{S^m}{m!}e^{-S} \tag{1.12}$$

$$S = \frac{1}{2}k\frac{\Delta Q^2}{\hbar\omega_m} = \frac{1}{2}M\omega_m\frac{\Delta Q^2}{\hbar} \tag{1.13}$$

여기서 S는 **Huang–Rhys 파라미터**라고 부른다. 이 식들은 매우 유용하여 추후에 좀 더 상세하게 다루도록 하겠다. 우선 광자가 흡수되면 즉각적으로 분자에서 어떤 현상이 일어나는지 살펴보도록 하자. 예를 들어 들뜬상태 S_1의 3번째 진동 준위로 광자의 흡수가 일어나는 것을 $S_1 \leftarrow S_0$ 0−3 전이(분광학에서는 에너지 전이 방향을 화살표로, 높은 에너지 상태를 왼쪽에 표기한다)라고 하자. 이때 분자는 내부전이에 의해 대략 10^{-9}초만에 진동에너지를 잃으면서, 즉 에너지 $\hbar\omega$를 가진 광자의 방출에 의해 들뜬상태 S_1의 0번째 진동 준위로 돌아간다. 같은 방법으로 광자의 흡수도 바닥상태에서 들뜬상태로 에너지 곡선을 따라 전이가 일어나는 것으로 설명할 수 있고 광자의 방출에 의해 반대의 경로로 전이가 일어난다. 그림 1.20에서 묘사하고 있듯이 전이는 수직 방향으로 S_1 상태의 0번째 진동 준위에서 바닥상태의 모든 진동 준위로 식 (1.12)에서 표현된 에너지 세기를 가지고 일어나는데 이러한 에너지 세기는 흡수나 발광 모두에 동일하게 적용된다. 단단한 결합을 가진 견고한 분자와 바닥상태와 들뜬상태의 퍼텐셜에너지 곡선의 형태가 유사한 경우 대개 0−0 전이가 압도적으로 발생하고, 유연한 분자의 경우에는 0−2 전이와 같은 높은 진동 준위로의 전이가 더 많이 발생하는 현상을 보여준다.

비정질 박막이나 용액에서 이러한 전이를 의미하는 뚜렷한 스펙트럼 선은 관찰되지 않는 대신에 불균일하고 폭이 넓은 봉우리가 나타난다. 이러한 봉우리 형태의 피크에 대한 논의는 다음 장에서 다루도록 하겠다. 이 현상은 흡수와 발광 스펙트럼의 기본적인 패턴으로 이해되는데 진동의 세기들은 각각 균일 혹은 불균일한 봉우리의 형태를 갖는 로렌츠(Lorentzian) 혹은 가우스(Gaussian) 분포함수와 같이 선형함수 Γ의 적절한 곱으로 표현된다. 더 나아가서 흡수와 발광 스펙트럼을 정형화하기 위하여 발광속도에 대한 발광체를 둘러싸고 있는 중간 매개체에서의 광자밀도에 따른 영향을 고려해야 한다[83]. 1.4.3절[식 (1.43)]에서 상세하게 다루겠지만 이것은 발광 스펙트럼에 대한 요소 $[n(\hbar\omega)\cdot\hbar\omega]^3$를 삽입해야 함[여기서 $n(\hbar\omega)$은 전이 에너지 $\hbar\omega$에서의 굴절지수]을 의미한다. 단일 진동 모드가 전이를 지배한다면 발광의 세기 $I_{PL}(\hbar\omega)$와 흡수의 세기는

$$I_{PL}(\hbar\omega) = [n(\hbar\omega)\cdot\hbar\omega]^3 \cdot \sum_m \frac{S^m}{m!} e^{-S} \cdot \Gamma \cdot \delta(\hbar\omega - (\hbar\omega_0 - m\hbar\omega_m)) \tag{1.14a}$$

$$I_{Abs}(\hbar\omega) = [n(\hbar\omega)\cdot\hbar\omega] \cdot \sum_m \frac{S^m}{m!} e^{-S} \cdot \Gamma \cdot \delta(\hbar\omega - (\hbar\omega_0 + m\hbar\omega_m)) \tag{1.14b}$$

여기서 m=1, 2, …은 진동에너지 $\hbar\omega_m$를 갖는 진동에 대한 진동 준위의 번호를 나타내고 $\hbar\omega_0$는 0−0 전이를, δ는 델타 함수를, Γ는 가우스 혹은 로렌츠 혹은 두 함수의 선형조합을 나타내는 선형함수를 의미한다. 대개 가우스 단면은 아래의 식으로 표현된다.

$$\Gamma = \exp\left(-\frac{(\hbar\omega)^2}{2\sigma^2}\right) \tag{1.15a}$$

여기서 σ^2은 가우스 함수의 폭을 측정하는 변화량을 나타낸다. FWHM(Full Width Half Maximum)은 FWHM $= 2\sqrt{2\ln 2}\sigma = 2.354\,\sigma$의 관계식에서 σ값에 의해 결정됨을 알 수 있다. 로렌츠 선형의 경우,

$$\Gamma = \frac{(\gamma/2)^2}{(\hbar\omega)^2 + (\gamma/2)^2} \tag{1.15b}$$

으로 표현되는데 여기서 γ는 FWHM이다. 가우스 혹은 로렌츠 함수는 피크의 높이를 1로 정상화하여 사용함을 기억하자.

식 (1.14a)는 다소 복잡해 보이지만 단순히 0−0 전이 에너지로부터 $m\cdot\hbar\omega_m$의 에너지 분리를 의미하고 고정된 변화량 σ^2과 높이 $(S^m/m!)e^{-S}$를 갖는 가우스 함수의 피크로 표현된다. 이 식은 다수의 진동 준위들 m에 적용될 수 있고 m=4인 배음을 고려한 모든 경우를 만족시킨다. 결국 광자 에너지는 세제곱의 굴절지수를 가진 결과에 따라 이에 비례하여 증가하는 효과를 보여주고 최종적으로 발광 스펙트럼을 통해 나타난다. 흡수 스펙트럼에 대한 동일한 과정은 식 (1.14b)에 나타나 있다.

실제 분자들에 있어서 단일모드의 진동이 지배하는 현상은 거의 발생하지 않는 대신 오히려 서로 다른 에너지를 갖는 다양한 진동, 예를 들면 벤젠 고리의 상하 진동과 고리 평면에서의 C−H 결합의 좌우 진동과 같은 모드가 존재한다. 결과적으로 퍼텐셜에너지는 벤젠 고리의 상하 진동과 C−H 결합의 좌우 진동을 나타내는 배열좌표를 따라 결정된다. 이러한 진동 모드의 결과로 얻어지는 스펙트럼에서 이런 서로 다른 진동 모드의 겹침을 포함하는 전이들은 그림 1.18에 정리되어 있다. 다수의 진동 모드들 m_i가 존재한다고 가정하면 Franck−Condon 원리를 표현하는 방정식은 아래와 같이 변형되어야 한다.

$$I_{0-m_i} = \frac{S_i^{\,m_i}}{m_i!}\mathrm{e}^{-S_i}$$

$$S_i = \frac{1}{2}M_i\omega_{m_i}\frac{\Delta Q_i^{\,2}}{\hbar} \tag{1.16}$$

$$I_{\mathrm{PL}}(\hbar\omega) = [n(\hbar\omega)\cdot\hbar\omega]^3\cdot\sum_{m_i}\prod_i\frac{S_i^{\,m_i}}{m_i!}\mathrm{e}^{-S_i}\cdot\Gamma\cdot\delta\left(\hbar\omega-\left(\hbar\omega_0-\sum_i m_i\hbar\omega_{m_i}\right)\right) \tag{1.17a}$$

$$I_{\mathrm{Abs}}(\hbar\omega) = [n(\hbar\omega)\cdot\hbar\omega]\cdot\sum_{m_i}\prod_i\frac{S_i^{\,m_i}}{m_i!}\mathrm{e}^{-S_i}\cdot\Gamma\cdot\delta\left(\hbar\omega-\left(\hbar\omega_0+\sum_i m_i\hbar\omega_{m_i}\right)\right) \tag{.17b}$$

식 (1.12)에서 정의된 Franck−Condon 요소에 관한 표현은 대부분의 전이에서 일어나는 **대체되어 바뀐** 진동자의 개념에 새롭게 적용되어야 하지만 Box 1.11에서 설명하는 **왜곡된 기형**의 진동자에는 적용되지 않는다.

Box 1.11 대체 혹은 왜곡 진동자들에 대한 Franck–Condon 요소

진동은 전자의 전이가 야기하는 평형상태에서의 결합길이가 갖는 전하의 변화 ΔQ와 일정한 각진동수 $(\Delta\omega = 0)$의 조건(그림 B1.11.1)에서 **대체 진동자**에 의해 일어난다. 대체 진동자 Franck–Condon 요소 $F(E)$는 아래의 식으로 주어지는데

$$F(E) = \frac{S^m e^{-S}}{m!} \tag{B1.11.1}$$

여기서 진동 양자 m, 진동에너지 $\hbar\omega$, 그리고 중첩된 진동 파동함수들 사이의 에너지 차이 E의 관계식은 $m = E/\hbar\omega$가 된다. 대체 진동자의 전형적인 예는 1200 cm^{-1}의 진동에너지를 갖는 탄소–탄소 Stretching 진동이라고 할 수 있다.

전자의 전이가 각진동수 $\Delta\omega$를 변화시키고 평형상태의 결합길이를 일정하게 유지$(\Delta Q = 0)$시키면 진동은 **왜곡 진동자**에 의해 일어난다고 할 수 있다. 왜곡 진동자의 예는 탄소–수소의 결합이며, 이때 일어나는 Stretching 진동은 3000 cm^{-1}의 진동에너지를 갖는다. 왜곡 진동자에 대한 Franck–Condon 요소에 대한 식은

$$F(E) = \frac{2\sqrt{\omega_i\omega_f}}{\omega_i + \omega_f}\left(\frac{\Delta\omega}{\omega_i + \omega_f}\right)^m \frac{1, 3, 5, \ldots, (m-1)}{2, 4, \ldots, m} \tag{B1.11.2}$$

이며, 여기서 m은 짝수이고 m이 홀수일 경우 $F(E) = 0$이다.

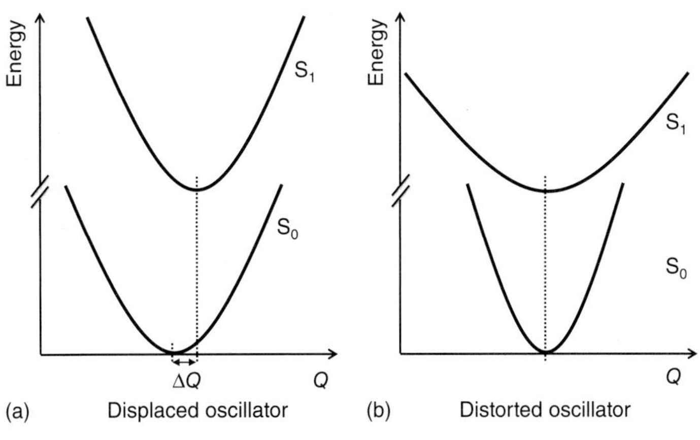

그림 B1.11.1 (a) 대체 진동자와 (b) 왜곡 진동자에 대한 퍼텐셜에너지 곡선

일반, 대체, 왜곡 진동자 및 축퇴된 경우에 대한 표현은 참고문헌 [85]에서 발견할 수 있는데, 에너지 측면에서의 Franck–Condon 요소에 대한 연구의 발전은 대체 진동자와 왜곡 진동자를 구별하여 명백하게 설명하는 수준에 이르게 되었다. 이러한 진동들은 4000 cm^{-1}(0.5 eV) 부근이 에너지에서 서로 교차되고 4000 cm^{-1} 이하의 에너지에서는 대체 진동자의 에너지가 왜곡 진동자의 에너지보다 큰 것으로 나타난다.

이제 Huang–Rhys 파라미터 S의 의미에 대해 좀 더 상세하게 생각해봐야 한다. 식 (1.16)으로부터 S값은 0–0 전이의 0–1 전이에 대한 진동 피크의 비로부터

$$S = \frac{I_{0\text{-}1}}{I_{0\text{-}0}} \tag{1.18}$$

의 관계식을 통해 얻어진다. 또한 식 (1.13)으로부터 S는 진동 여기 $k\Delta Q^2/2$를 포함하는 퍼텐셜에너지와 진동 양자의 에너지 $\hbar\omega_m$ 사이의 비를 측정한 값이다. 따라서 Huang–Rhys 파라미터는 진동 여기에 관여하는 양자의 수라고 할 수 있다. 광자가 흡수될 때 분자는 처음에는 바닥상태 Q_{GS}의 평형 위치에 있다가 과량의 퍼텐셜에너지를 가진 들뜬상태 Q_{ES}의 평형 위치로 이동한다. 이 과량의 에너지는 핵의 전자 전하 분배 과정을 통해 진동 양자의 방출로 이어진다. 이것을 기하학적 **재구성 에너지** 혹은 **이완에너지**라고 하고 아래의 식으로 표현한다.

$$\begin{aligned} E_{\text{rel}} &= S\hbar\omega \qquad \text{단일모드의 경우} \\ E_{\text{rel}} &= \sum_i S_i \hbar\omega \qquad \text{다수모드의 경우} \end{aligned} \tag{1.19}$$

재구성 에너지는 분자가 들뜬상태의 기하학적 구조에서 바닥상태의 기하학적 구조로 돌아오게 되면서 일어나는 광자의 방출에 의해서도 동일한 과정을 통해 배출이 이루어지며, 이는 그림 1.21에 정리되어 있다.

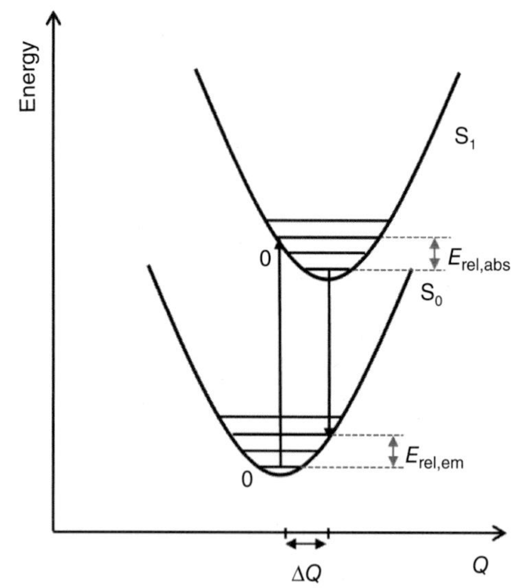

그림 1.21 이완에너지 $E_{\text{rel, abs}}$와 발광 에너지 $E_{\text{rel, em}}$의 퍼텐셜에너지 다이어그램

1.4.2.3 스핀 요소

식 (1.6)에 따른 전이속도를 결정하기 위해 최종 항목으로 스핀 파동함수 $\Psi_{spin}(\alpha_i, \beta_i)$, 즉 적분값 $\langle\Psi_{spin,i}|\Psi_{spin,f}\rangle$을 고려해야 한다. 이 적분은 2개의 값을 갖는데 처음과 나중 상태의 스핀이 다르면 0, 같으면 1이 된다. 그러므로 $S_1 \leftarrow S_0$ 혹은 $T_n \leftarrow T_1$과 같은 단일항 상태들 혹은 삼중항 상태들 사이의 전이는 **스핀 허용**으로 가능하지만 $T_1 \rightarrow S_0$와 같은 삼중항에서 단일항으로 혹은 그 반대의 경우인 단일항에서 삼중항으로의 전이는 **스핀 금지**에 의해 불가능하다. 그러나 $T_1 \rightarrow S_0$ 전이로부터 일어나는 발광은 실험적으로 관찰이 되는데 이를 **인광**(phosphorescence)이라 하고 $S_1 \rightarrow S_0$ 전이에 의해 일어나는 발광을 **형광**(fluorescence)이라고 한다.

스핀 금지 전이가 어떻게 제한된 전이속도를 얻는가에 대한 답변은 이러한 전이는 삼중항 상태 파동함수가 단일항 상태 파동함수로부터 혹은 그 반대로 영향을 받아 일어나는 일련의 섭동(perturbation)에 의해 가능하다는 것이다. 섭동이 발생한 후에 삼중항 들뜬상태 파동함수에 혼합되어 있는 단일항과 단일항 바닥상태와 삼중항 바닥상태 파동함수에 혼합되어 있는 삼중항과 삼중항 들뜬상태 사이에 전이가 일어난다(그림 1.22).

이러한 섭동은 스핀–궤도 짝지음에 의해 일어나는데 만약 스핀 각운동량 s와 전자의 궤도 각운동량 l이 짝을 이루면 스핀 각운동량의 변화는 궤도 각운동량에서의 반대방향 변화에 의해 보상이 되며, 이는 전체 각운동량 $j = l + s$가 광학 전이가 일어나는 동안 보존되기 때문이다. 예를 들어 전자의 스핀 역전은 l_y에서 l_x로의 관련된 각운동량 변화와 동반하여 발생한다. 스핀–궤도 짝지음을 수반하는 에너지가 분자의 총에너지보다 작으면 분자 상태의 파동함수에 있어서 스핀–궤도 짝지음의 효과는 섭동의 체계에서 표현될 수 있다. ${}^3\Psi_1^0 := {}^3(\Psi_{el}\Psi_{spin})_1^0$을 순수한 삼중항 들뜬상태의 파동함수라고 하면 ${}^1\Psi_0^0$은 순수한 단일항 바닥상태의 파동함수, ${}^1\Psi_k^0$는 단일항 들뜬상태의 k번째 파동함수이고 $\hat{H}_{SO}$는 섭동하고 있는 스핀–궤도 상호작용의 Hamiltonian 연산자이다. 순수한 삼중항 들뜬상태의 파동함수 ${}^3\Psi_1^0$는 더 높은 에너지

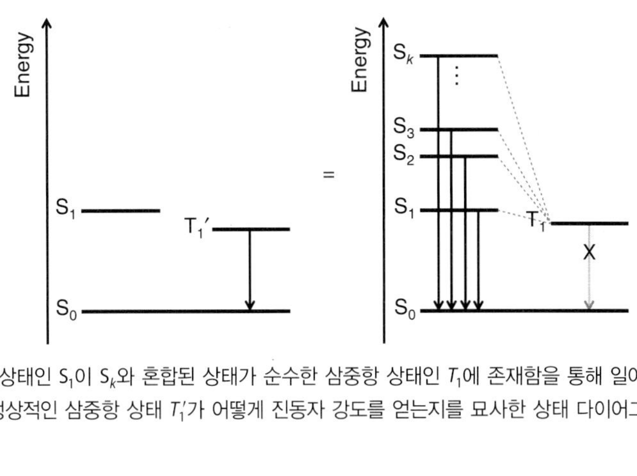

그림 1.22 단일항 상태인 S_1이 S_k와 혼합된 상태가 순수한 삼중항 상태인 T_1에 존재함을 통해 일어나는 스핀 금지 전이 $T_1' \rightarrow S_0$에 있어서 정상적인 삼중항 상태 T_1'가 어떻게 진동자 강도를 얻는지를 묘사한 상태 다이어그램

를 가진 단일항 상태의 혼합을 얻고 그들의 기여 정도는 스핀-궤도 짝지음이 일어난 후에 그들이 얼마나 순수한 삼중항 상태와 중첩되어 있는지와 두 상태가 에너지 측면에서 얼마나 떨어져 있는지에 달려 있다. 수학적으로 이러한 현상을

$$|^3\Psi'_1\rangle = |^3\Psi^0_1\rangle + \sum_k \frac{\langle ^1\Psi^0_k|\hat{H}_{SO}|^3\Psi^0_1\rangle}{E(T_1) - E(S_k)}|^1\Psi^0_k\rangle \tag{1.20}$$

과 같이 표현할 수 있는데 이 식에서 $^3\Psi'_1$은 섭동된 삼중항 상태를 의미한다. 동일한 수식을 바닥상태의 단일항에 대해 나타내면

$$|^1\Psi'_0\rangle = |^1\Psi^0_0\rangle + \sum_k \frac{\langle ^3\Psi^0_k|\hat{H}_{SO}|^1\Psi^0_0\rangle}{E(S_0) - E(T_k)}|^3\Psi^0_k\rangle \tag{1.21}$$

이 된다. 바닥상태의 단일항과 높은 에너지 상태의 삼중항 사이의 에너지 차이에 따라 바닥상태의 단일항 파동함수에 혼합된 삼중항은 작아진다. 전이속도를 구하기 위하여 섭동된 들뜬상태의 삼중항과 바닥상태의 단일항 파동함수를 Fermi의 황금률에 대입하면[식 (1.12)]

$$k_{\text{if}} = \frac{2\pi}{\hbar}\rho|\langle ^3\Psi'_1|e\hat{\boldsymbol{r}}|^1\Psi'_0\rangle|^2 = \frac{2\pi}{\hbar}\rho(A+B+C+D)^2 \text{ with} \tag{1.22}$$

$$A = \langle ^3\Psi^0_1|e\hat{\boldsymbol{r}}|^1\Psi^0_0\rangle$$

$$B = \sum_k \frac{\langle ^1\Psi^0_k|\hat{H}_{SO}|^3\Psi^0_1\rangle}{E(T_1) - E(S_k)}\langle ^1\Psi^0_k|e\hat{\boldsymbol{r}}|^1\Psi^0_0\rangle$$

$$C = \sum_k \frac{\langle ^3\Psi^0_k|\hat{H}_{SO}|^1\Psi^0_0\rangle}{E(S_0) - E(T_k)}\langle ^3\Psi^0_1|e\hat{\boldsymbol{r}}|^3\Psi^0_k\rangle$$

$$D = \sum_k \frac{\langle ^1\Psi^0_k|\hat{H}_{SO}|^3\Psi^0_1\rangle}{E(T_1) - E(S_k)}\sum_j \frac{\langle ^3\Psi^0_j|\hat{H}_{SO}|^1\Psi^0_0\rangle}{E(S_0) - E(T_j)}\langle ^1\Psi^0_k|e\hat{\boldsymbol{r}}|^3\Psi^0_j\rangle$$

를 얻을 수 있다. 여기서 언급하고 있는 파동함수가 공간과 스핀에 관한 파동함수를 포함한다는 사실을 기억하면 이 식들에서 A와 D 항은 수직 방향의 스핀들의 곱을 포함하기 때문에 사라지게 되고 B와 C 항만 남는데 C 항은 T_1과 S_k들 사이의 에너지 차이보다 더 큰 S_0와 T_k들 사이의 차이 때문에 거의 무시할 정도의 작은 기여만 있을 뿐이다.

이러한 결과는 어떻게 인광의 세기가 명목상의 삼중항 상태에 있는 단일항 파동함수의 혼합으로부터 주로 파생될 수 있는지를 설명해준다. 좀 더 세부적인 양자역학 연구가 Polyacene이라는 물질을 이용하여 이루어져 왔는데[87], 동일한 상태이면서 다른 대칭성을 가지고 있는 혼합상태가 스핀-궤도 짝지음을 통해 존재하고 있음이 밝혀졌다. 스핀-궤도 짝지음의 결과로 삼중항 상태는 단일항 상태에 대하여 상이한 분극을 가지게 되고 이것은 Naphthalene이나 Phenanthrene, Chrysene, Picenene, 그리고 Corone[87]뿐만 아니라 Pt을 함유한

Phenylene ethynylene[88], Polyfluorene[89]과 같은 고분자 물질에서도 관찰되었다.

명목상의 삼중항 상태에 대한 단일항 혼합량은 T_1과 S_k들 사이의 에너지 차이뿐만 아니라 스핀-궤도 짝지음의 정도에 의존하여 변한다. 원자에 대하여 섭동 Hamiltonian 연산자 $\hat{H}_{SO}$는 원자 전하의 4번째 힘에 비례한다. 즉 $\hat{H}_{SO} \propto Z^4/(n^3(l+1)(l+0.5)l)$이다. 여기서 n과 l은 양자수이다. 분자에 대하여도 비슷한 표현을 할 수 있는데 원자 전하의 4번째 힘과 5번째 힘 사이의 간격에 의존하는 성향을 보인다. 결과적으로 강한 인광은 높은 질량을 가진 원자들이 발색단에 포함되어 있을 때 가능하게 되고 이러한 조건을 갖춘 발색단은 91쪽의 표 1.4에 정리된 바와 같이 대개 **내부 중원소 효과**(internal heavy atom effect)를 가진 인광 OLED에 사용되는 이리듐 착체와 같은 유기금속착체 혹은 할로겐으로 치환된 Polyacene의 경우들이다(그림 1.23). 때때로 궤도들 사이의 충분한 상호작용은 중원소가 유기 발색단의 바로 옆에 위치하고 있을 때 일어나는데, 예를 들어 브롬이나 요오드를 포함하는 용매를 사용한 용액[90-91]이나 금속 촉매를 사용한 합성[92]으로부터 잔존물로서 Pd과 같은 금속이 박막 중에 존재하는 환경에서 잘 일어나며 이를 **외부 중원소 효과**(external heavy atom effect)라고 한다.

중원소의 부재 하에서도 인광은 비록 미미한 수준이기는 하지만 여전히 발생할 수 있는데 이것은 준고전역학적 측면에서 오직 스핀의 총합 $j = l + s$과 각운동량 l은 보존되어야 하는 결과로 본다. 진동의 결과로 궤도 각운동량이 변한다면 스핀은 역전될 수 있고 양자역학의 측면에서 비틀림은 σ 혹은 π와 같이 서로 다른 각운동량을 가진 혼합궤도들에게 섭동이 일어나도록 한다[95, 93, 96]. 진동에 의해 유도된 스핀-궤도 짝지음은 Born-Oppenheimer 근사가 더 이상 적용되지 않는 경우에 해당된다. 전체적으로 진동에 의해 유도된 스핀-궤도

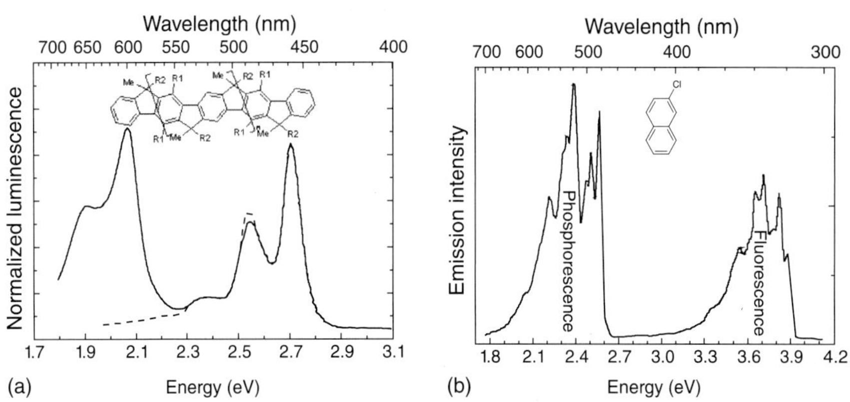

그림 1.23 (a) 형광과 인광을 모두 보여주는 상온에서의 광학적 여기(점선)와 전기적 여기(실선)에 의한 MeLPPP의 발광 스펙트럼. 전기적 여기에 의해 관찰되는 인광은 박막에 존재하는 Pd 원소에 의해 촉진된다[92]. (b) 77K에서 측정된 Me-THF를 용매로 사용한 Cl 치환 Naphthalene의 형광과 인광 스펙트럼[93]. (c) 이리듐 착체인 FIrpic, Irppy와 BtpIr에 의해 발광된 청색, 녹색, 적색의 인광[94].

짝지음은 중원소에 의해 유도된 스핀–궤도 짝지음보다 약하다. 결과적으로 인광의 복사속도는 유기금속착체의 경우 $10^6\ s^{-1}$이지만 순수한 유기화합물의 경우는 $1\ s^{-1}$에 불과하다.

요약하면 식 (1.4)에 표현된 Fermi의 황금률로부터 흡수와 발광의 높은 속도는 π 전자체계의 중첩도가 크고 비편재화 정도가 높은 Frontier 궤도를 가진 동등체와 스핀의 2가지 상태를 요구한다. 처음과 나중 상태 사이의 궤도 중첩의 감소를 포함하는 전하이동 형태의 전이는 당연히 전이 세기의 감소를 초래하고 서로 다른 동등체 사이의 전이는 존재하지 않는다. 단일항과 삼중항 사이 전이의 세기는 스핀–궤도 짝지음의 세기에 따르고, 전이에 의한 스펙트럼 형태는 Franck–Condon 요소에 의해 변화한다.

1.4.3 광흡수의 고전역학적 측면

이전 절에서 언급한 광흡수의 양자역학적 표현에 추가하여 굴절지수나 흡광계수와 같은 고전역학적 측면에서의 거시적 정량에 대한 이해를 구하는 것도 유용하다. 더욱이 동일한 시료에 대하여 양자역학적 표현과 실험을 통한 거시적 측정을 어떻게 연계할 것인가에 대해 알아보는 것은 유익하다.

1.4.3.1 로렌츠 진동자 모델과 복합굴절지수

고전역학적으로 광흡수 혹은 발광의 과정은 구동 감쇠 진동으로 이해될 수 있다. 광파에 의해 변하는 전자기장은 분자 내의 전자분포를 가속화하고 이는 전기장을 즉각적으로 반응하게 만든다. 구동 진동과 함께 일어나는 구동 전자기장으로부터 진동하는 전자구름으로의 에너지 전이는 광파의 진동수가 전자 분포에 의한 공명진동수 ω_0와 일치할 때 최댓값을 갖는데 이러한 에너지 전이는 광자의 흡수에 해당한다.

소위 수학적 형식주의를 구동 감쇠 진동자와 밀접한 관련이 있는 **로렌츠 진동자 모델**에 직접 적용할 수 있다. 간략히 설명하자면 단순히 질량 m과 전하 e를 가지고 탄성상수 k를 가진 탄성력에 의해 원자와 결합하고 있는 단일전자를 고려하고, 이것이 진동에 의한 공명진동수 $\omega_0^2 = k/m$를 가진다고 하면 빛의 전자기장이 전자에 F_{EM}의 힘을 외부로부터 가할 때

$$\mathbf{F}_{EM} = e\mathbf{E} + e\mathbf{v} \times \mathbf{B} \tag{1.23}$$

의 관계가 성립된다. 이때 **E**와 **B**는 각각 전기장과 자기장이고 **v**는 전자의 속도이다. 이 관계식에서 두 번째 자기 항은 첫 번째의 전기 항과 비교하면 작아서 무시할 수 있다. 진동 전기장에 대하여 1차원 운동과 $E(t) = E_0 e^{-i\omega t}$를 적용하면 가속력 $\ddot{x}$을 갖고 전자를 가속하는 힘에 대하여

$$F_{EM} \cong eE_0 e^{-i\omega t} \tag{1.24}$$

의 관계식을 얻는다. 이 전자는 $F_{\text{inert}} = -m\ddot{x}$의 관성을 통해 운동에 저항하고 원자에 결합되어 있으려는 탄성 복원력 $F_{\text{spring}} = -kx$에 의해 이탈된 위치에서 원래의 위치로 돌아가려고 한다. 모든 운동은 대개 물질의 속도 $\dot{x}$에 비례하는 힘과 질량에 의해 감쇠되는데 이러한 비례성은 현상학적 감쇠상수 γ에 의해 표현되므로 $F_{\text{damp}} = -\gamma m\dot{x}$가 된다. 이것은 역학체계에서는 마찰과 동등한 개념인데, 우리가 지금 논의하고 있는 감쇠 현상의 경우는 어떤 대상(전자)이 주변 환경에 짝지음하는 것으로부터 발생한 것이므로 전자에 대해 작용하는 힘은

$$F_{\text{inert}} + F_{\text{damp}} + F_{\text{spring}} = -F_{\text{EM}} \tag{1.25}$$

의 관계식이 성립하고 이는 아래의 운동방정식으로 귀결된다.

$$m\ddot{x} - \gamma m\dot{x} + kx = eE_0 \mathrm{e}^{-i\omega t} \tag{1.26}$$

이 방정식은 전자가 전자기장에서 어떻게 진동 운동을 수행하는지를 표현한다. 이 방정식의 일반적인 해는

$$x(t) = x_{\text{trans}}(t)\mathrm{e}^{-\frac{t\gamma}{2}} + x_0 \mathrm{e}^{-i\omega t} \tag{1.27}$$

이고 $x_{\text{trans}}(t) = x_{t0} \exp\left[-i\sqrt{(\omega_0^2 - \gamma^2/4)}\,t\right]$이다. 첫째 항 $x_{\text{trans}}(t)\mathrm{e}^{-t\gamma/2}$은 $t > \gamma^{-}$의 조건에서는 사라지는 감쇠된 진동의 진동수 $(\omega_0^2 - \gamma^2/4)$를 나타낸다. 이러한 일시적 현상 이후 전자는 전자기장에서 진동하게 되고 전자의 이동에 따른 진폭은 $t > \gamma^{-1}$의 조건에서 식 (1.27)을 식 (1.26)에 대입하여 아래와 같이 구할 수 있다.

$$x_0 = \frac{eE_0}{m} \frac{1}{(\omega_0^2 - \omega^2) - i\omega\gamma} \tag{1.28}$$

이러한 고전역학적 모델은 무엇에 유익할까? 주기적으로 변하는 전자기장 벡터에 의해 일어나는 전자의 진동에 대한 단순한 설명은 광흡수의 양자역학적인 과정을 직관적으로 이해하는 데 도움을 준다. 정량적 표현으로 항목을 수정하는 작업은 이 책의 논의 범위를 넘어서므로 참고문헌 [97]에서 찾아보기 바란다.

양자역학의 선택규칙에 의하면 광흡수(혹은 발광)는 반드시 한 단위의 각운동량 변화를 수반해야 한다. 이것은 지금까지 언급한 진동 모델에서 쉽게 합리적으로 설명될 수 있는데 (그림 1.24), 입사하는 진동 전자기장 벡터는 전자구름을 재분포시키고 이것은 전자기장이 작용하기 전의 대칭적인 전하의 분포 대신에 분극현상이 일어나는 전하의 비대칭적 분포를 가져오게 되고 평균 시간을 살펴보면 추가적인 노드(매듭)가 발견된다. 단일전자를 가진 원소인 수소의 경우 전자의 분포가 처음의 1s 궤도에서 2p 궤도로 변화하는 현상이 일어나고

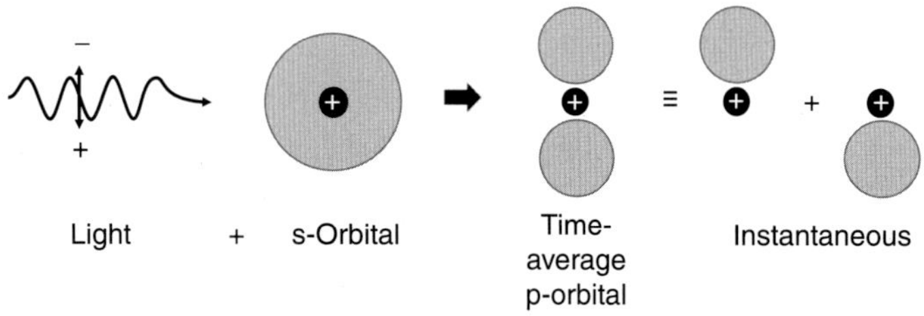

그림 1.24 로렌츠 진동자 모델 체계에서의 광흡수. 입사하는 전자기 광파의 진동하는 전기장의 벡터는 원자의 전자구름이 공명현상을 일으키도록 한다. 따라서 시간 평준화된 전하분포는 처음의 구형 분포에서 진동의 시간 부근에 높은 확률을 갖는 형태로 변하게 되고 가운데가 확률이 낮은 분포를 갖는 형태를 띠게 된다. 여기에 나타난 예에서 광흡수는 시간 평준화된 전하분포가 s 궤도에서 p 궤도로 변화함으로써 노드를 형성하는 과정을 보여준다[93].

분자에서는 전자의 분포가 π 궤도에서 π^* 궤도로 옮겨가게 된다. 이런 추가적인 노드는 진동하는 전자기장에 의해 유도되는데 광흡수에 따른 각운동량의 단위 변화와 일치한다.

고전역학적 측면에서 진동하는 전하의 분포는 실내에 있는 보통 라디오 수신기의 단순한 안테나와 같이 전자기 쌍극자 역할을 하는 것으로 설명할 수 있다. 쌍극자 모멘트의 크기는 진동하는 전하의 양과 진동하는 거리에 따라 결정된다. 이 쌍극자는 입사하는 전자기파에 의해 유도되고 광학적 전이를 수반하기 때문에 **전이 쌍극자** μ로 불리고 단일 진동 전자에 대하여

$$\mu = ex_0 \tag{1.29}$$

로 주어진다. 분자 혹은 원자에서의 단위 전자기장 세기당 쌍극자 모멘트는 아래 식의 **분극률**(polarizability) α로 정의한다.

$$\alpha = \frac{\mu}{E_0} \tag{1.30}$$

분극률은 분자의 전자 분포를 비틀리게 하는 전기장에 의해 쉽게 측정할 수 있는데 일반적으로 전기장에 의한 힘은 탄성 복원력 $eE_0 = -kx_0$과 반대방향의 힘이고, 식 (1.29)와 (1.30)을 사용하면 복원력 상수 $k = e^2/\alpha$는 분극률에 역비례하게 된다.

고전역학 체계에서 분자의 굴절지수와 흡광계수의 진동수 의존도를 추론할 수 있는데 이를 위해 대략 필수적인 단계만 생각하면 거시적 시료에서 단지 1개의 진동하는 쌍극자만이 아니라 단위 부피당 N개의 쌍극자가 존재함을 인정해야 한다. 이런 가정은 단위 부피당 쌍극자 모멘트를 알 수 있게 해주며, 거시적 분극화의 밀도 P를

$$P = N\mu = N\alpha E_0 = N\frac{ex_0}{E_0}E_0 = \frac{Ne^2}{m}\frac{1}{(\omega_0^2 - \omega^2) - i\omega\gamma}E_0 \tag{1.31}$$

로 정의하게 된다. 따라서 거시적 시료의 내부에 있는 전체 전기장은 시료의 내부에 있는 전

자기장의 중첩에 의하여 주어지고, 이것은 이동하는 전하를 포함하므로 **유전 이동장**(dielectric displacement field) D라고 한다.

$$D = \varepsilon_0 E_0 + P \tag{1.32}$$

식 (1.31)을 사용하여 D를 다시 표현하면 다음과 같다.

$$D = \varepsilon_0 \left(1 + \frac{Ne^2}{\varepsilon_0 m} \frac{1}{\left(\omega_0^2 - \omega^2\right) - i\omega\gamma} \right) E_0 \tag{1.33}$$

이 식의 괄호 안에 있는 항은 거시적 시료의 **유전상수**(dielectric constant)이다. 유전상수는 거시적 시료에 존재하는 전자기장이 분자의 전자 분포가 전자기적 광파와 상호작용한다는 사실에 기인하여 변한다는 것을 나타낸다. 이렇게 도출된 결과로부터 유전상수는 분극률 α와 거시적으로 동등한 의미를 갖는 것이 명백하다.

$$\varepsilon_r(\omega) = 1 + \frac{Ne^2}{\varepsilon_0 m} \frac{1}{(\omega_0^2 - \omega^2) - i\omega\gamma} \tag{1.34}$$

맥스웰은 비자성 물질의 유전상수가 그것의 굴절지수 $\widetilde{n}^2 = \varepsilon_r(\omega)$와 관련이 있음을 보여주었다. 여기서 유전상수는 복잡한 숫자이고, 따라서 굴절지수도 복잡한 숫자가 되고 이것을 나타내는 기호 위에 물결표를 추가로 표기한다. 복잡한 굴절지수는 무엇을 의미하는가? 식으로 표현하면

$$\widetilde{n} = n - i\kappa \tag{1.35}$$

가 되고 이것은 물질에서 전자기파의 전파를 아래와 같이 표현하는 데 사용된다.

$$E = E_0 \mathrm{e}^{i(\omega t - \widetilde{n} k_0 z)} = E_0 \mathrm{e}^{-\kappa k_0 z} E_0 \mathrm{e}^{i(\omega t - n k_0 z)} \tag{1.36}$$

여기서 흡수의 세기가 전자기파의 크기 $I = E^2$와 관련이 있기 때문에 k가 $\alpha = 2\kappa k_0$의 관계로부터 직접적으로 흡광계수[식 (1.8) 참고]와 관련이 있다는 것을 즉각 알 수 있다. 그러므로 k는 전자기파의 전파가 감쇠하는 결과의 주요 원인이 되고 n은 단순히 광파의 확산을 나타내는 통상의 실제 지수라고 할 수 있다. 공명진동수 ω_0로부터 크게 벗어나지 않는 희석한 중간체에 대하여 식 (1.34)와 (1.35)를 대략적으로 조합하면[97–98]

$$n(\omega) \approx 1 + \frac{Ne^2}{4\varepsilon_0 m} \frac{(\omega_0 - \omega)/\omega}{(\omega_0 - \omega)^2 + (\gamma/2)^2}, \quad \kappa(\omega) \approx \frac{Ne^2}{4\varepsilon_0 m} \frac{\gamma/2\omega}{(\omega_0 - \omega)^2 + (\gamma/2)^2} \tag{1.37}$$

과 같이 표현되고, 이는 그림 1.25에서 보여주는 바와 같이 진동수에 의존하고 있음을 알 수 있다.

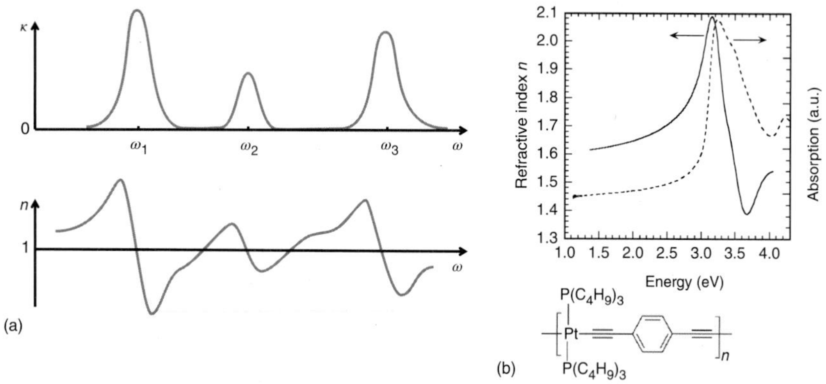

그림 1.25 착체의 굴절지수 관계식 $\tilde{n} = n - i\kappa$의 2가지 요소인 n과 κ에 대한 입사광 에너지 $\hbar\omega$의 의존도. (a) ω_1, ω_2, ω_3에서의 3가지 광학 전이에 대한 개요도[99]. (b) Pt–고분자에 대하여 측정된 굴절지수와 흡수[80].

첫째로 흡수가 최대로 일어나는 공명진동수 부근에서의 급격한 굴절지수의 변화가 존재하는데 파장의 굴절지수에 대한 의존은 예를 들어 식 (1.14a)에 따라 형광 스펙트럼을 모형화할 때 흡수 파장대의 끝부분에서 고려해야 할 필요가 있고 인광 스펙트럼을 모형화할 때는 흡수 파장대의 끝부분에서 다소 떨어진 파장대에서는 무시할 수 있다.

둘째로 κ는 외부에서 가해지는 힘으로부터 구동 감쇠 진동자의 체계에 존재하는 진동체로 전달되는 힘에 대한 고전역학적 값에 비례한다. 이러한 힘은 단순히 $P = F\dot{x}$, 다시 말하면 원자에 결합된 단일전자와 상호작용하는 입사 전자기 광파에 대한 것, $P = eE\dot{x}$이기도 하다. 평균 시간을 고려하면 공명진동수 부근에서 이 값은 대략

$$P(\omega) \approx \frac{e^2E_0^2}{4m}\frac{\gamma/2}{(\omega_0-\omega)^2+(\gamma/2)^2} = \frac{e^2E_0^2\pi}{4m}\mathcal{L}(\omega) \tag{1.38}$$

과 같이 되고 이를 로렌츠 곡선에 적용하기 위해서

$$\mathcal{L}(\omega) = \frac{1}{\pi}\frac{\gamma/2}{(\omega_0-\omega)^2+(\gamma/2)^2}$$

이고 정규화된 $\int_0^\infty \mathcal{L}(\omega)\mathrm{d}\omega = 1$을 적용하여 γ의 FWHM과 $\mathcal{L}(\omega) = 2/\pi\gamma$의 최댓값을 갖는다.

이러한 로렌츠 선형함수는 분자 전이에서 발견되고 단일분자나 모두가 동일한 공명진동수를 가진 분자 집단에서 관찰할 수 있다. 후자의 경우 불활성 유리 위에 고착된 분자의 특정 부분에 대한 선택적인 분광법이나 Shpol'skii 모체 혹은 구멍뚫기 분광법을 통해 확인할 수 있다. 이러한 방법들의 일부는 2장에서 다룬다.

1.4.3.2 관련 실험과 양자역학적 양: 아인슈타인 계수, Strickler-Berg 표현과 진동자 강도

흡광계수 혹은 발광수명과 같이 실험적으로 측정된 양들은 아인슈타인 계수나 Strickler-Berg 관계식으로부터 얻어지는 독립적인 값들과 관계가 있다. 1917년에 아인슈타인은 유도된 흡수, 발광 및 자발적인 발광에 대한 전이 확률 사이의 관계를 규명하였다[100]. 그가 밝혀낸 결과는 자발적인 발광 확률이 이에 일치하는 흡수 확률과 전이 진동수의 제3의 힘에 직접적으로 비례한다는 것이었다. 그의 방정식을 유도하는 데 있어서 흡수 밴드는 뾰족하고 형광은 흡수와 동일한 파장에서 일어난다는 가정이 필요한데, 이것은 그의 방정식이 오직 원자의 전이에만 제한적으로 적용될 수 있음을 의미한다. Strickler와 Berg는 1962년에 아인슈타인의 연구성과를 다원자 분자(polyatomic molecule)에까지 확장하여 적용할 수 있도록 발전시켰다[83, 87]. 아인슈타인 계수가 수많은 광학 교재에 채택되었던 반면에 Strickler와 Berg의 진동 준위를 포함하는 확장된 이론은 교재에 일반적으로 등재되지 않았으므로 이 책에서 더 상세히 설명하고자 한다. 좀 더 실질적인 사고를 하는 학생들은 그 동안 잘 알려지지 않았던 방정식들[식 (1.43), (1.49b), (1.53), (1.58b), (1.61b), (1.63)과 (1.65)]에 대해 다시 한번 살펴보기 바란다.

중간 수준의 굴절지수 n값을 갖고 특정한 온도 T 범위에서 열적 평형상태에 있는 수많은 발색단을 고려하면 이런 발색단들은 광자를 흡수하고 방출하게 된다. N_l을 낮은 에너지 상태에 있는 발색단의 수, N_u를 높은 에너지 상태에 있는 발색단의 수라고 하면 $h\nu$는 두 에너지 상태의 차이가 된다. 주어진 진동수 ν에 대하여 매개체에서 방사하는 에너지 밀도(단위 진동수 범위 dν당 10^{-7} $\mathrm{Jcm^{-3}}$에서)는 **Planck의 흑체법칙**(black body law)에 의해

$$u(\nu) = \frac{8\pi h\nu^3}{c^3}\left(e^{\frac{h\nu}{kT}} - 1\right)^{-1} \tag{1.39}$$

가 된다. 이제 진동 준위 n을 가진 낮은 전자 상태 l과 진동 준위 m을 가진 높은 전자 상태 u 사이의 확률계수를 생각해보자. 자발적 발광에 대하여 **아인슈타인 A 계수**를 $A_{un\to lm}$, 유도된 발광에 대한 **아인슈타인 B 계수**를 $B_{un\to lm}$이라고 하면 전이의 진동상수는 $\nu = \nu_{un\to lm} = \nu_{lm\to un}$이 된다. 자발적 발광은 들뜬상태에서 보통의 방사수명을 결정하는 드물게 일어나는 과정이고, 유도된 발광이나 흡수는 입사하는 광자가 두 상태 사이의 전이를 유도할 때 일어난다. 그러므로 자발적 발광에 의해 한 상태에서 다른 상태로 이동하는 발색단의 속도 ΔN은 처음 상태에 존재하는 발색단의 수에 의존한다. 이와 반대로 유도된 발광이나 흡수의 경우 발색단의 이동속도 ΔN은 방사 에너지의 밀도 $u(\nu)$에 의존한다. 흡수에 의해 낮은 상태에서 높은 상태로 이동하는 분자들의 속도[83]는

$$\Delta N_{lm\to un} = N_{lm} B_{lm\to un} u(\nu) \tag{1.40}$$

이고 발광에 의해 반대방향으로 이동하는 분자의 속도는

$$\Delta N_{un\to lm} = N_{un}[B_{un\to lm}u(\nu) + A_{un\to lm}] \tag{1.41}$$

이다. 아인슈타인은 $B_{un\to lm} = B_{lm\to un}$인 것과 더 나아가서 낮은 에너지와 높은 에너지 상태에 존재하는 분자의 수가 Boltzmann 분포와 관련이 있음을 보여주었다.

$$N_{un} = N_{lm}\exp\left(-\frac{h\nu}{kT}\right) \tag{1.42}$$

열적 평형에서 식 (1.40)과 (1.41)은 반드시 같은 값을 가져야 한다는 사실을 식 (1.39)와 (1.42)에 적용하면 **아인슈타인 관계식**

$$A_{un\to lm} = 8\pi\left(\frac{h\nu n}{c}\right)^3 B_{lm\to un} \tag{1.43}$$

이 성립된다. 아인슈타인 A 계수에 의해 주어진 자발적 발광의 확률과 아인슈타인 B 계수에 의해 주어진 흡수의 확률 사이에 각 상태의 광자밀도로부터 생긴 전이 에너지의 세제곱 관계가 이 식에 반영되어 있다.

어떻게 이 계수들은 실험적으로 측정된 양과 연관성을 갖는가? $u(\nu)/h\nu$가 진동수 범위 $d\nu$에서의 광자밀도라면 광자밀도 $u(\nu)/h\nu$를 갖는 광선이 물질을 통과할 때 광자들은 흡수되고, 이때 광자밀도의 변화는 N_{lm}이 cm^3당 흡수하는 발색단의 수이고 σ'이 발색단의 흡수단면일 때

$$\frac{du(\nu)}{h\nu} = -\sigma' N_{lm}\frac{u(\nu)}{h\nu} \tag{1.44}$$

로 주어진다. 흡수 결과는 매초 들뜬 발색단의 수 $\Delta N_{lm\to un}$로 나타낼 수 있다.

$$\Delta N_{lm\to un} = -v\frac{du(\nu)}{h\nu} = \frac{c}{n}\sigma' N_{lm}\frac{u(\nu)}{h\nu} \tag{1.45}$$

여기서 $v = c/n$은 광파의 속도인데 v는 속도의 기호 ν가 아니라 진동수 기호임을 명심하자. 동일한 기호 n은 굴절지수를 나타내고 $\Delta N_{lm\to un}$는 진동 준위를 의미하는데 이러한 기호들이 나타내는 의미는 지금까지 설명한 내용들을 통해 충분히 이해할 수 있다. 낮은 상태의 0번째 진동 준위($l0$)로부터 높은 상태(um)의 m번째 진동 준위에 이르는 전체 진동수 범위에서 적분된 전체 전자 진동 밴드에서의 단위 부피당 여기 속도(비율)가 다음과 같이 얻어진다.

$$\Delta N_{l\to u} = N_l\frac{c}{hn}\int_{l0}^{un}\frac{\sigma'(\nu)u(\nu)}{\nu}d\nu \tag{1.46}$$

만약 이 범위에서 에너지 밀도가 대략 일정하다면 이 식은

$$\Delta N_{l\to u} = N_l \left[\frac{c}{hn} \int_{l0}^{un} \frac{\sigma'(\nu)}{\nu} \mathrm{d}\nu \right] u(\nu) \tag{1.47}$$

로 다시 표현할 수 있고, 식 (1.40)과 비교하면

$$B_{l0\to u} = \sum_n B_{l0\to un} = \frac{c}{hn} \int \frac{\sigma'(\nu)}{\nu} \mathrm{d}\nu \tag{1.48}$$

을 얻을 수 있다. 흡수 단면 대신 식 (1.11)의 좀 더 실질적인 몰흡광계수(molar extinction coefficient)를 사용하면

$$B_{l0\to u} = \frac{2303}{6.022 \times 10^{23}} \frac{c}{hn} \int \frac{\varepsilon(\nu)}{\nu} \mathrm{d}\nu \tag{1.49a}$$

$$B_{l0\to u} = 3.82 \times 10^{-21} \frac{c}{hn} \int \frac{\varepsilon(\nu)}{\nu} \mathrm{d}\nu \tag{1.49b}$$

로 표현할 수 있다. 식 (1.49)는 단순한 방법으로 실험을 통해 측정된 흡수량에 대한 아인슈타인 B 계수와 관련이 있는데, 이때 흡수는 낮은 상태의 0번째 진동 준위에서 높은 상태의 모든 진동 준위로 일어난다.

흡수와 발광 사이에 분명한 거울과 같은 관계를 보여주는 화합물은 $B_{l0\to un} = B_{u0\to ln'}$의 관계를 갖는다고 가정할 수 있고, 식 (1.43)의 아인슈타인 관계식에 따라 자발적 발광에서의 아인슈타인 A 계수

$$A_{u0\to lm} = 8\pi \left(\frac{h\nu n}{c} \right)^3 B_{l0\to un} \tag{1.50}$$

를 얻을 수 있다. Strickler와 Berg는 고유한 방사 붕괴 속도 τ_0가 다음의 방식으로 아인슈타인 계수와 관련이 있다는 사실을 보여주었는데, 즉 $A_{un\to lm}$이 높은 상태의 0번째 진동 준위로부터 낮은 상태의 모든 진동 준위로 일어나는 자발적 발광에 대한 확률계수이므로 A와 τ_0의 관계는

$$\tau_0^{-1} = A_{u0\to l} = \sum_a A_{u0\to la} \tag{1.51}$$

이 되고, 이것의 계산식은 $1/\langle \nu^{-3} \rangle = \int I(\nu)\mathrm{d}\nu \Big/ \int \nu^{-3} I(\nu)\mathrm{d}\nu$에서 $I(\nu)$가 진동수 간격당 광자의 수에서 측정한 형광의 세기일 때

$$\frac{1}{\tau_0} = A_{u0\to l} = \frac{8\cdot 2303\pi n^2}{c^2\times 6.022\times 10^{23}}\frac{1}{\langle \nu^{-3}\rangle}\int\frac{\varepsilon(\nu)}{\nu}\mathrm{d}\nu = \frac{8\pi h n^3}{c^3}\frac{1}{\langle \nu^{-3}\rangle}B_{l0\to u} \tag{1.52}$$

가 된다. s^{-1}을 단위로 하는 진동수 $\nu = c/\lambda$를 사용하는 대신에 cm^{-1}을 단위로 하는 파수 $\tilde{\nu} = 1/\lambda$를 사용하는 것이 더 편리하므로 c와 λ를 빛의 속도와 파장이라고 하면 식 (1.52)는

$$A_{u0\to l} = \frac{1}{\tau_0} = 2.880\times 10^{-9}\frac{n^2}{\langle \tilde{\nu}^{-3}\rangle}\int\frac{\varepsilon(\tilde{\nu})}{\tilde{\nu}}\mathrm{d}\tilde{\nu} \tag{1.53}$$

으로 표현할 수 있다. 이 식은 방사수명과 흡수 스펙트럼의 관계를 나타내는 **Strickler-Berg 방정식**의 친숙한 형태이다. 밴드 형태가 뾰족하고 흡수와 형광이 동일한 파장에서 일어난다면 $\tilde{\nu}$는 일정한 값이 되어 식의 적분 항에서는 제외할 수 있다. 대부분의 원자 전이의 경우에 적용할 수 있어 식 (1.53)은

$$\frac{1}{\tau_0} = 2.880\times 10^{-9} n^2\tilde{\nu}^2\int\varepsilon(\tilde{\nu})\mathrm{d}\tilde{\nu} \tag{1.54}$$

로 변형이 가능하고 분자에서의 자릿수 계산에 유용하다.

지금까지 아인슈타인 계수가 흡수 스펙트럼 및 방사수명과 어떤 관계에 있는지, 그리고 이들이 실험적으로 접근 가능한 양임을 살펴보았다. 또한 아인슈타인 계수가 쌍극자 전이에 대하여 양자역학 행렬 요소와의 연관 가능성이 존재함을 알게 되었다. Fermi의 황금률 표현에서 방사전이를 위한 전자 요소를 나타내는 축약기호 $|\boldsymbol{\mu}_{\mathrm{if}}|^2 = |\langle\Psi_{\mathrm{el,i}}|e\hat{\boldsymbol{r}}|\Psi_{\mathrm{el,f}}\rangle|^2$를 적용하면 $|\boldsymbol{\mu}_{\mathrm{if}}|^2$가 정전기 단위일 때

$$B_{l0\to u} = \frac{8\pi^3}{3h^2}|\boldsymbol{\mu}_{\mathrm{if}}|^2 \tag{1.55}$$

의 식을 얻는다. 이 식의 유도는 참고문헌 [64]의 부록 13과 17에서 찾아볼 수 있다. 식 (1.49b)와 (1.55)를 통합하면

$$|\boldsymbol{\mu}_{\mathrm{if}}|^2 = \frac{2303}{6.022\times 10^{23}}\frac{3ch}{8\pi^3 n}\int\frac{\varepsilon(\nu)}{\nu}\mathrm{d}\nu \tag{1.56}$$

을 얻고 양자역학적인 양에 대한 실험값을 계산하는 데 직접 연결할 수 있다.

진동자 강도 f는 식 (1.11)에 있는 흡광계수와 파수의 항을 사용하여 표현하면 다음과 같이 나타낼 수 있다.

$$f = \frac{mc}{\pi e^2 n}\int\sigma'(\nu)\mathrm{d}\nu \tag{1.57}$$

$$f = \frac{4.39 \times 10^{-9}}{n} \int \varepsilon(\widetilde{\nu})\mathrm{d}\widetilde{\nu} \tag{1.58a}$$

$$f = \frac{4.39 \times 10^{-9}}{n} \int \varepsilon(\widetilde{\nu})\mathrm{d}\widetilde{\nu} \tag{1.58b}$$

이 진동자 강도는 또한 아인슈타인 계수와도 관련이 있다고 할 수 있는데, 식 (1.48)은 평균 진동수 $\langle \nu \rangle$를 사용하여

$$B_{l0\rightarrow u} = \frac{c}{hn} \int \frac{\sigma'(\nu)}{\nu} \mathrm{d}\nu \approx \frac{c}{hn} \frac{1}{\nu} \int \sigma'(\nu)\mathrm{d}\nu \tag{1.59}$$

로 근삿값을 구할 수 있고, 이를 다시 식 (1.57)에 대입하면

$$f = \frac{mh\langle \nu \rangle}{\pi e^2} B_{l0\rightarrow u} \tag{1.60}$$

이 된다. 이 식을 식 (1.55)와 결합하고 $\langle \nu \rangle = c\langle \widetilde{\nu} \rangle$을 적용하면

$$f = \frac{8m\pi^2 c\widetilde{\nu}}{3he^2} |\boldsymbol{\mu}_{\mathrm{if}}|^2 \tag{1.61a}$$

$$f = 4.70 \cdot 10^{29} \langle \widetilde{\nu} \rangle |\boldsymbol{\mu}_{\mathrm{if}}|^2 \tag{1.61b}$$

가 얻어진다. 여기서 $\widetilde{\nu}$는 cm^{-1}의 단위, $\boldsymbol{\mu}_{\mathrm{if}}$는 정전기적 단위이다. 만약 SI 단위가 $\widetilde{\nu}$와 $\boldsymbol{\mu}_{\mathrm{if}}$에 적용되면 이 식은

$$f = 5.23 \times 10^{6} \langle \widetilde{\nu} \rangle |\boldsymbol{\mu}_{\mathrm{if}}|^2 \tag{1.61c}$$

로 변형될 수 있다.

이 진동자 강도는 처음에는 로렌츠 진동자 모델을 배경으로 하여 설명되었는데 고전역학에서는 1차원 혹은 3차원 진동자에 대하여 최댓값 1을 가지게 된다. 식 (1.58b)는 십진수를 사용하는 흡광계수의 최대 가능값을 산출하기 위하여 사용될 수 있는데 적분하여 근삿값을 구하면

$$\int \varepsilon(\widetilde{\nu})\mathrm{d}\widetilde{\nu} \approx \varepsilon_{\mathrm{max}} \Delta\widetilde{\nu} \tag{1.62}$$

가 된다. $\varepsilon_{\mathrm{max}}$는 최대 흡수에서의 흡광계수 값이고 $\Delta\widetilde{\nu}$는 $\varepsilon_{\mathrm{max}}$ 흡수밴드의 FWHM 높이이다. 굴절지수를 1이라 하고 $\Delta\widetilde{\nu}$를 2000 cm^{-1}이라고 하면 식 (1.58b)는 $1 = (4.39 \times 10^{9}) \times \varepsilon_{\mathrm{max}} \times 2000\ \mathrm{cm}^{-1}$이 되므로

$$\varepsilon_{\text{max}} \approx 10^5\,\text{cm}^{-1} \tag{1.63}$$

이 된다. 유사한 방법으로 최대 방사 붕괴 속도도 진동자 강도로부터 구할 수 있는데, 식 (1.54)에 있는 방사수명의 근삿값을 계산하고 이 값을 식 (1.58b)에 적용하면

$$\frac{1}{\tau_0} \approx n^3\tilde{\nu}^2 f \tag{1.64}$$

가 된다. 굴절지수를 1로 두고 전이 파장을 400 nm(=25,000 cm^{-1})라고 하면 식 (1.64)는 방사 붕괴 속도의 최대 한계값 $k_r = \tau_0^{-1} \approx 1 \cdot (2.5 \cdot 10^4)^2 \cdot 1 = 6.25 \cdot 10^8$, 다시 말하면 최대 방사 붕괴 속도는

$$k_{\text{r,max}} = 10^9\,\text{s}^{-1} \tag{1.65}$$

가 된다. 이제 최종적으로 2가지 주목할만한 사항을 논의하도록 하자. 아인슈타인 계수를 포함한 이러한 식들의 유도에서 동일한 축퇴를 가진 모두가 단일항 혹은 삼중항만으로 구성된 낮고 높은 에너지 상태를 고려하였는데 단일항과 삼중항 사이의 전이에 대하여 근삿값을 구할 때 3개의 축퇴 요소가 필요함을 알 수 있었다[83].

둘째로 식 (1.57)에 있는 진동자 강도의 정의는 다소 임의적으로 보이지만 $f = \sigma_{\text{classical}}/\sigma_{\text{QM}}$의 표현과 동등하고 이는 곧 고전역학적인 로렌츠 진동자 모델에서의 3차원 단일전자 진동자의 흡수 단면 $\sigma_{\text{classical}}$과 아인슈타인 B 계수로부터 계산한 흡수 단면 σ_{QM} 사이의 비율로 정의되면서 적절한 단위를 시용하면 이 값은 식 (1.57)에서 주어진 표현을 따르게 된다. 아인슈타인 B 계수는 또한 양자역학적 전이의 쌍극자 연산자와도 관련이 있는데[식 (1.55)], 진동자 강도는 계산된 전이속도가 3차원 단일전자 진동자의 모델에서 예상되는 최대 가능값과 어느 정도 차이가 있는지를 측정한 값이다. 이 식을 유도하는 전체 과정은 참고문헌 [101–103]을 참고하라.

1.4.4 비방사 전이: 내부전이와 계간전이

비방사 전이는 처음 상태의 0번째 진동 준위에서 나중 상태의 k번째 진동 준위로 일어나는 **등에너지적** 전이로, 대개 주변으로 진동에너지를 빠르고 가역적으로 소멸시키는 열적 이완 과정이다. 2개의 서로 다른 전자적 상태 사이의 등에너지적 비방사 전이는 하나의 전자적 상태 내에서 일어나는 수직의 열적 이완으로 혼동하지 말아야 한다. 1.4.2절에서 방사전이가 하나의 수직 화살표로 표기되는 배열좌표 다이어그램으로 나타내어진 반면 비방사 전이는 수평 화살표로 표기되었다(그림 1.26). 비방사 전이에 따른 열적 이완은 일련의 수직 화살표로 나타내어진다.

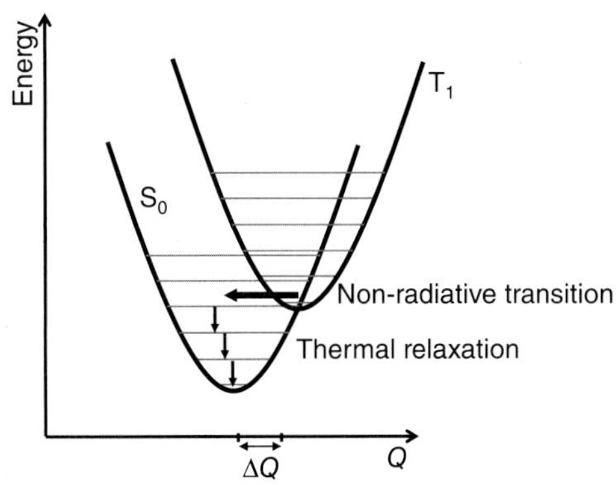

그림 1.26 T_1에서 S_0로의 비방사 전이와 그에 따른 열적 이완을 나타낸 퍼텐셜에너지 다이어그램

비방사 전이에는 속도 k_{IC}를 가진 **내부전이**(internal conversion)가 있는데 동일한 스핀 상태 사이에서 다양하게 일어나고(예를 들면 $S_2 \to S_1$, $T_2 \to T_1$), 또한 속도 k_{ISC}를 가진 **계간전이**(intersystem crossing)가 있는데 스핀 상태가 바뀌면서 일어난다(예를 들면 $S_1 \to T_1$, $T_1 \to S_0$). S_1으로부터의 계간전이는 S_1의 0번째 진동 준위 혹은 S_1의 열적으로 밀집된 진동 준위들로부터 S_1과 비슷한 수준의 에너지를 가진 T_1 혹은 그 보다 더 높은 에너지를 가진 들뜬상태(예를 들면 T_2, T_3, T_4 등)의 진동 준위를 향해 일어나고 또 $T_1 \to S_1$과 같이 반대방향으로도 일어날 수 있다. 즉 두 상태 사이의 에너지 차이가 작을 때 S_1과 등에너지적인 진동 준위를 향한 T_1의 열적 여기($T_1 \to S_1$)가 허용되고 결국 S_1으로부터의 발광이 일어나는데, 이를 **열적 여기에 의해 지연된 형광**(thermally activated delayed fluorescence)이라고 부른다.

방사가 없는 전이에 관한 이론은 Siebrand, Robinson, Frosch, Jortner, Englmann과 그들의 동역자들에 의해 1960년대 초반에 발전되었는데[85, 104–110], 실험적 사실을 통해 만족할만한 합의점에 이르게 되었다. 실험적으로 가장 확장된 비방사 전이는 방향족 탄화수소나 잘 알려진 몇 종류의 Polyacene에서의 $T_1 \to S_0$ 전이였다[111–119]. 나중에 과학적 관심은 유기금속착체에서 일어나는 전이의 비방사 탈여기 분야에까지 이르게 되었다[120–121]. 발광 및 광전류 양자수율에 대한 그들의 타당성에도 불구하고 비방사 전이들은 지금은 절판된 Birks의 책[87] 외에는 일반 교재의 내용에 거의 포함되지 못했으므로 이 책에서 이러한 주제들에 대해 광범위하게 살펴보도록 하겠다.

비방사 전이속도는 비방사 전이를 유도하는 섭동 Hamiltonian $\hat{H}'$이 핵역학 에너지 연산자 $\partial/\partial Q$일 때

$$k_{if} = \frac{2\pi}{\hbar} \left| \left\langle \Psi_{el,i}\Psi_{vib,i}\Psi_{spin,i} \middle| \hat{H}' \middle| \Psi_{el,f}\Psi_{vib,f}\Psi_{spin,f} \right\rangle \right|^2 \rho \tag{1.66}$$

이 된다. 여기서 Q는 정상 모드의 이동이다. 비방사 전이에 있어서 Born–Oppenheimer 근

사의 범위를 넘어서 생각하게 되는데, Siebrand[85, 122]는 전자적 좌표를 통한 1차 적분에 의해 비방사 전이를 설명하면서 식 (1.66)을

$$k_{\mathrm{if}} = \frac{2\pi}{\hbar}|\langle\Psi_{\mathrm{vib,i}}|\mathcal{J}|\Psi_{\mathrm{vib,f}}\rangle|^2\rho \ \text{ with } \ \mathcal{J} = \langle\Psi_{\mathrm{el,i}}\Psi_{\mathrm{spin,i}}|\hat{H}'|\Psi_{\mathrm{el,f}}\Psi_{\mathrm{spin,f}}\rangle \tag{1.67}$$

로 달리 표현하고 분자 파동함수와 연산자를 대입하였다. 이런 방법으로 식 (1.66)을 다른 요소로 분리함으로써[85]

$$k_{\mathrm{if}} = \frac{2\pi}{\hbar}\rho J^2 F \tag{1.68}$$

의 새로운 관계식으로 바꾸어 표현하였다. 여기서 J는 처음과 나중 상태의 진동 파동함수 중첩이 Franck–Condon 요소 F에 포함되어 있는 동안 두 상태 사이의 전자적 짝지음을 나타낸다. 따라서 형식적으로 식 (1.4)와 (1.68)의 방사 혹은 비방사 전이에 대한 속도방정식은 유사하다. 이제 요소 F와 J에 대해 논의해보도록 하자.

1.4.4.1 Franck–Condon 요소 *F*와 에너지 갭 법칙

Franck–Condon 요소 F는 처음 상태의 진동 파동함수가 0, $\Psi_{\mathrm{vib,i}} = \Psi_{\mathrm{vib,i}}(0)$이고 나중 상태의 진동 파동함수가 진동에너지 E, $\Psi_{\mathrm{vib,f}} = \Psi_{\mathrm{vib,f}}(E)$를 가질 때 전체 진동 파동함수 $|\langle\Psi_{\mathrm{vib,i}}|\Psi_{\mathrm{vib,f}}\rangle|^2$의 중첩에 의해 주어지는데 $\Delta E = (E-0)$는 처음과 나중 상태의 0–0 에너지 간 차이이다. Siebrand, Robinson과 Frosch는 Franck–Condon 요소가 에너지 차이 ΔE가 증가함에 따라 어떻게 변하는지를 산출하였다[85, 104].

실험결과를 해석하기 위하여 최고 진동수 ω_{M}를 가진 나중 상태의 진동 모드는 단 하나라고 가정하면 충분하고 그것의 진동 양자수 υ_{M}가 $\upsilon_{\mathrm{M}} = \Delta E/\hbar\omega_{\mathrm{M}}$에 의해 주어지면 이동되거나 비틀린 진동자의 제한된 경우들에 대한 Franck–Condon 요소들은 Box 1.11에 나타난 바와 같게 된다. 이동되거나 비틀린 진동자의 일반적인 경우에 대하여 Franck–Condon 요소의 계산은 $\Delta E/\hbar\omega$의 지수값에 의존하는데, J가 에너지 관련 상수이고 처음과 나중 상태 사이의 에너지 차이에 있어서의 비방사 전이속도의 지수값에 의존한다면 아래와 같이 잘 알려진 **에너지 갭 법칙**으로 표현할 수 있다.

$$k_{\mathrm{if}} \propto \exp\left(-\gamma\frac{\Delta E}{\hbar\omega_{\mathrm{M}}}\right) \tag{1.69}$$

여기서 $\hbar\omega_{\mathrm{M}}$는 최고 진동 모드의 진동 양이고 γ는 분자 파라미터로 표현되는 항목이다[85, 104–105, 110]. Franck–Condon 중첩에 포함된 모드는 소위 **수용 모드**(accepting mode)라고 불리는데, 여러 개의 고진동수 모드가 Box 1.12에서처럼 고려되고 최고 진동수 모드에의 한계가 일반적으로 충분하여도 이에 부합하는 편중된 조건이 적용될 수 있다. 실험적으로

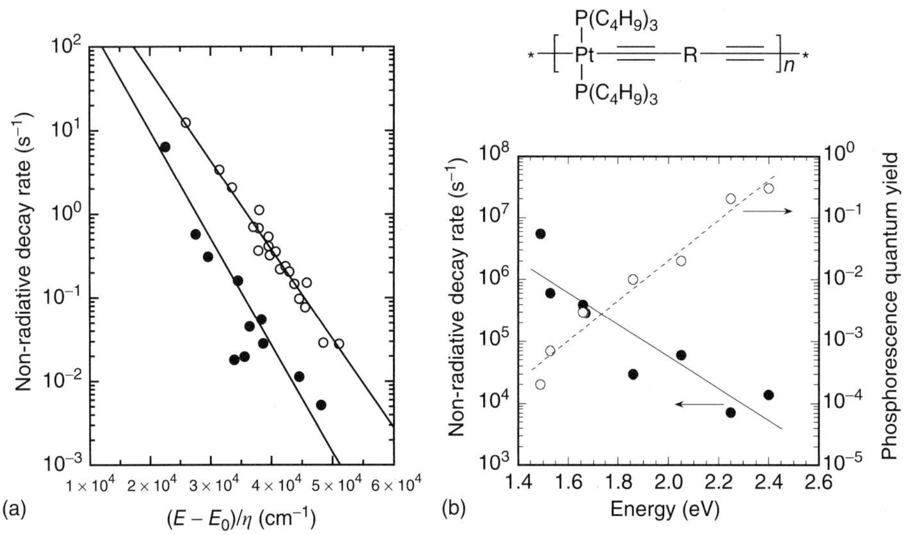

그림 1.27 에너지 갭 법칙. (a) 방향족 탄화수소의 예: 정규화된 삼중항 에너지 $(E_T - E_0)/\eta$에서 보통의 방향족 탄화수소(빈 원)와 중수소로 치환된 방향족 탄화수소(검은 원)의 수에 대한 비방사 붕괴 속도 k_{nr}의 의존도. η는 분자 내의 수소와 중수소의 상대적 비율이고 E_0는 이동하거나 비틀린 진동자에 대한 Franck–Condon 요소의 교차와 관련이 있는 작은 교정 요소인데 수소화합물에 대해서는 $E_0 = 4000\ cm^{-1}$(0.5 eV)이고 중수소화합물에 대해서는 $E_0 = 5500\ cm^{-1}$(0.68 eV)이다. Siebrand와 Williams에 따르면 τ값을 감소시키는 완전히 중수소화된 분자들에는 벤젠, Triphenylene, acenaphthene, Naphthalene, Phenanthrene, Chrysene, Biphenyl, *p*–Terphenyl, Pyrene, 1,2–Benzanthracene, Anthracence 등이 있다[123]. (b) 유기금속 고분자의 예: 일련의 Pt–고분자들[R= phenylene, alkoxy–치환 phenylene, thiophene, quinoline, bithiophene, quinoxaline, terthiophene, benzothiadiazole(T_1 에너지의 감소하는 순서에 따라)]에 대한 삼중항 상태 에너지의 함수로서 k_{nr}과 인광 양자수율. 직선은 지수함수에 맞게 교정되었다[124].

에너지 갭 법칙은 유기금속착체, 고분자뿐만 아니라 유기 방향족 탄화수소에 대해서도 적절하게 확인이 되었다(그림 1.27).

Box 1.12 다수의 모드들을 포함한 Franck–Condon 요소

실제 분자는 단순히 하나가 아니라 여러 정상 모드 진동을 가지고 있어서 Franck–Condon 요소들을 다소 복잡하게 만든다[85]. 진동수 ω_n, 진동 양자수 m_n, 진동 파동함수 χ_n를 가진 여러 개의 진동 모드 n이 함께 존재하면 전체 진동 파동함수는 여러 항의 곱 $\Psi_{\text{vib,f}}(E) = \prod_n \chi_n(m_n)$으로 표현되어야 한다. 더 나아가서 전이는 적당한 총에너지를 가진 어떤 상태 $\Psi_{\text{el,f}}\Psi_{\text{vib,f}}\Psi_{\text{spin,f}}$에서도 일어날 수 있고 식 (1.26)에 있는 일반적인 Franck–Condon 요소가 F의 총합 $F = \sum_P P\left[\prod_{\substack{n=1 \\ n\neq p}}^{N} |\langle \chi_{n,i}(0)|\chi_{n,f}(m_n)\rangle|\right]^2$이 되는 것을 의미한다. 연산자 $\sum_P P$는 N개의 정산 모드 가운데 진동량 m_n을 교환하게 되고 이러한 교환은 에너지 보존 조건 $\sum_n m_n \hbar\omega_n = E$ 하에서 가능하게 됨으로써 결국에는 에너지 갭 법칙이 충족된다. 진동수에 대한 지수함수적 의존에 따르지라도 단일 최고 에너지 진동수의 사용은 대부분의 경우에 있어서 별문제가 되지 않는다.

1.4.4.2 전자 짝지음 J

J는 처음과 나중 전자 상태의 짝지음을 포함하는데 평형 위치 Q_0 부근에서 일어나는 정상 모드 조건에서 첫 번째로 확대된 연산자 $\mathcal{J} = \sum_{n=1}^{N} \partial\mathcal{J}/\partial Q_n(Q_n - Q_0)$에 의해 구할 수 있다. 이것을 식 (1.67)에 대입하면 식 (1.68)을 얻는데 이 과정에서 Siebrand는 단일 진동자 p가 유도된 전이확률의 대부분을 차지하고 있고 이 진동자는 전이에 의해 단지 약간 섭동하고 있다고 가정하였다[85, 122]. 이러한 가정에 따라

$$J = \frac{\partial\mathcal{J}}{\partial Q_\mathrm{p}} \frac{\hbar\omega_\mathrm{p}}{2k_\mathrm{p}} \langle \chi_{\mathrm{p,i}}(0) | \chi_{\mathrm{p,f}}(0) \rangle \tag{1.70}$$

에 도달하였고 이 식의 $\hbar\omega_\mathrm{p}$는 전이에 의해 유도된 모드의 진동 양자이고 k_p는 진동의 힘 상수이다. J에 연동되는 모드는 전이에 대하여 **촉진 모드**(promoting mode)라 불린다.

전자 짝지음은 전자와 스핀 파동함수를 포함하는데[식 (1.67) 참고], 이는 스핀, 대칭, 동등체에 대하여 동일한 선택규칙이 일치하는 방사전이에 적용된다는 사실을 의미한다. 동일한 동등체 상태들 사이의 내부전이도 일어날 가능성이 있는데 이것은 나중 상태의 0번째 준위로부터 대칭성과 동등성이 다른 비방사 전이가 나중 상태의 높은 진동 준위로 일어날 수 있기 때문이다[87].

스핀에 관하여 식 (1.67)은 스핀–궤도 짝지음이 계간전이에서 일어나야 함을 보여주므로 커다란 스핀–궤도 짝지음은 큰 계간전이 속도에서 허용된다. 예를 들어 $S_1 \rightarrow T_1$ 전이속도는 S_1 상태가 여기 펄스에 의해 생성될 때 직접 측정할 수 있고 그 시간은 $T_n \leftarrow T_1$ 흡수 신호가 나타나는 동안 측정된다. 이러한 측정들은 펌프 검출(pump probe) 실험, 순간 흡수 측정 혹은 섬광 광분해 분광법(flash photolysis spectroscopy) 등을 통해 이루어진다. $S_1 \rightarrow T_1$에 대한 전형적인 계간전이 속도는 유기금속착체에서는 $k_\mathrm{ISC} \approx 10^{12}\ \mathrm{s}^{-1}$이고 유기 올리고머(oligomer)에서는 $k_\mathrm{ISC} \approx 10^6 - 10^9\ \mathrm{s}^{-1}$ 정도가 된다(91쪽 표 1.4 참고)[96]. 높은 삼중항 상태로의 계간전이는 흔히 작은 에너지 차이 때문에 더 빠른데, 예를 들어 Terthiophene의 경우 S_1으로부터의 지배적인 계간전이의 경로는 발열성 $S_1 \rightarrow T_3$와 흡열성 $T_4 \rightarrow S_1$을 따르는 반면에 $S_1 \rightarrow T_1$의 경로는 무시할 수 있다[96]. $T_1 \rightarrow S_0$ 전이에 대한 계간전이 속도는 T_1 에너지에 대하여 지수함수적으로 비례하고 방향족 탄화수소에 있어서 $0.1{\sim}10\ \mathrm{s}^{-1}$ 범위의 값을[87, 93], 유기금속 화합물에 있어서는 $10^3{\sim}10^6\ \mathrm{s}^{-1}$ 범위의 값을 갖는다(그림 1.27 참고)[124]. 이것은 상응하는 방사전이에서 각각 0.1과 $10^3\ \mathrm{s}^{-1}$의 값을 갖는 것과 비교된다.

1.4.4.3 수용 모드, 촉진 모드와 동위원소 규칙

식 (1.68)로부터 수용과 촉진 모드 모두는 비방사 전이에서 역할을 하는데 수용 모드의 특징

이 일찍부터 알려진 반면 촉진 모드의 기여는 특히 유기금속착체와 희토류 금속착체를 통해서 명백히 밝혀졌다[120–121].

이러한 모드들을 고려한 다소 직감적인 생각을 해보는 것이 도움이 될 것 같다. 이러한 모드들에 대해 설명하기 위하여 그림 1.28에서 보여주는 분자에서의 $T_1 \rightarrow S_0$ 전이를 고려하자. 이 분자에서 높은 진동수를 가진 정상 모드는 벤젠 고리에서의 C–H 신축 진동, C–C 삼중결합의 신축 진동, 그리고 벤젠 고리의 호흡(상하운동) 모드를 포함한다. Box 1.9에서 상세히 살펴보았듯이 이러한 모드와 연관된 진동 양자(vibrational quanta) 에너지는 각각의 경우 3000 cm^{-1}(378 meV), 2100 cm^{-1}(260 meV), 1600 cm^{-1}(198 meV)이다. 다음으로 T_1과 S_0 상태에서의 평형 기하학을 고려해보자. S_0와 T_1 사이의 계산된 결합길이의 변화는 Phenylene과 Ethynylene의 삼합체 모델에 대하여 그림 1.28에 묘사되어 있다. 명백하게 T_1에서 S_0로의 전자 상태의 변화는 벤젠 고리에 있는 탄소–탄소의 결합길이가 분자축을 따라 2~3 pm 변하는 것을 수반한다. 이와는 반대로 탄소–수소의 결합길이는 3 fm 정도 변하는데, 이는 전자 전이에 의해 거의 별다른 영향을 받지 않는다는 사실을 보여준다. 그러므로 전자 전이는 C–C 삼중결합의 신축 진동과 벤젠 고리의 호흡 모드에 대해 짝지음이 일어나고, 이러한 현상은 인광 스펙트럼의 진동구조에서 명백히 드러난다. 이와는 정반대 현상을 또한 적용할 수 있는데, 즉 이러한 진동들은 촉진 모드로서 $T_1 \rightarrow S_0$로의 등에너지 비방사 전이로 작용할 수 있다. T_1 상태와 연관된 전자 에너지는 수용 모드인 S_0에서의 진동의 함축에 의해 수용되고 주변으로 이동하게 된다. 이런 에너지의 전달은 효율적이기 때문에 Franck–Condon 요소는 커야 하고 수용 모드는 높은 진동수를 가져야 한다[식 (1.69) 참조]. 그림 1.28에서 보여주는 Phenylene Ethynylene 모델 분자의 경우뿐만 아니라 그림 1.27에서 보여주는 R=phenylene일 때 Pt–고분자의 경우에서 가장 높은 에너지 모드는 C–H 신축 모드이다. 그러나 이 C–H 모드는 전자의 $T_1 \rightarrow S_0$ 전이와 짝짓지 않는다는 사실이 그것의 무시할만한 이동으로 증명되었다. 이러한 결과는 진동이 거의 양쪽 방향에 대해 수직으로 일어나고 전자의 $T_1 \rightarrow S_0$ 전이에 따른 핵 위치의 변화와 전자밀도의 변화를 충분히 이해할 수

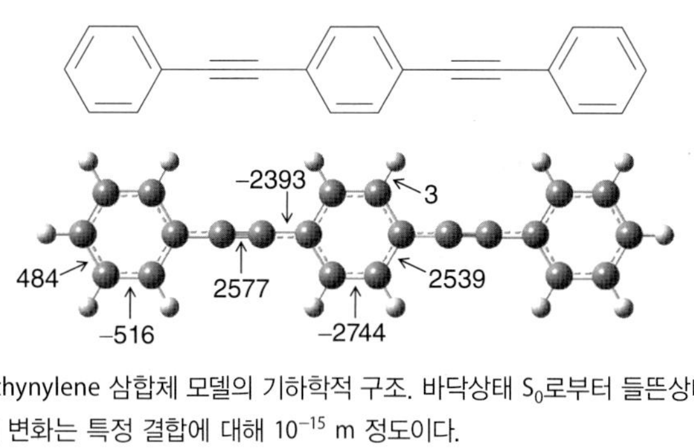

그림 1.28 Phenylene–ethynylene 삼합체 모델의 기하학적 구조. 바닥상태 S_0로부터 들뜬상태 T_1으로의 기하학적 구조의 변화에 따른 결합길이의 변화는 특정 결합에 대해 10^{-15} m 정도이다.

있게 해준다. 그래서 높은 진동수에도 불구하고 C–H 모드는 수용 모드와 같이 행동하지 않지만 반면에 C–C 삼중결합의 신축 모드는 쉽게 짝지음이 일어나고 수용 모드로서 적합한 수준의 높은 진동 주파수를 가지게 된다. 이러한 예에서 C–C 삼중결합의 신축 진동은 촉진 모드와 수용 모드 모두를 띠는데, 일반적인 경우에 이들은 서로 다른 현상이라고 할 수 있다.

모드가 수용 모드로서 비방사 전이를 조절하는지 여부를 관찰하는 확립된 방법은 서로 다른 질량을 가진 동위원소를 포함한 원자를 교체해보는 것이다. 모드의 진동 주파수는 $\omega = \sqrt{k/\mu}$에 따른 힘의 상수 k와 모드에 관여하는 원자의 유효질량에 의존한다. 질량 m_1과 m_2를 가진 두 원자 간 단순한 신축 진동의 경우 환산질량 $\mu = m_1 m_2/(m_1 + m_2)$을 가지는데, 두 원자 중 하나를 더 무거운 원자로 교체하면 유효질량은 증가하고 진동 주파수는 감소한다. 이것은 식 (1.69)에 따라 순차적으로 비방사 전이의 속도를 감소시킨다. 이러한 현상의 고전적인 예는 Polyacene과 같은 방향족 탄화수소에서 중수소로 수소를 대체하는 경우인데 이런 교체를 한 결과 C–H 신축 진동의 주파수는 3000 cm^{-1}에서 2200 cm^{-1}로 감소하고 비방사 붕괴 속도의 감소가 수반되는 것이 관찰된다(그림 1.27).

1.4.4.4 에너지 갭 법칙의 영향

식 (1.69)에 따른 에너지 갭 법칙은 많은 결과를 초래하는데 그 중의 하나는 $S_2 \rightarrow S_1$ 혹은 $T_2 \rightarrow T_1$ 전이이다. 이 전이들은 대개 $S_2 \rightarrow S_0$($\sim 10^9\ \mathrm{s}^{-1}$) 혹은 $T_2 \rightarrow S_0$ 전이에 비해 속도가 빠른데 이는 $S_2 - S_1$과 $T_2 - T_1$의 에너지 차이가 작기 때문이다. 결과적으로 발광은 항상 스핀이 쌓여 있는 들뜬상태의 가장 낮은 준위로부터 일어나는데 이것은 경험적으로 **Kasha의 규칙**으로 알려져 있다. 이런 규칙은 $S_2 - S_1$ 에너지 차이가 커져서 1 eV 정도가 되면 S_2로부터의 발광이 관찰될 때 더이상 적용되지 않는다. 이런 현상은 Azulene에서 처음 관찰되었고 나중에 이것의 유도체들에서 발견되면서 **Azulene 예외**라고 불리게 되었다[87, 125–128].

에너지 갭 법칙의 또 다른 영향은 에너지적으로 가까운 상태로의 흡열성 전이가 더 낮은 에너지 상태에 존재하는 발열성 전이보다 더 빠른 비방사 붕괴 경로를 제공한다는 사실이다. 비방사 전이속도의 온도 의존성은 경험적으로 자주 아래와 같은 관계식으로 표현된다.

$$k_{\mathrm{nr}}(T) = k_{\mathrm{nr}}^0 + k'_{\mathrm{nr}} \exp\left(-\frac{E_{\mathrm{a}}}{kT}\right) \tag{1.71}$$

여기서 k_{nr}^0와 k'_{nr}은 온도로부터 독립적인 항이며 E_{a}는 활성화 에너지이다.

최종적으로 에너지 갭 법칙은 또한 비방사 붕괴 속도가 $T_1 \rightarrow S_0$ 전이에 대한 방사속도와 상당한 수준에서 경쟁하는 이유가 되는데 $S_1 \rightarrow S_0$ 전이에 대하여 바닥상태를 향한 내부전이가 방사 붕괴에 비하면 무시할 수 있는 반면에 계간전이는 2가지 전이 모두에게 요구된다는 것을 기억해야 한다. 보통의 T_1 에너지는 1~2 eV의 범위에 있으나 S_1 에너지는 대개 2~3 eV 범위의 값을 갖는다.

1.4.4.5 강한 짝지음 한계

일반적으로 약한 짝지음과 강한 짝지음 사이의 현상에 대한 이론은 그림 1.29에 잘 표현되어 있다. 앞서 살펴본 여러 가지 내용과 1.4.4.1~1.4.4.4절에서 언급된 방정식들은 약한 짝지음의 한계 안에서 논의되었다. 이것은 처음과 나중 상태의 퍼텐셜에너지 표면이 단지 약하게 이동하여 에너지가 높은 위쪽 상태의 최소 에너지로부터 멀리 떨어져 교차하는 경우를 의미하고 방향족 탄화수소에 있어서 이러한 조건이 충족되었다고 볼 수 있다[110].

강한 짝지음은 처음과 나중 상태의 퍼텐셜에너지 곡선에서의 최솟값이 상당히 이동하여 곡선이 높은 에너지 상태의 최소 퍼텐셜 부근에서 교차하게 만든다. 이런 경우는 금속 리간드의 결합길이가 두 상태 사이의 전이 때문에 현저하게 변화할 수 있는 일부 금속착체에서 발견된다[121]. 기하학적 재구성 에너지(geometric reorganization energy) $E_{\mathrm{rel}} = \sum_j S_j \hbar\omega_j$가 두 한계를 구분하는 정량적 기준으로 선택되는데, 이 값이 분자의 평균 진동에너지 $\hbar\langle\omega\rangle = \sum_j \hbar\omega_j / N$보다 작으면 약한 짝지음에 대한 한계를 충족시키게 된다. 수학적으로 $E_{\mathrm{rel}} \lesssim \hbar\langle\omega\rangle$이면 약한 짝지음을 의미하고 $E_{\mathrm{rel}} \gg \hbar\langle\omega\rangle$이면 강한 짝지음을 의미한다[110]. 약한 짝지음에 대한 좀 더 실제적으로 동등한 조건은 $\sum_j S_j \lesssim 1$이고 강한 짝지음에 대해서는 $\sum_j S_j \gg 2$이다.

강한 짝지음 한계에 있어서 비방사 전이속도는

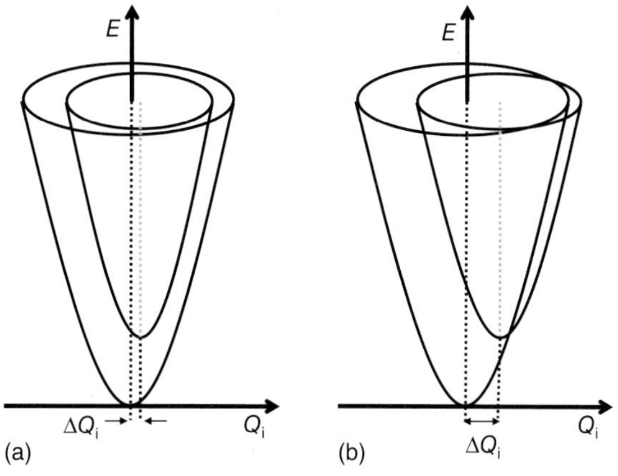

그림 1.29 퍼텐셜에너지 곡선. 두 상태 사이의 (a) 약한 짝지음의 경우와 (b) 강한 짝지음의 경우[110].

$$k_{nr} \propto \frac{1}{\sqrt{E_{rel}}} \exp\left(-\frac{2E_A}{\hbar\omega}\right), \quad E_A = \frac{(\Delta E - E_{rel})^2}{4E_{rel}} \tag{1.72}$$

가 되는데 여기서 ΔE는 두 상태 사이의 에너지 차이이다. 식 (1.72)는 저온에서 적용되는데 바꿔 말하면 $\hbar\omega \gg kT$일 경우이다. 강한 짝지음은 약한 짝지음과 비교하면 2가지의 큰 차이가 존재한다. 첫째, 에너지 차이에 대한 의존도는 지수함수적이 아니라 가우스 함수적이다. 둘째, 속도는 높은 에너지를 가진 진동 모드가 아니라 평균 에너지의 유효 모드에 따라 조절된다. 필수적으로 모든 진동들은 수용 모드로서 동등하게 움직이고, 따라서 동위원소에 의한 원자의 교체는 전이속도에 아무런 영향을 미치지 못한다. 열 용기 안에 담겨 있는 분자의 특수한 상황($\hbar\omega \ll kT$)에서 기능성은

$$k_{nr} \propto \frac{1}{\sqrt{E_{rel}}} \exp\left(-\frac{E_A}{kT}\right) \tag{1.73}$$

으로 얻어지는데, 이 식은 전하이동에 대한 Marcus 방정식과 유사한 형태를 보여준다[129]. Englman이 그의 논문에서 10쪽이 넘는 긴 유도과정 후에 이 방정식을 얻었을 때 그는 "이 방정식은 에너지 E_A가 활성화 에너지로 작용하는 곳에서 고전적인 속도방정식의 일반적인 형태를 가지고 있는데 아마도 뛰어난 화학자가 직관의 세계에서 추론을 통해 얻은 결과일 것이다."라고 간결하게 언급하였다[110].

짝지음의 한계에 적용되고 약한 짝지음의 수용 모드와 촉진 모드의 역할에 관한 질문들은 특히 금속착체, 유기금속착체, 희토류 금속착체 등에서 나타났으며[121], 이러한 물질들에서 비방사 붕괴는 방사 붕괴의 경로와 매우 경쟁적일 수 있다. 비방사 붕괴는 진동에 관여하는 원자를 더 무거운 원자로 대체함으로써 감소될 수 있는데, 예를 들면 C−H가 C−D로 대체되는 경우가 그러하다. 이런 방법은 비방사 붕괴가 약한 짝지음 상태에서 높은 진동수를 가진 수용 모드에 의해 조절될 때에만 적용이 가능하고 강한 짝지음에서서는 적용되지 않는다.

1.4.5 기본적인 광물리 파라미터들: 수명과 양자수율

유기반도체 소자에 관심이 있는 사람들은 당연히 방사와 비방사 전이속도의 기원에 대하여 다루어야 하는지에 대해 의문을 가지게 될 것이다. 여기에 대한 대답은 방사와 비방사 붕괴 속도가 들뜬상태의 수명 τ와 들뜬상태로부터의 발광에 따른 양자수율, 그리고 상태들 사이의 전이에 따른 양자수율을 조절하기 때문이라는 것이다. 이러한 관점에서 k_r과 k_{nr}은 그림 1.30에서 묘사하는 바와 같이 유기반도체 물질이 LED 혹은 태양전지에 적용하기 적합한지 여부를 결정한다. 정의에 따르면 방사 붕괴 속도 k_r은 초당 방사 붕괴의 수를 제공하고 비방

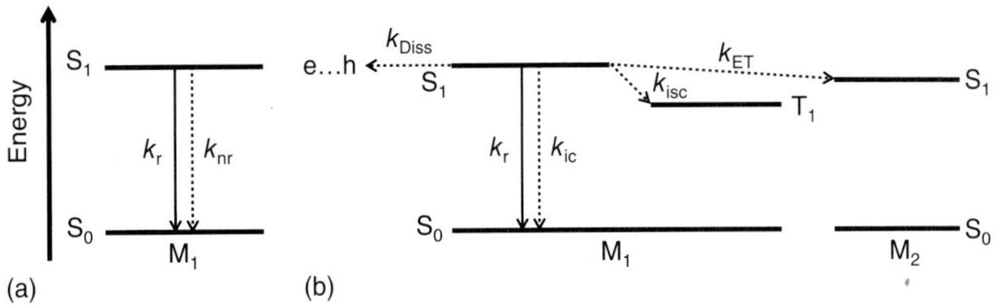

그림 1.30 상태 다이어그램 (a) 속도 k_r과 k_{nr}을 가지고 S_1에서 S_2로 일어나는 일반적인 형태의 방사 혹은 비방사 붕괴. (b) 분자 M_1으로부터 분자 M_2로의 내부전이(k_{IC}), 계간전이(k_{ISC}), 에너지 전이(k_{ET}), 그리고 여기 분리(k_{diss})에 대하여 각각의 속도가 표기된 여러 가지 비방사 붕괴의 경로.

사 붕괴 속도 k_r은 초당 비방사 붕괴의 수를 제공한다. 그들의 총합은 초당 붕괴의 총합이 되고 그들의 역수는 들뜬상태의 수명으로 정의되며 **자연 수명**(natural lifetime)이라고 부른다.

$$\tau = \frac{1}{k_r + k_{nr}} \tag{1.74}$$

이것은 실험적으로 측정된 수명인데 상태의 발광세기 $I(t) = I_0 e^{-t/\tau}$의 단일 지수함수적 붕괴세기에서의 붕괴상수로 나타난다. 발광세기는 초당 붕괴되는 여기의 농도 $I(t) = k_r n(t)$와 동일하고 $n(t) = n_0 e^{-t/\tau}$는 시간에 의존하는 여기의 농도를 의미한다. **방사 수명**(radiative lifetime) $\tau_0 = 1/k_r$은 비방사 붕괴의 경로가 존재하지 않는 상태에서 들뜬상태의 이론적인 최대 수명으로 정의된다.

k_r을 가진 뚜렷한 방사 경로는 S_1 상태에 대하여는 $S_1 \rightarrow S_0$ 전이 하나밖에 없고, 반대로 개별적인 속도 k_{nr_i}를 갖는 여러 과정들은 전체 비방사 붕괴 속도 $k_{nr} = \sum_i k_{nr_i}$에 합해진다. 개별 분자들에서 일어날 수 있는 비방사 과정은 1.4.3절에서 논의한 속도 k_{IC}를 가진 내부전이와 속도 k_{ISC}를 가진 계간전이와 같은 기본적인 과정들이다. 용액이나 박막과 같은 응축된 상에서는 들뜬상태가 속도 k_{diss}를 가진 자유운반체로 해리되거나 혹은 그것의 에너지가 속도 k_{ET}를 가진 또 다른 상태로 전이된다. 해리와 에너지 전이에 대한 메커니즘은 3장에서 논의될 예정이다. 기체상에서의 들뜬상태 분자의 수명에 대한 일반적인 표현은

$$\tau = \frac{1}{k_r + \sum_i k_{nr_i}} \tag{1.75}$$

이고 이 식은 그림 1.30에서 예를 든 바와 같이 확장할 수 있다.

$$\tau = \frac{1}{k_r + k_{IC} + k_{ISC} + k_{diss} + k_{ET}} \tag{1.76}$$

명백히 다른 속도에 비해 100배 이상 낮은 속도를 가지는 경우를 실제로 고려해야 하는데, 예를 들면 개별 분자의 단일항 들뜬상태에서의 내부전이 속도는 눈에 띄는 차이 없이 $\tau_{S1} = (k_{Fl} + k_{ISC})^{-1}$인 반면 동일한 분자의 삼중항 상태에 대하여는 $\tau_{T1} = (k_{Ph} + k_{IC,T1})^{-1}$이다. k_{F1}과 k_{Ph}는 각각 형광과 인광의 속도이다.

들뜬상태의 총 붕괴 속도에 대한 방사 붕괴 속도의 비는 발광효율로 정의되는데 이 값은 단위 시간당 방사 붕괴되는 광양자의 분율로 측정되기 때문에 **발광 양자수율**(photoluminescence quantum yield) Φ_{PL}이라고 불린다. 그러므로 PL 양자수율은

$$\Phi_{PL} = \frac{k_r}{k_r + \sum_i k_{nr_i}} = \tau k_r = \frac{\tau}{\tau_0} \tag{1.77}$$

이 된다. 그래서 내부전이가 미미할 경우 기체상 분자의 형광에 대한 양자수율은 $\Phi_{Fl} = k_{Fl}/(k_{Fl} + k_{ISC}) = k_{Fl}\tau_{S1}$이 된다. 인광수율에 대하여는 삼중항 들뜬상태의 생성효율을 고려해야 하는데 T_1 상태가 계간전이에 의해 형성되고, 이때 양자수율은

$$\Phi_{ISC} = \frac{k_{ISC}}{k_{ISC} + k_{Fl} + k_{nr,S1}} \tag{1.78}$$

이 된다. 따라서 흡수된 광양자와 삼중항 상태로부터 방출된 광양자 사이의 비는

$$\Phi_{Ph} = \Phi_{ISC} \cdot \frac{k_{Ph}}{k_{Ph} + \sum_i k_{nr_i}} = \Phi_{ISC} \cdot \frac{k_{Ph}}{k_{Ph} + k_{IC,T1}} = \Phi_{ISC} k_{Ph} \tau_{T1} \tag{1.79}$$

가 된다. 서로 다른 광물리 파라미터들의 크기에 관해 생각해보는 것은 유용하다. 표 1.1~1.4에 기본적인 방향에 대한 몇 가지 선택된 데이터를 정리하였는데, 더 넓은 범위의 정보는 유기분자 그룹에 대해서는 Birks, Pope과 Swenberg 그리고 Turro의 책에서, 유기금속착체에 대해서는 Yersin과 Finkenzeller의 책에서, 고분자와 중분자에 대해서는 표 1.1~1.4에 인용된 원래 논문에서 찾아볼 수 있다[11, 72, 86−87].

표들로부터 고분자의 형광수명은 1 ns 이하이고 완전히 허용된 전이에 대한 방사 속도는 거의 10^9 s^{-1}이며 고분자에서의 짧은 수명은 비방사 붕괴 속도와 비슷하다. 중분자에서 관찰되는 수명의 감소는 전이에서 일어나는 진동자 강도의 증가와 흡광계수의 증가, 비방사 붕괴의 증가로부터 파생되는 것이 명백하다[132]. Benzene, Naphthalene, Pyrene 등에서 일어나는 $S_1 \rightarrow S_0$ 전이들의 낮은 진동자 강도는 이러한 전이들이 대칭선택규칙에 의해 부분적으로 금지되어 있기 때문이다. 그러므로 흡수 스펙트럼에서 나타나는 명백한 전이는 허용된 $S_2 \leftarrow S_0$ 전이이다. 분자길이가 긴 Polyacene에 대하여 허용된 전이의 에너지는 대칭적으로 금지된 전이보다 낮은 수준으로 감소하게 되고, 그 결과 더 강력한 $S_1 \leftarrow S_0$ 신호가 발생

표 1.1 실험적으로 측정된 형광 수명

Position	Compound	τ_{S1} (ns)	References
1	MeLPPP	0.30	[130]
2	MEH–PPV in toluene solution at 295 K	0.45	[31]
	MEH–PPV in $CHCl_3$ solution at 295 K	0.35	[131]
3	PFO	0.43	[32]
4	OPV3, OPV4, OPV5, OPV6, OPV7 in $CHCl_3$ solution at 295 K	1.70, 1.32, 0.73, 0.52, 0.45	[132]
5	PF-trimer, -pentamer, -heptamer in thin film at 295 K	0.67, 0.58, 0.52	[79]
6	Biphenyl, *p*-terphenyl, *p*-quaterpheny in cyclohexane at 295 K	16, 1.0, 0.8	[87]
7	Fluorene in cyclohexane at 295 K	10	[87]
8	Benzene naphthalene, anthracene, tetracene in cyclohexane at 295 K	30, 100, 5, 6	[87]
9	Pyrene in cyclohexane at 295 K	450	[87]
10	Perylene in cyclohexane at 295 K	6	[87]

하게 된다. 고분자에 대한 형광 양자수율은 시료의 형태학과 순도에 따라 변하는 반면, 일반 분자 혹은 중분자의 양자수율은 좀 더 균일하다. 유기화합물의 인광 수명은 MEH–PPV와 같이 T_1 상태가 매우 낮은 에너지 상태에 있지 않다면 10^{-3}~1초 범위에 있다. 유기금속 화합물의 인광 수명은 10^{-6}초 수준이고 에너지 갭 법칙에 따른 삼중항 에너지에 의존한다.

1.5 분광학적 방법

형광과 인광의 수명, 양자수율, 그리고 그들의 스펙트럼과 같은 광물리 파라미터들은 대개 박막이나 용액 상태에서 측정하는데, 이때 용액은 상온에서의 액체 상태 혹은 낮은 온도에서의 응결 상태 혹은 상온에서의 얼린 고체 상태를 통칭한다. Toluene이나 Xylene, THF (Tetrahydrofuran), Chloroform($CHCl_3$), Dichloromethane(CH_2Cl_2)와 다른 여러 종류의 전형적인 유기 용매들은 **액체 용액**을 만들기 위하여 사용되는데, 물질의 높은 용해도는 용매의 Hildebrandt 용해도 파라미터와 용해되는 물질, 용질 등이 서로 유사할 때 얻어진다 (Box 1.13 참고). 반도체 고분자들을 잘 용해시키는 Chloroform이나 Dichloromethane과 같은 염소화된 용매들이 흔히 사용되지만 비염소화 용매들보다는 더 유해하고 이들이 포함된 용액은 화학적으로 덜 안정적이다.

표 1.2 형광 양자수율과 흡광[식 (1.10)] 및 흡수[식 (1.8)] 계수. 흡광계수는 별도로 언급되지 않으면 $S_1 \leftarrow S_0$ 전이의 피크에서 주어진 값이다.

Positon	Compound	Φ_{Fl}	ε (mol^{-1} cm^{-1})	References
1	PFO as (glassy phase) thin film, nematic glass, or crystal, all at 20 K	0.8–0.9	—	[32]
	PFO in the β-phase at 20 K	0.42		[32]
	PFO as amorphous thin film or β-phase at 295 K	0.53, 0.55		[32]
	PFO as crystal or nematic glass at 295 K	0.65, 0.80		[32]
	PF0 as glassy phase thin film		Here, α is given instead: $\alpha = 250\,000\ \text{cm}^{-1}$	[84]
2	PPV as thin film at 10 K, at 295 K	0.40, 0.08	—	[133]
	MEH–PPV in $CHCl_3$ solution at 295 K	0.35	—	[131]
3	OPV3 in $CHCl_3$ solution at 295 K	0.62	44 000	[132]
	OPV4 in $CHCl_3$ solution at 295 K	0.76	68 000	—
	OPV5 in $CHCl_3$ solution at 295 K	0.49	88 000	—
	OPV6 in $CHCl_3$ solution at 295 K	0.41	107 000	—
	OPV7 in $CHCl_3$ solution at 295 K	0.25	142 000	—
4	PF-trimer	0.41	85 100	[79]
	PF-pentamer	0.42	135 900	—
	PF-heptamer	0.44	196 800	—
		All in thin film at 295 K	All in chlorobenzene solution at 295 K	
5	Biphenyl	0.15	17 000 for S_2 at 5.0 eV (S_1 not observed), in light petroleum	[87]
	p-Terphenyl	0.77	33 100 for S_1 at 4.46 eV in heptane	—
	p-Quaterphenyl	0.74 All in cyclohexane at 295	36 300 for S_1 at 4.28 eV in heptane	—
6	Fluorene	0.66 In cyclohexane at 295 K	10 000 for S_1 in heptane	[87]
7	Benzene	0.06	250 for S_1 at 4.87 eV 8 800 for S_2 at 6.08 eV	[87]
	Naphthalene	0.19	270 for S_1 at 4.12 eV, 5 600 for S_2 at 4.51	—
	Anthracene	0.30	8 500 for S_1 at 3.31 eV	—
	Tetracene	0.17	14 000 at 2.63 eV	—
	All absorptions in heptane All emissions in cyclohexane at 295 K			
8	Pyrene	0.65 in cyclohexane at 295 K	510 for S_1 at 3.53 eV 55 000 for S_2 at 3.70 eV, in light petroleum	[87]
9	Perylene in cyclohexane at 295 K	0.89	39 500 for S_1 at 2.85 eV	[87]

표 1.3 실험적으로 측정된 인광 수명

Position	Compound	τ_{T1}	References
1	MeLPPP in mixed toluene:MTHF solution at 77 K	1.0 s	[134]
	MeLPPP in film at 10 and at 295 K	0.5 and 10^{-4} s	[135]
2	PhPPV in film at 295 K	20 μs	[136]
	OPV2, OPV3, OPV4, OPV5, OPV6, OPV7 in MTHF at 80 K	7.9, 3.6, 3.4, 3.7, 2.9 ms	[132]
3	FIrpic in CDBP matrix at 295 K	1.4 μs	[137]
4	$Ir(ppy)_3$ in solution at 295 and at 2 K	2.6, 140 μs	[72]
5	Pt-polymers in thin films at 20 K with T_1 from 2.5 to 1.5 eV	100 to 0.1 μs	[124]

표 1.4 Naphthalene에서의 중원소 효과[87]

Compound	Φ_{Fl}	k_{Fl} (s^{-1})	k_{ISC} (s^{-1})
Naphthalene	~0.2	$\sim10^6$	5×10^6
1-Chloronaphthalene	~0.05	$\sim10^6$	5×10^8
1-Bromonaphthalene	~0.002	$\sim10^6$	$\sim10^9$
1-Iodonaphthalene	~0.000	$\sim10^6$	$\sim10^{10}$

응결된 용액은 용매에 따라 결정체 혹은 유리의 형태를 띠고 **고체 용액**이란 용어는 발색단이나 고분자와 같이 우리가 관심 있는 분자의 작은 양이 전자적으로 활성이 없는 물질이나 집합체에 용해되어 있는 상태를 의미한다. 전형적인 집합체 물질로는 Polystyrene(PS)와 Polymethyl methacrylate(PMMA)와 같은 것들이 있는데 이들은 또한 Plexiglass라고 불리기도 하며 모두 가시광선 영역에서 투명하고 전자적으로 절연성을 띤다. 고체 용액의 박막은 스핀코팅을 통해 형성할 수 있는데 이것은 두 물질을 혼합하고 여기에 용매를 가하고 액체 몇 방울을 회전하는 기판 위에 떨어뜨린 후 용매를 증발시킴으로써 만들어진다.

분광학적 관찰을 위하여 순도가 높은 물질, 혼합된 물질 혹은 고체 용액의 박막을 투명한 기판 위에 스핀코팅, 딥코팅, 블레이드코팅과 같은 방법을 이용하여 형성해야 한다. 딥코팅은 기판을 물질의 용매에 담갔다가 건지는 과정을 통해 박막을 형성하는 반면 블레이드코팅은 용매를 기판 위에 뿌리고 수평으로 블레이드를 반복적으로 이동하여 박막을 형성한다. 가장 선호되는 기판은 석영 유리인데 자외선에서 멀리 떨어진 영역에서 투과도가 우수하다. 확실한 투과도를 가진 기판이라도 약한 흡수와 발광 특성은 여전히 남아 있으므로 스펙트럼에서는 이런 현상을 염두에 두는 것이 필요하다.

Box 1.13 용매와 Hildebrand 용해도 파라미터

용매의 특성은 Hildebrand 용해도 파라미터 δ를 매개변수로 하여 나타내는데[138], 이것은 물질을 구성하는 분자들 사이의 인력 강도와 이에 일치하는 접합 에너지 밀도의 제곱근에 대한 측정값이다. 고분자와 용매 사이의 혼합 엔탈피 ΔH는 고분자와 용매의 용해도에 의존하는데

$$\frac{\Delta H}{V} = (\delta_{\text{polymer}} - \delta_{\text{solvent}})^2 \Phi_{\text{polymer}} \Phi_{\text{solvent}} \tag{B1.13.1}$$

의 관계가 성립되고, 여기서 V는 혼합물의 부피, Φ는 부피의 분율이다. 결과적으로 높은 수준의 혼합은 고분자와 용매가 동일한 δ값을 가지는 경우에 관찰되는데 몇몇 선택된 용매와 고분자의 값들이 아래 표에 정리되어 있다. 많은 화합물에 대하여 δ값은 일반적인 핸드북 혹은 IUPAC(International Union of Pure and Applied Chemistry)의 기술보고서로부터 인용되는데[139], 여기에는 많은 용매의 유전상수와 굴절지수 등도 포함되어 있다. δ값은 $(\text{cal cm}^{-3})^{1/2}$의 대중적인 단위 혹은 $2.046\delta(\text{MPa}^{1/2}) = 1\delta(\text{cal}^{1/2}\text{ cm}^{-3/2})$의 관계를 통해 SI 단위인 $\text{MPa}^{1/2}$로 주어진다. 이외에도 Hansen 용해도 파라미터와 같이 다른 정의를 가진 파라미터도 사용된다.

표 B1.13.1 Hildebrand 용해도 파라미터 목록

Compound	$\text{cal}^{1/2}\text{ cm}^{-3/2}$	$\text{MPa}^{1/2}$
n-Hexane [139]	7.3	14.9
m-Xylene, *p*-xylene [139]	8.8	18.0
Toluene [139]	8.9	18.2
o-Xylene [139]	9.0	18.4
Ethyl acetate [139]	9.0	18.4
Chloroform [139]	9.2	18.9
Tetrahydrofuran [139]	9.3	19.0
Acetone [139]	9.6	19.7
Dichloromethane [139]	9.9	20.3
Cyclopentanone [139]	10.4	21.3
Acetonitrile [139]	11.8	24.2
Polystyrene [140]	9.1	18.7
Poly(methyl methacrylate), PMMA [140]	9.3	19.0
PFO [141]	9.1–9.3	—
MEH–PPV [142, 143]	8.9–9.4	—
P3HT [138]	9.3	—

1.5.1 발광 스펙트럼과 수명 및 양자수율

어떤 발광의 측정장치도 그림 1.31에서 보여주는 동일한 전체 구성을 가지는데 여기원(excitation source)에서 발생하는 빛은 적절한 광학을 적용하여 시료에 조사되고 이에 따라 시료에서 방출된 빛은 수집되어 감지기에 의해 기록된다. 원하는 스펙트럼을 얻기 위해서는 발광된 빛이 감지기 앞에 분광기(spectrometer) 혹은 단색분광기(monochrometer)를 설치

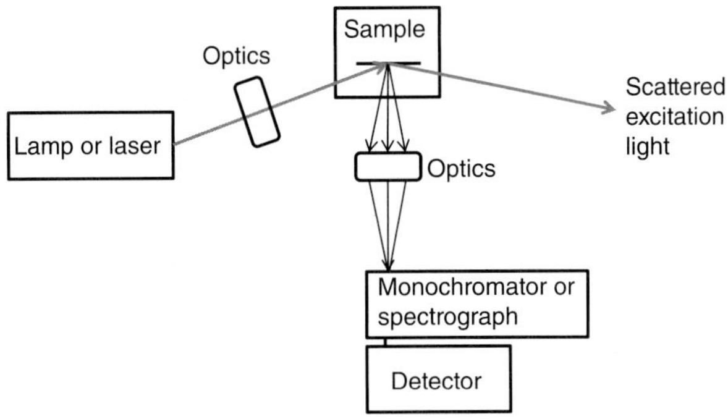

그림 1.31 광발광을 측정하기 위한 장치의 개요: 광여기 소스는 텅스텐, 혹은 제논 램프 혹은 펄스/연속 레이저를 사용. 시료는 일반적으로 진공챔버에서 박막상태 혹은 시료병에 용액상태로 사용. 렌즈 시스템 혹은 광섬유 다발과 같은 광학부품들은 여기된 혹은 방출된 빛 쪽으로 향하여 있고 발광된 빛은 광분산 이후 측정된다.

하여 어떤 형태로든 분산될 필요가 있다. 감지기에 의해 기록된 신호는 각 측정 과정의 스펙트럼에 대한 반응, 즉 여기원의 스펙트럼 반응, 빛의 광학적 경로, 감지기의 스펙트럼 반응 등에 대해 수정된다. 이러한 스펙트럼의 수정 과정은 시료 없이 단순히 조명 하에서 측정한 기준값에 의해 나누어짐으로써 이루어진다. 종종 이러한 단계는 이미 감지 장치의 소프트웨어에 포함되어 있고 전체 실험 시스템의 설치 후에 실시하는 교정 작업에서 시행된다.

발광 상태의 수명에 관심이 있다면 광 펄스를 시료의 여기에 사용하고 방출광의 세기를 시간의 함수로 기록한다. 감지 단위의 일시적 반응에 대한 수정은 신호의 소멸시간이 감지 단위의 일시적 반응에 근접할 경우에만 요구된다.

다양한 측정기술은 여기원과 감지 장치의 선택에 따라 달라지는데 이러한 선택은 필요한 여기 모드(연속형 혹은 펄스형)와 감지 과정에서 사용되는 시간의 단위에 따라 결정된다. 광학적 측면에서는 렌즈의 조합이, 또는 이에 대한 대안으로 일단 유리섬유가 적용되는데 렌즈의 경우 조합에 따른 일정 수준의 광학 법칙에 대한 지식을 필요로 하는 반면 유리섬유의 경우는 그런 지식 없이도 사용하기 매우 간편하다.

1.5.1.1 정상상태 스펙트럼과 양자수율

시간적분 발광 스펙트럼을 측정하는 간단한 방법은 시료를 형광 분광기에 위치시키고 '실행' 단추를 누르는 것이다. 이 장비에서 제논 램프나 중수소 램프로부터 나오는 빛은 기판 위의 박막 혹은 큐벳 내 용액 형태의 시료에 조사된다. 시료로부터 방출된 빛은 단색분광기에 의해 확산되고 광전자증폭관(photomultiplier tube)이나 광다이오드에 의하여 감지된다. 이런 형광 분광기는 단시간 내에 많은 시료들을 측정하기에 편리한 수단인데, 박막의 측정에 사용할 때에는 박막 시료의 충분한 공간을 확보하고 질소 분위기를 유지하여 의도하지 않은 시료의 광산화가 일어나지 않도록 주의를 기울여야 한다. 시료 용액은 자체흡수를 피하기 위

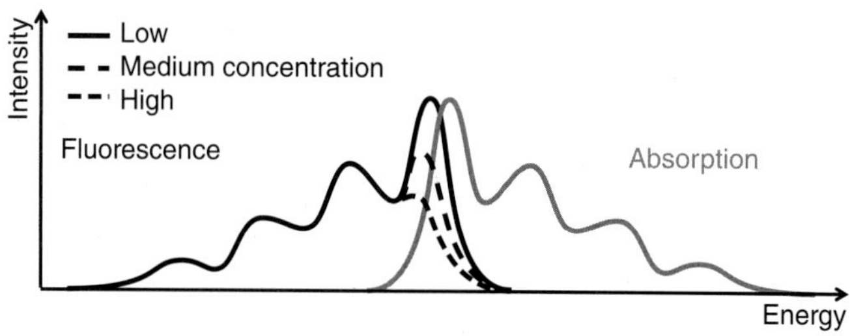

그림 1.32 자체흡수에 따른 스펙트럼 변화의 도식적인 예. 높은 농도의 시료에서 일어나는 방출된 빛의 재흡수 증가는 0–0 진동 피크의 세기를 감소시키고 명백하게 피크의 위치를 낮은 에너지 영역으로 이동시킨다.

하여 용매 1 L당 발색단의 농도가 10^{-6} mol 이하로 충분히 희석되어야 한다(그림 1.32). 자체흡수는 높은 에너지 발색단으로부터 방출되는 빛이 낮은 에너지 발색단에 의해 재흡수되는 현상을 말하는데, 이때 발색단의 에너지는 2장에서 다루겠지만 용매와의 상호작용에 따라 다소 변화할 수 있고 항상 시료에 존재하는 다른 에너지 상태에서의 발색단의 영향을 받는다. 스펙트럼에서 자체흡수는 0–0 혹은 0–1 피크 사이의 에너지 공간이 농도가 증가함에 따라 감소하는 반면 0–1로부터 0–2 피크로의 에너지 공간은 변함없이 일정한 결과로부터 확인할 수 있다.

자체제작한 측정장치 시스템은 여기원과 감지 장치를 선택하거나 측정 시스템의 기하학적 배치를 정확히 조절하는 데 있어서 더 큰 유연성을 갖는 장점이 있다. 제논이나 중수소 램프를 이용한 단색분광기 대신에 별개의 파장에서 높은 여기의 세기를 제공하는 연속파장 레이저(아르곤 이온 레이저, 헬륨–카드뮴 레이저, 고체 상태 레이저)를 사용하기도 한다. 온도 조절을 위해서 시료는 질소나 헬륨의 저온실험장치(cryostat)에 넣고 진공 혹은 불활성 기체의 환경을 유지하여 광산화가 일어나지 않도록 해야 한다. 단색광분광기 뒤에 있는 광증폭기를 이용하고 파장의 전 범위에 대하여 단색분광기를 스캔하는 전통적인 시간소모 방식의 감지 장치는 CCD(Charge Coupled Device) 카메라 앞에 있는 스펙트럼 분석기를 사용하는 방식으로 대부분 대체되었다. 단색분광기와 스펙트럼 분석기 모두는 입사하는 빛을 확산시켜 단계별로 굴절시키는 상자로 구성되어 있는데, 이 둘 사이의 오직 한 가지 차이점은 단색분광기는 작은 출구 슬릿을 가지고 있어 여기된 빛이 1 nm 이하의 좁은 파장 범위를 가지는 반면 스펙트럼 분석기는 넓은 출구 구멍을 가지고 있어 확산된 빛의 밴드가 400 nm 정도의 폭을 가진다는 것이다. CCD 카메라는 배열된 감지기를 가지고 있는데 확산된 빛의 밴드가 배열된 감지기로 들어오면 각 픽셀은 특정한 파장 간격에서의 빛의 세기를 기록한다. 예를 들어 400 nm가 1240개의 픽셀에 배치되면 각 픽셀은 0.3 nm 간격으로부터 대략적인 세기를 기록한다. 각기 다른 픽셀로부터 얻어진 세기는 전자적으로 변환되어 스펙트럼이 즉각 완성된다.

시간적분 스펙트럼이 기록되면 가장 높은 양자수율을 가진 상태로부터의 발광이 측정되는데 유기화합물에 있어서는 S_1 상태로부터의 형광이, 유기금속착체에서는 대부분 T_1 상태로부터의 인광이 될 것이다. 예를 들어 스펙트럼의 형태 변화가 시간의 함수라면 이것은 10K로부터 상온까지 온도를 상승시키면 두 상태 사이의 전이속도에 대한 온도 활성화를 반영한다. 이러한 현상은 분자에서의 2가지 서로 다른 형태로부터의 발광 사이 혹은 모노머와 엑시머 상태로부터의 발광 사이, 형광과 인광 사이, 주개와 받개 분자 사이 등의 변화가 온도 의존성을 가지고 있다는 사실을 말해주고 열적 활성화가 필요함을 보여준다.

박막에서 발광의 **양자수율**(PL QY, photoluminescence quantum yield)을 측정하기 위해서는 흡수된 광자와 모든 방향에서 박막으로부터 방출된 광자의 수를 알아야 한다. 균일하게 반사되는 박막으로 코팅된 시료를 질소가 공급되는 공간에 두는 것이 최선의 양자수율 측정 조건인데, 이런 공간을 **Ulbricht 구체** 혹은 **통합**(integrating) **구체**라고 부른다. 방출된 빛이 구체의 표면에 부딪히면 여러 번 반사를 하게 되는데, 그 결과 빛이 방출되는 초기의 방향과 무관하게 구체 내의 균일한 광자의 유출을 야기한다. 양자수율의 1차 산출은 순차적으로 이루어지는 2가지 측정으로부터 얻어진다. 첫째, 작은 레이저빔이 작은 구멍을 통하여 빈 고체 안으로 들어가고 다른 작은 구멍을 통하여 산란된 레이저광에 기인한 구체 내 스펙트럼이 스펙트럼 분석기와 CCD 카메라에 연결된 광섬유를 통하여 수집되며 파장에서의 강한 피크를 보여준다. 다음으로 시료는 구체 가운데 위치하고 레이저가 시료에 직접 가해지면 산란된 빛의 스펙트럼이 수집되며 이 스펙트럼은 시료에 의해 방출된 빛과 산란된 레이저광을 보여준다. 레이저에 의한 피크의 세기는 레이저광의 일부가 시료에 의해 흡수되었기 때문에 감소한다. 통합 구체 안의 시료 존재 유무에 따라 측정된 레이저 피크의 차이는 흡수된 광자의 수와 일치한다. 시료가 발광하는 파장의 영역에서 나타나는 스펙트럼은 방출되는 광자의 수를 알려주는데, 이때 흡수된 광자의 수에 대한 방출된 광자의 수의 비가 양자수율이다. 이런 측정의 원리는 쉽지만 박막에서의 정확한 측정을 위하여 레이저광의 일부가 초기에는 시료로부터 반사되다가 구체의 표면으로부터 반사되고 마침내 시료로 흡수되는 사실에 대하여 수정할 필요가 있다. 이러한 수정은 구체 내에 있는 시료의 3차 측정에 의해 이루어지는데, 시료가 아니라 구체의 표면에 가해진 레이저를 감안해서 측정 결과를 수정해야 한다. 이러한 수정을 위한 수학적 처리에 관한 세부적인 내용은 참고문헌 [144]를 참고하기 바란다(그림 1.33).

양자수율 측정의 원리는 단순하지만 몇 가지 사항에 대해서는 주의를 기울일 필요가 있다. 첫째, 높은 정확도를 가지고 양자수율을 결정하기 위해서는 산란된 레이저광의 흡수를 고려하여 수정하는 소위 3차의 측정이 필수적이다. 한편 통합 구체 측정이 가능한 형광분광기가 존재하고 그들 중 일부는 재흡수에 대한 수정을 하지 못한다. 둘째, 형광 측정 중의 광산화와 인광 측정 중의 삼중항의 소광을 피하기 위하여 구체에 질소를 충분히 공급하여 여

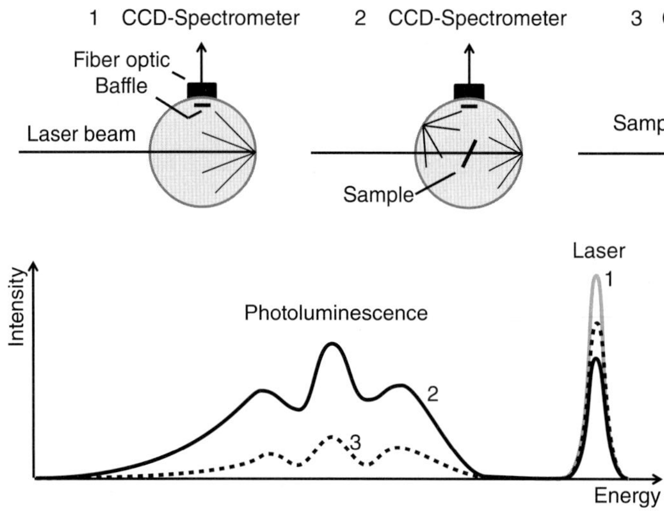

그림 1.33 구체의 형태(위쪽)와 얻어진 스펙트럼의 형태(아래쪽)를 보여주는 PL QY 측정의 예. 첫째 레이저 파장(회색선)에서 광자의 유출이 일어나는 레이저가 빈 구체로 향할 경우(1), 다음으로 형광의 광자 유출과 흡수된 레이저 광자(검은 선)에 의해 감소된 입사한 레이저 광자의 유출이 일어나는 시료가 구체 내에 위치하고 여기되는 경우(2), 마지막으로 산란된 레이저광의 흡수(점선)에 대해 수정된 구체 내의 시료와 사라진 레이저의 측정(3)[144].

타 불순물을 제거하는 것이 필요하다(Box 1.14). 셋째, 낮은 에너지 상태에서 시작되는 여기의 세기 범위에서 측정하는 것을 고려해야 하는데, 서로 다른 여기 세기의 부합을 위한 값이 얻어진다면 이 측정의 결과는 신뢰할만하다. 양자수율이 증가하는 여기 에너지에 의하여 감소되기 시작하면 원하지 않는 이분자 과정이 일어나고, 이때 얻어지는 양자수율은 신호 대 잡음의 비율이 개선되더라도 더이상 신뢰할 수 없게 된다. 마지막으로 실험에서는 서로 나뉘어지는 2개의 정량적인 값이 중요한데 방출된 광자의 수를 흡수된 광자의 수로 나눈 값을 의미한다. 여기된 레이저가 405 nm의 파장을 갖는 깊은 청색 혹은 그보다 더 짧은 파장을 갖는 빛이면 CCD 카메라 혹은 광다이오드로 구성된 감지 장치는 측정범위의 경계선에서 작동한다. 흡수된 광자의 수는 현저한 오류를 가지게 되고 이렇게 얻어지는 양자수율의 결과는 조심스럽게 해석되어야 하지만 이런 문제는 적절한 감지 장치의 선택을 통해서 해소될 수 있다.

Box 1.14 산소 분자에 의한 소광

산소 분자 O_2는 매우 효과적인 인광의 소광제인데 산소 분자의 HOMO들은 2개의 반결합 축퇴 π 궤도이고 삼중항 상태 T_0를 형성하는 전자의 바닥상태로 존재한다(그림 B1.14.1). HOMO 다음의 들뜬상태들은 바닥상태 위쪽에 존재하는 각각 0.98 eV와 1.63 eV의 에너지를 가진 2개의 단일항 상태인 S_1과 S_2

이다. 저압의 기체상에서 관련된 들뜬상태의 수명은 2700 s와 7 s이고 용액 중에서는 눈에 띄게 감소하여 S_1 상태에서는 사용된 용매의 종류에 따라 10～500 ms가 된다. 첫 번째 광학적으로 허용된 전이는 6.2 eV에서의 삼중항인데[86] T_0, S_1, S_2 상태들은 종종 이원자 분자의 분광학적 상징인 $^3\Sigma_g$, $^1\Delta_g$, $^1\Sigma_g$로 각각 표기된다. 지수 3과 1은 삼중항과 단일항을 의미하고 g는 gerade 동등체를, 그리스 문자 Σ, Δ는 O–O 축을 따라 존재하는 각운동량을, s와 d는 원자 상태의 각운동량을 의미한다.

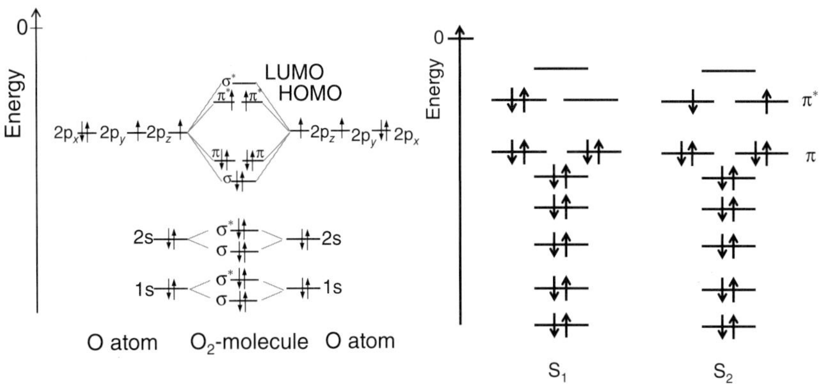

그림 B1.14.1 (a) 두 산소 원자의 상호작용이 어떻게 O_2의 삼중항 바닥상태로 되는지를 설명하는 단순한 분자 궤도 다이어그램. 여기서 2개의 축퇴 HOMO는 반결합 π 궤도이다. (b) O_2의 첫 번째와 두 번째 단일항 들뜬상태를 나타내는 단순한 분자 궤도 다이어그램.

삼중항 들뜬상태의 발색단 분자 $^3M^*$는 삼중항 바닥상태에 있는 산소 분자 $^3O_2$에 인접해 있을 때 에너지 전이가 일어난다. 이 결과는 단일항 들뜬상태의 산소 분자('단일항 산소') $^1O_2{}^*$와 바닥상태의 발색단 분자 ^1M가 생성되는 결과를 가져오고 인광은 더 이상 일어나지 않는다. 이 과정을 반응식으로 표기하면 아래와 같다.

$$^3M^* + ^3O_2 \rightarrow ^1M + ^1O_2{}^*$$

단일항 산소의 에너지 준위가 단지 0.98 eV에 불과하기 때문에 이 메커니즘에 따르면 유기반도체에서 접하게 되는 대부분의 삼중항은 소광된다고 할 수 있다. 단일항 산소는 수명 기간 중에는 화학적으로 매우 반응성이 강하고 유기반도체의 π 궤도를 공격하여 재료의 발광효율과 OLED의 수명을 감소시킨다. 보통의 반응, 예를 들면 Polyacene의 경우 $^1M + ^1O_2{}^* \rightarrow MO_2$의 과산화반응을 하는데, 과산화 안트라센(Anthracene Peroxide)의 경우에는 산소 분자가 안트라센 분자의 9, 10번 탄소 위치를 연결하고 있다. 또 다른 잘 알려진 유기반도체에 포함된 단일항 혹은 삼중항 산소의 반응에 기인한 결함은 keto–결함(C=O)의 형성을 들 수 있는데, 예를 들면 PPV에서 비닐 결합이 해체되거나 혹은 불완전한 곁가지를 가진 Fluorene 단위를 Fluorenone으로 변환하는 경우이다(그림 B1.14.2). Fluorenone과 같은 결함을 가진 Polyfluorene은 2.3 eV(540 nm)에서 넓은 폭을 가진 발광을 나타내는데, 결함이 없는 정상적인 분자구조에서의 발광은 2.9 eV(420 nm)에서 나타난다.

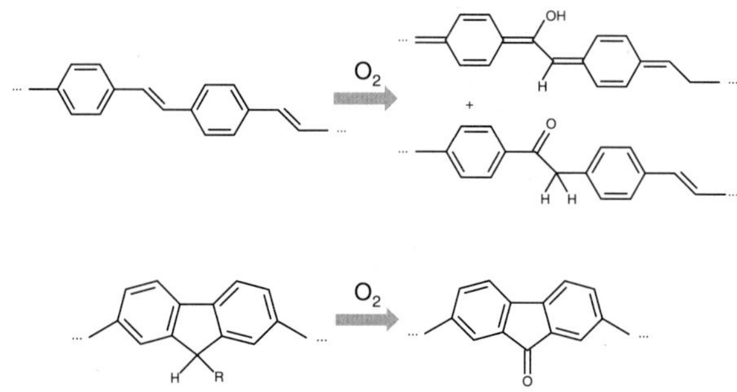

그림 B1.14.2 산소 분자에 의한 결함들. (a) Poly(*para*–phenylene vinylene)(PPV)의 경우[145]. (b) Poly(fluorene)에 있는 Fluorene 단위의 경우. 여기서 R은 Alkyl기를 의미하는데, 예를 들면 C_8H_{17}이다[146].

바닥상태의 삼중항 산소는 인광뿐만 아니라 형광도 소광하는데 나아가서 π 짝지음 화합물에 존재하는 화학적 결함은 시료가 특히 산소와 자외선에 동시 노출되어 있을 때 일어난다. 광여기된 분자는 바닥상태에 있는 분자보다 반응성이 높고 전기음성적인 산소와 비교적 잘 반응한다. 이러한 현상은 전자가 약하게 결합되어 있는 광여기된 π 결합의 구조에서 빈번하게 나타나는데, 이러한 반응을 억제하여 정확한 광학적 측정을 하기 위해서는 시료를 산소가 존재하지 않도록 질소 분위기의 암실에서 보관하는 것이 중요하다.

시료로부터 산소를 제거하기 위한 방법으로는 박막의 경우 일정 기간 동안 진공상태에서 시료를 보관하는 것을 포함한다. 용액 상태의 시료에서는 밀폐된 큐벳에서 시료를 응결시킴으로써 산소를 효과적으로 제거할 수 있고, 응결된 시료의 외부에 남아 있는 산소는 진공펌프를 통해 배출한 후 시료를 원래 상태인 상온으로 만든 다음 펌프의 밸브를 닫는 과정을 수차례 반복하여 완전히 산소를 제거한다. 용액 시료에서 산소를 제거하는 또 다른 방법은 불활성 기체인 질소를 탱크에 연결된 라인에 바늘을 연결하고 이를 용액 속에 담가 거품을 내는 것인데, 이 방법은 앞선 방법보다는 효과적이지 않다.

산소 분자의 광물리와 광화학에 관한 더 상세한 정보는 참고문헌 [86–87]에서 찾을 수 있다.

1.5.1.2 나노초와 초의 범위에서의 스펙트럼과 수명

유기화합물에서 인광은 훨씬 높은 형광 속도에 비해 낮은 인광 속도로 인하여 정상상태에서 측정하는 것이 불가능하고, 인광 신호는 더 강한 형광 신호의 끝부분과 구별하기 어렵다. 그러므로 여기원은 삼중항이 완전히 소멸되기 전에 재여기되는 것을 피하기 위하여 10 Hz 혹은 그보다 낮은 주파수에서 구동하는 ns 펄스가 가능한 Nd:YAG 레이저와 같은 펄스 레이저 혹은 펄스 제논 램프를 필요로 한다. 감지 장치는 게이트가 있는 강화 CCD 카메라와 연결된 스펙트럼 분석기로 구성되어 있다. 여기 펄스가 가해진 후에 모든 형광이 소멸될 때까지 수 나노초 기다린 다음 감지기 게이트가 충분히 긴 시간 동안 열린 상태에서 삼중항 상태로부터 방출된 일부 광자를 모두 수집하게 되는데 이 과정은 인광 속도에 따라 대개 마이크로초에서 수초 사이가 걸린다. 배열된 감지기의 판독을 통해 인광 스펙트럼을 생성하게 된다. 레이저 펄스와 감지 사이의 지연시간이 형광 수명보다 상당히 길어지더라도 스펙트럼의 형태와 파장의 범위에서 정상상태 형광으로 보이는 추가적인 신호가 관찰되기도 하는데, 이런 신호는 수 마이크로초 정도의 긴 수명을 갖기도 한다. 이런 경우 S_1 상태는 T_1 혹은 CT 상태와 같은 장수명 상태로부터 재생성되고 이렇게 일어난 발광을 **지연 형광**(delayed fluorescence)이라고 부른다. 최근 문헌에서는 T_1으로부터 얻어진 지연 형광을 **비공명 삼중항 올림 변환**(non-resonant triplet up-conversion)이라고 부르기도 한다[147–149]. 지연 형광을 일으키는 원인을 설명하는 다른 메커니즘은 3장에서 논의하도록 한다.

인광 혹은 다른 어떤 형태의 발광 수명은 시간의 함수로 발광세기의 붕괴를 측정함으로써 결정할 수 있는데, 이를 **지수함수형 붕괴 함수**로 표현하면 c가 감지기 잡음 수준에 따라 주어지는 기준선일 때

$$I(t) = I_0 e^{-\frac{t}{\tau}} + c \tag{1.80}$$

이 된다. 나노초 펄스를 이용해 시료를 여기시키고 나면 방출된 빛은 단색분광기를 통해 확산되고 붕괴 곡선을 기록하는 오실로스코프와 연결된 광증폭기에 의해 감지된다. 그렇지 않으면 방출된 빛은 CCD와 연결된 스펙트럼 분석기를 이용하여 스펙트럼으로 기록되는데 펄스와 감지창 사이의 지연시간은 순차적으로 이동한다(중첩을 피하기 위하여 게이트의 폭을 초과하는 단계별 폭을 가지고). 특정한 파장에서의 세기는 서로 다른 지연시간들에 대한 스펙트럼을 통해 판독할 수 있고 이를 이용해 붕괴 곡선을 그려내게 된다. 때때로 들뜬상태가 소멸되면서 2개의 뚜렷한 붕괴 경로가 생기는데 2개의 지수함수적 붕괴 곡선을 적용하면

$$I(t) = I_1 \exp\left(-\frac{t}{\tau_1}\right) + I_2 \exp\left(-\frac{t}{\tau_2}\right) + c \tag{1.81}$$

의 적합한 관계식을 얻는다. 2개의 수명 τ_1, τ_2는 항상 2개의 진폭값 I_1, I_2와 조합하여 인용되어야 하는데 이 4개의 정량적 값은 서로 독립적이지 않다. 비단일 지수함수적인 붕괴 곡선에 대하여 2개 이상의 지수함수를 가지면 거의 물리적인 의미가 없다고 봐야 한다. 무질서한 유기반도체들은 종종 방사 혹은 비방사 전이속도, 즉 결과적으로는 수명의 통계적 분포를 가지고 있다. 예를 들어 시료에 무작위로 분포되어 있는 받개나 소광제로의 에너지 전이가 일어나는 경우이다. 가우스 분포함수가 지수함수형 붕괴 함수와 뒤섞이게 되면 **신축 지수함수**로 알려진 함수적 의존도를 가지게 되고 그림 1.34에서 묘사한 대로

$$I(t) = I_0 \exp\left(-\left[\frac{t}{\tau_1}\right]^{\alpha}\right) + c \tag{1.82}$$

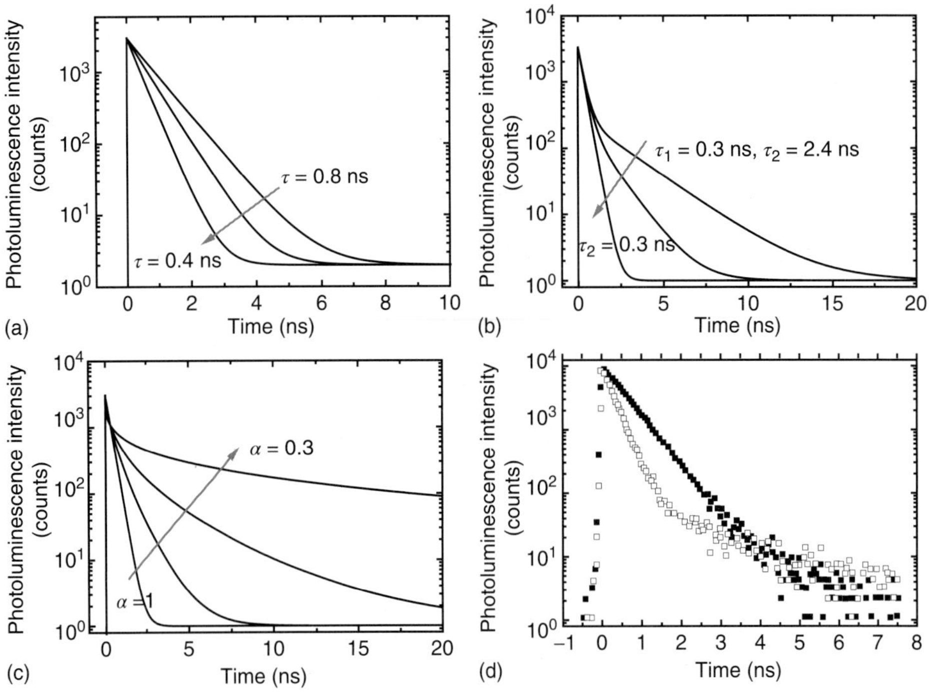

그림 1.34 발광소멸. (a) 도식으로 표현한 수명 $\tau = 0.8,\ 0.6,\ 0.4$ ns를 가진 단일 지수함수적 붕괴 $I(t) = I_0 e^{-t/\tau} + c$, (b) 도식으로 표현한 τ_1=0.3 ns의 단일 지수함수적 붕괴와 반자연로그 값으로 표현한 $\tau_1 = 0.3$ ns와 $\tau_2 = 1.2,\ 2.4$ ns를 각각 유지하는 $I(t) = I_1 \exp(-t/\tau_1) + I_2 \exp(-t/\tau_2) + c$에 따른 2개의 이중지수함수적 붕괴, (c) 도식으로 표현된 다른 α값을 가지고 반자연로그 값으로 표현된 $\tau = 0.3$ ns의 신축 지수함수적 붕괴 $I(t) = I_0 \exp(-[t/\tau_1]^{\alpha}) + c$, (d) $\tau_1 = 0.8$ ns의 단일 지수함수(검은 기호)와 $I(t) = 10^4 \exp(-t/0.8\text{ ns}) + 10^2 \exp(-t/1.7\text{ns}) + 1$을 가진 이중지수함수의 실험적인 예. 데이터는 Fluorene 삼합체(검은 기호)와 2 mol%의 안트라센이 도핑된 Flourene 삼합체(흰 기호)를 함유한 박막을 상온에서 측정한 결과이다 [79]. 신축 지수함수적 붕괴에 대한 실험 데이터는 3장의 그림 3.50을 참고하기 바란다.

가 된다. 식 (1.82)를 이중 자연로그를 사용하여 $\ln(\ln(I(t)/I_0))$과 $\ln(t/\tau_1)$으로 플롯하여 기울기 α를 갖는 직선으로 표시하는 것이 편리한데, 이런 형태는 **Kohlrausch–Williams–Watt 플롯**으로 알려져 있다. $\alpha=1$이면 단일 지수함수적 붕괴는 회복되고 반면에 $\alpha=1/2,\ 1/3,\ 1/6$이면 무작위적 받개의 분포에 대하여 각각 3차원, 2차원, 1차원의 에너지 전이 과정을 가리킨다 (Förster 에너지 전이에 대해서는 2장 참고).

1.5.1.3 피코초와 나노초 범위에서의 스펙트럼과 수명

형광 스펙트럼의 시간에 따른 변화를 측정하기 위하여 Ti:Sapphire 레이저로부터 100 fs의 빠른 펄스를 사용하여 시료를 여기시켜야 한다. 발광은 고속현상을 촬영할 수 있는 **스트리크 카메라**가 부착된 스펙트럼 분석기를 사용하여 감지하는데, CCD 카메라의 경우와 마찬가지로 방출광의 넓은 밴드가 카메라로 들어오면 필요한 스펙트럼의 확산을 제공한다. 이 빛은

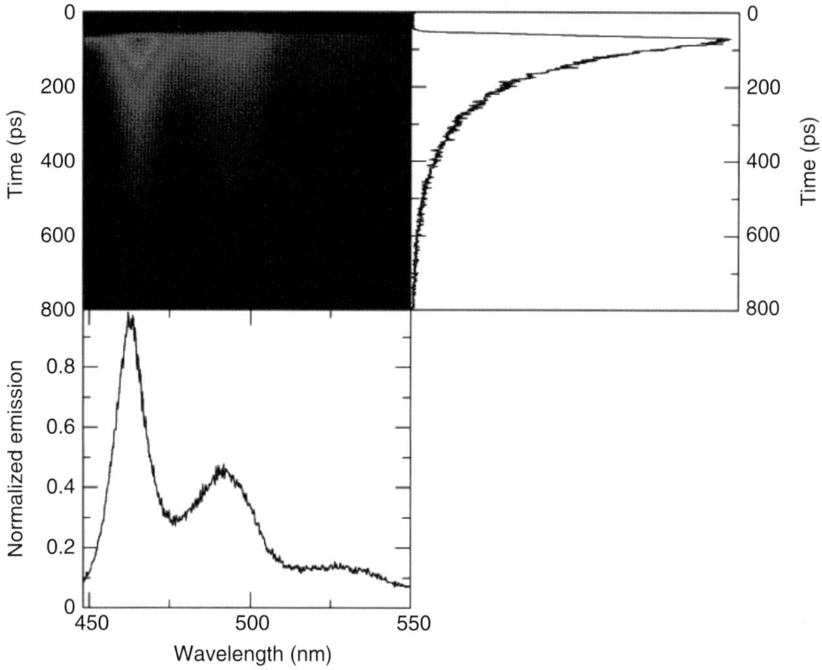

그림 1.35 MeLPPP의 수명 측정을 위한 2차원 플롯. 가로좌표는 파장을 나타내고 세로좌표는 시간을 나타내며 색깔 혹은 명암 눈금은 세기를 나타낸다. 아래쪽 그래프에서 보여주는 정해진 수명에서의 절단은 붕괴 곡선을 보여주고 오른쪽 그래프에서 플롯으로 재구성되었다.

전자와 충돌이 일어나는 광음극에 도달하게 되고 수평 전기장의 영향 아래 이 전자들은 CRT와 같이 인광물질로 덮여 있는 반대쪽 전극으로 이동한다. 필요한 일시적 확산을 얻기 위하여 오실로스코프에서 시간에 따라 증가하는('스트리크' 개념) 수직 전기장을 적용한다. 카메라에 처음으로 도달하는 광자들은 오직 작은 수직 전기장을 받아 방향이 거의 바뀌지 않는 반면 나중에 도착하는 광자들은 큰 수직 전기장을 받아 방향 역시 크게 바뀐다. 이런 방법으로 파장의 확산과 일치하는 수평축과 일시적 확산 방향의 수직축을 가진 인광물질에서 2차원적인 전자의 이동현상이 일어난다. 인광물질의 뒤쪽에는 각 위치에서 신호의 세기를 읽어내는 2차원 CCD 배열이 있는데, 결과 데이터는 3차원적이고 색상을 가진 2차원 그림으로 표현된다. 가로좌표는 파장의 범위를 나타내고 세로좌표는 시간의 범위를 나타내며 색깔 혹은 명암의 등급은 세기를 표기한다(그림 1.35). 이러한 사실로부터 특정한 시간에서의 스펙트럼과 특정한 파장에서의 붕괴 곡선이 용이하게 얻어진다.

붕괴 곡선을 기록하기 위한 또 다른 기술은 **시간 연관 단일광자 계산**(time-correlated single-photon counting)이 있는데, 이 방법은 시료를 낮은 세기의 펄스 다이오드 레이저로 여기시킨 후에 광증폭관이나 단색분광기로 구성된 감지기가 단일광자가 도달한 것을 기록할 때까지 시간을 측정하는 것이다. 이러한 과정은 여러 번 반복하게 되면 광자의 수가 시간에 대해 계산된다. 이를 바탕으로 붕괴 곡선을 얻을 수 있고 여러 파장에서 이런 과정이 이루어지면 결국 원하는 스펙트럼을 구현할 수 있다.

1.5.1.4 피코초 이하에서의 스펙트럼과 시간 눈금

피코초 이하의 시간 범위에서 스펙트럼의 해석을 통한 발광 측정 기술에는 **2개의 광자 올림 변환**(upconversion)이 있는데 이 실험은 비선형 광학에 대한 지식과 숙련도를 요구한다. 예를 들어 120 fs 펄스를 갖는 Ti:Sapphire 레이저 펄스의 경우 빔 분리기를 사용하여 레이저를 2개의 빔으로 분리하고 (1) 하나의 빔은 시료를 여기시키고 방출된 형광을 비선형 광학결정으로 향하게 하고, (2) 또 다른 빔은 빔 1과 빔 2 사이에 적절히 조절된 지연시간 Δt를 가능하게 하는 길어진 광경로를 따라 비선형 결정으로 향하게 한다. 비선형 결정은 진동수 ω_1과 ω_2를 가진 빛이 적당한 각도로 어떤 시간에 만나게 되면 총 진동수 $\omega_3=\omega_1+\omega_2$를 가진 어떤 빛을 방출하는 특성을 가지고 있다. 그러므로 만약 빔 2와 형광 시료의 빔이 비선형 결정 내 Δt에서 만나면 이동된 진동수를 가진 빛이 방출된다. 이 빛은 스펙트럼 분석기에 의해 확산되고 CCD 카메라를 통해 기록되어 스펙트럼을 생성한다. 높은 시간분해능은 여기 빔 1에 관한 빔 2의 지연시간을 조정하여 얻어지는데 이 실험의 좀 더 진전된 방식에서는 분리되지 않은 비선형 결정이 사용되고 유기반도체 시료 역시 채택되었다.

1.5.2 들뜬상태 흡수 스펙트럼

바닥상태에 있는 분자로부터의 흡수를 측정하기 위한 접근방식은 1.4.2절에서 이미 소개된 바 있는데 흡수는 또한 들뜬상태로 존재하는 가운데서도 일어날 수 있다. 흡수를 위해 요구되는 유일한 조건은 **들뜬상태 흡수**(ESA, Excited State Absorption) 속도가 들뜬상태 붕괴 속도보다 더 빨라야 한다는 것이다. 이 실험은 2개의 여기원을 필요로 하는데 하나의 여기원은 **펌프 빔**(pump beam)이라고 불리며 시료를 들뜬상태로 만들기 위한 조명 역할을 한다. 또 다른 여기원은 여기된 시료의 흡수를 측정하기 위해 사용되는데 조사 빔(probe beam)이라고 하며 감지기를 통해 시료에 의한 흡수의 감쇠를 측정한다(그림 1.36). 빛에 의한 발광의 측정과 마찬가지로 이런 실험에서도 서로 다른 시간 방식을 적용하기 위한 서로 다른 여기와 감지 장치가 요구된다.

1.5.2.1 정상상태 스펙트럼(광유발 흡수)

조사 빔이 연속적이면 이 방식은 **광유발 흡수**(photoinduced absorption)의 측정이라고 불리고 PiA 혹은 PA의 약자로 표현한다. 펌프 빔은 일반적으로 Ar 이온 레이저와 같이 대략 100 mWcm^{-2}을 가진 강력한 빔이다. 시료는 광산화를 방지하기 위하여 진공상태에 보관하

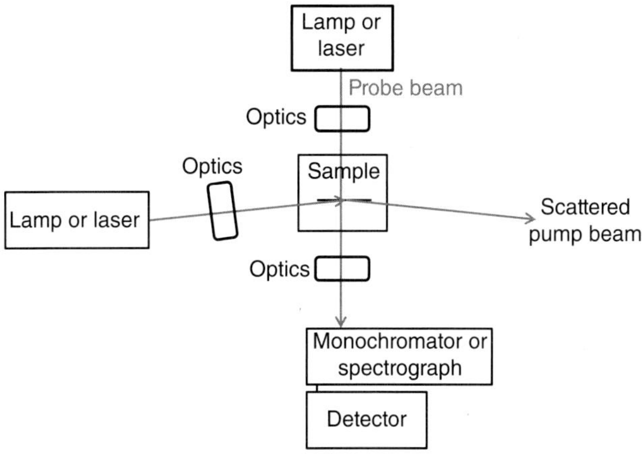

그림 1.36 광유발 흡수를 측정하기 위한 포괄적 장치 구성도. 박막 혹은 용액 시료는 연속 혹은 펄스 레이저(펌프 빔)를 이용해 여기되고 여기된 시료의 흡수는 연속 텅스텐 램프, 펄스 제논 램프, 레이저 혹은 비선형 결정을 포함하고 있는 펄스 백색 연속체로부터 나오는 조사 빔을 사용하여 기록된다. 감지기는 스펙트럼 분석기와 연결된 CCD 카메라 혹은 단색 분광기 뒤쪽에 붙어 있는 광다이오드로 구성되어 있다. 시간분해능은 펄스 광원을 사용하고 펌프 빔에 대해 조사 빔을 지연시켜 얻어진다.

거나 혹은 산소가 존재하지 않는 용액의 형태를 유지한다(Box 1.14). 조사 빔은 대개 텅스텐 램프로부터 나오는데 텅스텐 램프는 매우 안정적으로 작동한다. 특히 가시광과 근적외선 영역에서 강한 세기를 가지며 이 영역에서는 들뜬상태로부터의 흡수가 나타나는 경향이 있다. 보통 조사 빔이 시료 표면에 부딪히면 투과를 하게 되고 투과된 빛은 단색분광기로 향하고 확산된 빛은 실리콘 광다이오드나 유사한 종류의 감지기에 의해 단색분광기의 출구에서 수집된다. 감지된 양은 펌프 빔의 존재 유무에 따른 상대적인 투과 $\Delta T / T$인데 이 값은 10^{-4} 정도 수준이다. 펌프 빔의 존재 유무에 따른 투과 ΔT를 측정하기 위하여 기계적인 세단기(chopper)를 펌프 빔의 경로에 배치하고 광다이오드에 의해 감지된 신호를 로크인 증폭기(lock-in amplifier)를 이용하여 기록한다. 스펙트럼을 얻기 위하여 단색분광기는 측정하려는 파장대에서 단계적으로 파장을 변화시키는 것이 필요하고 PiA 신호는 각 파장에서 기록한다. 스펙트럼을 정규화하기 위하여 레이저 여기가 없는 상태에서의 투과 스펙트럼 T는 이 측정 구성을 통한 시스템에 시료를 적용하여 측정한다. 실험적 구성의 스펙트럼 반응에 대한 수정이 반드시 요구되지는 않는데 이것은 $\Delta T / T$값을 산정할 때 이런 수정이 자연스럽게 포함되기 때문이다.

이와 같은 cw 조사 빔을 가지고 삼중항 상태, 전하이동 상태와 같은 장수명 들뜬상태 혹은 들뜬상태의 해리로부터 생성된 전하로부터 흡수를 측정한다. $T_1 \rightarrow T_n$ 전이는 반도체 고분자에 대하여 대개 1.5 ± 0.2 eV(830 ± 100 nm)에서, 중분자에 대해서는 이보다 더 높은 에너지에서 발견된다[132, 153](그림 1.37).

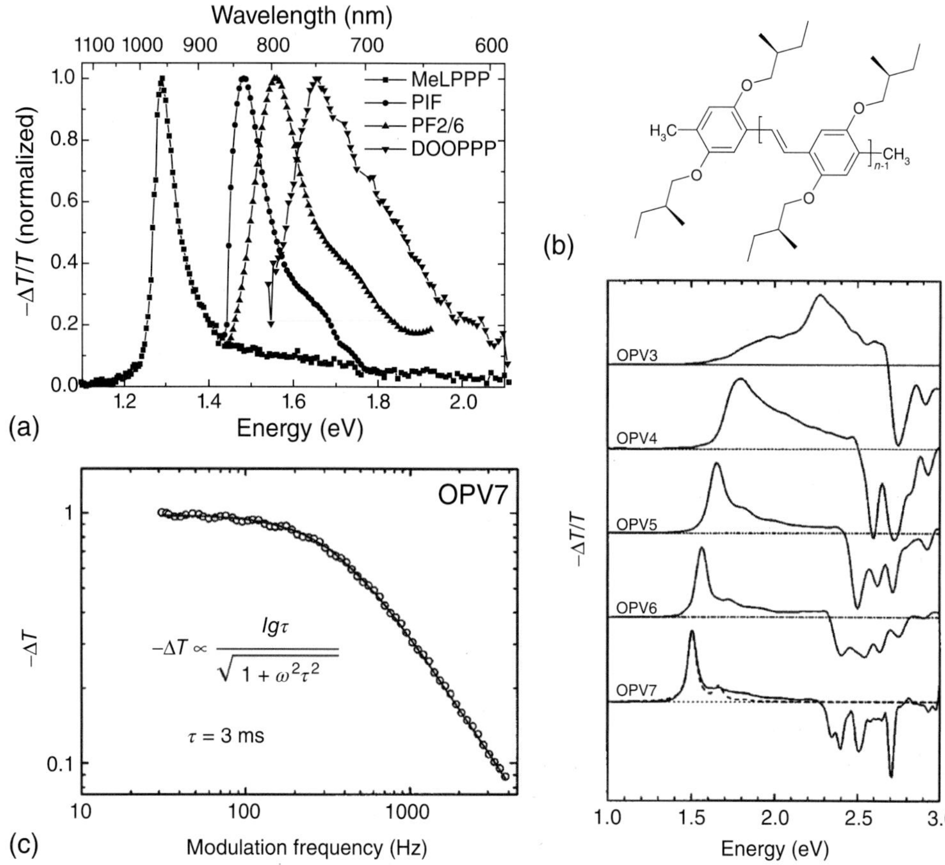

그림 1.37 정상상태 광유발 흡수. (a) 온도 5K에서 측정한 MeLPPP, PIF(Poly(Indenofluorene)), PF, DOOPPP 고분자들의 박막 상태 $T_n \leftarrow T_1$ 흡수(K. Huber, Bayreuth). (b) 온도 100K, MTH 용액 상태에서 측정한 OPV(Oligo-Phenylene Vinylene) 화합물들의 1.5~2.3 eV에서의 $T_n \leftarrow T_1$ 흡수. 2.3 eV 이상에서의 역전된 형태를 보여주는 스펙트럼의 신호는 바닥상태의 부존에 의해 나타난다[132]. (c) 온도 100K, 2MeTHF 용액 상태에서 측정한 OPV7의 1.50 eV에서의 PIA(광유발 흡수)의 세기 의존도.

기계적 세단기를 이용한 진동수의 변화와 신호 세기의 변화를 기록함으로써 이러한 상태들의 수명을 측정하는 것이 가능하다. 펌프 빔의 존재 유무에 따른 기간(즉 장치상에서 "on"과 "off"의 기간)이 들뜬상태의 소멸시간보다 짧아지면 들뜬상태의 밀도는 "off" 기간 동안에도 여전히 존재하게 된다. 결과적으로 "on"과 "off" 기간 사이의 전이에 대한 차이는 감소하고 로크인 감지기는 세기의 감소를 기록하게 된다. Dellepiane과 그의 동료들은 세기가 세단된 진동수 ω와 들뜬상태의 수명 τ가 다음과 같은 관계를 가지고 있음을 보여주기 위하여 광생성물질에 대한 속도방정식을 사용하였다.

$$I(\omega, \tau) = A\frac{\tau}{\sqrt{1+(\omega\tau)^2}} \tag{1.83}$$

여기서 A는 조정상수이다[154]. 이 식은 단분자의 붕괴를 나타내는데 이와 관련된 논문은 이분자의 경우도 다루고 있다. 이런 방식은 기계적 세단기가 4000 Hz 이상에서는 안정적으로 회전하지 않기 때문에 밀리초 혹은 그보다 더 긴 수명을 가진 들뜬상태 수명을 측정하기에는 제한적이다.

1.5.2.2 나노초 범위에서의 스펙트럼(섬광 광분해)

높은 시간분해능에서의 동일한 측정은 **순간 흡수 측정**(transient absorption measurement) 혹은 **섬광 광분해**(flash photolysis)라고 알려져 있다. 이 방식은 삼중항 상태 혹은 유기분자가 전하를 띠고 있는 상태로부터 순간적인 흡수를 측정하기 위해 널리 사용되는 잘 정립된 기술이다. 이 실험에서는 예를 들면 10 Hz에서 7 ns의 펄스를 갖는 Nd:YAG 레이저와 같은 펄스 여기원이 사용된다. 조사 빔은 전형적으로 펄스 제논 램프('flash lamp'로서)를 사용하는데 펄스 모드로 램프를 작동하는 것이 높은 빛의 세기에서 가능하다. 제논 램프의 레이저 펄스 유무 상태로부터 일어나는 전이의 차이는 전체 전이 $\Delta T / T$로 정규화되어 펌프 빔과 조사 빔 사이의 서로 다른 지연시간에 대하여 얻어지고, 이것은 측정의 시간분해능을 가능하게 한다. 발광의 측정에서도 동일하게 두 방향 모드가 가능한데 하나는 $\Delta T / T$의 값이 고정된 파장에서 시간에 따라 예를 들면 단색분광기의 뒤쪽에 있는 실리콘 다이오드에 의해 어떻게 변화하는지를 기록하는 것이고 또 다른 하나는 $\Delta T / T$의 스펙트럼을 iCCD 카메라에 연결된 스펙트럼 분석기를 사용하여 여기된 이후 특정한 시간에 측정하는 방법이다.

1.5.2.3 펨토초 범위에서의 스펙트럼(펨토초 펌프조사 측정)

동일하게 높은 시간분해능이 짧은 수명을 가진 들뜬상태에도 필요한데 이미 언급한 대로 측정에서의 시간 의존은 여기(펌프) 펄스와 조사 펄스 사이의 지연시간에 따른 결과이다. 물론 펌프 펄스 그 자체로 7 ns의 시간 폭을 갖는다면 펌프 펄스와 조사 펄스 사이 발생하는 300 fs의 지연시간은 별 의미가 없다. 그러므로 높은 시간분해능은 Ti:Sapphire 레이저로부터 공급되는 100 fs 정도의 지속시간을 갖는 펄스와 같은 짧은 펌프 펄스를 요구한다. 이런 레이저는 800 nm 부근에서 방출되는 반면 대부분의 분자들은 청색 스펙트럼 영역에서 여기되는 것을 필요로 하는데 이것은 비선형 결정[예를 들면 β-Barium borate(BBO)]을 통해 입사각과 적합한 분극을 수반하는 레이저 펄스를 송출함으로써 대응이 가능하다. 결정에서 비선형 광학 과정은 800 nm 파장을 가진 높은 세기의 입사하는 빛을 400 nm(**2배의 진동수**)의 파장을 가진 낮은 세기의 빛으로 변환한 다음 펌프 빔에 관하여 정확히 정의된 지연시간을 가진 조사 빔이 필요하게 된다. 이것은 반투과 거울을 두 부분에 넣어 펌프를 분리함으로써 가능하다. 한 부분은 여전히 펌프 빔으로 사용되면서 시료를 향하고 다른 부분은 조사 빔의 역할을 한다. 펌프에 대한 지연시간은 거울을 사용하여 늘어난 광경로에 조사 빔을 향하게 함으로써 얻어진다. 거울들이 이동 단계(지연 단계)에 위치하면 빔 조사 지연시간에 대한 통제는 경로 길이를 조정함으로써 쉽게 이루어진다. 예를 들어 펌프 빔과 조사 빔 사이에 존재하는 150 μm의 총 경로 차이는 빛의 속도 $c = 3 \times 10^8$ ms^{-1}일 때 $\Delta x = c\Delta t$의 관계에 따라 500 fs의 지연시간을 갖는다는 의미이다. 이 사실을 토대로 측정 시스템의 구성은 짧은 펌프 펄스와 확실히 정의된 지연시간을 가진 동등한 수준의 짧은 조사 펄스로 구성되지만 안타깝게도 이들은 동일한 파장을 가져야 한다. 유용한 실험을 위하여 조사 빔은 비록 전 범위의 파장으로 확산되더라도 다른 파장을 갖는 것이 선호되는데 이것은 적합한 분극과 입사각에서 조사 빔을 비선형 광학 과정에 의하여 Sapphire 판을 통해 가시광 스펙트럼(**백색광**)의 전 영역을 가진 빔으로 확산할 수 있는 방법을 제공한다. 자외선 펌프 빔은 이제 시료를 여기시키고 고정된 지연시간에서 백색광 조사 빔을 그것을 통해 전달한다. 조사 빔의 스펙트럼은 펌프 빔의 유무에 따라 서로 다른 펌프 빔과 조사 빔의 지연시간에 대하여 CCD 카메라로 기록된다. 특정한 파장에서 신호의 시간변화는 각기 다른 시간에서 측정된 스펙트럼의 세기를 판독하여 관찰한다.

펨토초 펌프-조사 신호의 전형적인 예는 고분자 물질을 사용하여 그림 1.38에서 보여준다. 펌프 빔을 조사하는 과정에서 일어나는 흡수 신호의 변화는 그림 1.39에서 설명하는데 이러한 변화는 다음 사항들을 포함한다[155].

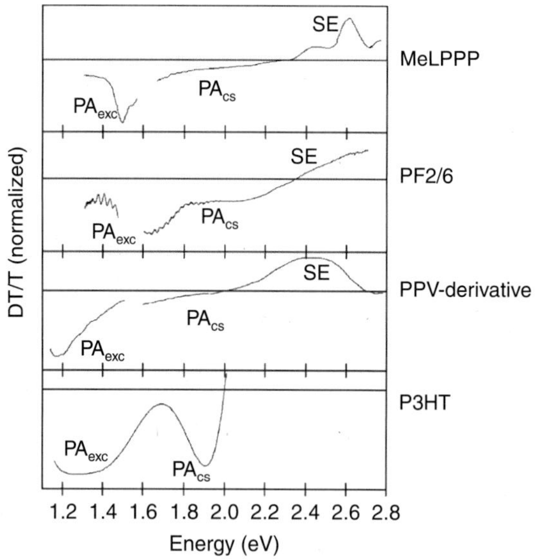

그림 1.38 100 fs∼10 ps의 범위에서 펌프-조사 지연시간을 이용하여 측정한 고분자들의 광유발 흡수 스펙트럼[155-159]. SE, PA_{CS}, PA_{EXC}는 각각 자극발광(stimulated emission), 전하를 띤 상태에서의 광유발 흡수, 단일항 혹은 삼중항 엑시톤으로부터 일어나는 광유발 흡수를 의미한다.

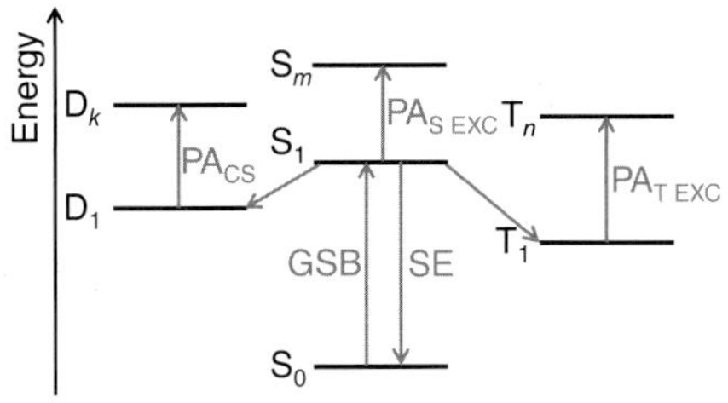

그림 1.39 광유발 흡수 스펙트럼에서 관찰되는 여러 종류의 전이(회색 화살표)를 나타낸 도표. S, T, D는 각각 단일항 엑시톤, 삼중항 엑시톤, 그리고 전하를 띤 상태를 표시한다. PA, SE, GSB는 광유발 흡수, 자극발광, 바닥상태 부존을 의미한다.

- 발색단의 일부가 여전히 들뜬상태에 있어서 입사광을 흡수할 수 없는 감소된 흡수가 존재한다[**바닥상태 부존**(ground state bleach)].
- 단일항 S_1의 들뜬상태에 존재하는 발색단으로부터 더 높은 에너지를 가진 단일항 들뜬상태 ESA 혹은 PA_{S-EXC}로의 추가적인 흡수가 일어난다. 긴 지연시간에서도 T_1 삼중항 들뜬상태로부터 더 높은 에너지의 삼중항(ESA 혹은 PA_{T-EXC})으로의 추가적 흡수가 발생할 수 있다.
- 펌프 펄스에 의해 S_1 상태가 생성되고 양전하와 음전하로 분리될 때 전하를 가진 발색단(Polaron Absorption)(PA_{CS})으로부터 일어나는 추가적인 흡수가 일어난다(2장 참고).
- 조사 빔으로부터 나온 광자들이 펌프 빔에 의해 생성된 S_1 상태로부터의 발광을 자극하여 일어나는 추가적인 발광이 일어난다(SE).

PA 신호는 투과가 감소할 때(예를 들면 $\Delta T / T$의 음부호) 스펙트럼에서 나타나고 SE와 GSB 신호는 투과의 증가를 의미한다. GSB는 통상의 흡수 신호의 파장에서 나타남을 쉽게 판단할 수 있고 이와 유사하게 SE는 형광 스펙트럼과 일치한다. 고분자에서는 $T_n \leftarrow T_1$ 전이로부터의 PA 신호가 1.5 ± 0.25 eV 부근에서 종종 관찰되는 반면 전하로부터의 PA 신호는 다소 넓은 범위인 2 eV와 0.5 eV 부근에서 나타난다(2장 참고). 전하를 띤 분자의 PA 신호를 확인하는 단순한 방법은 외적으로 도핑한 경우와 정상적인 선형 흡수 스펙트럼을 측정하여 비교하는 것이다(2장 참고). 단일항과 삼중항 흡수를 나타내는 PA 신호는 그들의 수명에 의해 구분되는데 삼중항은 더 많은 생성시간과 소멸시간을 필요로 한다.

1.5.3 형광 여기 분광학

이전의 흡수 스펙트럼 실험에서는 광경로 상에서 흡수체의 존재 유무에 따른 빛의 투과 차이를 측정하였는데 약한 흡수에서는 이런 방식의 측정에 어려운 문제가 있었다. 이런 문제를 해결하기 위하여 소위 **형광 여기 분광학**(FLE, Fluorescence Excitation Spectroscopy)이라는 유용한 기술을 형광물질에 적용하였다. 시료의 형광은 여기 에너지의 함수로 감지되는데 시료로부터의 비방사 붕괴가 여기 에너지에 영향을 받지 않고 발광의 세기가 시료의 흡수에 비례한다면 흡수 스펙트럼의 전체 형태를 얻을 수 있게 된다. 어떤 시료에 대하여서는 다른 비방사 붕괴 경로가 여기 에너지의 증가에 따라 밝혀진다. 이런 경우에 형광 여기 스펙트럼은 형광 스펙트럼과는 다르게 나타나고 부수적으로 이런 차이는 광해리(photodissociation) 혹은 에너지 전이와 같은 과정을 확인하는 데 적용된다.

실험을 수행함에 있어서 측정을 위한 시스템의 기하학적 구조는 자체흡수로 인한 인위적인 결과를 피하기 위하여 고려되어야 한다. 여기 레이저빔이 평탄한 입사각의 조건에서 시료(박막 혹은 큐벳 속의 용액)의 표면과 충돌하는 구조에서 방출광은 정상적으로 잘 감지된다(그림 1.31에서 묘사된 바와 같이). 상업적인 발광분광기의 표준 구조는 용액이 1 cm 큐벳에서 여기되고 90도 각도에서 감지되도록 이루어져 있는데 이런 구조는 매우 낮은 농도의 시료에 대해서만 사용이 가능하고 특별히 자체흡수 효과를 나타내는 경향이 있다.

1.6 더 읽을 거리

유기반도체의 전자적 성질은 이 분야의 광범위한 지식을 필요로 한다. 이 장에서 다룬 주제들은 합성 화학, 고분자, 결정학, 양자역학, 광물리, 분광학의 분야에서 선별해낸 것들인데 이후의 장들에서는 반도체물리, 소자물리, 공학과 재료과학으로부터의 이슈에 대해 다룰 것이다. 이 책은 단순히 유기반도체의 전자적 성질에 대한 소개를 하면서 각각의 주제에 대해 좀 더 깊이 있게 관심을 가지도록 유도하는 것을 목적으로 한다. 이러한 목적에 유용한 참고문헌들을 정리하였으며 이것들이 포괄적이지 않고 저자들의 자의적인 기준에 따라 선택되었음을 밝혀둔다. 참고문헌의 목록은 내용의 맥락에 따라 그것들을 더 상세하게 입증하기 위해 정리하였다.

1.2절 다양한 유기반도체 물질들: Schwoerer과 Wolf에 의해 저술된 《Organic Molecular Solids》[12]에서 발견할 수 있다. 고분자물리에 대한 간략한 소개에 대하여는 Hamley가 저술한 《Introduction to Soft Matter》[56]의 2장과 Jones가 저술한 《Soft Condensed Matter》[100]의 5장을, 더 광범위한 내용을 다룬 책으로는 Strobl의 《The Physics of Polymers》[161]를 읽어보기를 추천한다. 반도체 고분자의 합성에 관련된 이슈들은 편집된 많은 책들에서 다루어졌는데, 예를 들면 Hadziioannou와 Malliaras에 의해 편집된 《Semiconducting Polymers》의 1, 2장 내용이 있다[62−63].

1.3절의 분자의 전자 상태: 결합과 분자궤도, 그리고 상태의 개념들이 매우 잘 설명되어 있는 책으로 Demtröder가 쓴 《Molecular Physics》와 Atkins와 Friedman이 쓴 《Molecular Quantum Mechanics》가 있다[64−65].

1.4절 분자상태들 사이의 전이: 이런 주제를 소개하는 책들은 많이 출간되어 있는데 Pope, Swenberg와 Birks는 유기반도체에 대한 각자 나름대로의 관점에서 서술하였고 이 분야 저술의 고전으로 평가받고 있다. Birks의 저서 《Photophysics of Aromatic Molecules》를 강력히 추천하는데[87], 지금은 절판되었지만 아직도 많은 과학도서관에서 찾아볼 수 있고 Pope와 Swenberg의 공저인 《Electronic Processes in Organic Crystals and Polymers》 2판이 출간되어 있다[11]. 분자 상태의 전이에 대한 또 다른 입문서는 Turro가 저술한 《Modern Molecular Photochemistry》와 Turro, Ramamurthy와 Scaiano가 저술한 이 책의 확장판인 《Modern Molecular Photochemistry of Organic Molecules》가 있는데 [86], 이 책은 광물리, 광화학적 과정을 시각적으로 잘 표현하고 있다. Klessinger와 Michl이 저술한 《Excited States and Photochemistry of Organic Molecules》는 이 주제에 대한 고전적인 접근을 설명하고 있으며[162], Hollas가 저술한 《Modern Spectroscopy》는 명확하고 간결하게 분자 상태의 전이를 소개하고 있다[163].

1.5절 분광학적 방법: 흡수와 발광 분광학에 대한 상세하고 실제적인 소개는 Lakowicz의 《Principles of Fluorescence Spectroscopy》에서 발견할 수 있는데, 여기에 사용된 예들은 생물학에 관련된 물질들이다[164]. 유기분자와 전자 전이에 대해 더 집중적으로 다룬 책은 Valeur가 쓴 《Molecular Fluorescence》가 있다[165].

참고문헌
REFERENCES

1. Pochettino, A. (1906) Sul comportamento foto-elettrico dell' antracene. *Rendiconti*, **15**, 355.
2. Königsberger, J. and Schilling, K. (1910) Über Elektrizitätsleitung in festen Elementen und Verbindungen. *Ann. Phys.*, **32**, 179.
3. Stark, J. and Steubing, W. (1908) Fluorescence and light electrical sensitivity of organic substances. *Phys. Z.*, **9**, 481.
4. Pauli, W.E. (1913) Lichtelektrische Untersuchungen an fluoreszierenden Substanzen. *Ann. Phys.*, **345** (4), 677.
5. Bernanose, A., Comte, M., and Vouaux, P. (1953) A new method of emission of light by certain organic compounds. *J. Chim. Phys.*, **50**, 64.
6. Pope, M., Magnante, P., and Kallmann, H.P. (1963) Electroluminescence in organic crystals. *J. Chem. Phys.*, **38** (8), 2042.
7. Helfrich, W. and Schneider, W.G. (1965) Recombination radiation in anthracene crystals. *Phys. Rev. Lett.*, **14** (7), 229.
8. Helfrich, W. and Schneider, W.G. (1966) Transients of volume-controlled current and of recombination radiation in anthracene. *J. Chem. Phys.*, **44** (8), 2902.
9. Tang, C.W. and VanSlyke, S.A. (1987) Organic electroluminescent diodes. *Appl. Phys. Lett.*, **51** (12), 913.
10. Burroughes, J.H. *et al.* (1990) Light-emitting diodes based on conjugated polymers. *Nature*, **347**, 539.
11. Pope, M. and Swenberg, C.E. (1999) *Electronic Processes in Organic Crystals and Polymers*, Clarendon Press, Oxford, ISBN: 978-0195129632
12. Schwoerer, M. and Wolf, H.C. (2007) *Organic Molecular Solids*, Wiley-VCH Verlag GmbH, Weinheim, ISBN: 978-3-527-40540-4, 3527405402.
13. Scher, H. and Montroll, E.W. (1975) Anomalous transit-time dispersion in amorphous solids. *Phys. Rev. B*, **12**, 2455.
14. Borsenberger, P.M. and Weiss, D.S. (1998) *Organic Photoreceptors for Xerography*, Marcel Dekker, Inc., New York.
15. Heeger, A.J. (2001) Semiconducting and metallic polymers: the fourth generation of polymeric materials (Nobel lecture). *Angew. Chem. Int. Ed.*, **40** (14), 2591.
16. Chiang, C.K. *et al.* (1977) Electrical-conductivity in doped polyacetylene. *Phys. Rev. Lett.*, **39** (17), 1098.
17. Su, W.P., Schrieffer, J.R., and Heeger, A.J. (1979) Solitons in polyacetylene. *Phys. Rev. Lett.*, **42** (25), 1698.
18. Su, W.P., Schrieffer, J.R., and Heeger, A.J. (1980) Soliton excitations in polyacetylene. *Phys. Rev. B*, **22** (4), 2099.
19. Sariciftci, E.N.S. (1997) *Primary Photoexcitations in Conjugated Polymers: Molecular Exciton Versus Semiconductor Band Model*, World Scientific, Singapore, ISBN: 978-9810228804.
20. Scholes, G.D. and Rumbles, G. (2006) Excitons in nanoscale systems. *Nat. Mater.*, **5**, 683.
21. Silinsh, E.A. and Capek, V. (1994) *Organic Molecular Crystals*, AIP Press, New York, ISBN: 978-1563960697.
22. Wright, J.D. (ed.) (1994) *Molecular Crystals*, Cambridge University Press, ISBN: 978-0521465106
23. Kitaigorodskii, A.I. (1973) *Molecular Crystals and Molecules*, Academic Press, New York, ISBN: 978-0124105508.
24. Hasegawa, T. and Takeya, J. (2009) Organic field-effect transistors using single crystals. *Sci. Technol. Adv. Mater.*, **10** (2), 024314.
25. Podzorov, V. *et al.* (2004) Intrinsic charge transport on the surface of organic semiconductors. *Phys. Rev. Lett.*, **93**, 086602.
26. Zeis, R. *et al.* (2006) Field effect studies on rubrene and impurities of rubrene. *Chem. Mater.*, **18** (2), 244.
27. Wang, L. *et al.* (2007) Electric-field-dependent charge transport in organic thin-film transistors. *J. Appl. Phys.*, **101**, 054515.
28. Minari, T., Nemoto, T., and Isoda, S. (2006) Temperature and electric-field dependence of the mobility of a single-grain pentacene field-effect transistor. *J. Appl. Phys.*, **99**, 034506.
29. Bässler, H. and Köhler, A. (2012) Charge Transport in Organic Semiconductors. *Top. Curr. Chem.*, **312**, 1.

30. Sirringhaus, H. *et al.* (1999) Two-dimensional charge transport in self-organized, high-mobility conjugated polymers. *Nature*, **401** (6754), 685.
31. Rothberg, L. (2006) Photophysics of conjugated polymers, in *Semiconducting Polymers* (eds G. Hadziioannou and G.G. Malliaras), Wiley-VCH Verlag GmbH, Weinheim, ISBN: 978-3-527-31271-9.
32. Ariu, M. *et al.* (2002) The effect of morphology on the temperature-dependent photoluminescence quantum efficiency of the conjugated polymer poly(9, 9-dioctylfluorene). *J. Phys. Condens. Matter*, **14** (42), 9975.
33. Silva, C. *et al.* (2002) Exciton and polaron dynamics in a step-ladder polymeric semiconductor: the influence of interchain order. *J. Phys. Condens. Matter*, **14** (42), 9803.
34. Hayer, A. *et al.* (2005) Morphology dependence of the triplet excited state formation and absorption in polyfluorene. *Phys. Rev. B*, **71** (24), 241302.
35. Mauer, R., Kastler, M., and Laquai, F. (2010) The impact of polymer regioregularity on charge transport and efficiency of P3HT:PCBM photovoltaic devices. *Adv. Funct. Mater.*, **20** (13), 2085.
36. Scherf, U. and List, E.J.W. (2002) Semiconducting polyfluorenes -towards reliable structure-property relationships. *Adv. Mater.*, **14** (7), 477.
37. Burn, P.L. *et al.* (1992) Precursor route chemistry and electronic-properties of poly(p-phenylene-vinylene), poly[(2,5-dimethyl-p-phenylene)vinylene] and poly[(2,5-dimethoxy-p-phenylene)vinylene]. *J. Chem. Soc., Perkin Trans.*, **1** (23), 3225.
38. Png, R.Q. *et al.* (2010) High-performance polymer semiconducting heterostructure devices by nitrene-mediated photocrosslinking of alkyl side chains. *Nat. Mater.*, **9** (2), 152.
39. Müller, C.D. *et al.* (2003) Multi-colour organic light-emitting displays by solution processing. *Nature*, **421** (6925), 829.
40. Jandke, M. *et al.* (2001) Polarized electroluminescence from photocrosslinkable nematic fluorene bisacrylates. *Proc. SPIE*, 4105.
41. Scheler, E. and Strohriegl, P. (2010) Three color random fluorene-based oligomers for fast micrometer-scale photopatterning. *Chem. Mater.*, **22** (4), 1410.
42. Prigodin, V.N. *et al.* (2008) Electron-ion interaction in doped conducting polymers. *Phys. Rev. B*, **78** (3), 035203.
43. Lee, H.J., Lee, J., and Park, S.M. (2010) Electrochemistry of conductive polymers. 45. nanoscale conductivity of PEDOT and PEDOT:PSS composite films studied by current-sensing AFM. *J. Phys. Chem. B*, **114** (8), 2660.
44. Jung, J.W., Lee, J.U., and Jo, W.H. (2010) High-efficiency polymer solar cells with water-soluble and self-doped conducting polyaniline graft copolymer as hole transport layer. *J. Phys. Chem. C*, **114** (1), 633.
45. Li, D., Huang, J.X., and Kaner, R.B. (2009) Polyaniline nanofibers: a unique polymer nanostructure for versatile applications. *Acc. Chem. Res.*, **42** (1), 135.
46. Lee, K.H. *et al.* (1998) Nature of the metallic state in conducting polypyrrole. *Adv. Mater.*, **10** (6), 456.
47. Hulea, I.N. *et al.* (2005) Doping, density of states, and conductivity in polypyrrole and poly(p-phenylene vinylene). *Phys. Rev. B*, **72** (5), 054208.
48. Banerjee, S. and Kumar, A. (2010) Dielectric behavior and charge transport in polyaniline nanofiber reinforced PMMA composites. *J. Phys. Chem. Solid*, **71** (3), 381.
49. Kirchmeyer, S. and Reuter, K. (2005) Scientific importance, properties and growing applications of poly(3,4-ethylenedioxythiophene). *J. Mater. Chem.*, **15** (21), 2077.
50. MacDiarmid, A.G. (2001) "Synthetic metals": a novel role for organic polymers (Nobel lecture). *Angew. Chem. Int. Ed.*, **40** (14), 2581.
51. Smela, E., Lu, W., and Mattes, B.R. (2005) Polyaniline actuators – Part 1. PANI(AMPS) in HCl. *Synth. Met.*, **151** (1), 25.
52. Kroto, H.W. *et al.* (1985) C-60 – Buckminsterfullerene. *Nature*, **318** (6042), 162.
53. Dresselhaus, M.S., Dresselhaus, G., and Eklund, P.C. (1993) Fullerenes. *J. Mater. Res.*, **8** (8), 2054.
54. Dresselhaus, M.S., Dresselhaus, G., and Saito, R. (1995) Physics of carbon nanotubes. *Carbon*, **33** (7), 883.
55. Dresselhaus, M.S., Dresselhaus, G., and Jorio, A. (2004) Unusual properties and structure of carbon nanotubes. *Annu. Rev. Mater. Res.*, **34**, 247.
56. Hamley, I. (2007) *Introduction to Soft Matter*, Wiley-VCH Verlag GmbH, ISBN: 9780470516102.
57. Chandrasekha, S. (1994) *Liquid Crystals*, Cambridge University Press, ISBN: 978-0521417471.
58. Mccullough, R.D. and Lowe, R.D. (1992) Enhanced electrical-conductivity in regioselectively synthesized poly(3-alkylthiophenes). *J. Chem. Soc., Chem. Commun.*, (1), 70.
59. Stein, P.C. *et al.* (1991) NMR-studies of poly(3-alkylthiophenes). *Synth. Met.*, **41** (1-2), 559.

60. Yamamoto, T. *et al.* (1992) Preparation of pi-conjugated poly(thiophene-2,5-diyl), poly(para-phenylene), and related polymers using zero valent nickel-complexes – Linear structure and properties of the pi-conjugated polymers. *Macromolecules*, **25** (4), 1214.
61. Miyaura, N. and Suzuki, A. (1995) Palladium-catalyzed cross-coupling reactions of organoboron compounds. *Chem. Rev.*, **95** (7), 2457.
62. Bolognesi, A. and Pasini, M.C. (2007) Synthetic methods for semiconducting polymers, in *Semiconducting Polymers* (eds G. Hadziioannou and G.G. Malliaras), Wiley-VCH Verlag GmbH, Weinheim, ISBN: 978-3-527-31271-9.
63. Kallitsis, J.K., Tsolakis, M.C., and Andreopoulou, A.K. (2007) Processable semiconducting polymers containing oligo-conjugated blocks, in *Semiconducting Polymers* (eds G. Hadziioannou and G.G. Malliaras), Wiley-VCH Verlag GmbH, Weinheim, ISBN: 978-3-527-31271-9.
64. Atkins, P.W. (1983) *Molecular Quantum Mechanics*, 2nd edn, Oxford University Press, ISBN: 0-19-855170-3.
65. Demtröder, W. (2005) *Molecular Physics*, Wiley-VCH Verlag GmbH, ISBN: 978-3527405664.
66. Atkins, P.W. and Friedman, R.S. (1996) *Molecular Quantum Mechanics*, 3rd edn, Oxford University Press, Oxford.
67. Demtröder, W. (2003) *Molekülphysik*, Oldenbourg Wissenschaftsverlag GmbH, München.
68. Miller, R.D. (1989) Polysilanes – A new look at some old materials. *Angew. Chem., Int. Ed. Engl.*, **28** (12), 1733.
69. Stolka, M. *et al.* (1990) Manifestation of glass-transition in electronic charge transport in Si and Ge backbone polymers. *Synth. Met.*, **37** (1-3), 295.
70. Bredas, J.L. (2014) Mind the gap! *Mater. Horiz.*, **1**, 17.
71. Haken, H. and Wolf, H.C. (2006) *Molekülphysik und Quantenchemie*, Springer, ISBN: 978-3540435518
72. Yersin, H. and Finkenzeller, W.J. (2007) Triplet emitters for organic Light-emitting diodes: basic properties, in *Highly Efficient OLEDs with Phosphorescent Materials* (ed. H. Yersin), Wiley-VCH Verlag GmbH, ISBN: 978-3-527-62131-6
73. Köhler, A. and Bässler, H. (2009) Triplet states in organic semiconductors. *Mater. Sci. Eng., R*, **66**, 71.
74. Johnston, M.B. *et al.* (2003) Low-energy vibrational modes in phenylene oligomers studied by THz time-domain spectroscopy. *Chem. Phys. Lett.*, **377** (1-2), 256.
75. Karabunarliev, S. *et al.* (2000) Rigorous Franck-Condon absorption and emission spectra of conjugated oligomers from quantum chemistry. *J. Chem. Phys.*, **113** (24), 11372.
76. Mariani, M.M. and Deckert, V. (2012) Raman spectroscopy: principles, benefits and applications. *Bunsen-Magazin*, **4**, 136.
77. Hollas, J.M. (1992) *Modern Spectroscopy*, 2nd edn, John Wiley & Sons, Ltd, Chichester.
78. Liu, Y. *et al.* (2002) Photophysics of monodisperse platinum-acetylide oligomers: delocalization in the singlet and triplet excited states. *J. Am. Chem. Soc.*, **124** (42), 12412.
79. Albuquerque, R.Q. *et al.* (2011) Diffusion-limited energy transfer in blends of oligofluorenes with an anthracene derivative. *J. Phys. Chem. B*, **115** (25), 8063.
80. Khan, A.L.T. (2005) Analysis of electron-phonon coupling from the luminescence of conjugated polymers, in PhD thesis, *Cavendish Laboratory*, University of Cambridge, Cambridge.
81. Köhler, A. *et al.* (2012) The role of C-H and C-C stretching modes in the intrinsic non-radiative decay of triplet states in a Pt-containing conjugated phenylene ethynylene. *J. Chem. Phys.*, **136**, 094905.
82. Kearwell, A. and Wilkinson, F. (1969) in *Transfer and Storage of Energy by Molecule* (eds Q.M. Burnett and A.M. North), John Wiley & Sons, Inc., New York.
83. Strickler, S.J. and Berg, R.A. (1962) Relationship between absorption intensity and fluorescence lifetime of molecules. *J. Chem. Phys.*, **37** (4), 814.
84. Sandee, A.J. *et al.* (2004) Solution-processible conjugated electrophosphorescent polymers. *J. Am. Chem. Soc.*, **126** (22), 7041.
85. Siebrand, W. (1967) Radiationless transitions in polyatomic molecules. I. Calculation of Franck-Condon factors. *J. Chem. Phys.*, **46** (2), 440–447.
86. Turro, N.J. (1991) *Modern Molecular Photochemistry*, 2nd edn, University Science Books, Sausalito, CA, ISBN-13: 978-0935702712 and Turro, N.J., Ramamurthy V., and Scaiano, J. (2010) Modern Molecular Photochemistry of Organic Molecules, Palgrave Macmillan, ISBN: 978-189138925.
87. Birks, J.B. (1970) *Photophysics of Aromatic Molecules*, Wiley-Interscience, London, ISBN: 978-0471074205

88. Wilson, J.S. *et al.* (2003) Polarization of singlet and triplet excited states in a platinum-containing conjugated polymer. *Phys. Rev. B*, **67** (12), 125206.
89. King, S.M., Vaughan, H.L., and Monkman, A.P. (2007) Orientation of triplet and singlet transition dipole moments in polyfluorene, studied by polarised spectroscopies. *Chem. Phys. Lett.*, **440** (4-6), 268.
90. Mcglynn, S.P. *et al.* (1962) External heavy-atom spin-orbital coupling effect. 3. Phosphorescence spectra and lifetimes of externally perturbed naphthalenes. *J. Phys. Chem.*, **66** (12), 2499.
91. Mcglynn, S.P., Kasha, M., and Azumi, T. (1964) External heavy-atom spin-orbital coupling effect. V. absorption studies of triplet states. *J. Chem. Phys.*, **40** (2), 507.
92. Lupton, J.M. *et al.* (2002) Intrinsic room-temperature electrophosphorescence from a pi-conjugated polymer. *Phys. Rev. Lett.*, **89** (16), 167401.
93. Turro, N.J. (1965) *Molecular Photochemistry (Frontiers in Chemistry)*, W.A. Benjamin, New York.
94. Forrest, S.R., Bradley, D.D.C., and Thompson, M.E. (2003) Measuring the efficiency of organic light-emitting devices. *Adv. Mater.*, **15** (13), 1043.
95. McGlynn, S.P., Azumi, T., and Kinoshita, M. (1969) *Molecular Spectroscopy of The Triplet State*, Prentice-Hall, Englewood Cliffs, NJ, ISBN: 978-0135996621
96. Beljonne, D. *et al.* (2001) Spin-orbit coupling and intersystem crossing in conjugated polymers: a configuration interaction description. *J. Phys. Chem. A*, **105** (15), 3899.
97. Klingshirn, C.F. (1997) *Semiconductor Optics*, Springer-Verlag, Berlin, ISBN: 978-3540583127.
98. Paus, H.J. (2007) *Physik in Experimenten und Beispielen*, 3rd edn, Hanser-Verlag, München, ISBN: 978-3-446-41142-5.
99. Demtröder, W. (2010) *Atome, Moleküle und Festkörper. Experimentalphysik*, Vol. 3, Springer, Berlin, ISBN: 978-3540214731
100. Einstein, A. (1917) Zur Quantentheorie der Strahlung. *Phys. Z.*, **18**, 121.
101. Hilborn, R.C. (1982) Einstein coefficients, cross-sections, f values, dipole-moments, and all that. *Am. J. Phys.*, **50** (11), 982.
102. Hilborn, R.C. (1983) Correction. *Am. J. Phys.*, **51** (5), 471.
103. Hilborn, R.C. (2002) Einstein coefficients, cross sections, *f* values, dipole moments, and all that, *http://arxiv.org/abs/physics/0202029* (accessed 6 September 2014).
104. Robinson, G.W. and Frosch, R.P. (1962) Theory of electronic energy relaxation in solid phase. *J. Chem. Phys.*, **37** (9), 1962.
105. Robinson, G.W. and Frosch, R.P. (1963) Electronic excitation transfer and relaxation. *J. Chem. Phys.*, **38** (5), 1187.
106. Siebrand, W. (1966) Mechanism of radiationless triplet decay in aromatic hydrocarbons and magnitude of Franck-Condon factors. *J. Chem. Phys.*, **44** (10), 4055.
107. Gelbart, W.M., Freed, K.F., and Rice, S.A. (1970) Internal rotation and breakdown of adiabatic approximation – Many-phonon radiationless transitions. *J. Chem. Phys.*, **52** (5), 2460.
108. Jortner, J., Rice, S.A., and Hochstrasser, R.M. (1969) Radiationless transitions in photochemistry. *Adv. Photochem.*, **7**, 149.
109. Freed, K.F. and Jortner, J. (1970) Multiphonon processes in nonradiative decay of large molecules. *J. Chem. Phys.*, **52** (12), 6272.
110. Englman, R. and Jortner, J. (1970) Energy gap law for radiationless transitions in large molecules. *Mol. Phys.*, **18** (2), 145.
111. Craig, D.P. and Ross, I.G. (1954) The triplet-triplet absorption spectra of some aromatic hydrocarbons and related substances. *J. Chem. Soc.*, 1589, DOI: 10.1039/JR9540001589
112. Kellogg, R.E. and Schwenker, R.P. (1964) Temperature effect on triplet state lifetimes in solid solutions. *J. Chem. Phys.*, **41** (9), 2860.
113. Kellogg, R.E. and Bennett, R.G. (1964) Radiationless intermolecular energy transfer. 3. Determination of phosphorescence efficiencies. *J. Chem. Phys.*, **41** (10), 3042.
114. Lim, E.C. and Laposa, J.D. (1964) Radiationless transitions + deuterium effect on luminescence of some aromatics. *J. Chem. Phys.*, **41** (10), 3257.
115. Azumi, T. and Mcglynn, S.P. (1963) Delayed fluorescence of solid solutions of polyacenes. 2. Kinetic considerations. *J. Chem. Phys.*, **39** (5), 1186.
116. Kellogg, R.E. (1966) Second triplet state of anthracene. *J. Chem. Phys.*, **44** (1), 411.
117. Hilpern, J.W., Stief, L.J., and Porter, G. (1964) Decay of triplet state. I. First-order processes in solution. *Proc. R. Soc. London, Ser. A: Math. Phys. Sci.*, **277** (1370), 437.
118. Ermolaev, V.L. (1963) Perenos Energii V Organicheskikh Sistemakh S Uchastiem Tripletnogo Sostoyaniya. 3. Tverdye Rastvory I Kristally. *Usp. Fiz. Nauk*, **80** (1), 3.
119. Ermolaev, V.L. (1963) English translation. *Sov. Phys.-Usp.*, **6**, 333.
120. Kober, E.M. *et al.* (1986) Application of the energy-gap law to excited-state

decay of osmium(Ii) polypyridine complexes – Calculation of relative nonradiative decay-rates from emission spectral profiles. *J. Phys. Chem.*, **90** (16), 3722.
121. Browne, W.R. and Vos, J.G. (2001) The effect of deuteration on the emission lifetime of inorganic compounds. *Coord. Chem. Rev.*, **219**, 761.
122. Siebrand, W. (1967) Radiationless transitions in polyatomic molecules. 2. Triplet-ground-state transitions in aromatic hydrocarbons. *J. Chem. Phys.*, **47** (7), 2411.
123. Siebrand, W. and Williams, D.F. (1967) Isotope rule for radiationless transitions with an application to triplet decay in aromatic hydrocarbons. *J. Chem. Phys.*, **46** (1), 403.
124. Wilson, J.S. *et al.* (2001) The energy gap law for triplet states in Pt-containing conjugated polymers and monomers. *J. Am. Chem. Soc.*, **123** (38), 9412.
125. Beer, M. and Longuethiggins, H.C. (1955) Anomalous light emission of azulene. *J. Chem. Phys.*, **23** (8), 1390.
126. Viswanath, G. and Kasha, M. (1956) Confirmation of the anomalous fluorescence of azulene. *J. Chem. Phys.*, **24** (3), 574.
127. Sidman, J.W. and Mcclure, D.S. (1956) Electronic and vibrational states of azulene. *J. Chem. Phys.*, **24** (4), 757.
128. Ruzevich, Z.S. (1963) Fluorescence and absorption spectra of azulene in frozen crystalline solutions. *Opt. Spektrosk.*, **15** (3), 357.
129. Marcus, R.A. (1956) On the theory of oxidation-reduction reactions involving electron transfer. 1. *J. Chem. Phys.*, **24** (5), 966.
130. Rissler, J. *et al.* (2001) Excited states of ladder-type poly-p-phenylene oligomers. *Phys. Rev. B*, **64** (4), 045122.
131. Samuel, I.D.W. *et al.* (1993) The efficiency and time-dependence of luminescence from poly(p-phenylene vinylene) and derivatives. *Chem. Phys. Lett.*, **213** (5-6), 472.
132. Peeters, E. *et al.* (2000) Singlet and triplet excitations of chiral dialkoxy-p-phenylene vinylene oligomers. *J. Chem. Phys.*, **112** (21), 9445.
133. Ho, P.K.H. *et al.* (2001) Photoluminescence of poly(p-phenylenevinylene)–silica nanocomposites: evidence for dual emission by Franck–Condon analysis. *J. Chem. Phys.*, **115**, 2709.
134. Romanovskii, Y.V. and Bässler, H. (2000) Phosphorescence from a ladder-type conjugated polymer in solid solutions at low temperature. *Chem. Phys. Lett.*, **326** (1-2), 51.
135. Hoffmann, S.T. *et al.* (2010) Triplet energy transfer in conjugated polymers. III. An experimental assessment regarding the influence of disorder on polaronic transport. *Phys. Rev. B*, **81** (16), 165208.
136. Laquai, F. *et al.* (2003) Sensitized intrinsic phosphorescence from a poly(phenylene-vinylene) derivative. *Chem. Phys. Lett.*, **375** (3-4), 286.
137. Tanaka, I. and Tokito, S. (2007) Energy-transfer processes between phosphorescent guest and fluorescent host molecules in phosphorescent OLEDs, in *Highly Efficient OLEDs with Phosphorescent Materials* (ed. H. Yersin), Wiley-VCH Verlag GmbH, ISBN: 978-3527405947.
138. Brandrup, J., Immergut, E.H., and Grulke, E.A. (1999) *Polymer Handbook*, 4th edn, John Wiley & Sons, Inc., New York, ISBN: 978-0471166283.
139. Abboud, J.L.M. and Notario, R. (1999) Critical compilation of scales of solvent parameters. Part I. Pure, non-hydrogen bond donor solvents – Technical report. *Pure Appl. Chem.*, **71** (4), 645.
140. Vandenburg, H.J. *et al.* (1999) A simple solvent selection method for accelerated solvent extraction of additives from polymers. *Analyst*, **124** (11), 1707.
141. Grell, M. *et al.* (1998) Chain geometry, solution aggregation and enhanced dichroism in the liquid-crystalline conjugated polymer poly(9,9-dioctylfluorene). *Acta Polym.*, **49** (8), 439.
142. Cossiello, R.F., Akcelrud, L., and Atvars, D.Z. (2005) Solvent and molecular weight effects on fluorescence emission of MEH-PPV. *J. Braz. Chem. Soc.*, **16** (1), 74.
143. Chen, H.C. *et al.* (2009) Full color light-emitting electrospun nanofibers prepared from PFO/MEH-PPV/PMMA ternary blends. *J. Polym. Sci., Part B: Polym. Phys.*, **47** (5), 463.
144. deMello, J.C., Wittmann, H.F., and Friend, R.H. (1997) An improved experimental determination of external photoluminescence quantum efficiency. *Adv. Mater.*, **9** (3), 230.
145. Zoppi, L. *et al.* (2008) Defect-induced effects on carrier migration through one-dimensional poly(para-phenylenevinylene) chains. *Phys. Rev. B*, **78**, 165204.
146. List, E.J.W. *et al.* (2002) The effect of keto defect sites on the emission properties of polyfluorene-type materials. *Adv. Mater.*, **14** (5), 374.
147. Endo, A. *et al.* (2011) Efficient up-conversion of triplet excitons into a singlet state and its application for organic light emitting diodes. *Appl. Phys. Lett.*, **98** (8), 083302.

148. Baluschev, S. *et al.* (2006) Up-conversion fluorescence: noncoherent excitation by sunlight. *Phys. Rev. Lett.*, **97** (14), 143903.
149. Keivanidis, P.E. *et al.* (2011) Electron-exchange-assisted photon energy up-conversion in thin films of pi-conjugated polymeric composites. *J. Phys. Chem. Lett.*, **2** (15), 1893.
150. Mollay, B. *et al.* (1994) Dynamics of singlet excitations in conjugated polymers – Poly(phenylenevinylene) and poly(phenylphenylenevinylene). *Phys. Rev. B*, **50** (15), 10769.
151. Brunner, K. *et al.* (2000) Site torsional motion and dispersive excitation hopping transfer in pi-conjugated polymers. *J. Phys. Chem. B*, **104** (16), 3781.
152. Herz, L.M. *et al.* (2004) Time-dependent energy transfer rates in a conjugated polymer guest-host system. *Phys. Rev. B*, **70** (16), 165207.
153. Wasserberg, D. *et al.* (2005) Comparison of the chain length dependence of the singlet- and triplet-excited states of oligofluorenes. *Chem. Phys. Lett.*, **411** (1-3), 273.
154. Dellepiane, G. *et al.* (1993) Long-lived photoexcited states in symmetrical polydicarbazolyldiacetylene. *Phys. Rev. B*, **48** (11), 7850.
155. Cabanillas-Gonzalez, J., Grancini, G., and Lanzani, G. (2011) Pump-probe spectroscopy in organic semiconductors: monitoring fundamental processes of relevance in optoelectronics. *Adv. Mater.*, **23** (46), 5468.
156. Cerullo, G. *et al.* (1998) Excited-state dynamics of poly(para-phenylene)-type ladder polymers at high photoexcitation density. *Phys. Rev. B*, **57** (20), 12806.
157. Cabanillas-Gonzalez, J. *et al.* (2005) Photophysics of charge transfer in a polyfluorene/violanthrone blend. *Phys. Rev. B*, **71** (1), 014211.
158. Kraabel, B. *et al.* (2000) Unified picture of the photoexcitations in phenylene-based conjugated polymers: universal spectral and dynamical features in subpicosecond transient absorption. *Phys. Rev. B*, **61** (12), 8501.
159. Korovyanko, O.J. *et al.* (2001) Photoexcitation dynamics in regioregular and regiorandom polythiophene films. *Phys. Rev. B*, **64** (23), 235122.
160. Jones, R.A.L. (2002) *Soft Condensed Matter*, Oxford University Press, ISBN: 978-0198505891.
161. Strobl, G.R. (2007) *The Physics of Polymers*, 3rd edn, Springer, ISBN: 978-3-540-25278-8.
162. Klessinger, M. and Michl, J. (1995) *Excited States and Photochemistry of Organic Molecules*, VCH Publishers, New York, ISBN: 978-0471185765.
163. Hollas, J.M. (2008) *Modern Spectroscopy*, 4th edn, John Wiley & Sons, Ltd, Chichester, ISBN: 978-0-470-84416-8.
164. Lakowicz, J.R. (2006) *Principles of Fluorescence Spectroscopy*, 3st edn, Springer, ISBN 978-0-387-31278-1
165. Valeur, B. (2002) *Molecular Fluorescence*, Wiley-VCH Verlag GmbH, Weinheim, ISBN: 978-3-527-29929-5.

2
유기반도체에서의 전하와 들뜬상태

1장에서 빛이 분자와 어떻게 상호작용을 하며 들뜬상태를 생성하는지에 관해 논의하였다. 빛을 흡수하는 분자의 한 부분을 **발색단**(chromophore)이라고 하는데, 이 발색단은 분자구조의 측면에서 (i) 이중결합이 짝지어진 곁가지만을 가진 π 결합이 짝지어진 중심구조로 이루어져 있거나 (ii) π 결합이 짝지어진 고분자 사슬에서 전자적으로 규칙적인 구조로 구성되어 있다. 이 장에서는 발색단 들뜬상태의 본성이 어떻게 발색단의 주변 환경과 발색단 간의 상호작용에 의해 영향을 받는지를 살펴보고자 한다. 중성 발색단의 여기에 의해 생성되는 상태는 대개 **중성여기**(neutral excitation)라고 부르고 **전하여기**(charged excitation)는 전하를 띤 상태에서 발색단이 여기되는 것을 의미하는데, 이에 대해서는 2.4절에서 논의하도록 하겠다.

2.1 기체상에서 비정질 박막으로 들뜬상태의 분자

유기반도체에서 들뜬상태를 이해하기 위한 좋은 출발점은 다른 환경에서 단일 여기 분자가 갖는 변화를 추적해가는 것이다. 스펙트럼을 바르게 해석하게 위하여 분자의 흡수와 발광 스펙트럼이 기체 상태의 원래 분자에서 시작하여 분자가 응축된 것과 같은 어떤 특별한 환경에서 존재할 때 어떻게, 그리고 무엇 때문에 변하게 되는지를 이해하는 것이 필수적이므로 출발점은 기체상 스펙트럼으로부터 주어진다. 광전자 소자에 사용되는 방향족 분자의 흡수와 형광(FL) 스펙트럼은 보통은 기체상에서 측정되지 않는다. 따라서 기체 상태, 고체와 액체 용액상태, 그리고 비정질 및 결정 상태 모두에서 스펙트럼을 관찰할 수 있는 테트라센이라는 물질을 고려하기로 하자. 더욱이 두꺼운 막과 결정에서 테트라센과 그 유도체들의 단일항 여기가 삼중항 상태의 짝으로 분열하는데, 이것은 유기태양전지에서의 중요한 과정이 된다[1–3].

2.1.1 분극에 의한 효과

우선 본래의 분리된 분자가 불활성 기체 원자에 둘러싸여 있을 때 흡수와 형광 스펙트럼이 어떻게 나타나는지 생각해보자. 이러한 현상을 연구하기 위한 실험의 모형은 초음파 확장 빔의 사용을 포함한다[4]. 이 분야의 선구자적 연구는 텔아비브의 Jortner 그룹에 의해 1980년대에 수행되었다[5]. 실험을 위한 기본적인 구성은 그림 2.1a에서 보여준다. 2개의 인접한 챔버가 작은 출구를 통해(예를 들면 직경 150 μm의 출구) 서로 연결되어 있는데, 한 챔버는 아르곤과 같은 불활성 기체로 일정한 기압을 유지하면서 채워져 있고 또 다른 챔버는 동역학적 진공 상태를 유지하게 된다. 아르곤 기체가 출구를 통해 진공 상태의 빈 챔버로 이동하면서 초음파 확장 빔을 형성하게 되면서 일반적으로 순수한 아르곤이 아니라 운반기체 아르곤과 시료 분자의 혼합물이 관찰된다. Jortner 그룹은 테트라센을 아르곤에 채워진 시료 챔버에 넣고 섭씨 220°C까지 가열하면서 테트라센이 약 0.1 mbar의 증기압을 갖는 조건에서 실험을 진행하였다. 그들은 아르곤의 기압을 0.2 mbar에서 11 bar로 증가시켰는데, 이때 테트라센의 증기압과 아르곤의 기압 사이의 비는 기체의 조성을 조절하게 된다. 기체 빔은 그것의 형광 스펙트럼 혹은 형광 여기(FLE) 스펙트럼에 의해 관찰되는데, 후자는

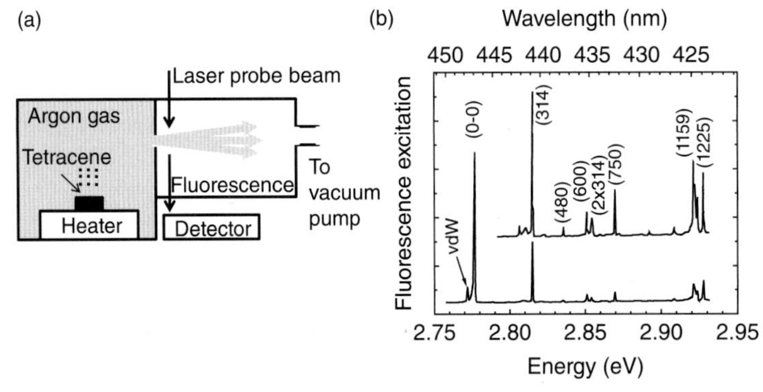

그림 2.1 분리된 테트라센 분자의 $S_1 \leftarrow S_0$ 전이. (a) 이 책에서 설명한 실험의 구성을 나타낸 도표. (b) 여기 염료 레이저를 사용하여 측정한 분리된 테트라센의 0.3 cm^{-1}의 밴드폭을 가진 형광 여기 스펙트럼. 렌즈를 사용하여 발광을 수집하고 Hamamatsu사가 제작한 광증폭 관을 사용하여 감지하였고 스펙트럼은 150 μm 노즐을 통해 분사된 아르곤 기체의 초음파 빔에서 측정되었다. 분사되기 전 아르곤의 기압은 0.240 bar이고 테트라센의 증기압은 1×10^{-4} bar이었다. 위쪽 스펙트럼은 2.80~2.95 eV의 영역에서 4배로 확대한 것인데 스펙트럼의 라인들은 본래 분자들의 $S_1 \leftarrow S_0$의 0–0 전이는 (0–0)으로 표기되었고 다른 진동 모드의 0–1 전이들은 그들의 파장을 cm^{-1} 단위의 숫자로 표기하였다. 314 cm^{-1} 진동 모드의 0–2 전이는 (2 × 314)로 표기되었고 테트라센–아르곤의 반데르발스 착체에 기인한 0–0 전이는 (vdW)로 표기하였다[5].

분자의 흡수와 일치한다.

초음파 확장 빔 기술은 2가지 이유에 따라 사용되는데, 첫째는 빔의 확장 동안 기체의 온도가 7K까지 하강해서 분자의 이동이나 회전 운동이 멈추게 되고 정확한 확인이 가능한 수준에서 스펙트럼 선의 수를 감소시키기 때문이고, 둘째로 확장에 따른 빠른 냉각이 응축을 방지하여 냉각된 개개의 분자들을 연구하는 것이 가능하기 때문이다.

이 실험으로부터의 핵심 메시지는 다음과 같다. 낮은 아르곤의 **정체압력**(stagnation pressure)에서 테트라센 분자들은 여전히 드러나고 분리되어 있는 상태이고, 따라서 냉각 분리된 테트라센의 기체상 스펙트럼이 얻어질 수 있다. 높은 압력에서는 각각의 테트라센 분자가 많은 수의 아르곤 원자와 함께 반데르발스 착체를 형성하게 되는데, 테트라센과 아르곤 원자들 사이의 반데르발스 상호작용은 분극효과를 가져오고 낮은 에너지 영역으로 스펙트럼을 이동하게 한다. 빔에 존재하는 다른 테트라센 분자들은 조금 다른 수의 아르곤 원자들과 착체를 형성하고 스펙트럼 이동의 범위를 갖게 되면서 중첩이 일어난다. 이러한 현상에 대해 지금부터 더 세부적으로 살펴보기로 하자.

그림 2.1b는 아르곤에서 극도로 냉각된 테트라센 분자의 FLE 스펙트럼을 0.3 cm^{-1}의 스펙트럼 밴드폭을 갖는 조정이 가능한 염료 레이저를 이용하여 측정한 것이다. 확장 빔 이전의 정체압력은 236 mbar이었는데 Jortner 그룹은 이 스펙트럼이 반데르발스 착체에 의한 것이라기보다는 본래의 테트라센 분자에 의한 것이라고 판단하였다. 왜냐하면 아르곤이 크립톤으로 대체되면서 운반기체의 압력이 236 mbar 되었을 때 나타났기 때문이다. $S_1 \leftarrow S_0$ (0−0) 전이는 2.7731 eV에서, 바꿔 말하면 447.15 nm 혹은 22364 cm^{-1}에서 일어난다. 더 높은 에너지 영역에서 스펙트럼 선들이 나타나는데, 그것들은 다른 분자 진동을 포함하는 0−1 전이에 기인한다. 가장 낮은 에너지를 가진 진동은 314 cm^{-1}(49 meV)에서 일어나는데, 이 진동은 0−2 전이에 의한 것이고 2~3 cm^{-1}인 스펙트럼 선폭은 해소되지 않고 잔존하는 회전운동 때문이다. 테트라센 스펙트럼에 추가하여 2.7689 eV(447.85 nm)의 낮은 에너지 영역에서 약한 Peak가 관찰되는데, 이것은 작은 양의 테트라센−아르곤 반데르발스 착체로부터의 전이에 따른 것이다.

그림 2.2는 정체압력이 0.24에서 11 bar로 상승할 때 FLE 스펙트럼에서 일어나는 변화를 보여준다. 이 그림의 눈금은 0.24 bar에서 단지 본래 테트라센 분자의 0−0 전이, 그리고 더 낮은 세기에서 테트라센−아르곤 착체를 보여주기 위해 선택되었다. 정체압력이 1.1과 1.6 bar로 증가함에 따라 테트라센과 아르곤의 반데르발스 착체 TAr_n(n값이 1에서 8로 증가함에 따라)이 형성된다. 이 착체는 복잡한 다수의 스펙트럼 선 구조를 가지게 되는데, 이는 적색영역으로 이동한 반데르발스 착체의 폭이 좁은 0−0 전이뿐만 아니라 이와 함께 나타나는 0−0 전이 위쪽 314 cm^{-1}에서의 0−1 진동전이의 중첩 때문이다. 정체압력이 4.4 bar로 증가하면 분리되어 있던 스펙트럼 선이 넓은 스펙트럼과 합쳐지게 되고 2.706 eV가 Peak의 중심이

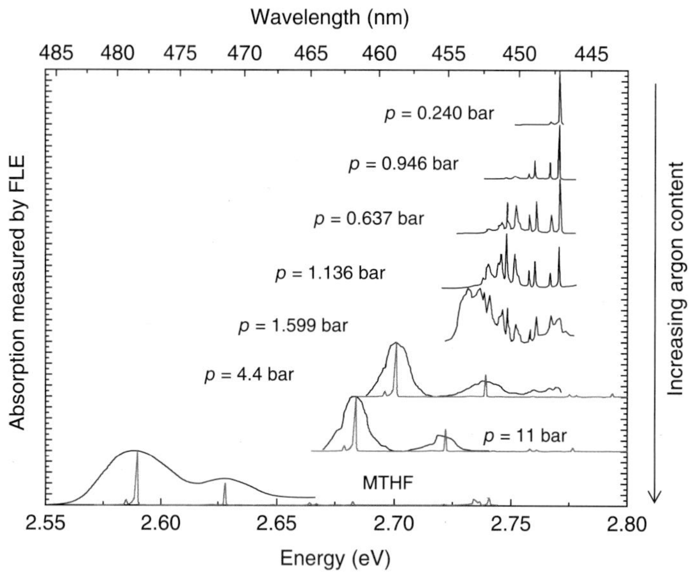

그림 2.2 희소 기체 원자들이 테트라센을 둘러싸고 있는 경우의 $S_1 \leftarrow S_0$ 전이 변화. 수직 방향으로 첨가된 일련의 스펙트럼은 아르곤 기체에 둘러싸여 있는 테트라센 분자의 좀 더 세부적으로 명확한 형광 여기 스펙트럼을 보여준다. 그림 2.1에서 보여준 스펙트럼은 아르곤 기체의 초음파 빔에 대해 측정한 것이다. 확장 빔 이전의 정체압력이 이들 스펙트럼에 각각 표기되어 있고 압력이 증가함에 따라 테트라센에 대한 아르곤의 조성이 서서히 증가하고 있다. p = 0.240 bar에서의 스펙트럼은 그림 2.1에 나타난 것과 동일하게 2.775 eV에서의 본래 분자와 2.771 eV에서의 반데르발스 착체의 0–0 전이 Peak를 보여준다. 아르곤의 함량이 증가하면서 더 크고 많은 수의 반데르발스 착체 때문에 낮은 에너지 영역에서 더 많은 스펙트럼 선이 나타나는 반면 본래 분자로부터 생긴 스펙트럼 선의 세기는 감소한다. 4.4 bar 이상의 압력에서는 수많은 반데르발스 착체들로부터 일어나는 0–0과 0–1 전이들의 중첩에 따라 오직 2개의 넓은 Peak만이 관찰된다. 비교하자면 본래의 테트라센 분자로부터 발생한 스펙트럼(회색으로 표시)은 낮은 에너지 영역으로 이동한다[5–6].

되는 $S_1 \leftarrow S_0$ 0–0 전이와 2.744 eV가 중심이 되는 314 cm^{-1} 0–1 진동 함축 Peak로 구성된다. 이들을 비교하면 본래의 분자로부터 생긴 스펙트럼은 87 meV 정도 이동하는 것이 관찰되는데, 압력이 11 bar 이상으로 상승하게 되면 넓은 폭의 스펙트럼이 적색영역으로 이동한다. Jortner 그룹은 11 bar 부근에서 적색영역으로의 이동은 더 이상 진행되지 않음을 보고했는데, 아르곤이 아닌 다른 불활성 기체를 적용하여 실험했을 때 적색영역으로의 이동 크기가 Ar, Kr, Xe의 순서로 증가하였다[6].

무엇이 적색영역 이동을 일어나게 하고 그 크기를 조절하는가? 이유는 지금 우리가 사용하고 있는 예인 테트라센에서 발색단이 전기 쌍극자 모멘트 p_1을 운반하기 때문이다. 비극성 분자의 경우 쌍극자 모멘트는 분자가 들뜬상태에 있을 때 크고 바닥상태에 있을 때는 훨씬 작은데(사실 바닥상태에서 쌍극자 모멘트에 영향을 주는 것은 반데르발스 상호작용의 개념에 근거한 일시적인 쌍극자의 변동이라고 할 수 있다), 만약에 분자가 아르곤과 같은 다른 원자들에 의해 둘러싸여 있다면 발색단의 쌍극자는 주변 분자들에서 전기적 쌍극자를 유도하게 된다

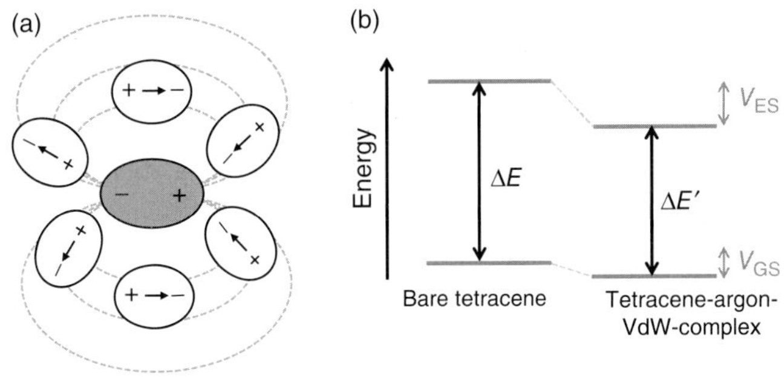

그림 2.3 발색단과 인접한 분자들 사이에 일어나는 반데르발스 상호작용의 효과를 나타내는 도표. (a) 발색단의 쌍극자 모멘트(회색 표시)가 정전기적 상호작용에 의해 인접한 분자들에서 쌍극자 모멘트(흰색 표시)를 유도하게 된다. 직선은 발색단의 쌍극자에 기인한 정전기장을 가리킨다. (b) 바닥상태와 들뜬상태에 있는 본래의 테트라센 분자의 에너지 E_{GS}와 E_{ES}는 정전기적 상호작용 에너지 V에 의해 감소한다. 많은 분자들의 경우 이러한 상호작용 에너지는 들뜬상태보다 바닥상태에서 더 낮고 본래의 분자와 비교하면 착체에서의 전이 에너지가 더 낮아지게 된다.

(그림 2.3a). 발색단의 쌍극자 모멘트와 주변 분자들에서 유도된 쌍극자 모멘트는 정전기적으로 상호작용하게 되고, 그 결과 발색단의 퍼텐셜에너지는 쌍극자 모멘트의 상호작용 에너지에 의해 감소된다(그림 2.3b). 이러한 감소는 들뜬상태에 존재하는 발색단의 경우에서는 크지만 바닥상태에서는 작게 되어 흡수와 발광의 전이 에너지는 감소하게 된다. **그러므로 발색단이 다른 분자들에 의해 둘러싸이게 되면 광학적 전이에 따른 적색영역 이동이 일어나고 결과적으로 분극효과를 나타내게 된다.** 이런 효과는 액체나 결정체 혹은 비정질 고체와 같이 응축된 상에서 중요한 역할을 하는데 적색 스펙트럼 영역으로의 이동, 즉 낮은 에너지 영역으로의 이동은 **장파색단**(bathochromic) 이동이라고 하는 반면 청색 스펙트럼 영역으로의 이동, 즉 높은 에너지 영역으로의 이동은 **단파색단**(hypsochromic) 이동이라고 한다.

분극효과의 정량적 관점에 대한 논의는 이 책의 관점에서 벗어난 것이지만 몇 가지 단순화한 고찰로부터 이해의 폭을 확장할 수 있다. 임의의 방향에서 서로 거리 r만큼 떨어져 있으면서 쌍극자 모멘트 p_1과 p_2를 가지고 있는 2개의 쌍극자를 생각해보자(그림 2.4a). 이 두 쌍극자의 분리가 쌍극자의 크기에 비해 크다고 가정하면(점 쌍극자 가정) 이들 사이의 상호작용 에너지 쌍극자를 연결하는 단위 벡터 $\hat{\boldsymbol{r}} = \mathbf{r}/r$일 때 두 쌍극자 사이의 상호작용 에너지는

$$V = \frac{1}{4\pi\varepsilon_0}\frac{p_1p_2 - 3(p_1\hat{\boldsymbol{r}})(p_2\hat{\boldsymbol{r}})}{r^3} \tag{2.1}$$

가 된다. 두 쌍극자가 그림 2.4b에 나타낸 것과 같이 나란히 일직선으로 배열되어 있으면 상호작용 에너지는

$$V = -\frac{1}{4\pi\varepsilon_0}\frac{2p_1p_2}{r^3} \tag{2.2}$$

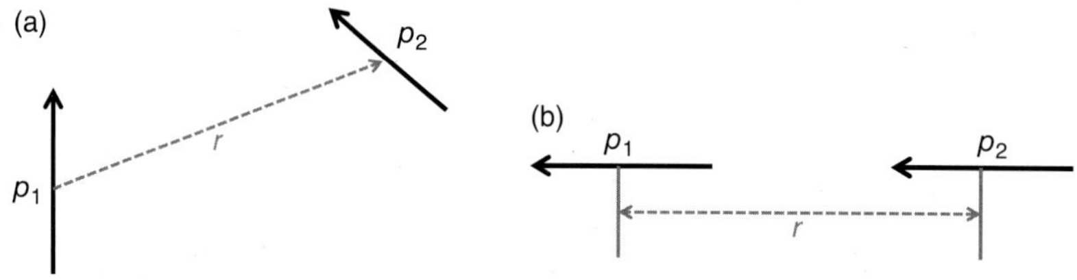

그림 2.4 상호 간 거리 r만큼 떨어져 있으면서 쌍극자 모멘트 p_1과 p_2를 가지고 있는 2개의 쌍극자. (a) 임의의 방향, (b) 일직선 방향의 배열.

으로 감소한다. p_1을 발색단의 쌍극자 모멘트(1), p_2를 인접한 분자의 쌍극자 모멘트(2)라고 하면 p_2의 크기는 α를 인접한 분자의 분극이라고 할 때

$$p_2 = \alpha E_1 \tag{2.3}$$

이 되고

$$E_1 = \frac{1}{4\pi\varepsilon_0}\frac{2p_1}{r^3} \tag{2.4}$$

은 인접한 분자의 위치에서 발색단의 쌍극자에 기인한 전기장이 된다. E_1은 인접한 분자에서의 쌍극자를 유발하게 되는데, 식 (2.3)과 (2.4)를 식 (2.2)에 대입하면

$$V = \frac{1}{(4\pi\varepsilon_0)^2}\frac{4p_1^2\alpha}{r^6} \tag{2.5}$$

를 얻는다. 이러한 고찰은 유도 쌍극자가 발색단의 쌍극자와 평행할 경우에 유효하다. 발색단이 여러 개의 분자에 둘러싸여 있게 되면 서로 다른 유도 쌍극자들의 특정한 방향과 중첩을 살펴볼 필요가 있다. 하지만 식 (2.5)는 다음의 사항들을 나타내기에 충분하다.

(i) 상호작용 에너지는 인접한 분자들의 분극 α에 따라 증가한다.
(ii) 상호작용 에너지는 발색단의 쌍극자 모멘트 p_1의 제곱에 따라 증가한다.
(iii) 상호작용 에너지는 발색단과 인접한 분자 간 거리 r^{-6}에 강하게 의존한다.

끝으로 동일한 고찰에 따르면 커다란 상호작용 에너지와 이에 수반되는 장파색단 이동은 인접한 분자가 유도 쌍극자에 더하여 영구적인 쌍극자 모멘트를 가지고 있을 때 일어나는 것이 분명하다.

위에 언급한 3가지 요점(i~iii항)은 많은 실험을 통해 설명할 수 있는데, 예를 들면 (i)항에 대하여서는 증가하는 장파색단 이동을 관찰하기 위하여 크기가 증가함에 따라 인접한 원자의 분극 α도 증가하기 때문에 크기가 더 큰 불활성 기체 원자를 운반기체로 사용한 Jortner 그룹의 실험과 같은 경우가 있다. 이와 유사하게 그림 2.5는 테트라센에서의 흡수가 다른 환

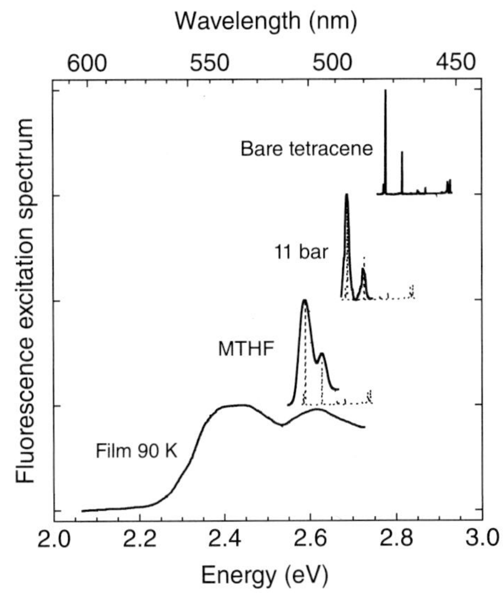

그림 2.5 다른 환경에서 테트라센의 $S_1 \leftarrow S_0$ 전이. 정체압력이 0.24 bar(순수한 테트라센)와 11 bar일 때[5], 아르곤 기체의 초음파 냉각 빔 존재하에 측정한 형광여기(FLE) 스펙트럼의 비교, 온도 5K[7]의 MTHF 유리상에서의 테트라센의 흡수와 온도 90K[8]의 조밀한 비정질 박막 상태에서의 테트라센의 흡수. 회색 점선은 비교를 용이하게 하기 위해 본래의 분리된 테트라센의 에너지 이동된 FLE 스펙트럼을 나타낸다.

경에서 어떻게 적색영역으로 이동하는지를 보여준다. 비극성 혹은 약한 극성을 갖는 아르곤 원자 등에 의해 둘러싸인 경우에는 폭이 넓은 0−0 Peak가 2.68 eV를 중심으로 나타나는데, 테트라센 분자가 2×10^{-6} mol/L(혹은 M)의 농도로 Methyltetrahydrofuran(MTHF)에 용해되어 있고 이 용액이 나중에 2분 내 액체 헬륨의 온도로 냉각되면 MTHF 분자들에 둘러싸인 테트라센은 비정질 유리상 고체가 된다. MTHF는 아르곤보다 더 극성이고 또한 쉽게 극성화되는 특성이 있으므로 결과적으로 0−0 전이의 중심이 2.58 eV의 에너지로 이동한다. 추가적인 이동은 조밀한 비정질 박막에서 각각의 테트라센 분자들은 확장된 π 결합구조에 의해 상당히 극성화된 다른 테트라센 분자들에 둘러싸여 있게 됨으로써 일어난다.

(ii)항은 왜 비극성 분자의 바닥상태가 들뜬상태보다 덜 안정화되어 있는지를 설명하는데, 들뜬상태는 대개 바닥상태보다 더 큰 쌍극자 모멘트를 운반한다. (iii)항에서 언급된 거리의 감소는 어떤 이유로 Jortner 그룹에 의해 관찰된 테트라센의 장파색단 이동이 아르곤의 압력이 증가함에 따라 증가하다가 마침내 포화되는지를 밝혀준다.

2.1.2 통계적 평균에 기인한 효과들

두 번째로 고려할 내용은 상이한 분극유도 스펙트럼의 이동에 따른 중첩으로 인한 통계학적 효과이다. 아르곤 존재하 테트라센의 FLE 스펙트럼은 다른 정체압력의 조건에서 얻어졌는데(그림 2.2), 스펙트럼 선 수의 증가는 다른 수의 아르곤 원자를 가진 아르곤-테트라센 반데르발스 착체로부터 발생하여 본래의 스펙트럼에 추가된다. 4.4와 11 bar의 정체압력에 대하여 이러한 많은 스펙트럼 선의 중첩은 합쳐져서 4.4 bar에서는 2.704와 2.741 eV에서, 그리고 11 bar에서는 2.686과 2.723 eV에서 각각 2개의 넓은 Peak로 나타난다. 동일한 중첩의 원리가 발색단이 응결된 분자의 용액에 의해 형성된 유리상 혹은 발색단의 비정질 박막에 박혀 있는 경우에 적용된다. 발색단의 분극 환경에 따라 여기 발색단이 겪게 되는 에너지 이동은 발색단과 매트릭스 분자의 상호 방향성과 거리에 따라 변한다. 유리상 혹은 비정질 박막과 같이 무질서한 배열을 갖는 고체에서는 이러한 파라미터들은 무작위로 분포되어 있어 에너지 이동의 무작위한 분포를 초래한다. 이런 경우에 통계학의 중심제한이론이 적용되는데, 이 이론은 파라미터 값들의 무작위한 확산으로부터 일어나는 분포가 정상이고 다시 말하면 평균값을 중심으로 하는 가우스 분포를 예상하는데 이것은 발색단의 무질서한 집합체의 전자구조를 이해하는 데 중심 역할을 한다. 만약 들뜬상태 에너지를 결정하기 위하여 매우 희석된 기체상에서의 매우 낮은 농도의 많은 발색단에 대한 FLE가 측정된다면 발색단들은 모두 동일한 들뜬 에너지 ε_{gas}를 갖는다. 이와 반대로 유리상이나 조밀한 박막과 같은 무질서한 응축상에서 FLE가 측정된다면 발색단들의 들뜬상태 에너지들은 평균 분극유도 에너지 이동 D'에 의해 ε_{gas}로부터 벗어난 위치에 있는 평균값 ε_0를 중심으로 하는 가우스 분포를 보여주는데, 이러한 현상은 그림 2.6에 잘 설명되어 있다. 동일한 개념이 분극효과에 대한 바닥상태의 약한 의존도 때문에 다소 확연하지진 않지만 바닥상태 에너지에도 적용이 된다.

물리학의 용어로 많은 수의 분리된 발색단에 대한 상태밀도(DOS, density of state)는 델타 함수이고 무질서한 집합에서의 상태밀도는 가우스 함수

$$g(\varepsilon) = \frac{1}{\sqrt{2\pi}\sigma} \exp\left(-\frac{(\varepsilon - \varepsilon_0)^2}{2\sigma^2}\right) \tag{2.6}$$

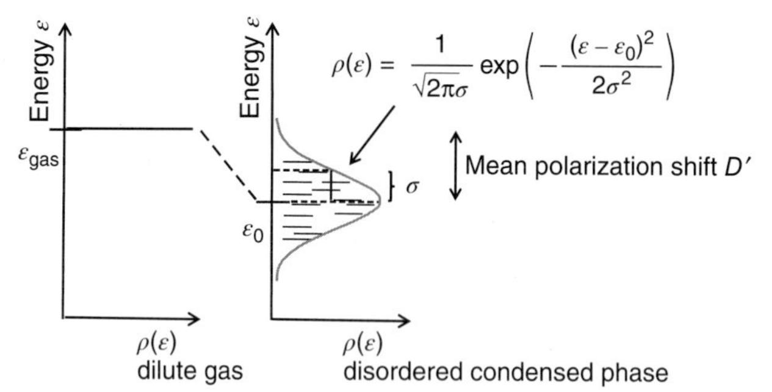

그림 2.6 발색단의 들뜬 에너지 준위 ε에서 분극효과를 설명하는 도표. 희석한 기체에서 들뜬상태 에너지는 모든 발색단에 대하여 델타 함수로 나타나는 상태밀도 분포와 일치한다. 무질서한 응결상에서 발색단은 통계학적으로 변하고 평균값 ε_0 부근을 중심으로 하는 들뜬상태 에너지의 가우스 분포를 생성하는 평균값 분극의 이동 D'을 겪는다.

에 의해 주어진다. 이러한 맥락에서 파라미터 σ는 종종 **무질서 파라미터**(disorder parameter)라고 불리고, 수학적으로는 유기반도체 관련 문헌에서는 정확하지는 않지만 관용적으로 분산이라 불리는 분포의 표준편차로 정의한다. 이러한 에너지 분포의 폭은 서로 다른 상태에 대하여는 상이하다는 것을 기억하자. S_1과 비교하여 바닥상태 S_0의 약한 분극 의존도는 S_1에 비하여 작은 S_0의 분포 확산을 설명해준다.

실험적으로 표준편차 σ의 크기는 대략 분극유도 에너지 이동의 크기와 비슷하다. 아르곤이나 MTHF 매트릭스에 존재하는 테트라센의 경우에는 그림 2.5에서 보여주는 바와 같이 가우스 함수 단면의 표준편차 σ는 40 cm^{-1}(4.5 meV)와 110 cm^{-1}(13 meV)이다. 평균에너지 이동(σ/D)과 연관이 있는 표준편차는 아르곤 덩어리에 존재하는 테트라센에 대하여는 0.053이고 MTHF 유리상에 존재하는 테트라센에 대하여는 0.07인데, 이러한 표준편차의 대푯값은 대부분 지방족 유기화합물의 구성을 가진 고체 집합체 내에 존재하는 발색단에 관한 것이다.

지금까지 FLE를 수단으로 하여 측정되는 분자에 의한 빛의 흡수에 대해 생각해보았다. 물론 동일한 원리가 발광 스펙트럼에도 적용될 수 있는데, 그림 2.7은 분리된 테트라센의 형광(FL)과 형광여기(FLE) 스펙트럼의 비교를 보여준다. FLE는 여기에 사용되는 염료 레이저의 제한된 조절능력 때문에 작은 에너지 범위에서 측정되므로 단색광분광기의 제한된 해상도를 가진 FL 스펙트럼에 비해 높은 해상도를 가진다. 그러나 우수한 해상도의 스펙트럼은 서로 완벽한 거울상을 형성하고 이것은 0−0 Peak와 일치한다. 비교를 위하여 그림 2.8은 THF 용액상에 존재하는 테트라센의 흡수와 형광 스펙트럼을 보여주는데, 두 스펙트럼은

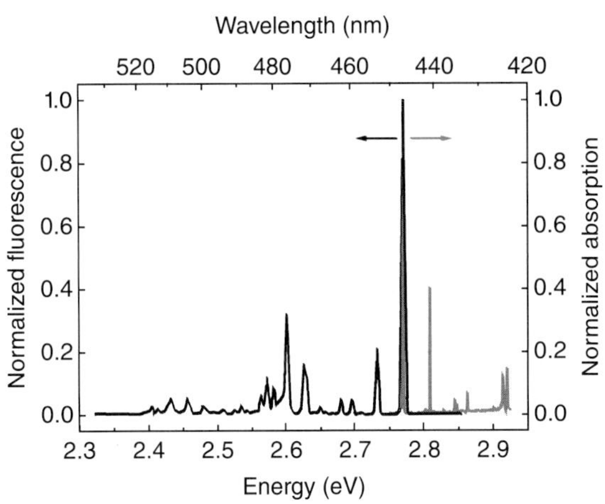

그림 2.7 0.3 cm^{-1}(0.007 nm)의 밴드폭을 가진 염료 레이저를 사용하여 정체압력 0.24 bar에서 아르곤 기체의 초음파 빔 존재하에 측정한 본래 테트라센의 형광여기에 의한 형광과 흡수 스펙트럼. 두 스펙트럼은 모두 Hamamatsu 광증폭기 R−936에 의해 감지되었다. 형광여기 스펙트럼에 대한 전체 형광 세기가 에너지 해석 형광을 얻기 위하여 기록되었으며 신호는 30 cm^{-1}(0.7 nm)의 해상도를 가진 단색광분광기에 의해 분산되었다[5−6].

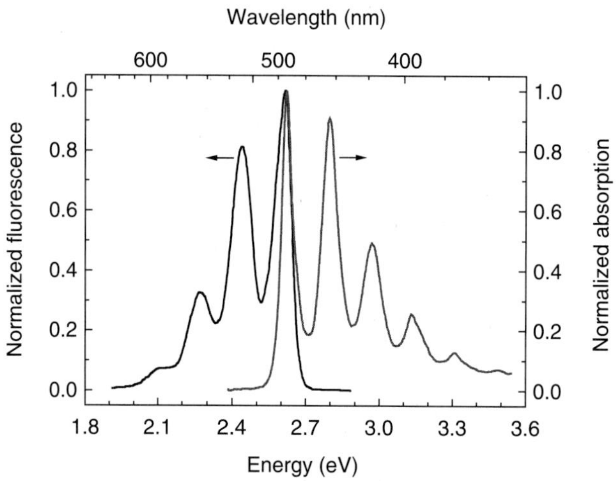

그림 2.8 상온에서 THF 용액에 존재하는 테트라센의 형광(검은색 굵은 선)과 흡수(회색 굵은 선) 스펙트럼. 그림 2.9의 스펙트럼과 비교하여 가로좌표가 다른 점에 주목하라[10].

THF의 분극 때문에 적색영역으로 이동하고 넓어진 형태를 보여준다.

2.1.3 역학적 환경에 따른 효과

유리상 MTHF와 같은 단단한 매트릭스에서 흡수와 형광 스펙트럼은 불균일하고 넓은 형태로 나타나는데 이는 각각의 테트라센 분자가 약간 다른 단단한 용매의 바구니 공간에 들어있기 때문이다. 그러나 이런 불균일함은 위치선택 기술을 적용하여 제거할 수 있고 간격이 좁은 레이저에 의한 불균일하고 넓은 $S_1 \leftarrow S_0$ 0−0 전이 내에서 저온 매트릭스에 박혀 있는 발색단의 희석된 상태를 비방사하면 레이저와 우발적으로 공명하는 발색단을 여기시킬 수 있다. 희석된 용질에서는 에너지 전달이 일어나지 않기 때문에 형광 스펙트럼은 발색단의 부분적인 특성의 결과가 된다. 좁은 선 스펙트럼의 폭은 레이저 선과 사용된 단색광분광기의 스펙트럼 해상도 혹은 균일한 스펙트럼 선의 광폭화에 의해 결정된다. 위치선택적으로 기록된 온도 6K에서 MTHF 유리상에서의 테트라센 형광 스펙트럼은 그림 2.9에서 보여지는데, 순수한 테트라센의 스펙트럼과 5개의 아르곤 원자가 포함된 테트라센-아르곤 덩어리의 스펙트럼이 예시되어 있다. 유리상 스펙트럼은 (i) 증가하는 장파색단 이동과 (ii) 각각의 진동전자 선을 수반하는 스펙트럼의 비공명 하단부를 제외하고 기체상 형광 스펙트럼의 완벽한 이미지를 보여준다. $S_1 \rightarrow S_0$ 0−0 전이는 레이저와 공명하는데 이것은 발색단이 S_1 상태로 이동한 뒤에도 형태적인 변화는 없음을 의미한다.

좁은 선 진동 스펙트럼의 비공명 하단부는 소위 **포논 날개**(phonon wing)라고 불리는데 비정질 고체의 특징이다. 이러한 현상은 불균일하고 폭이 넓은 스펙트럼에서는 관찰하기 어

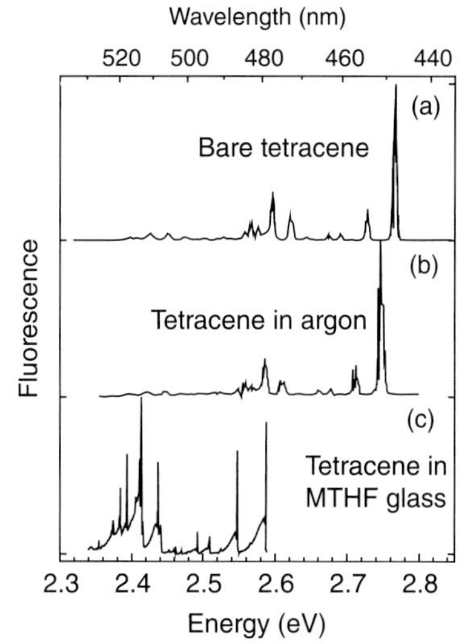

그림 2.9 위치선택적 형광 스펙트럼. (a) λ = 447.20 nm에 의해 여기된 순수 테트라센, (b) λ = 450.87 nm에 의해 여기된 5개의 아르곤 원자를 포함한 테트라센–아르곤 덩어리, (c) 온도 4.2K에서 λ = 479.80 nm에 의해 여기된 MTHF 유리상에서의 테트라센. 순수한 테트라센으로부터 덩어리 상태와 유리상으로의 분극에 기인한 스펙트럼의 이동이 분명하게 나타난다. 스펙트럼의 실험적 해상도는 (a)와 (b) 30 cm^{-1}(0.7 nm), (c) 3 cm^{-1}(0.07 nm)에서 사용된 단색광분광기에 의해 제한을 받는다[6–7, 9].

려운 반면에 위치선택적 들뜬상태에서 측정한 높은 해상도의 좁은 선 스펙트럼에서는 확인이 가능하다[11]. 포논 날개는 여기된 발색단이 유리상의 환경에서 존재하는 분자의 낮은 에너지 포논 모드와 짝지음이 일어나면서 발생한 결과인데, 이것은 분자의 흡수와 형광 스펙트럼에서 진동전자적인 특성을 나타내는 발색단 내부의 짝지음 현상과 동일하다 (Box 2.1).

Box 2.1 음향양자(포논)와 진동전자, 그리고 그들의 전자 짝지음

구분이 필요한 정량화된 에너지를 가진 분자의 진동에는 두 종류가 있는데, 첫째는 전체 인접한 분자들이 모두 서로에 대해 진동하는 것이고, 둘째는 분자 내에서 원자들이 서로를 향해 진동하는 것이다. 분자결정의 전통적인 분야에서 외부분자의 격자진동은 **포논**(phonon)이라고 알려져 있고 내부분자의 진동은 **진동전자**(vibron)로 알려져 있다. 결정이라는 맥락에서 포논은 k가 파동벡터일 때 운동량 $\hbar k$를 갖는 유사입자이다. 이런 기본용어는 유기반도체 분야에서 **포논**이란 용어를 외부분자 혹은 내부분자의 진동에 적용하는 방향으로 발전하였다. 확실하게 구분하여 말하자면 외부분자 간 진동은 **외부 포논**, 내부분자에서의 진동은 **내부 포논**이라고 정의할 수 있다. 전자여기의 특정한 진동전자 i(내부 포논 i)와의 짝지음은 0–0 진동 Peak에 대한 0–1 진동 Peak의 비, 즉 전체 전자–진동전자 짝지음 $S = \sum_i S_i$를 근거로 한 Huang–Rhys 요인 $S_i = I_{0\text{-}1_i}/I_{0\text{-}0}$[식 (1.18) 참고]에 의해서 정량화된다. 외부 포논에 대하여는 다만 전체 전자–포논 짝지음의 관점에서 살펴볼 필요가 있다. 스펙트럼 밴드의 단면은 온도의존 세기 $I(\nu, T)$가 소위 **0-포논 선** $I_{ZPL}(\nu, T)$이 단순한 전자 전이에 따른 좁은 선이고 $I_{PW}(\nu, T)$가 포논 날개일 때 $I(\nu, T) = I_{ZPL}(\nu, T) + I_{PW}(\nu, T)$의 관계에서 진동수 ν의 함수임을 보여준다. 따라서 전자-포논 짝지음은 0-포논 선의 적분 세기의 전체 밴드 세기에 대한 비에 의해서 산출된다. 이것은 **Debye-Waller 요인** $\alpha(T) = I_{ZPL}/(I_{ZPL} + I_{PW})$과 일치하는데[11], 이것은 온도에 지수함수적으로 의존하고 단지 저온에서 0-포논 선으로 관찰될 뿐이다.

발색단을 포함하고 있는 매트릭스(분자 집합체)는 고체가 아니라 좀 더 동적인 효과를 가진 액체이다. 2.1.1절의 그림 2.3에서 정지된 인접 분자들 사이에서 유발된 전자의 분극화가 어떻게 바닥상태에서 발색단의 에너지를 감소시키는지에 대하여 논의하였다. 발색단 주변에 있는 분자들이 정지되어 있지 않고 움직이거나 방향이 바뀌게 되면 이 분자들은 '발색단+인접한 분자들'로 구성된 체계의 총에너지를 최소화하는, 즉 상호작용 에너지를 극대화하기 위하여 자신들의 위치를 조정하게 될 것이다. 이러한 사실은 그림 2.10에 설명되어 있는데 핵심 내용은 용매화 과정이다. 화학적 용어로 설명하자면 발색단은 용질이고 인접한 분자들은 용매라고 하면 이들이 상호작용하는 상태를 세부적으로 역학적 과정이라고 해석할 수 있다. 액체 상태에서 비극성 발색단의 바닥상태 에너지 감소는 단단한 구성을 가진 유리상과 비교하면 크지 않음을 알 수 있다. 흡수는 발색단이 바닥상태로부터 들뜬상태로 이동하면서 일어나고 인접한 분자들의 전자 분극화는 흡수과정과 동일한 시간의 범위에서 일어난다. 바꿔 말하면 이것은 Franck-Condon 이론의 체계에서 수직적 전이 과정이라고 설명할 수 있다. 그러므로 들뜬상태 에너지는 단단한 유리상에서의 에너지와 일치하는데 이것은 쌍극자 상호작용을 최적화하기 위한 인접한 분자들의 기하학적 재배치를 수반하고 결과적으로 에너지 완화를 가져오게 된다. 동일한 해석을 탈여기 과정에도 적용할 수 있다. 분극이 최적화된 환경에서 발색단으로부터 발광이 일어나면 인접한 분자들은 즉시 바닥상태 쌍극자에서 정전기적 조건에 부합하는 전자 분극화를 일으키게 되고 이 과정에서 기하학적인 재배치를 더 많

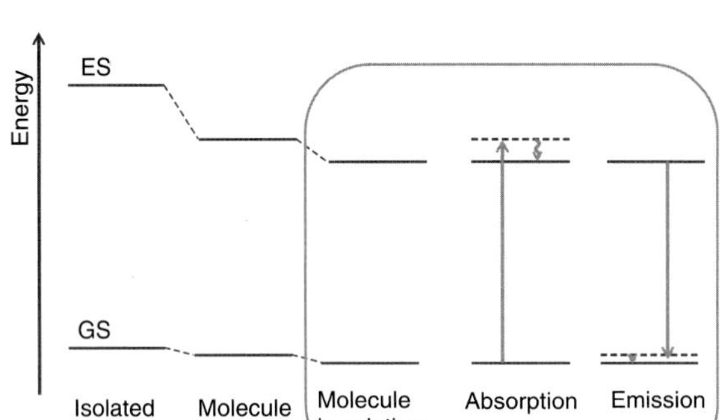

그림 2.10 용매화를 수반한 에너지 이동을 나타낸 도표

이 필요로 하게 된다. 상온의 유기 용매들에서 이러한 과정은 수 피코초 범위에서 일어나지만 유리상 전이온도 부근에서 용매가 매우 높은 점성을 가지게 되면 더 오랜 시간이 걸리기도 한다. 이완된 바닥상태 에너지는 분자의 기하학적 재배치가 종료된 다음에서야 얻어진다. 앞서 살펴본 대로 이런 원리는 기술적으로 염료 레이저를 이용한 실험에서 사용되었는데, 용매 이완 이전과 이후에 존재하는 들뜬상태와 함께 용매 이완 이전과 이후에 존재하는 바닥상태는 레이저에 필요한 상태 수의 역전이 얻어질 수 있는 4개의 준위를 가진 체계를 형성한다. 이러한 용매화 과정은 기하학적 변화가 발색단 자신이 아니라 그 주변 환경이라는 점을 제외하고는 흡수 혹은 발광이 일어난 후에 진동 이완이 일어나는 현상과 완전히 동일하다. 용매화의 과정은 흡수와 발광의 0–0 전이 사이 에너지 차이를 가져오게 되는데 이를 **스토크스 이동**(Stokes' shift)이라고 한다(Box 2.2).

Box 2.2 스토크스 이동

만약 발색단의 FL 스펙트럼이 흡수 스펙트럼에 비해 적색영역으로 이동한다면 이런 스펙트럼 이동을 **스토크스 이동**이라고 부른다. 이 용어를 사용하는 2가지 관례가 있는데, (i) IUPAC에 의한 정의에 따라 흡수와 발광에서 관찰되는 0–0 전이 사이의 에너지 차이[12]와 (ii) 흡수와 형광 스펙트럼의 최고값 사이의 차이라는 것이다. 스토크스 이동이 가져다주는 몇 가지 현상은 다음과 같다.

(i) 흡수와 형광에서 $S_1 - S_0$ 0–0 전이들이 발색단이 기체상이나 단단한 매트릭스에 박혀 있는 상태에서 정확히 공명하면, 그리고 전이에 대한 Huang–Rhys 요인 S가 단위값보다 작게 되면 정의에 따라 스토크스 이동이 0이 된다. 그러나 $S \geq 1$이면 높은 진동 준위로의 전이가 지배적이고 결국 스토크스 이동의 정의에 부합하게 된다.

(ii) 발색단이 용매화 효과가 일어나는 액체 용액 중에 섞여 있으면 흡수와 형광의 $S_1 - S_0$ 0–0 전이들이 갖는 공명 특성은 없어지는데, 만약 $S < 1$이면 흡수와 형광에서는 0–0 전이가 압도적으로 많이 일어나고 스토크스 이동은 용매화 에너지의 직접적인 측정값이 된다.

(iii) 밀도가 높은 분자 체계, 예를 들면 비정질 분자 박막이나 짝을 이룬 고분자에서 발색단 가운데 전자 짝지음이 일어나서 상태밀도 분포의 하단부에서 에너지 전이가 일어나게 되고(Box 3.7 참고), 추가적인 스토크스 이동에 기여한다.

(iv) (i)~(iii)의 경우에 발색단은 여기하면서 형태의 변화를 일으키지는 않는데, 광학적 여기 후에 이완 과정을 겪는 발색단의 예로는 Biphenyl이 있고 이와는 반대의 경우로는 Fluorene과 MeLPPP 단량체가 있다. 바닥상태에서 페닐 고리들은 뒤틀린 구조를 가지고 있지만 광학적 여기 과정에서 평면구조를 가지려는 경향이 있다. 이러한 형태적 이완은 앞서 정의한 바와 같은 의미에서 커다란 스토크스 이동을 가져오게 된다(ii). 이런 현상의 또 다른 예로는 액체 용액상태의 Oligophenylene vinylene이 있는데 그림 B2.2.1을 참고하기 바란다.

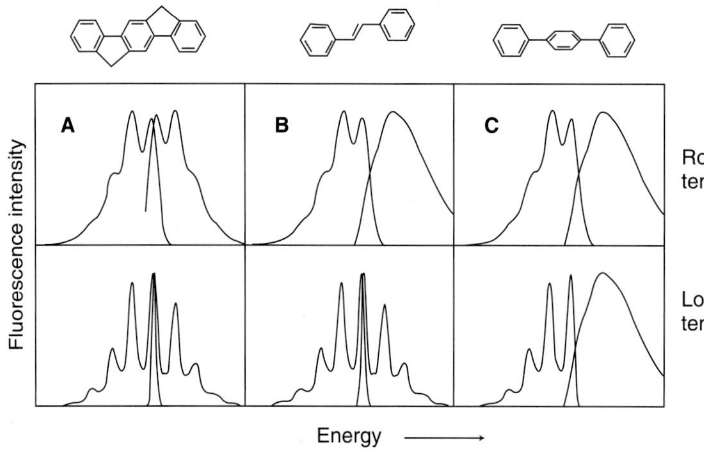

그림 B2.2.1 다른 강도를 가진 분자들의 스토크스 이동. MeLPPP 단량체 A는 저온이나 상온 모두에서 강성을 가지므로 온도가 다른 두 경우 모두 작은 스토크스 이동을 보여주며 확실하게 구분이 가능한 진동전자의 구조를 나타낸다. 이것은 또한 바닥상태와 들뜬상태에서 평면구조를 갖는 저온의 Stilbene B에도 적용할 수 있다. 이와는 반대로 상온에서는 발광이 기하학적으로 이완된 평면구조로부터 일어나는 반면 흡수를 통해서는 형태의 변화를 일으킨다. Terphenyl C의 경우에는 고리 뒤틀림의 낮은 에너지가 저온에서조차 흡수를 통해 분자구조가 서로 다른 형태를 띠는 원인이 되고 있음을 설명해준다[13].

발색단들 사이의 전자 상호작용에 대해 논의하기 앞서 지금까지 들뜬상태를 통해 얻은 중요한 고찰내용들을 요약해보는 것이 도움이 되리라 생각한다. 바닥상태 S_0에 추가하여 각 발색단은 S_1, S_2, S_3 등과 T_1, T_2, T_3 등 일련의 들뜬 단일항과 삼중항 전자상태를 갖는다. 이러한 각각의 상태에서 발색단은 30~3000 cm^{-1} 범위의 에너지를 갖는 다른 정상모드로 진동할 수 있는데(Box 1.8과 1.9), 발색단에서의 전자구조는 소위 **Jablonski 다이어그램**(그림 2.11)에 잘 요약되어 있다. 원리적으로 각각의 진동 준위에는 일련의 회전 준위가 존재하는데 회전 에너지는 몇 cm^{-1} 정도에 불과하기 때문에 좁은 선 스펙트럼 방식이나 기체상 분광학으로는 해석할 수 없으며 확인하기도 어렵다. 흡수는 바닥상태에서 들뜬상태와 그들의 진동 준위로 이동하면서 일어나고 이런 전이는 일종의 진동자 강도를 갖고 있다는 사실을 알려준다. 발광은 오직 S_1의 0번째 진동 준위로부터 일어나거나 T_1의 계간전이로부터 발생한다(Kasha의 규칙). 이런 발광에 있어서의 예외는 1.4.4절에서 논의한 바와 같이 S_1과 S_2 사이의 에너지 차이가 1 eV를 초과하는 발색단에서 가능하다(Azulene 예외).

저온의 기체상에 존재하는 본래의 분자들은 그들의 함축된 0−0 전이와 여러 가지 진동모드를 발광과 흡수에서 뚜렷한 스펙트럼 선으로 보여준다. 흡수 스펙트럼은 FLE를 측정하여 얻어지기 때문에 좁은 스펙트럼의 범위에서만 얻을 수 있는 실험적 제한이 따른다(그림 2.7). 용액이나 유리상 혹은 박막과 같은 무질서한 응축상에서 스펙트럼은 낮은 에너지 영역

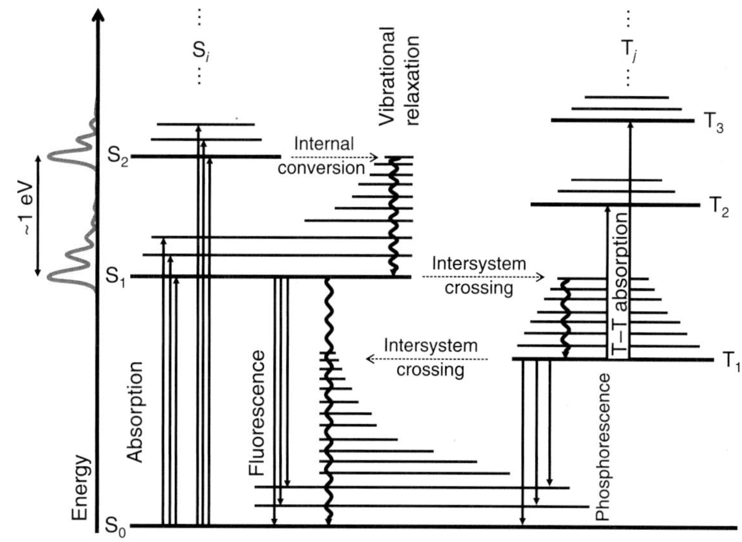

그림 2.11 진동 준위들을 가진 다양한 단일항과 삼중항을 나타낸 Jablonski 다이어그램. 서로 다른 상태 사이의 방사와 비방사 전이들을 화살표로 표현하고 있으며 왼쪽에는 흡수 스펙트럼을 나타내고 있다[14].

으로 이동하고 불균일하게 넓은 스펙트럼의 형태를 보여준다. 많은 발색단에 있어서 다른 진동 모드는 더 이상 구별이 안되고 더 나아가서 발광과 흡수 스펙트럼은 하나의 효과적인 진동을 사용하는 방식으로 분자 내에서 진동전자적인 변화가 일어남을 보여준다(Box 2.3). 이러한 효과적인 모드의 전형적인 에너지는 180 meV 정도인 반면 서로 다른 광학적으로 활성화된 전자 들뜬상태들 사이의 간격은 0.5~1.5 eV이다.

Box 2.3 효과적인 진동 모드

스펙트럼에서 개별적인 진동 선의 불균일하고 넓은 폭은 2개의 서로 다른 진동 모드 사이의 분리가 구별이 어려워짐에 따라 점점 더 커지게 된다. Franck–Condon의 발전된 원리에 기반한 발광 스펙트럼의 모형을 고려하면[식 (1.17)], 개별적 모드를 적용하는 것이 더 이상 물리적으로 의미가 없고 대신 개별적 에너지들의 평균값을 가지는 것을 강조하는 하나의 효과적인 모드를 사용할 수 있다. 스펙트럼 선의 폭이 넓어져서 각각의 선들을 구별하기 어려워지는 한 동일한 논리가 많은 수의 여러 모드들에 적용될 수 있다.

2.1.4 정해진 분자들 사이의 전자 짝지음에 따른 효과–이량체(이분자체)와 삼량체(삼분자체)

이제 무질서하고 조밀한 다시 말하면 희석되지 않은 분자들의 박막에서 일어나는 외부 분자들끼리의 상호작용에 초점을 맞추어보도록 하자. 바닥상태의 인접한 분자들 사이에는 항상 반데르발스 상호작용이 존재하는데 이것은 분극화 에너지에 의해 기체 상태보다 응축물 상태의 에너지를 더 감소시킨다. 이러한 현상이 일어나는 것은 응축물 상태가 안정하고 이에 따라 즉각적으로 기체 상태로 증발하지 않기 때문이다. 핵심 내용을 전달하기에 충분한 Kasha의 단순한 실험을 통하여 먼저 바닥상태, 그리고 들뜬상태에서 일어나는 이러한 쿨롱 상호작용에 대해 좀 더 세밀히 살펴보도록 하자.

2.1.4.1 바닥상태에서의 전자 상호작용

각각 개별적으로 바닥상태 에너지 E_1, E_2와 그에 따른 전자의 파동함수 Ψ_1, Ψ_2를 가진 2개의 인접한 분자를 고려하자. 조건을 단순하게 하기 위하여 진동과 스핀 파동함수를 무시하고 분자 간 전자중첩도 작다고 하면 각 분자 단위는 그들의 개별성을 유지하게 된다. 이런 조건에서 두 분자를 2개의 입자로 구성된 체계로 생각하면 Hamiltonian 연산자 개념에 따라 H_1, H_2를 분리된 분자의 연산자, 그리고 V_{12}를 분자 간 섭동 퍼텐셜이라고 할 때

$$H = H_1 + H_2 + V_{12} \tag{2.7}$$

로 표현할 수 있다. 이 상호작용 퍼텐셜은 식 (2.1)의 형태로 설명이 가능하고 다수의 극으로 확장된 점 쌍극자라는 용어로 비슷하게 설명이 되는 쿨롱 퍼텐셜로도 불린다[16]. 이분자 체계에서의 바닥상태 전체 파동함수는 두 분자의 파동함수 곱으로 개략적으로 나타내면

$$\Psi_g = \Psi_1\Psi_2 \tag{2.8}$$

이 된다. 식 (2.7)과 (2.8)에 의거하여 이분자 체계의 바닥상태 에너지는 Schrödinger 방정식을 푸는 과정을 통하여 $D = \langle\Psi_1\Psi_2|V_{12}|\Psi_1\Psi_2\rangle$일 때

$$E_g = \langle\Psi_1\Psi_2|H_1 + H_2 + V_{12}|\Psi_1\Psi_2\rangle = E_1 + E_2 + D \tag{2.9}$$

이 된다.

이 식의 마지막 항은 음의 값을 가지며 이 값은 **반데르발스 상호작용 에너지**와 일치하는데, 바꾸어 말하면 분극화 에너지 D는 이분자 체계의 바닥상태 에너지를 개별 분자의 바닥상태 에너지와 비교하여 더 낮아진 것을 의미한다. 이러한 사실은 분자의 집합체가 액체나 고체를 형성하기 위하여 응축되며 이것은 쌍극자를 유도하는 환경에서 분자들의 0점 진동에 의해 야기된다는 것을 확인해준다(2.1.1절 참고). 이미 언급한 바 있고 식 (2.1)로부터 확인이 되었던 대로 D의 크기는 분자 간 거리와 방향성에 의존한다. 마지막으로 식 (2.8)에 의한 파동함수의 근삿값에 관해 간략히 말하면 섭동 퍼텐셜 V_{12}에 기인하여 Ψ_g는 H의 고유상태가 아니다. 개선된 바닥상태 파동함수는 섭동 이론의 다음 항을 포함하는 것이 필요한데, 다시 말하면 섭동 퍼텐셜 V_{12}에 의한 Ψ_g를 가진 들뜬상태의 파동함수 혼합으로부터 발생하는 기

여에 대해 고려해야 한다. 우리의 논의를 단순하게 하고 일반적인 핵심 아이디어에 집중하게 하기 위해서 이러한 항들은 실제적으로 그들이 반데르발스 항인 D의 크기를 올바르게 결정하기 위해 필수적일지라도 이 책에서는 무시된다.

2.1.4.2 들뜬상태에서의 전자 상호작용

다음으로 Kasha의 논의를 따라가면서 2개의 분자 중 하나가 들뜬상태가 될 때를 고려해보자[15]. 만약 2개의 분자가 동일하다면 분자 1과 분자 2 중 어느 분자가 들뜬상태가 되든지 상관이 없고 $\Psi_1^*\Psi_2$ 혹은 $\Psi_1\Psi_2^*$로 표현되는 상태들은 정확히 동일한 에너지(들뜬상태에서 분자 i의 파동함수 Ψ_i^*로 표시되는)를 갖는다. 결과적으로 여기는 두 분자들 사이에서 왔다 갔다 할 수 있고 이분자 체계에서의 들뜬상태 파동함수는 두 상태의 선형조합을 이루는데 아래와 같은 관계식으로 표현할 수 있다.

$$\Psi_E = c_1\Psi_1^*\Psi_2 + c_2\Psi_1\Psi_2^* \tag{2.10}$$

정해진 분자들에서는 $c_1 = c_2$이고 정규화하면 $|c_1| = |c_2| = 1/\sqrt{2}$이 된다. 그러나 짝지음은 대칭 혹은 반대칭이 될 수 있고, 결과적으로 들뜬상태 파동함수들은

$$\Psi_{E\pm} = \frac{1}{\sqrt{2}}(\Psi_1^*\Psi_2 \pm \Psi_1\Psi_2^*) \tag{2.11}$$

이 된다. 이것은 2개의 짝지어진 기계적 진자추가 2개의 정상 모드를 갖는 것과 동일하다. 식 (2.11)을 식 (2.7)의 Hamiltonian을 가진 Schrödinger 방정식에 대입하면

$$\begin{aligned} E_{E+} &= \frac{1}{2}\langle\Psi_1^*\Psi_2 + \Psi_1\Psi_2^*|H_1 + H_2 + V_{12}|\Psi_1^*\Psi_2 + \Psi_1\Psi_2^*\rangle \\ &= E_1^* + E_2 + \langle\Psi_1^*\Psi_2|V_{12}|\Psi_1^*\Psi_2\rangle + \langle\Psi_1^*\Psi_2|V_{12}|\Psi_1\Psi_2^*\rangle \\ &= E_1^* + E_2 + D' + \beta \end{aligned} \tag{2.12a}$$

그리고

$$\begin{aligned} E_{E-} &= \frac{1}{2}\langle\Psi_1^*\Psi_2 - \Psi_1\Psi_2^*|H_1 + H_2 + V_{12}|\Psi_1^*\Psi_2 - \Psi_1\Psi_2^*\rangle \\ &= E_1^* + E_2 + \langle\Psi_1^*\Psi_2|V_{12}|\Psi_1^*\Psi_2\rangle - \langle\Psi_1^*\Psi_2|V_{12}|\Psi_1\Psi_2^*\rangle \\ &= E_1^* + E_2 + D' - \beta \end{aligned}$$

를 얻는다. E_1과 E_2는 상호작용하지 않는 들뜬상태의 분자 1과 상호작용하지 않는 바닥상태의 분자 2의 에너지이고 식 (2.12)의 셋째 항인 D'은 식 (2.9)의 D와 같은데, 이 값은 들뜬상태의 분자 1과 바닥상태의 분자 2(혹은 그 반대의 상황에서의) 사이의 반데르발스 상호작용(분극화 에너지)을 나타낸다. 또한 이것은 다른 관점에서 들뜬상태의 분자 1과 바닥상태 분자 2 사이의 전하분포에 따라 발생하는 쿨롱의 상호작용 에너지라고 할 수 있다(Box 1.4의

내용과 동일). 2.1.1절에서 개략적으로 언급한 바와 같이 비극성 분자에서는 $|D'| > |D|$이고 두 값 모두 음의 값을 가진다.

넷째 항 β는 두 에너지 준위인 E_{E+}와 E_{E-}의 분리를 결정하는 공명 상호작용 에너지를 나타내는데, 들뜬상태의 분자 1과 바닥상태의 분자 2 사이 중첩된 전하밀도의 상호작용을 나타낸다. D'과 마찬가지로 β에 대한 값은 상대적인 분자 간 거리와 방향성에 의존하는데, 예를 들면 상호작용 퍼텐셜 V_{12}는 식 (2.1)에서 표현된 바와 같이 점 쌍극자 근삿값으로 구해지지만 β와 D'은 이러한 파라미터들에 대한 그들의 감도가 다르다. 두 파동함수의 미미한 중첩이 현저한 공명 상호작용을 막을지라도($\beta \approx 0$을 의미) 바닥상태의 분자 2와 함께 존재하는 여기된 분자 1에서 나타나는 전하분포 사이에는 상당한 크기의 쿨롱 상호작용이 존재하게 된다(따라서 유한한 D'값).

흡수와 발광 스펙트럼에서 실험적으로 관찰되는 양은 2개의 짝지은 분자 체계의 총에너지가 아니라 이러한 체계의 바닥상태와 들뜬상태 사이의 전이 에너지라고 하는 것이 적합하다. 총에너지는

$$\Delta E_{\text{total}} = (E_1^* + E_2 + D' \pm \beta) - (E_1 + E_2 + D) \ = \Delta E_1 + \Delta D \pm \beta \tag{2.13}$$

이고, 이것은 분자 1의 여기 에너지인데 분극화 에너지와 공명에너지의 음의 값을 갖는 차이에 의해 이동한다(그림 2.12). 공명에너지 β의 정도는 파동함수의 중첩에 의존하고 분자 간 거리에 매우 민감하다.

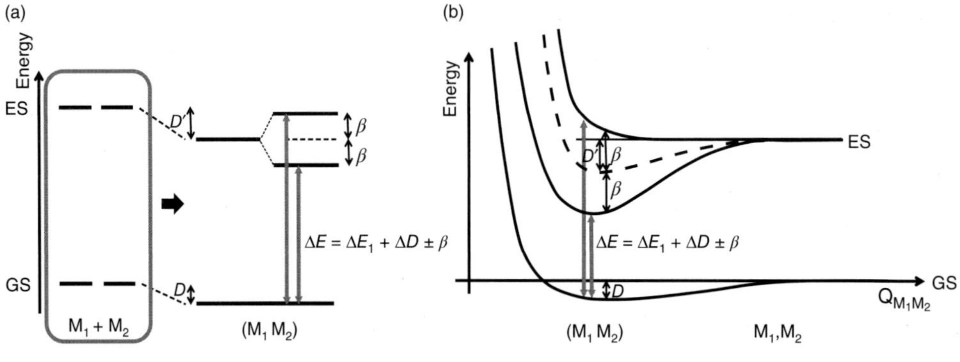

그림 2.12 두 분자 사이의 전자 짝지음의 효과를 설명하는 도표. (a) 두 분자 M_1과 M_2 사이의 전자 짝지음은 바닥상태(GS, ground state)와 들뜬상태(ES, excited state) 양쪽 모두에서 일어난다. 바닥상태와 들뜬상태 에너지는 짝지어진 체계(M_1M_2)에서는 분극화 에너지 D와 D'에 의해 감소한다. 더욱이 짝지어진 분자쌍의 들뜬상태는 공명에너지 β에 의해 2개의 에너지 준위로 분리된다. 짝지어진 분자쌍의 바닥상태와 들뜬상태 사이 전이는 화살표로 표시했는데 $\Delta E_{(M1M2)} = \ \Delta E_{M1} + \Delta D + \beta$의 에너지를 갖는다. (b) (a)의 내용을 분자 간 거리와 방향성을 표현하는 일반화된 분자 간 좌표 Q를 이용하여 구성하였다. 큰 Q 값에서는 짝지음이 일어나지 않고 분자 M_1과 M_2가 접근하여 거리가 가까워지면 바닥상태와 들뜬상태는 D와 D'에 의해서 안정화된다. 추가로 들뜬상태의 준위는 2개의 준위로 분리가 되고 낮은 준위는 분자쌍을 안정화시킨다. 짝지은 분자쌍의 평형거리는 바닥상태와 들뜬상태에서 다를 것이다.

이러한 결과를 어떻게 해석할 것인가? 이러한 결과를 비정질 박막이나 응축된 용액에서 측정한 스펙트럼과 연관지어 설명하기 위하여 다음의 3가지 경우를 구분하는 것이 유용하다.

드러나지 않는 상호작용 분자 간 거리가 공명 상호작용이 작아서 무시할 정도로 충분히 크면 $\beta \approx 0$이 된다. 비정질 박막에서 평균 분리가 불균일하고 넓은 스펙트럼에 비해 작아서 분리를 해석하기 불가능($\beta \ll \sigma(\Delta D)$)하게 되면 이러한 경우가 일어나게 된다. 이것은 태양전지와 발광 다이오드 같은 유기반도체 응용소자에서 필요로 하는 상황이다. 이러한 상황은 인위적이거나 혹은 과정적인 수단에 의해 도움을 받아 이루어지는데, 예를 들면 입체적으로 요구되는 보조 그룹에 의해 발색단을 조정하거나 휘발성이 있는 낮은 비등점을 갖는 용매를 사용함으로써 박막을 스핀 코팅하여 형성하는 동안 발색단이 용액으로부터 구조적으로 무질서하게 되는 현상을 신속하게 중지시키는 방법이 있다. 이런 분자 체계에서의 전이 에너지[식 (2.13)]는 $\Delta E_{\text{total}} \approx \Delta E_1 + \Delta D$가 되는데, 달리 표현하자면 분자 1에 대한 들뜬 에너지와 음의 값을 갖는 분극화 에너지의 차이이다. 따라서 2.1.1절의 결과를 다시 확인할 수 있다.

이량체의 형성 두 번째 경우는 공명 상호작용이 유한하고 적당한 수준인 조건에서 일어나게 된다. 단일항 여기를 위하여 β는 보통 수 1000 cm^{-1}($\approx$100 meV)의 단위를 가지는데, 바꿔 말하면 들뜬상태 에너지 자체보다도 상당히 작은 값이라는 것이다. 이와 같이 약하게 상호작용하는 2개의 정해진 분자들은 **물리적 이량체**라고 불리는데, 2개의 별개 발색단이 공유결합을 통해 연결되어 있는 화학적인 개념에서의 이분자체와 혼동하지 말아야 한다. 물리적 이량체는 종종 평면구조를 가지면서 곁가지 구조가 없이 선형으로 π 결합이 반복되는 발색단에서 생긴다. 이러한 예로는 나프탈렌, 안트라센, 테트라센과 펜타센 등이 있다. 이량체 형성을 선호하는 전형적인 분자 방향성은 샌드위치 구조를 갖는 것인데, 평면구조를 가진 하나의 분자 위에 또 다른 분자가 포개져 있음으로 해서 2개의 π 결합구조가 원만하게 상호작용할 수 있는 여건을 조성하게 된다. V자형 구조가 겹쳐진 헤링본(herringbone) 구조도 이러한 이량체 형성을 위한 분자 방향성을 충족시키는데, 한 분자가 인접한 다른 분자와 겹치지만 결합축 방향으로 약 55° 각도를 가지고 기울어진 형태를 가짐으로써 분자의 한쪽 끝부분에서 전자가 부족한 수소 원자가 다른 분자의 전자가 풍족한 π 결합구조를 향해 분자의 중심으로부터 대략 0.5~0.6 nm의 거리만큼 떨어져 있는 구조를 가지고 있다(그림 2.13).

이량체에는 2β만큼 분리된 2개의 에너지 준위가 존재하는데 이들의 전이 에너지는 $\Delta E_{\text{total}} = \Delta E_1 + \Delta D \pm \beta$이다. 상호작용 에너지가 적절한 수준이면 두 분자 사이의 인력은 분자 간 거리나 방향성에 큰 영향을 주지 못한다. 이량체의 퍼텐셜에너지를 두 분자 사이의 거리에 대한 함수로 구성하면 바닥상태 이량체와 들뜬상태 이량체의 최소 에너지는 별 차이가 없다. 결과적으로 바닥상태 이량체와 들뜬상태 이량체 사이에서 일어나는 흡수와 발광이 존

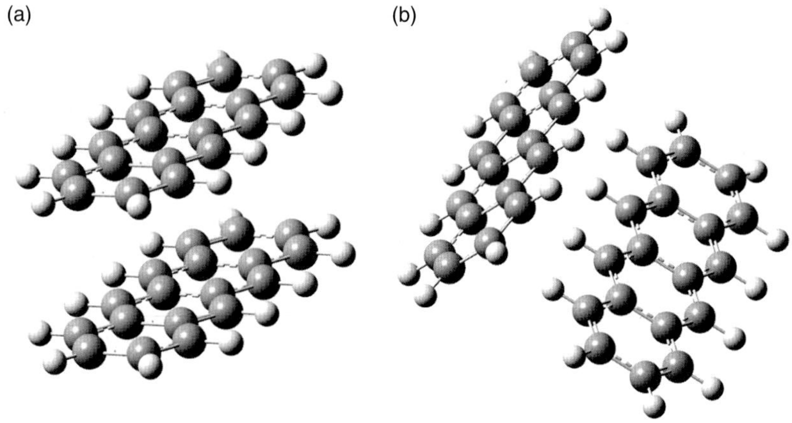

그림 2.13 전자의 상호작용이 일어나기 쉬운 테트라센 분자의 방향성을 정성적으로 설명하는 그림. (a) 샌드위치 형태, (b) 헤링본 형태.

재하게 되는데, 이때 일어나는 전이는 진동자 강도를 가지게 되고(아래 내용 참고) 흡수와 발광 모두 진동구조를 갖는다(그림 2.14).

테트라센의 모형 체계에서 이량체 형성의 예를 그림 2.15에서 볼 수 있는데 이것은 그림 2.5에서 이미 논의한 테트라센 박막의 스펙트럼과 매우 유사하지만 좀 더 상세하게 살펴보도록 하자. 그림 2.15는 기판에 증착된 테트라센 박막을 온도 130K에서 250K으로 상승시키면서 측정한 흡수 스펙트럼을 자연로그 좌표를 적용하여 보여준다. 스펙트럼을 분석하고 가우스 Peak의 형태로 분리하면 다음과 같은 결론에 도달하게 된다. 무엇보다 먼저 그림 2.15에서 'A'로 표기한 $S_1 \leftarrow S_0$ 0−0 전이의 중심은 약하게 분극된 MTHF로부터 강하게 분극된 테트라센 매트릭스로 이동할 때의 분극화 에너지 증가에 의해 MTHF에서의 스펙트럼으로부터 적색영역으로 이동함을 보여준다. 또한 $S_1 \leftarrow S_0$ 0−0 전이는 74 ± 6 meV의 에너지 격차를 가진 이중항으로 분리된다. 이 이중항은 분자 진동에 의한 것으로 보기는 어렵고 테트라센 이량체에 의한 독립된 흡수를 가리킨다. 이량체의 높고 낮은 에너지로 분리된 개체는 그림에서 'B_1'과 'B_2'로 각각 표기되었는데, 이량체의 두 개체 흡수 Peak는 $\sigma = 42$ meV(B_1)와 32 meV(B_2)의 표준편차를 가진 불균일하고 넓은 형태를 가지고 있다. Peak의 폭이 넓어지는 현상은 시료를 준비하는 과정에 큰 영향을 받는다. 추가로 두 이량체 Peak 외에 $S_1 \leftarrow S_0$ 0−0 이량체 전이의 중심으로부터 다른 Peak에서 떨어진 영역에 세기가 약하고 넓은 Peak가 나타나는데, 이것은 강한 공명 분리 β를 가져오는 2개 테트라센 분자들의 일시적인 밀착구조, 즉 좀 더 엑시머와 같은 특성에 따른 결과라고 할 수 있다(아래 내용 참고).

엑시머의 형성 최종적으로 세 번째는 공명 상호작용 β가 2개의 상호작용하는 분자가 그들의

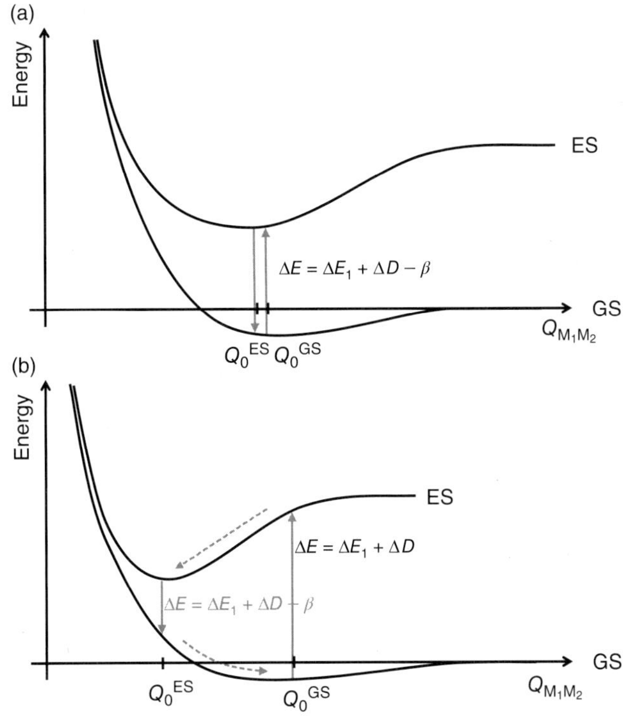

그림 2.14 이량체와 엑시머 사이의 차이를 보여주는 에너지 그래프. (a) 이량체의 형성: 짝지어진 쌍(M_1M_2)이 바닥상태와 들뜬상태에서 매우 유사한 평형거리와 방향성을 가지고 흡수와 발광이 모두 짝지어진 쌍으로부터 일어난다. (b) 엑시머 형성: 여기가 진행되면서 짝지어진 쌍(M_1M_2)은 분자 간 거리와 방향성이 현저히 변화하고 들뜬상태 평형좌표는 바닥상태의 평형좌표와 다르게 된다. 흡수는 공명에 의한 분리가 미미한 분자 간 거리와 방향에서 일어나고, 이때 짝지어진 쌍(M_1M_2)에 의한 흡수는 개별 분자인 M_1의 흡수와 큰 차이를 보이지 않는다. 발광은 분자쌍의 기하학적 구조가 바닥상태 분자상에서의 반발에 의해 이완되면서 일어나게 되고 다시 바닥상태 평형의 위치로 기하학적 환원이 이루어진다.

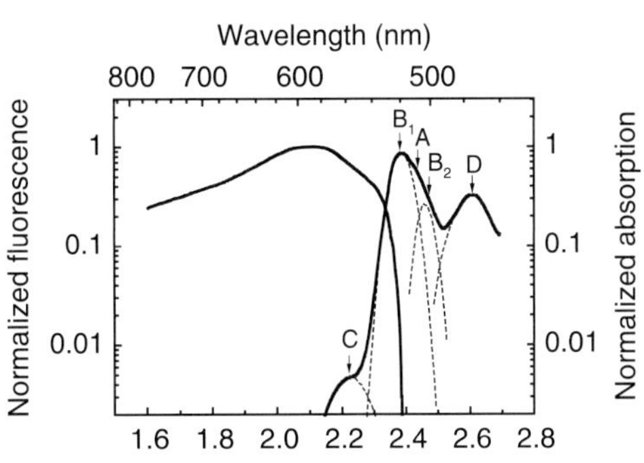

그림 2.15 무질서한 분포를 가진 테트라센 박막의 흡수 및 형광. 흡수 스펙트럼[8]은 온도 130K에서 증착에 의해 기판에 형성된 테트라센 박막을 온도 250K에서 측정한 것이다. 그림에 표기된 A는 두 이량체의 0–0 전이 중심이고, $B_1(B_2)$는 0–0 전이를 하는 이량체의 낮은(높은) 에너지를 가진 개체, C는 엑시머와 유사한 흡수, D는 해석되지 않은 0–1 진동 Peak를 나타낸다. 형광 스펙트럼은 온도 130K에서 측정되었는데[17], 이것은 낮은 에너지 이량체의 0–0 준위에서 일어난 전이(B_1)로부터 발생한 것이고 넓고 불균일한 Peak의 형태를 띠면서 엑시머와 연계되어 적색영역으로 이동한 발광이다.

상호작용을 최적화하기 위해 위치를 재배치하기에 충분히 큰 경우인데, 흔히 **엑시머**라고 불리는 상태를 말한다. 이것은 평면 디스크 형태를 띠거나 혹은 길게 늘어진 π 결합의 반복구조를 가진 분자들에 있어서는 흔히 일어나는 현상이다. 고전적인 예로는 Pyrene과 Perylene을 들 수 있는데 이들은 면대면의 구조로 쌓여 있고 0.30~0.35 nm의 대규모 분리의 작은 중심을 갖고 있다. 엑시머의 들뜬상태 에너지 준위는 식 (2.12)에서 언급한 바와 같이 분리되어 있고 전이 에너지는 이량체에 대하여 비록 β값이 클지라도 $\Delta E_{\text{total}} = \Delta E_1 + \Delta D \pm \beta$이다. 인력 상호작용에 따라 들뜬상태 퍼텐셜은 이량체의 바닥상태 퍼텐셜과 비교하여 이동하는데 들뜬상태의 최소 퍼텐셜은 바닥상태 퍼텐셜 U_G가 반발력을 가지고$[(dU_G(Q_E)/dQ < 0)]$, 비결합 $[(U_G(Q_E) > 0)]$인 상태에서의 분자 간 거리 Q_E일 때 일어난다(그림 2.14b). 들뜬상태 엑시머로부터 바닥상태 엑시머로의 발광은 진동구조를 보여주지 않는다. 흡수는 큰 분자 간 거리에서 일어나고 (i)의 경우에서와 같이 짝지음이 매우 약한 분자쌍들과 비슷한 양상을 보인다. 엑시머가 들뜬상태에서 오직 뚜렷하게 독립된 형태로 관찰된다는 사실은 엑시머 명칭의 근원이 'Excimer = Excited Dimer'라는 것으로부터도 짐작할 수 있다.

엑시머의 생성과 올바른 해석은 1955년에 Pyrene에 대한 연구를 통해 Förster에 의하여 처음으로 보고되었고[18], 나중에 Birks에 의해 수행되었다[19–20]. 엑시머 형성의 예는 그림 2.16에서 보여주는데, 에탄올 용액에서 Pyrene의 농도가 증가함에 따라 Pyrene 단량체의 형광은 감소하고 Peak는 더 넓어지면서 진동의 해석을 하기 어려워지고 적색으로 이동된 영역에서 발광 Peak가 관찰된다. Birks는 3.2 eV 부근의 청색발광(M으로 표기)과 2.6 eV 부근의 적색발광(D로 표기)에 대해서 이들을 다른 분자와 연합하지 않은 단량체의 형광과 **엑시머**로 알려진 여기된 분자와 여기되지 않은 분자 사이의 확산에 의해 연합된 일시적인 여기 이량체의 형광이라고 해석한 Förster의 견해에 주목한다. 엑시머는 D 형광 Peak의 형태

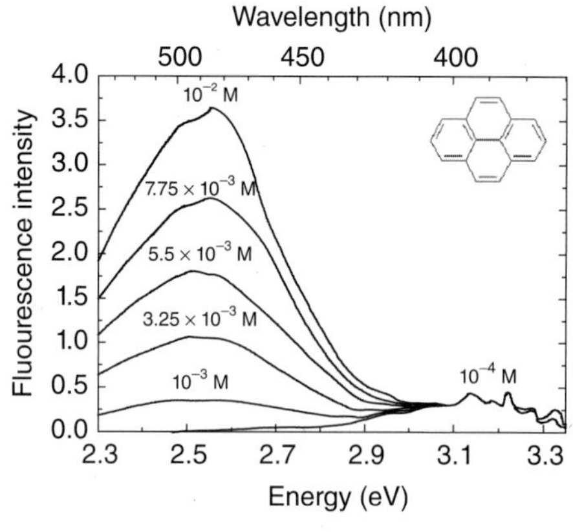

그림 2.16 다양한 농도에서 수은 가스등으로 여기된 Pyrene의 형광. 3.2 eV 부근을 중심으로 단량체의 발광, 2.6 eV 부근을 중심으로 엑시머의 발광이 관찰된다[19].

가 사라지면서 해체된다. 이러한 해석[18]은 농도, 점도, 온도의 함수로서 M과 D Peak 세기의 시간 의존도에 대한 연구를 통해서 확인되었다. 마지막 문장에서 언급된 방법은 아직도 엑시머의 존재를 증명하는 데 있어서 아무런 이견 없이 사용되고 있다. "엑시머가 발광과정을 통해 해체된다."라는 문장의 명확한 의미는 엑시머가 평형거리 Q_0^{ES}에서 들뜬상태로부터의 발광에 의해서 바닥상태로 환원될 때 Q_0^{ES}에서의 반발하는 바닥상태 퍼텐셜이 2개의 분자가 서로 떨어지면서 발생한다는 사실을 암시한다. 비정질 박막이나 결정과 같은 고체상태에서 분자들은 Q_0^{GS}에서의 바닥상태 최소 에너지 근처에 도달할 때까지 이동하고 그 이후에는 그 위치에 그대로 머물게 된다. 결국 엑시머를 가지는 모든 화합물들은 폭발성을 띠지 않고 그들 중 많은 수는 이량체 단위셀을 가진 결정을 생성한다(아래 내용 참조). Förster와 Birks가 관찰한 용액에서 바닥상태 이량체의 안정도는 어느 정도 반데르발스 최소 퍼텐셜(예를 들면 발색단 짝지음에서의)이 용매화에서 얻은 에너지(예를 들면 용매분자가 발색단을 둘러싸면서 생기는)와 비교할 정도인가에 따라 결정된다. 좋은 용매에서는 용매화 에너지가 반데르발스 최소 퍼텐셜보다 크고 따라서 두 분자는 분리되는데, 이와 같은 이유로 용매에서는 여기된 분자가 여기되지 않은 분자와 충돌할 경우에만 엑시머가 형성된다.

이량체와 엑시머 사이의 차이가 기본적인 특성 가운데 하나가 아니라 공명 상호작용과 이에 수반되는 두 분자의 서로에 대한 기하학적 이완이라는 것을 강조할 필요가 있다. 비정질 박막에서의 무작위적인 형태학에 따르면 일부 발색단에서는 확연한 수준의 분리가 일어나지 않은 반면 다른 발색단은 단량체 혹은 엑시머가 형성되는 것과 같이 앞서 언급한 3가지 경우가 동시에 일어날 수 있다. 헤링본 구조는 들뜬상태에서 더 이상의 분자 간 접근이 어려워져서 대부분 이량체 방향으로 해석하는 반면에 샌드위치 형태의 적층구조는 분자쌍의 더 높은 안정화 에너지, 나아가서는 들뜬상태에서 분자 간 상호접근이 가능하여 엑시머 형성에 도움이 된다는 설명이 가능하다. 2개의 분자가 여기 후에 그들 사이의 기하학적 구조가 어떻게 변하느냐에 따라 발광이 모든 엑시머의 발광(정형적이지 않고 강하게 적색영역으로 이동한 Peak)을 보여주고 있는 경계선이 존재하면서도 여전히 약한 흡수를 관찰할 수 있다. 이러한 사실은 그림 2.15에 나타낸 바와 같이 테트라센의 특정한 분자구조를 통해서 증명된다.

2.1.4.3 이량체와 엑시머 전이의 진동자 강도

이제 전자적으로 짝지어진 분자들에 적용할 선택규칙에 대해 생각해보자. 전자 전이의 강도는 쌍극자 모멘트의 전이에 달려 있는데 이와 관련된 상세한 내용은 1.4.2절에 나와 있다. 상호작용을 하지 않는 분자에 대하여 전이된 쌍극자 모멘트는 $\vec{\mu}_1 = \langle \psi_1 | e\vec{r} | \psi_1^* \rangle$과 $\vec{\mu}_2 = \langle \psi_2 | e\vec{r} | \psi_2^* \rangle$이고, 유사하게 짝지은 분자들의 두 상태에 대한 전이 모멘트는

$$\begin{aligned}\vec{\mu}_{\pm} &= \langle \Psi_G | e\boldsymbol{r} | \Psi_{E\pm} \rangle \\ &= \frac{1}{\sqrt{2}} \langle \Psi_1 \Psi_2 | e\vec{r} | (\Psi_1^* \Psi_2 \pm \Psi_1 \Psi_2^*) \rangle \\ &= \frac{1}{\sqrt{2}} \langle \Psi_1 \Psi_2 | e\vec{r} | \Psi_1^* \Psi_2 \rangle \pm \langle \Psi_1 \Psi_2 | e\vec{r} | \Psi_1 \Psi_2^* \rangle \\ &= \frac{1}{\sqrt{2}} (\vec{\mu}_1 \pm \vec{\mu}_2)\end{aligned} \tag{2.14}$$

따라서 짝지은 분자들의 2가지 상태에 대한 일시적인 쌍극자 모멘트는 각 분자의 전이 쌍극자 모멘트의 벡터합으로부터 생긴 결과이고, 이는 결과적으로 두 분자의 상대적인 방향성에 따라 결정된다. 몇몇의 제한된 경우에 대해서는 주목할 필요가 있다(그림 2.17).

H 형태의 상호작용 2개의 분자는 동일평면에 쌓여 있는 형태로 되어 있는데, 들뜬상태의 낮은 에너지 상태 E_{-}는 반평행 형태로 놓여 있어 총합이 0이 되고 반면에 E_{+}는 평행하게 배열되어 실질적인 모멘트의 합이 2μ 값까지 더해지게 된다. 1.4.2절에 있는 식 (1.6)에 따르면 흡수는 오직 E_{+} 쪽으로만 일어나고, 따라서 흡수 스펙트럼은 짝짓기 전 원래 분자의 흡수에 비해 단파색계열(청색) 영역으로 이동한다. 발광에 대하여는 E_{-}의 경우에 여기 에너지가 항상 들뜬상태의 가장 낮은 에너지로 이완된다는 것을 기억해야 한다(1.4.4절의 내용과 비교). E_{-}로부터 두 짝지은 분자들의 바닥상태로의 전이들은 진동자 강도를 수반하지 않기 때문에 방사소멸속도 k_r는 0이고 에너지는 단지 비방사적으로 소멸될 뿐이다. 따라서 E_{-}의 수명 $\tau = 1/(k_r + k_{nr})$은 비방사 소멸속도 k_{nr}에 의해서만 결정된다. 실제 체계에서 약간 벗어난 방향성과 (혹은) 들뜬상태에서의 진동전자 짝지음은 제한적이면서 약한 진동자 강도를 나타나게 하고 대개 약하지만 긴 수명을 가진 발광을 보여준다. 이런 범주에서 전자적으로 짝지어진 분자들은 **H-총체**(H-aggregate)라 부르는데, 그들의 마주 보는 배열이 커다란 공명 상호작용을 촉진하기 때문에 엑시머 형성에 용이한 조건이 된다.

J 형태의 상호작용 2개의 분자는 연속적인 동일평면에서 평행한 방식으로 배열되어 있는데 상대적으로 낮은 에너지 E_{-}는 평행하게 순차적으로 배열되어 있는 전이 쌍극자 모멘트가 2μ까지 더해진 것으로 판단되는 반면에 상대적으로 낮은 에너지 E_{+}는 반평행의 순서로 배열되어 쌍극자 모멘트가 실질적으로 0이 된다. E_{-}로의 흡수와 E_{-}로부터의 발광은 광학적으로 허용되어서 흡수 스펙트럼은 단량체 스펙트럼과 비교하여 장파장계열(적색) 영역으로 이동하고 형광은 빠르고 강한 세기를 보여준다. 이러한 형식으로 짝지어진 분자들은 **J-총체**(J-aggregate)라고 불리는데, 'J'는 이와 같은 형태의 분자들을 분석한 Jelley[21]의 이름에서 따온 것이다. Scheibe에 의해서도 거의 같은 시기에 독립적으로 이러한 현상이 발견되었다[22].

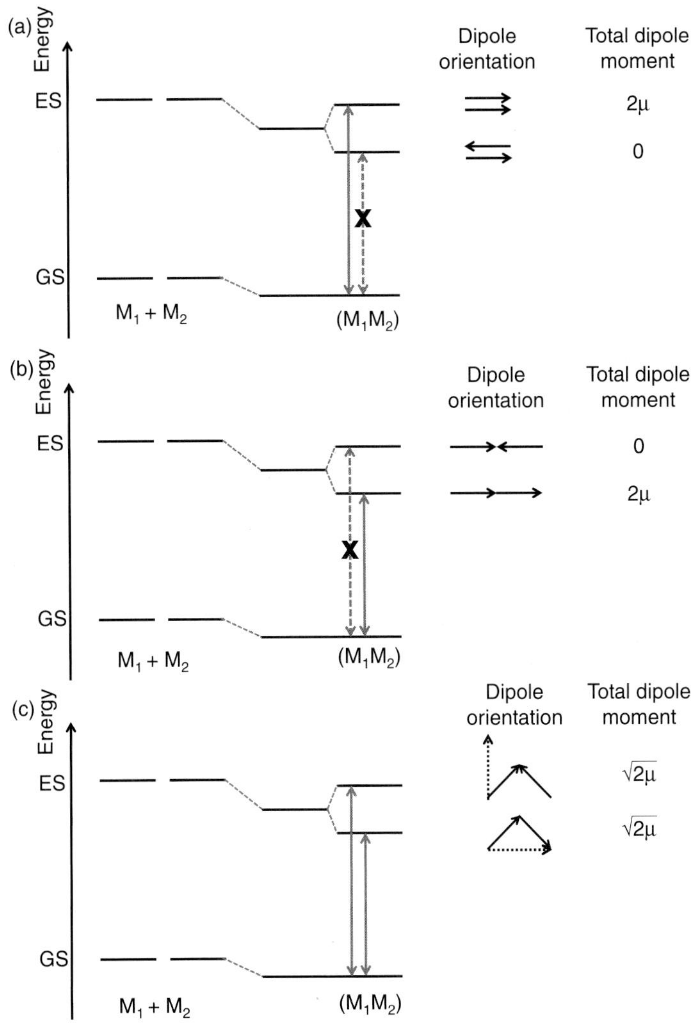

그림 2.17 두 개별 분자와 전자적으로 짝지어진 분자쌍들의 바닥상태와 들뜬상태 에너지를 설명하는 도표. (a) 나란한 방향성을 가진 H 형태 상호작용, (b) 머리-꼬리(수미식) 방향성을 가진 J 형태 상호작용, (c) 비스듬한 방향성. 들뜬상태 전이 쌍극자의 상대적인 방향성과 가능한 광학적 전이들이 묘사되어 있으며 또한 결과적으로 생성된 전체 쌍극자 모멘트의 계수도 정리되어 있다.

임의적 방향성 π 결합을 가진 발색단들은 흔히 앞서의 2가지 제한된 방법으로 방향성을 띠지 않고 그들 사이에 다양한 각도를 가지고 배열된 구조를 갖는다. 구성하고 있는 분자들의 전이 모멘트 방향성이 임의적일 경우 모멘트의 흡수 스펙트럼은 이중항으로 분리되고 상대적으로 더 높고 낮은 에너지 모두 특정한 수준의 진동자 강도를 갖게 된다. 구성분자들의 세기의 비는 그림 2.17에 나타낸 바와 같이 단량체 모멘트의 총 벡터합으로 정해진다. 형광은 낮은 에너지의 이량체 상태로부터 방출되는데 형광의 수명은 단량체보다 10~100배 정도 길다. 예를 들어 테트라센의 경우에는 이량체의 낮은 에너지 준위(그림 2.15에서의 B_1)는 6 ns 정도의 수명을 갖는데 다른 분자와 연합하지 않은 단량체와 비슷한 수준인 반면 더욱 안정하고 상이한 방향성을 가진 엑시머(그림 2.15에서의 C)는 21 ns, 즉 3~4배 더 긴 수명을 갖는다. Pyrene에 대하여 상온의 사이클로헥산 용매에서 단량체와 이량체의 방사소멸속도는 1.5×10^{-6}과 1.2×10^{-7} s^{-1}로 각각 결정되었는데, 엑시머 발광의 방사속도에 비하면 10배 정도 느린 것이다[23].

유연성을 가진 프로메소제닉한(promesogenic) Alkoxy 사슬 구조를 가지고 기능화된 Pyrene의 흡수와 형광 스펙트럼은 이량체 발색단의 전이 모멘트가 갖는 상호 방향성의 변화가 스스로의 분광학적 특성을 나타낸다는 사실을 확실하게 보여준다. Pyrene의 유도체인 Tetraethynylpyrene은 엑시머로부터 발광이 일어나지만 흡수는 관찰되지 않는 화합물의 예이다. 응측된 상태에서 Tetraethynylpyrene은 액상 결정체의 원주상을 형성하게 되고 [24], 이것은 Pyrene의 중심부에서 발색단 사이의 상호작용을 나타내는 표시이다. 형광은 본래의 Pyrene 분자의 스펙트럼과 유사한 일반적인 형태로 나타나고 용액의 농도가 증가하게 되면 단량체로부터 발생하는 2.5 eV를 중심으로 하는 형광 스펙트럼은 세기가 감소하면서 2.0 eV 중심의 적생영역으로 이동하게 되는데, 후자의 스펙트럼은 박막 발광에서 지배적으로 나타난다(그림 2.18). 그러나 Pyrene과는 반대로 상온에서 측정한 박막의 형광은 (62 ± 6)%의 양자수율을 가지고 강한 세기로 나타나며, 기능화되지 않은 Pyrene 분자와는 반대로 단량체와 유사하게 희석된 용액상에서 응축상으로 변화하면서 이량체로 분리된 스펙트럼을 나타낸다. 박막의 흡수 스펙트럼을 분석하면 2.57 eV를 중심으로 $\beta = 0.19$ eV를 가지고 분리되어 2.38과 2.76 eV에서 0–0 전이를 하는 2개의 이량체로 구성될 수 있음을 보여준다. 강한 세기를 가지고 적색영역으로 이동한 발광과 연합함으로써 흡수에서 거의 동일하게 강한 세기를 갖는 이중항의 존재는, 흡수하는 독립체가 전이 쌍극자 모멘트가 평행하지 않고 70~80°의 각도를 가지면서 전통적인 의미의 엑시머로 생각되는 나란히 배열된 Pyrene 유도체의 쌍이라는 것을 의미한다. 반실증적인 계산은 분리된 두 준위가 어느 정도 두 Pyrene 중심부의 상대적인 방향성에 의존하는지를 보여준다(그림 2.18). 서로 마주보는 배열에서 완벽한 H–총체가 높은 에너지 상태에서 모든 진동자 강도를 가지고 형성된다. 두 Pyrene 유도체 사이의 회전각이 증가하면 분리되는 간격의 크기는 감소하고 낮은 에너지 상태는 일정한 수준의 진동자 강도를 얻게 되며 90° 각도에서 짝지음은 사라진다. Tetraethynylpyrene 엑시머에서 관찰되는 높은 양자수율은 대개 그들 사이의 회전각에 의한 결과이고 이와 유사하게 흡수는 광학적으로 허용된다는 사실을 의미한다. 흡수와 발광의 에너지가 낮은 전이 사이에 존재하는 0.32 eV의 커다란 스토크스 이동은 광학적 여기가 일어난 후에 Pyrene 분자들이 서로 접근한다는 사실을 보여준다. 이것은 엑시머의 특성을 나타냄과 동시에 바닥상태에서의 분자 간 평형분리가 흡수가 진동자 강도를 가진 2개의 준

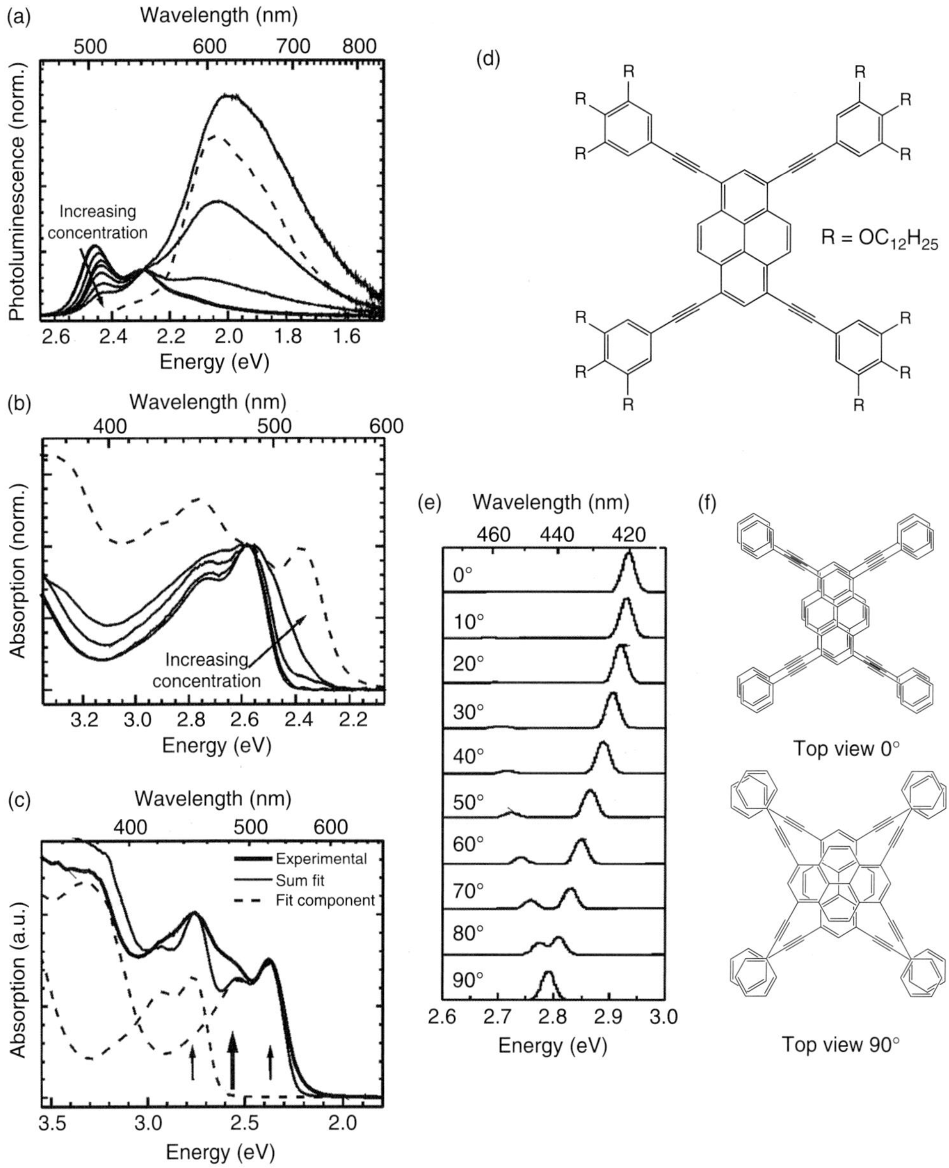

그림 2.18 왼쪽의 사각형 그래프는 Pyrene 유도체인 Tetraethynylpyrene을 각각 다른 농도에서 측정한(실선) (a) 인광 스펙트럼과 (b) 흡수 스펙트럼이다. 점선은 박막 상태에서 측정한 스펙트럼을 가리킨다. (c) 박막에서 측정한 스펙트럼을 두 용액에서 측정한 스펙트럼의 합과 비교하였고(가는 화살표로 스펙트럼의 이동을 표시), 굵은 화살표는 스펙트럼의 중심을 표시하였다. 오른쪽의 (d)는 Tetraethynylpyrene의 화학구조를 나타내었고 (e)는 0–0 전이의 계산한 스펙트럼의 세기와 위치를 2개의 겹쳐진 Tetraethynylpyrene 분자들 사이의 방향각 함수로 표현한 것이며, (f)는 2가지 방식으로 2개의 Tetraethynylpyrene 분자가 서로 겹친 구조를 보여준다.

위를 모두 포함한 이량체 상태에서 일어나기 충분히 가깝다는 사실을 나타낸다.

지금까지 계속 언급해온 Kasha의 단순정리는 유효한 점 쌍극자 근삿값을 가정하고 있다는 점에서 가치가 있다. 이것은 발색단 사이의 거리가 발색단의 크기보다 더 크고, 따라서 전이에서 이런 조건은 종종 더 이상 적용이 어렵다. 확장된 전하분포를 분명히 고려한 양자화학적 접근에 대하여는 Gierscher과 Park의 연구를 참고하기 바란다[25].

2.1.4.4 단일항과 삼중항의 이량체와 엑시머

지금까지 이량체의 스핀을 무시했는데 이는 스핀이 0인 단일항에서는 거의 상관이 없으나 삼중항에서는 중요한 의미를 갖는다. 1.3.4절로부터 들뜬상태로 구성된 전하 사이의 거리가 증가함에 따라 지수함수적으로 감소하는 교환에너지 Δ에 의해 발색단의 삼중항 상태가 단일항 상태로부터 상쇄된다는 사실을 알고 있다. 이량체 혹은 엑시머에서 들뜬상태는 2개의 인접한 분자로 퍼져 나가고, 따라서 전자와 정공은 대체적으로 분자 간 거리에 이를 때까지 분리되어 있는 것으로 간주할 수 있다. 이런 이유 때문에 이량체와 엑시머의 교환에너지 $\Delta_{(M1M2)}$는 본래의 단량체에 비해 감소한다. 이량체나 엑시머의 교환에너지 값은 전자와 정공의 분리된 정도에 따라 변하는데 개략적으로 살펴보면 최고 한도일 것으로 추정되는 약 250 meV 정도의 상당히 큰 $\Delta_{(M1M2)}$가 샌드위치 형태의 Carbazole 이량체(아래 내용 참고)에 대해 보고된 반면 이중 쌍으로 알려진 전자와 정공 분리의 극단적인 경우 교환에너지는 고작 몇 meV 음의 값에 불과하다[26–27]. 이 사실은 삼중항 엑시머의 안정성에 대한 중요한 결과인데 광학 전이가 $\pi\pi^*$ 특성을 갖는 연합된 발색단에서 전자–정공 파동함수의 중첩이 강하게 일어나고 이에 따라 각각의 발색단은 0.5~1.0 eV의 배수로 교환에너지 Δ_{M1}를 가진다[28–29]. 여기된 이량체의 안정화 에너지(에너지가 낮은 구성분자에서 $D' + \beta$)는 대개 더 작다(그림 2.19). 교환에너지에 의한 추가적인 안정이 이루어지더라도 짝지은 발색단의 가장 낮은 삼중항 상태는 여전히 연합하지 않은 발색단의 삼중항 들뜬상태보다 더 높은 에너지를 가진다. 결과적으로 에너지 전달은 짝지은 발색단의 삼중항에서 근처의 연합하지 않은 발색단의 삼중항 준위로 일어나고 삼중항 엑시머의 발광은 관찰되지 않는다(그림 2.19a)

그림 2.19에서 묘사한 바와 같이 이량체 혹은 엑시머로부터의 인광은 오직 $T_1(M_1) > T_1(M_1M_2)$일 경우에만 감지가 되고, 이것은 $\Delta_{M1} < D' + \beta + \Delta_{(M1M2)} \approx D' + \beta$가 되는 것을 의미한다. 다르게 설명하면 연합하지 않은 발색단에서의 교환에너지가 짝지은 발색단에서의 안정화 에너지보다 작은 경우에 해당된다(그림 2.19b). 이것은 (i)항과 같이 Δ_{M1}이 작은 조건, 예를 들면 들뜬상태를 구성하고 있는 전자와 정공이 존재하는 화합물에서 분자의 서로 다른 부분에 편재되어 있다는 것을 의미하며 $\pi^* \leftarrow n$ 전이 혹은 금속에서 리간드로의 전하 전이(MLCT, metal to ligand charge transfer)를 보여준다(Box 1.10). 유기화합물의 예로는 카보닐 그룹에 위치한 삼중항 엑시머로 밝혀진 2–Bromobenzophenone가 있고[30],

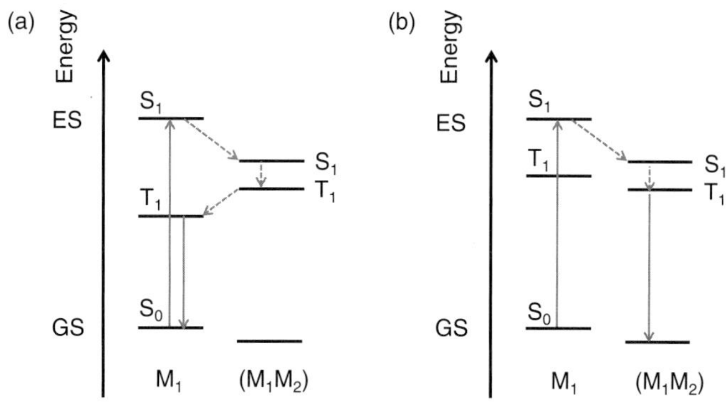

그림 2.19 단량체 M_1과 이량체(M_1M_2)의 두 구성분자에 대한 $S_1 - T_1$ 교환 분리를 묘사한 도표. (a) 작은 안정화 에너지의 경우, (b) 큰 안정화 에너지의 경우.

MLCT 전이는 통상 이리듐(iridium) 혹은 백금(platinum)과 같은 중성의 금속 원자와 유기 리간드로 구성된 유기금속착체에서 나타난다. 하나의 전하는 금속에 있고 또 다른 전하는 리간드에 존재하는 내부전하의 분리 때문에 교환에너지는 0.2 eV 배수의 값을 가진다. 어떤 금속착체는 특히 엑시머나 엑시플렉스(exciplex)를 쉽게 형성하는데, 이것은 예를 들면 특별히 평평한 구조를 가지기 용이하게 정사각형 평면 기하구조로 금속원자가 리간드와 결합한 Pt(II)–착체의 형성에 영향을 미친다. 금속착체 자체적으로 혹은 단량체가 연합한 상태에 의한 넓은 삼중항 엑시머의 발광은 가시광 스펙트럼의 대부분을 차지하는데 이를 이용한 효율이 높은 백색인광 OLED(organic light–emitting diode) 제작이 가능하다(그림 2.20)[32, 31].

삼중항 엑시머는 엑시머의 안정화가 특히 높은 환경에서 (ii)항을 형성하는데, 커다란 평면구조에서 π 결합이 짝지어진 구조를 가진 분자들이 샌드위치 형태를 이루고 있는 경우에 해

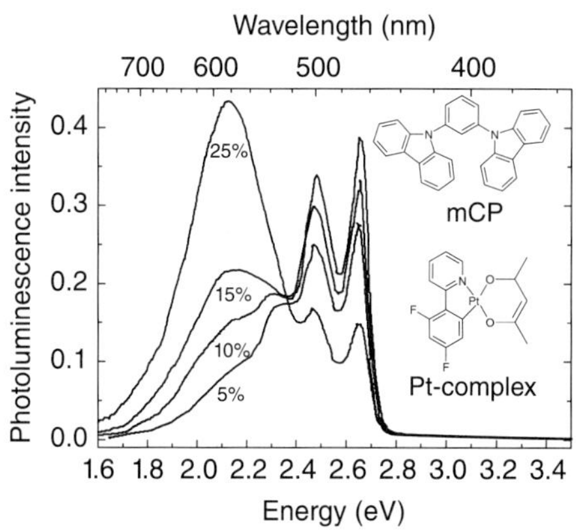

그림 2.20 다른 농도로 mCP 매트릭스에 도핑된 Pt–착체의 인광. 총체가 아닌 착체로부터의 구조적인 발광과 함께 총체 착체로부터의 넓은 발광이 관찰되었고 이 발광은 Pt–착체의 농도와 함께 증가하는 결과를 보여준다[31].

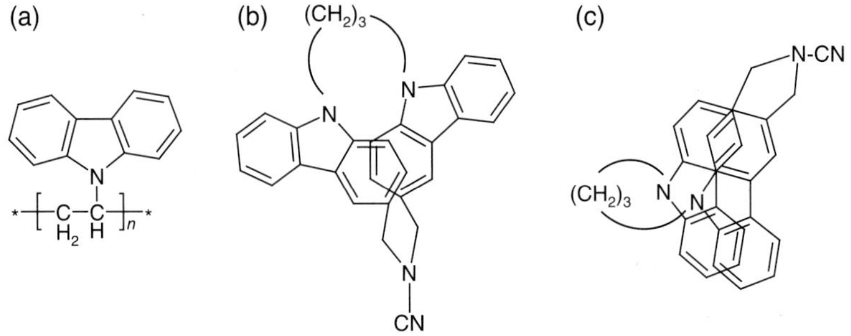

그림 2.21 (a) 곁가지 구조를 가진 고분자 PVK, (b) 부분적으로 중첩된 엑시머를 형성하기 위해 2개의 Carbazole 단위가 배열한 Carbazolophane, (c) 2개의 Carbazole 단위가 중첩되어 샌드위치 형태의 엑시머를 형성하는 Carbazolophane.

당된다. 2개의 Carbazole 분자로부터 형성된 엑시머가 좋은 예이다. Xerography와 유기반도체 소자에 적용하기 위하여 Carbazole은 대개 분자의 형태로 사용되지 않고 곁가지를 가진 고분자 PVK[Poly(vinylcarbazole)]로 사용된다(그림 2.21). PVK에서 Carbazole 그룹은 광학적 반응성이 없는 Vinyl 골격에 결합하여 화합물의 용액공정이 가능하도록 하고 박막을 형성할 수 있는 특성을 개선한다. 순수한 Carbazole은 다결정체를 생성하고 스핀코팅을 이용한 거친 박막을 형성한다. Klöpffer에 의해 Carbazole 엑시머로부터의 형광이 집중적으로 연구되었는데, 그는 고분자가 어떤 경로에 의해서 합성되는지, 그리고 박막이 어떻게 형성되는지에 따라 이런 Carbazole 그룹이 약하거나 강한 결합을 통해 390~400 nm(3.1 eV)와 450 nm(2.75 eV)에서 최대 발광을 한다는 사실을 발견하였다[33]. 분자의 배열과 그에 따른 전자구조 사이의 분명한 관계는 모형화합물로서 Carbazolophane을 이용하여 정리할 수 있다(그림 2.21)[34]. 2개의 Carbazole, 2개의 Naphthalene, 2개의 Anthracene 등과 같은 유사한 2개의 방향족 분자들은 가교형 공유결합에 의해 서로 가까이 접근하게 되고, 합성경로에 따라 이성질체들이 Carbazole 단위가 강하거나 약한 중복의 상태에서 형성된다. 그림 2.22는 용액상태 Carbazole 단량체와 이성질체의 흡수, 형광, 그리고 인광을 상온에서 측정하여 비교하고 있는데, 단량체에서는 형광과 인광 스펙트럼이 0.57 eV(4600 cm^{-1})의 단일항-삼중항 분리를 진동의 측면에서 해석하기 편하다. Carbazole이 샌드위치 형태로 배열되어 강하게 짝지어진 이성질체(그림 2.22c)에서는 $S_1 \leftarrow S_0$ 0−0 전이가 강하게 나타나는 단량체의 $S_1 \leftarrow S_0$ 0−0 전이의 위쪽 0.15 eV(1200 cm^{-1}) 부근과 비슷한 거리에서 약하게 나타나는 전이로 분리된 반면에 형광의 최대 Peak는 0.78 eV(6300 cm^{-1})만큼 적색영역으로 이동한다. 이런 사실은 의심할 여지없이 (i)의 짝찌음이 발색단의 여기 시 상당히 증가하고 엑시머가 대부분 H 형태인 (ii)의 엑시머 특성을 갖는다는, 즉 위쪽 엑시머 준위에 있는 대부분의 진동자 강도를 가지고 있으며 엑시머의 존재가 짝지은 분자들의 바닥상태로부터 발생하는 흡수에 대한 관찰을 우선적으로 배제하지 않는 (때로는 실수로 그렇게 추론하지만) (iii)

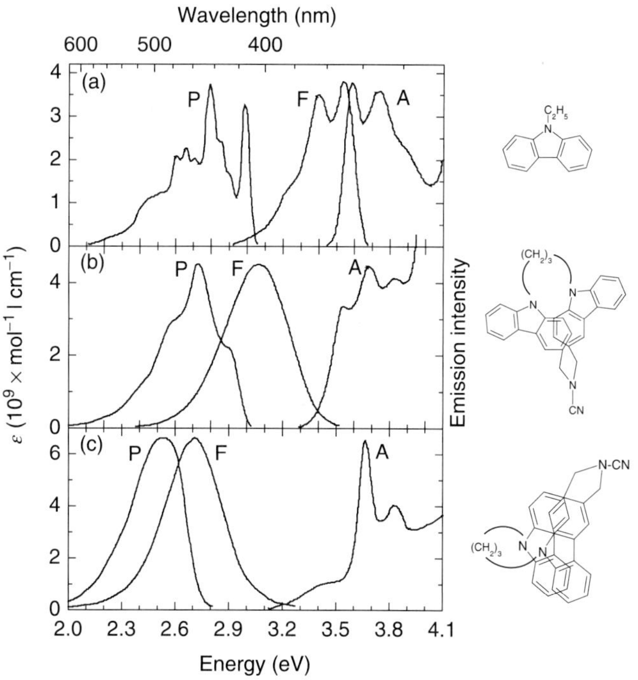

그림 2.22 (a) 비총체 Carbazole, (b) 부분적으로 중첩된 엑시머 형태를 가진 Carbazole, (c) 샌드위치 형태의 엑시머 배열을 가진 Carbazole의 흡수(A), 형광(F), 그리고 인광(P)[34].

의 경우를 증명하며 더 나아가서 이량체와 엑시머 사이에 진화가 서서히 이루어지고 있음을 보여준다. 인광 스펙트럼은 또한 0.25 eV(2000 cm^{-1})의 감소된 단일항–삼중항 분리를 가진 엑시머 형태를 띤다. 삼중항 엑시머 인광이 관찰될 수 있는 이유는 엑시머의 안정화가 짝짓지 않은 Carbazole의 단일항–삼중항 분리를 초과하고 그래서 엑시머 삼중항이 용액 중에 존재하는 가장 낮은 삼중항 상태가 되기 때문이다.

약하게 중첩된 이성질체에서(그림 2.22b), 흡수에서 일어나는 이량체의 분리는 $S_1 - S_0$ 전이에 있어서 0–0과 0–1 전이의 적색영역 이동을 초래하는데 이것은 분자쌍에서의 전자 짝지음이 단지 부분적인 전이 강도의 약한 효과만을 가지고 있다는 사실을 의미한다. 단일항 엑시머의 안정화 에너지는 약 0.27 eV(2200 cm^{-1})까지 감소되고 Carbazolophane 용액에서 관찰된 인광 스펙트럼은 단일항의 형태를 가지고 2.92 eV(23600 cm^{-1})에서 $T_1 \leftarrow S_0$ 0–0 전이를 보여주는데 이는 삼중항 엑시머가 분자쌍의 가장 낮은 상태에서만 존재가 가능하기 때문이다. 이것은 샌드위치 형태의 엑시머와 비교하여 감소한 안정화 에너지에 따른 부분적인 중첩과는 명백히 다른 경우이다.

2.1.5 비슷하지 않은 분자들 사이의 전자 짝지음에 따른 효과-착체와 들뜬 복합체

이량체와 엑시머 형성의 개념은 2개의 서로 다른 분자들의 경우로 확장될 수 있는데, 일반적으로 그들의 전기음성도는 다르고 부분 전하이동(CT, charge transfer)은 분자들이 강한 상호작용을 위해 특별히 마주 보는 형태로 포개져 있는 경우 가능하게 된다. 2개의 서로 다른 분자들에 대하여 바닥상태와 들뜬상태에 존재하는 2개의 짝지은 발색단 파동함수 Ψ_G와 Ψ_E는 식 (2.8)로부터 한 발색단으로부터 다른 발색단으로의 전하이동을 설명하는 항들을 더함으로써 확장된 개념으로 사용된다. 일반적인 표현은

$$\Psi_G = c_1\Psi_1\Psi_2 + c_2\Psi_1^-\Psi_2^+ + c_3\Psi_1^+\Psi_2^- \tag{2.15a}$$

$$\Psi_E = c_1\Psi_1^*\Psi_2 + c_2\Psi_1\Psi_2^* + c_3\Psi_1^-\Psi_2^+ + c_4\Psi_1^+\Psi_2^- \tag{21.5b}$$

이고, 이 식에서 $\Psi(\Psi^*)$는 바닥상태에 있는 각 발색단의 전자 파동함수, $\Psi^-(\Psi^+)$는 추가된(혹은 사라진) 전자를 가진 발색단, 아래 첨자 1과 2는 서로 다른 발색단을 의미한다. 식 (2.15b)의 처음 두 항은 들뜬상태에서의 공명 안정화에 대한 것이고 그 다음의 두 항은 전하이동 상호작용에 의한 안정화를 의미한다. 그림 2.23은 1개의 전자만을 가진 분자궤도(MO, molecular orbital)를 가정하고 공명 상호작용과 전하이동 상호작용에 의한 들뜬상태의 안정화를 보여준다. 1개의 전자만 존재하는 조건은 우리가 논의해 온 첫 번째 개념을 이해하는 데는 도움을 주지만 전자-전자 상호작용은 고려하지 않았다는 점을 기억해야 한다. 예를 들어 식 (2.13)의 D와 D'의 항으로 표현된 반데르발스 상호작용에 의해 바닥상태와 들뜬상태에서 짝지어진 분자쌍의 안정화와 쿨롱 효과는 분자쌍을 이루는 분자들이 전자-전자 상관관계를 포함하기 때문에 1개의 전자만이 존재하는 분자궤도에서는 적절하게 나타내기가 불가능하다.

만약 도너(주개)와 억셉터(받개)의 전기음성도 차이가 매우 크면 바닥상태와 바닥상태의 **전하이동착체**에서조차 완전한 전하이동이 일어날 수 있다. 1개의 전자만이 존재하는 가정하에 전자-전자 상호작용을 무시하면 이런 바닥상태 전하이동의 조건은 $|IP^D| < |EA^A|$가 된다

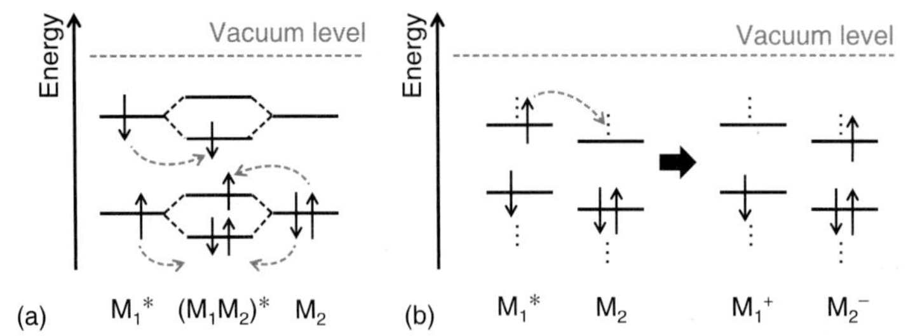

그림 2.23 (a) 여기된 분자 M_1*와 바닥상태 분자 M_2 사이의 공명 상호작용은 여기된 이량체[$(M_1M_2)^*$]에서의 두 전자의 실질적인 안정화를 가져온다[35]. (b) 여기된 분자 M_1*에서 바닥상태 분자 M_2로의 전자이동은 실질적인 안정화를 가져온다.

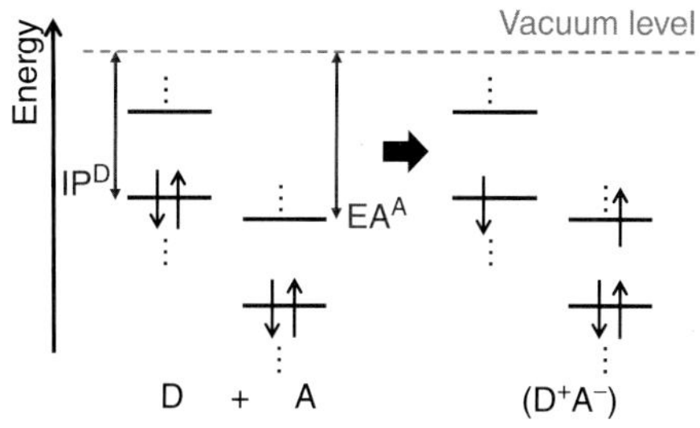

그림 2.24 전자-전자 상호작용을 무시한 조건에서 이온화 퍼텐셜 IP^D를 가진 도너의 HOMO로부터 전자친화력 EA^A를 가진 억셉터의 LUMO로의 전자 전이

(그림 2.24). 그러나 실제 물질에서는 전자와 정공 사이의 쿨롱 인력 E_{coul}과 같은 무시할 수 없는 전자-전자 상호작용이 존재하고 이러한 조건에서는 결국 에너지 이완을 일으키게 된다. 그러므로 바닥상태 전하이동을 위한 조건은 다음과 같이 된다.

$$|IP^{don}| - |EA^{acc}| - |E_{coul}| < 0 \tag{2.16}$$

이때 IP^{don}는 도너의 이온화 에너지이고, EA^{acc}는 억셉터의 전자친화력, 그리고 $E_{coul} = -e^2/4\pi\varepsilon_r\varepsilon_0 r_{CT}$는 D^+A^-쌍의 결합에너지이다. 전자와 정공의 분리가 $r_{CT} = 0.4$ nm일 때 $E_{coul} \approx -1$ eV이다. 바닥상태 전하이동착체 원형의 예는 전자 억셉터인 Tetracyanoquinodimethane (TCNQ)과 전자 도너인 Tetrathiafulvalene(TTF)의 조합이다(그림 2.25). 바닥상태 전하이동착체를 형성하는 다른 물질로는 C_{60}와 F4-TCNQ를 포함하는 이온화 퍼텐셜이 낮은 화합물들의 조합이 있다.

더 빈번하게 전하이동에 의한 안정화는 단지 들뜬상태에서만 일어나고 이런 현상을 일으키는 분자쌍을 **엑시플렉스**(Exciplex = Excited Complex)라고 부른다. 이것은 전기적으로 양성을 띠는 도너의 쌍이나 전기적으로 음성을 띠는 억셉터의 쌍이 여기하면서 생성된다. 엑시플렉스의 형광 스펙트럼은 눈에 띌 정도로 확연하게 나타나지 않으며 구성분자의 스펙트럼에 비해 상대적으로 적색영역으로 이동한다. 전이 에너지는 도너의 이온화 에너지와 억셉터의 전자친화력 차이 값인데(그림 2.23과 비교), 쌍을 이루는 분자들에 존재하는 부분 전하의 쿨롱 결합에너지에 의해 감소한다(그림 2.23에서는 나타나지 않는다). 엑시플렉스의 예는 그림 2.26에 소개되어 있다.

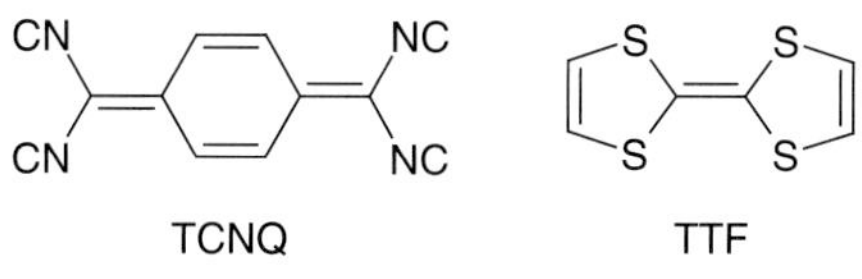

그림 2.25 TCNQ와 TTF의 화학구조

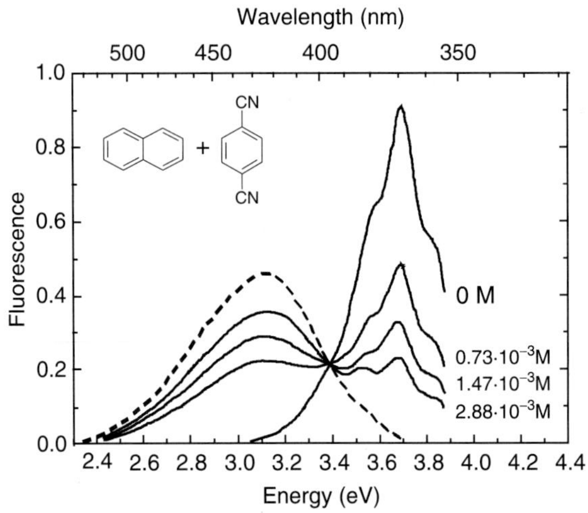

그림 2.26 8×10^{-4} M의 농도를 가진 나프탈렌의 톨루엔(Toluene) 용액을 3.93 eV에서 여기시켜 1,4-dicyanobenzene의 농도를 증가시키면서 상온에서 측정한 형광 스펙트럼. 점선으로 표시된 곡선은 여기된 전하이동착체만의 (추측된) 발광을 가리킨다[36].

2.1.6 전자이성체와 전자착체

전자이성체(electromer)와 **전자착체**(electroplex)라는 용어는 전기적 여기라는 특별한 환경에서만 관찰되는 엑시머와 엑시플렉스를 의미할 때 사용되곤 한다. 이것은 유기 박막이 음전하와 양전하를 주입하는, 그리고 두 전하가 재결합하여 들뜬상태를 형성하는 2개의 전극 사이에 끼어 있다는 것을 의미한다. 전자이성체와 전자착체가 오직 광학적 여기가 아닌 전기적 여기를 통해서만, 즉 흡수 이후에만 생성되는 이유는 아직 완전히 밝혀지지 않았다. 여기에 대한 한 가지 제안은 불균일하고 넓은 상태밀도에서 이동하는 전하들이 우선적으로 낮은 에너지에 위치하려고 한다는 것이다. 이런 낮은 에너지를 가진 위치들은 엑시머나 엑시플렉스를 형성하기 쉬운 인접한 이웃 분자들을 가지고 있는데, 이런 이유로 엑시머와 엑시플렉스들이 광학적 흡수에 의해 상태밀도의 전체 영역에서 들뜬상태가 생성될 때보다 전기적 들뜬상태에서 더 많이 관찰된다. 또 다른 제안은 전기착체의 형성이 두 단계 과정을 거치는데, 첫 번째 단계는 적당히 유사한 기하구조를 가진 양전하착체의 형성이고, 두 번째 단계는 음전하를 가지고 재결합한 엑시플렉스의 형성이다[37]. 이러한 해석들이 일반적으로 모든 경우에 적용이 가능한지 혹은 특정한 경우에만 가능한지는 여전히 연구 대상으로 남아 있다.

2.2 결정체 상에서 여기된 분자-Frenkel 엑시톤

현대의 유기광전자 소자에서 활발히 다루어지는 요소는 대개 증착이나 용액의 스핀코팅에 의해 형성되는 고체 박막이다. 이들은 다양한 질서도를 가지고 스스로 배열된 발색단을 가진 대규모 체계이다. 합성조건과 물질에 따라 분자배열의 질서는 미시적, 중시적 혹은 거시적 크기로 확인되는데, 예를 들어 휘발성 용매와 입체적으로 요구되는 서로 다른 구조의 곁가지를 가진 발색단의 사용은 OLED에서 흔히 적용되는 매우 무질서한 박막을 형성하는 결과를 초래한다. 이와 반대로 서서히 증발하는 용매와 규칙적인 구조의 곁가지를 가진 발색단을 사용하면 결정체 영역을 가진 박막은 OFETs(organic field-effect transistors)와 특정 형태의 태양전지를 위해 필요한 조건을 갖추게 된다. 앞절에서 무질서한 분자 박막에 대해 논의하고 2개의 가까이 인접한 발색단들의 짝지음이 어떻게 들뜬상태의 성질에 영향을 미치는지 고찰하였다. 이제 이런 개념을 서로 가깝게 위치하면서 규칙적인 형태로 배열된 정해진 많은 수 N의 분자들 사이의 상호작용으로 확대해보자.

2.2.1 단위 셀당 하나의 분자에 대한 Frenkel 엑시톤 개념

결정체 상에서의 광학적 여기를 표현하기 위한 개념적 틀을 확립하기 위한 가장 단순한 접근은 N개의 개별적인 분자 $i(i = 1, 2, ..., N)$가 전자 파동함수 Ψ_i^0, Hamiltonian 연산자 H_i, 그리고 바닥상태 에너지 E_i^0로 표현되는 각각의 전자 들뜬상태를 가지고 규칙적인 선형배열을 하고 있다는 것에서부터 출발하는 것이다. 2.1.4절에서 2개의 짝지은 분자를 다룬 방법과 동일하게 단순한 조건에서의 해석을 위하여 스핀과 진동의 파동함수는 무시한다. 분자들 사이의 짝지음은 2.1.4절에서 표현되었던 두 분자 i와 j 사이의 정전기적 상호작용 V_{ij}로부터 일어나게 되고, 이것은 쌍극자 항으로[식 (2.1)] 혹은 좀 더 적절하게 다극자 항으로 확장된다. Hamiltonian 연산자는 따라서 각 분자들 연산자 H_i들과 그들 사이의 상호작용 V_{ij}의 총합이 된다.

$$H = \sum_{i=1}^{N} H_i + \frac{1}{2} \sum_{\substack{i,j=1 \\ i \neq j}}^{N} V_{ij} \tag{2.17}$$

분자배열의 바닥상태에 대한 파동함수는 개별 분자의 파동함수 곱으로 근삿값을 구할 수 있는데, $\mathcal{A}$가 반대칭화 연산자라고 할 때

$$\Psi_{GS} = \mathcal{A} \prod_{i=1}^{N} \Psi_i^0 \tag{2.18}$$

이 된다. Ψ_{GS}는 상호작용 퍼텐셜이 0일 때에만 H의 고유함수가 된다. 식 (2.9)와 동일하게 분자배열의 바닥상태 총에너지는

$$E_g = \langle \Psi_{GS} | H | \Psi_{GS} \rangle = \left\langle \mathcal{A} \prod_{i=1}^{N} \Psi_i^0 \middle| \sum_{i=1}^{N} H_i + \frac{1}{2} \sum_{\substack{i,j=1 \\ i \neq j}}^{N} V_{ij} \middle| \mathcal{A} \prod_{i=1}^{N} \Psi_i^0 \right\rangle = \sum_{i=1}^{N} E_i^0 + D$$
$$\text{with} \quad D = \left\langle \mathcal{A} \prod_{i=1}^{N} \Psi_i^0 \middle| \frac{1}{2} \sum_{\substack{i,j=1 \\ i \neq j}}^{N} V_{ij} \middle| \mathcal{A} \prod_{i=1}^{N} \Psi_i^0 \right\rangle \tag{2.19}$$

분자결정체 배열이 겪게 되는 총에너지 이동 D는 바닥상태에 대한 **기체–결정 이동**으로 알려져 있다. 이것은 또한 집합된 분자들 사이의 반데르발스 상호작용으로부터 발생한 분극화 에너지이기도 하다. 앞서 언급한 대로 정량적 관점에서 Ψ_{GS}는 또 다른 항목을 포함해야 할 필요가 있다.

다음으로 짝지은 분자들 배열의 들뜬상태를 고려해보자. 이와 같은 집단적 상태는 분자들 가운데 하나의 여기된 분자에 의해 형성된다. 예를 들면 j번째 분자가 다른 $N-1$개의 분자들과 짝지음 V_{ij}를 전달한다(용수철에 의해 짝지어진 N 진자와 기계적으로 동일하게, 그 중 하나는 여기된 상태이고 짝지음에 의한 파동과 같은 방식으로 여기를 전파). 만약 한 분자가 j번째 분자를 여기시키면 짝지어진 분자배열의 파동함수 Ψ_E^j는 여기된 분자 j의 파동함수 Ψ_j^*와 남아 있는 $N-1$개의 분자들의 바닥상태 파동함수들 Ψ_i^0의 곱에 의해 주어진다. 다시 말하면,

$$\Psi_E^j = \Psi_j^* \sum_{\substack{i,j=1 \\ i \neq j}}^{N} \Psi_i^0 \tag{2.20}$$

분자들이 모두 동일하기 때문에 N개의 분자들 가운데 어느 분자가 여기되었는지 그 차이를 구분하기는 어렵다. 이것은 분자집합체의 (단일) 들뜬상태를 표현하는 축퇴된 에너지를 가진 ($V_{ij} = 0$) N개의 파동함수 Ψ_E^j가 존재함을 의미한다. Schrödinger 방정식의 일반적인 해를 구하기 위하여 그들의 선형조합을 구성할 필요가 있다.

$$\Psi_E = \sum_{j=1}^{N} c_j \Psi_E^j \tag{2.21}$$

이 식은 이량체의 경우에는 식 (2.10)과 동등한데, 계수들은 변분원리를 사용한 Schrödinger 방정식을 풀어서 구할 수 있다. 이 방법은 이미 원자궤도의 **선형조합**(LCAO, linear combination atomic orbital)을 채택하여 원자궤도로부터 분자궤도를 구성해내는 데 사용해 오고 있다. 거리 a만큼 떨어진 공간과 분자의 선형배열이 주기적인 경계조건을 가지고 있는 가장 가까운 이웃 분자들 간의 상호작용을 고려하면 N개의 고유함수(기계적으로 짝지어진 진자의 N개 정상 모드)를 얻을 수 있다.

$$\Psi_E(k) = \frac{1}{\sqrt{N}} \sum_{j=1}^{N} e^{ikaj} \Psi_E^j$$
$$\text{with} \quad k = 0, \pm\frac{2\pi}{Na}, \pm\frac{4\pi}{Na}, \dots, \pm\frac{\pi}{a} \tag{2.22}$$

이량체에 대해 일치하는 방정식은 식 (2.11)이다. 고윳값의 스펙트럼은 식 (2.22)를 식 (2.17)에 있는 Hamiltonian 연산자를 포함한 Schrödinger 방정식에 대입하여 얻는다. N 상태들의 고윳값은

$$E_E(k) = \langle \Psi_E(k)|H|\Psi_E(k)\rangle = \sum_{\substack{i,j=1 \\ i\neq j}}^{N} E_i^0 + E_j^* + D' + 2\beta\cos[ka] \tag{2.23}$$

로 구해지고 이 식은 이량체의 경우(모든 분자들은 동일하고 E_j^*는 들뜬상태의 어느 한 분자에 대한 에너지임을 기억하자)인 식 (2.12)와 동일하다. D'은

$$D' = \left\langle \Psi_E^j \left| \frac{1}{2}\sum_{\substack{i,j=1 \\ i\neq j}}^{N} V_{ij} \right| \Psi_E^j \right\rangle \tag{2.24}$$

로 주어지는데 이 식으로부터 식 (2.19)에 주어진 바닥상태 총에너지를 빼면 N개의 전이 에너지

$$\Delta E_E(k) = \Delta E_j + \Delta D + 2\beta\cos[ka] \tag{2.25}$$

가 된다. 이 식에서 $\Delta E_j = E_j^* - E_j^0$는 연합하지 않은 분자들의 여기 에너지이고 $\Delta D = D - D'$은 분자 체계의 바닥상태와 들뜬상태 간 기체–결정 이동에서의 차이이며 β는 인접한 분자들 사이의 상호작용 에너지(공명에너지)를 정량화한 값이다[식 (2.13)과 비교]. β는

$$\beta = \left\langle \Psi_E^j \left| \frac{1}{2}\sum_{\substack{i,j=1 \\ i\neq j}}^{N} V_{ij} \right| \Psi_E^i \right\rangle \tag{2.26}$$

으로 주어진다.

지금까지 관계식을 통하여 형식주의적인 내용을 보여주었는데 이러한 결과들을 어떻게 해석하는 것이 필요한가? 하는 관점에서 접근할 필요가 있다. 이량체의 경우 2개의 정상적인 해석들로서 2개의 고유상태를 가진 $\Psi_{E\pm} = (1/\sqrt{2})(\Psi_1^*\Psi_2 \pm \Psi_1\Psi_2^*)$와 2β의 간격으로 분리되어 있는 연합된 전이 $\Delta E_\pm = \Delta E_1 + \Delta D \pm \beta$를 얻는다. N개의 짝지은 분자들의 경우에는 식 (2.20)에 있는 파동함수의 중첩으로부터 형성된 N개의 해석들을 가지게 되는데[식 (2.22)], 이것은 비편재화된 파동함수들의 묶음이다. 연합된 N개의 파동함수는 다양한 에너지 준위가 존재하는 N개의 고유상태를 의미하고 더 정확하게 말하자면 그림 2.27에서 보여주는 바와 같이 N개의 분자에 대하여 4β의 폭을 가진 들뜬상태의 밴드를 형성하게 된다. 이러한 상태들을 이런 개념을 처음으로 소개한 사람의 이름에 따라 **Frenkel 엑시톤**이라 부른다. 요약하면 이량체에 대하여는 2β만큼 분리된 2개의 에너지 준위를 얻고 주기적 경계조건을 가진 N개의 짝지은 분자들에 대해서는 전체 4β의 폭을 가진 범위 안에 퍼져 있는 N개의 에너지

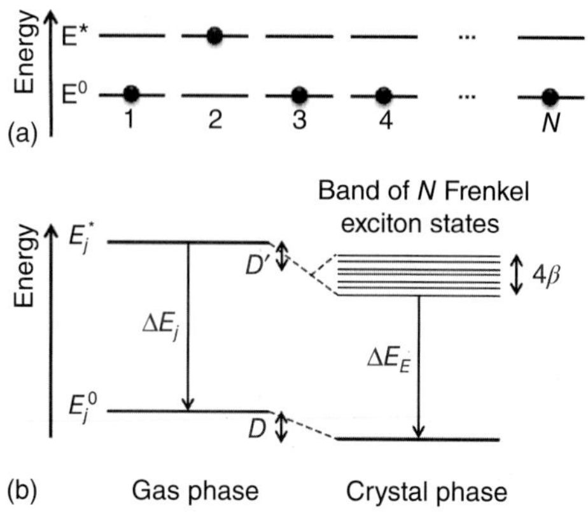

그림 2.27 (a) 바닥상태 E_i^0에 존재하는 N개의 짝지어지지 않은 분자들 i에 대한 에너지 도표. 분자번호 2는 들뜬상태 E_2^*에 존재한다. (b) 기체상에서의 개별 분자들에 대한 에너지 도표. 에너지 준위는 결정상에서의 전자 짝지음으로 형성되었다.

준위를 얻는다. 이량체 분리의 크기와 여기 밴드의 폭 사이의 2배수 요인은 주기적 경계조건을 가진 N개의 짝지어진 분자들의 경우 각각의 분자는 상호작용을 하는 **2개의** 인접한 분자를 가지고 있다는 사실과 관련이 있다. 반대로 이량체의 경우에는 각 분자가 단지 **1개의** 이웃 분자와 상호작용(이량체에서는 한 분자 자신을 제외하면 이웃하는 다른 분자는 하나밖에 없고 주기적 경계조건이 없어 또 다른 인접 분자와 '추가적인' 상호작용을 하는 것이 불가능하므로)을 한다.

Frenkel 엑시톤 상태는 개념적으로 반도체에서의 최외각 전도상태를 의미하는 Bloch 상태와 동일하다. 일반적으로 Bloch 파동함수 $\Psi(\boldsymbol{r})$는 $\boldsymbol{k}$가 파동벡터이고 $\boldsymbol{r}$이 위치이며 $u(\boldsymbol{r})$이 주기함수일 때 $\Psi(\boldsymbol{r}) = e^{i\boldsymbol{kr}}u(\boldsymbol{r})$이 된다. 식 (2.22)에서 Ψ_E와 Ψ_E^j는 위치에 의존하는데, 이 식에서 a는 $\boldsymbol{r}$과 같고 $\boldsymbol{k}$는 엑시톤의 파동벡터이다. 엑시톤은 유사 입자로 간주되고 a가 격자상수일 때 $2\pi/Na$의 N 단계들에서 $|\boldsymbol{k}|$가 $0\sim\pi/a$ 사이의 값을 갖는 모멘트 $\boldsymbol{p} = \hbar\boldsymbol{k} = (h/2\pi)\boldsymbol{k}$를 가진 분자들의 짝지어진 배열 내에서 확산되는 원래 흡수분자의 여기에 의해 생성된다(그림 2.28). 이것은 처음 여기된 진자의 에너지가 분자의 배열을 거쳐 이동되는 기계적으로 짝지어진 진자와 동일한 결과이다. Frenkel 엑시톤은 비편재화되어 있는데 다르게 표현하면 엑시톤이 일정한 상을 가진 짝지은 분자의 배열을 통하여 균일하게 퍼져 있는 것이라고 할 수 있고 짝지어진 분자배열에서 여기에 대한 중요한 선택규칙을 확립하게 된다. 보존된 분자 체계의 총 모멘트는 파장 λ_{ph}과 연합된 모멘트 h/λ_{ph}를 가진 광자가 분자총체에 가해지면 파동벡터 $|\boldsymbol{k}| = 2\pi/\lambda_{ph}$를 가진 엑시톤 상태로 여기된다는 일반적인 일반적인 원리를 필요로 한다. 광자의 파장은 대개 격자상수보다 100배 이상 크기 때문에 단지 엑시톤 밴드의 아래쪽(혹은 대칭에 따라 엑시톤 밴드의 위쪽)과 가까운 들뜬상태만이 존재할 수 있으며 대개 $k = 0$인 상태로 확인된다.

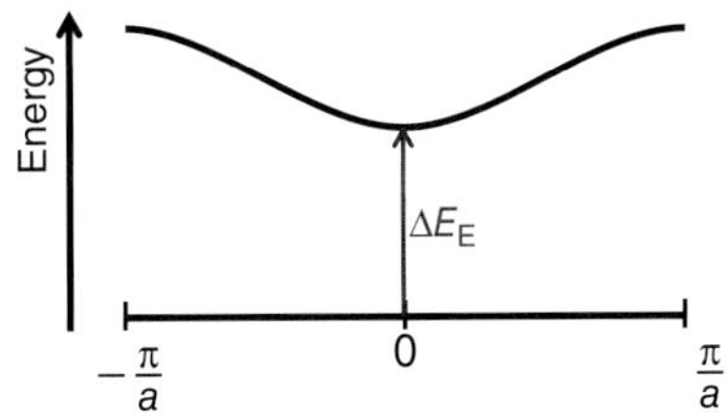

그림 2.28 유기 결정에서 엑시톤의 확산

또한 오해를 피하기 위하여 Frenkel 엑시톤 상태와 Bloch 상태 사이의 차이를 분명히 밝힐 필요가 있는데, 무기반도체에서의 Bloch 상태는 원래 한 원자에 추가되거나(혹은 사라진) 전하의 비편재화를 표현하는 것이다. 결과적으로 전도대 혹은 가전자대에 추가 혹은 누락된 전하가 존재하게 된다. 반대로 Frenkel 엑시톤은 원래의 한 분자에서 여기된 상태가 어떻게 결정체 배열로 비편재화되는지 묘사한 것이다. 들뜬상태의 밴드(엑시톤 밴드)는 쿨롱 결합 및 전자-정공 쌍에 대한 밴드로 보여지는데, 이러한 관점에서 보면 비록 여기가 단지 이러한 특정한 배열보다 실제적으로 더 많은 기여를 하고 있다는 사실을 인정할지라도 결정체 배열을 따라 함께 움직이는 동일한 분자의 LUMO(lowest unoccupied molecular orbital)에 있는 추가적인 전자와 HOMO(highest occupied molecular orbital)에 있는 사라진 전자를 대략 상상할 수 있을 것이다(1.3.3절과 비교). 무시할 수 없는 유기반도체에서의 전자-전자 상관관계 효과의 존재에 기인하여 Frenkel 엑시톤은 서로 연관성을 가지고 움직이는 전도대(CB, conduction band)의 전자와 가전자대(VB, valence band)에 있는 정공과는 다르다. 고체분자에서의 엑시톤 전이와 무기반도체에서의 최외각 전도성 전이의 또 다른 차이는 여기가 일어나지 않기 때문에 결정체 배열의 바닥상태[식 (2.19)]가 확산도 일어나지 않는다는 사실로부터 분명해진다(그림 2.28).

2.2.2 단위 셀당 두 분자에 대한 Frenkel 엑시톤 개념

지금까지 고려한 형식주의는 안정한 단일 분자의 질서 있는 배열을 가진 엑시톤 상태를 표현하기에 적합하였는데, 바꿔 말하면 이는 단위 셀당 하나의 분자만을 가진 분자결정에서의 엑시톤이라고 하겠고 이러한 예로는 Hexamethylbenzene이 있다. 대부분의 분자에 있어서 예를 들면 평면구조를 가진 Acene에서 분자가 짝지음을 하게 되면 명백히 밝혀진 구조를 가진 이량체를 형성하고(그림 1.3 참고) 이것은 엑시톤의 개념으로 확장된다. 단량체에서 이량체로 넘어가면 들뜬상태는 분자들 상호간의 방향성에 의존하는 전이 모멘트를 가진 이중항으로 분리되고 이량체 분자결정은 단위 셀로 정의된다. 결정에서 다른 단위 셀과의 전자 짝지음에 따라 각각의 여기된 이량체 상태는 비편재화된 엑시톤 상태의 밴드로 분리된다(그림 2.29). 이와 같은 결정의 흡수 스펙트럼은 이중항의 분리가 본래 이량체가 분리된 상태임

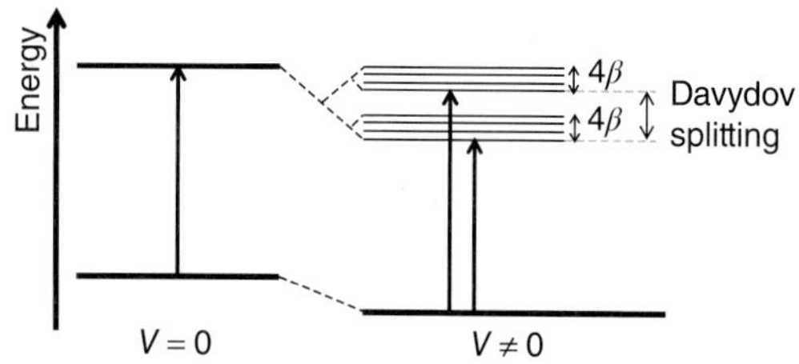

그림 2.29 단위 셀이 2개의 Davydov 엑시톤 밴드에 포함된 상태에서 분자결정의 $2N$ 겹으로 축퇴된 분리. 2개의 $k = 0$ 상태들 사이의 분리는 Davydov 분리로 정의되고, 이것의 크기는 단위 셀 안에 존재하는 동등하지 않은 분자들 사이의 공명 상호작용에 의해 결정된다. 이때 엑시톤의 밴드폭(4β)은 서로 다른 단위 셀에서의 동등한 분자들 사이의 공명 상호작용에 의해 결정된다.

을 측정한 것이다. 이런 분리를 분자결정의 엑시톤 이론 체계를 규정한 Alexander Sergejewitsch Davydov의 이름을 따서 **Davydov 분리**라고 부른다. 원칙적으로 이중항의 스펙트럼 선들은 모멘트 보존의 이유로 날카롭고(위의 내용 참고), 그것들의 세기와 분극화는 벡터합 혹은 각 전이 모멘트들의 차이에 의해서 결정된다. 전이의 완성된 조합은 발광이 아니라 흡수에서만 측정되며 이것은 높은 에너지의 여기는 발광에 앞서 항상 급격하게(수백 펨토초 이내) 낮은 에너지 상태로 이완되기 때문이다.

2.2.3 Frenkel 엑시톤의 일관된 그리고 일관되지 않은 운동

지금까지 발전해 온 엑시톤의 개념은 분자가 고정된 상태에 있는 완벽한 분자결정에 적용된다. 이런 가정하에 Frenkel 엑시톤은 방사 혹은 비방사 소멸에 이를 때까지 파동과 같은 형태로 일관되게 움직인다. 실제에 있어서는 이런 조건을 충족하는 완벽한 분자결정이나 규칙적인 분자배열은 존재하지 않는다. 아래에 정리되어 있는 또 다른 이유들에 의해 개별 분자의 전이 에너지는 변하고, 결과적으로 추가적인 항 ΔH_i이 식 (2.17)의 Hamiltonian 연산자에 더해졌다.

$$H = \sum_{i=1}^{N}(H_i + \Delta H_i) + \frac{1}{2}\sum_{\substack{i,j=1 \\ i\neq j}}^{N} V_{ij} \tag{2.27}$$

최종적으로 얻어진 에너지 준위는 서로 다른 분자 위치에 따른 에너지의 변화와 분자들 사이의 짝지음의 강도 사이의 비에 따라 결정된다. 이 2가지 경우는 서로 구별되는 것이 필요하다.

(i) 분자의 위치들($V_{ij} > \Delta H_i$) 사이의 에너지 변화와 비교하면 짝지음은 강한데, 이 사실은 2.2.1절과 2.2.2절에서 지금까지 논의되었다. 분자의 들뜬상태들 간 중첩에 의해 일어난 비편재화된 Frenkel 엑시톤 상태들은 분자 체계의 들뜬상태들을 잘 표현해준다. 에너지의 이동은 파동과 같은 형태로 일어나는데 이것을 **일관성 에너지 전달**(coherent energy transfer)이라고 부른다.

(ii) 또 다른 제한으로는 서로 다른 분자들 사이의 에너지 변화가 엑시톤 밴드의 폭 ($V_{ij} < \Delta H_i$)을 넘어선다는 것인데, 이런 경우 엑시톤 밴드는 사라지고 흡수 스펙트럼이 개별적 분자 흡수체의 에너지적인 분포를 그려내게 된다[38]. 대개 이러한 흡수 스펙트럼은 가우스 분포의 모양을 따르고 반응성이 없는 유리상에 놓여 있는 분자의 광학적 전이의 확대와 비슷한 동질성을 가지고 흡수 독립체의 환경에 있어서 구조적이면서 동시에 에너지적 무작위성을 반영한다. 전체 분자 체계의 들뜬상태는 일관성 없이 자신의 에너지를 다른 분자에게 전달하는 각 분자의 (편재된) 들뜬상태라고 표현하는 것이 가장 적합할 것이며, 그래서 이런 과정은 **비일관성 에너지 전달**(incoherent energy transfer)이라고 부른다. 지금 고려하고 있는 짝지음 퍼텐셜이 오직 쌍극자 항만을 포함하고 있다면 **Förster형 에너지 전달**이라 부르고, 교환 상호작용만이 짝지음 퍼텐셜에 작용하면 이를 **Dexter형 에너지 전달**이라 부른다. 두 에너지 전달 메커니즘은 다음 절에서 더 상세히 살펴볼 것이다.

Frenkel 엑시톤 밴드의 일관성을 무너뜨리는 '결함'의 원인은 유한한 온도에서 일어나는 (고정된) 에너지적 무질서와 구성분자들의 집단적 움직임 때문이다. 고체상태 물리의 용어로 이러한 진동들을 포논(음향양자)이라고 한다. 결함뿐만 아니라 포논은 엑시톤을 분산시킬 수 있고 일관성을 잃어버리게 할 수 있다. 이러한 형상이 일어나는 시간을 **탈위상화 시간**(dephasing time)이라고 부르는데, 포논이 열적으로 여기되기 때문에 탈위상화 시간은 온도 증가에 따라 감소한다. 이것은 여기의 흡수 선폭에 대한 중요한 결과를 초래하는데 불확실성 원리는 전이의 선폭이 전이의 수명에 역비례하는 것을 예측하게 한다. 지금 이 경우에서의 수명은 방사수명이 아니라 양자 상태의 상이 변화한 이후의 시간, 즉 방사수명보다 훨씬 짧은 시간이다. 이것은 모멘트의 선택규칙으로부터 예상되는 분자결정들의 흡수 스펙트럼이 넓어지는 원인이 된다.

Frenkel 엑시톤이라는 고유한 명칭을 사용할 때 서로 다른 과학계 사이에 그 의미가 다를 수 있다는 것을 인지하는 것이 유용하다. 결정체 체계의 연구배경을 가진 사람들은 일관되게 활성화가 진행되는 경우에 엑시톤이라는 용어를 사용하는 경향이 있는데, 이와 대비하여 비정질 체계를 일차적으로 연구하는 사람들은 엑시톤의 개념을 식 (2.22)의 개념에 활성화가 적용된 엑시톤의 정의가 비정질 체계에 있어서 정확하지는 않지만 여전히 이들 비정질 체계에 적용하고 있다.

2.2.4 Förster와 Dexter형 에너지 전달

만약 여기가 에너지 도너 D인 한 분자로부터 에너지 억셉터 A인 다른 분자로 일관성 없는 방식으로 이동된다면 빛의 방출이나 재흡수에 의한 방사 과정 혹은 양자화학적 짝지음에 의한 비방사 과정이 일어날 수 있다는 것을 의미한다. 첫 번째 경우는 **사소한 전달**(trivial transfer)이라고 부르고 다음의 두 단계로 구성된다.

$$\begin{aligned} &D^* \rightarrow D + h\nu \\ &h\nu + A \rightarrow A^* \end{aligned} \tag{2.28}$$

사소한 전달은 효과적인 발광과 흡수를 요구하지만 도너와 억셉터 사이에 다른 어떤 상호작용도 일어나서는 안된다. 이것은 희석된 용액에서 자주 일어나는데 긴 시간에 걸쳐 이루어진다. 도너와 억셉터가 발광과 흡수 스펙트럼이 만족할만한 수준으로 중첩된 동등한 분자라면 사소한 전달은 들뜬상태의 **방사 갇힘**(radiative trapping)을 일으키고 여기의 수명이 증가하는 현상을 나타내게 된다.

밀도가 높은 중간체에서 많은 경우에 양자화학적 짝지음에 의한 비방사 에너지 전달이 일어나는데, 이것은 들뜬상태 도너 분자 D^*가 탈여기되는 동시에 바닥상태 억셉터 분자 A가 짝지음 상호작용을 통해 여기되는 단일 단계 과정이다.

$$D^* + A \xrightarrow{\text{coupling interaction}} D + A^* \tag{2.29}$$

도너와 억셉터가 분자의 크기에 비해 더 큰 거리로 분리되는 제한조건에서, 그리고 짝지음이 전자기적 쌍극자–쌍극자 상호작용에 의해 이루어지면 이것을 **Förster 전달**이라 하고 짝지음이 교환형일 때 **Dexter 전달**이라고 한다[39–40]. Förster 전달은 또한 대개 **공간이동**(through-space) 상호작용이라는 표현을 사용하는 반면 Dexter 전달은 **결합이동**(through-bond) 상호작용이라고 설명하기도 한다. 에너지 전달을 위한 양자화학적 짝지음은 약하므로 에너지 전달의 속도상수는 Fermi의 황금률로부터 유도할 수 있다.

$$k_{\mathrm{ET}} = \frac{2\pi}{\hbar}|\langle\Psi_{\mathrm{f}}|\hat{H}'|\Psi_i\rangle|^2\rho_{\mathrm{E}} \tag{2.30}$$

ρ_{E}는 DOS이다. 이 식은 도너의 발광 $I_{\mathrm{D}}(\lambda)$와 억셉터의 흡수 $\varepsilon_{\mathrm{A}}(\lambda)$ 사이의 스펙트럼 중첩 J와 관련이 있다(그림 2.30).

$$J = \int I_{\mathrm{D}}(\lambda)\varepsilon_{\mathrm{A}}(\lambda)\lambda^4 \mathrm{d}\lambda \tag{2.31}$$

전통적으로 흡광계수(extinction coefficient) $\varepsilon_{\mathrm{A}}(\lambda)$는 $\mathrm{M}^{-1}\mathrm{cm}^{-1}$로, λ는 nm 단위로 표현하고 도너의 발광 $I_{\mathrm{D}}(\lambda)$는 무차원 값이다. $I_{\mathrm{D}}(\lambda)$의 스펙트럼은 단위 영역에서 정규화되고, $\int I_{\mathrm{D}}(\lambda)\mathrm{d}\lambda = 1$이다. J의 단위는 $\mathrm{M}^{-1}\mathrm{cm}^{-1}\mathrm{nm}^4$이 된다. $\hat{H}'$는 짝지음 Hamiltonian이고 도너와 억셉터 전하분포 사이의 정전기적 상호작용으로 구성되어 있다. 전자 상호작용 에너지 $\beta = \langle\Psi_{\mathrm{f}}|\hat{H}'|\Psi_{\mathrm{i}}\rangle$를 구하기 위하여 분자 체계에서의 도너와 억셉터 분자를 고려하자. 처음과 나중 상태의 파동함수는 $\hat{\mathcal{A}}$가 반대칭화 연산자일 때 각각 $\Psi_{\mathrm{i}} = \hat{\mathcal{A}}\Psi_{\mathrm{D}}^*\Psi_{\mathrm{A}}$와 $\Psi_{\mathrm{f}} = \hat{\mathcal{A}}\Psi_{\mathrm{D}}\Psi_{\mathrm{A}}^*$이

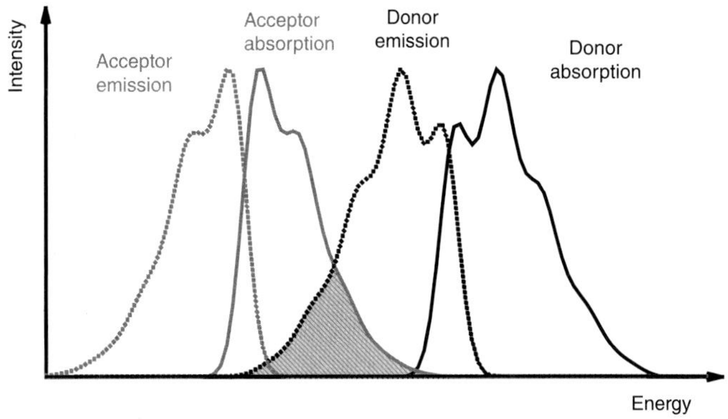

그림 2.30 도너의 발광 스펙트럼과 억셉터의 흡수 스펙트럼 사이의 스펙트럼 중첩(회색 영역)

고 Ψ는 전자와 스핀의 파동함수를 포함한다. 이 분자 체계는 구별하기 어려운 2개의 관계된 전자를 포함하고 있기 때문에 처음과 나중 상태의 파동함수는 아래와 같이 나타낼 수 있다.

$$\Psi_i = \frac{1}{\sqrt{2}}[\Psi_D^*(1)\Psi_A(2) - \Psi_D^*(2)\Psi_A(1)] \tag{2.32a}$$

$$\Psi_f = \frac{1}{\sqrt{2}}[\Psi_D(1)\Psi_A^*(2) - \Psi_D(2)\Psi_A^*(1)] \tag{2.32b}$$

이 식들을 β에 대입하면

$$2\beta = \left\langle \left[\Psi_D(1)\Psi_A^*(2) - \Psi_D(2)\Psi_A^*(1)\right] \left|\hat{H}'\right| \left[\Psi_D^*(1)\Psi_A(2) - \Psi_D^*(2)\Psi_A(1)\right] \right\rangle \tag{2.33a}$$

예를 들어,

$$\begin{aligned} 2\beta = &\left\langle \Psi_D(1)\Psi_A^*(2) \left|\hat{H}'\right| \Psi_D^*(1)\Psi_A(2) \right\rangle - \left\langle \Psi_D(1)\Psi_A^*(2) \left|\hat{H}'\right| \Psi_D^*(2)\Psi_A(1) \right\rangle \\ &- \left\langle \Psi_D(2)\Psi_A^*(1) \left|\hat{H}'\right| \Psi_D^*(1)\Psi_A(2) \right\rangle + \left\langle \Psi_D(2)\Psi_A^*(1) \left|\hat{H}'\right| \Psi_D^*(2)\Psi_A(1) \right\rangle \end{aligned} \tag{2.33b}$$

식 (2.33b)는 4개 항을 포함하고 있다. 첫째와 마지막 항에서는 전자들이 상호작용이 일어나기 전후에 각 분자에 머무르고 있지만 분자들은 바닥상태로부터 들뜬상태로 혹은 그 반대로 상태가 변한다. 첫째와 마지막 항들은 함께 쿨롱 항을 만드는데, 둘째와 셋째 항에서 전자는 분자들 사이에서 움직이면서 동시에 상호작용의 전후에 바닥상태 혹은 들뜬상태 분자에 존재하는 자신의 위치를 유지한다. 이 두 항들은 교환 항을 만들고 식 (2.33b)는 아래와 같이 표현할 수 있다.

$$\beta = \beta^C - \beta^E \tag{2.34}$$

에서

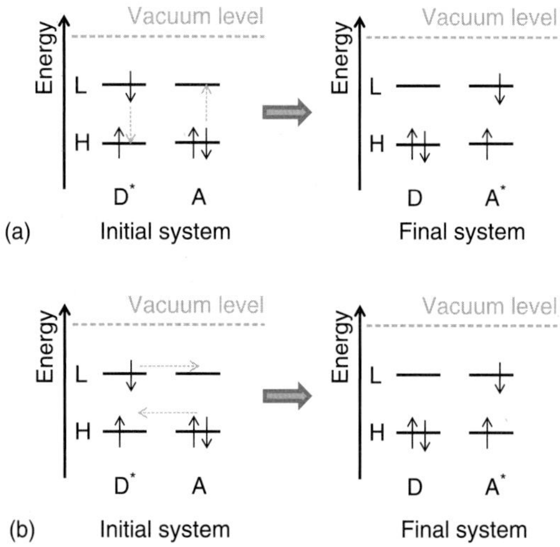

그림 2.31 (a) Förster형 에너지 전달로 귀결되는 쿨롱 짝지음과 (b) Dexter형 에너지 전달로 귀결되는 교환 짝지음에 의한 공명에너지 전달

$$\beta^C = \left\langle \Psi_D(1)\Psi_A^*(2) \middle| \hat{H}' \middle| \Psi_D^*(1)\Psi_A(2) \right\rangle \tag{2.35a}$$

$$\beta^E = \left\langle \Psi_D(1)\Psi_A^*(2) \middle| \hat{H}' \middle| \Psi_D^*(2)\Psi_A(1) \right\rangle \tag{2.35b}$$

이고, 이때 두 전자는 서로 구별되지 않는다. 쿨롱 짝지음과 교환 짝지음은 그림 2.31에서 설명하고 있다.

이제 짝지음 에너지와 분자 간 연합속도를 구해보자. 이를 위해서는 억셉터 분자의 전하분포를 수반한 도너 분자에서의 전하분포의 정전기적 상호작용 총합을 먼저 구해야 한다. 쿨롱 항은 예를 들면 Dexter에 의해 표현된 정전기적 상호작용의 다극자 확장을 통하여 구할 수 있지만[40], 도너와 억셉터 사이의 거리가 그들의 크기보다 더 크면 오직 쌍극자–쌍극자 상호작용만을 전적으로 고려하는 것으로 충분하다. 이것은 Förster가 사용한 근삿값을 구하는 방법이고 **점–쌍극자 근사**(point–dipole approximation)라고 부른다. 이 경우에 쿨롱 상호작용 에너지는 도너와 억셉터의 전이 쌍극자 모멘트 μ_D와 μ_A에 직접적으로 비례하고 도너와 억셉터의 분리 R의 세제곱에 역비례한다(그림 2.32).

$$\beta^C \propto \frac{|\mu_D||\mu_A|}{R^3}\kappa \tag{2.36}$$

여기서 전이 쌍극자들 사이의 상대적 방향성을 함축한 방향성 요인 $\kappa = \cos\phi - 3\cos\theta_D \cos\theta_A$이다. 도너와 억셉터가 등방성을 가진 시료에서는 $\kappa^2 = 2/3$가 사용된다. 도너와 억셉터의 쌍극자 모멘트들의 동일선형배열은 최대 상호작용이 가능하여 $\kappa^2 = 4$를 가지고, 평행배열에서는 $\kappa^2 = 1$, 수직배열에서는 효율적 에너지 전달이 어려운 $\kappa^2 = 0$을 갖는다. 식 (2.36)의 결과로

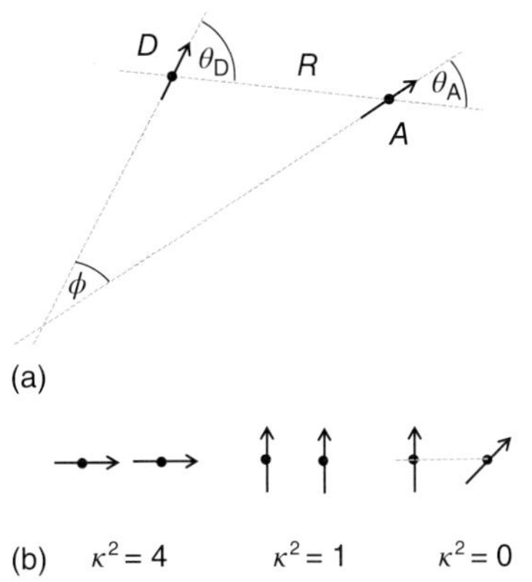

그림 2.32 (a) 거리 벡터 ***R***과 상대적 각도에 따른 도너와 억셉터 발색단에 대한 전이 쌍극자 모멘트 μ_D와 μ_A의 상대적 방향성. (b) 점-쌍극자 근사의 제한조건에서 도너와 억셉터의 전이 쌍극자 모멘트의 동일선형, 평행, 수직 방향성 각각에 대한 방향성 요인 κ^2의 값.

Förster 전달에 대한 에너지 전달속도는 도너-억셉터 거리의 6제곱에 역으로 비례하고 긴 거리에서는

$$k_{ET} \propto \frac{|\mu_D|^2|\mu_A|^2}{R^6}\kappa^2 \tag{2.37}$$

이 된다. 전이 쌍극자 모멘트들은 형광 수명이나 Einstein 계수들을 통해 얻어지는 양자수율과 같이 분광학적으로 측정이 가능한 정량적인 값들과 관련이 있다(1장 참고). 이런 관련성을 활용하고 DOS를 고려하면

$$k_{ET} = \frac{9 \cdot \ln 10}{N_A} \frac{1}{2^7\pi^5 n^4} \frac{\Phi_D}{\tau_D^0} \frac{\kappa^2}{R^6} \int I_D(\lambda)\varepsilon_A(\lambda)\lambda^4 d\lambda \tag{2.38}$$

을 얻을 수 있는데, 이때 $N_A = 6.02 \times 10^{23}\ \text{mol}^{-1}$의 Avogadro 수이고 n은 도너와 억셉터를 둘러싸고 있는 중간물질의 굴절지수이며, Φ_D는 억셉터 부재하의 도너 형광 양자수율, τ_D^0는 억셉터 부재하의 도너 수명이다. 식 (2.38)을 좀 더 편리하게 표현하면 다음과 같다.

$$k_{ET} = \frac{1}{\tau_D^0}\left(\frac{R_0}{R}\right)^6 \tag{2.39}$$

이때 $R_0^6 = \frac{9 \cdot \ln 10}{N_A} \frac{1}{2^7\pi^5 n^4} \Phi_D\kappa^2 \int I_D(\lambda)\varepsilon_A(\lambda)\lambda^4 d\lambda = 8.77 \cdot 10^{-5} \cdot \Phi_D\kappa^2 \int I_D(\lambda)\varepsilon_A(\lambda)\lambda^4 d\lambda$이고 $\varepsilon_A(\lambda)$는 $\text{M}^{-1}\text{cm}^{-1}$, λ는 nm의 단위로 주어지며 R_0는 **Förster 반경**이다. $R = R_0$에서 식 (2.39)는 $k_{ET} = 1/\tau_D^0$가 되는데, 이는 곧 Förster 반경이 억셉터로의 에너지 전달과 여기된 도너의 자연소멸이 동등하게 가능한 거리에 대해 측정한 값이다. Förster 반경에 대한 전형적인 값은 1~4 nm 범위에 있다. 에너지 전달의 효율은 아래와 같이 정의된다.

$$\Phi_{ET} = \frac{k_{ET}}{(1/\tau_D^0) + k_{ET}} = \frac{1}{1 + (R/R_0)^6} \tag{2.40}$$

만약 식 (2.33b)에 있는 교환 항들이 구해지면 상호작용 에너지는 도너와 억셉터의 분리 R에 더욱더 의존하게 되어

$$\beta^E \propto e^{-\frac{R}{L}} \tag{2.41}$$

따라서

$$k_{ET} \propto e^{-\frac{2R}{L}} J \tag{2.42}$$

의 관계로 표현할 수 있는데, 이때 L은 도너와 억셉터 상태의 유효평균궤도반경과 관련있는 상수이다.

식 (2.33)의 평가로부터 쿨롱 항과 교환 항 모두가 동시에 존재한다는 것이 분명하지만 긴 거리에서 일어나는 쿨롱 항보다 상대적으로 짧은 거리에서 일어나는 교환 항은 쿨롱 상호작용이 허용되는 한 도너와 억셉터 사이의 에너지 전달은 항상 이러한 경로를 따라 진행된다는 사실, 즉 Förster 전달에 따라 이루어진다는 사실을 의미한다. 전형적으로 1 nm를 초과한 거리에서는 Förster 전달이 지배적으로 일어나고 Dexter 전달은 짧은 거리에서만 일어난다.

쿨롱 항과 교환 항이 함께 존재한다는 것을 인식하기 위해서는 상호작용 에너지를 $\Psi = \Psi_{el}\ \Psi_{spin}$과 같이 전자와 스핀 파동함수로 분리하는 것이 유익하다. 상호작용이 스핀에 대해 독립적이라고 가정하면

$$\begin{aligned}\beta^C = &\left\langle \Psi_{el,D}(1)\Psi^*_{el,A}(2) \middle| \hat{H}' \middle| \Psi^*_{el,D}(1)\Psi_{el,A}(2) \right\rangle \\ &\cdot \left\langle \Psi_{spin,D}(1) \middle| \Psi^*_{spin,D}(1) \right\rangle \left\langle \Psi^*_{spin,A}(2) \middle| \Psi_{spin,A}(2) \right\rangle\end{aligned} \tag{2.43}$$

$$\begin{aligned}\beta^E = &\left\langle \Psi_{el,D}(1)\Psi^*_{el,A}(2) \middle| \hat{H}' \middle| \Psi^*_{el,D}(2)\Psi_{el,A}(1) \right\rangle \\ &\cdot \left\langle \Psi_{spin,D}(1) \middle| \Psi_{spin,A}(1) \right\rangle \left\langle \Psi^*_{spin,A}(2) \middle| \Psi^*_{spin,D}(2) \right\rangle\end{aligned} \tag{2.44}$$

로 정리할 수 있다.

식 (2.44)에 있는 교환 항에 대하여 스핀 파동함수들이 다른 분자들에 편재되어 있고 결합을 통하여 어느 정도의 파동함수 중첩이 일어나면 이 항은 0이 아닌 값을 갖는다. 따라서 Dexter형 전달은 결합을 통한 파동함수의 중첩을 요구하게 된다. 이와는 반대로 식 (2.43)의 쿨롱 항에서는 스핀 파동함수들이 동일한 분자에 존재하지만 때로는 바닥상태에, 때로는 들뜬상태에 놓여 있다. 스핀의 적분값이 0이 되지 않기 위하여 바닥상태와 들뜬상태들은 동일

한 스핀다중도를 가져야 한다. 결과적으로 Förster 전달은 단일항 들뜬상태에 있는 도너와 단일항 바닥상태에 있는 억셉터 혹은 좀 더 가설적으로 T_n 상태에 있는 도너와 T_1 상태에 있는 억셉터 사이에서 일어난다. 이 내용을 한 문장으로 요약하면 Förster 전달은 단일항 상태에서 우위를 보이는 반면 Dexter 전달은 삼중항 상태에서 우위를 보인다고 말할 수 있다. 강한 스핀-궤도 짝지음을 통해 현저한 단일항과 삼중항의 혼합을 이루는 유기금속착체에서 명목상의 삼중항 상태는 Förster 메커니즘에 의해 이동된다[41-42].

유기반도체에서 Förster와 Dexter 전달에 있어서 여기에 따른 에너지 전달 반경에 관한 세부적인 요점을 살펴보도록 하자. 고전적인 Förster 이론은 도너-억셉터 에너지 전이가 단일 단계 과정임을 암시하지만 응축상에서는 에너지 전이가 종종 많은 도너 발색단들 가운데 무작위로 전이가 일어나다가 최종적으로 도너-억셉터 전이가 일어나는 다단계 과정을 포함한다. 무작위적 전이는 서로 다른 도너 발색단들 사이에서 Förster 혹은 Dexter형 에너지 전달(혹은 동시에)을 통해서 일어난다. 이 결과 에너지 전달 반경은 단일 단계 Förster 반경을 상당히 넘어선 조건에서 여기의 총에너지 전이에 대해 얻어진다. 3.7.3절에서 상세하게 설명하겠지만, 단일 단계 에너지 전달 과정은 시간 의존도에 따라 다단계 에너지 전달 과정과 차별화된다.

더 나아가서 Förster에 의한 근사는 발색단 분자의 크기에 비해 더 큰 도너-억셉터 분리를 가정하는데, 이런 조건이 용액에서는 쉽게 충족이 되지만 비정질 박막에서는 도너와 억셉터가 가까이 근접해 있어 충족이 어렵다. 특히 π 결합이 짝지어져 있는 사슬구조를 가진 고분자나 π 결합이 짝지어져 있는 구조가 확장된 유기분자에서는 점-쌍극자 근사는 더 이상 유효하지 않으므로 전자 상호작용은 전하분포를 확실하게 고려하여 계산할 필요가 있다. 길게 이어진 π 결합을 가진 분자구조는 고분자 사슬을 따라 발생하는 단일항 여기의 Förster 전달이 사슬 사이의 에너지 전달에 비해 비효율적이라는 결과를 가져온다[43-44]. 이것은 식 (2.36)에서 예견된 것과는 반대의 경우이고 Förster 전달의 제한조건이 적용되는 경우가 된다[45].

분자 체계에서 긴 거리의 공명에너지 전달은 참고문헌 [46]과 이 주제를 주로 다룬 교재 [47-48]을 참고하기 바란다.

2.2.5 질서 있는 분자배열에서의 Frenkel 엑시톤에 대한 실험적인 예

2.2.5.1 분자결정: 안트라센과 테트라센

짝지은 분자들의 규칙적인 집합체에 대한 모형의 예는 안트라센 분자들로부터 만들어진 3차원 결정이다. 안트라센 결정은 안트라센 이량체로부터 형성된 기반을 가지고 있으며 헤링본 구조로 배열되어 있고 단위 셀은 면중심 단사결정 구조를 가지고 있다. 안트라센이나 테트라센과 같은 분자결정에서 Frenkel 엑시톤의 존재는 흡수와 발광에 관한 연구를 통해 기록되었다. 투과 실험은 최소 몇백 nm 두께의 결정을 필요로 하기 때문에 종종 반사에 의해 측정되는 흡수 스펙트럼은 분극화되고 그림 2.33에서 보여주는 바와 같이 몇십 nm 정도의 Davydov 분리를 나타낸다. 이 분리는 단위 셀을 기준으로 형성된 이량체의 2개의 동등하지 않은 분자 가운데 공명 상호작용을 측정한 결과이다. 두 전이들 각각은 동등한 분자들 가운데 일어나는 공명 상호작용에 의한 폭을 가진 분극화된 엑시톤 밴드를 형성한다. k 선택규칙 때문에 바닥상태로부터 밴드의 가장 아래쪽(혹은 가정 위쪽) $k \cong 0$ 상태들로의 전이만이 관찰되지만 엑시톤 밴드의 폭은 고온 밴드 분광학을 사용하여 결정한다[52]. 적당한 온도에서 바닥상태의 진동 준위는 열적으로 여기되고 k 상태들의 매우 폭이 좁은 밴드를 형성하여 $\Delta k = 0$의 선택규칙을 만족시킨다. 이런 접근방식을 이용하면 Frenkel 엑시톤 밴드의 폭을 구하여 Davydov 분리의 크기와 비교할 수 있는데, 일반적으로 단일항 엑시톤에 대하여는 10~100 meV의 범위 안에 있게 된다. 엑시톤의 움직임은 온도에 따라 일관성이 있을 수도 있고 없을 수도 있는데 최소한도 10^{-5} mol/mol의 농도를 가진 여기된 안트라센 결정으로부터 강한 테트라센 발광이 관찰됨으로써 증명되었다. 이것은 안트라센으로부터 테트라센으로의 효율적인 에너지 전이가 일어났음을 의미한다.

이제 주제를 바꿔 그림 2.33에서 보여주는 완벽한 분자결정 모형의 예로 안트라센의 형광 스펙트럼에 대해 논의해보도록 하자. 온도 4.2K에서 측정한 안트라센 결정의 스펙트럼은 $S_1 \rightarrow S_0$ 0−0 전이의 진동전자적 함축과 원래 구조에 존재하는 매우 얕은 전자트랩에 의해 나타난 것으로 확인된 매우 좁은 폭의 스펙트럼 선들로 구성되어 있다. 스펙트럼의 분석은 저온에서 가장 낮은 들뜬상태가 $k = 0$이기 때문에 순수한 $S_1 \rightarrow S_0$ 0−0 전이가 금지되어 있음을 증명하고 있다. 원래 여기된 광학적 들뜬상태는 엑시톤 밴드의 가장 아래쪽에 존재하는 $k = 0$ 상태보다 약간 위쪽에 있는 k 상태인데 여기가 된 후에 이완되어 다시 원래의 자리로 돌아온다. 모멘트 보존의 법칙을 만족시키기 위하여 발광은 반드시 포논 발광을 수반해야 한다. $k = 0$ 상태의 에너지적 위치 3.1111 eV(25097 cm^{-1})는 포논 모드의 에너지가 이미 알려져 있기 때문에 추정이 가능하다. 이 스펙트럼 분석은 위에서 언급한 엑시톤 모델과 완전히 부합하면서 또한 k 선택규칙과 관련된 미미한 차이를 떠나 흡수와 발광의 근원이 동질적인 것임을 보여준다. 이것은 광학적 여기에서의 주요 기하학적 이완이 부재하는, 즉 안트라센이 이러한 전이가 잘 일어나지 않는 분자임을 의미한다.

비정질 분자 박막에서 관찰할 수 있는 이량체 분리를 가진 분자결정에서 Davydov 분리를 비교하는 것은 흥미로운 일이다. 이러한 비교는 테트라센을 이용하여 이루어졌다. 증착방식이 결정화 성향을 가진 물질의 비정질 분자 박막을 준비하는 기술로 선호되는데 이는 용액으로부터의 박막성장 방식과 비교하여 원하는 구조적 배열을 얻는 데 시간이 적게 소요되기 때문이다. 온도에 따라 다른 형태로 형성된 무질서한 테트라센 박막의 흡수 스펙트럼(그

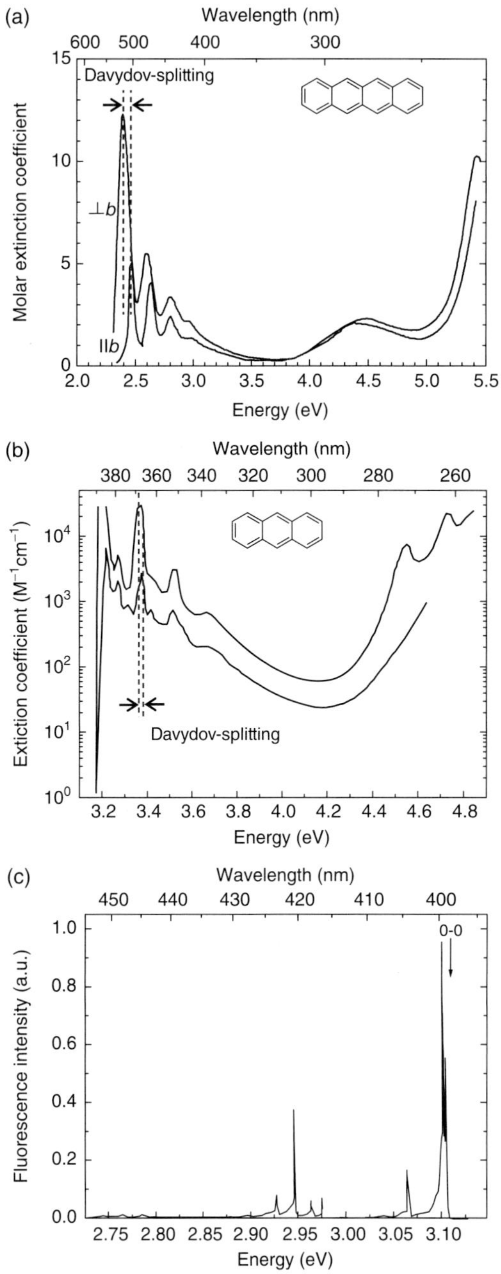

그림 2.33 (a) 상온에서 결정의 *b*축에 대해 평행 혹은 수직한 테트라센 결정의 분극화된 흡수 스펙트럼[49]. (b) 온도 90K 에서의 안트라센 결정의 분극화된 흡수 스펙트럼[50]. Davydov 분리는 테트라센 결정에서 0–0 전이의 동일한 진동 Peak 들 간 혹은 안트라센 결정에서 0–1 전이의 동일한 진동 Peak들 간 에너지 off-set을 가리킨다. (c) 온도 4.2K에서 안트라센 결정의 형광 스펙트럼[최고 해상도 0.004 nm(0.25 cm^{-1}), 1 cm^{-1}의 선 위치 정확도]. 화살표는 금지된 $S_1 \rightarrow S_0$ 0–0 전이를 가리킨다[51].

림 2.15)은 $S_1 \leftarrow S_0$ 0−0 전이가 박막의 형성 조건과 무관하게 약 80 meV의 분리에너지를 가진 불균일하고 넓은 이중항으로 분리됨을 보여준다[8]. 이것은 테트라센 결정에서 발견되는 78 meV(630 cm^{-1})의 Davydov 분리와 일치하고[49], 무질서한 박막에서의 구조단위가 헤링본 구조를 가진 이량체임을 증명한다. 이 같은 구조는 Acene 형태의 분자가 갖는 특징이다. 이러한 현상이 일어나게 하는 추진력은 약한 전기양성적 수소 원자와 방향족 고리의 π 전자 분포 사이의 정전기적 상호작용이다. 이런 미세구조는 분자들이 5K 정도의 낮은 온도에서 기판 위에 증착되는 경우에도 명백히 유지되고 결정에서의 대칭전환은 낮은 온도 기판에서는 이루어지기 어렵다. 분자결정에서의 여기에 대한 뛰어난 조사분석은 참고문헌 [53]에서 찾아볼 수 있다.

2.2.5.2 발색단의 고리 배열: 광수확 단백질

발색단의 고리 배열에 존재하는 Frenkel 엑시톤에 대한 모형적인 예는 광합성 보라색 세균으로부터 생성된 안료−단백질 착체들이다(참고문헌 [54−55] 참고). 보통 광합성 단위는 **광수확 착체** 1(RC−LH1, RC는 반응 중심)과 **광수확 착체** 2(RC−LH2)로 표기되는 2가지 형태의 광흡수 안테나를 포함하고 있다. LH2의 기본적인 구성은 3개의 Bacteriochlorophyll-a(BChl a) 안료와 하나의 카로테노이드 분자를 가진 단백질 착체로 되어 있다[56]. LH2 착체는 그림 2.34에서 보여주는 바와 같이 고리와 같은 구조로 배열되어 있는 이형이량체(heterodimer)의 8∼9개 복사체로 구성되어 있다. 광합성 세균의 일종인 Palustris의 로도슈도모나스(Rhodopseudomonas)로부터 생성된 LH1 착체는 타원형 구조를 가지고 15개의 아포단백질로 구성되어 있으며 각 착체는 2개의 BChl a 분자를 가지고 있다. LH1과 LH2에서의 광학적 여기는 단일분자 분광학에 의해 조사분석이 가능한 고리구조의 엑시톤을 형성하고, 이 엑시톤들은 2.2.1절에서 언급한 선택규칙에 따른다. 광수확 단백질에 대한 추가적인 검토는 참고문헌 [55]를 참고하기 바란다.

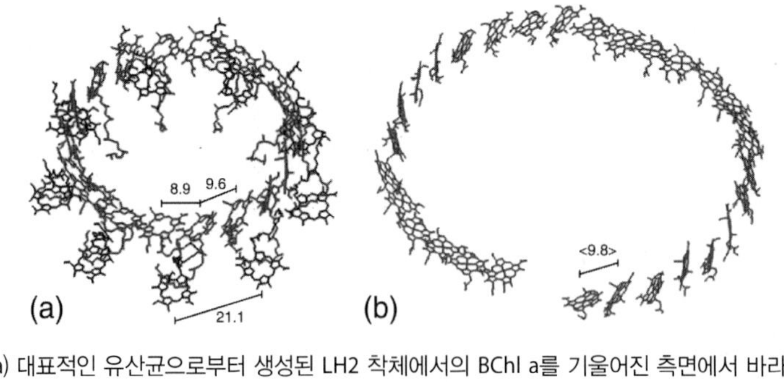

그림 2.34 (a) 대표적인 유산균으로부터 생성된 LH2 착체에서의 BChl a를 기울어진 측면에서 바라본 모습. 청색으로 표시된 B800 BChl a 분자는 외곽 고리를 형성하고 적색으로 표시한 B850 BChl a는 안쪽 고리를 형성한다. 숫자는 안료 분자 사이 중심−중심 간 거리를 A 단위로 표기한 것이다[56]. (b) Palustris로부터 생성된 LH1 고리에서의 BChl a 분자의 배열을 기울어진 측면에서 바라본 모습. 숫자는 안료 분자 사이 중심−중심 간 평균 거리를 A 단위로 표기한 것이다[57].

광합성 단위에서 클로로필(chlorophyll) 분자들이 자발적으로 질서 있는 구조를 형성하는 것은 분자의 구성요소 가운데 비공유 상호작용에 의한 자체구성의 매우 중요한 예이다. 이러한 현상은 자연계의 거대 생물분자들에서 널리 발견되는데, 예를 들면 DNA의 자기집합체가 이중 나선 구조를 갖는다든지 단백질과 Polysaccharide의 α 나선 형성과 같은 것들이 있다. 이러한 전략을 천연광합성보다 효율이 높은 태양전지를 개발하려는 목표를 가진 광전자 소자를 위한 질서 있는 분자구조에 적용하려는 공학적 노력이 현재 진행되고 있다. 자체적으로 분자들의 질서 있는 구성을 이루기 위한 이러한 노력의 이면에 존재하는 생각은 개선된 질서도가 엑시톤과 전하이동의 촉진을 기대하는 것이다. 사실 Triphenylene[58], Hexabenzocoronene[59], 그리고 Phthalocyanine[60]과 같은 원판형의 분자들은 나선형의 상부구조를 가진 π 결합의 적층구조를 형성하는데, 또 다른 예로는 chiral Perylene bisimide를 기반으로 하는 기둥구조 염료 집합체의 나선형 성장이다[61].

2.2.5.3 분자 J와 H의 총체들: 사이아닌 염료와 캐로틴

자기집합이 용이하게 일어나는 대표적 모형 물질은 사이아닌 염료인데 홀수의 메틴그룹 $(CH)_n$과 연결되어 있는 2개의 이형고리 단위로 구성되어 있는 분자구조를 가지고 있어 **Poly(methine) 염료**로도 알려져 있다. 길고 짧은 탄소 사슬이 반복됨에(아래 내용 참고) 따라 결합길이도 변하는 Poly(ene)s과는 반대로 Poly(methine)s은 동일한 결합길이를 갖는 특징을 보이며, 양전하, 음전하 혹은 중성의 모든 형태로 존재한다[62].

가장 오래도록 심도 있게 연구된 사이아닌 염료는 PIC라는 약자로 표현되는 Pseudoisocyanine chloride(1,1′-diethyl-2,2′-cyaninechloride)라고 불리는 음이온으로서 Cl^-를 가진 양이온 염료이다. Scheibe와 Jelley는 독립적으로 수용액과 같은 요구하는 특성이 부족한 용매에서 PIC를 관찰하였다[21-22, 63-65]. 그들은 모두 PIC의 농도가 10^{-6}에서 10^{-3} mol/L로 증가할 때 흡수 스펙트럼이 적색영역으로 이동하고 강한 세기의 폭이 매우 좁은 [FWHM=200 cm^{-1}(25 meV)] 스펙트럼을 보여주었다. 이것은 총체 형성의 증거인데 Jelley에 의해서 J-총체로 명명되었다. PIC는 동일선형의 전이 모멘트를 가진 J 형태 이량체를 형성하고 이어서 총체로 자기 스스로 조직화되어 가는데 총체의 구조는 실험조건에 따라 다르다. 그림 2.35는 PIC가 에탄올에 용해되었을 때의 흡수 스펙트럼을 보여주는데, 만약 물에 용해되면 J-총체를 형성한다. J-총체는 흡수와 발광에서의 지배적인 S_1 - S_0 0-0 전이들 사이에 일어나는 스토크스 이동이 무시할만한 수준일지라도 강한 형광을 보여준다. 허용된 광학적 전이는 다수의 발색단 전반에 퍼져 있는 Frenkel 엑시톤의 가장 낮은 에너지 상태에서 일어난다. 60 nm의 일관된 엑시톤 거리가 보고되었는데[67], 개개의 PIC 총체에 대해 독립적인 SNOM(scanning near-field optical microscopy)을 적용한 연구는 총체의 크기가 30 ± 5개의 단량체 길이가 됨을 밝혀준다. J-총체에 대한 검토는 참고문헌 [62]를 참

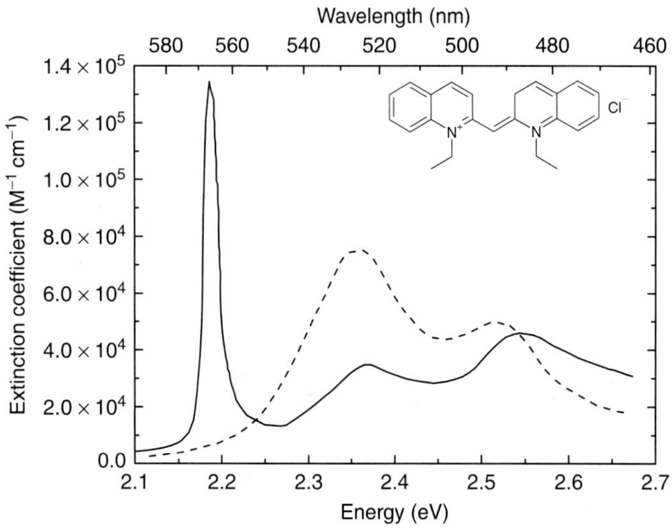

그림 2.35 총체로 형성되지 않은 형태의 사이아닌 염료 PIC의 섭씨 20도에서 측정한 흡수 스펙트럼(점선으로 표기된 곡선, 1.20×10^{-2} mol 농도의 에탄올 용액에서 측정)과 J-총체 형태에서 측정한 흡수 스펙트럼(실선으로 표기된 곡선, 1.05×10^{-2} mol 농도의 수용액에서 측정)[66].

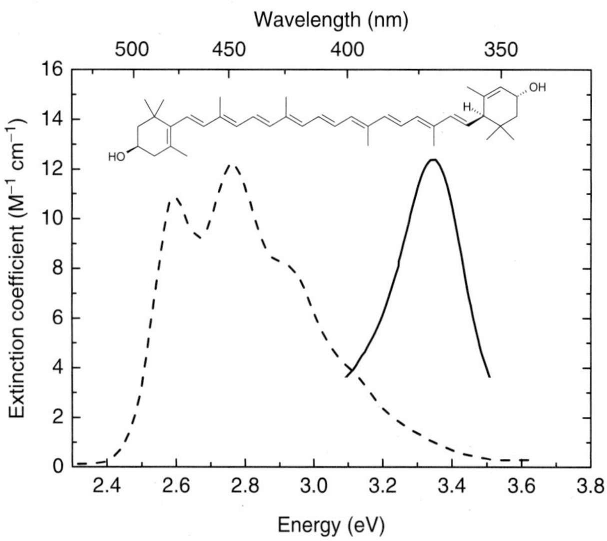

그림 2.36 총체를 형성하지 않은 Lutein 아세톤 용액의 흡수 스펙트럼(점선)과 아세톤 용액에 물을 가하여 H-총체를 형성했을 때 Lutein 분자의 흡수 스펙트럼(실선). 스펙트럼의 상단은 캐로틴 유도체인 Lutein의 화학구조이다[68].

조하기 바란다.

H-총체를 형성하기 쉬운 보통의 분자들로는 캐로틴이 있는데 사용되는 용매의 종류에 의존한다. 주목할만한 예로는 Poly(ene)의 한 종류인 Lutein 분자가 있는데 Zsila 등에 의해

심도 있게 연구되었다[68]. 그림 2.36은 적합한 용매인 아세톤에 용해된 Lutein의 흡수 스펙트럼을 보여주는데, 이 스펙트럼은 1400 cm^{-1}에서의 Vinyl 신축 진동에 따른 진동전자의 확실한 존재를 통해 총체의 형태를 가지지 않은 흡수체의 특징을 나타내고 있다. 아세톤 용액에 물을 더하면 흡수 스펙트럼의 급격한 청색이동이 진동전자 구조가 완전히 사라지는 현상을 동반하여 일어나는 것이 관찰되는데, 이것은 Lutein에서의 H-총체 형성을 의미한다.

2.2.5.4 진동전자 짝지음을 가지고 약하게 상호작용하는 H와 J-총체

Kasha의 실험에 따른 이량체 분광학 분야의 최근 발전[69-70]은 Spano 그룹의 연구에 따른 것이다[71-72]. 이들은 분자 진동에 대한 전자 이량체 상태의 짝지음을 양자화학적으로 해석하고 H와 J-총체에 적용하였다. 이러한 연구에 대한 동기는 H와 J-총체의 흡수와 발광 스펙트럼의 진동구조를 정량적으로 이해하고 이를 통해 구조와 특성의 관계를 예측하는 것이었다. Spano의 이론은 분리되어 고립된 발색단의 Franck-Condon적 진행이 발색단이 총체 속에 박혀 있다면 어떻게 왜곡되는지를 설명해준다. 이것은 발색단들이 어떻게 모이는지에 따라 발색단 간 짝지음에 관한 중요한 정보를 제공하는데, 이 이론의 핵심 요소는 엑시톤의 파동함수가 1개 혹은 2개의 입자 상태로 확장되는 것이다. 1개의 입자 상태들은 진동이 없는 모든 다른 바닥상태 분자들을 가진 진동전자적(= 전자적 + 진동적) 단일 들뜬상태로 구성되어 있다. 2개의 입자 상태들은 1개의 입자 상태와 마찬가지로 진동전자적으로 여기된 분자에 더하여 순수하게 진동적으로 여기된 분자들을 포함하고 있다. 단순하게 계산하기 위하여 이중결합이 규칙적으로 반복되는 구조를 가진 중분자와 고분자에서 일반적으로 나타나는 140~200 meV 범위의 모드 그룹을 대표하는 170 meV(1400 cm^{-1})의 에너지를 가진 하나의 효과적인 진동 모드를 가정한다. 에너지 준위를 연합한 도표의 형태로 정리한 내용이 그림 2.37에 나와 있는데 대칭의 이동, 즉 무질서한 분자 위치의 변화가 일어나지 않는 발색단의 이상적인 집합체에서 들뜬상태로 존재하는 허용되고 금지된 전이를 나타내고 있다. 발색단 S_1 상태의 진동전자 준위는 발색단에서의 진동전자 형태와 동일한 한 묶음의 진동 하위 밴드를 형성하는 엑시톤 밴드로 분리된다. 이 밴드들의 폭은 Franck-Condon 요소와 결합하여 증폭된 전자 짝지음의 행렬 요소에 의존한다. 밴드의 폭이 진동 양자 $\hbar\omega_0$보다 작으면(대개 약한 짝지음 한계라고 부르기도 한다) 이 밴드들은 분리되고, 그렇지 않으면 강한 짝지음이 일어나는 영역에서 중첩되고 누적된 밴드를 형성한다. 광학적 전이는 $\Delta k = 0$의 선택규칙을 따른다. 전이 쌍극자가 수미형으로 일직선 배열을 하는 J-총체에서(그림 2.17b 참고) 밴드의 아래쪽은 $k = 0$ 상태이고 위쪽은 $k = \pi$ 상태이다. 그래서 흡수와 발광은 $k = 0$ 상태로부터 혹은 $k = 0$ 상태를 향하여 일어나고 그들의 진동자 강도는 발색단의 경우에 비해 더 커진다. 발색단이 나란한 형태로 쌓여 있는 H-총체에서는 반대의 현상이 일어나고 광학적으로 허용된 전이들은 여기 밴드의 위쪽에 더 많이 분포하게 된다. 그러므로 흡수 스펙트

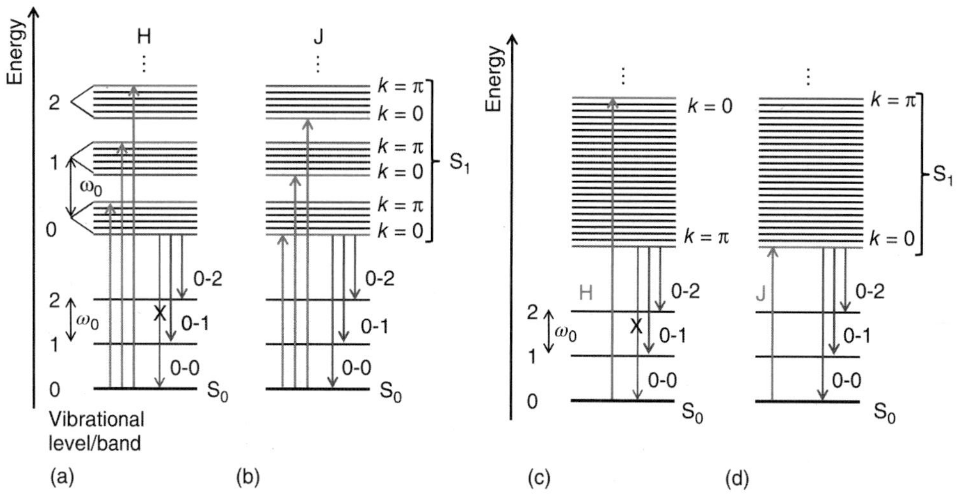

그림 2.37 이상적인 H와 J–총체의 약하고(a, b) 강한(c, d) 여기 짝지음에 대한 근사 에너지 준위 다이어그램. 청색 에너지 준위는 Node가 없는($k = 0$) 엑시톤인 반면 적색 에너지 준위에서는 $k = \pi$이다. 바닥상태와 들뜬상태 두 경우 모두에 대하여 오직 3개의 진동 상태만을 보여주고 밴드갭은 측정이 가능할 정도로 크지는 않다[71].

럼은 고립된 발색단의 흡수 스펙트럼에 비해 상대적으로 청색이동을 하게 되고 이런 엑시톤들은 S_1 상태의 $k = \pi$ 상태로 신속하게 이완된다. 온도 0°에서 진동전자의 짝지음 없이 이상적이고 완벽한 질서도를 가진 H–총체는 방사전이가 금지되어 있기 때문에 비방사소멸을 일으킨다. Spano에 의해 고려된 진동전자 짝지음의 경우에는 방사소멸이 단순히 감소되기만 하는데 이는 진동에 대한 짝지음이 $S_1 \rightarrow S_0$ 발광에서는 약화된 0–1, 0–2, ... 옆밴드가 나타나는 반면 0–0 전이는 여전히 금지된 상태로 남아 있기 때문이다.

사이아닌은(위의 내용 참고) **강한** 짝지음을 갖는 J–총체의 교과서적인 예이고 Lutein은 강한 짝지음을 갖는 H–총체의 대표적인 예이다. 그러나 총체 내에서 **약한** 짝지음이 일어나는 경우도 존재하는데, 이러한 경우의 분명한 예는 박막 상태의 P3HT이다. 총체가 생성되는 방법에 따라 흡수와 형광 스펙트럼은 H 혹은 J–총체 모두를 확인할 수 있는 형태를 나타내지만 선택규칙은 다소 벗어나게 된다. Spano의 진동전자 짝지음 이론은 이론적으로 어떻게 흡수와 형광 스펙트럼이 모여 있는 발색단 가운데 일어나는 전자 짝지음 정도와 온도, 그리고 무질서도의 함수로서 변화하는지를 예측한다. 그림 2.38은 발색단의 흡수와 형광 스펙트럼이 총체에서 전자 짝지음을 매개변수로 하여 어떻게 변해가는지 보여준다. 온도 0°에서 $N = 20$이면서 짝지음을 가지고 완벽하게 질서가 있는 발색단이 Huang–Rhys의 요소값 1(이것은 $S_1 \leftarrow S_0$ 스펙트럼에서 0–0과 0–1의 비가 동일하다는 것을 의미한다)에 의해 특징지어지고 균일한 가우스 선폭은 $\sigma_{hom} = 0.4\omega_0$일 때 $\Gamma(\omega) = \exp(-(\omega/\sigma_{hom})^2)$에 의해 이론적으로 추정되었다.

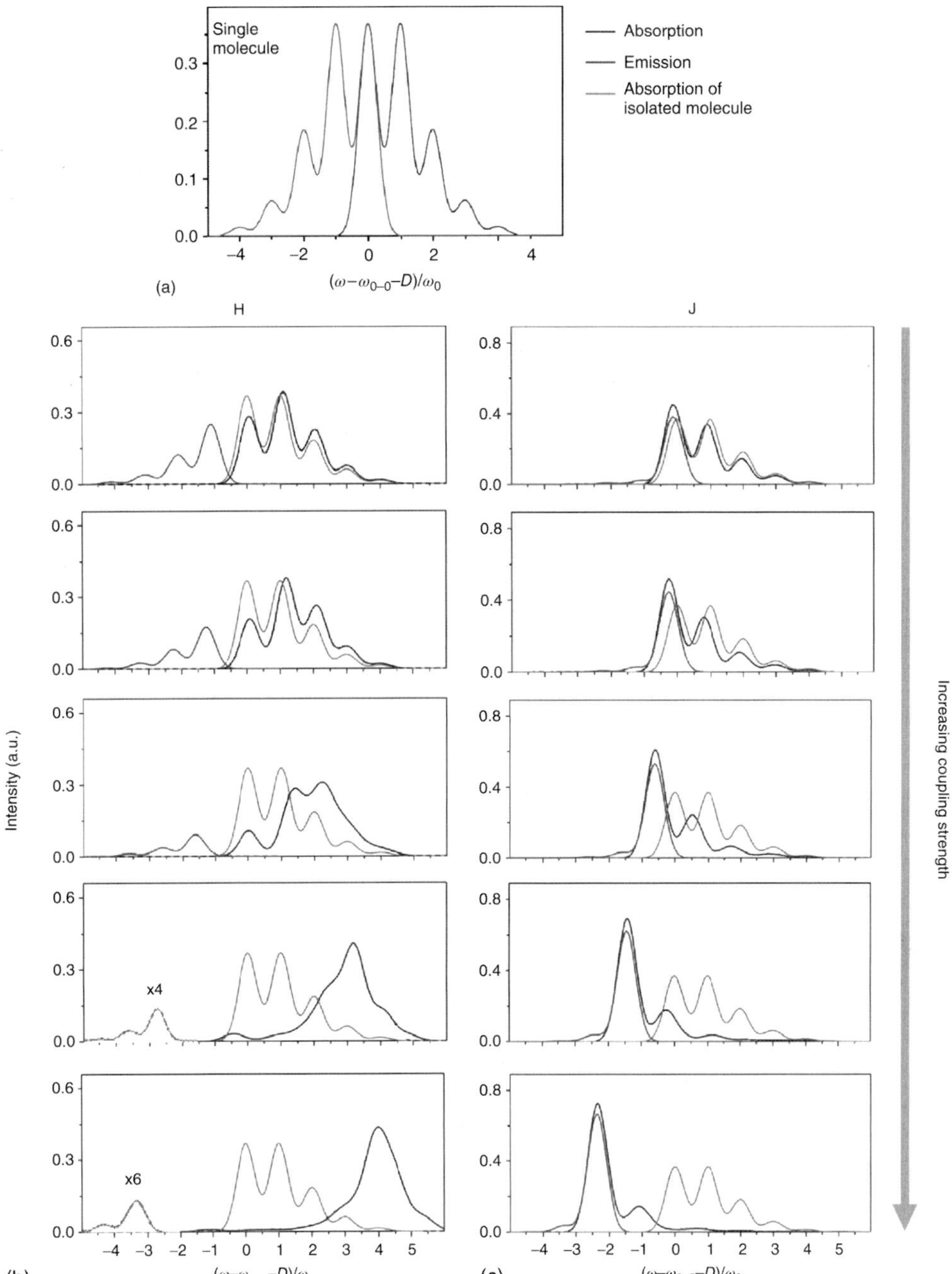

그림 2.38 (a) 고립된 분자, (b) 선형 H–총체, (c) 선형 J–총체에 대한 계산된 흡수(청색)와 발광(적색) 스펙트럼. $N = 20$ 분자들은 가장 인접한 분자들끼리만 짝지음이 일어난 것으로 가정하였다. 짝지음 강도는 위쪽에서 아래쪽으로 가면서 증가하고 엑시톤의 밴드폭은 $W = 0.5\hbar\omega_0$, $\hbar\omega_0$, $2\hbar\omega_0$, $4\hbar\omega_0$, $6\hbar\omega_0$이다. 여기서 $\hbar\omega_0$는 평균진동에너지로 0.17 eV이고, D는 기체–결정 이동, $S = 10$이다[71].

우선 **약하게 상호작용을 하는 H-총체**의 흡수를 생각해보자. 짝지음이 증가할수록 $S_1 \leftarrow S_0$ 0-0 전이는 감소하고 총체의 흡수 스펙트럼 I_{0-0}^{abs}과 I_{0-1}^{abs}의 0-0과 0-1 전이 사이의 비는 전자 짝찌음의 강도를 측정한 값이다. 약한 짝지음의 한계에서 $S = 1$의 Huang-Rhys 변수를 갖는 경우 밴드폭 W는 아래 식에 의해 유도된다[71, 73].

$$\frac{I_{0-0}^{abs}}{I_{0-1}^{abs}} \cong \frac{n_{0-1}}{n_{0-0}} \frac{(1-0.24W/\hbar\omega_0)^2}{(1+0.073W/\hbar\omega_0)^2} \tag{2.45}$$

전자 짝지음은 $W = 4\beta$로부터 얻어지고 n은 각각 0-0과 0-1 Peak 에너지에서의 굴절지수이다. 짝지음이 증가함에 따라 흡수 스펙트럼에서의 진동 형태는 그림 2.38에서 보여주는 바와 같이 더욱 강하게 비틀린 모습을 보이게 되고 결국은 짝지음의 강한 한계에 따른 스펙트럼의 특징을 나타낸다. 이제 약한 상호작용을 하는 H-총체의 발광에 초점을 맞추어 보면 $k = 0$의 선택규칙에서 발광에서의 0-0 전이는 완전히 사라지지만 더 높은 에너지에서의 진동전자 형태는 부분적으로 허용된다. 이러한 현상의 이유는 들뜬상태의 진동에 대한 짝지음은 선택규칙을 완화시키기 때문이다. 단일 발색단 스펙트럼의 근원으로부터 일어난 발광에서 0-0 전이의 상쇄는 발광이 일어난 곳으로부터 여기 밴드의 아래쪽을 향한 초기에 생성된 여기 완화 때문에 진동양자를 초과한다. 짝지음이 증가하면 이런 상쇄효과도 증가하고 전체 발광세기의 감소도 확실하게 나타난다. **약하게 상호작용하는 J-총체**에서는 $S_1 \rightarrow S_0$ 0-0 전이가 항상 흡수와 발광에서 공명하지만 엑시톤 밴드의 형성에 의해 고립된 발색단의 원래 스펙트럼으로부터 이동한다. 짝지음이 증가하면 0-0 전이의 흡수에서의 부분적인 강도 또한 증가하고 발광에서는 대부분의 스펙트럼 세기를 증가시킨다.

약하게 상호작용하는 H와 J-총체 모두에 있어서 온도의 상승은 형광에 깊은 영향을 미치는데, 발광이 허용되는 곳으로부터 밴드 하단부의 위쪽에다가 열적 활성화가 들뜬상태를 존재하게 함으로써 H-총체에서 $k = 0$ 선택규칙을 완화시키고 0-0 발광을 촉진시킨다. 정반대의 작용이 J-총체에서 일어나는데, 여기서는 열적으로 여기된 $k \neq 0$인 상태들이 진동이 매우 '활발하게' 일어나는 전자의 바닥상태로 돌아오게 된다(그림 2.39). 분자의 무질서는 온도가 상승함에 따라 선택규칙의 완화에 비슷한 효과를 미친다.

지금까지 발색단의 선형 사슬 사이의 짝지음(예를 들면 π 결합이 짝지어진 사슬의 반복단위)에 대해 생각해보았는데, 이런 짝지음은 J-총체와 서로 마주 보는 형태로 쌓여 있는 H-총체에서의 짝지음을 초래하지만 실제 환경에서는 2가지 짝지음이 동시에 존재하게 된다. 이런 효과에 대한 실제적인 예는 전자적으로 반응성이 없는 매트릭스 안에 박혀 있지 않고 단일 성분 박막을 형성하거나 용액에서 스스로 조직화하는 짝지어진(공액) 고분자에서 찾아볼 수 있다. 상대적인 방향성과 사슬구조 형태에 따라 집합체는 대부분 J형 혹은 H형으로 분류할 수 있는데[72], 그림 2.40에 잘 묘사되어 있다[75]. H형 특성이 스핀코팅으로 제작된

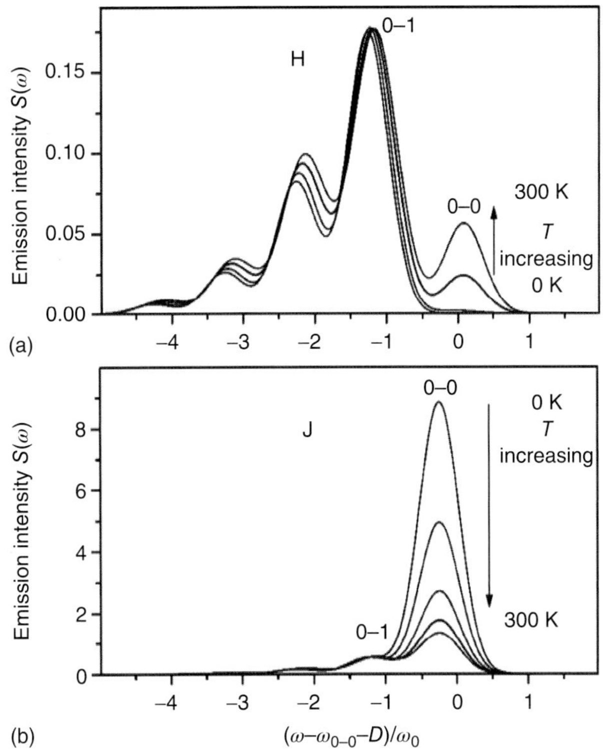

그림 2.39 무질서하고 자유로운 J와 H-총체 발광에서의 온도증가 효과. 그림 2.38과 동일한 변수를 가진 $N = 20$의 발색단으로 구성된 선형 총체에 대하여 계산하였다. (a) H 형태의 상호작용에 대하여, (b) J 형태의 상호작용에 대하여, 온도의 상승은 (a)와 (b)에서 0, 100, 200, 300K의 단계별로 진행하였고 추가로 30K의 단계를 포함하였다[71].

P3HT 박막에서 잘 드러나는 반면에 J형 특성은 톨루엔 용액에서 자기 조직화를 일으키는 P3HT 나노섬유에서 관찰할 수 있다. 이량체를 형성하는 두 P3HT 사슬 부분의 엇갈린 방향성은 뚜렷한 H형 특성을 가져오는 반면 겹쳐진 사슬 방향성은 두드러진 J형 특성을 나타낸다. P3HT에 대해 측정된 흡수와 발광 스펙트럼에 더하여 그림 2.40은 또한 온도가 증가함에 따라 H-총체(혹은 J-총체)의 0-0 전이에 의한 발광세기의 증가가 어떻게 일어나는지가 명백하게 나타나는 계산된 스펙트럼을 보여준다. 마침내 고분자 사슬들 사이의 짝지음 메커니즘은 쿨롱 상호작용으로 구성되어 있을 뿐만 아니라 파동함수의 중첩에 의한 어떤 상호작용을 포함하고 있는데, 이것은 Dexter의 교환 메커니즘과 유사하다.

2.3 π 공액 고분자에서의 들뜬상태들

고분자는 공유결합에 의해 연결된 반복 단위의 선형배열로 구성되어 있는데 반도체 고분자에서는 반복 단위가 대개 π 공액화(π-conjugated)되어 있다. 이러한 경우의 예외는

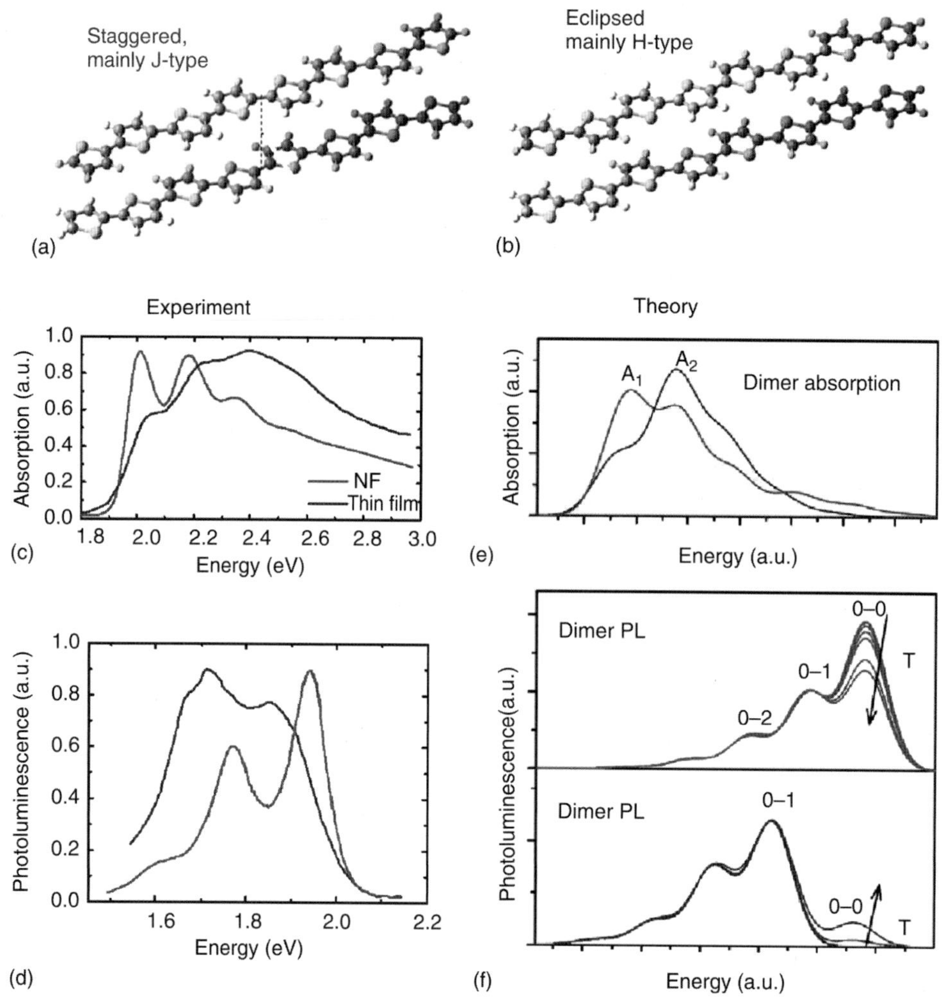

그림 2.40 선형 총체의 H와 J 특성에 있어서의 방향성 효과. (a) 두 P3HT 사슬 부분의 엇갈린 방향성, 이량체를 형성하고 J형 특성이 지배하는 결과를 가져온다. (b) H형 특성이 지배하는 겹쳐진 방향성, (c) P3HT에 대한 실험적 흡수 스펙트럼, H형 특성을 보여주는 박막상태에서 측정한 경우와 J형 특성을 보여주는 나노섬유의 톨루엔 용액상태에서 측정한 경우, (d) P3HT 박막과 나노섬유 용액에서 측정한 실험적 발광 스펙트럼, (e) 계산된 흡수 스펙트럼, (f) 엇갈린 방향성(위쪽 스펙트럼의 적색선)과 겹쳐진 방향성(아래쪽 스펙트럼의 청색선)을 가진 2개의 인접한 Thiophene 팔량체(octamer)에 대한 계산된 발광 스펙트럼. 화살표는 온도 증가의 효과를 가리킨다. 두 전이 사이의 에너지 차이는 $(\omega-(E_{S1}/\hbar))/\omega_0$이고 E_{S1}은 S_1 상태의 에너지, ω_0는 효과적인 진동에너지이며 $\hbar\omega_0$=170 meV이다[74–75].

Poly(silane)s이다. 고분자의 π 공액화 골격은 가시광 스펙트럼 영역에서 흡수하는데 이것은 이들을 현대 광전자 소자에서 활발하게 사용되는 요소가 되기에 적합환 조건을 제공하였다. π 공액 고분자의 들뜬상태 본질을 이해하는 손쉬운 접근방법은 우선 결정체 환경에서 완벽하고 확장성이 있으며 무한히 긴 고분자 사슬을 고려하는 것이다. 두 번째 단계로 고분자 사슬이 환경적, 형태적, 구조적인 무질서에 영향을 받을 때 들뜬상태의 성질이 어떻게 영향을 받는지에 관해 논의하는 것이다. 이러한 논의는 소자에 사용되는 많은 반도체 고분자가 박막을 형성할 경우에 다소간 무질서의 경향을 (용액상태에서는 더 심하게) 띠게 되기 때문에 필요하다. 현재 사용되고 있는 P3HT나 PFO와 같은 π 공액 고분자가 결정체 영역을 형성한다는 사실이 잘 알려져 있더라도 거시적 결정 형태로 합성되고 관찰되는 π 공액 고분자는 1가지 형태로만 존재한다. 그림 2.41에서 보여주는 Poly(diacetylene)s(PDAs)이 적합한 예로, 정지상태 무질서가 없는 π 공액 고분자의 이상적인 모델 화합물로 시용되고 있다.

2.3.1 결정체 고분자들: Poly(diacetylene)s(PDAs)

PDAs가 양질의 결정을 형성하는 이유는 어려운 합성 과정인 고분자 결정화를 시도하지 않기 위해서이다. 차라리 단량체 단위의 결정을 합성하는 것이 더 합리적이고 그 과정에서 고분자화가 진행되는 것이 타당해 보인다(그림 2.41). PDAs는 Diacetylene 단량체의 단일결정이 결정학적 질서를 가진 고분자로 변화되는 세공성 화학고체(Topo-chemical Solid) 상태의 반응에 의해 생성된다. Sulfonate(TS), Urethane(BCMU), Carbazole(DCH) 등과 같은 고분자 주사슬에 결합된 기능기(functional group)의 종류에 따라 반응은 단량체 결정을 가열하거나 UV, X선, 전자빔 등을 조사하여 여기시킴으로 시작할 수 있다. 복사의 양을 최소화하여 결정체 사이에서 전자적으로 반응성이 없는 유전성 매트릭스로서 수백 마이크로미터의 길이를 가진 단일한 1차원 고분자 사슬을 얻는 것이 가능하다. 이 고분자 결정체들은 이상적인 1차원 공액 사슬이 어떻게 행동하는지 살펴보는 것을 허용한다.

PDA는 전자적으로 짝지은 Diacetylene 단위들의 선형배열이 필수적이기 때문에 Frenkel 엑시톤의 개념에 따라 여기된 상태를 나타내는 것처럼 보인다. PDA와 1차원 분자결정 사이의 차이점은 PDA 사슬에서 반복되는 단위들 사이의 짝지음이 반데르발스 상호작용으로부

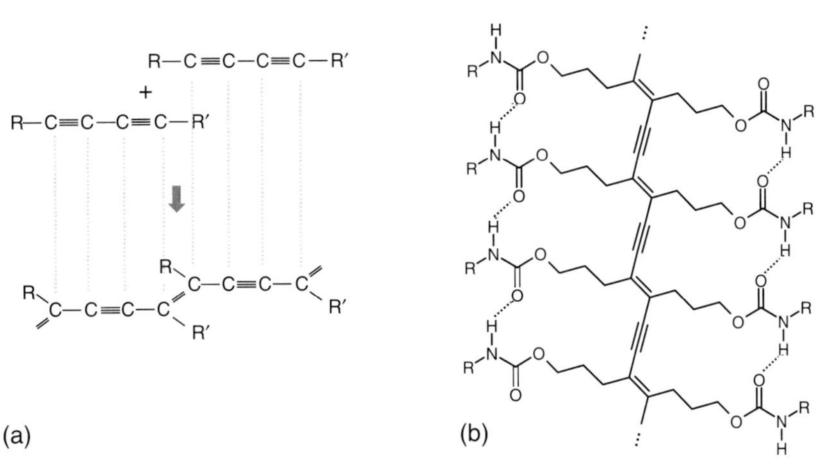

그림 2.41 Poly(diacetylene). (a) Diacetylene의 전형적인 고분자화 반응. 회색의 점선은 시각의 방향을 가리킨다. (b) Poly-3BCMU의 분자구조(R=CH_2-$COOC_4H_9$).

터가 아니라 대신 공유결합으로부터 일어난다는 사실에 있다. 이것은 생성된 들뜬상태의 본질이 비록 더 강한 짝지음이 다소 더 큰 크기의 엑시톤을 가져올지라도 기본적으로 변하지 않았고 Frenkel류의 엑시톤 개념을 적용한 표현이 실험결과와 매우 잘 일치한다는 것을 밝혀준다(아래 내용 참조). 분자결정에 존재하는 엑시톤과 비교하여 그것의 더 큰 크기를 강조하려고 PDA 사슬에 있는 엑시톤을 **Wannier-Frenkel 엑시톤**이라 부르는데 이 명칭은 엑시톤의 특성이 Frenkel 엑시톤과 Wannier 엑시톤 사이 어디쯤에 있다는 것을 의미한다. Wannier 엑시톤은 유전상수가 높은($\varepsilon_r \cong 12$) 무기반도체에서 발견되는 엑시톤의 형태이다. 이것은 상호간 쿨롱 인력이 상당히 가리워져 있고 원자 간 간격($r \cong 5$~10 nm)보다 더 큰 거리로 분리되어 있는 전자-정공의 짝으로 고려할 만한 이동성이 있는 여기의 결과이다. Frenkel 엑시톤과 Wannier 엑시톤의 더 상세한 비교는 2.5.1절에서 다룬다. 이제 PDA 사슬과 관련있는 사항들에 관심을 집중하기로 하자.

본래의 Diacetylene 매트릭스가 UV 영역에서 빛을 흡수하는 반면 PDA 사슬은 가시광 영역에서 빛을 흡수한다. 대개 PDA 결정에는 약간 다른 전자구조를 가진 소위 '청색'과 '적색' PDA로 불리는 2가지 형태가 있다[76]. 때로 혼동이 될 수도 있지만 이 용어들은 1.8 eV 부근(2.3 eV)의 에너지와 동등한 파장 700 nm 부근(550 nm)에서 흡수하는 물질이 청색과 적색 빛을 전달한다는 사실과 관련이 있다. 청색과 적색 PDA의 구조적 차이는 크지 않고 사슬의 기하학적 구조에서의 현격한 차이가 결정학 연구를 통해서 아직 확실하게 규명되지 않았다[77]. 적색 사슬에서 연속적인 반복단위들은 특정한 각도로 기울어져 있고 반면에 청색 사슬은 평면구조인 것으로 알려져 있다[76, 78]. 그림 2.42는 DCH-PDA 결정의 '청색' 사슬 흡수 스펙트럼과 Poly-TCDU(Urethane 군의 하나)의 '적색' 사슬 흡수 스펙트럼을 보여준다. PDAs가 10^6 cm^{-1} 단위의 흡수계수와 청색 PDA와 유사한 진동자 강도를 가지고 매우 강하게 흡수하기 때문에 대규모 결정의 스펙트럼은 빛의 전달과정에서는 측정할 수 없다. 대신에 반사의 측정과 실제 스펙트럼을 회복하는 Kramers-Kronig 변형의 실행을 통해서 얻어진다. 이 흡수 스펙트럼은 바닥상태로부터 허용된 들뜬상태로의 전이를 나타낸다고 확실히 인정할 수 있다[76]. 이런 해석의 타당성에 대한 논쟁은 전자흡수(Box 2.4와 비교)와 광전도도[79-80]의 측정을 포함하고 있다. 주요 쟁점은

(i) 흡수 끝부분에서 Kramers-Kronig 역전에 의한 반사도(reflectivity) 데이터로부터 얻어지는 전자흡수 스펙트럼은 흡수 스펙트럼의 첫 번째 유도체에 가깝게 나타나고 이것은 전이가 Frenkel류의 엑시톤에 기인한 것이라고 설명할 수 있다[79, 81]. 엑시톤 상태의 분극률이 전자흡수로부터 추출되고 쌍극자 모멘트 $p = er$에 관련이 있으면 엑시톤의 Bohr 반경 $r = 10$~15 Å의 값이 고분자 사슬의 반복단위의 차원에 비견할만하다. 본래의 순수한 고전역학적 관점에서 쌍극자 p는 하나의 점과 같은 음전하

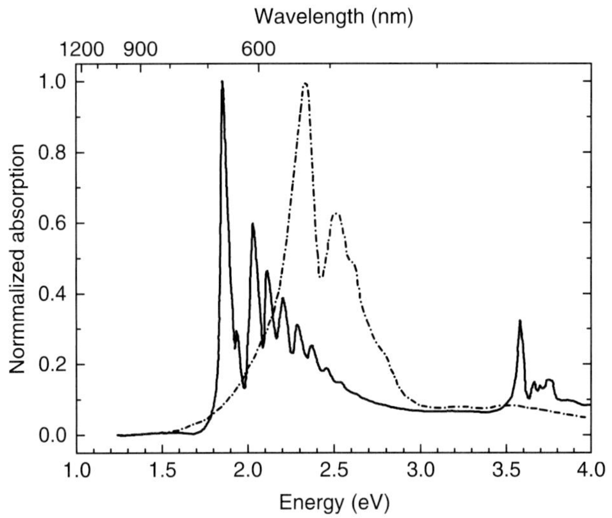

그림 2.42 청색 PDA 결정의 흡수 스펙트럼(실선으로 표기)과 적색 PDA(Poly–TCDU) 결정의 흡수 스펙트럼(점선으로 표기). 스펙트럼은 Kramers–Kronig 역전에 의한 반사 스펙트럼의 실험을 통해 계산되었다[76].

(=LUMO에서의 추가 전자)와 하나의 점과 같은 양전하(=HOMO에서 사라진 전자)가 거리 r만큼 떨어져 있다고 생각된다.

(ii) PDA가 두 전극 사이에 끼어 있고 광전류가 측정될 때 흡수 끝부분에서는 광전류의 신호를 감지할 수 없다. 광전도도(photoconductivity)는 오직 높은 광자 에너지, 즉 흡수보다 약 0.5 eV 높은 값을 갖는다[80]. 흡수 끝부분에서 광전류의 결핍은 LUMO에서의 추가 전자와 HOMO에서 사라진 전자 사이의 쿨롱 결합을 가리키고, 이것은 엑시톤적 상태를 의미한다.

Box 2.4 전자흡수

전자흡수(electroabsorption)는 흡수 스펙트럼이 가해진 전기장에서 어떻게 변하는지 측정하는 기술이다. 중성의 들뜬상태를 향한 전이의 전기장조절 흡수 스펙트럼 신호가 에너지 측면에서 흡수 스펙트럼의 첫 번째 유도체에 이어서 나타나는 반면 CT 상태에 의한 전이는 연합한 흡수 스펙트럼의 두 번째 유도체로 나타난다. 이것은 각각 **1차와 2차 스타크 효과**(first and second Stark effect)라고 불리는데, 두 경우 모두에서 전기장에 대한 의존도는 2차 함수 형태가 된다[82]. 전자흡수 신호에서의 1차 스타크 효과로부터 여기에서의 분극률 변화를 얻어내고 이것으로부터 들뜬상태에서의 쌍극자 모멘트 $p = er$의 크기를 확인할 수 있다. 2차 스타크 효과는 CT 전이의 쌍극자 모멘트를 산출해낸다.

3−BCMU−PDA의 적색 사슬을 이용하여 주목할만한 실험을 통해 엑시톤이 실제로 거시적 차원에서 일관성 있게 움직일 수 있다는 사실을 증명하였다. Dubin 그룹[83]은 미세발광의 이미지를 사용하여 3−BCMU−PDA의 적색 사슬로부터 정상상태 형광을 측정하였다. 그들은 2개의 공간적으로 확실히 분리된 단일 사슬의 영역으로부터 방출된 빛에서 간섭 패턴이 생김에 의해 이 빌광과 연합한 여기된 상태가 수십 마이크로미터 거리의 전체 사슬로 확장된 거시적 양자 일관성을 증명할 수 있었다(그림 2.43). 이것은 만약에 구조적 결함이나 열적으로 여기된 포논에 의해 산란되지 않는다면 엑시톤 자체가 대략 1 nm의 크기를 가지고 마이크로미터 이상의 거리를 일관성 있게 움직인다는 것을 의미한다. 측정된 로렌츠형 형광 스펙트럼 선폭(10K에서 0.5 meV)은 $\Delta E \Delta \tau > \hbar/2$에 따라 1 ps 단위의 탈위상화 시간으로 바뀌는 반면 엑시톤의 수명은 100 ps의 단위가 된다. 엑시톤 수명의 온도 의존성은 J형 짝지음을 가진 1차원 엑시톤 밴드에 대한 이론과 일치한다[72]. 요약하면 이 결과는 PDA 사슬이 이상적인 1차원 체계의 전자적 특성을 연구하기 위한 모형 체계라는 사실을 모범적으로 보여준다.

3−BCMU−PDA의 적색 사슬과는 반대로 청색 사슬은 기본적으로 비형광이다. 매우 민감한 광자최대변환(photon−up−conversion) 기술을 사용하면 형광 소멸시간은 130 fs까지 짧아진다. 이렇게 되는 이유는 가장 낮은 에너지의 들뜬상태가 비방사적으로 소멸하는 광학

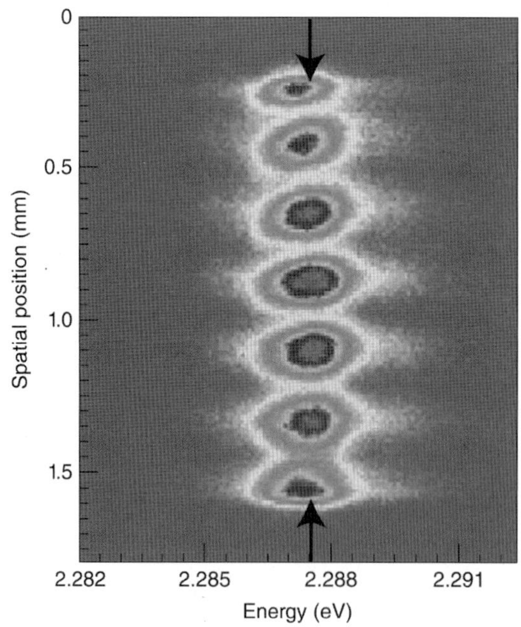

그림 2.43 발광의 주체인 엑시톤의 거시적 양자 일관성을 보여주는 고분자 사슬의 각기 다른 부분으로부터 방출된 빛에 의해 생성된 간섭 패턴[83]. 색깔은 빛의 세기를 나타낸다.

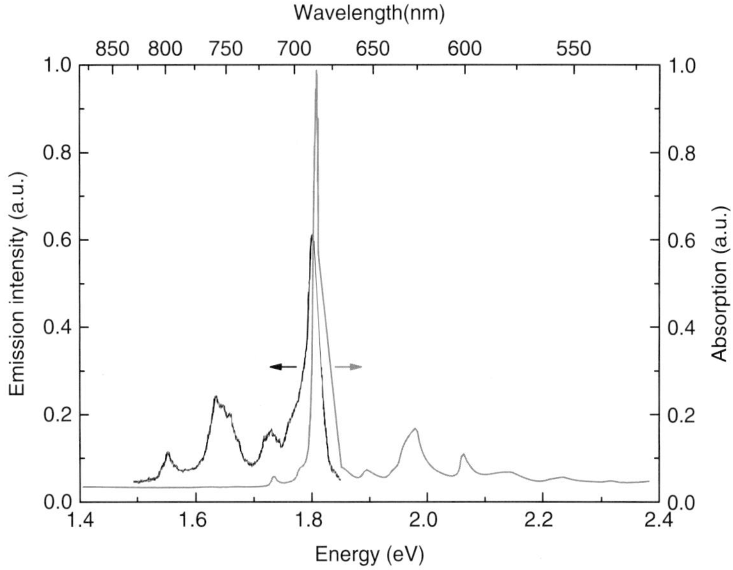

그림 2.44 온도 2K에서 측정한 Poly–4BCMU의 형광 스펙트럼(검은 선)과 흡수 스펙트럼(회색 선)[76]

적으로 금지된 A_g 상태이기 때문이다(Box 1.6과 비교). 따라서 흡수는 대개 에너지가 높고 광학적으로 허용된 B_u 상태에서 일어나고 빠른 내부변환을 통해 약간 에너지가 낮은 비방사적 A_g로 이동하지만 허용된 B_u 상태로부터 매우 약한 형광을 관찰할 수 있다. 이 전이의 0–0 흡수와 형광 스펙트럼 선들은 정확히 공명하게 되고 Huang–Rhys 요소는 1보다 작다. 이것은 바닥상태에 비해 들뜬상태에서 사슬의 기하학적 구조변화가 단지 소규모로 일어난다는 것을 가리킨다(그림 2.44). PDA와 그들의 1차원 양자체계로서의 특성에 관한 뛰어난 기술적 논의는 Schott의 저서에서 확인할 수 있다[76].

2.3.2 비결정체 고분자의 개념들

2.3.2.1 기본 개념

결정체 PDA 사슬로부터 용액상태에서 MeLPPP와 같이 합리적인 수준으로 단단하며 기판에 비정질 박막으로 형성이 가능한 고분자로 개념적인 전환을 해보자. 이와 같이 무질서한 환경의 고분자에서 인접한 사슬들 사이의 거리와 그들의 반데르발스 상호작용은 위치의 함수로 변하게 된다. 결과적으로 개개의 반복단위에 대한 분극화 이동 또한 사슬을 따라 지속적으로 변하게 된다(그림 2.45). 이제 각 반복단위의 여기를 위해 어떤 종류의 실험을 할 것인지 고려해보자. 짧은 거리 전체에서 에너지 변화는 전자 짝지음에 비해 충분히 작아서 여기가 일관성 있는 Frenkel류의 방식으로 비편재화될 수 있다. 그러나 멀리 떨어져 있는 단단

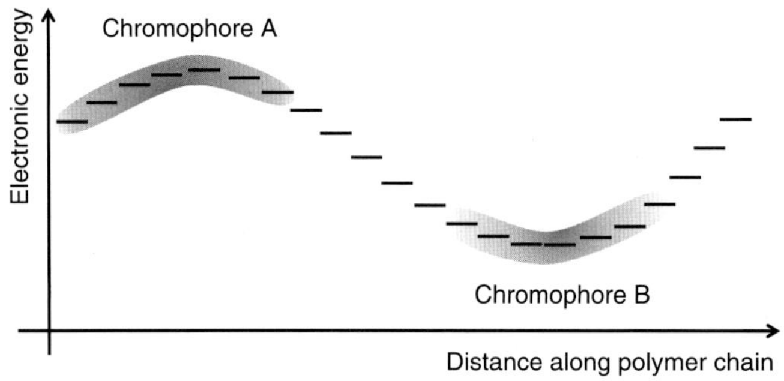

그림 2.45 고분자 사슬을 따라 일어나는 전자에너지의 변화를 나타낸 도표. 전자에너지의 변화는 고분자 내 분극화 환경의 부분적 변화와 사슬의 구조적 변화에 의해 일어나고 결과적으로 공액요소라고 부르는 뚜렷한 발색단의 형성을 가져온다. 각각의 발색단 내에서 전자 짝지음은 강하게 일어나고 반대로 두 발색단 사이에서 에너지 변화는 그들 사이의 상호작용 에너지를 초과하게 된다.

한 사슬의 두 부분을 비교하면 분극화 에너지의 변화는 짝지음 에너지의 크기를 넘어서게 되며, 이러한 사슬의 두 부분은 비일관성의 불규칙한 방식으로 짝지을 수밖에 없다. 후자는 분자의 집합에서 불규칙하게 짝지어진 여기를 표현한 2.2.3절에 있는 (ii)의 경우와 동일하다. 따라서 규칙적으로 짝지어진 몇 개의 인접한 반복단위를 가진 반복단위의 연결구조는 뚜렷한 전자 독립체를 형성하고 그 독립체 사이에 불규칙적인 짝지음을 하고 있는 모습을 상상할 수 있다. 여기가 일관성 있는 방식으로 비편재화될 수 있는 반복단위의 수는 **효과적 공액 길이**(effective conjugation length)라고 부르는데, 이것은 구조적 구성요소가 고분자의 광전자적 특성을 결정하고 실제적인 발색단임을 나타내는 것이다. 이러한 고분자의 반복단위는 분광학적으로 특정한 길이를 가진 중분자의 특성을 가진다. 우리는 공액의 특성을 가진 분자들 사이의 명확한 경계가 아닌 이들 사이에서 일어나는 짝지음 강도의 점진적인 감소의 관점에서 생각해야 할 것이다.

고분자 사슬의 반복단위들은 공유 π 결합에 의해 연결되어 있기 때문에 두 인접한 반복단위 사이의 전자 짝지음은 그들 사이의 비틀린 각도에 의존하게 되는데 평면구조의 배열에서 가장 높은 짝지음을 그리고 90° 각도를 가질 때 가장 낮은 짝지음을 일으킨다. 결과적으로 공액길이는 고분자 사슬을 따라 존재하는 비틀림 무질서의 정도뿐만 아니라 구부러짐, 뒤틀림과 기타 형태적인 변화에 의존한다. 용액에서는 π 공액 고분자 사슬이 완전히 확장되지 않고 대신에 상온에서 10 nm 정도 범위에서 반복되는 중간 수준의 단단한 코일('애벌레 모양 사슬') 형태를 띤다. 스핀코팅이나 다른 용액공정 기술에 의해 박막이 형성될 때 결정화 공정이 계획적으로 개선되지 않으면 형태적 무질서는 박막구조로 전가된다.

실험적으로 동일한 중분자의 반복단위와 고분자 사슬에서의 광학적 전이 에너지를 비교함으로써 짝지은 반복단위의 평균수를 결정할 수 있다. 이런 방식을 **중분자 접근**(oligomer approach)이라고 하는데, 예를 들면 길이가 짧은 **평면구조** 중분자의 들뜬상태가 분자 전체

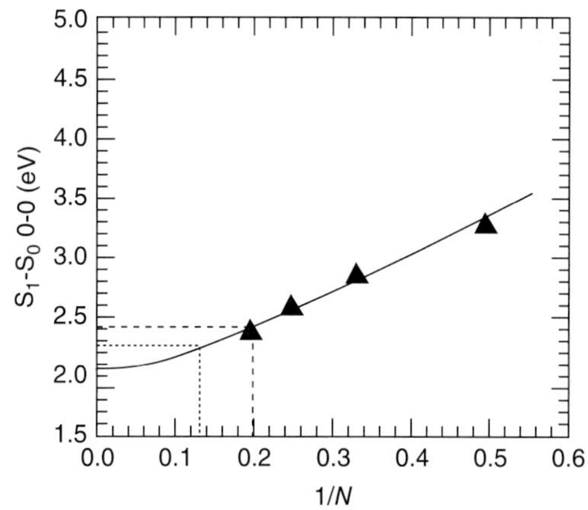

그림 2.46 효과적 공액길이 N_{eff}의 결정을 묘사한 그래프. Heptoxy–phenylene–vinylene의 이량체, 삼량체, 사량체, 오량체에 대한 0–0 전이 에너지를 온도 80K에서 측정한 형광 스펙트럼으로부터 산출해서 사용한다[84]. 전이 에너지는 반복단위 N의 함수로 표현되었는데, 즉 Phenylene vinylene 단위를 식 (2.48)에 적용하였다(가장 아래쪽의 실선으로 표기). MEH–PPV 고분자의 0–0 전이 에너지는 상온에서의 흡수(긴 점선)와 형광(짧은 점선)으로부터 얻어졌는데[85], 중분자의 전이 에너지와 비교되었고 연합된 반복단위의 역수를 가로축에 배치하였다. 이것은 흡수 데이터로부터 얻은 바닥상태 기하학적 구조와 형광 데이터로부터 얻은 들뜬상태의 기하학적 구조를 규명하도록 한다.

에 비편재화되어 있다는 것은 기존의 화학적 지식과 완전히 일치한다. 이와 같이 길이가 짧고 평면구조인 중분자의 들뜬상태 에너지를 반복단위의 역수 $1/N$로 구성하면 N이 작은 값일 때 대략 선형 의존도를 보인다. 정성적인 관점에서 이것은 상자 안에 입자가 존재하는 모델(Box 2.5)로 설명할 수 있다. 평면구조의 중분자를 가진 고분자에 대한 들뜬상태 에너지를 비교하면 그들이 서로 부합할 때 중분자의 길이는 고분자의 효과적인 공액길이와 일치한다. 이러한 사실은 고분자 MEH–PPV(Poly(*p*–phenylene vinylene) 유도체)에 대해 설명한 그림 2.46을 통해 알 수 있다. MTHF 유리상에서 평면구조 형태를 갖는 것으로 잘 알려진 Heptoxy 치환 Phenylene–vinylene 고분자에 대해 비교하자면 상온에서 MEH–PPV의 S_1 상태에 대한 효과적 공액길이가 대략 5~8개의 반복단위와 같은데, 즉 바닥상태의 기하학적 구조(흡수에 의해 확인된)에서 사슬 내에 존재하는 전자 짝지음이 평면구조의 오량체(pentamer)에서와 동일한 수준으로 일어나고 들뜬상태의 기하학적 구조(형광으로부터 확인된)에서는 팔량체에서의 짝지음과 비슷한 수준으로 일어난다.

Box 2.5 π 공액 중분자들에 적용된 상자 안의 입자 모델

Oligoene과 같은 선형 π 공액 중분자들의 흡수 스펙트럼을 설명하는 가장 쉬운 모델은 자유전자 모델 혹은 동의어로 사용되는 **상자 안의 입자 모델**이다. 무한한 높이와 유한한 폭 L을 가진 1차원 양자우물(상자) 안에 위치한 파동함수 $\varphi(z)$를 가진 자유전자의 퍼텐셜에너지를 생각하자. 좌표체계를 선택하고 상자의 중심을 $z = 0$, 그리고 양쪽 경계가 $\pm L/2$라고 하면 자유전자(입자)는 운동에너지 $p^2/2m$을 가지므로 상자 내부에 있는 전자에 대한 Schrödinger 방정식은

$$-\frac{\hbar^2}{2m}\frac{d^2\varphi(z)}{dz^2} = E\varphi(z) \tag{B2.5.1}$$

이 된다. 퍼텐셜 우물은 무한히 높기 때문에 우물 밖으로 나갈 수 있는 전자의 파동함수에 대한 확률은 0이므로 식 (B2.5.1)의 해는 경계조건 $\varphi(\pm L/2) = 0$을 갖게 된다. 이것을 식 (B2.5.1)에 대입하면 $k_n = n\pi/L$일 때 경계조건은

$$\varphi_n(z) = \sqrt{\frac{L}{2}}\sin\left(k_n z + \frac{n\pi}{2}\right), \quad n = 0, \pm1, \pm2, \ldots \tag{B2.5.2}$$

가 된다. 식 (B2.5.2)에 표현된 해는 정재파(standing wave)에 해당되고 우물의 각 경계에서 매듭(node)을 가지는데 φ_n은 우물 내에서 $(n-1)$의 매듭을 가지게 된다. 우물 안에서 전자의 연합된 에너지는

$$E_n = \frac{(\hbar k_n)^2}{2m} = \frac{\hbar^2}{2m}\left(\frac{n\pi}{L}\right)^2 = \frac{h^2}{8m}\left(\frac{n}{L}\right)^2 \tag{B2.5.3}$$

이 되는데 다시 말하면 상자가 작아질수록 에너지는 더 커지게 된다.

이제 이 개념을 π 공액 중분자의 대표적인 구조를 가지고 있는 Oligoene의 광학적 전이에 적용해 보도록 하자(그림 B2.5.1). 밀접하게 결합된 내부 궤도를 고려할 필요없이 Oligoene에 존재하는 각각의 탄소 원자는 4개의 최외각 전자를 가지고 있음을 기억하자. 이 탄소 원자들은 σ 결합을 형성하는 3개의 sp^2 궤도와 남아 있는 하나의 p_z 궤도에 분포한다. 자유전자 모델에서 N개의 탄소 원자로 구성된 사슬이 길이 L을 가진 퍼텐셜 우물을 형성하기 위한 σ 결합에 의해 함께 붙들려 있다는 것을 고려하면 탄소 원자들은 공간 간격 a를 가지고 동등하게 분포되어 있다고 생각된다. 이런 사실은 $(N-1)a$ 더하기 대략 $2(1/2a)$, 즉 $L \cong Na$인 사슬 말미 CH 기의 기여에 따른 사슬의 길이 L을 알 수 있게 해준다. 그래서 사슬의 각 탄소 원자들은 자신들의 p_z 궤도 전자를 포기하고 되고 N개의 상호작용을 하지 않는 '자유'전자들이 식 (B2.5.3)에서 주어진 에너지 준위를 가지고 우물 안에 존재하게 된다. 이 N개의 자유전자들은 쌍으로 가능한 여러 개의 에너지 상태를 점유하게 되고 N개의 에너지 준위들은 $n = N/2$에 도달할 때까지 채워지게 된다. 그러므로 N개의 전자를 가진 사슬에서 에너지 상태들은 에너지가

$$E_{N/2} = \frac{h^2}{8m}\left(\frac{N}{2L}\right)^2 \tag{B2.5.4}$$

에 이를 때까지 채워지게 된다.

광학적 흡수는 HOMO에 존재하는 1개의 전자가 LUMO로 이동하는 것을 의미하고, 이때 연합된 전이 에너지는

$$\Delta E = E_{n+1} - E_n = \frac{h^2}{8mL^2}[(n+1)^2 - (n)^2] = \frac{h^2}{8mL^2}(2n+1) \tag{B2.5.5}$$

로 주어진다. $n = N/2$와 $L \cong Na$를 사용하면 이 식은

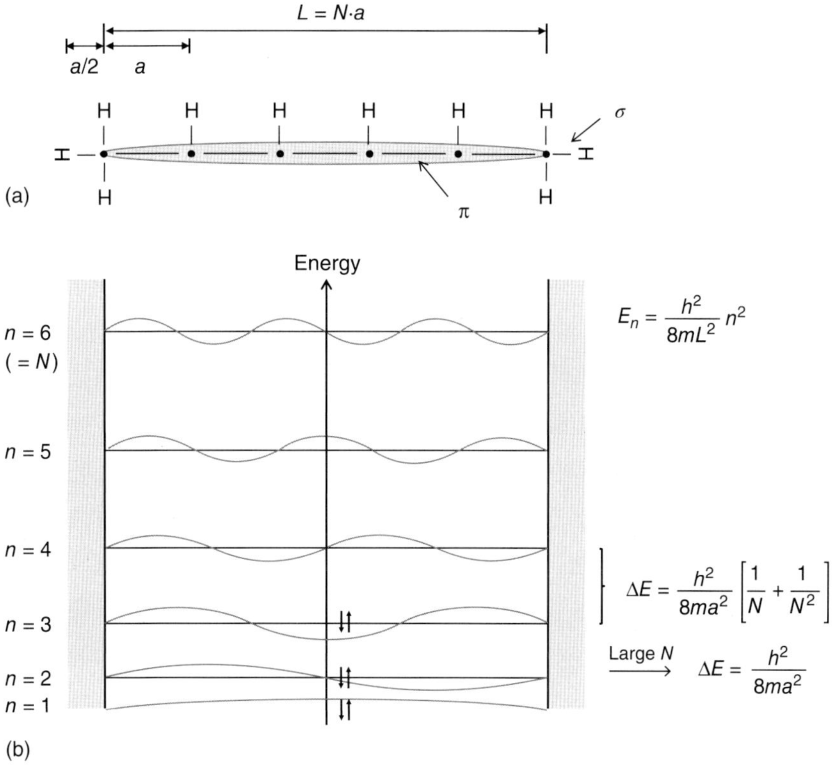

그림 B2.5.1 6개의 탄소 원자를 가진 Oligoene에 대해 묘사한 상자 안의 입자 모델. (a) Oligoene 사슬의 길이 L은 등거리 탄소–탄소 간 간격의 길이가 a인 것으로 간주되는 N개의 탄소 원자들에 의해 형성된다. σ 결합은 실선으로 표시되어 있고 각 탄소의 p_z 궤도에 존재하는 N개의 최외각 자유전자들은 회색 구름으로 나타나 있다. (b) 상자 안의 입자 모델에서 얻어진 N개의 에너지 준위와 파동함수. 에너지 준위는 탄소의 p_z 궤도에 존재하는 N개의 짝지어진 최외각 전자들이 $n = N/2$에 도달할 때까지 채워진다. 탄소 원자의 수 N이 크면 에너지 준위 $n = N/2$로부터 그 다음 높은 에너지 준위로의 광학적 전이는 $\Delta E \cong (h^2/8ma^2)(1/N)$의 간격을 갖는다.

$$\Delta E = \frac{h^2}{8ma^2}\frac{N+1}{N^2} = \frac{h^2}{8ma^2}\left[\frac{1}{N} + \frac{1}{N^2}\right] \tag{B2.5.6}$$

이 되고 탄소 원자의 수 N이 크면 이 식은

$$\Delta E \cong \frac{h^2}{8ma^2}\frac{1}{N} \tag{B2.5.7}$$

이 된다.

이러한 계산은 π 공액 발색단의 흡수 스펙트럼이 탄소 원자의 수 N이 증가함에 따라 적색이동이 일어나게 될 것을 예측하게 한다. 개념적으로 이런 형식주의적 해석은 Acene 계열의 준선형 분자로 확장이 가능한데, 즉 $S_1 \leftarrow S_0$ 0–0 전이가 4.76 eV의 Benzene으로부터 2.12 eV의 Pentacene(모두 비극성 용액에서 측정)으로 감소하는 경향을 나타낸다[86].

이러한 단순한 관점에서 자유전자 모델은 또한 광학적 전이 에너지는 $N \to \infty$가 될 때 0으로 접근해야 한다는 것을 예측하게 한다. 이 예측은 실험결과와는 다른데 그 이유는 엄격히 평평한 전자퍼텐셜에 대한 가정이나 전자–전자 상호작용의 무시 모두 타당하지 않기 때문이다.

필수적으로 유효 공액길이는 여기를 위하여 사슬을 따라 일관성 있게 짝지음이 일어나는 규모를 측정한 것이다. 그와 같이 이 값은 들뜬상태에서 고려해야 할 사슬의 형태와 같은 매개변수의 수에 의존하는데, 예를 들면 MTHF 용액상의 MEH-PPV가 냉각되면 사슬은 풀리고 평면구조를 갖게 된다. 결과적으로 S_1 상태에 대한 유효 공액길이는 대략 30개의 반복단위 정도로 증가하게 된다[85]. 중분자에 해당하는 접근방식은 인광의 측정으로부터 파생된 T_1 에너지들에 적용이 되는데 대개 S_1에 대해서 좀 더 중분자에 존재하는 들뜬상태 에너지의 약한 의존도를 발견하게 되며, 이것은 삼중항 상태에서 더 작은 전자 짝지음이 일어나는 것을 반영한다. 공액의 길이는 시간 의존적이라 할 수 있는데 낮은 단위 fs에서 ps에 이르는 시간범위에서 여기 후에 일어나는 형태적 변화가 존재한다. 다른 종류의 고분자가 가진 공액길이의 값을 비교할 때 주의해야 하는데, 종종 고분자 에너지를 비평면구조의 중분자와 비교할 때 그 값의 결과적인 차이를 확실히 깨달을 필요가 있다. 예를 들면 Phenylene vinylene 중분자에서 Heptoxy 곁가지가 Hexyl 곁가지로 치환될 때 비극성 형태를 취하게 되고 반복단위 사이의 짝지음이 감소하게 된다. 결과적으로 Hexyl로 치환된 Phenylene vinylene 육량체(hexamer)는 S_1에 대하여 대략 4개 반복단위의 유효 공액길이를 갖게 되는데, 이것은 들뜬상태 에너지가 평면구조의 사량체(tetramer)의 에너지와 같다는 것을 의미한다[87].

최종적으로 엑시톤의 크기와 공액길이 사이의 차이점에 대해 언급하도록 하자. 공액길이는 들뜬상태가 일광성 있게 규칙적으로 짝지어지는 사슬의 한 부분이라고 정의된다. '엑시톤의 크기'를 정량적으로 정의하기는 어려운데 어떤 저자들은 이를 공액길이와 동의어로 사용하고 또 다른 저자들은 들뜬상태의 형태가 바닥상태의 형태로부터 상당히 벗어난 고분자 사슬의 길이로 정의하기도 한다. 엑시톤 크기에 대한 또 다른 정의는 들뜬상태의 쌍극자 모멘트 $p = er$을 고려하고 그것을 두 점전하 사이의 거리로 대체하는 것이다. 마지막으로 LUMO에 존재하는 추가 전자와 HOMO에서 사라진 전자에 대한 파동함수의 중심을 산출하고 두 중심 사이의 차이를 계산하는 것인데 이 값의 전형적인 범위는 수 Å에서 나노미터 정도이다.

2.3.2.2 엑시톤 모델의 정량적 접근

π 공액 고분자에서의 들뜬상태 스펙트럼을 계산하는 것은 어려운 작업이고 이를 위한 이론적 방법론은 여전히 개발 중이다. 이를 위해서는 쿨롱 상호작용 혹은 교환 상호작용과 같은 전자-전자 상관관계뿐 아니라 전자-광자 상호작용도 고려해야 한다. 적절한 접근방법에 대하여 비판적 견해를 밝히는 것은 이 책의 관점을 넘어서는 것이므로 이런 내용에 대해 관심이 있으면 이론적인 내용을 정리한 Gierschner 그룹[13]과 Torras 그룹[88]의 논문과 그들이 추천한 논문들을 참고하기 바란다. 이 책에서 이런 주제를 다루는 목적은 실험자들에게

실험을 통해 얻은 스펙트럼을 분석하는 지침을 안내하기 위한 것이다.

반복단위의 수 N이 증가함에 따른 공액 중분자의 흡수와 형광 스펙트럼의 장파색단 이동(적색이동)을 합리적으로 설명하는 개념적이고 수학적으로 가장 단순한 접근방법은 자유전자(상자 안의 입자) 모델이다[89−94]([95]도 참고). 형식주의적 접근에 대한 상세한 내용은 Box 2.5에 나와 있는데, 핵심 내용을 말하자면 1차원적 중분자 사슬의 σ 전자들이 자유전자로 간주되는 π 전자들이 움직이는 평면바닥을 가진 상자 형태의 배경 퍼텐셜(background potential)을 야기하는 것으로 생각한다. 자유전자 모델은 $\Delta E \propto 1/N$을 예측함으로써 체계의 전자 전이 에너지와 길이(상자의 길이) 사이의 직접적인 연관성을 알려주는데 이는 이 모델의 단순성에 기인한다.

Hans Kuhn과 그의 동역자들은 자유전자 모델을 Cyanines/Oligo(methine)s, Oligo(ene)s과 같은 많은 중분자들에 적용했는데, 그는 자유전자 모델과 실험 데이터 사이의 정량적 일치는 π 전자들이 Poly(methine)carbonium염$[C_6H_5-CH_2-[CH=CH]_n-C_6H_5]^+BF_4^-$[96] 사슬 전반에 걸쳐 고르게 분포하고 있는 중분자들에 대해서는 합리적인 결과라는 결론을 도출해내었다. 한편으로는 정량적 일치는 결합의 교차배열이 압도적인 Poly(ene)s과 같은 π 공액 중분자와 고분자의 경우에는 확실하지 않다[97−99]. Hans Kuhn은 하부 평면퍼텐셜이라는 지나치게 단순화한 가정을 적용한 자유전자 모델의 부적합성을 지적한 반면 Oligo(ene)s이나 π 공액 고분자에서 결합의 교차배열이 π 전자들이 경험하는 퍼텐셜이 평면적이지 않고 파동과 같다는 것을 설명하였다. 그는 이런 해석을 상자 안의 입자 모델에 포함하고 Oligo(ene)s의 경우에 적용하였으나 이는 다소 개선된 결과를 얻었으뿐 충분히 만족스러운 일치를 가져오지는 못하였다.

Kuhn은 그의 데이터를 그의 논쟁을 지지하기 위해 가능한 한 충분히 제시하려는 경향을 보였는데 항상 최대한으로 투명한 방법을 사용하지는 않았다. Kuhn에 의해 진전된 자유전자 모델의 본래 관점은 여기 에너지가 사슬의 길이가 무한대가 되면 사라져야 한다는 것을 예측하는 것이고 그는 이런 결과가 결합길이가 같은 Oligo(methine)s에서는 일치하지만 결합이 교차배열되는 Oligo(ene)s에서는 그렇지 않다는 것을 깨달았다. 그러나 Oligo(methine)s에 관한 그의 데이터를 $1/N$의 함수로 구성해보면 자유전자 모델이 두 경우 모두에 있어서 실험에 따른 변동성을 갖게 된다는 것이 명백해진다.

Oligo(ene)s의 경우 계산에 의한 결과와 흡수 스펙트럼 사이의 양호한 일치는 전자−전자 상관관계와 결합의 교차배열이 계산에 포함되어 있을 때 얻어질 수 있다. 이것은 Oligoenes에 대한 Brian Kohler의 연구로 밝혀졌는데, 그는 Hückel Hamiltonian, 즉 오직 π 전자만이 분명하게 고려된 일전자 Hamiltonian을 사용하고 (i) 단일결합과 이중결합의 공명 상호작용에 대한 2가지 다른 값을 사용함에 따른 교차배열과 (ii) 형태 상호작용에 따른 전자−전자 상호작용을 포함하였다[100].

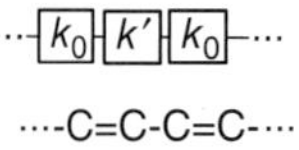

그림 2.47 힘상수 k_0와 k'을 가진 일단의 짝지은 진동자로서 탄소−탄소 이중결합과 단일결합이 교차배열 되는 π 공액 사슬

아마 오늘날 가장 널리 사용되는 접근방법은 짝지은 진동자를 기반으로 한 모델일 것인데 이는 Lewis와 Calvin의 개념으로 돌아간 것이고[101−102], 개념적으로는 Frenkel 엑시톤 모델과 밀접한 관계가 있다[103−107]. 이 개념을 Werner Kuhn(Hans Kuhn과 혼동하지 말 것)에 의해 발전된 형태로 개요를 서술하자면 일단의 Oligoenes에서의 여기 에너지의 점진적인 진전에 대해 설명하는 것이다. 핵심적인 개념은 고분자 사슬이나 사슬과 동등하게 취급되는 N개의 기계적으로 짝지어진 진동자를 가진 중분자를 다루는 것이다(그림 2.47). 기계적 진동자는 N개의 C=C 이중결합인데 짝지음은 짝지음의 힘상수 k'을 가진 C−C 단일결합으로부터 제공된다. N개의 진동자는 각각 에너지 $E_0 = \hbar\sqrt{k_0/\mu_0}$를 가지는데, 여기서 k_0와 μ_0는 자유 힘상수와 C=C 이중결합의 환산질량이다. '기계적 진동자 에너지' E_0는 C=C 이중결합의 전자 전이 에너지라는 것을 기억하자. N개 진동자의 짝지음은 N개의 고유 모드를 가져오고 가장 낮은 여기 에너지는

$$\Delta E_N = E_0\sqrt{1 + 2\frac{k'}{k_0}\cos\frac{\pi}{N+1}} \tag{2.46}$$

이 된다. 만약 C−C 단일결합의 힘상수 k'이 C=C 이중결합의 힘상수 k_0보다 작으면 제곱근값은 $\sqrt{1+x} = 1 + 0.5x + \cdots$을 사용하여 식 (2.46)을 $2\beta = E_0(k'/k_0)$의 관계를 적용하여

$$\Delta E_N \cong E_0\left(1 + \frac{k'}{k_0}\cos\frac{\pi}{N+1}\right) \tag{2.47}$$

$$\Delta E_N = E_0 + 2\beta\cos\frac{\pi}{N+1} \tag{2.48}$$

로 환산된다. 이런 형태의 방정식은 짝지은 진동자에서는 일반적인데 Frenkel 엑시톤을 나타내는 식 (2.25)와 비교해볼 수 있다. 여기서 E_0는 고립된 단위의 전이 에너지이고 2β는 상호작용 에너지의 측정값이다. 여기 이론에서 엑시톤 밴드의 폭은 E_0에 의해서 결정되는데 이것은 또한 다양한 π 공액 고분자에서 가장 낮은 에너지의 단일항과 삼중항이 갖는 전이 에너지의 의존도에 대한 유용한 매개변수를 제공한다는 사실을 보여준다.

이제 짧은 중분자의 전이 에너지로부터 완벽한 질서도를 가지고 완벽하게 짝지어진 고분자 사슬을 추론하기 위하여 N개의 C=C 이중결합 사이에 짝지음이 일어난다는 가정하에 커다란 N값에 대하여 식 (2.48)을 발전시켜 보자. 커다란 수 N과 관련하여 코사인 함수에 대한 논쟁의 소지는 작으므로 $\cos(x) \cong 1 - (x^2/2)$를 사용할 수 있다. 따라서 식 (2.48)은

$$\Delta E_N \cong E_\infty - \beta\left(\frac{\pi}{N+1}\right)^2, \quad E_\infty = E_0 + 2\beta \tag{2.49}$$

가 된다.

그러므로 전이 에너지는 $1/N$의 함수로 나타나는 수직으로 이동된 포물선의 형태로 접근한다. C=C 이중결합의 무한한 수 전체에서 짝지음이 존재한다면 전이 에너지는 각 단위의 값 E_0로부터 $E_\infty = E_0 + 2\beta$로 감소할 것이다(이때 $\beta < 0$). 식 (2.46)과 (2.49)는 PDA 사슬의 경우와 같이 짝지음에 대한 방해가 전혀 없거나 혹은 결정체 매트릭스에서 Kohler에 의해 관찰된 Oligoenes에 대하여 어떻게 에너지가 증가하는지 표현하고 있다. 앞에서 개략적으로 살펴본 바와 같이 중분자에 대한 접근에서 Phenylene vinylene이나 Thiophene과 같은 반복단위를 C=C 이중결합 단위 대신에 짝짓는 진동자로 고려하면 평면구조의 중분자에 대한 실험 데이터를 얻을 수 있고 중분자 내에서 일어나는 짝지음을 완벽한 것으로 받아들여 전이 에너지 ΔE_N을 반복단위의 함수로 구성할 수 있게 된다. 고분자에서의 전이 에너지가 E_∞에 부합하는 정도는 사슬을 따라 일어나는 여기의 일관성 있는 짝지음에 대한 척도이고 고분자 전이 에너지를 식 (2.48)과 비교함으로써 짝지은 반복단위의 수 N_{eff}와 유효 공액길이는 그림 2.46에서 묘사한 바와 같이 구해진다.

2.3.2.3 실험적 데이터에 대한 비교

위에서 언급한 짝지은 진동자/엑시톤 모델에 π 공액 고분자 전이 에너지의 사슬 길이 의존도에 대한 분석을 적용하여 시험해볼 수 있는데, 이를 위해서는 잘 정의된 중분자에 관한 데이터가 필요하다. 그림 2.48은 Phenylene vinylene, Thiophene, Fluorene, 사다리 형태의 Phenylene과 Oligoene 종류와 같은 일단의 중분자들에 대하여 액체 혹은 고체 용액에서

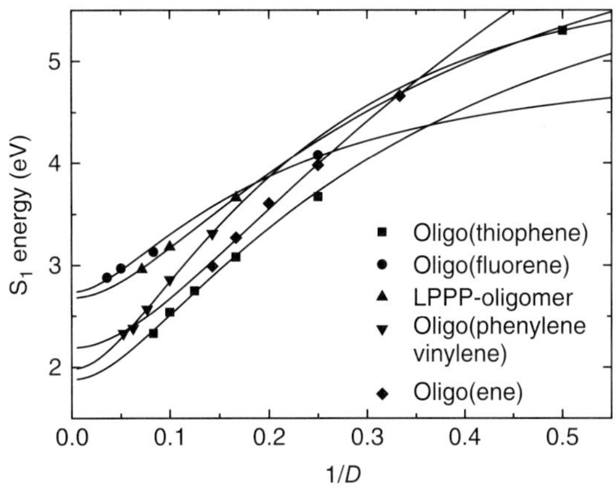

그림 2.48 이중결합 수 D를 가진 Thiophenes, Fluorenes, 사다리 형태의 Poly(p–phenylene)s(LPPP), Phenylene vinylenes(OPVs)과 Oligoenes에서의 $S_1 \rightarrow S_0$ 0–0 전이 에너지의 의존도. 데이터는 식 (2.46)에 맞추기 위해 조정하였다.

표 2.1 평면 중분자와 비평면 Oligofluorenes에 대하여 식 (2.46)에 맞추어 조정한 매개변수들

	E_0 (eV)	$\frac{k'}{k_0}$	E_∞ (eV)	β (eV)
Oligoenes	7.94	0.46	2.25	1.83
Thiophenes	4.01	0.43	1.84	0.86
PPVs	4.25	0.39	1.99	0.83
LPPP	5.34	0.37	2.72	0.99
Fluorenes	4.06	0.27	2.75	0.55

측정한 형광 스펙트럼의 결과를 요약하여 보여주는데(데이터: Oligoenes: [108], PPV: [84], Thiophenes: 2.3.3.4절의 참고문헌 참고, Fluorenes: [109], LPPP: (Ladder-type Poly(*p*-phenylene))[110]), Oligofluorenes을 제외한 모든 중분자들은 평면구조의 형태를 가지고 있었다. $S_1 \rightarrow S_0$ 0-0 형광 Peak는 화학적으로 서로 다른 구조들 사이의 비교가 가능한 중분자에서 이중결합 수의 함수로 구성된다. 얻어진 매개변수들은 표 2.1에 요약되어 있는데 E_0는 개별 단위의 전이 에너지, k'/k_0는 짝지음, 그리고 E_∞는 완벽하게 무한대로 짝지어진 사슬을 의미한다. 짝지음 매개변수 k'/k_0는 또한 더 큰 교차배열과 일치하는 더 작은 값을 가진 결합 강도가 교차배열 되는 정도의 척도이다. 참고에 대한 이해를 용이하게 하기 위하여 β의 일치하는 값도[식 (2.48)과 비교] 정리해 두었다.

그림 2.48로부터 다음의 사항을 이해할 수 있는데, 첫째로 가장 중요한 것은 타당한 매개변수를 가지고 식 (2.46)을 중분자 전이에 충분히 부합하도록 조정하는 것이 가능하다는 사실은 짝지어진 진동자 모델(엑시톤 모델)이 π 공액 고분자에 있는 들뜬상태를 나타내기 위한 적합한 개념이라는 것을 암시한다.

둘째로 그림 2.46에서 이미 보여준 대로 무한대의 완벽한 사슬 한계 E_∞를 가진 고분자에서 측정한 S_1 - S_0 0-0 전이 에너지 E_{S1} 사이의 차이를 비교함으로써 주어진 형태학적 환경에서, 예를 들면 다른 조건에서 준비된 용액이나 박막 조건에서 π 공액 고분자의 공액길이를 산출할 수 있게 된다. 이것은 실제 고분자 사슬의 전자구조가 가설적으로 완벽한 질서를 가진 평면구조의 사슬로부터 얼마나 많이 벗어나 있는지에 대한 척도를 제공한다. 다음 절에서 더 상세하게 논의하겠지만 공액길이 값은 불규칙한 코일 형태로 존재하는 Poly(*p*-phenylene vinylene)s, Poly(fluorene)s(PFs), 그리고 Poly(thiophene)s(PTs)의 전형적인 5~6 반복단위로부터 이런 고분자들이 완전한 평면구조 형태를 가지면서 희석된 용액과 같이 일정수준 균일한 조건에서 존재할 경우의 20 반복단위에 이르는 범위를 갖는다. 커다란 N_{eff} 값의 결정과 관련한 기술적 문제가 존재하는데 신뢰할만한 N_{eff} 값을 얻기 위해서는 E_{S1}과 E_∞ 사이의 차이가 반드시 0-0 전이 에너지를 결정하는 것과 관련된 실험적 오차보다 커야 하고 고분자나 중분자에서 측정된 이 두 값은 측정곡선을 조정하는 데 사용된다. 식

(2.49)의 포물선의 특성에 기인하여 이런 조건은 큰 값의 N_{eff}에서 충족시키기 어렵고 유효 공액길이를 결정에 대한 오차가 N_{eff}가 커지면 함께 증가하게 된다. 어떤 지점을 넘어서는 유효 공액길이를 단순히 더 낮게 추정하는 것이 더 의미 있게 될 것이다.

셋째로 표 2.1에 정리된 그림 2.48의 요소들은 다른 종류의 고분자들 사이에서 짝지음 강도 β와의 비교가 가능하다. Thiophene, LPPP, Phenylene−vinylene 중분자에 대해 희석된 용액에서 평면 형태의 상태로 측정되어 얻어진 값들은 매우 유사하고 이것은 다른 화학구조에서의 비슷한 짝지음을 뜻한다. Oligofluorenes에서 얻어진 감소된 짝지음 값은 인접한 반복단위 간 비틀림과 주로 관련이 있다.

2.3.3 다른 종류의 공액 고분자에 대한 간략한 개요

유기분자에 관한 교재[35, 86, 111−112]와 분자결정에 관한 교재[113]는 쉽게 구할 수 있는 반면 π 공액 고분자에 관한 논문들은 여러 명의 저자들이 특정 주제별로 모아 편집하는 경향이 많다[114−121]. 독자들에게 기본적인 방향을 제시하기 위하여 여러 종류의 공액 단량체고분자(homopolymer)에서 나타나는 들뜬상태의 특성에 관한 간단한 요약을 제공하려는 노력을 하려고 한다.

2.3.3.1 Poly(ene)s과 Poly(acetylene)s

가장 단순한 화학구조를 가진 고분자는 단일결합과 이중결합이 교차하는 구조를 가진 탄소사슬로 구성된 Poly(ene)이다. Poly(ene)s은 또한 **Poly(acetylene)s** 혹은 중분자만을 고려할 때는 **Oligo(ene)s**으로 불린다. 이들은 트랜스 이성질체와 시스 이성질체로 형성이 되는데(그림 2.49), 합성하는 방식에 따른 이성화 과정을 통해 조절된다[123]. 다른 합성경로로는 참고문헌 [123]에서 논의된 Natta, Shirakawa, Luttinger와 Feast('Durham 경로') 등에 의한 방법이 있다. Poly(acetylene)/Poly(ene)은 잘 용해되지 않고 공기 중에서 불안정하기 때문에 Durham 경로에서 원하는 Poly(acetylene)으로 열적인 변환이 자연스럽게 일어날 수 있는 전구 고분자(precursor polymer)의 개발[124]이 실제적으로 중요한 장점이 될 수 있다. Poly(acetylene)의 두 이성질체는 전자적 특성에 있어서 서로 다른데, 이는 첫 번째 흡수 밴드의 낮은 에너지를 나타내는 트랜스 이성질체의 흡수 스펙트럼을 통해서 그 차이가 드러난다. 그림 2.49는 서로 다른 종류의 막에 대한 흡수 스펙트럼을 보여주는데 반사 모드에서 측정한 후막(그림 2.49b)과 투과 모드에서 측정한 박막(그림 2.49c)의 흡수 데이터를 보여준다. 후막에서의 흡수 측정은 트랜스, 시스 두 이성질체 모두에 비슷한 진동구조가 존재함을 분명하게 보여주는 한편 박막에서는 사슬 길이의 분포가 박막을 제작하는 서로 다른 조건에 따라 좌우되고 트랜스 Poly(acetylene)이 넓고 낮은 에너지 Peak를 나타나게 한다[122].

Poly(acetylene)s/Poly(ene)s은 도핑된 막이 10^5 Sm^{-1}에 이르는 높은 전도도를 가진다는

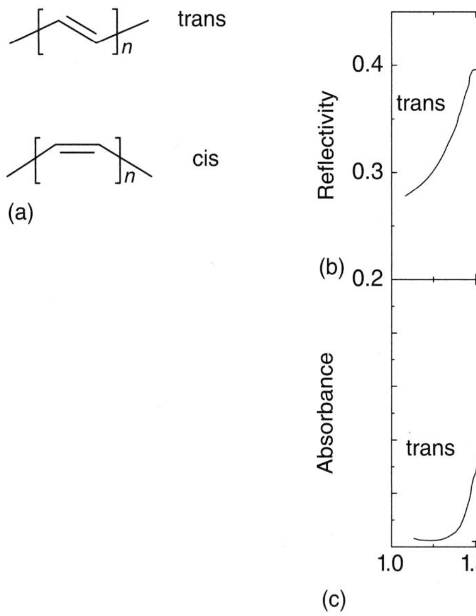

그림 2.49 Poly(acetylene). (a) Poly(acetylene)의 두 이성질체의 화학구조, (b) 독자적인 후막에서 측정된 트랜스와 시스 Poly(acetylene)의 반사 스펙트럼, (c) 100 nm 두께의 박막에서 측정된 트랜스와 시스 Poly(acetylene)의 흡수 스펙트럼.

사실이 발견되면서 집중적인 관심을 받게 되었다. 도핑된 막은 너무 많은 촉매를 사용한 합성과정에서 우연히 만들어졌다가 나중에 의도적으로 조절된 조건에서 제작되었다. 도핑된 Poly(acetylene)이 거의 금속과 같은 수준의 전도도를 가진다는 발견은 재료의 영역으로 연구를 촉진하는 중요한 자극이 되었고 2000년에 Heeger, MacDiarmid와 Shirakawa가 노벨 화학상을 받는 계기가 되었다. 처음에는 이 고분자들의 분광학적 특성에 대한 개념적인 틀이 무한하고 완벽하게 질서 있는 1차원적 Poly(acetylene) 사슬의 개념에 중심을 두고 있었다. 1950년 Longuet-Higgins와 Salem의 초기 연구[125]에 따르면 Su, Schrieffer와 Heeger는 일전자 Hamiltonian을 Poly(acetylene)의 에너지 준위 구조를 설명하는 고리 경계조건을 가진 무한한 sp^2 혼성 탄소 사슬에 적용하였다[126-127]. 소위 이 **SSH 모델**은 어떠한 전자-전자 상관관계(예를 들면 쿨롱 결합 혹은 교환 상호작용)도 무시하고 전자교환과 사슬 골격의 기하학적 이완(전자-포논 짝지음)을 강조하였다. 이러한 해석의 기조에서 1.5 eV(550 nm) 부근에서의 광학적 흡수가 시작되는 것은 최외각 밴드로부터 전도밴드로 일어나는 직접 전이의 증거로 해석되는데, 이때 전자-정공의 쿨롱 결합에너지는 무시할 수 있다. 이 SSH 모델은 2.5.3절에서 더 상세히 논의하도록 하겠다.

앞에서 이런 관점은 Poly(ene)s의 분광학이 Oligo(ene)s의 흡수 스펙트럼 증가를 분자 거리의 함수로 고려함으로써 합리적으로 해석할 수 있다는 Kohler과 그 동역자들의 연구에 의해서 도전 받고 있다([108] 참고). 선형 Oligo(ene)s은 저온에서 X선에 의해 증명된 트랜스

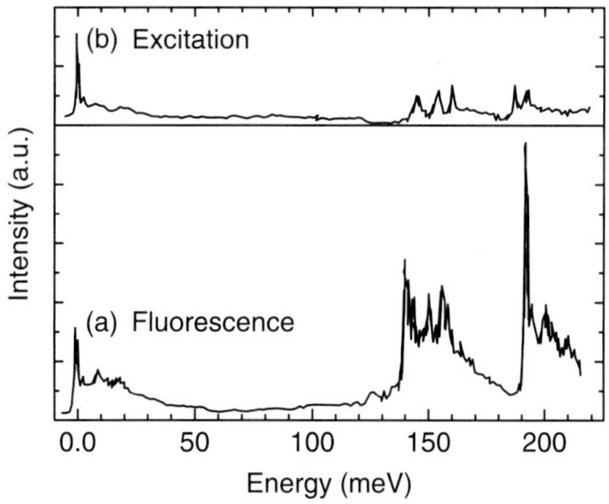

그림 2.50 (a) 형광 스펙트럼, (b) 온도 4.2K에서 *n*–Hexadecane 매트릭스에 존재하는 Octaene의 형광 여기 스펙트럼. 두 스펙트럼은 모두 원래의 에너지로부터 이동한 절댓값에 대하여 구성되었다. 기록된 발광은 약하고 부분적으로 금지된 낮은 들뜬상태(2^1A_g)로부터 바닥상태(1^1A_g)로의 전이를 보여준다[108].

형태의 분자구조를 갖는 *n*–알칸 결정을 포함한다. 모든 트랜스 Oligo(ene)s과 동일한 길이를 가진 매트릭스 *n*–알칸 분자는 결정 내에서 치환을 일으킬 수 있고 이것은 무질서 효과에 영향을 받지 않는 길이가 다양한 Oligo(ene)s의 분광학을 연구할 수 있는 독특한 기회를 제공하게 된다. 흡수 스펙트럼은 보통 감도가 더 좋고 해상도가 우수한 형광 여기 스펙트럼의 형태로 측정된다(그림 2.50). 흡수와 형광 스펙트럼은 흡수와 발광에서 정확히 공명하는 예리한 0–0 Peak를 보이는데, 이것은 기하학적 이완이 실제로는 무시할만한 수준이라는 것을 설명해준다. 스펙트럼은 C–C와 C=C의 신축 모드로 확인되는 1200과 1640 cm^{-1} 부근을 중심으로 하는 지배적인 진동 모드를 가진 진동전자의 진행을 가지고 있는데, 이것은 결합의 교차배열 혹은 고체물리의 용어로 1차원적 π 공액 사슬에서의 Peierls 뒤틀림의 예이다. 이중결합의 수 *N*이 작을 때 1/*N* 법칙을 벗어나지 않는 사슬의 길이가 증가할수록 전이 에너지는 감소한다.

Oligoenes과 Poly(ene)s의 분광학에 대한 이해의 중심은 가장 낮은 전자 상태가 일반적으로 예상되는 1^1B_u가 아니라 'gerade' 대칭을 가진 2^1A_g이다(Box 1.6과 비교). 바닥상태(1^1A_g)로부터의 전이는 금지되어 있으나 결정격자에서 야기된 섭동을 통해 부분적으로 허용된다. 허용된 1^1B_u 상태의 여기에서 이것은 1 ps 내 비방사전이에 대해 에너지갭 법칙에 의하여 조절되는 긴 방사수명을 갖지만 짧은 비방사수명을 갖는 2^1A_g 상태로 이완된다. 이러한 사실은 Polyacetylene뿐 아니라 구조적으로 매우 비슷한 *β*–캐로틴이 형광을 내지 않는 이유를 설명해준다. 2^1A_g 상태가 1^1B_u 상태보다 수 1000 cm^{-1} 아래에 존재한다는 사실은 전자–전자 상관관계가 Octaene에서는 실제로 중요하다는 것을 증명하는[예를 들어 2^1A_g는 17871 cm^{-1}(2.22 eV)에 존재] 반면에 1^1B_u는 22770 cm^{-1}(2.82 eV)에 존재한다[108].

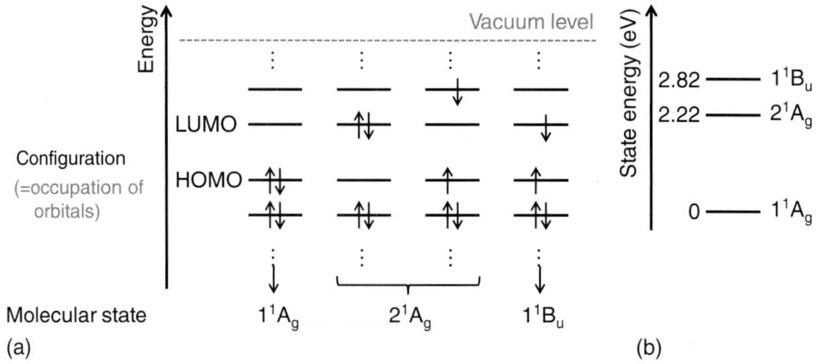

그림 2.51 Octa(ene)에서 가장 낮은 에너지를 가진 들뜬상태들이 어떻게 4개의 지배적인 형태(전자구성)을 가지게 되는지를 묘사하였다. (a) 궤도 다이어그램, (b) 상태 다이어그램.

Kohler[100]는 2^1A_g와 1^1B_u 상태의 에너지를 결합 교차배열과 전자 상관관계 효과를 고려한 Hückel 이론을 사용하여 정량적으로 산출해내었다. 필수적으로 그는 공명적분을 사용한 교차배열의 값을 적용함으로써 얻어진 일전자 Hückel Hamiltonian과 여기에 포함된 결합의 교차배열을 사용하였다. 전자 상관관계는 Pariser–Parr–Pople 방식을 통해 생각해볼 수 있는데[128–129], 먼저 분자궤도의 곱으로 얻어지는 0차 다전자 상태(형태적인 측면에서)를 계산하고 그보다 발전한 다전자 상태들을 형태 상호작용, 즉 형태를 기본으로 구해진 다전자 Hamiltonian의 고유함수인 이런 상태(전자구성)들의 선형조합의 발견을 통해 구성한다. Kohler는 그림 2.51에서 보여주는 4개의 전자구성에 대한 생각이 핵심 내용이라는 것을 이미 깨달았다. 1^1A_g 바닥상태와 1^1B_u 두 번째 들뜬상태는 단일 형태(전자구성)를 나타내고, 2^1A_g 상태는 2가지 형태의 혼합(이중 여기 형태와 이중 점프 형태)을 나타낸다. 단순한 접근방식으로 Kohler는 저온에서 탄화수소 매트릭스에 있는 Oligo(ene)s의 2^1A_g와 1^1B_u 여기에너지를 측정할 때까지 모든 25 상태를 정량적으로 표현할 수 있었다. 특별히 이런 접근방식은 SSH–Hamiltonian과는 달리 정확한 수준의 질서화라는 결과를 도출하게 된다. trans Poly(acetylene)에서 발견되는 높은 전도도의 상업적 가치는 이 고분자의 불용성, 혼합된 공기 중에서의 불안정성, 때때로 안정적인 도핑 수준을 유지하기 어렵다는 점 때문에 한계를 갖는다.

2.3.3.2 Poly(*p*–phenylene vinylenes)

산업적으로 활용이 가능한 모형적인 고분자로는 PPV가 있는데 이 고분자에서는 가장 낮은 에너지의 들뜬상태가 에너지 순서대로 $1^1A_g < 1^1B_u < 2^1A_g < \cdots$이 되고, 따라서 가장 낮은 들뜬상태($S_1 = 1^1B_u$)에서 발광이 일어난다. PPV 박막은 영국 케임브리지대학의 Friend 그룹에서 개발한 물질인데 공액 고분자로서는 처음으로 전기발광이 관찰되었고[130], 수십 년간

에 걸쳐 차세대 연구를 위한 모델 화합물이자 역용마(workhorse)가 되었다. 곁사슬의 결핍으로 말미암아 PPV는 불용성이며 Wessling과 Zimmermann에 의해 소개되고 다른 연구자들에 의해 발전된 전구체 합성경로를 통해 만들어진다[131–136]. 용해가 되는 전구체 고분자로부터 만들어진 박막을 진공상태에서 섭씨 180~300°로 12시간 동안 가열하면 PPV의 불용성 박막이 형성되지만 이 박막은 종종 구조적 결함과 불순물을 포함하고 있다. 가용성이면서 Alkoxy 치환된 PPV 유도체도 합성할 수 있는데, 예를 들면 Gilch에 의해 처음으로 시도된 탈할로겐수소화(Dehydrohalogenation)–응축 고분자화 경로가 있다[137–138]. 비대칭성 가지 구조를 가진 곁사슬은 특별히 용해도를 개선하기에 적합한데 이는 이런 곁사슬이 가진 무질서도가 결정화를 효과적으로 방지하기 때문이다. 특별한 구조의 곁사슬과 치환에 따라 PPVs는 적색에서 녹황색의 스펙트럼 영역에서 발광한다. 모형적인 물질로는 대략 100000 Da의 분자량을 가진(400개의 반복단위와 동등한) MEH–PPV를 들 수 있다(그림 2.52). 상온에서 이 고분자는 2.3 eV(540 nm) 이상에서 흡수하는데 2~6 eV의 스펙트럼 범위에서 4개의 흡수 밴드를 보여준다. 첫 번째 밴드는 2.5 eV를 중심으로 하는 넓은 Peak인데 비편재화된 전자가 존재하는 π 궤도(HOMO)로부터 비편재화되고 전자가 존재하지 않는 π^* 궤도(LUMO)로의 전이와 관련된 것이다. 두 번째 밴드는 3.8 eV를 중심으로 하는 Peak이고 특히 세 번째 밴드는 4.8 eV를 중심으로 하면서 비편재화된 궤도와 편재화된 궤도 사이의 전이를 포함하는 반면 6 eV 부근에서 관찰되는 가장 높은 에너지 밴드는 대부분 각 페닐 고리의 편재화된 궤도들 사이의 전이에 의해 나타나는 것이라고 확인된다[139–141].

형광 스펙트럼은 평균 유효 모드가 1600 cm^{-1}(200 meV)에서 형성되는 진동전자 진행을 수반한 강한 $S_1 \rightarrow S_0$ 0–0 특성의 $\pi\pi^*$ 전이에 대한 특성을 나타낸다. 앞에서 확인되었지만 형광 스펙트럼은 박막이 어떤 방식으로 제작되었는지에 따라, 즉 어떤 종류의 용매를 사용하였는지 혹은 용매의 온도가 얼마였는지(아래 내용 참조)에 따라 달라진다[142–143].

PPV의 스펙트럼 특성을 해석하기 위하여 Phenylenevinylene형의 중분자를 살펴보는 것이 유용하다. 그림 2.53은 온도 6K의 MTHF 매트릭스에서 MEH–PPV와 함께 하는 위치선택적으로 기록된 2, 3, 4개의 고리로 구성된 Phenylene vinylene 중분자들의 스펙트럼을 보여준다. 짧은 중분자들은 160 cm^{-1}(s), 320 cm^{-1}(w), 1170 cm^{-1}(s), 1340 cm^{-1}(s), 1500 cm^{-1}(w), 1620 cm^{-1}(s), 1670 cm^{-1}(s), 1790 cm^{-1}(s)의 기본적인 진동을 가진 풍부한 진동전자를 가진 형광 스펙트럼을 보여준다(여기서 s는 강한, w는 약한 세기의 스펙트럼 Peak를 표시). 일부 넓은 Peak를 제외하고 1000~2000 cm^{-1}의 영역에서 나타나는 진동 Peak는 PPV 박막의 스펙트럼에서 계속 유지되는데 이것은 분자의 진동 모드가 고분자 사슬에 주어진 중분자 길이의 증가에 의해 본질적으로 영향을 받지 않음과 전자구조를 표현하는 적합한 모델로서 중분자 접근방식을 확인함을 가리키고 있다[144]. 이런 결론은 공명 라만에 관한 연구와 이론적 계산의 결과와 일치한다[145–146].

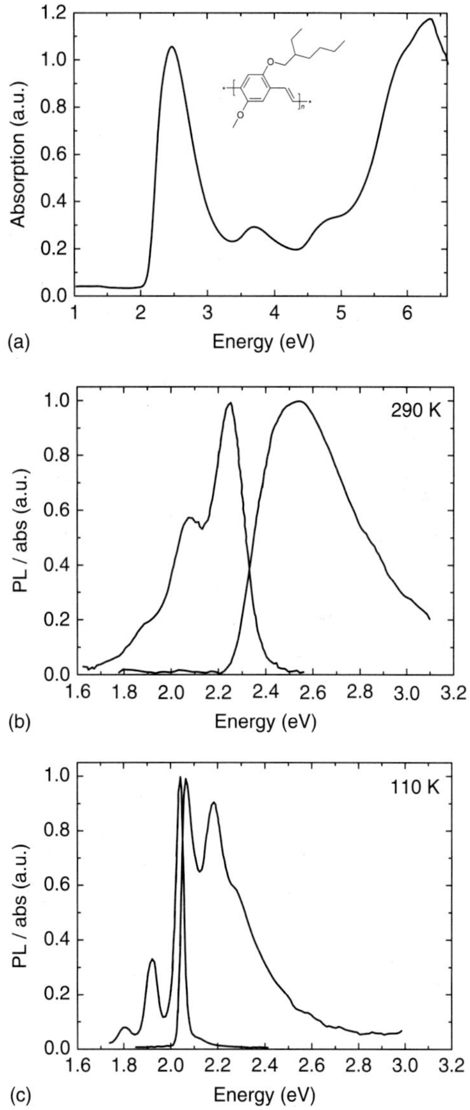

그림 2.52 (a) MEH–PPV 박막의 화학구조와 흡수 스펙트럼, (b) 온도 290K에서 측정한 MTHF 용액상태 MEH–PPV의 흡수와 발광 스펙트럼(사슬은 무질서한 코일의 형태), (c) 온도 110K에서 측정한 흡수와 발광 스펙트럼(사슬은 평면구조이고 총체 형태)[85].

온도 295K, MTHF 용액상태에서 측정된 Heptoxy phenylene vinylene 중분자의 흡수와 형광 스펙트럼은 0–0 본래의 전이와 거울 대칭을 이루고 있으며 단지 작은 스토크스 이동을 나타낸다[87]. 이것은 여기 과정에서 현저한 형태 변화는 없으며 스토크스 이동은 용매의 재구성에 의해 발생한다는 사실을 가리킨다. 밀도함수이론(DFT, density functional theory)을 사용한 계산은 Alkoxy 치환체를 전달하는 중분자들이 평면구조 형태를 가지는

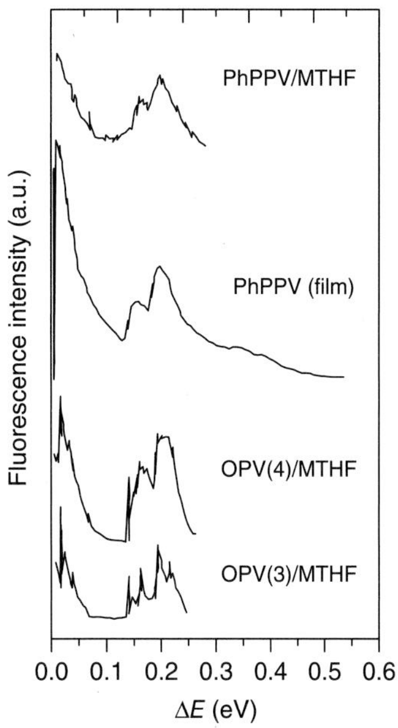

그림 2.53 온도 8K에서 측정한 MTHF 유리상에서 Phenyl에 의해 치환된 PPV와 질서를 가진 PPV 박막의 2가지 Phenylene vinylene 중분자의 위치선택적 여기 형광 스펙트럼. 가로축 좌표는 레이저 여기 에너지를 0 eV부터 시작하도록 되어 있다[144].

것을 확인해준다[85]. Alkyl 치환체를 가진 Phenylene vinylene 중분자들은 이와는 다르게 행동하는데 그들의 흡수 스펙트럼은 진동의 측면에서 해석이 어렵고 Alkoxy 그룹의 분자들에 비해 청색이동을 하며 더 큰 스토크스 이동을 나타낸다[87]. 이 경우에는 광학적 전이 후에 형태적 이완 현상이 일어난다. 그림 2.46에서 보여주는 바와 같이 Alkoxy-phenylene vinylene 중분자들은 평면구조 형태에 있으며 $S_1 - S_0$ 전이의 사슬 길이 의존을 매개변수화하여 흡수나 발광에서 어떤 전이든지 일어나는 발색단의 유효 공액길이를 추정하는 것을 가능하게 한다.

예측된 E_∞값을 실험값과 비교하면 Alkoxy 치환체를 가진 MEH-PPV 고분자에서 형태학적으로 유도되는 다색성을 발견하게 된다. 용매의 종류와 농도에 따라 MEH-PPV는 2.3 eV(540 nm) 부근에서 $S_1 \leftarrow S_0$ 0-0 전이를 하는 '청색'영역과 2.06 eV(606 nm)에서 전이를 하는 '적색'영역에 존재한다[142, 147-150]. MTHF 용액을 5×10^{-6} M의 농도에서 200K 이하로 냉각하면 적색으로 바뀐다(그림 2.52와 비교). 일반적인 상온 상태에서는 용액에서의 유효 공액길이가 5~6 반복단위인 반면 적색 상에서는 고분자 사슬이 더욱 확장되어 유효 공액길이가 20개 이상의 반복단위로 늘어난다[85]. 적색 상을 생성하기 위해서는 분자들의 총체가 필요한 반면 전자의 상태는 무질서가 존재하는 HJ-총체라는 용어를 사용한 Spano 그룹에 의해 가지고 있는 지배적인 특성이 표현되었다[85, 151-152]. 박막에서는 비록 $S_1 \leftarrow S_0$

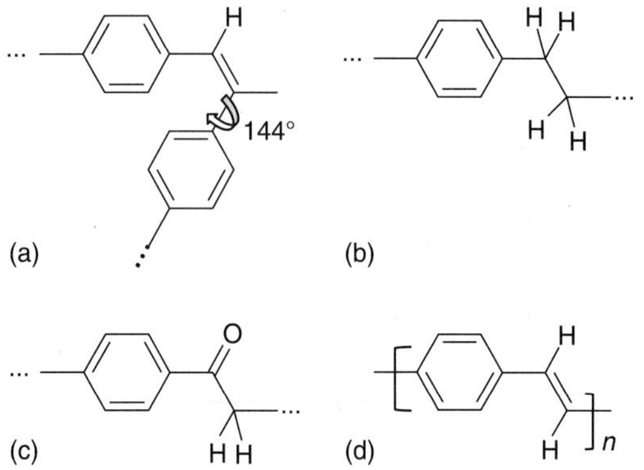

그림 2.54 PPV 유도체의 골격구조에서 일어나는 Vinylene 결합과 관련된 구조적, 화학적 결함. (a) 시스-연결, (b) 불포화 결합, (c) 카보닐 결합의 형성(keto-결함), (d) 결함 없이 온전한 반복단위를 가진 PPV 사슬, Vinyl 기의 수소가 나타나게 표기하였다.

0-0 전이에 대한 유효 공액길이가 전체 박막에서 대략 6 ± 2 반복단위의 범위로 다양하지만 무질서한 청색 상이 주류를 이루고 있다. 발광하는 발색단은 더욱 평면적이고 10개 반복단위 이상을 가지지만 대규모 박막에서는 더욱더 평면적이고 낮은 에너지를 가진 상태로 에너지 전달이 일어난다(3장과 비교).

Vinyl 결합이 시스-연결, 불포화 결합, 특히 산소와 자외선에 노출되면 발생하는 keto-결함과 같은 여러 가지 결함을 형성할 정도로 취약하다는 것이 명백하게 밝혀지면서(그림 2.54) 기술적인 관심이 PPV로부터 멀어지게 되었다. 이와 같은 결함은 들뜬상태의 비방사소멸을 촉진하는데 이를 **발광소멸**(emission quenching)이라 부른다.

2.3.3.3 Poly(*p*-phenylene)s

Poly(*p*-phenylene)s(PPP)s에 대한 관심은 2가지 관점에서 생겨났는데, 첫째는 그들이 녹청색과 심청색 사이의 스펙트럼 영역에서 발광한다는 것이고, 둘째는 방향족 페닐 고리의 연속적 구조가 Phenylene-vinylene의 연속적 구조에 비해 광산화에 대해 화학적으로 더 안정하다는 것이다. Oligo(*p*-Phenylene)s에서는 흡수 Peak로부터 추론해낸 전이 에너지가 Benzene의 4.70 eV(264 nm)로부터 Quaterphenyl의 4.25 eV(292 nm)로 약하게 감소한다[86, 111]. 이런 현상이 발생한 이유는 입체적 반발 때문인데 페닐 고리는 Biphenyl에서는 45° 각도로 매우 심하게 뒤틀린 구조가 되고 이런 뒤틀림이 그들 간의 전자적 공명 상호작용을 감소시킨다. 기체상에서 페닐 고리의 뒤틀림 모드는 약 70 cm^{-1}의 에너지를 갖는다[153]. **공유가교화**(covalent bridging)에 의해 평면화가 이루어지는데 Biphenyl과 Triphenyl 단위 사이의 공유가교화는 Poly(fluorene)s(PF)s와 Poly(indenofluorene)s(PIF)s를 생성하게 된다. MeLPPP와 다른 LPPP들은 모든 페닐 고리가 공유가교 결합되어 있다. 이런 모든 화합

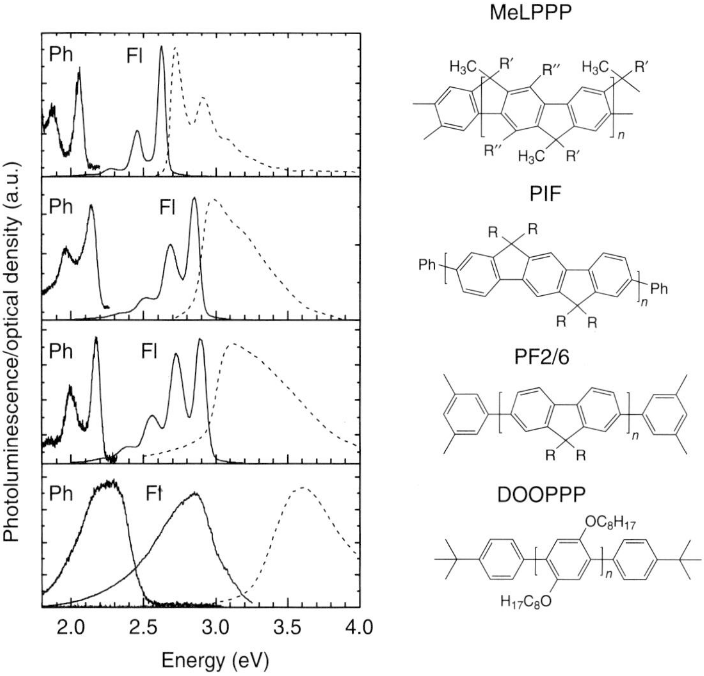

그림 2.55 Poly(p-phenylene)의 유도체인 MeLPPP, PIF, PF2/6와 DOOPPP(R = 2–Ethylhexyl, R′ = 1,4–C_6H_4–n–$C_{10}H_{21}$, R″ = –n–C_6H_{13})의 300K 흡수(점선), 10K 형광(실선, Fl), 10K 인광(실선, Ph)[154].

물들은 형광을 내고 진동적으로 확실히 규명된 $S_1 \rightarrow S_0$ 0–0 전이를 나타내는 반면 흡수 스펙트럼은 LPPP들을 제외하고는 모두 넓은 Peak를 보여준다(그림 2.55). 형광 스펙트럼에서 Peak의 폭이 넓어지는 현상은 Fluorene 단위들 사이의 비틀림이 일어난다는 증거인데, 이런 효과는 공유가교의 단위가 길어지는 PIF에서는 줄어든다. 비가교화된 Poly(p–phenylene)을 제외하고 사다리 형태의 화합물과 비슷한 형광 스펙트럼은 광학적 전이에서 사슬이 평면화된다는 사실을 보여준다.

필요한 용해도를 얻기 위하여 PF는 보통 가교가 가능한 Alkyl 곁사슬을 이용한다. 가지가 없는 Octyl 곁사슬이 사용된 고분자를 PFO(혹은 PF8)라고 하고 가지가 있는 Ethyl–hexyl 사슬을 사용하면 PF2/6라고 명명한다. MEH–PPV와 마찬가지로 PFO에서는 무질서하거나 코일의 형태를 갖거나 질서가 있거나 평면화된 상들이 박막과 MTHF 용액에서 공존한다. 이 가운데 질서 있는 상을 β **상**이라 부르고 분극화된 **전계발광**(electroluminescence)을 위해 사용된다[155–157]. 또한 이와 관련하여 α 상이라고 하는 준안정한 결정학적 전구체 상이 존재한다(이전의 연구에서 실수로 코일 상을 지칭하는 용어로 사용되기도 하였다). 무질서한 상 가운데는 2.93 eV에서 $S_1 \rightarrow S_0$ 0–0 전이를 일으키면서 5개의 Fluorene 단위의 공액길이로 이동하는 소위 유리상이라는 것이 있다. β 상에서도 중분자에서 분광학적으로부터 얻어낸 무한사슬의 값과 거의 일치하는 동일한 전이가 2.80 eV에서 일어난다. 이것은 β 상에서 사슬은 결정학적 데이터와 일치한 모습으로 거의 완벽하게 정렬이 되어 있고 커다란 수의 반복단위에 걸쳐서 짝지어져 있다[158].

공액 고분자로부터의 인광은 77K에서 개폐식 감지(gated detection)를 이용하여 측정한 MeLPPP에서 처음으로 관찰되었고[159], 얼마 후에 PPVs에서도 인광이 관찰되었지만 Poly(thiophene)s(PTs)의 인광은 아직 보고되지 않고 있다. 이런 이유는 교환에너지 에너지갭 법칙과 관련이 있는데 공액 고분자에서 삼중항 상태는 단일항 상태보다 약 0.7 eV 낮기 때문이다[28-29]. S_1 상태에서 2.8, 2.3, 2.0 eV의 에너지를 가진 PPPs, PPVs, PT는 T_1 상태에 대해서는 각각 2.1, 1.6, 1.3 eV의 에너지를 가진다. 에너지갭 법칙은 고유한 비방사소멸이 $T_1 - S_0$ 에너지갭이 감소함에 따라 지수함수적으로 증가하고 금지된 전이인 T_1에 대한 방사이동속도는 본질적으로 느리다. 850 nm(~1.5 eV) 부근에서 끝나는 대부분의 자외선/가시광선 범위와 적외선 감지기의 감지 범위가 1200 nm(1 eV)에서 시작됨으로 인하여 감지의 어려움이 생기게 된다. PPPs에서 인광은 저온 실험에서 측정된 1 s의 삼중항 수명을 가지지만 고온에서는 수명이 더 짧아지는데, 이는 열적으로 여기된 삼중항의 움직임이 이분자 삼중항-삼중항 소멸과 삼중항이 제거되는 비방사소멸을 일으킬 수 있기 때문이다.

방향족 고리들이 화학적으로 매우 안정한 반면에 PF와 PIF에서의 공유가교가 광산화에 취약하다는 것이 밝혀졌다. Fluorenone 단위에서 생기는 keto-결함은 특히 가교결합이 우연히 2개가 아닌 단지 1개의 곁사슬을 가질 때 형성된다. 그동안에 이런 결함의 형성을 피하기 위한 합성경로가 구축되었다. PPPs에 대한 더 상세한 내용은 참고문헌 [156-157, 160]을 참고하기 바란다.

2.3.3.4 Poly(thiophene)s

PTs는 유기태양전지(OSC, organic solar cell)와 유기전기장효과 트랜지스터(OFET, organic field effect transistor)를 위해 중요한 물질이다. 이 물질은 탄소 대신 황을 헤테로 원소로 가진 5-원소 방향족 헤테로 고리와 고리에 달린 용해도가 높은 그룹으로 구성되어 있다. 일종의 치환체와 그들의 입체적 위치는 형태학, 그리고 동시에 스펙트럼의 특성에도 상당한 영향을 미친다. 곁가지의 부분규칙적(regioregular, rr)인 배열은 질서 있는 사슬의 형태학을 개선하고 부분불규칙적(regiorandom, rra)인 곁사슬은 무질서한 사슬 형태를 촉진한다(Box 1.2 참고). 짧은 비치환 중분자들은 단일 결정을 형성하고 알칸 결정에 치환하여 들어갈 수 있는데(Oligoenes에서와 마찬가지로) 이것을 위치선택 분광학에 사용할 수 있다. 고립된 bi-Thiophene[161], ter-Thiophene[162], 그리고 tetra-Thiophene[163] 매트릭스로부터 얻은 데이터와 6-Thiophene 결정[164]에서 고리의 역수로 구성한 0-0 전이는 평면의 완벽하고 무한한 사슬의 값인 $E_\infty = 1.84$ eV를 가진 식 (2.46)의 짝지어진 진동자/엑시톤 모델에 따른다. 또한 Wasserberg와 그의 동역자들에 의해 용액에서의 평면구조 Oligo(thiophene) 유도체들과 관련된 중분자 길이 의존성에 대한 연구도 이루어졌다[165].

MEH–PPV, PFO와 유사한 방법으로 모형적인 PT P3HT도 코일 혹은 평면화된 형태를 가질 수 있고 MEH–PPV와 같이 사슬의 평면화는 분자들의 총체와 관련이 있다. 그러나 반대로 P3HT에서는 인접한 사슬에 대한 전자 상호작용이 스펙트럼에서 분명히 드러나고 $S_1 \leftarrow S_0$ 0–0 Peak의 억제된 세기를 특징으로 하는 진동구조를 분명하게 보여준다[166]. 코일 형태의 사슬로부터 평면구조의 사슬로의 전이는 용매의 질과 온도에 의해 유도된다. P3HT의 흡수 스펙트럼이 좋은 용매에서 나쁜 용매로 바뀔 때 스핀코팅으로 박막을 형성하는 과정에서 어떻게 변화하는지 간략히 설명해보도록 하자. 19 kDa의 분자량을 가진 P3HT의 대표적인 흡수 스펙트럼은 그림 2.56에 나타나 있다. 상온에서 MTHF와 같은 좋은 용매를 사용하면 흡수는 2.75 eV에서 최댓값을 갖는 특색 없는 모습을 보여주는데, $S_1 \leftarrow S_0$ 0–0 전이는 대략 2.6 eV에서 나타나는 것으로 확인되고 이것은 5–Thiophene 단위들의 공액 길이와 일치한다. 이 용액이 냉각되고 용매의 질이 나빠지면 이 스펙트럼은 진동적으로 해석할 수 있는 등흡수점(isosbestic point)과 1.99 eV에서 $S_1 \leftarrow S_0$ 0–0 전이를 갖는 스펙트럼으로 변환된다. 정확하게 해석된 진동구조는 좋지 않은 용매의 비율이 증가함에 따라 평면 사슬들이 형성된다는 것을 가리킨다. 중요하게도 총체 스펙트럼에서의 대부분의 강한 흡수 특징은 $S_1 \leftarrow S_0$ 1–0 전이가 0–0 전이보다 더 잘 일어난다는 고립된 사슬에 대한 예상에 부합하고 사슬 중의 H 형태의 상호작용이 존재한다는 것을 알려준다. 2.2.5절에서 상세하게 다룬 바와 같이 스펙트럼은 Spano 이론에 근거하여 분석될 수 있는데, $N_{\text{eff}} \approx 25$와 $\beta_{\text{inter-chain}} \approx$ 50 meV에 대한 유효 공액길이를 알려준다[167]. 여기서 β값은 분자량과 용매의 질에 따라 결정된다.

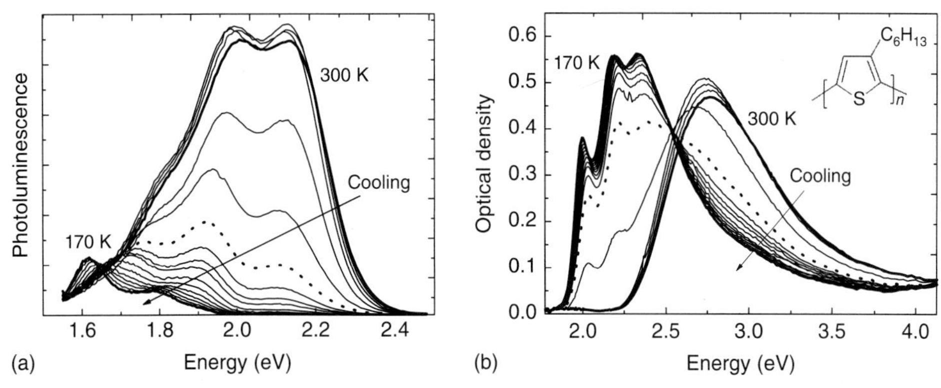

그림 2.56 분자량 19 kDa를 가진 rr–P3HT의 MTHF 용액에서 측정한 온도에 따른 형광과 흡수 스펙트럼. 255K에서(점선) 무질서한 사슬 형태로부터 평면의 총체 형태로의 전이가 일어난다. 300K과 170K에서의 스펙트럼은 굵은 선으로 표시되어 있다(F. Panzer의 데이터).

2.3.3.5 Poly(silane)s/Poly(silylene)s

원자의 π 결합 사슬과 σ 결합 사슬 사이의 기본적인 차이는 존재하지 않는다는 사실을 설명하기 위하여 전자적으로 활성을 가진 동종고분자(homopolymer)의 최종적인 예로서 일반적으로 잘 사용되지 않는 Poly(silane)과 Poly(silylene)을 실리콘 원자가 σ 결합으로 연결되어 있고 Alkyl 혹은 Phenyl 기로 구성된 곁사슬을 가진 고분자를 생각하자. 이 고분자들은 결정체의 준 1차원적 유사체 혹은 비정질 실리콘이며 인접한 사슬들 사이의 거리, 그리고 결과적으로 유전적 특성은 곁사슬에 의해 조절된다. 따라서 Poly(silane)s은 3~4의 값을 갖는 유전상수 ε_r을 갖는 π 공액 고분자와 매우 유사하고 유전상수 $\varepsilon_r \approx 11$을 갖는 대규모 실리콘 결정과는 다르다. 낮은 유전상수 때문에 지배적인 전자 상태는 중성의 Frenkel 엑시톤이고 아마 약간의 Wannier 엑시톤의 특성을 가지고 있을 것이다(2.5.1절과 비교). 이들은 청색영역의 발광 스펙트럼에서 강한 형광을 보여주고(그림 2.57), π 공액 고분자와 같이 실제로 절연체이면서 광여기를 통한 혹은 전극으로부터 주입된 전하의 운반체이다. 전하가 생성되면 그들은 Si–Si 사슬의 짧은 부분 가운데서 호핑을 통해 움직이고 π 공액 고분자에서의 전하운반체가 행동하는 것처럼 전자 상태의 가우스 분포를 보여준다(아래 내용 참고). Poly(silane)s의 전자적 특성은 여기와 전자이동의 본질 측면에서 π와 σ 결합을 가진 주사슬 고분자들 사이에 근본적으로 아무런 차이가 없다는 것을 보여준다. π와 σ 결합을 가진 사슬들 사이의 눈에 띄는 특성은 압도적인 여기 에너지와 관계가 있는데, π 공액 탄화수소 체계에서 가장 낮은 에너지의 광학적 전이뿐만 아니라 이온화 퍼텐셜은 서로 다른 원자들이 포함될 때 π–π^* 전이 혹은 n–π^* 전이에 의해서 조절되며 이는 C–C 결합의 σ–σ^* 전이가 7 eV 부근에서 일

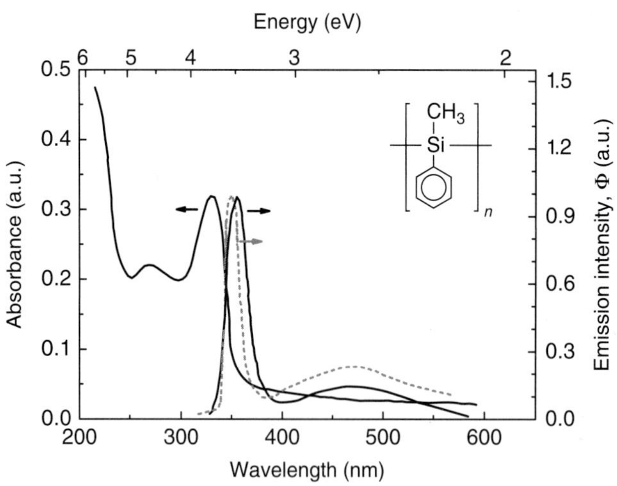

그림 2.57 Poly(methyl–phenyl–silylene)의 흡수(왼쪽 검은 실선), 발광(오른쪽 검은 실선), 전계발광(회색 점선) 스펙트럼. 3.4 eV 부근의 높은 에너지 Peak는 여기 발광이고 2.6 eV 부근의 낮은 에너지 Peak는 사슬의 결함과 관련된 것이다 [168].

어나기 때문이다. 이 $\sigma-\sigma^*$ 전이 에너지는 σ 결합탄소 사슬인 Poly(ethylene)(~7 eV)[169]로부터 Poly(silylene)(~3 eV)[170–171] 혹은 이와 유사하게 σ 결합 게르마늄 사슬인 Poly(germylene)(~3 eV)[172]로 갈 때 현격하게 감소한다. Poly(silylene)s의 특성에 대한 요약은 참고문헌 [113]에서 발견할 수 있다.

이러한 맥락에서 반도체 특성이 나타나는 결합 교차배열의 역할을 간략하게 설명하면 π 공액 고분자에서 원자 p_z 궤도 짝지음의 결과인 결합의 교차배열은 의심할 여지없이 광학적 간격의 크기에 결정적으로 기여한다고 볼 수 있다. 이런 사실은 예상한 바와 같이 π 전자가 균등하게 분포된다면, 예를 들어 2.3.2절에서 설명한 자유전자 모델[89–92, 94–95, 173]이나 2.5.3절에서 설명한 SSH 모델[126–127]에 따른다면 광학적 간격이 사라진다는 것을 깨닫게 해준다. 이것은 부적절하고 전자–전자 상관관계 효과가 무시할만한 수준인 경우, 즉 일전자 모델이 전자구조를 충분히 설명할 수 있는 경우에만 해당한다. Oligo(ene)s의 분광학은 그렇지 않음을 말해주는데, 유사하게 Poly(silane)s에서의 3 eV에 가까운 광학적 간격은 아무런 결합의 교차배열 없이 동일한 공간을 차지하는 σ 결합이 가능하게 하고 결합의 교차배열이 광학적 간격이 일어나게 하기 위해 필수적인 것은 아니라는 사실을 설명한다.

앞서 다루었듯이 1차원적 π 공액 사슬의 경우를 2차원적 그래핀과 비교하는 것은 흥미로운 주제가 될 것이다[174]. 그래핀에 있는 탄소 원자 또한 sp^2 혼성이 되어 있고 p_z 궤도로부터의 전자는 π 결합에 참여하면서 비편재화된다. 1차원 탄소와는 반대로 2차원 그래핀 평면구조는 방향성을 가지고 대부분 결합의 교차배열에서 자유로운 상태이다. 최근의 연구는 이러한 결합은 전도대(conduction band)와 가전자대(valence band)가 만나는 소위 Dirac 접점에서의 밴드 구조를 가진, 반금속성을 띠기는 해도 아직은 '그래핀에서의 전자–전자 상호작용이 집중적인 연구의 주제'가 될 정도는 아니라고 설명하고 있다[174].

2.3.3.6 낮은 간격 도너–억셉터 고분자

π 공액 동종고분자에서 흡수 스펙트럼의 끝부분은 대개 600 nm 부근 혹은 그 이하인데 이것은 $S_1 \leftarrow S_0$ 0–0 전이가 2 eV 혹은 그 이상에서 일어남을 의미한다. 이것은 이런 동종고분자가 태양광이 700 nm(1.77 ev)에서 최댓값을 가지기 때문에 태양전지에서 활성물질로 사용되는 데 단점으로 작용한다. 입사하는 광자의 주목할만한 부분이 낭비되는 것을 피하기 위하여 적색과 적외선 스펙트럼 영역에서 빛을 흡수하는 물질을 찾기 위한 집중적인 연구가 이루어졌다. 원칙적으로 흡수의 말단은 사슬 내부의 질서도 개선으로 공액길이가 늘어남을 통하여 더 낮은 에너지 쪽으로 이동이 가능한데, 이는 $S_1 - S_0$ 전이 에너지가 공액이 증가함에 따라 감소하기 때문이다. 그러나 짝지음 단위 길이의 역수에 따른 전이 에너지의 포물선 의존도 관점에서 이런 전략은 결국 사슬 내부 질서의 개선을 위한 실험적 어려움에도 불구하고 단지 미미한 효과를 보여줄 뿐이다. 이러한 관점에서 좀 더 효과적인 접근방법은 전자

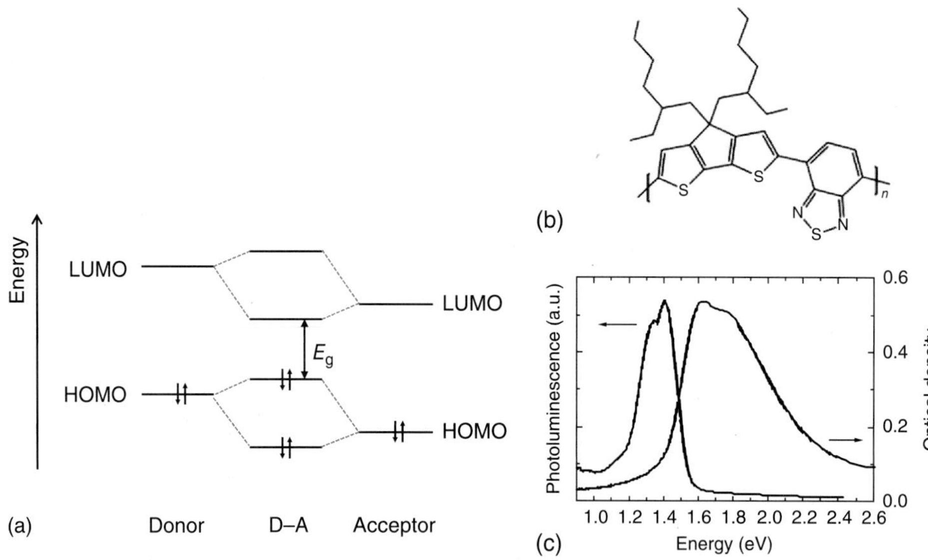

그림 2.58 (a) 광학적 간격 E_g가 전자가 풍부한 혹은 전자가 부족한 Frontier 궤도들 사이의 공명에 의해 어떻게 감소하는지에 대해 단순화된 정량적 설명. (b) PCPDTB의 화학구조. (c) PCPDTBT의 흡수와 발광 스펙트럼.

도너 혹은 전자 억셉터 그룹을 고분자에 결합시키는 것이다. 예를 들면 Poly(thiophene)의 교대로 구성된 Thiophene 고리에 전자 도너 아미노 그룹과 전자 억셉터 니트로 그룹을 결합하면 흡수가 1.1 eV로 낮아지는데[175], 이는 고분자 반복단위의 **양쪽성이온**(zwitterionic) 성질 때문이다. 이런 전략의 성공에 대한 논리적 결과는 일종의 전하이동 특성을 가진 전자 도너와 전자 억셉터 요소의 쌍으로서 전하이동의 특성을 가진 반복단위의 연속된 구조를 가진 고분자를 합성해내는 것이다. 2.1.5절로부터 서로 다른 전기음성도를 가진 발색단의 쌍에서 부분적인 전하이동이 일어나는데, 공명과 전하이동 때문에 도너와 억셉터의 HOMO와 LUMO 궤도 모두에서 한 쌍의 상태가 형성된다(그림 2.58a). 결과적으로 이 가운데 HOMO는 대부분 도너에 편재되어 있고 LUMO는 대부분 억셉터에 편재되어 있다. 에너지 준위 분리의 결과로서 광학적 전이는 감소하고, 따라서 도너와 억셉터를 비교하여 흡수 스펙트럼의 적색이동이 일어나게 된다.

아주 빈번하게 Benzothiadiazole 혹은 그 유도체들은 도너-억셉터 고분자에서 전자 억셉터로 사용되는 반면 Thiophene의 유도체들은 전자 억셉터로 행동한다. 그 예는 그림 2.58b에서 보여주는 고분자 PCPDTBT인데[176], 이 화합물에 대한 조사를 위해서는 관련 참고논문[177–180]을 참고하기 바란다. 도너-억셉터 고분자들은 형광을 일으키는데 이는 광학적 흡수가 부분적 전하이동 특성을 가진 중성의 엑시톤을 생성한다는 것을 가리킨다. 이러한 사실은 소멸제 농도의 함수로서의 형광소멸에 대한 실험에 의해 더욱 지지를 받는데 이런 실험들은 π 공액 동종고분자에서의 단일항 엑시톤의 확산과 견줄만한 10 nm의 엑시톤 확산 거리를 산출해낸다[181]. 분리하기 위하여 엑시톤은 추가로 Fullerenes C_{60} 혹은 PCBM과 같은 전자 억셉터를 필요로 하고 도너-억셉터 고분자의 LUMO가 억셉터의 LUMO보다 위쪽에 있다는 사실을 알려준다.

2.4 전하를 띤 분자들

OLED, OSC 혹은 OFET와 같은 유기반도체 소자의 작동은 전하, 즉 전자와 정공의 한 분자에서 다른 분자로의 이동을 요구한다. 그러므로 이런 전하들이 어떻게 생성되며 전하를 가진 분자들의 전자구조를 어떻게 이해해야 하는지, 그리고 이와 관련된 에너지 준위가 실험적으로 어떻게 결정되는지 살펴볼 필요가 있다. 이를 위하여 우선 사용되는 일반적인 용어들의 정확한 의미를 확실하게 이해하는 것이 필요하다.

전자가 앞에서 언급한 중성의 바닥상태 분자에 더해지면 그 결과로 이온화된 분자는 라디칼 음이온이 되고 이런 과정을 환원이라 부른다. 역으로 전자의 제거(산화)는 정공을 더하여 라디칼 양이온을 생성하게 된다. 두 경우 모두 라디칼 음이온과 양이온의 기하학(예를 들면 결합길이와 결합각)과 에너지는 중성분자와는 다르다. 이런 까닭으로 라디칼 음이온 혹은 양이온은 분자의 전하를 띤 들뜬상태로 간주될 수 있다. 전하와 관련된 에너지는 중성분자의 평형위치로부터 전하를 띤 분자의 위치로 변하는 분자의 기하학은 분자 내부의 기하학적 **이완에너지**(relaxation energy)이고 종종 λ 혹은 E_{rel}의 약자로 표기된다(그림 2.59a). 유기고체에서 전하를 분자에 더하는 것은 분자가 C_{60} 혹은 MeLPPP와 같이 단단한 분자가 아니라면 항상 상당한 크기의 이완에너지가 필요한 상황과 연계된다.

지금까지 전하를 하나의 분자로 혹은 분자로부터 단순히 더하거나 제거하는 것만을 고려했다. 전하가 한 분자로부터 다른 분자로 이동할 경우에(그림 2.59b) 이런 전달과정의 전체 기하학적 **재구성에너지**(reorganization energy)(혼동이 올 수도 있지만 λ 혹은 E_{reorg}의 약자로 표기)를 구하기 위하여 M^-로부터 전하를 제거하는 데 따른 이완에너지를 더해줘야 할 필요가 있고 이에 따라 M에 전자를 더할 때는 $\lambda = \lambda_M + \lambda_{M^-}$이 된다. 분자가 용액 중에 있을 때는 전하의 추가 혹은 제거는 분자 자신의 기하학 변화뿐 아니라 환원 혹은 산화된 분자들의 변화된 전자분포의 여파로 방향성이 바뀐 인접한 용매분자들이 생기는 결과를 초래한다. 용매의 재구성에 필요한 에너지는 분자 내부의 재구성에너지와 동일한 크기의 배수를 갖는다. 그러나 반도체의 적용에 있어서 분자는 대개 고체상이지만 용매의 재구성과 동일하게 인접한 분자들 간에 기하학적 재구성이 일어날 수 있다. 이러한 분자들 사이의 재구성에너지는 분자 내부에서의 재구성에너지와 비교하면 상대적으로 작다. 이론화학자들은 분자 내부구조와 분자 사이의 재구성에너지를 **내부** 재구성에너지와 **외부** 재구성에너지로 명명하고 이들을 하나의 분자로부터 다른 분자로의 에너지 전달과정으로, 그리고 전체 재구성에너지를

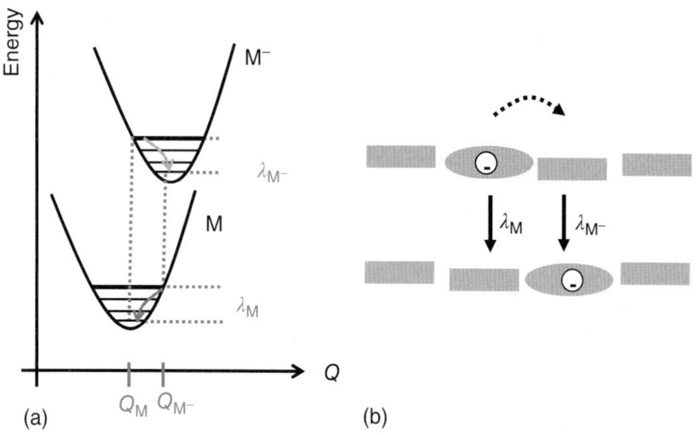

그림 2.59 (a) 중성분자 M과 음전하를 띤 분자 M^-에 대해 생성된 형태 좌표 Q의 함수로서의 퍼텐셜에너지 곡선, (b) 이전의 중성분자에 전하를 위치하게 하는 것과 관련된 이완에너지 λ_{M-}와 분자 음이온 M^-로부터 전하를 제거한 결과로 생긴 중성분자 M의 이완에너지 λ_M를 묘사한 그림, (b) 먼저 음전하를 띤 분자로부터 중성분자로 전자가 어떻게 이동하는지를 묘사한 그림. 두 분자가 M^-에서 M으로, 그리고 M에서 M^-로 변하면서 기하학적 구조가 바뀌므로 전체 재구성에너지는 $\lambda = \lambda_M + \lambda_{M^-}$이 된다.

$\lambda = \lambda_{\text{inner}} + \lambda_{\text{outer}}$로 해석하였다[182].

유기반도체 분야에서 발색단에 추가되거나 발색단으로부터 사라지는 전자들은 역사적인 이유로 종종 **음성 폴라론**(negative polaron)과 **양성 폴라론**(positive polaron)으로 불려왔다. 안트라센과 같은 분자결정의 분자에 전하가 존재하면 전하를 띤 분자의 기하학적 구조가 변하는 것뿐 아니라 인접한 분자들의 평균거리, 즉 결정격자의 뒤틀림의 평균거리도 변하게 된다. 이러한 현상은 전하를 띤 분자의 서로 다른 분극화에 의해 일어나고 앞에서 언급한 용매의 재구성과 유사하다. 전하는 한 분자로부터 다른 분자로 이동하면서 결정을 거쳐 움직이므로 이 과정에서 격자의 뒤틀림을 일으키게 된다. 전하와 이에 수반된 격자의 뒤틀림의 조합을 정확하게 폴라론이라고 부른다. 이제 우리의 관심을 비정질 분자 박막 쪽으로 옮겨보면 특히 전하가 더해졌을 때, 즉 분자 내부에서 이완이 일어나면 π 공액 고분자에서 고분자 골격구조의 뒤틀림이 생기는데 이를 **폴라론 효과**(polaronic effect)라고 한다. 폴라론이라는 용어는 '뒤틀림'이 거의 분자 내부에서 혹은 발색단 내부에서 일어나는 현상임에도 불구하고 여전히 전하와 이에 관련된 격자의 뒤틀림을 조합한 의미로 사용되고 있다. 3.3.2절에서 상세히 논의하겠지만, 폴라론 결합에너지 E_{pol}는 한 분자에서 다음 분자로의 전하이동에 대한 재구성에너지 λ와 $E_{\text{pol}} = (1/2)\lambda$의 관계를 갖는 것으로 정의한다.

2.4.1 주입, 흡수, 도핑에 의하여 전하를 띤 분자들의 생성

2.4.1.1 주입에 의하여

전하를 띤 발색단을 생성하기 위한 일반적인 방법은 전극으로부터 다이오드 구조로 전하를 주입하는 것이다. 전자를 주입하는 전극은 음극이고 정공을 주입하는 전극은 양극이다. 전자의 주입은 추가 전자를 분자에 위치하게 하는 것이고 정공의 주입은 분자로부터 전자를 제거하는 것이다. 이것은 전자의 주입은 추가 전자를 LUMO에 위치하게 하는 것이고 정공의 주입은 전자를 HOMO로부터 제거하는 것을 통해 단순화된 일전자 그림으로 형상화할 수 있다(그림 2.60). 전자는 항상 에너지가 낮은 위치를 찾고 정공은 반대로 에너지가 높은 위치로 이동하려는 경향을 지닌다는 사실을 기억하는 것은 유용하다. 이상적인 전자 주입을 위해서는 음극의 일함수가 분자의 전자친화력과 비슷하거나 더 높아야 하고 이와 유사하게 양극의 일함수는 분자의 이온화 퍼텐셜과 비슷하거나 더 낮아야 한다. 실제로 이런 조건에 부합하기는 어렵고 분자 박막에 대한 전자친화력(혹은 이온화 퍼텐셜) 값은 대략 −2.5 eV(혹은 −5.0 eV)이다. 낮은(혹은 높은) 에너지에서 일함수를 가지면서 동시에 화학적으로 안정하고 공정에 적용이 가능한 금속, 준금속 혹은 도핑 농도가 높은 반도체를 발견하기는 어렵다. 실제적인 이유로 ITO나 PEDOT:PSS(Poly(3,4−ethylene dioxythiophene)−polystyrene sulfonic acid)를 사용하여 정공주입을 하고 반면에 Ca나 Al을 전자 주입에 사용한다(4장과 비교). 이런 물질들은 전자친화력보다 낮은(이온화 퍼텐셜보다 높은) 일함수를 가지고 있으며, 따라서 전하주입에 대한 에너지 장벽을 가지고 있다. 결과적으로 정공주입의 효율은 금속의 일함수와 발색단 이온화 퍼텐셜의 위치 사이의 에너지 간격에 의존한다(3.2절과 비

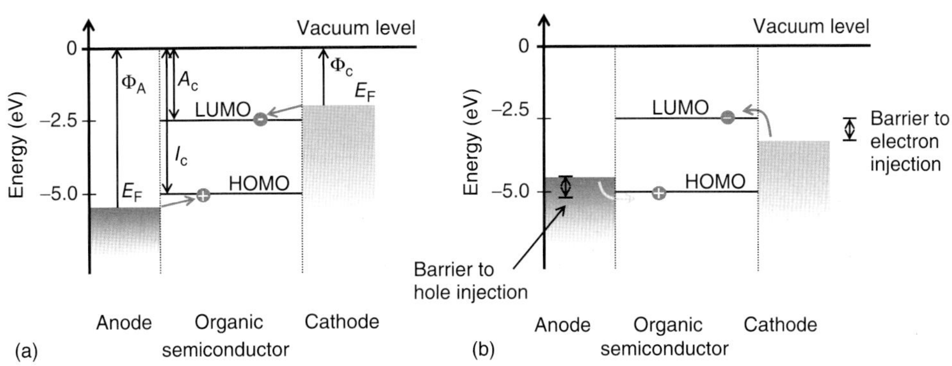

그림 2.60 (a) 일함수 Φ_A와 Φ_C를 가진 두 전극 사이에 위치한 유기반도체로의 이상적인 전하주입. 전자는 음극의 Fermi 준위 E_F로부터 에너지적으로 유기반도체의 LUMO로 빠르게 내려간다. 발색단의 HOMO로부터 양극의 Fermi 준위까지의 전자이동과 마찬가지로 양극으로부터 정공주입도 일어난다. 에너지는 오직 대략의 방향성에 따라 주어지는데 HOMO와 함께 하는 이온화 퍼텐셜과 LUMO와 함께 하는 전자친화력은 1.3.3절에서 표현한 바와 같이 전자 상관관계 효과를 무시할 정도로 지나치게 단순화되어 있다. (b) 실험적으로 빈번하게 발생하는 전하주입에 있어서 주입장벽의 극복을 위해 필요한 일함수를 가진 전극이 존재하는 주입 과정.

교). 이와 유사하게 전자 주입에 대하여는 발색단의 전자친화력과 전극의 일함수 사이의 에너지갭이 관련있는 정량적 값이 된다. 주입 효율의 예측은 따라서 분자의 이온화 퍼텐셜과 전자친화력의 위치에 대한 지식이 필요하다. 명목상의 이온화 퍼텐셜 혹은 전자친화력과 전극의 일함수 사이의 차이를 통해 단순히 주입에 대한 에너지 장벽을 산출하게 되는데, 이는 계면에서의 쌍극자 생성이 가능하다는 점을 무시하기 때문이다. 이런 계면의 쌍극자는 금속이 유전체 위에 박막을 형성할 때 생길 수 있는데 결과적으로 실질적인 주입장벽은 불운한 경우에 부정확한 값에 의해 1 eV 정도까지의 오차가 발생할 수 있다[183].

2.4.1.2 흡수에 의하여

전하를 띤 분자는 기본적으로 광흡수가 서로간의 쿨롱 인력으로 결합된 인접한 라디칼 양이온과 음이온 한 쌍을 생성함으로써 형성된다. 광이온화 과정에 필요한 에너지를 고려하고 이것이 분자의 흡수 말단의 어느 정도 위쪽의 에너지를 가진 광자에 대해서만 가능하다는 사실을 설명해야 한다.

라디칼 양이온과 라디칼 음이온을 생성하기 위하여 분자를 이온화한다. 즉 전자를 더하거나 제거한다. 이미 언급한 바와 같이 기체상에서 분자로부터 전자를 제거하는 데 필요한 에너지를 이온화에너지(I_g)라고 하거나 또는 **이온화 퍼텐셜**이라고 부른다. 기체상 π 결합 분자들에 있어서 이온화에너지는 8 ± 2 eV의 배수이고 π 전자 분포의 크기에 따라 결정되는데, 예를 들면 벤젠에서 펜타센에 이르는 일단의 고리 화합물에서 이온화에너지는 9.2에서 6.7 eV로 감소한다[113]. 친전자(전기음성적) 치환체들은 이온화에너지가 증가하는 반면 친핵(전기양성적) 치환체들은 이온화에너지가 감소하는 경향이 있다. 이온화에너지의 크기로부터 기체상의 이온화는 높은 에너지를 가진 광자, 즉 진공 상태에서 140~170 nm 사이의 파장을 가진 자외선 영역의 빛을 필요로 한다. 전자를 기체상의 분자에 더하기 위해서는 에너지가 방출되어야 하고 이 에너지는 전자친화력(A_g)에 해당된다. 벤젠에서 $A_g = -1.4$ eV이므로 기체상에서의 벤젠 음이온은 불안정하다. 안트라센, 테트라센, 펜타센과 같이 Polyacene 계에 속한 분자들은 A_g 값이 대개 1 eV의 배수이다.

분자에 존재하는 전자들 사이에 상호작용이 없다면 이온화 퍼텐셜과 전자친화력은 HOMO와 LUMO의 에너지와 일치한다. 그러나 유기 발색단에서 쿨롱과 교환 상호작용이 강하기 때문에 이온화 퍼텐셜과 HOMO, 그리고 전자친화력과 LUMO 사이의 차이는 현격하고, 이것은 이온화 퍼텐셜과 가전자대 밴드의 가장 높은 에너지 혹은 전자친화력과 전도대의 가장 낮은 에너지 사이의 에너지 차이가 없는 무기반도체의 경우와는 다르다.

이런 분자의 궤도에너지와 관련된 간략한 논의가 끝났으니 이제 반도체에 더욱 관련있는 상황, 즉 기체상에서 응축된 상으로 이동할 때 I_g와 A_g가 어떻게 변화하는지 생각해보자. 박막의 용액과 같이 응축된 상에서 분자의 이온화는 생성된 이온이 가까이 있는 분자들을 분극화하기 때문에 더 작은 에너지만을 필요로 한다(2.1.1절 참고). 이것은 전자적으로 용매화된 것을 의미하고, 따라서 응축된 상에서의 이온화에너지 I_c는 분극화 에너지 P_+에 의해서 $I_c = I_g - P_+$의 관계에 근거하여 감소된다. 분극화 에너지의 전형적인 값은 대략 1.0~1.5 eV의 범위에 존재한다[184]. 이와 유사하게 응축된 상의 분자에 전자를 더하게 되면 분자는 라디칼 음이온의 전자친화력 + 분극화 에너지 P_-를 얻게 되고 $A_c = A_g + P_-$의 관계를 가지는데, 여기서 P_-는 P_+와 비슷한 값을 갖는다. 그러므로 한 쌍의 라디칼 양이온과 음이온을 형성하는 데 필요한 에너지는 $I_c - A_c = I_g - A_g - (P_- + P_+)$가 된다. $I_c - A_c$에 관한 개념을 이해하기 위하여 테트라센 결정체를 생각하면[184], 테트라센은 기체상 이온화에너지 6.98 eV와 전자친화력 1.03 eV를 가지고 P_+는 $P_+ = I_g - I_c = 6.98 - 5.26$ eV = 1.72 eV로 산출되며 P_-는 1.1 eV로 결정된다. 따라서 총 분극화 에너지는 $P_- + P_+ = 2.82$ eV가 된다. 이 결과는 $I_g - A_g = 3.10$ eV가 테트라센 결정체에서 한 쌍의 라디칼 음이온과 양이온을 생성하는 데 필요한 에너지라는 것을 의미하고 약 0.5 eV 정도인 광학적으로 여기된 단일항 상태의 에너지를 초과한다. 흡수에 의해 인접한 2개의 동일한 분자에 양전하와 음전하를 생성하는 것은 가능해 보이지만 이를 위해서는 광학적 전이를 위한 문턱을 넘어설 수 있는 에너지를 요구한다. 두 전하는 아직 상호간의 쿨롱 인력에 의해 결합되어 있고 2개의 인접한 분자의 전하이동 상태를 형성할 수 있다는 사실을 기억하자. 더 나아가서 예를 들면 전기장을 적용함으로써 두 전하가 다시 재결합하기 전에 쿨롱의 인력에 반하여 서로 반대되는 전하가 분리되는 것이 필요하다. 이와 관련한 상세한 내용은 4장에서 다룰 것이다.

흡수의 말단에 가까운 곳에서 광흡수는 단순히 엑시톤, 즉 동일한 분자에 결합되어 있는 전자–정공 쌍을 생성하는 결과를 가져온다. 이들은 외적인 메커니즘, 예를 들면 불순물, 도판트, 내부계면 혹은 전극 등과 같이 전자를 받아들이는 위치에서의 전자의 발열 이동이나 이분자 여기 소멸 혹은 cm당 mV 범위의 매우 강한 전기장을 적용함에 의해서만 분리된다. 이런 메커니즘들은 또한 3장에서 다룰 것이다.

2.4.1.3 도핑에 의하여

전하를 띤 분자를 얻기 위한 바람직한 방법은 전자의 도너나 억셉터로 작용하는 도판트를 추가하는 것이다. 이 방법의 동기는 분자 박막에 전하의 수를 늘리는 것인데, 이는 물질의 전도도 σ가 전하운반체 밀도 n과 이동도 μ 사이의 $\sigma = en\mu$ 관계에 의존하는 것을 의미한다. 안정적으로 조절되는 도핑은 무기반도체에서 쉽게 이루어지지만 유기반도체에서는 에너지 준위와 관련된 심각한 문제를 야기한다. 그림 2.61에서 보여주는 바와 같이 단순화된 일전자 구도에서 p형 도핑은 호스트 물질의 전자가 채워진 HOMO로부터 도판트의 LUMO로 전혀 에너지를 사용하지 않거나 극히 작은 에너지만을 사용한 전자의 전달을 요구한다. 이와 마찬가지로 도판트의 HOMO는 n형 도핑을 촉진하기 위하여 호스트 물질의 LUMO와 에너지

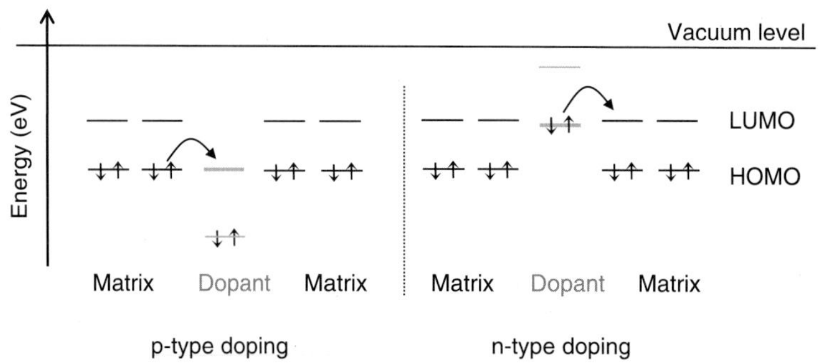

그림 2.61 p형 도핑과 n형 도핑에 대한 분자궤도의 에너지 준위

준위가 근접해야 하는데 이것은 상호 에너지 준위에 심각한 제약을 초래한다. 대부분의 유기물질에서 HOMO는 진공 에너지 준위 아래의 −5~−6 eV에 위치하는데 억셉터의 LUMO 에너지 준위와 대략 비슷한 수준이다. 그러므로 p형 도판트는 매우 강한 전자 억셉터로 행동한다. 이와 비슷하게 n형 도판트는 −2.5~−3.5 eV의 HOMO 에너지 준위를 가져야 하는데 유기반도체에서 일반적으로 이 정도의 에너지 준위를 갖는 LUMO를 갖기는 어렵다.

도핑하는 단순한 방법은 시료를 도판트의 기체 혹은 용액에 노출시키는 것이다. 기체 도핑의 경우 먼저 진공상태로 만든 다음 다시 기체로 채운 용기에 유기박막을 집어넣는 것이고, 용액 도핑의 경우에는 유기박막을 단순히 도판트 용액에 담그는 것이다. 이런 방식으로 p형 도핑은 PPV 유도체[185−186]와 P3HT[187]에 요오드를 도판트로 적용할 수 있고($FeCl_3$를 도판트로 P3HT에 적용[188]), n형 도핑에는 예를 들어 Na를 PPV의 Cyano 유도체에 혹은 K를 PPV−중분자[189]에 도판트로 적용할 수 있다. 가장 초기의 일부 도핑 실험은 높은 전도도를 가진 p형 도핑 Polyacetylene을 얻기 위하여 AsF_5(Antimonium Pentafluoride)를 사용하여 수행되었다[126]. 이런 3가지 방법의 단점은 얻어진 도핑 준위가 시간의 경과에 따라 불안정해진다는 것이다. 도판트 분자는 유기반도체로 쉽게 확산되지만 한편으로는 다시 방출되기도 하며 더욱이 음전하를 가진 분자들은 산소와 쉽게 반응한다. 안정성의 부족으로 인하여 이런 단순한 방식은 단지 과학적인 연구에만 적용이 가능하고 상업적인 적용에는 부적합하다.

유기 LEDs에서의 개척자적인 연구는 확산이 잘 일어나지 않는 분자나 원자를 사용한 독일 Dresden의 Leo 그룹에 의해 수행되었는데, 이에 대한 좋은 연구개요는 Walzer에 의해 쓰여졌다[190]. F_4TCNQ는 전자친화력이 때로 OLEDs에 사용되는 Triphenylamine 유도체나 Phthalocyanines(Pc)[190]의 이온화 퍼텐셜에 근사한 5 eV[191−192]와 가깝기 때문에 p형 도판트로 사용될 수 있다 p형 도핑과 대비하여 n형 도핑은 본질적으로 실행하기가 더 어려운데, 이는 높은 에너지 퍼텐셜을 가진 도판트가 쉽게 의도하지 않은 방향으로 산소에 의해 환원되기 때문이다. 그러나 n형 도핑을 성취하는 한 가지 방법은 Li이나 Cs과 같은 알칼리 금속[190]을 사용하는 것인데, 그들은 종종 OLED의 음극으로부터 전자 주입을 개선하는 데 사용되기도 한다[193]. 증착에 의해 제작된 저분자 OLED 소자에서 도판트 금속은 공증착될 수 있으며 Cs으로 Li을 대체하는 것은 Cs^+ 이온이 더 작은 크기의 Li^+ 이온에 비해 더 낮은 확산도를 갖고 또한 온도와 시간에 대해서도 안정적인 도핑 경향을 보여준다는 장점을 가진다.

분자 유기반도체에서의 조절된 분자 n형 도핑에 관한 최초의 연구는 Nollau 그룹에 의해 발표되었는데[194], 그들은 도너 분자인 Bis(ethylenedithio)-tetrathiafulvalene과 함께 공승화(co-sublimation)에 의해 Naphthalene-tetracarboxylic dianhydride(NTCDA)을 도핑하였다. 좀 더 성공적인 박막의 전도도 개선은 Tetrathionaphthacene(TTN)에 의한 Hexadecafluorophthalocyaninatozinc(F_{16}ZnPC)의 도핑이다. Kahn 그룹에 의해 관찰된 또 다른 호스트와 게스트 물질의 쌍[195]은 응축된 상에서 특이하게 낮은 4 eV의 이온화에너지를 가진 Bis(cyclopentadienyl)-Co(II)를 도핑한 전자수송체인 Tris(thieno)-hexaazatriphenylene 유도체이다.

n형 도핑을 성취하기 위한 또 다른 방법은 반대이온과 조합한 양이온성 염료와 같은 유기염을 사용하는 것이다[196-197]. 양이온성 도핑 방식은 낮은 에너지의 LUMOs를 가진 물질을 전자수송의 목적으로 사용하는 태양전지에 성공적으로 적용되어 왔다. 그러나 필수불가결하게 반대이온이 존재해야 하는 데서 발생하는 부정적인 효과를 감안하면 그들은 전하가 갇히게 되는 쿨롱 우물로서 역할을 하고 수송 상태의 DOSs를 적절하게 조절한다(다음 절 참고)[198].

도판트 분자가 부근의 관심 있는 유기분자에게로 어떻게 접근하는지에 대한 방법과는 별개로 인접한 도너와 억셉터의 분자궤도들은 공명 상호작용에 의해 생긴 혼성궤도를 가진 바닥상태 착체의 형성에 이를 때까지 정전기적 효과에 의한 약간의 에너지 이동의 범위에서 어떤 상호작용의 정도에 따라 조절될 것이다[199]. 그림 2.62는 발생하는 에너지 이동의 종류에 대해 예시하고 있는데, 더 상세한 내용은 원래의 참고문헌 [190, 199-201]을 참고하기 바란다.

최종적으로 도핑 효과에 대한 논의를 진행하는 것은 낮은 수준에서 중간 수준의 도핑 준위를 가진 체계와 관련이 있다는 것을 지적하고자 한다. 이러한 전제하에 전하수송의 본질은 DOSs의 형태가 도판트에 의해 변한다고 할지라도 그대로 유지된다. 그러나 이것은 금속 혹은 PEDOT[202-209]와 같은 준금속 성질을 가진 높은 수준으로 도핑된 물질의 경우에는 더 이상 사실이 아니지만 이 책에서는 이에 관해 다루지는 않겠다.

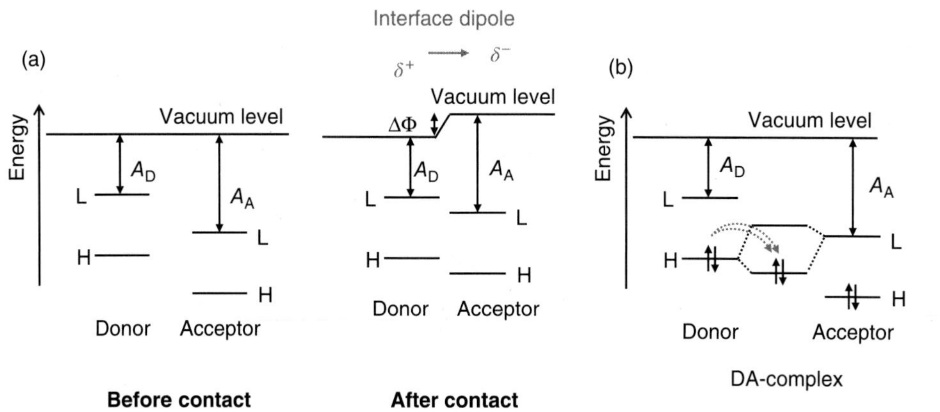

그림 2.62 두 유기분자의 접촉에서 발생하는 에너지 이동. (a) 도너와 억셉터의 전자친화력이 변하지 않고 일정할 동안 진공 에너지 준위 배열의 이탈을 일으키게 하는 계면 쌍극자 층의 형성. (b) 혼성궤도를 가진 바닥상태 착체의 형성.

2.4.2 무질서한 박막에서 전하를 띤 분자들

2.4.2.1 전하를 띤 분자들의 에너지

2.1절에서 응축된 상에서의 상호작용이 기체상과 비교하여 중성분자가 어떻게 흡수와 발광 스펙트럼을 변화시키는지 살펴보았다. 동일한 종류의 상호작용은 전하를 띤 분자에 똑같이 적용되고 이에 따라 그들의 에너지 준위는 변하게 된다. 우선 환경과 뒤이어 오는 조화평균의 분극화에 따른 효과를 생각해보자. 전하 e를 가진 분자(1)는 거리 r(쌍극자의 전하에서 중심까지)만큼 떨어진 인접한 분자(2)에서 쌍극자 모멘트 p_2를 가진 쌍극자를 유도하게 될 것이다. 이 거리는 유도된 쌍극자의 크기와 비교하여 더 크다고 가정하면 이것은 상호작용 에너지 V와 관련이 있다.

$$V = \frac{e}{4\pi\varepsilon_r\varepsilon_0}\frac{p_2 r}{r^3} \tag{2.50}$$

만약 쌍극자가 대부분의 경우와 마찬가지로 전하에 연결된 선을 따라 배열하고 있다면 상호작용 에너지는 감소하여

$$V = \frac{e}{4\pi\varepsilon_r\varepsilon_0}\frac{p_2}{r^2} \tag{2.51}$$

이 되고 유도된 쌍극자 모멘트의 크기는 분자(2)의 분극률 α와 분자(1)의 전하에 의해 생성된 전기장에 의존하게 된다.

$$p_2 = \alpha E_1 = \alpha\frac{e}{4\pi\varepsilon_r\varepsilon_0}\frac{1}{r^2} \tag{2.52}$$

이 식을 식 (2.51)에 대입하면

$$V = \left(\frac{e}{4\pi\varepsilon_r\varepsilon_0}\right)^2 \frac{\alpha}{r^4} \tag{2.53}$$

을 얻는다. 따라서 전하를 띤 분자의 에너지 준위는 상호작용 에너지(분극화 이동)에 의해 감소하게 된다. 들뜬상태 쌍극자에 기인한 상호작용 퍼텐셜과의 비교[식 (2.5)]는 상호작용 에너지가 그리고 분극화 에너지가 전하를 띤 분자들에 있어서는 중성의 들뜬상태 분자들의 상호작용보다 더 긴 범위를 가지고 있음을 보여준다. 전하를 띤 분자들에 대하여 상호작용 에너지는 분자 간 거리에서 $1/r^4$에 의존하는 반면 중성의 들뜬상태의 분자에서는 $1/r^6$에 의존한다. 비정질 박막이나 용액에서 분자 간 거리는 수시로 변하는데 분극화 이동의 통계학적 분포와 이에 따른 전하를 띤 분자들 에너지의 가우스 분포에 따른다(그림 2.6과 비교). 3장에서 자세하게 다루겠지만, 이것은 분자 박막 전체의 전하이동에 의한 의미 있는 결과이다. 에너지 준위의 가우스 분포는 다음과 같은 식으로 표현할 수 있다.

$$g(\varepsilon) = \frac{1}{\sqrt{2\pi}\sigma} \exp\left(-\frac{(\varepsilon-\varepsilon_0)^2}{2\sigma^2}\right) \tag{2.54}$$

여기에서 ε은 전하를 띤 각 분자의 에너지이고 표준편차 σ('무질서 파라미터')는 가우스 분포의 폭을 의미한다. 식 (2.6)과 동일한 식 (2.54)는 따라서 전하수송 상태의 밀도, 즉 수송 DOS가 된다. 전하를 띤 분자의 DOS 폭 σ는 중성의 들뜬 분자보다 더 큰데, 이것은 전하와 엑시톤에 대한 정규화된 표준편차를 비교함으로써 발견할 수 있다.

$$\left(\frac{\sigma}{V}\right)_{\text{charge}} = \sum_{i\neq j}\left(\frac{\Delta r}{r_{ij}}\right)^4 \tag{2.55a}$$

$$\left(\frac{\sigma}{V}\right)_{\text{exciton}} = \sum_{i\neq j}\left(\frac{\Delta r}{r_{ij}}\right)^6 \tag{2.55b}$$

σ_{charge}의 상대적인 크기에 대한 매우 간단한 산출은 σ_{exciton}과 비교된다. $V_{\text{charge}} \propto r^{-6}$, 즉 $\delta V_{\text{charge}} \propto 6r^{-7}\delta r$이기 때문에 $\delta V_{\text{charge}} \propto -6V_{\text{charge}}\delta r/r$이 되고 마찬가지로 $V_{\text{exciton}} \propto r^{-4}$는 $\delta V_{\text{exciton}} \propto -4V_{\text{exciton}}\delta r/r$이 된다. 이제 $(\sigma_{\text{charge}}/\sigma_{\text{exciton}}) = (\delta V_{\text{charge}}/\delta V_{\text{exciton}}) = (4V_{\text{exciton}}/6V_{\text{charge}})$을 고려하고 일반적인 값으로서 $V_{\text{charge}} = 1$ eV, $V_{\text{exciton}} = 0.25$ eV를 사용하면 $\sigma_{\text{charge}} = 2.5\sigma_{\text{exciton}}$이 산출된다. 유기분자와 고분자에 대하여 σ_{charge}에 대한 전형적인 값은 100~130 meV의 배수이고 σ_{exciton}는 30~80 meV의 범위에 위치한다[87, 120]. 앞에서 언급한 점전하 측면에서의 고전적인 정리는 매우 단순해서 일반적인 전하의 행동과 크기의 순서를 설명하는 데 사용된다. 정량적인 계산은 분자궤도의 비편재화된 성질과 관련된 전하분포를 염두에 두어야 한다.

DOS는 박막에 다른 전하가 존재하지 않을 경우 가우스 분포의 형태를 가지는데 유기염을 도핑하게 되면 이런 형태는 더 이상 유지되지 않는다. 이런 경우에 도판트 외에 반대이온을 박막에 가져올 수 있는데 이런 반대이온으로부터의 쿨롱 퍼텐셜은 수송 상태의 DOS를 조정하게 된다. DOS는 더 넓어지고 꼬리 부분이 더 길어지며 지수함수적인 형태를 띤다. 이런 현상은 이론적으로는 Monte-Carlo 모의실험과 분석이론[198, 211–212], 실험적으로는 전기화학 셀에서의 측정[213]에 의해 보여졌다. 명백하게 DOS에서의 긴 꼬리 상태의 존재는 전하이동에 뜻하지 않는 영향을 미친다. 유기반도체의 전하운반체에 대한 DOS의 형태에 대한 세부적인 논의는 Baranovskii에 의해 정리된 논문[215]을 참고하기 바란다.

이런 맥락에서 궤도와 상태 사이의 차이점을 간략하게 강조하는 것이 적합할 것 같다. 이론적인 관점에서 ε은 음전하 혹은 양전하를 가진 분자의 에너지를 나타내는데 바꿔 말하면 음이온 혹은 양이온의 바닥상태가 갖는 에너지를 의미한다. 그러나 전자–전자 상호작용을 무시하는 다소 부정확한 관행이기는 해도 e를 궤도에너지와 연관시키는 것이 일반적이고 편리하다. 여기서 궤도라고 함은 전하가 궤도에 위치하더라도 에너지는 변하지 않는 분자의 LUMO라고 해두자. 동일한 내용이 전자 하나를 제거하면 생기는 양이온 경우의 HOMO에도 적용되는데 이러한 편리한 개념을 관례적으로 손쉽게 사용하더라도 그 이면에 숨어 있는 차이점에 대해서는 기억해야 한다.

중성분자의 경우 바닥상태와 들뜬상태 모두에서 분자 골격의 진동으로 짝지음이 일어난다는 점을 지적해왔는데, 동일한 개념이 전하를 띤 분자에도 적용된다. 그림 2.59에 보인 바와 같이 전하를 띤 분자들은 중성분자들과는 다른 평형 기하구조를 가지는데 공액 고분자의 경우 전하를 고분자에 위치하게 하는 것과 관련된 이완에너지가 흡수에 의한 들뜬상태를 생성하는 에너지보다 더 작은 경향을 보인다[216]. 이는 공액 고분자에서 사슬에 존재하는 추가 전하가 많은 수의 반복단위에 걸쳐 분포하고 여기에 포함된 개개의 결합에 상대적으로 작은 변화를 가져오게 하면서 들뜬상태와 관련된 전하의 재분포는 더욱 편재화된다. LUMO에서 추가 전하와 HOMO에서 사라진 전하의 조합은 그 자체의 단일전하보다는 정전기적 이유로 서로 인접한 상태를 유지하게 된다는 생각이 단순한 구도에서는 합리적 추론이다.

2.4.2.2 전하를 띤 분자들의 흡수

금속으로부터 전자를 하나 떼어내거나 혹은 무기반도체 결정체에서 가전자대로부터 전도대로 전자를 올려 보내는 것은 전자가 비편재화되고 강하게 분극화될 수 있는 밴드에 있기 때문에 흡수 스펙트럼에 사실상 아무런 영향도 미치지 못한다. 이런 사실은 흡수체가 고체나 액체 용액에 존재하는 분자라면 더 이상 유효하지 않다. 더욱이 전하를 띤 분자의 흡수는 중성분자의 흡수와는 다르다. 1개의 전자를 제거한 후 두 번째 전자를 제거하기 위해서는

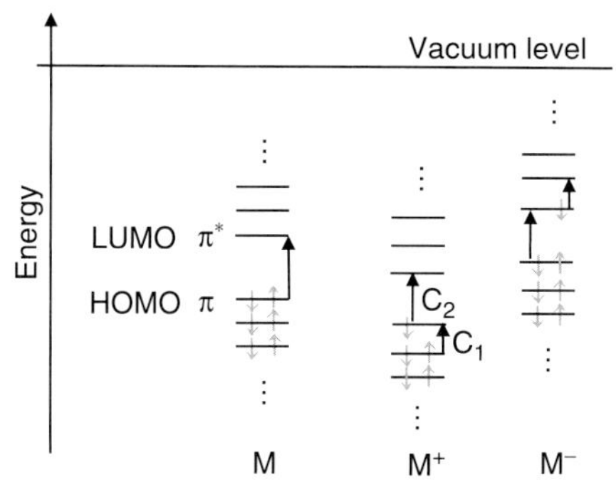

그림 2.63 중성분자 M, 양전하를 띤 분자 M^+, 음전하를 띤 분자 M^-의 가장 낮은 에너지 상태의 배열을 나타내는 분자궤도 다이어그램. 전하를 띤 분자궤도 준위의 이동을 정성적인 측면에서 묘사하였다. 가능한 전이는 진한 검정색 화살표로 표시했고 C_1, C_2 표식은 그림 2.64의 흡수와 관련된 전이이다.

더 많은 에너지가 요구되는데 이는 효소전극(CV, cyclovoltammetry)에서의 2차 산화의 관찰을 통해 확실하게 증명되는 두 번째 전자가 양전하에 의한 쿨롱 인력을 받는다는 사실 때문이다. 이것은 그림 2.63에서 정성적으로 설명하는 바와 같이 진공 에너지 준위에 대한 분자궤도의 상대적 위치가 전자의 제거, 평형적으로 전자의 추가에 따라 변하는 것을 의미한다.

전하를 띤 분자는 중성분자와 동일한 방식으로 빛을 흡수할 수 있고 전자를 낮은 분자궤도에서 높은 분자궤도로 올려 보낼 수 있다. 가능한 광학적 전이는 그림 2.63에서 C_1, C_2와 화살표에 의해 표기되었다. 단순한 궤도를 가정하면 개별적으로 채워진 분자궤도의 아래(SOMO−1)에 존재하는 궤도로부터 개별적으로 채워진 분자궤도(SOMO, singly occupied molecular orbital)로의 전이와 SOMO로부터 비어 있는 LUMO로의 전이를 지정할 수 있다. 실험적으로 관찰된 이러한 전이들의 진동전자 구조는 스펙트럼의 분자 특성의 명확한 확인을 위한 검사가 된다. 이러한 전이는 도핑된 분자 박막이나 용액에서 쉽게 관찰되고 그림 2.64의 용액 중 테트라센의 라디칼 양이온과 음이온 흡수 스펙트럼을 통해 확인할 수 있다. 두 스펙트럼은 거의 동일한데 이것은 양자화학적 계산을 통해 확인되었다[218]. 그들의 진동전자 구조와 진동자 강도에 관하여는 1.25 eV 정도 적색이동을 하는 점을 제외하면 낮은 에너지의 스펙트럼은 중성분자의 $S_1 \leftarrow S_0$ 스펙트럼과 유사한 모습을 보인다. CH_2Cl_2 용액에서 $SbCl_5$의 산화에 의해 생성되는 서로 다른 중분자 길이를 가진 PPV 중분자는 동일한 패턴을 따라간다. 산화되지 않은 분자에서의 $S_1 \leftarrow S_0$ 전이에 더하여 C_1과 C_2로 표기된 2개의 낮은 에너지전이들이 관찰된다[189]. CH_2Cl_2 용액에서 K에 의한 환원으로 생성되는 PPV 중분자의 라디칼 **음이온** 흡수 스펙트럼은 라디칼 **양이온** 흡수 스펙트럼과 거의 동일한 수준의 에너지를 갖는다. 음이온과 양이온 스펙트럼 모두는 중분자 길이의 역수 $1/N$에 비례하고 2.3.2절에 있는 형식주의와 일치한다. 양이온 혹은 음이온의 경우에서 짝지음의 단위는 물론

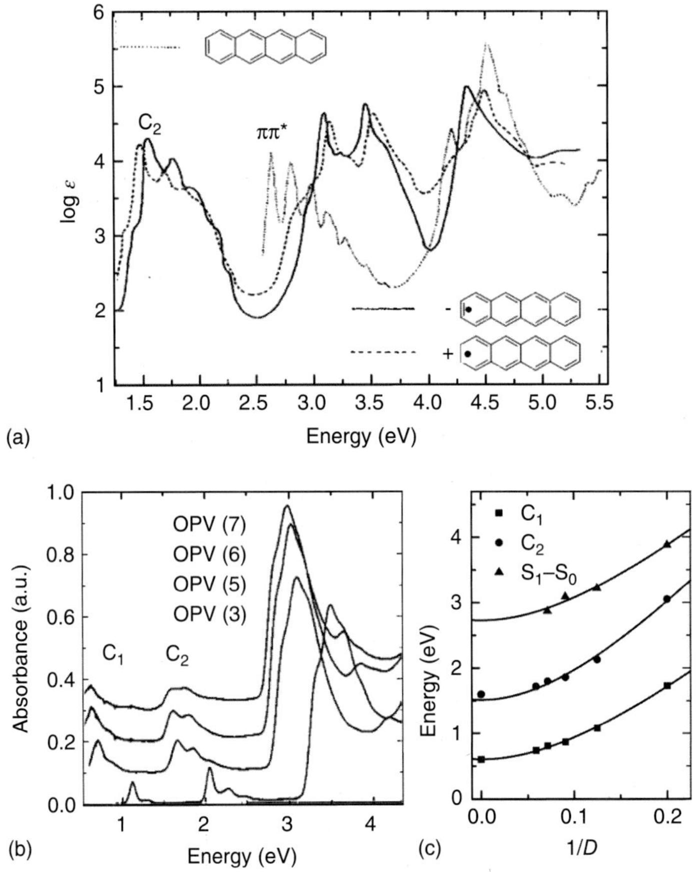

그림 2.64 (a) 중성, 양전하(라디칼 양이온), 음전하(라디칼 음이온)를 띤 용액상태 테트라센의 흡수 스펙트럼[217]. 그림 2.63에서 C_2로 표기된 전이가 주도하는 가장 낮은 에너지의 광학적 전이(전하를 띤 분자) 혹은 $\pi\pi^*$ 전이(중성분자)를 가리킨다. (b) n개의 반복단위를 가진 Oligo-phenylenevinylenes(OPVs(n)) 라디칼 양이온의 CH_2Cl_2 용액에서의 흡수 스펙트럼. 그림 2.63의 C_2와 C_1 전이가 주도하는 광학적 전이를 가리킨다. 3 eV 이상에서의 강한 전이는 용액 중의 중성 OPV(n) 분자로부터 일어난다($S_1 \leftarrow S_0$)[189]. OPV(3)을 제외하고 중분자들은 가장자리에 있는 고리의 meta 위치에 t-Butyl 치환체를 가지고 있다. (c) 이중결합 수의 역수 함수로서 (b)에 있는 전이의 진행. 실선은 식 (2.46)에 맞추어 구성한 것이다.

분자의 중성 들뜬상태가 아니라 분자의 전하를 띤 상태이다.

도핑된 박막과 도핑되지 않은 박막의 흡수 스펙트럼을 비교하면 HOMO → LUMO 전이에 따른 흡수가 종종 산화가 일어나면 청색이동을 하는 것처럼 보인다(그림 2.65). 이 청색이동은 분자에너지의 가우스 분포에서 전자가 항상 인접한 분자의 가장 낮은 에너지에 존재하는 LUMOs를 가진 분자에 더해진다는 사실로부터 예측된다. 역으로 환원에 있어서는 전자가 가장 높은 에너지의 HOMOs를 가진 분자로부터 떨어져 나오게 된다. 산화 혹은 환원 두 경우 모두 가장 낮은 에너지의 HOMO–LUMO 전이를 가진 분자는 더 이상 관련된 흡수 밴드에 기여하지 못한다. 집합체로부터 가장 낮은 에너지전이를 제거한 결과로 전체 흡수 밴

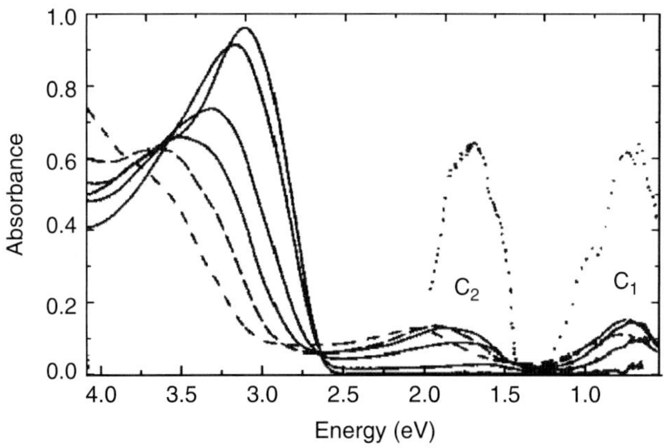

그림 2.65 상온에서 $SbCl_5$에 의한 산화가 진행되는 동안 CH_2Cl_2 용액 중에서 측정한 Poly(phenyl–phenylene–vinylene)(PPPV) 흡수 스펙트럼의 변화(실선과 긴 점선)[189]. 비교를 위하여 측정한 PPV의 뜻하지 않게 광산화된 박막의 광유도 흡수 스펙트럼[219].

드의 중심은 청색으로 이동하게 된다.

앞서 언급한 비결정체 유기반도체에서의 라디칼 이온의 흡수 스펙트럼은 분극화와 구조적 무질서에 의한 스펙트럼의 광폭화와 이동의 경우를 제외하고는 기본적으로 용액에서 측정한 스펙트럼과 아무런 차이가 없다는 점에 유의하자. 비결정 박막의 전하를 띤 라디칼 상태들의 DOS 분포는 분극화 에너지의 통계학적 확산에 의해 결정되는데 공액 고분자의 경우에는 중성 여기에서와 매우 유사하게 공액길이의 변화에 의해 결정된다. 보통 이런 분포는 도핑된 물질을 제외하고 가우스 분포의 형태를 갖는다(위의 내용 참고). 결정체 물질에서 전하운반체는 밴드 상태를 차지하고 있다.

2.4.3 결정에서의 전하를 띤 분자

분자결정에서의 구조적 질서는 최소한 저온에서 분자 내부 혹은 분자 간 진동의 부재하에 모든 분자가 동일한 에너지를 갖는 것을 의미한다. 결과적으로 분자들 사이의 짝지음은 밴드의 형성을 가져오고 이런 개념에 기반한 형식주의는 원칙적으로 2.2.1절에서 설명한 바와 같이 엑시톤 밴드의 형성을 동일한 방법으로 보여준다. **여기된** 분자 j 대신 **전하를 띤 분자** j를 적용하여 이에 부합하게 조정된 퍼텐셜을 식 (2.17)~(2.26)에 활용해보자. Schrödinger 방정식을 풀면 N개의 고유함수

$$\Psi_E(k) = \frac{1}{\sqrt{N}} \sum_{j=1}^{N} e^{ikaj} \Psi_E^j$$
$$\text{with} = 0, \pm\frac{2\pi}{Na}, \pm\frac{4\pi}{Na}, \ldots, \pm\frac{\pi}{a} \qquad (2.56)$$

을 구할 수 있는데, 여기서 N은 결정에서의 단위 셀 수이고 거리 a에 의해서 분리되어 있다. 분자의 짝지어진 배열의 파동함수 Ψ_E^j는 양전하를 가진 분자의 파동함수 Ψ_j^+와 바닥상태에서 남아 있는 $N-1$개 분자의 파동함수 Ψ_i^0의 곱으로 주어지는데, 식 (2.20)과 동일하여

$$\Psi_E^j = \Psi_j^+ \prod_{\substack{i=1 \\ i\neq j}}^{N} \Psi_i^0 \tag{2.57}$$

가 된다. 식 (2.56)은 Bloch 상태라고 부르는데 상태의 변환 중에 파동함수는 오직 상의 변화 요인에 의해서만 바뀐다. 이것을 형식적으로 표현하면 $\Psi(r+R) = e^{ikR}\Psi(r)$이 되고 R은 결정격자에서 분자의 위치를 말한다(여기서 $R=a$). 이 관계식이 의미하는 바는, 정공은 비편재화되어 있어서 파동벡터 $\boldsymbol{k}$를 가진 파동으로 나타날 수 있다는 것이다. $|\boldsymbol{k}|$는 $2\pi/Na$의 N개의 단계로 $0\sim\pi/a$의 범위에서 작용하는 격자상수가 된다. N개의 정공 상태의 고유함수들은 아래의 값을 갖는 밴드를 형성하는데, 여기서 D'과 β는 식 (2.24)와 (2.26)에서 주어진 값과 같다.

$$E_E(k) = \langle \Psi_E(k)|H|\Psi_E(k)\rangle = \sum_{\substack{i=1 \\ i\neq j}}^{N} E_i^0 + E_j^+ + D' + 2\beta\cos[ka] \tag{2.58}$$

동일한 형식주의가 음전하를 가진 분자, 즉 음이온에도 그대로 적용될 수 있다.

대부분의 분자결정에서 단위 셀당 2개의 분자가 존재하므로 전자 밴드는 단위 셀 내의 기본적인 파동함수의 대칭과 비대칭 조합에 해당하는 2개의 밴드 가지로 구성되고 아래와 같은 파동함수로 표현할 수 있다[113].

$$\Psi_E^{\pm}(k) = \frac{1}{\sqrt{2N}}\sum_{j=1}^{N}[e^{ik(j_1 a)}\Psi_E^{j_1} \pm e^{ik(j_2 a)}\Psi_E^{j_2}] \tag{2.59}$$

정공과 전자에 대한 밴드의 존재는 정공과 전자의 이동도를 측정함으로써 증명되었다. 이동도는 사용되는 결정에 전자 트랩이 없으면 300K 이하에서 온도가 낮아지면 증가한다. 이렇게 온도가 낮아짐에 따라 이동도가 증가하는 현상은 밴드의 이동을 증명한다(3장 참고). 밴드 모델에서 전자 혹은 정공의 유효질량은 전도대나 가전자대의 k에 관한 2차 유도체의 역수로 계산될 수 있다.

$$|m_{ij}^*| = \hbar^2\left[\frac{\partial^2 E(k)}{\partial k_i \partial k_j}\right]^{-1} \tag{2.60}$$

여기서 i와 j는 역격자 공간(reciprocal space)에서의 서로 다른 방향을 나타낸다. 안트라센에서 m_{ij}^*는 자유전자 질량의 5~20배 정도로 계산되었고 이것은 입자가속공명으로 측정한 자유전자 질량의 11배 값을 얻은 결과와 어느 정도 근사하다[220]. 이에 대비하여 결정체 고

분자 PDA의 경우 유효전자의 질량은 전자반사 측정법과 이론적인 계산에 의해 자유전자 질량의 0.05~0.10배로 확인되었다[221–222]. 안트라센과 비교하여 PDA에서의 낮은 유효전자 질량값은 공유결합 사슬의 골격을 따라 이루어지는 전자수송에 대한 짝지음 강도에서의 차이가 반영된 결과라고 하겠다. 이 사슬에서는 인접한 단위 사이의 파동함수 중첩이 크고 개별 분자들 사이의 전자수송이 약한 파동함수 중첩에 따른 반데르발스 상호작용에 의해 억제되고 있다.

나프탈렌 결정의 전도대와 가전자대에 대해 계산된 전형적인 밴드 구조는 그림 2.66에 주어져 있는데 앞서 논의된 접근방법을 이용하여 계산되지 않았다. 오히려 더 일반적으로 사용되는 밀접결합근사(tight binding approximation) 방식을 채택하였고 단위 셀당 2개의 분자(단지 1개의 분자보다)의 존재를 고려하였다. 전하운반체의 농도는 매우 작고 따라서 일–입자 형식주의가 적용 가능한데 초과된 전자나 정공은 분자의 파동함수에 큰 변화를 주지 못한다고 가정하였다. 분자의 LUMO는 결정 전자 파동함수에 대한 기반으로 사용되면서 전도대에 포함되고 HOMO는 정공 파동함수로 사용되면서 가전자대에 속하게 된다. 이런 접근은 LeBlanc[224]와 Katz 그룹[225, 223]이 소개하였는데, 이런 밀접결합근사 방식에서 2개의 초과전자 밴드 에너지 $E_+(\boldsymbol{k})$와 $E_-(\boldsymbol{k})$는 분자의 LUMO들 사이 이동적분의 형태로 표현될 수 있다.

$$E_\pm(\boldsymbol{k}) = \left(\frac{T_A + T_B}{2}\right) \pm \sqrt{\left(\frac{T_A + T_B}{2}\right)^2 + V(\boldsymbol{k})^2}$$
$$T_A = E_A + 2\sum_i t_i^A \cos(\boldsymbol{k}\cdot\boldsymbol{r}_i^A), \quad T_B = E_B + 2\sum_i t_i^B \cos(\boldsymbol{k}\cdot\boldsymbol{r}_i^B)$$
$$V(\boldsymbol{k}) = 2\sum_i t_i^{AB} \cos(\boldsymbol{k}\cdot\boldsymbol{r}_i^{AB}) \tag{2.61}$$

동일한 표현이 분자 HOMO들을 기반으로 하여 이–정공 밴드에 적용이 되는데, 여기서 T_A와 T_B는 변환하는 동등한 분자 A와 B 사이의 상호작용을 나타내고 E_A와 E_B는 분자 A와 B의 분자궤도 에너지이다. T_A와 T_B의 합은 변환하는 동등한 분자들 모두에 작용하고 t_i^A와 t_i^B는 단의 셀에서 중심분자 A(B)와 분자 A(B)(음전하) 간 이동적분이다. 여기서는 지금까지 사용해왔던 표기와 일치하는 참고문헌 [223]과 반대의 표기인 t에 대한 부호규약을 적용하는데 식 (2.58)과 쉽게 비교할 수 있다. $\boldsymbol{r}_i^A$는 i번째 단위 셀의 중심에 있는 분자 A를 연결하는 벡터이고 $\boldsymbol{r}_i^B$는 동일한 개념의 벡터 표기이다. $V(\boldsymbol{k})$는 분자 A와 B 사이의 상호작용과 그 총합이 모든 상호작용을 하면서 변환하는 비평형 분자들에 존재한다는 사실을 보여준다. t_i^{AB}는 i번째 셀의 중심분자와 변환하는 비평형 분자 사이의 (음전하) 분자 간 이동적분이고 $\boldsymbol{r}_i^{AB}$는 이 두 분자를 연결하는 벡터이다. 그림 2.66에 보인 바와 같이 정공과 전자 밴드의 일반적인 밴드폭은 4~500 meV 범위 값을 갖는다.

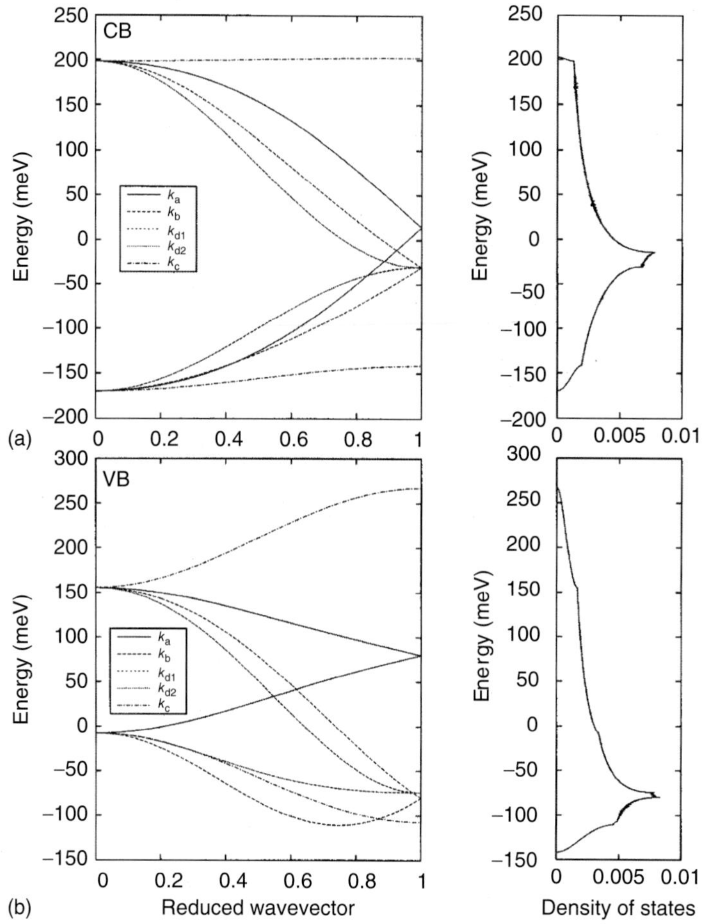

그림 2.66 분산 관계와 나프탈렌 결정에서의 상태밀도. (a) 나프탈렌 결정에서의 k의 다양한 방향에 대한 LUMO의 $E_{e,\pm}(k)$와 HOMO에 대한 $E_{h,\pm}(k)$. a, b, c는 결정의 방향이고 d_1, d_2는 단위 셀에서 두 비평형 분자를 연결한 축의 방향이다. (b) HOMO와 LUMO로부터 생긴 전도대와 가전자대의 DOS[223].

2.4.4 효소전극과 광방출 분광학에 의한 전하를 띤 분자의 에너지 준위 결정

2.4.4.1 효소전극

분자의 HOMO와 LUMO 에너지를 결정하는 통상적인 방법은 **효소전극**(cyclovoltammetry)을 사용하는 것이다. 본질적으로 이미 알려진 에너지 값을 가진 분자를 함유한 전해질은 표준전극과 접촉하고 가해진 전압은 전극과 관심 있는 물질을 포함한 전해질 사이의 얇은 계면층을 가로질러 완전히 강하된다. 이것은 물론 전해질의 HOMO와 LUMO 준위 사이의 차이가 관심 있는 분자의 HOMO와 LUMO 차이보다 더 크다는 것을 전제로 하는 경우에 일어나는 현상이다. 가해진 퍼텐셜의 변화에 의해서 분석하려는 물질의 HOMO와 LUMO 준

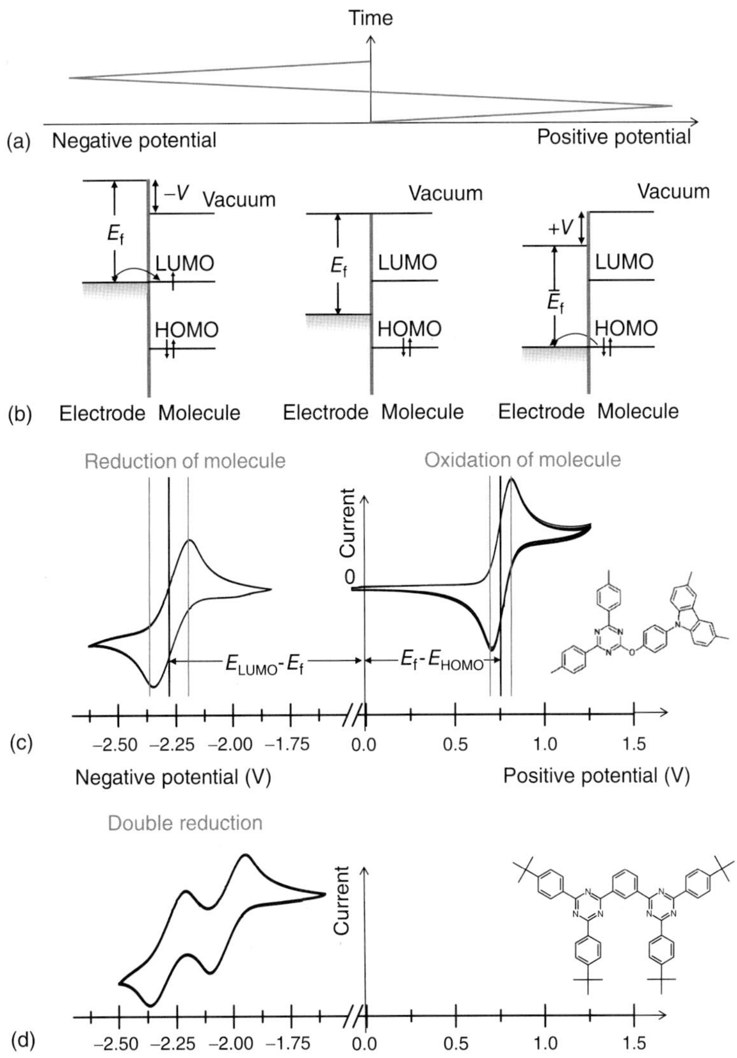

그림 2.67 (a) 효소전극 실험의 과정에서 시간의 함수로서 가해진 퍼텐셜. (b) 양(혹은 음)의 전압을 가했을 때 어떻게 분자 양(혹은 음)이온이 형성되는지 일전자 개념의 그림으로 묘사. (c) 삽입된 구조의 분자에 대한 퍼텐셜 함수로서의 최종적인 전극전류. 전방으로 스캔하여 얻어진 Peak들 사이의 평균값(검은 수직선)과 후방으로 스캔하여 얻어진 Peak들 사이의 평균값(회색 수직선)은 전극의 Fermi 에너지 E_F와 HOMO 혹은 LUMO 에너지 사이의 에너지 차이를 밝혀내는 데 사용하였다. (d) 2개의 전자가 삽입된 구조의 분자로 이동하는 경우에 대한 전자의 흐름[226].

위는 전극의 페르미 준위를 흔들게 된다(그림 2.67). 전류의 시작(발생)은 분석하려는 분자와 전극의 각 준위 사이에 에너지적인 공명이 존재한다는 사실을 가리킨다. 분석하려는 물질의 환원을 생각해보자. 가해진 전기장이 없으면 전극의 Fermi 준위와 분석하려는 분자의 LUMO 에너지 준위 사이의 에너지장벽 때문이 전류가 흐르지 않게 된다. 가해진 전기장이 LUMO 에너지를 전극의 Fermi 에너지와 일치하게 만들면 분석하려는 분자는 환원되고 전류의 흐름이 시작된다. 전압이 더 증가하게 되면 전류는 전압이 결국 강하되어 전극을 향한 중성분자의 확산이 충분하지 않을 때까지 증가한다. 퍼텐셜을 반전시키면 음이온은 전하를 다시 잃게 되고 용액에서의 분자 음이온으로부터 전극으로 전류가 흐르게 되어 부호의 변화를 나타내게 된다. 전방과 후방 방향에서 얻어진 Peak들 사이에 전극의 Fermi 에너지와 관련된 LUMO의 에너지 차이를 주는 평균전압을 가진 하나의 전자에 대하여 약 60 mV의 이상적인 경우 보통 전압의 이동이 존재한다. 따라서 전극의 Fermi 준위가 알려져 있으면 LUMO의 위치는 결정될 수 있다. 동일한 접근방법이 산화에 의해 분석하려는 분자의 HOMO를 결정하는 데 똑같이 적용된다. 그와 같은 실험을 수행할 때 높은 환원 퍼텐셜 값에서 전하이동이 가해지는 퍼텐셜을 반전시킬 정도로 현저하게 되돌릴 수 있다는 사실을 확인할 수 있는데, 이것은 Peak의 위치가 스캔 속도에 따라 이동하지 않는 경우에 해당한다. 이상적으로 Peak 전류의 크기는 스캔 속도의 제곱근에 비례하여 증가해야 하는데 때로는 환원 Peak의 두 번째 쌍이 높은 전압에서 관찰된다. 이 사실은 두 번째 전자가 SOMO로 이동하는 것을 가리키는데 이전의 LUMO가 이미 하나의 전자를 가지고 있었음을 의미한다. 첫 번째 전자에 의한 정전기적 반발을 극복하기 위해서는 더 높은 전압이 필요하다. 이러한 조건은 산화 Peak의 두 번째 쌍에도 동일하게 적용된다. HOMO와 LUMO 준위의 에너지적 위치에 대한 절대적 수치를 결정하기 위하여 일함수, 즉 진공 준위와 관련된 Fermi 준위를 알아야 한다. 표준 Ferrocene/Ferrocerium(FOC) 전극의 에너지 준위는 −4.8 eV[227]이고 표준 수소전극의 에너지 준위는 −4.6 eV[228]이다.

이러한 방법의 기본적인 단점은 피할 수 없는 극성용매의 사용에 따른 일반적인 라디칼 이온의 용매화와 관련이 있다. 이온의 분극화 에너지가 (유체)용매의 극성에 따라 증가하기 때문에 고체 유기유전체에 포함된 분자의 근삿값을 결정하기 위해 효소전극으로부터 얻은 HOMO와 LUMO의 값을 사용할 경우 수백 meV 배수의 구조적 오차가 존재하게 된다. 또 다른 문제는 매우 빈번하게 산화나 환원 퍼텐셜 가운데 하나만이 결정될 수 있다는 것인데 그 이유는 이 두 퍼텐셜들이 전극과 전해질 조합에 의해 결정된 가능한 퍼텐셜 '창문' 안에 위치해야 하기 때문이다. HOMO와 LUMO 사이의 전기적 간격 $E_{ox} - E_{red}$은 대개 2.5~3.0 eV 정도의 크기를 가지고 퍼텐셜들 가운데 하나인 환원 퍼텐셜은 실험적으로 측정이 가능한 범위 밖에 존재하는 것이 보통이다. 이런 조건에서 첫 번째 단일항 들뜬상태 S_1의 에너지를 산화 퍼텐셜에 추가함으로써 없어진 환원 퍼텐셜을 산출하려는 시도는 별 성과가 없었다. 그러나 S_1 상태의 에너지는 정공−정자 쌍의 쿨롱 결합에너지에 의한 HOMO−LUMO 차이와 비교하여 0.5~1.0 eV의 범위에서 감소한다. 정확한 값을 얻기 위하여 결합에너지는 차감되어야 한다. 환원 퍼텐셜은 음의 부호를 가짐을 기억하자.

2.4.4.2 광방출 분광학(UPS, XPS, IPES)

어떠한 용매의 이완에너지에도 영향을 받지 않고 분자궤도의 에너지를 결정하는 또 다른 방법으로는 광방출 분광(PES, photoemission spectroscopy)(자외선으로 여기시키는 경우는 UPS) 혹은 X선 분광(XPS, X-rays photoemission spectroscopy)이 있다(그림 2.68). 이런 기술에서는 분자 박막을 초고진공 공간에 위치시키고 자외선 혹은 X선을 조사하게 되는데, 이때 자외선은 21 eV 혹은 41 eV의 에너지를 가진 헬륨램프를 광원으로 사용하고 X선은 1255 eV에서 발생하는 Mg의 K_α 방사로부터 얻어진다. 이런 에너지가 높은 광조사는 전자를 분자궤도에서 진공으로 이동하게 하는데 진공 상태에서 광방출 전자의 운동에너지는 여기된 방사에너지에서 전자의 결합에너지를 뺀 값과 같다. 전자의 결합에너지는 전자가 채워져 있는 궤도의 에너지에 의해 주어지므로 광방출된 전자의 운동에너지를 측정함으로써 분자궤도의 에너지가 반영된 스펙트럼을 얻게 된다. 실험적으로 측정된 궤도에너지는 전자-전자 상호작용을 포함하고 단순한 방식으로 산출되는 일전자 분자궤도와는 다르다. 정교한 양자화학 기술은 UPS와 XPS 스펙트럼의 실제적이고 정량적인 계산에 대한 전자 상관관계 효과를 설명하는 것이 가능하다.

LUMO 준위의 위치를 결정하는 현재의 기술은 역광방출 분광(IPES, inverse photoemission spectroscopy)이 있는데, IPES에서는 van-der-Graff 발전기 혹은 방사광가속기(synchrotron)로부터 생성되어 입사하는 높은 에너지의 전자가 고체 속으로 들어가면 운동에너지를 잃게 된다. 결국 전자는 전자가 채워지지 않은 상태, 즉 분자의 LUMO 혹은 반도체의 전도대에 의해 포획될 것이다. 전자의 소멸된 에너지의 일정한 분율은 광자로 변환이 되고(Bremsstrahlung이라고 부름) 발광 스펙트럼의 앞부분을 통해서 전자 억셉터 상

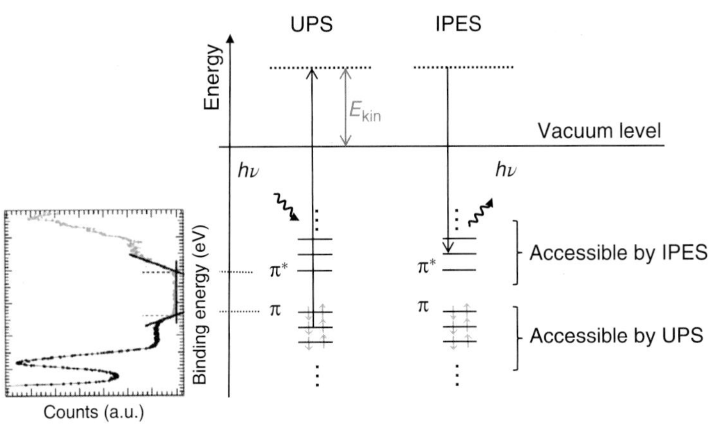

그림 2.68 UPS와 IPES가 어떻게 분자궤도의 에너지와 밀도에 의해 배치되는지 보여주는 궤도 다이어그램. UPS 측정에서는 자외선이 다소 과량의 에너지를 가진 분자로부터 전자를 제거한다. IPES 측정에서는 높은 에너지를 가진 전자를 포획하여 채워지지 않은 궤도로 집어넣는 일이 일어난다. 제거/포획된 전자의 수를 관찰하여 왼쪽에 전자구조를 확정하고 제시하였다[229].

태의 에너지를 측정할 수 있게 된다[230].

2.4.4.3 전기적 간격과 광학적 간격의 차이점

HOMO와 LUMO 에너지의 맥락에서 **전기적 간격**(혹은 **전하수송 간격**)과 **광학적 간격**이라는 용어는 서로 자주 부딪히게 된다. 유전상수 ε_r이 11 부근인 직접-간격 무기반도체에서 흡수 말단의 에너지는 가전자대에 있는 전자와 전도대에 있는 정공 사이의 에너지 간격과 같다. 유기반도체에서는 거의 차단되지 않는 전자-전자 상호작용($\varepsilon_r \approx 3$)은 전기적 간격과 광학적 간격 사이에 눈에 띄는 차이는 존재하지 않는다는 사실을 말해준다. 광학적 간격은 흡수 혹은 형광 스펙트럼으로부터 추론된 단일항 S_1 상태의 에너지이고 전기적 간격은 응축된 상에서 분자의 전자친화력과 이온화 퍼텐셜 사이의 에너지 차이이다. 전자-전자 상호작용과 양전하와 음전하 사이의 쿨롱 인력이라는 가장 중요한 영향 때문에 전기적 간격과 광학적 간격은 서로 다르다. 이 두 간격에 미치는 또 다른 영향의 요인으로는 S_1 상태와 T_1 상태를 구별하게 하는 교환 상호작용이다.

광학적 그리고 전기적 간격의 차이점은 Deibel과 그의 동역자들에 의해 연구되어 왔다[229]. 그들은 PES를 사용하여 응축상의 전자친화력과 이온화 퍼텐셜을 ITO 유리기판 위에 형성된 공액 고분자 P3HT의 70 nm 후막에 위치하게 할 수 있었다. 그림 2.69는 내부 Fermi 준위와 관련된 UPS와 IPES 스펙트럼을 모두 보여주는데, 두 스펙트럼의 시작점 사이의 차이는 전기적 간격 $E_g = 2.6$ eV를 가져오고 이 값을 1.85 eV에서의 $S_1 \rightarrow S_0$ 0–0 형광 Peak로부터 결정된 광학적 간격과 비교함으로써 $E_b = 0.75$ eV의 단일항 엑시톤 에너지에 대

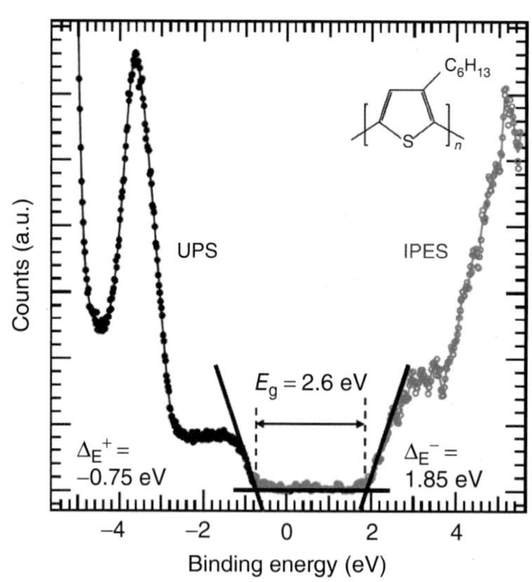

그림 2.69 P3HT의 ITO 유리기판 위에 형성된 70 nm 두께의 막으로부터 측정한 UPS(검은색)와 IPES(회색) 스펙트럼. HOMO와 LUMO의 시작 및 전하수송 간격은 화살표로 표시되어 있다[229].

한 결합에너지에 도달하게 된다. 공액 고분자의 박막에서 형광은 장파장, 즉 낮은 에너지의 형광을 방출하는데 이는 완전히 불균일하게 넓어진 흡수에 의해 밀집된 상태들의 갈라짐으로부터 일어나는 에너지전이를 통해 고분자 사슬의 한 부분으로부터 일어나게 된다. 그러나 E_b 값은 IPES와 UPS 스펙트럼의 말단이 또한 고분자의 가장 낮은 에너지 부분을 나타내기 때문에 실제적으로 낮은 에너지 영역에 존재한다. E_b의 실험값은 van der Horst 그룹[222]에 의해 계산된 값보다 약간 크지만(예측된 값은 $E_b = 0.61$ eV) 이 사실은 이런 종류의 고분자 물질에서의 엑시톤 결합에너지는 0.5 eV보다 작지는 않다는 사실을 확인해준다.

2.5 무기반도체와 유기반도체의 비교

유기반도체 물질들은 그에 대한 정의에 따르면 반도체 소자를 만드는 데 사용될 수 있어야 한다. 그러나 반도체 소자의 교재 대부분은 무기반도체에 관심이 있고 결과적으로 결정체 무기반도체 소자의 광물리 과정을 설명하기 위해 처음 발전시킨 개념들이 때로 비정질 유기반도체로 제작한 소자의 작동을 설명하기 위해 사용되었다. 대부분의 경우 이러한 해석은 제대로 부합하지 않아서 유기반도체에 감춰져 있는 물리학은 유기반도체의 물리학과는 매우 다르다는 결론에 도달하였다. 그러나 사실이 반드시 그렇지만은 않다. 두 종류의 반도체에 적용되는 물리학 법칙들은 매우 동일하기도 하면서 또한 일부 변수들은 서로 다른 값을 갖는다. 가장 중요한 변수 중의 하나는 유전상수 ε_r인데 이것은 거시적으로 어떤 전하가 전기장에 반응하여 대체되는지를 쉽게 측정할 수 있는 원자 혹은 분자의 분극률과 동등한 값이다. 무기반도체에서는 $\varepsilon_r \approx 12$(예를 들어 결정체 실리콘의 $\varepsilon_r \approx 12$ 그리고 GaAs의 $\varepsilon_r \approx 13$)인데 이것은 유전적인 차단이 효과적이라서 전자들 간의 상호작용이 크지 않다는 것을 말해준다. 이와 대비하여 유기반도체에 대한 낮은 유전상수 $\varepsilon_r \approx 3.5$의 값은 전자들 간의 상호작용이 상당히 커서 무시할 수 없다는 것을 의미한다. 이러한 상호작용들은 과량의 전자와 사라진 전자들 사이의 쿨롱 에너지 혹은 평행 혹은 반평행 스핀을 가진 전자쌍들 사이의 교환에너지를 포함한다. 이제 무기반도체와 유기반도체 사이의 유사점과 차이점에 대해 간략히 살펴보도록 하자.

2.5.1 결정

Si, GaAs, Cu_2O 등과 같은 무기반도체 결정에서 구성원소들은 공유결합이나 쿨롱의 힘으로 강하게 결합되어 있다. 결과적으로 전자가 채워져 있는 가장 높은 그리고 전자가 비어 있는 가장 낮은 원자궤도들은 넓은 가전자대와 전도대를 형성하는데(몇 eV의 밴드폭을 가진), 여기서 전자는 광자에 의해 흩어질 때까지 Bloch 파처럼 일관성 있게 움직인다. 높은 유전상수 때문에 전자들 간 상호작용은 약하고 보통의 여기 밀도에서는 무시된다. 예를 들어 광학적 여기에서 전자는 가전자대에서 전도대 상태로 올라가면서 정공을 남기게 된다. 이 전자는 즉각적으로 정공의 쿨롱 인력으로부터 2가지 이유로 자유롭게 된다. 첫째는 유전적인 차단이 정공의 쿨롱 퍼텐셜 범위에서 감소하기 때문인데 쿨롱 포획 반경 r_c는 쿨롱 결합에너지가 kT이면 $r_c = e^2/4\pi\varepsilon_r\varepsilon_0 kT$일 때의 거리이다. 예를 들면 온도 295K에서 $\varepsilon_r = 12$인 물질의 포획 반경은 4.6 nm인 반면 $\varepsilon_r = 3.5$인 물질의 포획 반경은 16 nm이다. 둘째로 원자들 사이의 강한 전자 짝지음은 전자가 골고루 비편재화되어 있다는 것이 확실하기 때문이다. 평균 분산길이는 격자변수보다 크고 정공의 쿨롱 포획 반경을 상당히 초과한다. 결과적으로 전자는 포논에 의해서 분산되기 전에 정공의 좁은 쿨롱 퍼텐셜로부터 벗어나게 된다. 광학적 여기는 밴드갭 전체로 확대되고 자유 전하운반체를 생성하는데 이것은 광학적 간격과 전기적 간격이 일치함을 의미한다.

이와 대비하여 나프탈렌이나 안트라센 결정과 같은 유기반도체 결정은 나프탈렌이나 안트라센 분자들로부터 만들어진다. 이런 분자들은 약한 반데르발스 힘에 의해 결정의 형태로 함께 존재하고 결과적으로 약한 짝지음을 통해 전도대와 가전자대의 폭이 수 100 meV 정도로 좁아진다. 저온에서 전자는 또한 무기반도체에서와 같이 Bloch 파로 이 밴드들에서 이동하지만 분자결정에서는 전하의 유효질량이 높고 그들의 이동도는 낮게 된다. 낮은 이동도는 일관성 있게 좁은 밴드와 연계되어 낮은 짝지음/이동적분(β 혹은 t로 표기)을 나타내며, 따라서 느린 전하이동과 이에 따른 낮은 이동도를 의미하게 된다. 상온과 같이 높은 온도에서 이런 폭이 좁은 밴드들은 기본적으로 여전히 존재하는데 전자의 'Bloch 파'는 포논(분자 간 진동) 혹은 진동전자(분자 내부 진동)에 의해 거의 모든 분자들의 위치에 분산된다. 이런 현상은 무기반도체 결정과 달리 분자결정에서는 강한 전자–포논, 전자–진동전자 간 짝지음이 일어나기 때문이다. 물론 평균자유경로가 격자상수의 배수라면 이것을 밴드상태를 이용하여 표현하는 것은 더 이상 적절하지 않고 전하의 불규칙한 이동('hopping')으로 설명하는 것이 더 적합하다. 이 내용은 4장에서 더 상세히 다룬다.

유기 혹은 무기결정에 의해 빛이 흡수되면 기본적으로 흡수된 빛은 3가지 전이를 일으키게 된다. 첫째는 전이가 전체 결정의 '궤도들' 사이에서, 즉 가전자대로부터 전도대로 일어나고 둘째는 구성원소들의 궤도 사이에서 일어나서 여기된 원자와 분자를 생성하는 전이이다. 셋째는 '중간' 경우로서 인접한 결정 셀 구성원소의 궤도 사이에 발생하여 전하이동 여기를 가져오는 전이가 있다. 이러한 과정의 상대적인 기여도는 구성원소들 사이의 짝지음에 따라 다르다는 것이 밝혀졌고 무기결정에서의 지배적인 공유 짝지음은 가전자대에서 전도대로의 전이가 완전히 지배적이라는 사실을 동반하게 되고 실리콘과 같은 구성원자의 자체적인 흡수는 무시할 수 있다. 약한 반데르발스 짝지음에 따라 분자결정에 대하여는 그 반대의 경우가 일어나게 된다. 흡수는 대부분 분자궤도 사이의 전이를 가져오고 분자의 들뜬상태를 생성한다. 좁은 의미에서 전이는 전자가 단위 셀의 한 분자로부터 이웃의 다른 분자로 이동하는 일을 일어나게 하고, 따라서 분자의 전하이동 상태를 조성하게 된다[82]. 그러나 가전자대로부터 전도대로의 전이는 관찰되지 않았다. 이런 이슈들은 1960년대 후반까지 연구되었는데 이에 따른 실험과 논쟁은 Pope와 Swenberg가 저술한 책에서 상세하게 검토된 바 있다[113]. 그래서 자유운반체를 생성하는 대신에 광학적 흡수가 각각의 분자가 대부분 들뜬상태를 가지게 된다. 결정의 병진에 대한 불변성에 기인하여 이런 들뜬상태들은 어느 이웃의 분자에 존재하게 되고 Frenkel 엑시톤으로서 폭이 좁은 엑시톤 밴드 내에서 이동하게 된다.

이런 맥락에서 결정체 Poly(diacetylene)(PDA)는 매우 흥미로운 경우를 보여주는데, 분자결정과 같이 높은 유전상수를 가지며 사슬 사이에 약한 반데르발스형 짝지음이 존재하는 특성을 나타낸다. 그러나 사슬의 골격을 따라 강한 공유 짝지음이 지배적이기 때문에 결국은 엑시톤 밴드가 가전자대나 전도대와 함께 형성된다. 엑시톤 밴드가 들뜬상태(극도로 단순화된 관점에서 보면 대략 쿨롱 결합을 하고 있는 전자-정공 **쌍**)를 위한 밴드라면 가전자대와 전도대는 하나의 사라진 전하 혹은 추가된 전하를 위한 밴드이다. PDA 사슬을 따라 형성된 강한 공유 짝지음, 그러나 또한 그들 사이의 약한 반데르발스형 짝지음에 의해 PDA 사슬을 따라 존재하는 사슬의 밴드 폭은 사슬에 수직인 방향으로부터 많이 벗어나 있어야 한다. 그렇다면 무기결정과 동일하게 전자를 끌어 올리는 광학적 전이가 엑시톤 흡수가 일어나는 흡수의 말단으로부터 0.5 eV 위쪽에서 일어나게 되는지에 대한 의문이 생긴다. 비록 엑시톤의 진동자 강도가 매우 낮더라도 그것의 존재가 전자흡수와 광전도도의 측정에 의해 확인되었다[79, 81]. 무기반도체에 대해 이루어진 연구성과로부터 강한 전기장을 적용하면 밴드 구조는 기울어지고, 따라서 비편재화된 가전자대와 전도대는 밴드 간격으로 확장된 꼬리 구조를 가지게 되고 약한 흡수를 일으킨다(Franz-Keldysh 효과). 이러한 현상은 지배적인 엑시톤 전이 아래 감추어져 있기 때문에 흡수 신호는 매우 약해서 전기적 변조 기술을 통해서만 감지가 가능하다. 데이터 분석은 이런 가전자대-전도대 전이의 진동자 강도가 단지 3×10^{-5} 정도임을 가리킨다. 이와 같은 효과가 완전하지 않은 결정에서는 사라진다는 사실은 비편재화된 가전자대와 전도대 상태의 존재가 필요하다는 것을 증명한다. 추가적으로 엑시톤 흡수의 0.5 eV 위쪽에서 광전류가 관찰되는 것은 자유로운, 즉 쿨롱 결합을 하지 않은 전자-정공 쌍의 형성의 결과로 보인다.

가전자대-전도대 전이보다 약간 낮은 에너지를 가진 빛에 의해 낮은 온도에서 결정을 여기시키면 무기결정에서도 엑시톤이 형성된다. 이 과정에서 정공의 쿨롱 퍼텐셜 영향 아래 있는 전자가 생성된다(왜냐하면 처음에는 전자에게 쿨롱의 퍼텐셜로부터 벗어날 수 있는 충분한 에너지가 주어지지 않기 때문에). 결합에너지가 ε_r^2 요인에 의해 감소하는 점을 제외하고 수소 원자의 s 전자와 매우 유사하게 전자는 정공 주위의 궤도를 돌게 된다. 이러한 상태를 **Wannier-Mott 엑시톤** 혹은 줄여서 **Wannier 엑시톤**이라 부른다(그림 2.70). 양자수 n에 따른

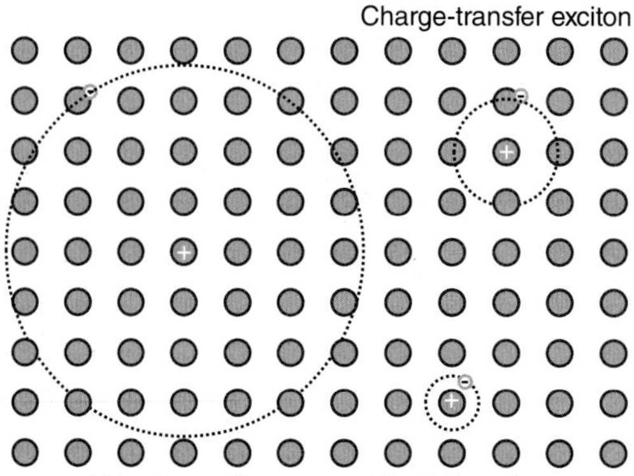

그림 2.70 실제 크기를 고려하지 않은 Frenkel 엑시톤, 전하이동 엑시톤, Wannier–Mott 엑시톤 사이의 차이를 설명하는 점전하의 구성도. 이 그림에서 전자는 양전하를 띤 분자 주위를 돌고 있는데 격자상수보다 작은 거리(Frenkel 엑시톤), 격자상수보다 매우 큰 거리(Wannier 엑시톤) 혹은 격자상수와 비슷한 거리(전하이동 엑시톤)에 따라 분류된다[231].

자유전자–정공 쌍 상태와 관련된 이러한 상태의 결합에너지는

$$E_n = \frac{e^4 \mu_{\text{eff}}}{8\varepsilon_r^2 \varepsilon_0^2 h^2} \frac{1}{n^2} \tag{2.62}$$

가 되는데, 이때 μ_{eff}는 전자–정공 쌍의 유효환산질량이다. 그림 2.71은 Cu_2O 결정의 흡수 스펙트럼을 보여주는데, 2.175 eV에서의 밴드 전이 아래에서 $n = 2$, $n = 3$, $n = 4$, $n = 5$의 엑시톤 상태로의 전이를 관찰할 수 있다. 일반적으로 Wannier–Mott 엑시톤에 대한 결합에너지는 엑시톤 상태와 유효질량에 따라 5 meV 부근의 범위를 갖는다. 예를 들어 결합에너지에 대한 전형적인 값은 실리콘은 14.7 meV, GaAs는 4.2 meV, 게르마늄은 2.5 meV 등이다[113, 233–234]. 두 점전하 사이의 결합에너지와 쿨롱 에너지를 같게 만들면 $E = e^2/4\pi\varepsilon_r\varepsilon_0 r$의 관계를 얻게 되고, 이것은 $\varepsilon_r = 12$를 가진 매체에서 5~10 nm 정도의 전자–정공 분리가 이루어지는 것으로 해석된다. 전형적인 결합에너지가 상온에서의 열에너지(26 meV)보다 작기 때문에 Wannier 엑시톤은 오직 저온에서만 존재할 수 있다. 분자결정 혹은 분자집합체에서 Wannier 엑시톤은 존재할 수 없는데 이는 그와 같이 커다란 분리를 가진 전자–정공 쌍을 생성하기 위한 진동자 강도가 거의 없어지기 때문이다.

최종적으로 무기결정과 유기결정에 존재하는 전하들 사이의 교환 상호작용 크기를 생각해보자. 교환에너지의 크기는 전자와 정공 파동함수의 중첩에 0차 의존도를 보이는데, 즉 만약 두 전하가 상호작용을 할 정도로 가까이 다가오지 않으면 상호작용은 0이 된다. 중첩이 증가할수록 상호작용도 증가하고 교환에너지도 커진다. 상온의 무기결정에서 가전자대와 전도대에 있는 전자와 정공은 서로 결합하여 있지 않고 그들의 관련된 스핀은 어느 방향인지 결정되어 있지 않으며 교환 상호작용도 일어나지 않는다. Wannier 엑시톤이 저온에 존재하

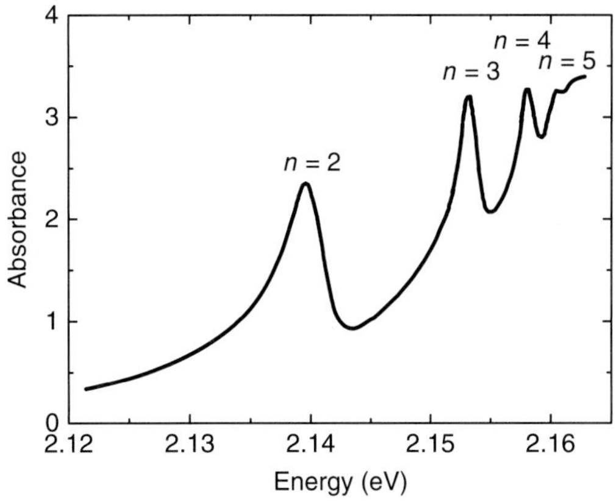

그림 2.71 양자수 n의 각각 다른 값에 대한 엑시톤의 전이를 보여주는 온도 77K에서의 결정체 Cu_2O 시료의 흡수 스펙트럼

면 두 전하는 멀리 떨어져 있고 교환에너지는 meV 단위 수준에 머물게 되고 단일항 엑시톤과 삼중항 엑시톤 사이의 에너지적인 차이는 미미하게 된다[235]. 전자와 정공이 동일한 분자에서의 제한에 의해 가깝게 묶여 있기 때문에 유기결정에서 교환에너지는 1 eV 단위 수준의 크기를 가지는데, 예를 들면 안트라센의 경우 교환에너지는 1.3 eV이다[236].

표 2.2는 무기반도체와 유기반도체 결정들 간의 차이점을 요약해 정리하였다.

표 2.2 유기반도체와 무기반도체 결정의 비교

Property	Inorganic crystal	Molecular crystal
Dielectric constant ε_r	≈12	≈3.5
Crystal basis	Atoms	Molecules
Crystal forces	Covalent	van-der-Waals
Width of VB and CB	Several eV	≈50–500 meV
Band transport	Always	Below 300 K, depending on crystallographic direction
Mobility μ	1000–10 000 $cm^2\ V^{-1}\ s^{-1}$ at 300 K	1–10 $cm^2\ V^{-1}\ s^{-1}$ at 300 K, 100 $cm^2\ V^{-1}\ s^{-1}$ at 10 K
Optical VB → CB transition	Strongly allowed	No oscillator strength
Light absorption at 295 K	Creates free charges	Creates molecular excited states, that is, coulomb-bound charges
Exciton type	Wannier	Mostly Frenkel, sometimes charge-transfer
Exciton binding energy	≈5 meV	0.5–1.0 eV
Singlet exciton e–h distance	5–10 nm	≈0.5–1.0 nm
Singlet–triplet energy gap (exchange energy)	A few meV	0.5–1.0 eV

2.5.2 비정질 고체

비슷한 이유가 비정질 무기반도체와 유기반도체의 전자구조를 비교할 때에도 적용된다. 실리콘 원자를 기판 위에 박막으로 형성하면 강력한 공유결합의 네트워크가 구축되지만 어떤 결합들은 비틀리게 된다. 이런 가운데 어떤 sp^3 궤도는 공유결합을 형성할 대상이 없게 되는데 이를 **Dangling 결합**이라고 한다. Anderson은 그의 세미나 논문[237]에서 분자구조의 무질서는 편재화를 가져오고 이렇게 무질서로부터 야기된 편재화는 Dangling 결합의 존재 유무와 관계없이 무기 혹은 유기분자 체계에 적용된다고 하였다. 높은 유전상수를 가진 비정질 무기반도체에서의 강한 공유 짝지음은 광학적 여기가 엑시톤보다는 자유전자와 정공, 즉 쿨롱 상호작용에 의해 결합되어 있지 않은 전자와 정공이 생성되고 가전자대와 전도대의 상태가 여전히 비편재화되어 있다는 것을 확신하게 한다. 분자의 무질서는 전도대와 가전자대의 말단 사이에서 편재된 전자와 정공의 상태를 조성하고(**Anderson 편재화**) 편재화와 비편재화 상태 사이의 경계에너지(demarcation energy)를 **이동도 말단**(mobility edge)이라고 부른다(그림 2.72). 그의 논문에서 Anderson은 위치 분리에 따라 지수함수적으로 급격히 감소하는 교환에너지와 같은 짧은 범위의 상호작용을 통해 짝지어진 불균일하고 넓은 위치의 배열에서 일어나는 전하이동의 경우를 고려하였다[237]. 그와 같은 배열의 이동에서 위치 i에서 j로의 전자이동은 위치 i의 에너지적 상태와 이동 밴드의 전체 폭 W, 즉 DOS에 의존한다. 밴드의 중심에서 짝지음은 강력하게 일어나고 전자는 지엽적으로 분산되기는 하지만 대체로 균일하게 퍼져 나간다. 밴드의 말단에 가까워질수록 이동 위치의 농도는 감소하고 동시에 위치 i와 j 사이의 짝지음 에너지 V_{ij}도 또한 감소한다. 이동도 말단은 이동이 일관성을

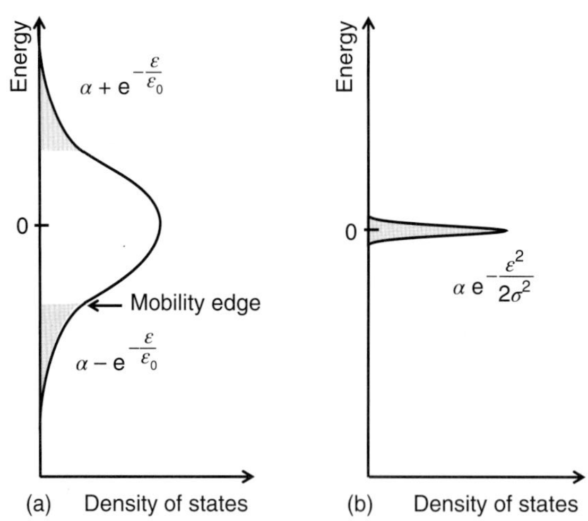

그림 2.72 비정질 무기반도체와 유기반도체의 편재화 상태의 차이. (a) 비정질 반도체에서의 전하에 대한 상태밀도(DOS, density of state). 폭이 넓은 밴드를 형성하는 비편재화 상태는 백색 영역으로 표시하였고 지수함수적인 말단의 편재화 상태는 회색 영역으로 표시하였다. (b) 가우스 분포곡선에서 유기반도체에서의 전하에 대한 좀 더 폭이 좁은 DOS 비교.

잃어버릴 때의 에너지로 정의된다. 분자 체계의 종류에 따라 임계 짝지음 에너지는 $V_{ij} < W/\alpha$가 되고, 이때 α값은 6~28의 범위에 있게 된다[238]. 이동도 말단 아래에 있는 에너지에서 전하운반체는 편재화되고 열적으로 여기되어 비편재화된 상태, 즉 복수의 전자갇힘(trapping)과 전자방출(trap-release)의 과정을 통해 이동도 말단 혹은 그 이상의 에너지 상태가 되어야 한다. Dangling 결합은 전하의 이동과 재결합에 강한 영향을 미칠 수 있는 부수적인 편재화 상태로 행동한다. 실리콘이나 Chalcogenide와 같은 비정질 무기반도체에서는 편재화된 상태의 분포가 지수함수적 경향성을 따른다.

비정질 유기반도체에서 전하수송체는 반데르발스 힘에 의해 짝지어져 있다는 사실은 2가지 중요한 결과를 알려주는데, (i) 분자결정에서 결정학적 질서가 없어지면 결합의 해체는 일어나지 않는다. 즉 Dangling 결합은 존재하지 않는다. (ii) 가전자대와 전도대는 완전히 분해되어 여러 겹의 편재화된 상태로 존재하고 전하운반체는 분자구조 내 원소들 사이를 불규칙적으로 이동하게 된다. 이런 원소들 자신이 하위 단위로 확대되면, 즉 π 공액 고분자에서는 더 복잡한 현상이 일어나게 된다.

2.5.3 공액 고분자를 위한 Su-Schrieffer-Heeger(SSH) 모델

이번 장에서 보여준 유기반도체의 전자구조에 대한 표현은 이 분야에서 수년 동안 발전되어 왔다. 전자적으로 짝지어진 분자 단위들은 **분자의 묘사**(molecular picture)라고 알려져 있다. 1.1.2절에서 살펴본 역사적인 개요에 따르면 비정질 유기박막이 주류를 이루고 있는 오늘날의 유기반도체 분야는 분자결정, 분자가 도핑된 고분자, 그리고 전도성 고분자 영역에 근간을 두고 있다. 전도성 고분자에서는 1970년대 후반에 높은 전도도를 가진 Poly(acetylene)이 발견되었고 이 발견에 대한 설명이 요구되었다. 따라서 Su, Schrieffer와 Heeger는 하나의 모델을 제안하였는데[126, 239], 이 모델은 나중에 Salem과 Longuett-Higgins[125]의 초기 연구성과에 기반한 Fesser, Bishop, 그리고 Campbell[240]의 연구에 의해 확장되었다. 소위 **SSH 모델**이라고 불리는 이것은 개념적으로 단순하고 Polyacetylene에서의 광학적 간격 혹은 도핑된 시료에서 나타나는 광유도 흡수의 기원과 같은 많은 실험적 사례들을 설명할 수 있는 것으로 보여서 대중적으로 받아들여졌다. 오늘날 SSH 모델이 유기반도체를 설명하기에는 부적합하다고 널리 알려져 있기는 하지만 이 이론의 요소들이 특히 분자의 묘사와 SSH의 개념이 섞인 혼성적인 관점의 형태로 여전히 최근의 많은 논문에 등장하고 있다. 이러한 사실은 우리에게 혼란을 주는데, 따라서 SSH 모델의 주요 내용을 이해하는 것이 유용하고 이 모델의 어떤 핵심 가정들과 실험적, 이론적 타당성을 규명함으로써 왜 이 모델이 유기반도체를 설명하는 데 더 이상 적합하지 않은지 이해할 필요가 있다.

SSH 모델은 오직 고분자에만 적용되는데 SSH 접근방식의 요점에 대해 논의하기 전에 우선 2.3.1절과 2.4.3절에서 상세하게 설명한 완벽한 결정체와 무한히 긴 고분자 사슬에서의 여기와 전하에 대한 분자적 관점을 상기하도록 하자. 분자 기반의 접근에서 단일결합과 이중결합이 교차배열하거나 혹은 공유결합으로 짝지어진 Phenylenes과 같은 분자 반복단위의 연속으로서 완벽한 질서를 가진 Poly(*p*−phenylene) 사슬을 고려해보자. 짝지음의 결과로 인접한 단위들의 궤도는 상호작용하고 분리된다. 완벽한 질서와 대칭에 의해 이 과정은 전체 사슬에 걸쳐 일어나고 밴드의 형성을 가져오게 된다. 그래서 π와 π^* 결합들이 생겨나고 가전자대와 전도대에서의 역할을 수행하게 된다. 쿨롱 상호작용이 강하게 일어나고 결과적으로 같은 이유로 3차원 분자결정의 경우에서 개략적으로 언급했듯이 완벽한 고분자 사슬에서의 광학적 여기는 강하게 결합된 전자−정공 쌍, 즉 분자의 여기를 가져오게 되는 반면 결정에서의 가전자대 π 밴드로부터 전도대 π^* 밴드로의 직접 전이는 어떠한 진동자 강도도 운반하지 않을 것으로 예상된다. 완벽한 결정체 환경에서의 완벽한 고분자에 존재하는 가전자대와 전도대와 이 두 밴드를 분리하는 에너지갭은 반복단위들 사이의 전자 짝지음에 의해 일어나게 된다. 그들의 존재는 분자 체계가 완전히 방향족 성질을 가지고 있든지 혹은 단일결합과 이중결합의 교차배열을 가지고 있든지 관계없이 독립적이다. 그러나 중요한 정량적 값은 각 단위의 에너지 변화와 비교하여 반복단위들 사이의 짝지음 에너지에 대한 상대적 크기이다(2.3절 참고). **비정질** 고분자 박막에서 주변 분자들의 분극화에 따른 에너지적 무질서가 강하게 나타나고 전하와 엑시톤에 대한 전자적 일관성은 다만 몇 개의 반복단위, 즉 공액 구조를 가진 부분에서만 유지된다. 환원이나 산화 혹은 전하주입과 엑시톤의 해리를 초래하는 우연한 혹은 의도적인 도핑은 전하를 띤 발색단을 생성한다. 발색단은 전체 분자들 혹은 고분자 사슬 가운데 공액 구조를 가진 부분으로 존재한다. 2.4.1절에서 표현된 바와 같이 이런 분자 양이온이나 음이온은 광학적 전이를 가질 수 있고 단순히 말하자면 그림 2.63에서 C_1과 C_2로 표기된 가장 낮은 전이 에너지를 가진 분자 이온들이다. 흡수의 특성에 대한 분자의 본질은 Franck−Condon 원리에 부합하는 뚜렷한 진동적 진행과 엑시톤 모델(그림 2.64)을 충족하는 중분자 길이를 가진 전이 에너지의 변화가 존재함을 통해 확실하게 나타난다. 발색단 전자들 사이의 쿨롱 반발은 전기화학 분야에서 정립된 이론에 따라 먼저 전체 궤도 준위들이 산화와 환원 과정에서 진공 준위에 대해 변하고 그 다음으로 두 번째 산화와 환원 과정에 대해 더 많은 에너지가 요구되는데 이러한 개념은 전자화학분야의 기초가 된다(그림 2.63).

이제 Poly(acetylene)의 광학적, 전기적 특성을 합리적으로 설명하기 위해, 또 한편으로는 다른 공액 고분자들에도 적용하기 위하여 개발된 SSH 모델을 개략적으로 설명해보자. Longuet−Higgins와 Salem은 1차원 반도체 결정으로서 **트랜스** Poly(acetylene), $(-CH-)_n$의 무한히 긴 사슬을 모델로 사용했는데, 구체적으로는 n이 Hückel형 접근방식에서 무한대로 증가하는 조건에서 $4n+2$의 탄소 원자를 가진 고리형 Poly(ene)을 고려하였다[125]. 각 탄소에 존재하는 3개의 sp^2 혼성 원자궤도는 이웃 탄소 원자의 궤도와 중첩하고 수소 원자와는 σ 결합을 형성한다. 탄소의 남아 있는 p_z 궤도의 중첩은 가전자대의 역할을 하는 비편재화된 π 궤도를 형성하게 된다. 각 탄소는 오직 1개의 전자만을 제공하기 때문에 이 가전자대는 절반만 채워져 있는 상태이고 결과적으로 금속의 전자 특성을 가지게 된다. 그러나 1955년에 1차원 금속의 경우에 대해 Peierls이 처음으로 제안했던 바대로 결합길이가 교차배열된 사슬(**이분자화된 사슬**)의 퍼텐셜에너지는 동일한 탄소–탄소 거리를 가진 사슬보다 낮다[241]. 이러한 **Peierls의 비틀림** 결과로서 사슬의 주기성에 따른 1차원 결정의 단위 셀의 길이는 이분자화되지 않은 사슬의 탄소–탄소 거리 a로부터 $2a$까지 변한다. 결과적으로 첫 번째 Brillouin 영역의 폭은 $2\pi/a$에서 $2\pi/2a = \pi/a$로 감소하고 에너지갭이 나타나게 된다(그림 2.73). Peierls의 비틀림 결과로서 절반만 채워진 밴드는 그들 사이에 에너지갭을 가지고 있는 1개의 완전히 채워진 밴드와 1개의 완전히 비어 있는 밴드로 교체되고, 따라서 전자구조는 금속의 특성으로부터 반도체의 특성으로 변하게 된다. Longuet–Higgins와 Salem은 또한 격자의 부조화에 의한 결함이 사슬 전체를 돌아다니는 홀수의 탄소를 가진 고리형 사슬의 경우를 생각했다[125]. Su, Schrieffer와 Heeger뿐 아니라 Fesser, Bishop, Campbell

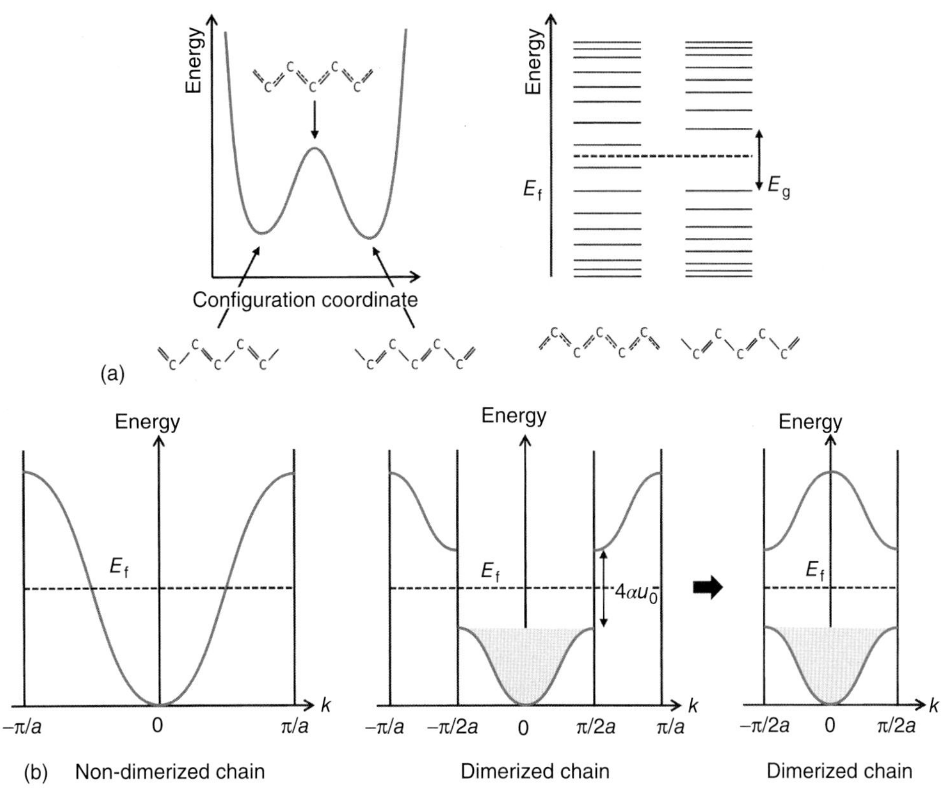

그림 2.73 Peierls의 비틀림과 그 결과로 생긴 에너지갭. (a) 고분자 사슬의 퍼텐셜에너지 vs. 탄소 원자 간 거리를 나타내는 형태좌표. 탄소–탄소 간 거리 a를 가진 이분자화되지 않은 사슬은 2개의 축퇴된 이분자화 형태보다 더 높은 에너지를 가진다. (b) 이분자화되지 않은 사슬과 이분자화된 사슬에 대한 분산관계. 이분자화된 형태가 확장되고 환원된 영역에서 나타나며, E_F는 Fermi 에너지를 가리킨다.

등은 Salem과 Longuet-Higgins의 연구를 확장하여 Poly(acetylene) 사슬에서의 격자 부조화를 설명하였다[126-127, 240, 242]. 그들은 우선 이분자화되지 않은 사슬과 이분자화된 사슬에 대한 단일입자 고유상태의 표현식을 계산해내고

$$\varepsilon(k) = \pm 2t_0 \cos ka \text{ (이분자화되지 않은 사슬에 대하여)} \tag{2.63a}$$

그리고

$$\varepsilon(k) = \pm\sqrt{(2t_0 \cos ka)^2 + (2\alpha u_0 \sin ka)^2} \text{ (이분자화된 사슬에 대하여)} \tag{2.63a}$$

을 유도하였다. 이 관계식에서 t_0는 이분자화되지 않은 사슬에 대한 가장 인접한 이웃 분자의 이동적분, 즉 인접 단위들 사이의 전자 짝지음에 대한 측정값이다. 이분자화된 사슬에서 $k = \pi/2a$일 때 $4\alpha u_0$의 에너지갭은 u_0에 선형함수로 비례하고 상수 α로 표현된 이분자화된 사슬과 전자와 포논 사이의 짝지음에서의 이동을 의미한다. 식 (2.63)은 Longuet-Higgins와 Salem의 결과와 일치한다.

그래서 Su, Schrieffer와 Heeger는 탄소 원자의 이동을 표현하는 $u_n = (-1)^n u_0 \tanh(n/l)$를 사용한 사슬에서의 격자 부조화 효과를 포함하게 되었다. l은 교차배열하고 있는 결합의 두 끝을 분리하는 전이영역의 길이인데 Polyacetylene에서 실험적으로 관찰되는 1.4 eV의 에너지갭에 이론적 매개변수를 적용하여 $14a$가 됨을 발견하였다(그림 2.74). 이런 위상적인 결함은 본질적으로 중성을 띠지만 π 결합에 참여하지 않는 짝짓지 않은 전자에 의해 스핀을 운반한다. 격자 부조화는 준입자로 인정되고 **솔리톤**(soliton: 입자처럼 작용하는 고립파)이라 불린다. 음전하 혹은 양전하를 띠는 솔리톤은 전자를 격자 부조화에 가하거나 도핑을 통해 전자를 제거하는 과정에 의해 생성될 수 있다. 솔리톤이 유동성을 가지고 있는 동안 $14a$ 정도까지 확장되어 편재화되고 편재화된 상태로서 그 에너지는 밴드갭의 중심부에 위치하게 된다. 광학적 전이가 솔리톤 준위로부터 혹은 솔리톤 준위를 향하여 일어날 수 있는데 Poly(acetylene)에서는 결합 교차배열의 두 끝, 즉 긴 결합-짧은 결합-긴 결합-짧은 결합-긴 결합-짧은 결합-…은 에너지적으로 동등하고 형태좌표의 함수로서 바닥상태 퍼텐셜 에너지는 2개의 축퇴된 최소 에너지 상태를 보여준다. 이러한 경우가 다른 고분자들에게는

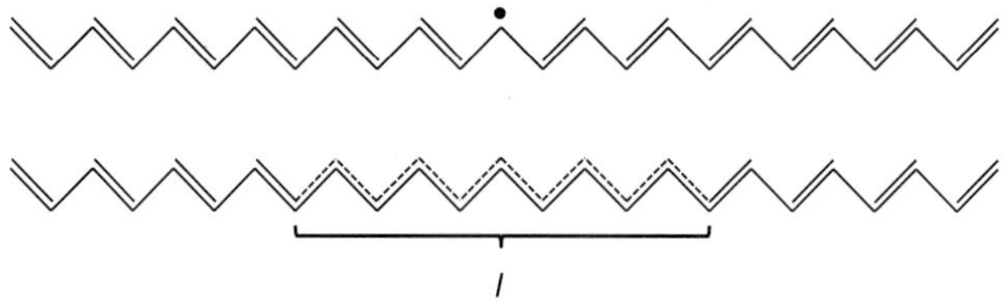

그림 2.74 트랜스 Poly(acetylene) 사슬에서의 격자 부조화. (a) 결합 교차배열의 양끝이 만나는 위치가 하나의 위치로 고정된 경우, (b) 길이 l이 몇 개의 탄소 위치로 확장된 경우.

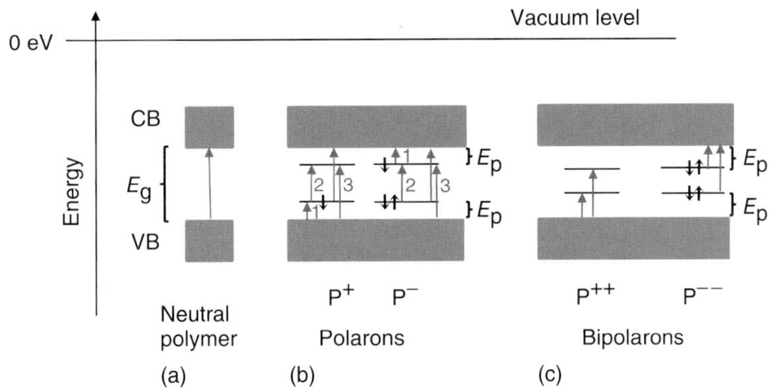

그림 2.75 SSH 모델에서의 광학적 전이. (a) 가능한 광학적 VB → CB 전이와 에너지갭 E_g를 가진 중성의 반도체 고분자의 가전자대(VB)와 전도대(CB), (b) 양성(P^+) 혹은 음성(P^-) 전하를 띤 고분자에서의 편재화된 폴라론 준위에 따른 추가적인 에너지 준위들. 이러한 준위에 존재하는 전자들의 스핀과 가능한 광학적 전이 그리고 폴라론-결합에너지 E_p의 크기가 표시되어 있다. (c) 추가로 전자를 제거하여 이중으로 양성전하를 갖는 고분자(P^{++})와 추가로 전자를 더하여 이중으로 음성전하를 갖는 고분자(P^{--})에 의해 형성된 양성 혹은 음성의 이중폴라론에 따른 추가적인 에너지 준위. 에너지 준위에 존재하는 전자의 스핀(검은 화살표)과 가능한 광학적 전이(회색 화살표), 그리고 변화된 폴라론-결합에너지 E_p의 크기가 표시되어 있다.

적용되지 않는데, 예를 들면 Poly(*p*-phenylene)s의 바닥상태에 대하여 퀴논형 페닐 고리 화합물의 연속체는 방향족 페닐 고리 화합물보다 더 높은 퍼텐셜에너지를 갖고 있다. SSH 모델은 축퇴되지 않은 바닥상태를 가진 고분자들에 대해 설명하기 위해 개념의 적용이 확장되었다[240, 243]. 단일 솔리톤 준위에서 가전자대와 전도대 사이의 간격에서 2개의 편재화된 준위를 발견하게 된다. 이런 밴드갭 중심부의 준위가 결합 비틀림의 어떤 공간적 확대를 수반하기 때문에 이런 유동성을 가진 준입자들은 **폴라론**(polaron)이라고 부른다.

폴라론 준위와 가전자대 혹은 전도대 사이의 광학적 전이는 그림 2.75에 보인 바와 같이 일어날 수 있다. 그림 2.75에서 가장 낮은 에너지를 가진 전이 1은 양전하로 자체 편재화된 폴라론(P^+)의 경우 비편재화된 가전자대(VB)에서 밴드갭 중심부의 낮은 준위로의 에너지적으로 축퇴된 전이로 규정되거나 혹은 음전하로 자체 편재화된 폴라론(P^-)의 경우 밴드갭 중심부의 높은 준위에서 전도대(CB)로의 전자적 축퇴 전이로 정의된다. 그림 2.75에서 두 번째로 낮은 에너지를 가진 전이 2는 2개의 밴드갭 중심부 준위 사이의 전이를 의미하는데 에너지적으로는 가전자대로부터 위쪽의 폴라론 준위로의 전이와 아래쪽 폴라론 준위로부터 전도대로의 전이인 전이 3의 뒤를 따르게 된다. 2개의 폴라론이 양 혹은 음의 양극성 폴라론을 형성하기 위해 짝을 이루는데 이들은 광학적 전이를 일으킬 수 있게 된다. 이렇게 확장된 SSH 모델의 기본구조에서 의도적으로 도핑되었거나 우연히 광산화된 고분자 박막에서 0.5~1.5 eV의 에너지를 갖는 광유도 흡수는 그림 2.75에 표기된 전이 1, 2와 연관되어지나 전이 3은 관찰되지 않고 여전히 작은 진동자 강도를 가진 것에 대한 토론이 진행 중이다. 소규모 에너지갭을 가진 이와 유사한 광유도 흡수의 특징이 양극성 폴라론에서 나타난다. SSH 모델의 중요한 가정 중의 하나는 전자-전자 상관관계와 전자와 정공 사이의 쿨롱 인력이 매우 작다는 것이다. 직접적인 결과로서 가전자대로부터 전도대로의 광학적 흡수는 일반적인 반도체에서와 같이 쿨롱 상호작용에 의해 결합되어 있지 않은 전자와 정공의 쌍을 곧바로 생성한다. 이렇게 생성된 자유 전하들은 전자-포논의 짝지음에 의해 즉각적으로 폴라론의 준위로 이완된다. 밴드 말단과 폴라론 준위 사이의 에너지 상쇄는 관련된 폴라론-결합에너지로 고려된다. 양과 음의 폴라론은 결과적으로 재결합해서 폴라론-엑시톤이 되고 폴라론-엑시톤과 공간적으로 분리된 양과 음의 폴라론 쌍 사이의 에너지 차이, 즉 폴라론-엑시톤의 결합에너지는 열에너지 kT에 비해 작은 것으로 생각된다.

SSH 모델의 주요 결점은 2개의 핵심 가정에 있는데, 첫째는 이 모델이 쿨롱 인력이나 교환 상호작용과 같은 전자 간의 상호작용이 작다는 가정이다. 그들의 초기 논문에서 저자들은 "Hamiltonian에서 π 전자들 사이의 분명한 상호작용이 간과되었고 t_0의 가려진 값이 부분적으로 포함되었으나 π-π 전자의 쿨롱 상호작용이 매우 크면 우리들의 접근방식은 유효하지 않다."라고 지적한 바 있다[127]. 당시에 쿨롱 상호작용의 영향은 가늠하기 어려웠는데 오늘날에는 π 전자들 사이의 쿨롱 상호작용을 무시하는 것이 유전적인 차단이 높은 무기반도체에서는 받아들여지는 반면에 유전적 차단이 $\varepsilon_r \approx 3.5$ 정도로 낮은 유기반도체에서는 적용되기 어렵다. SSH 모델에서의 두 번째 중요 가정은 전자-포논 짝지음의 크기와 관련된 것인데 이 값이 상당히 크다는 것이다. 이 개념은 광학적으로 일어난 가전자대-전도대 전이에 의해 자유전자-정공 쌍이 여기될 때 관련된 사슬의 비틀림이 일반적인 장파장 포논이거나 혹은 더 편재화된 분자의 진동이거나 관계없이 전자와 정공은 포논과 짝짓게 된다는 것이다. 이러한 형태의 짝지음은 또한 약한 크기를 가질지라도 재배치 에너지의 형태로 분자 모델에서 고려된다.

시간이 지나면서 더 많은 실험들이 보고되었고 SSH 모델의 기본구조에 부합하지 않는 결과들이 나타나게 되었다. 이 시점에서 실험결과와 SSH 모델의 불일치하는 점에 대해 살펴보기로 하자.

(i) SSH 모델에서 공액 고분자에서 가전자대와 전도대 사이 에너지갭의 존재는 오로지 Peierls의 비틀림 결과로 생기는 결합의 교차배열에 의한 것이다. 이런 기본개념에서 광학적 간격은 전자가 동등하게 분포되어 있다면 사라지게 되고, 따라서 Poly(silylene) 고분자는 동등한 크기의 공간을 가지고 존재하는 결합 때문에 금속과 같은 특성을 가져야 한다. 그러나 이런 현상은 실험에 따라 다르게 나타나고 (2.3.3절 참고), Poly(silylene)은 약 3 eV의 광학적 간격을 가지고 광발광(photoluminescence)과 전계발광(electroluminescence)을 보여준다. 이와 유사하게

Cyanines/Oligo(methine)s의 중분자들은 π 결합 길이의 동일한 크기 공간 점유에 의해 그 특성이 결정되지만 무한한 길이에서 많은 수의 반복단위에 따른 전이 에너지의 발생에 대한 관찰은 광학적 간격이 사라지는 사실을 확인하지는 못하고 있다. 이것은 이미 2.3.2절에서 전자−전자 상호작용으로 설명되지 않는 Kuhn에 의한 단순한 자유전자 모델의 맥락에서 언급된 바 있다. 이러한 내용은 결합의 교차배열이 전자적 혹은 광학적 간격을 나타나게 하는 데 필수적인 조건은 아니라는 것을 보여주고 결합의 교차배열은 의심할 여지없이 HOMO−LUMO 간격을 증가시키지만 이를 일으키는 유일한 원인이 되는 것은 아니다.

(ii) SSH 모델은 무시할만한 수준의 엑시톤 결합에너지를 예상한다. 진정한 광전도는 흡수 말단에서 이미 엑시톤 결합의 증거로 채택되었으며 한편으로 흡수 말단 부근에서의 광생성(photogeneration)이 우연한 혹은 의도적인 도핑 그리고 전극으로부터의 광주입에 의한 증감효과(sensitization effect)에 기인한 것이라는 사실이 확실하게 받아들여졌다. P3HT에서 광방출과 IPES가 결합된 실험은(2.4.4절과 비교) 엑시톤 결합에너지는 약 0.7 eV이고[229], 이론적인 예상과 일치한다[222]. 완벽한 PDA 사슬에서 전자반사 실험에 의해 결정된 엑시톤 결합에너지는 약 0.5 eV이고[79], 더 나아가서 무시할만한 엑시톤 결합에너지의 개념은 OLEDs에서 이런 과정을 상용화하는데 변수가 되는 전자와 정공 사이의 비효율적인 재결합을 의미한다.

(iii) SSH 모델에서 단일항과 삼중항 폴라론−엑시톤 사이의 교환에너지는 상온에서의 열에너지 범위의 매우 작은 것으로 알려져 있고, 따라서 상온에서 단일항으로의 내부변환인 인광은 일어나지 않는다. 이런 현상은 실험에 따라 다르게 나타나는데 공액 고분자는 인광을 일으키고 인광 스펙트럼은 형광 스펙트럼으로부터 일반적으로 0.7 eV 정도 상쇄된다[28−29, 244−246]. 그러므로 교환에너지와 그에 따른 전자−전자 상관관계 효과는 크다.

(iv) 길이가 긴 Oligoenes과 Poly(acetylene)에서 가장 낮은 에너지의 광학적 들뜬상태는 $1B_u$ 상태가 아니라 대칭적으로 금지된 빛을 내지 않는 $2A_g$ 상태이고, 두 준위의 순서는 더 짧은 길이의 Oligoenes에서는 역전된다. Poly(acetylene)에서 상태의 순서는 SSH 모델에 따라 결정될 수 없는데, Oligoenes의 경우에 대하여 Kohler가 보여준 바에 따르면 이론적인 계산과 흡수 스펙트럼 간 일치된 결과는 전자−전자 상관관계와 추가로 결합의 교차배열이 계산에 확실하게 포함될 때 얻어질 수 있다[100](2.4.4절과 비교)

(v) SSH 모델과 Fesser, Bishop, Campbell에 의해 확장된 모델은 폴라론 상태가 그림 2.75에서 보여주는 편재화와 비편재화된 준위(밴드) 가운데 일어나는 전이들과 관련이 있다. 이것은 그림 2.75에서 에너지가 가장 낮은 전이 1은 폴라론−결합에너지 E_p

의 직접 측정값이 되고 반면에 그 다음의 두 번째 전이 2는 $E_g - 2E_p$의 에너지에서 일어나며 이 전이는 광학적 흡수의 말단이 가전자대 → 전도대 전이로 나타남이 확인된다. 도핑된 고분자의 광유도 흡수 실험에서 2개의 일반 에너지갭보다 작은 크기의 에너지갭을 갖는 전이들(SSH 모델에서의 전이 1과 2)은 폴라론–결합에너지가 500 meV 정도임을 제안하는데 이 값은 양자화학적 계산을 기반으로 50~150 meV 범위에서 변하고[182, 247], 뿐만 아니라 폴라론 모델의 기본구조에서 온도에 영향을 받지 않는 전하운반체의 이동도를 이용해 해석할 때 생기는 변화에 따라서도 변하게 된다(3장과 비교). 예를 들면 MeLPPP에 대하여 50 meV의 최대 폴라론–결합에너지는 모든 활성화에너지가 폴라론 효과에 의해 발생할 때 얻어지게 된다[248].

(vi) SSH 모델에서 이중으로 전하를 띤 양극성 폴라론은 같은 사슬에 위치한 2개의 개별 폴라론으로부터 형성된다. 쿨롱 반발이 무시될 수 있다고 가정한 SSH 모델의 기본구조에서 2개의 폴라론으로부터의 양극성 폴라론의 형성은 에너지적으로 재배치에너지를 얻는다는 측면에서 유리하다(그림 2.75와 비교). 이것은 높은 전압이 이미 단일 전하를 띤 발색단에 두 번째 전자를 제공해야 한다는 전통적인 전자화학과 모순이 된다. 효소전극에서 두 번째 환원곡선의 Peak가 첫 번째 환원곡선과 다른 퍼텐셜에서 나타나고 이는 산화과정에도 동일하게 적용할 수 있다. 더욱이 그들의 더 큰 기하학적 재배치에너지에 의해 양극성 폴라론은 폴라론보다 더 낮은 이동성을 갖는다(3.3.2절의 폴라론 수송과 비교). 이런 효과는 이동경로 내부의 높은 전하운반체 농도 때문에 유기 FET(field effect transistor)에서 특히 더 중요하다. 높은 운반체의 이동도가 전하밀도가 증가함에 따라 관찰되는 OFETs에 대한 실험결과는 이 효과의 변동을 보여준다.

SSH 모델은 도핑된 고분자의 특성을 이해하려는 시도를 처음으로 시도했다. 위에 언급한 실험들은 이 모델이 왜 대체되어야 했는지에 대한 몇 가지 주된 이유들을 설명해준다. 지금까지 유기반도체에서의 엑시톤 결합에너지가 상당한 크기를 가지고 있다는 이해는 널리 퍼져 있지만 때때로 전하를 띤 발색단의 흡수 특성을 어떻게 해석할지에 관한 더 미묘한 관점에서 정리되지 않고 부정확한 혼성 분자/SSH의 특성에 부딪히게 된다.

2.6 더 읽을 거리

2.1절 분자 간 상호작용 효과에 대하여: 이분자(dimer), 엑시머, 엑시플렉스에 대한 추가적 개론에 대하여 독자들은 Lanzani, Turro, Pope와 Swenberg, Klessinger, 그리고 Michl 혹은 Valeur 등이 저술한 광물리 혹은 광화학 관련 저서들[35, 48, 112–113, 250], 그리고

Gierschner와 Park의 개관논문[26]을 참고할 수 있다.

2.2절 Frenkel 엑시톤과 에너지 전달에 관하여: 이 주제에 관하여 독자들은 Lanzani의 저서[250]가 도움이 된다는 것을 발견할 수 있고, 더 이론적인 관점은 May와 Kühn[47]에 의해 주어지는 반면 Förster와 Dexter 에너지전이 측정에 관한 실질적인 개론은 Lakowicz의 저서[251]에서 찾아볼 수 있다.

2.3절 π 공액 고분자에 대하여: 서로 다른 고분자들에 대한 정보는 참고문헌 [121, 252–254]와 같은 복수의 저자들이 각 장을 저술하여 편집한 유기반도체 서적에서 발견할 수 있다. Polydiacetylenes에 대한 더 상세한 내용을 위해서는 참고도서 [76, 255]를 추천하고, PPVs 고분자들의 합성에 대해서는 참고문헌 [256]에 서술되어 있으며, Oligophenylenevinylenes에 대한 개요는 참고문헌 [257]에 포함되어 있다. PPP형 고분자들에 대한 더 많은 정보는 참고문헌 [156–157, 160, 258–259]를 참고하기 바란다. Poly(silylene)s 고분자들의 특성에 대한 요약은 참고문헌 [113]에서 찾을 수 있고, 이러한 특성의 여러 가지 측면은 Kepler와 Soos가 몇 장의 저술에 참여한 참고문헌[260]에서 다루어졌으며, 서로 다른 밴드갭을 가진 고분자들에 대한 논의는 적절한 개요 논문 [177–180]에서 이루어졌다.

2.4절 전하를 띤 분자들에 관하여: 분자 양이온이나 음이온과 같은 전하를 띤 발색단의 특성에 관한 일반적인 정보는 화학과 전기화학 분야의 개요를 서술하고 있는 교재들의 도움을 받기 바란다.

2.5절 유기반도체와 무기반도체의 비교에 대하여: 무기결정 반도체의 전자적 특성에 대한 소개는 Ibach, Lüth, Kittel 등이 저술한 고체물리에 관한 전통적인 교재 혹은 이와 유사한 참고도서[233, 261]를 참고하기 바란다. 공액 고분자에 대한 SSH 모델의 적용과 관련된 생생한 논의는 Sariciftci가 편집한 책[262]에 정리되어 있다.

참고문헌

REFERENCES

1. Ehrler, B. *et al.* (2012) Hybrid pentacene/a-silicon solar cells utilizing multiple carrier generation via singlet exciton fission. *Appl. Phys. Lett.*, **101** (15), 153507.
2. Ehrler, B. *et al.* (2012) In situ measurement of exciton energy in hybrid singlet-fission solar cells. *Nat. Commun.*, **3**, 1019.
3. Rao, A. *et al.* (2010) Exciton fission and charge generation via triplet excitons in pentacene/C-60 bilayers. *J. Am. Chem. Soc.*, **132** (36), 12698.
4. Smalley, R.E., Wharton, L., and Levy, D.H. (1977) Molecular optical spectroscopy with supersonic beams and jets. *Acc. Chem. Res.*, **10** (4), 139.
5. Amirav, A., Even, U., and Jortner, J. (1980) Spectroscopy of large molecules in inert-gas clusters. *Chem. Phys. Lett.*, **72** (1), 16.
6. Amirav, A., Even, U., and Jortner, J. (1981) Microscopic solvation effects on excited-state energetics and dynamics of aromatic-molecules in large van der Waals complexes. *J. Chem. Phys.*, **75** (6), 2489.
7. Elschner, A. and Bässler, H. (1987) Site-selective fluorescence and hole-burning spectroscopy of MTHF glasses doped with tetracene or pentacene. *Chem. Phys.*, **112** (2), 285.
8. Hesse, R., Hofberger, W., and Bässler, H. (1980) Absorption-spectra of disordered solid tetracene and pentacene. *Chem. Phys.*, **49** (2), 201.
9. Bässler, H. (1989) Optical techniques to characterize polymer systems. *Stud. Polym. Sci.*, **5**, Elsevier Science Publisher, Amsterdam, ISBN 0-444-88194-8.
10. Kim, H.Y., Bjorklund, T.G., Lim, S.H., and Bardeen, C.J. (2003) Spectroscopic and photocatalytic properties of organic tetracene nanoparticles in aqueous solution. *Langmuir*, **19** (9), 3941.
11. Orrit, M., Bernard, J., and Personov, R.I. (1993) High-resolution spectroscopy of organic-molecules in solids – from fluorescence line narrowing and hole-burning to single-molecule spectroscopy. *J. Phys. Chem.*, **97** (40), 10256.
12. Braslavsky, S.E. (2007) Glossary of terms used in Photochemistry 3(rd) Edition (IUPAC Recommendations 2006). *Pure Appl. Chem.*, **79** (3), 293–465.
13. Gierschner, J., Cornil, J., and Egelhaaf, H.J. (2007) Optical bandgaps of pi-conjugated organic materials at the polymer limit: experiment and theory. *Adv. Mater.*, **19** (2), 173–191.
14. McGlynn, S.P., Azumi, T., and Kinoshita, M. (1969) *Molecular Spectroscopy of the Triplet State*, Prentice-Hall, Englewood Cliffs, NJ.
15. Kasha, M., Rawls, H.R., and Asraf El-Bayoumi, M. (1965) The exciton model in molecular spectroscopy. *Pure Appl. Chem.*, **11** (3–4), 371.
16. McRae, E.G. and Kasha, M. (1964) in *Physical Processes in Radiation Biology* (eds L. Augenstein, R. Mason, and B. Rosenberg), Academic Press, New York, ISBN: 978-1-4831-9824-8.
17. Peter, G. and Bässler, H. (1980) Fluorescence and energy-transfer in disordered solid tetracene. *Chem. Phys.*, **49** (1), 9.
18. Förster, T. and Kasper, K. (1955) Ein Konzentrationsumschlag der Fluoreszenz. *Z. Elektrochem.*, **59**, 977.
19. Birks, J.B. and Christophorou, L.G. (1963) Excimer fluorescence spectra of pyrene derivatives. *Spectrochim. Acta*, **19** (2), 401.
20. Birks, J.B. and Dyson, D.J. (1963) Relations between fluorescence and absorption properties of organic molecules. *Proc. R. Soc. London, Ser. A -Math. Phys. Sci.*, **275** (1360), 135.
21. Jelley, E.E. (1936) Spectral absorption and fluorescence of dyes in the molecular state. *Nature*, **138** (50), 1009.
22. Scheibe, G. (1937) Über die Veränderlichkeit der Absorptionsspektren in Lösungen und die Nebenvalenzen als ihre Ursache. *Angew. Chem.*, **50** (11), 212.
23. Birks, J.B., Srinivas, B., and Mcglynn, S.P. (1968) Luminescence of pyrene in viscous solutions. *J. Mol. Spectrosc.*, **27** (1-4), 266.
24. Hayer, A. *et al.* (2006) Highly fluorescent crystalline and liquid crystalline columnar phases of pyrene-based structures. *J. Phys. Chem. B*, **110** (15), 7653.
25. Gierschner, J. and Park, S.Y. (2013) Luminescent distyrylbenzenes: tailoring molecular structure and crystalline morphology. *J. Mater. Chem. C*, **1**, 5818.
26. Kadashchuk, A. *et al.* (2004) Singlet-triplet splitting of geminate electron-hole pairs in

conjugated polymers. *Phys. Rev. Lett.*, **93** (6), 066803.
27. Difley, S., Beljonne, D., and Van Voorhis, T. (2008) On the singlet-triplet splitting of geminate electron-hole pairs in organic semiconductors. *J. Am. Chem. Soc.*, **130** (11), 3420.
28. Köhler, A. and Beljonne, D. (2004) The singlet-triplet exchange energy in conjugated polymers. *Adv. Funct. Mater.*, **14** (1), 11.
29. Köhler, A. *et al.* (2002) The singlet-triplet energy gap in organic and Pt-containing phenylene ethynylene polymers and monomers. *J. Chem. Phys.*, **116** (21), 9457.
30. Strzhemechny, M.A. *et al.* (2006) Observation of triplet excimer emission in 2-bromobenzophenone. *Chem. Phys. Lett.*, **431** (4-6), 300.
31. Adamovich, V. *et al.* (2002) High efficiency single dopant white electrophosphorescent light emitting diodes. *New J. Chem.*, **26** (9), 1171.
32. Williams, E.L. *et al.* (2007) Excimer-based white phosphorescent organic light emitting diodes with nearly 100 % internal quantum efficiency. *Adv. Mater.*, **19** (2), 197.
33. Klöpffer, W. and Rippen, G. (1986) Electronic-spectra of dilute-solutions of cationic and radicalic poly (N-Vinylcarbazole). *Makromol. Chem. Macromol. Symp.*, **5**, 187.
34. Tani, K. *et al.* (2001) Synthesis and photophysical properties of [3.3](3,9)carbazolophanes. *Chem. Commun.*, (19), 1914.
35. Klessinger, M. and Michl, J. (1995) *Excited States and Photochemistry of Organic Molecules*, VCH Publishers, New York, ISBN: 1560815884
36. Beens, H. and Weller, A. (1968) Triple complex formation in the excited state. *Chem. Phys. Lett.*, **2** (3), 140.
37. Hayer, A. *et al.* (2012) On the formation mechanism for electrically generated exciplexes in a carbazole-pyridine copolymer. *J. Polym. Sci., Part B: Polym. Phys.*, **50** (5), 361.
38. Klafter, J. and Jortner, J. (1977) Urbach rule in optical-spectra of crystalline and amorphous organic solids. *Chem. Phys.*, **26** (3), 421.
39. Förster, T. (1948) Zwischenmolekulare Energiewanderung Und Fluoreszenz. *Ann. Phys.*, **2** (1-2), 55.
40. Dexter, D.L. (1953) A theory of sensitized luminescence in solids. *J. Chem. Phys.*, **21** (5), 836.
41. Kawamura, Y. *et al.* (2006) Intermolecular interaction and a concentration-quenching mechanism of phosphorescent Ir(III) complexes in a solid film. *Phys. Rev. Lett.*, **96** (1), 17404.
42. Cleave, V. *et al.* (1999) Harvesting singlet and triplet energy in polymer LEDs. *Adv. Mater.*, **11** (4), 285.
43. Beljonne, D. *et al.* (2002) Interchain vs. intrachain energy transfer in acceptor-capped conjugated polymers. *Proc. Natl. Acad. Sci. U.S.A.*, **99** (17), 10982.
44. Nguyen, T.Q. *et al.* (2000) Control of energy transfer in oriented conjugated polymer-mesoporous silica composites. *Science*, **288** (5466), 652.
45. Minkowski, C. and Calzaferri, G. (2005) Förster-type energy transfer along a specified axis. *Angew. Chem. Int. Ed.*, **44** (33), 5325.
46. Scholes, G.D. (2003) Long-range resonance energy transfer in molecular systems. *Annu. Rev. Phys. Chem.*, **54**, 57.
47. May, V. and Kühn, O. (2001) *Charge and Energy Transfer Dynamics in Molecular Systems*, 3rd edn, Wiley-VCH Verlag GmbH, Weinheim. ISBN: 978-3-527-40732-3
48. Valeur, B. (2002) *Molecular Fluorescence*, 2nd edn, Wiley-VCH Verlag GmbH, Weinheim. ISBN: 3-527-29919-X
49. Bree, A. and Lyons, L.E. (1960) The intensity of ultraviolet-light absorption by monocrystals. 4. Absorption by naphthacene of plane-polarized light. *J. Chem. Soc.*, 5206.
50. Wolf, H.C. (1958) Die Niedersten Elektronischen Anregungszustande Des Anthracen-Kristalls. *Z. Naturforsch., A*, **13** (5), 414.
51. Glockner, E. and Wolf, H.C. (1975) Intrinsic fluorescence of mixed-crystal system anthracene-perdeuteroanthracene – amalgamated exciton band. *Chem. Phys.*, **10** (2–3), 479.
52. Colson, S.D. *et al.* (1968) Direct observation of entire exciton band of first excited singlet states of crystalline benzene and naphthalene. *J. Chem. Phys.*, **48** (5), 2215.
53. Schwörer, M. and Wolf, H.C. (2007) Organic Molecular Solids. Wiley-VCH, ISBN: 978-3-527-40540-4.
54. Cogdell, R.J. and Köhler, J. (2010) Sunlight, purple bacteria, and quantum mechanics how purple bacteria harness quantum mechanics for efficient light harvesting. *Quantum Effic. Complex Syst., Part I: Biomol. Syst.*, **83**, 77.
55. Oellerich, S. and Köhler, J. (2009) Low-temperature single-molecule spectroscopy on photosynthetic pigment-protein complexes from purple bacteria. *Photosynth. Res.*, **101** (2–3), 171.
56. McDermott, G. *et al.* (1995) Crystal-structure of an integral membrane light-harvesting complex from photosynthetic bacteria. *Nature*, **374** (6522), 517.

57. Roszak, A.W., Howard, T.D., Southall, J., Gardiner, A.T., Law, C.J., Isaacs, N.W., and Cogdell, R.J. (2003) Crystal structure of the RC-LH1 core complex from rhodopseudomonas palustris. *Science*, **302** (5652), 1969.
58. Adam, D. *et al.* (1994) Fast photoconduction in the highly ordered columnar phase of a discotic liquid-crystal. *Nature*, **371** (6493), 141.
59. Wu, J.S. *et al.* (2004) Hexakis(4-iodophenyl)-peri-hexabenzocoronene – a versatile building block for highly ordered discotic liquid crystalline materials. *J. Am. Chem. Soc.*, **126** (1), 177.
60. Engelkamp, H., Middelbeek, S., and Nolte, R.J.M. (1999) Self-assembly of disk-shaped molecules to coiled-coil aggregates with tunable helicity. *Science*, **284** (5415), 785.
61. Dehm, V. *et al.* (2007) Helical growth of semiconducting columnar dye assemblies based on chiral perylene bisimides. *Org. Lett.*, **9** (6), 1085.
62. Würthner, F., Kaiser, T.E., and Saha-Moller, C.R. (2011) J-aggregates: from serendipitous discovery to supramolecular engineering of functional dye materials. *Angew. Chem. Int. Ed.*, **50** (15), 3376.
63. Scheibe, G. (1936) Über die Veränderlichkeit des Absorptionsspektrums einiger Sensibilisierungsfarbstoffe und deren Ursache. *Angew. Chem.*, **49**, 563.
64. Scheibe, G. and Kandler, L. (1937) Polymerisation und polymere adsorption als ursache neuartiger absorptionsbanden von organischen Farbstoffen. *Naturwissenschaften*, **25** (5), 75.
65. Jelley, E.E. (1937) Molecular, nematic and crystal states of I: I-diethyl--cyanine chloride. *Nature*, **139**, 631.
66. Scheibe, G. (1938) Reversible Polymersiation als Ursache neuartiger Absorptionsbanden von Farbstoffen. *Kolloid Z.*, **82** (1), 1.
67. Knapp, E.W. (1984) Lineshapes of molecular aggregates – exchange narrowing and intersite correlation. *Chem. Phys.*, **85** (1), 73.
68. Zsila, F. *et al.* (2001) Investigation of the self-organization of lutein and lutein diacetate by electronic absorption, circular dichroism spectroscopy, and atomic force microscopy. *J. Phys. Chem. B*, **105** (39), 9413.
69. Kasha, M. (1963) Energy transfer mechanisms and molecular exciton model for molecular aggregates. *Radiat. Res.*, **20** (1), 55.
70. Mcrae, E.G. and Kasha, M. (1958) Enhancement of phosphorescence ability upon aggregation of dye molecules. *J. Chem. Phys.*, **28** (4), 721.
71. Spano, F.C. (2010) The spectral signatures of Frenkel polarons in H- and J-aggregates. *Acc. Chem. Res.*, **43** (3), 429.
72. Yamagata, H. and Spano, F.C. (2012) Interplay between intrachain and interchain interactions in semiconducting polymer assemblies: the HJ-aggregate model. *J. Chem. Phys.*, **136** (18), 249901.
73. Clark, J. *et al.* (2007) Role of intermolecular coupling in the photophysics of disordered organic semiconductors: aggregate emission in regioregular polythiophene. *Phys. Rev. Lett.*, **98** (20), 206406.
74. Niles, E.T., Roehling, J.D., Yamagata, H., Wise, A.J., Spano, F.C., Moule, A.J., and Grey, J.K. (2012) J-aggregate behavior in poly-3-hexylthiophene nanofibers. *J. Phys. Chem. Lett.*, **3** (2), 259.
75. Yamagata, H., Pochas, C.M., and Spano, F.C. (2012) Designing J- and H-aggregates through wave function overlap engineering: applications to poly(3-hexylthiophene). *J. Phys. Chem. B*, **116** (49), 14494.
76. Schott, M. (2006) Optical properties of single conjugated polymer chains (polydiacetylenes), in *Photophysics of Molecular Materials* (ed. G. Lanzani), Wiley-VCH Verlag GmbH, Weinheim, ISBN: 9783527404568.
77. Kobayashi, A. *et al.* (1987) Crystal-structure of polydiacetylene tcdu revisited. *J. Chem. Phys.*, **87** (8), 4962.
78. Enkelmann, V. (1984) Structural aspects of the topochemical polymerization of diacetylenes. *Adv. Polym. Sci.*, **63**, 91.
79. Weiser, G. (1992) Stark-effect of one-dimensional Wannier excitons in polydiacetylene single-crystals. *Phys. Rev. B*, **45** (24), 14076.
80. Lochner, K. *et al.* (1978) Photoconduction in polydiacetylene multilayer structures and single-crystals – evidence for band-to-band excitation. *Phys. Status Solidi B*, **88** (2), 653.
81. Sebastian, L. and Weiser, G. (1981) One-dimensional wide energy-bands in a polydiacetylene revealed by electroreflectance. *Phys. Rev. Lett.*, **46** (17), 1156.
82. Sebastian, L., Weiser, G., and Bässler, H. (1981) Charge-transfer transitions in solid tetracene and pentacene studied by electro-absorption. *Chem. Phys.*, **61** (1–2), 125.
83. Dubin, F. *et al.* (2006) Macroscopic coherence of a single exciton state in an organic quantum wire. *Nat. Phys.*, **2** (1), 32.
84. Narwark, O. *et al.* (2003) Spectroscopic characterization of p-phenylene vinylene (PV) oligomers. Part I: a homologous series of 2,5-diheptyloxy substituted PV-oligomers. *Chem. Phys.*, **294** (1), 1.

85. Köhler, A., Hoffmann, S.T., and Bässler, H. (2012) An order-disorder transition in the conjugated polymer MEH-PPV. *J. Am. Chem. Soc.*, **134** (28), 11594.
86. Birks, J.B. (1970) *Photophysics of Aromatic Molecules*, Wiley Monographs in Chemical Physics, Wiley-Interscience, London, New York, ISBN: 9780471074205.
87. Hoffmann, S.T., Bässler, H., and Köhler, A. (2010) What determines inhomogeneous broadening of electronic transitions in conjugated polymers? *J. Phys. Chem. B*, **114** (51), 17037.
88. Torras, J., Casanovas, J., and Aleman, C. (2012) Reviewing extrapolation procedures of the electronic properties on the pi-conjugated polymer limit. *J. Phys. Chem. A*, **116** (28), 7571.
89. Bayliss, N.S. (1948) A metallic model for the spectra of conjugated polyenes. *J. Chem. Phys.*, **16** (4), 287.
90. Kuhn, H. (1948) Elektronengasmodell zur quantitativen deutung der Lichtabsorption von organischen Farbstoffen. 1. *Helv. Chim. Acta*, **31** (6), 1441.
91. Kuhn, H. (1949) Quantenmechanische Behandlung von Farbstoffen mit verzweigtem Elektronengas. *Helv. Chim. Acta*, **32** (7), 2247.
92. Platt, J.R. (1949) Classification of spectra of cata-condensed hydrocarbons. *J. Chem. Phys.*, **17** (5), 484.
93. Hofmann, U. (1937) Über die Grenze zwischen Graphit und den aromatischen Verbindungen. *Z. Elektrochem.*, **43**, 238.
94. Schmidt, O. (1940) Das Kastenmodell in Theorie und Praxis der aromatischen Verbindungen. *Ber. Dtsch. Chem. Ges.*, **73** (1), 97.
95. Kutzelnigg, W. (2006) What I like about Hückel theory. *J. Comput. Chem.*, **28** (1), 25.
96. Sonderma, J. and Kuhn, H. (1966) Spektroskopische Untersuchungen an Polymethincarboniumsalzen Und Polyencarbinolen. *Chem. Ber. Recl.*, **99** (8), 2491.
97. Bär, F. *et al.* (1960) Nature of the free electron model – the case of the polyenes and polyacetylenes. *J. Chem. Phys.*, **32** (2), 470.
98. Kuhn, W. and Kuhn, H. (1948) Immobilization of solvent in randomly coiled chain molecules. *J. Chem. Phys.*, **16** (8), 838.
99. Kuhn, H. (1949) A quantum-mechanical theory of light absorption of organic dyes and similar compounds. *J. Chem. Phys.*, **17** (12), 1198.
100. Kohler, B.E. (1990) A simple-model for linear polyene electronic-structure. *J. Chem. Phys.*, **93** (8), 5838.
101. Lewis, G.N. and Calvin, M. (1939) The color of organic substances. *Chem. Rev.*, **25**, 273.
102. Dähne, S. and Radeglia, R. (1971) Revision of Lewis-Calvin rule for characterization of vinylogous and polyene and polymethine resembling compounds. *Tetrahedron*, **27** (15), 3673.
103. Simpson, W.T. (1955) Resonance force theory of carotenoid pigments. *J. Am. Chem. Soc.*, **77** (23), 6164.
104. Onipko, A., Klymenko, Y., and Malysheva, L. (1997) Effect of length and geometry on the highest occupied molecular orbital lowest unoccupied molecular orbital gap of conjugated oligomers: an analytical Huckel model approach. *J. Chem. Phys.*, **107** (18), 7331.
105. Chang, R. *et al.* (2000) Experimental and theoretical investigations of absorption and emission spectra of the light-emitting polymer MEH-PPV in solution. *Chem. Phys. Lett.*, **317** (1–2), 142.
106. Bednarz, M. *et al.* (2004) Optical absorption spectra of linear and cyclic thiophenes-selection rules manifestation. *J. Lumin.*, **110** (4), 225.
107. Beenken, W.J.D. and Pullerits, T. (2004) Spectroscopic units in conjugated polymers: a quantum chemically founded concept? *J. Phys. Chem. B*, **108** (20), 6164.
108. Kohler, B.E., Spangler, C., and Westerfield, C. (1988) The 2 ^1A_g state in the linear polyene 2,4,6,8,10,12,14,16-octadecaoctaene. *J. Chem. Phys.*, **89** (9), 5422.
109. Chi, C.Y., Im, C., and Wegner, G. (2006) Lifetime determination of fluorescence and phosphorescence of a series of oligofluorenes. *J. Chem. Phys.*, **124** (2), 024907.
110. Pauck, T. *et al.* (1996) A comparative site-selective fluorescence study of ladder-type para-phenylene oligomers and oligo-phenylenevinylenes. *Chem. Phys.*, **210** (1–2), 219.
111. Birks, J.B. (1973) *Organic Molecular Photophysics*, Wiley Monographs in Chemical Physics, John Wiley & Sons, Inc, London, New York. ISBN: 0471074152
112. Turro, N.J. (1965) *Molecular Photochemistry. Frontiers in Chemistry*, W.A. Benjamin, New York ISBN: 9780019508445.
113. Pope, M. and Swenberg, C.E. (1999) *Electronic Processes in Organic Crystals and Polymers*, Monographs on the Physics and Chemistry of Materials, 2nd edn, Oxford University Press, Oxford, ISBN: 978-0195129632.
114. Hadziioannou, G. and Malliaras, G.G. (2007) *Semiconducting Polymers*, 2nd edn, Wiley-VCH Verlag GmbH, Weinheim, ISBN: 978-3-527-31271-9.
115. Brütting, W., Adachi, C., and Holmes, R.J.D. (2012) *Physics of Organic Semiconductors*, 2nd completely new revised edn, Wiley-VCH Verlag

GmbH, Weinheim, ISBN: 978-3-527-40550-3.
116. Müllen, K. and Scherf, U. (2006) *Organic Light-emitting Devices: Synthesis, Properties, and Applications*, Wiley-VCH Verlag GmbH, Weinheim, ISBN: 978-3-527-31218-4.
117. Lanzani, G. (2006) in *Photophysics of Molecular Materials: from Single Molecules to Single Crystals* (eds G. Hadziioannou and P.F. van Hutten), Wiley-VCH Verlag GmbH, Weinheim, ISBN: 978-3-527-40456-8.
118. Klauk, H. (2006) *Organic Electronics*, Wiley-VCH Verlag GmbH, Weinheim, ISBN: 978-3-527-51264-1.
119. Klauk, H. (2012) *Organic Electronics II: More Materials and Applications*, Wiley-VCH Verlag GmbH, Weinheim, ISBN: 978-3527326471.
120. Li, Z. and Meng, H. (2007) *Organic Light-Emitting Materials and Devices*, Taylor & Francis Group, ISBN: 1-57444-574-X.
121. Skotheim, T.A. and Reynolds, J.R. (2007) *Handbook of Conducting Polymers*, Conjugated Polymers: Theory, Synthesis, Properties, and Characterization, 3rd edn, CRC Press, Boca Raton, FL, ISBN: 978-1-4200-4358-7.
122. Eckhardt, H. (1983) On the optical-properties of trans-polyacetylene. *J. Chem. Phys.*, **79** (4), 2085.
123. Feast, W.J. *et al.* (1996) Synthesis, processing and material properties of conjugated polymers. *Polymer*, **37** (22), 5017.
124. Edwards, J.H. and Feast, W.J. (1980) A new synthesis of poly(acetylene). *Polymer*, **21** (6), 595.
125. Longuet-Higgins, H.C. and Salem, L. (1959) The alternation of bond lengths in long conjugated chain molecules. *Proc. R. Soc. London, Ser. A-Math. Phys. Sci.*, **251** (1265), 172.
126. Su, W.P., Schrieffer, J.R., and Heeger, A.J. (1979) Solitons in polyacetylene. *Phys. Rev. Lett.*, **42** (25), 1698.
127. Su, W.P., Schrieffer, J.R., and Heeger, A.J. (1980) Soliton excitations in polyacetylene. *Phys. Rev. B*, **22** (4), 2099.
128. Pariser, R. and Parr, R.G. (1953) A semi-empirical theory of the electronic spectra and electronic structure of complex unsaturated molecules. 2. *J. Chem. Phys.*, **21** (5), 767.
129. Scheibe, G. (1937) Über die Veränderlichkeit der Absorptionsspektren in Lösungen und die Nebenvalenzen als ihre Ursache. *Angew. Chem.*, **50**, 51.
130. Burroughes, J.H. *et al.* (1990) Light-emitting-diodes based on conjugated polymers. *Nature*, **347** (6293), 539.
131. Wessling, R.A. and Zimmerman, R.G. (1968) Polyelectrolytes from bis sulfonium salts. US Patent 3401152 (Ser.No. 591706) 1968, The Dow Chemical Company.
132. Wessling, R.A. and Zimmerman, R.G. (1970) Polyxylylidenes and method of preparation. US3532643 (Ser.No. 617832), 1970, The Dow Chemical Company.
133. Wessling, R.A. (1985) The polymerization of xylylene bisdialkyl sulfonium salts. *J. Polym. Sci. Polym. Symp.*, **72**, 55.
134. Lenz, R.W. *et al.* (1988) Preparation of poly(Phenylene Vinylene) from cycloalkylene sulfonium salt monomers and polymers. *J. Polym. Sci., Part A: Polym. Chem.*, **26** (12), 3241.
135. Burn, P.L. *et al.* (1992) Precursor route chemistry and electronic-properties of poly(P-Phenylene-Vinylene), poly[(2,5-Dimethyl-P-Phenylene)Vinylene] and poly[(2,5-Dimethoxy-P-Phenylene)Vinylene]. *J. Chem. Soc., Perkin Trans. 1*, (23), 3225.
136. Garay, R.O. *et al.* (1993) Low-temperature synthesis of poly(P-Phenylenevinylene) by the sulfonium salt route. *Adv. Mater.*, **5** (7–8), 561.
137. Gilch, H.G. and Wheelwri, W. (1966) Polymerization of alpha-halogenated P-Xylenes with base. *J. Polym. Sci., Part A: Polym. Chem.*, **4** (6, part 1), 1337.
138. Braun, D. and Heeger, A.J. (1991) Visible-light emission from semiconducting polymer diodes. *Appl. Phys. Lett.*, **58** (18), 1982.
139. Chandross, M. *et al.* (1994) Excitons in poly(para-phenylenevinylene). *Phys. Rev. B*, **50** (19), 14702.
140. Cornil, J. *et al.* (1994) Optical absorptions in poly(para-phenylene vinylene) and poly(2,5-dimethoxy-1,4-paraphenylene vinylene) oligomers. *Chem. Phys. Lett.*, **223** (1–2), 82.
141. Köhler, A. *et al.* (1998) Charge separation in localized and delocalized electronic states in polymeric semiconductors. *Nature*, **392** (6679), 903.
142. Collison, C.J. *et al.* (2001) Conformational effects on the photophysics of conjugated polymers: a two species model for MEH-PPV spectroscopy and dynamics. *Macromolecules*, **34** (7), 2346.
143. Nguyen, T.Q. *et al.* (2000) Controlling interchain interactions in conjugated polymers: the effects of chain morphology on exciton-exciton annihilation and aggregation in MEH-PPV films. *J. Phys. Chem. B*, **104** (2), 237.
144. Heun, S. *et al.* (1993) Conformational effects in poly(p-phenylene vinylene)s revealed by low-temperature site-selective fluorescence. *J. Phys. Condens. Matter*, **5** (2), 247.
145. Rakovic, D. *et al.* (1990) Theoretical-study of

the vibrational-spectra in poly(Rho-Phenylene Vinylene). *Phys. Rev. B*, **41** (15), 10744.

146. Tian, B., Zerbi, G., and Müllen, K. (1991) Electronic and structural-properties of polypara-phenylenevinylene from the vibrational-spectra. *J. Chem. Phys.*, **95** (5), 3198.

147. Rothberg, L. (2007) Photophysics of conjugated polymers, in *Semiconducting Polymers* (eds H.G. Gilch and M.G. Bawendi), Wiley-VCH Verlag GmbH, Weinheim, ISBN: 978-3-527-31271-9.

148. Barbara, P.F. *et al.* (2005) Single-molecule spectroscopy of conjugated polymers. *Acc. Chem. Res.*, **38** (7), 602.

149. Feist, F.A. and Basche, T. (2008) Fluorescence excitation and emission spectroscopy on single MEH-PPV chains at low temperature. *J. Phys. Chem. B*, **112** (32), 9700.

150. Huser, T., Yan, M., and Rothberg, L.J. (2000) Single chain spectroscopy of conformational dependence of conjugated polymer photophysics. *Proc. Natl. Acad. Sci. U.S.A.*, **97** (21), 11187.

151. Yamagata, H. *et al.* (2013) The red-phase of poly[2-methoxy-5-(2-ethylhexyloxy)-1,4-phenylenevinylene] (MEH-PPV): a disordered HJ-aggregate. *J. Chem. Phys.*, **139** (11), 114903.

152. De Leener, C. *et al.* (2009) Modeling the dynamics of chromophores in conjugated polymers: the case of poly (2-methoxy-5-(2 '-ethylhexyl)oxy 1,4-phenylene vinylene) (MEH-PPV). *J. Phys. Chem. B*, **113** (5), 1311.

153. Stuart, H.A., Funck, E., and Müller-Warmuth, W. (1967) *Molekülstruktur; physikalische Methoden zur Bestimmung der Struktur von Molekülen und ihre wichtigsten Ergebnisse*, 3rd edn, Springer-Verlag, Berlin, New York, ISBN: 978-3-662-26922-0.

154. Hoffmann, S.T. *et al.* (2010) Triplet energy transfer in conjugated polymers. III. An experimental assessment regarding the influence of disorder on polaronic transport. *Phys. Rev. B*, **81** (16), 165208.

155. Grell, M. *et al.* (1999) Blue polarized electroluminescence from a liquid crystalline polyfluorene. *Adv. Mater.*, **11** (8), 671.

156. Scherf, U. and List, E.J.W. (2002) Semiconducting polyfluorenes – towards reliable structure-property relationships. *Adv. Mater.*, **14** (7), 477.

157. Neher, D. (2001) Polyfluorene homopolymers: conjugated liquid-crystalline polymers for bright blue emission and polarized electroluminescence. *Macromol. Rapid Commun.*, **22** (17), 1366.

158. Da Como, E. *et al.* (2011) Formation of a defect-free pi-electron system in single beta-phase polyfluorene chains. *J. Am. Chem. Soc.*, **133** (11), 3690.

159. Romanovskii, Y.V. and Bässler, H. (2000) Phosphorescence from a ladder-type conjugated polymer in solid solutions at low temperature. *Chem. Phys. Lett.*, **326** (1–2), 51.

160. Lanzani, G. (2000) Photophysics of methyl-substituted poly(p-phenylene)-type ladder polymers, in *Semiconducting Polymers* (eds G. Hadziioannou and P.F. Van Hutten), Wiley-VCH Verlag GmbH, Weinheim ISBN: 3-527-29507-0.

161. Birnbaum, D. and Kohler, B.E. (1992) Location of a ^1A_g state in bithiophene. *J. Chem. Phys.*, **96** (4), 2492.

162. Birnbaum, D. and Kohler, B.E. (1989) Lowest energy excited singlet-state of 2,2'-5',2'-terthiophene, an oligomer of polythiophene. *J. Chem. Phys.*, **90** (7), 3506.

163. Birnbaum, D., Fichou, D., and Kohler, B.E. (1992) The lowest energy singlet-state of tetrathiophene, an oligomer of polythiophene. *J. Chem. Phys.*, **96** (1), 165.

164. Muccini, M., Lunedei, E., and Taliani, C. (1999) Polarized absorption and Davydov splitting in alpha-sexithienyl single crystal at 4.2K. *Synth. Met.*, **101** (1–3), 573.

165. Wasserberg, D. *et al.* (2005) Phosphorescence and triplet state energies of oligothiophenes. *J. Phys. Chem. B*, **109** (10), 4410.

166. Brown, P.J. *et al.* (2003) Effect of interchain interactions on the absorption and emission of poly(3-hexylthiophene). *Phys. Rev. B*, **67** (6), 064203.

167. Scharsich, C. *et al.* (2012) Control of aggregate formation in poly(3-hexylthiophene) by solvent, molecular weight, and synthetic method. *J. Polym. Sci., Part B: Polym. Phys.*, **50** (6), 442.

168. Nespurek, S., Kadashchuk, A., Skryshevski, Y., Fujii, A., and Yoshino, K. (2002) Origin of broad visible luminescence in poly[methyl(phenyl)silylene] thin films. *J. Lumin.*, **99** (2), 131.

169. Partridge, R.H. (1966) Near-ultraviolet absorption spectrum of polyethylene. *J. Chem. Phys.*, **45** (5), 1679.

170. Kepler, R.G. *et al.* (1987) Photocarrier generation and transport in sigma-bonded polysilanes. *Phys. Rev. B*, **35** (6), 2818.

171. Kepler, R.G. and Soos, Z.G. (1993) Exciton-exciton annihilation and exciton kinetics in poly(Di-N-Hexylsilane). *Phys. Rev. B*, **47** (15), 9253.

172. Mahrt, R.F. *et al.* (1991) Site-selection spectroscopy of poly(Di-N-Butylgermylene) (Pdbg). *Chem. Phys. Lett.*, **177** (4–5), 389.

173. Schmidt, O. (1937) "Freie" und "nichtfreie", "locker" und "festgebundene" Valenzelektronen des Kohlenstoffs in organischen Substanzen. *Z. Elektrochem.*, **43**, 238.
174. Castro Neto, A.H. *et al.* (2009) The electronic properties of graphene. *Rev. Mod. Phys.*, **81** (1), 109.
175. Zhang, Q.T. and Tour, J.M. (1998) Alternating donor/acceptor repeat units in polythiophenes. Intramolecular charge transfer for reducing band gaps in fully substituted conjugated polymers. *J. Am. Chem. Soc.*, **120** (22), 5355.
176. Etzold, F. *et al.* (2012) The effect of solvent additives on morphology and excited-state dynamics in PCPDTBT:PCBM photovoltaic blends. *J. Am. Chem. Soc.*, **134** (25), 10569.
177. Cheng, Y.J., Yang, S.H., and Hsu, C.S. (2009) Synthesis of conjugated polymers for organic solar cell applications. *Chem. Rev.*, **109** (11), 5868.
178. Zhang, Z.G. and Wang, J.Z. (2012) Structures and properties of conjugated donor-acceptor copolymers for solar cell applications. *J. Mater. Chem.*, **22** (10), 4178.
179. Anant, P. *et al.* (2011) Synthesis and characterization of donor-acceptor type 4,4 '-bis (2,1,3-benzothiadiazole)-based copolymers. *Polymer*, **52** (20), 4442.
180. Mangold, H. *et al.* (2012) Controlled energy shuttling in terpolymers enabling independent optimization of absorption and transport properties in organic solar cell materials. *Appl. Phys. Lett.*, **101** (23), 243301.
181. Mikhnenko, O.V. *et al.* (2012) Exciton diffusion length in narrow bandgap polymers. *Energy Environ. Sci.*, **5** (5), 6960.
182. Bredas, J.L. *et al.* (2004) Charge-transfer and energy-transfer processes in pi-conjugated oligomers and polymers: a molecular picture. *Chem. Rev.*, **104** (11), 4971.
183. Osikowicz, W., de Jong, M.P., and Salaneck, W.R. (2007) Formation of the interfacial dipole at organic-organic interfaces: C-60/polymer interfaces. *Adv. Mater.*, **19** (23), 4213.
184. Sato, N., Inokuchi, H., and Silinsh, E.A. (1987) Reevaluation of electronic polarization energies in organic molecular-crystals. *Chem. Phys.*, **115** (2), 269.
185. Miller, E.K. *et al.* (2001) Polarized doping-induced infrared absorption in highly oriented conjugated polymers. *Chem. Phys. Lett.*, **335** (1–2), 23.
186. Huang, F., MacDiarmid, A.G., and Hsieh, B.R. (1997) An iodine-doped polymer light-emitting diode. *Appl. Phys. Lett.*, **71** (17), 2415.
187. Österbacka, R. *et al.* (2000) Two-dimensional electronic excitations in self-assembled conjugated polymer nanocrystals. *Science*, **287** (5454), 839.
188. Herrmann, D. *et al.* (2011) Role of structural order and excess energy on ultrafast free charge generation in hybrid polythiophene/si photovoltaics probed in real time by near-infrared broadband transient absorption. *J. Am. Chem. Soc.*, **133** (45), 18220.
189. Deussen, M. and Bässler, H. (1993) Anion and cation absorption-spectra of conjugated oligomers and polymer. *Synth. Met.*, **54** (1–3), 49.
190. Walzer, K. *et al.* (2007) Highly efficient organic devices based on electrically doped transport layers. *Chem. Rev.*, **107** (4), 1233.
191. Pfeiffer, M. *et al.* (1999) Controlled doping of molecular organic layers: physics and device prospects. *Adv. Solid State Phys.*, **39**, 77.
192. Gao, W.Y. and Kahn, A. (2001) Controlled p-doping of zinc phthalocyanine by coevaporation with tetrafluorotetracyanoquinodimethane: a direct and inverse photoemission study. *Appl. Phys. Lett.*, **79** (24), 4040.
193. Kido, J., Nagai, K., and Okamoto, Y. (1993) Bright organic electroluminescent devices with double-layer cathode. *IEEE Trans. Electron Devices*, **40** (7), 1342.
194. Nollau, A. *et al.* (2000) Controlled n-type doping of a molecular organic semiconductor: Naphthalenetetracarboxylic dianhydride (NTCDA) doped with bis(ethylenedithio)-tetrathiafulvalene (BEDT-TTF). *J. Appl. Phys.*, **87** (9), 4340.
195. Chan, C.K. *et al.* (2006) N-type doping of an electron-transport material by controlled gas-phase incorporation of cobaltocene. *Chem. Phys. Lett.*, **431** (1–3), 67.
196. Werner, A.G. *et al.* (2003) Pyronin B as a donor for n-type doping of organic thin films. *Appl. Phys. Lett.*, **82** (25), 4495.
197. Werner, A. *et al.* (2004) n-type doping of organic thin films using cationic dyes. *Adv. Funct. Mater.*, **14** (3), 255.
198. Arkhipov, V.I. *et al.* (2005) Effect of doping on the density-of-states distribution and carrier hopping in disordered organic semiconductors. *Phys. Rev. B*, **71** (4), 045214.
199. Amsalem, P. *et al.* (2013) Role of charge transfer, dipole-dipole interactions, and electrostatics in Fermi-level pinning at a molecular heterojunction on a metal surface. *Phys. Rev. B*, **87** (3), 035440.
200. Mendez, H. *et al.* (2013) Doping of organic semiconductors: impact of dopant strength and

electronic coupling. *Angew. Chem. Int. Ed.*, **52** (30), 7751.

201. Akaike, K. *et al.* (2010) Impact of ground-state charge transfer and polarization energy change on energy band offsets at donor/acceptor interface in organic photovoltaics. *Adv. Funct. Mater.*, **20** (5), 715.

202. Prigodin, V.N. *et al.* (2008) Electron-ion interaction in doped conducting polymers. *Phys. Rev. B*, **78** (3), 035203.

203. Lee, H.J., Lee, J., and Park, S.M. (2010) Electrochemistry of conductive polymers. 45. Nanoscale conductivity of PEDOT and PEDOT:PSS composite films studied by current-sensing AFM. *J. Phys. Chem. B*, **114** (8), 2660.

204. Stocker, T., Köhler, A., and Moos, R. (2012) Why does the electrical conductivity in PEDOT:PSS decrease with PSS content? A study combining thermoelectric measurements with impedance spectroscopy. *J. Polym. Sci., Part B: Polym. Phys.*, **50** (14), 976.

205. Jung, J.W., Lee, J.U., and Jo, W.H. (2010) High-efficiency polymer solar cells with water-soluble and self-doped conducting polyaniline graft copolymer as hole transport layer. *J. Phys. Chem. C*, **114** (1), 633.

206. Banerjee, S. and Kumar, A. (2010) Dielectric behavior and charge transport in polyaniline nanofiber reinforced PMMA composites. *J. Phys. Chem. Solids*, **71** (3), 381.

207. Li, D., Huang, J.X., and Kaner, R.B. (2009) Polyaniline nanofibers: a unique polymer nanostructure for versatile applications. *Acc. Chem. Res.*, **42** (1), 135.

208. Lee, K.H. *et al.* (1998) Nature of the metallic state in conducting polypyrrole. *Adv. Mater.*, **10** (6), 456.

209. Hulea, I.N. *et al.* (2005) Doping, density of states, and conductivity in polypyrrole and poly(p-phenylene vinylene). *Phys. Rev. B*, **72** (5), 052101.

210. van Mensfoort, S.L.M. *et al.* (2008) Hole transport in polyfluorene-based sandwich-type devices: quantitative analysis of the role of energetic disorder. *Phys. Rev. B*, **78** (8), 085208.

211. Tanase, C. *et al.* (2003) Unification of the hole transport in polymeric field-effect transistors and light-emitting diodes. *Phys. Rev. Lett.*, **91** (21), 216601.

212. Silver, M., Pautmeier, L., and Bässler, H. (1989) On the origin of exponential band tails in amorphous-semiconductors. *Solid State Commun.*, **72** (2), 177.

213. Hulea, I.N. *et al.* (2004) Wide energy-window view on the density of states and hole mobility in poly(p-phenylene vinylene). *Phys. Rev. Lett.*, **93** (16), 166601.

214. Arkhipov, V.I. *et al.* (2005) Analytic model of carrier mobility in doped disordered organic semiconductors. *Phys. Rev. B*, **72** (23), 235202.

215. Baranovskii, S.D. (2014) Theoretical description of charge transport in disordered organic semiconductors. *Phys. Status Solidi B*, **251**, 487.

216. Hoffmann, S.T. *et al.* (2013) How do disorder, reorganization, and localization influence the hole mobility in conjugated copolymers? *J. Am. Chem. Soc.*, **135** (5), 1772.

217. Labhart, H. (1966) *DMS UV Atlas of Organic Compounds*, Verlag Chemie, Weinheim and Butterworths, London.

218. Distler, D. and Hohlneicher, G. (1970) Pairing properties and electron spectra of radical ions of aromatic hydrocarbons. *Ber. Bunsen Ges. Phys. Chem.*, **74** (10), 960.

219. Colaneri, N.F., Bradley, D.D.C., Friend, R.H., Burn, P.L., Holmes, A.B., and Spangler, C.W. (1990) Photoexcited states in poly(para-phenylene vinylene) – comparison with trans,trans-distyrylbenzene, a model oligomer. *Phys. Rev. B*, **42** (18), 11670.

220. Burland, D.M. (1974) Cyclotron-resonance in a molecular crystal-anthracene. *Phys. Rev. Lett.*, **33** (14), 833.

221. Weiser, G. and Moller, S. (2002) Directional dispersion of the optical resonance of pi-pi* transitions of alpha-sexithiophene single crystals. *Phys. Rev. B*, **65** (4), 045203.

222. van der Horst, J.W. *et al.* (2001) Calculation of excitonic properties of conjugated polymers using the Bethe-Salpeter equation. *J. Chem. Phys.*, **114** (15), 6950.

223. Cheng, Y.C. *et al.* (2003) Three-dimensional band structure and bandlike mobility in oligoacene single crystals: a theoretical investigation. *J. Chem. Phys.*, **118** (8), 3764.

224. Leblanc, O.H. (1961) Band structure and transport of holes and electrons in anthracene. *J. Chem. Phys.*, **35** (4), 1275.

225. Katz, J.I. *et al.* (1963) On excess electron and hole band structures and carrier mobility in naphthalene anthracene, and several polyphenyls. *J. Chem. Phys.*, **39** (7), 1683.

226. Jahreis, A. (2012) Neue Materialien auf Basis arylsubstituierter 1,3,5-Triazine für blau phosphoreszierende organische Leuchtdioden. PhD-Dissertation. Universität Bayreuth, Bayreuth.

227. Koepp, H.M., Wendt, H., and Strehlow, H. (1960) Der Vergleich Der Spannungsreihen in Verschiedenen Solventien. 2. *Z. Elektrochem.*,

64 (4), 483.

228. Bard, A.J. and Faulkner, L.R. (2001) *Electrochemical Methods: Fundamentals and Applications*, 2nd edn, John Wiley & Sons, Inc, New York, ISBN: 0471043729.
229. Deibel, C., Mack, D., Gorenflot, J., Scholl, A., Krause, S., Reinert, F., Rauh, D., and Dyakonov, V. (2010) Energetics of excited states in the conjugated polymer poly(3-hexylthiophene). *Phys. Rev. B*, **81** (8), 085202.
230. Smith, N.V. (1988) Inverse photoemission. *Rep. Prog. Phys.*, **51** (9), 1227.
231. Kalinowski, J. (1977) Zeszyty Naukowe Politech Gdanskiej No 266, Fizyka Zeszyty Gdansk.
232. Baumeister, P. (1961) Optical absorption of cuprous oxide. *Phys. Rev.*, **121** (2), 359.
233. Ibach, H. and Lüth, H. (1993) *Solid-State Physics: An Introduction to Theory and Experiment*, Springer, Berlin, ISBN: 3540568417 x.
234. Yoffe, A.D. (2001) Semiconductor quantum dots and related systems: electronic, optical, luminescence and related properties of low dimensional systems. *Adv. Phys.*, **50** (1), 1.
235. Scholes, G.D. and Rumbles, G. (2006) Excitons in nanoscale systems. *Nat. Mater.*, **5** (9), 683.
236. Stacy, W.T. and Swenberg, C.E. (1970) Temperature dependence of intersystem crossing in crystalline anthracene. *J. Chem. Phys.*, **52** (4), 1962.
237. Anderson, P.W. (1958) Absence of diffusion in certain random lattices. *Phys. Rev.*, **109** (5), 1492.
238. Licciardello, D.C. and Economou, E.N. (1975) Study of localization in Anderson's model for random lattices. *Phys. Rev. B*, **11** (10), 3697.
239. Heeger, A.J. *et al.* (1988) Solitons in conducting polymers. *Rev. Mod. Phys.*, **60** (3), 781.
240. Fesser, K., Bishop, A.R., and Campbell, D.K. (1983) Optical-absorption from polarons in a model of polyacetylene. *Phys. Rev. B*, **27** (8), 4804.
241. Peierls, R.E. (1955) *Quantum Theory of Solids*, The International Series of Monographs on Physics, Clarendon Press, Oxford, ISBN : 9780198507819.
242. Campbell, D.K. and Bishop, A.R. (1981) Solitons in polyacetylene and relativistic-field-theory models. *Phys. Rev. B*, **24** (8), 4859.
243. Brazovskii, S.A. and Kirova, N.N. (1981) Excitons, polarons, and bipolarons in conducting polymers. *JETP Lett.*, **33** (1), 4.
244. Romanovskii, Y.V. *et al.* (1999) Delayed luminescence of the ladder-type methyl-poly(para-phenylene). *Chem. Phys.*, **249** (1), 29.
245. Monkman, A.P. *et al.* (2000) The triplet state of the ladder-type methyl-poly(p-phenylene) as seen by pulse radiolysis-energy transfer. *Chem. Phys. Lett.*, **327** (1–2), 111.
246. Hertel, D. *et al.* (2001) Phosphorescence in conjugated poly(para-phenylene)-derivatives. *Adv. Mater.*, **13** (1), 65.
247. Coropceanu, V. *et al.* (2007) Charge transport in organic semiconductors. *Chem. Rev.*, **107** (4), 926.
248. Hertel, D. *et al.* (1999) Charge carrier transport in conjugated polymers. *J. Chem. Phys.*, **110** (18), 9214.
249. Pasveer, W.F. *et al.* (2005) Unified description of charge-carrier mobilities in disordered semiconducting polymers. *Phys. Rev. Lett.*, **94** (20), 206601.
250. Lanzani, G. (2012) *The Photophysicc Behind Photovoltaics and Photonics*, Wiley-VCH Verlag GmbH, Weinheim, ISBN: 978-3-527-41054-5.
251. Lakowicz, J.R. (2006) *Principle of Fluorescence Spectroscopy*, 3rd edn, Springer Science+Business Media, New York, ISBN: 978-0387312781.
252. Müller, T.J.J. and Bunz, U.H.F. (2007) *Functional Organic Materials: Syntheses, Strategies and Applications*, Wiley-VCH Verlag GmbH, Weinheim, ISBN: 9783527313020 (acid-free paper).
253. Müllen, K. and Wegner, G. (1988) *Electronic Materials: the Oligomer Approach*, Wiley-VCH Verlag GmbH, Weinheim, New York, ISBN: 3527294384.
254. Brabec, C.J., Dyakonov, V., and Scherf, U. (2008) *Organic Photovoltaics: Materials, Device Physics, and Manufacturing Technologies*, Wiley-VCH Verlag GmbH, Weinheim, ISBN: 978-3527316755.
255. Weiser, G. (1997) Electroabsorption spectroscopy of p-conjugated polymers, in *Primary Photoexcitations in Conjugated Polymers: Molecular Exciton Versus Semiconductor Band Model* (ed. N.S. Sariciftci), World Scientific, Singapore, ISBN: 981-02-2880-0.
256. Murray, M. (2000) Poly(arylene vinylene)s-synthesis and applications in semiconductor devices, in *Semiconducting Polymers* (eds G. Hadziioannou and P.F. Van Hutten), Wiley-VCH Verlag GmbH, Weinheim, ISBN: 3-527-29507-0.
257. Hadziioannou, G. and van Hutten, P.F. (2000) A model oligomer approach to semiconducting polymers, in *Semiconducting Polymers* (eds G. Hadziioannou and P.F. van Hutten), Wiley-VCH Verlag GmbH, Weinheim, ISBN: 3-527-29507-0.
258. Gadermaier, C. (2007) Photophysics in semiconducting polymers: the case of polyfluorene, in *Semiconducting Polymers* (eds

G. Hadziioannou and P.F. Van Hutten), Wiley-VCH Verlag GmbH, Weinheim ISBN: 978-3-527-31271-9.

259. Scherf, U. and Müllen, K. (2000) Oligo- und poly(phenylene)s, in *Semiconducting Polymers* (eds G. Hadziioannou and P.F. Van Hutten), Wiley-VCH Verlag GmbH, Weinheim, ISBN: 3-527-29507-0.

260. Kepler, R.G. and Soos, Z.G. (1997) The role of excitons in charge carrier production in polysilanes, in *Primary Photoexcitations In Conjugated Polymers: Molecular Exciton Versus Semiconductor Band Model* (ed. N.S. Sariciftci), World Scientific, Singapore, ISBN: 981-02-2880-01.

261. Kittel, C. (1971) *Introduction to Solid State Physics*, 4th edn, John Wiley & Sons, Inc., New York, ISBN: 0471490210.

262. Sariciftci, N.S. (1997) *Primary photoexcitations in Conjguated Polymers: Molecular Exciton Versus Semiconductor Band Model*, World Scientific, Singapore, ISBN: 981-02-2880-0.

3
유기반도체의 전기적·광학적 과정

반도체는 광전소자에 사용되는 재료이다. 유기반도체의 가장 일반적인 응용 분야는 유기발광다이오드(OLED), 유기태양전지(OSC) 및 유기전계효과트랜지스터(OFET)를 포함한다(그림 3.1).

본질적으로, 유기발광다이오드는 기판을 하부 전극, 활성 반도체 물질, 그리고 상부 전극으로 순차적으로 덮음으로써 샌드위치 구조로 만들어진다. 전압을 가하면, 양전하와 음전하가 전극에서 반도체로 주입되어 이동한다. 이러한 전하의 일부는 열에너지로 소산되면서 유기막을 지나 반대편 전극에 도달하지만, 일부 전자와 전공은 만나서 발광하거나 발광하지 않을 수 있는 들뜬상태를 형성하기 위해 서로를 붙잡는다. 이 과정은 그림 3.1의 유기발광다이오드와 유기태양전지의 작동에 관련된다. 원칙적으로 유기태양전지는 유기발광다이오드와 동일한 구조를 가지고 있지만 반대로 작동한다. 빛을 흡수하여 들뜬상태를 만든다. 이러한 상태의 일부는 자유롭게 이동할 수 있는 양전하와 음전하로 해리되어 전류를 흐르게 하기 위한 반대편 전극으로 이동한다. 유기발광다이오드와 유기태양전지의 동작과 관련이 되는 전하 주입, 전하 이동, 전자-정공 재결합, 들뜬상태의 해리의 광물리학적 메커니즘에 대해서는 3장의 관련 절에서 자세히 다룬다. 또한 들뜬상태에서 에너지 변환과 소멸 메커니즘에 대한 과정도 다룬다. 전체 소자에 대한 제작, 동작, 특성분석, 그리고 최적화에 대한 이슈는 다음 장에서 다룬다. 유기전계효과트랜지스터에 대해서도 동일하게 구성하였다. 유기전계효과트랜지스터의 제작과 동작에 대해서는 4장에서 자세히 다룬다. 이번 장에서는 특히 낮은 전하 밀도와 높은 전하 밀도 영역에서 전하 이동 과정에 대하여 다룬다.

유기전계효과트랜지스터의 일반적인 구조는 유기발광다이오드나 유기태양전지의 구조와

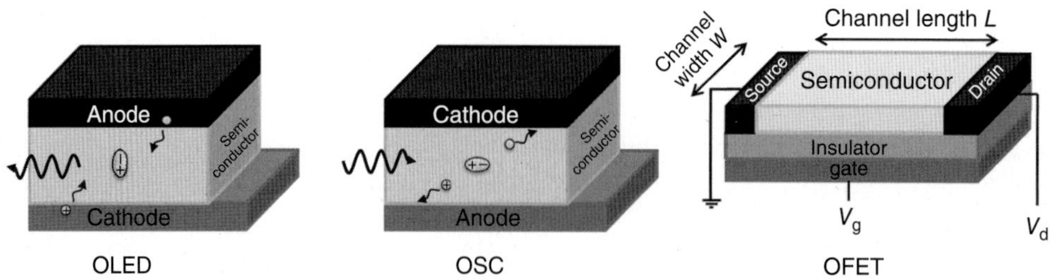

그림 3.1 OLED, OSC 및 OFET의 개략도. OLED에서 전하 주입, 재결합 및 발광 과정을 나타낸다. OSC의 경우, 광흡수, 엑시톤 해리 및 전극에서 전자의 수집 과정을 보여준다. OFET에서는 게이트 전극에 의해 반도체 채널이 제어되어, 소스에서 드레인 전극으로 전류가 흐른다.

다르다. 유기발광다이오드와 유기태양전지는 2개의 전극을 가지고 있는 반면, 유기전계효과트랜지스터는 3개의 전극을 가지고 있다. 유기전계효과트랜지스터에서 **소스**(source)와 **드레인**(drain) 두 전극은 활성 반도체에 의해 분리되어 있다. 전압이 소스 전극과 드레인 전극 사이에 가해지면, 원리적으로 둘 사이에 전류가 흐를 수 있다. 전류가 흐르는 양은 절연층에 의하여 활성 반도체에서 떨어져 있는 세 번째 전극인 **게이트**(gate) 전극에 의하여 제어된다. 만약 게이트 전극에 전압이 걸리지 않는다면, 소스와 드레인 사이에 전위차(전기퍼텐셜차)가 존재하더라도 소스와 드레인 사이에 흐르는 전류는 무시할 수 있을 정도로 적다. 이러한 이유는 소자 구조와 유기반도체의 높은 비저항에 있다. 유기발광다이오드에서는 전극은 반도체에 의해 100 nm 떨어져 있고, 전극은 반도체의 표면을 덮고 있다. 1 V의 전압은 10^5 Vcm^{-1}을 의미하며, 유기발광다이오드를 동작시키기 위해 필요한 전하를 주입하기에 충분하다. 반면, 유기전계효과트랜지스터에서는 소스와 드레인 전극이 약 100 μm 정도 떨어져 있으며, 반도체의 작은 일부분만 접촉되어 있다. 10 V의 전압이 걸리더라도 관련된 전기장의 세기는 10^3 Vcm^{-1}밖에 되지 않으며, 이는 유효한 전하를 주입하고 전류를 흘리기에는 부족하다. 게이트 전극에 전압을 걸어서 전하 밀도를 더 높일 수 있다. 그렇게 되면 반도체와 유전체 계면에 전하가 축적되어 유기반도체의 전도성이 증가한다. 결과적으로 소스에서 드레인으로 전류가 흐르고, 전류는 상당히 증가한다.

유기발광다이오드, 유기태양전지, 유기전계효과트렌지스터의 동작에 대한 설명은 자세하고 깊이 있는 광물리학적인 과정을 설명하기에 충분하다.

3.1 소자에 흐르는 전류

소자에 흐르는 암전류는 전극으로부터 전자 주입이나 주입된 전하를 수송하는 유전체의 능력에 의해 제한된다. 이 두 수송 과정은 수도꼭지에 연결된 고무관을 이용하여 꽃에 물을 주는 정원사를 상상할 수 있다. 만약 수도꼭지가 조금 열려 있는 경우라면, 수도꼭지를 얼마나 여는지에 의해 물의 흐름은 결정된다. 하지만 수도꼭지를 점진적으로 많이 열어서 어느 지점을 지나게 되면, 정원사가 수도꼭지를 얼마나 많이 열든 물의 흐름에 영향을 주지 않는다. 이때 물의 흐름은 고무관의 흐름 저항에 의해 조정된다. 다이오드의 전기적인 특성과 연결해보면, 전자의 경우는 **주입 제한 전류**(injection–limited current)라고 하고, 후자의 경우는 **공간 전하 제한 전류**(space–charge–limited(SCL) current)라고 한다.

어떤 경우든지 소자의 전류 밀도는 단위시간(t) 동안 단위면적(A)을 흘러가는 전하의 수(N)와 전하량(e)으로 주어진다.

$$j = \frac{eN}{At} = \frac{eN}{At}\frac{l}{l} = env = en\mu F \tag{3.1}$$

여기서 $n = N/Al$은 전하의 농도를 나타내며, l은 단위 길이, $v = l/t$는 소자 내의 전하가 전기장 F에 영향을 받아 나타나는 평균 표동 속도이다. 밀접하게 관련된 양은 **확산도**(diffusivity) D이며, 동의어로 **확산 상수**(diffusion constant) D 또는 **확산 계수**(diffusion coefficient)라고 불린다. 이것은 $\boldsymbol{j} = -eD\nabla n$으로 정의되며, 여기서 D는 텐서(tensor)이다. 1차원에서 $j = -eD\,\partial n/\partial x$로 간단히 표현되며, 여기서 D는 스칼라가 된다. 확산 계수는 SI 단위로 m^2s^{-1}이다. 확산도는 확산 입자가 시간(t) 내에 이동하는 평균거리($l = \sqrt{Dt}$)를 산출한다(Box 3.1).

Box 3.1 등방성 확산

예를 들어 전기장, 온도 또는 농도의 분포가 외부 구배 없이 균일한 경우, 전하나 여기의 확산은 자유행보로 간주될 수 있다. 기본 아이디어는 움직이는 입자가 평균적으로 동일한 시간간격 동안 평균적으로 동일한 거리를 이동하는 일련의 과정으로 볼 수 있다. 각 단계의 방향은 랜덤으로 취해지며 이전 단계와는 무관하다. 실제 이동경로는 상당히 길 수 있지만, 입자는 t시간 후에 출발점으로부터 거리 l에 있다(그림 B3.1.1). 이동거리는 시간의 제곱근에 비례하며, 더 정확히는 식 (B3.1.1)과 같이 표현된다.

$$l = \sqrt{ZDt} \tag{B3.1.1}$$

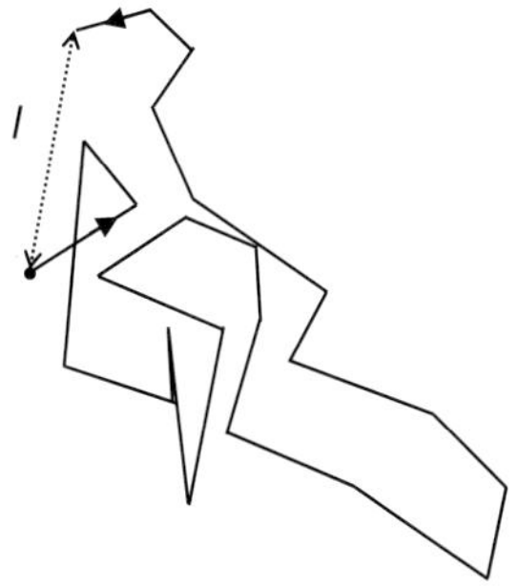

그림 B3.1.1 엑시톤의 자유 행보를 설명하는 개략도. 출발점에서 최종 거리 l은 전체 이동거리보다 훨씬 짧다.

여기서 Z값은 3차원, 2차원, 1차원에 대하여 각각 6, 4, 2의 값을 가진다. 비례 상수 D는 초당 제곱센티미터(cm^2/s)의 단위를 갖는데, 확산 상수 또는 **확산 계수**라고 한다. 문헌에 보고된 D의 값은 사용된 Z값의 불일치로 인하여 대략 2배 정도 차이가 난다. 예를 들어, Z를 1로 두고, l을 엑시톤 확산 길이 l_d로, t를 엑시톤의 수명 τ로 연관시키면, $l_d = \sqrt{D\tau}$가 된다. 3차원 확산 상수는 일반적으로 $D = (1/6)a^2\nu_h$로 표현되며, 이는 식 (B3.1.1)을 따른다. 만약 l을 다음 사이트에 대한 호핑 거리 a로 둔다면, t는 호핑 주파수 ν_h의 역수인 호핑 시간과 관련된다.

3.1.1 주입 제한 전류

주입 제한 전류(injection limited current)는 전하 캐리어가 주입되는 메커니즘만 반영되고 후속적인 전하 수송은 반영되지 않는다. 정공만 고려하는 경우(단분자), 양극에서 생성된 정공이 음극에서 방전되는 경우나 전자와 정공을 모두 고려하는 경우(이분자), 정공이 음극에서 주입된 전자와 재결합하여 상황을 나타내는 속도 방정식으로 쉽게 알 수 있다. 관련된 속도 방정식은 다음과 같다.

$$\frac{\mathrm{d}n_+}{\mathrm{d}t} = G - k_{\mathrm{tr}}n_+ - \gamma n_- n_+ \tag{3.2}$$

여기서 G는 정공이 단위체적당 주입되는 속도이며, n_+과 n_-는 전공과 전자의 농도이다. k_{tr}은 단분자 감쇠를 나타내는 비례 상수이다. $k_{\mathrm{tr}} = 1/\tau_+$는 전기장 F가 걸려 있는 두께가 d인 다이오드 내에 정공이 이동하는 시간과 관련되며, $\tau_+ = d/\mu_+F$의 관계를 가진다. 여기서 μ_+는 정공의 이동도이다. γ는 이분자(bimolecular) 재결합에 대한 비례 상수이다.

만약 음극에서 전자 주입이 양극에서 정공 주입보다 적다면, $\gamma n_+n_- \ll n_+k_{\mathrm{tr}}$가 된다. 정상 상태 조건($\mathrm{d}n_+/\mathrm{d}t = 0$)은 $n_+ = G/k_{\mathrm{tr}}$을 의미한다. 이 식을 전류에 대한 식 (3.1)에 대입하면 다음과 같은 결과를 얻는다.

$$j = e\frac{G}{k_{\mathrm{tr}}}\mu_+F = e\frac{G}{\mu_+F}d\mu_+F = eGd = eg \tag{3.3}$$

여기서 $g = Gd$는 단위면적당 주입되는 속도를 나타낸다. 식 (3.3)은 전류는 오직 주입 속도에 의해서만 제어된다는 사실을 강조한다. 따라서 전기장과 온도에 대한 전류의 의존성은 주입 과정에 반영되며, 전하 캐리어 이동도에 대한 어떤 정보도 제공하지 않는다. 주입 제한 전류의 경우 이것을 정확히 간파해야 한다. 물론 이러한 고려 사항은 양극과 음극으로 동시에 전하가 주입되는 경우로 확장할 수 있다.

3.1.2 단극 공간 전하 제한 전류

전극으로부터 주입되는 전하 캐리어의 공급이 무한할 경우, 주입 전극에서 전기장을 차폐하는 공간 전하에 의해 전류는 제한될 것이다. 소자를 통해 전달될 수 있는 전하보다 더 많은 전하를 주입할 수 있는 전극을 일반적으로 **옴 전극**(ohmic electrode)이라고 한다. **옴**이라는 용어는 전류는 전기장에 대하여 선형적으로 변하는 것을 예측하는 옴의 법칙을 암시하기 때문에 혼동될 수 있다. 그러나 옴 전극에서 주입되는 공간 전하 제한 전류(space charge limited(SCL) current)는 옴의 법칙을 따르지 않는다. 간단한 계산이 이것을 보여준다. 간단한 금속−절연체−금속 구조를 가진 유기발광다이오드를 생각해보자. 두께가 d이고, 단위면적당 정전 용량이 C이며, 비유전율 ε_r을 갖는 샌드위치 구조의 커패시터에서, 단위면적당 커패시터 전하는 $q = CV = \varepsilon_r\varepsilon_0 V/d$이다. 모든 커패시터 전하가 출구 전극으로 이동하는 경우, 단위면적당 전류는 $j = q/\tau_{\text{transit}}$이 된다. 전하가 다이오드를 이동해야 하는 시간, 즉 수송 시간은 $\tau_{\text{transit}} = d/\mu F = d^2/\mu V$가 된다. 이는 $j = \varepsilon_r\varepsilon_0\mu F^2/d$를 만들어낸다. 이것은 소자에 흐를 수 있는 최대 단극(unipolar) 전류이다. 이 간단한 계산에서 암묵적으로 유전체 내의 전기장은 공간적으로 균질하다고 가정하였다. 사실은 그렇지 않다. **단극 공간 전하 제한 전류 흐름에 대한 차일드 법칙**(Child's law) 또는 **모트−거니 방정식**(Mott−Gurney equation)이라고도 하는 올바른 표현은 다음과 같다.

$$j = \frac{9}{8}\varepsilon_r\varepsilon_0\mu\frac{F^2}{d} = \frac{9}{8}\varepsilon_r\varepsilon_0\mu\frac{V^2}{d^3} \tag{3.4}$$

이것은 위의 근사 방정식에서 11% 벗어난다. 식 (3.4)에서 전압은 소자에 가한 전압을 내부 전압으로 보정한 전압, 즉 $V = V_{\text{applied}} - V_{\text{built-in}}$을 나타낸다. 정확한 차일드 법칙을 유도하기 위해서는 **푸아송 방정식**(Poisson's equation)과

$$\frac{\mathrm{d}F}{\mathrm{d}x} = \frac{ne}{\varepsilon_r\varepsilon_0} \tag{3.5}$$

연속 방정식,

$$j = en\mu F - De\frac{\mathrm{d}n}{\mathrm{d}x} \tag{3.6}$$

그리고 확산도 D와 이동도 μ 사이의 **아인슈타인 관계**를 이용하여 풀어야 한다.

$$eD = \mu kT \tag{3.7}$$

전기장의 크기가 적은 조건에서는 무질서한 유기반도체에서 아인슈타인 관계의 타당성이 확인되었다[4]. 차일드 법칙을 상세하게 유도하기 위해서는 [3, 5]의 교재를 참고하기 바란다. 여기서는 이론의 중요한 요소와 결과만 언급한다.

(i) 식 (3.4)는 주어진 전기장에서, 공간 전하 제한 전류는 소자 두께에 반비례한다는 것을 의미한다. 이러한 두께 의존성은 전류의 초선형 전류장(super-linear current field) 의존성이 공간 전하 제한에 의해서 발생한 것인지 또는 전기장 의존 전하 캐리어 주입에 의해서 발생한 것인지를 판단하는 데 결정적인 기준이 된다[6]. 차일드 법칙[식 (3.4)]을 가지고 전류-전압 의존성을 피팅해보면, 두께 의존성 기준이 앞에서 언급한 주입 과정에서 전기장 의존성을 반영하는 이동도 때문에 주입 제한 전류가 실제로 잘못된 값을 초래한다는 것을 알려준다.

(ii) 유전체 내부의 전기장은 다음과 같이 변한다.

$$F(x) = \frac{3}{2}\frac{V}{d}\sqrt{\frac{x}{d}} \tag{3.8}$$

여기서 x는 주입 전극으로부터의 거리이다. 전기장은 옴 전극에서는 0이고 출구 전극에서는 $(3/2)(V/d)$이다. 전하의 농도 또한 공간 좌표에 의존하며 다음과 같이 주어진다.

$$n(x) = \frac{3\varepsilon_{\mathrm{r}}\varepsilon_0 V}{4ed^2}\sqrt{\frac{d}{x}} \tag{3.9}$$

평균 농도는 다음과 같다.

$$n = \frac{3}{2}\varepsilon_{\mathrm{r}}\varepsilon_0\frac{V}{ed^2} \tag{3.10}$$

즉, 단위체적당 커패시터 전하 수의 3/2배이다.

(iii) 공간 전하의 공간적인 분포에 대한 피드백으로 이동도는 전기장에 의존하기 때문에, 식 (3.4)는 전하 캐리어 이동도가 전기장에 독립적인 경우에만 정확하게 유효하다. 이것은 차일드 법칙에 위배될 수 있다. 영(Young)[7]은 이 문제를 다루었고 μ의 임의의 전기장 의존성에 대한 명확한 해가 없음을 보여주었다. 이러한 이유로 식 (3.4)를 유효하다고 간주하고, 전기장에 의존하는 이동도를 계산하는 것은 올바르지 않다. 실제로 고유 호핑 사이트의 상태 밀도(DOS, density of state) 분포의 깊은 상태를 채움으로써 식 (3.4)와 차이가 발생한다고 그 동안 인식되었다.

만약 공간 전하 제한 조건을 유지하기 위한 충분한 전하 캐리어를 전극이 공급할 수 없는 경우 전류는 주입 제한 전류가 된다. 즉 전극이 주입할 수 있는 전하 캐리어 수에 의해 결정된다. 전극이 공간 전하 제한 전류를 유지할 수 있는지의 여부는 주입 장벽과 유전체, 즉 유기반도체의 전하 캐리어 이동도에 달려 있다. 이상적인 계면에서, 전극의 일함수와 유기반도체의 이온화 퍼텐셜 또는 전자 친화도 사이의 에너지 차이에 의하여 주입 장벽이 주어진다(그림 3.2a). (1.3.3절과 2.4.4절에서 논의된 바와 같이, 시각화를 목적으로 이온화 퍼텐셜과

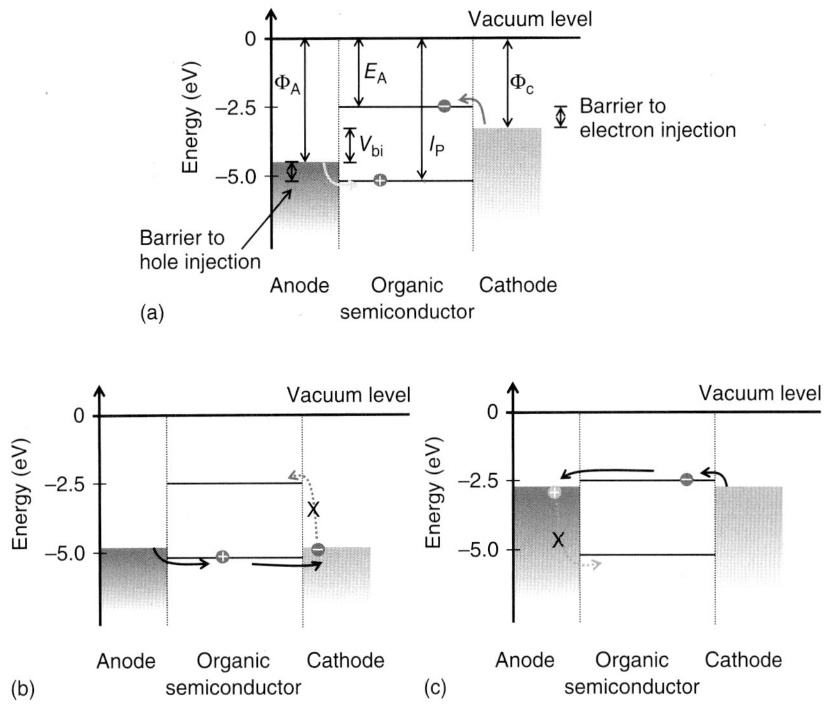

그림 3.2 유기반도체 다이오드의 에너지 준위. (a) OLED 또는 OSC에 대한 에너지 준위의 일반적인 정렬. 양극과 음극의 일함수 Φ_A와 Φ_C. 유기반도체의 전자 친화도 E_A 및 이온화 퍼텐셜 I_P가 표시되어 있다. 주입에 대한 에너지 장벽과 내부 전위(built-in potential) V_{bi}의 크기도 표시되어 있다. (b) 정공 전용 소자에 대한 전극 일함수의 정렬. 음극의 높은 장벽은 전하 주입을 방지한다. (c) 전자 전용 소자에 대한 전극 일함수의 정렬

전자 친화도는 종종 단일 전자 상황에서 HOMO와 LUMO로 근사된다[8].) 이동도가 높을수록 주입 장벽의 높이가 더 중요하다. 대략적인 추정치로, 10^{-4} $cm^{-2}V^{-1}s^{-1}$의 평균 이동도를 갖는 공액 고분자의 허용 장벽은 0.3 eV이다[9]. 따라서 최대 일함수가 −5.1 eV인 PEDOT:PPS를 정공 주입 전극으로 사용하는 경우, 수송 재료의 HOMO 준위가 최대 −5.4 eV보다 낮을 때 옴 주입(ohmic injection) 및 관련 공간 전하 제한 전류가 우세하다.

유전체에 트랩이 포함되면 복잡해진다. 이 경우 식 (3.4)에 들어 있는 이동도는 트랩 농도와 열적 활성화된 디트래핑(thermally activated detrapping)을 제어하는 에너지의 깊이에 의해 결정되는 유효 이동도를 나타낸다. 유효 이동도는 실험적으로 구할 수 있다(3.3절 참고). 트랩이 단일 에너지적(mono−energetic)이면, 차일드 법칙의 형태가 유지된다. 하지만 무질서한 재료에서는, 이것이 규칙이 아닌 예외가 된다. 분자 결정에서도, 트랩은 일반적으로 에너지로 분포한다. 이는 차일드 법칙의 해석적인 형태와 차이를 초래한다. 이것을 이해하기는 쉽지만 정량적으로 접근하기는 어렵다. 트랩 준위의 분포를 고려해보자. 옴 주입 전극과 주입되지 않는 반대 전극을 갖는 다이오드에 전기장을 걸면, 전하 캐리어는 트랩 상태를

에너지적으로 바닥인 상태부터 채우는 경향이 있다. 전기장의 크기가 증가함에 따라, 전하 캐리어가 트랩을 빠져 나오기 위한 활성화 에너지는 감소한다. 따라서 $j(F)$ 의존도는 차일드 법칙이 예측한 것보다 가파르게 된다. Mark와 Helfrich[10]는 다음과 같이 지수적인 트랩 밀도 분포의 경우에 대하여 이 문제를 해석적으로 풀었다.

$$n(E_t) = \frac{N_t}{kT_c} \exp\left(-\frac{E_t}{kT_c}\right), \quad \frac{T_c}{T} = l > 1 \tag{3.11}$$

여기서 T_c는 분포의 가파른 정도를 나타내는 척도이고, N_t는 트랩의 총 밀도를 나타낸다. E_t는 트랩의 에너지 준위와 전자 친화도(전자 트랩의 경우)나 이온화 퍼텐셜(정공 트랩의 경우) 사이의 에너지 차이인 트랩의 에너지 깊이이다. 이러한 지수 트랩 분포에 대하여 다음을 구할 수 있다.

$$j(V) \propto \frac{V^{l+1}}{d^{2l+1}} \tag{3.12}$$

가우시안 트랩 분포의 경우, 공간 전하 제한 전류에 대한 정확한 해석적인 해는 존재하지 않으므로 푸아송 방정식과 연속 방정식을 수치해석으로 계산해야 한다[11–12]. 그러나 Nicolai 등[13]은 트랩 분포의 폭에 의존하는 유효 트랩 깊이를 도입함으로써, 가우시안 트랩 분포의 효과가 해석적 근사 해에 포함될 수 있다는 것을 보였다. 공간 전하 제한 전류의 전기장과 온도 의존성을 분석함으로써, 트랩 깊이, 트랩 상태의 밀도, 트랩 분포의 가우시안 폭과 같은 관련된 변수를 추출할 수 있다[12]. 공간 전하 제한 전류는 log V에 대한 log j 플롯(plot)에서 선형이 아닌데, 이것은 가우시안 트랩 분포의 특징이다.

그림 3.3은 디알콕시 치환된 폴리페닐렌비닐렌(dialkoxy–substituted PPV)으로 제작된 다이오드에 어떻게 차일드 법칙이 적용되는지를 보여준다. 그림 3.3a는 ITO와 금을 전극으로 사용하고, 두께가 다른 디알콕시(dialkoxy) 필름의 전류–전압 곡선을 보여준다. 디알콕시-폴리페닐렌비닐렌(dialkoxy–PPV)의 LUMO로 전자를 주입하기 위한 두 전극의 에너지 준위는 적합하지 않다. 그러므로 HOMO를 통한 전하 수송만을 측정된다(그림 3.2b). 따라서 ITO/PPV/Au 구조는 전자 전류의 기여 없이 정공 전류를 측정할 수 있는 **정공 전용 소자**(hole–only device)가 된다. 그림 3.3a의 실선은 식 (3.4)의 트랩이 없는 **공간 전하 제한** 전류 공식을 이용하여 피팅한 것이다. 실험 데이터와 확실히 일치한다. 이것은 정공 전류는 주입 제한 전류가 아니라 공간 전하 제한 전류라는 것을 보여준다. $\varepsilon_r = 3$을 사용하면, $0.5 \times 10^{-6}\ cm^2V^{-1}s^{-1}$의 정공 이동도가 얻어진다. 2개의 칼슘(Ca) 전극 사이에 dialkoxy–PPV을 샌드위치 구조로 제작한 **전자 전용 소자**(electron–only device)에서 LUMO의 전자의 수송 특성을 조사하였다. 칼슘(Ca)의 일함수는 dialkoxy–PPV의 LUMO에 가까워서 LUMO로 전자 주입은 효율적이지만, HOMO로 정공 주입은 무시할 수 있다(그림 3.2c). 이것의 전류–

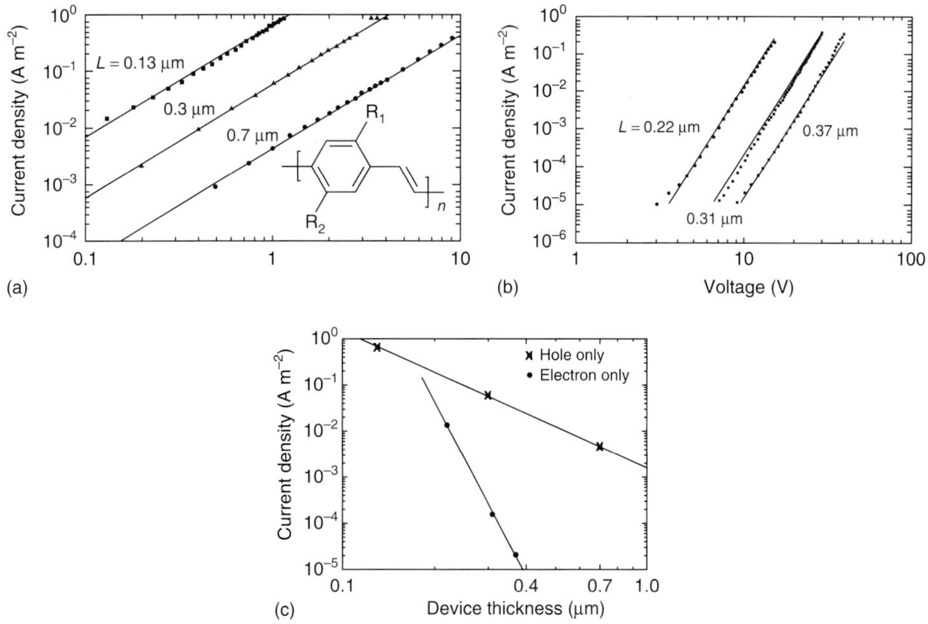

그림 3.3 (a) 필름 두께가 L = 0.13, 0.30 및 0.7 μm인 ITO/dialkoxy–PPV/Au의 샌드위치 구조로 만들어진 정공 전용 소자에 대한 전류–전압 곡선. 점선은 실험 데이터이며, 실선은 식 (3.4)에 의해 피팅된 결과인데, 명확하게 $j \propto V^2$ 의존성을 보여준다. 삽입된 내용은 $R_1 = CH_3$과 $R_2 = C_{10}H_{21}$인 PPV를 보여준다(Blom et al.의 데이터[6]). (b) 필름 두께가 L = 0.22, 0.31 및 0.37 μm인 Ca/dialkoxy-PPV/Ca의 샌드위치 구조로 만들어진 전자 전용 소자의 전류–전압 곡선. 점선은 실험 데이터이며, 실선은 식 (3.12)에 따라 피팅된 결과를 나타낸다. (c) 정공 전용 및 전자 전용 dialkoxy–PPV 다이오드의 필름 두께에 따른 전류 밀도. 정공 전용 소자와 전자 전용 소자의 전류는 각각 1 V와 10 V의 바이어스 전압에서 측정되었다(Blom et al.의 데이터[6]).

전압 곡선은 그림 3.3b에 있다. 전압에 대한 전류의 훨씬 가파른 의존성은 그림 3.3a의 정공 전류보다 전자 전류 때문이라는 것이 분명하다. 지수적인 트랩 분포를 가정하면, 트랩 제한 공간 전하 제한 전류에 대한 방정식[식 (3.12)]을 사용하여 데이터를 대략적으로 피팅할 수 있다. 두께 의존성을 고려하여 공간 전하 제한 전류의 전류–전압 곡선을 분석할 수 있다. 그림 3.3c는 정공 전류 데이터와 비교할 때 전자 전류와 관련된 데이터에서 발견된 훨씬 더 가파른 두께 의존성을 보여준다. 두 경우 모두 예측된 의존성 $j(V) \propto d^{-3}$과 $(V) \propto d^{-2l-1}$을 따른다.

다이오드에 저장된 전하 캐리어의 농도가 트랩의 수를 초과하면, 트랩 제한 공간 전하 제한 수송에서 트랩이 없는 수송으로 전환된다. 이 '트랩 필링(trap–filling)' 효과의 특징은 공간 전하 제한 전류가 급격히 증가한다는 것이다. 이는 트랩 농도 N_t가 다음과 같을 때 전기장 F_{TEL}에서 발생한다.

$$N_t = \frac{\varepsilon_r \varepsilon_0}{ed} F_{TFL} \tag{3.13}$$

4×10^{16} cm^{-3} 트랩을 가지고 있는 150 nm 두께의 다이오드의 경우, 트랩 충전에 필요한 임계 전압(전기장)은 약 5 V(3.2×10^4 Vcm^{-1})이다.

앞에서 언급했듯이, 공간 전하 제한 전류의 흐름으로 초선형 $j(F)$ 특성을 할당할 때는 주의를 기울여야 한다. 초선형 주입 제한 전류와 공간 전하 제한 전류 사이의 명확한 차이는 주어진 전기장에서 두께 의존성에 의해 구분된다. 차일드 법칙에 비해 트랩 제한 공간 전하 제한 전류의 두께 의존성이 훨씬 더 강하다는 것을 식 (3.12)가 예측하고 있다.

3.1.3 쌍극 공간 전하 제한 전류

단극 공간 전하 제한 전류를 설명하기 위한 공식은 두 전극으로부터 주입이 되는 경우로 확장할 수 있다. 양극과 음극이 모두 옴 전극(ohmic electrode)이고 전공와 전자의 공간 전하가 서로 반대 전극으로부터 주입되는 경우를 고려해보자. 이러한 전하들이 유기반도체의 벌크 영역 내의 어딘가에서 만나고 단위 확률로 재결합하는 경우, 전공과 전자의 공간 전하 제한 전류의 중첩으로 총 전류가 발생한다는 것을 알 수 있다[14–15]. 총 전류는 다음과 같이 표현된다.

$$j = \frac{9}{8}\varepsilon_r\varepsilon_0(\mu_+ + \mu_-)\frac{V^2}{d^3} \tag{3.14}$$

유도과정의 핵심 요소는 전하들이 매우 높은 확률로 벌크에서 재결합된다는 것이다. 이를 보여주기 위해 양극에서 주입된 다수 정공 전류 $j = en_+\mu_+F$와 음극에서 주입된 단일 전자를 고려해보자. 주입된 전자는 다이오드를 가로질러서 수송 시간 $\tau_{transit} = d/\mu\_F$ 이후 양극에 도달하거나 또는 농도가 $n_+ = j/e\mu_+F$인 정공들 중의 하나와 재결합할 수 있다. 전자가 양극에 도달하는 경우 양극에서 정공의 밀도는 감소할 것이고, 양극으로부터 흐르는 전류가 더 이상 공간 전하 제한을 제공하지 않을 것이다. 이것이 어떻게 가능한지를 평가하기 위해 전자가 양극에 도달하는 대신 하나의 정공과 재결합할 확률 p_-를 계산해보자. 전자가 양극에 도달할 확률은 $1 - p_-$가 된다. 전자 전류에 대한 속도 방정식을 고려해보자. 식 (3.2)와 유사하게, 그것은 $\frac{dn_-}{dt} = G - k_{tr}n_- - \gamma n_+ n_-$가 된다. 이것은 전하 캐리어 표동에 의한 $k_{tr}n_-$ 항과 재결합 항 $\gamma n_+ n_-$을 포함한다. 재결합 속도는 명백히 γn_+이다. 모든 감쇠율의 합에 대한 재결합 속도에 의해 전자가 하나의 정공과 재결합할 확률이 주어진다.

$$p_- = \frac{\gamma n_+}{\gamma n_+ + \tau_{transit}^{-1}} = \frac{1}{1 + \frac{\mu\_F}{d\gamma n_+}} \tag{3.15}$$

재결합 계수 γ를 평가해보자. 일반적으로 이분자(bimolecular) 재결합 계수 γ는 **스몰루호프스키 재결합 속도**(Smoluchowski recombination rate)로 주어진다.

$$\gamma = 4\pi R_{AB}(D_A + D_B) \tag{3.16}$$

여기서 D_A와 D_B는 반응물 A와 B의 확산 상수이고, R_{AB}는 두 반응이 일어나는 거리이다. 여기서 반응물이 전하이면 식 (3.7)의 아인슈타인 관계식을 통해 확산 계수는 이동도와 관련된다. R_{AB}는 쿨롱 포획 반경으로 다음과 같다.

$$R_{AB} = \frac{e^2}{4\pi\varepsilon_r\varepsilon_0 kT} \tag{3.17}$$

2개의 반대 극성을 가진 전하의 열에너지와 인력의 쿨롱 에너지가 같은 거리, 즉 $kT = e^2/4\pi\varepsilon_r\varepsilon_0 R_{AB}$를 만족시키는 거리를 쿨롱 포획 반경이라고 한다. 식 (3.7)과 (3.17)을 식 (3.16)에 대입하면,

$$\gamma = \frac{e}{\varepsilon_r\varepsilon_0}(\mu_+ + \mu_-) \tag{3.18}$$

이것을 식 (3.15)에 이용하면, 다음 결과를 얻는다.

$$p_- = \frac{1}{1 + (\mu_-/(\mu_+ + \mu_-))(\varepsilon_r\varepsilon_0 F/edn_+)} \tag{3.19}$$

정공 전류가 공간 전하 제한 전류인 경우, $n_+ = 1.5\varepsilon_r\varepsilon_0 F/de$인 식 (3.10)을 식 (3.19)에 대입하여 다음 식을 얻는다.

$$p_- = \frac{1}{1 + (2/3)(\mu_-/(\mu_+ + \mu_-))} \tag{3.20}$$

전자와 정공 이동도가 다른 비율을 가지는 경우에 대해 식 (3.20)을 평가할 수 있다. $\mu_- \ll \mu_+$이면 $\mu_-/(\mu_+ + \mu_-) \ll 1$이므로 $p_- \to 1$이다. $\mu_- = \mu_+$이면 $\mu_-/(\mu_+ + \mu_-) = 1/2$이고 $p_- = (3/4) = 0.75$이다. $\mu_- \gg \mu_+$이면 $\mu_-/(\mu_+ + \mu_-) \approx 1$이 되어 $p_- \approx (3/5) = 0.6$이 된다.

이 단순한 계산은 전자가 양극으로 이동하는 확률보다 재결합할 가능성이 높다는 것을 나타낸다. 하지만 공간 전하 제한 전류 흐름의 경우, 전기장이 일정하지 않고 옴 전극에서 0이 된다[식 (3.8) 참고]는 사실을 무시하기 때문에, 이 계산은 재결합 수율에 대한 하한값을 제공한다. 따라서 우리가 고려해온 전자는 마침내 전기장이 사라진 영역으로 들어갈 것이다. 그 곳에서 전자는 궁극적으로 확산하고, 양극에 도달하지 않고 틀림없이 양극 옆의 정공과 재결합할 것이다. 따라서 이것은 2개의 옴 전극에서 주입되는 전하는 대부분 재결합한다는 전제를 뒷받침하며, 총 전류는 식 (3.14)와 같이 2개의 공간 전하 제한 전류를 중첩하여 설명할 수 있다.

이 현상을 엄격하게 다루기 위해 독창적 주요 결과를 참조해야 한다[14–15]. 그러나 위의 간단한 계산으로도 중요한 결론에 도달할 수 있다.

- 첫째, 옴 전극은 상대 전극도 옴 전극일 때 옴성(공간 전하 제한 전류를 지지한다는 의미)을 유지한다. 개별 전류는 공간 전하 제한 전류이며, 전자와 정공의 이동도에 의해 제어된다. $\mu_+ = \mu_-$이면, 대부분의 재결합은 다이오드 중간에서 발생한다. 그렇지 않으면 재결합 영역은 주입된 전하의 이동도가 낮은 전극 방향으로 이동하여, $x_m = d/((\mu_-/\mu_+)+1)$에서 재결합이 발생한다. 여기서 x_m은 양극으로부터의 거리이고, d는 유기층의 두께이다.
- 둘째, 전극에서 주입된 전자와 정공은 모두 단위 확률(unit probability)로 재결합을 한다. 반면에 주입 제한 전류인 경우, 많은 전하 캐리어가 재결합하는 대신 전극에서 방전된다. 이것은 식 (3.15)와 (3.19)를 따른다. 왜냐하면 정의에 따라 공간 전하 제한 전류보다 주입 제한 전류인 경우에 전하 캐리어 밀도 n_+와 n_-가 더 낮기 때문이다. 따라서 최적화된 발광 효율로 유기발광다이오드를 제조하려면 두 전극이 모두 공간 전하 제한 전류를 전달할 수 있어야 한다.

2개의 옴 전극이 있는 유기발광다이오드의 전자와 정공이 확실하게 재결합할 것이라는 결론은 랑주뱅 유형의 재결합(Langevin–type recombination) 개념에 달려 있다(3.4절 참고). 만약 재결합이 덜 강하면, 과잉 전하가 이분자 재결합을 겪지 않고 다이오드를 통과할 수 있는 전자와 정공 밀도의 전체 중성 재결합이 설정된다. 이 경우가 실현되는지 여부는 총 다이오드 전류를 각각의 전자 전용 소자와 정공 전용 소자에서 주입된 개별 전자와 정공의 공간 전하 제한 전류의 합과 비교하여 추정할 수 있다[16].

3.2 전하 주입 메커니즘

전하 캐리어가 전극에서 주입되거나 광여기(optical excitation)에 의해 벌크에서 생성되지 않는 한(Box 3.2), 도핑되지 않은 유기반도체는 실제로 절연체이다. 이를 증명하기 위해, 어둠 속에 있는 평형 상태 반도체의 캐리어의 농도를 추정하기 위해 고전적인 반도체 이론을 도입한다. 정공과 전자를 수송하는 두 상태 사이의 전기적 갭은 일반적으로 최소 2 eV(π–공액 고분자 poly(3–hexylthiophene)(P3HT)의 경우, 전기적 갭은 2.6 eV[17])이며, 음과 양의 과잉 전하 사이의 쿨롱 인력은 제대로 차폐되지 않고 자유 캐리어의 고유 농도는 무시할 수 있다. OLED 및 OFET를 성공적으로 작동시키기 위해 필요한 전하 캐리어는 주입되어야 한다. 이에 대한 중요한 변수는 전극의 일함수와 정공 또는 전자 수송 상태 간의 에너지 차이이다. 이 장벽은 터널링 또는 열적 활성화로 극복할 수 있다.

Box 3.2 반도체의 전도도

반도체와 절연체의 차이는 재료의 전도도 σ_c를 고려하여 가장 잘 평가된다[18]. 그것은 기본 전하 e, 전하 캐리어의 이동도 μ, 그리고 전하 농도 n의 곱, 즉 $\sigma_c = en\mu$이다. 실리콘, 게르마늄 또는 Ga_2As_3와 같은 전통적인 반도체의 전도도는 10^{-8}과 10^{-2} $\Omega^{-1}cm^{-1}$ 사이이다. 도핑되지 않은 고체에서 자유 전하 캐리어의 농도는 $n = N_{eff}e^{-E_g/2kT}$에 의해 결정된다. 여기서 N_{eff}는 가전자대 또는 전도대 상태의 유효 밀도이고 E_g는 밴드갭이다. 결정질 실리콘의 경우, E_g는 1.1 eV이고, 전하 캐리어 이동도는 약 1000 $cm^2V^{-1}s^{-1}$이다. 이것은 실온에서 약 10^{-6} $\Omega^{-1}cm^{-1}$의 고유 전도도를 예측한다. 1.1 eV의 밴드갭은 1100 nm의 흡수 엣지(edge)로 변환된다. ε_r = 11만큼 큰 비유전율을 고려할 때, 전자와 정공 사이의 쿨롱 효과는 중요하지 않으며 전자와 정공은 본질적으로 실온에서 자유롭다. 이것은 광흡수가 가전자대에서 전도대로의 전이로 인한 것임을 의미한다. 이 상황은 도핑되지 않은 분자 고체와 근본적으로 다르다. 흡수 엣지는 일반적으로 2 eV보다 크고 유전 상수는 3∼4이다. 이 경우 광흡수는 0.5∼1.0 eV의 결합 에너지를 가지는 쿨롱 결합 전자-정공 쌍을 생성한다. 엑시톤 결합 에너지를 무시하고, 가전자대에서 전도대로의 전이에 대한 광흡수 엣지를 잘못 식별하더라도, 1 $cm^2V^{-1}s^{-1}$의 전하 캐리어 이동도를 가정하면, 결과적인 고유 전도도는 10^{-12} $\Omega^{-1}cm^{-1}$보다 훨씬 작을 것이다. 즉 재료는 절연체이다. 그러나 외부적인 요인으로 전하 캐리어가 생성되면 반도체가 될 수 있다.

3.2.1 Fowler-Nordheim 터널링

원래 이 공식은 주사투과현미경(STM, scanning transmission microscope)의 작동 원리를 설명할 때와 같이, 금속 팁에서 진공으로 전자 방출을 설명하기 위해 도입되었다. 주입 장벽은 금속의 일함수 ϕ로 식별된다. 강한 전기장을 가하면, 전자는 금속의 Fermi 준위에서 삼각형 장벽을 통해 진공으로 터널링(tunneling)할 수 있다. 금속-진공 인터페이스 직사각형 장벽과 가해진 전위의 중첩에 의해 삼각형 장벽은 결정된다(그림 3.4). Fowler와 Nordheim[19]은 주입 전류가 가해진 전기장에 따라 달라진다고 예측했다.

$$j_{NF}(F) \cong F^2 \exp\left(-\frac{4\sqrt{2m_{eff}\phi^3}}{3\hbar eF}\right) \tag{3.21}$$

즉 $\ln(j_{NF}/F^2)$ 대 $1/F$의 플롯은 $\phi^{3/2}$에 비례하는 기울기를 갖는 직선을 생성해야 한다. 이 개념을 유기다이오드에 적용하면 심각한 문제가 발생한다.

첫째, 식 (3.21)에서 이미지 퍼텐셜(아래 참고)은 무시되었다. 이것은 주입 장벽이 이미지 전하(아래 참고)보다 훨씬 높은 진공 주입의 경우에는 타당하지만, 다이오드 재료의 전자 친화력에 의해 주입 장벽이 낮아지는 다이오드의 경우에는 타당하지 않다.

둘째, 100 nm 두께의 다이오드에 5 V의 전압을 가하는 경우, 전기장은 5×10^5 Vcm^{-1}이

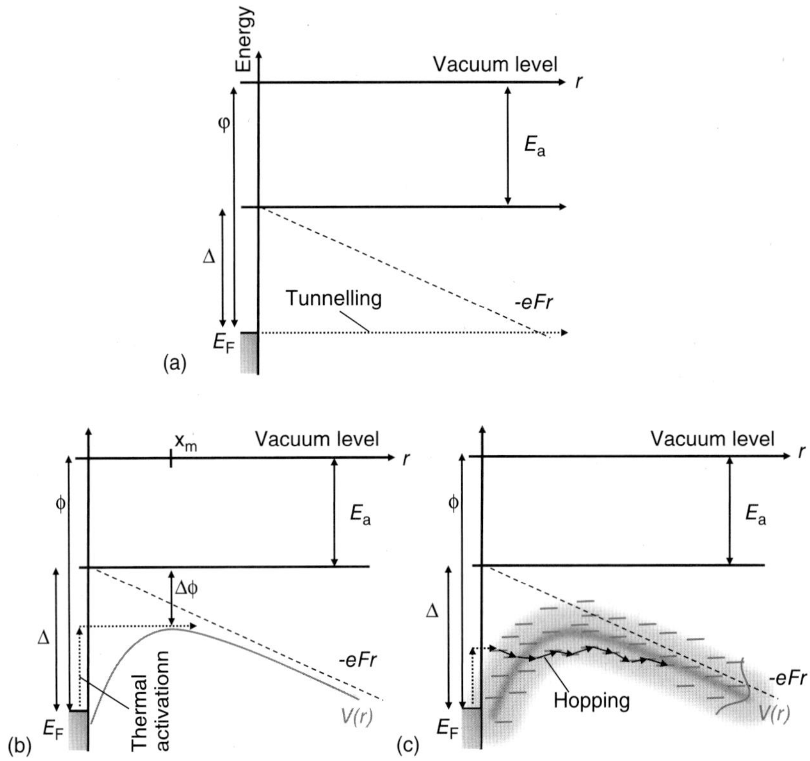

그림 3.4 금속 전극에서 반도체로의 전자 주입 개략도. (a) Fowler-Nordheim 터널링, (b) Schottky 방출, (c) 무질서한 유기 고체에서 호핑을 통한 전자 주입의 개략도. r은 전극으로부터의 거리를 나타낸다. 점선은 인가된 (외부) 전기장 F로 인한 퍼텐셜에너지를 나타낸다. 소자 내의 전위 $V(r)$은 회색 실선으로 표시된다. (b)와 비교하여 (c)에서 감소된 활성화 에너지와 터널링 거리에 유의하라.

다. 주입 장벽이 0.5 V로 낮다고 가정하더라도, 전자가 비탄성 산란을 겪지 않고 터널링하는 거리는 10 nm인데, 즉 분자 간 간격의 10배이다. 이는 무질서한 분자 반도체 또는 실온의 분자 결정의 경우에도 비현실적이다. 이러한 이유로 샌드위치 구조의 OLED에서 주입의 주요 근원으로 Fowler–Nordheim 터널링을 무시할 수 있다. 이 과정은 국부적으로 팁에 높은 전기장이 존재할 수 있는 표면이 거친 전극을 가지고 있는 다이오드에서만 중요해질 수 있다. 그들은 항상 같은 지점에서 주입을 촉진할 수 있으며, 결국 다이오드의 고장을 일으킬 수 있다.

3.2.2 Richardson–Schottky 열 주입

일함수 ϕ를 갖는 평면 금속 전극의 Fermi 준위에서 열적으로 여기된 전자가 전자 친화력 E_a를 갖는 반도체로 주입되는 것을 고려해보자. 흔히 $|E_a| < |\phi|$이고, 금속에서 반도체까지 $\Delta = \phi - E_a$의 퍼텐셜 장벽이 있다. Richardson–Schottky 주입의 배경은 전자가 계면으

로부터 실제 전자와 동일한 거리에 이미지 전하를 유도한다는 것이다(그림 3.4). 전자가 경험하는 총 전위 $V(x)$는 퍼텐셜 장벽 $\Delta = \phi - E_a$, 이미지 전위 $\phi_{\text{image}} = -e^2/16\pi\varepsilon_0\varepsilon_r x$, 그리고 가해진 정전기 전위 eFx로 구성된다. 그것은 다음과 같다.

$$V(x) = (\phi - E_a) - \frac{e^2}{16\pi\varepsilon_0\varepsilon_r x} - eFx \tag{3.22}$$

전극에서 거리 x에 위치한 전하 e와 인터페이스로부터 거리 $-x$에 있는 이미지 전하 $-e$ 사이에 작용하는 쿨롱 힘 K를 고려하면 ϕ_{image}를 유도할 수 있다.

$$K = -\frac{e^2}{4\pi\varepsilon_0\varepsilon_r(2x)^2} \tag{3.23}$$

무한대에서 x까지 전자에 대해 한 일은 다음과 같이 주어진다.

$$\int_{\infty}^{x} K\mathrm{d}x = -\frac{e^2}{16\pi\varepsilon_0\varepsilon_r x} \tag{3.24}$$

이 에너지는 계면에서 x 거리에 있는 전자의 퍼텐셜에너지에 해당한다. 총 퍼텐셜의 최대가 발생하는 전극으로부터의 거리는 $\mathrm{d}V(x)/\mathrm{d}x = 0$에서 계산된다. 중요한 것은 최댓값이 되는 위치가 인터페이스가 아니라 인터페이스로부터 x_m 거리에 있다는 것이다.

$$x_m = \sqrt{\frac{e}{16\pi\varepsilon_0\varepsilon_r F}} \tag{3.25}$$

x_m에서, 주입 장벽은 다음의 크기만큼 낮아진다.

$$\Delta\phi = \sqrt{\frac{eF}{4\pi\varepsilon_0\varepsilon_r}}\, e \tag{3.26}$$

주입 전류는 다음과 같이 예측된다.

$$j_{RS} \propto T^2 \exp\left(-\frac{\Delta - \Delta\phi}{kT}\right) = T^2 \exp\left(-\frac{\phi - E_a - \beta_{RS}\sqrt{F}}{kT}\right) \tag{3.27}$$

여기서 $\beta_{RS} = \sqrt{e^3/4\pi\varepsilon_0\varepsilon_r}$이다. 식 (3.27)은 다음을 예측한다.

$$\ln(j_{RN}(F)) \propto \sqrt{F} \tag{3.28}$$

이러한 유형의 전기장 의존성은 쿨롱 퍼텐셜이 실제 전하에 의해 또는 이미지 전하에 의해 생성되는지 상관없이, 가해진 퍼텐셜이 중첩된 쿨롱 퍼텐셜을 통해 전하가 전달되는 과정의 특징이다. 지수의 전인자 β가 특정 종류의 과정에 대한 특징이라는 것을 고려하여, 전자의 경우 Poole–Frenkel 유형 전기장 의존성이라고 부른다. 즉, Poole–Frenkel 과정의 경우

$\beta_{PF} = \sqrt{e^3/\pi\varepsilon_0\varepsilon_r}$이지만 Richardson–Schottky 주입의 경우 $\beta_{RS} = \sqrt{e^3/4\pi\varepsilon_0\varepsilon_r}$이다.

Richardson–Schottky 개념은 전자가 퍼텐셜 장벽을 극복할 수 있는 충분한 열에너지를 획득하면, 비탄성 산란을 겪지 않고 전기장 방향으로 퍼텐셜 장벽을 횡단한다는 개념을 전제로 한다. 그렇지 않으면 전자가 이미지 전하와 재결합하여 주입 과정에서 손실을 입는다. 이 조건이 충족되는지 여부는 전기장과 전하 캐리어의 산란 길이에 달려 있다. 전기장에 대한 대표적인 값이 2×10^5 Vcm^{-1}이고, $\varepsilon_r = 3$의 경우, 최대 퍼텐셜 값은 인터페이스에서 약 2.5 nm 떨어진 곳에 위치하는데, 이는 분자 간 간격의 약 2.5배이다. 따라서 열 활성화된 주입 전류가 엄격하게 Richardson–Schottky 모델을 따른다고 기대할 수 없다.

3.2.3 무질서한 유기반도체에 열 활성화 주입

Fowler–Nordheim 터널링 또는 Richardson–Schottky 열 이온 방출에 의해 설명된 주입 모델은 원래 결정질, 무기반도체를 고려하여 고안되었다. 시뮬레이션 및 해석 이론[20]을 기반으로, (i) 전극에서 이미지 전하의 존재, (ii) 호핑 형태의 전하 수송, 그리고 (iii) 비결정질 시스템에서 무질서의 존재를 고려한 모델이 개발되었다. 이것은 그림 3.4에 설명되어 있다. Gartstein과 Conwell[21]에 의해 처음 도입된 기본 아이디어는 열적으로 활성화된 점프가 전극의 Fermi 준위로부터 유전체 매체의 수송 사이트의 상태 밀도(DOS) 분포의 꼬리 상태로 전자를 들어올린다는 것이다. 이것은 이 사이트에 같은 에너지 준위를 갖거나 더 낮은 에너지 준위를 가지는 적어도 하나의 호핑 사이트가 인접해 있다는 조건을 따른다. 점프 거리와 점프 에너지 모두와 관련된 수송 변수를 최적화하여 수행된다. 이 조건은 주입된 캐리어가 주로 전극의 이미지 전하와 재결합하는 대신, 인터페이스에서 멀리 떨어진 곳으로 움직임을 계속할 수 있도록 한다. 그 후 이미지 전하에 의한 쿨롱 퍼텐셜과 외부에서 가해진 퍼텐셜 속에서 캐리어는 확산 자유 행보(random walk)를 실행하는 것으로 간주된다. 0.2~0.7 eV 범위의 주입 장벽과 300~200K 사이의 온도에 대한 시뮬레이션과 해석 이론은 서로 일치한다. 전극 근처에서 캐리어 운동의 확률론적 특성을 무시하는 것과 1차원 Onsager 유형의 탈출 과정(escape process)(3.6.2절 참고)에 대한 무질서를 무시하는 것은 변수 체계에서 중요하지 않다. 주입 효율의 전기장 의존성은 Poole–Frenkel 유형의 전기장 의존성을 따른다[식 (3.28) 참고].

그러나 주입 전류를 $\ln j$에 대한 $1/T$ 스케일에서 플로팅할 때, 기존 활성화 과정의 온도 의존성을 분석할 때(Box 3.3) $\ln j$에 대한 $1/T$의 기울기에서 얻은 활성화 에너지는 전극의 일함수와 유전체의 전자 친화도/이온화 에너지의 문헌 값에서 가져온 추정된 주입 장벽에 근거하여 기대하는 값보다 훨씬 적다. 거친 에너지 지형에서 전하의 확률적 움직임과 관련되는, 흔히 관찰되는 현상에 대하여 3.3.2절에서 설명한다. 이는 전하 캐리어가 평균적으로 주어진 상태 밀도(DOS) 분포 내에서 이동하는 수송 에너지의 개념과 연관된다. 온도가 감소하면 이 수송 에너지도 감소하므로, 주입 장벽을 극복하기 위한 에너지는 더 이상 일정하지 않고 온도에 따라 감소한다(3.3.2절 참고). 결과적으로 측정된 $\ln j$에 대한 $1/T$ 의존성의 기울기는 주입 장벽의 직접적인 측정이 아니다. 실제 주입 장벽은 참고문헌 [20]의 공식으로부터 추론된다.

Box 3.3 Arrhenius 플롯

통계 법칙에 따라, 열 활성화 과정의 속도 w는 필요한 활성화 에너지 E_a에 지수적으로 의존한다. 즉 $w(T) = w_0 \exp(-E_a/kT)$이다. 이를 속도를 로그로 하여, 온도의 역수에 대하여 표시하는 것이 편리하다. 즉 $\ln w(T) = -(E_a/k)(1/T) + \ln w_0$로 표현된다. 이러한 표현을 Arrhenius 플롯(plot)이라고 한다. $y = mx + c$와 비교해보면, Boltzmann 상수 k와 기울기를 곱하여 플롯에서 활성화 에너지를 쉽게 읽을 수 있다.

Woudenbergh 등[22]은 π−공액 폴리머의 주입 제한 정공 전류를 설명하기 위해 Arkhipov 등의 공식을 적용하였다. Agrawal 등[23]은 ITO와 Al 전극을 가진 copper-phthalocyanine 샌드위치 셀의 주입 제한 전류와 공간 전하 제한 전류를 비교하였다. 실험 데이터의 분석에 따르면, 상태 밀도(DOS) 분포의 폭에 대한 값은 사이트 간 분리에 대한 값과 일치한다. 이러한 연구는 호핑 사이트의 가우시안 상태 밀도 분포에 열적으로 활성화된 주입 모델을 지지하고, 무질서가 증가함에 따라 수송 속도가 감소하더라도 주입 장벽을 낮추기 때문에 무질서가 주입을 촉진한다는 개념을 확인한다. 전자 주입을 위한 테스트 시스템으로 ITO/PEDOT:PPS 전극과 금 또는 은의 카운터 전극 사이에 끼워진 PCBM 다이오드를 사용한 Mihailetchi 등의 실험 결과[24]를 포함하여, 이 문제에 대해 더 자세히 설명할 것이다. 이러한 데이터는 금속 전극의 실제 주입 장벽과 실제 일함수를 결정하는데, 전도도의 기술적으로 간단한 연구가 어떻게 사용될 수 있는지 보여준다. 이 다이오드에서 PEDOT:PSS 양극의 일함수는 5.2 eV이고, 금과 은의 일함수에 대한 문헌 값은 5.1과 4.4 eV이다[25]. PCBM의 이온화 퍼텐셜과 전자 친화도는 각각 −6.1과 −3.7 eV이기 때문에[24], 전자와 정공 주입에 대한 에너지 장벽은 1 eV 정도여야 한다(그림 3.2). 따라서 다이오드를 통해 흐르는 전류는 주입 제한으로 추정된다. 4장에서 자세히 설명하겠지만, 다른 일함수 ϕ_{cathode} 및 ϕ_{anode}를 가진 다이오드에 외부에서 전압 V를 연결할 때, 내부 퍼텐셜(built-in potential) V_{bi}가 있다는 점을 고려해야 하므로, 유전체에 작용하는 전압이 내부 퍼텐셜에 의해 $V - V_{\mathrm{bi}}$로 감소한다. 주입을 위한 에너지 장벽이 충분히 큰, 즉 ≥ 0.6 eV인 다이오드 구조에서, 열 주입 전하 캐리어의 평형 밀도는 무시할 수 있으며[26], 다이오드는 금속−절연체−금속 구조로 취급할 수 있다. V_{bi}는 전극의 일함수 간의 차이, 즉 $V_{\mathrm{bi}} = \phi_{\mathrm{anode}} - \phi_{\mathrm{cathode}}$로 간단히 주어진다. 주입 장벽이 더 작을 때, 특히 하나 또는 두 전극이 모두 옴성일 경우,

이는 더 이상 허용되지 않는다. V_{bi}는 광여기(photoexcitation)에서 측정된 전류-전압 곡선에서 결정될 수 있다. 인가 전압이 V_{bi}보다 작으면, 박막의 전기장은 전자가 음극으로, 정공이 양극으로 이동하게 한다. $V > V_{bi}$의 경우, 전류 흐름의 방향이 반대가 된다(4.1.3절 그림 4.6 참조). 따라서 전류의 가로축 절편은 V_{bi}를 정의한다. 이러한 방식으로 PEDOT:PSS/Au(Ag)에 대해 0.74 V(0.84 V)의 V_{bi} 값이 얻어진다. ϕ_{anode} = 5.2 eV를 사용하면, Au의 경우 5.2 − 0.74 eV = 4.46 eV, Ag의 경우 5.2 − 0.84 eV = 4.36 eV의 일함수를 얻는다. 당연히 Ag/PCBM 다이오드에서 Ag의 일함수는 문헌 값과 일치하는 반면, Au의 경우 0.64 eV의 차이가 있다. 이 차이는 전극 옆의 전하 축적 영역 때문이 아니라, 광방출 분광법(photoemission spectroscopy)에 의해 입증된 금속과 유전체 사이에 쌍극자 층의 형성 때문이다(2.4.4절 참고)(Box 3.4). 다음 단계에서는 주입 전류의 온도 의존성을 평가한다. 전기장 의존성을 모델링하기 위해 Arkhipov 등의 이론[20]을 적용하면, Au의 경우 0.76 eV, Ag의 경우 0.65 eV의 주입 장벽이 구해진다. Richardson-Schottky 모델에 적용하는 기존의 Arrhenius 스케일에서 주입 전류의 온도에 대한 데이터를 플로팅한 경우, 0.34 eV의 장벽으로 끝날 것이다. V_{bi}와 주입 장벽의 합, 즉 Au의 경우 0.74 V + 0.76 eV = 1.50 eV이고, Ag의 경우 0.84 V + 0.65 V = 1.49 eV로 금속과 무관하다. 이 사실은 주입 전극의 일함수를 높일 때, 개방 회로 전압이 증가하는 만큼 주입 장벽이 감소해야 하기 때문에 주입 모델의 만족스러운 확인이다.

Box 3.4 광방출 분광법에 의해 검출된 계면 쌍극자

다이오드 구조에서 전극의 일함수는 특정 계면 효과로 인해 문헌 값과 상당히 다를 수 있다. 유기반도체 물리학의 초기에는 금속에서 반도체로 정공을 주입하는 장벽이 실제로 HOMO 준위와 비슷한 이온화 퍼텐셜과 금속 일함수에 대한 문헌 값 사이의 차이라고 암묵적으로 가정해 왔다. 이 개념은 무기반도체 물리학에서 소위 Schottky-Mott limit이라고 불린다[5]. 그러나 금속 일함수를 전자가 진공으로 방출되는 데 필요한 최소 에너지로 정의할 때, 이 에너지는 방출 표면의 종류에 따라 달라진다는 것을 알 수 있다. 예를 들어, 텅스텐 단결정의 일함수는 (100), (110), (111) 표면에 대해 4.63, 5.25, 4.47 eV이다[27]. Fermi 준위 자체는 결정학적 방향과 무관해야 하므로, Fermi 준위에서 전자가 빠져나가는 것은 결정학적 면에 의존해야 한다고 결론을 내려야 한다. 그 이유는 전자 파동 함수가 진공으로 확장되는 짧은 꼬리를 가지며, 이것은 표면의 종류에 따라 달라지기 때문이다. 표면 위에서 음으로 대전된 전자 구름은 고체 내부의 양의 반대 전하에 의해 보상되어야 하기 때문에 표면 쌍극자를 생성한다. 이러한 쌍극자 층은 표면이 유기 분자로 덮일 때 조정된다. 따라서 일함수에 대한 문헌 값을 기반으로 추정된 금속 전극에서 유기반도체로 전자나 정공을 주입하기 위한 에너지 장벽은 쌍극자 층의 표면 퍼텐셜에 의해 수정되어야 한다.

이 쌍극자 층의 크기를 평가하는 적절한 기술은 광전자 분광법(photoelectron spectroscopy)이다

(UPS 또는 XPS, 2.4.4절 [28–29] 참고). 이러한 실험에서는 고정된 입사 광자 에너지 $h\nu$에서 방출된 전자의 운동에너지 스펙트럼을 측정한다. 결정적인 양은 방출된 전자의 최대 운동에너지, 즉 차단 에너지(cut–off energy)이다. 깨끗한 금속 표면의 경우 $E_{max} = h\nu - \phi_m$이며, 여기서 ϕ_m은 금속의 일함수이다. 얇은 유기층이 금속 위에 증착되어 있다고 가정해보자. 유기층을 충분히 얇게 두어, 방출된 금속 전자는 눈에 띄는 에너지 손실 없이 유기층을 관통한다. 금속 전자로부터 발생하는 방출과의 유기층의 HOMO 준위로부터 방출하는 전자의 중첩을 관찰해보자. 유기층이 계면 쌍극자를 생성하면 표면 전위 ϕ_s가 발생한다. ϕ_s가 음수이면, 금속 전자의 차단 에너지는 Fermi 준위의 더 깊은 상태에서 발생하기 때문에 Δ만큼 감소한다. 따라서 유기층이 있거나 없는 금속 전자의 차단 에너지 사이의 차이는 Δ의 직접적인 측정값이며, 동시에 계면에서 금속의 일함수도 측정한다. 유기층에서 방출된 전자는 계면 쌍극자 층을 통과할 필요가 없기 때문에 차단 에너지는 $h\nu - I_E$이며, 여기서 I_E는 유기층의 이온화 퍼텐셜이다. 이러한 징표에 의해 금속의 Fermi 준위와 유기층의 HOMO 사이의 에너지 장벽뿐만 아니라 I_E를 결정한다. 그 예가 Kahn 등[30]이 한 일이다. 그 저자들은 5.4～5.5 eV의 이온화 에너지를 가진 0.4～2.0 nm 두께의 α–NPD 층을 초순도의 깨끗한 Au 전극 위에 증착하면 –1.2 eV만큼 큰 퍼텐셜 강하를 일으키는 쌍극자 층이 형성되기 때문에 일함수가 5.2에서 4.0 eV로 감소한다는 것을 발견했다. 이 층은 Au 일함수가 5.2 eV일 때 예상했던 정공 주입 장벽을 0.2 eV에서 1.3 eV로 높인다.

쌍극자는 금속과 유기물질 사이의 계면에서 어디에나 존재한다는 것이 밝혀졌다[31–34]. 그들은 공기에 노출된 금속 표면에 대한 광방출 실험으로부터 추론된 금속 일함수 값과 문헌 값 사이의 차이가 발생하는 원인이다. 이러한 쌍극자에는 몇 가지 기원이 있다. (i) 전극의 일함수에 대한 유기층의 이온화 퍼텐셜 및 전자 친화도의 위치에 기반한 부분 전하 이동(CT), (ii) 계면에 Fermi 준위를 고정하는 갭 상태의 형성을 유발하는 화학 반응, 그리고 (iii) 유기층의 존재로 인한 금속 전극의 변형[30]이 될 수 있다. 이러한 맥락에서 유기 유전체의 경계면에 가까운 밴드 벤딩 가능성[26]에 대해 언급하는 것은 가치가 있다. 반도체로부터 전극으로 공통 Fermi 준위를 설정하는 전하 흐름 때문에, 무기반도체에서 이러한 밴드 벤딩은 자주 발생한다. 그러나 일반적인 유기 고체의 큰 전기적 밴드갭을 고려할 때, 전극으로 전달될 수 있는 자유 전하가 없고, 동시에 전극이 공간 전하 제한 전류를 유지할 수 있는 옴 접촉을 형성하는 경우를 제외하고는 밴드 벤딩이 있을 수 없다. 밴드 벤딩은 도핑된 유기반도체에서도 발생한다[35].

금과 같이 높은 일함수 재료를 사용하여 옴 접촉을 형성하려고 할 때, 금속–유기 계면에 쌍극자층이 존재하는 것은 유감스러운 효과이다. 금속을 PEDOT:PSS 전극으로 교체하여 이 문제를 피할 수 있다. 준비 과정에 따라, 일함수는 깨끗한 금 전극과 비슷하고, 쌍극자 효과는 최소화될 수 있다[30].

1999년 Arkhipov가 무질서한 반도체에 주입하는 방법을 설명하는 것 외에도 다른 모델이 개발되었다. 2000년 Burin과 Ratner[36]는 주입과 수송이 1차원 직선 경로를 통해 발생한다는 아이디어를 바탕으로 주입 장벽을 효과적으로 낮춘다는 주입 모델을 발표했다. 한편 van der Holst 등[37–38]은 캐리어 봉쇄 사건을 고려할 수 있도록 1차원 모델의 단점을 극복하고, 수송에서 무질서를 포함하는 3차원 마스터 방정식 모델을 개발했다. 그러나 실내 온도에 가깝게 작동하는 소자의 경우 Arkhipov 등의 간단한 해석으로 충분하다. 그러나 이러한 모든 논의는 계면에서 상태 밀도(DOS)의 꼬리 상태의 존재에 의해 초기 주입 이벤트가 크게 제어되고, 에너지에 대한 호핑 범위 최적화 절차에 의해 정의된다는 개념과 관련된다는 점을 지적할 가치가 있다. 벌크 시스템에서, 낮은 에너지 사이트는 공간적으로 고정되어 있기 때문에, 주입 과정은 공간적으로 균질하지 않고, van der Holst 등이 지적한 것처럼 섬유 형태이다.

3.3 전하 캐리어 수송

전하가 반도체에 주입되면 이동한다. 일반적으로 전류 흐름은 정전기 퍼텐셜 Φ의 기울기, 즉 전기장과 전하 농도 n의 기울기에 의해 구동된다. 두 기여를 모두 합하면, 전체 전류 $j = en\mu\nabla\Phi - eD\nabla n$[식 (3.6) 참조]가 된다. 전자의 경우 **표동 전류**(drift current)가 발생하고, 후자의 경우 **확산 전류**(diffusion current)가 발생한다. 어떤 경우가 우세한지는 관련 그래디언트의 상대적인 크기에 따라 결정된다. 무기반도체에서 전하 농도와 그에 따른 기울기는 크지만, 무기반도체의 효율적인 유전체 스크리닝으로 인해 전위차가 일반적으로 작다 ($\varepsilon_r \approx 11$). 따라서 일반적으로 확산에 의한 전류가 우세하다. 유기반도체에서는 상황이 반대가 된다. 예를 들어 확산 전류가 중요할 수 있는 공간 전하 제한 전류의 흐름 조건을 제외하고는 전류는 표동 제어된다. 전하 캐리어의 움직임에 대하여 중요한 정보를 제공하는 변수는 이동도이다. 이것은 단위 전기장당 표동 속도로 정의된다.

$$\mu = \frac{v}{F} \tag{3.29}$$

그러나 표동 속도는 전기장에 비례할 필요가 없다. 즉 이동도 μ는 일반적으로 전기장에 의존할 수 있다. 식 (3.1)의 전류에 대한 방정식을 사용하면 $j = env = en\mu F$, 그리고 옴의 법칙에 따르면 $j = \sigma_c F$이다. 여기서 σ_c는 샘플의 전도도이며, 이동도와 전도도는 다음과 관련이 있다.

$$\sigma_c = en\mu \tag{3.30}$$

3.3.1절에서 전하 캐리어 이동도를 실험적으로 결정하는 방법을 검토할 것이다. 이 절은 [39]에 게시된 저자의 이전 버전을 기반으로 한다. 3.3.2절부터는 전하 캐리어가 유기반도체를 통해 이동하는 다양한 방식에 대해 설명한다.

3.3.1 전하 캐리어 이동도 측정을 위한 실험 기법

3.3.1.1 비행시간법

반도체에서 전하 캐리어의 이동성을 측정하는 고전적인 실험은 ToF(time of flight) 기술이다(그림 3.5)[40−42]. 샌드위치형 샘플의 반투명 상부 전극 옆에 하나는 짧은 레이저 펄스로 광여기에 의해 전자−정공 쌍의 공간적으로 좁은 시트를 생성한다. 전자−정공 쌍은 인접한 상부 전극에서 해리되고, 한 유형의 캐리어인 전자는 상단 전극을 통해 필름을 떠나는 반면, 다른 유형의 정공은 필름을 통해 상대 전극으로 이동한다. 출구 접점에서 전하 캐리어의 평균 도착 시간(운송 시간) $t_{tr} = d/\mu F$을 기록한다. 여기서 d는 샘플 두께이고, F는 전기장이다. 왜곡되지 않은 ToF 신호를 관찰하려면 다음의 조건이 필요하다.

(i) 광여기가 없는 경우 샘플은 전하가 없으며, 이는 유전 완화 시간 $\varepsilon_r\varepsilon_0/\sigma_c$이 이동 시간 t_{tr}에 비해 크다는 것을 의미한다. 여기서 σ_c는 어두운 상태의 전도도(dark conductivity)이다.
(ii) RC 시정수가 이동 시간 t_{tr}에 비해 작다.
(iii) 전하 캐리어 패킷의 공간적으로 펼쳐진 길이가 필름 두께 d에 비해 작다.
(iv) 전하의 농도가 충분히 낮아서 전하들이 상호작용하지 않는다.
(v) 깊은 트래핑이 없다.
(vi) 이동도는 시간과 무관하다.

고유한 광전하 생성하에서, 조건 (iii)은 샘플 두께가 최소 100 nm 이상으로 빛의 투과 깊이보다 훨씬 더 커야 한다. 이것은 수 마이크로미터의 샘플의 두께를 의미한다. 얇은

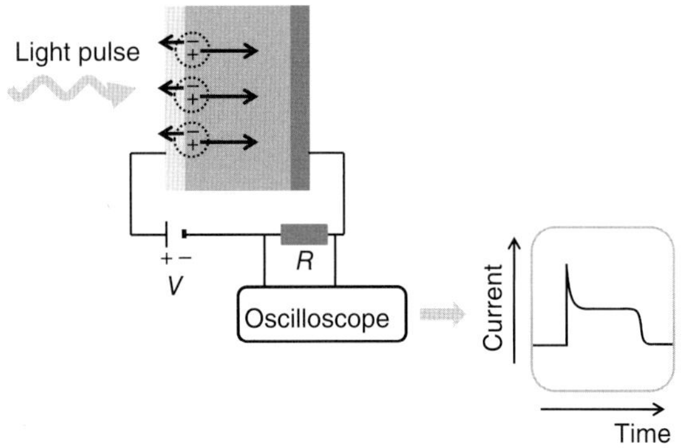

그림 3.5 ToF 방법의 개략도. 여기 펄스는 전면 전극에 가까운 곳에 전자−정공 쌍을 생성한다. 전자가 전면 전극에 의해 즉시 소자를 떠나는 동안, 정공은 반도체 필름을 통해 후면 전극으로 이동하면서 오실로스코프로 모니터링되는 변위 전류를 유도한다. 구부러진 전류는 음극에 정공이 도착했다는 신호이다. 인가한 전기장의 극성을 변경하여 전자 이동도도 측정할 수 있다.

sensitizing dye layer[43]로부터 전하가 광주입(photo-injected)되는 경우, 이 문제는 다소 완화될 수 있지만, ToF 기술은 100 nm만큼 얇은 다이오드에는 적합하지 않다. 조건 (iv)와 관련하여, 일반적으로 수송되는 전하의 수는 ToF 신호의 왜곡을 방지하기 위해 커패시터 전하의 5% 미만인 경우 충족된다고 가정한다. 이 조건을 충족하기 위해 일반적으로 10^5 Vcm^{-1}의 전기장, 3의 유전 상수 ε_r, 그리고 2 μm의 필름 두께 d에 대하여, 샘플 내부의 이동 전하 농도는 10^{15} cm^{-3}보다 작아야 된다고 추정한다. 실험적인 ToF 신호는 일반적으로 안정기와 꼬리를 가진 초기 스파이크(spike)를 특징으로 한다. 생성 직후, 스파이크는 전하 캐리어 분포가 DOS 내에서 아직 평형 상태가 아닐 때 발생한다. DOS 내의 더 높은 에너지에서 생성된 전하 캐리어는 더 낮은 에너지 사이트로 이동하고, 이 완화 과정이 초기 스파이크를 유발한다. 이것은 무질서한 유기물질에서 항상 존재하는 현상이다. ToF 신호의 확장은 출구 전극을 향해 표동하는 동안 전하 캐리어 패킷의 확산 확장의 신호이다. 일반적으로 전하 캐리어 이동도는 전류의 안정값과 꼬리의 교차점으로부터 추론된다.

3.3.1.2 공간 전하 제한 전류

식 (3.4), $j_{SCL} = 9\varepsilon_0\varepsilon_r\mu V^2/8d^3$의 차일드 법칙을 통해 공간 전하 제한 전류(SCLC, space-charge-limited current)는 전하 이동도에 따라 달라지므로, 옴 전극에서 주입되어 어둡고 안정적인 조건에서 이동하는 전하 캐리어의 이동도을 추론하는 데 이것을 사용할 수 있다. 실험 기법은 개념적으로 간단하다. 이것은 얇은 샘플(두꺼운 샘플도 추가)에 적용할 수 있으며, 회로의 RC 시정수에 주의를 기울일 필요가 없다. 그러나 전류가 실제로 공간 전하 제한 전류인지 확인하는 것은 필수이다. 데이터의 오해를 방지하기 위해 식 (3.4)를 만족하며, 3차의 두께 의존성과 2차의 전압 의존성을 보장해야 한다. 샘플이 모노 에너지가 아닌 트랩(non-mono-energetic trap)이 포함된 경우, 전압과 샘플 두께에 대한 의존성은 훨씬 더 가파르다(3.1.2절 참조). 공간 전하 제한 전류의 공식은 분자 결정[10], 분자 도핑 폴리머[44], 공액 폴리머[6, 45-46]에 성공적으로 적용되었다.

공간 전하 제한 전류에서 이동도를 얻을 수 있는 또 다른 가능성은, 정상 상태 조건 대신 과도 전압을 사용하는 것이다. 이 기술을 암 주입 공간 전하 제한 전류(DISCLC, dark-injection space-charge limited current)라고 한다. 하나의 전극이 옴성인 다이오드에 직사각형 전압 펄스를 가하면, 자체 공간 전하에 의해 재분배되어, 증가하는 전기장을 이동하는 캐리어가 경험하기 때문에, 전류가 시간에 따라 증가한다. 과도 전류가 시간 $t_{max} = 0.78t_{tr}$에서 최대에 도달함을 알 수 있다. 여기서 t_{tr}은 고려되는 장치의 전하 캐리어 이동 시간이다. ToF 실험과 마찬가지로, t_{tr}은 이동도 μ, 필름 두께 d, 그리고 가해진 전기장 F와 $t_{tr} = d/\mu F$의 관련이 있으므로, 이동도는 결국 t_{max}를 측정하여 구할 수 있다. 전류가 최댓값에 도달한 후 트랩이 없으면 일정한 값으로 감소한다. 분자 도핑 폴리머와 공액 폴리머의 수송 연구에 따르면, 공간 전하 제한 전류 실험에서 추론된 이동도는 ToF 실험에서 추론된 데이터와 일치한다[48]. 이 방법은 전하 캐리어 이동도가 시간에 독립적이어야 한다. 전하 캐리어 패킷의 시간적 완화는 현재 최댓값을 없앨 것이다. ToF 측정의 경우, 전하 캐리어 전송 시간이 아닌 실험 설정의 RC 시정수를 실수로 측정하지 않도록 주의해야 한다.

전하 캐리어 이동도를 비교할 때, 공간 전하 제한 전류 측정에서 추론된 값과 ToF 실험에서 얻은 값과 다를 수 있다는 점을 고려해야 한다. 그 이유는 일반적으로 두 모든 유형의 측정에서 우세한 다른 전하 캐리어 밀도에 있다. ToF 실험은 일반적으로 낮은 전하 캐리어 농도를 포함하지만, 공간 전하 제한 전류 조건에서 다이오드의 벌크에 저장된 전하는 DOS 분포의 꼬리 상태를 채운다. 결과적으로 온도 활성화 수송에 영향을 미치는 Fermi 준위가 설정된다. 이것은 무질서한 유기반도체에서 항상 존재하는 문제이며, 3.3.6절에서 더 자세히 논의될 것이다. 100 nm 두께의 다이오드에 10^5 $\mathrm{Vcm^{-1}}$의 전기장이 가해지는 경우, 주입된 단극 공간 전하 농도는 약 2×10^{16} $\mathrm{cm^{-3}}$이다.

3.3.1.3 선형 증가 전압에 의한 캐리어

전도도가 낮은 시스템에서 이동도를 결정하는 ToF 방법의 한계를 최근 개발된 선형 증가 전압에 의한 캐리어 추출(CELIV, carrier extraction by linearly increasing voltage) 기술(그림 3.6)[49]에 의해 우회할 수 있다. 이 방법은 유전 완화 시간이 캐리어의 이동 시간보다 짧은 재료나 전자 도너 또는 억셉터에 의해 의도적으로 또는 우발적으로 도핑된 재료에 적용된다. 하나는 비주입 접점(non-injecting contact)을 갖는 샌드위치형 다이오드의 샘플에 일정한 기울기 $A = \mathrm{d}V/\mathrm{d}t$를 갖는 연속 삼각 전압 펄스를 적용한다. 첫 번째 전압 펄스 이후의 전류 상승은 샘플의 커패시턴스, 즉 전극의 충전으로 인한 것이기 때문에 무시해야 한다. 다음 전압 펄스에서 전류의 초기 기울기는 벌크 전도도와 관련이 있다[49].

$$\sigma_\mathrm{c} = \varepsilon_0 \varepsilon_\mathrm{r} \left. \frac{\mathrm{d}\left(j/j(0)\right)}{\mathrm{d}t} \right|_{t=0} \tag{3.31}$$

전류가 최대에 도달하는 시간 t_max는 식 (3.32)에 따라 이동도를 계산할 수 있다.

$$\mu = \frac{2d^2}{3At_\mathrm{max}^2[1 + 0.36\Delta j/j(0)]} \tag{3.32}$$

식 (3.32)에서, Δj는 최대 전류(시간 t_max)와 $t = 0$에서의 전류 차이이다. $A = \mathrm{d}V/\mathrm{d}t$는 전압 펄스의 기울기이다. 식 (3.32)의 유도는 전하 흐름에 따라 샘플 내부의 전기장 재분포를 고려하고 있다. 구해진 이동도는 고유 캐리어와 관련이 있다. 이것은 광학적으로 생성된 초과 전하를 모니터링하는 ToF 기술과 다르다. 샘플을 통한 이동으로 DOS 내부의 전하 캐리어의

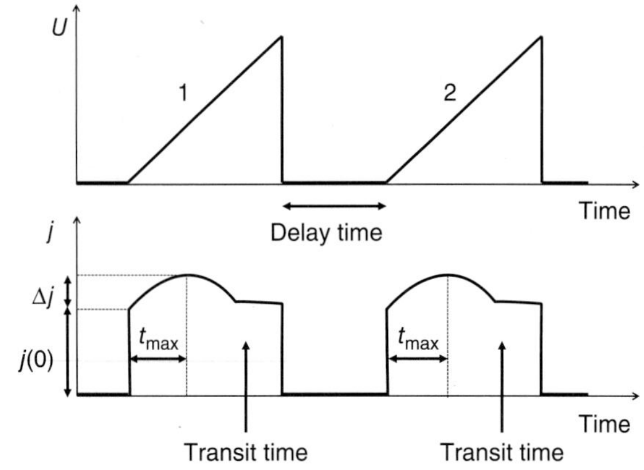

그림 3.6 본문에 설명된 CELIV 방법의 개략도(Juska et al.[50] 이후 수정됨.)

완화가 ToF 측정에 중요하지만, CELIV 기술은 열평형 상태에서 이미 존재하는 전하 캐리어의 이동을 모니터링한다. 따라서 CELIV 실험에서는 무질서한 물질에서 발생할 수 있는 이동 시간 분산의 영향이 없다[51]. 이 방법은 캐리어가 여전히 열평형 상태에 있는지 여부에 관계없이 광생성 전하 캐리어[52]에도 적용될 수 있다. 주의사항으로, 전하 캐리어 이동도가 전기장에 의존하고, 이분자 전하 재결합(bimolecular charge recombination)이 중요해지면, CELIV 실험 분석을 수정해야 한다[53].

3.3.1.4 전계효과트랜지스터

지금까지 고려된 방법은 재료의 벌크 속성인 이동도를 산출한다. OFET의 전기적 특성을 기록할 때 다른 종류의 이동도가 측정된다. OFET의 구조, 제작, 동작에 대해서는 4장에서 자세히 설명한다. 간단히 말해서, 유기 FET에서 소스와 드레인 전극의 동일 평면 배열은 소스–드레인 전압 V_d에 수직으로 가해진 게이트 전압 V_g의 함수로 소스–드레인 전류 I_D를 측정할 수 있게 한다(그림 3.1)[54–55]. 유기층은 전통적으로 SiO_2 또는 Al_2O_3로 구성된 유전체층에 의해 게이트로부터 절연되어 있다. 게이트 전압은 절연체와 유기층 사이의 계면에서 단극 커패시터 전하를 발생시킨다. 소스와 드레인 사이에 전압 V_d를 가하면, V_d와 V_g에 따라 전류가 증가한다. 식 (3.33)에 따라 V_d에 선형적으로 의존하는 영역의 드레인 전류로부터 이동도가 계산될 수 있다(4.4절 참고).

$$\mu = \frac{L}{WC(V_g - V_T)} \frac{I_d}{V_d} \tag{3.33}$$

전계효과트랜지스터(FET, field–effect transistor)의 기하학적 치수는 그림 3.1에 표시된 바와 같이 채널 길이 L과 채널 너비 W이다. C는 커패시턴스이고 V_T는 문턱전압이다. FET

특성의 포화 영역에서도 이동도를 평가할 수 있다(4장 참조). 접촉 저항 효과가 전달 특성(드레인 전류)에 영향을 미쳐서 이동도에 영향을 미치기 때문에, 이동도의 결정은 명료하지 않다.

전하 캐리어가 유기-유전체 계면에서 몇 개의 단층 두께로 이동하기 때문에, FET 실험에서 추론된 이동도는 동작과정에서 정의된 값이며 물질 상수가 아니라는 점을 강조해야 한다. 따라서 이동도는 인터페이스뿐만 아니라 유전체의 특성에 의해서도 영향을 받는다[54, 56]. 이것이 바로 μ_{FET}가 FET에 사용되는 유전체 및 샘플 구조에 의존하는 이유이다[55]. 예를 들어, 폴리머와 실리콘 게이트-전극 사이의 절연체로 자주 사용되는 SiO_2의 계면에는 전자에 대해 트랩 역할을 할 수 있는 hydroxyl 그룹이 높은 농도로 분포하고 있다[57]. 이러한 맥락에서, 전극 위에 증착된 유기층의 DOS 분포를 연구하는 유용한 기술이 Kelvin probe force microscopy[58-60]라고 언급한다.

한편, 간단하고 편리하기 때문에 FET 모드에서 전하 캐리어 이동도를 측정하는 것이 이제 관행이 되었다. 그러나 SCL 전류 흐름(3.3.6절)과 관련하여 언급된 DOS 분포의 하단 상태를 채우는 문제가 훨씬 더 중요하다는 사실을 알아야 한다. 그 이유는 게이트 전극 옆의 매우 얇은 층에 전류가 국한되어 있기 때문이다. 따라서 전하 캐리어의 체적 밀도가 높기 때문에, 게이트 유도 전하는 DOS 분포의 상태에 상당한 부분을 채운다. 이것은 수송을 위한 활성화 에너지의 감소와 그에 따른 이동도의 증가로 이어진다[61]. FET 이동성은 ToF 실험에서 추론된 값보다 쉽게 100~1000배 더 높을 수 있다.

3.3.1.5 시간 분해 마이크로파 전도도

시간 분해 마이크로파 전도도(TRMC, time-resolved microwave conductivity) 기술은 Delft 그룹에 의해 개척되었다[62]. 짧은 길이 및 짧은 시간 스케일에서 전하 수송을 모니터링하는 데 유익하게 사용된다. 이것은 체인 내 수송(intra-chain transport)이 체인 간 수송(inter-chain transport)보다 훨씬 빠를 수 있는 공액 폴리머와 관련된다. TRMC는 무전극(electrode-less) 기술이다. van der Graaff 전자 가속기(그림 3.7)에서 나오는 3 MeV 전자의 5~20 ns 펄스를 샘플에 조사함으로써, 전하 캐리어는 샘플 내부에서 균일하게 생성된다. 나노초에서 마이크로초 사이의 시간 범위 내에서 짧은 길이(역프로빙 마이크로파 주파수에 비해 길다)로 마이크로파 필드에 의해 진동 운동을 측정한다. 일반적인 주파수는 10 또는 34 GHz이다. 마이크로파 필드의 피크 진폭은 약 100 Vcm^{-1}로 ToF 실험에서 일반적으로 사용되는 필드 강도에 비해 낮다. 복사 유도 전도도는 셀을 통과하는 마이크로파 전력의 감소에서 추론된다. 전하 캐리어 농도와 이동도의 곱으로 주어진다. 전하 농도는 조사 선량과 알려진 이온화 효율로부터 추정할 수 있다. 따로 떼어낸 폴리머 체인에서 전하 운동을 살펴보기 위해 폴리머는 벤젠 용액에 용해되지만, 이 기술은 벌크 샘플에서 고체 상태 효과를

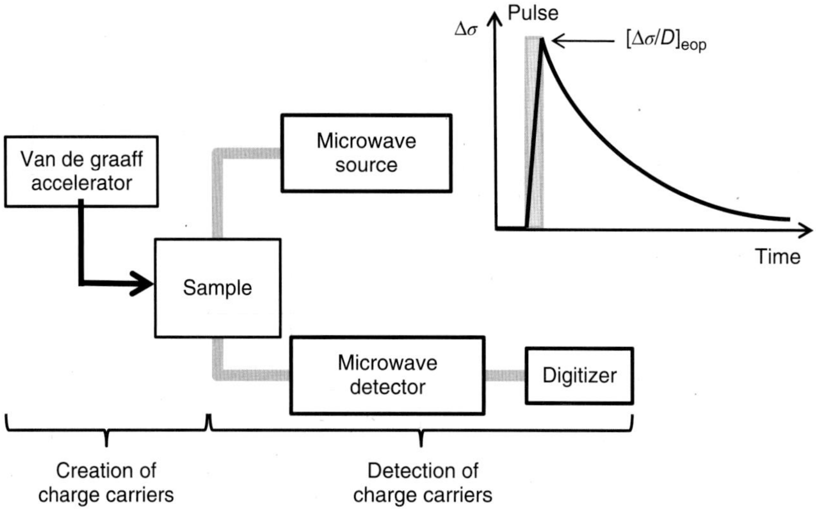

그림 3.7 펄스–방사선 시간 분해 마이크로파 전도도 실험의 개략적인 표현. $[\Delta\sigma/D]_{eop}$는 마이크로파 펄스의 끝에서 방사선량으로 정규화된 전도도의 전하량이다(Warman et al.[63]).

연구하는 데도 사용될 수 있다. 폴리머 체인에서 전자의 움직임을 모니터링하려면 철저히 탈기를 하고, tetramethyl-*p*-phenylenediamine(TMPD)과 같은 강력한 정공 제거제를 도핑해야 한다. 정공의 움직임을 선택적으로 연구하기 위해 용액은 과도한 전자를 효과적으로 제거하는 산소로 포화시킬 수 있다.

3.3.1.6 테라 헤르츠 분광법

초고속 분광법의 발전으로 THz 펄스[64–66]에 의해 초고속 시간 스케일에서 전하 캐리어 모션을 직접 검출할 수 있으므로, 피코초 시간 범위에서 전하 캐리어 수송을 모니터링할 수 있다. 측정은 기존의 시간 분해 펌프 프로브(time-resolved pump-probe) 실험에 의해 진행된다(그림 3.8). 일반적으로 Ti-sapphire 레이저의 100 fs 펄스는 유기물질의 여기 소스로 사용된다. 전기장에서 광유도 캐리어의 가속 시 THz 펄스를 방출하는 무기반도체의 펨토초 여기 또는 ZnTe와 같은 비선형 결정의 여기에 의해 THz 프로브 펄스가 생성된다. THz 펄스의 전기장 강도는 마이크로파 복사보다 훨씬 낮다. THz 프로브 펄스를 다양한 지연의 펨토초 펄스와 광전도성(photoconductive) 또는 전기광학 샘플링과 동기화하여 검출한다. 굴절률과 흡수를 계산하기 위해 펄스의 푸리에 변환이 사용된다. 복소 유전 함수를 사용하여 복소 전도도를 얻을 수 있다. 다시 말하면, TRMC에서와 같이 1~40 ps의 시간 창에서 이동도를 얻기 위해 유기물질의 전하 생성 효율은 알려져야 한다. THz 분광법에 대해서는 참고문헌 [64]에서 자세히 설명하고 있다.

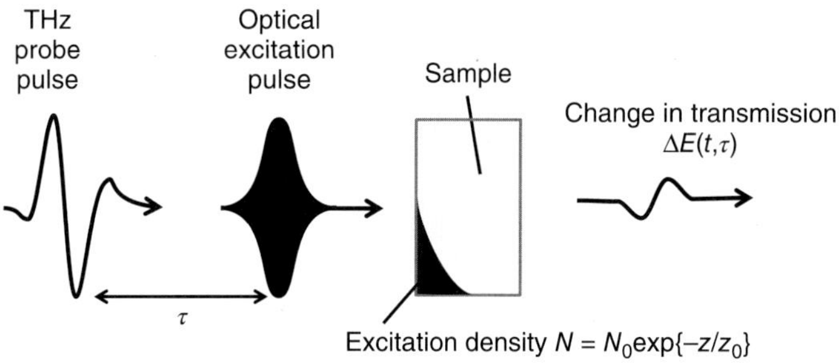

그림 3.8 펨토초-펌프-테라 헤르츠 측정법의 개략도(Henry et al.[66])

3.3.1.7 광학 프로빙

초고속 시간 스케일에서 전하 캐리어 이동도를 측정하는 독립적이고 보완적인 방법이 최근 Devižis 등[67]에 의해 소개되었다. 2차 고조파 생성(SHG)에 의해 유도되는 시간 분해 전기장(time-resolved electric field)을 기반으로 한다. 재료의 전기장 분포를 변화시키는 모든 과정은 시간적 SHG 신호에 영향을 미친다. 차례로, SHG 강도를 전하 이동으로 인한 전기장의 변화에 대한 프로브로 취할 수 있다. 짧은 레이저 플래시에 의해 충전된 커패시터에 전하 캐리어를 생성할 때, 이동하는 전하는 부분적으로 전기장을 차폐하고 SHG 효율을 감소시킨다. 레이저 펄스 후 시간 함수로 SHG 신호의 감소를 측정하면, 캐리어 이동의 시간 의존성이 산출된다.

3.3.2 밴드 체제와 호핑 체제의 캐리어 수송

유기반도체의 전하 수송은 도너 사이트의 'LUMO'에 있는 전자가 엑셉트 사이트의 빈 LUMO로 이동함으로써 제어된다. 마찬가지로, 정공은 HOMO 준위에서 수송될 수 있다. **사이트**는 분자 또는 폴리머의 복합 부분(conjugated segment)일 수 있다. 사이트 간의 전자 결합은 전하 이동을 위한 과정이 발생하기 위해 필요하지만 충분하지 않은 조건이다. $T = 0$ K에서 완벽하게 정렬된 결정에서, 전자(또는 동등하게 정공)는 대역폭이 4β인 구성 분자의 LUMO(또는 HOMO) 궤도로 구성된 상태 밴드 내에서 일관되게 이동한다(2.4.3절 참조). 전기장을 가하면, 밴드 가장자리에서 산란되기 때문에 전하 캐리어는 일정한 이동도로 움직인다. 분자 결정에서 이 조건은 우연한 구조적 불규칙성 때문에 결코 충족되지 않는다. 유한한 온도에서 격자의 진동은 전하 캐리어를 추가적으로 산란시킨다. 그러나 이 산란 과정이 인접한 분자 간의 전체 결합에 대한 약한 섭동인 한, 전하 수송은 여전히 밴드 모델로 설명할 수 있다. 이것은 산란 이벤트의 수가 증가하기 때문에 온도가 증가함에 따라 이동도는 감소한다. 지금까지 전하 캐리어와 분자 간 진동(phonons)의 낮은 에너지, 즉 장파장 사이의 소위 **비국소적 결합**(non-local coupling)만을 고려했다. 그러나 고온에서는 분자 내 진동도 중요해진다. 그 이유는 분자에 전자를 하나 추가하거나 제거하면, π−전자의 분포가 변하기 때문이다(1장 참고). 이것은 '포논(phonon)'이 분자 진동이고 결합이 전자진동의 유형(vibronic type)(Box 2.1 참조)이라는 것을 고려할 때, 소위 **국부 포논 결합**(local phonon coupling)으로 표현할 수 있다. 이 전자진동의 결합(vibronic coupling) 강도가 전자 사이트 간 결합(electronic inter−site coupling)과 비슷해지면 밴드 모델이 부적합하다. 극단적인 경우 전하 캐리어가 각 사이트에 산란되고, 즉 밴드 수송에서 호핑 형태의 움직임으로 전환된다. 이것은 전하 캐리어 이동성의 온도 의존성의 변화를 동반한다. 물질이 결정질이 아니고 분자 또는 폴리머 유리에서 구현되는 미시적으로 무질서한 경우 더욱 복잡해진다. 이 경우 수송은 다음에 의해 제어된다. (i) 구성 분자 단위 간의 전자 결합, (ii) 분자 내 진동(intra−molecular vibration) 및 분자 간 진동(inter−molecular vibration)에 대한 결합, (iii) 정적 분자 내 무질서(static intra−molecular disorder) 및 분자 간 정적 무질서(static inter−molecular disorder).

어떤 결합 모드가 우세한지에 따라 밴드 수송에 기반을 한 모델, 폴라론 모델, 무질서에 초점을 맞춘 모델과 같은 다양한 수송 모델이 개발되었다. 유기 고체는 분자 결정(molecular crystal), 분자 유리(molecular glass), 그리고 폴리머 유리(polymer glass)를 포함하는 재료의 광범위한 범위를 포함한다. 특정한 실험 상황을 설명하기 위한 적합한 모델을 평가하기 위해서는 어떤 변수가 전하 수송에 영향을 미치는지에 대한 기본적인 이해가 필요하다. 이러한 광범위한 관점과 전하 수송에 대한 일반적인 정성적 이해를 발전시키기 위해서는 식 (3.34)에 표시된 일반적인 단일−전자(one−electron) Hamiltonian을 고려하는 것이 좋다. 이 접근법에서, [3]에서 취한 개요를 따른다. 이 Hamiltonian은 낮은 캐리어 밀도를 가정하고, 전자 상관(electron correlation) 또는 쿨롱 상호작용으로 인한 영향은 고려하지 않는다. 이러한 제한에도 불구하고, 이 일반적인 단일−전자 Hamiltonian은 다른 제한 사례를 설명하는 데 유용하다.

$$H = H_0 + H_1 + H_2 + H_3 + H_4$$

$$H_0 = \sum_n \epsilon_n a_n^\dagger a_n + \sum_\lambda \hbar\omega_\lambda \left(b_\lambda^\dagger b_\lambda + \frac{1}{2} \right)$$ 전자 및 진동 여기항 (electronic and vibrational excitation term)

$$H_1 = \sum_{\substack{n,m \\ n \neq m}} J_{nm} a_n^\dagger a_m$$ 전자 수송항 (electron transfer term)

$$H_2 = \sum_\lambda \sum_n g_{n\lambda}^2 \hbar\omega_\lambda a_n^\dagger a_n (b_\lambda + b_{-\lambda}^\dagger)$$ 동적 대각 무질서항 (dynamic diagonal disorder term)

$$H_3 = \sum_{\substack{n,m \\ n \neq m}} \sum_{\lambda} f_{nm\lambda}^2 \hbar\omega_\lambda a_n^\dagger a_m (b_\lambda + b_{-\lambda}^\dagger)$$

동적 비대각 무질서항 (dynamic off−diagonal disorder term)

$$H_4 = \sum_n \delta\epsilon_n a_n^\dagger a_n + \sum_{\substack{n,m \\ n \neq m}} \delta J_{nm} a_n^\dagger a_m \qquad (3.34)$$

정적 대각 및 비대각 무질서항(static diagonal and off−diagonal disorder term)

여기서

$a_n^\dagger$ (a_n)은 분자 사이트 n에서 에너지 ϵ_n의 궤도에서 전자에 대한 생성(소멸) 연산자이다.

$b_\lambda^\dagger$ (b_λ)는 에너지 $\hbar\omega_\lambda$의 진동 모드 대한 생성(소멸) 연산자이다.

ϵ_n은 완벽하게 정렬된 격자의 에너지이고 $\delta\epsilon_n$은 정적 무질서로 인한 변화이다.

J_{nm}는 완벽하게 정렬된 격자에서 사이트 m과 n 사이의 전기적 상호작용이고 δJ_{nm}는 정적 무질서로 인한 변화이다.

$g_{n\lambda}$ 및 $f_{nm\lambda}$는 전자−포논 결합에 대한 무차원 결합 상수이다.

식 (3.34)에서, H_0는 분자가 전자적으로나 진동적으로 여기된 시스템의 총에너지를 산출한다. H_0에서는 전자 여기와 진동 모드 사이의 결합은 고려되지 않는다. 사이트 m에서 사이트 n으로의 전자 이동은 H_1으로 주어진다. 전자 여기와 분자 내 진동 또는 분자 간 진동(즉, vibrons와 phonon) 사이의 상호작용은 H_2 및 H_3에 포함된다. 이를 **폴라로닉 효과**(polaronic effect)라고도 한다. 따라서 유기반도체의 맥락에서 **폴라로닉**이라는 용어는 결정질 무기반도체 분야에서와 다르게 사용된다. H_2에서 사이트의 에너지는 $\hbar\omega$의 에너지를 갖는 진동 모드와의 상호작용에 의해 감소한다. H_3에서 진동에 대한 결합은 사이트 m에서 n으로 전이 확률 진폭을 변경한다. 진동은 분자 간 또는 분자 내 종류일 수 있음을 기억하여야 한다. 정적 무질서 효과는 H_4에서 고려되는데, 이는 분자 고체 구조의 변화에 의해서 사이트 에너지 또는 전이 확률 진폭의 변화를 설명한다.

진동과 전자 여기의 결합을 기반으로 하기 때문에, H_2와 H_3의 폴라로닉 항으로 고려되는 상호작용은 **동적 무질서**(dynamic disorder)를 유발한다. 반면에 H_4의 사이트 에너지와 전이 속도의 변화는 진동과 무관하다. 이는 **정적 무질서**(static disorder)라고 하는 박막 또는 결정의 형태학적 구조의 변화에 기인한 것이기 때문인데, 즉 분자 간 거리 및 방향 때문이다. 식 (3.34)를 행렬 표기법으로 쓰면, 사이트 에너지는 행렬의 대각선 위치에 나타나므로 에너지 변동은 때때로 **대각 무질서**(diagonal disorder)라고 하는 반면, 사이트 n에서 m으로의 전이 속도 변화는 **비대각 무질서**(off−diagonal disorder)라는 용어로 구별한다. 식 (3.34)의 Hamiltonian에서 격자 진동에 대한 선형 결합만 고려된다. 이 책 전체에서 '무질서'라는 단순한 표현은 정적 무질서만을 지칭하는 반면, H_2와 H_3로 표현된 전자−포논 결합으로 인한 효과를 논의하기 위해서는 '폴라로닉 효과'라는 표현을 사용한다.

전하 전달의 특성은 상호작용 에너지 J_{mn}의 상대적인 크기, $g_{n\lambda}^2 \hbar\omega_\lambda$와 $f_{nm\lambda}^2 \hbar\omega_\lambda$의 결합 상수로 표현되는 전자–포논 결합의 강도, 그리고 $\delta\epsilon_n$과 δJ_{nm}으로 표현되는 정적 무질서 존재의 정도에 의해 결정된다. H_1이 전적으로 우세한 수송은 **밴드 수송**(band–transport)이다. 이 수송 모드는 일반적으로 실리콘 또는 GaAs와 같은 무기반도체 결정에 적용된다. 식 (3.34)에서 H_2와 H_3이 지배적이면 **폴라로닉 수송**(polaronic transport)이 우세하다. 화학과 생명과학에서 이것은 Marcus–type transport로 더 잘 알려져 있는데, 관련 방정식이 Marcus[68]에 의해 다루어져 대중화되었기 때문이다. 만약 H_4가 수송 모드를 통제한다면, **무질서 제어 수송**(disorder–controlled transport)에 대해 이야기한다. 아래에서 자세히 설명하는 바와 같이, 폴라로닉 수송과 무질서 제어 수송은 모두 **호핑 수송**(hopping transport)의 한 형태이다(밴드 수송과 반대되는). 사용된 일부 용어를 명확히 했으므로, 이제 다양한 전하 전달 모드를 더 자세히 고려해보자.

3.3.2.1 밴드 수송

가장 가까운 이웃과의 상호작용하는 에너지 $J_{n,\,n+1}$가 동적 또는 정적 무질서로 인해 존재하는 다른 에너지[식 (3.34)에서 $H_1 > H_2,\ H_3, H_4$]에 비해 큰 경우, 전하 수송은 밴드를 통해 발생한다. 전하 캐리어는 비편재화되는데, 이는 2.4.3절에 설명한 바와 같이 격자 진동에 의해 산란될 수 있는 전파하는 Bloch wave를 형성한다. 그러면 전하 캐리어 이동도는 $\mu = e\tau/m_{\text{eff}}$로 주어진다. 여기서 τ는 평균 산란 시간이고, m_{eff}는 전하 캐리어의 유효 질량이다. m_{eff}는 전자 결합 J에 의해 결정된다. 밴드 수송(band transport)은 밴드가 전하 캐리어의 사이트 에너지의 불확실성보다 더 넓은 경우에만 발생할 수 있다. 이 요구사항은 전하 캐리어 이동도가 $ea^2W/\hbar kT$를 상당히 초과해야 함을 의미한다. 여기서 e는 기본 전하, a는 격자 상수, W는 밴드 폭이다. 유기반도체의 경우, $W \approx 10\,\text{kT}$이고 $a \approx 0.6\ \text{nm}$이므로, μ가 약 5 $\text{cm}^2\text{V}^{-1}\text{s}^{-1}$을 초과하면, 밴드 수송이 우세한 것으로 간주될 수 있다. 동적 또는 정적 무질서에 비해 전자 결합이 커야 한다는 요구사항은 저온의 분자 결정에서 충족될 수 있다. 공유 상호작용이 우세한 무기 결정과 비교해보면, 분자 결정에서 전자 결합 J는 약하고 결과적으로 밴드는 일반적으로 50~500 meV 범위로 다소 좁다[69]. 분자 결정에서 이동도의 온도 의존성은 실험적으로 다음과 같이 변하는 것으로 밝혀졌다.

$$\mu \propto T^{-n}, \quad 0 < n < 3 \tag{3.35}$$

그리고 이것은 어쿠스틱 포논(acoustic phonons), 불순물, 또는 전자 상호작용에 의해[70–71] 온도에 따라 산란이 증가한 결과와 같은 이론에 의해 설명이 된다. 식 (3.35)에 표현된 온도에 따른 이동도의 감소는 일반적으로 밴드 유형의 수송이 우세하다는 표시로 간주된다.

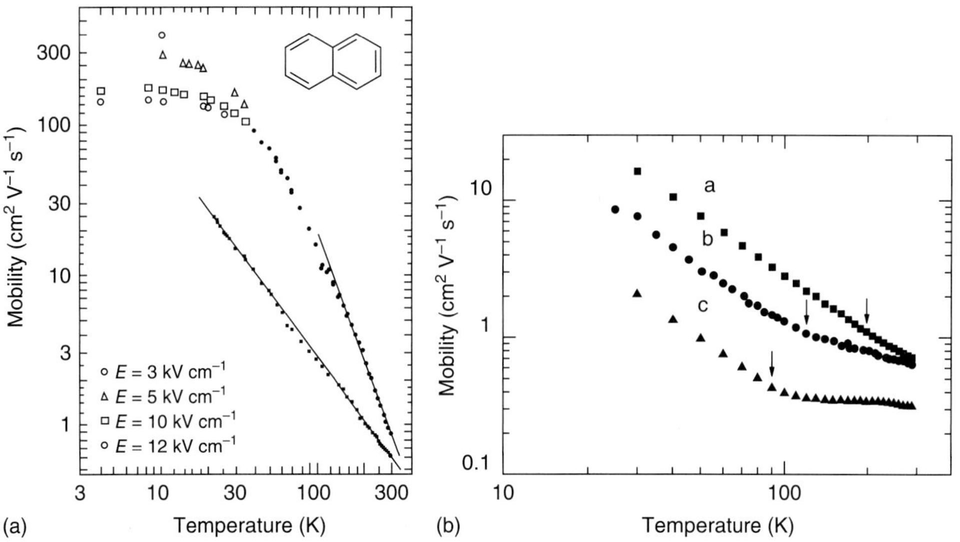

그림 3.9 (a) Naphthalene의 초순수 결정에서 결정학적 a 방향과 평행한 방향으로 인가된 전기장 E에 대한 이중 로그 스케일에서 전자 및 정공 이동도의 온도 의존성. 저온에서 이동도는 전기장에 의존한다. 실선은 전자 이동도 μ^-의 경우 지수 $n = 1.40$, 정공 이동도 μ^+의 경우 $n = 2.90$인 T^{-n}인 거듭제곱식의 온도 의존성을 나타낸다(Warta 및 Karl의 데이터[72]). (b) Naphthalene에서 전자 표동 이동도의 온도 의존성의 이방성. 곡선 a~c는 다른 결정학적 방향을 나타낸다. 화살표는 $\mu \propto T^{-n}$ 의존성에서 벗어나기 시작한 점을 나타낸다(Kenkre et al.의 데이터[73]).

분자 결정에서 밴드와 같은 수송에 대한 전형적인 예는 4~300K의 온도 범위에서 naphthalene 결정에서 전자와 정공의 이동도를 측정한 Karl과 동료의 연구에 포함되어 있다. 그림 3.9(a)[72]는 지수가 2.9(정공)와 1.42(전자)인 $\mu \propto T^{-n}$ 법칙을 특징으로 하며, 결정학적인 a와 b의 방향으로 온도가 감소함에 따라 전자 및 정공 이동도가 증가함을 보여준다. 30K 미만에서, 정공 이동도는 전기장에 따라 200 $cm^2V^{-1}s^{-1}$ 정도의 값에서 안정화되어 포화된다. Karl과 동료들은 4K의 낮은 온도에서 고유한 수송을 알아내기 어렵게 하는 트래핑 효과를 제거하기 위해 재료를 정제하고 결정을 성장시키는 기술을 개선하는 데 10년 이상이 걸렸다는 것을 기억할 가치가 있다. 결과는 300K 미만의 온도에서 전하 수송이 밴드와 유사하다는 것을 분명하게 증명한다.

3가지 결정학적 방향을 따라 naphthalene 결정의 전자 수송을 측정할 때, 뚜렷한 이방성이 나타난다[그림 3.9(b)]([73]의 그림 3.2). 20K에서 ab평면에 수직인 결정학적 방향(보통 c' 방향으로 지정됨)을 따라 측정된 이동도는 a방향의 이동도의 크기보다 한 자리수 더 낮다. 이것은 DFT 계산으로부터 추론된 전달 적분 J의 이방성을 반영한다. 밴드 유형의 이동도가 더 낮을수록, 온도가 올라갈 때 $\mu(T)$가 $\mu \propto T^{-n}$ 의존성에서 더 빨리 벗어나는 것도 주목할 만하다. 이것은 수송을 설명하는 데 있어 밴드 개념이 실패했다는 특징이다. 이것은 이제 포논 결합이 더 이상 일관성 있는 밴드 수송의 약한 섭동이 아니라, 전자 교환 상호작용과 경쟁함을 나타낸다. 이 포논 결합의 결과는 밴드 수송이 축소되고, 전하 캐리어의 유효 질량이 증가한다. 온도가 증가함에 따라 이 밴드가 좁아지는 증거는 graphite에 증착된 얇은 결정질 pentacene 필름에 대한 각도 및 에너지 분해 UV 광전자 분광법에 의해 기록되어 있다. 이러한 실험은 가전자대 구조를 보여주고 *a*방향([100] 방향)의 대역폭이 실제로 140K에서 240 meV로, 300K에서 190 meV로 감소한다는 것을 보여준다[74].

불행히도 많은 분자 결정에서 실온 또는 그 근처에서 측정된 이동도는 약 1 $cm^2V^{-1}s^{-1}$의 자리수이며, 이는 밴드와 호핑 동작 사이에 교차가 있음을 나타낸다(아래 참고). 비교적 큰 전기적인 분자들 간의 결합 때문에, 결정질 rubrene[75]과 pentacene은 예외이다. 이것은 섭동 접근법이 실패하기 때문에, 적절한 이론적 개념을 설정하는 데 어려움이 있다. 이론적인 공식을 통일하는 데에 대한 또 다른 어려움은 기존의 폴라론 호핑 접근 방식(아래에서 자세히 설명)이 비 로컬 포논 결합(non-local phonon coupling)을 기반으로 하고, 더 나쁜 것은 저주파 모드($\hbar\omega_o \ll kT$)로 제한되어 있다는 것이다. 따라서 분자 내 진동의 기여를 무시하고 있다. 두 가정 모두 심각한 지나치게 단순화된 것이다. 그들의 재검토는 최근 연구의 주제이다[76–78]. 자세한 내용은 Coropceanu 등의 리뷰를 참조하기 바란다[69].

3.3.2.2 호핑 수송

동적 또는 정적 무질서의 영향 때문에 가장 가까운 이웃과 상호작용하는 에너지[식 (3.34)의 $H_1 < H_2,\ H_3, H_4$]에 비해 다른 에너지가 중요해지는 경우, 비편재화된 파동 함수로 구성된 밴드 수송이 파괴된다. 이 경우 수송은 더 이상 밴드 움직임으로 설명할 수 없으며, 오히려 일관성이 없게 된다. 그런 다음 전하 캐리어가 개별 사이트에 국한되고 일관성 없는 수송 이벤트에 의해 일련의 과정으로 진행된다. 이를 **호핑** 모션(hopping motion)이라고 한다. 이는 엑시톤의 경우와 유사한데, 비편재화된 Frenkel 엑시톤을 통하여 일관된 수송 모드와 엑시톤 호핑을 통하여 일관성 없는 모드를 가질 수 있다. 캐리어가 분자(H_2)에 도달할 때의 과도한 기하학적 이완, 과도한 진동(H_3), 또는 사이트 에너지 내에서 또는 사이트 간 거리(H_4)에서의 과도한 초기 변동으로 인하여 밴드 수송은 파괴된다.

3.3.2.3 폴라로닉 수송

분자 결정의 맥락에서, 폴라로닉 수송(polaronic transport)은 Austin과 Mott[79], Holstein[80–81], Emin[82]에 의해 개척되었다. 결과적인 수송 메커니즘은 용액 속에서 한 분자에서 다른 분자로의 전자 전달을 위해 Marcus가 제안한 것과 동일하다[68, 83]. 전자–포논 결합($H_1 \ll H_2, H_3$ 그리고 $H_4 = 0$)에 비하여 수송 사이트, 즉 인접한 분자들의 HOMOs 또는 LUMOs 사이의 전자기적인 결합이 매우 작은 완벽히 정렬된 결정의 상황을 고려해보자. 이 경우 전하 캐리어는 동적 무질서로 인하여 주어진 사이트에 편재화된다. 대전된 분자가 주변 분자와 결합함에 따라 분자 간 변위 그리고 분극 효과는 분자들 사이의 반데르발스 에너지를 변화시킨다. 따라서 전하는 **(작은) 폴라론**을 형성한다. 수송은 사이트 간 폴라론 호핑을 통해 발생한다. 그림 3.10에 설명된 바와 같이, 전하의 이동은 분자 및 환경의 왜곡과 관련이 있으며, 이는 **재구성 에너지**(reorganization energy) λ를 필요로 한다. 결과적으로 수송 과정은 열적으로 활성화된다. 재구성 에너지는 2가지 기여로 구성된다 ($\lambda = \lambda_{\text{inner}} + \lambda_{\text{outer}}$). 한 항은 **내부 재구성 에너지**(inner reorganization energy) λ_{inner}라고 하는데, 이는 분자가 대전될 때 발생하는 분자 내 왜곡과 관련되기 때문이다. 분자 간 변위 그리고 분극으로 인한 분자 에너지의 변화를 **외부 재구성 에너지**(outer reorganization energy) λ_{outer}라고 부른다. 수용액의 전자 전달 반응에서 용매화 효과(solvation effect)가 강하기 때문에 후자가 중요하다. 하지만 단단한 유기 고체에서 분자 변위는 매우 작거나 무시할 수 있다. 결과적으로, 내부 재구성 에너지가 지배적이다. 그림 3.10에 예시된 바와 같이, 분자 A에서 B로 전하 수송을 위한 내부 재구성 에너지 λ_{inner}는 분자 A와 B에 대한 각각 완화 에너지 λ_A와 λ_B의 합으로 구성된다. 즉 $\lambda_{\text{inner}} = \lambda_A + \lambda_B$이다.

분자 결정의 맥락에서, 추가 전자에 의해 야기되는 무질서를 갖지 않는 분자와 무질서한 분자 간의 에너지 차이를 **폴라론 결합 에너지**(polaron binding energy) E_{pol}이라고 한다(그림 3.11). Austin과 Mott[79]는 폴라론 결합 에너지의 절반이 수송을 위한 활성화 에너지로 필요하다는 것을 보여주었다. 그들이 다룬 요점을 간략하게 요약하면 다음과 같다. 분자 내 정상 모드를 갖는 2개의 동일한 분자 1과 2가 좌표 Q_1과 Q_2에 위치하고 있다고 고려해보자. 그리고 그들의 퍼텐셜에너지를 $E_1(Q_1 = 0) = E_2(Q_2 = 0) = 0$이 되도록 정의하자. 중성 분자들(neutral molecules)의 퍼텐셜에너지는 정상 모드 좌표에 대한 함수로 $E_1(Q_1) = AQ_1^2$과 $E_2(Q_2) = AQ_2^2$이 된다. 분자 1에 추가된 전자는 분자를 왜곡시킨다. 아주 작은 왜곡을 가정해보자. 관련 에너지는 분자 왜곡에 선형적으로 의존한다. 즉 $-BQ_1$이다. 따라서 전하가 있는 분자 1의 에너지는 $E_1(Q_1) = AQ_1^2 - BQ_1$이 되고, 포물선 퍼텐셜의 최솟값은 새로운 평형 좌표 Q_0로 이동한다. 이것은 $\mathrm{d}E_1(Q_1)/\mathrm{d}Q_1 = 0$에 의해 구해지고, $Q_0 = B/2A$이다. 대전된 분자와 관련된 평형 에너지는 $E_1(B/2A) = -B^2/4A = -AQ_0^2$이다. 이것이 폴라론 결합 에너지 E_{pol}의 값이다.

폴라론이 사이트 1에서 사이트 2로 점프하면 퍼텐셜에너지 곡선이 교차해야 한다. 단순한 기하학적 구조를 통해 평형 상태의 기하학적 구조로부터 교차점으로 분자를 왜곡하는 데 필요한 에너지가 $E_{\text{min}}^{\text{reorg}} = (1/2)AQ_0^2 = (1/2)E_{\text{pol}}$임을 보여줄 수 있다. 단위 시간당 전자가 한 분자에서 다른 동일한 분자로 점프할 확률은 $\exp(-E_{\text{min}}^{\text{reorg}}/kT)$에 비례하며, 따라서 점프 비율의 온도 의존성으로부터 추론되는 활성화 에너지는 폴라론 결합 에너지의 절반인 $(1/2)E_{\text{pol}}$이다. Austin과 Mott 유형의 논의를 그림 3.10의 Marcus 유형 그림과 비교할 때, $E_{\text{min}}^{\text{reorg}} = (1/2)E_{\text{pol}} = \lambda/4$, 즉 수송을 위한 활성화 에너지가 폴라론 결합의 절반이라는 것과

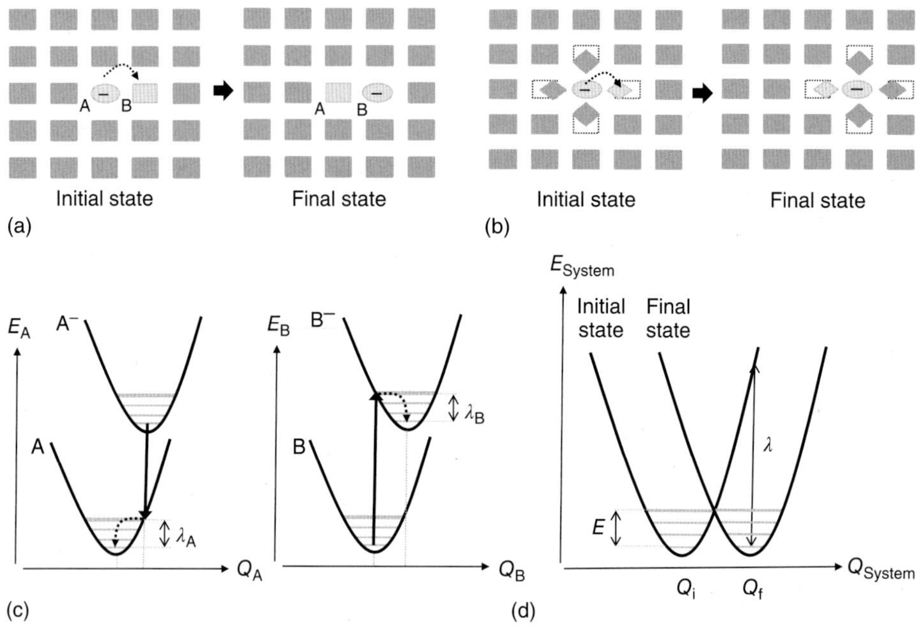

그림 3.10 완벽하게 정렬된 분자 결정에서 전하 수송 과정. 분자 A에서 B로의 전하 수송은 (a) 분자 A와 분자 B 자체의 기하학적 구조(모양을 변경하여 그래픽으로 표현됨) 및 (b) 대전된 분자를 둘러싸고 있는 주변 분자의 위치와 기하학적 구조의 변화와 관련이 있다. 전자는 내부 재구성 에너지 λ_{inner}를, 후자는 외부 재구성 에너지 λ_{outer}를 생기게 한다. (c) 내부 재구성 에너지 λ_{inner}는 완화 에너지 λ_A과 λ_B로 구성된다($\lambda_{inner} = \lambda_A + \lambda_B$). λ_A는 전하가 B로 수송된 직후에 분자 A의 대전된 상태의 평형 기하학적 상태에서 안정한 상태의 평형 기하학적 상태로의 변화와 관련된 에너지이다. 마찬가지로 λ_B는 전하를 받아들인 직후 분자 B가 안정한 상태의 평형 기하학적 상태에서 대전된 상태의 평형 기하학적 상태로 변하는 에너지와 관련이 있다. (d) 전달을 설명하려면, 전체 시스템(분자 A, B 및 주변 분자)의 퍼텐셜에너지를 전체 시스템을 표현하는 일반화된 배치 좌표의 함수로 고려하는 것이 더 유용하다. 만약 전하가 A에 있는 경우, 시스템은 Q_i에서 최솟값을 갖는 '초기 상태' 곡선으로 설명된다. Q_f에서 최솟값을 갖는 '최종 상태' 곡선은 전하가 B에 있을 때의 시스템의 에너지와 기하학적 의존성을 설명한다. 재구성 에너지 λ는 시스템이 Q_i(전하가 A에 있을 때) 대신 Q_f(전하가 B에 있을 때)에 있는 경우, 퍼텐셜에너지의 차이를 제공한다. 그것은 외부와 내부의 재구성 에너지의 합이다. A에서 B로 전하가 수송될 때, λ의 전체 값이 필요하지 않다. 오히려 Q_i에서 Q_f로 양자 역학적 터널링을 하거나 초기와 최종 상태 퍼텐셜에너지 곡선이 교차하는 지점의 에너지 $E = \lambda/4$를 사용하여 열 활성화에 의해 발생할 수 있다. 후자는 Marcus 이론의 핵심 아이디어이다.

재구성 에너지 λ의 1/4이 되는 것은 분명하다.

폴라론 호핑에 대한 개념적 접근 방식은 Holstein[80–81]의 세미나 논문에 나와 있다. 물론 전자 전달 적분이 정확히 0이면, 전하 캐리어는 전혀 움직이지 않을 것이다. 그러나 약한 전기적인 결합은 Holstein 공식에서 섭동으로 도입될 수 있다. 고전적인 한계에서는 포논 에너지가 열에너지 kT에 비해 작다고 가정한다. 이것은 호핑 비율을 산출한다.

$$k_{ET} = \frac{J^2}{\hbar}\sqrt{\frac{\pi}{2E_{pol}kT}}\exp\left(-\frac{E_{pol}}{2kT}\right) \tag{3.36}$$

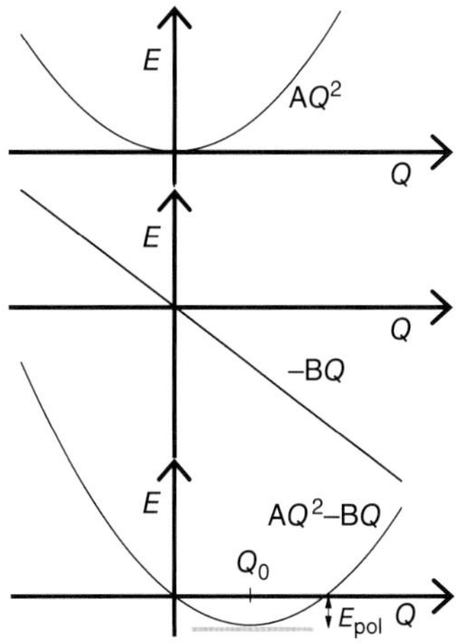

그림 3.11 (a) 배치 좌표의 평형 위치가 0으로 설정된 조화 근사에서 배치 좌표 Q의 함수로서 분자의 (전자) 퍼텐셜에너지 $E = AQ^2$. (b) 추가 (전자) 퍼텐셜에너지 $E = -BQ$는 결합의 압축/신장 또는 각도의 비틀림/평탄화와 같은 배치 좌표의 변화로 인해 발생하며, 전자 에너지가 배치 좌표에 선형 결합되어 있다고 가정한다. (c) $E = AQ^2 - BQ$를 제공하기 위해, 분자 왜곡에 대한 전자 에너지의 선형 결합이 일반적인 2차 의존성에 추가되면, 더 낮은 퍼텐셜에너지와 관련된 배치 좌표의 새로운 평형 위치 Q_0가 발생한다. 선형 결합 항이 있거나 없는 경우의 전자 에너지의 차이는 폴라론 결합 에너지 E_{pol}이다(Austin과 Mott[79]).

여기서 J는 전달 적분이다. E_{pol}이 재구성 에너지의 절반이라는 점을 유의하자. 식 (3.36)은 전자 전달 반응(Box 3.5)의 Marcus 방정식과 동일하다. 식 (3.36)에서, 전하 캐리어의 이동도는 다음을 고려하여 유도할 수 있다. 이동도 μ는 아인슈타인 관계 $\mu = eD/kT$를 통해 확산 상수 D와 관련이 있고, $D = (1/2n)k_{\text{ET}}a^2$로부터 확산 상수는 호핑 비율로부터 결정된다. 여기서 n은 결정의 차원이고 a는 격자 사이의 거리이다. 격자 사이트 $n = 3$인 3차원 시스템의 경우 다음을 얻는다.

$$\mu = \frac{ea^2J^2}{6\hbar(kT)^{\frac{3}{2}}}\sqrt{\frac{\pi}{2E_{\text{pol}}}}\exp\left(-\frac{E_{\text{pol}}}{2kT}\right) \tag{3.37}$$

방정식 (3.37)은 $E_{\text{pol}}/2kT \ll 1$인 경우를 제외하고, μ에 대한 Arrhenius 유형의 온도 의존성을 예측한다. 여기서 지수 앞 $T^{-3/2}$ 의존성이 대체된다. E_{pol}가 현실성 있는 값인 100 meV인 경우, $\mu(T)$가 $T^{-3/2}$ 의존성으로 병합되는 온도는 600K 이상이다. 다음 식으로 이동도를 근사화하는 관습에 주의해야 한다.

$$\mu = \mu_0 \exp\left(-\frac{E_{\text{pol}}}{2kT}\right) \tag{3.38}$$

그리고 무한 온도로 $\log\mu(\text{T})$ 대 $1/T$ 플롯을 외삽하여 **전인자 이동도**(prefactor mobility) μ_0를 결정한다.

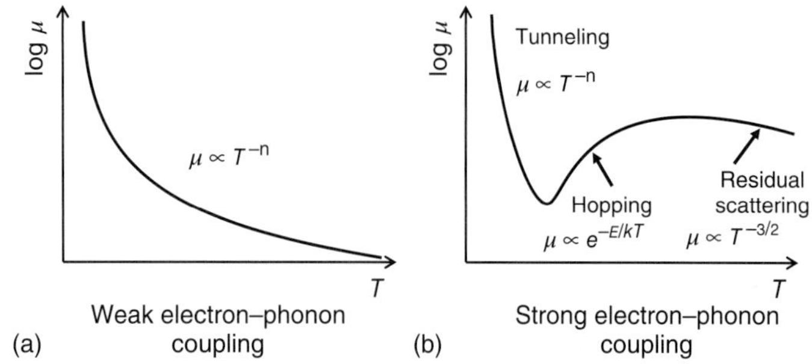

그림 3.12 (a) 약한 그리고 (b) 강한 전자–포논 결합의 경우 Holstein 폴라론 모델에 의해 예측된 전하 캐리어 이동도의 온도 의존성 유형

포논 결합이 약하고 온도가 낮은 경우($T < 300$K), 이동도는 밴드 유형의 수송으로 제어된다. 온도가 증가함에 따라 밴드 운동의 기여도가 중첩되고(감소하고), 열 활성화 호핑이 증가한다. 결국 후자로 대체되고, 동시에 $\mu(T)$는 최솟값을 지난다. 마지막으로 $\mu(T)$는 $T^{-3/2}$ 법칙에 접근한다. 이것은 그림 3.12([69])에 설명되어 있다.

Box 3.5 전자 전달에 대한 Marcus 이론

Marcus는 용액에서 도너 분자에서 억셉터 분자로의 전자 전달을 설명하는 공로로 노벨상을 수상했다 [68, 83–84]. 고전적인 Marcus 이론의 기본 아이디어는 용매에 있는 2개의 동일한 등에너지 분자를 고려하여 요약할 수 있다(그림 B3.5.1). 전자 도너 분자, 억셉터 분자, 그리고 용매는 일반화된 배열 좌표 Q와 포물선으로 근사된 퍼텐셜에너지 곡선으로 설명할 수 있는 시스템으로 간주된다. 초기 상태에서 전자는 여전히 도너 분자에 있으며, 시스템의 퍼텐셜에너지는 Q_i에서 최솟값을 갖는다. 최종 상태에서 전자가 억셉터로 전달되고 시스템의 에너지 최솟값이 Q_f에서 발생한다. 최종 기하학적 구조와 일치하도록 초기 시스템을 재배치하는 데 필요한 에너지는 재구성 에너지 λ이다. 전자 전달이 발생하기 위해 초기 시스템이 그 정도로 왜곡될 필요는 없다. 오히려 전자 전달은 두 퍼텐셜에너지 곡선의 교차점에서 이미 발생한다. 그것들이 동일한 포물선이기 때문에, 이 교차점은 $\lambda/4$의 활성화 에너지로 도달할 수 있으며, 이는 열 변동, 즉 (내부 또는 외부) 포논의 여기에 의해 제공될 수 있다. 도너 또는 억셉터의 초기 상태와 최종 상태 사이에서 평형 결합 길이 또는 각도가 변할 때, 진동 좌표(내부 포논 모드)의 변동을 고려해야 한다. 또한 용매 분자(외부 포논 모드)의 방향 좌표 변동은 극성 용매에서 특히 중요하다. 전자 전달의 속도 상수는 교차점(활성화 에너지 E_a와 함께 지수 인자가 발생함) 도달 확률, 교차 시도 빈도(예: 충돌 빈도), 그리고 표면 교차 확률(투과 계수와 같은)에 따라 달라진다. 반고전적 접근 방식에서는 Fermi의 황금률로 시작하여 충돌 주파수와 투과 계수가 전자 결합 J에 암시적으로 포함된다. 그러면 동일한 등에너지 분자 사이의 전자 전달 속도는 다음과 같다.

$$W = \frac{J^2}{\hbar}\sqrt{\frac{\pi}{\lambda kT}}\exp\left(-\frac{\lambda}{4kT}\right) \tag{B3.5.1}$$

고전적인 Marcus 이론은 수학적으로 $E_{\text{pol}} = \lambda/2$이고 등에너지 사이트의 경우 $E_{\text{a}} = \lambda/4 = E_{\text{pol}}/2$인 Holstein의 작은 폴라론 이론의 고온 한계로 나타난다. Marcus가 용액에서 개별 분자 사이의 전자 전달을 다루는 반면, Holstein은 분자 결정에서 전자 전달을 고려했다[81, 86]. Marcus 이론에서는 활성화 에너지에 ΔG^0라는 항을 포함함으로써, 초기 상태(= 전자가 도너에 있는)와 최종 상태(전자가 억셉터에 있는) 사이의 퍼텐셜에너지 차이를 다음과 같이 설명할 수 있다.

$$W = \frac{J^2}{\hbar}\sqrt{\frac{\pi}{\lambda kT}}\exp\left[-\frac{\lambda}{4kT}\left(1+\frac{\Delta G^0}{\lambda}\right)^2\right] = \frac{J^2}{\hbar}\sqrt{\frac{\pi}{\lambda kT}}\exp\left[-\frac{\left(\lambda+\Delta G^0\right)^2}{4\lambda kT}\right] \tag{B.3.5.2}$$

식 (B3.5.1)과 (B3.5.2)는 주변의 열에너지에 비해 내부 및 외부 포논의 에너지가 작을 때 유효하다 ($\hbar\omega \ll kT$). Marcus 이론은 많은 실험을 통해 검증되었다. 식 (B3.5.3)은 ΔG^0로 처음 증가한 다음 감소하는 에너지 전달 속도를 예측한다. 후자는 Marcus **반전 영역**(inverted regime)이라고 한다. 이 현상은 ΔG^0가 증가하면, 수직한 두 포물선이 이동할 때 볼 수 있듯이, 두 퍼텐셜에너지 곡선 사이의 교차점이 먼저 낮아지고, 0을 통과한 다음 다시 상승하기 때문에 발생한다. Marcus 이론에서 시스템의 초기 상태와 최종 상태 사이의 에너지 차이를 포함하는 것은 (Holstein) 폴라론 모델에 에너지적인 무질서 효과를 포함하는 것과 같다. 이에 대해서는 3.3.2.5절에서 더 논의될 것이다.

초기 상태와 최종 상태 사이에 터널링을 고려해야 할 때, 식 (B3.5.1)과 (B3.5.2)의 고전적인 접근 방식은 더 이상 적합하지 않다. 이것은 특히 저온에서 전자가 전달될 때, 초기 상태와 최종 상태 사이에 에너지 차이가 큰 경우가 될 수 있다. 이 경우 평균 외부 포논 모드는 kT에 비해 여전히 작지만 내부 포논 모드는 비슷하거나 더 크다. 결과적으로 외부 포논 모드와 외부 재구성 에너지 λ_0는 여전히 고전적으로 취급될 수 있다. 그러나 관련된 Huang-Rhys 인자 S와 함께 평균 내부(= 고주파) 포논 모드 $\hbar\omega$는 양자 화학적 방식으로 통합된다. 전자 전달의 속도 상수에 대한 해당 수학 방정식[87–89]은 종종 Marcus-Levich-Jortner **표현**이라고 한다.

$$W = \frac{J^2}{\hbar}\sqrt{\frac{\pi}{\lambda_0 kT}}\sum_{n=0}^{\infty} e^{-S}\frac{S^n}{n!}\exp\left[-\frac{\left(\lambda_0+\Delta G^0+n\hbar\omega\right)^2}{4\lambda_0 kT}\right] \tag{B3.5.3}$$

매우 낮은 온도에서 내부 및 외부 포논 모드가 모두 식 (B3.5.3)의 kT에 비슷해지면, 2가지 유형의 진동을 양자 화학적으로 처리해야 하므로 더 이상 적용되지 않는다. 이 경우에 Lanzani[90]는 에너지 전달률에 대해 다음과 같이 표현하였다.

$$W = \frac{2\pi J^2}{\hbar\omega_{\text{S}}}\sum_{n=0}^{\infty} \mathrm{e}^{-(S_{\text{S}}+S)}\frac{S_{\text{S}}^{p(n)}}{p(n)!}\frac{S^n}{n!} \tag{3.5.4}$$

여기서 인자 S는 외부 용매와 관련 양을 명시하고 $p(n)$은 전이에 포함된 용매 포논 모드의 평균 수이다.

Marcus 이론은 실험적으로 검증되었다[85, 91]. Marcus 이론과 해에서 측정된 전송률 사이에 편차

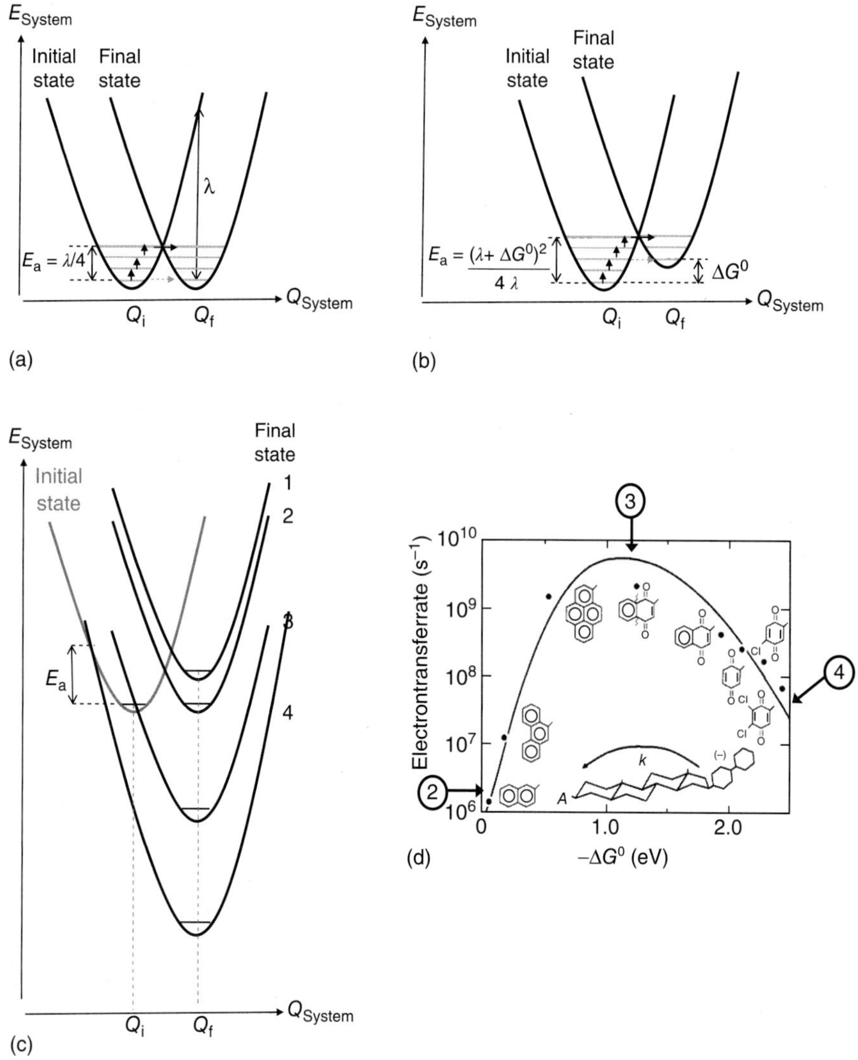

그림 B3.5.1 전자 전달의 Marcus 이론 설명. (a) 일반 배치 좌표 Q_{System}의 함수로 초기 상태와 최종 상태에 있는 전체 시스템(도너, 억셉터 및 용매)의 에너지를 보여주는 퍼텐셜에너지 다이어그램. 두 퍼텐셜 곡선이 교차하는 지점에서 초기 상태에서 최종 상태로 변환될 수 있다. 이것은 에너지 $E_a = \lambda/4$를 전달하기 위한 열적 진동 활성화를 필요로 한다. 양자 역학적 해석에서, 두 상태의 퍼텐셜 최솟값 사이의 터널링이 포함될 수 있다(회색 화살표). (b) 최종 상태의 에너지가 초기 상태에 비해 ΔG^0만큼 변위되면 그에 따라 더 높은 활성화 에너지가 필요하다. 양자 역학적 해석에서 터널링 과정은 포논 활성화를 필요로 한다(회색 화살표). (c) 포물선의 교차점에 대한 에너지 차이, 즉 $\propto \exp(-E_a/kT)$에 따라 전달 속도는 지수적으로 달라진다. 포물선 1~3에 표시된 것처럼 최종 상태의 에너지가 감소하면, 전달을 위한 활성화 에너지가 먼저 감소한 다음(Marcus **정상 영역**), 포물선 4에서 볼 수 있듯이 다시 증가한다(Marcus **반전 영역**). (d) 삽입된 분자, 즉 biphenyl에서 MeTHF에 용해된 다양한 억셉터 부분의 스페이서를 통해 분자 내의 전자 전달에 대해 Miller 등[85]이 $-\Delta G^0$의 함수로서 측정한 전자 전달 속도. 에너지 오프셋이 증가하면, 전달 속도가 3자리수 이상 가속되고 최댓값에 도달한 후 다시 감소한다. 숫자는 (c)에 스케치된 해당 포물선을 나타낸다. $-\Delta G^0 = 1.2$ eV의 값에서 최댓값에 도달했다. 실선은 식 (B3.5.3)에 따라 $\hbar\omega = 1500$ cm^{-1}을 사용하고 $\lambda_0 = 0.75$ eV의 용매 재구성 에너지, 그리고 0.45 eV의 내부 진동 모드에 대한 재구성 에너지 $S \cdot \hbar\omega$의 기여도를 포함하여 계산된다.

가 발생하는 것 같으면 전달 반응이 반응 제한(reaction–limited)되는 대신에 확산 제한(diffusion–limited)이 되는지 확인하는 것이 좋다[91].

Marcus 이론에 관한 더 많은 정보를 위해서는 [90–95]를 참조하면 된다.

3.3.2.4 무질서 제어 수송

소자에 사용되는 대부분의 유기반도체는 비결정질이므로 사이트 에너지 $\delta\epsilon_n$과 사이트 사이의 거리, 그리고 분자 간 결합 δJ_{nm}의 변화가 분자 간 결합 에너지 J_{nm}의 값에 비해 크다는 것을 의미한다[식 (3.34)에서 $H_1 \ll H_4$]. 이것은 전하 캐리어의 이동도에 상당한 영향을 미친다. 이는 전하 수송이 인접 수송 사이트들 사이에서 일관되지 않은 호핑에 의해 자유 행보로 발생함을 의미한다. 정적 무질서 때문에 전하가 사이트에 편재화된다. 시스템이 완벽하게 정렬되고 동적 무질서에 의해서만 호핑 수송이 발생하는 경우(완벽한 폴라로닉 수송), 전하 수송은 잘 정의된 열 활성화 호핑 속도로 제어된다. 이는 이전 절에서 설명한 대로 확산도와 이동도 사이의 아인슈타인 관계를 통해 전하의 확산도와 이동도를 결정한다. 이 경우 확산도와 이동도는 시간과 무관하다. 반면 무질서한 물질에서는 사이트가 균등한 간격도 아니고, 등에너지가 아니기 때문에 상황이 더 복잡하다. 이것은 점프 비율이 비대칭임을 의미한다. 폴라로닉 경우와는 아주 대조적으로, 전진 점프와 후진 점프는 활성화 에너지가 다르다. 에너지가 다른 사이트(발색단을 나타냄)를 가지고 있고, 사이트들 사이에 간격이 있는 시스템의 모든 사이트의 점유 확률 p_i에 의하여 수송이 제어된다. 수송은 다음 형식의 일반적인 호핑 방정식으로 설명할 수 있다.

$$\frac{\mathrm{d}p_i(t)}{\mathrm{d}t} = \sum_{j \neq i}[-w_{ij}p_i(t)[1-p_j(t)] + w_{ji}p_j(t)[1-p_i(t)]] \tag{3.39a}$$

여기서 $p_i(t)$ 및 $p_j(t)$는 각각 사이트 i와 j가 점유될 (시간 종속) 확률이다. 평형 조건 $\mathrm{d}p_i(t)/\mathrm{d}t = 0$이 충족되면 시간 독립적, 즉 상수가 된다. w_{ij}와 w_{ji}는 사이트 i에서 j로 또는 그 반대의 호핑 속도이다. 방정식 (3.39a)는 DOS의 모든 전하 밀도를 고려한다. 따라서 전하 캐리어 밀도가 중요한 OFET에서 전하 수송 또는 OLED에서 SCLC를 설명하는 데 특히 적합하다. 낮은 전하 캐리어 밀도로 제한되는 경우, 예를 들어 ToF 실험에서 생성된 전하의 움직임을 설명할 때, 근삿값 $p_ip_j \approx 0$을 사용할 수 있다. 방정식 (3.39a)는 다음과 같이 축소된다.

$$\frac{\mathrm{d}p_i(t)}{\mathrm{d}t} = \sum_{j}[-w_{ij}p_i(t) + w_{ji}p_j(t)] \tag{3.39b}$$

종종 전하의 수명은 무한하지 않다. 오히려 λ_i의 비율로 손실이 발생할 수 있다. 예를 들어, 이러한 손실 과정은 다이오드 내의 전자가 전극에 도달하여 정공과 재결합하는 경우가 될 수 있다. 이것은 다음과 같이 마스터 방정식에 통합될 수 있다[97].

$$\frac{\mathrm{d}p_i(t)}{\mathrm{d}t} = \sum_j [-w_{ij}p_i(t) + w_{ji}p_j(t)] - \lambda_i p_i(t) \tag{3.39c}$$

방정식 (3.39)는 해석적으로나 수치해석적으로 풀어야 하며, 해는 가능한 모든 구현에 대하여 평균을 내야 한다. 무질서 수송을 설명하는 또 다른 방법은 Monte Carlo 시뮬레이션을 사용하는 것이다.

미시적 수준에서 무질서한 유기 고체에서 전하 캐리어 이동도를 설명하는 간단한 개념은 **Gaussian 무질서 모델**(GDM)(**Bässler 모델**로도 알려짐[98–99])과 그 후속의 확장이다. 그것은 Gaussian 에너지 분포와 사이트 간 간격의 Gaussian 분포를 특징으로 하는 다양한 사이트 내에서 전하 캐리어들이 호핑한다는 개념을 기반으로 한다. 여기서는 모델에 포함될 수 있는 DOS와 호핑 속도를 소개하고 공식의 기본 요소를 제시한다.

상태 밀도 2.4.2절에서 자세히 설명했듯이, 분자 간 거리가 랜덤으로 변하는 것을 특징으로 하는 비정질 필름에서 분자의 에너지 준위는 Gaussian 분포 $g(\varepsilon) = (1/\sqrt{2\pi}\sigma)\exp(-(\varepsilon - \varepsilon_0)^2/2\sigma^2)$로 묘사된다. 여기서 ε은 개별 분자의 에너지, 표준 편차 σ('무질서 파라미터')는 Gaussian 분포의 폭을 나타낸다. 이 분포는 주로 인접 사이트와 결합된 반데르발스로부터 발생한다. 공액 폴리머의 경우, 길이의 변화와 그에 따른 체인의 공액 세그먼트의 에너지로 인해 추가적인 기여가 있다. σ의 값을 통해 표현된 상태 밀도(DOS)의 폭은 분자 간 상호작용의 크기가 아니라 랜덤의 결과라는 것을 인식하는 것이 중요하다. 예를 들어, 모체에 도펀트로 포함된 TAPC 분자와 같은 정공 수송 분자의 정공 이동도를 연구할 때, 비극성 polystyrene 모체가 극성 polycarbonate 모체로 대체될 때, 정공 이동도가 2자리수 감소함을 발견하였다. 그 이유는 Carbonyl기에서 쌍극자 모멘트의 임의적인 방향이 에너지 배치를 거칠게 하기 때문이다[100–101]. 극성 분자로 구성된 분자 결정의 경우에 쌍극자 모멘트가 위상적으로 정렬되면 그 효과는 사라진다.

비정질 분극화 환경에 내장된 대전된 발색단의 상호작용 에너지가 각각 통계적으로 다양한 좌표와 상호작용에 의존하기 때문에 DOS 분포가 Gaussian 모양이다. 중심 극한 정리를 기반으로 이것은 Gaussian 포락선 함수로 이어진다. 이것은 중성 여기(엑시톤)에도 적용된다. 이 경우 Gaussian DOS는 2장에 자세히 설명된 대로 흡수 및 광 발광(PL) 분광법으로 처리할 수 있다. 대전된 분자의 경우, 중성에서 이온화된 상태로의 직접적인 광학적 전이가 없기 때문에, DOS 분포를 광학적으로 평가할 수 없다. 대신 전기 프로빙에 의존해야 한다.

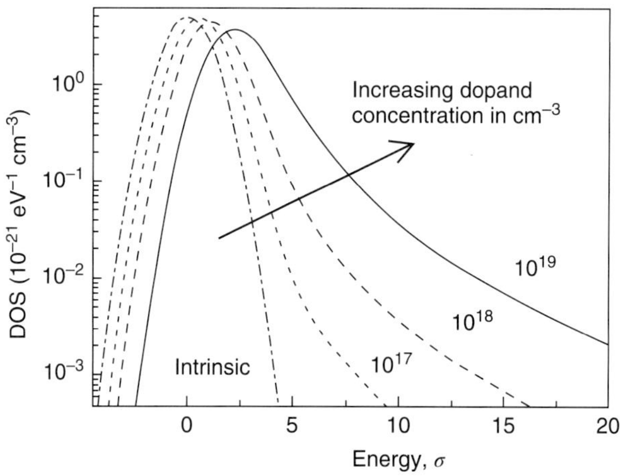

그림 3.13 대전된 도펀트의 다양한 농도에서 무질서한 유기반도체의 상태 분포 밀도에 대한 도핑의 효과. 에너지 스케일은 도핑되지 않은 샘플(σ = 80 meV)을 기준으로 σ를 통해 표현되는 DOS 너비로 정규화된다. 이 계산은 10^{21} sites cm^{-3}의 고유 사이트 농도와 3의 유전 상수에 대한 것이다(Arkhipov et al.[103]의 데이터).

전기 화학적 게이트 트랜지스터를 사용하여, Hulea 등[102]은 전해질과 필름에서 정공 주입 장벽의 변화를 제어하여 PPV 필름의 DOS 분포를 스캔할 수 있었다. 실험 결과 DOS 분포의 중심은 실제로 Gaussian 모양이지만 꼬리는 더 복잡한 구조를 가지고 있음이 확인되었다. 이 꼬리는 PPV 필름의 고유한 특성이 아니라 전체 필름을 중성으로 보장하기 위해 도핑 중에 필름에 포함된 반대 이온(ClO_4^- 또는 PF_6^-) 때문이다. 이러한 이온은 장거리 쿨롱 퍼텐셜 변동을 일으키고, 동시에 본질적인 Gaussian DOS 분포에 중첩된 거의 지수적인 트랩 분포를 갖는 깊은 상태를 발생시킨다[103]. 계산에서 알 수 있듯이, 효과는 10^{17} cm^{-3}을 초과하는 도펀트 농도에서 이미 눈에 띄게 나타난다(그림 3.13). 호핑 사이트 내의 전하 분포, 비등방적인 분극성, 그리고 분자 패킹을 고려한 첫 번째 원칙에 따라 DOS 분포를 계산하는 것은 이론가의 꿈이다. 이 도전적인 목표를 향한 상당한 진전이 있지만, 지금까지 실험에 대한 양적 합의는 여전히 추가 작업이 필요하다[104–105].

가우시안 DOS는 특히 적분이 포함된 경우 수학적 처리를 용이하게 하기 위해 지수 함수로 근사화되기도 한다(그림 3.14). 이것은 중간 에너지 간격에 대해서는 합리적인 근삿값일 수 있지만, 지수 함수의 무한히 긴 꼬리는 낮은 에너지에서 잘 맞지 않는다. 이는 캐리어가 DOS의 바닥으로 완화될 때 오랜 시간 동안 전하 수송을 설명하는 경우 인위적인 결과를 만들어낸다.

원래 Bässler 모델(GDM)에서는 호핑 사이트의 에너지 사이의 모든 상관 관계가 무시되었다. 그러나 실제 표본에서는 상관 관계가 예상될 수 있다. 이웃과 상대적으로 큰 반데르발스로 결합된 사이트 M을 고려하자. 이것은 아마도 국부적 압축 때문일 수도 있고, 극성 이웃

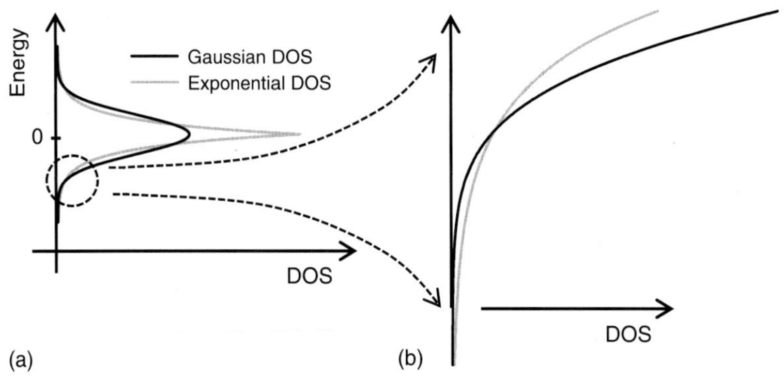

그림 3.14 (a) DOS의 전체 에너지 범위와 (b) 꼬리 상태를 확대한 동일한 사이트 농도를 가진 가우시안과 지수 DOS 사이의 비교. 사이트 에너지에 대하여 가우시안 DOS는 지수 DOS보다 꼬리가 더 빨리 끝난다. 여기서 지수 DOS는 0을 중심으로 대칭적으로 그려지지만, 실제 시스템에서는 당연히 0 미만의 부분만 밴드의 꼬리 상태를 설명하는 것으로 간주된다. 두 경우 모두 DOS는 유사하다.

의 특정 방향 때문일 수도 있다. 사이트 M에 인접한 분자는 관련된 유사한 환경에서 자신을 발견하므로 유사한 영향을 받을 것이다. 결과적으로 인접한 사이트의 에너지는 상관 관계가 있다. 예를 들어, 전하와 랜덤 영구 쌍극자의 상호작용으로 인해 에너지 무질서가 발생하는 경우, 사이트 에너지에 대한 3차원 상관 함수는 $f(r) \sim \sigma^2 a/r$이다. 즉 사이트 간 분리 r과 함께 서서히 감소한다[106]. 여기에서 σ는 에너지 무질서의 특성을 묘사하고, a는 전하–쌍극자 분리 간격이다. 상관 관계가 없는 쌍극자의 집합에서 사이트 에너지의 강한 상관 관계는 쌍극자 정전기 퍼텐셜의 장거리 특성에서 그 기원을 가지고 있다. 차원이 낮은 경우(2D 격자의 경우 $f(r) \sim 1/r^3$, 1D 격자의 경우 $f(r) \sim (\log r)/r^3$[107]), 그리고 유도된 쌍극자(영구 쌍극자 대신)와 상호작용하는 전하의 경우[21, 108] 거리에 따른 감소는 더 빠르다[21, 108]. 상관 관계가 포함될 때 발생하는 에너지 배치는 퍼텐셜에너지의 대규모 변화가 작은 국부 사이트 에너지 변동에 중첩되는 것으로 간주할 수 있다. 이는 DOS 분포의 전역 표준 편차를 변경하지 않고 대규모 스케일의 에너지 구조의 계층적 평탄화와 동일하다. 이에 대한 설명은 그림 3.15에 나와 있다. 사이트 상관 관계의 효과를 포함하는 수정된 버전의 GDM을 **상관 무질서 모델**(CDM, correlated disorder model)이라고 한다. 높은 전기장에서 GDM과 CDM 모델은 수렴한다. 낮은 전기장에서 전하의 움직임을 설명할 때, 특히 분자가 영구 쌍극자 모멘트를 가지고 있을 때 차이가 발생한다. 약 1×10^5 Vcm^{-1} 미만의 필드의 경우, 실험에 맞는 설명에 도달하기 위해서는 상관 관계를 포함해야 한다. 상관 효과는 비극성 물질, 높은 전기장에서 또는 (중성) 엑시톤의 움직임을 고려할 때 덜 중요하다. Monte–Carlo 시뮬레이션의 높은 계산 비용과 해석적인 계산의 추가된 복잡성이 에너지 상관 관계를 일상적으로 고려하지 않는 주된 이유이다.

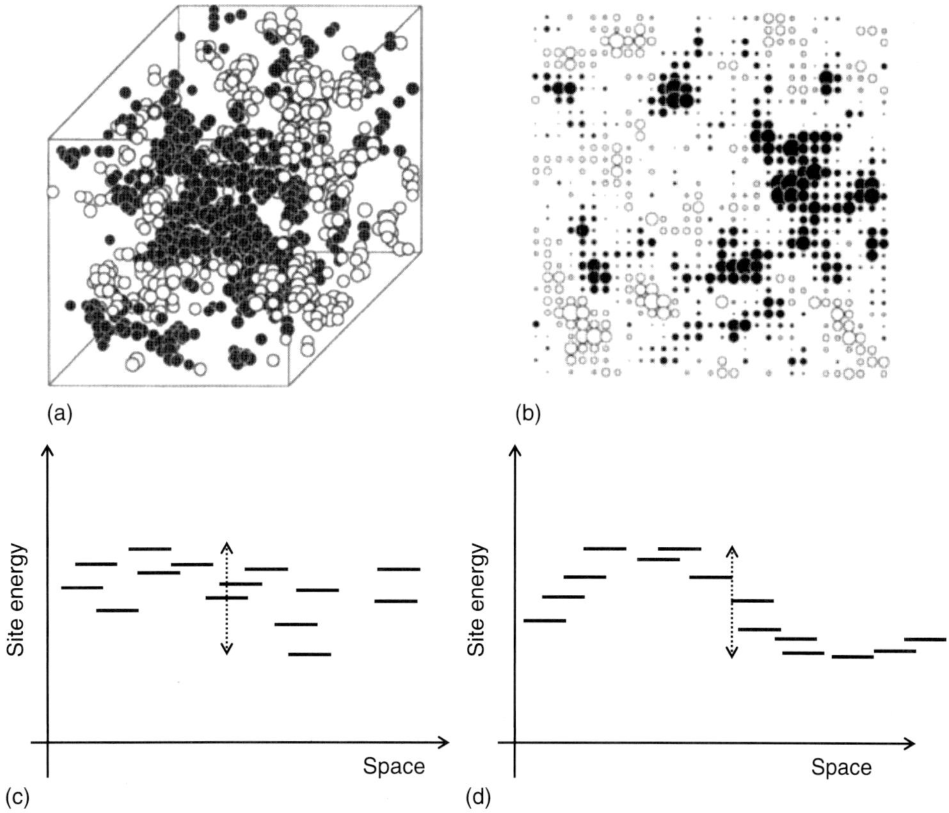

그림 3.15 상관 무질서 예시. (a) 평균값으로부터 사이트 에너지의 양과 음의 변화는 검정과 흰 구로 표시되고, 3차원 그림에서 편차의 크기에 해당하는 반경을 가진다. (b) 2차원 단면도(Novikov와 Vannikov[107]). (c) 비상관 무질서와 (d) 상관 무질서에 대해 공간에 따른 사이트 에너지의 변화. 점선 화살표로 표시된 값의 산포는 두 경우 모두 동일하다.

호핑 속도 동일한 분자 사이의 폴라로닉 수송의 경우, 여기서 사이트 i에서 사이트 j로의 전진 점프와 사이트 j에서 사이트 i로의 후진 점프 사이에는 차이가 없다. 두 사이트 모두 등에너지이며 동일한 폴라로닉 결합 에너지를 가지고 있다. 결과적으로 관련 호핑 속도, 식 (3.36)은 전진과 후진 점프에 대해 동일하다. 폴라로닉 점프 속도의 대칭적 특성도 분명하다[식 (B3.5.1)](Box 3.5). 정적 에너지 무질서를 도입하면 이 대칭이 깨진다. 전진 점프가 에너지적으로 내리막이라면, 후진 점프는 분명히 오르막이고 그 반대도 마찬가지이다. 이를 위해서는 비대칭 점프 속도가 필요하다. 간단한 접근 방식은 내리막 방향의 경우 초과 에너지가 단순히 소산되는 반면 오르막 방향의 경우 Boltzmann 인자의 형태로 활성화 에너지가 필요하다는 것을 고려하는 것이다. 이것은 두 사이트 사이의 전기적인 결합으로 인해 전송률과 곱해져야 하는 에너지 의존성을 도입하는 것이다. 일반적으로 이 결합은 쌍극자 결합[$(r_0/r_{ij})^6$에 비례하는 비율, r_0는 상수, r_{ij}는 사이트 i와 j 사이의 거리]으로 근사될 수 있거나 교환 결합

[비율은 $\exp(-2\lambda r_{ij})$를 따름]을 고려할 수 있다. 쌍극자 결합의 사용은 무질서한 매체에서 엑시톤의 비일관성 호핑을 설명하는 데 적절할 수 있다. 전하 수송을 설명할 때, 교환에 의해 결합이 발생한다. 이것은 Miller와 Abrahams의 호핑 속도 w_{ij}(**MA 모델**)를 통해 표현된다[109].

$$w_{ij} = v_0 \exp(-2\gamma r_{ij}) \times \begin{cases} \exp\left(-\frac{\varepsilon_j - \varepsilon_i}{kT}\right), & \varepsilon_j > \varepsilon_i \\ 1, & \varepsilon_j \le \varepsilon_i \end{cases} \tag{3.40}$$

여기서 r_{ij}는 사이트 i와 j 사이의 점프 거리이고, γ는 전자 파동 함수의 국소화 반경의 역수이다. 인접한 사이트 사이의 전자 결합 모체 요소와 관련이 있다. v_0는 주파수 요소(**호핑 시도 주파수**)이다. 식 (3.40)은 유전 결합이 수송 분자의 상호 배향에 의존할 수 있다는 것을 무시하고, 호핑 사이트가 포인트 사이트임을 의미한다. MA 모델은 전기장에 관계없이 하향 점프에 대해 Boltzmann 인자가 1과 같고, 전하 캐리어가 낮은 에너지 사이트로 이동할 때 방출되는 초과 에너지를 소산하는 데 사용할 수 있는 포논 모드를 수용하는 에너지가 항상 있다고 가정한다. 반대로 더 높은 에너지의 사이트로 점프하려면 열 활성화가 필요하다.

가우시안 DOS를 MA 비율과 함께 사용하여 전하 수송을 설명하면, 폴라로닉 효과의 기여 없이 순전히 무질서 기반 모델을 얻을 수 있다. 설명을 위해 식 (3.34)의 Hamiltonian 선택한 경우, $H_1 \ll H_4$ 그리고 $H_2 = H_3 = 0$에 해당한다($\delta\epsilon_n$이 통계적으로 변하고 위치 무질서로 인한 δJ_{nm}의 변동). 이러한 접근 방식은 분자가 대전될 때 기하학적 재구성 에너지에 대한 필요성을 무시한다. 이 제한은 Marcus 유형 호핑 속도를 사용할 때 제거되므로 폴라로닉 효과가 포함된다. 무질서와 폴라로닉 효과의 중첩은 3.3.2.5절에서 다룬다. 먼저 순전히 무질서 기반 모델로부터 얻어진 결과에 대한 공식을 고려할 것이다.

공식 비정질 유기반도체의 발색단 사이의 전하 전달에 대한 미시적인 설명에서 거시적 이동도를 생성하는 거시적인 설명으로 진행하려면 총체적인 평균화가 필요하다. 이것은 가장 어려운 작업이다.

이를 수행하는 가장 쉬운 방법은 Monte Carlo(MC) 시뮬레이션을 사용하는 것이다. MC 시뮬레이션은 임의적으로 조정 가능한 정도의 무질서가 있는 가상 샘플에 대해 잘 정의된 시작 조건에서 수행되는 이상적인 컴퓨터 기반 실험으로 간주될 수 있다. 실제 샘플의 동작을 재현하는 데 필요한 정교함의 정도를 알려줄 뿐만 아니라 해석적인 이론에 필연적으로 관련된 근삿값의 유효성을 확인할 수 있다.

가우시안 DOS 분포를 갖는 비정질 고체에서 호핑 수송의 첫 번째 해석적 처리는 effective medium approach(EMA)[97–98, 110]를 기반으로 하였다. 이 해석 방법은 독립적인 입자들이 함께 DOS 분포 내에서 에너지에 따라 어떻게 진화하는지를 나타낸다. '입자'는 전하 캐리어

이거나 중성 단일항 또는 삼중항 여기일 수 있다. 비정질 분자막과 같은 희석되지 않은 시스템의 경우, 이 이론은 입자의 운동을 계속하는 데 필요한 중간 열 활성화 점프가 동결되는 저온을 제외하고는 만족스러운 방식으로 호핑 과정을 설명한다[97].

무질서한 환경에서 전하 수송을 모델링할 때, 유용한 개념은 **유효 전달 에너지**(effective transport energy)의 개념이다[111–114]. 이 아이디어는 비정질 무기반도체의 **이동도 엣지**(mobility edge) 개념에서 파생되었다[115–116]. 비정질 무기반도체에서 꼬리 상태는 전도대와 가전자대로부터 분리된다. 전자와 정공은 이러한 꼬리 상태에 편재화되어 있으며 수송에는 편재화된 상태에서 비편재화된 상태로 열 활성화가 필요하다. 여전히 편재화된 상태의 가장 높은 에너지를 이동도 엣지로 정의한다[116]. 비정질 유기반도체에서 모든 상태는 편재화되어 가우시안 DOS 분포를 형성하고 전하 캐리어는 꼬리 상태에 거주하고 있다. 수송에는 열 활성화가 필요하다. 더 멀리 점프해 나가는 것이 에너지적으로 불리하여 선호되지 않는 인접한 사이트로만 열적 여기로 인해 캐리어가 촉진되면, 캐리어가 원래 사이트로 다시 완화되는 경향이 있다. 대조적으로, DOS의 중심에 더 가까운 상태에 대한 여기는 초기 사이트에서 일련의 연속 점프를 할 수 있는 좋은 기회를 의미한다. 그러한 수송을 가능하게 하는 에너지를 **유효 전달 에너지**라고 한다. 이것은 가우시안 DOS의 중심 아래에 있으며 온도에 따라 다르다.

결과의 미시적 설명 무질서 모델은 전하 캐리어 패킷의 움직임을 쉽게 설명할 수 있으며 다음과 같은 관련 특징이 분명해진다.

DOS 분포 내 임의의 위치에서 생성된 전하 캐리어 또는 동등하게 중성 엑시톤을 고려하자. 그것은 한 사이트에서 다음 사이트로 호핑하고 분포의 꼬리 쪽으로 완화된다. 처음에는 에너지적으로 내리막 호핑이 캐리어의 경로에 우세하지만, 결국 내리막 점프와 열적으로 활성화된 오르막 점프 사이의 균형 잡힌 평형이 형성되고, 준평형이 얻어진다(그림 3.16). 분포 함수의 경우 $\varepsilon_0 = 0$인 가우시안 $g(\varepsilon) = (1/\sqrt{2\pi}\sigma)\exp(-(\varepsilon-\varepsilon_0)^2/2\sigma^2)$을 사용하여, 캐리어의 평균 준평형 에너지 ε_∞은 통계적으로 가중된 평균의 긴 시간 제한에 의해 주어진다. 이것은 다음과 같다.

$$\varepsilon_\infty = \lim_{t\to\infty}\varepsilon(t) = \frac{\int_{-\infty}^{+\infty}\varepsilon g(\varepsilon)\exp(-\varepsilon/kT)\mathrm{d}\varepsilon}{\int_{-\infty}^{+\infty}g(\varepsilon)\exp(-\varepsilon/kT)\mathrm{d}\varepsilon} = -\frac{\sigma^2}{kT} \tag{3.41}$$

DOS 중심에 상대적인 평균 캐리어 에너지가 표준 편차로 정규화되면, 식 (3.41)을 $\varepsilon_\infty/\sigma = -[kT/\sigma]^{-1}$로 쓸 수 있다. 즉 무질서-정규화 준평형 에너지는 무질서 정규화 열에

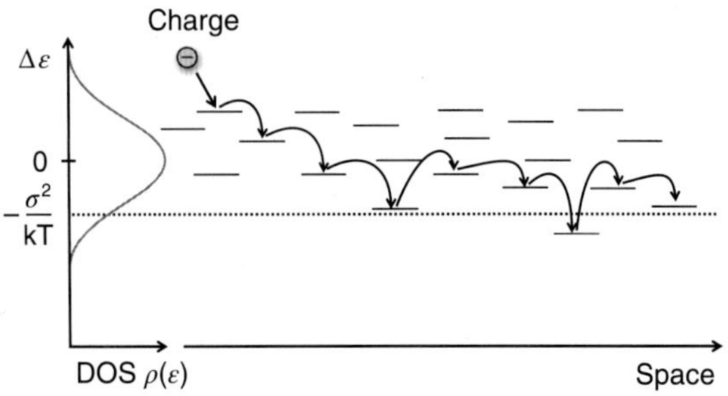

그림 3.16 임의의 에너지에 의해 생성된 전하 캐리어가 가우시안 DOS 내에서 호핑하는 그림. 수평 점선은 전하 캐리어가 긴 시간 제한에서 평형을 이루려고 하는 에너지이다.

너지에 반비례한다. 무질서 모델은 전하의 움직임뿐만 아니라 여기자의 움직임에도 적용되기 때문에, ε_∞의 온도 변화는 방출 스펙트럼의 온도 변화로 쉽게 관찰될 수 있다(3.7.3절 참고).

Monte Carlo 시뮬레이션 또는 EMA 계산을 사용하여, 평형 에너지가 긴 시간 제한에 도달할 때까지, 가우시안 DOS에서 여기(전하 또는 엑시톤)의 평균 에너지 완화는 시간에 대하여 로그 감쇠 법칙 $\varepsilon(t) \propto \ln(t/t_0)$을 따른다는 것을 알 수 있다(그림 3.17). 이에 대한 예외는 전하 캐리어의 움직임이 동역학적으로 동결되어 전하가 낮은 평형 에너지에 도달하는 대신 국소 에너지 최솟값에 갇히게 되는 매우 낮은 온도 범위이다. 3.7.3절에서 논의하겠지만, 깔끔한 필름에서 방출 스펙트럼의 시간 의존적 이동을 고려할 때 엑시톤에 대한 실험적 증거를 쉽게 관찰할 수 있다.

시간에 따른 에너지 완화의 한 가지 중요한 것은 확산도와 이에 따른 전하 캐리어의 이동도가 캐리어가 준평형 에너지에 도달할 때까지 시간에 따라 달라진다는 것이다. 준평형 에너지에 도달하면 확산도와 이동도는 시간에 무관하다. 식 (3.1)에서 언급하였듯이, 확산도는 시

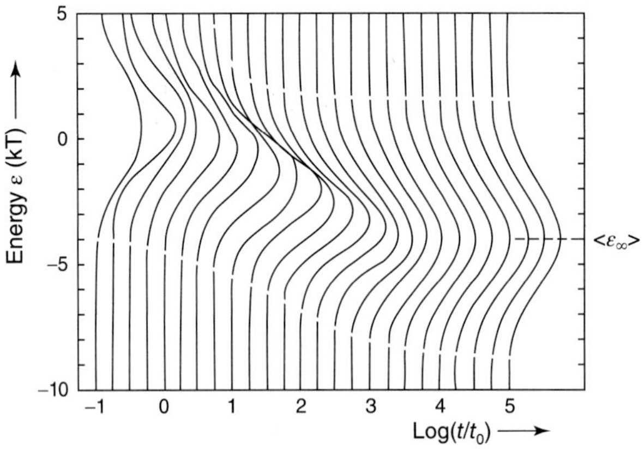

그림 3.17 가우시안 DOS 분포 내에서 완화되는, 상호작용하지 않는 전하 캐리어 패킷이 시간적으로 진전되는 그림. ε_∞ (kT 단위)는 준평형에 도달하는 에너지이다(Bässler[99]).

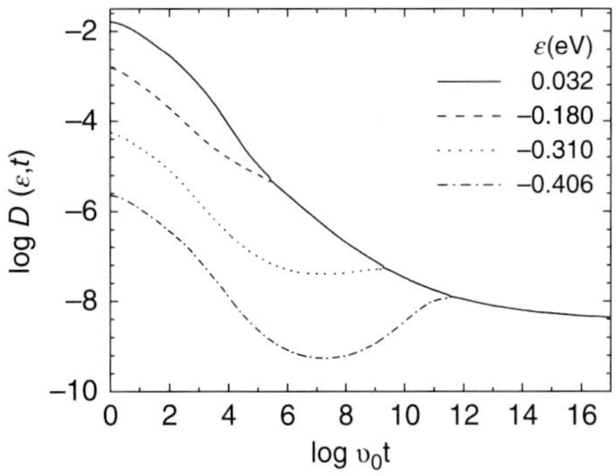

그림 3.18 폭 σ = 100 meV 및 밀도 = 8 × 10^{18} cm^{-3}인 가우시안 DOS에서 230K에서 수송을 위한 효과적인 매질 접근 방식으로 계산된 에너지–시간에 따른 확산율 $D(\varepsilon, t)$의 로그. 다른 시작 에너지에 대해 확산도가 계산된다(Movaghar et al.의 데이터[97]).

간 간격으로 나눈 시간 간격 동안 이동한 거리의 제곱으로 주어진다($D = l^2/t$). 이동도는 아인슈타인 관계식, 식 (3.7) $eD = \mu kT$를 통해 확산도에서 비롯된다. 캐리어가 DOS 어딘가에, 예를 들어 에너지적으로 중앙에 가깝게 배치되면, 처음에는 점프할 더 낮은 에너지 사이트를 많이 발견하여 초기 사이트로부터 빠르게 확산하고 시간 간격 내에서 일정 거리를 커버한다. 나중에는 캐리어는 많은 동일한 에너지 사이트와 적은 낮은 에너지 사이트로 둘러싸여 주어진 시간 간격에서 더 적은 총 거리를 커버하는 더 많은 랜덤 방향의 확산 운동을 야기하게 되어 초기 시간 상황에 비해 확산도가 감소한다. 이 간단한 논의로부터, 확산도와 이동도는 시간에 의존할 뿐만 아니라 DOS 내의 캐리어의 초기 에너지에 따라 좌우된다는 것이 분명하다. 이것은 그림 3.18에 설명되어 있다. DOS에서 매우 낮은 에너지로 시작할 때 캐리어 확산도는 장시간의 준평형 값으로 병합되기 전에 크게 감소할 수도 있다.

확산도가 시간, 온도, 그리고 국부 에너지 배치에 따라 달라지므로, 전하 캐리어들의 총체의 수송은 준평형에 도달할 때까지 분산된다(Box 3.6). 이것은 ToF 실험 과정에서 전하 캐리어 패킷이 광학적으로 생성될 때 관찰할 수 있다. 생성 직후 전하 캐리어는 준평형을 향해 에너지적으로 완화된다. 이는 완화 과정이 완료되었음을 나타내는 안정기(plateau)로 합쳐지는 ToF 신호의 초기 감쇠에 의해 드러난다. 이 안정기는 초기 생성된 캐리어 시트가 상대 전극에 도달할 때까지 지속되는 일정한 변위 전류와 연관된다. 온도를 낮추면 완화가 느려지고 확산도의 국부적 변화가 두드러진다. 결과적으로 웨이브 패킷의 일부 캐리어는 더 높은 이동도로 이동하고 다른 일부는 더 낮은 이동도로 이동하여 전체 수송이 분산된다. 전하 캐리어 시트는 더 이상 비교적 잘 식별 가능한 시간에 상대 전극에 도달하지 않으며, ToF 신호가 번져서 도착 시간을 표시하는 구부러진 신호를 잃어버린다. 이는 일반적으로 중요한 무질서 파라미터 $\sigma/kT > 4$ 이상에서 발생한다. 이것은 그림 3.19에 설명되어 있다. ToF 측정에 대한 개요는 [117]을 참조하였다.

Box 3.6 지속적인 시간 자유 행보(CTRW 모델)

지속적인 시간 자유 행보(CTRW, Continuous Time Random Walk) 개념은 chalcogenides와 같은 비정질 무기반도체의 전하 수송이 분산되어 있는 이유, 즉 전하 캐리어 앙상블의 속도가 시간에 따라 지속적으로 감소하는 이유를 이해하기 위해 Scher와 Montroll에 의해 도입되었다[120]. 1970년대 초에는 이러한 물질은 정전복사(xerography)에 사용되는 광수용체로 사용되었다. Scher와 Montroll은 비정질 시스템에서 전하 캐리어가 점유된 격자 사이트를 떠날 확률은 시간의 지수 함수가 아니라 넓은 대기 시간 분포에 의해 제어된다고 가정했다. $\Psi(t) = t^{-(1+\alpha)}$, $0 < \alpha < 1$은 분산 매개변수이다. 이 기능은 heuristic 방식으로 도입되며 미시적 매개변수와 직접적인 관련이 없다. 이러한 형태의 대기 시간 분포는 전하 캐리어 앙상블의 속도를 느리게 한다. 그것은 다음과 같은 형태의 광전류(PC)의 시간 의존성을 특징으로 하는 ToF 신호를 예측한다.

$$j(t) \propto \begin{cases} t^{-(1-\alpha)}, & t \le t_{\mathrm{tr}} \\ t^{-(1+\alpha)}, & t > t_{\mathrm{tr}} \end{cases} \tag{B3.6.1}$$

여기서 t_{tr}은 $\ln j(t)$ 대 $\ln t$ 의존성에서 구부러짐에 의해 정의된 유효 전이 시간이고, α는 분산 매개변수이다. 호핑 사이트가 지수 함수의 분포인 경우 $\alpha = T/T_0$이다. 여기서 T_0는 호핑 상태 분포의 특성 온도이다. 그러나 Scher 등이 선택한 특정 대기 시간 분포 $\Psi(t)$와 그에 따른 분산 PC는 편재화된 상태의 지수 분포로부터 잘 정의된 전도대 엣지 또는 호핑 상태 분포 내에서 소위 이동도 엣지로 캐리어 점프를 통해 전하 수송이 발생하는 시스템에서만 실현된다는 점을 명심하는 것이 중요하다[121]. 지수 DOS에서 전송의 특징은 일시적인 PC가 전체 시간 범위 내에서 분산 상태를 유지한다는 것이다. 즉, 준평형에 도달하지 않기 때문에 ToF 신호가 안정기에 도달하지 않는다. 이것은 매우 다양한 랜덤 유기반도체에 대한 실험 결과와 차이가 있다. 역사적으로, 무질서 수송을 고려해야 할 필요성은 1970년대 정전복사 과정(xerographic process)의 발달 과정에서 발생했다.

준평형이 설정되고 전하 캐리어의 수가 호핑 사이트의 수보다 훨씬 적으면, 캐리어는 가우시안 DOS 분포의 중심에 대해 평균 에너지인 $-\sigma^2/kT$ 사이트를 차지한다. 이 경우 수송이 일어나는 효과적인 수송 에너지에 도달하기 위해 전하 캐리어가 열적으로 활성화되어야 한다. 준평형 에너지는 온도에 따라 감소하므로 그에 따라 활성화 에너지도 증가해야 한다. 따라서 이동도의 온도 의존성은 Arrhenius의 법칙에서 벗어나야 하며, 호핑 수송 과정에서 기하학적 이완이 중요하지 않다고 암묵적으로 가정하여 법칙을 입증해야 한다.

$$\mu = \mu_0 \exp\left(-C\left(\frac{\sigma}{kT}\right)^2\right) \tag{3.42}$$

C는 초기 및 최종 호핑 상태가 모두 에너지로 분산된다는 것을 고려하는 스케일링 매개변수이다. 3차원 시스템의 경우, $C = 0.44$ ($\approx(2/3)^2$)이 된다. 대표적인 실험 결과가 그림 3.20에 나

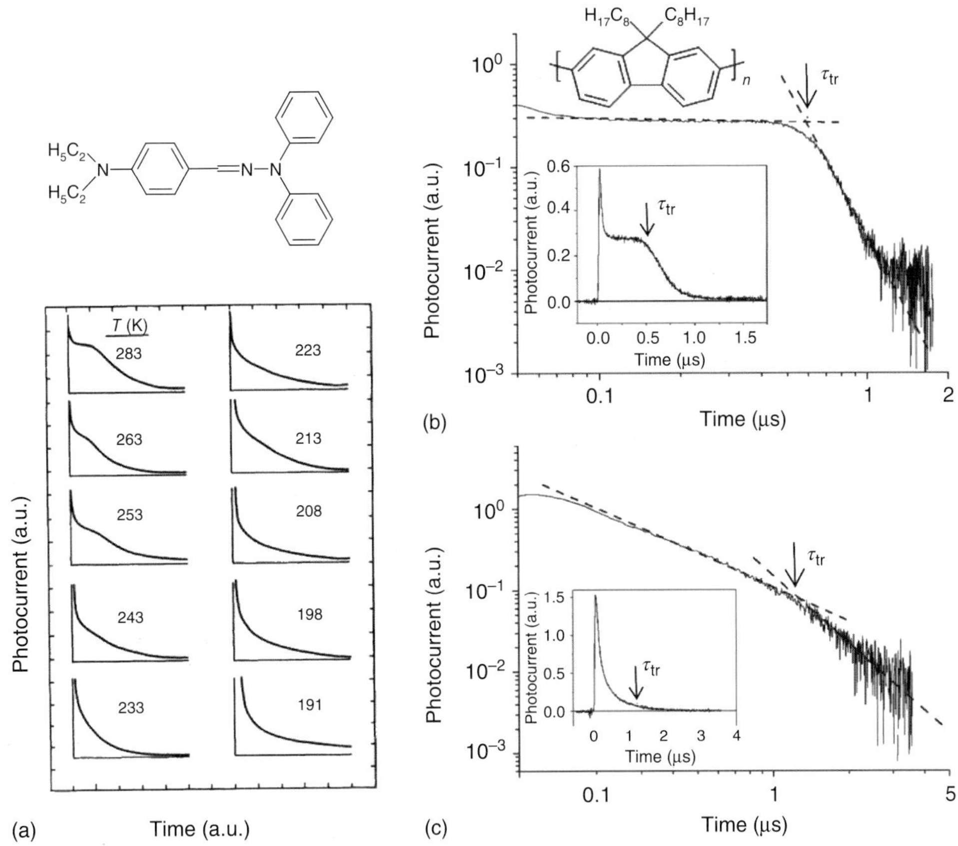

그림 3.19 위에 묘사된 분자의 유리에서 이동하는 정공의 ToF 신호가 283K에서 191K로 냉각될 때 어떻게 분산되는지를 보여준다(Borsenberger et al.의 데이터[118]). (b)와 (c)에서 폴리머 PFO의 1 μm 두께 필름에 대해 20 V에서 측정된 ToF 신호를 보여준다. 데이터는 이중 로그 스케일로 플롯되어 전송 시간 τ_{tr} 경사의 변화로부터 추론할 수 있다. 삽입된 그림은 동일한 데이터를 선형 스케일로 보여준다. (b)에서 필름은 120°C에서 어닐링되어 비분산 수송을 일으켰다. (c)에서 필름은 어닐링되지 않았고 수송은 분산된다((b)와 (c)의 데이터는 Kreouzis et al.의 것[119]).

와 있으며, 이동도 데이터가 순전히 폴라로닉 수송의 특징인 지수적으로 $1/T$ 의존성이 아니라 지수적으로 $1/T^2$ 의존성에 잘 맞다는 것을 보여준다[122–123]. 그러나 실제로는 구별하기 어려운 경우가 많다. 가능한 온도 범위가 작고 데이터 포인트 수가 드문 경우 $\ln\mu$ 대 $1/T^2$ 플롯을 $\ln\mu$ 대 $1/T$ 플롯과 구별하기가 어렵다.

전자 또는 정공의 호핑 이동도 μ는 원칙적으로 적용된 전기장에 의존해야 한다. 왜냐하면 전기장은 전기장 방향으로 점프할 때 활성화 에너지를 낮추기 때문이다(그림 3.21). 실험적으로, μ는 소위 Poole–Frenkel 유형 전기장 의존성을 일반적으로 따른다($\ln\mu \propto \sqrt{F}$)[124]. 이 함수 모양은 카운터 전하의 쿨롱 퍼텐셜에서 전하 캐리어의 탈출을 설명하는 Richardson–Schottky 유형의 전하 주입(3.2.2절 참고)의 전기장 의존성과 유사하다. 그러

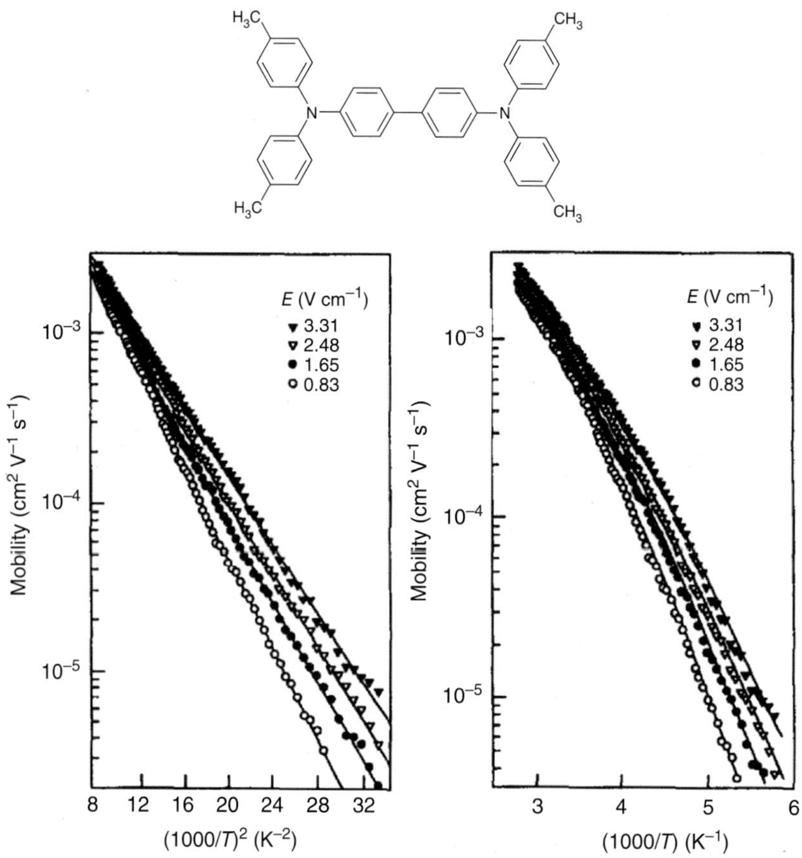

그림 3.20 T^{-2}과 T^{-1}의 가로축 스케일로 플롯된 서로 다른 전기장에서 11 μm 두께의 TTB 필름에서 정공 이동도의 온도 의존성 비교(Heun et al.의 데이터[122]).

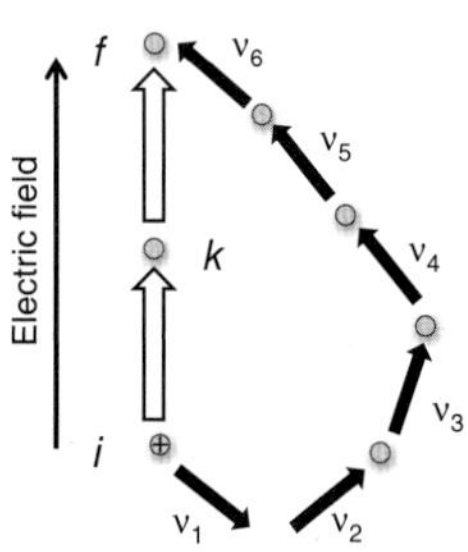

그림 3.21 정공이 초기 사이트 *i*에서 중간의 높은 에너지 사이트 *k*에 의해 분리된 최종 사이트 *f*까지 도달할 수 있는 가능한 경로의 그림. 높은 에너지 사이트를 통과하는 직접 경로(흰색 화살표)는 에너지적으로 더 접근하기 쉬운 다른 사이트를 우회하여(검은색 화살표) 회피할 수 있다. 우회는 전기장이 증가할 때 차단되는 전기장 방향과 반대하여 점프를 포함할 수 있다.

나 전하 수송의 경우, 이 전기장 의존성을 설명하기 위해 비어 있을 때 테스트 시스템이 대전된 트랩이 포함되어 있다고 가정해야 했다. 이 현상은 화학적으로 매우 다른 종류의 물질에서 어디서나 관찰되기 때문에, 이것은 비현실적인 가정이다. 한편 $\ln\mu \propto \sqrt{F}$ 의존성은 비정질 유기반도체의 진정한 특징으로 인식되었다. 비록 높은 전기장에서만 가능하지만

Monte Carlo 시뮬레이션[99]에 의해서 이것이 검증되었다. 실험 결과는 이미 10^4~10^5 Vcm^{-1}의 전기장에서 이 현상을 보여준다. 후속 작업에서는 시뮬레이션과 실험 간의 이러한 다른 동작이 사이트 상관 관계와 관련이 있음을 보여주었다. Bässler의 GDM 시뮬레이션에서 호핑 사이트의 에너지는 상관 관계가 없다고 가정했다. 실제 표본에서는 가능성이 낮다. CDM에 사이트 에너지 상관 관계를 통합하면 $\ln\mu \propto \sqrt{F}$ 의존성이 준수되는 확장된 전기장 범위로 이어진다[21, 106].

다른 온도에서 전기장에 의존하는 전하 캐리어 이동도를 측정할 때, $\ln\mu \propto \sqrt{F}$ 플롯의 기울기가 크게 감소하고 음수가 될 수 있다. 그 이유는 위치적(off-diagonal) 정적 무질서뿐만 아니라 에너지적(diagonal) 정적 무질서와도 관련이 있다. 비대각선 정적 무질서는 호핑 사이트 간의 전기적 결합 강도를 변화시킨다. 이것은 매개변수 $2\gamma r_{ij}$를 $2(\gamma r)_{ij}$로 변경하고 $(\gamma r)_{ij}$가 통계적으로 Gaussian 분포함수 $g(\gamma r) = (1/\sqrt{2\pi}\Sigma)\exp(-(\gamma r - (\gamma r)_0)^2/2\Sigma^2)$로 나타냄으로써 식 (3.40)의 호핑 속도에 포함된다. 위치 무질서 파라미터 Σ는 물론 에너지 무질서 파라미터 σ와 다를 수 있다. $\Sigma > \sigma/(kT)^2$일 때, μ의 전기장 의존성은 음수로 나타난다. 정성적 설명은 큰 위치 무질서 시스템에서 전하 캐리어가 큰 에너지 장벽을 넘어서는 것을 피하기 위해 더 유리한 우회로를 찾을 수 있다는 것이다(그림 3.21). 이 우회로는 전기장의 반대 방향에 대한 점프가 포함될 수 있으므로 더 높은 전기장에서 차단될 것이다. 결과적으로 이동도는 전기장과 함께 감소할 수 있다. 에너지 및 위치 무질서가 있을 때 호핑 수송에 대한 정량적 설명은 사이트 상관 관계가 없는 Monte Carlo 시뮬레이션에서 파생되었다. 그것은 다음을 예측한다.

$$\mu(\hat{\sigma}, F) = \mu_0 \exp\left(-\frac{4\hat{\sigma}^2}{9}\right) \exp\left[C'\left(\hat{\sigma}^2 - \Sigma^2\right)\sqrt{F}\right], \quad \Sigma \geq 1.5 \tag{3.43a}$$

$$\mu(\hat{\sigma}, F) = \mu_0 \exp\left(-\frac{4\hat{\sigma}^2}{9}\right) \exp\left[C'\left(\hat{\sigma}^2 - 2.25\right)\sqrt{F}\right], \quad \Sigma \leq 1.5 \tag{3.43b}$$

여기서 $\hat{\sigma} = \sigma/kT$ 그리고 C'은 사이트 간 분리에 따라 달라지는 수치 상수이다. 0.6 nm의 사이트 거리에 대해 $C' = 2.9 \times 10^{-4}\ \mathrm{cm\,V^{1/2}}$이다. 사이트 상관 호핑에 대한 해당 관계는 다음과 같다.,

$$\mu(\hat{\sigma}_d, F) = \mu_0 \exp\left(-\frac{9\hat{\sigma}_d^2}{25}\right) \exp\left[C_0'\left(\hat{\sigma}_d^{1.5} - \Gamma\right)\sqrt{\frac{eaF}{\sigma_d}}\right] \tag{3.44}$$

여기서 $C_0' = 0.78$, Γ[식 (4.43)에서 Σ^2에 해당]는 위치 무질서를 설명하고 $\hat{\sigma}_d$는 영구 쌍극자에 의해 대전된 사이트의 정전기적 결합으로 인한 DOS 분포의 폭이다[106]. 상관 Gaussian 무질서 모델(CDM)은 광범위한 전기장에 대한 μ의 전기장 의존성과 $\ln\mu$ 대 $1/T^2$ 유형의 온도 의존성을 갖는 관찰된 Poole–Frenkel 유형을 설명한다. 식 (3.43) 대신 식 (3.44)를 이용하여 계산한 σ값은 약 10% 더 크다.

3.3.2.5 폴라론 중첩과 무질서 효과

이전 장에서 분자 유닛이 충전되면 그 배치가 다소 변경된다는 것을 알았다. 이것은 기하학적 완화 에너지로 표현되며 관련 전하 캐리어는 폴라론이다. 이 완화 에너지는 추가적인 활성화 항의 형태인 호핑 속도에 대한 표현에 들어가야 한다. 이와 동시에, 이러한 추가적인 항은 확산도와 이동도에 대한 온도에 의존하는 표현의 지수에도 들어가야 한다. 명백한 질문은 폴라론과 무질서 효과의 상호 중요성과 관련이 있다. 이것은 과거에 많이 논의되었다[125–126]. 한편, 전하 수송의 경우 2가지 효과가 모두 기여할 수 있으며 둘 사이의 양적 차별이 중요하다는 합의가 있다[119]. 이 문제는 (단순한) Miller–Abrahams 유형의 호핑 속도가 Marcus 속도 대신 데이터 해석에 충분한지 여부에 대한 질문과 관련이 있다.

필수적인 단계는 Parris 등[127]에 의해 만들어졌다. 그는 랜덤하게 분포하는 쌍극자에 전하가 결합하여 무질서가 발생하는 랜덤 배치에서 1차원에 대한 폴라론 호핑에 대한 해석 이론을 세웠다. 호핑 속도는 폴라로닉 수송에 대한 Emin의 작업에서 가져왔다[82]. 이 이론은 σ = 80 meV, 폴라론 결합 에너지 $E_p = \lambda/2$ = 150 meV, 그리고 1 meV의 전기적 사이트 결합 에너지를 매개변수로 선택한 컴퓨터 시뮬레이션에 의해 입증되었다. 시뮬레이션 결과는 C = 0.31인 실험적 방정식에 제시되었다.

$$\mu = \mu_0 \exp\left(-\frac{E_a}{kT} - C\left(\frac{\sigma}{kT}\right)^2\right) \exp\left[0.78\left(\hat{\sigma}^{1.5} - 1.75\right)\sqrt{\frac{eaF}{\sigma}}\right] \tag{3.45}$$

식 (3.45)에서 Poole–Frenkel 유형의 전기장 의존성이 회복된다. 그리고 온도에 의존하는 이동도는 이동하는 동안 캐리어가 기하학적 왜곡으로 다루어진다는 사실을 설명하는 Arrhenius 유형 기여, $\ln\mu$ 대 E_a/kT(여기서 $E_a = E_p/2$)와 무질서 제어 기여, $\ln\mu$ 대 $1/T^2$의 중첩이다. Fishchuk 등의 최근 작업[128]은 무질서와 폴라론 효과 사이의 상호작용이 관련 매개변수, 즉 σ와 E_a 사이의 비율에 의존한다는 것을 보여주었다. 이는 σ/E_a 비율이 증가함에 따라 증가하는 매개변수 C로 표현된다. 제로 필드 제한에서, Parris의 표현과 일치하지만 가변 파라미터 C(C 인자)를 사용한다.

$$\mu \propto \exp\left[-\frac{E_a}{kT} - C\left(\frac{\sigma}{kT}\right)^2\right] \tag{3.46}$$

Miller Abrahams 비율을 사용하는 취급 가능한 폴라로닉 수송이 없는 경우에 대해, C가 0.44에 접근함에 따라 그림 3.22가 예상되는 값과 일치한다는 사실을 보여준다. [128]에 보고

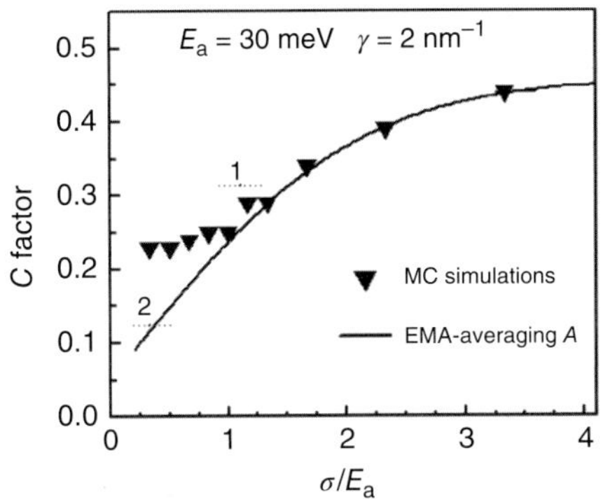

그림 3.22 3D 시스템에서 Marcus 유형의 호핑 운동에 대해 얻은 계수 C 대 σ/E_a. 삼각형은 Monte Carlo 시뮬레이션을 나타내며, 전체 곡선은 해석 이론의 결과이다(Fishchuk et al.의 데이터[128]).

된 시뮬레이션은 호핑 시스템이 이방성일 때 C가 증가함을 보여준다. 1D 시스템에서 $C(\sigma/E_a)$는 1에 접근한다[129]. 전하 캐리어가 움직임을 계속하기 위해 가장 쉬운 경로를 따르는 경향이 있기 때문에 이것은 타당한 결과이다. 3D 시스템에서 높은 에너지에 직면한 전하 캐리어는 1D 시스템에서는 사용할 수 없는 우회로를 만들어 장애물을 우회할 수 있다.

Fishchuk 등에 의해 발전된 공식[128]은 C 인자를 전송 매개변수 σ 그리고 E_a와 관련시킨다. 무질서의 상대적 가중치와 전자 수송에 대한 기하학적 왜곡 효과를 평가하기 위한 지침을 설정하는 데 사용할 수 있다. 식 (3.46)의 지수에 들어가는 활성화 에너지가 같을 때, 무질서와 재구성 효과는 비슷하다. 이것은 임계 온도 T_c를 정의한다.

$$kT_c = C\frac{\sigma^2}{E_a} \tag{3.47}$$

$T > T_c$의 경우 수송이 폴라론으로 제어되고, $T < T_c$의 경우 무질서에 의해 제어된다. σ뿐만 아니라 C와 E_a 사이에 확립된 상관 관계를 기반으로, σ/E_a 비율에서 σ 매개변수의 함수로 T_c를 계산할 수 있다. 대략적인 관계 $T_c \propto \sigma^{2.5}$로 제시될 수 있다. 실제로 C가 일정하다면, T_c는 σ에 따라 2차적으로 변할 것이다. σ에 대한 T_c의 의존성은 E_a의 다른 값에 대해 그림 3.23에 설명되어 있다. 중요한 메시지는 T_c가 대략 σ^2/E_a의 스케일을 가진다는 것이다. 즉 그것은 무질서 파라미터에 대해 대략 2차적으로 증가하지만, 기하학적 왜곡 정도에는 선형으로만 증가한다. σ의 일반적인 값은 100 meV이고 일반적으로 E_a = 25~50 meV이므로, 폴라로닉과 무질서 기여도가 동일한 임계 온도는 T_c = 600~1500 K이다. 이것은 $T < T_c$인 전하 수송이 온도가 감소함에 따라 점차적으로 무질서 제어가 되고, 반면 T_c 이상에서는 폴라로닉 수송이 우세함을 나타낸다. 그러나 E_a에 대한 추정은 실험적으로 결정하기 어려운 것으로 악명 높은 재구성 에너지를 기반으로 한다는 것을 기억해야 한다. 추정 과정은 일반적으로 밀도 함수 이론(DFT, density functional theory) 계산으로부터 추론된다[130]. 공식은 호핑 사

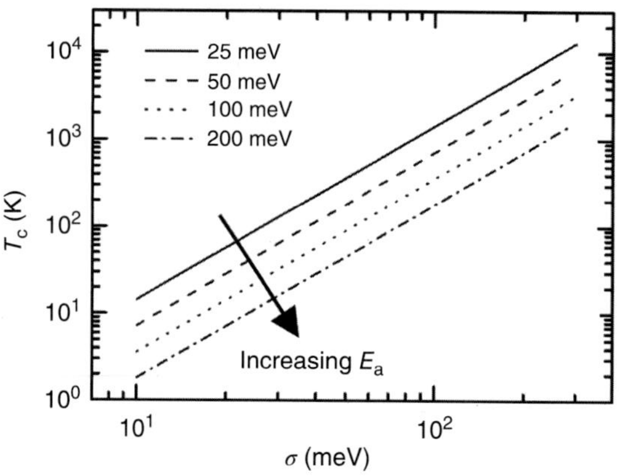

그림 3.23 그림에 표시된 대로 무질서 파라미터 σ와 다른 E_a값에 대한 임계 온도 T_c의 변화. $T < T_c$의 경우 수송은 무질서 제어가 된다(Fishchuk et al.의 데이터[128]).

이트들 사이에 교환 결합의 강도와 무관하기 때문에, T_c가 약 100 K의 더 낮은 값을 취하지만 중성 삼중항 엑시톤에도 적용이 가능하다.

3.3.3 트래핑 효과

전하 수송은 종종 트래핑 효과에 의해 방해를 받는다. 트랩을 포함하는 결정의 이동도를 측정할 때 이동도는 냉각 시 먼저 증가하고 온도를 더 낮추면 감소하는 것을 종종 발견한다. 이것은 밴드 유형 모션에서 트랩 제한 수송으로 바뀌는 신호이다. 이 현상에 대한 설명은 Hoesterey와 Letson[131]에 의해 제공되었다. 이것은 전하 캐리어가 분자에서 분자로 호핑한다는 개념을 기반으로 한다. 상대 농도 c로 존재하는 트랩을 발견하면 트랩에 포착된다. 후속 방출에는 열 활성화가 필요하므로 수송이 지연된다. 열 활성화는 $\ln\mu$ 대 $1/T$를 플로팅하여 평가할 수 있는 트랩 에너지 E_t에 의해 제어된다. Hoesterey와 Letson 공식은 다음을 예측한다.

$$\mu = \mu_0\left(1 + c \cdot \exp\left(\frac{E_t}{kT}\right)\right)^{-1} \tag{3.48}$$

μ_0는 트랩이 없는 이동도이다. 295 K에서 40 meV의 깊이를 갖고 10^{-7} mol/mol의 낮은 농도로 존재하는 트랩은 이미 2배만큼 이동도를 감소시키기에 충분하다. 트래핑 사이트는 구조적 결함일 수 있으며 우연히 또는 의도적으로 추가된 도펀트 분자일 수 있다. 정공 트랩의 경우, 트랩 깊이는 도펀트와 호스트 물질의 이온화 퍼텐셜(HOMO 에너지에 의해 근사)의 차이에 의해 결정된다. 그에 맞춰 전자 트랩은 트랩과 호스트의 전자 친화도(LUMO 에너지에 의해 근사)의 차이에 의해 제어된다. 따라서 불순물이 트랩으로 작용할 수 있는지 여부는

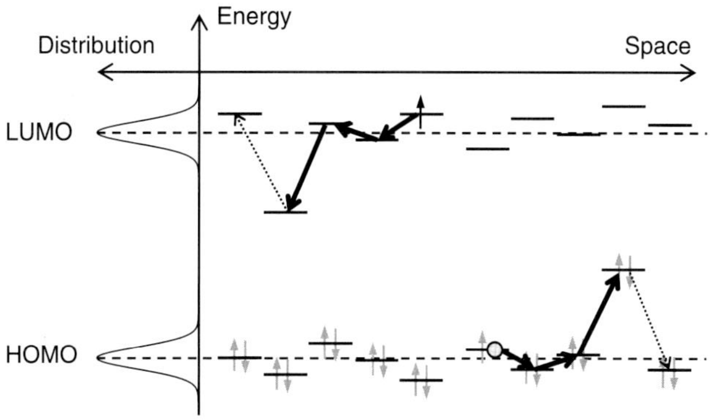

그림 3.24 낮은 에너지의 빈 사이트가 전자의 탈출을 지연시켜 전자 이동도를 감소시키는 전자의 트랩 역할을 하는 방법을 보여준다. 같은 방식으로, 더 높은 에너지의 채워진 사이트는 정공 이동도를 감소시키는 정공의 트랩 역할을 할 수 있다.

트랩 레벨의 절대 위치가 아닌 상대적인 위치에 의해 결정된다.

이것은 OLED 또는 FET와 같은 분자 소자의 재료 설계에 중요한 영향을 미친다. 호스트 물질의 이온화 에너지가 클수록 의도하지 않은 불순물이 트랩으로 작용할 가능성이 높아진다(그림 3.24). 주목할 만한 문제는 수송 장치의 HOMO와 LUMO 간의 전자 결합은 비슷한 반면(아래 참고), 분자 고체의 전자 이동도가 정공보다 보통 몇 자리수 정도 더 낮은 경우가 많다는 것이다. 의심되는 것은 샘플 준비 과정에서 LUMO가 낮은, 즉 트랩 역할을 할 수 있는 높은 전자 친화도를 갖는 산소 또는 산화 생성물이 항상 포함되어 있다는 것이다. 이 개념은 Blom 그룹[13, 132]의 최근 실험에 의해 입증되었다. 그들은 다양한 고분자 시스템에서 트랩 제한 전자 수송을 조사하였고 다음을 밝혀냈다. (i) 트랩 깊이는 벌크 재료의 LUMO 위치와 관련이 있으며, (ii) 모든 시스템에서 진공 수준에 비해 LUMO 수준이 −3.6 eV인 공통 전자 트랩이 존재함을 발견했다. 약 10^{-4} mol /repeat unit의 농도에서, 아마도 산소/물 부가 생성물과 관련이 있다. 이것은 −3.7 eV에서 LUMO 준위를 갖는 PCBM 필름이 트랩이 없는 전자 수송이지만, HOMO가 −6.7 eV이기 때문에 형편없는 정공 수송 물질임 확인시켜 준다. 실제로 실온에서 SCL 암전류는 PCBM에 대해 2×10^{-3} cm^2 $V^{-1}s^{-1}$의 높은 전자 이동도를 생성한다[24].

유기반도체가 트랩 역할을 할 수 있는 분자로 의도적으로 도핑되면, 전하 캐리어 이동도가 도펀트 농도에 따라 감소한다. 그러나 트랩 밀도가 특정 수준(일반적으로 0.1 mol/mol)을 초과하면 다시 상승할 수 있다[133]. 그 이유는 트래핑 사이트의 일부가 특정 한계를 초과하면, 전하 캐리어가 모체 사이트를 향해 에너지를 소비하는 디트랩 과정을 만드는 대신 도펀트 사이트 사이에 침투하기 시작하기 때문이다. 자세한 내용은 관련 문헌에서 찾을 수 있다[114, 134].

3.3.4 더 높은 전하 캐리어 밀도에서 수송

위에서 논의한 수송 모델은 전하 캐리어의 상호작용이 무시할 수 있다는 조건을 전제로 한다. 이것은 다음과 같은 경우 더 이상 인정되지 않는다.

(i) 트랩된 공간 전하가 유전체 내부의 전기장 분포를 왜곡
(ii) 이온화된 도펀트 분자가 DOS를 수정
(iii) 유전체를 통해 흐르는 전류가 충분히 커서 DOS의 꼬리 상태 중 무시할 수 없는 부분이 이미 점유됨

후자의 경우는 장치의 전류가 공간 전하가 제한 전류이거나 전류가 전계효과트랜지스터와 같이 유전체의 얇은 층에 국한될 때 실현된다. 전하 캐리어가 준 평형 조건에 의해 정의된 임계 수준 이상으로 DOS의 꼬리 상태를 채울 때 전하 캐리어 이동도의 온도 의존성이 변경되어야 한다는 것은 개념적으로 이해하기 쉽다. 이 경우 캐리어 통계는 Fermi–Dirac과 유사하지만 상태 채우기가 무시될 수 있는 경우, Boltzmann과 유사하다. 낮은 캐리어 밀도에서, 완화 과정을 완료하기에 충분한 시간이 주어지면, 열평형 상태의 전하 캐리어는 DOS 중심 아래의 에너지 $\varepsilon_\infty = \sigma^2/kT$로 완화된다. 이로 인해 ε_∞를 중심으로 너비 σ를 갖는 Gaussian 분포의 점유한 DOS가 형성된다. 전하 수송은 점유한 DOS 분포 내에 국한된 전하 캐리어가 수송 에너지의 한 장소로 점프하는 것을 포함한다. 그러나 분포가 부분적으로 채워지면, 예를 들어 더 높은 캐리어 밀도의 경우, quasi–Fermi 준위가 ε_∞보다 높게 설정된다. 전하 캐리어가 수송 에너지에 도달하는 데 필요한 활성화 에너지가 감소하고, 그에 따라 이동도가 증가한다(그림 3.25). 이것은 μ의 약한 온도 의존성뿐만 아니라 $\ln\mu \propto T^{-2}$ 의존성에서 Arrhenius 유형 $\ln\mu \propto T^{-1}$ 의존성으로의 점진적으로 바뀌는 것과 관련이 있다. 이는 전하 캐리어의 상향 점프가 더 이상 온도에 의존하는 점유한 DOS에서 시작되지 않고 적용된 전압에 의해 설정된 Fermi 준위에서 시작되기 때문이다. 이 효과의 직접적인 검증은 FET 조건에서 측정된 캐리어 이동도가 ToF 실험에서 추론된 값보다 최대 3자리수 더 클 수 있다는 관찰이다[135](그림 3.26). 또한 차일드 법칙에 의해 예측된 것보다 전기장에 의한 SCL 전류 이동도가 더 가파르게 증가한다는 것을 발견한다(3.1절의 식 (3.4) 참고)[136]. 한편, 이러한 급격한 증가는 무시할 만한 농도를 전제로, 이동도의 전기장 의존성 때문이 아니라는 것을 알 수 있다. 오히려 그림 3.25에서 볼 수 있듯이, 전하 캐리어 농도의 증가로 인해 DOS 분포의 꼬리 상태가 일부 채워지는 효과가 대부분이다.

공간 전하가 있는 상태에서 수송에 대해서는 Arkhipov 등이 최초로 이론적으로 다루었다[112]. 이 저자들은 화학적으로 도핑된 물질과 FET의 전도 채널에서, 가우시안 DOS의 깊은 꼬리 상태를 차지하는 전하 캐리어의 수가 전체 DOS에 비해 중요할 수 있다고 지적했다. 그들은 가변 범위 개념을 기반으로 확률적 호핑 이론을 개발하고, 이동도의 온도 의존성을

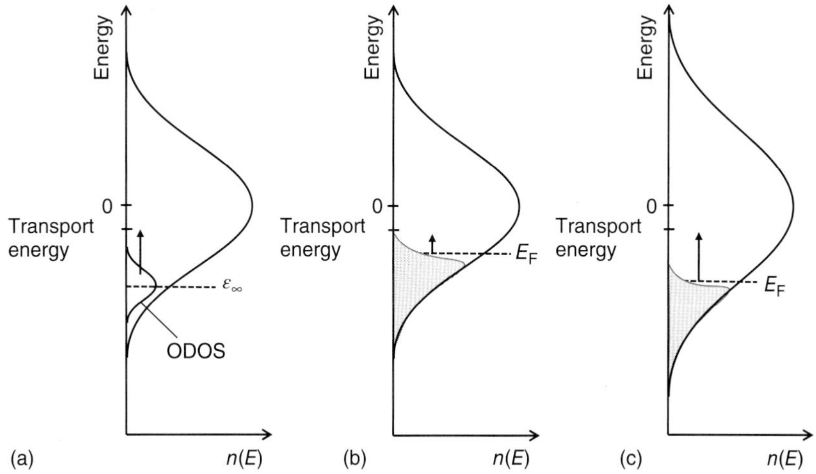

그림 3.25 호핑 사이트의 Gaussian 분포에서 상태 채우기(회색 영역)의 효과에 대한 개략도. (a) 무시할 수 있을 정도의 전하 캐리어 농도에서, 채워진 상태 밀도(ODOS) 분포 내의 에너지에서 수송 에너지로의 전하 캐리어 운동은 열 활성화 전이(검은색 화살표로 표시)를 필요로 한다. (b) 공간 전하가 있는 상태에서 전하 캐리어는 Fermi–Dirac 통계를 따른다. 캐리어 운동은 Fermi 에너지에서 수송 에너지로의 전환이 필요하다. 공간 전하가 DOS 분포를 약간만 변경하면 (a)에 비해 수송을 위한 활성화 에너지가 감소한다. (c) 예를 들어 전기 화학적 도핑 과정에서 발생하는 역전하로 인해 DOS를 넓히면 공간 전하의 존재로 인한 Fermi 에너지가 (b)에 비해 낮아져 결과적으로 전하 수송을 위한 활성화 에너지는 증가한다.

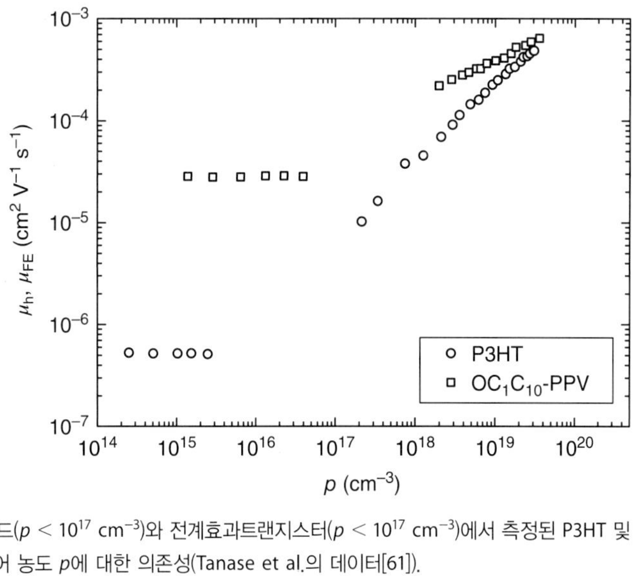

그림 3.26 다이오드($p < 10^{17}$ cm^{-3})와 전계효과트랜지스터($p < 10^{17}$ cm^{-3})에서 측정된 P3HT 및 OC_1C_{10}–PPV의 정공 이동도의 전하 캐리어 농도 p에 대한 의존성(Tanase et al.의 데이터[61]).

설명하기 위해 Fermi–Dirac 분포를 통합했다. 현재 가장 많이 사용되는 공식은 Pasveer 등[96]의 공식이다[식 (3.39) 참고]. 이는 격자에서 전하 캐리어 호핑을 나타내는 마스터 방정식의 수치해를 기반으로 한다. 사이트의 일부가 이미 점유되고 있다는 점을 고려할 때, 주어진 사이트에서 같은 전하 한 쌍이 형성되는 것은 쿨롱 반발에 의해 방지된다는 것을 암묵적으로 가정하고, 전하 수송은 분산이 σ인 가우시안 매니폴드 상태에서 Miller–Abrahams 속도를 가지는 열 보조에 의한 터널링 과정으로 간주된다. 결과는 인수 분해된 형태의 해로 압축될 수 있다.

$$\mu(T,F,n) = \mu_0(T)g_1(F,T)g_2(n) \tag{3.49}$$

여기서 $\mu_0(T)$는 $F = 0$의 한계에서 온도에 따른 이동도이고, $g_1(F, T)$는 전기장으로 인한 이동도 향상, $g_2(n)$은 상태 충전으로 인한 향상 인자이다. 한편, Pasveer 등[96]의 공식은 사이트의 상관 관계가 포함되는지 여부에 따라 **확장된 Gaussian 무질서 모델**(EGDM, extended Gaussian disorder model) 및 **확장된 상관 무질서 모델**(ECDM, extended correlated disorder model)이라고 불린다[137]. 더 포괄적인 이론적 논의는 랜덤 유기 시스템에서 전하 캐리어 호핑에 대한 다양한 접근 방식을 비교한 Coehoorn 등[114, 138]에 의해 개발되었다.

Fishchuk 등의 포괄적인 공식[139]은 DOS 내의 전하 캐리어 농도의 함수로서 전하 수송의 EMA를 기반으로 한다. Pasveer 등의 성과와는 대조적으로, Fishchuk 등은 폴라론 효과를 포함하였다. 전하가 수송되는 방식이, 즉 무질서와 폴라론 효과 사이의 트레이드오프가 결과에 큰 영향을 미쳐야 한다는 것은 명백하다. 무질서는 사라지고, 강한 폴라로닉 결합만 있는 극단적인 경우, 전하 캐리어가 DOS의 꼬리 상태를 채우는 것은 아주 큰 전하 농도로 쿨롱 반발이 중요해질 때를 제외하고는 수송에 영향을 주지 않아야 한다. 그러나 DOS의 꼬리 상태를 채우는 것은 전하 수송에 대해 무질서의 기여가 증가함에 따라 점진적으로 중요해진다[128].

전하 수송에 대한 DOS 채우기 효과의 중요성에 대한 실험적 평가로서, 대표적인 예로서 Blakesley 등의 연구를 인용하는 것으로 충분하다[140]. 이 저자들은 정공 및 전자 수송 물질로 PFB와 F8BT 고분자를 사용하여 다이오드에서 변하지 않는 SCL 정공 전용 전류와 전자 전용 전류를 측정했다. 측정은 295, 150 및 100 K의 온도에서 적용된 전압과 필름 두께의 함수로 수행되었다. 데이터는 (i) 시스템에 트랩이 없고, (ii) DOS 분포가 표준 편차가 약 100 meV인 Gaussian이며, (iii) 폴라론 효과를 무시할 수 있다는 가정을 전제로 하고 있는 Pasveer 등[96]과 Fishchuk[139]의 공식과 비교하여 분석되었다. 두 접근법 모두 상호 일관성이 있으며 입력 가정의 타당성을 확인한다.

3.3.5 수송에 대한 형태론의 영향

분자 구조와 형태는 전하 수송에 중요한 영향을 미칠 것이고 실제로도 그렇다. 전하 캐리어 이동도는 일반적으로 호핑 사이트, 무질서, 그리고 약한 정도로 기하학적 재구성 에너지 사이의 전기적 결합 강도에 의해 결정된다. 따라서 구조의 질서를 증가시켜 수송을 개선하는 것은 간단한 아이디어이다. 이 목표를 향한 전략에는 작은 분자의 경우 자기 조립과 공액 폴리머의 경우 사슬 정렬이 포함된다. 그러나 그렇게 할 때 종종 대가를 지불해야 한다. 왜냐하면 고분자 필름의 경우 구조적 질서는 미시적 또는 중시적 수준에서만 설정될 수 있고, 작은 분자로 만들어진 필름의 경우 거시적 질서를 달성하기 어렵기 때문이다. 따라서 국부적인 질서는 그레인 경계와 정렬된 도메인들 사이의 도메인 벽과 같은 결함 포함 영역을 도입한다. 그들은 전하 캐리어의 트랩 역할을 할 수 있으며, 미시적인 질서로 인해 국부적으로 이동도가 향상된 것을 보상할 수 있다. 다음 절에서는 유기반도체 장치에서 전하 수송을 개선하기 위한 노력과 관련된 몇 가지 전략과 문제를 간략하게 설명한다.

3.3.5.1 엑시머와 트랩의 영향

분자 결정 분야에서, 이상적인 결정이 모노머 형광만을 방출하는 경우에도, 결정학적 결함이 광여기 시 엑시머 형광을 일으킬 수 있는 사이트를 생성하는 경향이 있다는 것은 잘 알려져 있다. 이 문제는 다결정 물질 또는 정렬된 도메인이 비정질상에 포함된 물질에서 강화된다. 엑시머에서 전기적 결합은 단량체 분자 구조에 비해 향상되기 때문에, 엑시머 형성 사이트는 또한 전하 캐리어의 트랩 역할을 할 수 있다. 대표적인 예는 poly(vinyl carbazole)(PVK)이다. 중합 경로에 따라, PVK 필름은 엑시머 형광을 방출하는 0.1~1% 사이의 사이트를 포함한다. 엑시머 형성 사이트가 정공 트랩 역할을 한다고 추측할 수 있다. 트래핑 효과[142]를 설명하는 GDM 공식으로 정공 이동도의 온도 의존성[141]을 분석해보면 실제로 트랩 깊이가 0.4 eV이고 농도가 0.1%인 트랩이 도핑된 표준 편차가 80 meV인 호핑 사이트의 고유 Gaussian 분포를 적용하여 데이터를 성공적으로 설명할 수 있음을 알 수 있다. Carbazole 유도체는 OLED에서 정공 수송 모체로 자주 사용되기 때문에 이것은 기술적으로 관련된 문제이다. 엑시머 형성 사이트는 전하와 엑시톤에 대한 트랩 역할을 하기 때문에 형광 및 인광 분광법을 통해 감지할 수 있다[143–144].

엑시머 형성 사이트가 만들어지는 것을 피하기 위한 전략은 공액 폴리머에서 벌키한 spiro 그룹과 같은 입체적으로 요구되는 그룹을 도입하는 것이다[145]. 이것은 호핑 사이트 사이의 분리를 증가시키고 동시에 샌드위치 형태를 채택하는 사이트의 성향을 감소시킨다. 하지만 필연적으로 이것은 전인자 이동도(prefactor mobility)가 사이트 분리에 대해 지수적으로 의존하기 때문에, 전인자 이동도[식 (3.38)]도 감소하는 불행한 결과와 함께 전기적인 사이트 간의 결합을 감소시킨다[130, 146]. 다행히도 FET와 OLED가 높은 전류 밀도에서 작동할 때, 모든 종류의 트랩 효과는 감소한다. 왜냐하면 이 경우에는 DOS 분포의 깊은 상태가 이미 채워져 있기 때문이다(3.3.4절 참고).

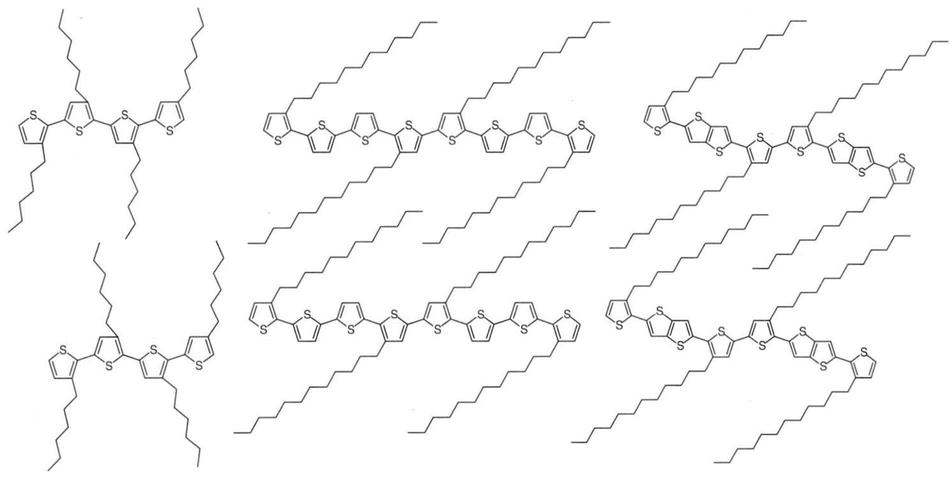

그림 3.27 (a) P3HT, (b) PQT, 그리고 (c) pBTTTs에 대한 사이드 체인 poly-alkyl-thiophenes의 패킹에 대한 개략도. PQT와 pBTTT에서는 사이드 체인 간의 인터-디지털화가 발생한다(Kline et al.[181]).

3.3.5.2 응집체와 결정자의 역할

많은 π-공액 폴리머는 polystyrene과 같은 비공액 폴리머에 비해 단단한 것으로 간주될 수 있는 백본을 가지고 있다. 단단함의 결과로, π-공액 폴리머는 가공 조건에 따라 평면 체인 세그먼트, 응집체(aggregate), 그리고 때로는 더 큰 결정자(crystallity)를 형성하는 경향이 있다. 이에 대한 예로는 P3HT[147-158], PFO[159-165], MEH-PPV[166-180] 폴리머가 있으며, P3HT는 주로 OFET 및 OSC 응용 분야에서 가장 광범위하게 연구되고 있다. 평탄화 과정과 종종 수반되는 응집은 긴 분기되지 않은 alkyl 사이드 체인(그림 3.27)의 결정화에 의해 만들어질 수 있으며, 평면 백본에서 비편재화된 π-시스템의 안정화 효과에 의해 추가 지원될 수 있다[181]. PPV 유형의 올리고머와 폴리머의 경우, 평탄화를 위해서는 alkyl 사이드 체인 대신 분기되지 않은 alkoxy 사이드 체인의 존재가 필요하다[166].

일반적으로 용매와 열처리 단계의 선택과 같은 공정 조건뿐만 아니라 분자량, 다분산성, 그리고 P3HT의 경우 위치 규칙성의 폴리머 변수를 통해 응집 경향을 제어할 수 있다. 고분자량 재료 그리고/또는 낮은 다분산성(또는 높은 위치 규칙성)을 갖는 재료를 용액 공정 그리고/또는 준비된 필름의 열처리를 위해 적당한 용매를 함께 사용하는 것은 일반적으로 응집을 향상시키는 척도이다. P3HT의 경우, 특히 긴 폴리머 체인($M_w > 40$ kDa)의 경우, 필름의 구조는 결정 도메인이 비정질 모체에 포함되는 구조로 구성된다(그림 3.28). P3HT에 대해 광범위하게 입증된 바와 같이, OFET 구조에서 측정된 필름의 이동도는 필름의 응집체의 양에 따라 증가하며, 이는 다시 분자량[157, 182]과 체인의 위치 규칙성[150]의 증가와 관련

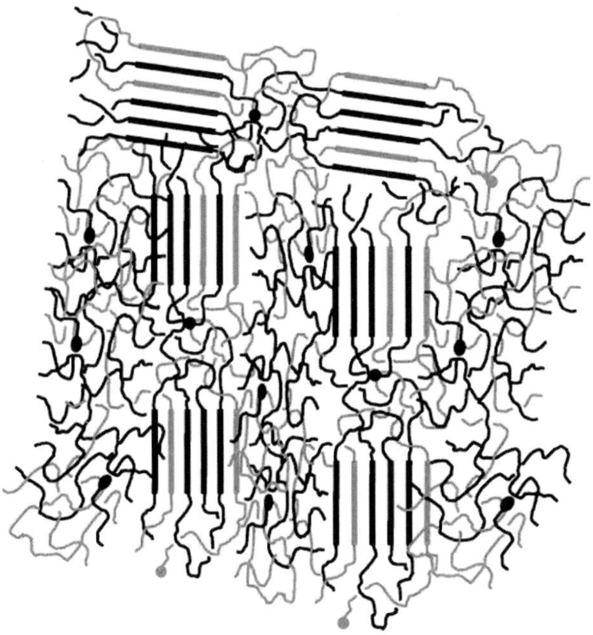

그림 3.28 P3HT와 같은 반도체 고분자에서 발생할 수 있는 반결정질 필름 형태의 그림. 명확성을 위해 다른 회색 음영이 사용되었다(Reid et al.[156]).

이 있다(그림 3.29).

사슬 평탄화를 통해 π-공액 폴리머에서 유효 접합 길이를 늘이면 사슬 내부의 이동도가 증가해야 한다는 것은 분명하다. 그러나 후자는 체인 간 점프에 의해 제어되고 비정질 필름 내에 결정질 도메인이 존재하기 때문에, 거시적 이동도를 높이기에 이 효과가 충분하다. 구조적 측정[원자력 현미경(AFM), X-ray]에 의해 제시되고 뒷받침되는 한 가지 견해는 하나의 결정질 도메인을 빠져 나와 다른 도메인으로 들어가는 폴리머 체인의 존재에서 높은 거시적 이동도가 발생해야 한다는 것이다[183]. 이러한 브리징 체인을 따라 이동하는 빠른 체인 내부 전하 수송은 우수한 거시적 수송을 보장한다. 또 다른 관점은 전하 수송을 비정질 모체에 의해 제한되는 결정질 영역 사이의 침투로 간주하여, 결과적으로 거시적 이동도가 결정질 영역의 전체 비율과 분포에 의존하도록 하는 것이다[153, 157]. 이 여과 상황은 정전복사 공정에 사용된 분자 도핑 폴리머에서 수송에 대한 설명과 유사하다. OFET 구조에서 전하 수송의 추가적인 유망한 특징은 이 전송 모드에서는 DOS의 깊은 상태가 이미 채워져 있기 때문에 대부분의 에너지적으로 어려운 점프가 제거된다는 것이다. 이것은 높은 비율의 잘 정렬된 세그먼트[157-158, 182]를 포함하는 P3HT에서 정공 이동도가 사슬 내의 수송을 조사하는 높은 분자량의 P3HT에 대한 시간 분해 마이크로파 전도도(TRMC) 실험(3.3.1절 참고)에서 도출된 값과 비슷한 이유를 설명할 수 있다(그림 3.29).

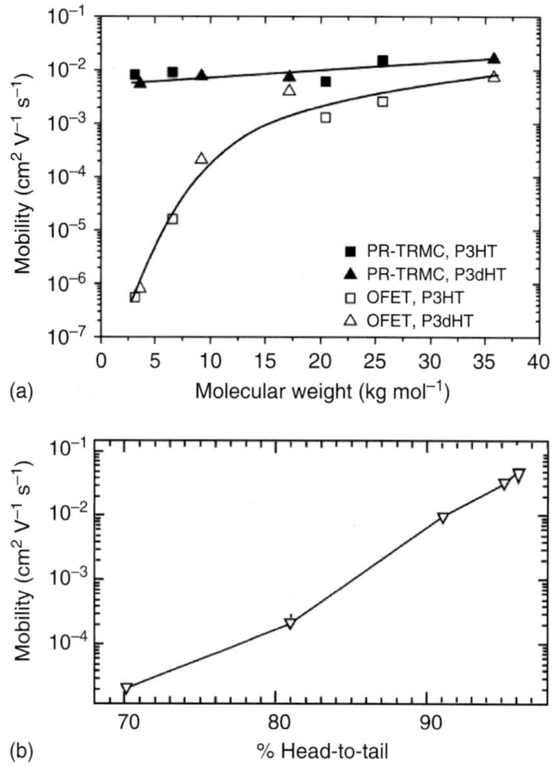

그림 3.29 (a) 중수소화되지 않은 P3HT와 중수소화된 유사의 P3dHT에서의 정공 이동도의 의존성, 전계효과트랜지스터(개방 기호)에서 측정되고, T = 298 K에서 분자량에 대해 마이크로파 방법(채워진 기호)으로 측정된다(Pingel et al.의 데이터[157]). (b) P3HT에서 위치의 규칙성에 대한 FET–정공 이동도(Sirringhaus et al.의 데이터[150]).

3.3.5.3 디스코틱 액정의 자체 질서

미시적 또는 중시적 수준의 질서도를 이끌어내는 π–공액 폴리머 체인의 정렬은 초분자 구조를 생성하기 위한 자기조립의 한 예이다. 이를 위해서는 분자 간 전기적 결합을 최적화하여 자기조립하는 경향이 있는 빌딩 블록이 필요하다. 이 조건은 triphenylene 유형 또는 coronene 유형, 또는 더 일반적으로 적절한 pedant 그룹을 보유하는 graphene 유형의 코어를 포함하고 있는 디스크 형의 분자에서 충족된다. 특정 온도 범위 내에서, 이들은 분자가 기계적으로 배향될 수 있는 1차원 상부 구조(supra–structure)로 자발적으로 조직되는 디스코틱 액정(discotic liquid crystal)을 형성한다. 분자의 병렬 스태킹은 스택 내에서 전기적 결합을 최대화한다. 모범적인 재료는 $-S-C_6H_{13}$ pendant 그룹을 포함하는 triphenylene이다. 313~350 K 사이에서 정공 이동도는 온도와 무관하게 0.1 $cm^2V^{-1}s^{-1}$이며, 등방성 상이 되는 365 K 이상에서 이동도는 10^{-4} $cm^2V^{-1}s^{-1}$이다[184]. 이동도를 제어하는 중요한 변수는 전하 전달을 위해 필요한 것들과 재구성 에너지이다. 전자는 poly–aromatic hydrocarbon

코어의 방위각 회전 각도에 따라 달라진다. 입력 변수에 대한 양자 계산을 기반으로, Feng 등[185]은 큰 hydrocarbon 코어가 있는 삼각형 모양의 화합물은 코어 요소 사이에 60° 꼬임이 있는 1차원 기둥으로 쌓여 있으면 10 $cm^2V^{-1}s^{-1}$ 이상의 가장 큰 이동도를 제공해야 한다고 결론지었다. 그러나 TRMC 측정에서 유추된 실험값은 단지 0.2 $cm^2V^{-1}s^{-1}$였다. 이 불일치는 구조적 결함으로 인해 이동도가 여전히 제한됨을 나타낸다. 자세한 내용은 Pisula 등의 리뷰 기사를 참조하면 된다[186]. 높은 정공 이동도는 octaoctylphthalocyanine의 디스코틱 상에서 측정되었다[187].

OFET에서 자체 정렬된 구조의 이동도를 측정할 때 고려해야 할 변수는 기판 및 채널 방향에 대한 스택의 방향이다. 디스코틱 액정을 예로 들면, 스택은 분자면이 기판에 대해 수직하거나 약간의 경사각을 가지고 기판 위에 놓이는 경향이 있다. Van de Craats와 동료들은 poly(tetrafluoroethylene)(PTFE, Teflon이라고도 한다) 배향층을 증착하여 hexabenzocoronenes(HBCs)의 기둥형 스택을 배향하였다(그림 3.30). 그들은 기판 위에서 등방성 또는 채널 방향에 대해 평행하거나 수직으로 배향된 스택을 사용하여 OFET의 이동도

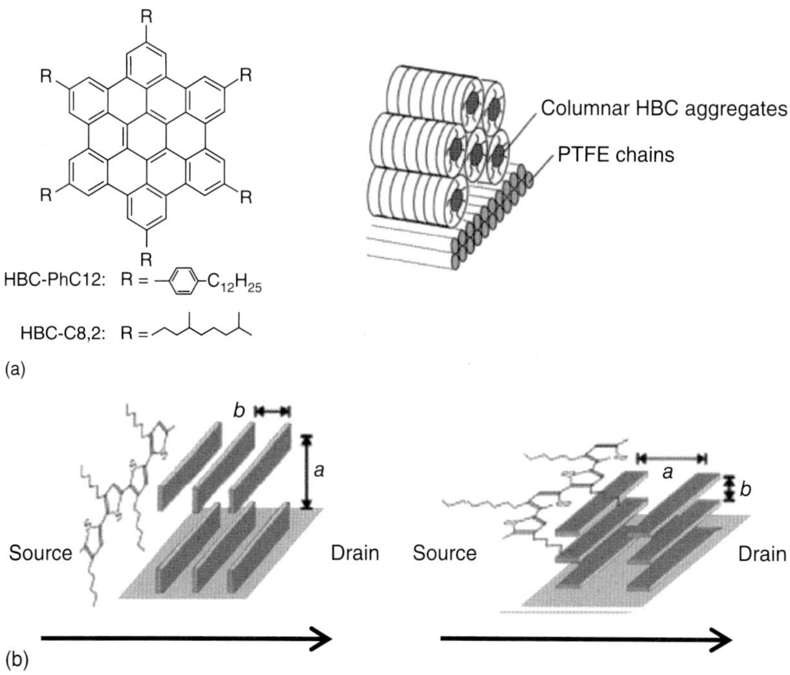

그림 3.30 (a) HBC의 화학 구조(왼쪽)와 PTFE 정렬층(오른쪽) 위에 기둥형 응집체의 형성(van de Craats et al.[188]). (b) OFET 구조에서 절연체 계면과 관련하여 P3HT 백본의 다른 방향에 대한 정렬 예. 그림에서 소스와 드레인 전극은 오른쪽과 왼쪽에 있고, 절연층과 게이트 전극은 바닥에 있다. 화살표는 전하 흐름의 방향을 나타낸다. (왼쪽) P3HT 백본은 표면에 수직이고, π-스택으로 높은 전하 이동성을 허용한다. (오른쪽) P3HT 백본은 표면에 평평하고 전하 이동도가 낮다(Sirringhaus et al.[150]).

를 측정했다. 스택 방향이 소스에서 드레인을 향할 때, 이동도는 약 1×10^{-3} $cm^2V^{-1}s^{-1}$인 반면, 수직 또는 등방성 방향의 경우 1×10^{-5} $cm^2V^{-1}s^{-1}$ 이하로 감소한다[188]. 분명히 스택 방향을 따른 높은 전기적 결합은 전하 수송에 유리하다. P3HT 응집체에 대해서도 동일한 결론이 발견되었다. π-스택이 소스에서 드레인 방향을 향할 때와 P3HT의 백본이 기판에 수직할 때와 같이 정렬되면, 0.1 $cm^2V^{-1}s^{-1}$만큼 높은 이동도를 나타내지만, 백본이 기판과 평행하면 (그리고 사이드 체인이 소스에서 드레인을 향하면) 이동도는 100배 낮아진다(그림 3.30)[150].

3.3.5.4 다결정 필름

유기반도체 소자의 활성층을 제조하기 위한 용액 공정이 필요하지 않은 경우, 증착으로 높은 전기적 결합을 달성할 수 있다. α-sexithiophene[189]을 사용한 이 접근법의 초창기부터, pentacene 및 rubrene과 같은 화합물에 대해 높은 정공 이동도가 달성되었다. 두 재료 모두 상온의 FET 구조에서 측정하면 10 $cm^2V^{-1}s^{-1}$ 또는 그 이상의 상대적으로 높은 정공 이동도를 가진다[190]. Podzorov 등[75]은 수송이 밴드 유형임을 시사하는 200 K에서 30 $cm^2V^{-1}s^{-1}$의 값을 측정하였다. 이후 작업에서, Zen 등[153]은 강한 이방성을 가지고 13 $cm^2V^{-1}s^{-1}$의 최대 이동도를 보고했다. 낮은 온도에서 μ의 감소는 전하 캐리어 트래핑의 신호이다. 고온 벽 증착 기술을 적용하여, rubrene에서 2.4 $cm^2V^{-1}s^{-1}$의 정공 이동도가 측정되었다. 특히 샘플이 전하 캐리어 트랩을 도입하는 도메인 벽을 포함하는 다결정인 경우, 분명히 샘플 준비와 정제는 전하 수송에 엄청난 영향을 미친다[191–192]. 공간적으로 분해된 켈빈 프로브 측정은 실제로 입자 경계에서 전하 축적을 기술할 수 있다[193].

3.3.6 짧은 길이 스케일 및 시간 스케일에서의 전하 수송

π-공액 폴리머에는 전하 수송 모드의 계층이 있다. 초고속 시간 스케일에서 폴리머 체인의 전하 캐리어는 약 10~20개의 반복 단위로 구성된 정렬된 공액 세그먼트 내에서 일관되게 움직일 수 있다. 후속 동작은 체인 내의 무질서에 의해, 예를 들어 반복 단위의 비틀림 변위에 의해 제어된다. 마지막으로 체인 간 점프는 속도 제한이 될 것이다(그림 3.31). 후자의 과정은 ToF, CELIV 그리고 SCL 수송과 같은 기존 수송 기술을 사용하는 것으로 드러났다. 이러한 기술은 주로 π-공액 폴리머에서 체인 내부의 움직임을 밝힐 수 없다. 체인 내부의 수송을 관찰하는 적절한 방법론은 **시간 분해 마이크로파 전도도**(TRMC, time-resolved microwave or Terahertz conductivity) 기술이다(3.3.1절 참고).

TRMC 실험에서 추출된 정보의 대표적인 예는 묽은 용액 속에서 용액 공정이 가능한 poly(thienylenevinylene)(PTV) 유도체의 격리된 체인에서 전자와 정공의 동역학에 대한 Prins 등의 업적이다[194]. 전자와 정공의 이동도뿐만 아니라 이들의 이분자 재결합의 운동

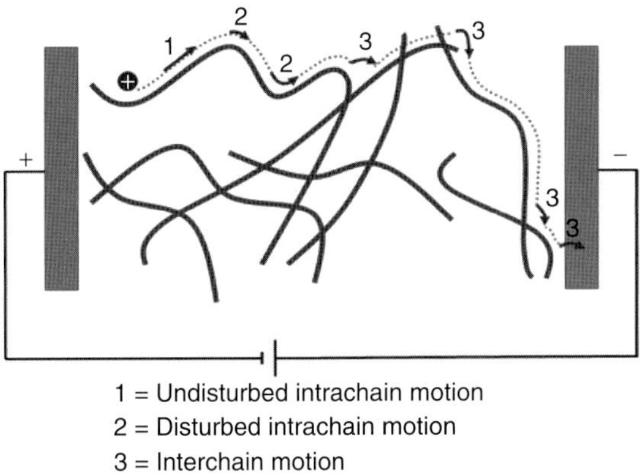

그림 3.31 무질서한 공액 폴리머 네트워크에서 전하 운동의 계층 구조도. 1은 체인의 정렬된 세그먼트 내의 초고속 움직임을 묘사하고, 2 및 3은 각각 인트라 및 인터체인 호핑 과정을 예시한다. 후자는 거시적 규모로 전하 수송을 제어한다.

학은 34 GHz 마이크로파 필드로 모니터링되었다. 실온에서 전자와 정공 모두 $\mu_- = 0.23 \pm 0.04\ cm^2\ V^{-1}\ s^{-1}$와 $\mu_+ = 0.38 \pm 0.02\ cm^2\ V^{-1}\ s^{-1}$의 높은 사슬 내 이동도를 갖는 것으로 밝혀졌다. 전자는 4 μs 이내에 결함 또는 불순물에 트랩되는 반면 정공에 대해서는 트랩이 관찰되지 않았다. 중요한 결과는 (i) 전자와 정공의 트랩이 없는 이동도는 비슷하고 (ii) PTV의 체인 내부 정공 이동도는 PTV 소자에서 측정된 거시적인 정공 이동도보다 약 3자리수 이상 더 크다는 것이다[195]. TRMC 기술은 체인 내 모션을 조사하는 반면, ToF와 FET 실험으로부터 추론된 이동도는 전하 캐리어의 체인 간의 호핑에 의해서뿐만 아니라, 가능한 트래핑 이벤트에 의해서 제한된다. 그 결과는 또한 전자와 정공의 이동도가 원리적으로 다른 이유가 없다는 개념을 확인시켜준다. 소자에서 관찰되는 전자 이동도가 일반적으로 정공 이동도보다 훨씬 낮다는 사실은 전적으로 트래핑 때문이다. HOMO가 높은 고분자에서 LUMO 준위도 높아 산화 생성물과 같은 의도하지 않은 불순물이 전자 트랩으로 작용할 수 있음을 의미한다([13] 참고). 유사한 이유가 정공에 적용된다. MEH-PPV의 격리된 체인을 따라 정공의 이동도를 측정하기 위해 유사한 실험을 수행하여 0.43 $cm^2V^{-1}s^{-1}$의 이동도를 얻었다[194].

TRMC 기술은 결정성 poly-diacetylenes, π-π 적층된 주상 구조의 디스코틱 액정, 공액 폴리머와 같은 고체 샘플에도 적용되었다[63]. 10 $cm^2V^{-1}s^{-1}$ 정도의 정공 이동도에 대한 가장 큰 값은 단결정 polydiacetylenes에서 발견되었다. Polyfluorene과 poly(phenylenevinylene)의 액정 유도체의 경우 0.1 $cm^2V^{-1}s^{-1}$ 정도의 값이 발견되었으며, 결정질과 액정상에서 디스코틱 재료의 경우, 1 $cm^2V^{-1}s^{-1}$에 가까운 더 큰 값이 발견되었다[196].

공액 고분자의 격리된 체인과 고체상의 전하 캐리어 이동도는 ToF 실험에서 추론된 값보다 훨씬 크지만, polydiacetylene 결정의 electro-reflection 스펙트럼으로부터 얻어진 1000 $cm^2V^{-1}s^{-1}$ 정도 값에 가까운 경우는 없다[197]. 체인에서의 이동도조차도 정적 및 동적 무질서에 의해 제한된다는 것이 쉽게 추측된다. 간단한 평가가 이것을 설명할 것이다. 초기에 생성된 전하 캐리어가 1000 $cm^2V^{-1}s^{-1}$의 극단적으로 높은 이동도를 가지고 있고, 이동도를 아인슈타인 비율에 의해 확산도로 변환하면 295K에서 25 cm^2s^{-1}의 확산 계수를 얻는다고 가정하자. 마이크로파 필드의 특성주기인 10 ps 이내에서 전하 캐리어 패킷의 확산 전파는 200 nm가 되어야 한다. 이 값은 결정질 모체의 polydiacetylenes을 제외하고 공액 폴리머의 유효 공액 길이보다 훨씬 크다. 따라서 캐리어 수송은 공액 세그먼트 사이와 접합된 세그먼트 사이의 결합이 불량한 부위 또는 체인 끝으로 인해 차단된 곳들 사이에서도 산란에 의해 가능하게 된다. 이 개념은 다른 마이크로파 주파수에서 캐리어 움직임을 조사하여 실험적으로 검증된다. 주파수가 증가하면 캐리어 움직임은 더 작은 길이 스케일로 제한된다. 즉 캐리어는 결합이 불량한 사이트에서 더 적은 중지 이벤트를 경험한다. 결국 이것은 주파수가 증가함에 따라 더 높은 이동도로 이어진다. 분명히 TRMC 기술은 실험 조건에 따라 평균 이동도 값을 산출한다. 이것은 기술의 고유한 특징이며 폴리머 체인 내부의 캐리어 운동에 관한 정보를 추출하는 데 활용할 수 있다. 열악한 결합 사이트/체인 말단에서 산란 및 차단 이전에 캐리어 모션을 추정할 수도 있다.

실험 결과에서 적절한 정보를 추출하기 위해, Grozema 등[198]과 Prins 등[199]은 정적 및 동적 무질서가 존재하는 상태에서 수송을 설명하는 모델을 발전시켰다. 기본 아이디어는 공액 올리고머 및 폴리머에서 동적 무질서에 의해 정적 접합이 파손되거나 체인 끝이 전하 수송에 대한 장벽으로 작용할 수 있다는 것이다. 전기장의 작용에 따라 전하 캐리어는 결함에서 멈출 때까지 체인의 정렬된 세그먼트 내에서 이동한다. GHz 필드가 방향을 바꾸면 뒤로 이동할 수 있다. 따라서 평균 이동도는 결합된 세그먼트의 길이와 결함에서의 '대기 시간'에 의해 결정된다. 그것은 GHz 방사장의 주파수와 공액 세그먼트의 길이에 따라 증가한다. 다양한 길이의 phenylene vinylene 올리고머와 화학적 접합의 단절을 다양한 비율로 포함하는 폴리머에 대한 실험은 이론과 잘 일치한다.

TRMC 기술을 적용하여 무질서가 없는 체인 내의 전하 캐리어 이동도에 대한 추정치를 얻는 것은 도전적인 목표였다. 이러한 연구에 대한 명백한 후보는 MeLPPP이다. 왜냐하면 그것은 반복 단위 사이의 공유 가교로 인하여 가장 덜 무질서한 공액 고분자이기 때문이다. 이를 위해 Prins 등[200]은 체인 길이가 다른 LPPP로 치환된 phenyl– 또는 methyl–의 고체 샘플에서 복합 마이크로파 전도도를 측정했다. 즉 $n = 13$, 16, 35인 Ph–LPPP와 $n = 54$인 MeLPPP, 여기서 n은 반복 단위의 평균 수이다. 반복 단위를 구성하기 위해 2개의 가교된 phenyl ring을 취하였다. 이러한 실험에서 전도도의 실수부는 규칙적이고 무한하게 긴 폴리머 체인을 따라 기존의 Gaussian 확산을 겪는 전하의 장에 의해서 유도된 장벽이 없는 동위상 표동 속도를 반영하는 반면, 허수부는 체인 말단과 같은 장벽에 의해 방해받는 캐리어 운동을 반영한다. 13 GHz에서 16 GHz로, 그리고 35 GHz로 n이 증가할 때, 전도도의 허수부는 0.056 $cm^2V^{-1}s^{-1}$에서 0.08 $cm^2V^{-1}s^{-1}$로, 그리고 0.14 $cm^2V^{-1}s^{-1}$로 증가한다. 전도도의 허수부로부터 추출한 이동도의 관찰은 캐리어 운동이 체인 말단에 의해 제한된다는 것을 증명한다. 무한히 긴 사슬에서 이동도를 얻기 위해, 저자는 체인 길이의 함수로서 무한히 높은 반사 장벽 사이의 1차원 확산 운동에 대한 모델을 개발했다. 외삽을 통해 저자는 30 $cm^2V^{-1}s^{-1}$의 무한 체인 이동도를 구했다. 희석된 용액(필름 대신)에서 MeLPPP에 대한 유사한 실험과 해석 과정은 완벽한 체인에 대한 가설값에 필적하는 600 $cm^2V^{-1}s^{-1}$의 놀라운 값을 산출한다[201]. 고체 LPPP 유형의 시스템에서 무한한 체인 이동도는 해에서보다 30배 적다는 사실은 벌크 시스템에서 체인 간의 에너지적인 무질서의 역할과 아마도 더욱 최적화된 체인 형태를 증명한다.

TRMC 실험에서 도출된 결과를 해석할 때, GHz 마이크로파 필드는 마이크로파 필드 펄스 동안, 즉 나노초에서 마이크로초에 이르는 시간 스케일에서 전하 캐리어 동역학을 조사한다는 점을 명심해야 한다. 이것은 초기의 전하 캐리어가 아니라 폴리머 체인의 에너지적으로 더 유리한 부분으로 이완할 충분한 시간을 가진 캐리어를 조사한다는 것을 의미한다. 초고속 시간 스케일에서 캐리어 동역학을 나타내려면 모든 광학 프로빙이 필요하다. 선택한 기술은 피코초 시간 분해능과 낮은 프로빙 필드(센티미터당 킬로볼트)를 제공하는 시간 분해 테라헤르츠(THz) 분광법이다(3.3.1절 참고)[202–203]. 펨토초 광 펄스에 의해 발생한 전하의 원적외선 전도도를 산출한다. 생성 펄스와 프로브 펄스 사이의 지연 시간에 대한 함수로 전하 운동의 발전를 모니터링할 수 있다. 관찰 창을 피코초 및 서브 피코초 시간 스케일로 전환한 것에 대한 보상은 다음과 같다. (i) 원시 데이터에서 관련 정보를 검색하는 데 어려움이 있다. (ii) 측정된 속성이 전도도, 즉 캐리어의 수율과 이동도의 곱이다. 과도 전도도의 감소가 전하 캐리어 재결합이 아닌 전하 캐리어 이동도의 완화로 인한 것인지 확인하려면, 여기 플루언스를 펄스당 10^{12}~10^{13} photons cm^{-2}의 값으로 줄여야 한다[204].

3.4 비제미네이트 전하 캐리어 재결합

양전하와 음전하의 재결합은 **제미네이트** 또는 **비제미네이트** 발생할 수 있다. 고전적으로, **제미네이트 재결합**이라는 표현은 용액의 공통 전구체로부터 생성된 2개의 일시적인 종이 서로 반응하는 것을 의미한다[205]. 공통 전구체로 인해 근접해 있는 한 쌍의 분자 개체를 **제미네이트 쌍**(GP)이라고 한다. 확산에 의한 분리가 발생하기 전에 반응이 발생하면, 이를 **1차 제미네이트 재결합**이라고 한다. 상호 반응성 개체가 분리되고, 확산에 의해 함께 모인 경우, 이는 거의 구별되지 않지만 **2차 제미네이트 재결합**이라고 한다.

유기반도체의 맥락에서, 제미네이트 쌍의 전구체는 여기된 분자가 될 것이고, 제미네이트 쌍은 전자를 인접한 억셉터 분자로 옮기면서 '정공', 즉 양으로 대전된 분자를 남김으로써 발생할 수 있다. 억셉터 분자로부터 전자의 양전하를 띤 분자로의 반대-전달 반응은 제미네이트 재결합을 생성한다. 반대로 양극과 음극에 양전하와 음전하가 주입되어 유기반도체 막을 통과하는 경우, 서로 만나 재결합하면 비제미네이트 재결합 과정을 나타낸다. 이것이 여기서 고려되는 경우이다.

3.4.1 트랩이 없는 재결합(Langevin-Type Recombination)

전자와 정공의 재결합은 OLED에서 전계발광을 제어하는 필수 과정이다. 이분자 반응(이분자 재결합)이기 때문에, 재결합 속도 k_L은 유전체 내부의 전자 농도 n과 정공의 농도 p에 속도 상수 γ를 곱한 값으로 결정된다.

$$k_L = \frac{dn}{dt} = \frac{dp}{dt} = -\gamma np \tag{3.50}$$

k_L은 단위 시간당 반응하는 단위 체적당 전자와 정공의 수이다. γ는 반응물이 움직이는 속도와 반응 단면적의 곱이다. 전하 캐리어의 평균 산란 길이가 큰, 즉 원자 간 거리보다 훨씬 큰 공유 결합 무기반도체에서, 취해야 할 관련된 속도는 전도대와 가전자대에서 이동하는 전자와 정공의 열 속도이다. 대조적으로 유기반도체에서 전하 캐리어의 자유 평균 경로는 분자 간 간격과 비슷하며 수송은 호핑 유형이다. 이 경우 반응물 간의 이분자 반응에 Smoluchowski 속도를 적용할 수 있다[206]. 반응물 A와 B가 확산 계수 D_A와 D_B로 확산될 때, 임계 거리 R_{AB}에 서로 접근할 때 반응이 발생한다고 가정한다.

$$\gamma = 4\pi R_{AB}(D_A + D_B) \tag{3.51}$$

반응물이 수송 사이트 사이를 호핑하는 전자와 정공이라면, R_{AB}는 쿨롱 인력에 의해 결정된다. 더 정확하게는, 쿨롱 퍼텐셜이 열에너지 kT보다 크거나 같을 때, 즉 전자-정공 거리가 다음보다 작을 때 전자-정공 재결합이 발생한다.

$$R_{AB} = \frac{e^2}{4\pi\varepsilon_r\varepsilon_0 kT} \tag{3.52}$$

이러한 이유로 R_{AB}는 **쿨롱 포획 반경**(Coulomb capture radius) 또는 랑주뱅 포획 반경(Langevin capture radius)이라고 한다. 식 (3.52)를 사용하고, 확산 계수가 아인슈타인 관계 $eD = \mu kT$를 통해 전하 캐리어 이동도와 관련된다는 것을 고려하면, 식 (3.51)은 다음과 같이 된다.

$$\gamma = \frac{e}{\varepsilon_r\varepsilon_0}(\mu_- + \mu_+) \tag{5.53}$$

랑주뱅은 이미 1903년에 이 방정식을 도출했다[207]. $\mu_+ \cong \mu_- \cong 1\,\text{cm}^2\,\text{V}^{-1}\,\text{s}^{-1}$을 갖는 분자

결정의 경우, 식 (3.53)은 $\gamma \cong 10^{-6}\ \mathrm{cm}^3\ \mathrm{s}^{-1}$을 산출한다. 이것은 실험과 일치한다[208]. 식 (3.51)은 실제로 $\gamma = 4\pi R_{AB}(D_A + D_B)[1 + (R_{AB}/(\sqrt{(D_A + D_B)t}))]^{-1}$의 식에서 시간 의존성을 가지고 있지만, 일반적으로 몇 피코초를 초과한 시간에 대해서는 상수항이 우세하기 때문에, 시간 의존성을 무시할 수 있다.

응용되는 유기반도체 필름은 무질서하다. 이것은 사이트 에너지가 무작위로 분포되는 시스템에서 이러한 논의가 적용 가능한지에 대한 의문을 제기한다. 무질서한 고체에서 전자와 정공이 재결합하는 임계 거리는 상호 쿨롱 퍼텐셜이 kT와 같다는 조건보다는 사이트 에너지의 분포에 달려 있다고 주장할 수 있다. 그러나 Gaussian DOS 분포를 사용하는 시스템에 대한 Monte Carlo 시뮬레이션은 중간 정도의 필드에서 고전적인 랑주뱅 처리가 실제로 유효함을 확인했다[209]. 더 높은 전기장에서 전하 캐리어 이동도가 전기장에 의존하기 때문에 γ는 전기장에 의존하게 된다. 이것에 대한 시뮬레이션의 결과는 좀 더 정교한 이론적 연구에 의해 확인되었다[210].

3.4.2 트랩이 있는 재결합(Shockley–Read–Hall–Like Recombination)

식 (3.53)은 트랩핑으로 인하여 전자와 정공의 이동도가 매우 비대칭인 경우, 재결합은 빠르게 움직이는 전하 캐리어에 의해 결정되고 준 단분자(quasi monomolecular) 재결합 과정이 됨을 의미한다. 이 경우, 운동학 공식에 트랩핑을 포함시켜야 한다. 만약 트랩이 전자와 관련되어 있다면, 랑주뱅 재결합에 의해서, 그리고 전자 트랩을 통한 포획에 의해서 전자가 손실된다는 점을 고려해야 한다(그림 3.32). 아주 흔한 경우인, 트랩 깊이가 크다면, 열적으로 활성화된 디트랩핑은 무시할 수 있으며, 트랩된 전자의 유일한 손실 과정은 밀도 p를 가지는 (자유) 정공과의 재결합에 의한 것이다. 따라서 자유 전자(n_f)와 트랩 전자(n_t)의 밀도에 대한 속도 방정식은 다음과 같다.

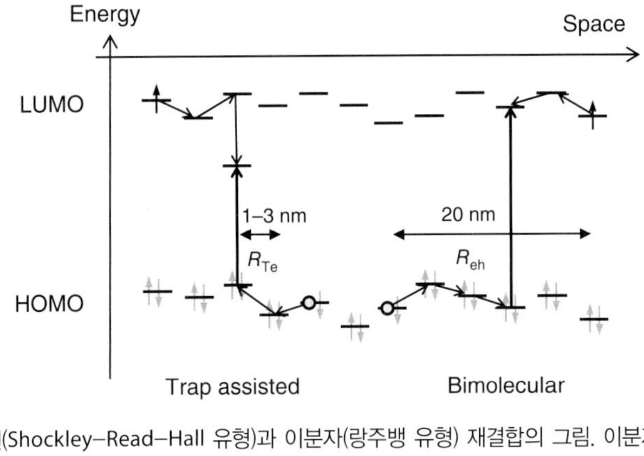

그림 3.32 트랩 지원(Shockley–Read–Hall 유형)과 이분자(랑주뱅 유형) 재결합의 그림. 이분자(R_{eh}) 및 트랩 지원(R_{Te}) 재결합에 대한 결정적인 분리의 차이에 유의하라.

$$\frac{dn_f}{dt} = G - n_f k_t - \gamma n_f p \tag{3.54a}$$

$$\frac{dn_t}{dt} = n_f k_t - \gamma n_t p \tag{3.54b}$$

여기서 G는, 예를 들면 전극에서의 주입되는 것과 같이 단위 체적당 생성 속도이고 k_t는 트래핑 속도이다. 대부분의 전하 캐리어는 전극에서 방전되지 않고, 유기반도체층 내에서 재결합하는 것으로 암묵적으로 가정된다. 이는 양극과 음극이 모두 옴성인 경우, 즉 무한한 수의 전하 캐리어를 주입할 수 있는 경우 허용된다. 이제부터는 랑주뱅 재결합과 비교하여 트래핑을 통하여 어떻게 재결합되는지 고려할 것이다. 정상 상태에서($dn_t/dt = 0$), 식 (3.54b)는 자유 전자 밀도에 대한 트랩 전자 밀도의 비율을 다음과 같이 산출한다.

$$\frac{n_t}{n_f} = \frac{k_t}{\gamma p} \tag{3.55}$$

트랩핑 속도는 트랩의 밀도 N_T에 비례하기 때문에($k_t = \tilde{\gamma} N_T$), 트랩 유도 재결합 속도 $k_t n_f = \tilde{\gamma} N_T n_f$는 트랩 사이트와 자유 전자 사이의 이분자 반응을 설명한다. 따라서 식 (3.51)과 유사한 비례 상수 $\tilde{\gamma}$를 표현할 수 있다.

$$k_t = \tilde{\gamma} N_T = (4\pi R_{Te} D_e) N_T \tag{3.56}$$

여기서 R_{Te}는 트랩이 발생하는 트랩과 전자 사이의 임계 거리이고, D_e는 자유 전자의 확산 계수이며, N_T는 트랩의 밀도이다. 식 (3.56)과 (3.51)을 식 (3.55)에 대입하면 다음과 같다.

$$\frac{n_t}{n_f} = \frac{4\pi R_{Te} D_e N_T}{4\pi R_{eh}(D_e + D_h)p} = \frac{R_{Te}}{R_{eh}} \frac{N_T}{p} \frac{D_e}{D_e + D_h} = \frac{R_{Te}}{R_{eh}} \frac{N_T}{p} \frac{\mu_e}{\mu_e + \mu_h} \tag{3.57}$$

주입된 전자가 2차 재결합이 뒤따르는 트랩보다 재결합할 정공을 직접 찾는 것이 더 쉽다면, 전체 재결합 과정은 동역학적으로 2차가 될 것이다. 그렇지 않으면 재결합이 일정한 트랩 농도에 의해 결정되기 때문에 1차가 된다. 이것은 유기다이오드에서 관찰되는 1차 재결합을 설명하기 위해 Shockley–Read–Hall 메커니즘을 간단하게 적용한 것이다[211–212]. 전자 정공 재결합이 동역학적 1차 과정이 될 수 있는 이유를 설명한다[213–214].

식 (3.57)은 1차 또는 2차 재결합이 우세한 조건에서 간단한 추정치를 제공한다. D_h, D_e, μ_e, μ_h는 **트래핑 이전의** 확산 상수 및 이동도이며, (효과적인) 거시적으로 측정된 양이 아니라는 점을 인식하는 것이 중요하다. Nicolai 등[13]에 의해서 실험적으로 입증된 바와 같이, 전자와 정공의 이동도의 차이는 트랩핑의 결과로 발생하므로, 트랩핑 전에는 $\mu_e \cong \mu_h$이다. R_{eh}는 쿨롱 포획 반경이고 R_{Te}는 분자 간 거리와 거의 동일하므로, $R_{eh}/R_{Te} \cong 10$을 추정할 수 있다. 따라서 식 (3.57)을 근사할 수 있다.

$$\frac{n_t}{n_f} \cong \frac{1}{20}\frac{N_T}{p} \tag{3.58}$$

트랩과 정공 농도의 상대적 크기에 대해 무엇을 알고 있는가? Nicolai 등의 성과[13]로부터, 정공 수송 공액 고분자는 약 $3 \times 10^{17}\ \mathrm{cm}^{-3}$ 농도의 전자 트랩을 포함하는 것으로 알려져 있다. 트랩 밀도는 정공 밀도와는 대조적으로 필름 두께와 인가된 전압과 무관하다. 식 (3.10)에 표현되었듯이, 두께 d가 옴성 전극과 접촉된 다이오드의 경우, SCL 전류로 인한 캐리어 밀도는 $p = \frac{3}{2}\frac{\varepsilon_r \varepsilon_0 V}{ed^2}$이다. 따라서 $d = 100$ nm인 막 두께에 대하여, 전자와 정공의 90%가 랑주뱅 유형의 2차 동역학적 재결합하기 위해서는 인가 전압이 4.5 V를 초과해야 한다. 트랩 지원형 재결합은 랑주뱅 재결합과는 대조적으로 종종 비방사성이거나 약한 복사성이기 때문에, 전하 캐리어 농도가 충분히 높은 얇은 영역으로 OLED의 방출을 제한하여, 자유 전자와 정공은 트랩을 찾기 전에 이분자 방식으로 재결합할 수 있다.

이 간단한 분석은 주로 정성적 이해를 위한 것이다. 더 정교한 정량적 논의를 위해서는 Blom 그룹[213–214]의 성과를 참조하기 바란다.

3.5 들뜬상태의 생성

들뜬상태는 광흡수 또는 전극에서 주입된 전하의 재결합을 통하여, 광여기 또는 전기 여기의 1차 과정에 의해 생성되거나, 에너지 전달 또는 엑시톤–엑시톤 소멸과 같은 2차 과정을 통해 채워질 수 있다.

3.5.1 광생성

광여기는 스핀을 보존한다. 대부분의 유기반도체는 단일항 바닥상태(쌍 전자)를 갖기 때문에, 2개의 HOMO를 축퇴시켜 삼중항 바닥상태를 생성하는(1장의 Box 1.14 참고) 분자 산소를 제외하고는 일반적으로 광흡수가 단일항 들뜬상태를 생성한다. 광학적 방법에 의하여, 에너지적으로 더 높은 단일항 상태는 $S_n \leftarrow S_0$ 전이를 촉진하는 직접적인 단일 광자 흡수에 의하여, 두 광자의 순차적 흡수(예: $S_m \leftarrow S_0$ 다음에 $S_n \leftarrow S_m$)에 의하여, 또는 동반되는 2개의 광자 흡수($S_n \leftarrow S_0$, '가상' 중간 상태 포함)(그림 3.33)에 의하여 생성될 수 있다. 쌍극자 선택 규칙은 광학적 전이가 스핀을 보존한다는 것을 의미하지만, 대칭 선택 규칙에 따르면 1장에 자세히 설명한 바와 같이, 전이가 ungerade 상태에서 gerade 대칭 상태로 또는 그 반대로 이동해야 한다. 분자의 바닥상태가 gerade이므로(예: 1^1A_g 상태, 1장 Box 1.6 참조) 가시광선 및 자외선 스펙트럼 영역으로 확장되는 흡수 스펙트럼은 단지 ungerade 대칭(예: 1^1B_u 상태)의 더 높은 전자 상태만을 반영할 수 있다. 2^1A_g 또는 임의의 n^1A_g와 같은 gerade 대칭의 전자 상태는 순차적 또는 동반되는 두 광자 흡수에 의해 채워질 수 있다. 두

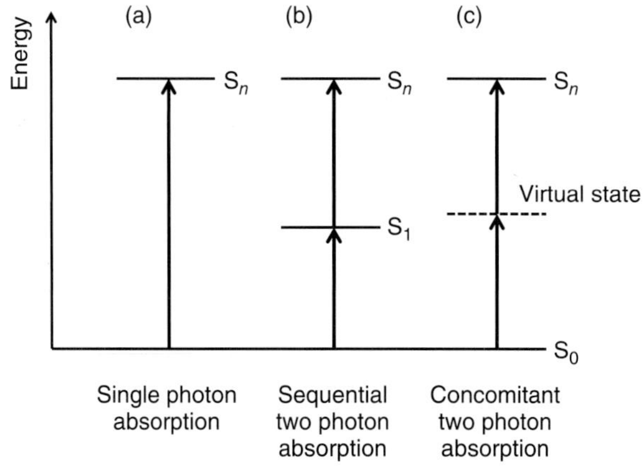

그림 3.33 (a) $S_n \leftarrow S_0$ 전이를 촉진하는 단일 광자 흡수, (b) 두 광자의 순차적 흡수(예: $S_1 \leftarrow S_0$ 다음 $S_n \leftarrow S_1$), 그리고 (c) 수반되는 두 광자 흡수의 예시($S_n \leftarrow S_0$, '가상' 중간 상태 포함)

경우 모두 최종 gerade 상태에 도달하기 전에 ungerade 대칭의 중간 상태가 채워진다. 순차적인 흡수 과정에서 중간 상태는 실제적이고 관찰 가능한 상태이다. 예를 들어, 레이저 펄스에 의해 방출된 광자의 흡수는 S_1 상태(예: 1^1B_u)를 생성할 수 있다. S_1의 수명시간 동안, 두 번째 광자가 흡수되어 S_n 상태(예: n^1A_g)를 채운다. 이 과정의 조건은 두 번째 광자가 S_1 수명 동안 도착하는 것이므로, $S_n \leftarrow S_1$ 전이(**들뜬상태 흡수**라고 함)는 일반적으로 약 1~2 eV 에너지에서 펨토초에서 피코초 시간 스케일의 시간 분해 광유발 흡수(time-resolved photoinduced absorption)(PiA) 측정에서 자주 관찰된다. 대조적으로, 동반되는 두 광자 흡수는 두 광자가 동시에 도착해야 한다. 하나의 광자의 흡수는 두 번째 광자의 '흡수'가 일어날 '가상' 중간 상태를 채운다. 가상 중간 상태는 관찰될 수 없으며, 양자 역학 설명을 용이하게 하기 위해서만 도입된 것이다. 동시에 두 광자 흡수는 순차적인 흡수보다 더 높은 여기 밀도를 필요로 한다. 단일 광자 및 두 광자 흡수 과정의 동역학과 단면적에 대한 비교는 [215]에 나와 있다. 물론 polyacetylene과 β-carotene에서와 같이 polyene 체인의 경우처럼, 2^1A_g가 광학적으로 허용된 1^1B_u 상태 아래 있으면, gerade 2^1A_g 상태는 단순히 1^1B_u 상태로의 광자 흡수 후에 내부 변환에 의해 채워질 수 있다.

삼중항 상태의 광학적 생성은 S_1 상태로부터 원래 섭동되지 않은 삼중항 상태가 하나 이상의 단일항 상태와 혼합되도록 보장하는 스핀 궤도 결합을 통한 계간 교차를 필요로 한다. 식 (1.20)부터 계속되는 문맥에서 자세히 설명한 것과 같이, 계간 교차는 평면 외 진동에 의해 약하게 강화될 수 있으며 중금속의 존재에 의해 강하게 강화될 수 있다. T_1 상태를 채우는 가장 빠르고 효율적인 방법은 S_1에서 T_1으로의 직접적인 계간 교차하는 것이 아닐 수 있다. 특히 그 T_n이 단일항 S_1 상태와 거의 공명한다면, 더 높은 삼중항 상태 T_n으로의 계간 교차 후 T_1으로의 내부 변환이 때때로 더 유리하다. 이것은 bi-thiophene의 경우이다. 여기서 T_4가 에너지적으로 S_1의 바로 아래에 있어서 $S_1 \rightarrow T_4$ 교차가 우세하고 $T_4 \rightarrow T_1$ 변환을 뒤따른다. 반면 T_4가 S_1 위에 있는 긴 oligothiophenes는 경로가 덜 매력적으로 해석된다[216]. 더 높은 삼중항 상태를 채우는 일반적인 방법은 먼저 S_1으로 흡수하고, T_1으로 계간교차한 다음, 여기된 T_1 상태에서 흡수, 즉 $T_n \leftarrow T_1$ 전이하는 것이다. T_1의 비교적 긴 수명으로 인하여(10^{-6}~10초), $T_n \leftarrow T_1$ 전이는 정상 상태에서 나노초 광유발 흡수(PiA) 실험에서 관찰될 수 있다.

삼중항 생성의 특별한 경우는 하나의 단일항 상태가 한 쌍의 삼중항으로 분열하는 것이다[217]. 이 과정에 대한 관심은 입사 광자당 해리 이벤트 수를 2배로 늘림으로써 OSC의 효율을 높일 수 있는 가능성에 의해 활발히 진행되었으며, 이는 그동안 실현되었다[218]. 단일항 분열은 단일항 상태의 에너지가 2개의 삼중항 에너지에 가까울 때 발생할 수 있다. 이것은 예를 들어 tetracene과 pentacene에서 삼중항 교환 에너지가 크다는 것을 의미한다[219]. 이 현상은 2개의 삼중항 상태의 결합 에너지가 S_1 엑시톤 상태보다 약 0.16 eV 높은 tetracene 결정에서 비정상적인 온도 유도 형광 퀀칭을 설명하기 위해 노력하는 과정에서 Geacintov 등[220]과 Merrifield와 Avakian[221]에 의해 독립적으로 발견되었다. 이것은 스핀 선택 규칙(그림 3.34)에 따라 인접한 분자에 편재된 반평행 스핀을 가진 한 쌍의 삼중항으로 열 활성화 분열을 허용한다. 양자 화학 계산은 쌍의 전하 수송 상태가 S_1과 삼중항-삼중항(TT) 쌍 상태에 가까울 때 핵분열 과정이 효율적이 됨을 보여준다. 이것은 빠른 일관성 전자 전달(coherent electron transfer)에 의해 매개되는 S_1과 TT 쌍 상태 사이의 빠른 진동을 허용한다[222]. 분열 과정이 일어나기 위해서는 결정질의 질서가 필요하지 않다는 것이

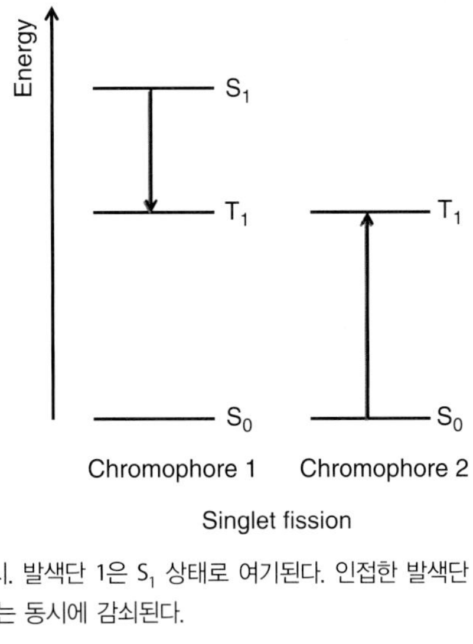

그림 3.34 단일 분열 과정의 예시. 발색단 1은 S_1 상태로 여기된다. 인접한 발색단 2에서 반대 스핀으로 또 다른 T_1 상태를 생성하면서 T_1 상태로 완화되는 동시에 감쇠된다.

밝혀졌다[223]. 삼중항 여기자의 생성에 대한 좀 더 광범위한 검토를 위해 삼중항 들뜬상태에 대한 리뷰 기사를 참조하기 바란다[224].

3.5.2 전기적 생성

전자와 정공이 반대 전극에서 주입되어 서로의 쿨롱 힘에 이끌리기 전까지 반도체 막을 통해 확산하고, 발색단에서 단일항 S_1이나 삼중항 T_1 중의 하나의 들뜬상태를 형성하여 재결합할 때에도 들뜬상태는 생성될 수 있다. 이 과정은 단일항 또는 삼중항 특징(^{1}CT와 ^{3}CT)의 중간 전하 수송 상태를 통해 발생하기 쉽다. 분자 및 짧은 올리고머의 경우, 재결합 과정이 재결합하는 전하의 스핀에 의존하지 않는다는 보편적인 동의가 있다. 3개의 삼중항 하위 상태가 있지만 단일항 상태는 하나뿐이므로, 단일항 상태는 삼중항의 확률이 75%인 것과 달리 25%의 확률로 생성된다. 폴리머의 경우, 형성된 들뜬상태는 단일항 상태이며 25%보다 더 높은 비율이라는 보고가 있다. 다양한 실험을 바탕으로, 전기 여기에 의해 생성된 들뜬상태 중 단일항의 비율은 약 25%(즉 스핀 독립적인 재결합을 의미하는 통계적으로 예상되는 값)에서 약 50%에 이르는 것으로 보고되었고, 일부 폴리머에서는 심지어 80%로 보고되었다. 형성된 단일항 상태의 더 높은 비율은 다른 폴리머의 접합 길이의 증가와 상관관계가 있는 것으로 나타났다. 통계적 25% 값과의 편차는 전자와 정공의 재결합 과정이 스핀 의존적인 방식으로 발생할 수 있음을 나타내기 위해 논의되었다. 이러한 스핀 의존적 재결합은 전하 수송 상태에서 계간 교차와 같은 일부 스핀 무작위화 과정뿐만 아니라 단일항과 삼중항에 대해 다른 재결합 속도를 필요로 한다. 형성된 단일항의 상대적인 수는 전하 수송 상태(긴 전하 수송 수명에 따라 암시적으로 증가함)에서 계간 교차 효율뿐만 아니라 다른 엑시톤 상태에 대한 이러한 전하 수송 상태의 에너지 위치에 따라 달라진다. 관찰된 접합 길이에 대한 의존성은 파동 함수의 비편재화의 정도가 역할을 할 수 있음을 추가로 시사한다. 폴리머의 경우, 재결합하는 짝을 이루지 않은 전하의 파동 함수는 여러 개의 반복 단위에 걸쳐 확장되며, 분자와 짧은 올리고머와 달리 랑주뱅 포획 반경을 초과할 수도 있다. 관련된 실험 결과들, 이론적 도출과 이에 따른 활발한 논의에 대한 검토는 [224]에서 간결한 형식으로, 그리고 [225-226]에서 더 심층적인 방식으로 제공된다. 이 리뷰가 발표된 이후로, Wallikewitz와 동료들은 TTA(triplet-triplet annihilation)가 관찰된 높은 비율의 단일항 상태의 기여한다고 제안했다[227]. 2개의 삼중항 상태가 충돌하여 이들은 상호 소멸되고, 여기된 단일항 상태의 하나의 발색단과 단일항 바닥상태 하나를 형성할 수 있다(3.8절 참조). 폴리머 F8BT의 경우, TTA가 삼중항 상태에 대한 지배적인 감쇠 메커니즘인 것으로 밝혀졌으며, 이는 최대 40%의 단일항 비율로 이어졌다.

이것은 Helfrich와 Schneider가 이미 1966년에 수행한 anthracene 결정의 전자-정공 재결합에 대한 연구와 현저하게 일치한다. 그들은 전자-정공 재결합으로 인한 지연과 즉각적인 형광의 비율이 이론적 값 0.60[228]과 일치하는 0.65라는 것을 발견했다. 기존의 단일항–삼중항 비율 0.25에 기초하여, 발견된 단일항 재결합 이벤트의 총 비율은 (1/4) × (1 + 0.65) = 0.41이다. 또한 계간 교차에 대한 흡열 역전이 반응, 즉 T_1에서 S_1으로의 수송[thermally activated reverse intersystem crossing, thermally activated delayed fluorescence(TADF), 그리고 E–type delayed fluorescence(DF)와 같은 뜻으로 알려져 있음]은 관찰된 단일항 상태의 비율을 증가시키는 수단으로도 사용할 수 있다(아래 참고)[229].

제거해야 할 메시지는 광여기가 단일 상태(일부는 유기 화합물에서 1% 이하 범위의 낮은 효율을 가진 삼중항 상태로 변환될 수 있음)만 생성하는 반면, 전기 여기는 작은 분자의 경우 확실히 75%, 폴리머의 경우 다소 적게, 상당한 양의 삼중항 상태의 생성을 초래한다는 것이다. 기존의 유기 화합물에서는 단일항만 높은 방사율(따라서 높은 효율)로 붕괴되지만 삼중항은 아니기 때문에 이러한 형성 속도는 유기반도체 LED에서 빛을 생성할 수 있는 궁극적인 효율에 제약을 가한다. 이에 대한 대응으로 Forrest, Thompson과 동료들은 OLED 응용 분야를 위한 효율적인 인광을 갖는 금속 함유 복합체의 사용을 개척하고 발전시켰다[230–232]. TTA를 피하려면, 인광 염료를 1~10% 농도로 분자 또는 폴리머 모체로 희석하는 것이 가장 좋다. 주입된 전하는 높은 방사율로 재결합하는 인광 염료에 트랩될 때까지 전극으로부터 확산된다.

3.5.3 2차 과정

들뜬상태는 이미 존재하는 다른 들뜬상태를 포함하는 과정을 통해 채워질 수도 있다. 이러한 과정의 한 가지 예는 제미네이트 쌍의 재결합이다. 인접한 분자 내의 또는 분자 간의 발색단에 전자를 전달함으로써, 들뜬상태는 제미네이트 쌍으로 감쇠할 수 있다. 해당 역전이 반응이 발생하면, 제미네이트 쌍이 재결합되어 초기 들뜬상태를 다시 생성한다(3.6절 참조). 또 다른 2차 과정은 $S_1 \rightarrow T_1$ 계간 교차에 대한 역반응, 즉 T_1에서 S_1으로의 열 활성화 수송이다. 이 과정이 우세하려면 (i) S_1과 T_1 사이의 에너지 갭이 작아야 하며 (ii) 적어도 중간 정도의 높은 계간 교차 속도가 있어야 한다. 이 접근법은 carbazole 기반 물질을 사용하여 성공적으로 채택되었으며, 질소 단독 쌍에서 비결합 궤도가 관여하는 것이 위에서 언급한 두 조건 모두에 유익하다[229, 233]. 2개의 삼중항 상태가 만나서 소멸될 때, 즉 이미 언급된 TTA 과정에 의해, 단일항 상태는 채워질 수 있다. 본질적으로 TTA는 반응 $T_1 + T_1 \rightarrow S_0 + S_n$에 이어 S_n에서 S_1으로의 내부 변환으로 설명될 수 있다(3.8절 참조). 3가지 과정, 즉 제미네이트 쌍 재결합, 흡열 역 계간 교차, 그리고 TTA는 광여기에 의해 직접 생성된 채움과 비교하여 단일항 들뜬상태의 지연된 채움으로 이어진다. 시간 분해 PL 측정에서, 이것은 여기 펄스와 공명하는 prompt fluorescence와는 대조적으로 delayed fluorescence로 나타난다. 지

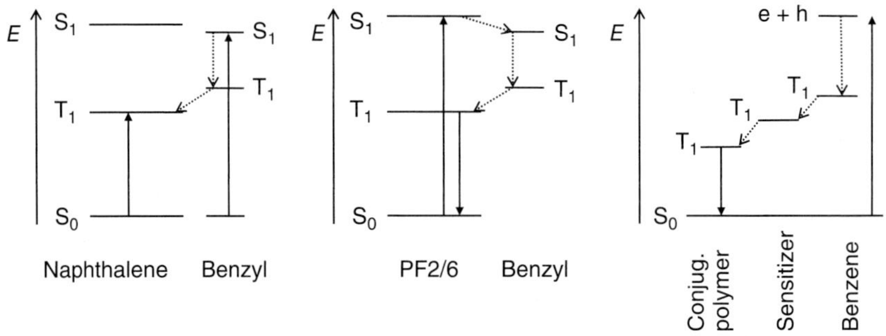

그림 3.35 삼중항 증감에 대한 에너지 준위 다이어그램((a) Terenin and Ermolaev[234], (b) Bagnich et al.[235], (c) Monkman et al.[236])

연된 형광과 이를 유발할 수 있는 과정은 3.8절에서 더 자세히 논의된다.

단일항 및 삼중항 들뜬상태는 모두 에너지 전달을 통해 추가로 채워질 수 있다. 이에 대한 일반적인 메커니즘은 2.2.4절에서 논의된 바와 같이 Förster 유형 에너지 전달과 Dexter 유형 에너지 전달이다. 단일항 상태의 경우 백색 발광 OLED를 구현하기 위해 서로 다른 색의 염료를 혼합할 때, 분자와 소자를 신중하게 설계하여 이를 고려해야 한다. 삼중항 상태의 경우 잘 설계된 에너지 전달이 유기 화합물에서 삼중항 상태를 채우기 위해 자주 사용되며, 분자에서 흡수에 의한 직접적인 경로와 뒤따르는 계간 교차는 낮은 계간 교차 속도로 인하여 삼중항을 아주 조금 채운다. 기본 아이디어는 감응제 분자의 단일항 상태가 직접적으로 여기되거나 또는 관심 있는 hydrocarbon 분자의 S_1 상태로부터 에너지 전달을 통해 여기된다는 것이다. 이것은 감응제의 효율적인 계간 교차로 이어지고, 감응제의 삼중항 상태로부터 조사하고자 하는 hydrocarbon 분자의 삼중항 에너지 준위로의 후속 에너지 전달로 이어진다. 그림 3.35에서는 감응제를 사용하는 다른 방법이 설명되어 있다[224]. 1956년에 Terenin과 Ermolaev[234]는 naphthalene과 diphenyl과 같은 hydrocarbons의 인광을 관찰하기 위해 이 방법을 개척했다. 그들은 diacetyl 또는 benzaldehyde와 같은 carbonyl기를 함유하는 화합물이나 benzyl이 감응제로 첨가된 불활성 용액에 분자를 넣었다. Carbonyl을 함유한 시스템에서, S_1–T_1 갭은 일반적으로 0.2～0.3 eV 정도로 작고, 계간 교차 수율은 100%에 가깝다. 따라서 감광제 단일항 상태의 여기는 감광제 삼중항 상태로의 효율적인 계간 교차와 관심 있는 분자의 삼중항 상태로의 후속 에너지 전달이 뒤따른다. Polyfluorene (PF2/6)의 단일항 상태를 여기시키는 것을 제외하고는, 최근에 Bagnich 등[235]이 benzyl로 도핑된 polyfluorene(PF2/6) 필름의 인광을 측정하기 위해 이 기술을 사용했다. Benzyl의 S_1 상태는 PF2/6의 S_1 상태보다 0.28 eV 낮고, benzyl 삼중항은 PF2/6의 T_1 상태보다 0.17 eV 높다. PF 호스트를 여기시키면, 신속한 에너지 전달로 benzyl S_1 상태를 채우고 뒤따르는 신속한 ISC에 의해 benzyl T_1 상태를 채워서, PF2/6의 T_1 상태로의 효율적인 삼중항 전달로 인하여, 결국 PF2/6 인광을 관찰할 수 있다. Monkman 등[236]은 benzene 용액에서 일련의 공액 폴리머의 T_1 준위를 결정하기 위해 Terenin과 Ermolaev의 기술을 적용하였다. 그들은 선형 가속기에서 100 ns 펄스의 10 MeV 전자에 의해 생성된 전자와 정공의 재결합을 통해 benzene의 T_1 상태를 채웠다. Benzene 용액은 삼중항 감응제로 폴리머로 도핑되었다. Benzene의 삼중항 상태는 감광제로 옮겨지고 폴리머의 삼중항 상태로 옮겨진다. 또한 benzene에서 생성된 모든 단일항 상태도 감응제의 단일항으로 옮겨졌고 삼중항으로 전환되었다.

3.6 엑시톤의 해리

들뜬상태가 생성되면 다양한 과정이 발생할 수 있다. 분자의 들뜬상태는 복사 또는 비복사에 의해 감쇠될 수도 있고, 에너지를 다른 분자로 전달하거나 유기반도체를 통해 확산할 수 있으며(다른 여기와 충돌할 수 있음), 한 쌍의 반대 전하로 분리되어 감쇠될 수 있다. 화학의 언어로는, 분자 양이온과 음이온이 생성되는 대신에 한 분자의 중성 들뜬상태가 파괴되는 것을 말한다. 이 맥락에서 중요한 양은 **엑시톤 결합 에너지**(exciton binding energy)이다. 양전하와 음전하, 즉 분자 양이온과 분자 음이온이 예를 들어 다른 많은 중성 분자에 의해 잘 분리되어 있다고 가정해보자. 그들 사이의 무한한 분리의 한계로 인하여 그들 에너지 사이의 차이, 즉 분자의 이온화 퍼텐셜 I_p와 분자의 전자 친화도 E_a의 차이가 전기적 갭, $E_{el} = I_p - E_a$로 정의된다. 첫 번째 단일항 들뜬상태 S_1의 에너지는 광학적 갭, $E_{opt} = E_{S1}$으로 정의된다. 전기적 갭과 광학적 갭 사이의 차이는 엑시톤 결합 에너지, $E_B = E_{el} - E_{opt}$이다. 2.4.4절에서 언급했듯이, 전자–전자 상호작용으로 인해 전기적 갭과 광학적 갭이 다르며, 가장 중요한 기여는 2개의 반대 전하 사이의 쿨롱 인력이다.

엑시톤 해리 과정은 OSC에서 태양 광으로부터 전력을 생성하기 위해 이용되므로 이 장에서 해리 과정에 대해 자세히 설명한다. 입사광을 외부 전류로 변환하는 전체 과정은 다음 단계로 나눌 수 있다.

(i) 입사광은 흡수되어 발색단에 여기를 생성하며, 그 여기는 반도체 필름을 통해 얼마의 시간 동안 확산할 수 있다.
(ii) 결국 들뜬상태는 전하를 이웃 발색단으로 전달하여 반대 전하의 제미네이트 쌍을 생성한다(**GP 생성**).
(iii) 2개의 반대 전하는 상호 쿨롱 인력의 반경을 벗어날 때까지 분리되어 2개의 자유, 즉 결합되지 않은 이동 전하(**GP 분리**)로 바뀐다.
(iv) 2개의 이동 전하는 각각의 전극에 의해 수집되거나 우연히 다시 재결합될 때까지 반

도체 필름을 통해 표동 및 확산한다.

엑시톤 해리(exciton dissociation)라는 용어는 일반적으로 (ii) 단계와 (iii) 단계를 포함하는 것으로 이해된다. 해리 과정을 위한 주요 실험 프로브는 시간 분해 PiA(transient absorption, pump-probe) 측정, 광전류 측정과 광발광 측정이다. PiA 측정에서, 분자 이온의 흡수 에너지가 다른 분자 이온의 쿨롱 필드에 의해 아주 조금만 영향을 받기 때문에 (ii) 단계의 정보를 얻을 수 있지만 (iii) 단계의 정보는 얻을 수 없다. 광전류 측정은 외부에서 가해진 필드의 유무에 관계없이 (ii)~(iv) 단계의[단계 (i)은 구분될 수 있음] 결과에 대한 결론을 내릴 수 있다. 광발광 퀸칭 측정은 최종적으로 제미네이트 쌍의 생성과 주로 (ii) 단계의 가능한 재결합을 관찰한다.

3.6.1 제미네이트 쌍 생성

3.6.1.1 전하 수송 기간

한 쌍의 반대 전하가 상호 쿨롱 퍼텐셜을 어떻게 벗어날 수 있는지를 반영하기 전에, 먼저 빛의 흡수가 어떻게 서로 다른 발색단에서 한 쌍의 반대 전하로 이어지는지를 고려할 필요가 있다. 무기태양전지에서는 가전자대에서 전도대로의 밴드 전이를 통해 전하 캐리어가 생성되기 때문에, 즉 자유 이동 전하는 순간적으로 생성되기 때문에 이 단계가 없다. 유기반도체에서 여기의 해리는 자유 전하 캐리어 쌍에 대한 전구체로 인접한 발색단에서 전자와 정공의 쿨롱 결합 쌍을 먼저 형성하는 순차적 과정이다. 쿨롱 결합 전자-정공 쌍은 동의어로 **제미네이트 쌍** 또는 **전하 수송 상태**(charge transfer state)라고 한다. 제미네이트 쌍의 에너지는 단일항 엑시톤 상태의 에너지와 전기 밴드 갭(아래 참고) 사이의 중간이다. 한 화합물이 전자 도너 역할을 하고 다른 화합물이 전자 억셉터 역할을 하는 다른 전기 음성도의 물질을 포함하는 다성분 시스템에서, 여기가 제미네이트 쌍으로 감쇠되는 것은 발열 과정이 된다. 구성 요소의 적절한 선택에 의해, 전하 수송 상태는 도너 또는 억셉터 들뜬상태보다 결과적으로 낮은 에너지를 갖게 된다. 도너-억셉터 유형의 시스템에서, 전하 수송 후 도너와 억셉터 사이의 기하학적 방향 재조정과 어느 정도의 공명 상호작용(2.1.5절 참조)이 있는 경우, 쿨롱 결합 전자-정공 쌍(GP, CT 상태)은 exciplex가 될 수 있다. 사실 'exciplex'라는 용어는 종종 CT 상태와 동의어로 사용된다.

제미네이트 쌍의 형성과 감쇠를 관찰하는 주요 실험 방법은 시간 분해 펌프 프로브 분광법이다. 현대식 펌프 프로브 분광기의 시간 분해능은 약 20 fs로 낮아졌기 때문에, 이제 빛을 흡수할 때 제미네이트 쌍이 즉시 형성되는지 또는 제미네이트 쌍이 여기성 전구체 상태를 통해 형성되는지를 구별할 수 있다. 초기에는 1차 해리 단계가 매우 빠르고 피코초 미만의

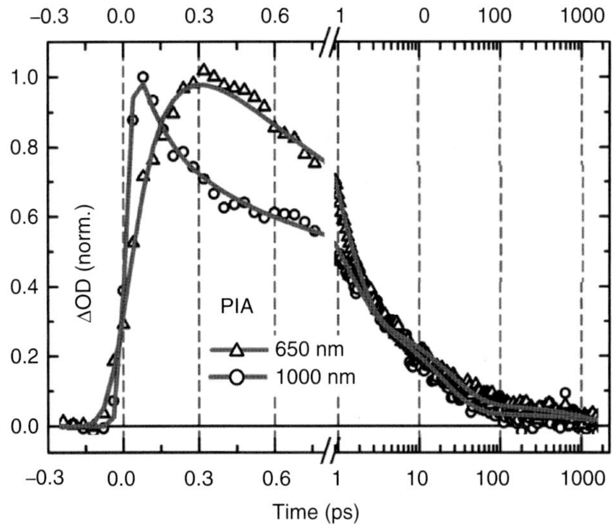

그림 3.36 40 fs 시간 분해능의 펌프 프로브 실험에서 기록된 유리 기판상의 규칙적으로 정렬된 P3HT와 다결정 실리콘 필름의 이중층 조립의 순간적 흡수. 원은 1000 nm(1.24 eV)에서 프로빙된 단일항 여기자의 순간적 흡수이고, 삼각형은 650 nm(1.90 eV)에서 프로빙된 P3HT의 라디칼 양이온(폴라론)의 일시적인 흡수이다. 데이터는 레이저 펄스 기간 내에 단일항 엑시톤의 성장이 완료되었음을 보여주는 반면, 폴라론 신호는 300 fs에서 최댓값을 가지며 지속적으로 상승한다. 이것은 폴라론이 순간적으로 형성되지 않고 단일항 엑시톤에서 생성된다는 것을 증명한다(Herrmann et al.의 데이터 [238]).

시간 스케일로 발생한다고 인식되었다. Heeger 등[237]은 이것을 π−공액 폴리머에 대해 무기반도체 개념의 적용 가능성에 대한 증거로 간주했다. 이 개념에서 전자−정공 쌍의 형성은 실제로 즉각적이다. 이것은 일부 폴리머 태양 전지에서 높은 수율의 광−해리에 의해 뒷받침되는 것처럼 보이지만, 광학적으로 유도된 쿨롱 결합 전자−정공 쌍의 생성이 즉각적인 과정이 아니라는 명확한 증거가 있다(그림 3.36). 전자 억셉터로 실리콘을 사용하는 P3HT에 대한 40 fs의 시간 분해능을 가진 광학 펌프 프로브 실험은 (i) 초기 생성된 여기가 S_1 상태이고, (ii) 여기자로부터 120 fs의 수송시간으로 분자 간 전자−정공 쌍이 생성됨을 보여준다[238−239]. PCPDTBT/PCBM 혼합의 경우, Grancini 등[240]은 S_1 상태가 전자−정공 쌍으로 해리되는 데 45 fs밖에 걸리지 않음을 발견했다. 도너의 더 높은 전자 상태로 여기하는 경우, 이 형성 시간은 더욱 짧아진다. Jailaubekov 등[241]은 copper−phthalocyanine/C_{60}(C_{70}) 층에서 전자−정공 쌍의 형성을 모니터링하기 위해 time resolved second harmonic generation 방법을 사용했다. 이 방법으로 도너/억셉터 인터페이스에서 전하 분리로 인한 과도 전기장의 출현을 검출한다. 펌프 펄스의 광자 양자 에너지를 조정함으로써 저자는 도너와 억셉터를 선택적으로 여기시킬 수 있을 뿐만 아니라 둘의 광학 갭 아래의 전하 수송 상태를 여기시킬 수 있었다. CuPc/C_{60}(CuPc/C_{70}) 시스템에서, 1.85~2.10 eV의 스펙트럼 범위 내에서 광자 에너지와 관계없이, 여기된 도너 80 ± 20 fs(170 ± 30 fs)의 상승

시간을 가지고 전하 수송 상태로 감쇠한다. 이것은 과도한 진동 에너지가 거의 영향을 미치지 않음을 의미한다. 이러한 수송 시간은 이동도가 1 $cm^2V^{-1}s^{-1}$이고, 사이트 간 간격이 에너지적으로 정렬된 분자 고체에서 전하 캐리어의 점프 시간과 비슷하다. 간단한 계산이 이것을 보여줄 것이다. 확산과 이동도 사이의 아인슈타인 관계를 사용하고 확산이 등방성이라고 가정하면, 점프 주파수는 $1.5 \times 10^{13}\ s^{-1}$, 즉 70 fs의 점프 시간이 된다. 이러한 실험은 도너를 여기시키거나 또는 도너/억셉터 시스템의 억셉터를 여기시킬 때, 분자 간 전자–정공 쌍의 형성이 여기자가 전구체로 작용하는 순차적 과정이라는 것을 분명하게 증명한다. 대조적으로, 도너와 억셉터의 $S_1 \leftarrow S_0$ 전이 아래의 광자 에너지를 사용하여 도너/억셉터 시스템의 약하게 흡수되는 CT 상태를 직접 자극하는 경우, 쿨롱 결합 분자 간 전자–정공 쌍의 즉각적인 형성이 발생한다. 이것은 Jailaubekov 등의 실험에서도 관찰되었다. 도너의 들뜬상태가 이미 전하 수송 특성을 가지고 있는 낮은 밴드 갭 물질을 사용하는 경우, 쿨롱 결합 분자 간 전자–정공 쌍의 형성이 즉시 생성되는지 여부를 물어볼 수 있다. 이에 대한 예는 PCBM 억셉터를 가지고 있는 도너인 PCPDTBT이다. PCPDTBT와 PCBM을 혼합하는 Grancini 등[240]의 실험은 이 추측을 입증한다. 45 fs의 시작 시간으로 PCPDTBT의 여기로부터 분자 간 전자–정공 쌍이 생성됨을 보여준다. 이 시간은 여기된 PCPDTBT 도너 체인에서 PCBM 억셉터로의 전하 수송에 할당된다.

마지막으로, 필름에서 쿨롱 결합 전자 정공 쌍을 생성하는 데 필요한 시간이 전하 수송이 발생하기 전에 여기가 억셉터 쪽으로 확산되어야 할 때 전하 수송 과정을 위해 필요한 실제 시간을 상당히 초과할 수 있음을 지적한다. 이 경우 속도 제한 단계는 전하를 엑시톤으로 전달하는 것이 아니라 엑시톤의 확산이다. 엑시톤 확산 과정은 3.7.2절에서 논의되는 반면, 확산 및 후속 엑시톤 해리에 대한 필름 형태의 영향은 4장에서 다룬다.

3.6.1.2 단일 화합물 재료에서 제미네이트 쌍의 속성

제미네이트 쌍은 쿨롱 포획 반경에 의해 결정되는 범위의 쿨롱 우물 내의 전자–정공 쌍을 나타낸다. T = 295K와 ε_r = 3.1인 경우 일반적인 값은 18 nm이다. 단일 성분 재료에서, 여기된 발색단에서 인접한 중성 발색단으로 전자를 전달하려면 남아 있는 정공의 쿨롱 인력을 극복하기 위해 몇 100 meV의 에너지가 필요하기 때문에, GP 상태의 에너지는 S_1 상태의 에너지를 초과한다. 제미네이트 쌍이 단일 화합물 재료에 존재한다는 분명한 증거가 있지만, 구조적 무질서의 정도에 따라 수명이 짧고 최대 100 ns의 시간 스케일에서 재결합한다.

Anthracene[242], tetracene, pentacene[243]의 다결정층에서 전하 전달 흡수, 즉 CT 상태로의 흡수는 광학적으로 감지할 수 있다. 그러나 이 전이의 진동자 강도는 $S_1 \leftarrow S_0$ 전이의 강도보다 훨씬 약하기 때문에 후자 아래에 묻혀 있다. 전하 전달 흡수의 검출에는 전기흡수/전기 반사 분광기 기술이 필요하다. 분자 결정에서 가장 가까운 전하 전달 상태의 에너

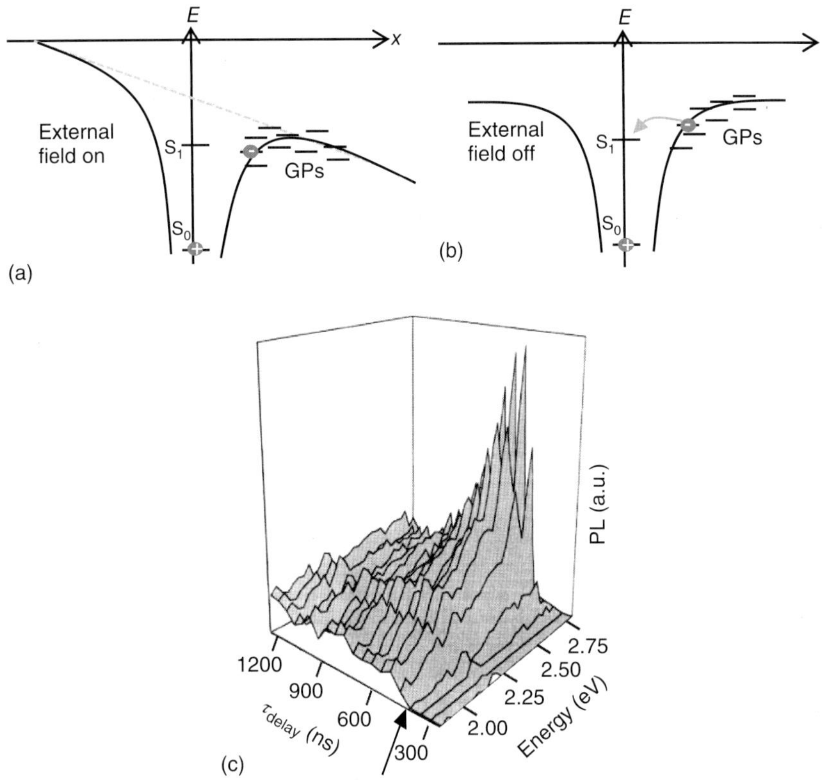

그림 3.37 단일 성분 공액 폴리머(MeLPPP)에서 전기장에 의해 촉진된 지연 형광의 기원에 대한 개략도. (a) 높은 전기장에서 쿨롱 결합 e–h 쌍(GP)은 에너지가 S_1 상태의 에너지와 같거나 낮기 때문에 본질적인 감쇠에 대해 준안정적일 수 있다. (b) 안정화 전기장을 제거한 후 e–h 쌍은 재결합하여 S_1 상태를 형성한다. (c) 초기 레이저 펄스와 검출 시간 사이의 지연 시간에 따라 측정된 일련의 지연 형광 스펙트럼. 화살표는 전기장이 꺼지는 시간을 표시한다(Schweitzer et al.의 데이터[244]).

지는 S_1 상태보다 0.3~0.5 eV 높다.

MeLPPP 필름에서 전기장 매개 지연 형광(electric field mediated delayed fluorescence)의 관찰은 제미네이트 쌍의 쿨롱 결합 에너지를 보상하기에 충분히 강한(~1.5×10^6 Vcm^{-1}) 짧은 전기장 펄스를 인가할 때, 단일항 엑시톤이 제미네이트 쌍으로 분리될 수 있음을 증명한다. 이 효과는 즉각적인 형광의 필드 유도 퀀칭을 동반한다(그림 3.37). 전기장을 끄면 제미네이트 쌍이 재결합하여 하나의 발색단에서 발광하는 단일 여기를 형성함을 나타내는 형광 스파이크가 관찰된다. 이 지연된 형광 신호의 세기는 전기장 펄스의 하강 엣지와 검출창의 개방 사이의 지연 시간에 따라 지수적으로 감소한다[244–245]. 광전도를 통해 모니터링되는 단일 성분 재료에서 전자–정공 쌍을 완전히 분리하려면 제미네이트 쌍 생성보다 훨씬 더 강한 전기장(약 3×10^6 Vcm^{-1})이 필요하다[246].

제미네이트 쌍은 에너지가 전자–정공 분리에 의존하기 때문에 잘 정의되지 않은 개체이

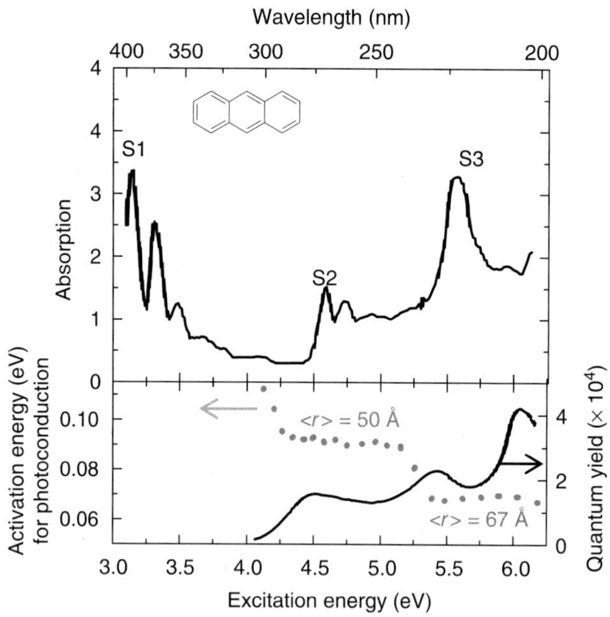

그림 3.38 상단: b축을 따라 분극이 발생한 anthracene 결정의 흡수 스펙트럼. 하단: 광자 에너지의 함수로서, 전기장(실선)과 온도 의존 광전류(회색 원)의 활성화 에너지로 추출된 광생성의 양자 효율. 제미네이트 쌍의 계산된 해당 전자–정공 분리도도 제공된다(Chance and Braun의 데이터[247]).

며, 이는 생성 방식에 따라 달라진다. 이것은 그들의 속성, 특히 추가적인 분리와 (제미네이트) 재결합 속도에 영향을 미친다. 여기된 도너의 초기 에너지가 높을수록 전하 이동으로 인한 제미네이트 쌍의 전자–정공 분리가 커지고 광생성에 대한 양자 효율이 높아진다고 상상하기 쉽다. 이에 대한 실험적 탐색은 광전류의 스펙트럼 분해 양자 효율이다. 이러한 실험을 수행하려면 반사 효과에 의해 보정된 흡수된 광자의 수를 측정하고, 생성된 전하 캐리어가 다이오드의 전극에 도달하기 전에 비제미네이트 재결합하지 않도록 빛의 세기를 충분히 낮게 유지하도록 주의해야 한다.

스펙트럼에 의존하는 광전도의 전형적인 예는 anthracene 단결정에 대한 Chance와 Braun[247]의 연구이다. 그들은 최대 3×10^4 Vcm^{-1}의 전기장에서 200~300 K의 온도 범위 내에서 최대 6 eV의 광자 에너지까지 정상 상태 광전류를 측정했다. 흡수된 광자가 한 쌍의 자유 이동 전하 캐리어를 생성할 확률인 광전류 작용 스펙트럼을 그림 3.38에서 보여준다. 4.0 eV의 광자 에너지 주변에서 시작하여 $S_2 \leftarrow S_0$ 흡수의 시작과 가까운 4.4 eV에 첫 번째 최댓값에 도달한다. 5.2 eV 근처에서 다시 증가하기 시작하고, $S_3 \leftarrow S_0$ 전이가 발생하는 5.4 eV에서 최댓값이 발생한다. 광생성 메커니즘에 관한 핵심 메시지는 광전류의 스펙트럼 의존 활성화 에너지 E_a에서 파생된다. 광전류의 온도 의존성을 측정함으로써, 활성화 에너지가 결정된다. 이것은 전자–정공 쌍의 쿨롱 결합 에너지를 직접 측정한 것이다. 쿨롱의 법칙에 의해,

점전하인 두 전하 사이의 분리 반경 r_0로 변환된다. $\hbar\omega_0 > 4\,\mathrm{eV}$의 경우, E_a는 감소하고 안정기 값에 근접한다. 5.2~5.4 eV의 스펙트럼 범위 내에서, E_a는 다시 다른 안정기 값으로 감소한다. 이것은 S_2 상태와 S_3 상태로 여기될 때, 쿨롱 결합의 전자-정공 쌍을 완전히 분리하기 위해 더 적은 열에너지가 필요하다는 것을 암시한다. 그러나 S_2와 S_3 상태에서 사용할 수 있는 과도한 진동 에너지는 분리 과정에 도움이 되지 않는다. Geacintov와 Pope[248]은 가전자대에서 전도대로의 직접 전이가 약한 경우, 광생성이 분자 엑시톤의 자동이온화에 기인함을 증명했다. Jortner[249]는 분자 결정의 자동이온화에 대한 이론적인 공식을 발전시켰다. 기본 아이디어는 더 높은 들뜬상태가 비편재 가전자대와 전도대 상태와 결합될 수 있다는 것이다. 이 과정의 속도는 여기된 분자 상태와 비편재화된 밴드 상태 사이의 결합을 위한 모체 요소에 따라 다르다. 반데르발스 결합을 갖는 분자 고체에서, 내부 전환으로 이어지는 더 높은 여기된 진동 상태와 가장 낮은 여기된 단일항 사이의 분자 내부의 전자 결합과 비교하여 분자 간 결합은 약하다. 따라서 자동이온화의 효율은 작으며, 일반적으로 작은 비율이다. 따라서 초기에 여기된 상태의 대부분은 내부 변환을 거쳐 형광을 낼 수 있는 S_1 상태로 이완된다. 자동이온화가 실제로 관찰될 수 있다는 사실은 Kasha 규칙에서 현저한 예외이며, 이것은 자동이온화가 효율적이고 전자 여기에 대해 빠른 감쇠임을 증명한다. 그렇지 않으면 빠른 내부 전환 속도와의 경쟁이 불가능할 것이다.

분자 결정에 대한 적절한 실험은 (i) 비록 효율성이 낮을지라도, 단일 성분 물질에서 충분한 과잉 에너지를 가진 여기자만이 제미네이트 결합된 전자-정공 쌍을 통해 자유 전자와 정공으로 해리될 수 있고 (ii) 이 과정의 효율성은 과도한 **진동** 에너지보다는 과도한 **전자** 에너지에 달려 있다. 이것은 자동이온화 과정이 중성 들뜬상태와 비편재 대전 상태의 전자 파동함수의 중첩에 의존하기 때문에 타당하다.

감광제 역할을 할 수 있는 불순물이나 도펀트가 없는 상태에서 고유한 광생성, 즉 광학적으로 유도된 전하 캐리어 생성에 대한 실험은 중성 여기의 자동이온화 개념이 π-공액 폴리머 필름에도 적용 가능하다. 흡수 엣지 근처에서 광생성은 외부적(아래 참고)이고 비효율적이지만, 더 높은 전자 상태를 자극하면 급격히 증가한다[250-253]. 예를 들어 Köhler 등의 보고에 따르면, MEH-PPV 필름에서 광전류는 S_1과 S_2 상태를 여기시킬 때는 낮지만 S_3 상태에 도달하면 증가한다. 양자 화학 계산에 따르면 S_1과 S_2 상태에서 전자와 정공에 대한 파동 함수의 중심은 다소 일치하는 반면 S_3 상태는 중요한 CT 특성을 가진다. 이것은 해리의 효율성을 결정하는 것은 전자 상태의 에너지일 뿐만 아니라 그 특성도 결정한다는 개념을 확인한다(그림 3.39). 한편, Kepler 등[254]의 polysilane 연구에서 입증된 바와 같이, σ결합 고분자의 거동은 π-공액 고분자와 유사하게 행동한다. 이 현상은 π-공액 분자에만 국한되지 않음을 나타낸다.

공액 폴리머에서, 2-광자 흡수를 통해 짝수 패리티 (gerade) 대칭 상태로 또는 순차적 흡수에 의해서 중간의 S_1 엑시톤을 통해 S_n 상태로, 전하 캐리어의 효율적인 고유한 광생성이 발생할 수도 있다[215, 256]. 이러한 상태는 100 fs의 시간 스케일에서 발생하는 고에너지 들뜬상태에서 S_1 상태로의 내부 변환과 전하 수송 사이의 경쟁에 의존하는 수율을 가진 제미네이트 결합 쌍으로 분리되는 경향이 높다.

3.6.1.3 인터페이스 또는 트랩을 포함하는 재료의 제미네이트

앞에서 언급했듯이, $S_1 \leftarrow S_0$ 전이의 스펙트럼 범위 내에서나 다소 아래에서 여기된 결정질과 비결정질 분자 고체, 그리고 공액 폴리머에서 전하 캐리어의 광생성도 있다. 이 효과에는 2가지 주요한 원인이 있다. 첫 번째 가능성은 전자-정공 쌍으로 해리될 수 있을 만큼의 여기 에너지가 충분하지 않지만, 전극으로 확산되거나 전자나 정공을 전극으로 전달할 수 있다는 것이다. 이 과정은 투명 또는 반투명 전극을 통해 강하게 흡수하는 물질을 여기시킬 때 중요하다. 이 효과는 얇은 SiO_x 차단층으로 전극을 덮어 제거할 수 있다.

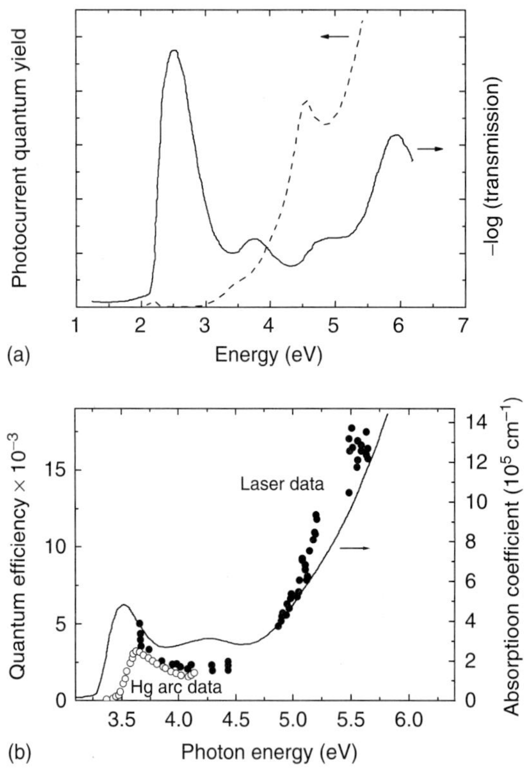

그림 3.39 (a) 오른쪽 축: MEH-PPV 필름의 흡수 스펙트럼. 왼쪽 축: 150 nm 두께의 MEH-PPV 필름을 여기시켜 측정하고, 입사 광자 세기로 정규화된 광전류. 반투명 금 전극과 후면 알루미늄 전극이 사용되었다(Köhler et al.[252]). (b) σ 결합된 poly(methylphenylsilane)에서 흡수 계수(실선)와 광생성의 양자 효율(기호). 흰색 원과 검정색 원으로 표시된 데이터는 다른 광원을 사용하여 얻어진 것이다(Kepler and Soos에서 발췌[255]).

흡수 엣지에 가깝거나 그 아래에서 여기되는 경우의 광전류를 관찰하기 위한 두 번째 설명은 전자를 제거할 수 있는 의도하지 않은 불순물이나 고의로 첨가된 도펀트에 의해 분광 증감과 관련이 있다. 트랩 제한 정공 수송에 대한 연구에서[13], 일반으로 정공을 수송하는 공액 폴리머는 흔히 약 $3 \times 10^{17}\ cm^{-3}$의 농도를 갖는 전자 트랩을 포함하는 것으로 알려져 있다. 엑시톤이 이러한 트랩을 만나면, 전자를 트랩으로 이동시켜 쿨롱으로 결합된 정공을 남긴다. 정공은 트랩된 전자와 재결합하거나 쿨롱 퍼텐셜에서 벗어날 수 있다(아래 참고). 대안적으로, 빈 전자 트랩은 낮지만 유한한 진동 강도로 직접 여기될 수 있는 폴리머와 전하 전달 복합체를 형성할 수 있다. 이것은 순수한 폴리머 재료의 흡수에 비해 적색편이 되고, CT 복합체의 흡수 스펙트럼을 반영하는 광전류 작용 스펙트럼을 발생시킨다. 복합체가 여기되면 전하 수송 상태, 즉 가장 가까운 이웃 전자–정공 쌍이 여기된다. 상당히 강하게 결합되어 있지만 여전히 유한한 확률로 해리될 수 있으며, CT 복합체의 스펙트럼을 따르는 작용 스펙트럼을 가진 광전도에 기여할 수 있다[257]. 발색단 쌍은 배향되어 엑시머를 형성하거나 응집체가 유사하게 작용할 수 있다[258].

3.6.1.4 도너–억셉터 시스템의 제미네이트 쌍

제미네이트 쌍은 단일 성분 분자 시스템에 존재하지만, 그 에너지는 단일항 상태의 에너지를 일반적으로 0.5 eV 초과한다. 이것은 유기태양전지(OSC)의 활성 물질로 단일 화합물만을 사용하는 것을 배제한다. 이 문제는 서로 다른 전기 음성도를 가지는 두 물질을 결합하여 하나는 전자 도너 역할을 하고 다른 하나는 억셉터 역할을 함으로써 완화될 수 있다. 정공의 쿨롱 인력을 극복하고 전자를 이웃 억셉터 발색단으로 이동시키는 데 필요한 에너지는 전자를 억셉터의 낮은 LUMO 준위에 배치할 때 얻어지는 에너지에 의해서 보상된다. 쿨롱 결합된 제미네이트 쌍의 총에너지는 도너에 대한 초기 여기의 에너지보다 낮다. 이것은 도너와 억셉터 전자 친화도 사이의 에너지 오프셋이 일반적인 분자 간 전자–정공 분리에서 쿨롱 에너지와 같다면 적용된다. 억셉터가 여기되고 정공이 전달될 때, 이온화 퍼텐셜의 오프셋에도 동일한 주장이 적용된다. 이러한 고려 사항에서, CT 상태에서 도너의 들뜬상태로 열적으로 활성화된 역방향 수송을 방지하기 때문에, 큰 전자 친화도 오프셋은 매력적으로 보인다. 그러나 전자 수송을 보장하는 데 필요한 것 이상으로 전자 친화도 오프셋을 증가시키는 것은 효율적인 태양전지의 작동에 역효과를 가져오는 것으로 밝혀졌다. 광생성된 전자–정공 쌍에서 추출될 수 있는 최대 전력이 전자와 정공의 에너지적인 분리에 의존하기 때문이다(4장 참조).

초기 여기에서 제미네이트 쌍을 생성하는 것과 같이, 전자의 수송을 보장하기 위한 추가 요구 사항은 제미네이트 쌍의 에너지, 즉 CT 상태가 도너 또는 억셉터의 들뜬상태 에너지보다 낮아야 한다. 그렇지 않으면 에너지 전달만 있고 전하 전달은 없다.

이러한 조건은 fullerene 유도체(예: C_{60}, C_{70}, PCBM), perylene diimide, 또는 trinitrofluorenone(TNF)과 같은 높은 전자 친화도를 가진 억셉터와 결합하는 경우, 도너로서 많은 폴리머에 대해 충족될 수 있다. Sariciftci 등의 선구적인 업적[259]에 의해 이 개념이 확인된다. 한편, 올바른 형태로 도너와 억셉터의 올바른 조합을 선택할 때 산업 환경에서 10% 이상의 효율을 가진 유기 셀을 제작할 수 있다는 것은 잘 알려져 있다[260]. 상업적 관련성으로 인해, 전체 세부 사항은 일반적으로 연구 환경에서 만들어진 OSC에 대해서만 게시되며, 작성 시점에는 약 7~8%의 효율성이 얻어진다[261–262]. 이 발견은 제미네이트 쌍 생성을 위한 경로를 확인하고, 셀 처리 조건과 소자 구조를 최적화하기 위한 집중적인 연구를 촉발시켰다[263–265].

유기태양전지의 동작에서, 속도 제한 단계는 결합된 제미네이트 쌍의 해리이며, OLED에서는 전극에서 주입된 전자와 정공의 발광하는 이분자 재결합이다. 두 경우 모두 제미네이트 쌍의 에너지와 그에 따른 생성과 재결합이 중요하다. 2.1.5절과 2.4.2절에서 도너–억셉터 쌍의 전기 음성도가 다를 때, 광여기에 의해서 부분적인 또는 완전한 전하 수송이 있을 수 있음을 알고 있다. 들뜬상태는 완전히 이온화된 상태와 여기자의 (공명) 상태의 중첩이며, 그 에너지는 도너와 억셉터의 에너지보다 낮다. 어떤 기여가 지배적인지는 경계 분자 궤도와 그들의 상호 겹침에 달려 있다. 도너와 억셉터의 HOMO와 LUMO 사이의 겹침은 거리에 따라 지수적으로 감소하기 때문에, 중성에서 완전 또는 부분적인 전하 분리 상태로의 직접적인 광학 전이는 밀접한 분자 접촉을 필요로 한다. 그럼에도 불구하고 그러한 상태의 진동자 강도는 모 발색단의 강도보다 일반적으로 2자리수 더 낮다. 결과적으로 발광 수명은 약 100 ns이고 비발광 감쇠가 효율적이다. 이것은 OLED에서 불리하기 때문에 발광 영역에서 복합체 형성에 대한 전략을 개발해야 한다. 중합체 도너–억셉터 시스템에서, 발색단 간의 결합은 상호 체인의 방향에 따라 달라질 수 있다. 따라서 인접한 체인의 전기 양성 및 전기 음성 그룹이 배열되는 방식에 차이가 있다. 도너–억셉터 시스템 PFB/F8BT에서 DFT 계산과 PL 분광법을 결합하여, Huang 등[266]은 어떤 것이 더 강하게 결합하고 발광하는지, 어떤 것이 더 느슨하게 결합하고 비발광 감쇠하는지에 대한 도너–억셉터 배열을 식별할 수 있었다.

Bulk 이종접합의 OSC에서 도너–억셉터의 계면에서 형성된 exciplex와 CT 상태는 흡수와 주로 PL 분광법을 사용하여 조사할 수 있다. Offermans 등[267]의 MDMO–PPV와 PCNEPV의 혼합에 대한 연구와 전자 도너 MEH–PPV와 전자 억셉터 CN–ether–PPV의 혼합에 대한 Chasteen 등[268]의 연구가 그 예이다. 두 경우 모두 exciplex에서 추정되는 전하 수송 방출이 관찰되었다. 그들의 감쇠에 대한 일반적인 경로는 안정한 상태로 비발광 및 발광 복귀와 완전한 해리이다. 도너와 억셉터 사이의 레벨 불일치에 따라 도너 화합물의 단일항 상태로 exciplex/CT 상태의 열 활성화된 역방향 수송이 있을 수도 있다. 에너지 오

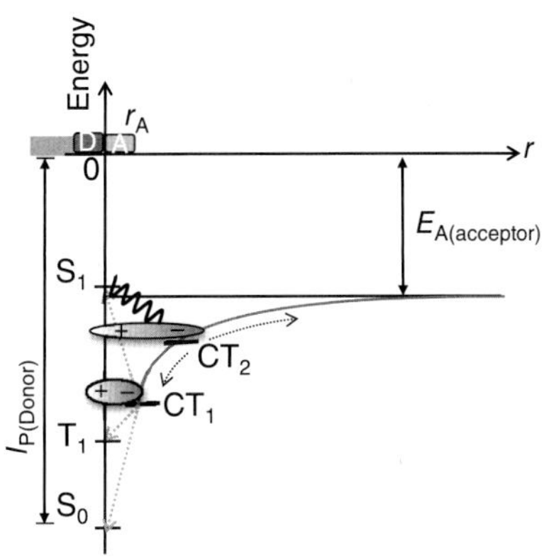

그림 3.40 외부 전기장이 없을 때, 도너–억셉터 계면에서 다르게 확장된 제미네이트 쌍(전하–수송 상태, CT)의 형성 및 감쇠 경로. 도너 분자에서 S_1의 광여기와 억셉터 분자로의 뒤따르는 전자 이동은 제미네이트 쌍을 생성하고 도너의 양전하와 억셉터의 음전하는 상호 쿨롱 퍼텐셜(회색 실선)에 의해 결합된다. 생성된 제미네이트 쌍이 더 비편재화되지 않은 경우(CT_2)[때때로 전하 분리 상태(CSS)라고도 함], 덜 강하게 결합하고 해리되어 음으로 대전된 억셉터 분자와 양으로 대전된 도너 분자를 생성하거나, 더 단단한 결합을 형성하기 위해 붕괴될 수도 있고, exciplex라고 하는 좀 더 편재화된 쌍(CT_1)을 형성하기도 한다. 이 쌍의 감쇠 경로(점선 화살표)에는 S_0 바닥상태로의 발광 또는 비발광 감쇠, (도너 또는 억셉터의) T_1 상태로 계간 교차, 도너 또는 제미네이트 쌍의 최종 해리 상태로의 열적으로 활성화된 역방향 수송이 포함된다.

프셋이 약 0.2 eV에 불과한 도너–억셉터 쌍의 PFB/F8BT가 그 예이다. 흡열 반응 과정에서 exciplex는 다소 비편재화된 CT 상태로 다시 감쇠될 수 있는 도너 엑시톤으로 변환되어 exciplex를 재형성할 수 있다(그림 3.40). 이 과정은 exciplex 또는 엑시톤이 바닥상태로 감쇠될 때까지 여러 번 반복될 수 있으며, Cambridge 그룹에서는 exciton–recycling이라고 불렀다[269]. 이 엑시톤의 열 활성화된 재생은 희망하는 최종 전자와 정공의 완전한 분리와 경쟁하는 과정이다. 도너–엑시톤 계면에서 생성된 exciplex/CT 상태에 대한 또 다른 손실 메커니즘은 쌍을 구성하는 발색단 중 하나의 삼중항 상태로의 계간 교차이다. 이것은 발색단 중 하나의 삼중항 상태가 시스템의 가장 낮은 전자 상태일 때 발생할 수 있다. Exciplex/CT 상태가 충분히 오래 지속되면 이 감쇠 메커니즘이 중요해질 수 있다. 주목할 만한 예는 S_1 상태가 1.7 eV인 PCBM과 C_{60}이다. Exciplex/CT 상태의 에너지가 1.7 eV를 초과하면, C_{60}/PCBM으로의 에너지 전달은 $T_n \leftarrow T_1$ 전이[270]의 과도 프로빙에 의해 모니터링되는 삼중항 상태로의 계간 교차가 발생할 수 있다. PCBM이 OSC에서 선호되는 전자 억셉터이기 때문에, 이것은 계면 제미네이트 쌍의 에너지에 대해 1.6~1.7 eV의 상한 문턱값을 구성한다. 다행스럽게도 이는 효율이 낮은 셀에서만 중요하다. 효율적인 셀에서 자유 전하 캐리어로의 제미네이트 쌍 분리 속도가 높아야 하고, 계간 교차 속도를 초과해야 하기 때문이다. 요약하면, 도너–억셉터 시스템에서 전하 수송에 의해 제미네이트 쌍이 형성될 때, 이들이 해리되는 속도 k_{diss}는 여러 과정(CT 상태로부터의 발광 감쇠 k_r, CT 상태로부터의 내부 변환 k_{IC}, 계간 교차와 삼중항 상태로의 에너지 전달 k_T, 엑시톤을 재생성하기 위한 제미네이트 쌍 재결합 k_{GPR})에 대한 속도와 경쟁해야 한다. 이러한 모든 경쟁 과정을 고려하면, 해리 효율은 $\varphi = k_{diss}/(k_{diss} + k_r + k_{IC} + k_T + k_{GPR})$가 된다. 따라서 해리 속도가 경쟁 과정에 비해 클 경우, 제미네이트 쌍은 효율적으로 해리된다.

따라서 요약하면, 유기태양전지에서 제미네이트 쌍의 특성은 자유롭고 속박되지 않은 전하로 분리되는 속도와 효율성에서 중요하다. 제미네이트 쌍이 더 강하게 결합될수록 이를 완전히 분리하는 데 더 많은 에너지가 필요하며, 그 반대의 경우도 마찬가지이다. 따라서 전하 수송 전이를 통해 직접 생성될 수 있으며 발광할 수 있는 쌍(약한 경우)은 더 큰 전자–정공 분리를 특징으로 하는 느슨하게 결합된 쌍보다 완전히 해리되는 경향이 적다. 이 결론은 anthracene 결정의 고유한 광생성에 대한 고전적인 연구에서 도출될 수 있다. Chance와 Braun의 연구(아래 참고)는 두 번째 단일항 상태가 여기되고, 해리되는 제미네이트 쌍이 4~6 nm(분자 간의 분리 거리의 배수) 확장할 때 효율적인 광생성이 발생한다. 더 높은 진동 S_1 상태로 축퇴되지만 효율이 낮은 CT 상태를 직접 여기할 때, 일부 고유한 광생성은 발생한다[242]. 이 개념은 도너(또는 억셉터)의 S_1 상태의 에너지가 100 fs의 시간 스케일에서 전하 수송에 의해 제미네이트 쌍을 형성하기에 충분하다는 점을 제외하고는 유기 이종접합 태양전지에 적용된다. 공액 폴리머에서 구현된 것처럼, 도너에 확장된 π 전자 시스템이 있는 경우, 최초에 생성된 제미네이트 쌍은 느슨하게 결합되고 전기장에 따라서 쿨롱 우물에서 쉽게 빠져나갈 수 있다(그림 3.40). 탈출하지 못하는 대부분의 쌍은 에너지적으로 상호 쿨롱 우물로 완화됨으로써 더 강하게 결합된 제미네이트 쌍을 형성한다. 그들은 제미네이트 재결합을 할 것이다. 따라서 뒤따르는 직접 전하 수송 전이라고 하기보다는 전하 수송에 의하여 여기 도너(또는 억셉터) 전이에 대한 느슨하거나 강하게 결합된 제미네이트 쌍의 생성은 공액 고분자의 특수한 특징이라기보다는 분자 고체의 일반적인 특징인 것으로 보인다[257].

3.6.2 제미네이트 쌍의 해리

일단 전자가 하나의 발색단에서 인접한 발색단으로 전달되면, 남은 정공의 쿨롱 인력을 어떻게 벗어날 수 있는지 의문이 생긴다. 시간이 지남에 따라 이 문제를 해결하기 위해 다양한 모델이 발전했다.

3.6.2.1 Onsager(1938) 모델

쿨롱 힘에 의해 붙어 있는 한 쌍의 전하를 분리하기 위한 기본 개념은 Onsager의 고전적인 업적에 있다. 그는 1934년에 약한 전해질에서 무한 수명의 쿨롱 결합된 이온과 자유 이온 사이의 평형을 고려하여 이 문제를 다루었다[271]. 1938년에 그는 이것을 광학적으로 또는 높은 에너지 복사에 의해 생성되고 수명이 짧은 전하 쌍으로 확장했다[272]. 1938년 이론의 기본 가정은 고에너지 광자가 분자를 이온화하고 초기 쌍 내의 분리 거리 r_0를 사용하여 쿨롱 결합된 라디칼 양이온과 음이온 쌍을 생성한다는 것이다(그림 3.41a). 매체는 균질한 것으로 간주되며, 유전상수 ε_r을 갖는다. 양이온과 음이온은 중첩된 쿨롱 퍼텐셜과 적용된 전기장 내에서 브라운 확산 운동을 겪는다. 운동 과정에서 쌍은 완전히 해리되거나 만남에 따라 무한히 재결합할 수 있는 옵션이 있다. 이것은 소위 무한 싱크 근사(infinite sink approximation)이다. Onsager의 1938년 이론은 초기 분리 거리 r_0, 쌍 쌍극자와 전기장 F의 벡터 사이의 각도 Θ, 온도 T의 함수로 해리 수율을 산출한다.

$$\varphi(r_0, \Theta) = \exp(-A)\exp(-B)\sum_{m}^{\infty}\sum_{n=0}^{\infty}\frac{A^m}{m!}\frac{B^{m+n}}{(m+n)!}$$
$$A = \frac{r_{\text{Coul}}}{r_0},\ B = \beta r_0(1+\cos\Theta) \tag{3.59}$$

$r_{\text{Coul}} = e^2/4\pi\varepsilon_r\varepsilon_0 kT$는 쿨롱 포획 반경[식 (3.52) 참고]이고 $\beta = eF/2kT$이다. 낮은 전기장의 한계($F < 3\times10^4\ \text{V cm}^{-1}$)에서, 식 (3.59)는 B에서 선형 항을 유지하여 근사할 수 있다.

$$\varphi(F) = \mathrm{e}^{-\frac{r_{\text{coul}}}{r_0}}\left(1+\frac{e^3F}{8\pi\varepsilon_r\varepsilon_0(kT)^2}(1+\cos\Theta)\right) \tag{3.60}$$

식 (3.60)은 쌍의 초기 쿨롱 결합 에너지 $e^2/4\pi\varepsilon_r\varepsilon_0 r_0$에 의해 주어진 활성화 에너지로 해리 수율이 열적으로 활성화될 것으로 예측한다. 더 높은 전기장에서 $\varphi(F)$는 초선형으로 증가하고 식 (3.59)는 높은 장의 한계에서 1에 접근한다. 전체 전기장의 범위에서 $\varphi(F,\ T)$를 계산하려면, 초기 쌍–내부 분리가 잘 정의된 값이 아니라 분포를 특징으로 한다는 점을 고려하여 식 (3.59)를 풀어야 한다. 자세한 내용은 Borsenberger과 Weiss의 책[273]을 참조하기 바란다.

Chance와 Braun[247]은 anthracene 결정의 고유한 광전도성의 전기장 의존성이 1938년 Onsager 모델을 사용하여 잘 설명될 수 있음을 보여주었다. 그들은 광자 에너지의 함수로서 GP의 초기 거리 r_0을 유도하기 위해 적절한 공식을 적용했다. S_2 상태를 여기시킬 때 r_0은 5 nm이고 S_3 상태를 여기시키려면 6.7 nm임을 발견했다(그림 3.38). 이 데이터 분석의 중요한 메시지는 더 높은 분자 들뜬상태로부터 전하 수송에 의해 초기에 생성되고, 자유 전하 캐리어의 전구체로 작용하는 전자–정공 쌍이 전기–흡수 분광법으로 조사할 수 있는 전하 수송 상태와 같이 단단히 결합된 전하 수송 상태가 아니라는 것이다[242]. 오히려, 그들은 여러 격자 상수의 쌍–내부 분리로 더 느슨하게 결합된 쌍이다. 또한 더 높은 전자 상태가 여기되면 분리가 증가한다. 이는 최근 유기태양전지에 대한 연구와 관련이 있다.

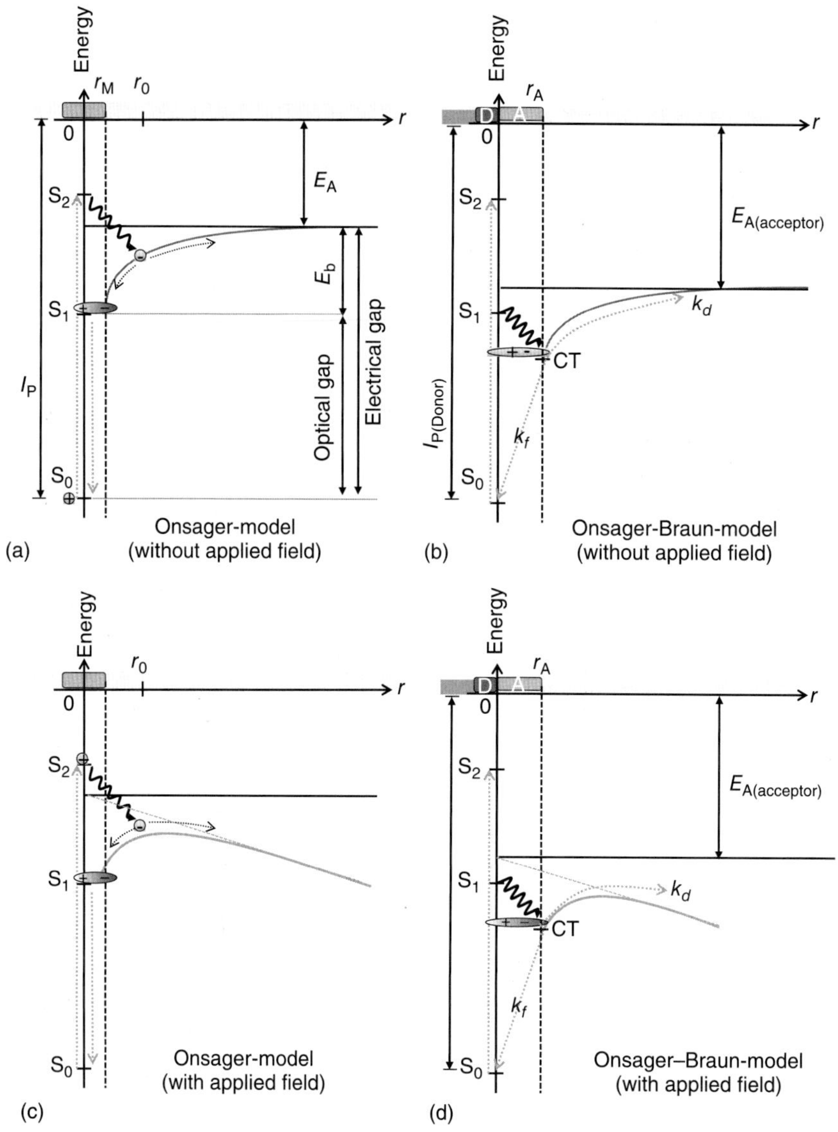

그림 3.41 (a) 외부 전기장이 인가되지 않은 경우, 단일 화합물 재료에 대한 Onsager 그림의 엑시톤 해리. 가로축은 점전하에 대해서 정공과 전자 사이의 거리 r을 제공하고, 세로축은 퍼텐셜에너지를 제공한다. S_2와 같은 더 높은 들뜬상태로 여기된 후, 전자는 초기 분자에서 거리 r_0까지 방출된다. 전자는 자신과 남아 있는 양전하 분자 이온 사이에 설정된 쿨롱 퍼텐셜 내에서 자유 행보를 실행한다. 그것은 모분자로 되돌아가 여기된 S_1 상태를 형성할 수 있으며, 이는 결국 발광 또는 비발광으로 바닥상태로 감쇠된다. 또는 쿨롱 퍼텐셜에서 탈출하여 한 쌍의 독립적인 자유 분자 양이온과 음이온을 생성할 수 있다. 이 그림에서 중성 분자의 이온화 퍼텐셜 I_p는 바닥상태의 에너지와 관련이 있으며, 분자 고체에서 무한한 거리에 있는 전자 에너지는 전자 친화력 E_A로 식별된다. 참고로 전기적 갭, 광학적 갭 및 엑시톤 결합 에너지 E_b가 표시된다. 분자의 크기 r_M보다 짧은 거리에 대해서는 쿨롱 퍼텐셜(회색 선)은 그려지지 않는다. (b) 외부 전기장이 없는 경우의 도너–억셉터 유형 재료에 대한 Onsager–Braun 그림의 엑시톤 해리. 도너 분자에서 전자 방출은 도너에는 양전하가, 억셉터에는 음전하가 있는 낮은 에너지의 전하 수송(CT) 상태를 형성한다. CT 상태에서 바닥상태로의 재결합은 속도 k_f 또는 해리 속도 k_d로 발생할 수 있다. (c) 결합된 쿨롱 + 외부 퍼텐셜(실선 회색 선)에서 전자의 확산을 지원하기 위해 외부 전기장(회색 점선)이 인가되는 경우에 대한 Onsager 모델. (d) 회색 실선으로 표시된 결합된 퍼텐셜을 도출하기 위해 외부 전기장(회색 점선)의 효과를 포함하는 Onsager–Braun 모델. 열적인 여기가 남아 있는 퍼텐셜 장벽을 극복하는 데 충분할 수 있음이 명백하다.

3.6.2.2 Onsager-Braun 모델

Onsager의 1938년 이론에 따라 전자 사진에 사용되는 의도적으로 도핑된 유기 광전도체에서 광생성의 전기장 의존성을 분석할 때, Braun은 데이터 피팅에 필요한 제미네이트 쌍 반경이 도너와 억셉터 사이의 분리 거리보다 훨씬 크다는 것을 인식했다. 이것은 타당해 보이지 않았다. 큰 제미네이트 쌍 반경의 원인은 제미네이트 쌍 해리에 대한 Onsager의 1938년 이론에서 전자(또는 라디칼 음이온)가 일단 라디칼 양이온과 충돌하기만 하면, 해리에 대한 다른 시도 없이 확실하게 재결합한다고 가정했기 때문이다. 이 조건은 단일 성분 분자 어셈블리에서 충족될 가능성이 높다. 왜냐하면 전자-정공 쌍의 붕괴가 단일항 또는 삼중항 여기를 생성하기 때문이다. 이러한 여기를 분리하는 데 일반적으로 0.5 eV의 에너지가 필요하기 때문에 후속 해리의 가능성은 무시할 수 있다. 예를 들어 의도하지 않았거나 또는 계획적으로 추가된 전자 억셉터를 포함하는 도너 시스템에서, 전자 도너와 억셉터를 포함하는 유기 고체의 경우 상황이 매우 다르다. 이 경우, 가장 낮은 들뜬상태는 단일항(또는 삼중항) 상태가 아니라 수명이 훨씬 더 긴 CT 상태이다. 이 수명 동안 전자-정공 쌍은 해리를 위해 여러 번 시도할 수 있으며, Onsager의 무한 싱크 근사는 더 이상 적용되지 않는다. 수명이 긴 상태의 극단적인 경우는 Onsager가 1934년 논문에서 고려한 약한 전해질에서 무한 수명을 가진 쿨롱-결합 이온 쌍이다[271].

Braun은 Onsager의 1934년 개념을 도너-억셉터 시스템으로 확장했다. 여기에서 가장 낮은 들뜬상태는 바닥상태로 완전히 붕괴되기 전에 완전한 해리를 위해 여러 번 시도할 수 있을 만큼 충분히 오래 살 수 있는 CT 상태이다[274](그림 3.41b). 이 모델에서 해리 수율은 전기장에 의존하는 해리 속도 $k_d(F)$와 전자-정공 쌍이 바닥상태로 감쇠하는 전기장에 독립적인 속도 k_f에 대한 사이의 트레이드오프에 의해 결정된다. 즉,

$$\varphi(F) = \frac{k_d(F)}{k_d(F) + k_f} = \frac{1}{1 + k_f k_d(F)^{-1}} \tag{3.61}$$

이론은 해리 속도 $k_d(F)$의 강한 자기장 의존성을 예측한다.

$$k_d(F) = \frac{3\mu e}{4\pi\varepsilon_0\varepsilon_r r_0{}^3} \exp\left(\frac{-\Delta E}{kT}\right) \frac{J_1(2\sqrt{-2b})}{\sqrt{-2b}} \qquad b = \frac{e^3 F}{8\pi\varepsilon_0\varepsilon_r k^2 T^2} \tag{3.62}$$

여기서 J_1은 차수 1의 베셀 함수, F는 전기장, μ은 평균 전자와 정공 이동도의 합, $\Delta E = e^2/4\pi\varepsilon_0\varepsilon_r r_0$는 전자-정공 쌍의 쿨롱 결합 에너지이며, 초기 쌍-내부 분리 거리 r_0에 의해 제어된다. 식 (3.62)를 식 (3.61)에 대입하면 해리 수율의 전기장 의존성을 예측하고 이를 실험 데이터와 비교할 수 있다. 이러한 계산에서 자유 매개변수는 쌍-내부 분리 거리 r_0와 μ/k_f의 비율이다. 넓은 전기장 범위에 대한 계산을 수행할 때, 자주 사용되는 근삿값 $(1 + b + (b^2/3) + (b^3/18) + \cdots)$이 아닌 베셀 함수 J_1을 실제로 사용하는 것이 중요하다. 높은 전기장

강도 영역에서 편차가 중요해지기 때문이다. 해리 수율의 유도에서 Braun은 재결합과 분리 과정이 지수 동역학을 따른다고 가정했다. 즉, 재결합 과정의 속도 상수는 시간과 무관하며 결과적으로 반응물의 농도는 시간에 따라 지수적으로 감소한다. 이는 전하 캐리어가 하드-코어 개체가 아니고, 이들의 재결합 속도가 분리 거리에 따라 지수적으로 달라지기 때문에 단순화된 것이다. Wojcik과 Tachyia[275]는 Onsager-Braun 공식의 수정 버전에 이 효과를 포함했다.

Onsager-Braun 공식은 분자 도너-억셉터 시스템에 성공적으로 적용되었다[276]. OSC에 사용되는 π-공액 고분자 기반의 도너-억셉터 시스템에서 광생성을 설명하는 데에도 널리 사용되지만, Me-LPPP와 같이 유전체가 π-공액 폴리머인 다이오드에서 $S_1 \leftarrow S_0$ 흡수 스펙트럼 범위 내에서 측정된 정상 상태 광전류의 온도 의존성에 대한 문제가 있다. 이 경우 광전류는 전자 트랩 역할을 할 수 있고 광생성을 민감하게 할 수 있는 의도하지 않은 불순물 때문이다. 포토캐리어 생성률은 전기장에 따라 10^{-4}~10^{-3} 정도이지만, 온도 의존성은 미미하다[253]. 극소수의 단일항 엑시톤만이 해리될 수 있지만, 열적인 활성화가 거의 필요하지 않은 엑시톤은 해리될 수 있다. 이것은 Onsager-Braun 모델과 모순되며 공액 폴리머, 특히 Me-LPPP와 같이 잘 정렬된 폴리머에 적용할 때 문제가 있다. Onsager-Braun 모델[277-278]의 관점에서 광전류의 전기장 의존성을 맞추려고 할 때, 상보성 문제가 발생한다. 낮은 전기장 데이터를 맞추려고 할 때는 높은 전기장의 수율이 과대 평가되고, 그 반대로 높은 전기장 데이터와 맞추려고 하면 낮은 전기장에서 수율이 과대 평가된다. 또한 전자-정공 쌍의 수명과 점프 주파수 사이의 곱에 필요한 값은 비현실적으로 크다. 이것은 Onsager-Braun 모델이 적당한 전기장에서 수율의 전기장 의존성의 함수적 형태가 실험과 일치한다는 사실에도 불구하고 공액 폴리머에 적합하지 않음을 시사한다.

3.6.2.3 Hong과 Noolandi의 시간 의존성 공식

Onsager-Braun 공식은 시불변 조건에서 광해리 효율의 전기장 의존성과 온도 의존성에 대한 정보를 제공한다. 이는 해리 과정의 시간 의존성에 대한 정보는 제공하지 않는다. 제미네이트 쌍이 생성된 이후 이들의 농도가 시간이 지남에 따라 어떻게 진전하는지를 Hong과 Noolandi가 선구적으로 설명하였다[279]. Mozumder의 초기 연구[280-282]에 자극을 받아, 그들은 Onsager가 처음 다룬 방식으로 형제 전하의 쿨롱 퍼텐셜에서 대전된 입자의 움직임을 고려했다. 하지만 그들은 한 단계 더 나아가 시간에 무관한 확산도 D를 갖는 균일한 매체에서 Brownian 운동에 의해 입자가 확산된다고 가정함으로써 시간 의존성을 계산에 넣었다. 입자는 처음에 반경이 r_0인 껍질 표면에서 생성된다. 반경 a의 재결합 셀에 들어가면, 특정 재결합 속도로 형제 전하와 재결합하게 된다. 논의에서 고려되는 한계 $a \to 0$은 이상적인 싱크의 경우를 나타낸다. Hong과 Noolandi는 2가지의 양을 유도한다. 하나는 입자가 싱크로 사라지는 속도로 정의되는 입자의 시간에 따른 **재결합률**(recombination rate) $R(t)$이다. 과도 흡수 실험을 통해 실험적으로 접근할 수 있는 다른 양은 시간 t에서 시스템에 남아 있는 입자의 수, 즉 **생존 확률**(survival probability) $\Omega(t)$이다. 오랜 시간 동안 그리고 한계 $a \to 0$에서, 재결합률과 생존 확률은 다음과 같다.

$$\lim_{a \to 0} R(t) = \frac{r_{\text{coul}} e^{-\frac{r_{\text{coul}}}{r_0}}}{\sqrt{4\pi D t^3}} \tag{3.63}$$

$$\lim_{a \to 0} \Omega(t) = e^{-\frac{r_{\text{coul}}}{r_0}} \left[1 + \frac{r_{\text{coul}}}{\sqrt{\pi D t}}\right] \tag{3.64}$$

여기서 $r_{\text{coul}} = e^2/4\pi\varepsilon_r\varepsilon_0 kT$는 쿨롱 포획 반경이다.

무한히 긴 시간 동안 생존 확률은 Onsager의 이론에 의해 예측된 것처럼 쿨롱 결합 에너지 $e^2/4\pi\varepsilon_r\varepsilon_0 r_0$에 의해 주어지는 활성화 에너지를 가진 Boltzmann 인자가 된다. 즉,

$$\lim_{\substack{a \to 0 \\ t \to \infty}} \Omega(t) = e^{-\frac{r_{\text{coul}}}{r_0}} \tag{3.65}$$

중간 시간 스케일에서 살아남은 입자의 수는 다음과 같이 감소한다.

$$\Omega(t) \sim \frac{1}{\sqrt{t}} \tag{3.66}$$

입자 확산도에 따라 달라지는 기울기를 가진다.

비정질 실리콘과 같은 비정질 무기반도체에 제미네이트 재결합 이론을 적용하기 위한 노력으로 Noolandi 등[283]은 재결합 이벤트가 터널링 과정이라는 옵션을 포함하여 공식을 확장했다. 이것은 비정질 시스템에서 '입자'가 균질한 매체로 이동하지 않고, 결함 상태에서 편재화되어 있으며 터널링이나 열적인 활성화를 통해 전송이 발생한다는 점을 고려한다. 생존 확률의 시간 의존성의 특성 $\Omega(t) \sim t^{-1/2}$ 유형은 유지되지만, 전반적인 확산 이벤트가 무질서 효과에 의해 지연되기 때문에 재결합 과정이 더 긴 시간으로 바뀌는 것으로 나타났다.

제미네이트 쌍의 수명을 조사하기 위한 적절한 최근 실험이 P3HT/C_{60} 도너-억셉터 결합으로 구성된 태양전지에서 수행되었다[284]. 동기는 다이오드에 바이어스 필드를 인가하고 셀 성능에 대한 샘플 어닐링의 효과를 탐구하는 것이었다. 1 ns ~ 100 μs 범위의 시간 도메인 내에서 $S_1 \leftarrow S_0$ 흡수 엣지 아래의 과도 흡수를 통해 양의 폴라론이 감지되었다. 이 실험의 결과(그림 3.42a)에서 볼 수 있듯이, 폴라론의 평균 수명은 약 100 ns에서 1 μs 사이이며 인가 전압에 따라 수명은 증가한다. Hong과 Noolandi 이론으로 데이터를 분석하면, 전극에 대한 캐리어 스윕이 우세한 경우를 제외하고는 생존 확률이 실제로 $1/\sqrt{t}$의 예측을 따른

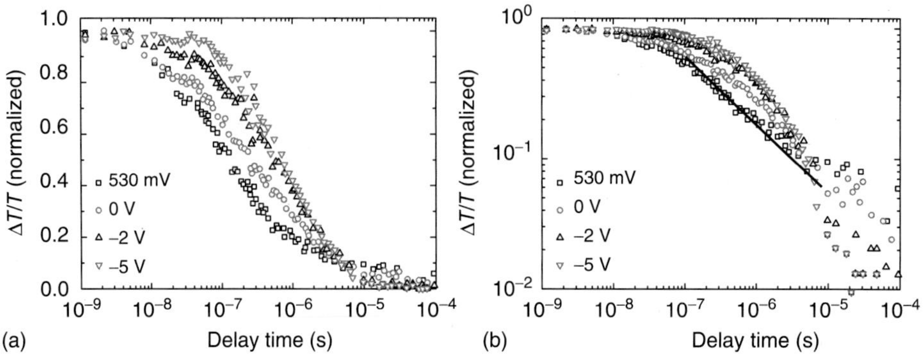

그림 3.42 (a) P3HT/PCBM bulk 이종접합 태양전지에서 제미네이트 결합된 전자–정공 쌍에 대한 생존 확률. 이것은 e–h 쌍을 생성하는 레이저 펄스와 프로브 펄스(다른 바이어스 전압에서 폴라론 신호의 감쇠를 모니터링하는) 사이의 지연 시간의 함수로 측정되었다. (b) Hong–Noolandi 이론의 적용 가능성을 테스트하기 위해 동일한 데이터를 이중 로그 스케일로 표시한다. 실선은 −0.5의 기울기를 나타낸다(Marsh et al.의 데이터[284]).

다는 것을 알 수 있다(그림 3.42b). 흥미롭게도 곡선은 전압이 증가함에 따라 더 긴 시간으로 이동한다. 분명히 인가된 전기장은 평균 쌍–내부 분리를 증가시킨다. 따라서 전하는 형제 전하와 재결합하는 데 더 많은 시간이 필요하다.

3.6.2.4 제미네이트 쌍 밀도를 모니터링하기 위한 펌프–푸시–프로브 실험

시간에 의존하는 제미네이트 쌍 재결합을 처음 측정한 사람은 Braun과 Scott으로 알려져 있다[285]. 그 당시에는 적절한 시간 스케일에 대한 광학 펌프–프로브 실험이 불가능했기 때문에, 그들은 광학적으로 자극된 전도도에 의존했다(그림 3.43). 이 저자들은 2–광자 흡수에 의하여 액체 *n*–hexane에 용해된 anthracene을 광이온화하였다. 여기서 3.5 eV의 광자는 1차 광자 에너지가 1.17 eV인 제3 조화 Nd^{3+} phosphate 레이저에서 생성되었다. 광이온화는 anthracene 라디칼 양이온과 광전도도에 의해 모니터링되는 쿨롱 결합 용매화 전자를 생성한다. 용매화된 전자는 적외선에서 흡수 스펙트럼을 가지고 있다. 용매화된 전자를 더 높은 전자 상태로 여기시키면 쿨롱 퍼텐셜에서 벗어날 수 있고 이동성이 더 좋아진다. 이 효과는 광전류 자극에 사용될 수 있다. 지연 시간을 조절한 이후 1.17 eV 광자의 두 번째 레이저 펄스로 샘플을 조사하면, 광여기된 전자는 쿨롱 포획 구를 더 쉽게 극복할 수 있기 때문에 PC의 증가가 관찰된다. 따라서 지연의 함수로서 여분의 광전류를 측정하는 것은 아직 쿨롱 퍼텐셜 내부에 있는 전자의 농도, 즉 시간에 따른 생존 확률을 측정하는 것이다. 이 실험은 약 70 ps 이후에, 제미네이트 쌍의 50%는 여전히 쿨롱 포획 반경 내에 있다는 것을 보여주고, Hong–Noolandi 이론의 요지를 확인한다. 나중에 Braun 등[286]은 살아남은 라디칼 양이온의 흡수를 시간에 따라 광학적으로 조사하여 원래 실험의 정확도를 확장했다. 이러한 실험의 결과는 제미네이트 쌍 반경의 분포를 설명하는 Hong–Noolandi 이론과 매우 일치한다.

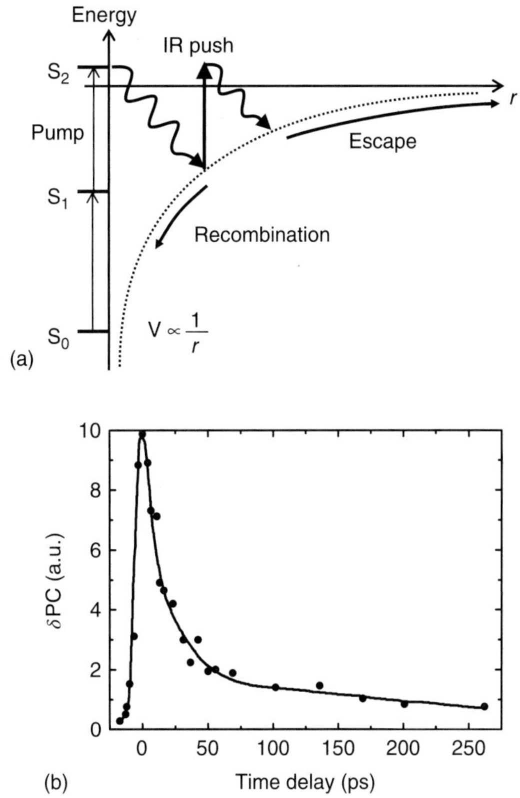

그림 3.43 (a) UV 펌프 펄스에 의해 생성된 최초 제미네이트 결합된 전자–정공 쌍의 해리를 적외선 레이저의 푸시 펄스가 촉진하는 방법을 개략적으로 설명한다. (b) 적외선 레이저 푸시 펄스를 적용하면 광전류가 증가한다(Braun and Scott 데이터[285]).

광전도성의 향상을 사용하여 제미네이트 쌍을 조사하기 위한 Braun과 Scott의 '펌프–푸시' 실험에 대한 후속 아이디어는 거의 30년 후 다양한 공액 폴리머를 도너로 사용하고 PC_{70}을 억셉터로 사용하는 bulk 이종접합에서 GP를 모니터링하기 위해 적용되었다[287]. 펨토초 레이저의 펌프 펄스는 도너를 여기하거나 직접적인 CT 전이를 통하여 제미네이트 쌍을 생성한다. 그들 중 일부는 해리되어 PC를 생성한다. 가변 지연이 있는 0.4 eV 광자의 '푸시' 펄스로 샘플을 여기할 때, PC는 일반적으로 10% 증가한다. 분명히 푸시 펄스는 초기 GP의 해리를 향상시킨다. 전하 캐리어의 과도 흡수를 측정할 때, 출현 시간이 푸시 펄스의 지속 시간과 관련이 있는 흡광도의 감소가 관찰된다. Bakulin 등은 그 결과를 공액 폴리머의 반도체 모델로 해석했다. 이 개념에서, 펌프 펄스는 양의 폴라론을 생성하고 푸시 펄스는 폴라론 상태에서 자유 대역 상태로의 전이를 유도한다. 대조적으로, 분자 그림(2장 참고)의 해석에서, 푸시 펄스는 도너 체인의 라디칼 양이온의 가장 낮은 전자 상태에서 동일한 도너 라디칼 양이온의 높은 전자 상태로의 전이를 유도한다. 더 높은 전자 상태 안에서는 정공이 더 비편재화되어 있어 이동하기에 더 유리하다. 이것은 Scott과 Braun 실험에서 용매화된 전자에 대해 전자 여기의 자극 효과와 유사하다. 과도 상태에서의 즉각적인 하락은 라디칼 양이온의 흡수 스펙트럼에서 스펙트럼 정공의 생성과 완화를 측정한 것이다.

3.6.2.5 공액 길이의 효과를 고려한 현대 모델

가장 덜 무질서한 π−공액 폴리머 중 하나인 MeLPPP 필름[253]에서 광생성의 특이하게 약한 온도 의존성에 대한 관찰은 전하 캐리어를 점전하로 가정을 하고 설명하는 Onsager−Braun 모델이 이러한 실험을 설명하는 데 실패했다는 생각을 촉발시켰다. 실제로 10~20개의 반복 단위로 구성될 수 있는 공액 길이에 의해 결정되는 길이 스케일에 걸쳐 비편재화된다. 이 가설을 테스트하기 위해, Deibel 등[288]은 Monte Carlo 시뮬레이션을 수행하였다. 그들은 π−공액 폴리머를 편재화된 역전하에 의해 생성된 쿨롱 퍼텐셜 내에 배치된 반복 단위의 선형 배열로 간주하고, 폴리머에서 정공이 반복 단위 사이에 균일하게 분포되어 있다고 가정했다. 이 가정을 수립할 때, 형제 전하에서 더 멀리 떨어진 반복 단위 위의 부분 전하가 쿨롱 퍼텐셜에서 벗어날 기회가 있고 그 반대가 될 가능성도 있는 것은 타당하다. 따라서 대부분의 해리 이벤트는 이 반복 단위 구간에서 발생한다. 이 전제하에서 Deibel 등은 폴리머의 공액 길이의 함수로서 해리 수율의 전기장 의존성을 설명할 수 있었다. 이 모델의 약점은 로컬 쿨롱 퍼텐셜에 무관하게 체인 내에서 정공이 균등하게 분포되어 있다는 가정이다. 직관적으로 부분 전하가 역전하 옆에 누적되는 것을 선호할 것으로 예상할 수 있다.

결합으로 인한 효과를 명시적으로 포함하는 방법은 Arkhipov 등에 의하여 고분자 체인에 있는 전자의 유효 질량을 고려하는 것으로 제안되었다[289−290]. 핵심 아이디어는 간단하다. 폴리머 도너의 광여기 이후에 전자는 억셉터로 전달되고 정공은 폴리머 체인에 남아 있다. 두 캐리어는 상호 쿨롱 퍼텐셜에 의해 묶여 있다. 폴리머의 정공은 유효 공액 길이 내에서 비편재화된다. 즉, 전자로 인해 쿨롱 퍼텐셜에서 영점 양자 진동을 수행하는 것으로 볼 수 있다(그림 3.44a). 이 양자 진동은 정공의 유효 질량 m_{eff}에 의존하는 운동에너지와 관련이 있다. 이 운동에너지는 정공이 쿨롱 퍼텐셜을 극복하도록 돕는다. 유효 질량 모델에 대한 이 아이디어는 Baranovskii 그룹에 의해 채택되고 발전되었다. Nenashev와 동료들은 특히 유효 질량 모델의 우아한 공식을 제시했다[291]. Nenashev 등은 폴리머를 폴리머 fullerene 계면에 평행하게 배치된 1차원 체인의 집합으로 고려하였다. 전기장은 계면에 수직한 방향으로 작용한다. 이 모델의 형상은 그림 3.44b에 나와 있다. 체인은 계면에서부터 시작하여 r 간격으로 1부터 n까지 번호가 매겨진다. Fullerene의 전자는 움직이지 않는 것으로 간주되는 반면 폴리머의 정공은 호핑으로 이동한다. 해리 수율 $\varphi(F)$는 e−h 쌍의 재결합 비율 $k_r = 1/\tau_0$과 해리 비율 k_d에 의해 제어된다. 여기서 τ_0은 e−h 쌍의 수명이다.

$$\varphi(F) = \frac{k_d}{k_d + k_r} = \frac{\tau_0}{\tau_0 + k_d^{-1}} = \frac{\tau_0}{\tau_0 + \sum_{n=1}^{N-1} a_{n\to n+1}^{-1} \ \exp((E_n - E_1)/kT)} \tag{3.67}$$

여기서 $a_{n\to n+1}$은 정공의 Miller–Abrahams 호핑 속도이다.

$$a_{n\to n+1} = \nu_0 \exp(-2\gamma r) \begin{cases} \exp\left(-\frac{E_{n+1}-E_n}{kT}\right) & E_{n+1} > E_n \\ 1 & E_{n+1} \le E_n \end{cases} \tag{3.68}$$

ν_0와 γ는 각각 주파수 인자와 전자 결합에 대한 척도로 일반적인 의미를 갖는다. 호핑과 해리 과정은 각 체인의 정공 에너지 E_n에 의해 제어된다. 정공 에너지는 전자로 인한 쿨롱 퍼텐셜, 인가된 전기장의 퍼텐셜, 그리고 쿨롱 퍼텐셜 내의 공액 세그먼트를 따라 영점 진동에 기인한다. Nenashev의 논문에서 자세히 설명했듯이, Schrödinger 방정식을 풀어서 계산할 수 있다.

$$-\frac{\hbar^2}{2m_{\text{eff}}}\frac{d^2\psi}{dy^2} + U_n\psi = E_n\psi \tag{3.69}$$

$$U_n = -\frac{e^2}{4\pi\varepsilon_0\varepsilon_r}\frac{1}{\sqrt{y^2 + x_n^2}} - eFx_n, \quad x_n = nr \tag{3.70}$$

전기장과 유효 질량에 대한 해리 속도의 의존성은 정공 에너지 E_n을 통해 암시적으로 포함된다. Nenashev 공식를 구현하려면, 식 (3.69)를 수치 해석적으로 풀 수 있어야 한다. E_n의 결과를 식 (3.68)과 (3.67)에 대입하고, 상대 유효 질량 m_{eff}/m_e과 등에너지 호핑 전인자 $\tau_0\nu_0 \exp(-2\gamma r)$를 가진 전자–정공 쌍의 수명의 곱을 매개변수로 하여 $\varphi(F)$를 계산할 수 있다.

유기태양전지에서 도너와 억셉터 도메인 사이의 계면에 있는 쌍극자가 제미네이트 쌍의 효율적인 해리에 추가로 도움이 될 수 있다. 이 아이디어는 어둠 속에서도 도너와 강한 억셉터 사이의 계면에서 일부 전하 수송이 있을 수 있다는 것이다[292]. 이것은 도너 체인에 남아 있는 정공의 쿨롱 퍼텐셜을 차폐하는 쌍극자 배열을 생성하여 결과적으로 해리 수율을 높인다. 이 아이디어는 Arkhipov 등[290]에 의해 개발되었으며, Wiemer 등[293]에 의해 더욱 정교해졌다. 이러한 계면 쌍극자의 효과는 식 (3.70)에서 퍼텐셜을 적절하게 수정하여 유효 질량 모델[식 (3.67)~(3.70)]로 통합될 수 있다. 확장된 도너–억셉터 계면에서의 해리에 더하여, Arkhipov는 유효 질량 모델의 맥락에서 소수의 억셉터가 도핑된 도너의 상황도 고려했다. 이것은 참고문헌 [289]에 설명되어 있다.

유효 질량과 계면 쌍극자의 효과의 중요성을 평가하는 방법은 해방된 전자와 정공의 이분자 재결합을 무시할 수 있는 경우, 전기장의 함수로서 태양전지에서 광전류의 의존성을 측정하는 것이다. 쿨롱 결합 제미네이트 쌍의 해리에 대한 모든 개념의 일반적인 특징은 수율이 전기장에 의존적이며 쌍의 결합 에너지와 비슷하게 정전기 퍼텐셜이 감소하면 포화되어야 한

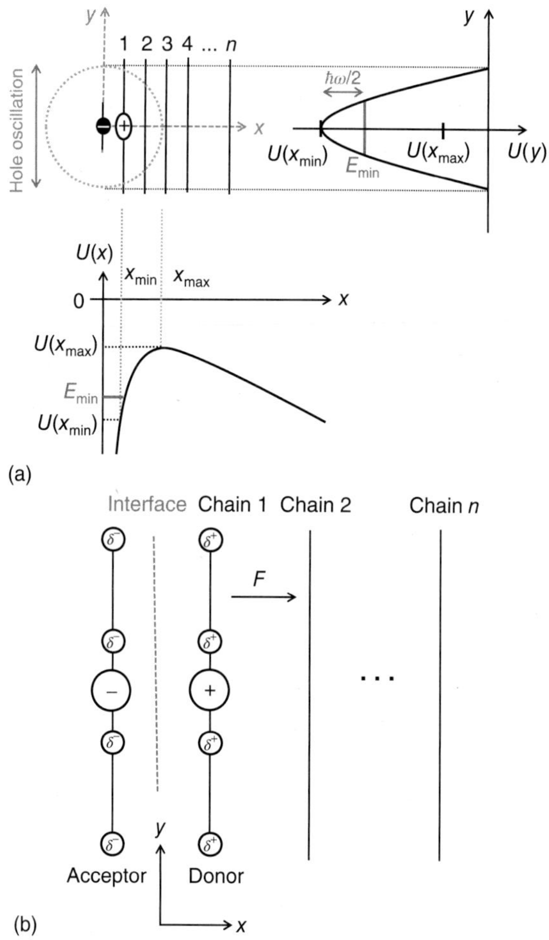

그림 3.44 $C_{60}(x = 0)$의 전자와 폴리머 체인의 정공에 대한 이중층 계면에서 전자–정공 해리를 설명하는 개략도(Schwarz et al.[278]). 체인은 인터페이스와 병렬로 간주되며 1에서 n까지 번호를 매김. (a) 폴리머 체인의 정공은 전자에 의해 설정된 쿨롱 우물(회색 점선 원) 내부에서 y 방향을 따라 영점 진동을 실행한다. 아래쪽에 표시된 x 방향에 따른 퍼텐셜 $U(x)$는 $x = 0$에서 전자의 쿨롱장과 x 방향으로 일정하게 인가된 전기장이 중첩되어 있다. 오른쪽 부분에 표시된 y 방향의 퍼텐셜은 조화 퍼텐셜에 의해 근사된다. 영점 진동으로 인해 x에서 정공의 에너지는 영점 진동 에너지 $\hbar\omega/2$에서 $E = U(x) + \hbar\omega/2$까지 상승한다. 탈출하려면 정공의 에너지 E와 $U(x_{max})$ 사이의 에너지 장벽을 극복해야 한다. (b) x 방향으로 인가된 전기장 F와 함께 도너–억셉터 계면의 상세한 형상. (a)의 퍼텐셜은 계면 바닥상태 쌍극자 δ^+와 δ^-의 존재에 의해 수정될 수 있다.

다는 것이다. 따라서 포화장은 쌍–내부 분리 거리의 척도이다. 전기장에 의존하는 광생성에 관한 최근의 관련 연구는 이중층 배열에서 C_{60} 억셉터층과 결합된 유효 접합 길이가 다른 poly–phenylene 계열의 공액 도너 유형의 폴리머를 포함한다[278, 294]. 그림 3.45에서 광생성의 수율이 필드에 따라 다르지만 더 높은 필드에서 포화됨을 보여준다. 핵심적인 결과는 흡수 스펙트럼의 적색편이와 불균일한 스펙트럼의 폭 확장이 감소함에 따라 포화장이 크

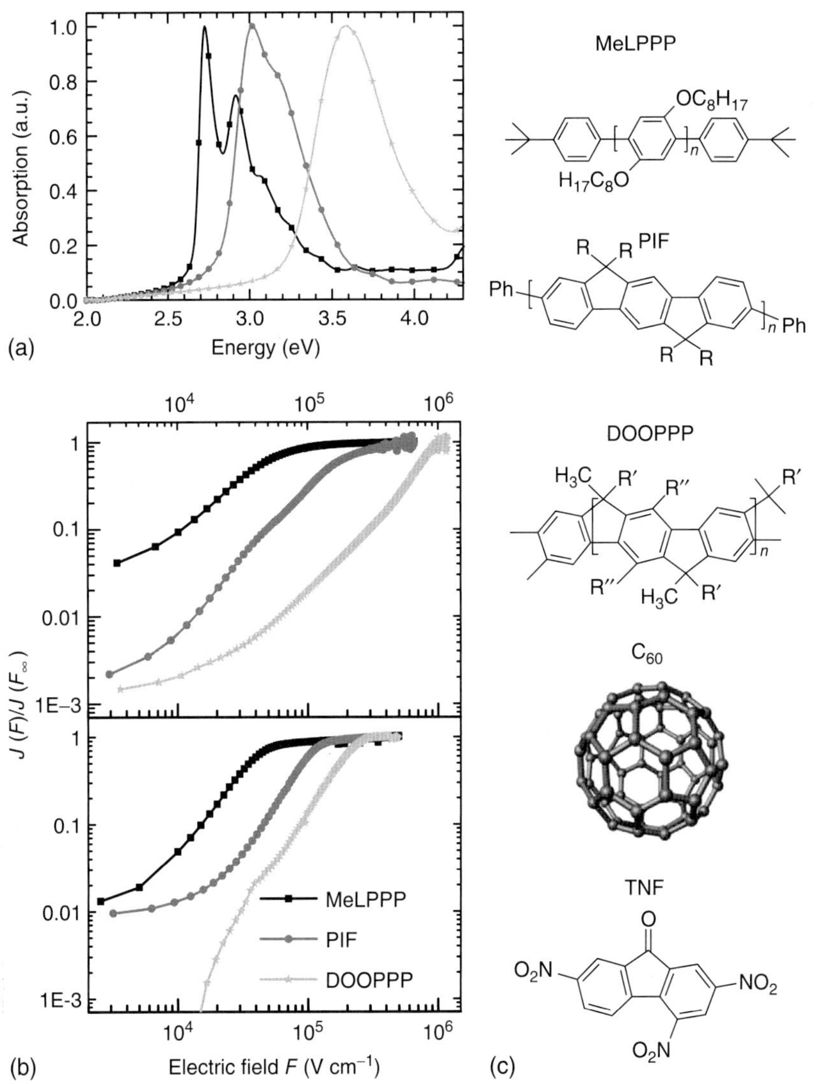

그림 3.45 (a) 폴리머 DOOPPP(밝은 회색), PIF(진회색), 그리고 MeLPPP(검정색)에 대한 흡수 스펙트럼. 이 순서로 증가하는 적색편이와 스펙트럼 구조는 평면성과 공액 길이의 정도가 증가함을 나타낸다. (b) DOOPPP(밝은 회색), PIF(짙은 회색), 그리고 MeLPPP(검은색)로 만든 planar 이종접합 소자의 외부 양자 효율은 내부 필드의 함수로 측정되고 포화값으로 정규화된다. 상단: C_{60}을 억셉터로 사용하고 2.2 eV에서 여기. 하단: TNF를 사용하고 폴리머 흡수를 최대로 여기. (c) 도너 폴리머(R = 2–ethylhexyl, R′ = 1,4–C_6H_4–n–$C_{10}H_{21}$, R″ = –n–C_6H_{13})와 억셉터 분자의 화학 구조(Schwarz et al. [294]).

게 감소한다는 것이다. Particle–in–the–box 논의를 기반으로, 이것은 유효 공액 길이가 증가하는 신호이다. 결과는 실제로 엑시톤 해리의 수율이 폴리머 체인의 공액 길이에 크게 의존한다는 것을 증명한다. 보완적인 광방출 실험은 실제로 도너–억셉터 계면에 쌍극자 층이 있지만 부분적인 쌍극자 강도는 기껏해야 3%임을 보여주었다. Onsager–Braun 모델의 관점에서 결과를 합리화하려는 시도는 실패했다. 그러나 유효 질량 모델을 사용하고 유효 질량과 공액 길이 사이의 역관계를 호출하면 좋은 일치를 얻을 수 있다. MeLPPP에 대한 실험 데이터를 잘 정렬된 도너 물질로 분석하여 얻은 유효 질량이 $0.1m_e$이다. m_e는 자유 전자 질량이다. 이것은 공액 고분자[295]의 이론적 추정치와 polydiacetylene 체인[296]의 실험적 값과 일치한다.

3.6.2.6 제미네이트 쌍 해리에 대한 무질서의 영향

마지막으로 구조적 무질서가 유기태양전지의 광생성 효율에 어떤 영향을 미칠 수 있는지 논의한다. 무질서는 주로 제미네이트 쌍의 생성과 해리에 영향을 주지만 전하 캐리어의 이동도를 감소시켜 이분자 재결합을 증가시킬 수도 있다(3.3.2절 참조). 전하의 광생성에 대한 무질서의 영향은 2가지 반대 효과로 구성된다.

(i) 폴리머와 같이 확장되고 잘 접합된 π-시스템을 특징으로 하는 유기반도체에서, 구조적 무질서는 전체 공액 길이를 감소시킨다. 3.6.1.1절과 3.6.1.2절에서 자세히 설명했듯이, 먼저 초기 들뜬상태에서 억셉터로의 전자 수송 효율은 들뜬상태 비편재화에 의존한다. 이때 들뜬상태의 더 작은 규모는 단점이다. 둘째로, 3.6.2.5절에서 GP에서 전자와 정공의 효과적인 최종 분리에서 전하 캐리어 유효 질량의 중요성을 강조했다. 감소된 공액 길이와 수반되는 더 높은 유효 질량은 GP 해리 과정을 방해한다. 따라서 잘 접합된 중합체의 경우, 구조적 무질서가 증가하는 것은 고효율 OSC를 구현하는 데 불리할 수 있다.

(ii) 반면에 π-공액 분자와 같이 제한된 공액 길이를 가진 유기반도체에서, 무질서는 이미 생성된 제미네이트 쌍의 해리를 도울 수 있다. 그 이유는 무질서한 DOS 분포 내에서 전하 수송 모드와 관련이 있다. 3.3.2절에서, 전하 캐리어가 호핑을 통해 DOS 분포의 중앙 아래에 편재화된 상태를 통하여 이동하는 것으로 나타났다. 이 오프셋 에너지는 무질서 파라미터 σ, 즉 DOS 분포의 폭에 비례한다. 따라서 광학적으로 생성된 전하 캐리어는 형제 전하에 의해 쿨롱 결합되어 있어, 무질서가 더 강할 경우 쿨롱 퍼텐셜을 더 쉽게 벗어날 수 있다. 어떤 의미에서 전하가 쿨롱 장벽을 넘어서기보다는 낮은 에너지의 바이패스로 빠져나간다고 할 수 있다. 이 현상은 전극에서 열적으로 도움을 받는 전하 주입에 대해 잘 확립되어 있으며(3.2.3절 및 그림 3.4 참고), 호핑 시스템에서 광학적으로 생성된 제미네이트 쌍의 해리에도 유사하게 적용된다(그림 3.46). 단일 화합물 호핑 시스템의 경우, Emelianova 등[297]은 이것이 어떻게 높은 전기장에서 고유 광생성을 유발하는지 보여주었다. 한편, 이 과정이 저분자 도너-억셉터 시스템의 내부 계면에서 제미네이트 쌍 해리와 관련이 있다는 실험적인 증거가 있다[298].

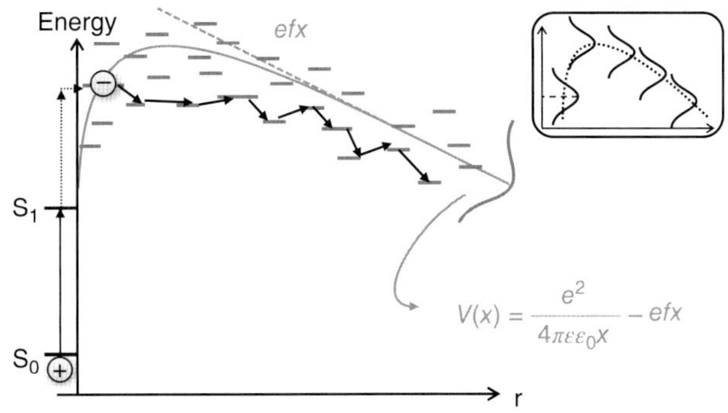

그림 3.46 전기장 내의 무질서한 단일 화합물 반도체 필름에서 들뜬상태의 해리. 속도 제한 단계는 DOS 분포에서 사이트 에너지를 가진 쿨롱 결합 전자의 생성이다. 쿨롱 퍼텐셜로부터 이어지는 탈출은 DOS 분포의 중심 아래에 있는 수송 에너지로의 점프를 포함한다. 삽입된 그림은 총 퍼텐셜에서 에너지 준위의 Gaussian 확장을 보여준다.

이 현상의 또 다른 예는 비정질 영역과 응집 영역이 공존하는 도핑되지 않은 poly-porphyrin 필름에 대한 최근 연구이다. 전기장 하에서 펌프-프로브 분광법은 비정질 도메인에서 엑시톤 해리가 더 효율적임을 보여주었다[299].

3.7 엑시톤의 확산

3.7.1 분자 결정에서 엑시톤 확산

유기 분자와 공액 폴리머의 응축상에서, 지배적인 광학적 여기는 확산으로 자유 행보를 실행하는 단일항과 삼중항 엑시톤이다. 적절한 결과를 분석하기 위해, **응축상에서 에너지 전달은 단일 단계의 과정이 아니라 일련의 일관적이지 않은 전달 이벤트임**을 인식하는 것이 가장 중요하다. 각각의 단계는 도너와 억셉터 발색단 사이의 쌍극자 결합 또는 교환형 결합에 의해 제어된다. 이 엑시톤의 자유 행보는 태양전지의 도너에서 최초의 광학적인 여기가 해리가 발생하는 억셉터에 도달할 수 있도록 한다.

유기 고체에서 엑시톤 수송에 대한 중대한 연구는 tetracene으로 도핑된 anthracene 결정에 대해 수행되었다[300–301]. Anthracene 호스트를 여기시키면, 형광 스펙트럼은 anthracene 호스트의 청색 발광과 tetracene 게스트의 녹색 발광의 농도에 의존하는 중첩을 보여준다. 실험 결과는 호스트 분자 사이에서 단일항 엑시톤을 일관적이지 않은 호핑 수송하는 것으로 해석되었다. 엑시톤이 게스트 분자에 도달하면, 형광을 발광할 수 있는 게스트 분자에 의해 트랩된다(그림 3.47). 이 과정은 호스트와 게스트 단일항 상태(S_h와 S_g)의 생성 및 감쇠에 대한 속도 방정식으로 설명할 수 있다.

$$\frac{\mathrm{d}[S_\mathrm{h}]}{\mathrm{d}t} = G - \left(\frac{1}{\tau_\mathrm{h}} + v_\mathrm{h}c\right)[S_\mathrm{h}] \tag{3.71}$$

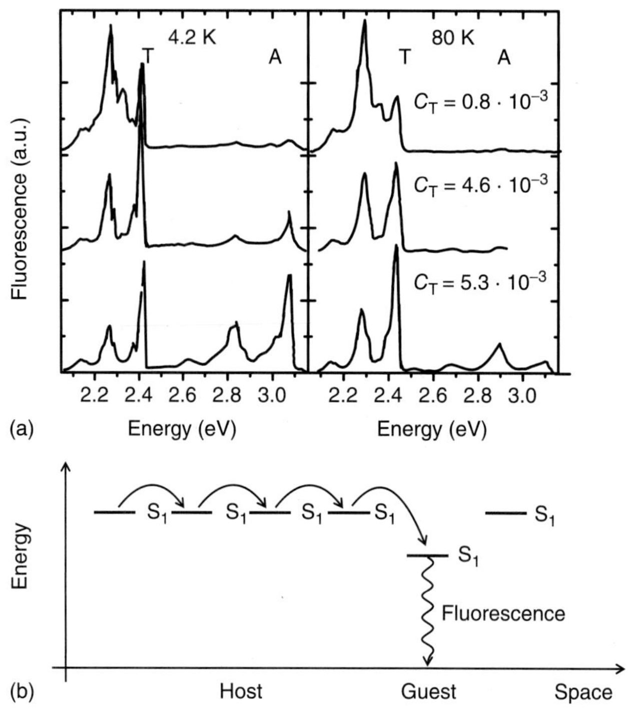

그림 3.47 (a) 4.2 또는 80K에서 서로 다른 농도 c_T의 tetracene으로 도핑된 anthracene 결정의 형광 스펙트럼. Anthracene 호스트의 형광 스펙트럼은 3 eV를 시발점으로 하고, tetracene 게스트의 형광 스펙트럼은 2.5 eV를 시발점으로 한다. (b) Anthracene 호스트의 단일항 엑시톤이 tetracene 게스트를 향하여 호핑하는 모션(Wolf 데이터[300]).

$$\frac{d[S_h]}{dt} = (\nu_h c)[S_h] - \frac{1}{\tau_g}[S_g] \tag{3.72}$$

여기서 τ_h와 τ_g는 호스트와 게스트의 여기된 상태의 수명이고, ν_h는 호스트 분자 사이의 호핑 주파수, $[S_h]$는 호스트 단일항 상태의 농도, c는 게스트 분자의 상대 농도이다. 정상 상태에서, 즉 $d[S_h]/dt = d[S_h]/dt = 0$에서 게스트 대 호스트 여기의 비율과 이에 따른 게스트 대 호스트 방출의 비율은 다음과 같다.

$$\frac{[S_g]}{[S_h]} = \frac{I_g}{I_h} = \tau_h \nu_h c \tag{3.73}$$

$\tau_h \nu_h$는 엑시톤이 수명 동안 실행할 수 있는 호핑 수이다. 게스트 대 호스트의 형광 세기의 비율을 게스트 농도에 대해 측정하면 $\tau_h \nu_h \cong 10^5$를 얻는다. 이것은 10^{-5}의 낮은 몰 분율로 도핑된 anthracene 결정에서, 이미 전체 방출의 50%가 도펀트에서 나온다는 것을 의미한다. $\tau_h = 20$ ns를 호스트 단일항 엑시톤의 수명으로 사용하면, $\nu_h = 5 \times 10^{12}\ s^{-1}$의 호핑 주파수를 얻는다. 등방성의 확산을 가정하고 0.8 nm의 평균 분자 간 분리 거리를 고려하면, 엑시톤 확

산 계수 $D = (1/6)a^2 v_h \cong 5 \times 10^{-3}\ cm^2\ s^{-1}$를 구할 수 있다. 이것은 *ab* 평면 내를 확산의 경우 $6 \times 10^{-3}\ cm^2 s^{-1}$, *ab* 평면에 수직으로 확산하는 경우 $6 \times 10^{-4}\ cm^2 s^{-1}$의 값을 가지는 실험 결과와 유사하다. 확산 계수의 계산과 관련된 사소하지 않은 몇 가지 가정이 있지만, 이 일치는 농도가 알려진 게스트 발색단의 농도 의존성 증감 형광을 통해 엑시톤 확산을 측정하는 것은 확산 계수의 자리수와 그에 맞는 엑시톤 확산 길이 $l_d = \sqrt{D\tau}$를 제공한다(Box 3.1 참조).

3.7.2 비정형 응축상에서 들뜬상태의 확산

OLED 또는 태양전지와 같은 최신 광전자 소자에 사용되는 유기물질은 결정질이 아니라 무질서하다. 이 사실은 실험 결과 분석에 중요한 영향을 미친다. 비정질 시스템에서 여기의 확산은 3.3.2절에 설명된 대로 전하 수송을 위해 당초 개발된 고르지 않은 에너지 배치를 지나가는 자유 행보의 관점으로 쉽게 다룰 수 있다. 2장에서, 무질서한 유기 고체에서 전하와 중성 들뜬상태의 에너지가 어울어져 Gaussian DOS와 이에 상응하는 Gaussian 스펙트럼 프로파일로 이어지는 불균일하게 확장된 분포를 특징짓는 것을 알았다. 3.3.2절의 전하 수송에 대한 연구를 통해, DOS에서 임의의 에너지를 가진 사이트에서 생성된 전하 여기가 DOS의 꼬리 상태를 향해 에너지적으로 완화되고, DOS 중심 아래에서 평균 평형 에너지 $\Delta\varepsilon_\infty = -\sigma^2/kT$로 정착하는 경향이 있다는 것을 알고 있다. 전하의 후속 움직임은 소위 수송 에너지에 대한 열적인 활성화를 필요로 한다. 평형 에너지는 온도의 함수이므로 활성화 에너지도 온도에 따라 달라진다. 이것은 C가 상수인 $D(T) \propto \exp[-C(\sigma/kT)^2]$ 형태의 확산 계수의 온도 의존성과 연결된다[식 (3.42) 참고]. 전하의 호핑 수송은 인접한 발색단 사이의 교환-유형의 결합에 의해 발생하지만, 발견된 특성은 단일항 엑시톤 전달을 유발하는 장거리 Förster 유형의 결합 또는 전하 캐리어와 삼중항과 관련된 단거리 교환 결합과 같은 결합 모드와는 무관하다. 따라서 Gaussian DOS 분포 내에서 여기 호핑의 개념은 (i) 무질서 파라미터 σ가 $\sigma < 3kT$로 유사 평형 조건에서 수송하는 경우[302]와 (ii) 기하학적 재구성의 효과에 대해 무질서 효과가 지배적으로 발생하는 경우라면 여기자 전달에도 적용할 수 있다.

호핑 개념을 비평형 사례로 해석적으로 확장하는 것은 어렵다. 온도가 0인 경우에만 문제가 해결되었다. 난이도는 임의의 에너지 배치 내에서 여기가 실행되어야 하는 하향 점프와 열 활성화 점프 사이의 상호 작용과 관련이 있다. DOS 분포의 중앙 근처에서 생성된 엑시톤을 고려해보자. 인접한 호핑 사이트 중 적어도 하나가 낮은 에너지에 있을 가능성이 매우 높다. 따라서 여기자의 에너지 완화가 제한되지 않는다. 후속 동작 과정에서, 여전히 더 낮은 에너지를 가진 가용한 사이트의 수가 지속적으로 감소한다. 따라서 엑시톤은 운동을 계속하기 위해 결국 열 활성화된 오르막 점프를 해야 한다. 이것은 온도가 낮아지면 점점 어려워진

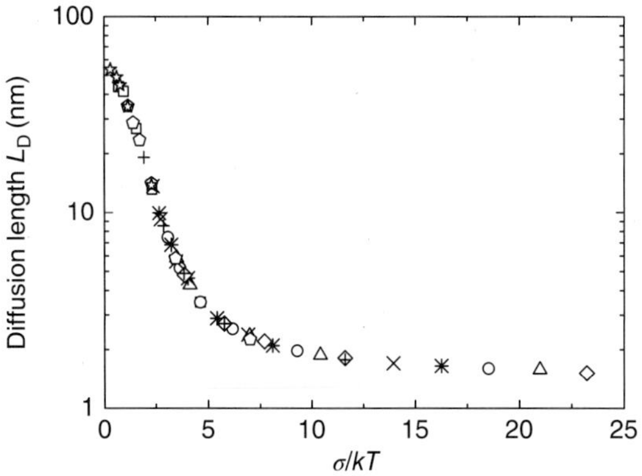

그림 3.48 Gaussian DOS 분포를 특징으로 하는 호핑 시스템에서 단일항 여기의 확산 길이에 대한 시뮬레이션 결과. 온도에 대해 정규화된 무질서 파라미터 σ/kT의 함수로 표현(Athanasopoulos et al. 데이터[304]).

다. 왜냐하면, 특히 엑시톤이 유한한 수명을 갖는 경우 평형 에너지 ε_∞가 감소하고 그에 따라 점프율도 감소하기 때문이다. 낮은 온도에서 상승과 하강 점프 사이의 상호 작용은 해석적으로 다루기가 어렵고, 열적으로 활성화된 점프가 얼어붙는 영의 온도를 제외하고는 Monte Carlo 시뮬레이션을 통해서만 다루어졌다[303]. 이 추론을 따라, Athanasopoulos 등[304]은 무질서 파라미터 σ의 함수로서 단일항 엑시톤의 확산 길이의 온도 의존성을 계산했다. 이 이론적 연구에서, 단일항 엑시톤 수명은 자발적 방출에 대한 아인슈타인 계수의 역수로부터 추정되고, 엑시톤 점프율은 Förster 반경이 도너와 억셉터 에너지의 S_1과 S_0 0–0 차이에 의존한다는 것을 고려하여 Förster의 이론에서 계산된다. 이것을 그림 3.48에 나타냈다. 예상대로 확산 길이는 온도가 감소함에 따라 감소하고, 큰 값의 σ/kT는 일정한 값으로 안정화된다. σ = 70 meV(불균일한 선 확장에 대한 현실적인 값)와 T = 295 eV(즉, σ/kT = 2.8)에 대하여 확산 길이는 약 10 nm여야 한다. 이것은 실험과 일치한다.

3.7.3 엑시톤 확산 측정을 위한 실험 기법

3.7.3.1 발광 퀀칭에 의한 확산 측정

엑시톤 확산을 모니터링하고 엑시톤 확산 길이를 유도하기 위한 여러 가지 방법이 있다. 퀀처 분자가 존재하는 경우, 호스트의 PL(형광 또는 인광)이 어떻게 퀀칭되는지 측정하거나 염료 도펀트의 증감 발광을 기록할 수 있다. 여기된 호스트 분자와 퀀처 또는 증감된 에미터 사이의 거리가 알려져 있고 거리를 변화시킬 수 있다면, 엑시톤이 수명 동안 확산될 수 있는 길이를 구할 수 있다. 실험은 2가지 다른 형상에서 수행될 수 있다. 한 가지 가능성은 벌크에 퀀처/발광 염료를 가지고 다양한 농도에 대하여 PL 강도를 기록하는 것이다. 두 번째 가능

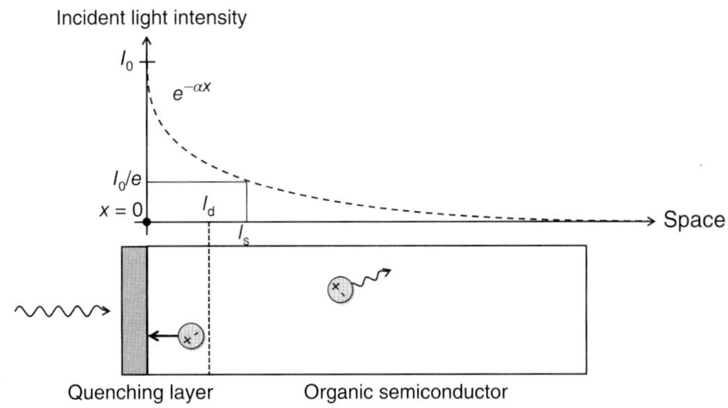

그림 3.49 퀀칭층이 있는 경우의 발광 퀀칭의 개략도. 초기 세기가 I_0인 입사광의 흡수 프로파일도 표시된다. $l_s = 1/\alpha$은 입사광의 투과 깊이를 나타낸다. 광흡수에 의해 생성된, 퀀칭층까지의 확산 길이 l_d를 갖는 여기자는 퀀처로 이동하여 비발광 감쇠된다. 벌크에서 생성된 엑시톤의 (발광) 감쇠는 퀀칭층의 영향을 받지 않는다.

성은 이중층 샘플, 예를 들어 엑시톤 확산 길이를 구하고자 하는 유기반도체 층 위에 퀀칭 재료 또는 염료 재료층을 증착하여 제작한 샘플을 준비하는 것이다. 의도적으로 추가된 스캐빈저일 뿐만 아니라 단일항 여기, 삼중항 여기 또는 전하 캐리어와 같은 전자 여기도 될 수 있다. 후자의 과정은 동역학적으로 2차이며, 엑시톤 소멸 과정에 대한 3.8.2절에서 논의할 것이다.

유기반도체 층 위에 금속 등의 퀀칭층에 대한 간단한 경우를 고려할 것이다(그림 3.49). 빛이 퀀칭층을 통하여 조사되어 유기반도체가 여기되는 경우의 분석은 특히 간단하다. 퀀칭층은 얇고 충분히 반투명하여 퀀칭층에 의한 빛의 흡수를 무시할 수 있다고 가정한다. 그렇지 않으면 수정되어야 한다. 퀀칭층이 없는 경우와 있는 경우에 발광되는 형광 I_F을 $S_1 \leftarrow S_0$ 밴드 내의 파장의 함수로서 기록한다. 유기반도체에 조사되는 빛은 흡수 프로파일과 일치하는 밀도 프로파일로 여기를 생성한다. 바로 인접하거나 퀀칭층으로 확산되는 엑시톤은 형광 발광을 하지 않고 손실된다. 따라서 침투 길이가 짧을수록 더 많은 엑시톤이 소멸된다. 따라서 흡광 계수의 함수로서 퀀칭 효율을 구하는 것은 확산 길이를 알아내는 것이다. 기록된 형광은 $I_F(t) = k_r n(t)$에 의하면 단일항 여기의 밀도 n에 비례하기 때문에(1.4.5절 참조), 정상 상태에서 단일항 여기의 공간적 분포에 대한 1차원 확산 방정식을 풀어서 실험을 분석할 수 있다.

$$D\frac{\mathrm{d}n}{\mathrm{d}t} - \frac{n(x)}{\tau} + I_0\alpha\exp(-\alpha x) = 0 \tag{3.74}$$

D는 여기의 확산 계수, τ는 퀀처가 없을 때의 여기의 수명, α는 유기반도체의 흡수 계수, I_0는 유기반도체 박막에 조사되는 빛의 세기이다. 첫 번째 및 두 번째 항은 퀀칭층으로 여기자가 확산되고 고유하게 감쇠되는 것을 설명한다. 세 번째 용어는 입사광이 표면에 수직으로 조사된다는 가정하에 단일항 여기의 생성을 설명한다[3]. 다음의 3가지, 즉 (i) 빛의 투과 길

이 $l_s = 1/\alpha$에 비해 박막 두께가 크고, (ii) 퀜칭층으로 완벽하게 엑시톤이 흘러 들어가며, (iii) 엑시톤과 퀜칭층 사이의 장거리 에너지 전달이 없다는 가정 아래 식 (3.74)는 침투 길이 l_s의 함수로 부분 형광 손실을 산출한다.

$$\frac{\Delta I_F}{I_F} = \frac{l_d}{l_d + l_s} = \frac{1}{1 + (l_d\alpha)^{-1}} \tag{3.75}$$

여기서 ΔI_F는 퀜칭층이 있는 경우와 없는 경우의 형광 세기 차이이고 l_d는 여기자 확산 길이이다. 이 방법은 분자 결정체와 비정질 유기반도체 박막에서 확산 길이를 측정하는 데 사용되었다[305]. 후자의 경우 값은 5 ~ 20 nm이다. 빛의 파장을 변경하여 입사광의 침투 깊이를 변경하는 대신 샘플에서 방출되는 형광을 두께에 대한 함수로 기록할 수도 있다[306].

계면에서 퀜칭하는 대신 엑시톤 확산 길이를 유도하기 위해 의도적으로 도입된 퀜처 분자의 특정한 농도를 포함하는 필름에서 엑시톤의 퀜칭을 고려할 수도 있다. 이러한 엑시톤 확산 실험의 정량적 해석에서 내재된 어려움은 퀜처를 향한 여러 단계의 엑시톤 확산과 퀜처에서 궁극적인 단일 단계의 전달 이벤트를 구별하는 것이다. 엑시톤 퀜처로서 염료 분자로 도핑된 π−결합된 발색단 필름에서 단일 엑시톤을 고려해보자. 에너지 전달은 단일 단계와 여러 단계의 전달을 통해 진행될 수 있다. 두 경우 모두, 전달은 Förster 유형의 쌍극자−쌍극자 결합에 의해 매개된다. 전달 속도는 도너의 발광 스펙트럼과 각 억셉터의 흡수 스펙트럼 사이의 스펙트럼 중첩에 의해 제공된다. 도너 발색단과 (장파장으로 편이된) 염료 억셉터 발색단 사이의 스펙트럼 중첩은 (화학적으로) 동일한 도너와 억셉터 발색단 사이보다 크지만, 후자의 경우 전달 거리가 더 작다. 따라서 누적 전달 과정은 도너 모체 내에서 여러 단계의 자유 행보와 억셉터에 대한 최종 단계의 중첩이다. 무질서한 매체 내에서 Gaussian DOS를 지나는 여러 단계의 엑시톤 확산이 열적으로 활성화된다는 사실로 인하여 상황은 더욱 복잡해진다. 결과적으로 엑시톤이 수명 동안 시도할 수 있는 점프 횟수와 그에 따른 점프 속도가 감소한다. 따라서 도너 모체 내에서 여러 단계의 자유 행보는 시간이 지남에 따라 느려진다. 따라서 두 과정을 구분하는 방법은 억셉터가 존재하는 도너 형광의 감쇠를 시간 분해하는 것이다. 초기 시간 도메인에서, 속도를 제한하는 과정은 단순히 지수적으로 감쇠하는 확산의 엑시톤 이동이다. 그들의 여정이 끝나면, 엑시톤은 DOS 분포의 꼬리 상태에 갇히게 된다. 거기에서는 $v(t) \propto e^{-(t/\tau)^\alpha}$ 법칙의 비지수적인 동역학을 특징으로 하는 단일 단계의 Förster 전달이 만연하다. 이 현상의 아름다운 사례는 형광 엑시톤 퀜처 역할을 하는 perylene 유도체에 의해 말단 캡핑된 poly(indenofluorene)s 필름에 대한 Herz 등[307]의 업적이다. 0.1~100 ps의 시간 범위 내에서 형광 상향 변환을 사용하고, 100~3000 ps의 시간 범위 내에서 단일 광자 계수를 사용하여 도너 형광의 감쇠를 모니터링했다. 데이터는 확장된 지수 함수 $I(t) = I_0 e^{-(t/\tau)^\alpha}$로 분석되었다. 이중 로그 스케일의 시간에 대한 $\ln(I/I_0)$ 플

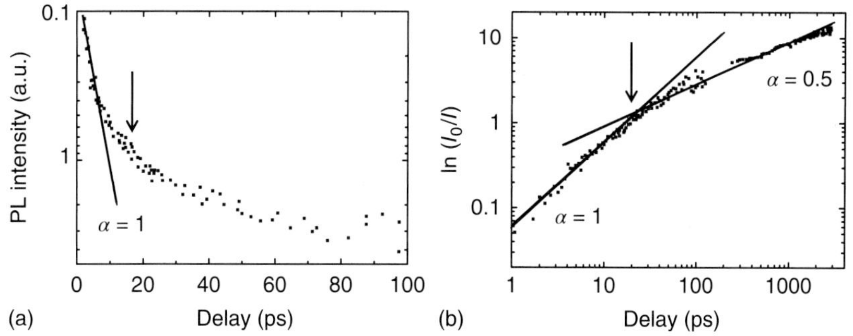

그림 3.50 (a) PL 상향 변환 기법으로 측정된 단일항 엑시톤 역할을 하는 2.75% perylene으로 도핑된 PIFTEH 필름의 여기 전달 과도 현상. Perylene 도핑된 PIFTEH에 대한 PL 감쇠를 도핑되지 않은 PIFTEH의 감쇠로 나눈 곡선. 여기 에너지는 3.062 eV로, 샘플 온도는 294 K(검출 에너지 2.74 eV)로 설정되었다. 전송 과도 현상은 (기존의) log 대 시간 스케일에 표시된다(Herz et al. 데이터[307]). (b) 동일한 데이터를 $\ln(I_0/I)$ 대 시간 스케일의 이중 로그로 플로팅하여 늘어난 지수 거동을 확인. 이 그래프에는 시간 상관 단일 광자 계수를 사용하여 측정된 장시간 데이터가 포함된다. 실선은 지수가 α = 1(α = 0.5)인 데이터의 단시간(장시간) 점근 부분에 대한 확장된 지수 피팅 $I(t) = I_0 e^{-(t/\tau)^{\alpha}}$을 나타낸다. 화살표는 두 영역 사이에 교차가 발생하는 시간을 나타낸다.

롯에서 기울기 α는 지수 I_0의 척도이다. 그림 3.50은 t < 25 ps에 대해서는 α = 1, 더 긴 시간에 대해서는 α = 1/2에 도달했음을 실제로 보여준다. 이것은 여러 단계에서 단일 단계의 Förster 유형의 에너지 전달로 전환되는 분명한 신호이다. 샘플이 7 K로 냉각되면, 엑시톤 이동에서 점진적인 동결로 인하여 전이가 더 짧은 시간에 발생한다.

π−공액 폴리머의 비정질 필름에서 단일항 엑시톤의 확산 길이에 대해 구해진 값은 5~15 nm 범위, 즉 분자 결정에서보다 5~10배 적다[306, 308−313]. 이는 부분적으로는 단일항 수명이 분자 결정의 경우 5 ns인데, π−공액 폴리머에서는 일반적으로 0.5 ns로 수명이 감소했을 뿐만 아니라 폴리머의 고유한 무질서도 전달 속도를 감소시키는 때문이기도 하다[314]. 엑시톤 확산 길이는 산소 또는 물과 관련된 복합체와 같은 의도하지 않은 불순물로의 확산에 의해 영향을 받을 수 있으며, 이는 전자 트랩 역할을 하고 동시에 엑시톤을 소멸시킨다[314].

3.7.3.2 스펙트럼 확산 모니터링

Gaussian DOS 내에서 여기의 에너지적인 완화는 입자의 평균 에너지가 시간에 따라 감소함을 의미한다. 따라서 입자가 계속 운동하기 위해 필요한 활성화 에너지가 증가하고 입자의 이동도와 이동 속도가 시간이 지남에 따라 감소한다. 이것은 준평형에 도달할 때까지 분산 수송을 일으킨다. 입자가 형광 또는 인광 광여기인 경우, 이 완화 과정은 시간 분해 분광법으로 다룰 수 있다[315]. 이것은 프로빙 요소로서 외부 퀀처가 필요한 엑시톤 이동을 모니터링하는 방법이다. 실험 결과는 그림 3.51에 나와 있다. 15 K의 온도에서 유지된 polyfluorene (PF2/6) 필름은 3.35~2.85 eV 사이의 스펙트럼 범위 내에서 조정될 수 있는 모드 고정 피코

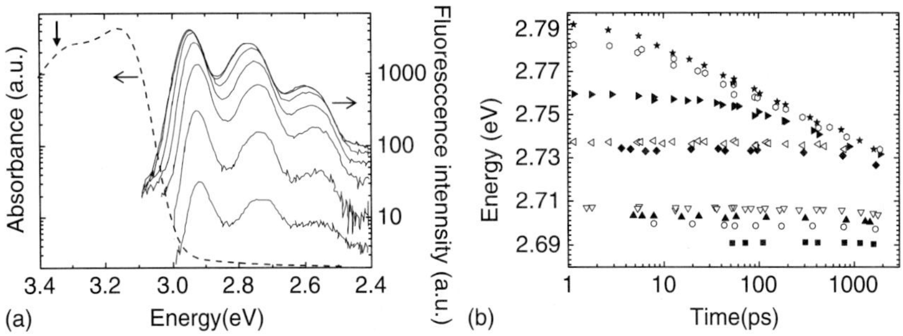

그림 3.51 (a) 15 K에서 3.35 eV에서 광여기 후 PF2/6 필름의 시간 게이트 형광 스펙트럼. 스펙트럼은 0에서 2, 8에서 10, 35에서 57, 134에서 136, 329에서 331, 822에서 824, 그리고 1770에서 1850 ps까지 각각 위에서 아래로 시간적으로 통합되었다. 수직 화살표는 여기 에너지를 나타낸다. 점선은 80 K에서 촬영된 필름의 흡수 스펙트럼을 나타낸다. (b) 여기 후 시간의 함수로 플로팅된 15 K에서 polyfluorene 필름의 0–1 진동 방출 에너지. 여기 에너지는 3.081, 3.046, 2.997, 2.954, 2.951, 2.918, 2.914, 2.911, 2.903 eV(위에서 아래로)이다(Meskers et al. 데이터[315]).

초 Ti:sapphire 레이저의 짧은 펄스에 의해 여기되었다. 형광이 게이트 웨이에 감지되면, 즉 시간 관찰창이 0시간에서 형광 수명의 배수로 이동하면, 지연 시간이 증가함에 따라 스펙트럼 이동이 관찰된다. 이것은 여러 단계의 에너지 전달로 인한 여기의 **스펙트럼 확산**(spectral diffusion)의 신호이다(아래 참고)(Box 3.7). 각 방출 스펙트럼은 DOS 분포의 더 깊은 상태를 향한 완화 과정에서 단일 여기의 스냅 샷을 나타낸다(그림 3.52). 선택적인 여기 사이트를 자극하는 경우, 완화 과정에 대한 추가 정보를 얻을 수 있다. 이를 위해 여기 레이저 파장은 불균일하게 확장된 흡수 프로파일의 스펙트럼의 낮은 파장 부분을 가로질러 스캔한다. $S_1 \leftarrow S_0$ 0–0 전이의 중심 근처를 여기하면, 형광 스펙트럼은, Gaussian DOS 분포 내에서 이동하는 입자에 대한 자유 행보 이론에 의하여 예측되는, 로그 붕괴 법칙을 따르는 장파장 편이를 나타낸다. 이는 일정한 준평형 에너지에 점근적으로 접근하는 초기 $\Delta\varepsilon \propto \ln(t)$ 의존성을 따른다(그림 3.51). 흥미롭게도, DOS 분포의 낮은 에너지 상태를 향해 여기 레이저의 에너지를 조정할 때, 완화 과정이 시작되기 이전에 초기 정체가 있다. 그 이유는 저온에서, 낮은 에너지 사이트에서 생성된 여기가 인접한 높은 에너지 사이트를 극복할 수는 없지만, 적절한 억셉터 사이트에 도달하기 전에 시간이 많이 걸리는 장거리 점프를 실행해야 하기 때문이다. 마지막으로, 여기의 수명이 경과하면 완화 과정은 종료된다. 관련 연구는 poly(indenofluorene) 필름에 대해 수행되었다[307].

Box 3.7 스펙트럼 확산

스펙트럼 확산(spectral diffusion)이라는 용어는 전체적으로 에너지가 시간 함수로 변하는 발광 스펙트럼을 의미한다. 이 변화에는 다른 원인이 있을 수 있다. 분리된 개별 분자가 단일 분자 실험에서와 같이 고려될 때, 여기는 일반적으로 분자에 남아 있다. 그러나 주변환경과 반데르발스 상호작용으로 인

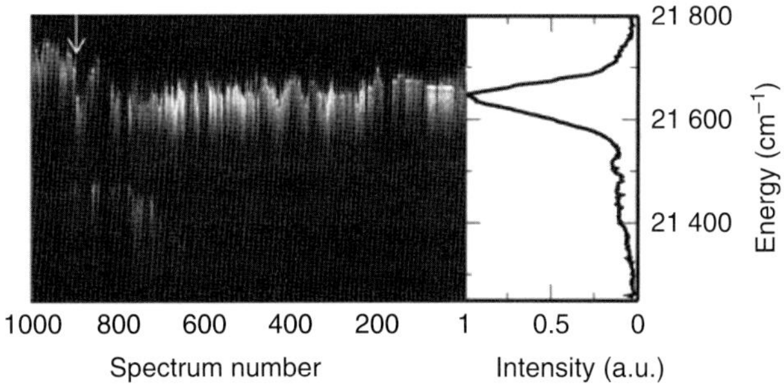

그림 B3.7.1 단일 분자의 스펙트럼 확산. *n*–hexadecane에 포함된 단일 MeLPPP 체인의 0–0 전이에 대한 연속적으로 기록된 형광 스펙트럼의 2차원 표현. 수평축은 스펙트럼 번호를, 수직축은 에너지를, 형광 세기는 그레이스케일로 제공된다. 화살표는 연속적으로 기록된 2개의 개별 스펙트럼 사이에서 수십 개 파수의 큰 스펙트럼 점프를 나타낸다. 오른쪽 패널은 연속적으로 기록된 모든 개별 스펙트럼의 총 평균을 보여준다(Hildner et al.[316]에서 발췌).

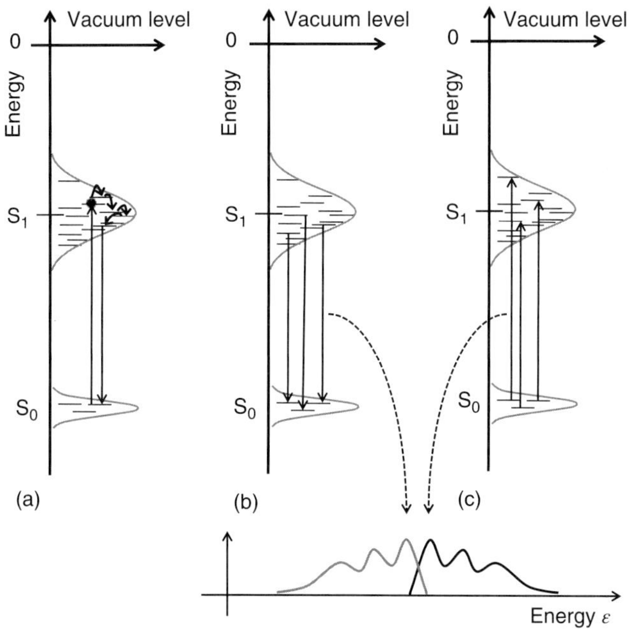

그림 B3.7.2 분자 앙상블에서 스펙트럼 확산을 보여주는 개략도. (a) 여기 이후, 여기된 상태는 일련의 호핑에 의해 낮은 에너지의 발색단으로 이동한다. 이런 방식으로 DOS에서 완화된다. 그것은 결국 낮은 에너지 발색단에서 방출된다. (b) 완화 이후에 방출이 일어나며, DOS의 하단에서 발생한다. (c) 대조적으로 흡수는 DOS의 모든 발색단에 발생한다. 결과적으로 방출과 흡수에서 0–0의 전이 에너지가 상쇠된다.

하여 분극은 시간에 따라 변동하여, 스펙트럼의 에너지적인 위치에서 무작위로 점프한다. 이것은 그림 B3.7.1에 설명되어 있다.

대조적으로, 비정형질 분자들에서 여기는 그림 B3.7.2에 설명된 대로 Gaussian DOS에 분포된 고정 에너지의 서로 다른 분자 사이에 이동할 수 있다.

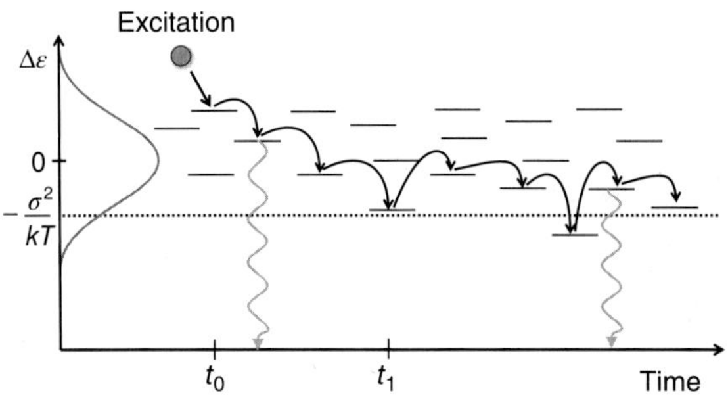

그림 3.52 DOS에서 평형 에너지를 향한 에너지적 완화를 보여주는 개략도. 여기는 사이트 여기저기를 호핑한다. 처음에는 에너지가 내리막으로 내려가고, 나중에는 DOS 중심 아래의 $-\sigma^2/kT$의 열평형 값 주변에서 열적으로 활성화된다. 방출은 엑시톤 수명에 따라 완화 과정 중 언제든지 일어날 수 있고 완화 과정이 완료되었을 때도 발생할 수 있다. $t_0 < t < t_1$에서 감지가 발생하면, 관찰된 방출은 $t > t_1$에서 감지할 때보다 더 높은 에너지에서 발생한다.

스펙트럼 확산은 인광 분광법뿐만 아니라 **정상 상태** 형광에서도 나타난다. 온도가 Gaussian DOS의 폭에 비해 충분히 높으면, 즉 $\sigma/kT \le 3$[302]에 대해, 여기는 DOS 중심 아래의 $\Delta\varepsilon = -\sigma^2/kT$인 준평형 에너지에 도달한다. 이는 흡수에서 $S_1 \rightarrow S_0$ 0−0 전이의 중심 아래에 있다(3.3.2절 참조). 정상 상태 조건에서 대부분의 발광은 수명이 고유한 수명에 가까운 상태에서 나타나며 이는 준평형 에너지에서 방출됨을 의미한다. 따라서 정상 상태 방출은 스토크스 이동(Stokes' shift)을 특징으로 한다. 이 스토크스 이동은 에너지 완화 또는 스펙트럼 확산의 척도이다. 온도를 낮추면 발광은 장파장 변이를 나타내야 하며, 준평형 에너지에 도달하는 데 필요한 시간이 엑시톤의 수명을 초과할 때 최종적으로 발광 스펙트럼이 일정해진다. PF2/6 필름 냉각 시의 $S_1 \rightarrow S_0$ 0−0 형광 선의 적색편이는 이러한 현상을 보여준다(그림 3.53). 온도가 감소함에 따라 나타나는 적색편이는 실제로 예측된 $\Delta\varepsilon = -\sigma^2/kT$ 의존성을 따르고, σ값은 0−0 발광 선의 선폭과 일치한다. 이러한 사실은 이 경우에 스토크스 이동이 가능한 구조적, 기하학적인 완화 과정보다는 DOS의 꼬리 상태를 향한 여기의 에너지 완화를 암시한다. 이것은 에너지 전달에 의하여 스펙트럼 확산이 감소되는 희석된 액체 용액 내의 분자에 대해 달라질 수 있는 반면, 용매화 효과와 구조적 재조정이 강화될 것이다.

형광에서 볼 수 있는 이 정상적인 스펙트럼 확산과는 대조적으로, 샘플 냉각 시 이례적으로 간주되는 발광 스펙트럼의 이동에 관한 현상이 다른 정도의 무질서도를 가진 일련의 π-공액 poly(phenylene)s에 대한 인광 연구에서 관찰되었다. 샘플을 냉각할 때 예상되는 적색편이는 높은 온도(예: 150~300 K)에서 발생하지만, 무질서 파라미터 σ로 명시되고 특정한 온도 이하에서는, 스펙트럼 이동 과정이 반전되고 스펙트럼에서 청색편이가 나타난다(그림 3.53). 이것은 들뜬상태 에너지 완화 과정의 운동 동결의 신호이다. 이것은 삼중항 엑시톤과 같이 단거리 상호작용에 의해 결합되는 여기의 특징이다. 에너지 배치의 깊은 계곡에 도달하고자 하는 자유 행보를 하는 보행자를 생각해보자. 여행하는 동안, 그는 열 활성화를 통해

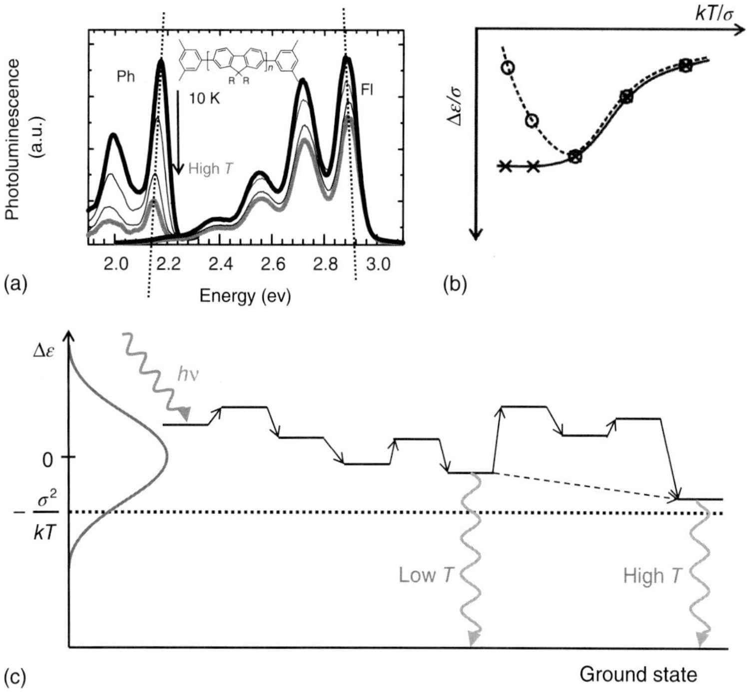

그림 3.53 (a) PF2/6의 인광(약 2.15 eV에서 0–0 피크) 및 형광(약 2.9 eV에서 0–0 피크)의 온도 의존성. 인광은 10 K(검은색 선)에서 80 K(연한 회색선)까지, 형광은 10 K(검은색)에서 300 K(밝은 회색)까지 측정할 수 있다. 수직 점선은 보조선으로 온도에 따른 에너지 이동이 명백하다. (b) 방해가 없고(실선, 십자선) 방해가 있을 때(점선, 원), $\Delta\varepsilon/\sigma$ 대 σ/kT의 역의 의존성. (c) 스펙트럼 확산을 설명하는 개략도. 광여기에 의해 생성된 삼중항 여기는 사이트에서 사이트로 호핑하며(실선 화살표), 때때로 열 활성화 에너지가 필요하다. 온도가 충분하면 DOS 중심 아래 $-\sigma^2/kT$의 준평형 에너지는 발광이 발생하는 곳에서 도달한다. 불충분한 온도에서는 일부 중간 지점에서 활성화된 점프가 더 이상 불가능하고 동역학적으로 트랩된 여기는 준평형 값 이상의 에너지에서 감쇠한다. 단일항 여기의 경우, Förster 유형 전달의 긴 범위는 더 멀리 떨어진 낮은 에너지 사이트로 탈출하여 준평형 값에 도달한다(점선 화살표).

간헐적인 중간 에너지 장벽을 극복해야 한다. 온도를 낮추면 이것은 점점 더 어려워진다. $T \to 0$ 제한에서는, 활성화가 필요한 모든 점프가 동결된다. 결과적으로, 엑시톤 보행자는 열역학적으로 안정된 사이트에 도달하기 전에 사망한다(그림 3.53). Movaghar 등[303]은 이 경우 스펙트럼 완화가 $\Delta\varepsilon \propto t\sqrt{\ln(\ln(t/\tau))}$ 법칙을 특징으로 하면서 느려지는 반면, 시간에 의존하는 확산은 $D \propto [t\ln(\nu_0 t)]^{-1}$로 감쇠함을 보였다. 이는 관련 시간 영역 내에서 $D(t) \propto t^{-1.3}$으로 근사할 수 있다.

이 효과는 단일항 엑시톤에 대해서는 나타나지 않는다. 이는 장거리 쌍극자 결합은 인접하지 않은 공간–통과 전이에 의하여 인접한 장벽을 우회할 수 있기 때문이다. 이러한 방해 효과는 긴 접합 길이가 교환 상호작용의 범위를 증가시키는 잘 정렬된 공액 중합체의 저온 인광 스펙트럼에서도 나타나지 않는다[317].

3.8 들뜬상태의 감쇠

3.8.1 단분자 감쇠

3.8.1.1 형광

1장에서 자세히 설명했듯이, 내부 변환, 계간 교차, 엑시톤 해리, 그리고 에너지 전달과 같이 속도 k_{nr_i}를 갖는 다양한 비발광 감쇠의 경로뿐만 아니라, 형광(fluorescence)으로 나타나는 속도 k_{r}을 갖는 발광 감쇠에 의하여 단일항 들뜬상태는 감쇠될 수 있다. 단분자 감쇠(monomolecular decay)의 경우, 단일항 상태의 농도 $[S]$는 생성률 G와 감쇠율에 따라 달라진다.

$$\frac{\mathrm{d}[S]}{\mathrm{d}t} = G - \frac{1}{\tau_{\mathrm{S}}}[S] \tag{3.76}$$

여기서 $\tau_{\mathrm{S}} = \left(k_{\mathrm{r}} + \sum_i k_{\mathrm{nr}_i}\right)^{-1}$은 단일항 상태의 수명이다. 초기 펄스 후, 그 농도는 다음과 같이 감소한다.

$$\frac{\mathrm{d}[S(t)]}{[S(t)]} = -\frac{1}{\tau_{\mathrm{S}}}\mathrm{d}t \tag{3.77}$$

감쇠 속도가 시간에 무관하다고 가정하면, 이것은 단조 지수 감쇠로 이어진다.

$$[S(t)] = [S_0]\mathrm{e}^{-\frac{t}{\tau_{\mathrm{S}}}} \tag{3.78}$$

이것은 일반적으로 내부 변환과 계간 교차의 경우이지만, 해리와 에너지 전달 과정이 응축 단계에서 우세한 경우에 반드시 적용되는 것은 아니다. 형광의 세기는 시간 간격당 얼마나 많은 단일항 들뜬상태가 발광 감쇠되는지에 따라 달라진다. 그것은 다음과 같다.

$$I_{\mathrm{Fl}} = k_{\mathrm{r}}[S] = \frac{\Phi_{\mathrm{Fl}}}{\tau_{\mathrm{S}}}[S] \tag{3.79}$$

이것은 단일항 들뜬상태의 농도에 정비례한다는 것을 의미한다. Φ_{Fl}은 형광 양자 효율이다. 감쇠하는 들뜬상태가 당초에 빛의 흡수에 의해 생성되었는지 또는 전기적으로 주입된 전하의 재결합에 의해 생성되었는지에 따라 photoluminescence와 electroluminescence로 구별된다.

π-시스템이 폴리머 체인을 따라 확장되는 공액 폴리머에서, 체인의 축을 따라 빛의 흡수가 일어난다. 에너지 전달이 없으면, 형광도 체인 방향으로 편광이 된다. 그러나 용액 또는 필름과 같이 응축상에서는, 들뜬상태의 편재화와 에너지 전달이 우세하여, 100 fs[318–319]에서 수십 또는 수백 피코초[320–322] 미만의 시간 스케일에서 빠르게 편광감소가 발생한다

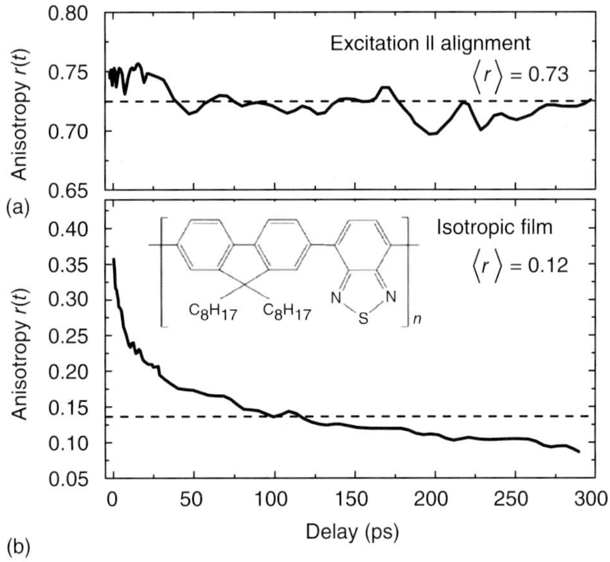

그림 3.54 (a) 폴리머 체인이 정렬되고 여기 편광이 정렬축에 평행한 경우와 (b) 폴리머 체인이 정렬되지 않은 경우의 삽입된 폴리머 F8BT에 대해 2.32 eV의 검출 에너지에서의 시간 분해 발광 편광 이방성. 동일한 에너지에서 측정된 시간-누적된 이방성 값 r은 각 그래프에서 점선으로 표시된다(Schmid et al.[322] 이후 수정됨).

(그림 3.54). 주어진 여기 에너지에 대해, 여기 편광에서 PL 세기의 평행한 편광 성분($I_{\parallel}$)과 수직한 편광 성분($I_{\perp}$) 사이의 차이를 전체 PL 세기로 정규화하여 편광 이방성 r을 정량화할 수 있다. 전체 PL 세기는 평행한 PL 편광 성분과 2개의 수직한 방향의 합이다.

$$r = \frac{I_{\parallel} - I_{\perp}}{I_{\parallel} + 2I_{\perp}} \tag{3.80}$$

편광감소는 에너지 전달의 효율과 속도를 추정하기 위해 사용될 수 있다[323]. 편광 발광이 필요한 경우 폴리머는, 예를 들어 배향막 역할을 하는 구조화된 기판 위에 증착하여 배향되어야 한다[160, 324–325]. 이 접근법을 사용하여 폴리머 체인의 축을 따라 편광된 발광과 수직인 편광 사이에 최대 17(적분값 21)의 피크 비율이 보고되었다[326]. 마찬가지로 적합한 카이랄 사이드 체인을 사용하여 원편광 발광을 얻을 수 있다[160].

유기반도체 필름이 전극과 같은 금속 표면 사이에 배치될 때 발광 특성, 특히 자발적 발광 속도와 스펙트럼의 모양은 광학적 미세 공동 효과에 의해 수정될 수 있다. 이러한 공동은 필름에 의해 분리된 2개의 거울로 구성되어 Fabry-Perot 공진기를 형성한다. 이러한 공진기 안에서, 방광 쌍극자의 발광 속도는 변해서 공동의 공진 파장에서만 효율적인 방출이 가능하다. 이는 유기반도체의 넓은 발광 스펙트럼을 좁히고 색 순도를 향상시키는 데 사용될 수 있다[327](그림 3.55). 공진기에 의한 방광 속도의 변경은 Purcell이 원자에 대하여 이것을 알아 차린 후 **Purcell 효과**[328]로 알려져 있다. Drexhage는 거울 앞에 분자의 형광에서 이

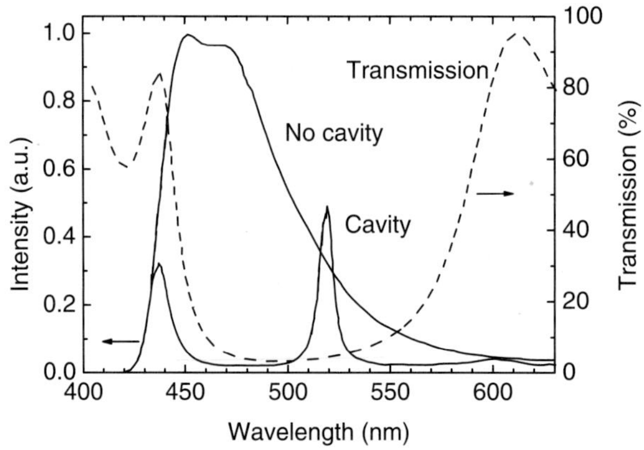

그림 3.55 미세 공동 구조를 가진 유기 이중층과 미세 공동 구조가 없는 구조에서 취한 시간 누적 광발광 스펙트럼(실선), 발광 스펙트럼의 축소 효과를 보여준다. 점선은 유전체 거울의 투과 스펙트럼을 보여준다. 미세 공동은 한 면에는 알루미늄층을 배치하고, 이중층의 다른 면에 있는 ITO층 아래에 tantalum oxide와 silicon dioxide의 1/4 파장 스택을 배치하여 만들어졌다. 이중층은 한 층의 polysulfone에 있는 15% tri(stilbene)amine(TSA)과 다른 층의 polystyrene에 있는 15%의 oxadiazole-유도체로 구성된다. 두 층의 계면에서 있는 TSA로부터 방출이 일어난다. 여기시키기 위해서 400 nm의 100 fs 레이저 펄스가 사용되었다(Lemmer et al. 데이터[331]).

효과를 관찰하고 설명했다[329]. 유기반도체 필름에서, 이 효과는 1990년대 초에 보고되었다[330−332]. 이 효과가 유기반도체 필름, 특히 OLED 구조에서 어떻게 영향을 미치는 것인가와 어떻게 이것을 고전적인 전자기적으로 논의할 수 있을 것인가를 Furno와 그의 동료들이 다루었다[333]. 이러한 광학 효과의 모델링과 엔지니어링은 OSC와 발광 다이오드의 최적화를 위해 중요한 역할을 한다[232, 334−337].

여기 후 자연 방출로 인한 형광을 prompt fluorescence라고 한다. 또한 입사 광자가 두 번째, 가간섭성의 광자, 그리고 지연 형광의 방출을 유발하는 **자극방출**(SE, stimulated emission)이 있을 수 있다. 지연 형광은 즉각적인 형광의 수명을 초과하는 수명을 가진 것이 특징이다. 자극 방출은 초고속 펌프-프로브 실험에서 자주 관찰되고, **광학적으로 펌핑된 레이저**(optically pumped lasing)를 시연하기 위해 사용되었다[338]. **광학적인 펌프**는 들뜬상태가 빛의 흡수에 의해 생성되었다는 사실을 나타낸다. 유기 레이저 다이오드가 기술적으로 매력적인 목표임에도 불구하고, 주입된 전하의 재결합에 의해 형성되는 들뜬상태의 효율적인 레이저 발진, 즉 **전기적으로 펌핑된 레이저**(electrically pumped lasing)는 난제로 남아 있다. 본질적인 문제는 필름을 통한 전하의 수송이 필연적으로 대전된 분자가 SE의 일부를 흡수할 수 있음을 의미한다. 전하 유도 흡수가 형광과 파장이 겹치므로, 발진을 위한 이득인 총 광증폭을 얻기가 어렵다.

지연 형광은 수명이 즉각적인 형광의 수명을 초과하는 형광이다. 발색단의 발진기 강도에 따라 즉각적인 형광은 수백 피코초에서 최대 100나노초까지 다양할 수 있다. 지연된 형광의 관찰은 단일항 들뜬상태가 생성되거나 더 긴 수명을 가진 다른 전구체 상태에서 재생된다는 것을 의미한다. 지연된 형광의 일반적인 원인은 다음과 같다.

(i) 3.8.2.2절에서 자세히 설명된 삼중항-삼중항 소멸. 지연된 형광이 TTA로 인한 것이라면, **P형 지연 형광**(P-type delayed fluorescence)이라고도 한다[205].
(ii) 삼중항 T_1 상태에서 단일항 S_1 상태로 열적으로 활성화된 역방향 계간 교차[229]. 이 과정에는 단일항과 삼중항 사이의 작은 에너지 갭이 필요하다. 이것은 염료 eosin에서 처음 확인되어 **E형 지연 형광**(E-type delayed fluorescence)이라고도 하고, 열적으로 활성화된 지연 형광(TADF)이라고도 한다.
(iii) 제미네이트 쌍의 재결합

이러한 과정은 여기 전력과 수명에 대한 의존성으로 구분될 수 있다. TTA의 경우, 지연 형광은 여기 전력의 제곱근에 의존하며 그것을 일으키는 삼중항 상태의 수명과 동일하다. 대조적으로, 역방향 계간 교차 또는 제미네이트 쌍의 재결합에 의해 발생하면, 지연 형광은 여기 전력에 선형적으로 의존한다. 역방향 계간 교차의 경우 지연 형광의 수명은 지연 형광을 발생시킨 삼중항 상태의 수명을 따르는 반면, 제미네이트 쌍 재결합의 경우 지연 형광 수명은 당연히 삼중항 상태의 수명과 무관하다.

3.8.1.2 인광

삼중항 여기의 발광 감쇠는 인광(phosphorescence), 즉 삼중항 들뜬상태에서 단일항 바닥 상태로의 발광 감쇠를 일으킨다. 단분자 감쇠는 낮은 조도 I_{exc}에서 실현되며, I_{exc}에 대한 발광의 선형 의존성을 통해 확인된다. 방사체에 스핀-궤도 결합(heavy atom effect)을 향상시키는 무거운 원자가 포함되어 있지 않으면 인광을 감지하기가 매우 어렵다. 그것은 먼저 주로 생성되는 단일항 상태가 삼중항으로 변환되도록 하고, 더 중요한 것은 스핀 금지 $T_1 \rightarrow S_0$ 전이가 부분적으로 허용되어 빛의 세기를 얻도록 한다. 분자 결정 연구의 초기에는 삼중항 엑시톤의 존재가 지연된 형광 측정을 통해 입증되었지만, 고유한 인광은 거의 관찰되지 않았다[3, 339]. 그 이유는 다음과 같다[224].

(i) 많은 hydrocarbon 시스템에서, 계간 교차 속도 상수는 약 $10^7\ s^{-1}$이다. 1 ns 미만의 단일항 수명의 경우, 이는 삼중항 수율이 1% 미만임을 의미한다. 그러나 단일항 수명이 더 길고 S_1 상태보다 약간 높은 에너지적으로 가까운 T_n 상태에 의해 계간 교차가 촉진될 때, 더 높은 삼중항 수율이 가능하다. 이에 대한 예는 용액 내의 anthracene 분자이다(S_1이 T_n보다 약간 낮은 anthracene 결정과 대비).
(ii) 깨끗한 분자 결정에서, 삼중항-삼중항 상태의 이분자 소멸은 충분한 삼중항 밀도의

축적을 제한한다. 이 TTA는 결정 구조로 인하여 발생하는 높은 삼중항 확산율 때문에 비정질 필름과 달리 결정에 특히 중요하다.

(iii) 불순물이 있는 경우, 삼중항 여기가 트랩되고 고유한 인광 대신에 결함 발광에 기여한다. (ii)의 경우, 이 과정은 확산 제어되므로 결정의 경우 더 두드러진다.

(iv) 시간 분해 실험에서, 약한 인광 신호는 강렬한 형광에 의해 가려진다.

비정질 필름에서는 삼중항 확산이 낮으므로 (ii)와 (iii)으로 나열된 감쇠 경로가 덜 효과적이다. (iv)에 나열된 기술적 과제는 오늘날 강화 CCD 카메라(CCD, 전하 결합 장치) 또는 광학 다중 채널 분석기와 같은 게이트 가능 감지 장치를 사용하여 제거할 수 있다. Romanovskii 등[340–341]은 공액 폴리머 MeLPPP에서 인광을 검출하기 위해 후자의 기술을 사용했다. 나중에 게이트 검출 원리는 MeLPPP의 올리고머, 치환된 poly(*p*–phenylene) (DDO–PPP), polyfluorene(PF2/6), polyindenofluorene(PIF), MeLPPP[342–344], 유기 poly(*p*–phenylene ethynylene)s[345], 그리고 oligothiophenes[346]와 같은 다른 유기 공액 중합체에 적용되었다. 전형적인 형광과 인광 스펙트럼 세트를 그림 3.53에서 보여준다.

Poly(*p*–phenylene vinylene)s 또는 polythiophenes, phosphorescence과 같이 광학적 갭이 적색편이하는 공액 폴리머에서는 인광을 관찰하기가 더 어렵다. π–공액 폴리머에서 낮은 S_1 상태와 일정한 $S_1 - T_1$ 갭은 낮게 놓인 T_1 상태를 의미한다. T_1의 본질적인 비발광 감쇠는 삼중항 에너지가 감소함에 따라 기하급수적으로 증가하기 때문에 에너지 갭 법칙(1.4.4절 참조)의 결과로 발광 감쇠의 크기를 금방 초과한다. 삼중항 상태의 낮은 밀도를 의미하는 유기반도체에서 낮은 계간 교차 속도, 낮은 발광 속도와 높은 비발광 붕괴 속도의 조합은 일반적으로 녹색 또는 적색 스펙트럼 범위에서 형광을 발하는 폴리머에 대해 극단적으로 낮은 인광 수율을 초래한다. 이 문제를 극복하기 위해, Laquai 등은 인광 Pt–porphyrin (PtOEP)을 계간 교차율이 높은 증감제로 Ph–PPV 필름에 도핑했다[347]. PtOEP의 S_1 상태가 Ph–PPV의 S_1 상태보다 낮고, 증감제의 T_1 상태가 PhPPV 호스트의 T_1 상태보다 높으면, 호스트의 단일항 엑시톤은 증감제로 전달되고 호스트의 T_1 준위로 나중에 다시 돌아올 삼중항으로 변환된다. 이렇게 증가된 삼중항 상태의 밀도는 샘플에서 방출되는 검출 가능한 수의 광자로 이어진다. 이 기술을 사용하여 Ph–PPV의 인광이 관찰되었으며 T_1 준위는 1.63 eV에 있다. S_1 상태가 2.43 eV이므로 $S_1 - T_1$ 간격은 0.8 eV이다. 298 K에서 인광은 약 40 μs의 1/*e* 붕괴 시간으로 비지수적으로 감쇠한다.

3.8.2 이분자 과정

엑시톤은 이동하기 때문에 이분자적으로 상호작용할 수 있다. 2개의 단일항 엑시톤이 충돌하면, 모 발색단 중 하나의 높이 들뜬상태 S_n이 생성된다. 이 상태는 제미네이트 결합 전자–정공 쌍으로 해리될 수 있지만, 우선적으로 내부 변환에 의해 S_1 상태로 감쇠된다. **단일항–단일항–소멸**(SSA, singlet–singlet–annihilation)이라고 하는 이 반응은 다음과 같이 쓸 수 있다.

$$S_1 + S_1 \rightarrow S_n + S_0$$
$$S_n \rightarrow S_1 + \text{열} \qquad (3.81)$$

따라서 단일 상태 중 하나는 형광을 위해 손실된다. 이는 $I_{Fl} \propto \sqrt{I_{ex}}$ 공식의 입사광 세기 I_{ex}의 함수로서 형광 세기 I_{F1}의 부선형 의존성을 초래한다. 2개의 삼중항이 충돌하면, 소멸(TTA)할 수 있고, 수명이 긴 삼중항 상태의 확산에 의존하기 때문에 지연된 형광을 일으키는 단일항 상태를 생성할 수 있다. 삼중항 상태는 또한 전하 캐리어(triplet–charge–annihilation, TCA 또는 동의어로 triplet–polaron–annihilaiton, TPA)[348]와 단일항 엑시톤(triplet–singlet–annihilation, TSA)과의 충돌에 의해 소멸될 수 있다[349–350]. 두 과정 모두 더 높은 구동 전류에서 작동하는 OLED와 관련되어 소위 롤오프 효과가 발생한다[351–352]. 방출된 전기 발광이 삼중항 여기에서 비롯되기 때문에 인광 발광체가 있는 OLED에서 특히 중요하다. 다른 한편으로, 형광 OLED에서 구동 전류가 증가할 때 삼중항–삼중항 소멸이 시작되는 것은 지연된 형광이 즉각적인 형광을 추가하기 때문에 유리하다[227]. 그러나 구동 전류가 더 증가하고 단일항 엑시톤의 농도가 너무 커서 삼중항으로 소멸될 수 있을 때, 발광 세기가 다시 감소할 수 있다[353].

다음에서 이들 과정, 즉 SSA, TTA, TCA/TPA, 그리고 STA(singlet–triplet–annihilation)에 대해 더 자세히 설명한다. 이분자 반응에서, 속도 상수는 반응물의 확산 계수와 반응이 일어나는 임계 분리의 곱에 의해 결정된다.

3.8.2.1 단일항–단일항 소멸

단일항 엑시톤의 생성과 붕괴에 대한 속도 방정식은 다음과 같다.

$$\frac{\mathrm{d}[S]}{\mathrm{d}t} = G - \frac{1}{\tau_S}[S] - \gamma_{SS}[S]^2 \qquad (3.82)$$

대괄호 $[S]$는 단일항 엑시톤의 농도를 나타내고, τ_S는 단일항 엑시톤의 수명이며, γ_{SS}는 이분자 SSA에 대한 속도 상수이다. γ_{SS}는 (농도 × 시간)$^{-1}$의 차원을 가진다. SSA가 단일항의 지배적인 감쇠 메커니즘이라는 조건은 $\gamma_{SS}[S] > 1/\tau_S$이다. 고유한 단일항 수명 τ_S가 π–공액 폴리머의 대푯값으로 판명되는 0.5 ns라고 가정하고, $\gamma_{SS} \approx 10^{-9}$~$10^{-8}$ cm^3s^{-1}로 추정하면, 단일항 여기자의 농도는 SSA 발생을 위해 2×10^{17} cm^{-3}~2×10^{18} cm^{-3}를 초과해야 한다. 정상 상태에서는 이를 달성할 수 없다. 따라서 단일항–단일항 소멸(singlet–singlet–annihilation)은 유사–정상 모드에서 작동하는 필름 또는 광전자 장치에서는 중요하지 않다. 그러나 단일항–단일항 소멸은 펄스 여기에서 역할을 할 수 있다. 5 μJ(양자 에너지가 3 eV인

2×10^{13} 광자에 해당) 강도의 피코초 또는 피코초 미만의 레이저 펄스가 흡수 계수 $\alpha = 10^5\ \mathrm{cm}^{-1}$인 유기 필름의 0.1 cm^2 영역에 충돌한다고 가정하자. 초기 생성된 단일항 엑시톤의 밀도는 $2 \times 10^{19}\ \mathrm{cm}^{-3}$이다. 이 경우 감쇠율은 실제로 SSA에 의해 제어된다. 속도 방정식[식 (3.82)]을 풀면 다음과 같다.

$$[S(t)] = \frac{[S_0]\mathrm{e}^{-\frac{t}{\tau_S}}}{1 + \gamma_{SS}[S_0]\left(1 - \mathrm{e}^{-\frac{t}{\tau_S}}\right)} \tag{3.83}$$

여기서 $[S_0] = [S(t = 0)]$이다.

고유한 수명 τ_S가 이분자 감쇠율 $\gamma_{SS}[S_0]$에 비해 길면, $\mathrm{e}^{-t/\tau_S} \cong 1 - (t/\tau_S)$를 풀어서 다음을 얻는다.

$$[S(t)] = \frac{[S_0](1 - (t/\tau_S))}{1 + \gamma_{SS}[S_0](t/\tau_S)} \tag{3.84}$$

이 공식을 사용하여, P3HT 필름의 이분자 속도 상수는 $\gamma_{SS} = 4 \times 10^{-9}\ \mathrm{cm^3 s^{-1}}$[354]로 결정되었다. 동일한 반응물에 대한 R이 상호작용 반경인 Smoluchowski 관계 $\gamma_{SS} = 8\pi R D_S$를 기반으로, 단일항 퀀칭 실험으로부터 확산 계수 $D_S = 1.8 \times 10^{-3}\ \mathrm{cm^2 s^{-1}}$을 취하여 단일항-단일항 소멸을 위한 상호작용 반경이 $R = 10^{-7}$ cm에 도달한다. 즉 체인 간 분리와 비슷하며 결정성 anthracene의 단일항-단일항 소멸에 대한 이전 결과 $\gamma_{SS} = 5 \times 10^{-9}\ \mathrm{cm^3 s^{-1}}$[3]와 일치한다.

3.8.2.2 삼중항-삼중항 소멸

TTA(triplet-triplet-annihilation)의 경우, 총 스핀 각운동량은 보존되어야 한다. 두 삼중항이 반대 스핀을 갖는 경우, 결과적인 삼중항-삼중항-쌍 상태는 단일항 상태($S_{TT} = 0$)이다. 에너지가 S_1 상태에 가깝거나 그 이상이면, S_1 상태로 완화되고 지연된 형광을 방출할 수 있다. 결과적인 삼중항-삼중항-쌍 상태의 총 스핀이 $S_{TT} = 1$이면, 만남은 삼중항 중 하나의 비발광 퀀칭으로 이어진다. 원칙적으로, 만남에서 5중 상태($S_{TT} = 2$)의 형성은 스핀 보존에 의해 가능하지만 관찰되지는 않는다. 오히려 그 만남은 단지 2개의 삼중항의 산란으로 이어진다. 분자 결정의 경우 5중 상태가 두 삼중항의 결합 에너지보다 더 높은 에너지를 가지기 때문인 것으로 밝혀졌다[3]. TTA의 반응은 다음과 같이 요약될 수 있다.

$$\begin{aligned} &\mathrm{TTA} : \mathrm{T_1 + T_1 \rightarrow (TT)^*} \\ &\mathrm{(TT)^*} \rightarrow \begin{cases} \mathrm{S_1 + S_0 + heat\ if\ S_{TT} = 0} \\ \mathrm{T_1 + S_0 + heat\ if\ S_{TT} = 1} \\ \left(\mathrm{Q_1 + S_0 + heat\ if\ S_{TT} = 2}\right) \end{cases} \end{aligned} \tag{3.85}$$

삼중항 여기의 농도 [*T*]에 해당하는 속도 방정식은 다음과 같다.

$$\frac{\mathrm{d}[T]}{\mathrm{d}t} = G_{\mathrm{T}} - \beta_0[T] - \gamma_{\mathrm{TTA}}[T]^2 \tag{3.86}$$

G_{T}는 삼중항의 생성 속도, β_0는 삼중항 상태의 발광 k_{r}과 비발광 k_{nr} 감쇠 상수의 합, γ_{TTA}는 이분자 소멸 상수이다. 전하 캐리어에 의한 삼중항 퀸칭을 고려해야 하는 경우, 추가적인 손실항 $\gamma_{\mathrm{TP}}[T][p]$이 추가되어야 한다. γ_{TP}는 삼중항-전하 소멸(triplet-charge-annihilation)에 대한 이분자 속도 상수이고, [*p*]는 전하 캐리어의 농도를 나타낸다. γ_{TTA}는 Smoluchowski의 이분자 반응 이론을 통한 삼중항 확산 계수 *D*와 관련이 있다.

$$\gamma_{\mathrm{TTA}} = 8\pi f R D \tag{3.87}$$

여기서 ⟨*R*⟩은 반응이 일어나는 반응물 사이의 거리이고, *f*는 반응 복합체가 스핀 0을 가질 확률이다. Anthracene의 경우, Helfrich와 Schneider는 $f = 0.4$의 값을 도출했다[3, 228]. 식 (3.86)을 삼중항 엑시톤의 농도 [*T*(*t*)]에 대해 풀면, 낮은 여기 밀도에서 인광 세기 $I(t)_{\mathrm{ph}} = k_{\mathrm{r}}[T(t)]$의 시간 의존성을 구한다.

$$I_{\mathrm{Ph}}(t) = k_{\mathrm{r}}[T_0]\mathrm{e}^{-\beta_0 t}; \quad \gamma_{\mathrm{TTA}}\,[T]^2 \ll \beta_0[T] \tag{3.88a}$$

그리고 높은 여기 밀도에서

$$I_{\mathrm{Ph}}(t) = \frac{k_{\mathrm{r}}[T_0]}{1 + \gamma_{\mathrm{TTA}}[T_0]t}; \quad \gamma_{\mathrm{TTA}}\,[T]^2 \gg \beta_0[T] \tag{3.88b}$$

연관된 DF의 붕괴에 대한 시간 의존 $I_{\mathrm{DF}}(t)$는 다음과 같이 주어진다.

$$I_{\mathrm{DF}}(t) = \frac{1}{2} f \gamma_{\mathrm{TTA}}[T(t)]^2 \tag{3.89}$$

식 (3.88)에서 삼중항 농도의 시간 의존성을 사용하면 다음을 구할 수 있다.

$$I_{\mathrm{DF}}(t) = \frac{1}{2} f \gamma_{\mathrm{TTA}}[T_0]^2 \mathrm{e}^{-2\beta_0 t}, \quad \gamma_{\mathrm{TTA}}\,[T]^2 \ll \beta_0[T] \tag{3.90a}$$

$$I_{\mathrm{DF}}(t) = \frac{1}{2} f \gamma_{\mathrm{TTA}}[T_0]^2 (1 + \gamma_{\mathrm{TTA}}[T_0]t)^{-2}, \quad \gamma_{\mathrm{TTA}}\,[T]^2 \gg \beta_0[T] \tag{3.90b}$$

식 (3.90a)는 낮은 펌프 영향에서, DF 신호가 인광 신호의 속도 상수의 2배로 시간에 따라 지수적으로 감소한다고 예측한다. 식 (3.90b)에서, $\gamma_{\mathrm{TTA}}\,[T_0]t \ll 1$로 정의된 높은 펌프 세기와 중간 정도의 짧은 시간에서 지연된 형광은 시간과 무관하다.

$$I_{\mathrm{DF}}(t) = \frac{1}{2} f \gamma_{\mathrm{TTA}}[T_0]^2; \quad \gamma_{\mathrm{TTA}}\,[T_0]t \ll 1 \tag{3.91a}$$

그리고 오랜 시간 동안 지연 형광은 펌프 세기와 무관하며 점근적으로 t^{-2} 법칙에 접근한다.

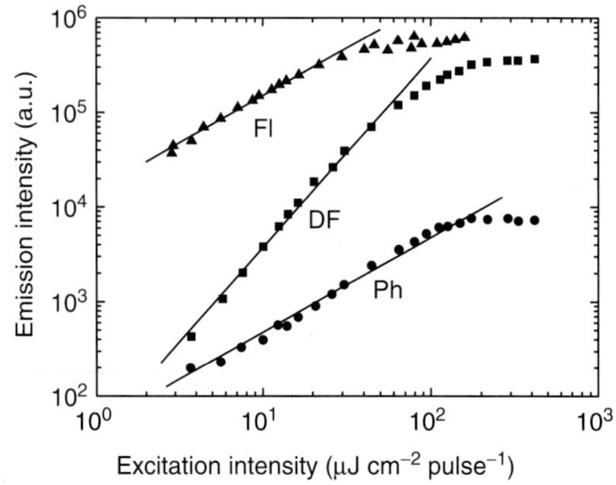

그림 3.56 80 K에서, PF2/6의 필름에서 여기 밀도에 대한 형광(Fl), 인광(Ph), 그리고 지연 형광(DF)의 의존성(Hertel et al. 데이터[342]).

$$I_{\mathrm{DF}}(t) = \frac{1}{2}\frac{f}{\gamma_{\mathrm{TTA}} t^2}; \quad \gamma_{\mathrm{TTA}}\,[T_0]t \gg 1 \tag{3.91b}$$

식 (3.91b)에 따라 지연 형광의 세기는 긴 시간 및 높은 펌프 세기의 한계에서 펌프 세기와 무관하다. 시간에 대비하여 펌프 세기에 대한 형광, DF, 그리고 인광의 일반적인 의존성은 그림 3.56에서 나타내었다.

흡수, 형광, 그리고 인광 스펙트럼에서 불균일한 선이 확장되어 증명됨에 따라 재료가 무질서한 경우 상황이 더욱 복잡해진다. 단일항 또는 삼중항 여기가 당초에 DOS 내에서 무작위로 생성된 경우, DOS 분포의 꼬리 상태 쪽으로 완화된다. 이러한 유형의 전자 이완의 필연적인 결과는 스펙트럼 확산과 가장 중요한 여기 수송의 분산이다. 동적 평형에 도달하는 데 필요한 시간이 여기의 고유 수명보다 짧으면, Gaussian DOS의 경우 여기는 DOS 중심 아래의 $-\sigma^2/kT$ 에너지에서 정착되는 경향이 있다. 여기서 σ는 DOS의 분산이다. DOS에서 에너지 완화 과정의 시간 의존성은 로그 붕괴 법칙을 특징으로 한다(3.7.3절 참고). 결과적으로 이분자 재결합 상수 γ_{TTA}는 더 이상 일정하지 않고 시간 의존성을 얻는다. 이것은 DF 신호의 시간 의존성을 바꾼다. 짧은 시간에서, DF 신호는 γ_{TTA}의 시간 의존성을 반영한다. 긴 시간에서 γ_{TTA}는 다시 일정해지므로 지연 형광은 다시 t^{-2} 법칙에 접근한다. 이것은 polyfluorene 필름에 대한 실험에 의해 입증되었다[348].

실온에서 공액 폴리머의 γ_{TTA} 값은 대략 $10^{-13} \sim 10^{-14}$ cm^{3}s^{-1}이다. 여기에 Giebink 등의 연구를 포함하는 것으로 충분할 수 있다[355]. 그는 CBP 필름에서 삼중항 엑시톤의 확산계수 D, 삼중항 수명, 그리고 실온에서 이분자 반응 속도 상수 γ_{TTA}를 동시에 측정했다. 실험값 $D = (1.4 \pm 0.3) \times 10^{-8}$ cm^{2}s^{-1}와 $\gamma_{\mathrm{TTA}} = (1.6 \pm 0.4) \times 10^{-14}$ 그리고 동일한 반응물에 대해 Smoluchowski 속도를 사용하여 삼중항–삼중항 쌍의 임계 반응 거리 0.5 nm를 구했

는데, 이는 발색단 간 분리와 비슷하다. 반응이 단거리 전자 교환을 필요로 하기 때문에 이는 타당한 결과이다.

3.8.2.3 삼중항-전하 소멸

삼중항 엑시톤과 전하 캐리어 사이의 이분자 반응은 종종 **롤오프 효과**(roll-off effect)라고도 하는 삼중항 발광체가 있는 OLED에서 흔하게 나타나지만, 해로운 과정이다. 삼중항 여기자 T_1이 분자 음이온의 형태로 전하를 만나면, 음이온에 있는 과잉 전자와 여기된 발색단의 LUMO에 있는 전자의 반대 방향으로 향하는 2개의 스핀이 교환될 수 있다(그림 3.57). 결과적으로 발색단은 이제 스핀 $S = 0$을 가지며 과잉 에너지, 즉 삼중항 상태의 에너지는 비발광적으로 소산된다.

$$T_1 + M^- \rightarrow M^{-*} + S_0$$
$$M^{-*} \rightarrow M^{-*} + \text{열} \tag{3.92}$$

퀀칭 과정은 이분자 속도 상수 $\gamma_{TC} = 4\pi r_{TC}(D_T + D_C)$로 설명될 수 있다. 여기서 D_T와 D_C는 각각 삼중항 또는 전하 캐리어의 확산 상수이고 r_{TC}는 상호작용 반경이다. 상호작용 반경이 비슷하다는 전제하에서, 전하 수송이 심각하게 트랩 제한되지 않는다면, 삼중항 확산은 그렇지 않지만, $D_C \gg D_T$, 즉 $\gamma_{TC} \gg \gamma_{TT}$가 예상된다. Hertel과 Meerholz[46]는 이 과정에 대한 정량적인 평가를 발표했다. 그들은 SCL 전류의 존재하에 삼중항 발광자로서 Pt-porphyrin으로 도핑된 polyspirofluorene의 인광 감소를 측정했다. 정공 이동도를 알고 있으므로 γ_{TC}는 $(4 \pm 1) \times 10^{-13}\ \text{cm}^3\text{s}^{-1}$로 결정될 수 있다. 상호작용 반경 γ_{TP}는 약 0.2 nm로, 분자 간 거리보다 작다는 것이 밝혀졌다. 이것은 삼중항 엑시톤과 전하 캐리어 사이의 모든 만남이 삼중항을 소멸시키는 것은 아니라는 것을 의미한다. Gesquiere 등에 의해 MEH-PPV에서 유사한 실험이 수행되었다[356].

진공 증착된 5층 OLED 구조를 사용하여, TCTA:Ir(ppy)$_3$ 또는 NPB:Ir(piq)$_3$인 발광층 내부의 전자 $k_{p,e}$와 정공 $k_{p,h}$에 의해, Reineke 등[357]은 삼중항 엑시톤의 이분자 퀀칭에 대한 속도 상수를 측정할 수 있었다. 측정된 값은 TCTA:Ir(ppy)$_3$에 대하여 $k_{p,e} = (2 \pm 1) \times 10^{-13}\ \text{cm}^3\text{s}^{-1}$

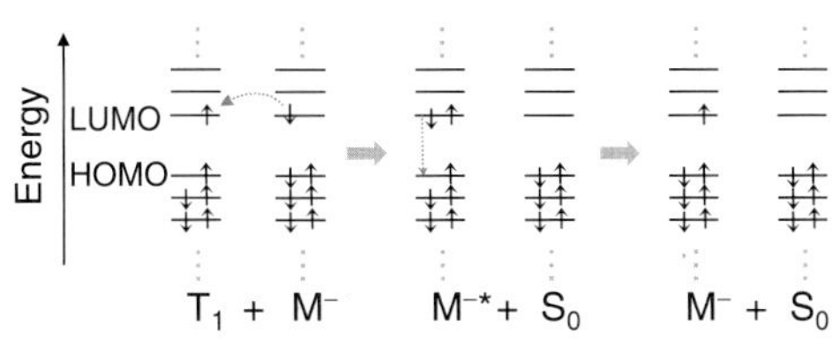

그림 3.57 분자 궤도의 에너지 준위 체계에서 삼중항-전하 소멸. M^-는 분자의 음전하, 즉 분자 음이온을 나타내고, M^{-*}는 과잉 에너지가 있는 음전하, 즉 들뜬상태의 분자 음이온을 나타낸다.

와 $k_{p,h} = (3 \pm 2) \times 10^{-13}$ cm^3s^{-1}이고, NPB:Ir(piq)$_3$에 대하여 $k_{p,e} = (7 \pm 2) \times 10^{-13}$ cm^3s^{-1}과 $k_{p,h} = (2 \pm 1) \times 10^{-13}$ cm^3s^{-1}이다. 이것은 Pt-porphyrin으로 도핑된 고분자 시스템에서 측정된 것과 비슷하다[46].

3.8.2.4 단일항-삼중항 소멸

스핀 선택 규칙은 단일항 엑시톤과 삼중항 엑시톤이 충돌할 때 전체 스핀이 보존되어야 한다, 즉 만남 후에 발색단 중 하나는 다시 삼중항 상태에 있고 다른 하나는 단일항 상태에 있어야 한다. $T_n \leftarrow T_1$ 전이 과정에서 삼중항 T_1 상태를 더 높은 삼중항 상태 T_n으로 높이기 위해 단일항 여기가 사용되는 경우에만 가능하다.

$$S_1 + T_1 \rightarrow S_0 + T_n$$

$$T_n \rightarrow T_1 + \text{열} \tag{3.93}$$

이 과정은 억셉터가 T_1 상태의 분자에서 스핀 허용 Förster 유형의 에너지 전달일 뿐이다. 발생할 수 있지만 STA를 분명하게 식별하는 것은 어렵다. 단일항 수명이 짧기 때문에 STA의 효율성이 낮아서 STA의 모든 신호가 더 강력한 TTA, TCA 또는 SSA 신호에 의해 쉽게 감춰진다. 그럼에도 불구하고 STA는 분자 결정[3, 349]에서 관찰되었고 더 최근에는 공액 폴리머[353, 358]에서도 관찰되었다. 발광 퀀칭이 TTA가 아닌 STA에 의해 발생하는지 여부를 결정하는 기술은 PLDMR(photoluminescence detected magnetic resonance)이다. 이는 삼중항 상태가 서로 다른 감쇠율을 갖는 3개의 스핀 하위 수준에 존재할 수 있다는 사실에 기반한다. 마이크로파 필드에 의해서 더 효율적인 발광 서브 준위로의 전환을 유도할 때, 상태의 특성과 가능한 퀀처와의 상호작용을 식별할 수 있다[359]. 이 기술은 MeLPPP와 poly(perylene-*co*-diethynylbenzene)(PPDB)의 2가지 공액 폴리머에서 STA를 명확하게 검출하기 위해 사용되었다. Shinar와 동료들은 이분자 속도 상수 γ_{STA}를 측정했는데, 10^{-9} cm^3s^{-1} 정도였다. 또한 단일항-삼중항 퀀칭 과정에 대한 Förster 반경을 계산하여 2~5 nm 사이의 값을 구했다. 이것은 발색단 간의 분리보다 훨씬 더 크고 삼중항-삼중항-쌍의 반응거리보다 더 크지만, Förster 과정의 특징이다. 이것은 삼중항 여기자가 다른 삼중항 상태보다 더 효율적으로 단일항 상태를 소멸시키지만, 단일항 상태가 수명이 짧기 때문에 단일항과 삼중항 여기 사이의 충돌은 드문 경우임을 나타낸다.

3.9 더 읽을 거리

3.1절과 3.2절에서 다룬 유기반도체의 전류 주입과 전류 흐름에 대한 주제는 Pope과 Swenberg[3]의 책과 Kao와 Hwang[360]의 책에서 다룬다. 3.3절의 전하 캐리어 수송, 3.5

절과 3.6절 여기의 생성과 해리와 관련된 논문의 경우 Pope과 Swenberg[3]의 책과 Borsenberger와 Weiss[273]의 책을 다시 참조하기 바란다. 또한 전하 캐리어 수송[39, 69, 18, 361–363]과 엑시톤 해리[292, 364–365]를 다루는 여러 리뷰 기사와 책이 있다.

참고문헌
REFERENCES

1. Smoluchowski, M.V. (1916) Über Brownsche Molekularbewegung unter Einwirkung äußerer Kräfte und deren Zusammenhang mit der verallgemeinerten Diffusionsgleichung. *Ann. Phys.*, **353** (24), 1103.
2. Chandrasekhar, S. (1943) Stochastic problems in physics and astronomy. *Rev. Mod. Phys.*, **15** (1), 1.
3. Pope, M. and Swenberg, C.E. (1999) *Electronic Processes in Organic Crystals and Polymers*, Monographs on the Physics and Chemistry of Materials, 2nd edn, Oxford University Press, Oxford, ISBN: 9780195129632.
4. Wetzelaer, G.A.H., Koster, L.J.A., and Blom, P.W.M. (2011) Validity of the Einstein relation in disordered organic semiconductors. *Phys. Rev. Lett.*, **107** (6), 066605.
5. Sze, S.M. and Ng, K.K. (2006) *Physics of Semiconductor Devices*, 3rd edn, Wiley-Interscience, Hoboken, NJ, ISBN: 9780470068304.
6. Blom, P.W.M., deJong, M.J.M., and Vleggaar, J.J.M. (1996) Electron and hole transport in poly(p-phenylene vinylene) devices. *Appl. Phys. Lett.*, **68** (23), 3308.
7. Young, R.H. (1994) Trap-free space-charge-limited current: analytical solution for an arbitrary mobility law. *Philos. Mag. Lett.*, **70** (5), 331.
8. Bredas, J.L. (2014) Mind the gap!. *Mater. Horiz.*, **1**, 17.
9. Davids, P.S., Campbell, I.H., and Smith, D.L. (1997) Device model for single carrier organic diodes. *J. Appl. Phys.*, **82** (12), 6319.
10. Mark, P. and Helfrich, W. (1962) Space-charge-limited currents in organic crystals. *J. Appl. Phys.*, **33** (1), 205.
11. Bonham, J. (1973) SCLC theory for a Gaussian trap distribution. *Aust. J. Chem.*, **26** (5), 927.
12. Nespurek, S. and Silinsh, E.A. (1976) Space-charge-limited current theory for molecular-crystals with Gaussian distribution of local trapping states. *Phys. Status Solidi A-Appl. Res.*, **34** (2), 747.
13. Nicolai, H.T. *et al.* (2012) Unification of trap-limited electron transport in semiconducting polymers. *Nat. Mater.*, **11** (10), 882.
14. Parmenter, R.H. and Ruppel, W. (1959) 2-carrier space-charge-limited current in a trap-free insulator. *J. Appl. Phys.*, **30** (10), 1548.
15. Rosenberg, L.M. and Lampert, M.A. (1970) Double injection in perfect insulator – Further analytic results. *J. Appl. Phys.*, **41** (2), 508.
16. Wetzelaer, G.J.A.H. *et al.* (2013) Quantifying bimolecular recombination in organic solar cells in steady state. *Adv. Energy Mater.*, **3** (9), 1130.
17. Deibel, C. *et al.* (2010) Energetics of excited states in the conjugated polymer poly(3-hexylthiophene). *Phys. Rev. B*, **81** (8), 085202.
18. Bässler, H. and Köhler, A. (2012) Charge Transport in Organic Semiconductors in *Unimolecular and Supramolecular Electronics I: Chemistry and Physics Meet at Metal-Molecule Interfaces* (ed. R. Metzger), Springer-Verlag, Berlin, ISBN: 978-3-642-27284-4.
19. Fowler, R.H. and Nordheim, L. (1928) Electron emission in intense electric fields. *Proc. R. Soc. London, Ser. A*, **119** (781), 173.
20. Arkhipov, V.I., Wolf, U., and Bässler, H. (1999) Current injection from a metal to a disordered hopping system. II. Comparison between analytic theory and simulation. *Phys. Rev. B*, **59** (11), 7514.
21. Gartstein, Y.N. and Conwell, E.M. (1995) High-field hopping mobility in molecular-systems with spatially correlated energetic disorder. *Chem. Phys. Lett.*, **245** (4-5), 351.
22. van Woudenbergh, T. *et al.* (2001) Temperature dependence of the charge injection in poly-dialkoxy-p-phenylene vinylene. *Appl. Phys. Lett.*, **79** (11), 1697.
23. Agrawal, R. *et al.* (2008) Thickness dependence of space charge limited current and injection limited current in organic molecular semiconductors. *Appl. Phys. Lett.*, **93** (7), 073311.
24. Mihailetchi, V.D. *et al.* (2003) Electron transport in a methanofullerene. *Adv. Funct. Mater.*, **13** (1), 43.
25. Veenstra, S.C. *et al.* (2002) On interface dipole layers between C-60 and Ag or Au. *Appl. Phys.-Mater. Sci. Process.*, **75** (6), 661.
26. Blakesley, J.C. and Greenham, N.C. (2009) Charge transfer at polymer-electrode interfaces: the effect of energetic disorder and thermal injection on band bending and open-circuit voltage. *J. Appl. Phys.*, **106** (3), 034507.
27. Strayer, R.W., Mackie, W., and Swanson, L.W. (1973) Work function measurements by field-

emission retarding potential method. *Surf. Sci.*, **34** (2), 225.

28. Ishii, H. *et al.* (1999) Energy level alignment and interfacial electronic structures at organic metal and organic interfaces. *Adv. Mater.*, **11** (8), 605.
29. Braun, S., Salaneck, W.R., and Fahlman, M. (2009) Energy-level alignment at organic/metal and organic/organic interfaces. *Adv. Mater.*, **21** (14-15), 1450.
30. Kahn, A., Koch, N., and Gao, W.Y. (2003) Electronic structure and electrical properties of interfaces between metals and pi-conjugated molecular films. *J. Polym. Sci., Part B: Polym. Phys.*, **41** (21), 2529.
31. Caironi, M. *et al.* (2010) Efficient charge injection from a high work function metal in high mobility n-type polymer field-effect transistors. *Appl. Phys. Lett.*, **96** (18), 183303.
32. Cheng, X.Y. *et al.* (2009) Controlling electron and hole charge injection in ambipolar organic field-effect transistors by self-assembled monolayers. *Adv. Funct. Mater.*, **19** (15), 2407.
33. Wang, Z.B. *et al.* (2009) Energy-level alignment and charge injection at metal/C-60/organic interfaces. *Appl. Phys. Lett.*, **95** (4), 043302.
34. Zhou, M. *et al.* (2012) Effective work functions for the evaporated metal/organic semiconductor contacts from in-situ diode flatband potential measurements. *Appl. Phys. Lett.*, **101** (1), 013501.
35. Walzer, K. *et al.* (2007) Highly efficient organic devices based on electrically doped transport layers. *Chem. Rev.*, **107** (4), 1233.
36. Burin, A.L. and Ratner, M.A. (2000) Temperature and field dependence of the charge injection from metal electrodes into random organic media. *J. Chem. Phys.*, **113** (10), 3941.
37. van der Holst, J.J.M. *et al.* (2009) Modeling and analysis of the three-dimensional current density in sandwich-type single-carrier devices of disordered organic semiconductors. *Phys. Rev. B*, **79** (8), 085203.
38. van der Holst, J.J.M. *et al.* (2009) Modeling and analysis of the three-dimensional current density in sandwich-type single-carrier devices of disordered organic semiconductors. *Phys. Rev. B*, **79** (20), 085203.
39. Bässler, H. and Köhler, A. (2013) Charge carrier mobility in amorphous organic semiconductors, in *Organic Light-Emitting Diodes (OLEDs): Materials, Devices and Applications* (ed. A. Buckley), Woodhead Publishing Ltd, Sawston, Cambridge.
40. Kepler, R.G. (1960) Charge carrier production and mobility in anthracene crystals. *Phys. Rev.*, **119** (4), 1226.
41. LeBlanc, O.H. (1960) Hole and electron drift mobilities in anthracene. *J. Chem. Phys.*, **33** (2), 626.
42. Karl, N. (2000) Organic Semiconductors. in *Landolt-Boernstein (New Series), Group III* **17** (17i), (eds O. Madelung, M. Schulz, and H. Weiss), Springer-Verlag, Heidelberg.
43. Markham, J.P.J. *et al.* (2002) Nondispersive hole transport in a spin-coated dendrimer film measured by the charge-generation-layer time-of-flight method. *Appl. Phys. Lett.*, **81** (17), 3266.
44. Abkowitz, M. and Pai, D.M. (1986) Comparison of the drift mobility measured under transient and steady-state conditions in a prototypical hopping system. *Philos. Mag. B-Phys. Condens. Matter Stat. Mech. Electron. Opt. Magn. Prop.*, **53** (3), 193.
45. Martens, H.C.F. *et al.* (2001) Crossover from space-charge-limited to recombination-limited transport in polymer light-emitting diodes. *Phys. Rev. B*, **63** (12), 125328.
46. Hertel, D. and Meerholz, K. (2007) Triplet-polaron quenching in conjugated polymers. *J. Phys. Chem. B*, **111** (42), 12075.
47. Many, A. and Rakavy, G. (1962) Theory of transient space-charge-limited currents in solids in presence of trapping. *Phys. Rev.*, **126** (6), 1980.
48. Poplavskyy, D. and Nelson, J. (2003) Nondispersive hole transport in amorphous films of methoxy-spirofluorene-arylamine organic compound. *J. Appl. Phys.*, **93** (1), 341.
49. Juska, G. *et al.* (2000) Extraction current transients: new method of study of charge transport in microcrystalline silicon. *Phys. Rev. Lett.*, **84** (21), 4946.
50. Juska, G. *et al.* (2000) Charge transport in pi-conjugated polymers from extraction current transients. *Phys. Rev. B*, **62** (24), R16235.
51. Mozer, A.J. *et al.* (2005) Charge carrier mobility in regioregular poly(3-hexylthiophene) probed by transient conductivity techniques: a comparative study. *Phys. Rev. B*, **71** (3), 035214.
52. Bange, S., Schubert, M., and Neher, D. (2010) Charge mobility determination by current extraction under linear increasing voltages: case of nonequilibrium charges and field-dependent mobilities. *Phys. Rev. B*, **81** (3), 035209.
53. Pivrikas, A. *et al.* (2007) A review of charge transport and recombination in polymer/fullerene organic solar cells. *Prog. Photovoltaics*, **15** (8), 677.
54. Veres, J. *et al.* (2003) Low-k insulators as the choice of dielectrics in organic field-effect

transistors. *Adv. Funct. Mater.*, **13** (3), 199.

55. Horowitz, G. (2006) Organic thin film transistors. in *Semiconducting Polymers: Chemistry, Physics and Engineering* (eds G. Hadziioannou and G.G. Malliaras), Wiley-VCH, Weinheim, ISBN: 9783527312719.
56. Dimitrakopoulos, C.D. *et al.* (1999) Low-voltage, high-mobility pentacene transistors with solution-processed high dielectric constant insulators. *Adv. Mater.*, **11** (16), 1372.
57. Chua, L.L. *et al.* (2005) General observation of n-type field-effect behaviour in organic semiconductors. *Nature*, **434** (7030), 194.
58. Tal, O. *et al.* (2005) Direct determination of the hole density of states in undoped and doped amorphous organic films with high lateral resolution. *Phys. Rev. Lett.*, **95** (25), 256405.
59. Celebi, K. *et al.* (2008) The density of states in thin film copper phthalocyanine measured by Kelvin probe force microscopy. *Appl. Phys. Lett.*, **93** (8), 083308.
60. Lange, I. *et al.* (2011) Band bending in conjugated polymer layers. *Phys. Rev. Lett.*, **106** (21), 216402.
61. Tanase, C. *et al.* (2003) Unification of the hole transport in polymeric field-effect transistors and light-emitting diodes. *Phys. Rev. Lett.*, **91** (21), 216601.
62. Gelinck, G.H. and Warman, J.M. (1996) Charge carrier dynamics in pulse-irradiated polyphenylenevinylenes: effects of broken conjugation, temperature, and accumulated dose. *J. Phys. Chem.*, **100** (51), 20035.
63. Warman, J.M. *et al.* (2004) Charge mobilities in organic semiconducting materials determined by pulse-radiolysis time-resolved microwave conductivity: pi-bond-conjugated polymers versus pi-pi-stacked discotics. *Chem. Mater.*, **16** (23), 4600.
64. Hegmann, F.A., Ostroverkhova, O., and Cooke, D.G. (2006) Probing organic semiconductors with teraherz pulses. in *Photophysics of Molecular Materials* (ed. G. Lanzani), Wiley-VCH Verlag GmbH & Co. KGaA, ISBN: 9783527607327.
65. Hendry, E. *et al.* (2004) Ultrafast charge generation in a semiconducting polymer studied with THz emission spectroscopy. *Phys. Rev. B*, **70** (3), 033202.
66. Hendry, E. *et al.* (2005) Interchain effects in the ultrafast photophysics of a semiconducting polymer: THz time-domain spectroscopy of thin films and isolated chains in solution. *Phys. Rev. B*, **71** (12), 125201.
67. Devižis, A. *et al.* (2009) Ultrafast dynamics of carrier mobility in a conjugated polymer probed at molecular and microscopic length scales. *Phys. Rev. Lett.*, **103** (2), 027404.
68. Marcus, R.A. (1993) Electron-transfer reactions in chemistry – Theory and experiment. *Rev. Mod. Phys.*, **65** (3), 599.
69. Coropceanu, V. *et al.* (2007) Charge transport in organic semiconductors. *Chem. Rev.*, **107** (4), 926.
70. Silbey, R. and Munn, R.W. (1980) General-theory of electronic transport in molecular-crystals. 1. Local linear electron-phonon coupling. *J. Chem. Phys.*, **72** (4), 2763.
71. Schein, L.B. (1977) Temperature independent drift mobility along molecular direction of As2s3. *Phys. Rev. B*, **15** (2), 1024.
72. Warta, W. and Karl, N. (1985) Hot holes in naphthalene – High, electric-field-dependent mobilities. *Phys. Rev. B*, **32** (2), 1172.
73. Kenkre, V.M. *et al.* (1989) Unified theory of the mobilities of photoinjected electrons in naphthalene. *Phys. Rev. Lett.*, **62** (10), 1165.
74. Koch, N. *et al.* (2006) Evidence for temperature-dependent electron band dispersion in pentacene. *Phys. Rev. Lett.*, **96** (15), 156803.
75. Podzorov, V. *et al.* (2004) Intrinsic charge transport on the surface of organic semiconductors. *Phys. Rev. Lett.*, **93** (8), 086602.
76. Hannewald, K. and Bobbert, P.A. (2004) Ab initio theory of charge-carrier conduction in ultrapure organic crystals. *Appl. Phys. Lett.*, **85** (9), 1535.
77. Hultell, M. and Stafstrom, S. (2006) Polaron dynamics in highly ordered molecular crystals. *Chm. Phys. Lett.*, **428** (4-6), 446.
78. Troisi, A. and Orlandi, G. (2006) Charge-transport regime of crystalline organic semiconductors: diffusion limited by thermal off-diagonal electronic disorder. *Phys. Rev. Lett.*, **96** (8), 086601.
79. Austin, I.G. and Mott, N.F. (1969) Polarons in crystalline and non-crystalline materials. *Adv. Phys.*, **18** (71), 41.
80. Holstein, T. (2000) Studies of polaron motion part II. The "small" polaron (Reprinted from Annals of Physics, Vol. 8, pg 343–389, 1959). *Ann. Phys.*, **281** (1-2), 725.
81. Holstein, T. (1959) Studies of polaron motion. 2. The small polaron. *Ann. Phys.*, **8** (3), 343.
82. Emin, D. (1975) Phonon-assisted transition rates. 1. Optical-phonon-assisted hopping in solids. *Adv. Phys.*, **24** (3), 305.
83. Marcus, R.A. (1956) On the theory of oxidation-reduction reactions involving electron transfer. 1. *J. Chem. Phys.*, **24** (5), 966.

84. Marcus, R.A. and Sutin, N. (1985) Electron transfers in chemistry and biology. *Biochim. Biophys. Acta*, **811** (3), 265.
85. Miller, J.R., Calcaterra, L.T., and Closs, G.L. (1984) Intramolecular long-distance electron-transfer in radical-anions - the effects of free-energy and solvent on the reaction-rates. *J. Am. Chem. Soc.*, **106** (10), 3047.
86. Holstein, T. (1959) Studies of polaron motion. 1. The molecular-crystal model. *Ann. Phys.*, **8** (3), 325.
87. Jortner, J. (1976) Temperature-dependent activation-energy for electron-transfer between biological molecules. *J. Chem. Phys.*, **64** (12), 4860.
88. Kestner, N.R., Logan, J., and Jortner, J. (1974) Thermal electron-transfer reactions in polar-solvents. *J. Phys. Chem.*, **78** (21), 2148.
89. Levich, V.G. (1966) Present status of the theory of oxydation-reduction in solution (bulk and electrode reactions). in *Advances in Electrochemistry and Electrochemical Engineering* **4** (ed. P. Delahay), Wiley-Interscience, New York.
90. Lanzani, G. (2012) *The Photophysics behind Photovoltaics and Photonics*, 1st edn, Wiley-VCH Verlag GmbH, Weinheim, ISBN: 978-3-527-41054-5.
91. Miller, J.R., Beitz, J.V., and Huddleston, R.K. (1984) Effect of free-energy on rates of electron-transfer between molecules. *J. Am. Chem. Soc.*, **106** (18), 5057.
92. Bredas, J.L. *et al.* (2004) Charge-transfer and energy-transfer processes in pi-conjugated oligomers and polymers: a molecular picture. *Chem. Rev.*, **104** (11), 4971.
93. Köhler, A. and Bässler, H. (2011) What controls triplet exciton transfer in organic semiconductors? *J. Mater. Chem.*, **21** (12), 4003.
94. Turro, N.J., Scaiano, J.C., and Ramamurthy, V. (2010) *Modern Molecular Photochemistry of Organic Molecules*, 1st edn, University Science Books, Sausalito, CA, ISBN: 978-1891389252.
95. Atkins, P. and de Paula, J. (2002) *Atkins' Physical Chemistry*, Oxford University Press, Oxford, ISBN: 0-19-879-285-9.
96. Pasveer, W.F. *et al.* (2005) Unified description of charge-carrier mobilities in disordered semiconducting polymers. *Phys. Rev. Lett.*, **94** (20), 206601.
97. Movaghar, B. *et al.* (1986) Diffusion and relaxation of energy in disordered organic and inorganic materials. *Phys. Rev. B*, **33** (8), 5545.
98. Arkhipov, V.I. *et al.* (2007) Charge transport in neat and doped random organic semiconductors. in *Semiconducting Polymers: Chemistry, Physics and Engineering* (eds G. Hadziioannou and G.G. Malliaras), Wiley-VCH Verlag GmbH, Weinheim, ISBN: 9783527312719.
99. Bässler, H. (1993) Charge transport in disordered organic photoconductors - a Monte Carlo simulation study. *Phys. Status Solidi B-Basic Res.*, **175** (1), 15.
100. Borsenberger, P.M. and Bässler, H. (1991) Concerning the role of dipolar disorder on charge transport in molecularly doped polymers. *J. Chem. Phys.*, **95** (7), 5327.
101. Young, R.H. *et al.* (1996) Effect of group and net dipole moments on electron transport in molecularly doped polymers. *J. Phys. Chem.*, **100** (45), 17923.
102. Hulea, I.N. *et al.* (2004) Wide energy-window view on the density of states and hole mobility in poly(p-phenylene vinylene). *Phys. Rev. Lett.*, **93** (16), 166601.
103. Arkhipov, V.I. *et al.* (2005) Effect of doping on the density-of-states distribution and carrier hopping in disordered organic semiconductors. *Phys. Rev. B*, **71** (4), 045214.
104. May, F. *et al.* (2012) Can lattice models predict the density of states of amorphous organic semiconductors? *Phys. Rev. Lett.*, **109** (13), 136401.
105. Baranovskii, S.D. (2014) Theoretical description of charge transport in disordered organic semiconductors. *Phys. Status Solidi B-Basic Solid State Phys.*, **251** (3), 487.
106. Novikov, S.V. *et al.* (1998) Essential role of correlations in governing charge transport in disordered organic materials. *Phys. Rev. Lett.*, **81** (20), 4472.
107. Novikov, S.V. and Vannikov, A.V. (1995) Cluster structure in the distribution of the electrostatic potential in a lattice of randomly oriented dipoles. *J. Phys. Chem.*, **99** (40), 14573.
108. Tonezer, C. and Freire, J.A. (2010) The mobility in disordered molecular systems with energies given by a charge-induced dipoles interaction. *J. Chem. Phys.*, **133** (21), 214101.
109. Miller, A. and Abrahams, E. (1960) Impurity conduction at low concentrations. *Phys. Rev.*, **120** (3), 745.
110. Fishchuk, I.I. (2001) On the theory of hopping transport in organic solids with superimposed disorder and polaron effects. *Philos. Mag. B-Phys. Condens. Matter Stat. Mech. Electron. Opt. Magn. Prop.*, **81** (6), 561.
111. Monroe, D. (1985) Hopping in exponential band tails. *Phys. Rev. Lett.*, **54** (2), 146.
112. Arkhipov, V.I. *et al.* (2002) Weak-field carrier hopping in disordered organic semiconductors: the effects of deep traps and partly filled density-of-states distribution. *J. Phys. Condens.*

Matter, **14** (42), 9899.

113. Baranovskii, S.D. *et al.* (2000) Charge-carrier transport in disordered organic solids. *Phys. Rev. B*, **62** (12), 7934.
114. Coehoorn, R. (2007) Hopping mobility of charge carriers in disordered organic host-guest systems: dependence on the charge-carrier concentration. *Phys. Rev. B*, **75** (15), 155203.
115. Anderson, P.W. (1958) Absence of diffusion in certain random lattices. *Phys. Rev.*, **109** (5), 1492.
116. Mott, N. (1987) The mobility edge since 1967. *J. Phys. C-Solid State Phys.*, **20** (21), 3075.
117. Hertel, D. and Bässler, H. (2008) Photoconduction in amorphous organic solids. *ChemPhysChem*, **9**, 666.
118. Borsenberger, P.M., Pautmeier, L.T., and Bässler, H. (1992) Nondispersive-to-dispersive charge-transport transition in disordered molecular-solids. *Phys. Rev. B*, **46** (19), 12145.
119. Kreouzis, T. *et al.* (2006) Temperature and field dependence of hole mobility in poly(9,9-dioctylfluorene). *Phys. Rev. B*, **73** (23), 235201.
120. Scher, H. and Montroll, E.W. (1975) Anomalous transit-time dispersion in amorphous solids. *Phys. Rev. B*, **12**, 2455.
121. Rudenko, A.I. and Arkhipov, V.I. (1979) Model of anomalous charge transport behaviour in amorphous materials. *Philos. Mag. B*, **39**, 465.
122. Heun, S. and Borsenberger, P.M. (1995) A comparative-study of hole transport in vapor-deposited molecular glasses of N,N',N'',N'''-tetrakis(4-methylphenyl)-(1,1'-biphenyl)-4,4'-diamine and N,N'-diphenyl-N,N'-bis(3-methylphenyl)-(1,1'-biphenyl)-4,4'-diamine. *Chem. Phys.*, **200** (1-2), 245.
123. Blom, P.W.M. and de Jong, M.J.M. (1998) Electrical characterization of polymer light-emitting diodes. *IEEE J. Sel. Top. Quantum Electron.*, **4** (1), 105.
124. Gill, W.D. (1972) Drift mobilities in amorphous charge-transfer complexes of trinitrofluorenone and poly-n-vinylcarbazole. *J. Appl. Phys.*, **43** (12), 5033.
125. Schein, L.B. (1992) Comparison of charge transport models in molecularly doped polymers. *Philos. Mag. B-Phys. Condens. Matter Stat. Mech. Electron. Opt. Magn. Prop.*, **65** (4), 795.
126. Schein, L.B., Glatz, D., and Scott, J.C. (1990) Observation of the transition from adiabatic to nonadiabatic small polaron hopping in a molecularly doped polymer. *Phys. Rev. Lett.*, **65** (4), 472.
127. Parris, R.E., Kenkre, V.M., and Dunlap, D.H. (2001) Nature of charge carriers in disordered molecular solids: are polarons compatible with observations? *Phys. Rev. Lett.*, **87** (12), 126601.
128. Fishchuk, I.I. *et al.* (2013) Unified description for hopping transport in organic semiconductors including both energetic disorder and polaronic contributions. *Phys. Rev. B*, **88** (12), 125202.
129. Baranovski, S. and Rubel, O. (2006) Description of Charge Transport in Amorphous Semiconductors. in *Charge Transport in Disordered Solids with Applications in Electronics* (ed. S. Baranovski), John Wiley & Sons, Ltd, Chichester, ISBN: 9780470095041.
130. Hoffmann, S.T. *et al.* (2013) How do disorder, reorganization, and localization influence the hole mobility in conjugated copolymers? *J. Am. Chem. Soc.*, **135** (5), 1772.
131. Hoesterey, D.C. and Letson, G.M. (1963) Trapping of photocarriers in anthracene by anthraquinone, anthrone and naphthacene. *J. Phys. Chem. Solids*, **24** (12), 1609.
132. Köhler, A. (2012) Organic semiconductors no more breaks for electrons. *Nat. Mater.*, **11** (10), 836.
133. Pai, D.M., Yanus, J.F., and Stolka, M. (1984) Trap-controlled hopping transport. *J. Phys. Chem.*, **88** (20), 4714.
134. Fishchuk, I.I. *et al.* (2002) Nondispersive charge-carrier transport in disordered organic materials containing traps. *Phys. Rev. B*, **66** (20), 205208.
135. Tanase, C. *et al.* (2005) Optimization of the charge transport in poly(phenylene vinylene) derivatives by processing and chemical modification. *J. Appl. Phys.*, **97** (12), 123703.
136. Martens, H.C.F., Blom, P.W.M., and Schoo, H.F.M. (2000) Comparative study of hole transport in poly(p-phenylene vinylene) derivatives. *Phys. Rev. B*, **61** (11), 7489.
137. Bouhassoune, M. *et al.* (2009) Carrier-density and field-dependent charge-carrier mobility in organic semiconductors with correlated Gaussian disorder. *Org. Electron.*, **10** (3), 437.
138. Coehoorn, R. *et al.* (2005) Charge-carrier concentration dependence of the hopping mobility in organic materials with Gaussian disorder. *Phys. Rev. B*, **72** (15), 155206.
139. Fishchuk, I.I. *et al.* (2007) Analytic model of hopping mobility at large charge carrier concentrations in disordered organic semiconductors: polarons versus bare charge carriers. *Phys. Rev. B*, **76** (4), 045210.
140. Blakesley, J.C., Clubb, H.S., and Greenham, N.C. (2010) Temperature-dependent electron and hole transport in disordered semiconducting polymers: analysis of energetic disorder.

Phys. Rev. B, **81** (4), 045210.
141. Müller-Horsche, E., Haarer, D., and Scher, H. (1987) Transition from dispersive to nondispersive transport - Photoconduction of polyvinylcarbarzole. *Phys. Rev. B*, **35** (3), 1273.
142. Wolf, U. *et al.* (1997) Hole trapping in molecularly doped polymers. *Chem. Phys.*, **222** (2-3), 259.
143. Hoffmann, S.T. *et al.* (2011) Triplet excimer emission in a series of 4,4 '-bis(N-carbazolyl)-2,2 '-biphenyl derivatives. *J. Phys. Chem. B*, **115** (3), 414.
144. Jankus, V. *et al.* (2013) Deep blue exciplex organic light-emitting diodes with enhanced efficiency; P-type or E-type triplet conversion to singlet excitons? *Adv. Mater.*, **25** (10), 1455.
145. Salbeck, J. *et al.* (1997) Low molecular organic glasses for blue electroluminescence. *Synth. Met.*, **91** (1-3), 209.
146. Laquai, F. *et al.* (2006) Comparative study of hole transport in polyspirobifluorene polymers measured by the charge-generation layer time-of-flight technique. *J. Appl. Phys.*, **99** (2), 023712.
147. Kline, R.J. and McGehee, M.D. (2006) Morphology and charge transport in conjugated polymer. *Polym. Rev.*, **46** (1), 27.
148. McCullough, R.D. *et al.* (1993) Self-orienting head-to-tail poly(3-alkylthiophenes) - New insights on structure-property relationships in conducting polymers. *J. Am. Chem. Soc.*, **115** (11), 4910.
149. Bao, Z., Dodabalapur, A., and Lovinger, A.J. (1996) Soluble and processable regioregular poly(3-hexylthiophene) for thin film field-effect transistor applications with high mobility. *Appl. Phys. Lett.*, **69** (26), 4108.
150. Sirringhaus, H. *et al.* (1999) Two-dimensional charge transport in self-organized, high-mobility conjugated polymers. *Nature*, **401** (6754), 685.
151. Brown, P.J. *et al.* (2001) Optical spectroscopy of field-induced charge in self-organized high mobility poly(3-hexylthiophene). *Phys. Rev. B*, **63** (12), 125204.
152. Clark, J. *et al.* (2007) Role of intermolecular coupling in the photophysics of disordered organic semiconductors: aggregate emission in regioregular polythiophene. *Phys. Rev. Lett.*, **98** (20), 206406.
153. Zen, A. *et al.* (2004) Effect of molecular weight and annealing of poly (3-hexylthiophene)s on the performance of organic field-effect transistors. *Adv. Funct. Mater.*, **14** (8), 757.
154. Chang, J.F. *et al.* (2006) Molecular-weight dependence of interchain polaron delocalization and exciton bandwidth in high-mobility conjugated polymers. *Phys. Rev. B*, **74** (11), 115318.
155. Chang, J.F. *et al.* (2004) Enhanced mobility of poly(3-hexylthiophene) transistors by spin-coating from high-boiling-point solvents. *Chem. Mater.*, **16** (23), 4772.
156. Reid, O.G. *et al.* (2012) The influence of solid-state microstructure on the origin and yield of long-lived photogenerated charge in neat semiconducting polymers. *J. Polym. Sci., Part B: Polym. Phys.*, **50** (1), 27.
157. Pingel, P. *et al.* (2010) Temperature-resolved local and macroscopic charge carrier transport in thin P3HT layers. *Adv. Funct. Mater.*, **20** (14), 2286.
158. Scharsich, C. *et al.* (2012) Control of aggregate formation in poly(3-hexylthiophene) by solvent, molecular weight, and synthetic method. *J. Polym. Sci., Part B: Polym. Phys.*, **50** (6), 442.
159. Scherf, U. and List, E.J.W. (2002) Semiconducting polyfluorenes – Towards reliable structure-property relationships. *Adv. Mater.*, **14** (7), 477.
160. Neher, D. (2001) Polyfluorene homopolymers: conjugated liquid-crystalline polymers for bright blue emission and polarized electroluminescence. *Macromol. Rapid Commun.*, **22** (17), 1366.
161. Ariu, M. *et al.* (2002) The effect of morphology on the temperature-dependent photoluminescence quantum efficiency of the conjugated polymer poly(9, 9-dioctylfluorene). *J. Phys. Condens. Matter*, **14** (42), 9975.
162. Khan, A.L.T. *et al.* (2004) Morphology-dependent energy transfer within polyfluorene thin films. *Phys. Rev. B*, **69** (8), 085201.
163. Prins, P. *et al.* (2006) Enhanced charge-carrier mobility in β-phase polyfluorene. *Phys. Rev. B*, **74** (11), 113203.
164. Bright, D.W. *et al.* (2009) The influence of alkyl-chain length on beta-phase formation in polyfluorenes. *Adv. Funct. Mater.*, **19** (1), 67.
165. Peet, J. *et al.* (2008) Controlled beta-phase formation in poly(9,9-di-n-octylfluorene) by processing with alkyl additives. *Adv. Mater.*, **20** (10), 1882.
166. Köhler, A., Hoffmann, S.T., and Bässler, H. (2012) An order-disorder transition in the conjugated polymer MEH-PPV. *J. Am. Chem. Soc.*, **134** (28), 11594.
167. Collison, C.J. *et al.* (2001) Conformational effects on the photophysics of conjugated polymers: a two species model for MEH-PPV spectroscopy and dynamics. *Macromolecules*, **34** (7), 2346.
168. Rothberg, L.J. (2007) Photophysics of conju-

gated polymers. in *Semiconducting Polymers: Chemistry, Physics and Engineering* (eds G. Hadziioannou and G.G. Malliaras), Wiley-VCH Verlag GmbH, Weinheim.

169. Barbara, P.F. *et al.* (2005) Single-molecule spectroscopy of conjugated polymers. *Acc. Chem. Res.*, **38** (7), 602.

170. Hu, D.H. *et al.* (2000) Collapse of stiff conjugated polymers with chemical defects into ordered, cylindrical conformations. *Nature*, **405** (6790), 1030.

171. Yu, Z.H. and Barbara, P.F. (2004) Low-temperature single-molecule spectroscopy of MEH-PPV conjugated polymer molecules. *J. Phys. Chem. B*, **108** (31), 11321.

172. Kim, D.Y., Grey, J.K., and Barbara, P.F. (2006) A detailed single molecule spectroscopy study of the vibronic states and energy transfer pathways of the conjugated polymer MEH-PPV. *Synth. Met.*, **156** (2-4), 336.

173. Mirzov, O. and Scheblykin, I.G. (2006) Photoluminescence spectra of a conjugated polymer: from films and solutions to single molecules. *Phys. Chem. Chem. Phys.*, **8** (47), 5569.

174. Feist, F.A. and Basche, T. (2008) Fluorescence excitation and emission spectroscopy on single MEH-PPV chains at low temperature. *J. Phys. Chem. B*, **112** (32), 9700.

175. Feist, F.A., Zickler, M.F., and Basche, T. (2011) Origin of the red sites and energy transfer rates in single MEH-PPV chains at low temperature. *Chemphyschem*, **12** (8), 1499.

176. Feist, F.A. and Basche, T. (2011) The folding of individual conjugated polymer chains during annealing. *Angew. Chem. Int. Ed.*, **50** (23), 5256.

177. Pichler, K. *et al.* (1993) Optical spectroscopy of highly ordered poly(p-phenylene vinylene). *J. Phys. Condens. Matter*, **5** (38), 7155.

178. De Leener, C. *et al.* (2009) Modeling the dynamics of chromophores in conjugated polymers: the case of poly (2-methoxy-5-(2 '-ethylhexyl)oxy 1,4-phenylene vinylene) (MEH-PPV). *J. Phys. Chem. B*, **113** (5), 1311.

179. Peteanu, L.A. *et al.* (2011) Visualizing core-shell structure in substituted PPV oligomer aggregates using Fluorescence Lifetime Imaging Microscopy (FLIM). *J. Phys. Chem. C*, **115** (31), 15607.

180. Sherwood, G.A. *et al.* (2009) Aggregation effects on the emission spectra and dynamics of model oligomers of MEH-PPV. *J. Phys. Chem. C*, **113** (43), 18851.

181. Kline, R.J. *et al.* (2007) Critical role of side-chain attachment density on the order and device performance of polythiophenes. *Macromolecules*, **40** (22), 7960.

182. Kline, R.J. *et al.* (2003) Controlling the field-effect mobility of regioregular polythiophene by changing the molecular weight. *Adv. Mater.*, **15** (18), 1519.

183. Kline, R.J. *et al.* (2005) Dependence of regioregular poly(3-hexylthiophene) film morphology and field-effect mobility on molecular weight. *Macromolecules*, **38** (8), 3312.

184. Adam, D. *et al.* (1993) Transient photoconductivity in a discotic liquid-crystal. *Phys. Rev. Lett.*, **70** (4), 457.

185. Feng, X.L. *et al.* (2009) Towards high charge-carrier mobilities by rational design of the shape and periphery of discotics. *Nat. Mater.*, **8** (5), 421.

186. Pisula, W., Feng, X.L., and Müllen, K. (2011) Charge-carrier transporting graphene-type molecules. *Chem. Mater.*, **23** (3), 554.

187. Iino, H. *et al.* (2005) Very high time-of-flight mobility in the columnar phases of a discotic liquid crystal. *Appl. Phys. Lett.*, **87** (13), 132102.

188. van de Craats, A.M. *et al.* (2003) Meso-epitaxial solution-growth of self-organizing discotic liquid-crystalline semiconductors. *Adv. Mater.*, **15** (6), 495.

189. Hajlaoui, R. *et al.* (1997) Organic transistors using alpha-octithiophene and alpha, omega-dihexyl-alpha-octithiophene: influence of oligomer length versus molecular ordering on mobility. *Adv. Mater.*, **9** (7), 557.

190. Hasegawa, T. and Takeya, J. (2009) Organic field-effect transistors using single crystals. *Sci. Technol. Adv. Mater.*, **10** (2), 024314.

191. Wang, L.A. *et al.* (2007) Electric-field-dependent charge transport in organic thin-film transistors. *J. Appl. Phys.*, **101** (5), 054515.

192. Hamadani, B.H. *et al.* (2007) Influence of source-drain electric field on mobility and charge transport in organic field-effect transistors. *J. Appl. Phys.*, **102** (4), 044503.

193. Li, X.R. *et al.* (2012) Electric field confinement effect on charge transport in organic field-effect transistors. *Phys. Rev. Lett.*, **108** (6), 066601.

194. Prins, P. *et al.* (2005) Electron and hole dynamics on isolated chains of a solution-processable poly(thienylenevinylene) derivative in dilute solution. *Adv. Mater.*, **17** (6), 718.

195. Huitema, H.E.A. *et al.* (2002) Active-matrix displays driven by solution processed polymeric transistors. *Adv. Mater.*, **14** (17), 1201.

196. Adam, D. *et al.* (1994) Fast photoconduction in the highly ordered columnar phase of a discotic liquid-crystal. *Nature*, **371** (6493), 141.

197. Sebastian, L. and Weiser, G. (1981) One-dimensional wide energy-bands in a polydiacetylene revealed by electroreflectance. *Phys. Rev. Lett.*, **46** (17), 1156.

198. Grozema, F.C. *et al.* (2002) Intramolecular charge transport along isolated chains of conjugated polymers: effect of torsional disorder and polymerization defects. *J. Phys. Chem. B*, **106** (32), 7791.
199. Prins, P., Grozema, F.C., and Siebbeles, L.D.A. (2006) Efficient charge transport along phenylene-vinylene molecular wires. *J. Phys. Chem. B*, **110** (30), 14659.
200. Prins, P. *et al.* (2006) Effect of intermolecular disorder on the intrachain charge transport in ladder-type poly(p-phenylenes). *Phys. Rev. B*, **73** (4), 045204.
201. Prins, P. *et al.* (2006) High intrachain hole mobility on molecular wires of ladder-type poly(p-phenylenes). *Phys. Rev. Lett.*, **96** (14), 146601.
202. Parkinson, P. *et al.* (2009) Carrier lifetime and mobility enhancement in nearly defect-free core-shell nanowires measured using time-resolved terahertz spectroscopy. *Nano Lett.*, **9** (9), 3349.
203. Nemec, H. *et al.* (2009) Ultrafast conductivity in a low-band-gap polyphenylene and fullerene blend studied by terahertz spectroscopy. *Phys. Rev. B*, **79** (24), 245326.
204. Ponseca, C.S. *et al.* (2012) Ultrafast terahertz photoconductivity of bulk heterojunction materials reveals high carrier mobility up to nanosecond time scale. *J. Am. Chem. Soc.*, **134** (29), 11836.
205. IUPAC (1997) *Compendium of Chemical Terminology*, 2nd edn (the "Gold Book"), Blackwell Scientific Publications, Oxford.
206. Smoluchowski, M.v. (1917) Versuch einer mathematischen Theorie der Koagulationskinetik kolloider Lösungen. *Z. Phys. Chem.*, **92**, 192.
207. Langevin, M.P. (1903) Recombinaison et Mobilités des Ions Dans Les Gaz. *Ann. Chim. Phys.*, **28**, 433.
208. Karl, N. and Sommer, G. (1971) Field dependent losses of electrons and holes by biomolecular volume recombination in excitation layer of anthracene single crystals studied by drift current pulses. *Phys. Status Solidi A-Appl. Res.*, **6** (1), 231.
209. Albrecht, U. and Bässler, H. (1995) Langevin-type charge-carrier recombination in a disordered hopping system. *Phys. Status Solidi B-Basic Res.*, **191** (2), 455.
210. van der Holst, J.J.M. *et al.* (2009) Electron-hole recombination in disordered organic semiconductors: validity of the Langevin formula. *Phys. Rev. B*, **80** (23), 235202.
211. Shockley, W. and Read, W.T. (1952) Statistics of the recombinations of holes and electrons. *Phys. Rev.*, **87** (5), 835.
212. Hall, R.N. (1952) Electron-hole recombination in germanium. *Phys. Rev.*, **87** (2), 387.
213. Kuik, M. *et al.* (2011) Determination of the trap-assisted recombination strength in polymer light emitting diodes. *Appl. Phys. Lett.*, **98** (9), 093301.
214. Kuik, M. *et al.* (2011) Trap-assisted recombination in disordered organic semiconductors. *Phys. Rev. Lett.*, **107** (25), 256805.
215. Zhang, X.P. *et al.* (2006) Sequential absorption processes in two-photon-excitation transient absorption spectroscopy in a semiconductor polymer. *Phys. Rev. B*, **73** (24), 245201.
216. Beljonne, D. *et al.* (1996) Influence of chain length and derivatization on the lowest singlet and triplet states and intersystem crossing in oligothiophenes. *J. Am. Chem. Soc.*, **118** (27), 6453.
217. Smith, M.B. and Michl, J. (2010) Singlet fission. *Chem. Rev.*, **110** (11), 6891.
218. Congreve, D.N. *et al.* (2013) External quantum efficiency above 100% in a singlet-exciton-fission-based organic photovoltaic cell. *Science*, **340** (6130), 334.
219. Wilson, M.W.B. *et al.* (2011) Ultrafast dynamics of exciton fission in polycrystalline pentacene. *J. Am. Chem. Soc.*, **133** (31), 11830.
220. Geacintov, N., Pope, M., and Vogel, F. (1969) Effect of magnetic field on fluorescence of tetracene crystals – Exciton fission. *Phys. Rev. Lett.*, **22** (12), 593.
221. Merrifield, R.E., Avakian, P., and Groff, R.P. (1969) Fission of singlet excitons into pairs of triplet excitons in tetracene crystals. *Chem. Phys. Lett.*, **3** (6), 386.
222. Greyson, E.C. *et al.* (2010) Maximizing singlet fission in organic dimers theoretical investigation of triplet yield in the regime of localized excitation and fast coherent electron transfer. *J. Phys. Chem. B*, **114** (45), 14168.
223. Roberts, S.T. *et al.* (2012) Efficient singlet fission discovered in a disordered acene film. *J. Am. Chem. Soc.*, **134** (14), 6388.
224. Köhler, A. and Bässler, H. (2009) Triplet states in organic semiconductors. *Mater. Sci. Eng., R*, **66** (4-6), 71.
225. Wohlgenannt, M. and Vardeny, Z.V. (2003) Spin-dependent exciton formation rates in pi-conjugated materials. *J. Phys. Condens. Matter*, **15** (3), R83.
226. Köhler, A. and Wilson, J. (2003) Phosphorescence and spin-dependent exciton formation in conjugated polymers. *Org. Electron.*, **4** (2-3), 179.
227. Wallikewitz, B.H. *et al.* (2012) Triplet dynamics in fluorescent polymer light-emitting diodes. *Phys. Rev. B*, **85** (4), 045209.

228. Helfrich, W. and Schneide, W.G. (1966) Transients of volume-controlled current and of recombination radiation in anthracene. *J. Chem. Phys.*, **44** (8), 2902.
229. Uoyama, H. *et al.* (2012) Highly efficient organic light-emitting diodes from delayed fluorescence. *Nature*, **492** (7428), 234.
230. Baldo, M.A. *et al.* (1998) Highly efficient phosphorescent emission from organic electroluminescent devices. *Nature*, **395** (6698), 151.
231. Baldo, M.A. *et al.* (1999) Very high-efficiency green organic light-emitting devices based on electrophosphorescence. *Appl. Phys. Lett.*, **75** (1), 4.
232. Adachi, C. *et al.* (2001) Nearly 100% internal phosphorescence efficiency in an organic light-emitting device. *J. Appl. Phys.*, **90** (10), 5048.
233. Zhang, Q.S. *et al.* (2012) Design of efficient thermally activated delayed fluorescence materials for pure blue organic light emitting diodes. *J. Am. Chem. Soc.*, **134** (36), 14706.
234. Terenin, A. and Ermolaev, V. (1956) Sensitized phosphorescence in organic solutions at low temperature – Energy transfer between triplet states. *Trans. Faraday Soc.*, **52** (8), 1042.
235. Bagnich, S.A., Bässler, H., and Neher, D. (2004) Sensitized phosphorescence of benzil-doped ladder-type methyl-poly(para-phenylene). *J. Chem. Phys.*, **121** (18), 9178.
236. Monkman, A.P. *et al.* (2001) Triplet energies of pi-conjugated polymers. *Phys. Rev. Lett.*, **86** (7), 1358.
237. Heeger, A.J. (2010) Semiconducting polymers: the third generation. *Chem. Soc. Rev.*, **39** (7), 2354.
238. Herrmann, D. *et al.* (2011) Role of structural order and excess energy on ultrafast free charge generation in hybrid polythiophene/Si photovoltaics probed in real time by near-infrared broadband transient absorption. *J. Am. Chem. Soc.*, **133** (45), 18220.
239. Etzold, F. *et al.* (2011) Ultrafast exciton dissociation followed by nongeminate charge recombination in PCDTBT:PCBM photovoltaic blends. *J. Am. Chem. Soc.*, **133** (24), 9469.
240. Grancini, G. *et al.* (2013) Hot exciton dissociation in polymer solar cells. *Nat. Mater.*, **12** (1), 29.
241. Jailaubekov, A.E. *et al.* (2013) Hot charge-transfer excitons set the time limit for charge separation at donor/acceptor interfaces in organic photovoltaics. *Nat. Mater.*, **12** (1), 66.
242. Sebastian, L. *et al.* (1983) Charge-transfer transitions in crystalline anthracene and their role in photoconductivity. *Chem. Phys.*, **75** (1), 103.
243. Sebastian, L., Weiser, G., and Bässler, H. (1981) Charge-transfer transitions in solid tetracene and pentacene studied by electro-absorption. *Chem. Phys.*, **61** (1–2), 125.
244. Schweitzer, B., Arkhipov, V.I., and Bässler, H. (1999) Field-induced delayed photoluminescence in a conjugated polymer. *Chem. Phys. Lett.*, **304** (5–6), 365.
245. Reufer, M. *et al.* (2005) Spin-conserving carrier recombination in conjugated polymers. *Nat. Mater.*, **4** (4), 340.
246. Weiter, M. *et al.* (2003) Transient photoconductivity in a film of ladder-type polyphenylene: failure of the Onsager approach. *Chem. Phys. Lett.*, **379** (1–2), 177.
247. Chance, R.R. and Braun, C.L. (1976) Temperature-dependence of intrinsic carrier generation in anthracene single-crystals. *J. Chem. Phys.*, **64** (9), 3573.
248. Geacintov, N. and Pope, M. (1967) Generation of charge carriers in anthracene with polarized light. *J. Chem. Phys.*, **47** (3), 1194.
249. Jortner, J. (1968) Collisions of singlet excitons in molecular crystals. *Phys. Rev. Lett.*, **20** (6), 244.
250. Chandross, M. *et al.* (1994) Excitons in poly(para-phenylenevinylene). *Phys. Rev. B*, **50** (19), 14702.
251. Barth, S. and Bässler, H. (1997) Intrinsic photoconduction in PPV-type conjugated polymers. *Phys. Rev. Lett.*, **79** (22), 4445.
252. Köhler, A. *et al.* (1998) Charge separation in localized and delocalized electronic states in polymeric semiconductors. *Nature*, **392** (6679), 903.
253. Barth, S. *et al.* (1998) Photoconduction in thin films of a ladder-type poly-para-phenylene. *Chem. Phys. Lett.*, **288** (1), 147.
254. Kepler, R.G. *et al.* (1987) Photocarrier generation and transport in sigma-bonded polysilanes. *Phys. Rev. B*, **35** (6), 2818.
255. Kepler, R.G. and Soos, Z.G. (1991) Electronic excitations of poly(methlphenylsilane) films. *Phys. Rev. B*, **43** (15), 12530.
256. Silva, C. *et al.* (2001) Efficient exciton dissociation via two-step photoexcitation in polymeric semiconductors. *Phys. Rev. B*, **64** (12), 125211.
257. Gelinas, S. *et al.* (2011) The binding energy of charge-transfer excitons localized at polymeric semiconductor heterojunctions. *J. Phys. Chem. C*, **115** (14), 7114.
258. Köhler, A. *et al.* (1995) Photocurrent measurements on aggregates in ladder-type poly(p-phenylene). *Chem. Phys. Lett.*, **243** (5–6), 456.
259. Sariciftci, N.S. *et al.* (1992) Photoinduced

electron-transfer from a conducting polymer to buckminsterfullerene. *Science*, **258** (5087), 1474.

260. Heliatek (2012) Heliatek erzielt mit 10,7% Effizienz neuen Weltrekord für seine organische Tandemzelle 2012, *http://www.heliatek.com/wp-content/uploads/2012/09/120427_PI_Heliatek-Weltrekord-10_7-Prozent-Effizienz.pdf* (accessed 8 September 2014).

261. Dou, L.T. *et al.* (2012) Tandem polymer solar cells featuring a spectrally matched low-bandgap polymer. *Nat. Photonics*, **6** (3), 180.

262. Sun, Y.M. *et al.* (2012) Solution-processed small-molecule solar cells with 6.7% efficiency. *Nat. Mater.*, **11** (1), 44.

263. Müller-Meskamp, L. *et al.* (2012) Efficiency enhancement of organic solar cells by fabricating periodic surface textures using direct laser interference patterning. *Adv. Mater.*, **24** (7), 906.

264. Müller, C. *et al.* (2008) Binary organic photovoltaic blends: a simple rationale for optimum compositions. *Adv. Mater.*, **20** (18), 3510.

265. Deibel, C. and Dyakonov, V. (2010) Polymer-fullerene bulk heterojunction solar cells. *Rep. Prog. Phys.*, **73** (9), 096401.

266. Huang, Y.S. *et al.* (2008) Electronic structures of interfacial states formed at polymeric semiconductor heterojunctions. *Nat. Mater.*, **7** (6), 483.

267. Offermans, T. *et al.* (2005) Exciplex dynamics in a blend of pi-conjugated polymers with electron donating and accepting properties: MDMO-PPV and PCNEPV. *Phys. Rev. B*, **72** (4), 045213.

268. Chasteen, S.V. *et al.* (2006) Comparison of blended versus layered structures for poly(p-phenylene vinylene)-based polymer photovoltaics. *J. Appl. Phys.*, **99** (3), 033709.

269. Morteani, A.C. *et al.* (2004) Exciton regeneration at polymeric semiconductor heterojunctions. *Phys. Rev. Lett.*, **92** (24), 247402.

270. Benson-Smith, J.J. *et al.* (2009) Charge separation and fullerene triplet formation in blend films of polyfluorene polymers with [6,6]-phenyl C61 butyric acid methyl ester. *Dalton Trans.*, (45), 10000.

271. Onsager, L. (1934) Deviations from Ohm's law in weak electrolytes. *J. Phys. Chem.*, **2**, 599.

272. Onsager, L. (1938) Initial recombination of ions. *Phys. Rev.*, **54** (8), 554.

273. Borsenberger, P.M. and Weiss, D.S. (1998) *Organic Photoreceptors for Xerography* Marcel Dekker, Inc, New York, ISBN: 9780824701734.

274. Braun, C.L. (1984) Electric-field assisted dissociation of charge-transfer states as a mechanism of photocarrier production. *J. Chem. Phys.*, **80** (9), 4157.

275. Wojcik, M. and Tachiya, M. (2009) Accuracies of the empirical theories of the escape probability based on Eigen model and Braun model compared with the exact extension of Onsager theory. *J. Chem. Phys.*, **130** (10), 104107.

276. Goliber, T.E. and Perlstein, J.H. (1984) Analysis of photogeneration in a doped polymer system in terms of a kinetic-model for electric-field-assisted dissociation of charge-transfer states. *J. Chem. Phys.*, **80** (9), 4162.

277. Veldman, D. *et al.* (2008) Compositional and electric field dependence of the dissociation of charge transfer excitons in alternating polyfluorene copolymer/fullerene blends. *J. Am. Chem. Soc.*, **130** (24), 7721.

278. Schwarz, C. *et al.* (2013) Role of the effective mass and interfacial dipoles on exciton dissociation in organic donor-acceptor solar cells. *Phys. Rev. B*, **87** (15), 155205.

279. Hong, K.M. and Noolandi, J. (1978) Solution of Smoluchowski equation with a Coulomb potential. 1. General results. *J. Chem. Phys.*, **68** (11), 5163.

280. Mozumder, A. (1974) Effect of an external electric-field on yield of free ions. 1. General results from Onsager theory. *J. Chem. Phys.*, **60** (11), 4300.

281. Mozumder, A. (1974) Effect of an external electric-field on yield of free ions. 2. Initial distribution of ion-pairs in liquid hydrocarbons. *J. Chem. Phys.*, **60** (11), 4305.

282. Mozumder, A. (1974) Effect of an external electric-field on yield of free ions. 3. Electron scavenging at small concentrations. *J. Chem. Phys.*, **61** (3), 780.

283. Hong, K.M., Noolandi, J., and Street, R.A. (1981) Theory of radiative recombination by diffusion and tunneling in amorphous Si-H. *Phys. Rev. B*, **23** (6), 2967.

284. Marsh, R.A., Hodgkiss, J.M., and Friend, R.H. (2010) Direct measurement of electric field-assisted charge separation in polymer: fullerene photovoltaic diodes. *Adv. Mater.*, **22** (33), 3672.

285. Braun, C.L. and Scott, T.W. (1983) Picosecond measurements of time-resolved geminate charge recombination. *J. Phys. Chem.*, **87** (24), 4776.

286. Braun, C.L. *et al.* (1991) Picosecond transient absorption-measurements of geminate electron-cation recombination. *J. Phys. Chem.*, **95** (14), 5529.

287. Bakulin, A.A. *et al.* (2012) The role of driving energy and delocalized states for charge separation in organic semiconductors. *Science*, **335**

(6074), 1340.

288. Deibel, C., Strobel, T., and Dyakonov, V. (2009) Origin of the efficient polaron-pair dissociation in polymer-fullerene blends. *Phys. Rev. Lett.*, **103** (3), 036402.

289. Arkhipov, V.I., Emelianova, E.V., and Bässler, H. (2003) Dopant-assisted charge carrier photogeneration in conjugated polymers. *Chem. Phys. Lett.*, **372** (5-6), 886.

290. Arkhipov, V.I., Heremans, P., and Bässler, H. (2003) Why is exciton dissociation so efficient at the interface between a conjugated polymer and an electron acceptor? *Appl. Phys. Lett.*, **82** (25), 4605.

291. Nenashev, A.V. *et al.* (2011) Theory of exciton dissociation at the interface between a conjugated polymer and an electron acceptor. *Phys. Rev. B*, **84** (3), 035210.

292. Bredas, J.L. *et al.* (2009) Molecular understanding of organic solar cells: the challenges. *Acc. Chem. Res.*, **42** (11), 1691.

293. Wiemer, M. *et al.* (2011) On the efficiency of exciton dissociation at the interface between a conjugated polymer and an electron acceptor. *Appl. Phys. Lett.*, **99** (1), 013302.

294. Schwarz, C. *et al.* (2012) Does conjugation help exciton dissociation? A study on poly(p-phenylene)s in planar heterojunctions with C60 or TNF. *Adv. Mater.*, **24** (7), 922.

295. van der Horst, J.W. *et al.* (2001) Calculation of excitonic properties of conjugated polymers using the Bethe-Salpeter equation. *J. Chem. Phys.*, **114** (15), 6950.

296. Weiser, G. and Moller, S. (2002) Directional dispersion of the optical resonance of pi-pi* transitions of alpha-sexithiophene single crystals. *Phys. Rev. B*, **65** (4), 045203.

297. Emelianova, E.V., van der Auweraer, M., and Bässler, H. (2008) Hopping approach towards exciton dissociation in conjugated polymers. *J. Chem. Phys.*, **128** (22), 224709.

298. Zimmerman, J.D. *et al.* (2012) Independent control of bulk and interfacial morphologies of small molecular weight organic heterojunction solar cells. *Nano Lett.*, **12** (8), 4366.

299. Mroz, M.M. *et al.* (2013) Role of amorphous and aggregate phases on field-induced exciton dissociation in a conjugated polymer. *Phys. Rev. B*, **87** (3), 035201.

300. Wolf, H.C. (1968) Energy transfer in organic molecular crystals: A survey of experiments. in *Advances in Atomic and Molecular Physics*, **3**, 119 Academic Press, New York.

301. Powell, R.C. and Soos, Z.G. (1975) Singlet exciton energy-transfer in organic solids. *J. Lumin.*, **11** (1–2), 1.

302. Hoffmann, S.T. *et al.* (2012) How do triplets and charges move in disordered organic semiconductors? A Monte Carlo study comprising the equilibrium and nonequilibrium regime. *J. Phys. Chem. C*, **116** (31), 16371.

303. Movaghar, B., Ries, B., and Grunewald, M. (1986) Diffusion and relaxation of energy in disordered-aystems - Departure from mean-field theories. *Phys. Rev. B*, **34** (8), 5574.

304. Athanasopoulos, S. *et al.* (2009) Exciton diffusion in energetically disordered organic materials. *Phys. Rev. B*, **80** (19), 195209.

305. Lunt, R.R. *et al.* (2009) Exciton diffusion lengths of organic semiconductor thin films measured by spectrally resolved photoluminescence quenching. *J. Appl. Phys.*, **105** (5), 053711.

306. Mikhnenko, O.V. *et al.* (2008) Temperature dependence of exciton diffusion in conjugated polymers. *J. Phys. Chem. B*, **112** (37), 11601.

307. Herz, L.M. *et al.* (2004) Time-dependent energy transfer rates in a conjugated polymer guest-host system. *Phys. Rev. B*, **70** (16), 165207.

308. Markov, D.E. *et al.* (2005) Accurate measurement of the exciton diffusion length in a conjugated polymer using a heterostructure with a side-chain cross-linked fullerene layer. *J. Phys. Chem. A*, **109** (24), 5266.

309. Scully, S.R. and McGehee, M.D. (2006) Effects of optical interference and energy transfer on exciton diffusion length measurements in organic semiconductors. *J. Appl. Phys.*, **100** (3), 034907.

310. Haugeneder, A. *et al.* (1999) Exciton diffusion and dissociation in conjugated polymer fullerene blends and heterostructures. *Phys. Rev. B*, **59** (23), 15346.

311. Lewis, A.J. *et al.* (2006) Singlet exciton diffusion in MEH-PPV films studied by exciton-exciton annihilation. *Org. Electron.*, **7** (6), 452.

312. Stevens, M.A. *et al.* (2001) Exciton dissociation mechanisms in the polymeric semiconductors poly(9,9-dioctylfluorene) and poly(9,9-dioctylfluorene-co-benzothiadiazole). *Phys. Rev. B*, **63** (16), 165213.

313. Gommans, H. *et al.* (2009) Exciton diffusion length and lifetime in subphthalocyanine films. *J. Phys. Chem. C*, **113** (7), 2974.

314. Mikhnenko, O.V. *et al.* (2014) Trap-limited exciton diffusion in organic semiconductors. *Adv. Mater.*, **26**, 1912–1917.

315. Meskers, S.C.J. *et al.* (2001) Dispersive relaxation dynamics of photoexcitations in a polyfluorene film involving energy transfer: experiment and Monte Carlo simulations. *J.*

Phys. Chem. B, **105** (38), 9139.
316. Hildner, R. *et al.* (2009) Single-molecule spectroscopy on a ladder-type conjugated polymer: electron-phonon coupling and spectral diffusion. *ChemPhysChem*, **10** (14), 2524–2534.
317. Athanasopoulos, S. *et al.* (2013) To hop or not to hop? Understanding the temperature dependence of spectral diffusion in organic semiconductors. *J. Phys. Chem. Lett.*, **4** (10), 1694.
318. Chang, M.H. *et al.* (2007) Intermolecular interaction effects on the ultrafast depolarization of the optical emission from conjugated polymers. *Phys. Rev. Lett.*, **98** (2), 027402.
319. Dykstra, T.E. *et al.* (2009) Conformational disorder and ultrafast exciton relaxation in PPV-family conjugated polymers. *J. Phys. Chem. B*, **113** (3), 656.
320. Grage, M.M.L. *et al.* (2001) Conformational disorder of a substituted polythiophene in solution revealed by excitation transfer. *Chem. Phys. Lett.*, **339** (1-2), 96.
321. Singh, J. *et al.* (2009) Fluorescence depolarization in poly[2-methoxy-5-((2-ethylhexyl)oxy)-1,4-phenylenevinylene]: sites versus eigenstates hopping. *J. Chem. Phys.*, **131** (19), 194905.
322. Schmid, S.A. *et al.* (2008) Polarization anisotropy dynamics for thin films of a conjugated polymer aligned by nanoimprinting. *Phys. Rev. B*, **77** (11), 115338.
323. Lakowicz, J.R. (2006) *Principles of Fluorescence Spectroscopy*, 3rd edn, Springer Science+Business Media, New York, ISBN: 978-0387312781.
324. Grell, M. and Bradley, D.D.C. (1999) Polarized luminescence from oriented molecular materials. *Adv. Mater.*, **11** (11), 895.
325. Whitehead, K.S. *et al.* (2000) Highly polarized blue electroluminescence from homogeneously aligned films of poly(9,9-dioctylfluorene). *Appl. Phys. Lett.*, **76** (20), 2946.
326. Miteva, T. *et al.* (2001) Improving the performance of polyfluorene-based organic light-emitting diodes via end-capping. *Adv. Mater.*, **13** (8), 565.
327. Becker, H. *et al.* (1997) Role of optical properties of metallic mirrors in microcavity structures. *J. Appl. Phys.*, **81** (6), 2825.
328. Purcell, E.M., Torrey, H.C., and Pound, R.V. (1946) Resonance absorption by nuclear magnetic moments in a solid. *Phys. Rev.*, **69** (37), 37.
329. Drexhage, K.H. (1970) Influence of a dielectric interface on fluorescence decay time. *J. Lumin.*, **1** (2), 693.
330. Dodabalapur, A. *et al.* (1994) Microcavity effects in organic semiconductors. *Appl. Phys. Lett.*, **64** (19), 2486.
331. Lemmer, U. *et al.* (1995) Microcavity effects in a spin-coated polymer 2-layer system. *Appl. Phys. Lett.*, **66** (11), 1301.
332. Nakayama, T., Itoh, Y., and Kakuta, A. (1993) Organic photoluminescent and electroluminescent devices with double mirrors. *Appl. Phys. Lett.*, **63** (5), 594.
333. Furno, M. *et al.* (2012) Efficiency and rate of spontaneous emission in organic electroluminescent devices. *Phys. Rev. B*, **85** (11), 115205.
334. Nowy, S. *et al.* (2008) Light extraction and optical loss mechanisms in organic light-emitting diodes: influence of the emitter quantum efficiency. *J. Appl. Phys.*, **104** (12), 123109.
335. Huang, Q. *et al.* (2006) Quantum efficiency enhancement in top-emitting organic light-emitting diodes as a result of enhanced intrinsic quantum yield. *Appl. Phys. Lett.*, **89** (26), 263512.
336. Mladenovski, S., Reineke, S., and Neyts, K. (2009) Measurement and simulation of exciton decay times in organic light-emitting devices with different layer structures. *Opt. Lett.*, **34** (9), 1375.
337. Chen, X.W. *et al.* (2007) Modifications of the exciton lifetime and internal quantum efficiency for organic light-emitting devices with a weak/strong microcavity. *Appl. Phys. Lett.*, **91** (22), 221112.
338. Tessler, N. (1999) Lasers based on semiconducting organic materials. *Adv. Mater.*, **11** (5), 363.
339. Avakian, P. and Merrifie, R.E. (1968) Triplet excitons in anthracene crystals – a review. *Mol. Cryst.*, **5** (1), 37.
340. Romanovskii, Y.V. *et al.* (2000) Phosphorescence of pi-conjugated oligomers and polymers. *Phys. Rev. Lett.*, **84** (5), 1027.
341. Romanovskii, Y.V. and Bässler, H. (2000) Phosphorescence from a ladder-type conjugated polymer in solid solutions at low temperature. *Chem. Phys. Lett.*, **326** (1–2), 51.
342. Hertel, D. *et al.* (2001) Phosphorescence in conjugated poly(para-phenylene)-derivatives. *Adv. Mater.*, **13** (1), 65.
343. Rothe, C. and Monkman, A. (2002) Dynamics and trap-depth distribution of triplet excited states in thin films of the light-emitting polymer poly (9,9-di(ethylhexyl)fluorene). *Phys. Rev. B*, **65** (7), 073201.
344. Reufer, M. *et al.* (2003) Crossover from diffusion to annihilation limited phosphorescence in conjugated polymers. *Chem. Phys. Lett.*, **381**

(1–2), 60.
345. Köhler, A. *et al.* (2002) The singlet-triplet energy gap in organic and Pt-containing phenylene ethynylene polymers and monomers. *J. Chem. Phys.*, **116** (21), 9457.
346. Wasserberg, D. *et al.* (2005) Phosphorescence and triplet state energies of oligothiophenes. *J. Phys. Chem. B*, **109** (10), 4410.
347. Laquai, F. *et al.* (2003) Sensitized intrinsic phosphorescence from a poly(phenylene-vinylene) derivative. *Chem. Phys. Lett.*, **375** (3–4), 286.
348. Hertel, D. *et al.* (2001) Triplet-triplet annihilation in a poly(fluorene)-derivative. *J. Chem. Phys.*, **115** (21), 10007.
349. Michel-Beyerle, M.E. *et al.* (1978) Direct evidence for singlet-triplet exciton annihilation in anthracene-crystals. *Phys. Status Solidi B-Basic Res.*, **85** (1), 45.
350. Gärtner, C. *et al.* (2007) The influence of annihilation processes on the threshold current density of organic laser diodes. *J. Appl. Phys.*, **101** (2), 023107.
351. Giebink, N.C. and Forrest, S.R. (2008) Quantum efficiency roll-off at high brightness in fluorescent and phosphorescent organic light emitting diodes. *Phys. Rev. B*, **77** (23), 235215.
352. Reineke, S. and Baldo, M.A. (2012) Recent progress in the understanding of exciton dynamics within phosphorescent OLEDs. *Phys. Status Solidi A-Appl. Mater. Sci.*, **209** (12), 2341.
353. Zhang, Y.F. and Forrest, S.R. (2012) Triplets contribute to both an increase and loss in fluorescent yield in organic light emitting diodes. *Phys. Rev. Lett.*, **108** (26), 267404.
354. Shaw, P.E., Ruseckas, A., and Samuel, I.D.W. (2008) Exciton diffusion measurements in poly(3-hexylthiophene). *Adv. Mater.*, **20** (18), 3516.
355. Giebink, N.C., Sun, Y., and Forrest, S.R. (2006) Transient analysis of triplet exciton dynamics in amorphous organic semiconductor thin films. *Org. Electron.*, **7** (5), 375.
356. Gesquiere, A.J., Park, S.J., and Barbara, P.F. (2005) Hole-induced quenching of triplet and singlet excitons in conjugated polymers. *J. Am. Chem. Soc.*, **127** (26), 9556.
357. Reineke, S., Walzer, K., and Leo, K. (2007) Triplet-exciton quenching in organic phosphorescent light-emitting diodes with Ir-based emitters. *Phys. Rev. B*, **75** (12), 125328.
358. List, E.J.W. *et al.* (2002) Direct evidence for singlet-triplet exciton annihilation in pi-conjugated polymers. *Phys. Rev. B*, **66** (23), 235203.
359. Shinar, J. (2012) Optically detected magnetic resonance studies of luminescence-quenching processes in pi-conjugated materials and organic light-emitting devices. *Laser Photonics Rev.*, **6** (6), 767.
360. Kao, K.C. and Hwang, W. (1981) *Electrical Transport in Solids with Particular Reference to Organic Semiconductors*, 1st edn, Pergamon Press, Oxford, ISBN: 978-0080239736.
361. Blom, P.W.M., Tanase, C., and van Woudenbergh, T. (2007) Charge transport and injection on conjugated polymers, in *Semiconducting Polymers: Chemistry, Physics and Engineering* (eds G. Hadziioannou and G.G. Malliaras), Wiley-VCH Verlag GmbH, Weinheim, ISBN: 9783527312719.
362. Tessler, N. *et al.* (2009) Charge transport in disordered organic materials and its relevance to thin-film devices: a tutorial review. *Adv. Mater.*, **21** (27), 2741.
363. Sirringhaus, H. (2005) Device physics of solution-processed organic field-effect transistors. *Adv. Mater.*, **17** (20), 2411.
364. Clarke, T.M. and Durrant, J.R. (2010) Charge photogeneration in organic solar cells. *Chem. Rev.*, **110** (11), 6736.
365. Deibel, C., Strobel, T., and Dyakonov, V. (2010) Role of the charge transfer state in organic donor-acceptor solar cells. *Adv. Mater.*, **22** (37), 4097.

4
유기반도체 소자의 기초

정의에 의하면, 반도체 소자에는 반도체 재료가 사용된다. 따라서 여기서는 유기태양전지(OSC), 유기발광다이오드(OLED), 그리고 유기전계효과트랜지스터(OFET)와 같은 기본 소자의 작동 원리를 고려할 것이다. 이 장의 목적은 유기반도체 소자의 동작에 아직 익숙하지 않은 사람들을 위해 기본적인 소개를 제공하는 것이다. 결국 독자는 이러한 소자의 최신 기술과 그의 발전 동향과 관련된 고급 수준에서 다루는 수많은 관련 서적과 리뷰 논문을 즐길 수 있는 위치에 있어야 한다.

유기반도체에서 전하와 들뜬상태의 특성과 현상에 대한 이전 장의 논의에서, 무기반도체 교과서에서 방정식을 단순히 가져와서 유기반도체의 동작을 설명하기 위해 사용하는 것은 바람직하지 않다는 것이 분명하다. 무기반도체의 방정식은 유기물질에서 항상 충족되지 않는 특정 조건에 대하여 도출되었다. 무기반도체 방정식에 대한 몇 가지 기본 가정은 다음과 같다.

a) 무기반도체에서는 상온에서 전하 캐리어의 고유 밀도가 높다. 대조적으로, 유기"반도체"는 본질적으로 절연체이며, 고유한 이동가능한 전하 캐리어 밀도가 없다(2.4.1절 참고). 예를 들어, $n_i(T) = N_{eff}e^{-E_g/2kT}$를 사용하면, 실리콘, 게르마늄, 그리고 갈륨 비소의 상온에서 고유 캐리어 밀도는 각각 $9 \times 10^9\ cm^{-3}$, $2 \times 10^{13}\ cm^{-3}$, 그리고 $2 \times 10^6\ cm^{-3}$로 추정할 수 있다. 대조적으로, 유기물질에서 고유 캐리어 밀도는 $\approx 0\ cm^{-3}$이다. $10^{21}\ cm^{-3}$의 일반적인 분자 밀도를 N_{eff}의 값으로, 일반적인 갭 3 eV를 취해서 확인할 수 있다. 도핑을 하거나 공간 전하 제한 조건에서 전하를 주입하는 경우 상황이 달라진다. 그러면

전하 캐리어 밀도가 무기물의 전하 캐리어 밀도와 비슷해진다. 도핑된 무기 물질에서, 캐리어 밀도는 도핑 수준에 따라 약 $10^{15} \sim 10^{18}$ cm^{-3}인 경향이 있다[1–2]. 이러한 전하 밀도는 유기반도체에서도 얻을 수 있다. 예를 들면, 100 nm 두께의 박막에 1 V의 전위가 인가되어, 단일 캐리어 유형의 공간 전하 제한 전류의 경우에 전하가 주입되고 축적된다. 3.1.2절, 식 (3.10)에서 설명한 바와 같이, 관련 전하 캐리어 밀도는 $n = (3/2)(\varepsilon_0\varepsilon_r/e)(F/d) = 3 \times 10^{16}\ cm^{-3}$이다. 공간 전하 제한 전류는 유기발광다이오드에서는 우세하지만, 유기태양전지에서는 그렇지 않다. 유사하게, F4–TCNQ로 zinc–phthalocyanine을 도핑할 때, 정공의 밀도는 도핑 수준에 따라 $10^{15} \sim 10^{19}$ cm^3 범위로 추정되었다[3]. 그러나 유기반도체에서 안정적인 p형 및 n형 도핑을 얻는 것은 현재 개발 중인 과제이다.

b) 무기반도체에서 전하 캐리어는 높은 이동도를 가지고 있다. 무기반도체의 일반적인 이동도는 $10^3 \sim 10^4$ $cm^2V^{-1}s^{-1}$ 범위이다. 대조적으로, 유기반도체에서 이동도 범위는 비정질 재료의 경우 약 $10^{-5} \sim 10^{-2}$ $cm^2V^{-1}s^{-1}$이고, OFET의 rubrene과 같은 결정성 재료의 경우 10 $cm^2V^{-1}s^{-1}$의 값보다 더 높다[5].

c) 무기반도체에서 전류 흐름은 주로 확산 전류에서 발생하며 표동 전류의 역할은 작다. **확산 전류**는 전하 밀도의 공간적인 기울기로 인해 발생하고, **표동 전류**는 전기장의 공간적인 기울기에서 비롯된다. 예를 들어, 무기반도체에서 확산 전류는 pn 접합 또는 쇼트키 접합의 형성을 제어한다(Box 4.1과 4.2 참고). 대조적으로, 유기반도체에서는 확산 전류가 중요하지 않으며(개방회로 전압에 가까운 전압에서 유기태양전지를 제외하고, 아래 참고), OLED, OSC, 그리고 OFET의 동작은 주로 표동 전류에 의존한다.

d) 무기반도체에서, 빛의 흡수는 자유 전하 캐리어를 생성한다. 결과적으로 광전류는 무기태양전지의 전류–전압 곡선을 설명하는 Shockley 방정식에 전압에 독립적인 항으로 추가된다(Box 4.1). 이와 대조적으로, 3장에서 자세히 설명한 것처럼, 유기반도체에서 광여기된 엑시톤의 해리로부터 이동 전하 캐리어의 생성은 전기장에 크게 의존한다. 이것은 유기태양전지의 전류–전압 특성을 제어하는 주요 요인은 아니지만 중요한 것이다.

이 몇 가지 예는 유기반도체 소자의 동작을 정량적으로 설명하는 데 있어 주의와 올바른 판단이 필요하다는 것을 설명하는 데 충분하다.

Box 4.1 pn 접합과 Shockley 방정식

결정질 실리콘이나 게르마늄으로 만들어진 무기반도체 태양전지는 pn 접합 또는 쇼트키 접합을 사용하는 소자 구조를 기반으로 한다. 두 경우 모두 공핍층이 형성된다. 공핍층을 가로지르는 소수 전하 캐리어의 열적으로 활성화된 확산 흐름을 고려하여, Shockley는 전류를 설명하는 방정식을 도출할 수 있었다[6].

$$j(V) = j_0 \left(\exp\left(\frac{qV}{\eta kT} \right) - 1 \right) \tag{B4.1.1}$$

η는 이상적인 전지에 대해 1의 값을 취하고, 재결합 과정이 우세하면 1을 초과하는 값을 취하는 이상 인자이다. q는 전하, V는 인가 전압, k와 T는 Boltzmann 상수와 온도와 같은 일반적인 의미를 갖는다. j_0는 높은 역방향 바이어스에 남아 있는 재결합 전류이다. 이러한 다이오드에 빛이 조사되면, 광전류 j_{ph}가 전압에 독립적인 항인 상수로 추가된다.

$$j(V) = j_0 \left(\exp\left(\frac{qV}{\eta kT} \right) - 1 \right) + j_{ph} \tag{B4.1.2}$$

결정질 무기반도체의 경우, 빛의 흡수에 의한 자유 이동 전하의 생성이 인가된 전류와 무관하기 때문에 이는 잘 정의된다. 실제 태양전지에서, 직렬 저항 R_s와 병렬(분로) 저항 R_p로 모델링할 수 있는 손실이 있다. 직렬 저항을 일으키는 요인에는 전극의 접촉 저항 또는 반도체 벌크의 면저항이 포함된다. 다이오드 주변의 대체 전류 경로에서 병렬 저항이 발생할 수 있다. 이러한 저항은 다음을 제공하기 위해 포함될 수 있다.

$$j(V) = j_0 \left(\exp\left(\frac{q\left(V - jR_s\right)}{\eta kT} \right) - 1 \right) + j_{ph} + \frac{(V - jR_s)}{R_p} \tag{B4.1.3}$$

그림 B4.1.1은 이상적인 다이오드와 직렬 또는 분로 저항이 있는 다이오드의 특성을 보여준다. 관련 회로도도 함께 보여준다.

Shockley 방정식이 전류-전압 특성을 설명하는 데 적절하게 사용될 수 있는 시기를 이해하기 위해서, pn 접합의 맥락에서 그것의 유도과정을 기억하는 것이 좋다. 쇼트키 접합과 pn 접합의 물리는 모든 반도체 물리학 교과서와 대부분의 고체 물리학 교과서[7]에서 수학적인 자세한 설명과 함께 찾을 수 있다. 물리학에 대한 폭넓은 배경 지식이 없는 독자를 위해 중요한 점을 간략하게 요약한다. 무기 p형 반도체는 전자를 받아들이고 정공을 방출할 수 있는 도펀트를 포함하는 결정으로 구성된다. 마찬가지로, n형 반도체는 전자를 방출하는 원소로 도핑된다. 상온에서 대부분의 도펀트는 이온화된다. 전반적으로 p형과 n형 반도체는 모두 전기적으로 중성이다. 둘이 접촉하면 전자가 n형 반도체에서 p형 반도체로 확산되고, 그 반대의 경우도 마찬가지이다. 이 확산은 전하 농도의 기울기에 의해 구동된다. 전자가 이전에 중성인 n형 반도체를 떠나기 때문에, 양전하를 띠게 된다. p형 영역에도 동일하게 적용된다. 결과적으로 전자의 추가 확산 손실을 방지하는 전기장이 형성된다(그림 B4.1.2). Shockley는 이제 평형 상태에서 캐리어 흐름의 상세한 균형을 고려했다[6]. 그는 정공이 재결합 중심에 의해 포획될 때까지 p

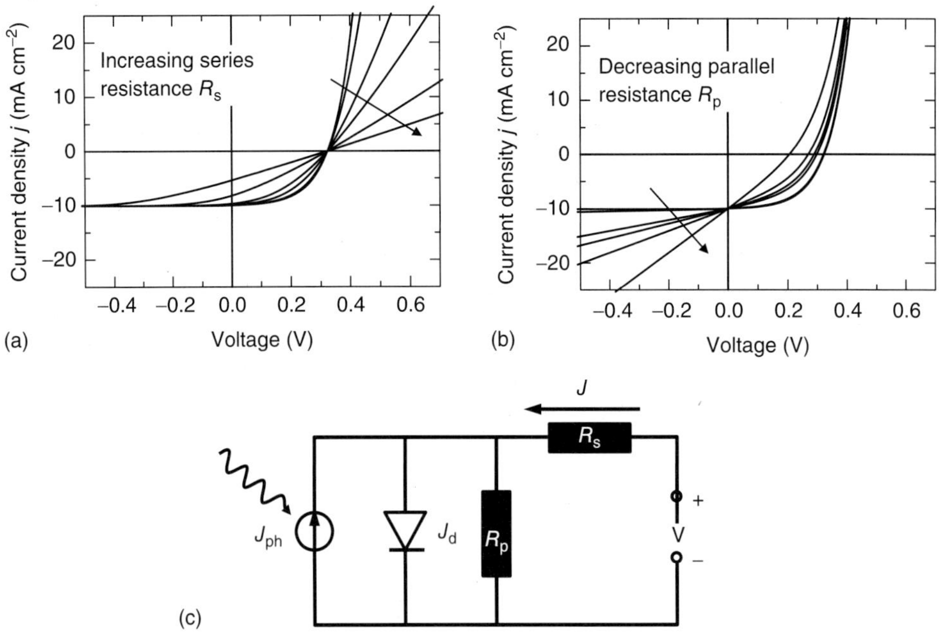

그림 B.4.1.1 (a) 식 (B4.1.3)에 따라 전류–전압 곡선에서 직렬 저항 R_s를 증가시키는 효과($\eta = 1$, $R_p = \infty$). (b) 식 (B4.1.3)에 따라 전류–전압 곡선에서 병렬(분로) 저항 R_p를 감소시키는 효과($\eta = 1$, $R_s = 0$). (c) 직렬 저항 R_s와 병렬(분로) 저항 R_p를 갖는 실제 태양전지의 등가 회로도.

형 영역에서 n형 영역으로 확산될 수 있다고 주장했다. 그렇게 함으로써, 더 높은 퍼텐셜에너지 영역으로 확산된다(그림 B4.1.2). 이 확산이 일어날 확률은 정공이 극복하려는 내부 전위 장벽과 열에너지 kT 사이의 비율에 따라 기하 급수적으로 달라진다. 이것은 전류 $j_{0,\,p}$로 이어진다. 양의 전압 V가 인가되면, 장벽은 qV만큼 감소하고 그에 따라 전류가 증가한다. 또한 n형 영역의 재결합 중심은 1의 확률로 p형 영역으로 에너지적으로 낮은 방향으로 이동하는 정공을 놓아줄 수 있다. p형 영역에서 n형 영역으로 흐르는 정공 전류의 총 흐름은 다음과 같다.

$$j(V) = j_{0,\mathrm{p}}\left(\exp\left(\frac{qV}{\eta kT}\right) - 1\right) \tag{B4.1.4}$$

여기서 $j_{0,\,p}$는 높은 음의 바이어스에서 우세한 정공의 포화 전류이다. n형 영역에서 p형 영역으로 이동하는 전자에서 발생하는 전류에 대해서도 동일한 주장이 제기될 수 있다. 두 전류가 더해져 식 (B4.1.1)이 주어진다. 총 포화 전류는 정공과 전자 전류로 구성된다. 이 유도과정에서의 요점은 확산 전류 흐름의 정밀한 균형을 고려하여 도출된다는 것이다. 이는 확산할 수 있는 충분한 수의 이동 전하 캐리어를 가진 반도체에 적용된다.

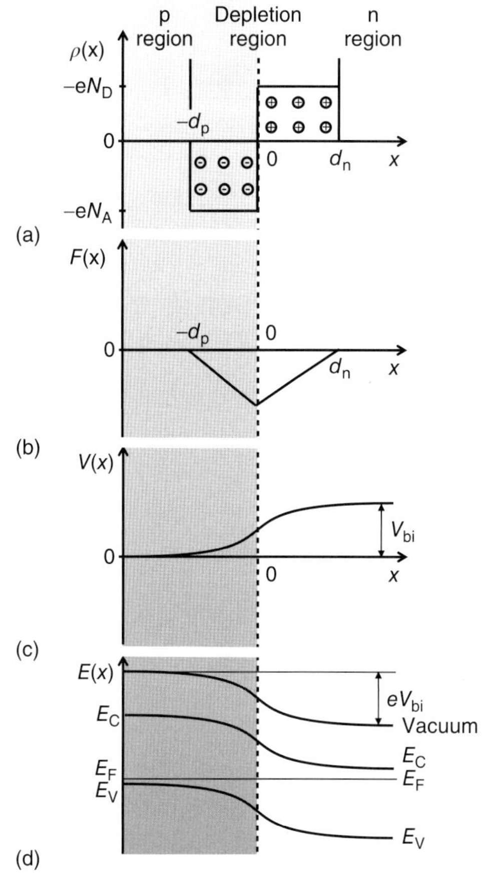

그림 B4.1.2 p형 영역과 n형 영역 사이의 도핑 농도가 급격히 변하는 제한 조건에서 pn 접합에 대한 쇼트키 모델 (**급격한 접합 근사**). p형 재료의 영역은 회색으로 음영 처리되고, n형 재료의 영역은 흰색으로 유지된다. (a) 이온화된 억셉터 N_A와 도너 N_D에 의해 생성된 공간 전하 밀도 $\rho(x)$의 공간적 변화. $-d_p$에서 d_n까지의 공핍층이 확산의 결과로 형성되었다. (b) 전기장 강도 $F(x)$의 분포. (c) 전위(x)의 공간적 변화. (d) 에너지 밴드 다이어그램의 공간 변화. Fermi 에너지가 어떻게 정렬되는지 주목하라. 공핍 영역 밖에서는 가전자대 엣지와 Fermi 준위 또는 전도대 엣지와 Fermi 준위 사이의 에너지 차이는 변경되지 않은 상태로 유지되지만, 공핍 영역 내에서 달라진다.

4.1 기본 태양전지 구조와 발광다이오드 구조

소자를 만들기 위해서는, 유기반도체 재료를 2개의 서로 다른 전극에 연결해야 한다. 이를 얻을 수 있는 방법에는 근본적으로 구별되는 2가지 기하학적 구조가 있다(그림 4.1).

a) 측면 배열(그림 4.1a)에서, 두 전극은 유기반도체의 같은 면에 있으므로 전류가 반도체

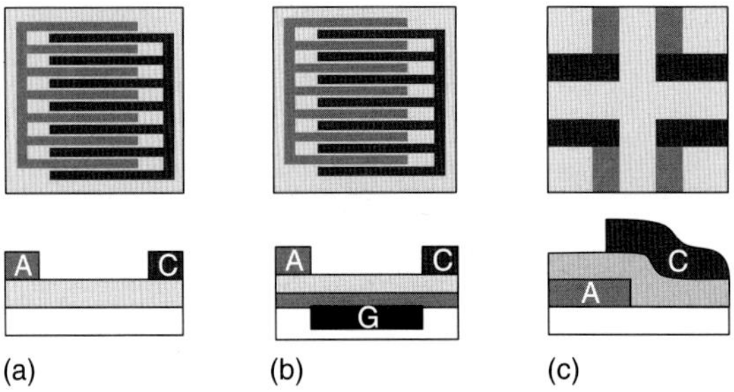

그림 4.1 유기반도체 소자의 구조(탑뷰와 사이드뷰). (a) 유리를 덮고 있는 유기반도체 위에 맞물림형 전극(양극 A와 음극 B)을 가진 구조. 이 구조는 거의 사용되지 않는다. (b) 맞물림형 상부 전극과 하부 게이트 전극 구조. 이 구조는 OTFT에서 일반적으로 사용된다. (c) 유기반도체가 양극 A와 음극 B 사이에서 샌드위치 형태로 유리 기판 위에 4개가 형성된 구조. 4개 중의 1개의 사이드뷰.

표면에 평행하게 흐른다. 소자의 활성영역의 크기를 최대화하기 위해, 전극은 서로 맞물리는 방식으로 배치된다. 주로 전하 흐름이 표면 근처의 몇 층의 재료로 제한되기 때문에, 오늘날 이러한 맞물림형 장치 구조 배열은 유기태양전지와 유기발광다이오드에 거의 사용되지 않는다. 높은 전하 밀도는 원하지 않는 이분자 과정을 향상시킨다. 또한 표면은 산소 또는 물에 의해 오염되기 쉽다. 대조적으로 유기전계효과트랜지스터의 경우 측면 배열이 표준 구조이다. 절연층으로 분리되어, 유기반도체의 다른 쪽에 있는 세 번째 '게이트' 전극은 두 측면 전극 사이에 흐르는 전류의 양을 제어하는 데 사용된다(그림 4.1b). 트랜지스터가 발광 재료에 대해 양극성으로 만들어질 때 이 구조를 사용하여 발광 유기전계효과트랜지스터를 제조할 수도 있다. 이 경우 전자와 정공의 동시 흐름이 2개의 측면 전극 사이에서 발광 영역을 생성한다[8–9].

b) 좀 더 일반적인 수직 '샌드위치형' 배열에서, 유기반도체는 두 전극 사이에 끼어 있고, 전류는 반도체 표면에 수직한 방향으로 반도체 박막의 벌크를 통해 흐른다(그림 4.1c). 샌드위치형 장치 구조는 4.1.2절에서 고려되는 구조이다.

4.1.1 기본 제작 단계

반도체와 전극은 기판에 의해 지지되어야 한다. 궁극적인 소비자 지향적 응용을 위해, 투명하고 유연한 플라스틱 호일이 사용될 수 있다. 일상적인 실험실 작업의 경우, 유리 기판을 사용하는 것이 더 편리하다. 현실적인 이유로, 일반적으로 소자의 양극으로 사용되는 하부 전극에 대한 가장 일반적인 선택은 ITO(indium-tin-oxide)와 같은 투명한 전도성 산화물을 사용하는 것이다. SnO_2, ZnO, ZnO:Al(Al이 도핑된 ZnO), MoO_3와 같은 다른 투명 전도성 산화물도 사용할 수 있다. ITO는 최대 9 mol%의 주석으로 도핑된 인듐 산화물 In_2O_3이므로 In_2O_3:Sn으로도 표기된다. Fan과 Goodenough[10]는 이를 과도하게 도핑되고 축퇴되는 결정질 반도체로 설명한다. 그들은 전도대가 주로 인듐 5s 전자에서 유래하고, 가전자대는 산소 2p 전자에서 온다고 제안한다. 도핑되지 않은 재료에서, Fermi 에너지 E_F는 에너지 밴드 사이의 중간에 위치한다. 낮은 밀도의 도너 원자가 도입되면, 전도대 바로 아래에 도너 상태를 형성하고, E_F는 도너 준위와 전도대 최솟값 사이에 있다. 임계 도너 밀도 이상에서, 도너 상태가 전도대와 병합되고, E_F는 전도대에서 가장 높은 점유 상태에 의해 결정된다[11]. 따라서 ITO는 전도대에서 3 eV 이상으로 분리된 전체 가전자대를 가진다. 이 전도대는 밀도가 $10^{19} \sim 10^{21}$ cm^{-3}인 축퇴 전자 가스로 부분적으로 채워져 있다. 저항률은 전도대에서 전자의 산란에 따라 달라지며, 이온화된 도너 불순물과 자유 전자 사이의 쿨롱 상호 작용에 의해 광범위하게 제어된다[12]. 한편 전자 밴드 구조는 Mryasov와 Freeman[13]에 의해 계산되고 개선되었다. 상업용 ITO 커버 유리는 구성과 두께에 따라 550 nm에서 80~90% 이상의 투과율을 가지며, 약 350 nm에서 더 짧은 파장까지만 강하게 흡수한다(그림 4.2). 적색 스펙트럼 범위에서 방출이 매우 약하다.

ITO 커버 유리는 여러 공급 업체에서 구입할 수 있다. 투명 전극이 필요한 액정 디스플레이용으로 대량으로 제작되며, 묽은 염산에 담궈 쉽게 패턴을 만들 수 있다. ITO의 저항률, 표면 거칠기, 그리고 일함수는 구성, 공급 업체, 그리고 표면 처리에 따라 다르다[14–15]. 전형적으로 사용되는 ITO의 일반적인 값은 10^{-4} Ωcm의 저항, 약 15~20 Ω/□('제곱당 ohm')의 면저항, 1~3 nm 범위의 표면 거칠기, 그리고 4.8 ± 0.5 eV의 일함수이다. 이 일함수는 유기반도체의 HOMO 준위가 일반적으로 5 eV에 가깝기 때문에 양극으로 적합하다. 최상의 소자 성능을 제공하는 일반적인 관행은 먼저 ITO를 다른 초음파 수조에 5~10분 동안 배치하여 세척하는 것이다. 확립된 순서는 가정용 세제(식기 세척기 또는 액체 비누)를 사용

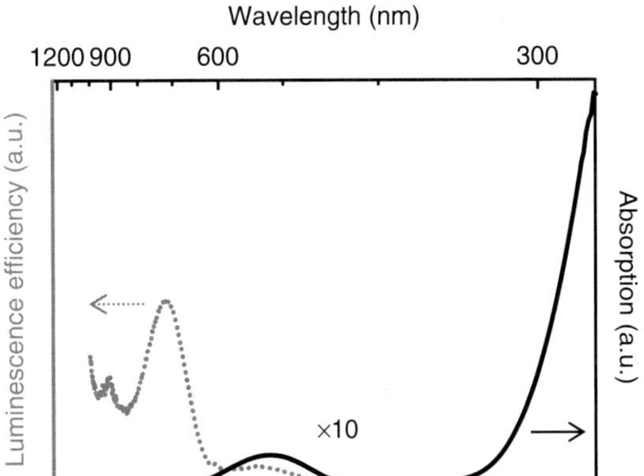

그림 4.2 Indium–tin–oxide로 덮인 상업용 석영 기판의 흡수와 방출. 2~3 eV의 스펙트럼 범위에서 흡수 스펙트럼에 10배를 곱한다.

한 탈이온수, acetone, isopropanol 순이다. 높은 일함수를 얻기 위해 ITO의 기판은 산소 플라즈마로 2~10분 동안 처리된다. 이를 위해 샘플을 상업용 플라즈마 식각기의 챔버에 넣은 다음 0.2~0.3 mbar의 압력으로 산소 가스를 다시 채운다. 고주파 전자기장은 산소 가스의 일부를 이온화하여 산소 플라즈마를 생성한다. 일반적인 매개변수는 약 14 MHz의 주파수, 50~400 W 범위의 순방향 전력, 그리고 2~10분의 노출 시간이다. 유기물질이 플라즈마와 반응하여 휘발성 생성물을 형성하기 때문에 산소 플라즈마는 잔류 포토 레지스트와 같은 유기 오염 물질을 제거한다. 또한 ITO 표면을 산화시킨다. 이것은 약 0.3 eV, 즉 일반적으로 처리되지 않은 ITO의 경우 4.5~4.8 eV까지 일함수를 증가시킨다[15-18]. 실험적으로 산소 플라즈마 처리는 면저항을 감소시키고 표면 거칠기를 매끄럽게 하고 표면을 경화시켜 표면에 산화막을 입히는 것으로 밝혀졌다. 유기발광다이오드의 성능에 미치는 영향은 동작 전압, 즉 발광을 처음 관찰할 수 있는 전압을 낮추고, 효율을 높이고, 소자의 수명을 늘리고, 전류 스파이크와 같은 전류-전압 특성의 이상 현상을 줄이는 것이다. 플라즈마 처리를 하지 않는 경우, 약 5 V에서 전류 스파이크가 발생할 수 있다[15, 19].

플라즈마 에칭된 ITO를 전도성 고분자 복합물 PEDOT:PSS(PEDT:PSS라고도 표기됨, 그림 1.7 참고) 층으로 스핀 코팅(아래 참고)하여 덮는 것이 일반적이다. 이는 OLED의 소자 효율, 수명, 그리고 구동 전압을 향상시키는 것으로 밝혀졌다[20-21]. 이에 대한 몇 가지 이유가 있다. 첫째, PEDOT:PSS의 얇은(일반적으로 50 nm) 층은 거친 ITO 표면을 매끄럽게 하여 소자의 높은 국부적인 전기장과 단락으로 인한 필라멘트 전류 주입을 방지한다. 또한 ITO와 반도체 고분자 사이의 장벽으로 ITO에서 반도체로 산소가 확산되는 것을 방지한다. 셋째, 반도체 고분자로의 정공 주입을 향상시킨다[22-23]. 후자는 약 5.1~5.3 eV의 일함수에 기인한다[24]. PEDOT:PSS의 단점은 산도가 높고 ITO 표면과 반응할 수 있다는 점이다[23]. 일반적으로 사용되는 PEDOT:PSS의 포뮬레이션은 ITO보다 전도성이 낮기 때문에, 아래에 있는 ITO 층의 우수한 측면 전도성이 보장되어야 한다.

PEDOT:PSS는 합성물로 PEDOT 자체는 용해되지 않지만 소위 Baytron-P 프로세스[25]를 사용하여 PSS에 내장될 수 있다. 이 과정에서, PEDOT는 PSS로 도핑되어 수성의 PEDOT:PSS 복합체가 형성된다. 그것은 PEDOT 올리고머가 부착되고 3차 구조를 형성하기 위해 감겨지는 PSS 체인으로 구성된다[23, 26-27]. 물속에서, 이 복합체는 안정적이고 진한 청색의 미세 분산을 생성하여, 얇고 광학적으로 투명한 전도성 박막의 스핀 코팅이 가능하다. 이 특성은 상당한 산업적인 관심을 끌었다. PSS를 추가하면 가공성이 향상되지만, 전기전도도가 감소한다. 예를 들어, 1:2.5~1:20 범위의 PEDOT:PSS 비율은 각각 $1 \sim 10^{-5}$ Scm^{-1} 범위의 전도도를 의미한다. 전도성이 높은 재료는 정전기 방지 코팅과 같은 용도에 특히 적합하다. 반면, 낮은 전도도는 수동 매트릭스 디스플레이의 구현에 적합하다. 유기발광다이오드에서 널리 사용되는 정공 수송층으로 경우, PEDOT:PSS의 비율이 1:6에 해당하

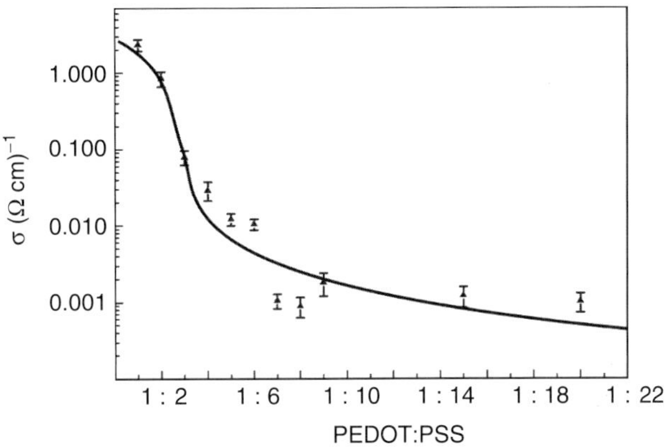

그림 4.3 PSS 함량에 따른 PEDOT:PSS의 전기전도도. 실선은 침투여과 이론에 따른 피팅을 나타낸다(Stöcker et al. 데이터[28])

는 10^{-3} Scm^{-1} 범위의 전도도가 가장 적절하다고 밝혀졌다[26]. PEDOT:PSS의 전기전도도는 PSS의 함량뿐만 아니라 특정 용매 사용과 같은 공정 조건에 따라 조정될 수도 있다. PSS 함량이 1:1의 비율을 초과하는 PEDOT:PSS에서 전하 캐리어 수송은 2상 시스템에서 침투여과로 이해될 수 있다(그림 4.3)[28]. 하나의 상은 전도성이 높은 p형 반도체를 형성하는 PSS가 포화된 PEDOT:PSS 복합체로 구성된다. 다른 상은 전도성이 낮은 전해질 PSS이다. Seebeck 계수의 측정에 의해 입증된 것처럼, PEDOT:PSS의 비율을 변경하더라도 전하 캐리어의 농도가 변경되지 않는다. 오히려 PSS 모체에 포함된 PEDOT:PSS '그레인' 간의 평균 거리가 바뀐다. 유기발광다이오드와 유기태양전지의 응용 분야에 사용되는 일반적인 비율은 약 1:6이다. 이 비율은 침투여과의 시작에 해당하므로 전하 수송이 여전히 충분하면서도 분산의 가공성이 매우 높다. 일반적으로 수용액의 PEDOT:PSS를 스핀 코팅으로 증착할 때, 잔류물을 제거하기 위해, 박막을 질소의 흐름 아래서, 예를 들어 30분 동안 140°C로 가열하여 건조시킨다.

여기서는 연구실에서 사용되는 정공 주입을 위한 일반적인 구조 중 하나에 대해 논의했다. 목적에 따라 대체 구조가 사용될 수 있다. 연구 목적으로, ITO는 반투명한 금박(약 5.3 eV의 일함수)과 같은 높은 일함수를 갖는 다른 금속으로 대체될 수 있다. 크롬은 유리 위에 금의 접착력을 향상시키기 때문에, 수 나노미터 두께의 매우 얇은 크롬 층 위에 금을 증착한다. 또는 UV에 대해 투명한 전극이 필요한 경우에, 4.3 eV의 일함수를 가지는 반투명 알루미늄 층을 사용할 수 있다. 두 금속 모두 열 증발에 의해 증착될 수 있다(아래 참고). 산업적인 응용 또는 대체 소자 설계의 경우, MoO_3 또는 ZnO:Al과 같은 대체 산화물이 매력적일 수 있다. 유연 기판 또는 모든 솔루션 기반 공정의 경우, ITO가 필요하지 않도록 좀 더 전도성이 높은 PEDOT:PSS 포뮬레이션을 사용할 수 있다. PEDOT:PSS 대신 polyaniline[29]이

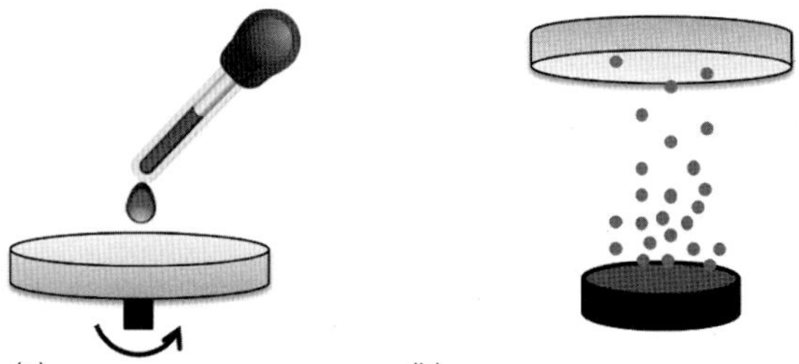

그림 4.4 (a) 스핀 코팅과 (b) 진공 증착 과정을 보여주는 개략도

나 polythiophene 유도체와 같은 다른 전도성 고분자가 사용된다. 소자 제작은 실험 과학이며, 관심있는 사람들을 위해 탐색할 수 있는 많은 경로가 있다.

양극/정공 주입층을 준비한 이후, 기본적인 유기발광다이오드나 유기태양전지를 준비하는 다음 단계는 유기반도체 층을 증착하는 것이다. 다음 절에서 논의될, 단일 재료 또는 재료의 조합일 수 있다. 제조 공정의 원리를 설명하기 위해서는 단일 반도체로 만든 소자를 고려하는 것으로도 충분하다. 다양한 증착 기술이 개발되었다. 연구 환경에서 가장 일반적으로 사용되는 것은 스핀 코팅과 진공 증착이다(그림 4.4). 스핀 코팅은 π–공액 폴리머와 같은 용해성이 있는 물질에 사용된다. 이를 위해서 일반적으로는 예를 들면, toluene과 같은 1 mL의 유기 용매에 5~10 mg의 폴리머를 혼합한 용액을 준비한다. 상업용 스핀 코터는 원하는 시간 동안 원하는 각속도로 회전할 수 있는 기판 홀더로 구성된다. ITO와 PEDOT:PSS로 덮인 유리 기판을 기판 홀더에 놓고 마이크로 피펫을 사용하여 폴리머 용액으로 덮는다. 그런 다음 약 30~120초 동안 일반적으로 400~2000 rpm으로 회전시킨다. 회전은 과도한 용액을 버리고, 박막은 용액 농도, 점도, 그리고 회전 속도에 따라 약 100 nm의 두께로 건조된다. 이 공정에서 PEDOT:PSS 층은 씻겨 없어지지 않는다. PEDOT:PSS는 물 또는 이와 유사하게 극성이 높은 용매에 용해되는 반면 π–공액 폴리머는 비극성 또는 극성이 낮은 유기 용매에 용해되기 때문이다. 많은 분자 반도체와 같이 용해되지 않는 물질은 열 증발에 의해 증착된다. 열증착 챔버는 가열할 수 있는 도가니를 포함하는 금속 또는 유리 용기와 기판을 위한 금속 프레임과 같은 홀더로 구성된다. 홀더는 도가니 위 어딘가에 위치한다. 유기물질의 분말을 도가니에 넣고 ITO와 PEDOT:PSS가 있는 기판을 홀더에 위치시키고 PEDOT:PSS 표면이 도가니를 향해 아래를 보게 한다. 열증착 챔버는 산화를 방지하기 위해 진공으로 만든다. 도가니에 열을 가해서 온도를 130°C 근처로 올리면, 물질은 승화되고 PEDOT:PSS 표면에서 응축된다. 원하는 박막의 두께에 도달하면 가열이 중지된다. 이 과정은 매우 간단하고 거의 즉각적으로 수행하거나, 고도로 정교하고 완벽하게 제어되며 완전히 자동화된 방식으로 정밀한 프로세스 제어와 재현성을 성공적으로 제공할 수 있다. CBP와 같은 호스트 물질의 경우와 같이, 일부 분자는 스핀 코팅을 위해 용해되거나 열증착에 의해 증발될 수 있다. 두 증착 기술에 의해 제작된 박막의 형태는 분자의 질서도와 관련하여 다를 수도 있으며, 증착 공정은 증착된 재료의 순도를 향상시키는 경향이 있다. 유사하게, 다른 온도로 유지되는 기판에 열증착으로 박막을 증착하는 경우, 상이한 박막 형태가 발생할 수 있다는 것은 잘 알려져 있다.

유기반도체를 PEDOT:PSS 층 위에 만드는 다른 많은 기술이 있다. 용액 기반의 접근 방식에는 수평 블레이드를 사용하여 용액을 기판 위에 퍼트리는 닥터 블레이드, 기판을 용액에 담그는 딥 코팅, 상업용 잉크젯 프린터, 스프레이, 그리고 인쇄 기반 기술의 노즐을 사용하여 용액을 증착하는 잉크젯 프린팅 기술이 포함된다. 관련 기술의 개요는 참고문헌 [30]과 같이 논문과 책에서 자세히 다루고 있다. 자동화된 방식으로 연결된 인접 열증착 챔버에서 연속적으로 유기층을 증착하는 고체 기반 접근법도 많은 발전을 보였고, 뜨거운 질소 운반 가스가 분자를 집어들고 잉크젯 프린팅처럼 노출을 통해 증착할 수 있는 증기 제트 프린팅과 같은 대체 방법도 탐색 중이다. 기술 개발과 엔지니어링에는 분명히 많은 범위가 있다.

소자가 작동하기 위해 필요한 마지막 단계는 음극 또는 전자 주입층이다. 가장 일반적인 단순한 구조는 산화로부터 칼슘을 보호하기 위해 알루미늄으로 덮인 칼슘 층으로 구성된다. 음극에 대한 요구사항은 전자 주입을 위한 에너지 장벽을 최소화하기 위해 일함수가 가능한 한 낮아야 하지만, 동시에 음극은 산화 또는 물에 대해 안정적이어야 한다는 것이다. 이 조건을 충족하기 어렵다는 것이 밝혀졌다. 1990년대에는 Mg, $Mg_{0.9}Ag_{0.1}$, Ba, Cs, Ca, 그리고 Al을 포함하는 일함수가 낮은 많은 금속층이 시도되었다. 금속과 유기물 사이의 계면에서 발생하는 과정은 복잡하고 다양하다. 금속과 유기반도체 사이에 공유결합이 형성되고, 금속이 유기반도체로 확산될 수 있으며, 계면 쌍극자가 형성될 수 있고, 다른 많은 과정이 있을 수 있다. 관심이 있으면, 관련 리뷰 논문을 참고하기 바란다[32–34]. 결국, 좋은 주입 특성과 안정성 사이의 가장 좋은 절충안은 약 100 nm의 알루미늄으로 보호되는 ~30 nm의 칼슘 층(약 2.8 eV의 일함수)이거나, 전자 친화도가 충분히 높은 유기반도체의 경우, 간단한 100 nm의 알루미늄 층(4.3 eV의 일함수)이다. 또한 얇은($<$1 nm) LiF 층이 유기반도체와 음극 사이에 위치할 때, 음극으로부터의 주입이 개선될 수 있다는 사실이 알려졌다[35–37]. LiF는 밴드갭이 12 eV인 절연체이다. 이것은 얇고 균일한 층을 형성하여 음극과 반도체 사이에 높은 터널링 장벽을 유지함으로써 터널링 주입을 돕는다.

4.1.2 전극 구조

위에서 논의된 샌드위치형 구조가 구현될 수 있는 방법에는 여러 가지가 있다. 어떤 경우든, 산소와 습기로부터 소자를 보호하기 위해 질소가 채워진 글러브 박스에서 제조가 수행된다. 제조 후, 소자는 예를 들어 에폭시 수지로 둘레를 밀봉하고 그 위에 유리 커버 슬라이드를 배치하여 캡슐화할 수 있다(물론 여전히 전극과 접촉하고 있는 디자인인지 확인해야 한다).

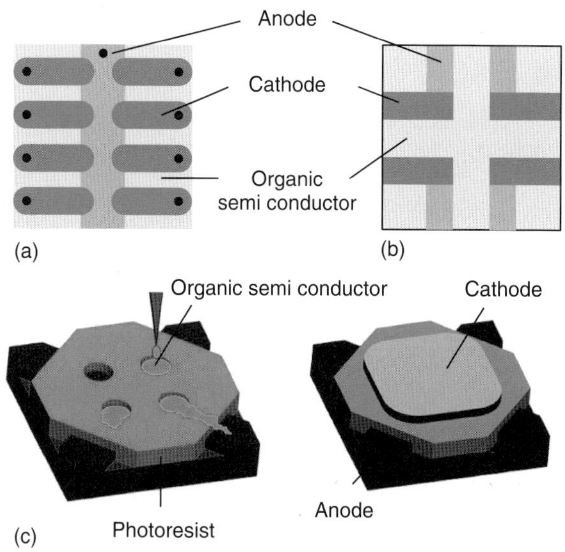

그림 4.5 OLED와 OSC용 샌드위치형 전극 형상의 다른 구현. (a) 중앙 ITO 스트라이프, 유기 박막, 그리고 8개의 알루미늄 스트라이프가 있는 유리 기판 구조로 공통 ITO 양극과 개별 알루미늄 음극이 있어 하나의 기판에 8개의 소자를 생성한다. (b) 4개의 개별 ITO 스트라이프, 유기 박막, 그리고 4개의 개별 알루미늄 스트라이프가 있는 유리 기판으로 기판 위에 개별적으로 접촉된 4개의 소자를 생성한다. (c) 4개의 대각선 방향으로 ITO가 있는 유리 기판, 원형의 4개의 정공이 유기반도체가 채워진 소자 영역을 정의하는 패턴된 포토 레지스트, 그리고 중앙 접촉의 공통 알루미늄 전극. 이것은 소자 전체에 걸쳐 양극과 음극 사이에서 균일한 전기장을 가지는 기판 위의 4개의 소자를 생성한다.

소자 제조에 대한 한 가지 접근 방식은 정사각형 ITO 커버 유리 기판(예: 12 mm × 12 mm)을 사용하는 것이다(그림 4.5a). ITO는 일반적으로 상업용 공급 업체에서 패턴화되어 제공되는데, 양변에 3 mm 너비로 ITO를 제거한다(예를 들어, 포토 레지스트, 바니시, 투명 테이프 또는 기타 수단으로 ITO를 덮고, 묽은 HCl에 10~30분 동안 둔 다음 헹구고 세척하여 패턴을 직접 수행할 수도 있다). 유기반도체가 스핀 코팅과 같은 방법으로 증착된다. 알루미늄 전극은 중앙 ITO 스트라이프에 수직한 방향으로 섀도 마스크를 통해 열증착된다. 유기 다이오드의 활성 영역은 알루미늄 전극과 ITO 전극의 겹침에 의해 정의된다. ITO 전극은 부드러운 유기 박막의 일부를 긁어 낸 후에 접촉할 수 있다. 접점은 은 페인트와 가는 와이어 또는 스프링 장착 접점으로 만들어진다. 은 페인트를 사용할 때, 시간이 지남에 따라 서스펜션이 저하되어, 오래된 페인트를 사용하면 접촉 저항이 높아질 수 있다. 한편, PEDOT:PSS의 오래된 서스펜션에도 동일하게 적용된다. 여기서 '오래된'이라는 표현은 병을 개봉한 후 몇 주 또는 몇 달을 의미한다. 설명된 레이아웃은 최소한의 유기반도체로 여러 소자를 만들 수 있고, 작은 극저온 홀더에 적합하다는 장점이 있다. 따라서 이 구조는 재료 공급이 적거나 공간이 제한된 연구 조건에 적합하다. 이 레이아웃의 단점은 많다. 첫째, 기판 위의 모든 소자가 동일한 전위에 있지 않기 때문에, ITO의 면저항은 소자를 통한 실제의 전압 강하가 잘 정의되지 않았음을 의미한다. 둘째, 작은 소자 영역은 효율성 측정에 큰 불확실성을 초래한다. 셋째, 유기 박막의 두께는 ITO 스트라이프의 엣지에서 감소하는 경향이 있다. 이것은 엣지가 갖는 기하학적 제약과 결합하여 메인 소자 영역에 비해 엣지에서 원하지 않는 더 높은 전기장을 유발할 수 있다.

두 번째 접근 방식은 그림 4.5b에 표시된 형상으로 구성된다. 여기에서 약 2 cm × 2 cm의 더 큰 기판이 사용되어 소자의 활성 영역을 더 크게 하여 좀 더 신뢰할 수 있는 측정이 가능하다. ITO의 패터닝은 각 소자가 동일한 형상을 가지고, 개별적으로 접촉되도록 하여, 기판에 있는 4개의 소자에서 전압 강하가 동일하도록 한다. 이 접근법의 단점은 유기반도체 재료를 더 많이 소비한다는 것이다. 이것은 산업 환경에서는 전혀 관련이 없지만 학술 연구 수준에서 새로운 합성 접근법을 탐색할 때 문제가 될 수 있다.

전체 소자 영역에서 완전히 균일한 전기장이 필요하여, ITO와 음극 사이의 엣지를 제거하려는 경우, 그림 4.5c와 같이 세 번째 방법을 사용할 수 있다. 기판을 덮고 있는 패턴된 ITO 위에 절연 포토 레지스트가 배치되고, 포토 레지스트 자체가 패터닝되어 활성 소자 영역을 정의하는 원형 개구부를 남긴다. PEDOT:PSS와 유기반도체가 그 위에 증착되고, 4개의 소자 영역이 공통 음극으로 덮여진다. 음극은 기판 중앙에서 접촉하고, 4개의 ITO 스트라이프는 모서리에서 접촉한다. 소자 전체의 전압 강하가 잘 정의되어 있고, 소자 영역이 충분히 크고, 소자 전체의 전기장이 엣지 효과 없이 균일하다. 이 접근법의 단점은 필요한 추가적인 공정 단계와 용액 공정을 선택한 경우, 유기반도체를 증착하는 데 사용되는 용매와 포토 레지스트와의 호환성에 관한 제약이다.

4.1.3 단층 OLED의 기본 동작

기본 소자는 어떻게 동작할까? 만들 수 있는 가장 간단한 소자 구조, 즉 ITO 양극, 유기반도체 박막, 그리고 알루미늄 음극의 에너지를 고려해보자. 대부분의 유기반도체에서, ITO와 알루미늄은 비저항성 접합을 형성한다. 이 상황을 먼저 고려해보자. 저항성 접합의 경우는 더 아래에서 다룬다.

고유 전하 캐리어 밀도가 사라지고, 유기반도체에서 전하의 이동도가 낮기 때문에 이 ITO/(유기반도체)/알루미늄 층 구조는 개념적으로 무기반도체 다이오드보다 유전체로 채워진 평행판 커패시터와 더 비슷하다. 따라서 고전적인 MIM(metal–insulator–metal) 그림은 논의를 위한 좋은 출발점이다. 장치가 연결되지 않은 경우('개방 회로'), 관련 에너지 준위는 그림 4.6b에 표시된 바와 같이 정렬된다. ITO 또는 Al 전극에서 진공으로 전자를 떼어내는 데 필요한 에너지는 일함수 ϕ이며, 이는 전극 재료의 Fermi 에너지 E_F와 동일한 값이지만 부호는 반대이다. 유기반도체에서 전자를 제거하거나 진공으로부터 전자를 추가하는 에너지는 각각 이온화 퍼텐셜 I_p와 전자 친화도 E_A이다. 이는 2장에 자세히 설명되어 있다. 개략적 표현에서, 그것들은 각각 (단일 전자) HOMO와 (단일 전자) LUMO의 에너지와 동일한 것으로 표시되지만, 이 편리한 표현은 전자–전자 상호 작용을 무시한다는 점을 명심해야 한다. HOMO와 LUMO 준위는 Gaussian 분포를 따른다. 그 분포를 그림에서 단일 직선의 에너지 준위로 단순화하는 것이 관행이지만, 그림 4.6에서 이를 개략적인 방식으로 표시하였다. 무기반도체와 금속 사이에 형성된 계면과는 달리, 전기장이 없으면 유기반도체와 전극 사이에 전자가 거의 전달되지 않는다. 상황은 서로 다른 준위로 충전된 커패시터의 두 평판 사이에 있는 유전체의 상황과 유사하다. 두 전극이 연결되어 있지 않은 한, 전하의 흐름이 없고 결과적으로 유기층을 가로지르는 전압 강하도 없다. 따라서 전체 박막 두께를 따라 HOMO와 LUMO의 에너지는 변하지 않는다. 비록 확장된 밴드 대신 분자 국소 에너지 준위가 있더라도, 이것을 무기반도체 그림과 유사하게 **플랫 밴드 조건**(flat band condition)이라고도 한다. **플랫 레벨 조건**(flat level condition)이 더 적절한 용어일 것이다.

ITO와 Al이 외부 회로(**단락 상태**)를 통해 연결되면, Fermi 에너지가 평형을 이룰 때까지(그림 4.6c) 전자가 그들 사이로 흐른다. 그 이유는 단순하게 Fermi 에너지가 0K에서 최고 높은 에너지를 가진 전자의 퍼텐셜에너지에 해당하고, 이동 전자의 연결된 시스템에서, 이것은 공간의 모든 곳에서 동일해야 하기 때문이다. 연결되지 않은 경우, ITO와 Al의 두 전극은 전체적으로 전하–중성이다. 연결 후 전자는 알루미늄 전극에서 와이어를 통해 ITO 전극으로 이동하여, 음전하가 Al에서 빠져나가서 ITO에 추가된다. 결과적인 전위차는 유기층에서 지속적으로 떨어진다. 전극의 일함수의 차이로 인한 이 전압 강하는 **내부 전위**(built–in potential) V_{bi}라고 한다. 에너지 다이어그램에서 전위차는 진공 준위의 변위로 그려진다. 전극에서 진공으로 전자를 제거하는 데 필요한 에너지는 개방 회로의 경우에 비해 여전히 변경되지 않는다. (전극에는 잘 차폐된 전자가 너무 많아서 일부를 제거하거나 추가하더라도 다른 하나의 전자를 꺼내거나 추가하는 데 필요한 에너지가 변경되지 않는다. — '유기반도체'와는 매우 대조적이다.) 따라서 Fermi 에너지가 평형을 이루는 동안 ITO와 Al의 일함수는 바뀌지 않는다. 유사하게, 유기반도체의 HOMO와 LUMO 준위와 진공 준위 사이의 상대적인 에너지 차이도 영향을 받지 않으므로, 유기층을 가로지르는 진공 준위 에너지의 변화는 박막을 통한 HOMO와 LUMO 준위의 연속적인 기울기로 변환된다. 플랫 밴드 조건을 복구하려면, 내부 전압인 전극의 일함수의 차이에 해당하는 전압을 인가하여 전압 강하를 보상해야 한다.

$$V_{bi} = \frac{1}{e}(\phi_{Al} - \phi_{ITO}) \tag{4.1}$$

이 방정식은 이상적인 MIM 구조의 경우에 적용되며, 알루미늄은 음극을 나타내고 ITO는 양극을 나타낸다. 실제 다이오드의 경우, 이 그림의 수정이 필요하다는 점을 아래에서 자세히 살펴볼 것이다.

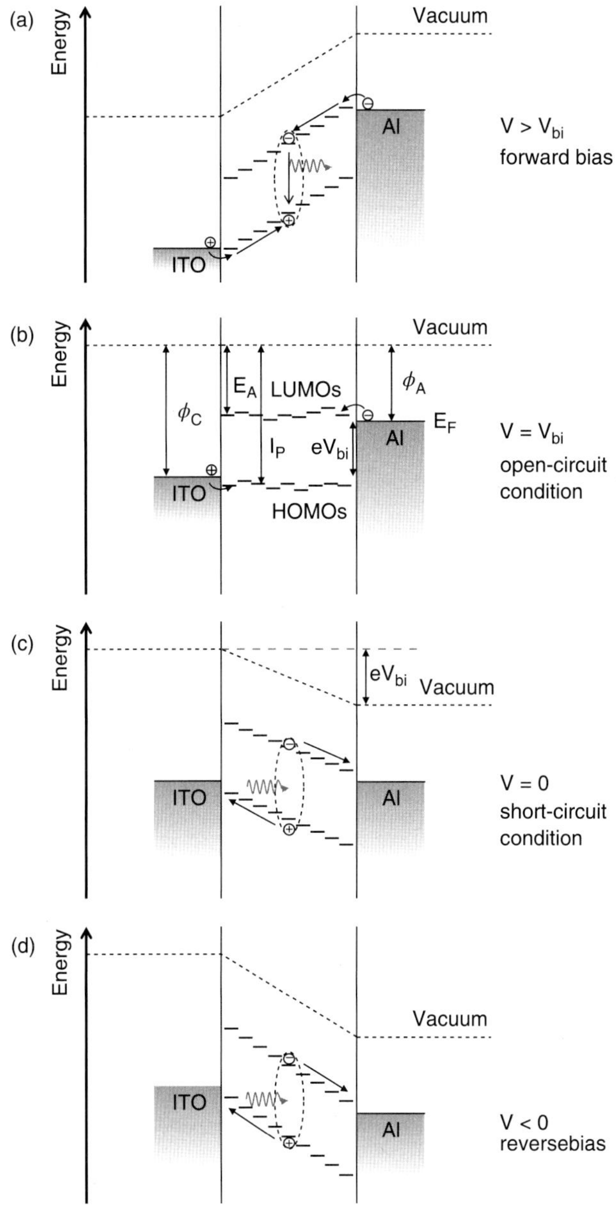

그림 4.6 다른 인가 전압에 대해 양극/유기반도체/음극 층 구조에서 분자 HOMO와 LUMO 준위의 정렬을 보여주는 금속–절연체–금속 그림. (a) 순방향 바이어스에서 소자는 OLED로 동작할 수 있으며, 전하 주입, 전하 수송, 그리고 발광의 전자–정공 재결합 과정이 표시된다. (b) 참고로, 음극의 일함수 ϕ_C와 양극의 일함수 ϕ_A는 개방 회로 상태에서 표시된다. 그 값은 모든 바이어스에 대해 동일하게 유지되는 반면 진공 준위는 바이어스에 따라 재정렬된다. 또한 내부 전압 V_{bi}, 전자 친화도 E_A, 그리고 이온화 퍼텐셜 I_p가 표시된다. 표현의 용이성을 위해 후자는 발색단의 LUMO와 HOMO 준위로 식별된다. (c) 단락 상태와 (d) 역방향 바이어스에서, 장치는 OSC로 동작할 수 있으며, 광흡수에 의한 엑시톤 생성과 전극으로의 후속 전하 수송 과정이 표시된다.

이제부터, 어떠한 조건하에서 소자에 주입된 전하가 전류 흐름을 초래할 것인가를 고려해 보자. 예를 들어 열활성화에 의해, 단락 상태에서 Al에서 LUMO로 전자가 주입되면(그림 4.6c), 유기층을 통한 LUMO 준위의 의도하지 않은 기울어짐으로 인하여 즉시 Al 전극으로 되돌아갈 것이다. 전자는 가능한 가장 낮은 에너지 준위를 추구한다는 것을 기억하자. 정공은 에너지 공간에서 위쪽으로 이동하므로, ITO 측에 우연히 정공을 주입하더라도 전류의 흐름이 발생하지 않는다. 외부 전압이 인가되고 ITO에 대하여 Al의 Fermi 에너지를 낮추는 내부 전위가 추가되면(**역방향 바이어스**), 유기층을 통한 에너지 준위의 기울기가 더 가파르게 된다. 그렇지 않으면, 아무것도 변하지 않고 이상적인 소자에는 여전히 전류 흐름이 없다. 실제 소자에서는 핀홀과 다른 제어되지 않은 전류 경로로 인하여, 작은 기생 누설 전류가 있다. 양쪽 면의 우세한 큰 에너지 장벽이 ITO에서 LUMO로 전자를 주입하거나 Al에서 HOMO로 정공을 주입하는 것을 불가능하게 한다. 인가 전압의 방향이 반대로 되면, HOMO와 LUMO 준위의 기울기가 플랫 밴드 조건이 될 때까지 감소한다. 인가 전압을 더 높이면, 유기층에서 에너지 준위 기울기의 방향이 바뀐다(**순방향 바이어스**). 알루미늄의 Fermi 에너지와 LUMO 사이 또는 ITO와 HOMO 사이의 에너지 장벽을 극복할 수 있을 만큼 전압(**턴온 전압**)이 충분하면, 3.2절(그림 4.6a)에 자세히 설명된 대로 주입이 이루어진다. 전하는 에너지 준위의 기울기를 따라 박막을 통해 이동한다. 반대 전하 캐리어를 만나지 않으면, 반대 전극을 통해 소자에서 빠져나가고, 소자의 가열에만 기여한다. 분명히 이것은 OLED에서 바람직한 사례가 아니다. 원하는 이벤트는 전극에 의하여 들뜬상태의 퀀칭을 최소화할 수 있는 소자의 중간 정도의 선호하는 어딘가에서 전자와 정공이 만나서 들뜬상태를 형성하는 것이다. 들뜬상태의 발광 감쇠는 원하는 전기 발광으로 이어진다. 이상적인 OLED에서는, 소자를 통과하는 전류 흐름의 증가가 발광 시작과 일치해야 한다.

이제 전극 중 하나인 정공 주입 전극, 즉 양극이 유기반도체와 저항성 접합을 형성할 때, 이 그림이 어떻게 변하는지 살펴보자. 정의에 따르면, 이것은 양극이 전자를 수용할 수 있는 무한한 용량, 즉 주입 정공의 무한 저장소가 된다는 것을 의미한다. 개방 회로 조건에서, 전자가 유기반도체의 HOMO에서 (저항성) 양극의 Fermi 준위로 호핑하는 것을 고려하자. 반도체 용어에서는 정공이 주입되었다고 하는 반면 화학자들은 분자 양이온이 형성되었다고 말한다. 전기 화학에서 잘 알려진 바와 같이, 중성 분자에 대해 분자 양이온의 에너지 준위는 달라져 같은 분자에서 다른 전자를 빼내는 것이 더 어렵다(=같은 분자에 다른 정공을 주입하는 것). 즉, LUMO와 HOMO(여기서는 전자 친화도와 이온화 퍼텐셜과 동의어로 사용됨)는 그림 4.7과 같이 더 큰 음수 값으로 이동한다. 이것은 정공이 주입될 때마다 계면을 따라 항상 발생하며, 공간 전하 층이 형성된다. 공간 전하 층에서 에너지 준위의 이러한 변화를 **밴드 벤딩**(band bending)이라고 하며, 무기반도체에서 나타나는 효과와 유사하다(Box 4.2). 전극이 전자에 대하여 저항성 접합을 형성하면, 음극에서도 동일한 밴드 벤딩이 발생

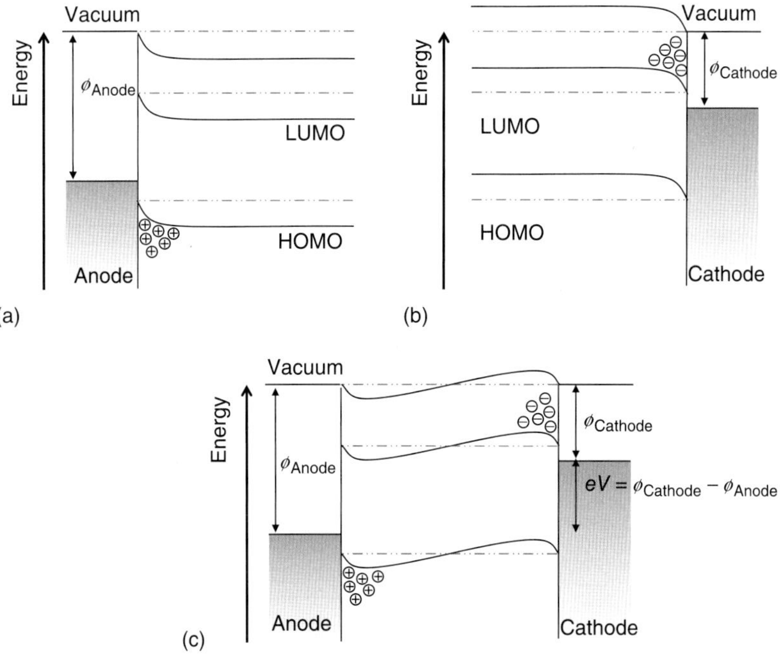

그림 4.7 밴드 벤딩이 계면 에너지 준위에 미치는 영향. 연한 회색 점선은 전하 수송이 발생하지 않는 경우의 '직선' 에너지 준위를 나타낸다. 전하 수송이 발생하여 밴드 벤딩이 나타나면 실선의 에너지 준위가 적용된다. (a) 양극에서 밴드 벤딩의 효과. (b) 음극에서 밴드 벤딩의 효과. (c) 전극 일함수의 차이에 해당하는 전압이 인가되었을 경우의 밴드 벤딩이 있는 소자.

한다. 공간 전하 층의 폭은 유전 상수 값과 인터페이스를 통해 전달되는 전하 수에 의해 결정된다. 무기반도체는 일반적으로 수백 nm 범위의 공간 전하 층을 갖는 경향이 있다[38].

Box 4.2 쇼트키 접합과 밴드 벤딩

금속이 무기반도체와 접촉할 때 형성되는 금속–반도체 접합을 **쇼트키 접합**이라고 한다. 전도대 에너지 E_C와 가전자대 에너지 E_V를 가진 이상적인 중성 n형 반도체가 높은 일함수 ϕ_m의 중성 금속과 접촉하는 경우를 고려하자(그림 B4.2.1). 접촉이 없으면, n형 반도체의 Fermi 에너지는 전자 친화도 E_A를 갖는 전도대 엣지에서 에너지 Δ_n만큼 아래에 있다. 예를 들어 외부 와이어를 통해서 금속과 반도체가 연결되면, 열적 평형 상태에 도달하고 Fermi 준위가 정렬될 때까지 반도체에서 금속으로 전자가 확산한다. pn 접합의 경우와 유사하게 금속에는 이제 반도체에 부족한 추가적인 음전하가 있다. 금속 표면의 음의 과잉 전하는 계면 옆의 반도체 영역에서 동일한 수의 반대인 양전하가 수집되어 폭 W의 공핍층을 형성함을 의미한다. 이와 관련된 것은 계면에 인접한 반도체 층에서 내부 전기장 φ_{bi}와 전압 강하이다. 계면에서 금속의 일함수와 반도체의 이온화 퍼텐셜, 그리고 전자 친화도는 진공 준위에 대하여 달라지지 않는다. 즉, 전도대 에너지 E_C와 가전자대 에너지 E_V의 값이 고정되어 있다. 전자가 부족하기

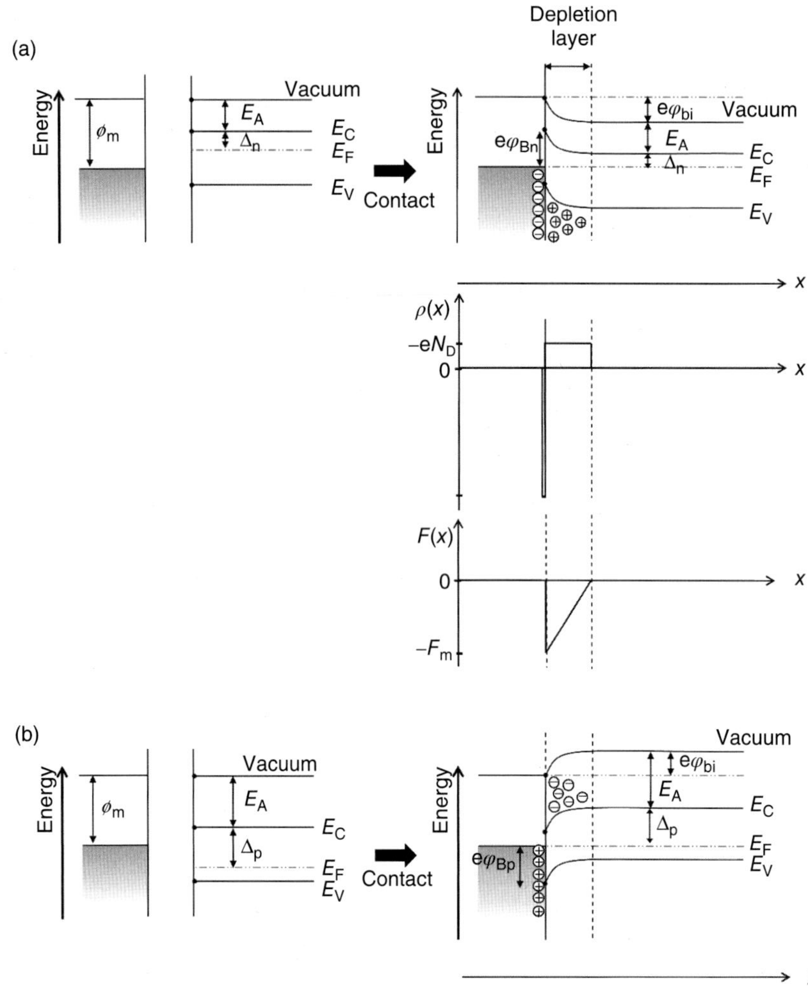

그림 B2.2.1 금속과 반도체(왼쪽 그림)가 접촉할 때(오른쪽 그림), 금속–반도체 접합에서 높이 $e\varphi_B$의 쇼트키 장벽 형성. (a) n형 반도체의 경우. 급격한 층 근사에서 관련 전하 분포 $\rho(x)$와 전기장 분포 $F(x)$가 표시된다. (b) p형 반도체의 경우.

때문에, Fermi 에너지는 전도대의 엣지보다 훨씬 아래에 있다. 계면으로부터의 거리가 멀어짐에 따라, 이 차이는 감소하게 된다. 금속–반도체 접촉에서 멀리 떨어지면, 반도체가 다시 전하 중립이 되고, 비접촉인 경우와 같이, 전도대 엣지의 에너지가 Fermi 에너지보다 에너지 Δ_n만큼 높고, 에너지 E_A가 진공 에너지 아래에 있게 된다. 공핍층을 가로지르는 전도대와 가전자대 에너지의 변화는 **밴드 벤딩**이라고 알려져 있다. 푸아송 방정식을 풀면,

$$\frac{d^2\varphi}{dx^2} = -\frac{N_D e}{\varepsilon_0 \varepsilon_S} \tag{B4.2.1}$$

전위 φ에 대해서, 공핍층의 너비 W가 반도체의 유전 상수 ε_S, 도너 불순물의 밀도 N_D, 그리고 내부 필

드 φ_{bi}와 관련된 전압 강하에 의해 결정된다는 것을 알 수 있다.

$$W = \sqrt{\frac{2\,\varepsilon_0 \varepsilon_S \varphi_{bi}}{e\,N_D}} \tag{B4.2.2}$$

외부 전압이 가해지면, 공핍층의 면적을 구하기 위해서는 φ_{bi}를 $(\varphi_{bi} - V)$로 대체해야 한다. 자세한 과정은 고체 물리학 또는 반도체 물리학에 관한 교과서[7, 38–39]를 참조하기 바란다.

OLED의 동작을 위해서는, 인가된 바이어스가 내부 전압을 초과하는 즉시 전하 주입과 전자-정공 재결합에 의한 발광이 발생할 수 있기 때문에 저항성 접합이 필요하다. 발광이 시작되는 소위 **턴온 전압**(turn-on voltage)은 3.2절에 자세히 설명된 대로 주입 장벽을 극복해야 하기 때문에 비저항성 접합이 사용될 때 증가한다. 실제로 저항성 접합을 형성하는 적절한 에너지 준위를 가진 전극 재료를 찾는 것은 항상 도전 과제이다. 하지만 다층 구조에서 전극과 유기반도체 사이에 추가적인 주입층을 삽입하여 유기반도체로의 준저항성 주입을 구현할 수 있다.

4.1.4 다층 OLED 구조

동작 원리로부터, 소자 구조의 변화가 OLED에서 생성된 광 출력을 개선하는 데 도움이 된다는 것은 분명하다(그림 4.8a). 이상적으로는 가능한 한 적은 바이어스로 전자와 정공을 주입하는 것을 목표로 하고, 각 전자가 상대 전극을 통해 유기반도체를 빠져나가기보다는 정공과 함께 반도체에서 재결합하기를 원한다. 전자는 전극과 발광 화합물 사이에 주입층을 삽입하여 구현할 수 있다. 이들은 일반적으로 ITO의 일함수와 발광 화합물의 HOMO 사이에 HOMO가 있거나 발광층의 LUMO와 음극의 일함수 사이에 LUMO가 있는 유기반도체이다. 이러한 단계적인 에너지 접합의 생성은 전하 주입에 대한 장벽을 감소시켜 발광에 필요한 턴온 전압을 감소시킨다. 에너지 준위가 잘 조정되면, 발광 반도체로의 주입이 상온에서 열적으로 발생하여 준저항성이 될 수 있다. 전하가 재결합 없이 유기 박막을 떠나는 것을 방지하기 위해 차단층을 삽입할 수 있다. 이를 위해 높은 LUMO(낮은 HOMO)를 가진 재료가 양극(음극) 쪽의 발광층과 주입층 사이에 삽입된다. 물론 적절한 에너지 준위를 갖는 단일 화합물, 예를 들어 정공 주입층(HIL)과 전자 차단층(EBL) 또는 전자 주입층(EIL)과 정공 차단층(HBL)의 이중 기능을 갖도록 사용할 수도 있다. 균형 잡힌 전자와 정공 전류는 발광층의 양쪽에서 다양한 에너지 장벽을 미세 조정하여 얻을 수 있다.

발광층 자체는 단일 재료, 다층 구조, 또는 신중하게 구성된 재료의 혼합일 수 있다. 단층 소자 구조에 대한 첫 번째 수정사항 중 하나는 HOMO와 LUMO 준위가 첫 번째 층에서

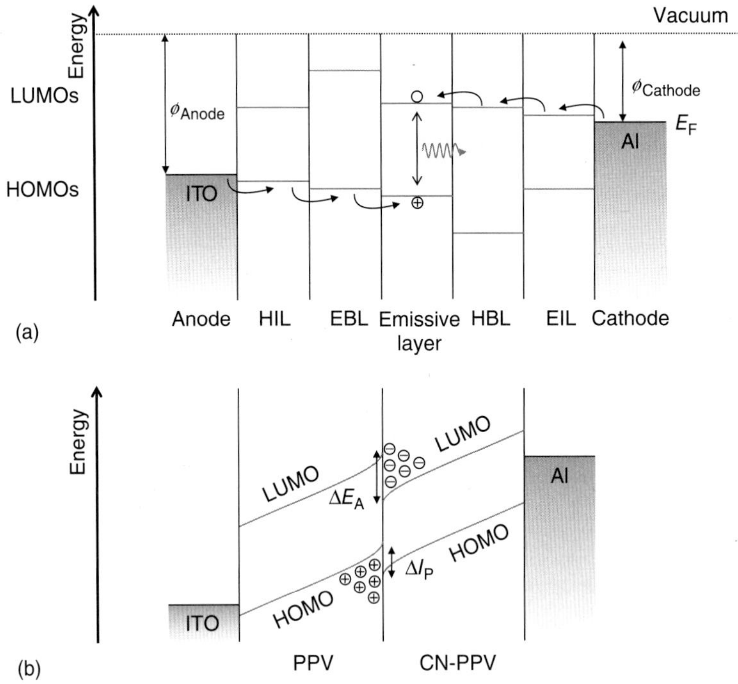

그림 4.8 (a) 개방 회로 조건에서 다층 소자 구조의 예로 차단층은 발광 재결합이 발생하는 발광층으로 전하를 제한한다. (b) PPV와 CN–PPV로 만들어진 이중층 소자의 개략도. 전자 친화도(E_A)와 이온화 퍼텐셜(I_P)의 차이로 인해 전자와 정공이 계면에서 축적된다(Greenham et al.[40]). 정공 주입층(HIL), 전자 차단층(EBL), 발광층, 정공 차단층(HBL), 전자 주입층(EIL), 양극과 음극이 있다.

다소 오프셋된 유기반도체의 두 번째 층을 삽입하는 것이다[40]. 두 물질 사이의 계면에 있는 에너지 장벽의 결과로 전자와 정공이 거기에 축적된다. 이것은 2가지 장점이 있다. 이러한 에너지 장벽을 삽입함으로써 첫째, 전자–정공과의 만남과 둘째, 이들의 재결합이 발생할 확률이 크게 증가한다. 그림 4.8b에 표시된 바와 같이, 계면 에너지는 전하 축적에 의해 조정될 수 있다. 또한 재결합 영역이 유기층의 중심에 있도록 설계된다. 이것은 금속 전극에 의한 들뜬상태의 퀀칭을 방지한다. 단일층만 사용되는 경우, 전자 이동도에 비해 일반적으로 정공의 이동도가 크기 때문에, 들뜬상태의 퀀칭이 발광 감쇠와 경쟁하는 음극에 가까운 곳에서 재결합이 나타난다.

여러 층을 사용하면, 장치 성능을 최적화할 수 있다는 장점이 있다. 연속적인 층의 증착은 각기 다른 층 위에 증착된 분자 반도체의 경우 간단하며, 따라서 이것은 현대 산업적인 목적에 부합하는 매우 인기 있는 접근 방식이다. 용액 공정이 필요한 경우, 여러 층을 증착하는 것이 더 복잡한 작업이 된다. 요구사항은 후속 층의 증착이 이전 층을 용해하거나 제거해서는 안 된다는 것이다. 이를 구현하기 위한 접근 방식은 높은 극성의 용매와 비극성 용매와 같이 아주 다른 용매에 용해되는 재료를 사용하는 것이다. 정공 주입층으로 PEDOT:PSS를 사용하는 것도 이에 대한 예이다. 이것은 수용성이지만, 대부분의 반도체 고분자는 유기 용매에 용해되므로 유기 고분자를 PEDOT:PSS 위에 스핀 코팅하는 것은 문제가 되지 않는다. 대안으로, 예를 들어 사이드 체인을 광화학적으로 가교 결합시켜, 증착 후 폴리머 박막을 용해되지 않도록 만들 수 있으므로[41–42], 다른 층을 그 위에 스핀 코팅시킬 수 있다. Greenham, Moratti 그리고 동료들이 만든 최초의 이중층 폴리머 OLED는 PPV 전구체와 CN–PPV로 제작되었다. PPV 전구체는 용해성 전구체 폴리머가 ITO 위에 증착되는 PPV이다. 진공에서 12시간 동안 220°C로 가열하면, 화학 반응으로 전구체 폴리머가 PPV로 전환된다. PPV에는 사이드 체인이 없으므로 용해되지 않는다. 전자가 부족한 cyano 그룹에 의해 HOMO와 LUMO 모두 낮아지는 용해성이 있는 CN–PPV를 PPV 위에 스핀 코팅할 수 있다. 음극을 증착시켜 소자 제작이 완료되었다. PPV를 변환하는 과정에서 방출되는 염산이 소자의 성능과 안정성에 해를 끼치는 것으로 밝혀졌기 때문에 오늘날 더 이상 사용되지 않는다.

4.1.5 OLED의 전류–전압–휘도 특성

OLED의 특성을 평가하기 위해 인가된 바이어스의 함수로 전류 밀도와 광 출력을 측정하고 이를 2개의 세로 좌표를 사용하여 그림을 그려서 표시하는 것이 일반적이다. 4.3.1절에서 자세히 설명하겠지만, 광 출력은 **휘도**(luminance)로 정량화되므로 결과 곡선은 **전류–전압–휘도**(I–V–L) **특성**으로 알려져 있다. 일반적인 예가 그림 4.9에 나와 있다. 세미 로그 표현에서는 3가지 다른 영역을 구별할 수 있다.

- 그림 4.9에서 1로 표시된 역방향 또는 바이어스가 인가되지 않으면($V < V_{bi}$, 그림 4.6d, c), 원칙적으로 전류가 없어야 한다. 실제로 핀홀과 기타 결함을 통해 전극 사이의 기생 전류로 인하여 약한 누설 전류가 관찰된다. 이 누설 전류는 인가 전압에 비례한다. 즉 옴의 법칙 $j \propto V$를 따른다.
- 높은 순방향 바이어스($V \gg V_{bi}$) 영역은 그림 4.9에서 3으로 표시되며, 그림 4.6a의 상황에 해당한다. 이상적으로는 전자와 정공이 준저항성 방식으로 발광층에 주입되고 전위의 기울기로 인해 각각의 상대 전극으로 표동된다. 이들의 전류는 3.1절에서 논의된 대로 축적된 공간 전하에 의해서만 제한된다. 이 영역에서 I–V 곡선은 이상적으로 차일드 법칙[식 (3.4)], $j = (9/8)\varepsilon_r \varepsilon_0 \mu ((V_a - V_{bi})^2 / d^3)$로 표현할 수 있다. 여기서 μ는 전자와 정공 이동도의 합이고, V_a는 인가된 전압이다. 전류의 부호는 양수이다.
- 중간 영역에서 $V \approx V_{bi}$(그림 4.9에서 2로 표시)는 표동 전류와 확산 전류가 중첩된다. 전극에서 멀어지는 확산 전류는 전극이 저항성이거나 다층 구조가 준저항성인 경우 전하

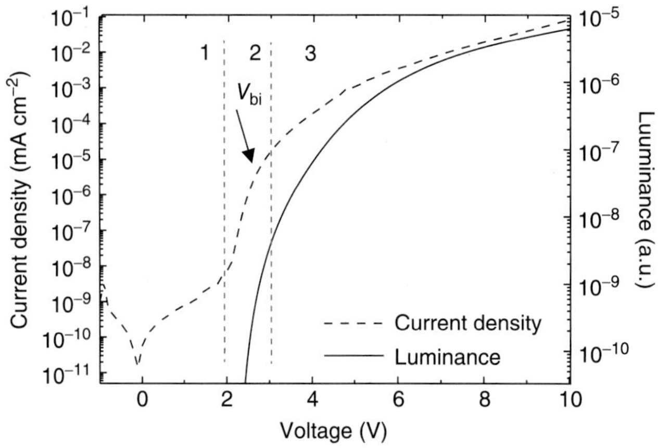

그림 4.9 유리/ITO/PEDOT:PSS(50 nm)/Alq_3(80 nm)/Al(100 nm)의 층 구조로 만들어진 OLED에 대한 세미 로그 표현의 전류–전압–휘도 곡선. 1, 2, 3으로 표시된 3가지 다른 영역은 본문에 자세히 설명된 대로 구분할 수 있다.

밀도의 기울기로 인해 발생한다. 반대 방향의 표동 전류는 전위의 기울기에 의해서 발생한다. 양의 전류는 확산 전류가 지배적일 때 얻어진다. 전류가 전압에 따라 지수적으로 증가한다는 것을 경험적으로 알 수 있다. 이 영역에서 전류는 Shockley 방정식[식 (B4.1.1)], $j(V) = j_0(\exp(qV/\eta kT) - 1)$을 만족한다. 이상 계수는 약 1.2(랑주뱅 유형의 재결합이 우세할 때)~2(Shockley–Read–Hall 유형의 재결합이 우세할 때) 범위이다[43].

무기반도체와 유기반도체의 차이가 크기 때문에, 단순히 Shockley 방정식을 취하고 적용하는 방식은 다소 불만족스럽다. 그러므로 유기반도체의 특수성을 고려한 I–V 특성에 대한 유도를 고려한다. 분석을 간단히 하기 위해 오직 한 가지 유형의 캐리어, 즉 정공 반도체(**단극 정공 전용 소자**)에 주입되는 경우로 제한하고 Bruyn과 동료가 제시한 접근 방식을 따른다[44]. 그들은 다이오드를 양극은 저항성 정공 주입 접합, 음극은 비저항성 접합으로 만들어진 MIM(metal–insulator–metal) 구조로 간주한다.

표동과 확산이 모두 기여하는 영역(일반적으로 $0 < V < V_{bi}$)에 대한 I–V 특성을 유도하기 위한 좋은 시작점은 연속성 방정식[식 (3.6)], $j = en\mu F - De(dn/dx)$이다. 첫째 항은 표동 전류를 설명하고 둘째 항은 확산 전류이다. 여기서 고려되는 정공 전용 소자의 경우, 전하 캐리어 밀도 n, 이동도 μ와 확산 계수 D는 모두 정공만을 나타낸다. 아인슈타인 방정식[식 (3.7)], $eD = \mu kT$를 사용하고, 퍼텐셜 φ의 미분을 통해 전기장 F를 표현하면, 다음을 얻을 수 있다.

$$j = \mu kT\left(\frac{n}{kT}\frac{\mathrm{d}(e\varphi)}{\mathrm{d}x} - \frac{\mathrm{d}n}{\mathrm{d}x}\right) \tag{4.2}$$

전하와 전위의 곱을 관련 퍼텐셜에너지로 대체하면, 식 (4.2)는 다음과 같이 다시 쓸 수 있다.

$$j = \mu kT\left(\frac{n}{kT}\frac{\mathrm{d}\varepsilon}{\mathrm{d}x} - \frac{\mathrm{d}n}{\mathrm{d}x}\right) \tag{4.3}$$

ε은 정공의 퍼텐셜에너지이다. 이것은 무기반도체의 가전자대에 해당하는 유기반도체의 이온화 퍼텐셜이다. 표동 전류의 경우, 공간에 대하여 퍼텐셜에너지의 차이만 중요하므로, 전압이 인가되지 않을 때 양극에서 ε을 0으로 정의하는 것이 편리하다. 밴드 벤딩의 효과가 무시할 만하다고 가정하자(나중에 밴드 벤딩을 포함할 것이다). 그런 다음 식 (4.3)을 전체 소자 두께 L에 대하여 적분한다.

$$j = \frac{\left(-\mu kTn(x)\exp(-\varepsilon(x)/kT)|_0^L\right)}{\left(\int_0^L \exp(-\varepsilon\,(x)\,/kT)\,\mathrm{d}x\right)} \tag{4.4}$$

그림 4.10에서 볼 수 있듯이, 밴드 벤딩이 없을 경우, 정공 밀도 $n(x)$와 양극/반도체 계면 $(x = 0)$과 반도체/음극 계면$(x = L)$에서 정공의 퍼텐셜에너지 $\varepsilon(x)$는 다음과 같다.

$$n(0) = N,\ n(L) = N\exp\left(-\frac{e\varphi_b}{kT}\right) \tag{4.5a}$$

$$\varepsilon(0) = -eV,\ \varepsilon(L) = -e\varphi_b \tag{4.5b}$$

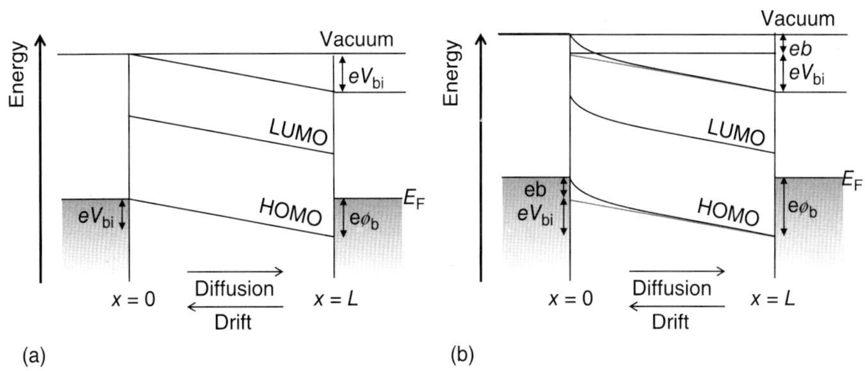

그림 4.10 금속-절연체-금속 근사에서 유기층의 두께 L을 가진 유기 정공 전용 다이오드의 에너지 준위 다이어그램. 위치 $x = 0$에서 접합은 저항성이고, $x = L$에서 접합의 Fermi 에너지 E_F와 HOMO 준위 사이에 높이 $e\varphi_b$의 장벽이 있다. (a) 단락 조건에서, 전극 일함수의 퍼텐셜에 해당하는 내부 전위 $V_{bi} = \varphi_b$가 있다. (b) 저항성 접합에서 주입된 정공으로 인해 밴드 벤딩되면, 단락 상태에서 내부 전위가 $V_{bi} = \varphi_b - b$로 감소한다. 여기서 b는 밴드 벤딩의 정도에 대한 척도이다(de Bruyn et al.[44]).

$\varepsilon(x)$의 위치 의존성은 단순한 삼각형 모양으로 다음과 같이 주어진다.

$$\varepsilon(x) = -e\left(V + \frac{(\varphi_b - V)\,x}{L}\right) \tag{4.6}$$

여기서 N은 양극에서 전공의 밀도이다. 식 (4.5a)와 (4.6)을 식 (4.4)에 넣어서 적분하면 MIM 다이오드의 확산 제한 전류에 대한 해석적 표현이 도출된다.

$$j = \frac{e\mu N(\varphi_b - V)}{L\{\exp(e\varphi_b/kT) - \exp(qV/kT)\}}\{\exp(eV/kT) - 1\} \tag{4.7}$$

밴드 벤딩의 효과는 밴드 벤딩 전위 b를 통하여 고려될 수 있다. 식 (4.5a)와 (4.6)을 적절하게 적용하면 양극에서 밴드 벤딩이 명확하게 고려되는 경우에 대하여 다음과 같다[44].

$$j = \frac{e\mu N(\varphi_b - b - V)}{L\exp(eb/kT)\{\exp((e(\varphi_b - b))/kT) - \exp(eV/kT)\}}\{\exp(eV/kT) - 1\} \tag{4.8}$$

밴드 벤딩은 내부 전압을 $V_{bi} = \varphi_b - b$ 값으로 감소시키고, 내부 전압 근처의 전류에 영향을 준다.

그림 4.11에서, 식 (4.8)은 실험 데이터와 비교되어, 온도 범위에 대해 잘 일치함을 보여준다.

전체 전류–전압 특성은 식 (4.8)의 확산–제한 전류 표현에 식 (3.4)의 차일드 법칙 표현을 추가하여 해석적으로 표현할 수 있다.

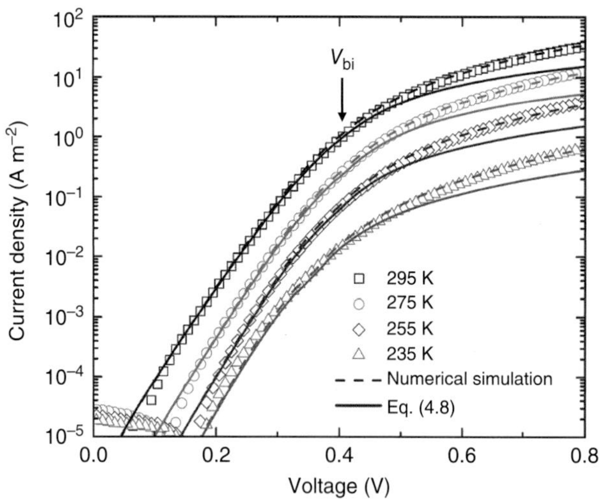

그림 4.11 서로 다른 온도에 대해 측정된 PEDOT:PSS/PFO/MoO_3 층 구조로 만들어진 정공 전용 다이오드의 전류–전압 특성. 실선은 식 (4.8)로 피팅한 결과이고, 화살표는 0.4 eV의 내부 전압을 나타낸다. 더 높은 전압에서의 편차는 표동 항(SCLC)이 우세한 전류 때문이다. 점선은 표동–확산–솔버를 사용하여 수치적인 계산을 나타낸다(de Bruyn et al.[44]).

4.1.6 OSC의 기본 동작

기본 OSC는 단층 OLED와 동일한 구조로 만들어지므로, 빛이 없는 경우 동일한 동작 원리를 따른다. OSC는 일반적으로 단락 조건에서 작동하지만(그림 4.6c), 원하는 응용분야에 따라 소자가 역바이어스로 동작할 수도 있다. 빛의 흡수는 3.6절에서 논의된 바와 같이 들뜬상태를 생성하고, 이는 이동 가능한 자유 전자와 정공으로 해리된다. 광생성 전하는 각각의 전극, 즉 정공은 양극으로, 전자는 음극으로 이동하여 수집된다. 단락 상태에서 수집된 전류는 일반적으로 음의 부호를 갖는다. 역바이어스는 Al보다 ITO가 높은 (양의) 퍼텐셜을 갖는 경우에 해당한다. ITO에 대해 알루미늄을 양극으로 바이어싱 하여 외부 전기장이 반대 방향으로 인가되면, 내부 전기장은 감소하고 개방 회로 전압 V_{OC}에서 완전히 중단된다. 손실이 없고 기생 누설 전류가 없는 이상적인 다이오드에서, V_{OC}는 광전류 흐름이 없는 것과 관련된 전압이다. 실제 다이오드에서 측정된 총 전류는 3가지 기여로 구성된다. 첫 번째는 광전류(전극을 향한 방향), 두 번째는 기생 누설 전류(전극으로부터의 방향), 세 번째는 전자와 정공의 제미네이트와 비제미네이트 재결합에 의한 손실 전류(전극으로부터의 방향)이다. 이 경우 V_{OC}는 광전류가 누설 전류와 재결합 전류를 보상하는 전압을 나타내므로 빛 아래서 측정된 총 전류는 0이 된다. V_{OC}보다 더 높은 전압을 인가하면, 전극으로부터의 주입 전류와 광전류가 중첩되는데, 주입 전류가 신호에 우세하게 나타난다.

OLED의 경우와 같이, 소자의 구조를 최적화하여 OSC의 성능을 향상시킬 수도 있다. 들뜬상태의 해리는 전자가 풍부한 도너 유형의 물질과 전자가 부족한 억셉터 유형의 물질 사이의 계면에서 가장 효율적이기 때문에, 도너와 억셉터 유형의 화합물을 포함하는 물질 시스템을 사용하는 것이 일반적이다. 도너와 억셉터는 혼합(bulk heterojunction(BHJ) device)을 위해 서로 섞거나 이중층 다이오드(planar heterojunction device)를 만들기 위해 공간적으로 분리될 수 있다. 이러한 장치 구조는 4.2.2절에서 더 자세히 설명한다. 혼합만을 사용하는 것에 비해 더 높은 효율은 순차적으로 양극/도너/도너-억셉터 혼합/억셉터/음극의 3층 구조를 사용하여 구현할 수도 있다. 이 구조적 개념은 그림 4.12에 표시된 것처럼 계단식 에너지 준위 구조를 사용하거나 추가적인 차단층을 삽입하여 더욱 개선할 수 있다. 주요 특징은 전자와 정공의 공간 분리와 경로를 강화하여 재결합 손실을 줄이는 것이다[45-48].

4.1.7 OSC의 전류-전압 특성

OSC에서 다이오드를 통해 흐르는 총 전류는 전극에서 주입된 암전류와 광전류의 합이다. *I*-*V* 곡선에 대한 이 개념은 생각하기는 쉽지만 해석적인 모델을 만드는 것은 어렵다. 문제는 다음과 같다.

(i) 단일 화합물의 단층 다이오드에서, 즉 식 (4.7)과 (4.8)이 유효하지만, 효율적인 광생

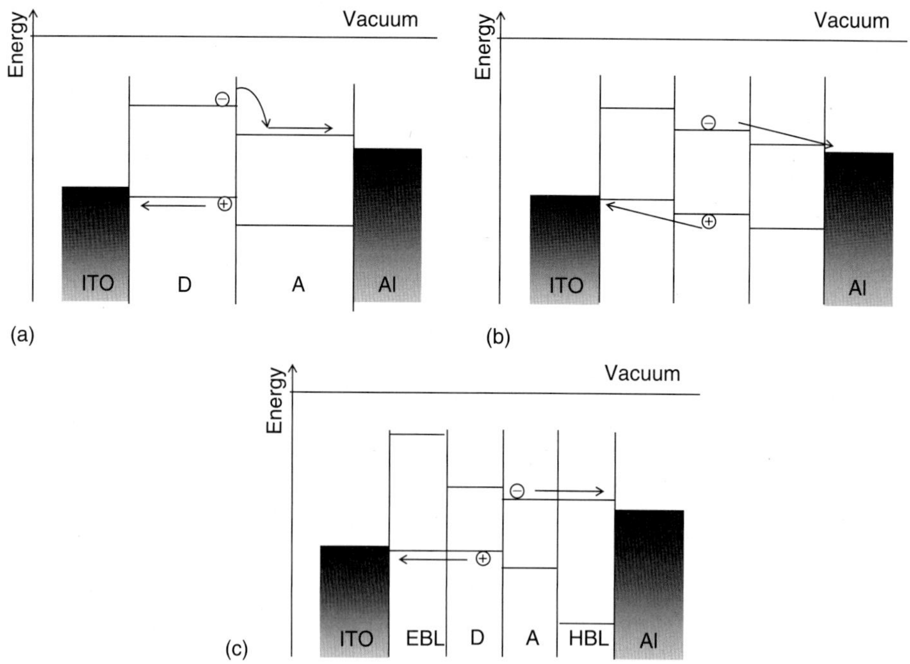

그림 4.12 OSC의 가능한 소자 구조와 에너지 준위(개방 회로 조건에서). (a) 도너(D)–억셉터(A) 이중 층 구조, (b) 계단식 에너지 준위, (c) 전자 차단층(EBL)과 정공 차단층(HBL)이 있는 이중층.

성이 없다. 효율적인 광생성은 도너–억셉터 시스템에서만 발생하며, 도너와 억셉터가 혼합되어 블렌드를 형성하거나 공간적으로 분리되어 이중층 다이오드를 형성할 수 있다.

(ii) 제미네이트 전자–정공 쌍의 광해리는 3.6.2절에서 논의된 바와 같이 비선형 방식으로 전기장에 의존하는 과정이다.

(iii) BHJ 소자에서, 광학적으로 생성된 전하 캐리어는 비제미네이트 재결합을 할 수 있으며 이 과정은 전기장에도 의존한다.

(iv) BHJ 소자에서, 박막의 형태는 전하 생성과 재결합에 큰 영향을 미친다.

현재 이러한 문제에 대한 집중적인 연구가 진행 중이며, OSC의 전류–전압 특성에 대한 포괄적이고 완전한 설명은 아직 개발되지 않았다. 지금까지는 Giebink와 동료들에 의해 양극/도너 물질/억셉터 물질/음극 형태의 비저항성 접합을 갖는 이중층 구조에 대한 I–V 특성 모델을 제시하였다. 그들의 접근 방식은 광생성 전자–정공 쌍과 자유 전하에 대한 속도 방정식을 푸는 데 있으며, 이는 낮은 바이어스(대략 $0 \le V \le V_{bi}$) 영역에 유효하다.

그들의 모델은 그림 4.13a에 설명되어 있다. 각각 주입 장벽이 Δ_{anode}와 $\Delta_{cathode}$이고 일함수 ϕ_{anode}와 ϕ_{cathode}를 갖는 비저항성 전극으로부터 전자와 정공이 주입되어 전하가 생성되고, 도너-억셉터 이중층의 계면에서 광생성에 의해서도 전하가 생성될 수 있다. 도너와 억셉터 층의 전류 밀도는 그림 4.13b에 표시된 것처럼 본질적으로 단극이다. 이들은 주입, 계면

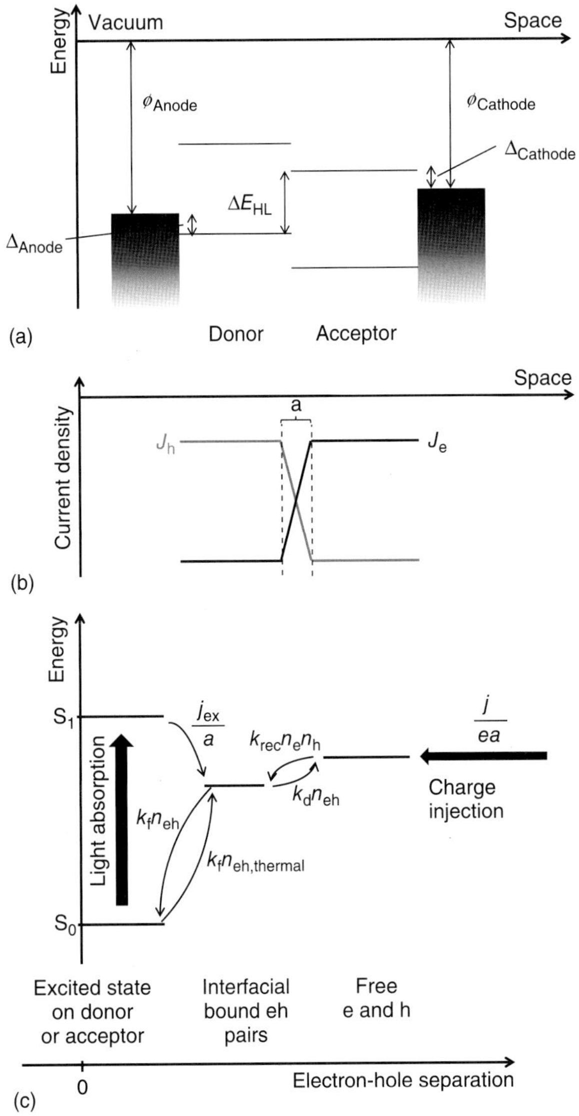

그림 4.13 도너-억셉터 이중층에서의 전하 분리, 거리 a로 계면 전자 정공 쌍이 분리된다. (a) 에너지 준위 다이어그램. (b) 정공 전류 J_h와 전자 전류 J_e에 대한 전류 밀도. (c) 관련된 상태 사이에서 프로세스를 나타내는 에너지 다이어그램이다. 화살표는 입자의 흐름을 나타낸다. n_{eh}는 계면 결합 전자 정공 쌍의 밀도를 나타낸다. n_e와 n_h는 각각 자유 전자와 정공의 밀도를 나타내고, j_{ex}는 엑시톤 플럭스이다. 결합 전자 정공 쌍의 해리와 재결합 속도는 각각 k_d와 k_f이고, k_{rec}은 자유 전하 캐리어의 재결합을 나타낸다. $n_{eh,thermal}$은 상세한 균형에 의해 결정되는 결합 전자 정공 쌍의 열평형 밀도이다 (Giebink et al.[49]).

에서의 재결합과 계면에서의 광생성 사이의 상호 작용에 의해 결정된다. 계면의 폭 a는 전자-정공 쌍의 분리 거리로 간주된다. 경계면의 기본 단계는 그림 4.13c에 표시되어 있다. 광여기는 도너 또는 억셉터 층에서 엑시톤을 생성하여, 계면 쪽으로 확산하여 엑시톤 플럭스 j_{ex}를 생성한다. 계면에서, 엑시톤은 전하 수송에 의해 쿨롱 결합 전자-정공(eh) 쌍을 생성한다. eh 쌍은 속도 k_d로 해리되거나 k_f의 속도로 바닥상태로 재결합할 수 있다. eh 쌍을 생성하는 또 다른 소스는 플럭스 j로 전극으로부터 주입된 전자와 정공이 k_{rec}의 속도로 재결합에 의한 것이다. 계면에서 eh 쌍 밀도를 n_{eh}로 표시한다. 계면에서 자유 전자와 정공의 밀도는 각각 n_e와 n_h이다. 열평형에서 상세한 균형의 원리에 따라, 농도 $n_{eh,thermal}$에 대한 재결합 속도와 동일한 속도로 eh 쌍이 생성된다. 이 모델을 사용하면 결합된 eh 쌍의 밀도에 대한 속도 방정식을 다음과 같이 쓸 수 있다.

$$\frac{j_{ex}}{a} - k_f(n_{eh} - n_{eh,thermal}) - k_d n_{eh} + k_{rec} n_e n_h = 0 \tag{4.9}$$

마찬가지로 자유 캐리어 밀도에 대한 속도 방정식은 다음과 같다.

$$\frac{j}{ea} - k_{rec} n_e n_h + k_d n_{eh} = 0 \tag{4.10}$$

전류-전압 곡선을 얻기 위해서는 eh 쌍 밀도 n_{eh}에 대해서 식 (4.9)를 풀어야 한다. 풀이한 결과를 식 (4.10)에 대입하고 계면에서 전자와 정공의 밀도에 대한 표현식인 n_e와 n_h를 삽입한다. 이를 위해, Giebink 등은 다음 표현을 사용한다.

$$n_e = n_{e,cathode} \exp\left[\frac{\delta_A e\left(V - V_{bi}\right)}{kT}\right] \quad \text{with } n_{e,cathode} \approx N_{LUMO} \exp\left(-\frac{\Delta_{cathode}}{kT}\right) \tag{4.11a}$$

$$n_h = n_{h,anode} \exp\left[\frac{\delta_D e\left(V - V_{bi}\right)}{kT}\right] \quad \text{with } n_{h,anode} \approx N_{HOMO} \exp\left(-\frac{\Delta_{anode}}{kT}\right) \tag{4.11b}$$

여기서 $\delta_A + \delta_D = 1$은 도너와 억셉터 층을 가로지르는 전압 강하의 비율이고, $n_{e,cathode}$와 $n_{h,anode}$는 전극의 캐리어 밀도를 나타내며, N_{LUMO}와 N_{HOMO}는 억셉터와 도너의 상태 밀도(DOS)이다. 식 (4.11)을 사용하면 다음을 구할 수 있다.

$$j = j_s \left\{ \exp\left(\frac{eV}{kT}\right) - \frac{k_d}{k_{d,thermal}} \right\} - e\eta_d j_{ex} \tag{4.12}$$

여기서 $k_{d,thermal}$은 바이어스 또는 빛이 없는 경우의 eh 쌍의 해리 속도이고, $\eta_d = k_d/(k_d + k_f)$

는 eh 쌍의 해리 확률을 제공한다. 암포화 전류(dark saturation current)는 $j_s = eak_{rec}N_{HOMO}N_{LUMO}(1 - \eta_d)\exp(-(\Delta E_{HL}/kT))$, $\Delta E_{HL} = \Delta_{cathode} + \Delta_{anode} + eV_{bi}$이다. ΔE_{HL}는 도너의 HOMO와 억셉터의 LUMO의 차이이다.

어둠 속에서, $k_d = k_{d,thermal}$ 그리고 $j_{ex} = 0$이므로, 식 (4.12)는 Shockley 방정식의 함수 형태를 취한다. 식 (4.11)은 V_{bi}에 가까운 전압 영역에서 확산 제어 수송의 개념에 기반하기 때문에 이것은 놀라운 일이 아니다. 빛이 조사되는 경우, 식 (4.12)는 k_d와 η_d에서 숨겨진 전압 의존성을 전달한다. 3.6.2절에서 논의된 바와 같이, 해리 속도는 전기장에 따라 달라지며, 예를 들어 작은 분자를 고려할 때 Onsager–Braun 속도[식 (3.62)]로 표현될 수 있다. π–공액 폴리머의 경우 Onsager–Braun 속도는 적절하지 않다.

이미 식 (4.12)에 제시된 Giebink 등의 공식은 역방향 바이어스 $V < V_{oc}$에서 OSC의 $j(V)$ 곡선을 분석하는 간단한 도구를 제공한다. 하지만 가정을 단순화하였다는 것을 생각하자.

(i) 이중층 다이오드에 대하여 유도되었으므로, 전자와 정공이 도너 또는 억셉터 층에 국한되어 있기 때문에, 전자와 정공의 비제미네이트 재결합을 포함하지 않는다.
(ii) 역방향 바이어스에서 누설이나 잔류 주입을 고려하지 않는다.
(iii) 다이오드의 전기장을 왜곡시킬 수 있는 전하 축적은 무시된다.

이러한 전제하에서, 쿨롱 결합 전자–정공 쌍의 해리에 대한 전기장 의존성을 안다는 조건으로 $j(V)$ 곡선을 계산할 수 있다.

빛이 조사되는 경우와 어둠 속에서 평면 이종접합 소자에 대한 실험적으로 측정된 $j(V)$ 곡선의 예는 그림 4.14a에 나와 있다. 조명 하에서 측정된 총 전류는 암전류 기여도와 광생성 전류의 기여로 나눌 수 있다. 비교를 위해, 그림 4.14b는 소자 내부에서 내부 전기장의 함수로서 광생성 전류의 의존성을 보여주며, 층 두께 d를 가지고 $F = (V - V_{oc})/d$로 계산된다.

4.2 태양전지 성능

4.2.1 태양전지 효율 결정

OSC의 효율성을 평가하는 방법에는 여러 가지가 있다. 특정 파장에서 태양전지에 입사하는 광자당 얼마나 많은 전자가 외부 회로에 도달하는지 고려할 수 있다. 이 비율은 **외부 양자 효율**(EQE, external quantum efficiency)로 주어진다. **입사 광자–전류 변환 효율**(IPCE, incident photon–to–current conversion efficiency)이라고도 한다.

$$\text{EQE} = \frac{\text{electron flux in the circuit}}{\text{incident photon flux}} = \frac{j_e}{j_{ph}} \tag{4.13}$$

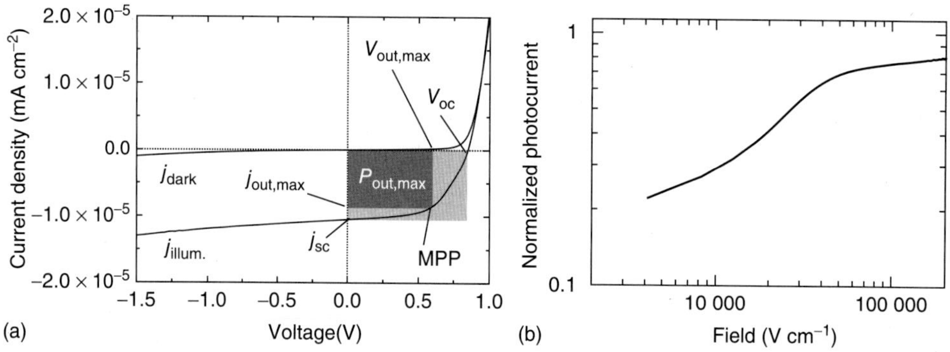

그림 4.14 MeLPPP를 도너로, C_{60}을 억셉터로 만든 이중층 구조의 태양전지를 어두운 조건과 빛이 있는 조건에서 측정한 전류 전압 곡선. (a) 빛이 없는 조건(j_{dark})과 빛이 있는 조건($j_{illum.}$)에서 측정된 태양전지의 총 전류. 단락 전류 j_{sc}, 개방 회로 전압 V_{oc}, 그리고 최대 전력 포인트 MPP의 값도 표시된다. 충전율은 내부 직사각형 영역과 외부 영역의 비율로 제공된다. (b) 소자 내부에서 내부 전기장에 대한 광전류의 의존성은 $F = (V - V_{oc})/d$로 계산되며 d는 층 두께이다.

단위 소자 면적과 단위 시간당 얻은 전자의 수, 즉 전자 플럭스 j_e는 OSC에서 얻은 단락 전류 밀도 j_{sc}(제곱미터당 암페어)를 측정하고 이것을 전자 하나의 전하량 e로 나누어 계산할 수 있다. 그래서 $j_e = j_{sc}/e$가 된다. 이에 따라, 입사 광자 플럭스 $j_{ph}(\lambda)$는 주어진 파장에서 단위 소자 면적과 단위 시간당 입사되는 광자의 수로 주어진다. 입사 광자 플럭스는 단색 입사광 강도 $I(\lambda)$(제곱미터당 와트, **복사 조도**라고도 함)를 결정하고, 이것을 광자 1개의 에너지 $h\nu$로 나누어 얻을 수 있다. 따라서 $j_{ph} = I/h\nu$. 이것을 합치면,

$$\mathrm{EQE} = \frac{j_{sc}(\lambda)}{I(\lambda)} \frac{h\nu}{e} \tag{4.14}$$

입사광 강도별로 얻은 광전류는 **스펙트럼 응답**(spectral responsivity) $S(\lambda)$라고도 하며, 와트당 단위 암페어 A/W이다.

$$S(\lambda) = \frac{j_{sc}(\lambda)}{I(\lambda)} \tag{4.15}$$

식 (4.14)를 사용하여 EQE에서 스펙트럼 응답으로 또는 그 반대로 변환할 수 있다.

양자 효율이 알려진 보정된 참조 광다이오드(CPD)를 사용하여 EQE를 측정하는 것이 편리하다. 먼저 OSC의 단락 회로 광전류 밀도 j_{sc}를 측정한 다음, OSC를 보정된 광다이오드로 교체하고 측정을 반복한다. EQE 결과는 다음과 같다.

$$\mathrm{EQE}_{OSC} = \frac{j_{sc,OSC}}{j_{sc,CPD}} \cdot \mathrm{EQE}_{CPD} \tag{4.16}$$

보정된 광다이오드의 데이터 시트가 EQE 대신 A/W의 스펙트럼 응답 $S(\lambda)$를 제공하는 경

우, 식 (4.14)를 사용하여 변환한다. EQE는 특히 광물리적 현상을 분석하고 흡수 스펙트럼과 비교하는 데 사용된다. 때로는 입사 광자의 수에 비해 얼마나 많은 전자가 얻어졌는지가 아니라 유기 박막에 실제로 흡수된 광자의 수와 비교하는 경우가 있다. 이 양이 **내부 양자 효율**(IQE, internal quantum efficiency)이다.

$$\mathrm{IQE} = \frac{\text{electron flux in the circuit}}{\text{absorbed photon flux}} \tag{4.17}$$

이상적인 태양전지에서, IQE는 1에 도달할 수 있다. 분명히 IQE는 유기 박막이 유한한 흡수를 갖는 스펙트럼 범위에서만 잘 정의된다.

EQE, $S(\lambda)$, 그리고 IQE는 과학적 분석과 관련이 있지만, 광전지(photocell)에서 제공하는 전압이 0인 단락 상태에서 측정되기 때문에, 응용 관점에서는 주요한 값이 아니다. 전력원 역할을 하기 위해서는 태양전지가 실제로 전력을 전달하고 부하가 가해졌을 때 유지되어야 한다. 전력은 전류와 전압의 곱으로 제공된다. 단위 소자 면적당 태양전지에서 전달되는 전력 밀도는 $P_{\mathrm{Out}} = j(V)\cdot V$이다. 응용과 관련된 효율에 대한 좋은 척도는 **전력 변환 효율**(power conversion efficiency) η이다. 단위 소자 면적당 광전지가 전달하는 최대 전력에 대한 단위 소자 면적당 입사광 전력의 비율, 강도(조도)로 주어진다.

$$\eta = \frac{\text{Electrical power delivered}}{\text{Incident light power}} = \frac{P_{\mathrm{Out,max}}}{I(\lambda)} \tag{4.18}$$

태양전지가 전달하는 전력은 0이 될 것이다. 단락에서는 전압이 0이고, 개방 회로에서는 광전류가 없기 때문이다. 따라서 그 사이 어딘가에서 최댓값이 나타난다. 이것을 소위 **최대 전력점** MPP(maximum power point)로 부르며, 전류 전압 곡선에서 $j(V)\cdot V$로 정의된 직사각형이 가장 큰 면적을 가진다. 이것으로 간단한 기하학적 인자인 **충전율**(fill factor) FF를 정의할 수 있다.

$$\mathrm{FF} = \frac{P_{\mathrm{Out,max}}}{j_{\mathrm{sc}}\cdot V_{\mathrm{oc}}} = \frac{j_{\max}(V)\cdot V_{\max}}{j_{\mathrm{sc}}\cdot V_{\mathrm{oc}}} \tag{4.19}$$

이것은 광전지의 임의의 전류–전압 곡선에 대해 그림 4.14에 표시된 두 직사각형의 비율로 주어진다. 완벽한 태양전지에서 전류 전압 곡선은 완벽한 사각형이 되어 충전율은 1의 값을 취한다. 실제 유기 전지에서는 일반적으로 더 작다. Fullerene 유도체와 결합된 작은 밴드갭 폴리머의 경우, 100 mWcm^{-2}의 조도에서 측정된, 충전율 값이 0.74로 최댓값으로 보고된 바 있다[50]. 낮은 충전율의 원인은 주로 낮은 내부 전기장의 유기 광전지에서 제미네이트와 비제미네이트 재결합이 전하 추출과 경쟁하기 때문이다. 무기 광전지에서 충전율은 약 0.8에 도달할 수 있으며, 전지의 직렬과 병렬 저항으로 인해 제한이 발생한다(Box 4.1 참고). 이러한 충전율을 정의하면 어떤 이점이 있을까? 그것은 실용적인 특성이다. 이제 단색 조명용에 대하여 전력 변환 효율은 다음 형태로 쓸 수 있다.

$$\eta(\lambda) = \frac{\mathrm{FF}(\lambda) \cdot j_{\mathrm{sc}}(\lambda) \cdot V_{\mathrm{oc}}(\lambda)}{I(\lambda)} \tag{4.20}$$

충전율, 개방 전압과 단락 전류 값은 전류 전압 곡선을 측정하여 쉽게 결정할 수 있다. 이는 입사 전력을 정확하게 결정할 필요 없이 전지의 성능을 표시한다. 또한 충전율이 1에서 벗어나는 크기는 밝혀서 제거해야 할 원하지 않는 손실 메커니즘의 심각성을 나타낸다.

유기 셀을 광전지로 사용하는 것이 아니라 태양전지로 사용하려면, 단일 파장이 아닌 가시광선과 근적외선(**백색광**)의 확장된 스펙트럼 범위에서 광원에 대하여 전력 변환 효율을 결정해야 한다. 따라서 백색광원에 대한 최대 전력점에서 전력을 결정하거나, 근삿값으로 백색광원에 대하여 FF, j_{sc}, 그리고 V_{oc}를 모두 결정하고 다음의 식을 따라서 곱해야 한다.

$$\eta = \frac{\int P(\lambda)_{\mathrm{Out,max}} \mathrm{d}\lambda}{\int I(\lambda) \mathrm{d}\lambda} \approx \frac{\int \mathrm{FF}(\lambda) \mathrm{d}\lambda \cdot \int j_{\mathrm{sc}}(\lambda) \cdot \mathrm{d}\lambda \int V_{\mathrm{oc}}(\lambda) \mathrm{d}\lambda}{\int I(\lambda) \mathrm{d}\lambda} \tag{4.21}$$

FF, j_{sc}, 그리고 V_{oc}가 전류 전압 곡선을 통해 서로 연결되어 있고, 파장 의존성과 관련되어 있기 때문에, 이 근사는 유효하다. 다른 실험실에서 결정된 효율을 비교할 수 있도록 온도, 총 복사 조도, 그리고 스펙트럼 복사 조도에 대한 표준 조건이 정의되었다[51]. 표준 온도는 25°C이고 표준 총 복사 조도(강도)는 1000 Wm^{-2}(= 100 mWcm^{-2})이며 **1 태양**(1 sun)이라고도 한다. 표준으로 사용되는 태양 스펙트럼은 AM1.5(air mass 1.5)로 알려져 있다. 지구 대기에 흡수된 이후 북반구에서 지표에 도달하는 태양의 스펙트럼에 해당한다. 지구 대기 밖의 우주에서 태양 스펙트럼을 air mass 0이라고 한다. 빛의 경로가 대기를 한 번 통과한 후 얻은 스펙트럼을 air mass 1이라고 한다. 이는 예를 들어 적도 근처와 같은 지표면의 수직하게 빛이 입사한 경우와 관련이 있다. 북반구에서는 태양 광이 수직에 대해 약 48°의 각도로 입사되어, 지구의 대기를 1.5배 정도 더 가로지른다. 즉 AM1.5가 된다. 스펙트럼은 그림 4.15에 나와 있다. AM1.5 스펙트럼을 고려하는 것은 태양전지 효율을 최적화하는 데 중요하다. 정확한 효율 측정과 관련된 몇 가지 위험성에 대한 소개는 [52]에 나와 있다.

식 (4.20)으로부터 태양전지의 성능을 향상시키기 위해서는 각 인자, 즉 단락 광전류, 개방 회로 전압, 그리고 전지의 충전율을 증가시켜야 한다고 추론할 수 있다. 식 (4.21)은 광원의 전체 스펙트럼 범위를 고려해야 할 필요성을 나타낸다. 이러한 인자가 서로 독립적인 것은 아니지만, 태양전지를 개선하는 방법에 대한 논의는 차례로 각 인자에 초점을 맞출 수 있다.

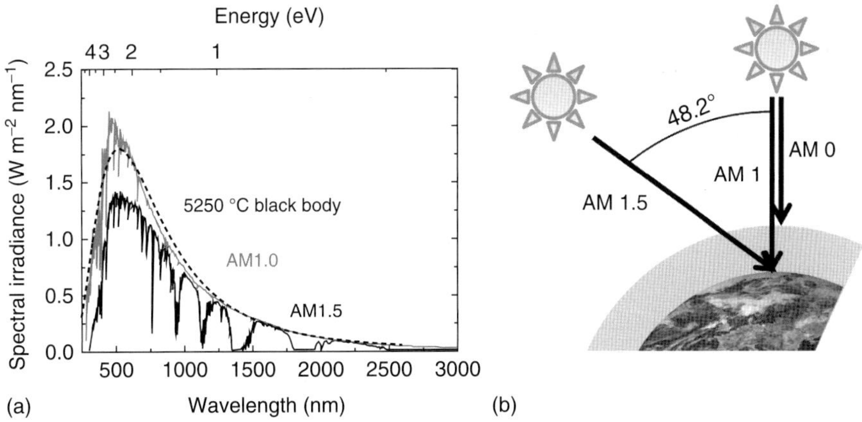

그림 4.15 태양 복사 스펙트럼. (a) 5250°C에서 흑체 스펙트럼(점선)과 함께 AM1.0(회색 선)과 AM1.5(검은색 선)에 대한 태양 조도. (b) 화살표는 AM0, AM1.0, 그리고 AM1.5의 광 경로를 나타낸다.

4.2.2 광전류를 증가시키는 전략

유기태양전지의 효율 η'은 얼마나 많은 입사 광자가 흡수되어 들뜬상태를 생성하는지, 얼마나 많은 들뜬상태가 분리되어 이동 캐리어를 생성하는지, 그리고 얼마나 많은 이동 캐리어가 재결합 없이 외부 회로에 도달하는지에 따라 달라진다. 따라서 이것을 곱으로 나타낼 수 있다.

$$\eta' = \eta_{\text{abs}}\eta_{\text{diss}}\eta_{\text{ex}} \tag{4.22}$$

여기서 η'은 EQE와 마찬가지로 양자 효율을 나타내지만, 단락의 경우에 제한되지 않는다. 해리 과정과 전하 추출 과정은 3장에서 자세히 설명했듯이 소자 내의 전기장에 따라 달라진다. 이것이 유기태양전지의 전류 전압 곡선을 Shockley 방정식(Box 4.1)을 가지고 물리적으로 의미 있는 방식으로 설명할 수 없는 이유 중 하나이다. Shockley 방정식은 무기태양전지에 대해 매우 잘 확립되어 있다(즉, 친숙함으로 인해 물리학적인 배경을 가진 학생들에게 인기가 있다). Shockley 방정식에서 광전류는 확산 캐리어 운동의 자세한 평형을 가정하여, 빛이 조사되지 않은 상태에서 얻어진 다이오드 특성에 추가된 전압에 독립적인 항으로 취급된다.

효율적인 태양전지를 얻으려면, 식 (4.22)의 인자들에 대해 최적화가 필요하다. 다른 인자들이 서로 독립적이지 않아서 하나를 개선하면 다른 인자가 감소될 수 있기 때문에, 이 작업에는 약간의 복잡성이 내재되어 있다. 우리는 다양한 인자들을 다룰 것이다.

유기반도체의 흡수 계수는 높다. π–공액 분자는 반도체 물질로서의 적합성이 확인되기 훨씬 이전에, 염료 안료로 사용되었다. 유기반도체의 일반적인 흡수 계수는 약 10^5 cm^{-1}이다. 유기반도체의 흡수계수는 약 1.1 eV의 간접 반도체인 silicon의 경우 50~100 cm^{-1} 범위

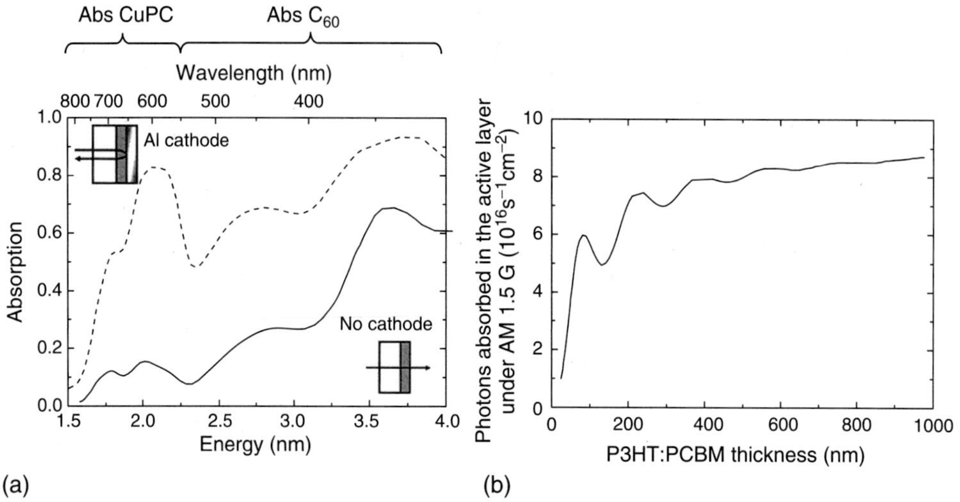

그림 4.16 (a) 알루미늄 전극이 없는 경우(실선)와 있는 경우(점선)에서 유리 위에 20 nm CuPC와 40 nm C_{60}으로 구성된 이중층의 흡수. C_{60}에 의한 흡수는 2.5 eV 이상의 광자 에너지에서 우세하고 CuPC 흡수는 2.5 eV 미만에서 우세하다(Peumans et al.[53]). (b) 1 mm 유리/140 nm ITO/50 nm PEDOT:PSS/P3HT:PCBM/100 nm Al 구조의 OSC에서 P3HT:PCBM 블렌드가 흡수한 광자의 수. 내부 양자 효율을 100%로 가정하고, P3HT:PCBM 층의 두께는 가로축으로 표시된다. 전달 행렬 공식을 사용하여 AM1.5에 대하여 계산되었다(Dennler et al.[58]).

의 흡수 계수와 흡수 엣지 주변의 germanium 또는 gallium arsenide와 같은 직접 반도체의 경우 10^3~10^4 cm^{-1}의 흡수 계수 값과 비교된다. 100 nm 두께의 유기반도체 박막은 입사광의 60%를 흡수하기에 충분하며, 후면 전극의 빛 반사는 이를 더욱 증가시킨다[53]. 이 박막 두께는 일반적으로 수백 마이크로미터의 활성 영역을 필요로 하는 간접 반도체 silicon으로 만든 태양전지에 비해 낮다. 실리콘 태양전지의 경우 효율적인 광자 수확을 보장하기 위해 표면 패터닝이 필수적이다. 유기태양전지의 경우, 흡수는 후면 전극의 반사와 간섭 및 광 구조 효과에 의해 개선될 수 있다(그림 4.16)[54-57]. 고성능 엣지에서 최종 개선을 위해 패터닝을 수행할 수 있지만, 이러한 단계의 노력과 비용은 일상적으로 이익이 된다고 간주되지 않는다.

빛은 강렬하게 흡수될 뿐만 아니라 적절한 파장 범위에 걸쳐 흡수되어야 한다. 고려되어야 할 관련 스펙트럼은 태양 광 AM1.5 스펙트럼이다. 유기반도체는 폭이 100 nm 또는 그 이상인 흡수대역을 갖는 경향이 있다. 녹색 스펙트럼 범위에서 이것은 약 0.5 eV의 폭에 해당된다. 이것은 원자 전이에 비해 광범위하지만 무기반도체에 비해 좁다. 광범위한 단량체 유닛과 치환기를 선택하여, 반도체 폴리머의 흡수를 청색 스펙트럼 범위에서 적색으로 조정할 수 있다. 대부분의 호모 폴리머는 주황색-적색 스펙트럼 범위부터 청색까지 흡수하는 경향이 있지만, 전자가 풍부한 유닛과 전자가 부족한 유닛을 교대로 가지는 공중합체는 진한 적색 스펙트럼 범위에서도 흡수할 수 있다. 흔히, 그 이유는 흡수가 폴리머 체인의 전자가 풍부한 부분을 중심으로 한 에너지가 높은 HOMO에서 전자가 부족한 부분을 중심으로 한 에너지가 낮은 LUMO로의 전이를 포함하기 때문이다. 공중합체에서 이러한 전하 수송 유형의 전이는 해당 호모 폴리머의 $\pi\pi^*$ 전이보다 훨씬 낮은 광자 에너지를 필요로 한다. 분자 반도체의 경우, 화학자들은 흡수 범위를 수정하는 데 능숙하다. 이것은 본질적으로 염료의 색상을 변경하는 것과 관련이 있으며, 이는 화학분야 산업계에서 최소 100년 동안 탐구된 문제이다. 폴리머 또는 분자의 흡수 대역이 합리적인 폭이고 그 에너지 중심이 이동할 수 있지만, 전체 태양 스펙트럼과 거의 일치하지 않는다. 열역학적 원리를 고려하면, 이러한 제한으로 높은 에너지 부분이 아닌 태양 스펙트럼의 낮은–중간 에너지 부분을 일치시킴으로써 더 높은 효율을 얻을 수 있음을 보여줄 수 있다(아래 참고). 태양 스펙트럼과의 일치는 블렌드에 둘 이상의 재료를 결합하거나 동시 증착된 층으로 더욱 향상될 수 있다. 대안으로, 한 층 위에 다른 층을 올려 2개의 태양전지로 구성된 **탠덤 전지**(tandem cell)을 제작하는 것이다. 첫 번째 전지는 낮은 에너지의 광자를 흡수하고, 두 번째 전지는 높은 에너지의 광자를 흡수한다 [59–60].

광전류를 생성하는 가장 중요한 단계는 광생성된 들뜬상태가 이동 캐리어로 해리되도록 하는 것이다. [61]에서 논의된 바와 같이, 유기층의 벌크 또는 전극 근처에서 해리가 발생할 수 있다는 것이 다소 일찍 발견되었다. 엑시톤이 벌크에서 효율적으로 해리되면, 광전류 스펙트럼은 유기 박막의 흡수 스펙트럼을 따른다. 이러한 일치를 **대칭 거동**(symbatic behavior)이라고 한다(그림 4.17). 때로는 광전류가 흡수 대역의 낮은 에너지와 높은 에너지 끝부분에서 크지만, 흡수 대역이 최댓값을 갖는 곳에서는 감소하는 것으로 관찰되었다. 이러한 **비대칭**(antibatic) 광전류는 소자의 뒷면에서 엑시톤 해리를 나타낸다(그림 4.17). 유기반도체의 흡수가 낮은 광자 에너지에서는 빛이 박막 전체를 투과하여 엑시톤이 박막 전체에 생성된다. 벌크에 광생성 메커니즘이 없으면, 후면 전극으로의 확산 범위 내에서 생성된 엑시톤만 해리될 수 있다. 이는 전자를 음극으로 방출하여 정공이 양극으로 표동하도록 한다. 광

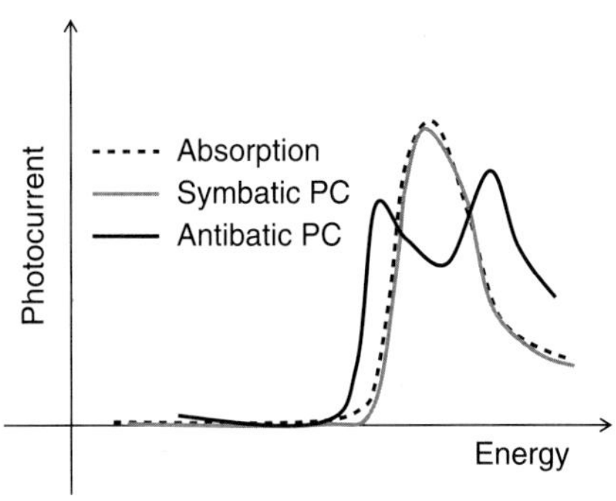

그림 4.17 유기반도체의 첫 번째 흡수 대역(점선)을 대칭(회색 실선) 광전류와 비대칭(검은 실선) 광전류와 비교하는 개략도

자 에너지가 흡수 대역의 중심으로 변경되면, 강렬한 흡수는 주로 빛이 조사되는 양극에 가까운 박막의 앞부분에서 엑시톤이 생성됨을 의미한다. Beer의 법칙에 따라, 농도가 기하급수적으로 떨어지므로, 음극으로의 확산 범위 내에서 거의 생성되지 않아 광전류가 감소한다. 물론 이 주장은 벌크보다 엑시톤이 해리되는 모든 계면에 적용되며, 앞부분의 벌크 물질에서 흡수에 의한 광전류 감소를 **내부 필터 효과**(internal filter effect)라고도 한다. 3.7.3절에서 논의된 바와 같이, 엑시톤 확산 측정을 위한 좀 더 신뢰할 수 있는 방법은 층 두께의 함수로서 도너–억셉터 계면에서 광발광 퀜칭 실험을 포함하지만, 내부 필터 효과를 정량적으로 모델링할 수 있고 엑시톤의 확산 길이를 결정하는 데 사용할 수도 있다. 일반적인 엑시톤 확산 길이는 약 10 nm이다[62].

엑시톤의 해리는 쿨롱 인력에 대항하여 양전하와 음전하를 분리해야 한다. 순수한 단일 재료의 경우, 이것은 얻기가 어렵고 높은 과잉 광자 에너지 또는 높은 인가 전기장이 필요할 수 있다. 오프셋 에너지 준위를 가진 두 재료가 의도적이거나 또는 산소에 의한 오염과 같은 우발적인 결합에 의하여 해리가 강하게 지원된다. 하지만 제어되지 않은 불순물은 바람직한 해리 사이트가 아니다. 초기에 해리를 강화하더라도, 일반적으로 광반응과 다른 현상들을 일으켜 소자의 수명을 크게 단축시킨다. 엑시톤 해리를 향상시키기 위해 의도적으로 2개의 유기반도체를 결합할 때, 한 화합물의 HOMO와 LUMO는 그림 4.18에서와 같이 다른 화합물의 HOMO와 LUMO보다 모두 낮아야 한다. 정확하게 말하면, 단일 전자 HOMO와 LUMO라기보다는, 실제로 이온화 퍼텐셜과 전자 친화도가 낮아야 한다. 편의를 위해 방금 언급한 주의사항을 염두에 두고, 지나치게 단순화되고 널리 사용되는 HOMO–LUMO 그림을 고수한다. 그림 4.18a에서 분자 에너지 준위의 배열을 **유형 1의 이종접합**(type 1 heterojunction)이라고 하는 반면, 그림 4.18b에 표시된 정렬을 **유형 2의 이종접합**(type 2 heterojunction)이라고 한다. 이 용어는 반도체의 (거시적) 계면에서 전도대와 가전자대의 상대적인 정렬을 표시하는 무기반도체 물리학 분야에서 가져온 것이다. 유형 2의 이종접합만이 엑시톤 해리에 도움이 된다. HOMO와 LUMO가 높은 분자 M1이 광여기되면, M1의 LUMO에 있는 전자는 인접한 M2의 LUMO로 이동하여 퍼텐셜에너지를 낮출 수 있다. 따라서 M1은 전자 도너로 작용할 수 있으며, M2는 전자 억셉터의 기능을 수행할 수 있다. M2가 광여기되는 경우에도, 전자가 M1의 HOMO에서 M2로 이동할 수 있기 때문에, 유형 2의 이종접합에서는 해리가 여전히 적용된다.

3.6절에서 자세히 논의했듯이, 엑시톤 해리는 2가지 과정이다. 초기의 첫 번째 단계는 도너–억셉터 계면을 통한 전자의 이동으로 구성된다. 이 전송은 수십에서 수백 펨토초의 초고속 시간 범위에서 발생할 수 있다[63–65]. 이 전자 수송이 일어나기 위해서는, 억셉터 'LUMO'가 도너 'LUMO'보다 최소 0.1~0.2 eV 아래에 있어야 한다고 생각된다[62, 66]. 초기 전자 수송에 대한 추가 요구사항은 도너 단일항 들뜬상태와 억셉터 단일항 들뜬상태가

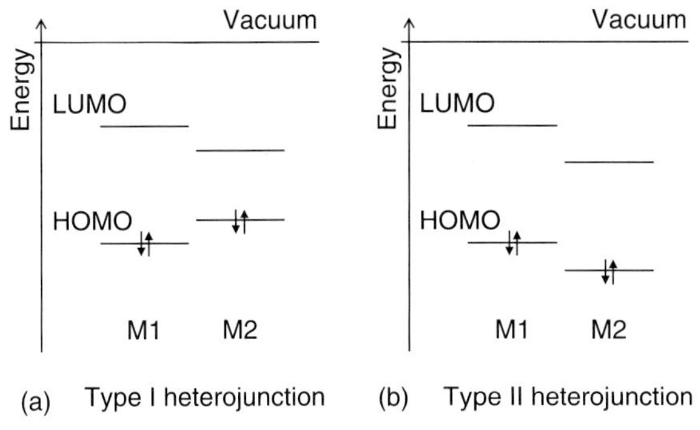

그림 4.18 두 분자 M1과 M2에 대한 오비탈 에너지 준위 다이어그램으로, (a) 유형 I의 이종접합과 (b) 유형 II의 이종접합이 생성된다.

모두 전자 수송으로 인한 전하 전달 상태보다 높은 에너지에 있다는 것이다. 그렇지 않으면, 가장 낮은 단일항 들뜬상태로의 에너지 전달과 들뜬상태의 복사 또는 비복사 감쇠가 우세하다. 두 번째, 후속 단계는 계면에서 반대로 대전된 2개의 캐리어를 공간적으로 분리하는 것이다. 이것은 전하 수송 상태의 수명 동안 언제든지 발생할 수 있다. 도너-억셉터 결합 내에서 전하 수송 상태의 평균 전자-정공 거리에 약간의 차이가 있기 때문에, 이 수명은 잘 정의되어 있지 않으며 범위는 10 ns~10 μs이다[67]. 계면 근처의 퍼텐셜에너지 배열을 적절하게 수정하거나 캐리어의 에너지를 높여서, 제미네이트 쌍 분리 과정을 지원한다. 예로는 전기장 적용, 정전기 쌍극자 설계, 분자 에너지 준위의 기울기 생성, 적외선 광자 또는 열에너지의 형태로 과잉 에너지 추가 등이 포함되지만, 이에 국한되지는 않는다(3.6절 참조).

이 논의에서 효율적인 엑시톤 해리를 보장하기 위해 도너와 억셉터 물질이 접촉해야 함이 분명하다. 동시에, 각 재료는 전하가 각각의 전극으로, 즉 전자가 음극으로, 정공이 양극으로 침투하도록 충분히 가까운 네트워크를 형성해야 한다. 또한 흡수에 의한 엑시톤 생성은 도너-억셉터 계면에서 또는 엑시톤의 확산 범위 내에서 발생해야 한다. 이러한 경계 조건에서 가능한 많은 실현이 나타난다.

4.2.2.1 이중층 장치

한 가지 가능한 접근 방식은 양극/도너 재료/억셉터 재료/음극의 층 구조를 가지는 도너-억셉터 **이중층 소자**(bilayer device, planar heterojunction device라고도 함)를 형성하는 것이다(그림 4.19a). 두 물질을 순차적으로 증착하거나 두 가용성 물질을 순차적으로 증착(직교 용매를 사용하거나 증착 후, 첫 번째 층을 불용성화)하거나, 또는 예를 들어 폴리머를 스핀 코팅하여 첫 번째 층으로 증착한 다음 C_{60} 또는 perylene bisimide 유도체와 같은 분자를 그 위에 열증착하여 구현할 수 있다. 도너-억셉터 계면까지 확산 길이를 갖는 광생성된

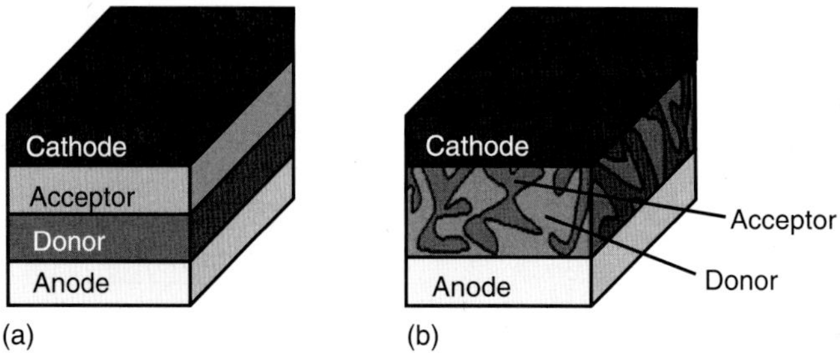

그림 4.19 (a) 도너–억셉터 이중층(planar heterojunction)과 (b) 양극으로 덮인 기판과 음극 사이에 도너와 억셉터가 혼합된(bulk heterojunction) 유기태양전지

엑시톤은 이종접합에 도달하여 해리될 수 있다. 도너 또는 억셉터 층을 통해 쉽게 정공을 양극으로, 전자를 음극으로 전달한다. 이 구조의 장점은 비제미네이트 이분자 재결합이 방지되기 때문에 전자와 정공 수송이 분리되어 수집 효율이 증가한다는 것이다. 단점은 제한된 흡수이다. 계면에서 엑시톤의 확산 범위(일반적으로 10 nm) 내에서 흡수된 광자만 기여하기 때문에, 이는 모든 입사 강도를 수집하기에 충분하지 않다. 이중층 태양전지는 1986년에 유기태양전지 성능의 획기적인 발전을 보여주면서 제조되었다[68].

이 접근법의 수정은 계면 영역을 확장하는 데 중점을 두어, 입사 광자의 더 많은 부분이 그곳에서 흡수된다. 또한 양극 옆에 도너 층과 음극 옆에 억셉터 층을 유지하여 좋은 전하 수집을 보장한다. 탐험하는 경로는 다양하고 창의적이다. 완전한 진공 증착의 경우, 도너와 억셉터의 동시 증착(도너 층 위에 연속적으로 억셉터 층이 이어짐)을 통해 혼합 계면을 쉽게 얻을 수 있다[3]. 대안으로, 저분자 억셉터가 용액–증착된 도너 폴리머 위에 증착될 때, 열처리를 적용하여 억셉터가 도너 층으로 확산되는 것을 도울 수 있다. 폴리머–폴리머 기반 구조의 경우, 증가된 계면 영역에 대한 접근 방식에는 미세 구조화된 스탬프로 도너 층을 엠보싱한 다음 억셉터를 증착하기 전에 도너를 교차 결합을 시키거나[69], 양극이 있는 기판에 도너를 증착하고, 음극이 있는 기판에 억셉터를 증착한 다음 2개를 서로 위에 두고 열 그리고/또는 압력을 부드럽게 가하는 방법이 있다[70]. 이러한 예는 완벽하지 않으며, 주로 나아갈 방향을 설명하기 위해 포함되었다. 소자 설계 영역에는 기발하고 독창적인 기술 솔루션을 위한 많은 범위가 있다.

4.2.2.2 벌크 이종접합 소자

이중층 장치에 대한 대체 개념은 **벌크 이종접합 소자**(bulk heterojunction device, BHJ cell)로, 도너와 억셉터 재료가 서로 혼합되어 계면 영역을 최대화한다(그림 4.19b)[71–72]. BHJ 전지의 전형적인 구현은 도너 폴리머 용액과 억셉터 폴리머의 용액을 만들고, 두 용액을 혼합한 다음 스핀 코팅을 통해 박막을 증착하는 것으로 구성된다. 혼합 엔트로피가 작기 때문에, 폴리머는 잘 혼합되지 않고 상 분리되는 경향이 있다. 생성된 박막은 일반적으로 2개의 상의 네트워크로 구성되며, 이는 적은 비율의 억셉터 폴리머를 포함하는 도너가 풍부한 상과 소량의 도너 폴리머가 들어 있는 억셉터가 풍부한 상이다. 블렌드의 형태는 용매의 선택과 열처리에 의해 제어될 수 있다. 예를 들어, 원하는 결과에 따라 유리 전이 온도로 가열하고 느린 속도 또는 빠른 속도로 냉각할 수 있다. 유연한 비결정성 폴리머의 경우, 상 분리의 과정은 **Flory-Huggins 이론**으로 설명할 수 있다(그림 4.20)(Box 4.3). 본질적으로 Flory-Huggins 이론은 특정 조성 범위에서 두 중합체 A와 B의 혼합물이 균질하게 혼합되지 않고 자발적으로 서로 다른 혼합 상(spinodal decomposition)으로 분리되는 이유를 설명한다. 하나는 중합체 A가 풍부하고 다른 하나는 중합체 B가 풍부하다. 두 상은 이중 연속 네트워크를 형성한다. 시간이 증가함에 따라 결정립 **조대화**(coarsening)로 알려진 2차 과정이 설정된다. 두 상은 표면적을 최소화하는 것을 목표로 하여, 이중 연속 네트워크가 연결되지 않은

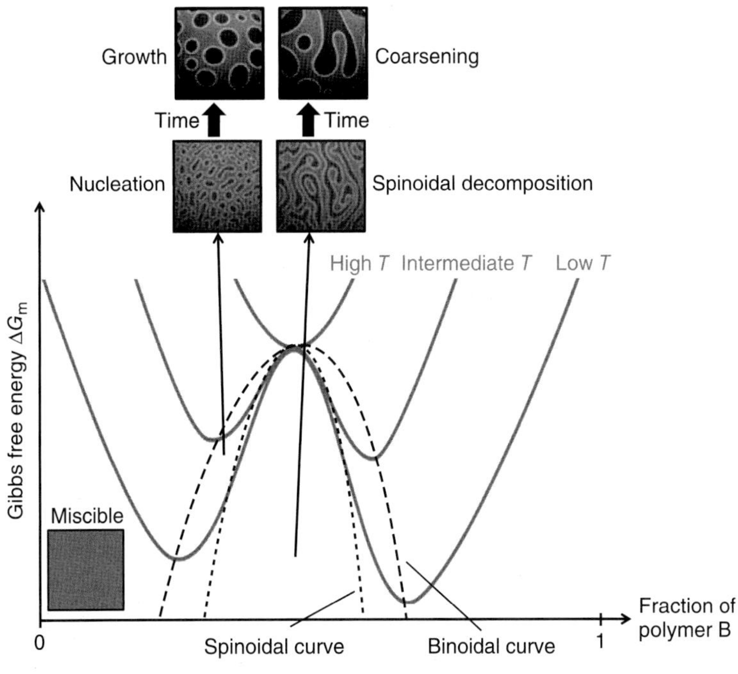

그림 4.20 Flory–Huggins 이론의 예시. 깁스 자유 에너지는 두 폴리머 A와 B로 이루어진 블렌드의 조성비에 대한 함수로 다른 온도에 대해 표시된다. 두 폴리머는 온도가 충분히 높으면 어떤 조성에도 서로 용해된다. 낮은 온도에서는 한 폴리머의 일부분만 다른 폴리머에 용해될 수 있다. 예를 들어 폴리머 B의 더 많은 비율이 폴리머 A에 첨가되면 혼합물은 상 분리된다. 조성과 온도에 따라 깁스 자유 에너지에 의해 결정되는 2가지 체제가 있다. 스피노달(spinodal) 곡선(굴곡 지점에서 깁스 자유 에너지를 가로지르는)에 의해 정의된 조성 범위 내에서 두 폴리머는 자발적으로 폴리머 A가 풍부한 상과 폴리머 B가 풍부한 상으로 분리되고(스피노달 분해) 전형적으로 웜과 같은 도메인을 유도한다. 이것은 시간이 지남에 따라 크기가 커진다(coarsening). 스피노달 곡선과 바이노달(binodal) 곡선 사이에 있는 조성 범위에서, 혼합물은 준안정적이며 핵 생성과 성장 메커니즘에 의해 상 분리가 진행되어 아일랜드가 형성된다. 바이노달 곡선은 대략 깁스 자유 에너지 곡선의 최솟값으로 제공된다. 바이노달 곡선을 벗어난 조성과 온도 범위에서 혼합물은 안정적이다.

아일랜드가 있는 하나로 변경된다. 구성이 스피노달 분해에 필요한 것과 다르지만 여전히 준안정적이라면, **핵 형성과 핵 성장 과정**(nucleation and growth)에 의해 상 분리가 진행된다. 즉 고분자 A가 풍부한 물질의 작은 핵이 형성되어 더 확장된 상으로 성장할 수 있다. 이 과정에서 얻은 형태는 아일랜드로도 특징 지어진다. BHJ 태양전지의 경우, 원하는 형태는 스피노달 분해에 의해 얻어지는 이중 연속 네트워크이며, 상 분리는 길이 스케일에서 엑시톤 확산 길이와 같거나 약간 짧아야 한다. 네트워크는 전극으로의 전하 수송을 보장하기 위해 필요하다. 용액의 조성을 최적화하여 상 분리의 스피노달 특성을 보장할 수 있지만, 선택한 용매의 끓는점을 통해 상 분리의 길이 스케일을 제어할 수 있다. 끓는점이 낮은 용매는 빠르게 증발하므로, 초기 단계에서 조대화 과정이 동결된다.

Box 4.3 Flory–Huggins 이론

Flory–Huggins 이론은 용매와 용질과 같은 두 성분 1과 2의 혼화성과 상 분리가 상대적인 조성비와 온도에 따라 어떻게 달라지는지를 설명하는 평균 장 이론이다. 두 성분을 혼합하면 두 성분이 분리된 경우에 비해 시스템의 엔트로피 S가 증가한다. 한편, 혼합은 동일한 구성 요소 사이의 접촉, 즉 1–1 또는 2–2 접촉이 끊어지고, 다른 구성 요소 사이의 접촉인 1–2 접촉이 형성됨을 의미한다. 이 과정은 에너지의 일부 방출 또는 필요와 관련이 있다. 즉, 일정한 압력 조건에서 엔탈피 H의 변화를 의미한다. 엔트로피와 엔탈피 간의 균형은 깁스 자유 에너지 $G = H - TS$에서 포착된다. 따라서 혼합 시스템 G_{12}의 깁스 자유 에너지가 개별 시스템의 합계 $G_1 + G_2$보다 작으면 두 성분 1과 2가 혼합될 수 있다. 혼화성의 조건은 다음과 같다.

$$\Delta G_{\mathrm{m}} = G_{12} - (G_1 + G_2) < 0 \tag{B4.3.1}$$

$$\Delta G_{\mathrm{m}} = \Delta H_{\mathrm{m}} - T\Delta S_{\mathrm{m}} \tag{B4.3.2}$$

여기서 ΔH_{m}은 혼합의 몰 엔탈피(열)이고 ΔS_{m}은 혼합의 몰 엔트로피이다. ΔG_{m}은 혼합의 몰 깁스 자유 에너지이다. 두 구성 요소가 격자(그림 B4.3.1)에 분산될 수 있는 경우의 수를 고려하여, 몰 엔트로피를 유도할 수 있다. 두 성분은 두 분자(용매와 용질), 또는 폴리머와 분자 용매, 또는 두 고분자일 수 있다. 여기서는 두 폴리머를 혼합하는 경우에 초점을 맞출 것이다. 격자 모델의 각 사이트는 폴리머 체인의 반복 단위에 해당한다. 하나는 혼합의 몰 엔트로피로 다음과 같이 주어진다.

$$\Delta S_{\mathrm{m}} = -R(n_1 \ln\phi_1 + n_2 \ln\phi_2) \tag{B4.3.3}$$

여기서 ϕ_i는 폴리머 i가 차지하는 사이트의 비율을 나타내고, n_i는 폴리머 i의 몰수이다. 고려되는 모든 양이 몰당이므로, 몰 가스 상수 $R = 6.02 \times 10^{23}\ \mathrm{mol^{-1}\ K}$를 사용한다. 이제 완전히 폴리머 1의 환경에서 폴리머 1의 반복 단위를 가정적으로 취하여 폴리머 2로 완전히 구성된 환경에 배치하는 것과 관련된 에너지(몰당, kT 단위)를 고려할 수 있다. 해당 에너지에 대한 척도는 무차원 Flory–Huggins 상

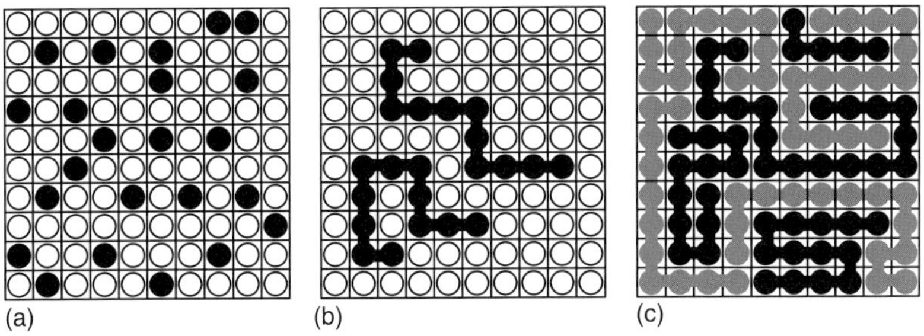

그림 B4.3.1 (a) 용액 내 저분자량 분자, (b) 용액 내 폴리머, (c) 두 폴리머의 혼합물에 대한 격자 모델

호 작용 매개변수 χ에 의해 제공된다.

$$\chi = \frac{z}{2kT}(2\varepsilon_{12} - (\varepsilon_{11} + \varepsilon_{22})) \tag{B4.3.4}$$

ε_{ij}는 2개의 인접한 반복 단위 i, j 간의 상호 작용 에너지이고, z는 다른 체인의 가장 가까운 이웃의 수이며, 계수 1/2은 쌍 접촉의 이중 계산을 방지한다. 두 폴리머가 혼합되면, 혼합의 몰 엔탈피(열)는 다음과 같이 표현할 수 있다.

$$\Delta H_{\mathrm{m}} = RTn_{\mathrm{s}}\chi\phi_1\phi_2 \tag{B4.3.5}$$

n_{s}는 사이트의 몰수를 나타낸다. 식 (B4.3.3)과 (B4.3.5)를 식 (B4.3.2)에 삽입하면, 다음 식을 얻는다.

$$\Delta G_{\mathrm{m}} = -RT(n_1 \ln\phi_1 + n_2 \ln\phi_2 + n_s\chi\phi_1\phi_2) \tag{B4.3.6}$$

이것은 혼합의 깁스 자유 에너지에 대한 Flory–Huggins 표현이다. 이 혼합의 깁스 자유 에너지는 폴리머 체인을 구성하는 반복 단위의 수, 즉 중합 정도 N_i에 의해 어떻게 영향을 받을까? 우리가 그것을 기억한다면

$$N_1n_1 = \phi_1n_{\mathrm{s}} \tag{B4.3.7}$$

(=폴리머의 몰수와 중합도의 곱은 폴리머가 차지하는 사이트의 비율과 사이트의 몰수를 곱한 것과 같다), 다음을 얻는다.

$$\Delta G_{\mathrm{m}} = RTn_{\mathrm{s}}\left(\frac{\phi_1}{N_1}\ln\phi_1 + \frac{\phi_2}{N_2}\ln\phi_2 + \chi\phi_1\phi_2\right) \tag{B4.3.8}$$

이러한 형태의 Flory–Huggins 표현에서 체인 길이의 영향을 쉽게 평가할 수 있다. ϕ_i가 차지하는 사이트의 비율이 1보다 작기 때문에, 이 합계의 처음 두 표현은 항상 음수이다. 반대로, 반데르발스 상호 작용이 우세할 때, Flory–Huggins 상호 작용 매개변수 χ는 양수이다. 따라서 혼화성에 대한 조건인 $\Delta G_{\mathrm{m}} < 0$은 세 번째 항과 비교하여 처음 두 항의 상대적 크기에 따라 달라진다. 중합도가 높을수록 두 폴리머 체인의 혼화성이 낮아지고, 무한 체인 길이의 제한에서는 혼화성이 없다. $N_1 = N_2 = 1$인 경우, 두 분자를 혼합하기 위한 Flory–Huggins 표현식이 얻어진다.

온도 T와 조성비 $\phi(\phi = \phi_1,\ 1 - \phi = \phi_2$ 사용)에 대한 ΔG_{m}의 의존성을 고려하여, 두 성분이 (i) 안

정한 혼합물을 형성하는지 또는 (ii) 시간이 지남에 따라 핵 형성과 성장에 의해 상 분리가 되는 준안정 혼합물을 형성하는지, 또는 (iii) 자발적으로 상 분리되는(스피노달 분해) 불안정한 혼합물을 형성하는지를 예측할 수 있다. 그림 4.20에 표시된 모든 곡선에서 혼합물의 깁스 자유 에너지는 순수 에너지보다 낮아 $\Delta G_{\mathrm{m}} < 0$이다. 그러나 혼합물이 하나는 폴리머 1이 풍부하고 다른 하나는 폴리머 2가 풍부한 2개의 (다시 혼합된) 상으로 분리되는 경우, ΔG_{m}을 더 낮출 수 있는 조성 범위가 있다. 이 상 분리가 자발적으로 또는 일정 시간 동안 발생할 수 있다.

예를 들면,

$$\left.\frac{\partial^2 \Delta G_{\mathrm{m}}}{\partial \phi^2}\right|_{\mathrm{T,p}} = 0 \tag{B4.3.9}$$

스피노달 곡선의 조건을 정의한다. 스피노달 곡선 내의 조성의 경우, 불안정한 혼합물이 두(상이 혼합) 상으로 자발적으로 분해된다. 바이노달 곡선은 대략 $\Delta G_{\mathrm{m}}(\phi)$의 두 최솟값으로 정의된다(또는 더 정확하게는 접선이 최솟값 근처에서 연결되는 두 점으로 정의된다). 스피노달 곡선과 바이노달 곡선 사이에 있는 조성의 경우, 준안정 혼합물은 결국 핵 형성과 성장에 의해 단계적으로 분리되며, 이 영역 밖에서는 혼합물이 안정적이다. 고분자에 대한 자세한 논의는 [73]에서 찾을 수 있으며, 분자 혼합물에 초점을 맞춘 논의는 [74–75]를 참조하면 된다.

BHJ 전지의 핵심 요구사항은 여기자 확산 길이(약 10 nm)의 약 2배에 해당하는 상 분리의 스케일을 만들어서 모든 광생성 들뜬상태가 도너-억셉터 계면으로 확산될 수 있도록 하는 것이다. 이러한 방식으로 벌크 이종접합 전지는 입사광 세기를 최대한 활용한다. 상 분리 스케일에 대한 벌크 이종접합 전지의 의존성은 폴리머 F8BT:PFB의 1:1 블렌드(중량 기준)에 대해 그림 4.21에 설명되어 있다. 스피노달 분해는 형광 현미경과 원자간력현미경(AFM) 측정으로 쉽게 관찰된다. 상 분리의 더 작은 길이 스케일이 태양전지 성능을 향상시킨다는 것은 분명하다.

그러나 BHJ 전지는 이분자 재결합 속도가 증가하여 나빠질 수 있다. 첫째, 전자가 억셉터 상을 통과하고 정공이 도너 상을 통과하더라도, 작은 스케일의 상 분리(<20 nm)는 재결합에 적합한 접점이 많을 수 있음을 의미한다. 둘째, 스피노달 분해에 의해 형성된 이중 연속 네트워크는 무작위 행보 운동이 출구로 이어지기 전에, 전하 캐리어가 오랫동안 머무를 수 있는 많은 막다른 골목이 있다. 이러한 막다른 골목은 특히 이분자 재결합이 되기 쉽다. 이러한 이유로 상 분리의 길이 스케일이 작더라도 모든 광생성 엑시톤을 수집할 수 있을 만큼만 작은 것을 목표로 한다.

따라서 이미 언급했듯이, 태양전지 응용 분야에 적합한 벌크 이종접합 블렌드 형태는 높은 도너-억셉터 계면을 필요로 하지만 도너를 양극에 연결하고 억셉터를 음극에 연결해야

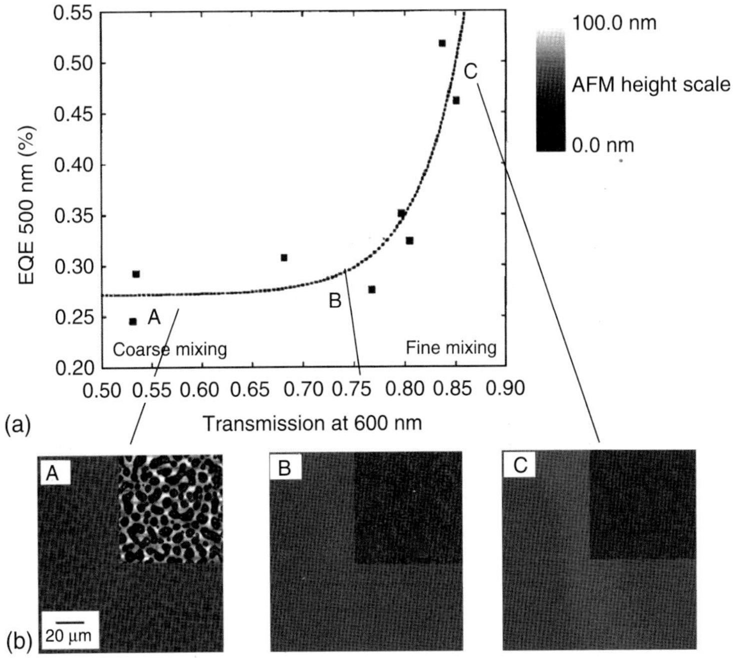

그림 4.21 상 분리 스케일에 대한 폴리머 F8BT와 PFB를 혼합하여 만든 벌크 이종접합 태양전지의 외부 양자 효율(EQE) 의존성. (a) EQE는 소자를 통한 투과율의 함수로 결정된다. 낮은 투과율은 산란으로 인한 거친 스케일의 상 분리의 결과이며, 높은 투과율은 미세한 상 분리를 나타낸다. (b) (a)에서 측정된 소자 A, B, 그리고 C에 대한 형광 현미경 이미지. 삽입된 그림은 AFM 이미지를 보여준다. AFM과 형광 이미지는 동일한 평면 스케일을 갖는다. 상 분리의 스케일은 기판을 가열하여 용매를 증발시키는 속도를 제어하여 변화시켰다(Halls et al.[76]).

한다. 태양전지 성능을 개선하는 것은 박막 형태를 최적화하는 것과 같다. 혼합물의 형태가 조성비, 온도, 그리고 용매와 같은 공정 조건과 어떻게 관련되는지 이해하려면 재료 과학 분야, 특히 위상 다이어그램 연구에서 잘 확립된 방법과 절차를 사용하는 것이 적절하다. 이것은 다른 분야에 잘 정립되어 있다—고품질 강철의 생산은 철–탄소 위상 다이어그램이 발견되기 전에 마법의 힘에 접하는 예술로 간주되었다. 같은 방식으로, 벌크 이종접합 전지는 시행 착오의 시도로 공정 조건을 추측하는 대신 위상 다이어그램을 설정하고 사용하여 좀 더 체계적으로 개선할 수 있다.

지금까지 설명은 BHJ 전지에 사용된 최초의 폴리머인 비결정성 폴리머에 초점을 맞추었다. 사실 많은 폴리머는 준결정질이고, 즉 비정질 영역으로 분리된 작은 결정 영역을 형성하는 경향이 있다. 그 이유는 체인 중앙의 결정화로 인한 에너지 이득과 비결정 체인 말단으로 인한 엔트로피 증가 사이의 미묘한 균형 때문이다. 도너 폴리머 외에도, 억셉터 분자도 결정화되기 쉽다. Flory–Huggins 이론이 제공하는 위상 다이어그램은 결정화 경향이 있는 물질의 혼합 형태를 설명할 수 없다. 준결정질 블렌드 시스템의 예로써, 도너 폴리머 P3HT와 억셉터 분자 PCBM을 고려하자. 두 재료 모두 작은 결정 영역을 형성할 수 있다. 이 혼합 시스템은 널리 사용되며, 공정 조건이 최적화될 때 효율적인 태양전지를 생성할 수 있다.

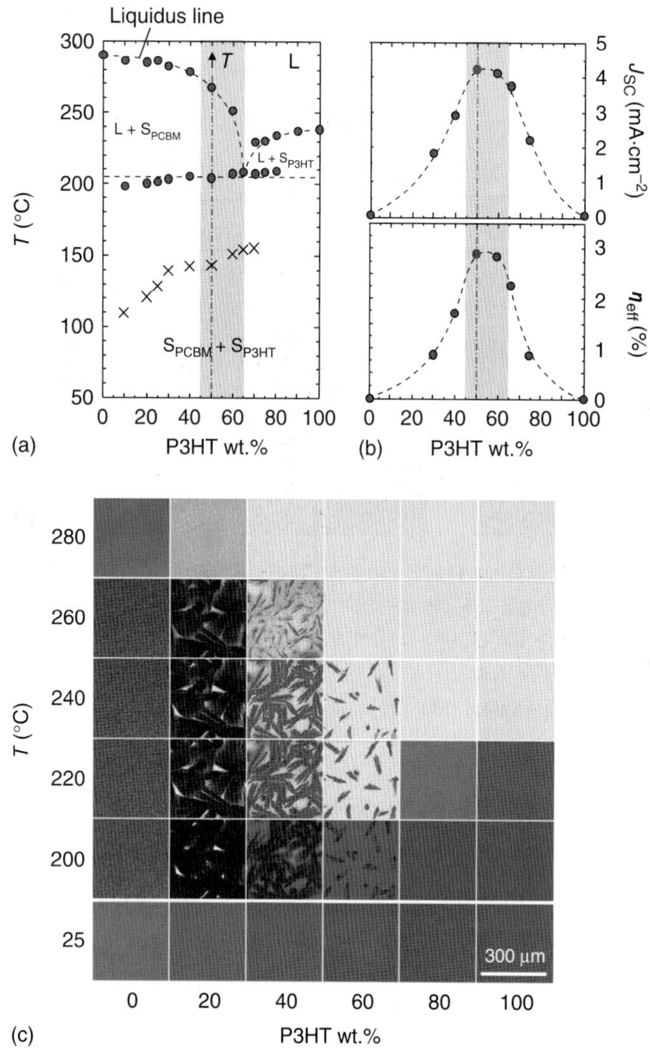

그림 4.22 P3HT와 PCBM으로 만든 블렌드의 상이 OSC 성능에 미치는 영향. (a) P3HT:PCBM 시스템의 비평형 온도-조성 다이어그램. L과 S는 화합물의 액체와 고체 상을 나타낸다. 십자가는 재결정의 시작을 나타낸다. 음영 영역은 최고의 태양전지 성능의 조성을 나타낸다. 점선의 액상선 위의 블렌드는 균질하고 액체이다. 중량 기준 약 65% P3HT를 특징으로 하는 공융 조성물에서, 블렌드의 두 성분은 공융 온도(여기서는 205℃) 미만으로 냉각 시 동시에 고체화된다. 이 현상은 일반적으로 미세하게 혼합된 고체 구조를 생성하지만, 탈 혼합 정도가 확산 제어되므로 응고 속도에 크게 의존한다. 공융 조성비 위 또는 아래의 조성에서, 과잉 성분의 1차 결정은 액상으로부터 냉각되는 과정에서 205℃에 도달할 때 형성되고, 두 성분이 동시에 응고된다. 이로 인해 두 구성 요소의 미세한 매트릭스에서 한 구성 요소의 거친 구조가 생성되는 경우가 많다. (b) 스핀 캐스팅 후 140℃로 가열된 P3HT:PCBM 블렌드에 대한 조성의 함수로서 단락 전류 밀도(상단 패널)와 전력 변환 효율(하단 패널). (c) 용액-캐스터의 투과 광학 현미경 사진. 초기에는 대체로 비정형인 P3HT:PCBM 박막에 다른 온도로 가열하였다. 블렌드 농도 <65 wt% PCBM에서 생성된 PCBM 1차 결정(Müller et al.[77]).

Müller와 동료들은 박막의 조성과 가열 온도에 대하여 P3HT/PCBM 블렌드의 위상 다이어그램을 측정했다[77]. 그들은 P3HT와 PCBM이 **공융 시스템**(eutectic system)(Box 4.4)을 형성하며, 공융 조성 근처에서 최고의 태양전지 성능을 얻었다(그림 4.22). 이것은 공융 조성이 다른 thiophene 유도체를 PCBM과 혼합하여 비교함으로써 확인된다. 공융 시스템의 경우, 용융 물질을 가열하고 후속 냉각 시 얻은 상 구조가 잘 확립되어 있다[78–79]. 이 공정 단계가 공융 조성에서 수행되면, 미세하게 혼합된 구조가 된다. 공융 조성으로부터 약간 벗어난 조성에서, 과잉 성분은 혼합물이 고형화되기 전에 작은 결정을 형성한다. 과잉 구성 요소가 PCBM인 이러한 구조는 광흡수와 전하 수송 특성 사이에서 최적의 균형을 이룬다.

Box 4.4 공융 시스템

공융 시스템은 2가지 구성 요소를 가지고 하나의 혼합물을 이루는 시스템이다. 공융 혼합물은 다른 조성보다 낮은 온도에서 응고된다. 그 온도가 공융 온도이다. 공정 혼합물과 공정 온도에 의해 상 다이어그램에서 정의되는 지점이 공융점이다. 공융점에서 액체 L은 동결되어 2개의 고체상 α와 β를 동시에 형성하는 반면($L \rightarrow \alpha + \beta$), 다른 조성에서는 온도를 낮추면 하나의 고체상이 먼저 형성된다(예를 들면, $L \rightarrow \alpha + L \rightarrow \alpha + \beta$). 혼합물의 미세 구조는 조성과 냉각 속도에 따라 달라진다. 자세한 내용은 [78–79] 등의 재료과학 교과서를 참조하기 바란다. 그림 B4.4.1은 공융 시스템의 위상 다이어그램과 결과적인 형태를 보여준다.

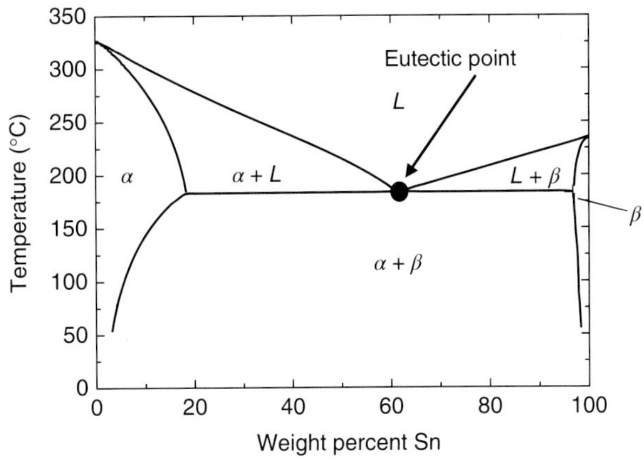

그림 B4.4.1 납땜에 사용되는 주석–납 합금과 같은 공융 시스템의 위상 다이어그램은 주석(Sn)의 중량 백분율 함수로 표시된다. 상 다이어그램에서 α와 β로 표시된 영역은 각각 납으로 이루어진 고체와 주석으로 이루어진 고체를 나타낸다. $\alpha + \beta$로 표시된 영역은 납으로 이루어진 고체와 주석으로 이루어진 고체의 합성물이다. 공융 조성(여기서는 62%의 Sn)에서 액상(L)으로부터 냉각될 때, 이 고체 합성물은 액체로부터 직접 형성된다. 공융 조성비보다 낮은 조성(여기서는 더 낮은 Sn 함량)에서 액체로부터 냉각되는 경우, 고체 합성물이 형성되기 전에 납으로 이루어진 고체의 일부를 포함하는 액체 페이스티 혼합물 ($\alpha + L$)이 먼저 나타난다. 반대로 공융 조성비(더 높은 Sn 함량에서) 이상에서 냉각하는 경우에도 주석으로 이루어진 고체의 일부를 포함하는 액체에 대해 마찬가지이다.

피해야 할 특히 불리한 형태는 억셉터 상이 양극에 인접하여 정공이 전극에 도달하는 것을 방지하는 방식으로 수직 상 분리된 형태이다. 대조적으로 도너가 풍부한 상이 양극에 가까이 있고, 억셉터가 풍부한 상이 음극에 가까이 있는 반대의 경우가 이상적이다. 공정 조건을 최적화하는 것 외에도 형태를 최적화하는 접근 방식에는 자가 조립 또는 액정 분자의 사용 또는 사이드 체인에 공유결합으로 결합된 억셉터가 있는 도너 폴리머의 사용과 같은 합성 접근 방식이 포함된다. 액정 구조는 기판에 수직한 방향으로 적층하기가 어렵고, 공유결합으로 연결된 시스템은 도너와 억셉터가 너무 가까워서 비제미네이트 재결합이 문제가 될 수 있다.

4.2.2.3 다층 소자

다층 소자(multilayer device)는 분자의 순차적 증착으로 제작할 수 있다. 구조의 형태는 예를 들어 수송층, 차단층 그리고 흡수 + 광생성층을 사용하여 최적화할 수 있다(그림 4.12[80] 참조). 전극 근처의 수송층과 차단층의 역할은 정공과 전자의 전류를 분리하는 것이고, 중앙의 혼합층은 효율적인 흡수와 캐리어 생성을 보장할 수 있다.

혼합과 다층 형태에 대한 논의는 장치 효율성을 제어하는 세 번째 인자로 이미 다루었다. 그것은 장치에서 전하를 추출하는 효율 η_{ex}이다. 전극으로의 전하 이동은 퍼텐셜 기울기가 있는 에너지 환경에서 호핑 수송, 즉 표동에 의해 크게 좌우된다. 전하 캐리어 농도의 기울기에 의해 제어되는 운동인 확산의 역할이 적다. 그러나 표동을 촉진하는 내부 필드가 사라질 때, 개방 회로 전압 근처에서 중요해진다[62]. 전하가 전극에 도달하여 추출되기 위해서는 침투 경로가 필요하다. 트랩-투-트랩(Trap-to-trap) 유형 호핑 수송은 도너 상의 억셉터 화합물의 몇 퍼센트와 같은 낮은 농도에서 발생할 수 있다. 이러한 방식으로, 억셉터 농도가 작은 혼합물에서도 해리가 발생하면 광전류가 발생할 수 있다. 그러나 효율적인 침투를 위해서는 다수 상에서 소수 물질의 최소 20~30%라는 더 큰 임계값이 필요하다. 전극과의 계면에서 분자 에너지 준위와 전극의 일함수는 전달을 최적화하기 위해 일치해야 한다. 적당히 큰 장치에서 전극의 면저항의 영향, 즉 제곱당 옴 단위로 측정된 전극의 평면을 따른 저항은 최적화된 전지의 성능을 제한하는 추가 매개변수가 될 수 있다.

4.2.3 개방 회로 전압을 높이는 전략

식 (4.20)에서 높은 태양전지 효율에는 높은 개방 회로 전압이 필요하다는 것을 알 수 있다. 고전적인 금속-절연체-금속 장치에서 식 (4.1)의 표현과 같이 개방 회로 전압은 전극의 일함수 차이로 주어진다. 실험적으로 이것은 유기태양전지에서 발견되는 것이 아니다. 개방 회로 전압은 장치 효율성의 핵심 매개변수이기 때문에, 이 문제에 대한 활발한 연구가 계속 진행되고 있는 가운데 무엇이 그 값을 제어하는지 이해하기 위한 과학적 연구가 10년 이상 수행되었다. 여기에서 얻은 통찰 몇 가지를 요약한다. 아직까지는 리뷰 기사[81]와 더 깊은 분석을 위한 독창적인 연구 논문[82–90]을 참조하기 바란다.

Greenham과 동료들은 음극 재료를 금($\phi = 5.1$ eV), 구리($\phi = 4.6$ eV), 크롬($\phi = 4.5$ eV), 알루미늄($\phi = 4.3$ eV), 칼슘($\phi = 2.9$ eV)을 사용하여, ITO/PFB/F8BT/음극의 층 구조에서 도너 PFB와 억셉터 F8BT로 만든 이중층 소자를 조사했다[85]. 그들은 V_{oc}가 실제로 ITO 양극의 일함수($\phi = 4.8$ eV)와 음극의 일함수 차이에 따라 조정되지만, 입사광 세기에 의존하는 개방 회로에 대한 추가적인 일정한 기여도 있다고 보고했다. 분명히, 이 추가적인 기여는 계면에서 광생성된 전하와 관련되어야 한다. 푸아송 방정식과 연속방정식을 수치적으로 풀면[91], 역바이어스에서 광생성 전하가 장치에서 추출되는 경우, $V_{flat} = (1/e)(\phi_{Cathode} - \phi_{Anode})$의 전압이 인가될 때(그림 4.23)의 플랫 밴드 조건 근처에서 계면에 어느 정도 농도까지 축적됨을 보여줄 수 있다. 그 결과 V_{flat}에서 전극을 향한 확산 (광)전류가 발생한다. 빛이 조사되는 경우 0의 총 전류를 얻으려면, 전극에서 주입된 전류가 확산 광전류를 보상할 때까지 인가 전압을 증가시켜야 한다. 확산 광전류는 빛의 세기에 따라 달라지므로, 필요한 추가 보상 전압도 빛의 세기에 따라 달라진다. 이 모델의 기본 개념은 광전류가 단락 조건 근처에

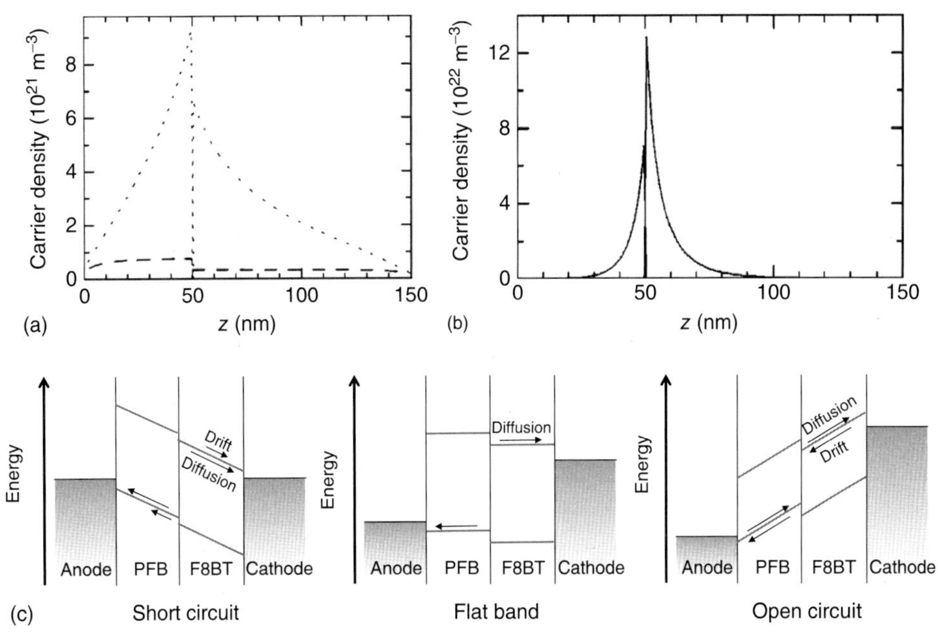

그림 4.23 (a) 50 nm의 PFB 도너 폴리머와 100 nm의 F8BT 억셉터 폴리머로 만든 이중층 소자에서 정공($z < 50$ nm)과 전자($z > 50$ nm)의 밀도에 대한 위치. 값은 (a) 역바이어스($V = -0.5$ V, 파선)와 단락 회로 조건($V = 0$ V, 점선) 그리고 (b) 순방향 바이어스($V = 0.48$ V, 실선)에 대해 계산된다(Barker et al. 데이터[91]). (c) 단락 회로($V = 0$), 플랫 밴드($V = V_{flat}$) 그리고 '개방 회로'(총 전류 $j = 0$)에서 양극/PFB/F8BT/음극 소자에 빛이 조사되는 경우, 표동 전류와 확산 전류의 그림. 표동 전류와 확산 전류가 서로 보상된다(Barker et al.[91]).

서 표동에 의해 제어되는 반면, 확산은 플랫 밴드 조건 근처에서 중요해진다는 것이다. 이것은 Blom과 그의 동료들의 결과와 일치한다[62].

벌크 이종접합 장치를 고려하면 그림이 더 복잡해진다. Brabec은 억셉터의 환원 퍼텐셜에 대한 V_{oc}의 거의 선형적인 의존성을 처음 보고했으며[87], Inganäs 그룹은 도너의 산화 퍼텐셜과 선형 상관 관계를 설명했다[88]. 결국 Brabec 그룹은 0.3 V의 오프셋을 제외하고 도너 HOMO와 억셉터 LUMO 사이의 에너지 차이에 따라 조정되는 개방 회로 전압을 찾았다[92]. 이것은 오프셋을 0.6 V로 설정한 Veldman과 동료에 의해 확인되고 확장되었다[66]. 전반적으로, 벌크 이종접합 전지에 대한 합의는 이 개념으로 정리되는 것으로 보인다.

$$V_{oc} = \frac{1}{e}(|E^{D}_{HOMO}| - |E^{A}_{LUMO}| - \Delta) \tag{4.23}$$

여기서 Δ는 약 0.3~0.6 eV의 에너지 오프셋을 나타낸다. 벌크 이종접합 전지의 개방 회로 전압은 박막 형태에 따라 달라질 수 있다. Yang 그룹[86]은 용매와 조성에 따라 MEH-PPV와 C_{60}의 혼합에서 0.82 eV에서 최대 1.41 eV까지의 V_{oc} 변화를 보고했다. 식 (4.23)은 실험적으로 확립되었지만, 이에 대한 이유는 여전히 논의되고 있다[81]. 낮은 인가 전압에서 전하 캐리어의 확산과 관련이 있다는 데 동의하는 것으로 보인다[66, 82, 84, 89, 92]. 일부 저자는 밴드 벤딩과 Fermi 준위 고정과 관련된 설명을 선호하는 것 같다[66, 92]. 다른 사람들은 전하의 광생성이 quasi-Fermi 준위의 설정과 관련되어 있다는 견해를 선호한다. 고전적인 반도체 물리학에서, 빛이 조사되는 경우에 얻어지고 유지되는 양전하 p와 음전하 n의 밀도를 설명하기 위해 quasi-Fermi 준위 φ가 도입되었다.

$$n = n_{int}\exp\left[q\frac{(V-\varphi_n)}{kT}\right] \quad \text{그리고} \quad p = n_{int}\exp\left[-q\frac{(V-\varphi_p)}{kT}\right] \tag{4.24}$$

quasi-Fermi 준위는 빛이 조사되는 경우에서만 잘 정의된 양이다. 개방 회로 근처에서는 전류가 흐르지 않는다는 주장이 있는데, 이는 quasi-Fermi 준위가 일정하고 그 차이가 V_{oc}와 같다는 것을 의미한다[82, 84]. 표동과 확산을 모두 고려하여 푸아송 방정식과 연속방정식을 풀면, 실험적으로 구해진 식 (4.23)과 일치하는 개방 회로 전압이 도너 HOMO와 억셉터 LUMO 사이의 차이와 관련된 식을 구할 수 있다. 이 과정에서 오프셋 Δ의 값은 Gaussian 상태밀도(DOS)의 꼬리 상태로 완화뿐만 아니라 재결합 손실을 포함한 다양한 인자와 관련된다.

실험적 증거와 이론적 고려사항에 의해, 개방 회로 전압, 좀 더 정확하게는 오프셋 Δ도 빛의 세기에 의존하는 것으로 밝혀졌다[49, 89, 93]. 이 의존성은 다음과 같이 표현할 수 있다.

$$V_{oc} = V_0 + \frac{kT}{e}(\ln[\text{normalized light intensity}] + c) \tag{4.25}$$

여기서 V_0는 플랫 밴드 퍼텐셜이고 정규화된 빛의 세기의 최댓값은 1이다. V_0는 $V_0 = (1/e)(|E^{D}_{HOMO}| - |E^{A}_{LUMO}|) - f(\sigma)$로 근사될 수 있다. $f(\sigma)$는 에너지적인 무질서로 인한 환원항을 나타낸다. Giebink 등[49]에 의해 고려된 이중층 태양전지의 경우, $j(V_{oc}) = 0$으로 하여 개방 회로 전압을 식 (4.12)로부터 구할 수 있다.

$$eV_{oc} = \Delta E_{HL} - kT\ln\left[\frac{k_f}{k_d}\frac{k_{rec}N_{HOMO}N_{LUMO}}{j_{ex}/a}\right] \tag{4.26}$$

이것은 V_{oc}가 온도가 감소함에 따라 증가해야 하고, 흡수된 빛의 세기에 비례하는 엑시톤 플럭스의 로그에 따라 증가해야 함을 시사한다. 계면 전하 수동 상태의 재결합률 k_f가 높으면 V_{oc}가 감소한다. Onsager–Braun 모델에서 k_d를 해리율의 zero–field 값으로 표현하면, 식 (4.26)은 다음으로 변한다.

$$eV_{oc} = (\Delta E_{HL} - E_B) - kT\ln\left[\frac{k_f N_{HOMO}N_{LUMO}}{n_{eh,max}\, j_{ex}/a}\right] \tag{4.27}$$

여기서 $n_{eh,max}$는 계면 전하 수동 상태의 최대 밀도이다. 따라서 최대로 가능한 개방 회로 전압은 계면 에너지 갭, 즉 도너의 HOMO와 억셉터의 LUMO의 차이에서 계면 전자–정공 쌍의 결합 에너지를 뺀 값과 같다. 여기에서 HOMO와 LUMO라는 용어가 사용되는데, 대략 이온화 퍼텐셜과 전자 친화도의 동의어이다.

이 논의로부터, 벌크 이종접합 전지에서 개방 회로 전압을 증가시키는 접근 방식은 먼저 도너 HOMO와 억셉터 LUMO 사이의 갭을 늘리는 데 초점을 맞춰야 하고, 두 번째로 계면 전하 수동 상태의 재결합 속도 또는 에너지 무질서로 인해 발생할 수 있는 에너지 오프셋 Δ를 줄이는 데 초점을 맞춰야 한다. 몇 가지 실용적인 접근 방식이 [81, 94]에서 논의된다. 도너 HOMO와 억셉터 LUMO 사이의 갭을 증가시킬 때, 위에서 언급한 2가지 경계 조건을 만족해야 한다. 즉, 도너 LUMO와 억셉터 LUMO은 적어도 약 0.1~0.2 eV가 되어야 하고, CT 상태의 에너지는 도너 S_1 상태와 억셉터 S_1 상태 모두의 에너지보다 작아야 한다. 마지막 요구사항을 고려하여, 큰 밴드갭 재료를 만들고 싶은 유혹을 받을 수 있다. 그러나 이것은 태양 스펙트럼의 많은 에너지가 흡수되지 않아 광전류에 기여하지 않기 때문에 전지의 성능을 손상시킬 수 있다. 유기반도체의 흡수 대역에 대한 최적 에너지는 열역학적으로 고려하여 평가할 수 있다.

4.2.4 충전율을 개선하기 위한 전략

태양전지의 효율을 제어하는 결정적인 인자는 FF이다. 한 태양전지의 전류–전압 곡선을 다른 태양전지의 전류–전압 곡선보다 더 '정사각형'으로 만드는 것은 무엇인가? 대답은 간단한 방식으로 표현될 수 있다. $j(V)$ 곡선의 수평 부분은 가능한 수평이어야 하고 수직 부분은 가능한 수직이어야 한다. 이는 빛이 조사되는 경우 얻은 총 전류(=수평 부분)가 전기장에 독립적이어야 하고 주입 전류와 순방향 전류(=수직 부분)가 매우 효율적이어야 함을 의미한다. 각 부분을 개별적으로 살펴보자.

빛이 조사되는 경우의 총 전류는 암전류(주입을 통해 수직축에 기여)와 광전류(수평에 기여)의 중첩으로 구성된다($j_{total} = j_d + j_{ph}$)[이중층 전지의 경우 식 (4.12) 참조]. 전기장에 독립적인 광전류는 먼저 엑시톤 해리 과정과 제미네이트 쌍 재결합의 역과정이 전기장에 보조되지 않아야 한다. 이에 대한 방법은 3.6절에서 논의되었으며 접합 길이, 계면 쌍극자, 에너지 무질서, 그리고 다른 물질 매개변수의 수정을 포함한다. 두 번째 필수사항은 광생성 전하의 비제미네이트 재결합이 전기장과 무관해야 한다는 것이다. 비제미네이트 재결합의 전기장 의존성은 개방 회로 전압 근처의 낮은 전기장에서 특히 발생할 수 있다. 그 이유는 전하의 움직임이 더 이상 전극을 향한 드리프트에 의해 제어되지 않고 확산에 의해 제어되기 때문이다. 비제미네이트 재결합 경로를 줄이기 위한 방법에는 전자와 정공의 확산 운동을 분리하는 것과 같은 전송층과 차단층의 사용이 포함된다. 암전류의 전기장 의존성은 4.3.2절에서 논의된 바와 같이 개방 회로 전압 근처의 관련 전압 범위에 대해 주입 공정의 전기장 의존성이 주요한 원인이 된다. 다양한 손실 메커니즘의 효과는 그림 4.24에 나와 있다.

그림 4.25에서와 같이 4사분면에서 S자 모양을 특징으로 하는 실험적인 $j(V)$ 곡선이 때때로 관찰될 수 있다[94, 96–97]. 이 현상은 전기장에 의존하는 제미네이트 쌍 분리, 전기장 의존의 비제미네이트 재결합, 또는 장치 전반에 걸친 기생 누설 전류의 결과로 이해될 수 있다. 측정된 전체 전류는 암전류와 광전류의 중첩 결과이다. 후자는 상호 쿨롱 퍼텐셜에 대한 계면 제미네이트 전자–정공 쌍의 분리에서 발생하며, 인가된 외부 전기장의 도움을 받을 수 있다. 그림 4.24는 광생성 과정의 전기장 의존성을 보여준다. 내부 전기장 F는 인가 전압 V와 내부 전압 V_{bi}의 차이를 박막 두께 d로 나눈 값, 즉 $F = (V - V_{bi})/d$이다. 일부 전기장 세기 F_{sat}에서 모든 계면의 제미네이트 전자–정공 쌍이 분리된다. 이것이 이미 내부 전기장 V_{bi}/d에 있는 경우라면, 측정된 광전류는 인가된 전기장에 거의 독립적이며, 광전류와 암전류의 중첩은 $j(V)$ 곡선의 원하는 사각형 모양을 초래한다. 대조적으로, 계면 전자–정공 쌍의 분리가 높은 전기장의 세기를 요구하는 경우($F_{sat} \gg V_{bi}/d$), 개방 전압 근처에서 암전류에 추가할 광전류가 거의 없어 빛이 조사되는 경우 측정된 총 전류는 볼록한 모양이 된다. 분명히 이것은 미흡한 FF를 동반한다. 이 경우 공액 폴리머를 사용하여 유기태양전지에서 FF를 개선하는 간단한 방법은 유효 공액 길이가 크고, 무질서 정도가 낮은 폴리머와 같이 계면 전자–정공 쌍의 결합 에너지가 낮은 폴리머를 사용하는 것이다. 효과적인 공액은 광학 밴드갭에 반비례하기 때문에 전력 변환 효율과 관련하여 이점도 있다. 반대로 작은 분자를 가진 유

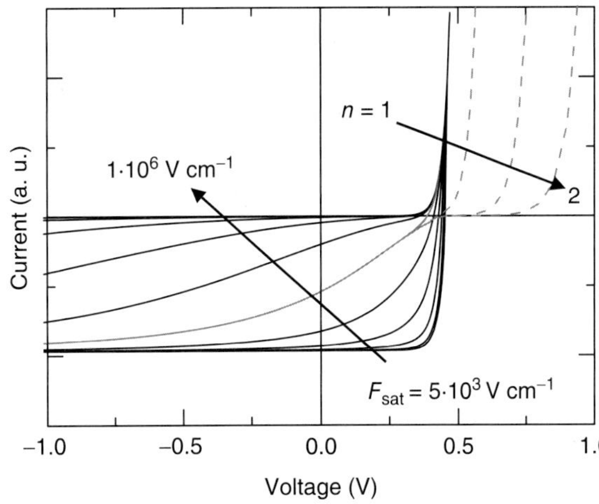

그림 4.24 다양한 손실 메커니즘이 태양전지 성능에 미치는 영향에 대한 그림. 검은색 선은 $\eta = 1$인 $j(V) = j_0(\exp(qV/\eta kT) - 1)$로 표현되는 이상적인 암전류에 전기장에 의존하는 광전류[식 (3.67)~(3.70)]를 추가할 때의 결과이다. 낮은 전기장 F_{sat}가 모든 제미네이트 전자-정공을 해리하기에 충분한 경우, 거의 정사각형 모양의 I-V 곡선이 발생한다. 완전한 분리를 위해 더 높은 전기장 세기가 필요할 때, 볼록한 모양의 I–V 곡선이 얻어진다. 이상 계수가 $\eta = 1.0$에서 $\eta = 1.2$, 1.6, 2.0으로 변하는 경우, 회색 선은 중간 F_{sat}에서 암전류와 암전류 곡선(점선)의 중첩을 나타낸다. Wetzelaer 등[95]에 따르면, 이것은 트랩이 없는 재결합(랑주뱅 유형)에서 트랩 지원 재결합(Shockley–Read–Hall 유형)으로의 전환을 매개변수로 나타낸다.

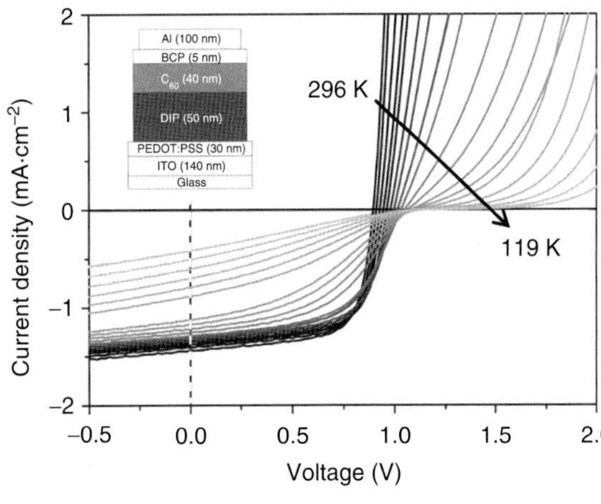

그림 4.25 평면 이종접합 소자에서 온도를 낮출 때 태양전지의 전류–전압 곡선이 S자 모양으로 변하는 모습을 보여준다. 스택은 삽입으로 표시되며, 유리/ITO/PEDOT:PSS/50 nm diindenoperylene(DIP)/80 nm C_{60}/5 nm bathocuproine (BCP)/Al 층 구조로 구축된다(Gruber et al. 데이터[99]).

기태양전지의 경우 3.6.2절에서 논의된 것처럼 경계면에서 어느 정도의 에너지 무질서가 유익할 수 있다. 물론 감소된 내부 전기장은 S자형의 $j(V)$ 곡선의 또 다른 이유이며, 불량한 FF와 관련된다. 생성된 전하 캐리어가 수집 전극에 도달하기 전에 트랩 되면, 공간 전하가 축적되어 활성 도너-억셉터 계면에서 전기장을 낮추고 전자-정공 쌍의 해리를 감소시킬 수 있다. 이 효과는 전극 근처에서 전하 이동도가 더 낮아지는 현상학적으로 포착될 수 있다[98]. 따라서 시료 순도와 그레인 바운더리와 같은 구조적 결함을 방지하는 것이 중요하다.

유사한 방식으로, 특히 재결합 메커니즘이 Shockley-Reed-Hall 유형인 경우, 만약 V_{oc} 근처에서 비제미네이트 재결합이 효과적인 광전류를 감소시키는 경우, S자형 $j(V)$ 곡선이 발생한다. 이것은 특히 예를 들어 1 sun 이상의 높은 광도에서 벌크 이종접합 전지와 관련이 있다. 국부적으로 의도하지 않은 박막 형태는 벌크 이종접합 전지를 비제미네이트 재결합에 민감하게 만들 수 있다. 유사하게 광전류와 누설 전류의 중첩은 네 번째 사분면에서 $j(V)$ 곡선의 유한한 기울기를 발생시킨다. 그러한 전류는 어떤 식으로든 전극과 연관되어야 하므로 적절한 전극 엔지니어링이 권장되는 것이 타당하다. 좋은 전극은 역바이어스에서 전하 캐리어를 주입하거나 광생성 전하의 방전을 방해해서는 안 된다.

4.2.5 열역학적 효율 한계

4.2.3절의 논의는 광전류, 개방 전압, 그리고 FF에 대한 고려가 특정 파장 또는 파장 범위에 대해 수행된다는 의미에서 본질적으로 식 (4.20)과 관련된다. 식 (4.21)로 표현된 파장 의존성을 고려하더라도 이것은 분명히 충분하지 않다. 오히려 입사 태양 스펙트럼에 대한 광생성 전력의 의존성을 고려해야 한다. 원칙적으로 이것은 수행될 수 있으며, EQE를 통해 접근할 수 있는 광전류의 스펙트럼 의존성에 대한 지식과 파장의 함수로서 전류-전압 곡선에 대한 지식만 있으면 된다. 실제로 이것은 이중층 전지 구조에 대한 접근 방식이 존재하지만[49], 현재로서는 모든 유기태양전지의 전류-전압 곡선에 대한 일반적인 분석 표현이 아직 확립되지 않았기 때문에 여전히 도전 과제이다. 이 문제를 어떻게 해결할 수 있을까? 이를 해결하기 위한 접근 방식은 현재 연구 문헌에 보고되었으며 시간이 지남에 따라 더 발전할 가능성이 있다[58, 66, 83, 92, 99-103]. 여기에는 Shockley 방정식을 사용하여 매개변수화하고, 유기태양전지의 특수성을 설명하기 위해 이를 적용하며[83, 102, 104], 수치 해석법을 사용하고[103], 또는 상세한 균형 접근[99, 100, 105]에서 시작하는 것이 포함된다. 접근 방식과 근사 방식에 따라 '이상적인' 유기태양전지에 대한 광학 갭의 문헌 값이 크게 달라진다. 예를 들어 $E_g = 1.7$ eV의 경우 8~9%[102], $E_g = 1.4$ eV의 경우 11%[66], $E_g = 1.9$ eV의 경우 11%[103], $E_g = 1$ eV의 경우 25%[58], 1.35~1.5 eV의 경우 27~22%[105], $E_g = 1.34$ eV의 경우 33.4%[99]이다. 탠덤 전지를 사용하면 더 높은 효율이 예상된다[58]. 재료와 장치의 매개변수보다 태양전지 작동의 기본 물리적 원리에 중점을 두고 입사광을 전류로 전체 변환하는 것을 기반으로 하는 태양전지 효율 계산을 종종 **Shockley-Queisser 한계 계산**이라고 한다 (Box 4.5).

Box 4.5 The Shockley–Queisser (상세한 균형) 한계

1961년에 Shockley와 Queisser[106]는 태양전지의 효율에 대한 이론적 상한선이 무엇인지에 대하여 열역학적 고려를 사용했다.

첫째, Shockley와 Queisser는 광학 갭 $h\nu_g$를 초과하는 에너지를 가진 모든 입사 광자가 광전류를 초래하고 손실이 없고 전지가 0K로 유지되는 태양전지에 대해 신중하게 생각함으로써 궁극적으로 달성 가능한 효율 u를 고려하였다. 출력 전력 대 입사 전력의 비율로 주어지는 전력 변환 효율은 다음과 같이 표현된다.

$$u = \frac{h\nu_g Q}{P} \tag{B4.5.1}$$

여기서 Q는 흡수된 광자 플럭스(시간과 면적당 수)이고, P는 입사 세기(즉, 단위 면적당 전력, 조도)이다. 원본 출판물에서는 고려된 태양 스펙트럼은 태양 온도 T_s에서의 흑체 복사 스펙트럼이다. Planck의 흑체 분포를 사용하면, 흡수된 광자 플럭스는 다음과 같다.

$$Q = \frac{2\pi}{c^2}\int_{\nu_g}^{\infty} \frac{\nu^2}{e^{\frac{h\nu}{kT}} - 1} d\nu \tag{B4.5.2}$$

그리고 입사 세기는 다음과 같다.

$$P = \frac{2\pi h}{c^2}\int_{\nu_g}^{\infty} \frac{\nu^3}{e^{\frac{h\nu}{kT}} - 1} d\nu \tag{B4.5.3}$$

$x = h\nu/kT$와 $x_g = h\nu_g/kT$를 사용하여, 식 (B4.5.1)은 다음과 같이 쓸 수 있다.

$$u(x_g) = \frac{x_g \displaystyle\int_{x_g}^{\infty} (e^x - 1)x^2 dx}{\displaystyle\int_0^{\infty} (e^x - 1)x^3 dx} \tag{B4.5.4}$$

이 궁극적으로 달성 가능한 효율 $u(x_g)$는 광학 갭 $h\nu_g$에 따라 달라지는 최댓값을 갖는다(그림 B4.5.1). 식 (B4.5.4)는 $T = 6000$K에 대한 흑체 복사로 태양 스펙트럼으로 계산하면, 1.1 eV에서 약 44%의 최댓값을 제공한다. 광자 에너지의 나머지 56%는 전기 에너지 손실로 사용할 수 없는데, 그 이유는 (i) 광학 갭 아래의 에너지를 갖는 광자는 흡수되지 않고 (ii) 광학 갭 이상의 에너지를 갖는 광자의 초과 에너지가 사용되지 않기 때문이다. 이것은 왜 태양 스펙트럼을 일치시키는 것이 높은 전력 변환 효율을 얻는 데 중요한지를 설명하는 핵심이다.

다음으로 Shockley와 Queisser는 300K에서 pn 접합을 기반으로 실제 태양전지에서 발생하는 손실 과정을 고려한다. 고려해야 할 과정은 (i) 전자–정공 쌍의 광생성, (ii) 발광 재결합, (iii) 전자–정공 쌍의 비발광 생성, (iv) 비발광 재결합, (v) 전류로 추출하여 전하를 제거이다. 유도과정에서 중요한 요소는 **상세한 균형의 원리**(principle of detailed balance)를 사용한다는 것이다. 상세한 균형의 원리는 열평형에서 시작하는 열역학적 원리이다. 모든 미시적 과정이 각각의 역과정에 의해 정확히 보상

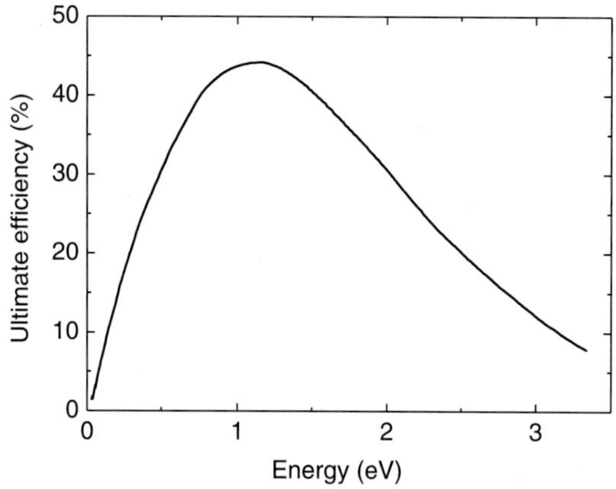

그림 B4.5.1 광학 갭 에너지의 함수로서 식 (B4.5.4)에 따른 태양전지의 궁극적인 달성 가능한 효율 $u(x_g)$ (Shockley and Queisser[106])

된다[107]. 따라서 Shockley와 Queisser는 '배터리가 평형 상태에 있는 경우' 발광 재결합 속도는 단순히 광자의 흡수 속도에 의해 주어진다고 주장한다. 따라서 평형 상태에서 다이오드의 발광 재결합 전류는 다음과 같이 쓸 수 있다.

$$j_{0,\mathrm{r}} = 2qA\frac{2\pi}{c^2}\int_{\nu_g}^{\infty}\frac{\nu^2}{e^{\frac{h\nu}{kT}}-1}d\nu \tag{B4.5.5}$$

유사하게, 그들은 비발광 생성과 재결합 과정이 "$V = 0$, 열평형 조건에 대해 동일할 것"을 고려한다. 비발광 재결합 $R(V)$가 이상적인 pn 접합의 경우와 같이 방정식 $R(V) = R(0)\exp(qV/kT_c)$에 맞는 경우 상황이 특히 간단하다. 역포화 전류에 대한 비발광 기여는 다음과 같다.

$$j_{0,\mathrm{nr}} = R(0) \tag{B4.5.6}$$

그리고 비발광 재결합에 대한 발광 재결합의 비율은 전압과 무관하게 된다(유기 전지에 반드시 적용되는 것은 아닌 특징). 위에서 언급한 5가지 과정의 합을 0으로 설정하면, 빛이 조사되지 않는 경우의 정상 상태의 전류–전압 관계가 유도된다. 즉,

$$\begin{aligned} j(V) &= j_0\left(\exp\left(\frac{qV}{kT}\right)-1\right), \quad \text{with} \\ j_0 &= j_{0,\mathrm{r}} + j_{0,\mathrm{nr}} = 2qA\frac{2\pi}{c^2}\int_{\nu_g}^{\infty}\frac{\nu^2}{e^{\frac{h\nu}{kT}}-1}d\nu + R(0) \end{aligned} \tag{B4.5.7}$$

이것은 Shockley 방정식[식 (B4.1.1)]과 동일하다는 것을 알 수 있다. Shockley와 Queisser는 태양전지에서 얻을 수 있는 최대 출력 전력을 도출하기 위해 최대 전력점과 FF(그들의 논문에서는 여전히 **임피던스 매칭 인자**라고 함)를 도입하여 식 (4.20) 및 (4.21)과 유사한 표현식에 도달했다. [Shockley와 Queisser는 암묵적으로 항상 전체 6000K 흑체 스펙트럼의 광원을 고려하는 반면 식 (4.20)은 단일 파장에 대해 정의되었다. 스펙트럼 범위에 대한 광원은 적분을 명시적으로 포함하여 식 (4.21)에서 고

려된다.] Shockley와 Queisser는 실제 전지의 전력 변환 효율을 다음과 같이 쓸 수 있음을 보여준다.

$$\eta = \frac{j_{\max} V_{\max}}{P_{\text{inc}}/A} = t_s u(x_g) v(f x_g x_c) \text{FF}(f x_g x_c) \tag{B4.5.8}$$

P_{inc}는 입체각당 입사광 전력이고, A는 태양전지 표면적이며, t_s는 태양의 흑체 스펙트럼에서 입사하는 $h\nu_g$ 이상의 에너지를 가진 광자가 전자 정공 쌍을 생성할 확률이고, x_c는 태양 온도에 대한 전지 온도의 비율이다. $v(fx_gx_c)$는 다음과 같이 개방 회로 전압을 광학 갭에 관련시킨다.

$$v(f x_g x_c) = \frac{qV_{\text{oc}}}{h\nu_g} \tag{B4.5.9}$$

궁극적인 효율 u는 반도체의 광학 갭에만 의존하는 반면, 충전율 FF와 비율 v는 많은 인자에 의존하며 단일 매개변수 f에 포함된다는 것을 인식하는 것이 중요하다. 여기에는 비발광과 반대되는 발광 재결합 전류의 비율, 전자-정공 쌍으로 변환되는 300K에서 입사 광자의 비율, 입사 태양광의 입체각과 태양전지에 입사를 정량화하는 기하학적 인자의 곱이 포함된다. 상세한 균형 한계에서 이상적인 전지의 경우, t_s는 1과 같고 f는 반구의 입체각을 정량화하기 위해 감소한다. 이 경우 Shockley와 Queisser는 식 (B4.5.8)로부터 상세한 균형 한계에서 약 1.3 eV의 광학 갭에 대해 전지에 대해 달성 가능한 최대 효율을 약 30%로 구했다. 좀 더 적절한 AM1.5 태양광 스펙트럼(Shockley와 Queisser가 본질적으로 고려한 AM0 스펙트럼보다)을 사용하여 이 계산을 수행하면, 1.34 eV의 밴드갭을 가진 단일 pn 접합을 기반으로 하는 고전적인 무기태양전지에 대하여, 33.7%의 최대 전력 변환 효율에 도달한다.

탠덤 전지를 만들기 위해 2개 이상의 전지가 서로의 위에 놓일 때, 입사 태양광을 더 많이 사용할 수 있다. Shockley-Queisser(SQ) 한계는 2개 또는 3개의 전지를 적층하는 경우 42%와 49%에 근접한다. 무한한 수의 전지에 대해 이것은 68%로 수렴한다[108].

유기 및 무기반도체 태양전지의 열역학적 효율 한계에 관한 차이점은 전적으로 열역학적 원리에서 효율 한계를 도출한 Giebink와 동료들[105]에 의해 강조되었다. "열평형 상태의 전지에 대해 흡수와 방출 복사 플럭스가 동일해야 하는 상세한 균형의 원리를 사용하여 무기 태양전지에 대해 1961년에 Shockley-Queisser(SQ) 한계가 도출되었다. SQ 논의는 전지와 광자 상호작용이 자유 전자-정공 쌍의 생성 및 재결합을 통해 발생한다는 전제를 기반으로 한다. 이것은 무기반도체 태양전지에 대한 좋은 가정이다. 엑시토닉(예: 유기) 반도체에서는 상황이 근본적으로 다르다. 여기에서는 1차 여기가 단단히 Frenkel 결합되어 있고 일반적으로 0.3~1.2 eV 범위의 결합 에너지를 갖는 전하 수송 엑시톤이 있다. 엑시토닉 태양전지의 효율 한계는 결과적으로 광학 에너지 갭과 엑시톤 결합 에너지 모두에 의존하는 반면, 무기 전지의 SQ 한계는 엑시톤 결합을 무시할 수 있는 특별한 경우에 적용된다.

4.3 발광다이오드 성능

4.3.1 OLED 효율 및 색상 결정

소자 수명 외에도 OLED의 성능을 평가하는 관련 항목은 효율과 발광 색상이다. 이를 위해 필요한 데이터는 전류-전압 곡선과 전계발광 스펙트럼이다. '효율'과 '색상'을 정의하기 위해서는 측광 측정 단위와 복사 측정 단위[109-111]의 차이와 색좌표[112]를 숙지할 필요가 있다.

4.3.1.1 측광 측정 단위와 복사 측정 단위

일반적인 이공계 학생은 기술적인 탐지기로 전자기 복사를 측정하는 것을 기반으로 하는 **복사 측정 단위**(radiometric units)에 익숙할 것이다. 일반적인 복사 측정 단위는 **복사 전력**(radiant power)이라고도 하는 복사 플럭스 Φ_e의 단위인 와트이다. 복사 측정 단위는 입사 또는 방출된 전자기 전력이 탐지기로 측정될 때마다 유용하다. 이와 대조적으로 디스플레이와 조명 산업에 종사하는 사람들은 자신의 시력을 검출기로 사용한다. 그들은 고출력의 복사선이 방출되는지 여부보다 광원에서 방출되는 빛이 밝게 보이는지 여부를 알고 싶어 한다. 빨강, 노랑, 파랑의 3가지 다른 색상으로 3개의 광원이 동일한 복사 전력의 빛을 방출하더라도, 노란색을 방출하는 광원이 빨강 또는 파랑을 방출하는 광원보다 더 밝게 인식된다. 그 이유는 인간의 눈에 있는 수용체의 감도가 파장에 의존하기 때문이다. 이를 설명하기 위해 **측광 측정 단위**(photometric units)가 도입되었다. 구별을 위해 측광 측정 단위는 종종 'visual'의 아래 첨자 v로 표시하는 반면, 복사 측정 단위는 'electromagnetic'의 아래 첨자 e로 표시한다.

복사 측정 단위와 측광 측정 단위 사이를 변환하려면, 사람의 눈의 감도를 고려해야 한다. 그림 4.26a는 CIE(Commission Internationale de L'Éclairage)를 통해 정의된 대낮의 인간의 평균 스펙트럼 감도를 나타내는 발광 효율 함수 $V(\lambda)$를 보여준다. 약한 조명 조건에서 사람의 눈의 감도는 $V(\lambda)$에 대한 555 nm 피크 대신 510 nm에서 피크를 가지는 $V'(\lambda)$에 의해 주어진 곡선으로 변경된다. 이 변화는 빛의 세기에 따라 다른 시각 모드로 인해 발생한다. 눈의 망막에 있는 원추세포는 수 cdm^{-2}(아래 참고)와 같거나 초과하는 휘도에 대해 자극되어 색상 인식과 발광 효율 함수 $V(\lambda)$와 관련된 photopic **모드** 비전을 생성한다. 10^{-2}~10^{-1} cdm^{-2} 미만의 휘도에서는 망막의 간상세포만 자극되어 $V'(\lambda)$를 특징으로 하는 단색 **암순응** 형태의 비전으로 이어진다. 중간 조도에서는 mesopic 비전을 우선한다. 측광 측정 단위는 photopic 비전과 곡선 $V(\lambda)$를 기반으로 한다.

고정된 파장에서, 측광 측정 단위는 복사 측정 단위에 발광 효율 함수 $V(\lambda)$를 곱한 값과 다른 모든 양이 SI 단위일 때 683 lmW^{-1}이 되는 보정 인자 K로 표시된다. 단위가 전체 스

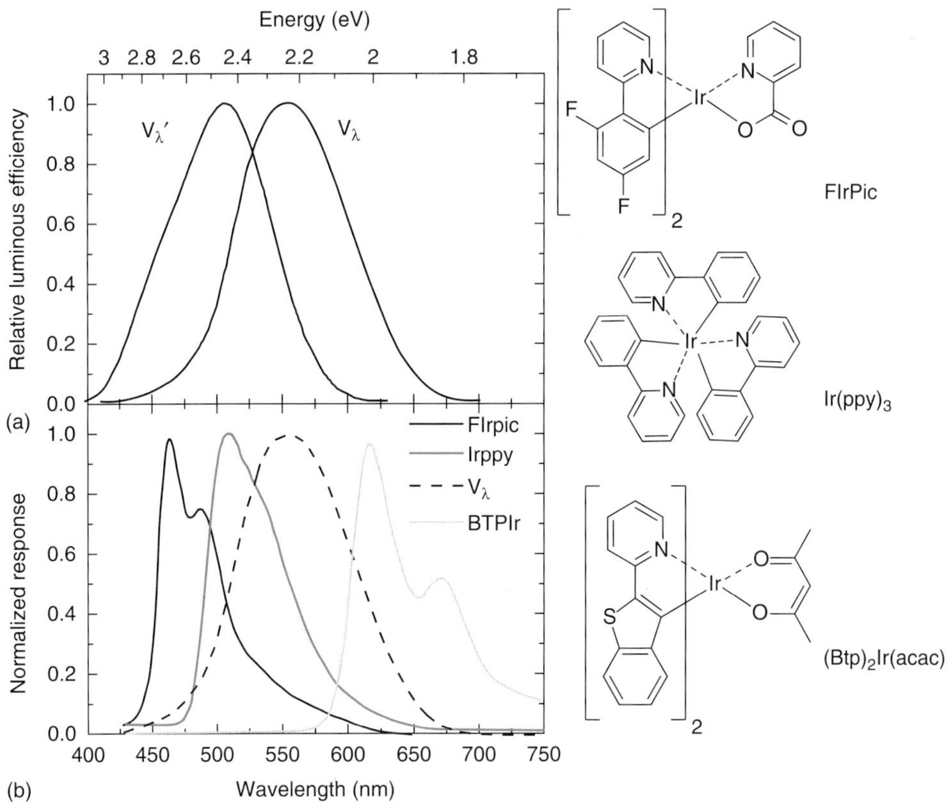

그림 4.26 (a) CIE(Commission International de L'Éclairage)를 통해 정의된 명순응 (주간) 비전에 대한 발광 효율 함수 $V(\lambda)$와 암순응 (야간) 비전에 대한 함수 $V'(\lambda)$. (b) 3개의 인광 에미터 FIrpic, $Ir(ppy)_3$, $(Btp)_2Ir(acac)$의 방출과 주간 비전에 대한 발광 효율 함수의 비교(Forrest et al. 데이터[113]).

펙트럼 범위에 대해 정의되면 해당 적분을 취한다. 예를 들어, 광속(luminous flux) Φ_v (luminous power)는 복사 플럭스(radiant flux) Φ_e에 대응된다. 이것은 다음과 같이 주어진다.

$$\Phi_v(\lambda) = KV(\lambda)\Phi_e(\lambda) \tag{4.28a}$$

$$\Phi_v = K\int V(\lambda)\Phi_e(\lambda)\mathrm{d}\lambda \tag{4.28b}$$

이것이 미칠 수 있는 영향을 설명하기 위해, 그림 4.26b는 OLED에서 일반적으로 사용되는 3개의 인광 에미터의 방출을 발광 효율 함수와 비교한다. 명백하게, 발광 전력에 대한 높은 값은 청색 발광 FIrpic 또는 적색 발광 BtPIr보다 녹색 발광 Irppy에 대해 더 쉽게 얻을 수 있다. 자주 접하는 몇 가지 복사량과 그에 상응하는 광도계를 표 4.1에 나열하였다. 특히 많은 양이 여러 용어로 알려져 있기 때문에 용어가 혼동될 수 있다. 이러한 양 중 일부에 대해

표 4.1 일반적인 복사 측정 양과 측광 측정 양

Radiometric quantity	Symbol	Unit	Photometric quantity	Symbol	Unit
Radiant flux, Radiant power	Φ_e	W (watt) $W = J\,s^{-1}$	Luminous flux, Luminous power	Φ_v	lm (lumen)
Radiant flux per unit area, If incident: Irradiance If emitted: Radiant excitance	$E_e = \frac{d\Phi_e}{dA}$ $M_e = \frac{d\Phi_e}{dA}$	$W\,m^{-2}$	Luminous flux per unit area, Luminous flux density If incident: Illuminance If emitted: Luminous exitance, Luminous emittance	E_v M_v	lx (lux) $lx = lm\,m^{-2}$
Radiant intensity, Radiant flux emitted per solid angle	$I_e = \frac{d\Phi_e}{d\Omega}$	$W\,sr^{-1}$	Luminous intensity, Candlepower	I_v	cd (candela) $cd = lm\,sr^{-1}$
Radiance	$L_e = \frac{1}{\cos(\theta}\frac{d^2\Phi_e}{d\Omega dA}$ $= \frac{1}{\cos(\theta}\frac{dI_e}{dA}$	$W\,m^{-2}\,sr^{-1}$	Luminance L_v, Brightness	L_v	$cd\,m^{-2}$ ($=lm\,m^{-2}\,sr^{-1}$)

간략히 설명한다[110].

복사 플럭스 Φ_e는 광원으로부터 에너지 방출 속도이다. 단위 면적당 복사 플럭스를 고려하고 복사가 표면에 입사할 때 **복사 조도**(irradiance) E_e라고 한다. 복사가 표면을 떠나면, **복사 발산도**(radiant excitance) M_e라고 한다. **복사 세기**(radiant intensity) I_e는 단위 입체각당 복사 플럭스를 나타낸다. 따라서 점광원과 같은 등방성 에미터의 경우 복사 플럭스와 복사 세기는 $\Phi_e = 4\pi I_e$로 관련된다. 때때로, 조도(irradiance)와 세기(intensity)라는 용어는 표준 명명법의 기술적 의미에서 사용되지 않을 수 있지만 대신 동의어로 (잘못) 사용될 수 있다. 이것은 저자가 채택한 단위를 고려하여 쉽게 식별할 수 있다. 복사가 입체각 $d\Omega$인 구멍을 통해 법선 방향에서 일정 각도 θ로 평면 표면에서 방출되는 경우 **복사휘도**(radiance) L_e는 이와 관련된 양이다. 각도 세기 분포가 $I_e(\theta) = I_e(0)\cos\theta$인 에미터는 모든 각도 방향에서 일정한 복사휘도를 갖는다[$L_e(\theta) = L_e(0)$]. 이러한 에미터를 **Lambertian 에미터**라고 한다. 유기반도체 박막의 발광 특성은 Lambertian 에미터에 가깝다[114]. 유기 박막은 일반적으로 Lambertian 발광 특성을 갖지만, 실제 OLED는 각각 고유한 복소 굴절률을 갖는 서로 다른 층의 스택으로 구성되므로 약한 microcavity를 형성한다. 결과적인 간섭은 Lambertian

에서 벗어나는 것과 같은 발광 특성을 수정한다.

해당 측광량은 동일하게 정의된다. 루멘(lumen) 단위로 측정된 광속 Φ_V는 눈으로 감지되는 복사 플럭스로 볼 수 있다. 루멘은 SI 단위로, SI 기본 단위 칸델라와 스테라디안으로 정의된다(lm = cd·sr). 원래 지정된 램프의 출력으로 정의된 칸델라는 1948년부터 1/60 cm^2의 구멍이 있는 1770°C(Pt의 융점)에서 흑체 복사에서 방출되는 광도(luminous intensity)로 정의되었다. 1979년부터 이 정의는 5.40×10^{14} Hz(= 555 nm, 여기서 $V(\lambda)$는 1이 됨)에서 단색 복사의 1/683 Wsr^{-1}의 복사 세기에 해당하는 광도로 업데이트되었다. 이 정의로부터, 식 (4.28)에 보정 계수 K는 683 lmW^{-1}이다.

4.3.1.2 효율성 정의

OLED의 성능을 특징짓는 양은 주로 측광 측정 단위를 기반으로 한다. '전류 입력당 광 출력'에 대한 측정값은 암페어당 칸델라로 측정된 **발광효율**(luminous efficiency) η_L로 표시된다.

$$\text{Luminous efficiency } \eta_L = \frac{\text{Luminance}}{\text{Current density}} \tag{4.29}$$

전력 소비가 문제인 디스플레이 또는 조명 응용을 위한 OLED의 성능을 평가하기 위해, **발광**(luminosity)이라고도 하며 와트당 루멘으로 측정되는 **발광 전력 효율**(luminous power efficiency) η_P를 고려할 수 있다. 그것은 다음과 같이 정의된다.

$$\text{Luminous power efficiency } \eta_P = \frac{\text{Luminous power emitted in forward direction}}{\text{Total electrical power input at a particular voltage}} \tag{4.30}$$

참고로 현재 EU에서 금지된 백열전구의 발광 전력 효율은 20 lmW^{-1}이었다. 형광등은 약 70 lmW^{-1}이다. 측광 효율(photometric efficiency)은 표 4.2의 복사 효율(radiometric efficiency)과 비교된다.

과학적 목적을 위해 주입된 전자당 방출된 광자의 수에 관심이 있을 수 있다. 이것은 (외부) 양자 효율 QE에 의해 주어진다.

$$\text{QE} = \frac{\text{Number of photons emitted in forward direction}}{\text{Number of electrons injected into the OLED}} \tag{4.31}$$

주입된 전자당 OLED에서 생성되는 광자의 수를 고려할 때, IQE를 정의할 수도 있다. 순방향으로 방출되는 빛을 포함하는 식 (4.30)과 (4.31)의 정의에 유의하라. 따라서 앞으로 OLED 효율을 결정할 때 소자에서 waveguide되고 기판의 엣지에서 산란되는 빛의 수집을 피하는 것이 중요하다. 또한 휘도(luminance) 또는 발광 전력(luminous power)을 결정할 때, 사용된 스펙트럼은 당연히 사용된 검출기의 스펙트럼 응답에 대해 보정될 필요가 있

표 4.2 측광 효율과 복사 효율의 비교

Radiometric quantity	Symbol	Unit	Photometric quantity	Symbol	Unit
Radiance	L_e	$\mathrm{W\,sr^{-1}\,m^{-2}}$	Luminance	L_v	$\mathrm{cd\,m^{-2}}$
Radiant efficiency		$\mathrm{W\,sr^{-1}\,A^{-1}}$	Luminous efficiency	$\eta_L = \frac{L_v}{j}$	$\mathrm{cd\,A^{-1}}$
Power efficiency, wall plug efficiency		$\mathrm{W\,W^{-1}}$	Luminous power efficiency, luminosity	$\eta_P = \frac{\Phi_v}{IV}$	$\mathrm{lm\,W^{-1}}$

다. 효율이 인용될 때마다 OLED가 작동된 전압과 관련 휘도($\mathrm{cdm^{-1}}$)를 아는 것이 유용하다. OLED에서 비발광 재결합은 장치를 통해 흐르는 전류 밀도에 크게 의존할 수 있기 때문에 전압에도 의존한다. 따라서 동작 전압이나 휘도를 고려하지 않고 효율 값을 비교하는 것은 의미가 없다. 참고로 컴퓨터 화면의 일반적인 휘도는 100 $\mathrm{cdm^{-2}}$이고, 조명 목적으로 요구되는 휘도는 1000 $\mathrm{cdm^{-2}}$이다. OLED의 효율 측정과 관련된 추가 정보는 [113]을 참고하기 바란다.

4.3.1.3 색좌표

OLED의 발광색을 정의하기 위해서는 과학적으로 색을 결정하는 시스템이 필요하다. 색의 측정은 일반적으로 학부 교과서나 널리 사용되는 리뷰 기사에 포함되어 있지 않기 때문에, 이 문제에 대하여 좀 더 광범위한 배경지식을 제공하고 기술적인 세부 사항을 제공하고자 한다.

색을 측정하고 수량화하는 방법은 고대부터 계속 사람들이 생각해 온 문제이다. 부분적으로 이러한 관심은 원하는 색상의 느낌을 얻기 위해 빛이나 안료를 혼합해야 하는 그림과 패션의 중요성이 원인이다. 색의 인식은 색의 가법 혼합 또는 감법 혼합으로 얻을 수 있다. **감법 색 혼합 모드**(subtractive color mixing mode)는 백색광에서 시작된다. 안료(예: 페인트, 염료 또는 컬러 필터)에 의한 흡수로 백색광으로부터 특정 파장 범위가 제거된다. 이 모드는 인쇄 산업에서 널리 사용되며, 일반적으로 노란색, 청록색, 자홍색을 원색으로 사용한다. 이 중 2가지를 함께 인쇄하면 적색, 녹색, 그리고 청색이 생성되고, 삼원색의 혼합은 회색을 띤 검정색이 된다(그림 4.27). 인쇄 산업에서는, 비용을 절감하기 위해서 별도의 검정('key') 잉크가 추가된다. **가법 색 혼합 모드**(additive color mixing mode)는 검은색의 어두운 상태에서 시작되고, 특정 파장 범위의 빛이 추가되어 색상을 생성한다. 적색, 녹색, 그리고 청색은 원색으로 사용되며, 그 중 2가지를 혼합하면 자홍색, 노랑, 그리고 청록의 2차 색상이 된다. 적색, 녹색, 그리고 청색광을 동시에 사용하면 백색광이 생성된다. 가법 혼합은 조명이 중첩될 때 발생하기 때문에, 컴퓨터와 텔레비전 화면과 같은 디스플레이에 널리 사용

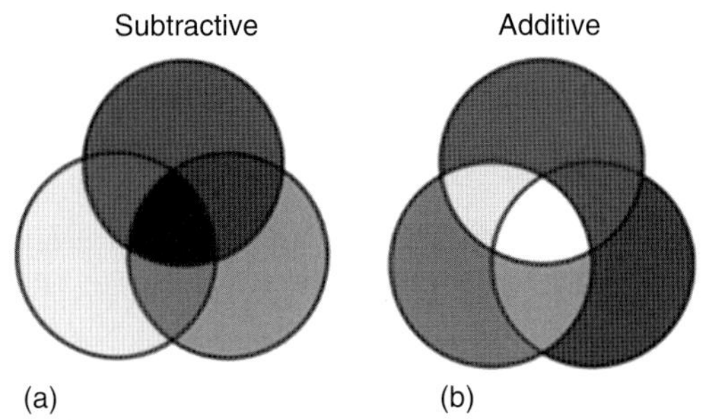

그림 4.27 (a) 감법 혼합과 (b) 가법 혼합

되는 모드이다. 가법 색 혼합 모드에서는 Graßmann의 법칙이 적용되며, 그 중 하나는 "색 매칭를 지정하기 위해서는 3가지 독립 변수가 필요하고 그것으로 충분하다."라고 명시되어 있어 색이 삼원색의 선형 조합으로 표현될 수 있음을 의미한다[112, 115].

색의 체계적인 배열은 색 공간을 정의한다. 색을 분류하는 방법은 색의 색상, 채도, 그리고 명도(HSV)에 대한 인지된 감각을 기반으로 하거나 자극에 대한 사람의 눈에 있는 원추세포의 자극을 기반으로 할 수 있다. 전자는 회화에서와 같이 심미적 고려가 관련될 때 이점이 있는 반면, 후자의 접근은 측정에 적합하다. 따라서 CIE(Commission Internationale de L'Éclairage)에서 사용하고 정의한 기술적이고 과학적인 색 시스템에 선호되는 방법이다. 전반적으로 다양한 색 공간이 있다. 예를 들어 프린터에 사용되는 CMYK(청록색, 자홍색, 노란색, 키) 색 공간, 모니터와 관련된 sRGB(표준, 적색, 녹색, 청색) 색 공간, Munsell과 Ostwald의 색 이론을 바탕으로 컴퓨터 그래픽을 위해 개발된 HSV 색 공간이 있다. CIE 기반 시스템에는 CIE XYZ 색 공간, CIE xyY 색 공간, Hunter–Lab 색 공간, CIELAB 색 공간 등이 있다. 색 공간에 대한 개요는 독일어로 쓰인 [115]를 참조하기 바란다.

CIE 기반 색상 시스템은 Wright와 Guild[116, 117]에 의해 1930년경에 수행된 실험에서 시작되었다. Thomas Young은 19세기 초에 스펙트럼 색상 적색, 녹색, 그리고 청색을 혼합하여 색상 인상을 렌더링할 수 있다고 했다. 이 작업은 Maxwell과 Helmholtz에 의해 확장되었다. 1928년 Wright는 10명의 관찰자에게 유색 기준광을 보고 기준광과 완벽하게 일치하도록 3가지 단색 광원의 혼합을 조정하는 실험을 수행했다. 기준광은 2°의 입체각에서 보였다. 단색광의 파장은 700 nm(적색, R), 546.1 nm(녹색, G), 435.8 nm(청색, B)이다. 이 파장은 후자의 두 파장이 수은 방전 램프의 라인이기 때문에 편리했고, 700 nm에서는 눈이 작은 편차에 더 이상 민감하지 않다. 이 3개의 단색광은 사람의 눈에 있는 3개의 다른 원추세포에 자극을 준다. 3개의 원추세포는 각각 짧은(S), 중간(M), 긴(L) 파장 범위에서 민감하며, 스펙트럼 응답은 그림 4.28a에 나와 있다. 기준 색상 C는 다음과 같이 표현된다.

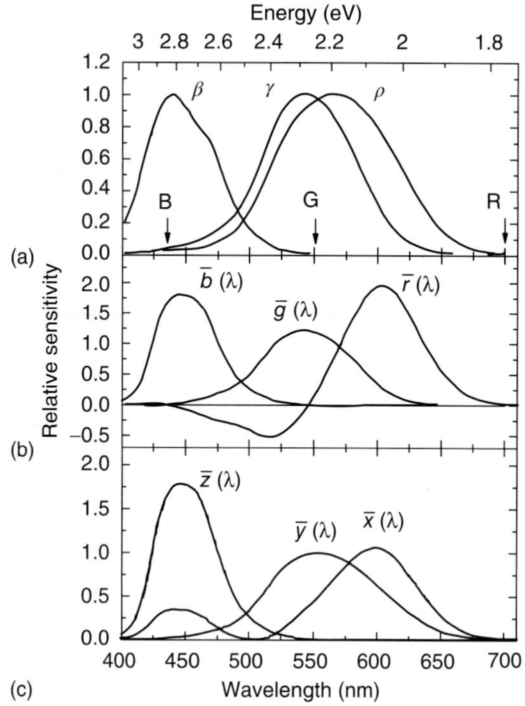

그림 4.28 (a) 망막에 있는 원추세포의 다양한 유형인 ρ, γ, β의 대표적인 스펙트럼 감도 곡선. 화살표는 CIE 1931 standard colorimetric observer를 결정하는 데 사용된 파장을 나타낸다. (b) CIE 1931 standard colorimetric observer를 위한 색 매칭 함수 $\bar{b}(\lambda)$, $\bar{g}(\lambda)$, $\bar{r}(\lambda)$, (c) CIE 1931 standard colorimetric observer 경우의 색 매칭 함수 $\bar{x}(\lambda)$, $\bar{y}(\lambda)$, $\bar{z}(\lambda)$.

$$\mathrm{C} = \rho\mathrm{R} + \beta\mathrm{G} + \gamma\mathrm{B} \tag{4.32}$$

때때로, 청록색의 색조와 같이 어떤 색은 R, G, B 삼원색의 합으로 나타낼 수 없다. 색을 일치시키기 위해서는 원색이 기준광에 추가되어야 한다. 따라서 $C + \rho\mathrm{R} = \beta\mathrm{G} + \gamma\mathrm{B}$가 생성된다. 예를 들어, 녹색과 청색을 단순히 혼합하여 일치시킬 수 없는 경우가 청록색 색조의 경우이다. 그 이유는 M과 L의 원추세포의 스펙트럼 응답이 겹쳐서, M의 원추세포를 자극할 수 없기 때문이다. 3개의 계수 ρ, β, γ는 RGB 자극에 대한 **삼자극 값**(tristimulus values)이다. 일치시키려는 색이 단색 스펙트럼 색상인 경우, 필요한 R, G, 그리고 B의 양은 그림 4.28b에 표시된 곡선으로 표시된다. 이 곡선은 **색 매칭 함수**(color matching functions) $\bar{b}(\lambda)$, $\bar{g}(\lambda)$, 그리고 $\bar{r}(\lambda)$를 정의한다. 이것들은 Wright의 조사에서 10명의 관찰자와 Guild의 조사에서 7명의 관찰자를 기반으로 한다. RGB의 삼자극 값은 과학적으로 허용되는 색 사양 시스템을 제공하지만, 음의 삼자극 값의 사용은 만족스럽지 않은 것으로 간주되었다. 따라서 1931년에 CIE에서 다른 색 매칭 함수 집합인 $\bar{x}(\lambda)$, $\bar{y}(\lambda)$, 그리고 $\bar{z}(\lambda)$를 다음과 같이 정의하며,

$$\bar{x}(\lambda) = 0.49\bar{r}(\lambda) + 0.31\bar{g}(\lambda) + 0.20\bar{b}(\lambda)$$
$$\bar{y}(\lambda) = 0.17697\bar{r}(\lambda) + 0.81240\bar{g}(\lambda) + 0.01063\bar{b}(\lambda)$$
$$\bar{z}(\lambda) = 0.00\bar{r}(\lambda) + 0.01\bar{g}(\lambda) + 0.99\bar{b}(\lambda) \tag{4.33}$$

CIE 1931 Standard Colorimetric Observer에 대한 **CIE 색 매칭 함수**라고 하고, 2° Observer라고도 한다. 이러한 함수는 그림 4.28c에 나와 있다. $\bar{y}(\lambda)$의 정의는 다음과 같은 방식으로 신중하게 선택되었다. $\bar{y}(\lambda)$의 스펙트럼 모양과 그 값은 photopic 비전에 대한 발광 효율 함수 $V(\lambda)$와 일치한다. 관련된 삼자극 값 X, Y, 그리고 Z는 $X = 0.49R + 0.31G + 0.20B$ 그리고 Y와 Z에 대한 관련된 방정식[112]으로 식 (4.33)과 유사하게 정의될 수 있다. $\bar{y}(\lambda)$는 $V(\lambda)$와 동일하므로 다음 형식을 사용하는 것이 유용하다.

$$X = \int_{380}^{789} L_e(\lambda)\bar{x}(\lambda)\mathrm{d}\lambda$$
$$Y = \int_{380}^{789} L_e(\lambda)\bar{y}(\lambda)\mathrm{d}\lambda$$
$$Z = \int_{380}^{789} L_e(\lambda)\bar{z}(\lambda)\mathrm{d}\lambda \tag{4.34}$$

여기서 $L_e(\lambda)$는 W $sr^{-1}m^{-2}$의 복사휘도이다. **삼자극 값** X, Y, Z는 cdm^{-2}의 휘도에 해당한다. 이것은 때때로 첨자 L, 즉 X_L, Y_L, 그리고 Z_L로 표시된다. CIE 1931 Standard Colorimetric Observer용으로 널리 사용되는 CIE 색 매칭 함수 외에도 CIE 1964 Standard Colorimetric Observer용으로 관련된 유사한 함수의 세트도 있다. 이것은 10°의 입체 각도로 보는 것으로 정의되어 약간 다른 색 매칭 함수를 가지고 있다.

X, Y, 그리고 Z 삼자극 값은 **CIE XYZ 색 공간**을 정의한다. 이로부터 OLED의 특성을 평가하는 데 사용되는 **CIE xyY 색 공간**이 파생된다. 기본 아이디어는 OLED의 발광 색상을 정의하기 위해 Y에 포함된 휘도와 각 삼자극 값의 상대적 기여도를 알아야 한다는 것이다. 상대적 삼자극 값을 **색도 좌표**(chromaticity coordinates) 또는 **색좌표**(color coordinates)라고 하고 다음과 같이 주어진다.

$$x = \frac{X}{(X+Y+Z)}$$
$$y = \frac{Y}{(X+Y+Z)}$$
$$z = \frac{Z}{(X+Y+Z)} \tag{4.35}$$

$x + y + z = 1$을 의미하므로 $z = 1 - x - y$로 x와 y만 알면 된다. 이 정의를 사용하면, 색을 정의하는 데 2개의 변수만 필요하므로 색이 2차원 다이어그램인 **CIE x, y 색도 다이어그램**(그

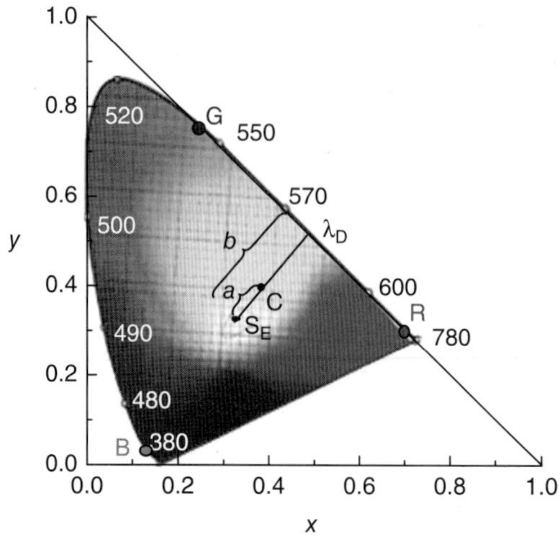

그림 4.29 CIE 색도 다이어그램. 색상 C는 주어진 x와 y 좌표로 알 수 있다. 다이어그램의 윤곽선인 **스펙트럼 궤적**은 380~780 nm까지의 스펙트럼 색상을 제공한다. 700 nm, 546 nm, 436 nm에서 3개의 자극 R, G, B의 위치가 표시된다. $x = y = z = 1/3$인 무게 중심 S_E는 흰색을 나타낸다. S_E에서 색상 점 C를 통해 스펙트럼 궤적까지 선을 확장하면 색상의 주파장 λ_D가 제공된다.

림 4.29)에 표시될 수 있다. 다이어그램의 곡선 윤곽선인 **스펙트럼 궤적**(spectrum locus)은 380~780 nm 사이의 스펙트럼 색상에 대한 파장을 보여준다. 후자의 두 점은 **보라색 경계선**인 직선으로 연결된다. 이 선으로 표시되는 보라색의 다른 색조는 빛의 스펙트럼에서 존재하지 않는다. $x = y = z = 1/3$인 무게 중심 S_E는 흰색을 나타낸다. 700 nm, 546.1 nm, 435.8 nm에서 3가지 자극 R, G, B의 위치는 그림 4.29에 나와 있다. 두 점, 예를 들어 G와 B 사이의 연결선에 있는 색상은 G와 B 자극의 혼합물이다. R, G, B에 의한 삼각형 내부의 영역은 R, G, B를 혼합하여 만들 수 있는 모든 색을 포함한다. 외부 색의 존재는 이 색을 생성하기 위해 음의 자극량이 필요하다는 사실을 반영한다. OLED의 발광 특성을 정의하려면 두 색도 좌표와 휘도의 인용으로 충분하다. OLED가 RGB 기반의 디스플레이의 일부로 사용되는 경우, 스펙트럼 궤적 근처의 좌표는 3가지 색상 구성 요소로 정의된 삼각형 내부의 색상만 혼합하여 생성할 수 있으므로 바람직하다. '올바른' 좌표를 갖는 것 외에도, 선명한 색상을 생성할 수 있도록 방출이 좁아야 한다. OLED가 백색 광원 역할을 할 때 색좌표는 S_E 값에 가까울 것이다.

CIE x, y 색도 다이어그램에 표현된 색은 지각된 감각을 기반으로 색 공간에 정의된 색과 관련될 수 있으며, 명도, 색상, 그리고 채도와 같은 매개변수로 표현된다. 변환을 위해 수학적 방법을 사용할 수 있다[112]. 대략적인 추정치는 CIE x, y 색도 다이어그램에서 얻을 수 있다. 색의 휘도는 Y값으로 주어진다. 또한 S_E에서 시작해서 다이어그램의 색상 점 C를 통과해서 스펙트럼 궤적을 만날 때까지 선을 확장하여, 색의 주파장 λ_D와 순도를 도출할 수 있다(그림 4.29 참고). S_E에서 C까지의 거리 a와 S_E에서 스펙트럼 궤적까지의 거리 b 사이의 비율은 색상의 순도를 나타낸다. 스펙트럼 궤적에 가까운 색은 채도가 높고, S_E 중심에 가까울수록 동일한 색상의 옅은 색을 얻는다. 휘도, 주파장, 색순도의 3가지 양은 물리적 측정을 통해 얻을 수 있다. 그것들은 지각된 감각을 기반으로 색을 특성화하는 데 사용되는 명도, 색상, 그리고 채도와 대략적으로 일치한다. 측정 기술과 색의 정의에 대한 소개는 [112, 115, 118]에서 찾을 수 있다.

4.3.1.4 연색 지수

OLED가 백색 광원으로 사용될 때, 성능을 정량화하기 위한 관련 매개변수는 **연색 지수**(color rendering index, CRI)이다. CRI는 기준 광원과 비교하여 광원이 물체의 색상을 얼마나 잘 렌더링하는지에 대한 척도이다. 그 의미를 이해하기 위해, 예를 들어 태양광에서 적색으로 보이는 공과 같은 물체를 고려해보자. 공은 표면에 조사되는 태양광의 적색 스펙트럼 범위를 반사하기 때문에 적색으로 보인다. 이제 이 공을 어두운 방에 놓고 적색 스펙트럼 범위의 영향을 포함하지 않는 녹색 조명을 비추면, 공의 표면은 아무것도 반사할 수 없으므로 검은색으로 나타난다. 분명히 적색은 녹색 조명에 의해 다소 제대로 렌더링되지 않는다. 대조적으로, 녹색 공은 태양광과 녹색 조명 모두에서 녹색으로 나타나며, 이는 녹색 조명에 의한 녹색의 연색성이 양호함을 의미한다. 백색 광원의 경우, 태양광에 가까운 연색성 또는 유사한 기준 조명이 필요하다. 이에 대한 정량적 측정은 CRI에서 제공한다.

이를 결정하기 위해, 테스트할 백색 광원에 **상관 색온도**(correlated color temperature, CCT)가 할당된다. 이것은 동일한 밝기와 명시된 관찰 조건에서 감지된 색상이 테스트 광원의 색상과 가장 유사한 흑체 복사 방사체의 온도이다. 다음으로 동일한 CCT를 가진 기준 광원이 선택된다. CCT $<$ 5000이면 이것은 흑체 복사 방사체이고, CCT $>$ 5000이면 CIE 태양광 광원이다. 그런 다음, 정의된 기준 색상 샘플 세트를 테스트 광원과 기준 광원으로 비추고, 두 조명 아래에서 샘플의 색상 좌표를 결정한다. 기준 색상 샘플은 DIN 6169 (German Industrial Norm 6169)에 의해 정의되며 Munsell 색 공간을 기반으로 하는 채도가 낮은 8가지 색상과 채도가 매우 높은 6가지 색상으로 구성된다(그림 4.30). 일반적으로 채도가 낮은 8가지 색상만 사용된다. 색좌표는 다음을 사용하여 CIE 1964 $W^*U^*V^*$ 색 공간으로 변환되어야 한다.

$$
\begin{aligned}
W^* &= 23\sqrt[3]{Y} - 17 \\
U^* &= 13W^*(u - u_n) \\
V^* &= 13W^*(v - v_n)
\end{aligned}
\tag{4.36}
$$

$u = 4X/(X + 15Y + 3Z)$이고 $v = 6Y/(X + 15Y + 3Z)$이다. u_n과 v_n은 기준 광원 자체의 좌표

1	Altrosa	9	Rot gesättigt
2	Senfgelb	10	Gelb gesättigt
3	Gelbgrün	11	Grün gesättigt
4	Hellgrün	12	Blau gesättigt
5	Türkisblau	13	Rosa (Hautfarbe)
6	Himmelblau	14	Blattgrün
7	Asterviolett		
8	Fliederviolett		

그림 4.30 DIN 6169에 정의된 이름과 함께 기준 색상 샘플. 관련 색온도를 결정하는 데 사용된다(Lübbe[115]).

이다. 테스트 광원과 기준 광원으로 색상 샘플 i를 비추어 색좌표 W^*, U^* 그리고 V^*가 결정될 때, 해당 샘플에 대한 색상 거리 ΔE_i는 다음과 같이 계산된다.

$$\Delta E_i = \sqrt{(\Delta U_i^*)^2 + (\Delta V_i^*)^2 + (\Delta W_i^*)^2} \tag{4.37}$$

이로부터 색상 i에 대한 (특정) CRI R_i는 다음과 같다.

$$R_i = 100 - 4.6\Delta E_i \tag{4.38}$$

일반적인 연색 지수 R_a(CRI)는 8개의 기준 색상 샘플에 대한 평균값으로 주어진다.

$$R_a = \frac{1}{8}\sum_1^8 R_i \tag{4.39}$$

백색 광원의 품질은 테스트 광원의 CCT와 함께 CRI를 인용하여 평가할 수 있다. 태양광 조건은 약 5000~6000K의 CCT를 의미하며, 흐린 회색 하늘의 야외에서의 빛에 해당한다. CCT를 제공하지 않고 CRI를 인용하는 것은 오해의 소지가 있을 수 있다. 예를 들어 테스트 광원이 CCT가 1900K인 촛불과 비교하여 우수한 CRI를 가질 수 있지만, 여전히 다소 붉은 색으로 색상을 렌더링할 것이다. 5000K의 CCT에서 90보다 큰 CRI 값은 백색 광원에 대해 좋은 값으로 간주된다.

4.3.1.5 수명 측정

효율과 색 특성 외에도 OLED의 성능을 평가하는 데 관련된 추가적인 매개변수는 수명이다. 즉, OLED가 완전히 동작하지 않거나 효율이 사전 정의된 수준(lumen depreciation) 아래로 떨어질 때까지 경과된 시간이다. 일반적인 절차는 먼저 OLED를 캡슐화하여 주변 공기에 포함된 산소와 물로부터 보호하는 것이다. 이것은 다음의 방법으로 수행할 수 있다. 예를 들어, 글러브 박스 내부에서 구현되는 불활성 분위기에 OLED가 있는 동안, 먼저 OLED 주위에 접착제를 바른 다음 그 위에 유리 덮개를 놓는다. OLED에 정전류를 인가하고 이 전류를 유지하는 데 필요한 전압을 OLED의 휘도와 함께 모니터링한다. 원칙적으로 이제 초기 휘도

표 4.3 2012년 가을에 Cambridge Display Technology Ltd.가 회사 웹 페이지에 공개한 ITO(45 nm)/스핀 코팅된 정공 주입층(50~65 nm)/중간층(20 nm)/발광 폴리머(60~75 nm)/낮은 일함수 음극의 구조로 만들어진 발광 폴리머의 성능 매개변수. 데이터는 1000 cdm^{-2}의 초기 밝기 기준이고, 인용된 수명은 가속 테스트로 평가되었다.

	Red	Green	Blue
Color coordinates	(0.62, 0.38)	(0.32, 0.63)	(0.14, 0.14)
Efficiency (cd A^{-1})	31	56	9.4
T50 lifetime (h)	532 000	296 000	20 000
Drive voltage (V)	4.2	5.1	4.5

가 미리 정의된 값, 예를 들어 50%(T50 수명)로 감소할 때까지의 시간을 측정할 수 있다. 실제로는 현재 OLED의 수명이 몇 년이기 때문에 이것은 불가능하다. 따라서 습한 대기(예: 85% 상대 습도)에서 더 높은 온도(예: 85°C)로 장치를 유지하고, 특히 OLED가 의도한 1000 cdm^{-2}보다 더 높은 휘도에서 구동함으로써 가속 수명 테스트 조건을 적용한다. 소자는 작동의 처음 몇 시간 내에 초기에 빠른 휘도의 저하를 보일 수 있고(burn-in), 다음 기간에는 상당히 느린 감소가 뒤따른다. 초기 번인 기간 동안의 성능 감소는 일반적으로 폐기된다. 번인 후 휘도의 시간적 감쇠는 휘도가 미리 정의된 값(예: 50%) 아래로 떨어지는 시간을 외삽하는 데 사용된다. 이 외삽을 위한 모델에는 확장 지수 감쇠 또는 거듭제곱 법칙이 포함된다 [119]. 2012년의 대략적인 방향에 대한 일반적인 성능 매개변수의 예는 표 4.3에 나와 있다. 이러한 값은 빠르게 개선될 수 있다.

4.3.2 OLED 효율 개선 전략

광원으로서 OLED의 성능을 설명하는 매개변수는 일반적으로 소비 전력(W)당 루멘(lm)으로 측정된다. 이 발광 전력 효율 η_p는 4.3.1절에서 논의된 바와 같이 사람의 눈의 감도로 정규화된 측광 값이다. 특정 전류 입력에 대해 OLED에서 얻은 휘도를 cdA^{-1}로 측정한 발광 효율 η_L의 경우도 마찬가지이다. 스펙트럼에 따라 다르지만 EQE와 동일하다. 높은 발광 전력 효율과 높은 발광 효율 모두에 대한 기본 요구사항은 주입된 전하 캐리어가 방출되는 광자로 높은 수율로 변환된다는 것이다. 이것은 EQE를 통해 표현된다. OLED에서 방출되는 전계발광의 EQE η'은 다음 4가지 인자의 곱이다.

(i) 전하 캐리어가 전극에서 방전되지 않고 유전체 내부에서 재결합할 확률 η_{rec}.

(ii) 발광으로 이어지는 전자-정공 만남의 비율 $\eta_{S/T}$. 즉 단일항, 들뜬상태(단일항-삼중항 비율).

(iii) 발광하는 발색단의 발광 수율 η_{PL}.

(iv) 생성된 광자의 아웃커플링 효율 η_{out}.

$$\eta' = \eta_{\text{rec}}\eta_{\text{S/T}}\eta_{\text{PL}}\eta_{\text{out}} \tag{4.40}$$

먼저 EQE를 결정하는 개별 인자를 최적화하는 전략을 설명한다.

(i) 전극에서 주입된 모든 전자와 정공이 유전체 내부에서 재결합해야 한다는 조건은 재결합이 랑주뱅 유형일 때 가장 잘 충족된다. 이는 Shockley–Read–Hall 유형 재결합의 경우, 원하지 않는 비발광 감쇠가 우세할 수 있다. 3.4.2절에 자세히 설명된 것처럼, 랑주뱅 유형의 재결합이 지배적인 재결합 메커니즘이 되기 위해서는, 공간 전하 제한 전류[식 (3.10) 참고]에 대해 얻어진 체적 밀도 $n = (3/2)(\varepsilon_r\varepsilon_0 V/ed^2)$와 같이 전하 캐리어의 특정 밀도가 필요하다. 이것은 양극과 음극이 옴성인 경우나 대안으로 차단층과 같은 내부 계면에 전하가 쌓여 있는 경우 가장 잘 충족될 수 있다. 그러나 이러한 스택은 주입에 필요한 소자 내부의 전기장을 줄일 수 있다. 재결합 과정에 대한 추가 고려사항은 재결합 영역의 위치와 관련이 있다. 이것은 이상적으로 장치의 중앙에 있어야 한다. 즉, 생성된 들뜬상태의 비발광 퀀칭을 선호하는 (금속) 음극에서 멀리 떨어져 있어야 한다. 원칙적으로 이것은 전자와 정공의 이동도가 유사해야 한다. 예를 들어 전자 이동도가 정공 이동도보다 훨씬 낮으면 재결합 영역이 음극에 가깝게 이동한다. 동일한 이동도를 가진 캐리어의 옴 주입의 이상적인 경우를 실현하는 것은 쉽지 않기 때문에, 일반적인 접근 방식은 다층 소자를 사용하는 것이다(그림 4.31). 적당한 이온화 퍼텐셜과 전자 친화도를 가진 유기반도체를 선택함으로써, 내부 장벽이 충분히 높은 캐리어 밀도의 형성을 돕고 재결합 영역의 위치를 결정하여, 전자와 정공 전류의 균형을 맞출 수 있다. 후자는 원하는 캐리어 밀도를 보장하기 위해 충분히 좁아야 하지만 높은 전류 밀도에서 엑시톤–전하 소멸 과정의 출현을 피하기 위해 충분히 넓어야 한다. 분명히 소자의 구조를 최적화할 수 있는 기회가 있다.

조건 (ii)는 전자–정공 재결합에 의해 형성되는 들뜬상태의 스핀 상태와 관련된다. 스핀

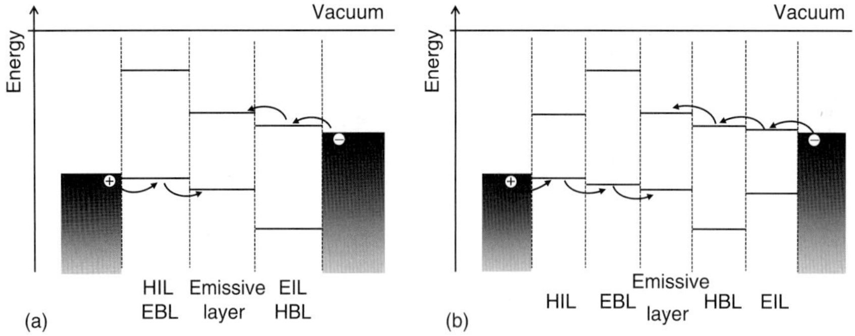

그림 4.31 다층 소자의 에너지 준위 다이어그램. (a) 공통 정공 주입층(HIL)/전자 차단층(EBL), 발광층, 그리고 공통 전자 주입층(EIL)/정공 차단층(HBL)을 포함하는 3층 소자. (b) 개별 HIL, EBL, 발광층 HBL, EIL을 포함하는 5층 소자. 전자와 정공 주입 경로가 표시된다.

통계에 따르면 스핀 1/2을 가진 두 종류가 재결합할 경우, 스핀 0(단일항 상태)이 있는 결과물보다 총 스핀 1(삼중항 상태)에 있는 반응 결과물이 3배 더 많을 것이라고 예측한다. 불행한 결과는 전자-정공 반응의 25%만이 형광을 생성할 수 있다는 것이다. 나머지 75%는 삼중항 상태를 생성한다. 발색단이 기존 hydrocarbons인 경우, 해당 삼중항은 복사 감쇠 속도가 매우 낮기 때문에 비발광으로 감쇠한다. 이 문제에 대한 2가지 접근 방식이 있다.

첫째, 삼중항 상태를 발광형으로 렌더링할 수 있다. 따라서 OLED 개발의 주요 돌파구는 Forrest 그룹이 개척한, 이리듐을 함유한 복합물[113]과 같이 중금속을 함유한 발색단으로 유기반도체를 도핑할 수 있다는 인식이었다. 이러한 복합물은 중금속이 단일항과 삼중항 상태의 혼합을 증가시키는 높은 스핀-궤도 결합을 유도하기 때문에 효율적으로 인광을 발한다. 이 형식에 의해, 발광 삼중항 상태로 이어지는 나머지 75%의 전자-정공 만남을 실제로 수확할 수 있다. 그러나 이러한 삼중항 에미터는 적절한 호스트 물질에 도핑되어야 한다. 희석하지 않은 박막으로 사용되는 경우, 삼중항 상태의 긴 수명으로 인해 삼중항-삼중항 소멸이 일어나기 쉽고, 더욱이 이러한 화합물은 열악한 유리 형성제이다. 적절한 호스트 물질을 찾는 것은 상호 에너지 준위의 최적화와 관련하여 도전적인 것으로 판명되었다. 효율적인 삼중항 수확은 호스트 물질의 삼중항 준위가 삼중항 에미터의 삼중항 준위보다 높아야 하지만 이 조건은 호스트 물질에 전하를 주입하는 것과 관련하여 어려움을 초래할 수 있다. 발색단이 청색 스펙트럼 범위(예: 2.7 eV의 광자 에너지)에서 방출해야 하는 경우, 단일항-삼중항 교환 에너지가 0.3 eV만큼 낮다면 호스트의 단일항 에너지는 최소 3 eV이다. 0.5 eV의 엑시톤 결합 에너지가 주어지면 정공과 전자 수송 상태 사이에 3.5 eV 이상의 전기적 갭이 필요하다. 전극이 옴성이라는 조건을 충족시키기 위해서는, 가능하다면 양극과 음극의 일함수를 매우 신중하게 선택해야 한다.

스핀 통계 문제에 대한 두 번째 접근 방식은 형성되는 발광 단일항 상태의 비율을 높이는 것으로 구성된다. **열 활성화 지연 형광**(TADF, thermally activated delayed fluorescence) 메커니즘에 의해 유망한 방법이 제공된다(그림 4.32)[120]. 기존 문헌에서는 이 효과를 최초로 조사된 화합물 중 하나인 분자 Eosin의 이름을 따서, **E형 지연 형광**(E-type delayed fluorescence)이라고 한다. 기본 아이디어는 S_1과 T_1 사이에 100 meV 미만의 작은 에너지 갭을 가지고 중간 정도의 계간 교차율이 있는 유기반도체를 사용하는 것이다. 이 경우 T_1에서 S_1으로의 열 활성화 역전이 속도는 T_1에서 S_0 바닥상태로의 감쇠 속도와 효율적으로 경쟁할 수 있다.

높은 발광 양자 수율의 조건 (iii)을 충족하기 위한 요구사항은 화학자들에게 잘 알려져 있다. 1장에서 자세히 설명한 바와 같이, 조건은 발광 감쇠 속도 k_r이 높고 비발광 감쇠 속도 k_{nr}이 가능한 한 낮아야 함을 의미한다. 단일항 들뜬상태의 경우, Fermi의 황금률에 따라, 높은 k_r은 흡수의 높은 진동자 강도와 동일하며 초기와 최종 상태 파동 함수의 높은 중첩과

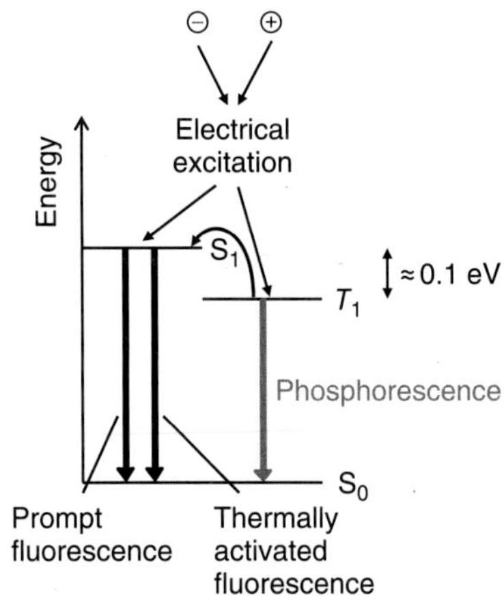

그림 4.32 T_1에서 S_1으로의 열 활성화 에너지 전달이 어떻게 **열 활성화 지연 형광** 또는 E형 지연 형광이라고 하는 지연 형광을 유발할 수 있는지를 보여주는 에너지 준위 다이어그램

전이 쌍극자 모멘트의 높은 값이 필요하다. 1.4.2절에서 논의된 바와 같이, 이것은 $S_1 - S_0$ 전이가 잘 비편재화된 π와 π^* 궤도 사이의 HOMO에서 LUMO로의 전이가 우세한 경우 가장 잘 충족된다. 이러한 π와 π^* 궤도는 분자에서 동일한 공간을 차지하기 때문에, 중첩이 양호하다. 궤도가 잘 비편재화되면 전이 쌍극자 모멘트가 높다. 천이 쌍극자 모멘트는 전이과정에서 이동하는 전하 밀도의 양과 이동하는 거리에 관련되기 때문이다. 비발광 감쇠 속도를 고려할 때, S_0와 S_1 사이의 비교적 높은 에너지 갭(에너지 갭 법칙 참조)으로 인하여 내부 변환 후 S_0로의 열 완화는 무시될 수 있다. 관련된 비발광 감쇠 과정은 T_1 상태로의 계간 교차와 열악한 방출 엑시머 상태의 형성이다. 1.4.4절에 자세히 설명된 것처럼, hydrocarbon 분자에서, 계간 교차는 진동, 특히 σ와 π 궤도를 혼합하는 모드에 의해 영향을 받는다. 예를 들면, biphenyl에 비해 fluorene에서와 같이 phenyl rings을 가교하거나 또는 가교되지 않은 poly-(*p*-phenylene)(PPP)에 비해 사다리 형태의 poly-(*p*-phenylene)(LPPP)와 같이 분자가 더 단단해지면 억제될 수 있다. 충분히 체적이 크거나 분지된 사이드 체인이 있는 화합물을 사용하여 발광성이 낮은 엑시머 또는 H-유형의 총체의 형성을 억제할 수 있다. OLED 응용을 위한 발색단을 만들 때, 호핑에 의한 우수한 전하 수송을 보장하기 위해 충분히 가까운 발색단 패킹과 엑시머 형성을 방지하기 위해 충분한 발색단 간의 거리 사이에서 균형을 찾을 필요가 있다. 삼중항 상태와 관련하여, 높은 발광 감쇠율은, 예를 들어 유기금속 복합물로서 iridium, platinum, osmium과 같은 발색단에 중전이 금속을 포함하여 얻어진 강력한 계간 교차를 요구한다. 엑시머 형성을 억제하기 위한 사이드 체인의 요구사항은 삼중항 상태에도 적용된다. 또한 T_1에서 S_0로의 내부 변환은 특히 적색을 방출하는 복합체의 경우, T_1의 낮은 에너지로 인하여 경쟁적인 비발광 감쇠 경로가 될 수 있으므로(에너지 갭

법칙, 1장 참조), 단단한 발색단 또는 복합체에서 단단한 리간드가 유리하다.

조건 (iv)는 전계발광의 비효율적인 아웃커플링(outcoupling)이 OLED의 주요 손실 인자가 될 수 있음을 나타낸다. 기존 OLED 구조에서 아웃커플링 효율은 20~50% 범위에 있다[114, 121–122]. 이것은 빛의 약 50~80%가 정면으로 소자를 떠나지 않는다는 것을 의미한다. 오히려 내부적으로 반사되어 소자의 엣지를 통해 산란되고 재흡수되거나 비발광 감쇠된다[123]. 기존의 OLED는 유리 기판에 증착된 ITO 양극, 활성 유기층, 그리고 반사 금속 음극으로 구성된다. 방출된 광자는 직접적으로 또는 금속 음극에서 반사된 후에 유리 기판을 통해 소자를 떠나야 한다. 관련된 유기 고체는 굴절률이 1.7~1.9만큼 높지만 기존 유리는 굴절률이 1.5이므로, ITO–유리 계면과 유리–공기 계면 모두에서 내부 전반사가 발생한다(그림 4.33). 약 40°의 임계 개구 원뿔 내에서 방출된 광자만 소자를 떠날 수 있고, 나머지 광자의 대부분은 유기층 내부의 지그재그 모드 또는 금속 음극 표면을 따라 이동하는 플라즈몬 모드와 같은 waveguide 모드로 갇혀 있다. 두 경우 모두 갇힌 광자는 비발광 감쇠된다. 굴절률 불일치를 고려하고 반사되는 음극과의 광학 간섭과 같은 광자 구조 효과를 고려하여 Kim과 동료[114]는 아웃커플링 효율이 등방성 쌍극자의 경우 $0.75/n^2$, 평면 쌍극자의 경우 $1.2/n^2$만큼 낮을 수 있다고 추정한다. 반도체 발색단의 배열에 따라 더 낮아질 수도 있다. n은 유기반도체의 굴절률이다. 아웃커플링 효율을 개선하기 위한 전략에는 유리 기판을 거칠게 하기[124], 유리 위에 마이크로 크기의 구형 silica 배열 배치[125], 유리에 마이크로렌즈 배치[126], 유리 표면 패터닝[122], 에어로겔 층 사용[127]이 포함된다. 또는 소자의 발광 영역을 주름지게 하기, 또는 예를 들어 음극층에 자발적으로 형성된 찌그러짐에 의해 소자의 발광 영역을 주름지게 하기[128–129]도 포함된다. 추가 옵션은 굴절률이 더 높은 중금속으로 도핑된 유리를 사용하는 것이다. 불행히도 그러한 유리는 깨지기 쉽고, 독성이 있으며, 비싸고, 결과적으로 상업적으로 거의 사용되지 않는다. 아웃커플링 문제에 대처하는 새로운 방법은 Wang 등에 의해 제안되었다[130]. 핵심 아이디어는 유리 지지대를 유연한 폴리머 박막으로 교체하고 ITO 양극을 산화물–금속–산화물 스택으로 교체하는 것이다. 이것은 고굴절 기판의 필요성을 제거하고 동시에 소자를 유연하게 만든다.

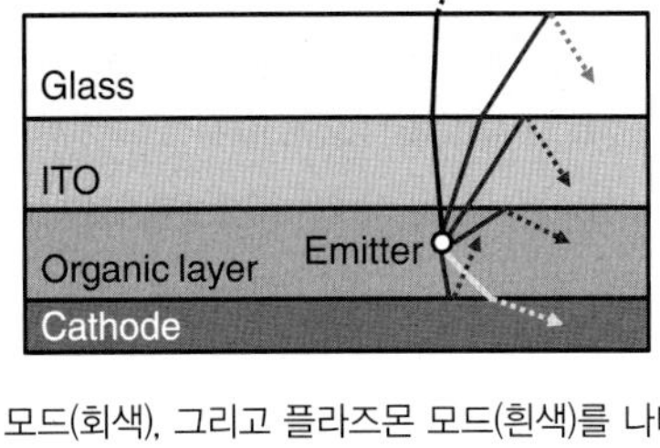

그림 4.33 외부 모드(검정색), 반사 모드(회색), 그리고 플라즈몬 모드(흰색)를 나타내는 OLED의 광자 모드

4.3.3 OLED 발광색 개선 전략

4.3.3.1 단색 OLED

유기전계발광에 대한 초기 연구에서 중심적인 노력은 TV 화면에서 활성 요소로 사용되는 다색 장치를 개발하는 것이었다. 3가지 색상을 사용하면 CIE *xy* 좌표 차트에서 관련된 삼각형 내부의 모든 색상을 가법 혼합으로 만들 수 있다. 디스플레이 응용 분야에서, sRGB 색공간이 사용된다. 적색은 좌표 (0.64, 0.33), 녹색은 (0.30, 0.60), 청색은 (0.15, 0.06) 좌표가 있는 삼각형으로 정의된다. 백색은 (0.31, 0.33)에 해당한다. 한편, 원하는 값에 가까운 색좌표를 갖는 고분자와 저분자 에미터가 존재한다. 연구는 우수한 색상 순도를 구현하기 위해 충분히 좁은 방출을 보장하고, 특히 청색 에미터에 대하여 OLED의 긴 수명을 보증하는 데 집중하고 있다. 2가지 요구사항 모두에 대해, 취하는 방법은 한편으로는 발광 발색단의 화학적 설계를 최적화하고 다른 한편으로는 소자의 구조를 적절하게 수정하는 것이다. 예를 들어, 반사 금속 전극이 있는 OLED가 microcavity가 될 수 있다는 사실을 이용하는 광학 모드 효과를 사용하여 더 좁은 방출을 얻을 수 있다[131–132](Box 4.6). 따라서 일부 파장 범위가 향상되는 반면, 다른 것들은 microcavity 구조 내부의 전기장에 의해 억제된다. 유사하게, 예를 들어 산성의 PEDOT:PSS 층을 발광층으로부터 분리하는 중간층을 사용함으로써 소자의 수명이 향상될 수 있다.

Box 4.6 Microcavity

평면 광학 microcavity는 박막으로 분리된 2개의 거울로 구성되어 있어, microcavity 내의 모든 에미터의 방출 특성을 변경하는 Fabry–Perot 공진기를 형성한다. 특히, microcavity의 기하학적 구조에 따라 내부에 있는 발광 쌍극자의 자발적 방출 속도가 달라지므로, cavity의 공진 파장에서만 방출이 일어날 수 있다. 이것은 공액 폴리머의 넓은 방출 스펙트럼을 좁히고 색 순도를 향상시킨다. 평면 microcavity의 공명 파장은 microcavity 내부의 박막 두께와 시야각에 따라 달라진다(그림 3.55 참조).

4.3.3.2 백색 유기발광다이오드(WOLEDs)

유기전계발광에 대한 초기 연구는 TV 화면의 활성 요소로 사용되는 다색 소자를 개발하는 것이었지만, 그 사이에 백색 조명 소자의 개발에 대한 관심도 증가했다. 여기에는 몇 가지 이유가 있다. 첫째, WOLED에서 빛은 상당한 영역에 걸쳐 생성되고 방출되어 점광원 대신 면광원이 된다. 결과적으로 균일하고 눈부심 없는 조명은 실내 조명 응용 분야에서 높이 평가된다. 둘째, 유기반도체의 광범위한 방출 스펙트럼으로 400~800 nm의 가시 파장 범위를 연속적으로 커버하는 WOLED를 설계할 수 있다. 이는 형광 튜브와 무기 백색 LED의 불연

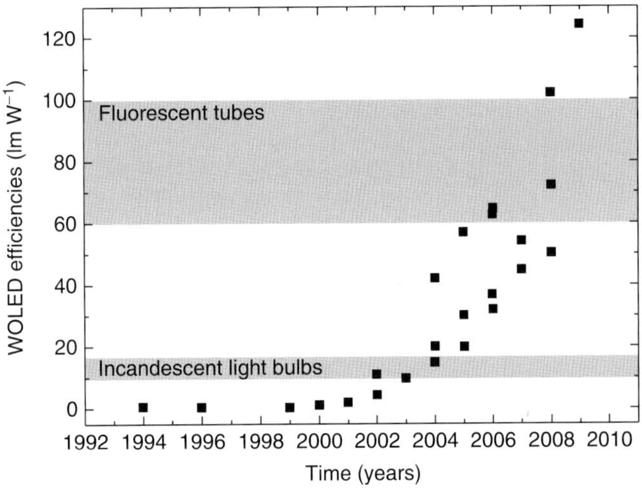

그림 4.34 백색 발광 OLED의 효율성의 발전(Gather et al.에 의해 수집된 데이터[134]). 회색 가로 막대는 백열 전구와 형광등의 일반적인 효율 범위를 나타낸다.

속적이거나 잘 겹치지 않는 스펙트럼과 대조적으로 높은 연색 지수를 구현한다. 실내 조명에는 자연스러운 연색성이 요구된다. 셋째, 조명의 이러한 미적 측면 외에도 WOLED를 고려하는 데에는 경제적인 이유가 있다. 효율성과 장기간 안정성 모두 백열등과 형광등을 교체할 수 있는 수준에 도달했다[133](그림 4.34). 소비 전력당 루멘으로 측정한 효율이 기존 광원의 효율을 넘어설 수 있다면 지구에서 조명 관련 에너지 소비를 줄이는 데 큰 영향을 미칠 것이며, 이는 지구상의 총에너지 소비의 약 10%에 해당한다. 그러나 현실적으로 이러한 전력 소비 감소는 일반적으로 기술 향상에 따라 추가 수요가 발생하기 때문에 광원 생산량 증가로 보상될 가능성이 높다. 넷째, 유기반도체는 스핀 코팅이나 인쇄와 같은 저비용, 저온 재료 가공 기술을 허용한다. 현재는 고진공 하에서 저분자의 열증착에 의한 제조가 우세하지만, WOLED 제조는 기술이 완전히 성숙되면 결국 비용이 저렴한 것이 고려된다.

원하는 넓은 스펙트럼 방출은 원칙적으로 3가지 접근 방식으로 실현될 수 있다.

(i) 개념적으로 WOLED를 만드는 가장 쉬운 방법은 청색 발광 형광 호스트를 사용하고 발광된 빛이 녹색과 적색 발광 염료에 의해 부분적으로 재흡수되도록 하는 것이다. 이 전략은 무기 LED에서는 일반적이지만 상업용 WOLED에는 부적합하다. 그 이유는 모든 1차 재결합 이벤트가 에너지적으로 높은 호스트의 들뜬상태를 통해 진행되기 때문이다. 이는 일반적으로 녹색과 적색 에미터의 효율보다 낮은 청색(또는 심지어 UV) 에미터의 효율이기 때문에, 소자의 효율에 불리하다. 또한 여기 에너지가 높을수록 photodegradation 효과가 더 중요해진다.

(ii) 단일 재료 또는 두 재료의 조합에서 광범위한 방출은 재료가 단량체 방출에 추가하여 엑시머 또는 엑시플렉스 방출을 나타낼 때 달성될 수 있다. 두 상태의 발광을 사용하여 전체 가시광선 스펙트럼 범위를 포함할 수 있으며 때로는 근적외선 스펙트럼 범위까지 포함할 수 있다[135−137].

(iii) 가장 다양한 접근 방식은 여러 발색단으로 WOLED를 만드는 것이다. (a) 하나의 호스트에 여러 발색단이 있는 물질을 도핑하거나, (b) 다층 소자를 준비하거나, (c) 스택 탠덤 셀을 만들거나, (d) 다중화 소자의 형태로 단색 OLED 구조의 열 배열을 구성할 수 있다(그림 4.35). 다음 절에서는 이러한 방법에 대한 간략한 조사를 제공한다. 더 자세한 설명은 Gather 등의 리뷰를 참조하기 바란다[134].

Kido 그룹[138]에 의해 처음 실현된 다소 실용적인 접근 방식 (a)는 높은 광학 갭을 가진 호스트 재료, 예를 들어 polyvinylcarbazole 또는 그 유도체를 청색, 녹색 및 주황색/적색 에미터와 혼합하는 것이다. 재결합 이벤트가 호스트의 에너지가 아닌 도펀트에서 직접 발생하는 방식으로 농도를 조정한다[139]. 생성된 삼중항 여기를 수확하기 위해 Flrpic(청색), $Ir(ppy)_3$(녹색), 그리고 $(btp)_2Ir(acac)$(적색)과 같은 에미터로 인광 염료가 사용된다. 이 전략의 장점은 활성 물질은 단일층으로 구성된다는 것이다. 이것은 소자 제조가 쉽고 비용을 효율적으로 만든다. 상대적으로 높은 도펀트 농도 때문에 WOLED의 동작 시간 동안 호스트와 도펀트의 상분리가 문제가 될 수 있다. 이것은 박막의 불균일성을 초래할 수 있으며, 따라서 특히 고분자의 열악한 혼화성으로 인해 상 분리가 심각한 문제인 중합체 시스템에서 전류 밀도의 국부적 변화와 색상 변화가 발생할 수 있다. 이 효과를 피하는 방법은, 예를 들어 공중합을 통해 화합물 사이에 공유결합을 도입하는 것이다[140−143].

단일층 블렌드 소자는 구조가 간단하기 때문에 매력적이지만 원하는 사양을 달성하기 어려울 수 있다. 예를 들어, HOMO/LUMO 준위가 상당히 다른 게스트를 도입하면 전하 수

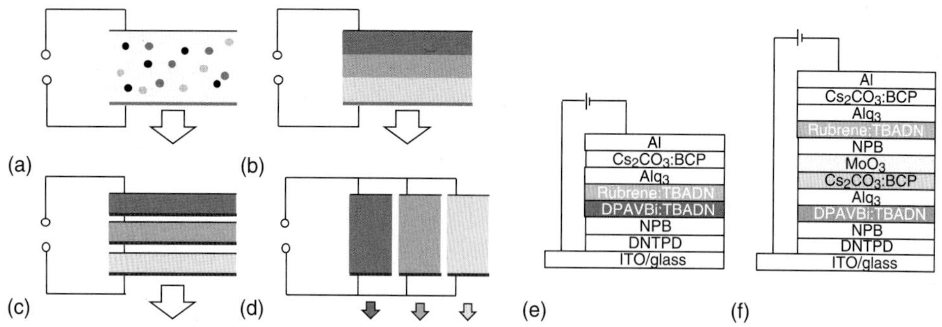

그림 4.35 WOLED의 다양한 소자 구조. (a) 적색, 녹색, 그리고 청색 발광 발색단으로 도핑된 매트릭스, (b) 다층 소자, (c) 스택 탠덤 셀, 그리고 (d) 다중화 소자를 형성하는 것과 같은 단색 OLED의 열 배열. 다층 소자의 구현에 대한 예는 (e)에 나와 있고, 스택 탠덤 셀은 (f)에 나와 있다(Gather et al.[134]).

송 특성에 심각한 영향을 미칠 수 있다. 접근법 (b)의 다층 WOLED의 제조는 이 문제를 회피한다. 이 기술은 개별 화합물의 순차적인 기상 증착이 필요하기 때문에 비중합체('저분자') 소자에만 구현 가능하다. 진공 증착 기술을 사용하면 전자와 정공 수송층과 전하 차단층으로 구성된 다층 구조를 쉽게 제작할 수 있다. 다층 스택에서, 1000 cdm^{-2}에서 90 lmW^{-1}의 전력 효율을 갖는 WOLED가 입증되었다. 이것은 60 ~ 70 lmW^{-1} 범위의 형광등의 효율을 초과한다[122]. 단일 혼합층의 WOLED에서 다양한 발광층을 적층하는 대신, 구동 전압을 증가시키는 대가를 치르더라도, 디자인 (c), 단색 OLED의 스택을 구축할 수 있다. 예는 그림 4.35에 나와 있다. 스택 배열의 장점은 방출 색상을 더 잘 제어할 수 있다는 것이다. 마지막으로, 예를 들어 잉크젯 인쇄[디자인 (d)]에 의해 개별 적색, 녹색, 그리고 청색 발광 OLED를 서로 옆에 배치하여 백색 발광을 얻을 수도 있다.

4.4 트랜지스터

현대 반도체 기술은 집적 회로, 마이크로일렉트로닉스, 컴퓨터 및 기본적으로 모든 전자 회로에서 트랜지스터를 스위치와 증폭기로 광범위하게 사용한다. 트랜지스터는 3개의 전극이 있는 전자 소자이다. 세 번째 전극은 나머지 두 전극 사이, 즉 **채널**(channel)에 흐르는 전류를 제어하여 신호를 스위치하거나 증폭하는 데 사용된다. 바이폴라 트랜지스터와 전계효과 트랜지스터(FET)의 2가지 기본 유형의 트랜지스터가 있다(그림 4.36). 이 둘은 채널의 전류가 제어되는 모드가 다르다. **바이폴라 트랜지스터**(bipolar transistor)는 전류 제어, 즉 제3 제어 전극이 채널에 직접 연결되어 제어 전극에서 채널로 작은 전류가 흐를 수 있다. 제어 전극은 **베이스**(base)라고 하고 다른 두 전극은 **에미터**(emitter)와 **컬렉터**(collector)라고 한다. 에미터와 컬렉터 사이 채널의 전류는 베이스에서 흐르는 전류에 의해 조절된다. 이와 대조적으로 **전계효과트랜지스터**(FET, field-effect transistor)는 전압 제어이다. 제어 전극은 유전체 절연층에 의해 채널과 분리된다. 제어 전극, 절연층, 그리고 채널은 커패시터를 형성한다. 반도체 채널은 커패시터의 두 번째 전극 역할을 한다. 제어 전극에 전압이 가해지면 관련 전기장에

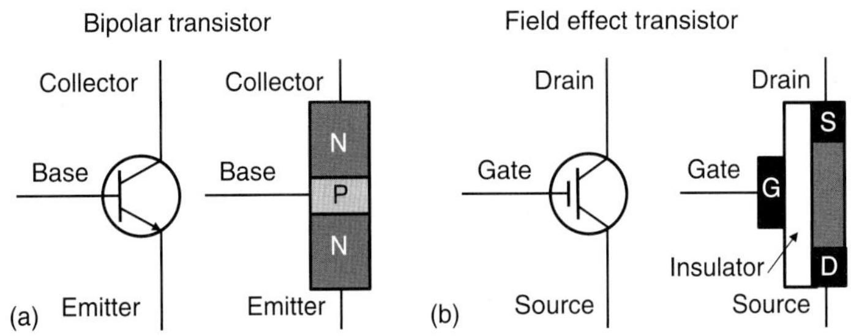

그림 4.36 (a) 바이폴라 트랜지스터와 (b) 전계효과트랜지스터(FET)의 회로도 내의 기호와 개략도

의해 유전체 층에 유도된 유전 전하는 채널의 소스에서 드레인으로의 전류 흐름을 용량적으로 조절하여 전계효과트랜지스터라는 이름이 주어졌다. FET의 단자를 **게이트**(gate, 제어 전극용), **소스**(source, 전하 주입 전극용) 그리고 **드레인**(drain)이라고 한다. 바이폴라 트랜지스터는 도핑된 p형 반도체와 n형 반도체를 결합하여 n-p-n 층 구조 또는 p-n-p 층 구조를 형성함으로써 만들어진다. 그 동작은 다르게 도핑된 반도체 층 사이의 경계면에서 공핍층의 존재에 의존한다. 유기반도체에서 안정적인 도핑을 설정하는 기술이 아직 개발 중이기 때문에, 현재 바이폴라 트랜지스터는 고려되지 않는다. FET의 소자의 구조는 더 간단하고 도핑할 필요가 없는 한 가지 유형의 반도체만 필요하다.

초기에 유기반도체 커뮤니티의 연구원들은 유기 박막을 기존 FET의 활성 요소인 실리콘을 대체하는 데 사용할 수 있는지 여부를 고려했다. 따라서 분자 또는 고분자 반도체의 박막을 1980년대 후반/1990년대 초반부터 FET 구조에 적용하기 위해 조사하였지만[144-145], 전하 수송 메커니즘과 유기반도체에서 전하 상태의 특성과 같은 기본 물리적 과정에 대한 적절한 설명을 개발하는 데 20년이 걸렸다. 한편 OFET의 과학과 기술을 개발하기 위해 많은 노력을 기울였으며 상용 제품은 이미 시장에 나와 있고 수동 또는 능동 매트릭스 디스플레이와 전자 회로에 사용된다. 관련 리뷰 논문[8, 146]에 설명된 바와 같이, 유기반도체로 실리콘을 대체하는 것의 주요 이점은 OFET를 만들기 위해 저비용의 용액 공정과 직접 프린팅과 함께 개별 층을 주변 온도에서 증착과 패턴화할 수 있기 때문에 생산 비용이 낮을 것으로 추정된다는 것이다. 이것은 인쇄 집적 회로와 같은 소자의 제조를 가능하게 한다. 유기 재료의 특별한 이점은 유연 기판, 예를 들어 polymethylmethacrylate(PMMA) 박막에 증착될 수 있다는 것이다. OFET의 응용 분야에는 센서로서의 잠재적 사용도 포함된다.

4.4.1 OFET의 작동 원리

OFET의 활성 요소는 얇은 절연 게이트 유전체에 의해 게이트 전극과 분리된 얇은 반도체 층이다. 평면 구조로 반도체 층에 부착된 소스 전극과 드레인 전극 사이에 트랜지스터 전류가 흐른다. 소스 전극과 드레인 전극 사이의 간격, 즉 채널 길이 L은 대략 100 μm인 반면, 채널 폭은 일반적으로 최대 몇 밀리미터이다. 일반적인 OFET 구조는 그림 4.37에 나와 있다. 특히 편리한 구조는 BC/BG(bottom-contact/bottom-gate) 구조이다. 소스-드레인 전극은 게이트 유전체 위에 증착되고 게이트 전극은 그 아래에 있고 반도체는 소자의 최상층이다. 이것은 예를 들어 n-도핑된 실리콘을 기판과 게이트로 동시에 사용하고 표면 SiO_2 층을 절연체로 사용하여 구현할 수 있다. 소스-드레인 전극은 섀도 마스크나 포토리소그래피 패터닝을 사용하여 형성된 열증착된 금일 수 있다. 상부 SiO_2 층과 사전 패턴화된 금 전극이 있는 도핑된 실리콘 웨이퍼는 상업적으로 쉽게 구할 수 있다. 유기반도체 박막은 열 증착 또는 스핀 코팅에 의해 이 위에 증착될 수 있다. 대안적인 상부 TC/BG(top-contact/

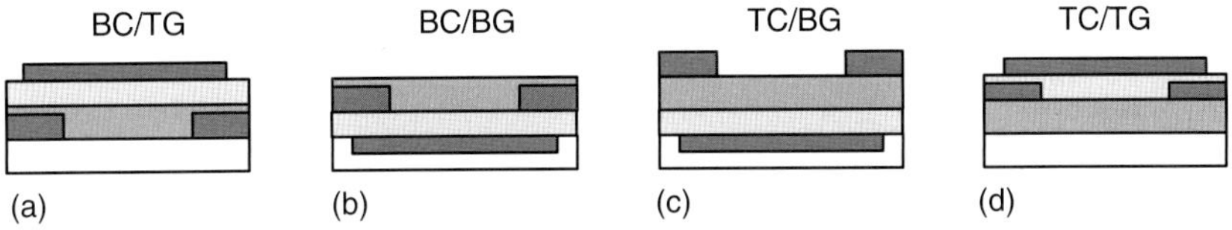

그림 4.37 OFET의 다양한 구성. (a) 하단 접촉, 상단 게이트, (b) 하단 접촉, 하단 게이트, (c) 상단 접촉, 하단 게이트, (d) 상단 접촉, 상단 게이트(거의 사용되지 않음). 절연체는 밝은 회색층으로 표시되고 유기반도체는 중간 회색층으로 표시된다. 전극은 짙은 회색으로 표시되고 기판은 흰색으로 표시된다.

bottom-gate) 구조에서 반도체는 절연체 위에 직접 배치되고 소스-드레인 전극은 일반적으로 열증착에 의해 반도체 위에 나중에 증착된다. BC/TG(bottom-contact/top-gate) 구조에서 반도체는 소스-드레인 전극이 증착된 기판 위에 있다. 그 후 게이트 절연체가 증착되고 게이트 전극이 장치를 완성한다. 다른 트랜지스터 기하학은 인터페이스 형태와 트랩 상태와 관련하여 반도체/절연체 계면의 품질에서, 그리고 더 중요하게는 반도체/전극 계면에서 전하 주입 위치에 따라 다양하다. OFET에서 전하 수송은 반도체/절연체 계면에서 발생한다. (BC/BG) 구조에서 전하가 소스 전극에서 해당 인터페이스로 직접 주입되는 반면 (TC/BG)와 (BC/TG) 구조에서 전하는 도핑되지 않은 반도체의 벌크에 주입되고 전하는 반도체/절연체 인터페이스에 도달하기 전에 먼저 수십 나노미터의 도핑되지 않은 반도체를 통해 이동한다.

동작 모드와 관련하여 유기 FET와 무기 FET는 전하 캐리어의 기원이 다르다. 전통적인 무기반도체는 일반적으로 도핑의 결과로 열적으로 생성되는 벌크의 전하 캐리어 밀도가 높다. 이들의 농도와 동시에 트랜지스터 채널의 전류는 전극 근처에 공핍 영역을 설정하여 게이트 전압에 의해 조절된다. 고유 전하 생성에 대해 밴드갭이 너무 큰 (도핑되지 않은) 유기반도체에서는 우세한 전하 캐리어의 밀도가 크지 않다. 오히려 전하 캐리어는 (옴성) 전극에서 주입되어야 한다. 트랜지스터 전류는 게이트 전압을 변화시켜 반도체/절연체 계면 옆에 축적된 전하 캐리어의 수를 변화시킴으로써 조절된다. 따라서 반도체 물리학의 언어에서 유기전계효과트랜지스터는 무기전계효과트랜지스터에서 실현되는 공핍 모드가 아닌 **축적 모드**(accumulation mode)에서 동작한다.

OFET의 동작 원리는 다음과 같다(그림 4.38). 하나는 소스가 0 퍼텐셜에 있는 상태에서 게이트 전극에 전압 V_g를 가하고 드레인 전극에 전압 V_d를 가한다. 소스 전극이 완벽하게 옴성이 되도록 하자. 즉, 접촉 저항이 0으로 무한한 양의 전하를 공급할 수 있다. V_g가 음이면, 관련 전기장은 옴성 소스 전극으로부터 유전체 옆의 좁은($\leq$ 5 nm) 반도체 영역으로 양전하를 끌어온다. 이것은 좁은 계면 반도체 영역에 양전하의 축적층을 생성한다(그림 4.38). 드레인 전압이 0이고 두 전극이 동일하면, 이상적인, 즉 트랩이 없는 유기반도체에 주입되는 전하의 수는 유전체의 단위 면적당 커패시턴스 C_i와 게이트 전압 V_g에 비례한다. 이러한 전하는 채널 길이에 걸쳐 균일하게 분포한다. 즉, 소스와 드레인 전극의 정전기 퍼텐셜은 채널 전

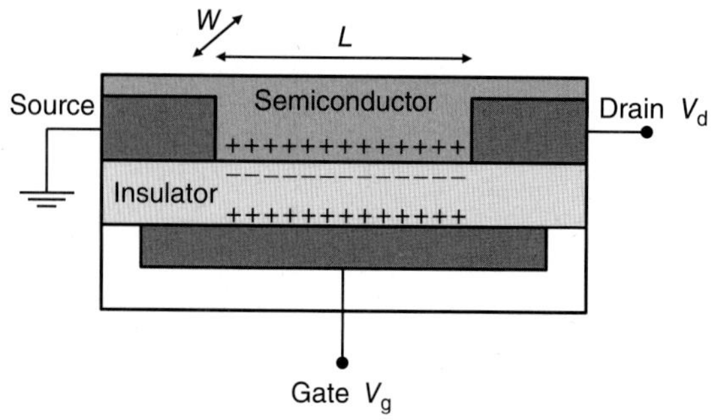

그림 4.38 OFET의 동작 원리. 폭 W를 가로질러 소스와 드레인 전극이 길이 L의 반도체 채널에 의해 분리된다.

체에 걸쳐 0이다. 원칙적으로 드레인 전극에 음의 퍼텐셜 V_d를 가하면 전류가 흐를 수 있다. 실제로 모든 반도체에는 전하 캐리어에 대한 트랩이 포함되어 있으므로 주입된 첫 번째 전하가 트랩을 채우는 역할을 한다. 실제로 흐르고 트랜지스터 전류에 기여할 수 있는 이동 전하의 축적층을 얻으려면 특정 임계값 V_{Th}를 초과하는 게이트 전압이 인가되어야 한다. 따라서 이동 전하는 $V_g - V_{Th}$의 유효 게이트 전압에서만 생성된다. V_d가 0인 경우, 단위 면적당 이동 전하는 다음과 같다.

$$Q_{mob} = C_i(V_g - V_{Th}) \tag{4.41}$$

음의 드레인 전압을 p형 OFET에 가하면 양전하 캐리어가 소스에서 드레인 전극으로 이동하여 전하 캐리어 농도의 기울기를 생성한다. 채널 내의 퍼텐셜 $V(x)$는 소스[$x = 0$, $V(0) = 0$]의 0에서 드레인 전극[$x = L$, $V(L) = V_d$]의 V_d까지 선형적으로 증가한다. 소스 전극에서 떨어진 위치 x에서 전하의 면적 밀도는 다음과 같다.

$$Q_{mob} = C_i(V_g - V_{Th} - V(x)) \tag{4.42}$$

$V_d \ll V_g - V_{Th}$인 한, 트랜지스터 전류는 옴의 법칙을 따른다. 즉, V_d에 선형적으로 증가하고 드레인 전극의 전위는 V_d이다. 이것을 **선형 영역**(linear regime)이라고 한다(그림 4.39). 그러나 V_d가 더 증가하여 $V_g - V_{Th}$와 같아지면, $x = L$인 드레인 전극에서 이동 전하 캐리어의 농도가 0으로 감소한다. 트랜지스터는 **핀치 오프**(pinched-off)되고, 이동 전하 캐리어의 농도가 0에 도달하는 지점, 즉 전위가 $V_g - V_{Th}$와 동일한 지점을 **핀치 오프 지점**(pinch-off point)이라고 한다. 드레인 전압의 절댓값이 더 증가하면, $V_d > V_g - V_{Th}$, 핀치 오프 지점이 소스 쪽으로 이동하여 실제 채널이 약간 짧아지고 드레인 전극 근처에 좁은 공핍 영역이 발생한다. 트랜지스터는 소위 **포화 영역**(saturation regime)에서 작동한다. 이 경우, 핀치 오프 지점과 드레인 전극 사이의 전기장에 의해 좁은 공핍 영역을 가로질러 전하가 당겨지기 때문에 포화 전류 $I_{d,sat}$는 여전히 흐를 수 있다. 그러나 $I_{d,sat}$는 소스와 핀치 오프 지점 사이

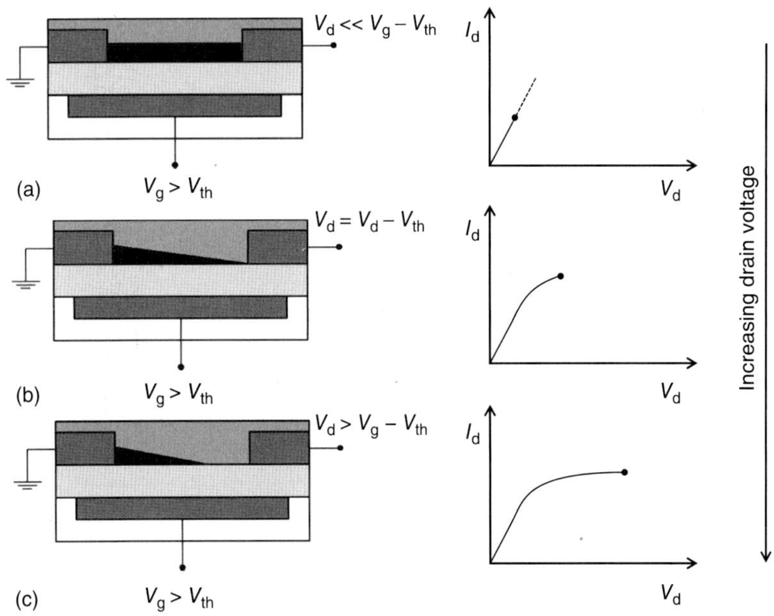

그림 4.39 다양한 인가 전압에서 OFET의 동작을 보여주는 개략도. 장치에 형성된 채널과 전류–전압 특성은 (a) 선형 영역, (b) 핀치 오프에서 포화 영역의 시작, (c) 포화 영역에 대해 표시된다. V_d, V_g, V_{Th}는 각각 드레인 전압, 게이트 전압, 문턱 전압을 나타낸다(Zaumseil and Sirringhaus[8]).

의 전압 강하에 의해 제어되며, 이는 $V_g - V_{Th}$에서 일정하게 유지되므로 V_d를 더 증가시켜도 포화 수준 이상으로 전류가 증가하지 않는다.

OFET의 다른 동작 영역에서 전류–전압 특성은 트랜지스터 평면에 수직한 전기장 조건에서 해석적으로 설명될 수 있다. 이때 게이트 전기장이 소스–드레인 전기장 V_d/L(gradual channel appproximation)보다 아주 크다. 이 조건은 채널 길이 L이 유전체 게이트 층의 두께보다 10배 더 클 때 충족된다. 확산을 무시하면, 드레인 전류의 절댓값은 옴의 법칙에 의해 결정된다[식 (3.1) 참조].

$$I_d = WQ_{mob}\mu F \tag{4.43}$$

여기서 W는 채널 폭, μ은 전하 캐리어의 이동도, $F = dV/dx$는 채널 위치 x에서의 소스–드레인 전기장이다. 식 (4.42)를 식 (4.43)에 대입하여 다음을 얻는다.

$$I_d dx = WC_i(V_g - V_{Th} - V(x))\mu dV \tag{4.44}$$

식 (4.44)를 적분할 수 있다.

$$I_d \int_0^L dx = W \mu C_i \int_0^{V_d} (V_g - V_{Th} - V(x)) dV \tag{4.45a}$$

$$I_d = \frac{W}{L} \mu C_i \left[\left(V_g - V_{Th} \right) V_d - \frac{1}{2} V_d^2 \right] \tag{4.45b}$$

이것은 드레인 전류에 대한 점진적 채널 표현이다.

$V_d \ll V_g$의 조건에서 $(1/2)V_d^2$ 항은 무시할 수 있으며 선형 영역에서 전류에 대한 표현에 도달한다.

$$I_d = \frac{W}{L} \mu_{lin} C_i (V_g - V_{Th}) V_d \tag{4.46}$$

이것으로부터, 전하 캐리어 이동도를 도출할 수 있다.

$$\mu_{lin} = \frac{\partial I_d}{\partial V_g} \frac{L}{W C_i V_d} \tag{4.47}$$

트랜지스터 전류가 포화된 경우, 식 (4.45)의 V_d는 핀치 오프 지점의 전위 $V_g - V_{Th}$로 대체되어야 한다. 그러면 포화 전류는 다음과 같이 된다.

$$I_{d,sat} = \frac{W}{2L} \mu_{sat} C_i (V_g - V_{Th})^2 \tag{4.48}$$

이것은 전하 캐리어 이동도로 변환된다.

$$\mu_{sat} = \frac{\partial I_{d,sat}}{\partial V_g} \frac{L}{W C_i (V_g - V_{Th})} \tag{4.49}$$

이동도가 전하 밀도와 게이트 전압에 따라 달라지는 경우, 식 (4.47)과 (4.49)가 적용되고, $\mu = \mu(V_g)$이다.

트랜지스터의 특성은 그림 4.40과 같이 다양한 방식으로 표현될 수 있다. 드레인 전류가 서로 다른 일정한 게이트 전압(**드레인 스윕**)에 대하여 드레인 전압의 함수로 표시되면, 선형 영역과 포화 영역이 구별될 수 있는 **출력 특성**(output characteristic)이 나타난다. **전달 특성**(transfer characteristic)의 경우, 드레인 전류는 특정 드레인 전압(**게이트 스윕**)에서 게이트 전압의 함수로 표시된다. 그것은 선형 영역 또는 포화 영역에 있을 수 있다. 이상적으로는 선형 기울기로부터 이동도를 읽을 수 있도록 하기 위해서, 식 (4.46)과 (4.48)로부터, 드레인 전류를 선형으로 또는 V_g에 대해 제곱근으로 각각 표시한다(하지만 이동도가 게이트 전압에 의존하지 않는 경우가 종종 있다). 선형 기울기의 외삽은 $V_g = V_{Th}$에서 가로좌표 절편을 나타낸다. 또한 V_g에 대해 세미로그 방식으로 드레인 전류를 표시하는 것도 편리하다. 이를 통해 드레인 전류가 오프 전류 레벨 이상으로 급격히 증가하는 시작 전압 V_{on}을 결정할 수 있

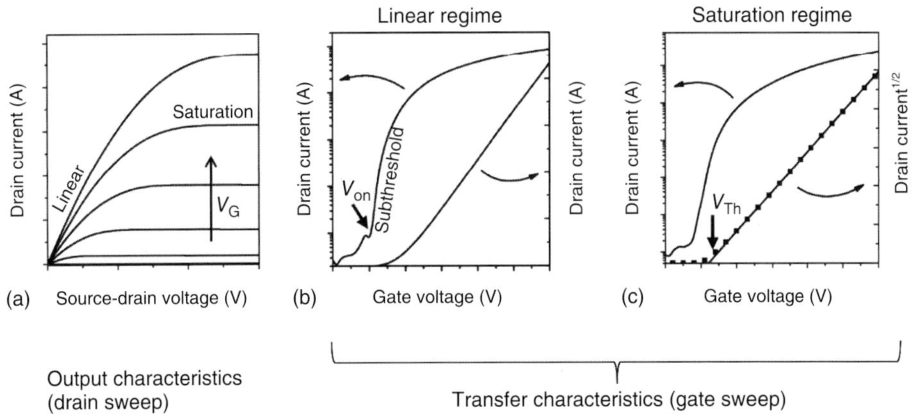

그림 4.40 n채널 OFET의 대표적인 전류–전압 특성. (a) 선형 영역과 포화 영역이 표시된 출력 특성, (b) 선형 영역의 전달 특성, (c) 포화 영역의 전달 특성. (b)와 (c)에서 왼쪽 세로좌표의 로그 스케일에 주목하라(Zaumseil and Sirringhaus의 데이터[8]).

다. 게이트 전극에 의해 축적된 전하 캐리어로 인하여 드레인 전류가 시작되는 곳이다. 더 중요한 것은 소위 **온–오프 비율**(on–off ratio), 즉 $V_g < V_{Th}$일 때 축적층 없이 트랜지스터가 '온'일 때의 드레인 전류와 트랜지스터가 '오프'일 때의 전류 사이의 비율을 결정할 수 있다는 것이다. 오프 전류의 소스는 의도하지 않은 도핑으로 인한 반도체 층 내부에 저장된 전하와 게이트 유전체를 통한 누설일 수 있다.

4.4.2 OFET 성능 평가

트랜지스터의 성능을 평가하는 2가지 주요 매개변수에는 온–오프 비율과 **스위칭 주파수**(switching frequency)가 있다. 둘 다 전하 캐리어 이동도에 선형적으로 의존하므로 본질적으로 중요한 소자의 매개변수는 전하 캐리어 이동도이다. 따라서 OFET 구조를 최적화하는 데 있어 중심적인 노력은 전하 캐리어 이동도의 개선이다.

온–오프 비율이 높다는 것은 좋은 신호 대 잡음비를 달성하기 위해 낮은 구동 전압이 필요하다는 것을 의미하기 때문에 OFET의 중요한 성능 매개변수 중 하나이다. 온–오프 비율을 공식적으로 다음과 같이 정의할 수 있다.

$$R_{\mathrm{On/Off}} = \frac{I_d(V_g = V_D = V)}{I_d(V_g = 0,\ \ V_D = V)} \tag{4.50}$$

여기서 V는 원하는 응용에 사용되는 일반적인 전압이다. 온–오프 비율의 대표적인 값은 10^4~10^6이지만 제조 환경에서 10^6~10^8 값을 허용하는 재료도 있다[30, 147].

두 번째 성능 매개변수인 스위칭 주파수는 OFET가 작동할 수 있는 최대 주파수 f_0이다. 이것은 소자 저항 R이 전하 캐리어의 이동도에 의해 결정되는 회로의 RC 시간에 의해 제어된다. f_0를 초과하는 주파수의 경우, 출력 신호 I_d는 입력 신호 V_g의 위상과 반대이므로 스위칭 진폭이 감소한다.

주파수 응답의 측정은 트랜지스터 채널에서 전하 캐리어의 전이 시간 τ_{tr}의 역수이지만, 게이트 전압의 진동으로 인해 진동하는 전하 캐리어가 전체 트랜지스터 채널을 횡단할 필요는 없다는 점에 유의하라. $f_0 = 1/2\pi\tau_{tr}$와 τ_{tr} = channel length L/carrier velocity v, $v = \mu F = \mu V_d/L$로 주어지는 전이 시간을 사용하면 대략적으로 다음을 구할 수 있다.

$$f_0 = \frac{1}{2\pi}\frac{\mu V_d}{L^2} \tag{4.51}$$

채널 길이가 20 μm이고 이동도가 10^{-2} $cm^2V^{-1}s^{-1}$이고 소스–드레인 전압이 5 V인 OFET의 경우, 캐리어 전이 시간은 약 100 μs이다. 이것은 몇 킬로헤르츠의 최대 동작 주파수로 변환된다. 보다 정교하게 다루기 위해 독자는 Caironi의 작업을 참조하라[148].

Rubrene 또는 pentacene으로 만든 유기 FET의 전하 캐리어 이동도는 비정질 박막의 경우 약 10^{-3} – 10^{-1} $cm^2V^{-1}s^{-1}$이고, 다결정 박막의 경우 최대 10 cm^2V^{-1}인 경향이 있다.

유기 FET의 주요 장점 중 하나는 유연한 기판에 인쇄 기술과 증착 사용을 포함하여 저비용의 용액 기반 공정의 가능성을 제공한다는 것이다. 이들은 저렴한 유연한 RFID(Radio-Frequency Identification) 태그와 AMLCD(대면적 능동 매트릭스 액정 디스플레이)에서 전자 회로를 구동하기 위한 것이다. 결과적으로 유기 FET는 비정질 실리콘 박막 트랜지스터를 종종 벤치마킹하는데, 일반적인 온–오프 비율은 약 10^6 – 10^8이고 전계 효과 이동도는 0.1 – 1 $cm^2V^{-1}s^{-1}$ 범위이다.

4.4.3 OFET 성능 향상

4.4.3.1 소스와 드레인 전극 선택

드레인 전류를 운반하는 전하가 소스 전극에서 주입되기 때문에 소스 전극이 옴성, 즉 트랜지스터 전류를 유지하는 데 필요한 것보다 더 많은 전하를 공급할 수 있어야 한다는 것이 중요하다. p형 OFET의 경우, 이는 소스 전극의 일함수가 최대한 높아야 함을 의미한다. 이러한 이유로 인기 있는 선택은 리소그래피로 증착된 금이지만, 주어진 인터페이스에 특정한 계면 쌍극자가 있기 때문에, 실제 일함수가 문헌 값인 5.1 eV보다 상당히 작을 수 있다는 점을 고려해야 한다(3장 참고). n형 OFET의 경우, 반도체의 전자 친화도에 따라 Ca와 Mg 등의 일함수가 낮은 금속을 사용할 수 있다. 이러한 전극은 산화에 매우 민감하기 때문에 이러한 OFET는 캡슐화되어야 한다.

전하 주입은 소스 전극의 일함수뿐만 아니라 소자 구조에도 영향을 받을 수 있다. 예를 들어 BC/BG 구조(그림 4.37b)에서, 전하 캐리어는 소스 전극의 엣지 면에서만 주입될 수 있으므로 활성 영역이 매우 작다. 이것은 그림 4.37a, c의 BC/TG와 TC/BG 소자 구조와 다르다. 여기서는 추가로 (드레인뿐만 아니라) 소스 전극과 게이트 전극 사이에 부분적인 중첩이 존재한다. 반도체 내부의 강한 전기장은 주입을 용이하게 하지만, 나중에 전하가 유전체에 대한 계면에 도달하기 위해 반도체 벌크를 가로질러야 한다.

옴성이 아닌 소스 전극은 드레인 전류의 흐름에서 직렬 저항을 발생시킨다. 이것은 OFET의 출력 특성에서 나타난다. 이는 전극에서 소스–드레인 전압의 강하가 있음을 의미한다. 이것은 소자의 시작 전압을 높이고 '이상적인' 선형 전류 영역에서 초선형성을 나타낸다. 트랜지스터 채널의 저항이 낮을수록, 즉 전하 캐리어 이동도가 높고 트랜지스터 채널이 짧을수록 이 효과가 더 중요해진다. 트랜지스터 채널을 따라 국소 퍼텐셜의 이상적으로 예상되는 선형 변화로부터의 편차를 기술하기 위한 선택 방법은 Kelvin–probe spectroscopy[149]와 비접촉 원자간력현미경(AFM)[150]을 결합하는 것이다. 이를 통해 트랜지스터 채널 내 위치의 함수로 정전기 퍼텐셜을 모니터링할 수 있다. 이 기술은 또한 그레인 바운더리와 같은 반도체 박막의 구조적 불균일성에서 가능한 전하 축적을 묘사할 수 있다[151].

4.4.3.2 게이트 절연체 선택

OFET의 성능은 채널에서 게이트 전극을 분리하는 유전체 절연체(게이트 절연체)의 특성에 크게 의존한다. 높은 게이트 전압을 허용하려면 절연체의 항복 강도가 높아야 한다. 또한 원치 않는 누설 전류를 피하기 위해서는 결함을 운반하는 전하의 밀도가 낮아야 한다. 축적층을 형성하는 전하의 양과 결과적인 드레인 전류는 절연체의 단위 면적당 커패시턴스에 따라 달라진다[식 (4.1)과 (4.5a) 참조]. $C_i = \varepsilon_r \varepsilon_0 / d$, 여기서 ε_0는 진공에서 유전율이다. ε_r은 유전 상수이고 d는 유전층의 두께이다. 따라서 층 두께를 줄임으로써(그러나 여전히 높은 항복 강도와 낮은 누설 전류를 유지함!) 또는 높은 유전 상수를 갖는 재료를 사용하여, 높은 커패시턴스를 갖는 절연체를 목표로 한다. 게이트 절연체가 폴리머인 경우, 높은 유전 상수는 극성 그룹과 관련이 있다. 그것들이 무작위로 배열되면 반도체의 DOS 분포가 넓어진다. 이것은 반도체 박막의 전하 수송에 역효과를 낳는다. 이 질문은 4.4.3.3절에서 더 자세히 논의될 것이다.

대중적이고 쉽게 구할 수 있는 재료는 도핑된 실리콘 웨이퍼에서 쉽고 매끄럽게 성장할 수 있고 유전 상수가 $\varepsilon_r = 3.9$인 SiO_2 층이다. 불행히도, SiO_2는 표면에 silanol(SiOH) 그룹을 형성하는 경향이 있으며, 이는 여러 가지 이유로 불리하다. SiOH 그룹의 극성 특성은 계면에서 원치 않는 에너지와 구조적 무질서를 도입하고, 전자를 트랩하는 능력을 가지고 있음을 의미한다(아래 참고). 이 효과는 적절한 자기 조립 단일층(SAM)으로 SiO_2 계면을 덮는 표면 처리를 사용하여 피할 수 있다(Box 4.7). 물론 실리콘 웨이퍼의 장치는 유연하지 않다. 유연성이 필요할 때 게이트 유전체는 polyethylene terephthalate(PET) 또는 polyethylene naphthalene(PEN)과 같은 유연한 기판에 증착되어야 한다. 이것은 예를 들어 무기 유전 물질을 사용할 때는 스퍼터링 또는 화학 기상 증착에 의해, 또는 절연 폴리머가 사용될 때는 스핀 코팅에 의해 수행될 수 있다. 사용된 무기 재료의 예로는 일반적인 박막 두께가 100 nm인 비정질 barium zirconate titanate(ε_r = 17.3), silicon nitride와 tantalum oxide(Ta_2O_5, ε_r = 25)가 있다. 대안으로 사용되는 절연 폴리머는 PMMA, polyvinylphenol(PVP), polyvinylalcohol(PVA)이다. 더 자세한 내용은 Facchetti 등의 리뷰를 참조하라[152]. 절연 폴리머 유전체는 BC/BG 또는 TC/BG 구조에서 기판에 스핀 코팅한 다음 반도체를 열 증발시켜 증착하거나 BC/TG 구조에서 반도체 박막 위에 절연체를 증착할 수 있다. 후자의 경우, 직교 용매, 즉 화합물 중 하나만 용해할 수 있는 용매를 사용하여 두 층의 혼합을 방지한다. 분명히 이것은 게이트 유전체와 반도체 모두의 선택을 제한하지만 문제는 폴리머에 적절한 가용화 치환기를 부착함으로써 완화될 수 있다. 대안적으로, 다음 층이 스핀 코팅에 의해 증착될 수 있도록 아래층을 항상 가교된 층으로 사용하는, 가교에 의해 반도체 또는 유전 절연체를 불용성으로 만들 수 있다. 이러한 방법을 조합하면 용액 공정을 통해 다층 구조를 증착할 수 있다. 예를 들어, Chua 등은 먼저 반도체 폴리머 TFB가 금 전극을 포함하는 유리 기판 위에 스핀 캐스트된 BC/TG 트랜지스터를 준비했다. 그런 다음 직교 용매를 사용하여 bisbenzocyclobutene(BCB) 단량체(siloxane 기반 재료)를 50 nm 얇은 층으로 그 위에 스핀 코팅했다. BCB는 열처리에 의해 가교 결합되어 불용성(250°C 이상의 유리 전이 온도와 3 $MVcm^{-1}$의 항복 강도를 갖는 견고한 3차원 네트워크 형성)으로, 상부 게이트 전극을 형성하기 위해 특수 PEDOT:PSS 유도체는 용액으로부터 스핀 코팅하여 그 위에 다시 증착될 수 있다[153–154].

Box 4.7 표면 처리(surface treatments)

소자에 사용되는 일반적인 기판은 ITO로 덮인 유리 또는 상부 SiO_2 층이 있는 실리콘 웨이퍼이다. ITO로 덮인 유리는 공급자에 따라 예를 들어 유리와 ITO 사이의 장벽층과 같이 일정량의 SiO_2를 함유할 수도 있다. SiO_2는 표면에 SiOH(silanol) 그룹을 형성하는 경향이 있다. 특히 트랜지스터 응용 분야에 Si/SiO_2 웨이퍼를 사용할 때, 이러한 그룹은 자기 조립 단일층(SAM)으로 표면을 덮어 보호막을 씌워야 한다. SAM에 적합한 분자는 일반적으로 표면에 화학적으로 결합하는 헤드 그룹, 스페이서 그룹, 그리고 분자의 기능 유닛을 포함하는 말단 그룹으로 구성된다. 유기 FET의 경우 가장 일반적으로 사용되는 2가지 화합물은 hexamethyldisilazane(HDMS)과 octadecyltrichlorosilane(OTS)이다. OTS의 경우, trichlorosilane은 헤드 그룹이고 alkyl 체인은 스페이서 그룹이며 CH_3는 말단 그룹을 나타낸다. HDMS는 스페이서 그룹 없이 헤드 그룹 disilazane과 3개의 CH_3 말단 그룹으로만 구성된다. 화학 구조와 SiOH와의 반응은 그림 B4.7.1에 나와 있다. OTS를 사용할 때, 실리콘은 HCl이 방출될 때 hydroxyl 그룹에서 남겨진 산소와 결합한다. 이것은 alkyl 스페이서가 표면에 거의 수직인 브러시와 같은 구조를 초래한다. 또한 헤드 그룹은 siloxane 연결(Si–O–Si)을 형성하여 가교된다. 이것은 단층의 패킹 밀도를 향상시켜 안정성을 높인다. HDMS의 경우, 암모니아를 방출하는 동안 실리콘이 hydroxyl 그룹에서 남은 산소와 결합하기 때문에 분자가 둘로 나뉜다. 그 결과 가교되지 않은 단층이 생성된다. 두 경우 모두, 이 접근법은 비극성인 methyl 말단 그룹을 생성한다.

일반적인 절차는 먼저 기판을 세척하는 것이다(예: $H_2SO_4 : H_2O_2$ 혼합물(3:1)에 노출시켜 사전 증착된 보호층을 제거함, 이후에 증류수, 세제, acetone, isopropanol, hexane의 초음파 수조에 순차적으로 노출), 그러고 나서 플라즈마 에칭기를 사용하여 기판을 O_2 플라즈마에 노출시킨다. 이 단계에서 기판을 용기에 넣고 비운 후 약 0.2 mbar의 산소를 유입시키고 약 15분 동안 13.56 MHz에서 약 100 W 무선 주파수 방사를 적용한다. 진동하는 전기장은 산소 가스를 이온화한다. 생성된 플라즈마는 유기 불순물로부터 기판을 청소한다. 그 후 단층이 증착된다. HDMS를 사용하는 경우 기판을 HDMS 증기(예: HDMS를 120°C로 몇 시간 동안 가열하여 생성)에 넣고, OTS를 사용하는 기판을 용액에 유지한다(예: 하루 동안 hexane에 5 mM의 OTS). hexane으로 세척하고 짧은 어닐링[155]이 뒤따른다. 처리의 성공 여부는 물방울과 기판 사이에 형성된 접촉각을 측정하여 평가할 수 있으며, 접촉각이 높을수록 극성이 덜한 표면을 나타내므로 SAM이 잘 덮인 것을 나타낸다[156].

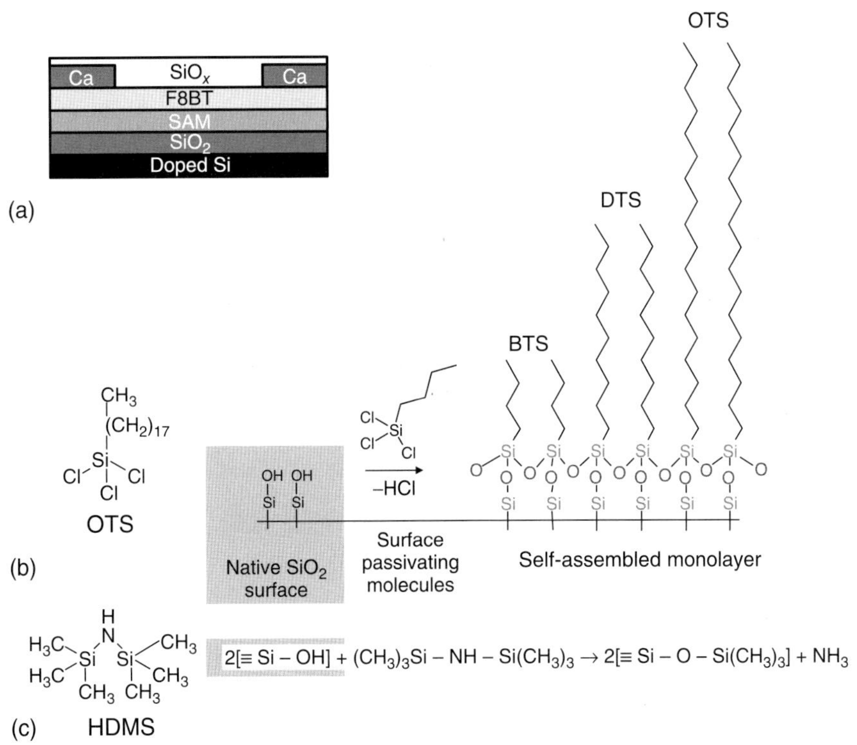

그림 B4.7.1 (a) 게이트 유전체 SiO_2와 유기반도체 박막 사이에 자기 조립 단일층(SAM)이 있는 OFET의 구조. (b) butyl–trichlorosilane (BTS), decyltrichlorosilane(DTS) 또는 octadecyl–trichlorosilane(OTS)을 사용하여 자기 조립 단일층을 형성하는 것과 같은 SiO_2 표면과 trichlorosilanes의 반응(Zaumseil and Sirringhaus[8] 이후). (b) 자기 조립 단일층을 형성하는 것과 같은 SiO_2 표면과 disilazane HDMS의 반응.

4.4.3.3 전하 수송 개선

트랜지스터 채널의 전하 수송과 관련하여, 결정질과 비결정질 유기반도체에 대한 개념이 정리된 3장을 참조할 수 있다. 비결정질 재료에서 전하 수송이 주로 내장된 구조적 무질서에 의해 제어된다는 것을 상기하자. 이것은 자유 전자와 정공에 대한 고유한 DOS 분포를 일반적으로 Gaussian 모양으로 발생시키며, 아마도 트랩 준위의 분포에 중첩될 수 있다. DOS 분포의 폭에 따라 ToF(time of flight) 실험에서 10^{-6}~10^{-3} $cm^2V^{-1}s^{-1}$ 범위의 전하 캐리어 이동도가 측정된다. 이것은 OFET의 상업적 적용을 위해 엄청나게 낮은 것이다. 다행히도 OFET 특성에서 추론된 전하 캐리어 이동도는 일반적으로 ToF 실험에서 측정된 값보다 2~3배 더 크다. 그 이유는 FET에서 전하 수송이 게이트 유전체에 대한 계면 옆에 있는 매우 얇은 반도체 층으로 제한되기 때문이다. 트랜지스터 채널 내의 전하 캐리어 농도는 10^{13} cm^{-2}에 도달할 수 있다. 10 nm의 층 내에 가두어지면, 이것은 $10^{20}cm^{-3}$의 부피 농도로 해석된다. 이는 호핑 상태의 상당 부분이 채워져 있음을 의미한다. 따라서 DOS 분포의 꼬리 상태와 전송을 제어할 외인성 트랩 상태가 제거되고 반도체의 Fermi 준위가 설정된다(그림 3.25 참조). 결과적으로 이동도는 2~3배 증가하고, 단순한 Arrhenius 법칙에 따라 열적으로 활성화된다. 그런데 ToF 실험에 비해 OFET에서 관찰된 더 높은 이동도는 전하 캐리어 이동도가 무질서하게 확장된 DOS 분포 내에서 호핑에 의해 제어된다는 것을 증명한다. 수송이 주로 기하학적 이완, 즉 폴라론 효과에 의해 결정된다면 이 현상은 없을 것이다.

방금 언급한 바와 같이, OFET에서 전하 수송이 매우 얇은 반도체 층으로 제한된다는 사실은 상태 충전 효과로 인해 전하 캐리어 이동도를 증가시킨다. 그러나 절연체 계면에 매우 가까운 층 내에서 전하 수송이 발생하면 유해한 계면 효과가 중요해질 수 있다. 유도 및 영구 쌍극자 또는 사중극자가 무작위로 배열되는 경우, 이들에 의해 DOS 분포의 폭이 영향을 받는다는 사실과 관련이 있다. 게이트 유전체가 폴리머 PMMA와 같이 영구 쌍극자를 가지고 있는 무질서한 재료인 경우, 해당 쌍극자의 방향은 무작위이다. 그들은 경계면 근처의 반도체의 수송 상태의 DOS를 넓히는 국부적으로 변화하는 전기장을 도입한다. 이것은 상태 충전 효과를 상쇄한다[157]. 게이트 전압을 높이거나 게이트 층의 두께를 줄여야 하는 낮은 유전 상수를 가진 게이트 유전체를 선택하여 이 효과를 피할 수 있다. 반도체-유전체 인터페이스와 관련된 또 다른 해로운 효과는 두 층이 용액 공정으로 증착될 때 발생할 수 있는 표면 거칠기이다. 거친 계면에서 전하가 국소화된다는 것은 상상하기 쉽다. 따라서 매끄러운 계면이 바람직하다.

분명히, 호핑 사이트의 상호 배열은 호핑 속도에 중요한 영향을 준다. 호핑 속도는 전하 수송을 위한 전송 적분에 큰 영향을 미치기 때문이다. 이에 따라, 반도체 박막의 형태와 폴리머 체인의 형태와 배향을 제어하는 것은 전하 캐리어 이동도를 개선하는 데 중요한 수단이다. 한 예는 thiophene 고리가 수직으로 서 있을 때 트랜지스터 채널에 평행한 수송을 향상시키기 때문에 P3HT 트랜지스터에서 정공 수송에 유리한 lamella와 같은 thiophene 고리의 배열이다[146]. 활성 반도체로 위치 규칙적인 P3HT를 사용하는 OFET의 적절한 처리 조건에서 최대 0.1 $cm^2V^{-1}s^{-1}$의 FET 이동도가 측정되었다[158−159]. Triisoalkylsilylethynyl 그룹을 가진 가용성 pentacene 유도체는 FET 모드에서 측정된 유사하게 큰 정공 이동도를 특징으로 한다[160−161]. 더 큰 정공 이동도(약 1 $cm^2V^{-1}s^{-1}$)가 기능화된 anthradithiophenes에 대해 보고되었다[162]. 용액 공정으로 제작된 유기반도체 박막의 질서도, 총체, 그리고 (준)결정도를 제어하기 위해 고분자 물리학과 재료 과학 분야에서 알려진 광범위한 기술을 사용할 수 있다. 여기에는 스핀 코팅 중 또는 이후에 정렬을 유도하기 위해, 열 어닐링 또는 용매 어닐링, 높은 끓는점과 적절한 용해도 매개변수를 가진 용매 선택, 용액에 핵형성제 추가가 포함된다. 또한 유기반도체가 증착되는 배향층으로도 사용되는 절연체가 사용되는 경우가 있다.

OFET에서 전하 캐리어 이동도를 증가시키는 대안적인 방법은, 폴리머 또는 분자로 증착된 수송층 대신 결정질 반도체를 사용하는 것이다. 이것은 상상하기는 쉽지만, 지지체의 원자적으로 평평한 표면 위에 결정질 분자막을 성장시켜야 함을 의미하기 때문에 실현하기 어렵다. 이 목표는 최근 핫월 에피택시(hot wall epitaxy) 기술을 사용하기 전까지 달성되지 않았다. 이 기술에서 재료는 온도 기울기를 따라 승화된다. 검토를 위해 de Boer 등의 작업을 참고하라[163]. 이 기술을 사용하는 재료는 pentacene[164], rubrene[165], 그리고 tetracene[166]이다. 지금까지 달성된 가장 높은 정공 이동도는 실온에서 밴드와 같은 수송을 특징으로 하는 rubrene에 대해 약 20 $cm^2V^{-1}s^{-1}$이다. 이러한 높은 이동도 값은 반도체 층의 결정도 사이에 불가피하게 존재하는 그레인 바운더리가 중요하지 않음을 의미한다. 이것은 결정의 크기가 채널 길이와 비슷할 경우 허용된다. 때때로 결정질 반도체 층은 tetrathiafulvalenes 또는 치환된 acenes과 같은 용액으로 증착될 수도 있다[146].

4.4.4 OFET의 극성 수정

대부분의 OFET는 p형이다. 이유는 2가지이다. 성공적인 동작에는 옴성 소스 전극이 필요하다. 이것은 전극 재료로 금을 사용하여 쉽게 달성된다. 금은 부식성이 없기 때문에, 이러한 p형 OFET는 주변 조건에서 안정적이다. 더욱이, 이온화 퍼텐셜이 충분히 낮은, 즉 약 5 eV의 유기반도체가 많이 있어, 전극의 일함수와 다소 일치한다(금의 경우 일반적으로 5.1 eV). 낮은 이온화 퍼텐셜은 정공을 트랩할 수 있는 불순물이 거의 없다는 장점이 있다. 이는 정공 수송에 트랩이 없음을 의미한다. p형 OFET 재료의 대표적인 예는 pentacene과 sexi-thiophene과 같은 thiophene 기반 화합물, 그리고 P3HT이다. 대조적으로 n형 OFET를 만들려면 Ca 또는 Mg와 같이 일함수가 낮은(즉, 일함수 값이 작은) 소스 전극이 필요하다. 일함수가 낮은 금속은 부식성이 높기 때문에, 이러한 소자는 질소 분위기에서 공정을 진행한

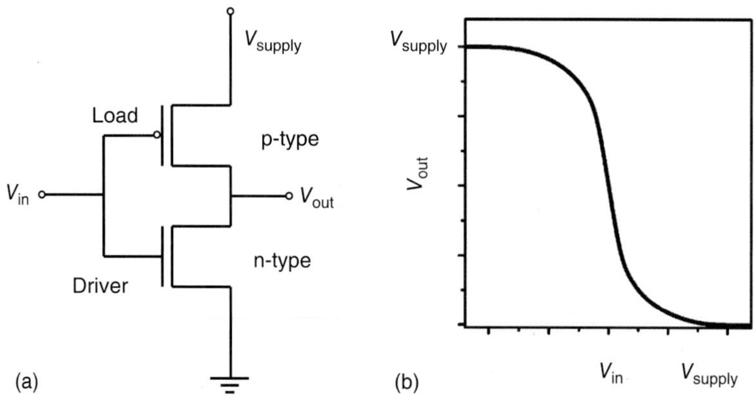

그림 4.41 (a) p채널과 n채널 트랜지스터를 기반으로 하는 상보형 인버터의 개략적인 회로 구성. (b) 상보형 전압 인버터의 전달 곡선(참고문헌 [8]).

후 캡슐화하여 물과 산소로부터 보호해야 한다. 또한 유기반도체는 큰 주입 장벽 없이 전하를 주입하고, 우연히 존재하는 불순물에 의한 전자 트랩을 피하기 위해 3~4 eV와 같은 높은 전자 친화도를 가져야 한다.

n형 OFET를 만드는 데 어려움이 있음에도 불구하고, 전자 회로의 개발을 위해서는 p형과 n형 OFET가 모두 필수적이다. 전자 회로에는 낮은 입력 신호를 높은 출력 신호로 또는 그 반대로 변환할 수 있는 전압 인버터와 같은 논리 요소가 필요하다. 이것은 그림 4.41에 개략적으로 표시된 것처럼 p형과 n형 OFET를 직렬로 결합하여 구현할 수 있다.

4.4.4.1 n형 트랜지스터

위에서 언급한 바와 같이, n형 OFET에 사용되는 반도체는 전자 주입을 용이하게 하기 위해 높은 전자 친화도를 가져야 한다. 그러나 높은 전자 친화도가 유리한 또 다른 이유가 있다. 3장에서 자세히 설명했듯이, 전자 수송은 일반적인 유기반도체의 LUMO 아래에 빈 준위의 불순물이 많기 때문에 특히 트래핑되기 쉽다[167–168]. OFET에서 악명 높은 전자 트랩은 SiO_2 유전체 인터페이스에서 우연히 형성된 SiOH 그룹과 같은 유전체 인터페이스의 OH 그룹이다(그림 4.42). 양의 게이트 퍼텐셜을 가하여 전송 채널에 전자들을 유도했다고 가정하자. 그들은 그러한 결함 사이트에 우선적으로 트랩될 것이다. 이것은 2가지 효과가 있다. 첫째, 문턱 전압, 즉 트랩 상태를 채우는 데 필요한 전압이 게이트 전압의 가용 범위를 초과할 수 있는 값까지 상승한다. 둘째, 트랩된 전자는 결국 박막 부식을 일으키는 수명이 긴 음이온을 형성할 수 있다.

따라서 전자 트랩을 방지하려면, 2가지 방안 중에 하나를 사용해야 한다. 충분히 낮은 고유 LUMO 준위(즉, 높은 전자 친화도)을 갖는 유기반도체 재료를 사용하여 OH 그룹과 같

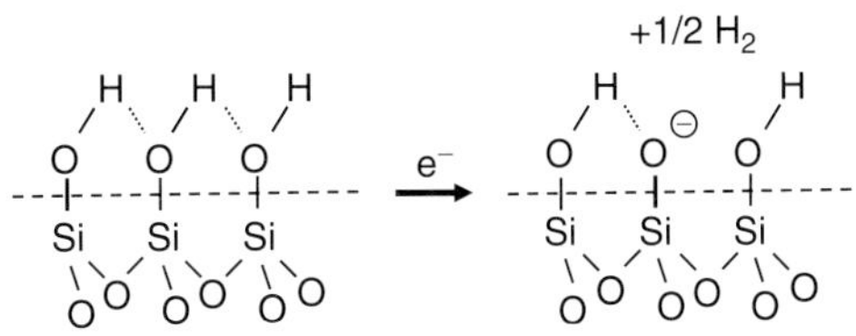

그림 4.42 SiOH에 의한 전하 트래핑 메커니즘

은 결함 사이트가 더 이상 트랩으로 작용할 수 없도록 했다. 이 조건은 C_{60} 또는 PCBM과 같은 fullerenes에 대해 충족된다. Fluorine, cyano 또는 diimide 부분과 같은 강한 전자를 끄는 그룹을 코어 분자, 예를 들어 pentacene과 같은 코어 분자에 부착함으로써 달성할 수도 있다. 그것은 높은 HOMO로 인해 기본적으로 정공 수송이다. 코어를 기능화할 때 코어 부분 사이의 전자적 중첩이 유지되고 구조적 결함이 도입되지 않도록 주의해야 한다. Facchetti 등[152]은 실제로 분자 패킹이 n형 및 p형 특성의 확립에 강한 영향을 미칠 수 있음을 보여주었다. 높은 전자 친화성 물질로 제한되는 것을 원하지 않는 경우, 대안적인 접근 방식은 전자 수송이 일어나는 절연체와 유기반도체 사이의 계면에 트랩 상태가 없도록 하는 것이다. 예를 들어 SAM을 사용하여 트랩 상태를 부동태화하거나(Box 4.7 참고)[155], polyethylene이나 siloxane 기반 BCB와 같은 OH 그룹을 포함하지 않는 절연체 층을 사용할 수 있다[153, 155]. 전자 트랩을 제거하는 효과는 폴리머 F8BT로 만든 n형 트랜지스터에 대한 그림 4.43에 나와 있다. 처리되지 않은 SiO_2를 절연체로 사용하면, 임계 전압이 사용 가능한 게이트 전압 범위를 초과하여 트랜지스터 동작이 관찰되지 않는다. HMDS 또는 OTS 처리된 SiO_2 절연체의 경우, 임계 전압이 각각 약 45 V 및 25 V로 감소하여 n형 트랜지스터 동작이 설정된다. Polyethylene 절연체를 사용했을 때, F8BT는 문턱 전압이 10 V 정도로 낮아 n형 트랜지스터 특성이 상당히 좋은 것이 특징이다. 이러한 맥락에서 'p형' 및 'n형' 반도체의 개념에 대한 언급을 반복할 가치가 있다. 유기반도체에서 전자와 정공 수송 사이에는 근본적인 차이가 없다. 재료가 우선적으로 정공(**p형 반도체**) 또는 전자(**n형 반도체**)를 수송하는지 여부는, 3장에 자세히 설명된 대로, 일반적인 결함 사이트의 HOMO와 LUMO 준위와 비교하여 HOMO와 LUMO 준위의 상대적 위치에 의존한다[167–168]. 이러한 통찰을 확립하는 데 도움이 된 주요 실험 중에는 트랩이 없는 절연 계면[155]과 함께 'p형' 폴리머를 사용할 때, n형 트랜지스터 특성의 관찰이 있었다. 이것은 모든 트랩이 도핑으로 채워졌을 때 동일한 전자와 정공 이동도의 관찰에 의해 보충되었다[169].

4.4.4.2 양극성 트랜지스터

양극성 트랜지스터는 인가된 전압에 따라 전자 또는 정공의 축적층과 함께 동작할 수 있다. 그것은 또한 2가지 유형의 전하 캐리어가 주입되고 발광적으로 재결합되는 발광 트랜지스터

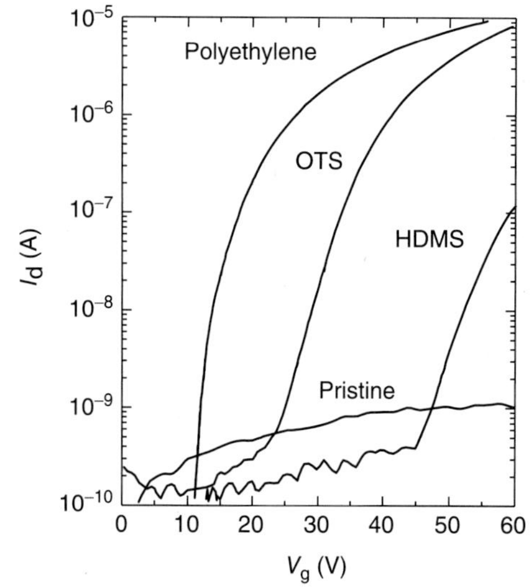

그림 4.43 두 번째 게이트 전압 스윕 V_g에 대해 표시된 드레인 전압 V_d = 60 V로 측정된 절연체로 SiO_2를 사용하는 n 채널 OFET의 전달 특성. 임계값 미만의 전류는 게이트 누설로 인한 것이다. 처리되지 않은 깨끗한 SiO_2 인터페이스의 경우, 전하 트래핑이 너무 심해 n형 거동을 찾을 수 없다. SiO_2 표면이 HDMS 또는 hexaoctadecyltrichlorosilane(OTS)으로 부동태화되면 n채널 활성이 관찰될 수 있다. Polyethylene을 버퍼 유전체로 사용하면, 안정적인 n−FET 전도가 관찰된다(Chua et al. 데이터[155]).

로 설계될 수 있다.

양극성 트랜지스터를 구현하는 한 가지 방법은 동일한 소자 구조에서 정공 수송 반도체층과 전자 수송층을 결합하는 것이다. 그러한 소자에서, 정공은 음의 게이트 퍼텐셜에서 정공 수송층에 축적될 것이고, 극성을 반대로 할 때 전자는 전자 수송층에 축적될 것이다. 이 개념을 구현하려면 몇 가지 문제를 해결해야 한다. 첫째, 두 층이 섞이지 않아야 한다. 따라서 그들은 용액 공정보다 증착에 의해 우선적으로 제조되어야 한다. 이것은 또한 층 간 표면 거칠기를 감소시킬 것이다. 둘째, 두 반도체 층의 소스 전극은 옴성이어야 한다. 즉, 일함수는 수송층의 각각의 HOMO와 LUMO와 정렬되어야 한다. 이것은 두 전극이 동일할 때 달성하기 어렵다. 예를 들어 정공 수송층에 금, 전자 수송층에 칼슘과 같은 다른 전극을 사용하면 문제를 피할 수 있다. 불행히도 칼슘은 환경적으로 불안정하다. 대안으로, 용액 공정으로 형성하고 패턴화된 zinc oxide(ZnO)와 같은 n형 금속 산화물을 층 위에 놓음으로써 금의 일함수를 높일 수 있다[170]. 더 높은 주입 장벽을 극복하는 문제는, 예를 들어 전자의 경우, BC/TG 또는 TC/BG 소자의 기하학적 구조를 선택하여 완화할 수도 있다. 이 구조는 게이트와 소스 전극 사이에 중첩이 있어 주입을 용이하게 한다.

Dodabalapuret 등[171]은 정공 전도성 α−6T와 전자 전도성 C_{60} 층을 결합하여 이러한 양극성 OFET를 제작하여 이 작동 원리의 가능성을 입증했다. 그동안 여러 재료의 조합이 테스트되었다. 특히 매력적인 반도체 쌍은 copper phthalocyanine(CuPc)과 fluorinated copper phthalocyanine(FCuPc)이다. 둘 다 증착될 수 있고 유사한 격자구조를 가지고 있다. 이것은 전하 캐리어 트랩으로 작용할 수 있는 상호 계면에서 구조적 결함을 형성하는 문제를 피한다. FCuPc는 4.8 eV의 비정상적으로 높은 전자 친화도와 6.3 eV의 이온화 퍼텐셜을 갖는 반면, CuPc는 3.1 eV의 전자 친화도와 5.0 eV의 이온화 퍼텐셜을 갖는다. 따라서 소스와 드레인 전극에 금을 사용할 수 있다. (CuPc에서) 정공과 (FCuPc에서) 전자에 대한 OFET 이동도는 거의 동일하다(약 3×10^{-2} $cm^2V^{-1}s^{-1}$)[172–173].

양극성 OFET는 또한 정공과 전자 수송 반도체의 공동증착에 의해 제조될 수 있다. 이것은 공동증착 또는 용액 공정에 의해 수행될 수 있다. 기술적으로 공동증착은 계면 거칠기와 상호 침투의 위험 없이 서로 위에 2개의 층을 증착하는 것보다 비용이 적게 든다. 지불해야 하는 대가는 호핑 사이트의 희석으로 인한 전하 캐리어 이동도의 감소이다. 그러나 50 : 50의 혼합 비율에서 이 효과는, 혼합으로 인한 DOS 분포의 확장이 없는 경우, 이동도를 약 2배 이상 변경시키지 않아야 한다[174]. 예를 들면 수송층이 정공 수송체로서의 quinquethiophene과 결합된 전자 수송체로서 alkyl pendant 그룹을 운반하는 perylenediimide의 공동증착된 박막인 OFET가 있다[175].

양극성 OFET에서는 주입 전극 근처에 정공과 전자의 저장소가 있기 때문에 전계발광이 있을 수 있다. 정공 밀도와 전자 밀도가 합쳐지는 트랜지스터 채널 내의 좁은 영역에서 방출이 발생한다[176]. 그러나 그 효과는 지금까지 단일 화합물 양극성 OFET에서만 관찰되었는데, 그 이유는 반도체 층의 이중층 구조에서 전하 재결합이 대부분 비발광 감쇠하는 정공과 전자 수송 부분 사이의 전하 이동 상태를 통해 발생하기 때문이다. 동작하는 발광 OFET의 구조는 그림 4.44에 나와 있다. 이것은 금과 칼슘 전극을 운반하는 OC_1C_{10}–PPV 층과 부동태화된 SiO_2 게이트 유전체로 구성된다[177].

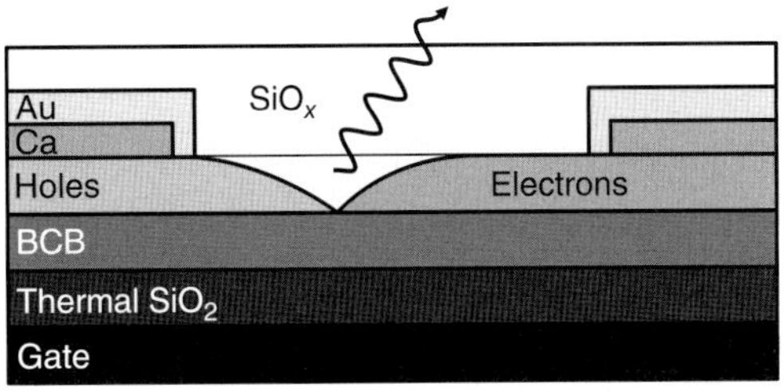

그림 4.44 양극성 발광 트랜지스터의 개략적인 구조(Zaumseil et al. 데이터[177])

4.5 더 읽을 거리

OSC, OLED, 그리고 OFET에 대한 정보는 [178–179]에서와 같이 편집된 책과 이 장 전체에 걸쳐 언급된 리뷰 또는 전망에 대한 기사를 참조하는 것이 가장 좋다.

참고문헌
REFERENCES

1. Van Zeghbroeck, B. (2010) *Principles of Semiconductor Devices and Heterojunctions*, 1st edn, Prentice Hall PTR, ISBN 978-0130409041.
2. Ibach, H. and Lüth, H. (1993) *Solid-State Physics. An Introduction to Theory And Experiment*, Springer, Berlin, ISBN 3-540-56841-7.
3. Walzer, K. *et al.* (2007) *Highly efficient organic devices based on electrically doped transport layers. Chem. Rev.*, **107** (4), 1233–1271.
4. Tanase, C. *et al.* (2003) *Unification of the hole transport in polymeric field-effect transistors and light-emitting diodes. Phys. Rev. Lett.*, **91** (21), 216601.
5. Menard, E. *et al.* (2004) *High-performance n- and p-type single-crystal organic transistors with free-space gate dielectrics. Adv. Mater.*, **16** (23-24), 2097–2101.
6. Shockley, W.B. (1956) Transistor Technology Evokes New Physics. Noble Lecture.
7. Ibach, H. and Lüth, H. (1981) *Solid-State Physics*, 7th edn, Springer, Berlin, ISBN 978-3-540-85795-2.
8. Zaumseil, J. and Sirringhaus, H. (2007) *Electron and ambipolar transport in organic field-effect transistors. Chem. Rev.*, **107** (4), 1296–1323.
9. Zaumseil, J. *et al.* (2006) Efficient top-gate, ambipolar, light-emitting field-effect transistors based on a green-light-emitting polyfluorene. *Adv. Mater.*, **18** (20), 2708–2712.
10. Fan, J.C.C. and Goodenough, J.B. (1977) X-Ray photoemission spectroscopy studies of sn-doped indium-oxide films. *J. Appl. Phys.*, **48** (8), 3524–3531.
11. Hamberg, I. and Granqvist, C.G. (1986) Evaporated Sn-doped In2o3 films - basic optical-properties and applications to energy-efficient windows. *J. Appl. Phys.*, **60** (11), R123–R159.
12. Bellingham, J.R., Phillips, W.A., and Adkins, C.J. (1992) Intrinsic performance limits in transparent conducting oxides. *J. Mater. Sci. Lett.*, **11** (5), 263–265.
13. Mryasov, O.N. and Freeman, A.J. (2001) Electronic band structure of indium tin oxide and criteria for transparent conducting behavior. *Phys. Rev. B*, **64** (23), 233111.
14. Tahar, R.B.H. *et al.* (1998) Tin doped indium oxide thin films: electrical properties. *J. Appl. Phys.*, **83** (5), 2631–2645.
15. Kim, J.S. *et al.* (1998) Indium-tin oxide treatments for single- and double-layer polymeric light-emitting diodes: the relation between the anode physical, chemical, and morphological properties and the device performance. *J. Appl. Phys.*, **84** (12), 6859–6870.
16. Wu, C.C. *et al.* (1997) Surface modification of indium tin oxide by plasma treatment: an effective method to improve the efficiency, brightness, and reliability of organic light emitting devices. *Appl. Phys. Lett.*, **70** (11), 1348–1350.
17. Fujita, S. *et al.* (1997) Surface treatment of indium-tin-oxide substrates and its effects on initial nucleation processes of diamine films. *Jpn. J. Appl. Phys., Part 1-Regul. Pap. Short Notes Rev. Pap.*, **36** (1A), 350–353.
18. Kim, J.S., Cacialli, F., and Friend, R. (2003) Surface conditioning of indium-tin oxide anodes for organic light-emitting diodes. *Thin Solid Films*, **445** (2), 358–366.
19. Kim, J.S., Friend, R.H., and Cacialli, F. (1999) Improved operational stability of polyfluorene-based organic light-emitting diodes with plasma-treated indium-tin-oxide anodes. *Appl. Phys. Lett.*, **74** (21), 3084–3086.
20. Berntsen, A. *et al.* (1998) Stability of polymer LEDs. *Opt. Mater.*, **9** (1–4), 125–133.
21. Carter, S.A. *et al.* (1997) Polymeric anodes for improved polymer light-emitting diode performance. *Appl. Phys. Lett.*, **70** (16), 2067–2069.
22. Elschner, A. *et al.* (2000) PEDT/PSS for efficient hole-injection in hybrid organic light-emitting diodes. *Synth. Met.*, **111**, 139–143.
23. Crispin, X. *et al.* (2003) Conductivity, morphology, interfacial chemistry, and stability of poly(3,4-ethylene dioxythiophene)-poly(styrene sulfonate): a photoelectron spectroscopy study. *J. Polym. Sci., Part B: Polym. Phys.*, **41** (21), 2561–2583.
24. Xing, K.Z. *et al.* (1997) The electronic structure of poly(3,4-ethylene-dioxythiophene): studied by XPS and UPS. *Synth. Met.*, **89** (3), 161–165.
25. Jonas, F. and Krafft, W. (1991) *Neue Polythiophen-Dispersionen, ihre Herstellung und ihre Verwendung*, Bayer AG, Patent number EP0440957 A2.
26. Kirchmeyer, S. and Reuter, K. (2005) Scientific importance, properties and growing applications of poly(3,4-ethylenedioxythiophene). *J. Mater. Chem.*, **15** (21), 2077–2088.

27. Lang, U. *et al.* (2009) Microscopical investigations of PEDOT:PSS thin films. *Adv. Funct. Mater.*, **19** (8), 1215–1220.
28. Stöcker, T., Köhler, A., and Moos, R. (2012) Why does the electrical conductivity in PEDOT:PSS decrease with PSS content? A study combining thermoelectric measurements with impedance spectroscopy. *J. Polym. Sci., Part B: Polym. Phys.*, **50** (14), 976–983.
29. Karg, S. *et al.* (1996) Increased brightness and lifetime of polymer light-emitting diodes with polyaniline anodes. *Synth. Met.*, **80** (2), 111–117.
30. Sirringhaus, H. *et al.* (2006) Manufacturing of Organic Transistor Circuits by Solution-based printing, in *Semiconducting Polymers: Chemistry, Physics and Engineering* (eds G. Hadziioannou and G. Malliaras), Wiley-VCH Verlag GmbH, Weinheim, pp. 667–694. ISBN 978-3-527-31271-9.
31. Arnold, M.S. *et al.* (2008) Direct vapor jet printing of three color segment organic light emitting devices for white light illumination. *Appl. Phys. Lett.*, **92** (5), 053301.
32. Ishii, H. *et al.* (1999) Energy level alignment and interfacial electronic structures at organic metal and organic interfaces. *Adv. Mater.*, **11** (8), 605–625.
33. Kahn, A., Koch, N., and Gao, W.Y. (2003) Electronic structure and electrical properties of interfaces between metals and pi-conjugated molecular films. *J. Polym. Sci., Part B: Polym. Phys.*, **41** (21), 2529–2548.
34. Lögdlund, M. and Salaneck, W.R. (1999) Electronic Structure of Surfaces and Interfaces in Conjugated Polymers, in *Semiconducting Polymers: Chemistry, Physics and Engineering* (eds G. Hadziioannou and P.F. van Hutten), Wiley-VCH Verlag GmbH & Co. KGaA, Weinheim, pp. 115–148. ISBN-13: 978-3527295074.
35. Hung, L.S., Tang, C.W., and Mason, M.G. (1997) Enhanced electron injection in organic electroluminescence devices using an Al/LiF electrode. *Appl. Phys. Lett.*, **70** (2), 152–154.
36. Jabbour, G.E. *et al.* (1997) Highly efficient and bright organic electroluminescent devices with an aluminum cathode. *Appl. Phys. Lett.*, **71** (13), 1762–1764.
37. Mori, T. *et al.* (1998) Electronic structure of 8-hydroxyquinoline aluminum/LiF/Al interface for organic electroluminescent device studied by ultraviolet photoelectron spectroscopy. *Appl. Phys. Lett.*, **73** (19), 2763–2765.
38. Kittel, C. (1995) *Introduction to Solid State Physics*, 7th edn, John Wiley & Sons Inc, New York, ISBN-13: 978-0471111818.
39. Sze, S.M. and Ng, K.K. (2006) *Physics of Semiconductor Devices*, 3rd edn, Wiley-Interscience, Hoboken, NJ, ISBN 9780470068304.
40. Greenham, N.C. *et al.* (1993) Efficient light-emitting-diodes based on polymers with high electron-affinities. *Nature*, **365** (6447), 628.
41. Png, R.Q. *et al.* (2010) High-performance polymer semiconducting heterostructure devices by nitrene-mediated photocrosslinking of alkyl side chains. *Nat. Mater.*, **9** (2), 152–158.
42. Scheler, E. and Strohriegl, P. (2010) Three color random fluorene-based oligomers for fast micrometer-scale photopatterning. *Chem. Mater.*, **22** (4), 1410–1419.
43. Wetzelaer, G.A.H. *et al.* (2011) Origin of the dark-current ideality factor in polymer: fullerene bulk heterojunction solar cells. *Appl. Phys. Lett.*, **99** (15), 153506.
44. de Bruyn, P. *et al.* (2013) Diffusion-limited current in organic metal-insulator-metal diodes. *Phys. Rev. Lett.*, **111** (18), 186801.
45. Hiramoto, M., Fujiwara, H., and Yokoyama, M. (1992) P-I-N like behavior in 3-layered organic solar-cells having a co-deposited interlayer of pigments. *J. Appl. Phys.*, **72** (8), 3781–3787.
46. Maennig, B. *et al.* (2004) Organic p-i-n solar cells. *Appl. Phys. A: Mater. Sci. Process.*, **79** (1), 1–14.
47. Schlenker, C.W. *et al.* (2011) Cascade organic solar cells. *Chem. Mater.*, **23** (18), 4132–4140.
48. Tan, Z.K. *et al.* (2013) Suppressing recombination in polymer photovoltaic devices via energy-level cascades. *Adv. Mater.*, **25** (30), 4131–4138.
49. Giebink, N.C. *et al.* (2010) Ideal diode equation for organic heterojunctions. I. Derivation and application. *Phys. Rev. B*, **82** (15), 155305.
50. Li, W.W. *et al.* (2013) Efficient small bandgap polymer solar cells with high fill factors for 300 nm thick films. *Adv. Mater.*, **25** (23), 3182–3186.
51. Emery, K.A. (2011) Measurement and Characterization of Solar cells and Modules, in *Handbook of Photovoltaic Science and Engineering* (eds A. Luque and S. Hegedus), John Wiley & Sons, Ltd, Chichester, pp. 797–840, ISBN -0-470-72169-8.
52. Shrotriya, V. *et al.* (2006) Accurate measurement and characterization of organic solar cells. *Adv. Funct. Mater.*, **16** (15), 2016–2023.
53. Peumans, P., Yakimov, A., and Forrest, S.R. (2003) Small molecular weight organic thin-film photodetectors and solar cells. *J. Appl. Phys.*, **93** (7), 3693–3723.
54. Sievers, D.W., Shrotriya, V., and Yang, Y. (2006)

Modeling optical effects and thickness dependent current in polymer bulk-heterojunction solar cells. *J. Appl. Phys.*, **100** (11), 114509.

55. Pettersson, L.A.A., Roman, L.S., and Inganas, O. (1999) Modeling photocurrent action spectra of photovoltaic devices based on organic thin films. *J. Appl. Phys.*, **86** (1), 487–496.
56. Pandey, A.K. *et al.* (2009) Effect of metal cathode reflectance on the exciton-dissociation efficiency in heterojunction organic solar cells. *Appl. Phys. Lett.*, **94** (10), 103303.
57. Hoppe, H. *et al.* (2003) Modeling the optical absorption within conjugated polymer/fullerene-based bulk-heterojunction organic solar cells. *Sol. Energy Mater. Sol. Cells*, **80** (1), 105–113.
58. Dennler, G., Scharber, M.C., and Brabec, C.J. (2009) Polymer-fullerene bulk-heterojunction solar cells. *Adv. Mater.*, **21** (13), 1323.
59. Lassiter, B.E. *et al.* (2012) Tandem organic photovoltaics using both solution and vacuum deposited small molecules. *Appl. Phys. Lett.*, **101** (6), 063303.
60. Lassiter, B.E., Renshaw, C.K., and Forrest, S.R. (2013) Understanding tandem organic photovoltaic cell performance. *J. Appl. Phys.*, **113** (21), 214505.
61. Harrison, M.G., Gruner, J., and Spencer, G.C.W. (1997) Analysis of the photocurrent action spectra of MEH-PPV polymer photodiodes. *Phys. Rev. B*, **55** (12), 7831–7849.
62. Blom, P.W.M. *et al.* (2007) Device physics of polymer: fullerene bulk heterojunction solar cells. *Adv. Mater.*, **19** (12), 1551–1566.
63. Etzold, F. *et al.* (2011) Ultrafast exciton dissociation followed by nongeminate charge recombination in PCDTBT:PCBM photovoltaic blends. *J. Am. Chem. Soc.*, **133** (24), 9469–9479.
64. Grancini, G. *et al.* (2013) Hot exciton dissociation in polymer solar cells. *Nat. Mater.*, **12** (1), 29–33.
65. Herrmann, D. *et al.* (2011) Role of structural order and excess energy on ultrafast free charge generation in hybrid polythiophene/Si photovoltaics probed in real time by near-infrared broadband transient absorption. *J. Am. Chem. Soc.*, **133** (45), 18220–18233.
66. Veldman, D., Meskers, S.C.J., and Janssen, R.A.J. (2009) The energy of charge-transfer states in electron donor-acceptor blends: insight into the energy losses in organic solar cells. *Adv. Funct. Mater.*, **19** (12), 1939–1948.
67. Marsh, R.A., Hodgkiss, J.M., and Friend, R.H. (2010) Direct measurement of electric field-assisted charge separation in polymer: fullerene photovoltaic diodes. *Adv. Mater.*, **22** (33), 3672–3676.
68. Tang, C.W. (1986) 2-layer organic photovoltaic cell. *Appl. Phys. Lett.*, **48** (2), 183–185.
69. Wiedemann, W. *et al.* (2010) Nanostructured interfaces in polymer solar cells. *Appl. Phys. Lett.*, **96** (26), 263109.
70. Granstrom, M. *et al.* (1998) Laminated fabrication of polymeric photovoltaic diodes. *Nature*, **395** (6699), 257–260.
71. Halls, J.J.M. *et al.* (1995) Efficient photodiodes from interpenetrating polymer networks. *Nature*, **376** (6540), 498–500.
72. Yu, G. *et al.* (1995) Polymer photovoltaic cells - enhanced efficiencies via a network of internal donor-acceptor heterojunctions. *Science*, **270** (5243), 1789–1791.
73. Strobl, G.R. (2007) *The Physics of Polymers: Concepts for Understanding Their Structures and Behavior*, 3rd edn, Springer, Heidelberg, p. 532, ISBN 9783540684114.
74. Jones, R.A.L. (2002) *Soft Condensed Matter*, Oxford University Press, Oxford, p. 208, ISBN 978-0-19-850589-1.
75. Hamley, I.W. (2007) *Introduction to Soft Matter*, John Wiley& Sons, Ltd, Chichester, ISBN 978-0-470-51609-6.
76. Halls, J.J.M. *et al.* (2000) Photodiodes based on polyfluorene composites: influence of morphology. *Adv. Mater.*, **12** (7), 498.
77. Müller, C. *et al.* (2008) Binary organic photovoltaic blends: a simple rationale for optimum compositions. *Adv. Mater.*, **20** (18), 3510–3515.
78. Callister, W.D. (1994) *Materials Science and Engineering: An Introduction*, 3rd edn, John Wiley & Sons, Inc, New York.
79. Askeland, D.R. and Phule, P.P. (2006) *The Science and Engineering of Materials*, 5th edn, Thompson Canada Ltd, ISBN 0-534-55396-6.
80. Peumans, P., Bulovic, V., and Forrest, S.R. (2000) Efficient photon harvesting at high optical intensities in ultrathin organic double-heterostructure photovoltaic diodes. *Appl. Phys. Lett.*, **76** (19), 2650–2652.
81. Qi, B.Y. and Wang, J.Z. (2012) Open-circuit voltage in organic solar cells. *J. Mater. Chem.*, **22** (46), 24315–24325.
82. Koster, L.J.A. *et al.* (2005) Light intensity dependence of open-circuit voltage of polymer: fullerene solar cells. *Appl. Phys. Lett.*, **86** (12), 123509.
83. Vandewal, K. *et al.* (2009) On the origin of the open-circuit voltage of polymer-fullerene solar cells. *Nat. Mater.*, **8** (11), 904–909.
84. Blakesley, J.C. and Neher, D. (2011) Relationship between energetic disorder and open-circuit voltage in bulk heterojunction

organic solar cells. *Phys. Rev. B*, **84** (7), 075210.
85. Ramsdale, C.M. *et al.* (2002) The origin of the open-circuit voltage in polyfluorene-based photovoltaic devices. *J. Appl. Phys.*, **92** (8), 4266–4270.
86. Liu, J., Shi, Y.J., and Yang, Y. (2001) Solvation-induced morphology effects on the performance of polymer-based photovoltaic devices. *Adv. Funct. Mater.*, **11** (6), 420–424.
87. Brabec, C.J. *et al.* (2001) Origin of the open circuit voltage of plastic solar cells. *Adv. Funct. Mater.*, **11** (5), 374–380.
88. Gadisa, A. *et al.* (2004) Correlation between oxidation potential and open-circuit voltage of composite solar cells based on blends of polythiophenes/fullerene derivative. *Appl. Phys. Lett.*, **84** (9), 1609–1611.
89. Blakesley, J.C. and Greenham, N.C. (2009) Charge transfer at polymer-electrode interfaces: the effect of energetic disorder and thermal injection on band bending and open-circuit voltage. *J. Appl. Phys.*, **106** (3), 034507.
90. Lange, I. *et al.* (2013) Correlation between the open circuit voltage and the energetics of organic bulk heterojunction solar cells. *J. Phys. Chem. Lett.*, **4** (22), 3865–3871.
91. Barker, J.A., Ramsdale, C.M., and Greenham, N.C. (2003) Modeling the current–voltage characteristics of bilayer polymer photovoltaic devices. *Phys. Rev. B*, **67** (7), 075205.
92. Scharber, M.C. *et al.* (2006) Design rules for donors in bulk-heterojunction solar cells - towards 10% energy-conversion efficiency. *Adv. Mater.*, **18** (6), 789–794.
93. Koster, L.J.A. *et al.* (2005) Device model for the operation of polymer/fullerene bulk heterojunction solar cells. *Phys. Rev. B*, **72** (8), 085205.
94. Qi, B.Y. and Wang, J.Z. (2013) Fill factor in organic solar cells. *Phys. Chem. Chem. Phys.*, **15** (23), 8972–8982.
95. Wetzelaer, G.A.H. *et al.* (2011) Origin of the dark-current ideality factor in polymer:fullerene bulk heterojunction solar cells. *Appl. Phys. Lett.*, **99** (15), 151916.
96. Wagner, J. *et al.* (2012) Identification of different origins for s-shaped current voltage characteristics in planar heterojunction organic solar cells. *J. Appl. Phys.*, **111** (5), 054509.
97. Tress, W. *et al.* (2011) Imbalanced mobilities causing S-shaped IV curves in planar heterojunction organic solar cells. *Appl. Phys. Lett.*, **98** (6), 063301.
98. Finck, B.Y. and Schwartz, B.J. (2013) Understanding the origin of the S-curve in conjugated polymer/fullerene photovoltaics from drift-diffusion simulations. *Appl. Phys. Lett.*, **103** (5), 053306.
99. Gruber, M. *et al.* (2012) Thermodynamic efficiency limit of molecular donor-acceptor solar cells and its application to diindenoperylene/C60-based planar heterojunction devices. *Adv. Eng. Mater.*, **2** (9), 1100.
100. Kirchartz, T., Mattheis, J., and Rau, U. (2008) Detailed balance theory of excitonic and bulk heterojunction solar cells. *Phys. Rev. B*, **78** (23), 235320.
101. Kirchartz, T. (2009) Generalized detailed balance theory of solar cells, in *Energy and Environment*, vol. 38, Forschunszentrum Jülich GmbH, Jülich. ISBN 978-3-89336-573-9.
102. Servaites, J.D. *et al.* (2012) Modeling geminate pair dissociation in organic solar cells: high power conversion efficiencies achieved with moderate optical bandgaps. *Energy Environ. Sci.*, **5** (8), 8343–8350.
103. Koster, L.J.A., Mihailetchi, V.D., and Blom, P.W.M. (2006) Ultimate efficiency of polymer/fullerene bulk heterojunction solar cells. *Appl. Phys. Lett.*, **88** (9), 093511.
104. Servaites, J.D., Ratner, M.A., and Marks, T.J. (2011) Organic solar cells: a new look at traditional models. *Energy Environ. Sci.*, **4** (11), 4410–4422.
105. Giebink, N.C. *et al.* (2011) Thermodynamic efficiency limit of excitonic solar cells. *Phys. Rev. B*, **83** (19), 195326.
106. Shockley, W. and Queisser, H.J. (1961) Detailed balance limit of efficiency of P-N junction solar cells. *J. Appl. Phys.*, **32** (3), 510.
107. Lawrence, E.O. (1926) Transition probabilities: their relation to thermionic emission and the photo-electric effect. *Phys. Rev.*, **27** (5), 555.
108. De Vos, A. (1980) Detailed balance limit of the efficiency of tandem solar-cells. *J. Phys. D: Appl. Phys.*, **13** (5), 839.
109. Paus, H.J. (2007) *Physik in Experimenten und Beispielen*, 3rd edn, Carl Hanser Verlag, München, ISBN-13: 978-3446411425.
110. Smith, F.G., King, T.A., and Wilkins, D. (2007) *Optics and Photonics: An Introduction*, 2nd edn, John Wiley & Sons Ltd, Chichester, ISBN 978-0-470-01784-5.
111. Pedrotti, F.L. and Pedrotti, L.S. (1993) *Introduction to Optics*, 2nd edn, Prentice-Hall International Inc, ISBN 0-13-016973-0.
112. Hunt, R.W.G. and Pointer, M.R. (2011) *Measuring Colour*, 4th edn, John Wiley & Sons Ltd, Chichester, ISBN-13: 978-1119975373.
113. Forrest, S.R., Bradley, D.D.C., and Thompson, M.E. (2003) Measuring the efficiency of organic light-emitting devices. *Adv. Mater.*, **15** (13), 1043.
114. Kim, J.S. *et al.* (2000) Electroluminescence

emission pattern of organic light-emitting diodes: implications for device efficiency calculations. *J. Appl. Phys.*, **88** (2), 1073–1081.

115. Lübbe, E. (2012) *Farbempfindung, Farbbeschreibung und Farbmessung: Eine Formel für die Farbsättigung*, Springer Fachmedien, Wiesbaden, ISBN-13: 978-3834818010.
116. Wright, W.D. (1929) A re-determination of the trichromatic coefficients of the spectral colours. *Trans. Opt. Soc.*, **30** (4), 141–164.
117. Guild, J. (1932) The colorimetric properties of the spectrum. *Philos. Trans. R. Soc. London, Ser. A*, **230**, 149–187.
118. Zollinger, H. (1999) *Color - A Multidisciplinary Approach*, Verlag Helvetica Chimica Acta, Zürich, ISBN-13: 978-3906390185.
119. Zhang, J.P. *et al.* (2012) Constant-step-stress accelerated life test of white OLED under Weibull distribution case. *IEEE Trans. Electron Devices*, **59** (3), 715–720.
120. Uoyama, H. *et al.* (2012) Highly efficient organic light-emitting diodes from delayed fluorescence. *Nature*, **492** (7428), 234–238.
121. Adachi, C. *et al.* (2001) Nearly 100% internal phosphorescence efficiency in an organic light-emitting device. *J. Appl. Phys.*, **90** (10), 5048–5051.
122. Reineke, S. *et al.* (2009) White organic light-emitting diodes with fluorescent tube efficiency. *Nature*, **459** (7244), 234-U116.
123. Nowy, S. *et al.* (2008) Light extraction and optical loss mechanisms in organic light-emitting diodes: influence of the emitter quantum efficiency. *J. Appl. Phys.*, **104** (12), 123109.
124. Windisch, R. *et al.* (1999) Light-emitting diodes with 31% external quantum efficiency by outcoupling of lateral waveguide modes. *Appl. Phys. Lett.*, **74** (16), 2256–2258.
125. Yamasaki, T., Sumioka, K., and Tsutsui, T. (2000) Organic light-emitting device with an ordered monolayer of silica microspheres as a scattering medium. *Appl. Phys. Lett.*, **76** (10), 1243–1245.
126. Madigan, C.F., Lu, M.H., and Sturm, J.C. (2000) Improvement of output coupling efficiency of organic light-emitting diodes by backside substrate modification. *Appl. Phys. Lett.*, **76** (13), 1650–1652.
127. Tsutsui, T. *et al.* (2001) Doubling coupling-out efficiency in organic light-emitting devices using a thin silica aerogel layer. *Adv. Mater.*, **13** (15), 1149–1152.
128. Matterson, B.J. *et al.* (2001) Increased efficiency and controlled light output from a microstructured light-emitting diode. *Adv. Mater.*, **13** (2), 123–127.
129. Koo, W.H. *et al.* (2011) Polarization conversion in surface-plasmon-coupled emission from organic light-emitting diodes using spontaneously formed buckles. *Adv. Mater.*, **23** (8), 1003–1007.
130. Wang, Z.B. *et al.* (2011) Unlocking the full potential of organic light-emitting diodes on flexible plastic. *Nat. Photonics*, **5** (12), 753–757.
131. Becker, H. *et al.* (1997) Role of optical properties of metallic mirrors in microcavity structures. *J. Appl. Phys.*, **81** (6), 2825–2829.
132. Lemmer, U. *et al.* (1995) Microcavity effects in a spin-coated polymer 2-layer system. *Appl. Phys. Lett.*, **66** (11), 1301–1303.
133. Steigerwald, D.A. *et al.* (2002) Illumination with solid state lighting technology. *IEEE J. Sel. Top. Quantum Electron.*, **8** (2), 310–320.
134. Gather, M.C., Köhnen, A., and Meerholz, K. (2011) White organic light-emitting diodes. *Adv. Mater.*, **23** (2), 233.
135. Cocchi, M. *et al.* (2007) Highly efficient near-infrared organic excimer electrophosphorescent diodes. *Appl. Phys. Lett.*, **90** (2).
136. Adamovich, V. *et al.* (2002) High efficiency single dopant white electrophosphorescent light emitting diodes. *New J. Chem.*, **26** (9), 1171–1178.
137. Cocchi, M. *et al.* (2010) Mixing of molecular exciton and excimer phosphorescence to tune color and efficiency of organic LEDs. *Org. Electron.*, **11** (3), 388–396.
138. Kido, J. *et al.* (1994) White light-emitting organic electroluminescent devices using the poly(N-Vinylcarbazole) emitter layer doped with 3 fluorescent dyes. *Appl. Phys. Lett.*, **64** (7), 815–817.
139. D'Andrade, B.W., Holmes, R.J., and Forrest, S.R. (2004) Efficient organic electrophosphorescent white-light-emitting device with a triple doped emissive layer. *Adv. Mater.*, **16** (7), 624–628.
140. Nielsen, C.B. *et al.* (2012) Random benzotrithiophene-based donor-acceptor copolymers for efficient organic photovoltaic devices. *Chem. Commun.*, **48** (47), 5832–5834.
141. Siram, R.B.K. *et al.* (2012) Acenaphtho[1,2-b]quinoxaline based low band gap copolymers for organic thin film transistor applications. *J. Mater. Chem.*, **22** (10), 4450–4458.
142. Thesen, M.W. *et al.* (2010) Hole-transporting host-polymer series consisting of triphenylamine basic structures for phosphorescent polymer light-emitting diodes. *J. Polym. Sci., Part A: Polym. Chem.*, **48** (15), 3417–3430.
143. Bagnich, S.A. *et al.* (2011) Efficient green electrophosphorescence based on ambipolar nonconjugated polymers: evaluation of trans-

port and emission properties. *J. Appl. Phys.*, **110** (3), 033724.

144. Garnier, F. *et al.* (1990) An all-organic soft thin-film transistor with very high carrier mobility. *Adv. Mater.*, **2** (12), 592–594.

145. Burroughes, J.H., Jones, C.A., and Friend, R.H. (1988) New semiconductor-device physics in polymer diodes and transistors. *Nature*, **335** (6186), 137–141.

146. Sirringhaus, H. (2005) Device physics of solution-processed organic field-effect transistors. *Adv. Mater.*, **17** (20), 2411–2425.

147. Ong, B.S. *et al.* (2004) High-performance semiconducting polythiophenes for organic thin-film transistors. *J. Am. Chem. Soc.*, **126** (11), 3378–3379.

148. Caironi, M., Noh, Y.Y., and Sirringhaus, H. (2011) Frequency operation of low-voltage, solution-processed organic field-effect transistors. *Semicond. Sci. Technol.*, **26** (3), 034006.

149. Nonnenmacher, M., Oboyle, M.P., and Wickramasinghe, H.K. (1991) Kelvin probe force microscopy. *Appl. Phys. Lett.*, **58** (25), 2921–2923.

150. Palermo, V., Palma, M., and Samori, P. (2006) Electronic characterization of organic thin films by Kelvin probe force microscopy. *Adv. Mater.*, **18** (2), 145–164.

151. Li, X.R. *et al.* (2012) Electric field confinement effect on charge transport in organic field-effect transistors. *Phys. Rev. Lett.*, **108** (6), 066601.

152. Facchetti, A., Yoon, M.H., and Marks, T.J. (2005) Gate dielectrics for organic field-effect transistors: New opportunities for organic electronics. *Adv. Mater.*, **17** (14), 1705–1725.

153. Chua, L.L. *et al.* (2004) High-stability ultrathin spin-on benzocyclobutene gate dielectric for polymer field-effect transistors. *Appl. Phys. Lett.*, **84** (17), 3400–3402.

154. Chua, L.L. *et al.* (2004) Observation of field-effect transistor behavior at self-organized interfaces. *Adv. Mater.*, **16** (18), 1609–1615.

155. Chua, L.L. *et al.* (2005) General observation of n-type field-effect behaviour in organic semiconductors. *Nature*, **434** (7030), 194.

156. Grecu, S. *et al.* (2006) Differences of interface and bulk transport properties in polymer field-effect devices. *Org. Electron.*, **7** (5), 276.

157. Veres, J. *et al.* (2003) Low-k insulators as the choice of dielectrics in organic field-effect transistors. *Adv. Funct. Mater.*, **13** (3), 199–204.

158. Sirringhaus, H. *et al.* (1999) Two-dimensional charge transport in self-organized, high-mobility conjugated polymers. *Nature*, **401** (6754), 685–688.

159. Kline, R.J. *et al.* (2005) Dependence of regioregular poly(3-hexylthiophene) film morphology and field-effect mobility on molecular weight. *Macromolecules*, **38** (8), 3312–3319.

160. Anthony, J.E. *et al.* (2001) Functionalized pentacene: improved electronic properties from control of solid-state order. *J. Am. Chem. Soc.*, **123** (38), 9482–9483.

161. Payne, M.M. *et al.* (2005) Organic field-effect transistors from solution-deposited functionalized acenes with mobilities as high as 1 cm(2)/V-s. *J. Am. Chem. Soc.*, **127** (14), 4986–4987.

162. Anthony, J.E. (2006) Functionalized acenes and heteroacenes for organic electronics. *Chem. Rev.*, **106** (12), 5028–5048.

163. de Boer, R.W.I. *et al.* (2004) Organic single-crystal field-effect transistors. *Phys. Status Solidi A*, **201** (6), 1302–1331.

164. Butko, V.Y. *et al.* (2003) Field-effect transistor on pentacene single crystal. *Appl. Phys. Lett.*, **83** (23), 4773–4775.

165. Podzorov, V., Pudalov, V.M., and Gershenson, M.E. (2003) Field-effect transistors on rubrene single crystals with parylene gate insulator. *Appl. Phys. Lett.*, **82** (11), 1739–1741.

166. Butko, V.Y., Chi, X., and Ramirez, A.P. (2003) Free-standing tetracene single crystal field effect transistor. *Solid State Commun.*, **128** (11), 431–434.

167. Nicolai, H.T. *et al.* (2012) Unification of trap-limited electron transport in semiconducting polymers. *Nat. Mater.*, **11** (10), 882–887.

168. Köhler, A. (2012) Organic semiconductors no more breaks for electrons. *Nat. Mater.*, **11** (10), 836–837.

169. Zhang, Y., de Boer, B., and Blom, P.W.M. (2010) Trap-free electron transport in poly(p-phenylene vinylene) by deactivation of traps with n-type doping. *Phys. Rev. B*, **81** (8), 085201.

170. Gwinner, M.C. *et al.* (2010) Solution-processed zinc oxide as high-performance air-stable electron injector in organic ambipolar light-emitting field-effect transistors. *Adv. Funct. Mater.*, **20** (20), 3457–3465.

171. Dodabalapur, A. *et al.* (1995) Organic heterostructure field-effect transistors. *Science*, **269** (5230), 1560–1562.

172. Wang, J. *et al.* (2005) Organic heterojunction and its application for double channel field-effect transistors. *Appl. Phys. Lett.*, **87** (9), 093507.

173. Ye, R.B. *et al.* (2005) Air-stable ambipolar organic thin-film transistors based on an organic homostructure. *Appl. Phys. Lett.*, **86** (25), 253505.

174. Pai, D.M., Yanus, J.F., and Stolka, M. (1984) Trap-controlled hopping transport. *J. Phys. Chem.*, **88** (20), 4714–4717.

175. Rost, C. *et al.* (2004) Ambipolar light-emitting organic field-effect transistor. *Appl. Phys. Lett.*, **85** (9), 1613–1615.

176. Smith, D.L. and Ruden, P.P. (2007) Device modeling of light-emitting ambipolar organic semiconductor field-effect transistors. *J. Appl. Phys.*, **101** (8), 084503.

177. Zaumseil, J., Friend, R.H., and Sirringhaus, H. (2006) Spatial control of the recombination zone in an ambipolar light-emitting organic transistor. *Nat. Mater.*, **5** (1), 69–74.

178. Hadziioannou, G. and Malliaras, G.G. (eds) (2006) *Semiconducting Polymers: Chemistry, Physics and Engineering*, 2nd edn, Wiley-VCH Verlag GmbH, Weinheim, ISBN 978-3-527-31271-9.

179. Brütting, W., Adachi, C., and Holmes, R.J. (eds) (2012) *Physics of Organic Semiconductors*, 2nd edn, Wiley-VCH Verlag GmbH, Weinheim, ISBN: 978-3-527-41053-8.

부록

APPENDICES

화학구조

Throughout this appendix, we use the notation

R = some side chain
R' = some chromophore
N = attached to nitrogen
n = linear chain (and not branched)
α = position next to a prominent atom
β = position second next to a prominent atom

A.1
Selected Polymers

A.1.1
π-Conjugated Homopolymers

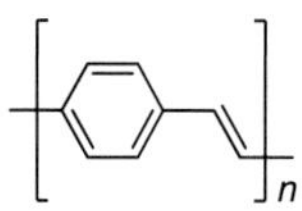
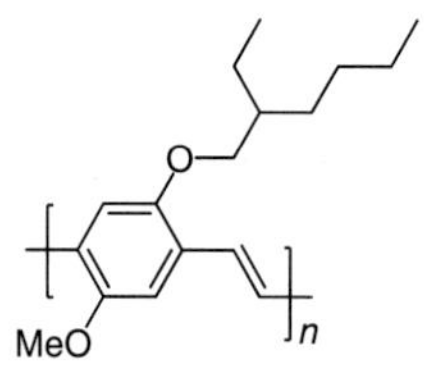
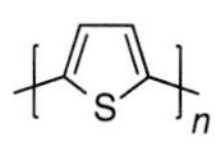
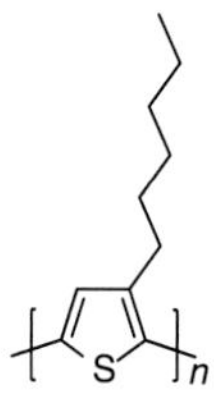

PPV　MEH-PPV　PT　P3HT

Poly(***p*-p**henylene **v**inylene)

Poly((**m**ethoxy)-**e**thyl**h**exyloxy-***p*-p**henylene **v**inylene)

Poly**t**hiophene

Poly(**3-h**exyl-**t**hiophene)

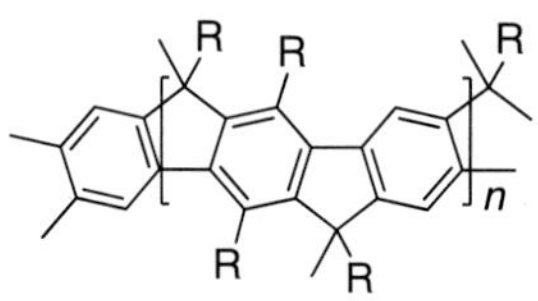
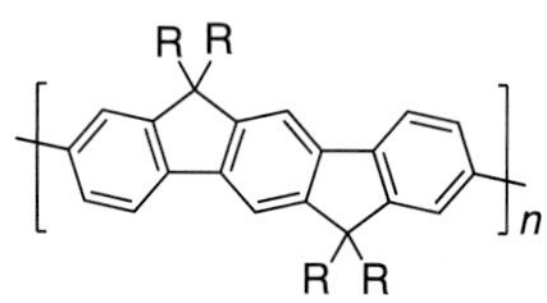

MeLPPP
Methyl-**l**adder-**p**oly(***p*-p**henylene)

PIF
Poly(**i**ndeno**f**luorene)

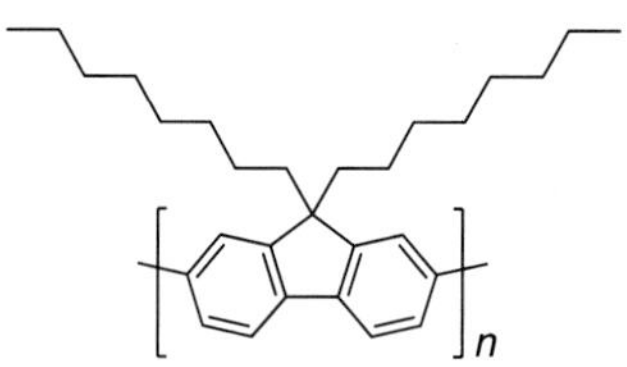
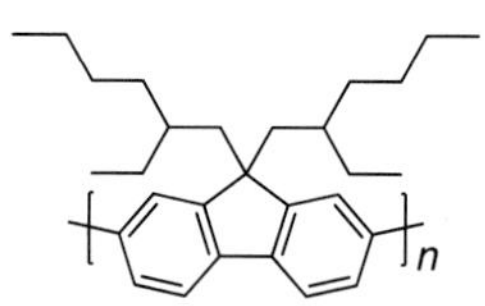

PFO (PF8)　PF2/6

Poly(**f**luorene)

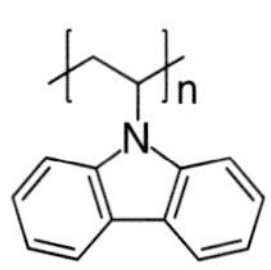
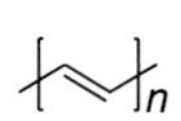
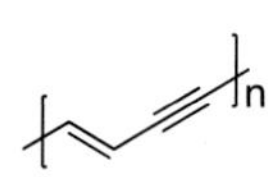

PVK
Poly(**v**inyl-**c**arbazole)

PA
Poly(**a**cetylene)

PDA
Poly(**dia**cetylene)

A.1.2
π-Conjugated Copolymers

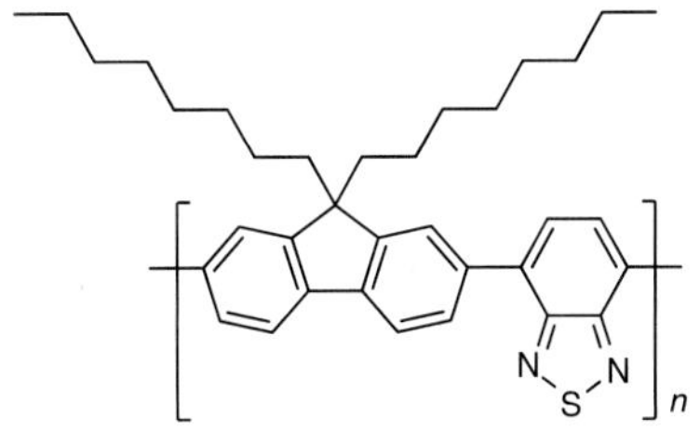

F8BT

Poly(dioctyl**f**luorene-**b**enzo**t**hiadiazole)

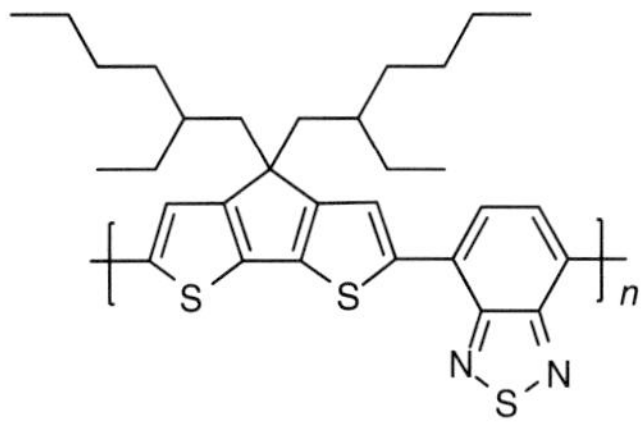

PCPDTBT

Poly(**c**yclo**p**enta-**d**i**t**hiophene-**b**enzo**t**hiadiazole)

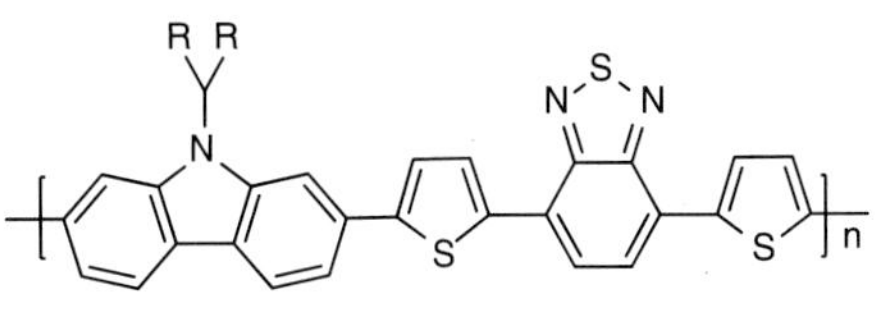

PCDTBT

Poly(**c**arbazole-**d**i**t**hiophene-**b**enzo**t**hiadiazole)

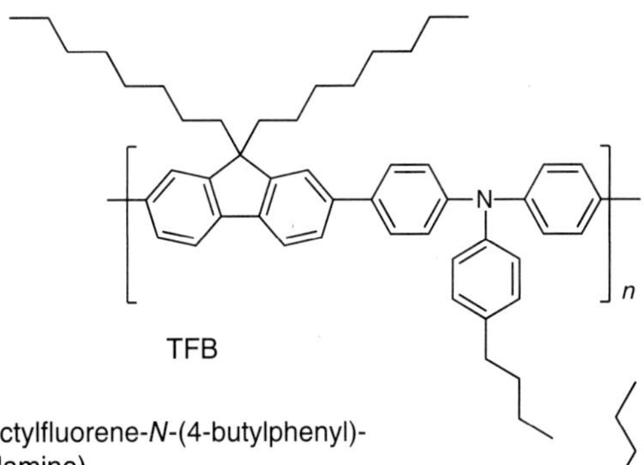

TFB

Poly(dioctylfluorene-*N*-(4-butylphenyl)-diphenylamine)

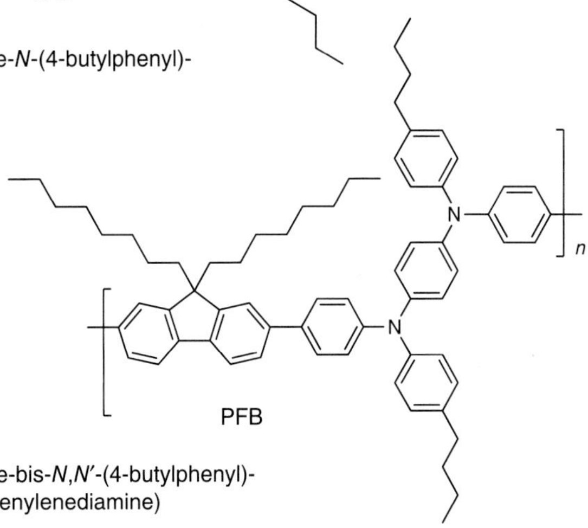

PFB

Poly(dioctylfluorene-bis-*N*,*N*′-(4-butylphenyl)-bis-*N*,*N*′-phenyl-phenylenediamine)

A.1.3

Other Polymers of Interest

Polysilylene (polysilane) Polygermylene

(a) σ-Bonded polymers

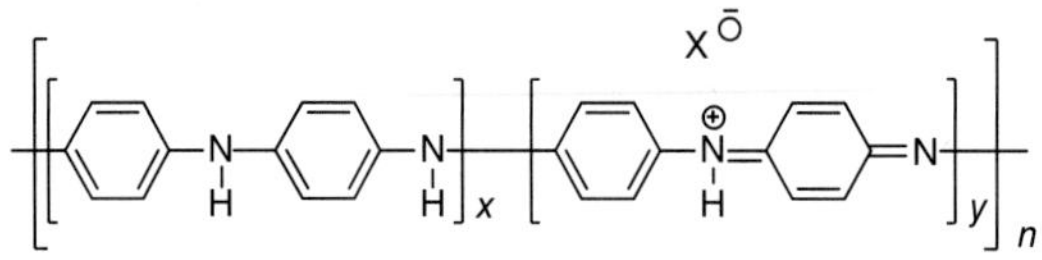

Poly(aniline) (emeraladine salt form)

(b) Conducting polymers

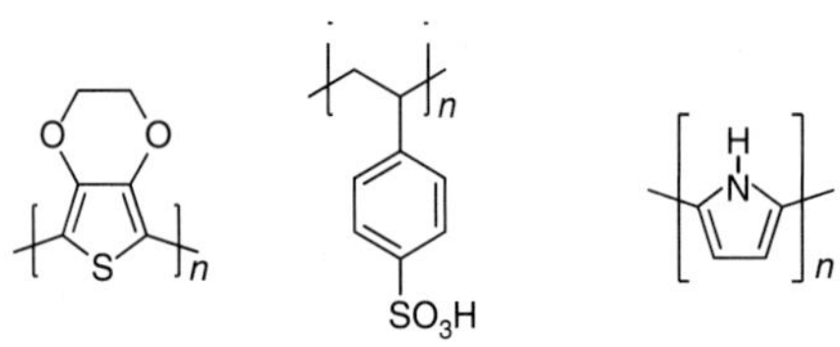

PEDOT PSS

Poly(**e**thylene**dio**xy**t**hiophene)

Poly(**s**tyrene **s**ulfonic acid)

Polypyrrole

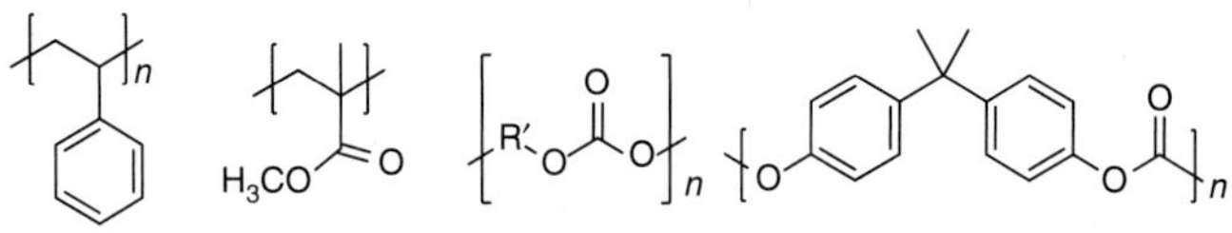

PS PMMA PC (general structure) PC (example)

Poly**s**tyrene **P**oly(**m**ethyl **m**eth**a**crylate) **P**oly(**c**arbonate)

(c) Insulating polymers, often used as matrix material

A.2
Selected π-Conjugated Low-Molecular Weight Compounds

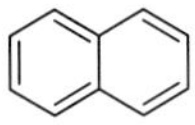
Naphthalene

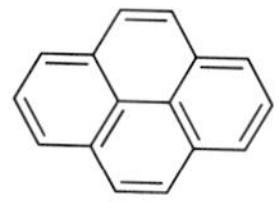
Pyrene

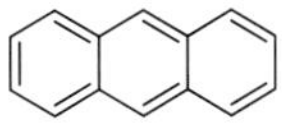
Anthracene

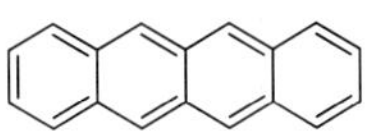
Tetracene

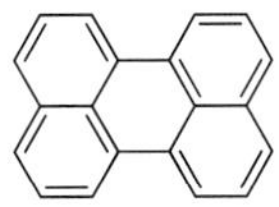
Perylene

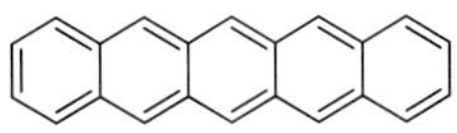
Pentacene

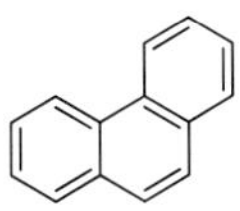
Phenanthrene

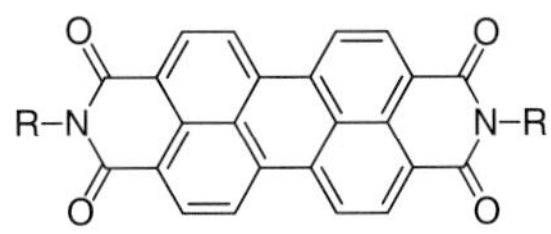
PBI
(PDI)

Perylene**b**is**i**mide
(**p**erylene**di**imide)

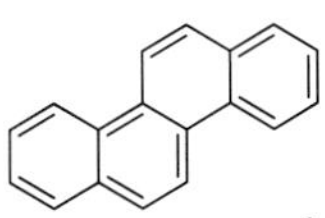
Chrysene

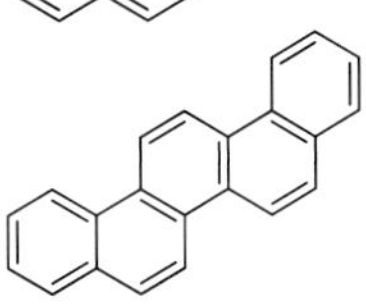
Picene

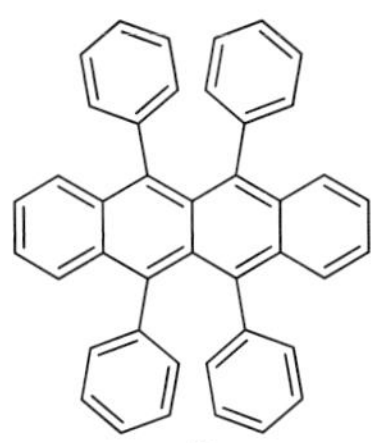
Rubrene

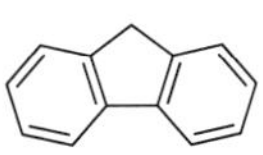
Fluorene

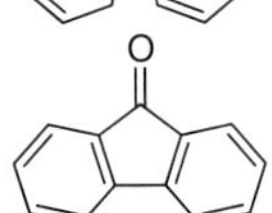
Fluorenone

Spirobifluorene

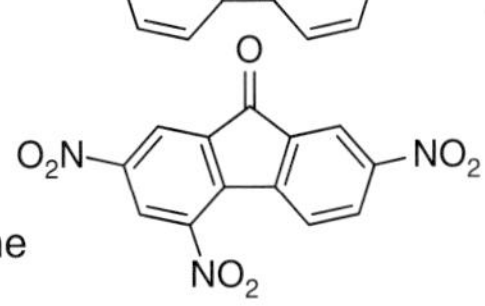
TNF

Tri**n**itro**f**luorenone

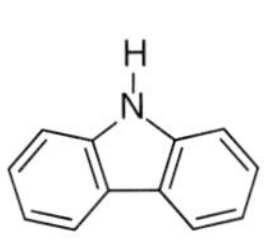
Carbazole

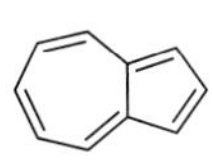
Azulene

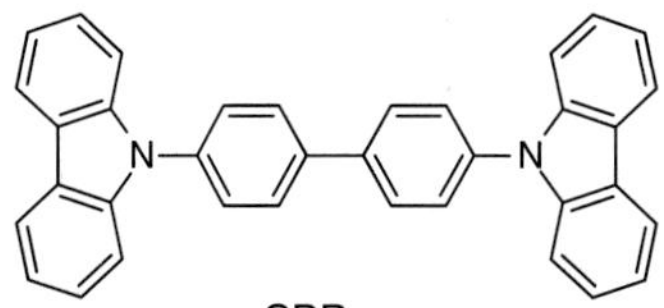

CBP

Bis(*N*-**c**arbazolyl)-**bip**henyl

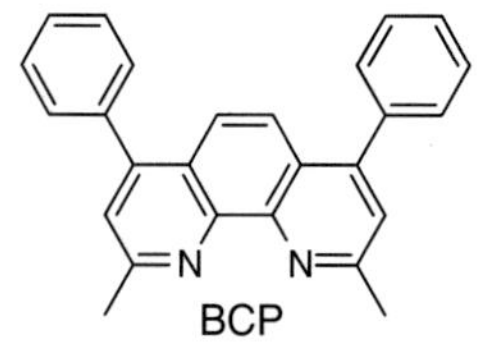

BCP

Batho**cup**roine

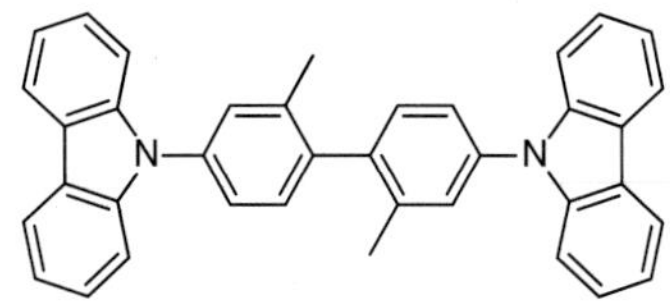

CDBP

Bis(*N*-**c**arbazolyl)-**d**imethyl-**bip**henyl

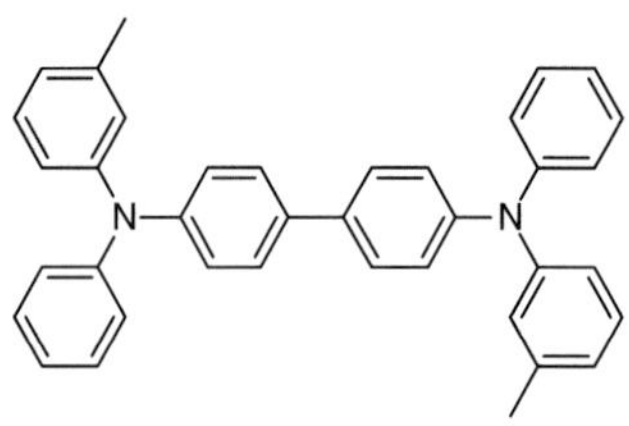

TPD
(**T**ri**p**henyl-**d**iamine)

N,*N*′-diphenyl-*N*,*N*′-bis(methylphenyl)-biphenyl-diamine

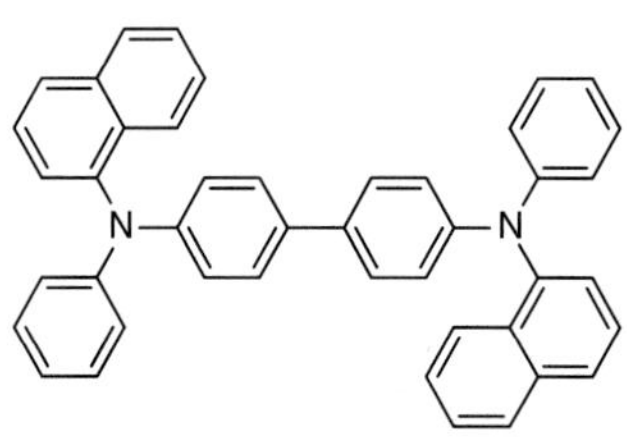

α-NPD

N,*N*′-di**n**aphthyl-*N*,*N*′-di**p**henyl-biphenyl-**d**iamine

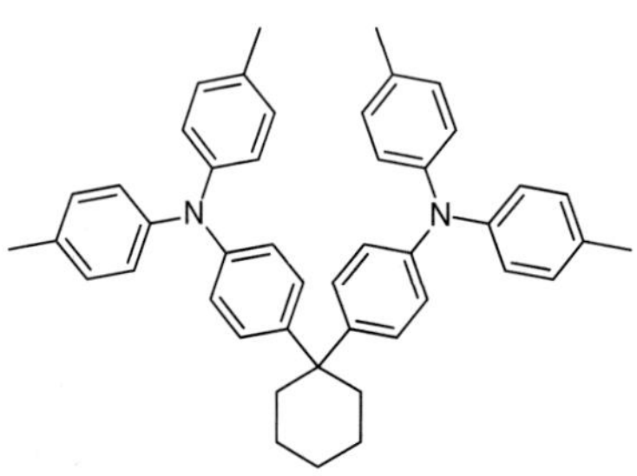

TAPC

Bis(N,N′-di(*p*-**t**olyl)**a**mino**p**henyl)**c**yclohexane

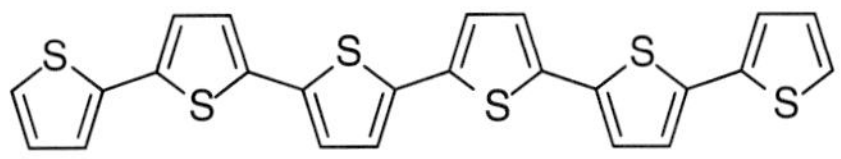

α-6T
α-Sexithiophene

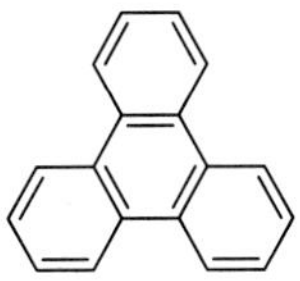

Triphenylene

Terphenyl

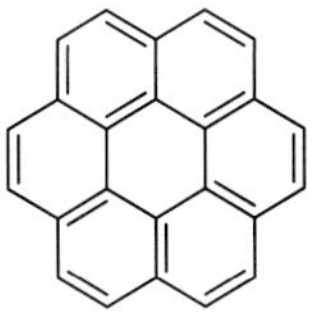

Coronene

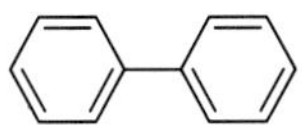

Biphenyl

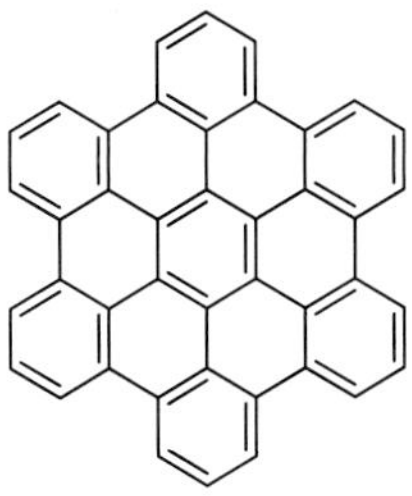

HBC
Hexa**b**enzo**c**oronene

C_{60}
Buckminsterfullerene

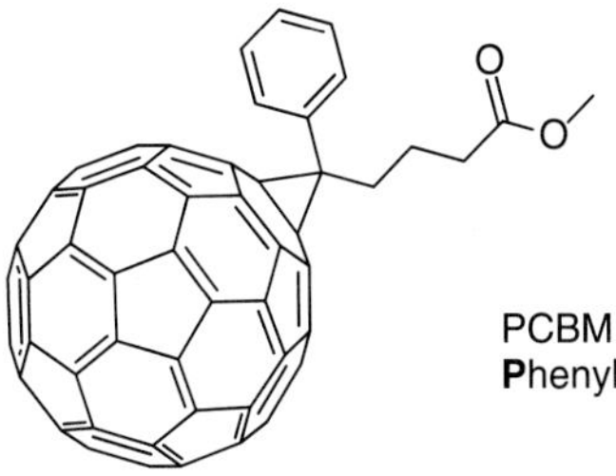

PCBM
Phenyl-**C**$_{61}$-**b**utyric acid **m**ethyl ester

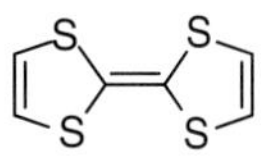

TTF

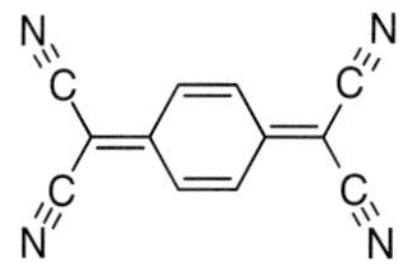

TCNQ

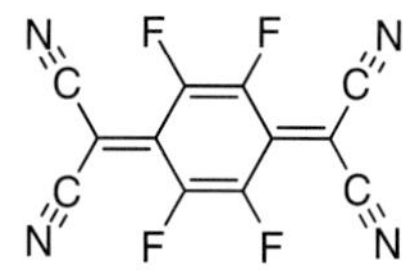

F4-TCNQ

Tetra**t**hia**f**ulvalene

Tetra**c**ya**n**o**q**uinodimethane

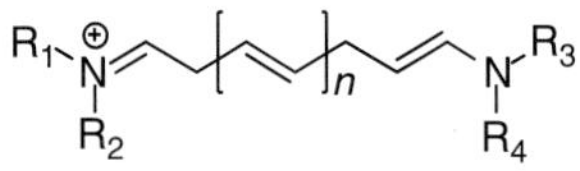

Cyanine (polymethine)

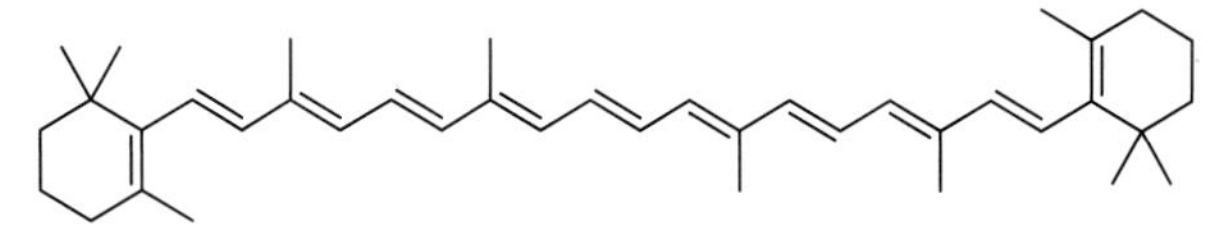

β-Carotene

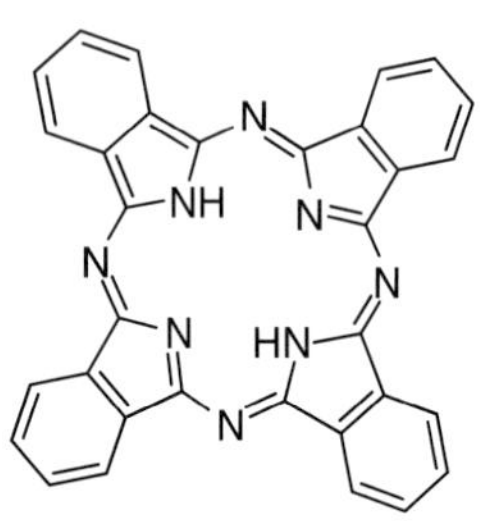

PC
Phthalo**c**yanine

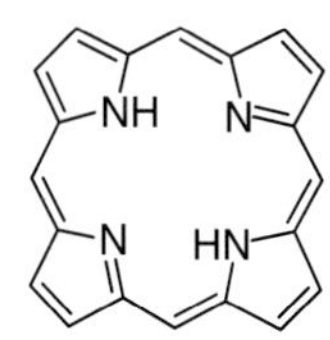

Porphyrin

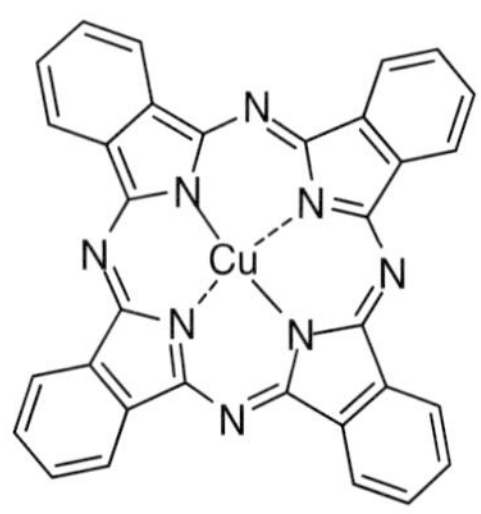

CuPc
Copper-**p**hthalo**c**yanine

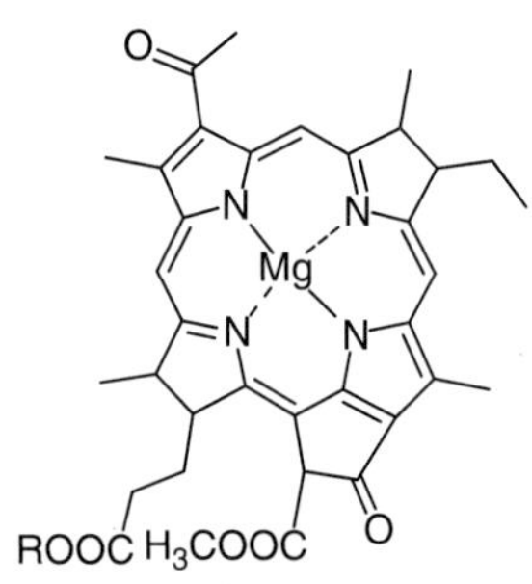

Bacteriochlorophyll a

A.3
Selected Phosphorescent Compounds

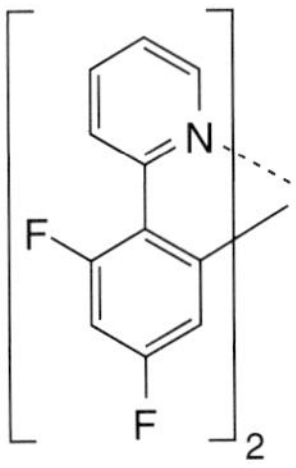

FIrpic

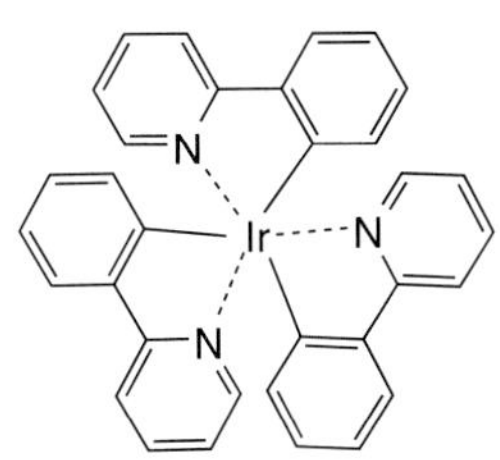

$Ir(ppy)_3$

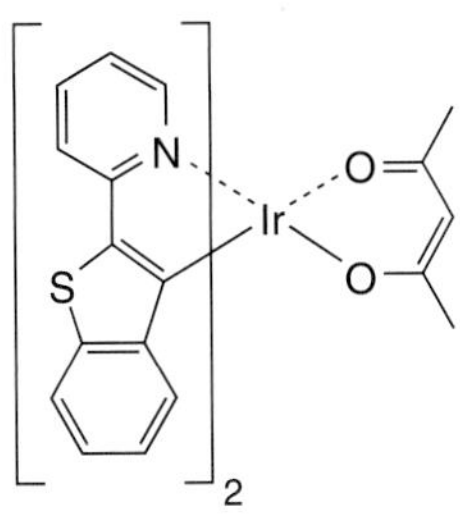

$(btp)_2Ir(acac)$

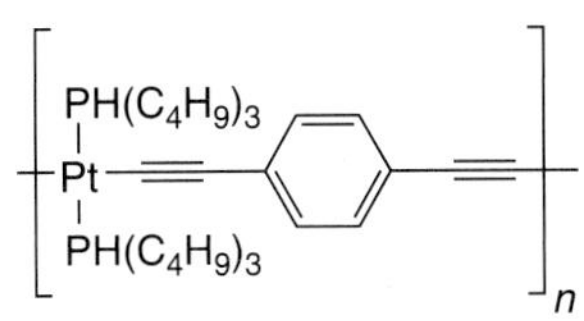

Pt-Containing
phenylene ethynylene

A.4
Non-Conjugated Low-Molecular Weight Compounds

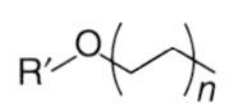

Alkoxy-chain

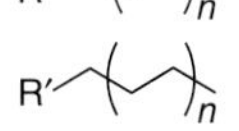

Alkyl-chain

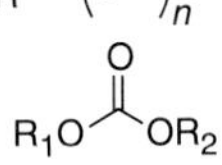

Carbonate-group

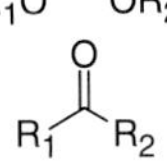

Keto-group

R′–C≡N Cyano-group

(a) Side-chains and functional groups

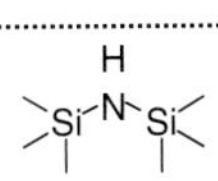

HMDS

Hexa**m**ethyl**disi**lazane

OTS

Octadecyl**t**richlor**si**lane

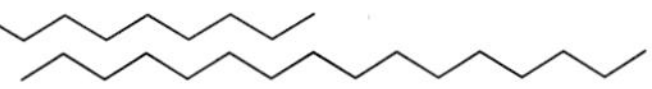

n-Hexadecane

(b) Self-assembling monolayers

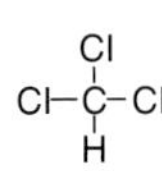

Chloroform, $CHCl_3$

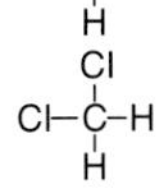

DCM, CH_2Cl_3
dichloromethane

Tetra**h**ydro**f**uran, THF

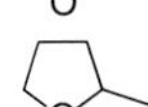

MTHF
Methyl**t**etra**h**ydro**f**uran

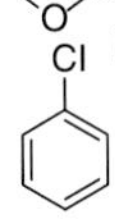

Chloro**b**enzene, CB

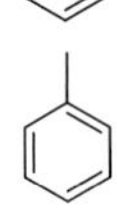

Toluene

(c) Organic solvents

찾아보기
INDEX

ㅅ

ㅇ

ㅈ

ㅊ

ㅋ

ㅌ

ㅍ

A

B

C

D

E

F

유기반도체

2021년 10월 15일 1판 1쇄 펴냄 | 2022년 7월 20일 1판 2쇄 펴냄
지은이 Anna Köhler · Heinz Bässler
옮긴이 김우영 · 전철규
펴낸이 류원식 | **펴낸곳 교문사**

편집팀장 김경수 | **책임편집** 안영선 | **표지디자인** 신나리 | **본문편집** 신성기획

주소 (10881) 경기도 파주시 문발로 116(문발동 536-2)
전화 031-955-6111~4 | **팩스** 031-955-0955
등록 1968. 10. 28. 제406-2006-000035호
홈페이지 www.gyomoon.com | E-mail genie@gyomoon.com
ISBN 978-89-363-2198-7 (93560)
값 35,000원